啤酒工艺实用技术

（第8版）

［德］Wolfgang Kunze 著

湖北轻工职业技术学院翻译组 译

中国轻工业出版社

图书在版编目（CIP）数据

啤酒工艺实用技术：第8版 /（德）昆策（Kunze W.）著；湖北轻工职业技术学院翻译组译. – 北京：中国轻工业出版社，2018.11

ISBN 978 – 7 – 5019 – 6596 – 0

Ⅰ. 啤… Ⅱ. ①昆… ②湖… Ⅲ. 啤酒 – 生产工艺 Ⅳ. TS262.5

中国版本图书馆CIP数据核字（2008）第134754号

原著出版社为VLB Berling（柏林啤酒厂试验和教学机构）

Kunze,Wolfgang

Technologie Brauer und Mälzer

8.völlig neubearbeitete Auflage

ISBN 3 – 921 690 – 37 – 4

Printed in Germany 1998

策划编辑：李亦兵　李克力　　责任编辑：江　娟　　责任终审：劳国强

版式设计：王超男　　责任监印：胡　兵　张　可　　封面设计：锋尚设计

出版发行：中国轻工业出版社（北京东长安街6号，邮编：100740）

印　　刷：三河市万龙印装有限公司

经　　销：各地新华书店

版　　次：2018年11月第1版第3次印刷

开　　本：710×1000　1/16　　印　张：48

字　　数：885千字

书　　号：ISBN 978-7-5019-6596-0

定　　价：280.00元

著作权合同登记　图字：01-2008-4132

邮购电话：010-65241695

发行电话：010-85119835　传真：85113293

网　　址：http://www.chlip.com.cn

Email：club@chlip.com.cn

如发现图书残缺请与我社邮购联系调换

181200K1C103ZYW

前 言

《啤酒工艺实用技术》的作者为德国著名啤酒酿造专家、硕士工程师Wolfgang Kunze先生，此书是德国酿造专业学校的主要教科书和参考书，并被译成英文在多国出版发行。

该书第7版的中文版自1998年9月翻译出版以来，受到了国内啤酒酿造行业人士的广泛好评，其内容来自实践并可用于实践，涵盖了啤酒历史、生产原料、麦芽制造、麦汁制备、啤酒发酵、啤酒过滤、啤酒灌装、啤酒品种、清洗杀菌、自动化控制和环境保护等多个环节，既是独立的培训教材，又是专业技术人员理想的参考书。

该书第8版收录了近年来啤酒酿造新品种、新工艺、新技术、新设备和质量检测方面的知识，全书共有插图600余幅，图文并茂，理论和实践结合，工艺和设备并重，语言通俗易懂。

参与本书中文翻译工作的有（按姓氏笔画排列）：王峰松、袁丁、钱飞、徐功瑾、谢恩润、熊志刚等。

由于时间仓促，译者水平有限，难免有疏漏之处，恳请广大读者批评指正。在此我们对原作者允许我们将此书译成中文表示衷心的感谢，同时也感谢中国轻工业出版社和为促成此书出版提供赞助的下列公司：BASF公司（巴斯夫有限公司）、Bühler Group（布勒有限公司）、BARTE-HAAS GROUP（巴特-哈斯集团）、Döhler（德乐食品饮料配料有限公司）、EUWA（汇华公司）、Krones（克朗斯机械有限公司)）、Kieselmann（德国凯塞曼有限公司）、Siemens（西门子公司）、VLB（柏林发酵和生物技术研究所）、Ziemann公司以及南海平航机械有限公司。

湖北轻工职业技术学院翻译组
2008年7月

目　录

0　啤酒——最古老的大众饮料

1　原　料

2 麦芽生产

3 麦汁制备

4 啤酒酿造（主酵、后酵和过滤）

5 啤酒灌装

6 清洗和杀菌

7 成品啤酒

8 小型啤酒厂

9 废物处理和环境保护

10 啤酒厂和制麦厂的能源经济

11 啤酒生产的自动化和过程综合

参考文献

0 啤酒——最古老的大众饮料

啤酒是一种非常古老的饮料，它的历史根据考古和出土文物可以追溯到5000多年前。最早的记载见于公元前2800年米索不达米亚地区（亚洲）的楔形文字，它记录了每天给工人配发定量的啤酒和面包。巴比伦国王哈默拉比（公元前1728—1686年）的法律著作对啤酒的生产和销售做了准确规定。从描述中可以看到，啤酒的发展并不均衡。大量的绘画和出土文物说明，啤酒在古埃及也同样得到了进一步发展（图0.1）。

图0.1 古埃及的啤酒生产

人们很早就发现啤酒中没有危害性细菌，通过发酵和发酵时产生的自然酸可将通常会有问题的水处理好，因此许多世纪以来，不论是统治者还是普通百姓，都用啤酒（有些地区则用葡萄酒）而不是水来解渴。

在欧洲，早在日尔曼人和斯堪特人及凯尔特人时代啤酒就是一种备受喜爱的饮料，作为日常营养品由妇女在家酿制，因为所有原始民族都将酿造和烤制视为女性的工作。

随后在寺院啤酒厂中出现了转向酿造企业的过渡，因为啤酒不再是只供自身消费，而是可以买卖，同时啤酒生产也转变为男性职业（图0.2），并延续至今。进入14世纪以后，啤酒花成为唯一的调味物质，而在此之前使用的是由不同调味品组成的混合调料，称为“Grut”。

中世纪时，德国南方与北方的啤酒酿造情况大不相同。在北方，酿造啤酒是民众的权利，而且集中在大城市，如不来梅、汉堡或埃恩贝克。在南方，14世纪正是由家庭酿制转为商业生产的时期，当权者影响着啤酒企业的发展，特别是在城市，啤酒酿造权被作为特权授予统治者便是对此的证明，这点十分重要，因为中世纪早期在德国南部地区，啤酒酿造成了一个泛滥的行业（图0.3）。

15世纪酿造工巩固了自己的行业地位，但在德国南部仍受到许多规定的限制[5]，不论是手工业机构还是产品的生产和销售都必须服从统治者的要求。这些要求还包括有关酵母价格和酵母检测的规定，这主要考虑到那些从酿造工处获取酵母的面包师的利益。从这一时期开始直到很长时间以后，酿造手工业一直垄断着酵母的生产。

图0.2　啤酒酿造者，1397年

收成差和其它原因有时会导致因原料不足而使用其它原料，比如有时使用苦味野菜代替酒花，使用一部分做面包的谷物或便宜的燕麦，有些野菜甚至对健康有害。为了避免这些不利情况，统治者规定，生产啤酒只能使用麦芽、酒花和水。这方面最早的

图0.3　中世纪的啤酒生产，1568年

文字记载是在图林根州白湖城1434年确定的法规第12章中，1447年慕尼黑市对啤酒生产做了同样的文字规定。1516年4月23日在因哥施达特由威廉公爵四世和路德维希公爵五世联合执政的州议会签发了巴伐利亚州的《纯酿法》并使其具有法律效力。从1906年起，《纯酿法》适用于德国所有的下面发酵啤酒，根据《纯酿法》生产啤酒只能使用大麦麦芽、酒花和水（图0.4）。

法律规定的目的是为民众提供价格适当的充足产品，出于这一考虑，市议会对啤酒生产进行监督以保护消费者的利益，同时根据啤酒质量确定价格，因此《纯酿法》可以被称为世界上第一个消费者保护法。

19世纪30年代的战争阻碍了啤酒生产的发展，同时茶和咖啡等新型饮料的兴起也导致啤酒产量长时间下降，后来以“巴伐利亚啤酒”命名的

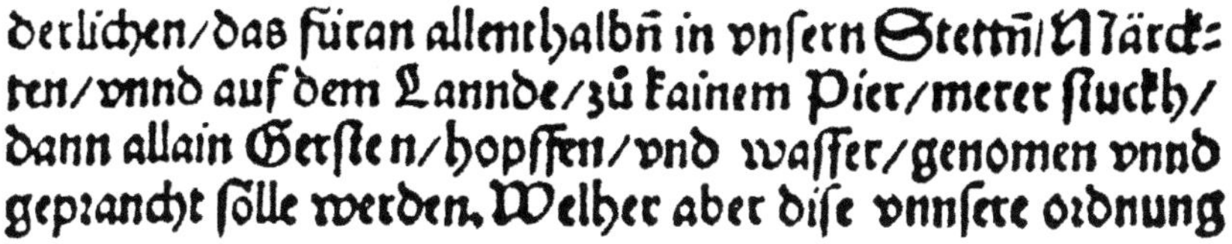

derlichen/das füran allenthalbē in vnsern Stettē/Märck-
ten/vnnd auf dem Lannde/zů kainem Pier/merer stuckh/
dann allain Gersten/hopffen/vnd wasser/genomen vnnd
gepraucht sölle werden. Welher aber dise vnnsere ordnung

图0.4　1516年4月12日颁布的《纯酿法》节选

深色下面发酵啤酒在德国和波希米亚开始盛行，为了应对这种巴伐利亚啤酒的势头，1830年在巴伐利亚以外建立了第一批巴伐利亚啤酒厂。

1765年詹姆斯·瓦特发明的实用蒸汽机为引进新技术奠定了基础，1784年第一批蒸汽机在英国投入使用，到1800年已被广泛应用。然而直到很长时间以后，Gabriel Sedlmayr才在其英国之行后，于1846年在他的Spaten 啤酒厂中安装了第一台功率为1PS 的蒸汽机。这些新技术的引进、Carl von Linde（图0.5）发明的制冷机（1871年）及其应用（1876年）以及由于铁路网络的扩建而发展的运输业致使所有发达国家在后来的几十年中开始新建和扩建大型啤酒厂。1836年德国第一条铁路上的第一批运输货物是两桶啤酒，这种情况绝非偶然。

图0.5　Carl von Linde（1842—1934）

尤其是制冷机的发明使人们不再依赖季节，也不再需要储存冬天的天然冰块。

法国人Louis Pasteur（图0.6）是现代微生物的创始人，他指出，发酵过程是微生物的行为，强调“La fermentation est la vie sans oxygène”(发酵是没有氧的生命)，至今仍然适用的有关发酵和啤酒保存条件的知识应当归功于他（1860年）。

图0.6　Louis Pasteur（1822—1895）

Emil Christian Hansen（图0.7）1883年在哥本哈根嘉士伯的实验室里发明了酵母培养的方法，1893年Paul Lindner通过“小滴培养法”对此做了进一步改进，并由此奠定了无菌工作的基础。这样便可以使用纯种酵母并减少污染，也为浅色啤酒的胜利打下了基础，浅色啤酒越来越多地取代了当时已普遍流行的深色巴伐利亚啤酒。

于是，1842年皮尔森的民间啤酒厂即后来的Pilsner Urquell啤酒厂开发了皮尔森啤酒原型，这种皮尔森啤酒在欧洲广泛流传，至今仍是德国饮用最多的啤酒品种。1875年Adolphus Busch在其美国啤酒厂（Anheuser-Busch）将类似的品种“Budweiser”投入美国市场，如今已成为世界上最大的品牌。同时浅色“Lager”啤酒的发展遍及所有其它国家，现在属于生产最多的啤酒种类。

图0.7 Emil Christian Hansen（1842—1909）

这种发展的结果是，自上世纪中期欧洲和美国建立了大量的工业化的啤酒厂，使已有的老啤酒厂得到改造。但是也不可忽视的是在这时期手工劳动的比例还很大（图0.8）。那时建立的许多啤酒厂现在还以自己的特色在生产。在1843—1875年大量新建厂时期的啤酒厂有：

1843年 柏林的 Schultheiss 啤酒股份公司，第一次世界大战前以170万hL的产量成为欧洲最大的Lager啤酒厂。

1847年 哥本哈根的Carlsberg啤酒厂，由丹麦的J. C. Jacobsen创建。

1855年 柏林的Patzenhofer啤酒厂，1920年与Schultheiss合并。

1863年 阿姆斯特丹的Heineken啤酒厂，由荷兰的Gerard A. Heineken创建。

1868年 多特蒙德股份啤酒厂。

1870年 美因河法兰克福的Binding啤酒厂。

1872年 Radeberger出口啤酒厂。

1872年 柏林的Gastwirthe zu Rixdorf联合啤酒厂，自1910年为柏林-新科隆的Kindl啤酒股份公司。

1872年 建立的慕尼黑Löwenbräu股份公司。

1873年 建立的不来梅Kaiserbrauerei Beck & Co, 如今为Beck & Co啤酒厂。

1873年 建立的多特蒙德Union啤酒厂。

同时，许多已存在的啤酒厂在这一时期也进行了大规模的扩建，1876年，位于英国Burton-on-Trent的Bass啤酒厂的年产量已经达到25万吨，是当时世界上最大的啤酒厂，但不久便被都柏林的Arthur Guinness & Son Co. Ltd.赶超。

美国啤酒厂的发展同欧洲的移民密切相关，第一批啤酒厂出现在美国的东海岸，随后受河流上游大城市兴建和铁路网扩展的影响，短短几年内便出现了下列啤酒厂：

1849年 Joseph Schlitz Brewing Co. Milwaukee, Wisconsin

1850年 Plank Road Brewery, 1855年后变为Miller Brewing Co. Milwaukee, Wisconsin

1850年 Stroh Brewery Co. Detroit MI

1851年 Anheuser啤酒厂，1875年后更名为 Anheuser-Busch，St. Louis, MO

1858年 Gund und Heileman啤酒厂，后为Heileman Brewing Co. La

图0.8　100年前：清洗车间一瞥

清洗回收木制运输桶的劳动强度非常大（档案照片：Radeberger出口啤酒厂）

Crosse

1861年　Pabst Brewing Co. Milwaukee, Wisconsin

1873年　Adolphus Coors Brewing Co. Golden, Colorado

19世纪下半期，其它国家和地区的大量新建企业也标志着酿造业进入工业化时代。

这一发展的结果使啤酒酿造知识成为一门学问，有些啤酒酿造国率先建立了检测实验室和检测机构，随后又将其扩展为学习机构：

- 慕尼黑的Weihenstephan酿造大学（1865），如今是慕尼黑工业大学的酿造、食品工艺与乳品科学系
- 芝加哥的Siebel博士分析实验室（1868），如今的Siebel工艺学院
- 柏林酿造试验与教学机构（VLB）（1883）
- Gent酿造工学校（1885）
- 伦敦酿造学院（IOB）（1886）
- 慕尼黑Gräfelfing的Doemens学院（1895）

与此同时，这一时期出现了大量传播专业知识和信息的专业杂志，如：

- 《酿造和酒花报》，如今纽伦堡的《酿造世界》（1861）
- 伦敦的《酿造者报》（1864）
- 纽约的《美国酿造者报》（1871）
- 《酿造守护者》（1871）
- 芝加哥的《西部酿造》（1876）
- 柏林的《啤酒厂周刊》（1883），

如今的《啤酒厂论坛》

- 柏林的《啤酒厂日报》（1903）等

从事分析的专业人员也组织起来，通过统一的分析方法使分析值在国际上具有可比性，如：

- 中欧酿造技术分析委员会（MEBAK）
- 欧洲啤酒酿造协会（EBC）
- 美国酿造化学家协会（ASBC）等

同时许多国家还成立了啤酒厂协会以及酿造者联盟，如：

- 1871年在德累斯顿成立的德国酿造者协会（DBB）
- 1893年在莱比锡成立的德国酿造师和制麦师协会（DBMB）
- 联邦中等私人啤酒厂协会
- 美国酿造师协会（MBAA）等

当然到处都遵循《纯酿法》，但美国酿造者早在19世纪60~70年代便发现了部分使用玉米或大米的经济优势，随着辅料加工技术和工艺的日益精湛，出现了如今已在全世界流行的新型啤酒。

1919年颁布的《禁酒令》使美国的啤酒生产遭受重创，这一时期的啤酒厂只能通过营养型啤酒勉强度日，1933年才重新废除的《禁酒令》致使与含酒精饮料有关的犯罪及走私明显增加，《禁酒令》取得的完全是负面效应。从那时开始直到今天，斯堪的那维亚国家对含酒精饮料的生产和销售还有诸多限制。

观察19世纪下半期德国啤酒厂的发展，人们不应忽略的是，1873年这里还有13561家啤酒厂，其中10171家生产上面发酵啤酒，此外还有36297个生产不交税家庭饮品的作坊[2]。

1891年啤酒厂的数量已降至7785家，原因之一是较大型啤酒股份及合作公司的建立。尽管有些建于这一时期的手工啤酒厂持续到了今天，但企业规模的巨大差异使较大型啤酒厂可以更好地引进现代化技术，特别是引进煤加热的蒸汽锅炉为糖化车间的容器提供能源，采用蒸汽机驱动制冷压缩机以及独立供电为较大型企业带来了经济优势。小型手工企业无力购买昂贵的设备，只有采用传统的设备和方法——直到今天有些企业还是这样。

酿造者使用的传统材料——木材（图0.9）慢慢从啤酒厂中消失，被铁代替，最先是采用沥青涂在铁的表面。木制容器被敞口发酵池取代，多层制备的木桶也被金属罐取代，但在有些啤酒厂这一过程出于各种考虑一直延续到世纪末。除了铁之外，后来啤酒厂也开始采用铝，特别是针对前

图0.9　很长一段时间，木制容器和木桶曾是啤酒厂的标志

酵和后酵容器，但自从有了不锈钢合金以及能够加工这种材料的工具之后，它在各个领域中的应用势头便不可阻挡，就连沿用了几百年的木制运输桶也被不锈钢桶取代。

随着不锈钢的应用，自动清洗系统也开始进入啤酒厂，随着生产过程机械化和自动化程度的提高，繁重的体力劳动大幅度减少，同时啤酒厂的人员需求也在减少。

几百年来，麦芽和啤酒生产中只有基本的生化过程被保留：

- 大麦在制麦厂发芽以形成酶
- 醪液在糖化车间作用并形成可发酵性糖
- 糖被发酵成酒精和二氧化碳

150年前自己生产麦芽的情况还比较普遍，几乎每个啤酒厂都有自己的小型制麦车间，冬天生产麦芽，初夏进行酿造，这项工作由同样的工人完成，由此产生了酿造和制麦工这一职业，如今德国仍有这一职业。

但同一时期也产生了与啤酒厂分离的商业麦芽厂，部分作为特殊麦芽厂，如：

1823年 英国Witham, Essex的 Bairds Malt Ltd. 麦芽厂。

1864年 德国Andernach的 Friedrich Weissheimer麦芽厂。

1868年 英国Ipswich, Suffolk的Pauls Malt Ltd.麦芽厂。

1879年 德国Bamberg的Michael Weyermann麦芽厂。

当然，这一时期直到20世纪中期的麦芽生产还十分费力，需要在巨大的麦场上从事繁重的体力劳动，干燥时的翻麦工作一部分也需要人力完成。通往现代化气动制麦系统的道路是同节约能源和劳动力联系在一起的，如今几乎空无一人的制麦厂由计算机控制着。

过去150年中，啤酒厂也出现了革命性的变化，引入制冷机后，最大的变化来自Lorenz Enzinger（1879年）啤酒过滤机的使用，从此以后，啤酒便可通过过滤棉饼、硅藻土和其它介质被过滤清亮，借助适当的稳定剂，啤酒可以保存很长时间，生产也不再受销售的影响。

随着啤酒瓶和易拉罐的出现以及不透明的石杯被玻璃杯取代，浅色啤酒（以前常见的是深色啤酒）在餐馆之外也成为时尚，如今，通过市场销售渠道，瓶装和易拉罐装啤酒已是家庭必备之物。

功率强大的灌装线的发展（使用这样的灌装线空气几乎不可能混入啤酒）使啤酒质量能够保持较长时间，过去多年中，人们已经掌握了这方面的主要知识，但啤酒的口味稳定性直到几年前仍是一个大问题。

然而，重要的并不只有啤酒的质量，人们越来越清楚地认识到，要吸引顾客购买啤酒，就必须赋予啤酒相应的、令人赏心悦目的外观（图0.10），瓶子上的标签也必须在样式、颜色的搭配及印刷字样上体现产品的独一无二，当然仅有标签还不够，还需要套头锡箔标，特别是当旁边的其它的啤酒瓶也有这种标签时。

不仅是啤酒瓶，就连啤酒杯也一改往日千篇一律的带把大玻璃杯的形式，这种杯子在啤酒园和老顾客聚会的餐桌上仍能见到，如今啤酒厂特有的装饰图案在包装和设计上体现了针对某一品牌的销售理念。带有杯盖和独特托碟的啤酒杯被斟上新鲜的啤酒端上来，不论是在餐馆中还是家里，都应给饮用者带来喜悦，因为眼睛也会参与饮用过程。如今与食物和社交配套的饮用文化越来越考究。

图0.10 瓶子、标签、啤酒杯和杯垫的整体效果对品牌外观的影响越来越大

现在人们可以运用多方面的控制和调节机理来监控啤酒生产过程，完美无缺的在线检测技术可实现啤酒生产过程的全面控制，自动化技术使啤酒生产的大部分过程自动进行。酿造工的工作岗位也越来越多地受到计算机的影响。在此期间原料和辅料的质量也通过适当的育种技术和控制被提升到了一个新的水平，保证了酿造优质啤酒的前提条件。

因此人们对酿造工也提出了更高的要求，他们必须在信息量增加而产品的直观性降低的情况下保持整体观察力并做出正确判断，为此必须格外重视酿造工所学知识的全面性，本书的主要目的就是扩大酿造工的知识面并阐明各种知识间的联系。

一个国家啤酒厂的数量和规模取决于历史发展，同其它国家相比，德国啤酒厂的数量仍然较多，它们主要分布在上弗兰肯地区。在德国啤酒厂中，半数以上都是小啤酒厂，其中最大的部分是啤酒屋，它们的数量已增加到230个。年产量在1000hL以下的啤酒厂大约有1000家，所生产的啤酒仅占啤酒总量的7%。

根据德国酿造者协会[213]的报告，德国运营中的啤酒厂的数目已经发生了改变：

联邦州	啤酒产量/10^6hL（1997）	啤酒厂的数量		
		1993	1997	变化
巴登—符腾堡	8.55	176	169	−7
巴伐利亚	24.03	768	698	−70
柏林/勃兰登堡	4.53	23	32	9
黑森	5.42	52	56	4
梅克伦堡	2.17	7	10	3
Vorpommern				
下萨克森州/不来梅	9.73	38	41	3

续表

联邦州	啤酒产量/10^6hL（1997）	啤酒厂的数量		
		1993	1997	变化
北莱茵-威斯特法伦州	30.58	105	107	2
莱茵兰-法耳次州/萨尔州	8.62	36	39	3
萨克森	7.98	33	38	5
萨克森-安哈特	2.69	14	12	−2
石勒苏益格-荷尔斯泰因	6.04	19	16	−3
图尔根	2.29	40	51	11
整个德国	112.6	1311	1296	−42

1997年的啤酒产量为11480万hL，啤酒的消费量为10754.5万hL，差值来自啤酒的进出口。

总产量超过200万hL的15个德国最大的啤酒集团和私营啤酒厂[209]（1997）为：

啤酒集团/私营啤酒厂	以10^6hL计的啤酒产量（1997）
Binding-Gruppe	9.700
Brau und Brunnen AG	9.067
Holsten-Gruppe	7.110
Haus Kramer(Warsteiner)	6.060
Beck&Co,Bremen	5.383
Bitburger Brauerei Th.Simon	4.887
Krombacher Brauerei,Krombach	4.570
Henninger-Gruppe	4.544
Gilde Brauerei AG mit Hasseroeder	3.866
Karlsberg Verband Homburg	3.500*
Paulaner-Brauerei	2.466
Oettinger-Gruppe	2.405
Veltnis GmbH,Meschede	2.283
Koenig-Brauerei,Duisberg	2.257

续表

啤酒集团/私营啤酒厂	以10^6hL计的啤酒产量（1997）
Kulmbacher Brauereigruppe	2.132

*:估计值。

根据年总产量（以hL计），德国运营中的啤酒厂[213]分布如下：

企业规模	1993	1997	变化
至5000	615	683	+68
至10000	136	115	−21
至50000	280	241	−39
至1000000	106	84	−22
至2000000	60	52	−8
至5000000	62	43	−19
至1000000	24	18	−6
1000000以上	28	33	+5
整个德国合计	1311	1269	−42

自1993年起，德国新开张的啤酒屋接近100家，因此到目前为止倒闭的商业啤酒厂也比看上去所显示得多。

与此相反，大型啤酒厂及啤酒集团却在世界范围内不断地扩大市场占有率，这从世界上最大的25个集团的发展中可以看到[150]：

啤酒厂/啤酒集团	国家	啤酒产量/10^6 hL		改变量/%
		1996	1997	
Anheuser–Buch Inc.	美国	107.5	113.4	+5.5
Heineken N.V.	荷兰	70.6	73.8	+4.5
Miller Brewing/Philip Morris	美国	51.4	52.9	+3.0
South African Breweries	南非	39.2	41.8	+6.6
Comp.Cervejaria Brahma	巴西	38.3	41.3	+7.9
Interbrew	比利时	32.9	34.7	+5.6
Carlsberg A/S	丹麦	32.3	33.7	+4.3
Cereveceria Modelo S.A.	墨西哥	27.4	29.9	+9.4
Kirin Brewery Ltd.	日本	32.2	28.8	− 10.4
Asahi Breweries Ltd.	日本	25.3	27.8	+9.8
Kronenbourg/Danone	法国	25.5	26.8	+5.1
Guinness PLC/Diageo	冰岛	26.1	26.6	+2.0
Coors Brewing Co.	美国	23.5	24.6	+4.7
Comp.Antarctica Paulista	巴西	24.0	23.5	−2.1
Santo Domingo(Bavaria SA)	哥伦比亚	21.6	23.0	+6.4
Femsa(Cuauhtemoc Moct.)	墨西哥	20.7	21.8	+5.2
Foster' s Brewing Group	澳大利亚	21.3	21.5	+0.9
Bass Brewing Ltd.Burton	英国	16.9	19.1	+12.9
Stroh Brewery	美国	20.9	18.6	−10.9
Scottish Courage Ltd.	英国	18.3	18.2	−0.5
Cerveceria Polar C .A.	委内瑞拉	14.0	15.1	+8.1
San Miguel Corp.	菲律宾	13.9	14.2	+2.2
Cervejarias Kaiser SA	巴西	14.0	13.6	−2.9
Quilmes Group	阿根廷	11.0	11.8	+7.2
Sapporo Breweries	日本	11.8	11.4	−4.0

大多数啤酒集团由多个完全或大部分被控股的啤酒厂组成，海涅根NV啤酒集团所控制的啤酒产量共有7380万hL，其中91%在荷兰以外销售，这一集团在50多个国家的115家啤酒厂中生产啤酒，在170多个国家中拥有销售市场。

世界上最大的啤酒品牌是[210]：

Budweiser	美国	54.4×10^6hL
Bud-Lite	美国	30.2×10^6hL
Brahma Chopp	巴西	26.5×10^6hL
Asahi Super Dry	日本	21.7×10^6hL
Blue Label	巴西	20.0×10^6hL
Miller Lite	美国	19.6×10^6hL
Heineken	荷兰	18.8×10^6hL
Corona	墨西哥	18.8×10^6hL
Coors Light	美国	17.8×10^6hL

除了发展为大型啤酒厂和啤酒集团的趋势外，小型啤酒厂尤其是啤酒屋也有所发展，它们的数量在全球范围内估计超过3000家，此外全球范围内自酿啤酒者的队伍也在增长，他们尝试着在法律允许的范围内自己酿造口感新颖的啤酒。

尽管过去几年中欧洲和北美的啤酒产量停滞不前，全球啤酒产量仍然持续上升，啤酒总产量如下[140]：

1990	11.42亿hL
1991	11.65亿hL
1992	11.63亿hL
1993	11.90亿hL
1994	12.22亿hL
1995	12.48亿hL
1996	12.69亿hL
1997	12.95亿hL

啤酒产量的上升（平均人均消费量提高23L）主要集中在中欧、东欧、亚洲、大洋洲及南美洲国家，中国就是一个很好的啤酒生产发展的例子，17000万hL（1997）的啤酒产量使中国位居第二，仅次于美国，然而中国有13亿人口，当时的人均消费量只有13L（德国为134L），因而发展空间还很大。

以下列举了全球啤酒年产量超过200万hL（1997）的啤酒厂（单位10^6hL）[140]：

欧洲：

国家	1993	1995	1997
德国	116.0	117.0	114.8
英国	54.9	58.8	59.1
西班牙	24.3	25.3	24.9
荷兰	20.4	23.1	24.7
法国	18.3	18.3	19.5
捷克	17.8	17.8	18.6
俄罗斯	24.5	17.7	25.2
波兰	16.7	15.2	18.8
比利时	14.2	14.5	14.1
意大利	11.7	12.0	11.4
丹麦	9.4	10.0	9.2
奥地利	9.8	9.7	9.4
罗马尼亚	9.1	8.5	7.5
匈牙利	7.8	7.8	7.2
冰岛	6.9	7.4	8.1
土耳其	5.4	6.9	7.4
葡萄牙	6.8	6.9	6.6
乌克兰	14.0	5.7	6.1
前南斯拉夫	5.0	5.4	6.1
瑞典	5.5	5.3	4.8
芬兰	4.4	4.4	4.8
保加利亚	4.2	4.7	3.0
斯洛伐克	3.9	4.4	4.4
希腊	4.1	4.1	3.9
瑞士	3.9	3.7	3.6

续表

国家	1993	1995	1997
克罗地亚	2.4	3.2	3.6
挪威	2.1	2.2	2.3
斯洛文尼亚	2.0	2.1	2.1
欧洲全部	435.9	430.7	430.3

美洲：

国家	1993	1995	1997
美国	237.3	233.7	236.4
巴西	57.0	84.0	88.2
墨西哥	43.8	44.5	51.9
加拿大	23.0	22.8	22.3
哥伦比亚	19.5	17.8	20.0
委内瑞拉	15.5	15.9	17.2
阿根廷	10.3	10.4	12.1
秘鲁	6.8	8.5	8.5
智利	3.6	4.1	3.9
厄瓜多尔	–	2.5	2.3
多米尼加	–	2.2	2.4
美洲全部	436.0	459.2	479.1

非洲：

国家	1993	1995	1997
南非	22.8	24.5	25.0
尼日利亚	6.7	4.5	4.3
喀麦隆	3.6	3.2	2.8
肯尼亚	2.7	3.2	3.0
非洲全部	54.0	54.9	57.5

亚洲：

国家和地区	1993	1995	1997
中国	122.5	154.6	170.0*
日本	68.9	67.2	67.7
韩国	15.3	17.7	16.7

续表

国家和地区	1993	1995	1997
菲律宾	13.5	14.0	13.5*
泰国	4.2	6.5	8.3
中国台湾	4.6	4.3	3.9
印度	3.0	4.3	4.2
越南	2.3	5.0	5.6
亚洲全部	240.2	281.6	297.3

澳洲/大洋洲：

国家	1993	1995	1997
澳大利亚	18.0	17.9	17.3
新西兰	3.5	3.5	3.2
澳洲全部	22.5	22.3	21.5

*据估计。

世界各国人均啤酒消费量及其发展完全不同，一直以来，捷克以大约160L的人均啤酒消费量占据首位，其次是德国。但即使在一个国家之内啤酒消费量也不相同，在德国，巴伐利亚州以人均180L的啤酒消费量位居榜首，萨克森州以175L紧随其后，而其它联邦州的人均啤酒消费量都低于整个德国的人均啤酒消费量。

如果人们想象着将这些人均啤酒消费量最高的地区——捷克共和国、巴伐利亚州及萨克森州在地图上标识出来，就可以看到一大片连在一起的啤酒消费量高的区域，从表面上看，这个区域至少是说德语的区域没有受到国界的限制。

作为啤酒酿造者，我们应该通过优质的啤酒以及对顾客说明适度饮用啤酒的好处来促进啤酒消费量的继续上升或至少使其保持稳定。

过去几年中的人均啤酒消费量（以L计）为[213]：

国家	1994	1995	1996
捷克	161.1	159.1	160.0
德国	138.0	135.9	131.7
芬兰	112.6	112.7	118.0
丹麦	126.7	124.4	120.9
奥地利	116.6	115.7	114.0
英国	103.7	100.9	102.3
比利时＋卢森堡	105.6	103.5	100.4
澳大利亚	98.9	96.9	95.4
新西兰	102.1	98.8	93.9
斯洛伐克	93.4	87.5	90.2
荷兰	86.0	85.8	85.1
美国	85.2	83.5	83.5
芬兰	82.9	80.2	79.5
匈牙利	84.7	75.3	79.4
委内瑞拉	73.6	71.9	75.0
西班牙	66.5	66.6	64.7

续表

国家	1994	1995	1996
加拿大	68.5	68.9	67.5
葡萄牙	62.3	64.7	61.9
瑞典	67.3	64.5	59.1
瑞士	64.8	62.7	60.6
哥伦比亚	57.5	57.5	56.4
日本	59.9	56.2	55.7
南非	56.9	55.5	55.6
墨西哥	49.8	50.9	53.4
保加利亚	53.2	53.2	53.3
挪威	50.5	52.5	52.6
波兰	36.4	39.0	40.7
希腊	42.0	40.0	39.0
法国	39.3	39.1	39.6
罗马尼亚	41.7	39.2	38.0
冰岛	27.3	30.6	32.5
意大利	26.2	25.4	24.0

1 原 料

啤酒酿造需要四种原料：大麦、酒花、水和酵母。这些原料的质量决定着所生产啤酒的质量，了解这四种原料的特性及其对工艺的影响，是对其进行加工处理的基础，只有这样才能有针对性地进行工艺控制。

大麦：啤酒酿造的主要原料。使用大麦是因为它有较高的淀粉含量，同时从大麦脱粒直至加工成麦芽后，麦皮始终附着在麦芽上，可以在后面的生产工序中形成必需的过滤层。啤酒厂进行酿造生产以前，必须将大麦加工成麦芽。

作为辅料常常使用未经加工的谷物，如，玉米、大米、高粱、大麦、小麦或由它们制成的产品。

小麦：也以麦芽的形式使用，尤其是在生产上面发酵啤酒时使用。高粱也可加工成麦芽使用，特别是在非洲。

酒花：赋予啤酒苦味，又影响着啤酒的香味。啤酒质量受酒花质量影响很大。

水：水是酿造啤酒时使用最多的一种原料。酿造时水通过生产过程影响啤酒的特性和质量，此外，麦芽厂和啤酒厂的许多工序也都需要水。

酵母：啤酒的酒精发酵通过酵母的作用进行，因此啤酒酿造必然需要酵母，酵母的副产物对啤酒质量的影响也很大。

1.1 大麦

大麦为啤酒酿造提供必需的淀粉，这些淀粉在啤酒厂的糖化车间被转化为可发酵性浸出物，种植麦芽浸出物含量高的大麦品种非常重要。

1.1.1 大麦的类型和品种

大麦是一种颗粒状谷物，麦穗的特征是麦芒特别长（图1.0），大麦可分为不同的类型和品种，它们对麦芽和啤酒生产有着不同的意义。

1.1.1.1 大麦的类型

大麦可分为约在九月播种的冬大麦和三四月播种的夏大麦。两种类型的大麦根据颗粒在麦穗上的排列又分为两棱和多棱大麦，多棱大麦在麦穗中轴的每一级上都有三朵可结果的小花，每朵小花后来会形成一颗麦粒，

图1.0　带长麦芒的麦穗

从麦穗的上方看左边和右边各有三颗麦粒（六棱大麦）（图1.1），如果麦穗中轴每级相对较长，常常看见的是四排，因为下面存在的两排被覆盖（四棱大麦）。

两棱大麦在麦穗中轴的每一级上只有一颗麦粒，因为只有一朵可结果的小花，从麦穗的上方看左边和右边各有一颗麦粒（两棱大麦）。

不同的大麦类型（夏大麦、冬大麦、两棱大麦、多棱大麦）在很多重要方面存在差别：

两棱大麦颗粒饱满，麦皮薄并拥有细小皱纹，这种大麦含有更多有价值的内容物质，麦皮含量较少，多酚物质和苦味物质也因此更少，颗粒大小非常均匀，浸出物含量相对较高。两棱大麦主要作为夏大麦种植，具有麦芽和啤酒生产所需的全部优点。

六棱大麦颗粒不均匀，因为麦粒没有足够的生长空间，所以边上的颗粒细长，而且它们的麦粒根部弯曲，这种弯曲是六棱大麦的特征。

冬大麦的产量大约为6t/hm²，比夏大麦约4t/hm²的产量高，由于夏大麦的生长时间短，很多国家更多地种植冬大麦。

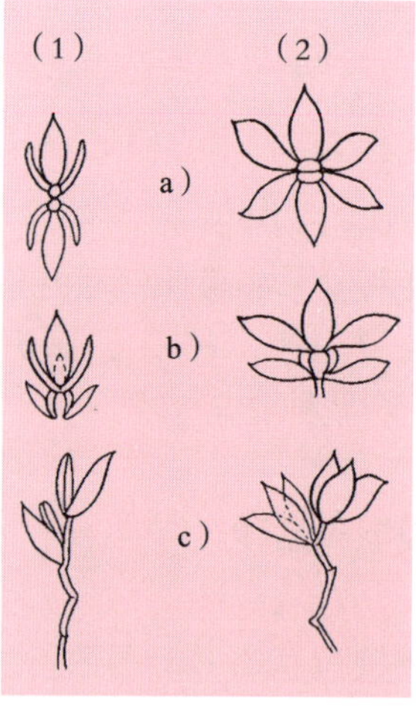

图1.1　大麦穗轴的结构
（1）二棱大麦
（2）六棱大麦
视角：
a）俯视形态
b）从棱的中间观察形态
c）侧视形态

我们的酿造大麦有：

- 两棱夏大麦
- 两棱冬大麦
- 六棱冬大麦
- 六棱夏大麦

1.1.1.2 大麦品种

这些大麦类型中有很多特征明显不同的大麦品种，仅欧洲酿造协会的成员国家就有大约300个夏大麦，100个两棱冬大麦和100个六棱冬大麦品种，充分反映了大麦品种的多样性。

两棱夏大麦尤其适合制麦和酿造，一百多年来人们系统地改进了它们的酿造质量，许多品种都拥有良好的工艺特征。

针对冬大麦，人们也开发了更多与夏大麦质量相近的两棱大麦品种[86]，提高冬大麦的质量很有意义，因为高产和优质的结合将产生价廉物美的麦芽。

为了得到质量好且均匀的麦芽，必须保证所有麦粒均为同一品种，而这又要求尽可能地大面积纯种种植，只有这样才能充分利用纯种培育的优点。品种培育时人们十分注意以下质量指标：

- 对病虫害的抵抗力强
- 稳定性好
- 营养物质利用力强
- 产量高
- 颗粒形状和外观好
- 吸水能力和水敏性好
- 蛋白质含量低
- 制麦时发芽率高
- 酶的形成能力好
- 溶解能力好
- 麦芽浸出率高

1.1.2 大麦种植

有系统地种植了150年大麦的中欧是最发达的酿造大麦种植地区，在这里两棱夏大麦作为优质大麦具有重要的经济意义，其中最好的品种是德国的ALEXIS，几乎所有中欧国家都种植[125]，其它的成功品种有BLENHEIM（英国）、BARONESSE（德国）、PRISMA（荷兰）、VOLGA（法国）、KRONA（德国）、MARESI（德国）、MARINA（德国）以及捷克品种RUBIN、ORBIT、KRYSTAL。多棱冬大麦也得到发展，分级时六棱大麦PLAISANT（法国）的指标甚至高于两棱夏大麦的平均值。

所有欧洲国家都种植酿造大麦，至少能满足本国酿造工业的需求。由于欧洲气候差异很大，酿造大麦的种植也完全不同[125]。

在北美洲，加拿大主要为出口种植酿造大麦，由于地理位置及生长期短，人们主要在Alberta（53%），Saskatchewan（35%），Manitoba（12%）种植夏大麦，加拿大每年销售大约100万吨两棱和40万吨六棱酿造大麦。

在美国，大麦种植和麦芽需求之间的关系十分稳定，1000万吨大麦中约有35%种植在中西部以及Minnesota，北Dakota和南Dakota，其中约80%是酿造大麦品种（ROBUST 58%, EXCEL, MOREX, AZURA）。西部地区（Montana, Idaho, Wyoming, Colorado）只有30%种植酿造大麦，以两棱大麦为主。

美国的酿造大麦主要是六棱大

麦，而且六棱大麦在培育方面也比两棱大麦超前。

南半球的种植地区在澳大利亚，其大麦产量约有480万吨，是重要的出口国。种植地主要集中在澳大利亚西部和南部靠近海岸的地方以及山脉后面的亚热带地区。

1.1.3　大麦麦粒的结构

由麦粒的结构可以推断大麦的酿造价值并预测其可加工性，在此我们将大麦麦粒结构分为外部结构和内部结构。

1.1.3.1　外部结构

图1.2（1）所示为麦粒的背部和腹部。由于麦穗上培育大麦的麦芒很长，麦粒背部被加长了，但脱粒时麦芒会被折断。通过麦皮背部的皱纹可对麦皮的厚薄进行感官检验5，从而判断麦皮的厚度。图1.2（2）所示为麦粒的腹部麦皮，麦粒腹沟3处有基刺4，基刺为不可结籽的小花残体，它在一定程度上表明了大麦的品种。

酿造工业使用的大麦都是有麦皮的品种，即背部麦皮、腹部麦皮、果皮和种皮紧密生长在一起，脱粒时也被保留。而小麦则与此相反，脱粒时背皮和腹皮全部掉下，仅留下裸露的籽粒。当然，裸露的大麦品种也有，但它们在德国不用于啤酒酿造。

麦粒底部要比麦粒顶部尖一些，这是脱粒时麦芒被除掉造成的。如果脱芒机调节得过窄，就会损伤麦粒，而麦粒脱落处始终是很光滑的，从脱落处的形态（平的还是斜的）可以推断大麦的品种。

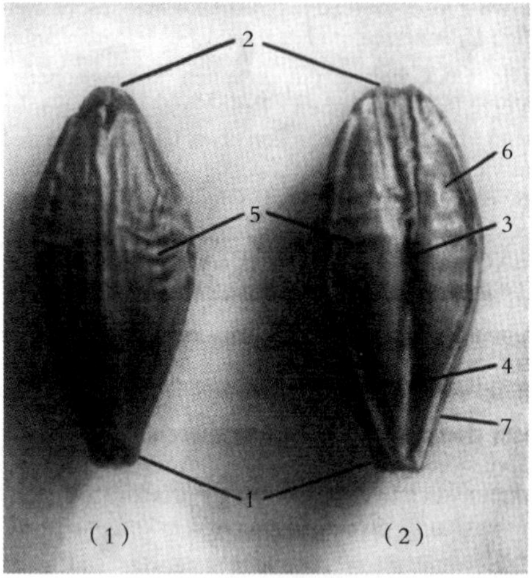

图1.2　大麦麦粒
（1）背部（2）腹部
1–麦粒底端　2–麦粒顶端
3–腹沟　4–基刺　5–麦皮皱纹
6–腹部麦皮　7–背部麦皮

1.1.3.2　内部结构

大麦麦粒（图1.3）主要由胚、胚乳和皮层三大部分组成：

胚含有叶胚芽2和根芽3使用的带生长锥体的胚基1。

一个很薄的组织层——盾状体4和一层细胞壁很薄的栅栏式细胞上皮层5将胚和胚乳分开。

胚乳6由许多胚乳细胞组成，这些细胞含有淀粉颗粒，细胞壁是由半纤维素和高分子蛋白质通过β–葡聚糖链构成的网状结构。

淀粉颗粒非大即小，没有中等大小颗粒的大麦淀粉（图1.3a），大颗粒淀粉（A型）的平均直径为20~30μm，小颗粒淀粉（B型）的平均直径为3~5 μm，小颗粒淀粉占胚乳淀粉颗粒总数的70%~95%，但重量却只占3%~10%[161]。小颗粒淀粉数量的变化很大，与遗传因素以及麦粒形成时的环境影响有关，小颗粒淀粉影响大麦的制麦特征以及麦芽的质量。

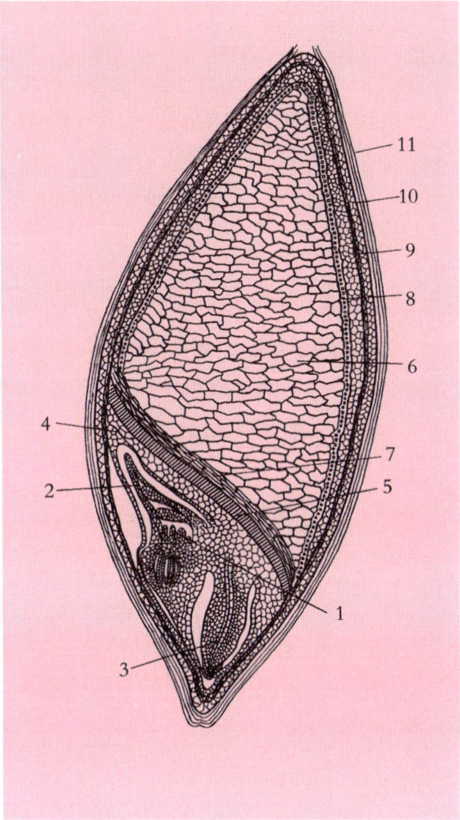

图1.3 大麦麦粒（纵切图）
1-胚基 2-叶胚芽 3-根芽 4-盾状体
5-上皮层 6-胚乳 7-空细胞 8-糊粉层
9-种皮 10-果皮 11-谷皮

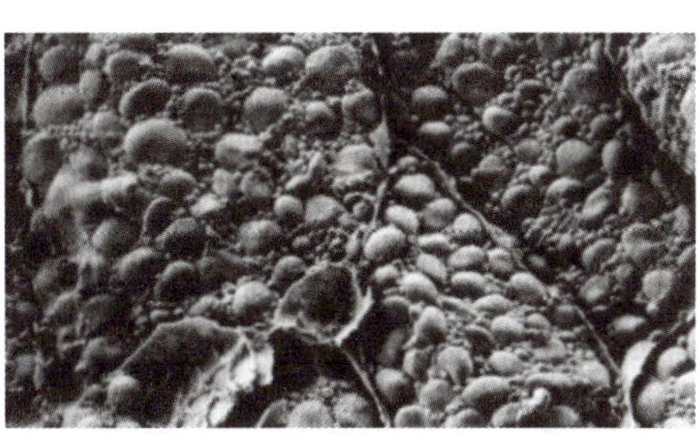

图1.3a 贮藏淀粉颗粒的淀粉细胞
（图片：VLB柏林，原料研究所）

淀粉颗粒间的空隙由含蛋白质的胚乳基层填充，这些基层部分可能很厚，也可能不存在，基层的厚度与大麦的可制麦性无关。

包裹着一切的淀粉细胞壁非常坚固，其厚度是大麦品种的特征，也与生长条件有关，酿造大麦的细胞壁通常比饲料大麦的薄。细胞壁的厚度是重要的大麦制麦特征，因为厚的细胞壁分解较慢，之前会阻碍物质的交换并保护细胞内容物质——必要的话可以保护数百年。牢固的细胞壁使大麦颗粒很硬，需要时只能通过强大的作用力打破。

胚乳被蛋白质含量丰富的细胞层——糊粉层8所包围，糊粉层是制麦时形成酶的最关键的起点，糊粉层蛋白质中还贮存着其它物质，如，脂肪、多酚物质和色泽物质。

麦皮由7个不同的皮层组成，主要分为3层：糊粉层之外最里的一层为种皮9，种皮包围着整个麦粒，只让水分透过，水中溶解的盐分则被挡住，这一点是由种皮的半渗透性决定的。

种皮之外为果皮10，果皮和种皮紧密生长在一起，果皮包围着种皮，而果皮又被谷皮11包围，背皮和腹皮保护着麦粒。

谷皮主要由纤维素和半纤维素组成，谷皮中含有的某些微量物质对啤酒质量不利，其中包括多酚物质、苦味物质和特斯停酸（Testinsaure）。

1.1.4 大麦的化学组成和各成分的性质

大麦含水量平均为14%~15%，但受气候影响波动很大，干燥气候下收获的大麦水分含量可为12%，潮湿气候下收获的大麦水分可达20%。水分含量高时，大麦的贮藏能力和发芽率会受到损害，因此必须干燥。待贮存的大麦，水分必须小于15%。除水以外的物质称为干物质，大麦干物质的平均化学组成如下：

- 总碳水化合物　70.0%~85.0%
- 蛋白质　10.5%~11.5%
- 矿物质　2.0%~4.0%
- 脂肪　1.5%~2.0%
- 其它内容物质　1.0%~2.0%

1.1.4.1 碳水化合物

碳水化合物由众多复合物组成，它们在各自的性质、加工意义及对产品质量的影响等方面区别很大，重要的组分有淀粉、糖、纤维素、半纤维素和麦胶物质。

1.1.4.1.1 淀粉

大麦最重要的成分是淀粉（$C_6H_{10}O_5$）$_n$，大麦中淀粉的含量为50%~63%~65%，缓慢成熟的大麦颗粒中由于葡萄糖（$C_6H_{10}O_6$）的同化和脱水作用形成淀粉。在大麦开始生长的阶段，淀粉为胚的呼吸提供能量，待叶绿素形成和同化作用开始后，大麦就可依靠自身能量合成而生长，不再消耗麦粒淀粉，淀粉以颗粒形式存在于胚乳细胞中。

淀粉颗粒含5%的脂肪和0.5%的蛋白质，可分为两种不同的淀粉结构：

－直链淀粉

－支链淀粉

支链淀粉	直链淀粉
它包围着直链淀粉，占淀粉量的75%~80%左右，非水溶性，在较高温度下糊化	被支链淀粉包围，占淀粉量的20%~25%；溶解于热水中，不糊化

支链淀粉和直链淀粉均由葡萄糖基团组成，这两种淀粉的主要区别在于结构不同，从而导致制麦和糖化时的分解能力也不同。

直链淀粉：
它由200~400个α－葡萄糖基团组成，在1，4－键处通过氧键连接在一起（图1.4和图1.4a）。
支链淀粉：
它由α－葡萄糖基团组成，在1，4－键处通过氧键连接在一起，每隔15~30个葡萄糖基团有一个1，6－键（图1.5）。它的结构外形就像带分枝的树干一样，所含葡萄糖基团可达6000个。

1.1.4.1.2 糖分

大麦中的糖分含量很少，为1.8%~2.0%，糖分可输送至胚部供使用。由于收获时麦粒处于休眠状态，所以只有少量分解产物存在，主要是蔗糖以及一些葡萄糖和果糖。

1.1.4.1.3 纤维素

大麦中含有5%～6%的纤维素，仅存在于麦皮中作为支撑物质。

纤维素和直链淀粉一样，也是由1，4－键相连的不分支葡萄糖基团长链组成。由于1，4－键是β位（直链淀粉为α位）的，所以纤维素不溶于水，麦芽中的酶也不能分解它，因而

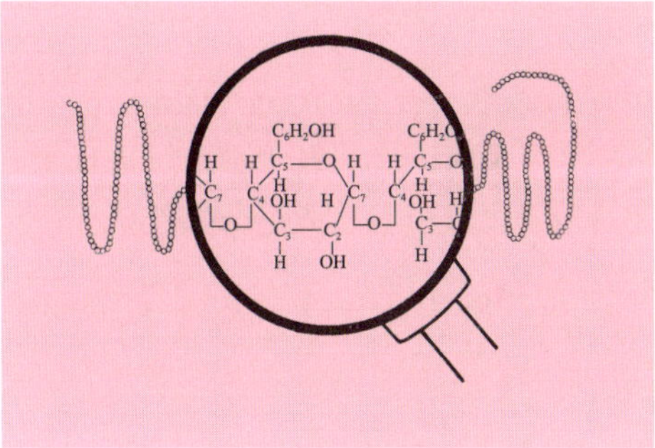

图1.4　直链淀粉结构

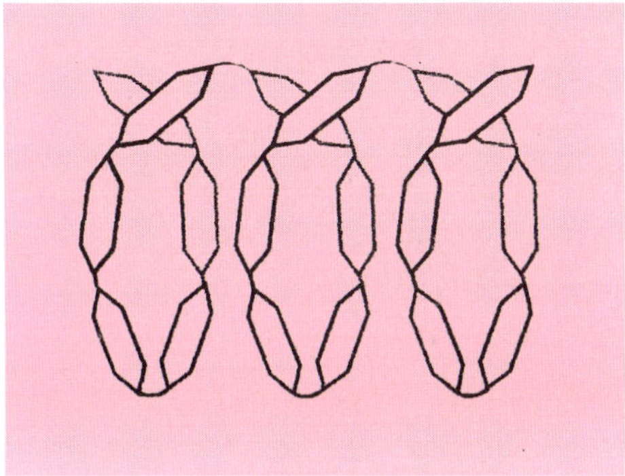

图1.4a　螺旋直链淀粉链

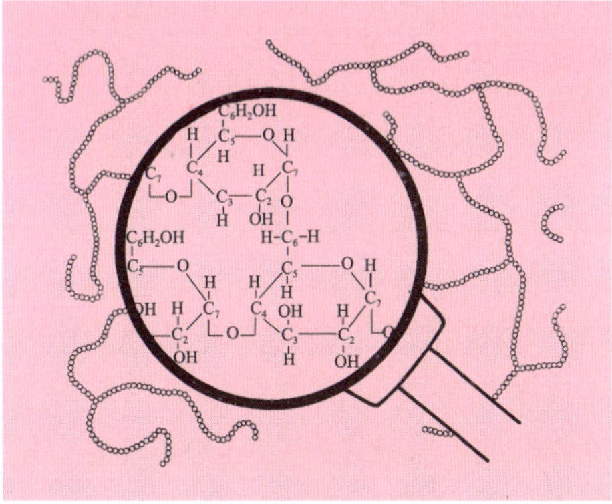

图1.5　支链淀粉结构

纤维素对啤酒质量没有影响。

1.1.4.1.4半纤维素

半纤维素是胚乳细胞壁的主要构成物质，由β－葡聚糖和戊聚糖组成，这两种成分共同构成了细胞壁的支撑物质。β－葡聚糖和戊聚糖是两种不同结构的物质，对啤酒生产和啤酒质量的影响也很不同，所以将二者分开讲述。

半纤维素的化学组成如下：

- 80%~90% β－葡聚糖
- 10%~20% 戊聚糖

（1）β－葡聚糖　β－葡聚糖由不分支的葡萄糖基团链组成，由1，3－糖苷键及更多的1，4－糖苷键连接。β－键连接的结果是葡萄糖分子不像直链淀粉那样呈螺旋形而是长的直链形式。这些链在胚乳细胞壁中与高分子蛋白质紧密结合，溶于水后通过氢键连在一起，形成结合物（图1.5a），因其外观也被称为缨子胶束。

通过不同的影响因素（见3.2.1.4）特别是伸拉作用，β－葡聚糖会形成凝胶，凝胶的形成对啤酒过滤不利，所以后续加工过程中要特别注意β－葡聚糖。

（2）戊聚糖　戊聚糖由戊糖、木糖和阿拉伯糖组成，戊聚糖中主要是由1，4－D－木糖基团组成的长链，这个长链中有几个位置连接着阿拉伯糖残基。制麦和酿造过程中，只有部分

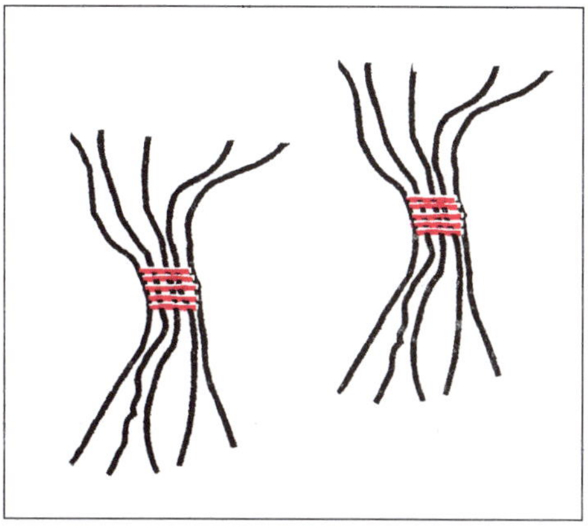

图1.5a　β－葡聚糖分子结合物（缨子胶束）

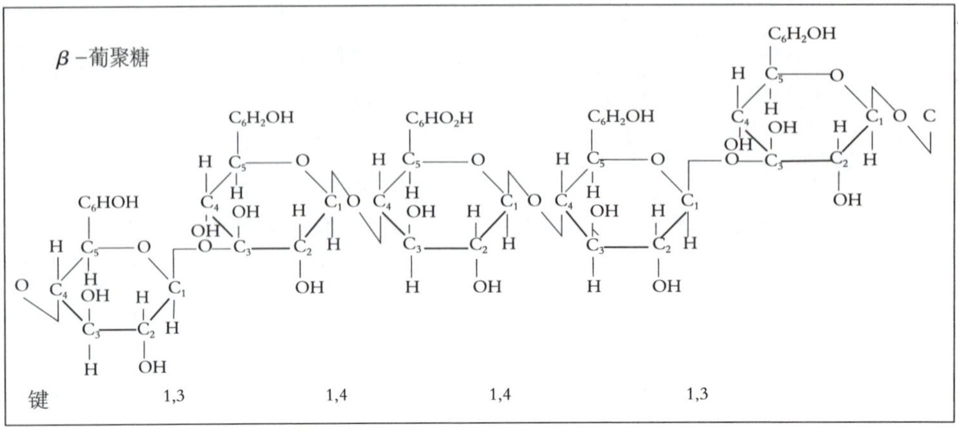

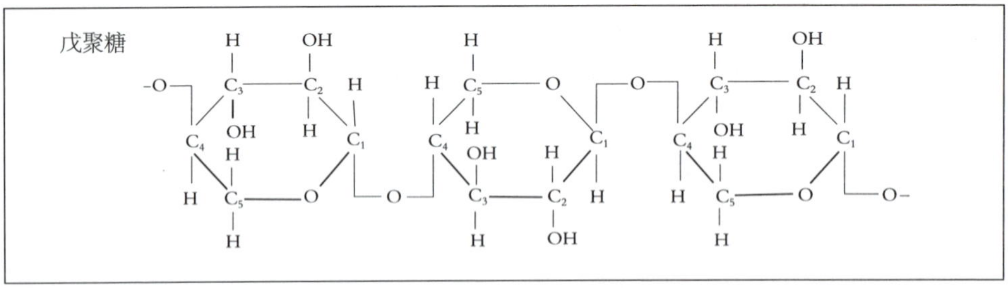

戊聚糖被分解，它对啤酒生产和质量的影响不大，这点与β－葡聚糖不同。

1.1.4.2 蛋白质

大麦中蛋白质含量在8%~11%~16%波动，其中仅有约1/3进入成品啤酒中，虽然进入啤酒中的蛋白质相对较少，但它对啤酒质量的影响却很大。

蛋白质可在很大程度上使啤酒产生浑浊，无论如何，大麦中蛋白质含量每增加1.0%，麦芽浸出物含量就会减少0.7%~1%，因此，购买大麦时，其绝干蛋白质含量最高不能超过11.5%。

由于各种蛋白质在啤酒生产过程中的表现不同，因此把大麦蛋白质分为以下两大组：蛋白朊和由蛋白质分解而来的蛋白质分解产物。

1.1.4.2.1 蛋白朊

蛋白朊是指相对分子质量在20000~300000的较高及高分子蛋白质，它不溶于水，煮沸时会沉降出来。

由于麦汁在糖化车间要煮沸（见3.4），蛋白朊不会进入成品啤酒中。大麦蛋白质的绝大部分由蛋白朊组成（约92%），奥思波勒（Osborne）根据蛋白朊的溶解性不同，将大麦中含有的蛋白朊分为几个组：

（1）谷蛋白　大麦蛋白质中谷蛋白占30%左右，它仅溶于稀碱，几乎只存在于糊粉层中，制麦和酿造时不分解，随麦糟一同被排走。

（2）醇溶蛋白　占大麦蛋白质的37%左右，它溶于浓度为80%的乙醇，部分进入麦糟中。

（3）球蛋白　球蛋白在大麦蛋白质中占15%左右，大麦中的球蛋白被称为麻仁球蛋白，可溶于稀盐溶液，即在醪液中溶解。球蛋白有四种组分（α，β，γ，δ），含硫的β－球蛋白经过长时间煮沸也不会完全沉淀出来，从而可导致啤酒出现浑浊。

（4）清蛋白　大麦中的清蛋白被称为亮氨酸，在大麦蛋白质中占11%左右，它溶于纯水，麦汁煮沸时全部沉淀出来，在制麦和酿造过程中，清蛋白的数量会减少，因为一部分被酶分解为蛋白质分解产物。

1.1.4.2.2 蛋白质分解产物

> 蛋白质分解产物溶解于水，煮沸时不会析出，成品啤酒中几乎只含有蛋白质分解产物。

大麦蛋白质中仅有少量的蛋白质分解产物（约8%），在制麦和酿造过程中，蛋白质分解产物的含量会增加。蛋白质分解产物又分为：

高分子蛋白质分解产物：其组成为蛋白质的复合分解物、由各种蛋白质形成并以此命名的蛋白胨（清蛋白分解物、谷蛋白分解物）以及复合肽。

高分子蛋白质分解产物有利于啤酒的泡持性，但也会使啤酒浑浊。

低分子蛋白质分解产物：它由蛋白质的基本单元——氨基酸以及聚合形成的肽组成。

两个氨基酸分子脱水形成二肽，其连接键－CO－NH称为肽键，它是所有蛋白质中氨基酸分子的典型连接方式（见下图）。

寡肽

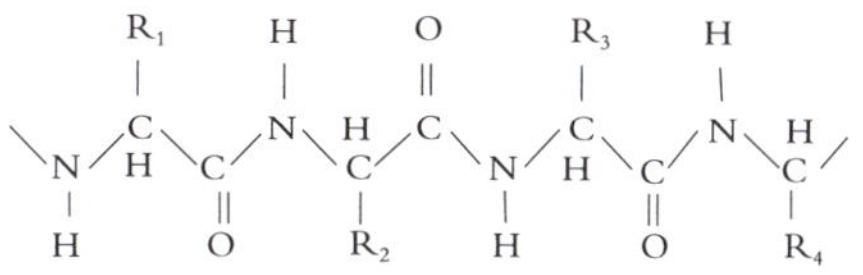

由3~9个氨基酸连接而成的分子被称为寡肽，由10~100个氨基酸连接而成的分子称为多肽。

低分子蛋白分解物是酵母必需的营养来源。

> 决定蛋白质性质的因素有：
> —所含氨基酸的数量和种类
> —氨基酸的排列顺序
> —蛋白质分子中氨基酸排列的空间结构

氨基酸分子的空间结构形式：

- 初级结构　氨基酸在整个分子中直线排列
- 二级结构　像直链淀粉中葡萄糖基团的排列一样（图1.4a），氨基酸基团在蛋白朊中螺旋式排列，与电话机听筒线一样。

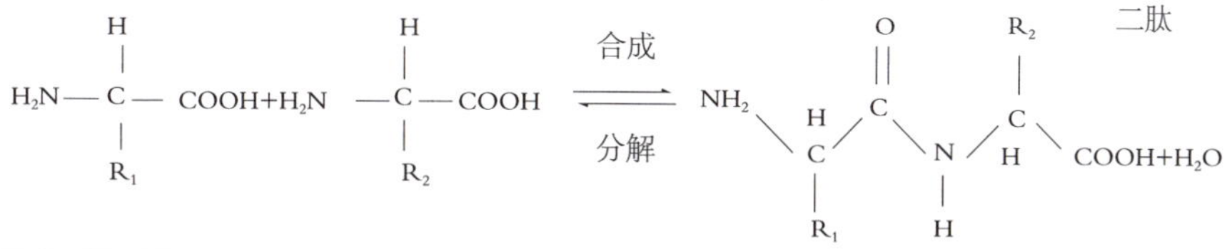

- 三级结构　像将听筒线绕成线团一样，二级结构以一定的方式绕在一起，某些官能团之间形成了决定三级结构的松散化学键，这种结构与温度和pH有关，在一定条件下决定蛋白朊的溶解度、变性以及沉淀。
- 酶　大部分是具有三级结构的蛋白朊，某处有一个开口、凹槽或裂缝与底物产生特定接触，就像钥匙和锁的原理一样，蛋白朊的三级结构也可以解释酶的最佳温度和最佳pH。

氨基酸是酵母构成细胞物质的重要营养源，根据结构的大小，酵母可以直接吸收氨基酸或提取氨基组，如果多个氨基酸连接在一起，就会有一个剩余的NH_2基团存在，其它的NH基团酵母不能利用。对酵母营养有重要意义的NH_2含量被表示为：

- 游离α－氨基氮（FAN）
- α－氨基氮
- 甲醛氮

1.1.4.3 脂肪

大麦含有2%左右的脂肪，大麦脂肪主要贮存于糊粉层和胚中，糊粉层和麦皮中所含脂肪是胚中的9倍。

脂肪的主要组成是脂肪酸，脂肪酸是含$COO—H^+$官能团的碳水化合物，是弱酸。

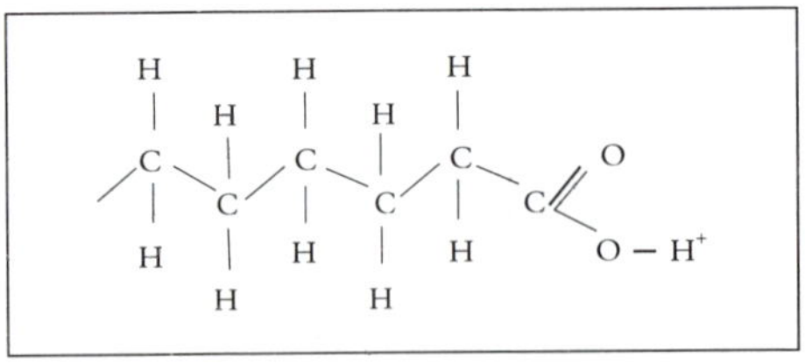

人们将其分为：

- 短链脂肪酸，例如醋酸
- 中长链脂肪酸，含5~14个碳原子
- 长链脂肪酸，含16~18个碳原子

后续工艺中经常会涉及脂肪酸，特别是不饱和脂肪酸有着重要意义，不饱和脂肪酸是指在两个特定的碳原子之间有一个或多个双键的脂肪酸（图1.5b）：

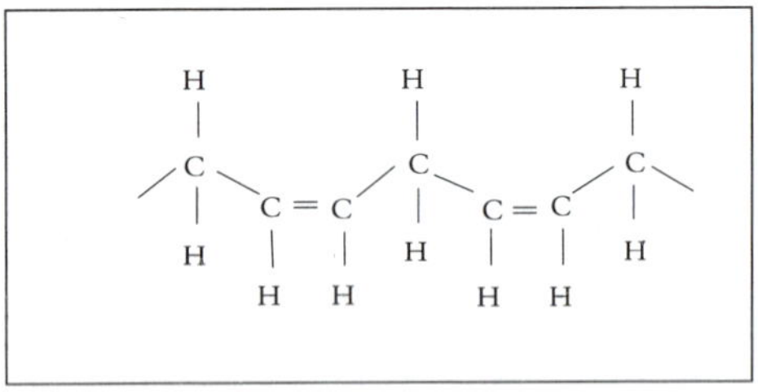

不饱和脂肪酸不仅对人的营养意义重大，因为有些是人体不能合成的（主要脂肪酸），而且在啤酒生产中也起着重要作用：不饱和脂肪酸是构成酵母细胞壁的必需物质（见1.4.1），但其衍生物也会在灌装后导致啤酒口味老化，因此后续工艺过程中要注意脂肪酸及其衍生物的变化。

不饱和脂肪酸反应活性很强，氧化可使双键分解，这一过程可通过脂肪氧化酶完成，也可以不通过酶进行。

中长链脂肪酸主要在前酵时形成，啤酒成熟过程中更多地由酵母分泌，对泡沫不利。

脂肪是甘油（甘油醇）和脂肪酸形成的酯，酯是酸和醇的产物，甘油是一种醇，为丙三醇。

脂肪酸与甘油以下列方式脱水反应：

脂肪酸残基—COO—H+OH—C—H_2
脂肪酸残基—COO—H+OH—C—H
脂肪酸残基—COO—H+OH—C—H_2

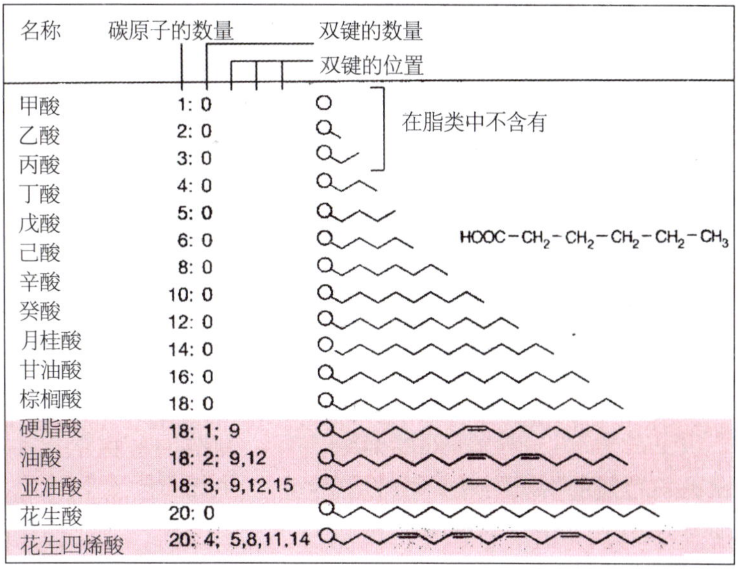

图1.5b　最重要的脂肪酸一览
圆圈：COOH基团
弯曲线段：一个CH_2及不饱和脂肪酸上的一个CH基团和链末端：CH_3基团

从而形成脂肪（油）。脂肪变质时组分重新吸水分离。

1.1.4.4 矿物质

大麦中的矿物质含量在2%~3%，矿物质的主要部分是无机盐。主要矿物质有：

磷酸盐：约35%（以P_2O_5计）

硅酸盐：约25%（以SiO_2计）

钾　盐：约20%（以K_2O计）

（1）磷酸盐　它不仅是矿物质及其化合物的主要组成部分，而且还存在于麦粒最重要的有机化合物中（如植酸钙镁、核酸、蛋白质等）。制麦和酿造生产中，磷酸盐通过转化从这些化合物中游离出来。

磷酸盐对许多生产过程都具有重要意义，比如没有磷酸盐酒精发酵就不可能进行，因为酒精发酵的许多过程都与磷酸紧密相关。

（2）硅酸盐　麦皮中含量特别丰富，淀粉中也有，它呈胶体溶解，啤酒浑浊时总能发现硅酸盐。

作为微量元素，许多盐都对啤酒酿造很重要，比如：锌盐有利于发酵。啤酒中的大多数盐来自麦芽，每升啤酒（12%）大约含有1600mg矿物质及其氧化物，其中约有400mg矿物质来自酿造用水，约1200mg矿物质来自麦芽（碳酸盐都来自水）。

1.1.4.5　其它物质

大麦中还含有一系列其它物质，它们的含量虽少，但对啤酒质量和啤酒生产也能产生影响。它们是：多酚物质、苦味物质、维生素和酶。

1.1.4.5.1　鞣质或多酚物质

大麦中的多酚物质存在于麦皮和糊粉层中，量大时具有不适的刺激性和苦味，其含量随麦皮厚度的增加而升高，使用厚皮大麦时，在制麦过程中就应尽量将这类物质分离出去，苦味树脂也一样。

多酚物质主要涉及花色精及其前

期物质，花色精都是苦涩的有色物质和香味物质，存在于许多果实中，根据酸度（pH）的不同，颜色可发生改变。

在啤酒中这类化合物与高分子蛋白质结合形成浑浊，使啤酒的消费价值降低，甚至不能饮用。

为了避免这种浑浊，灌装前必须除去啤酒中的这类多酚物质。但也可以培育不含花色精的大麦品种，从而完全或部分免除这种稳定处理措施，不含花色精前期物质的大麦品种“Caminant”[162]就取得了这样的效果。

1.1.4.5.2 维生素

维生素是一类只能从植物中获得，人体不能合成的营养成分，它是人体维持新陈代谢过程必需的物质，摄入足够的维生素是人体生命活动所必需的，缺乏维生素人体就会产生疾病。

大麦中含有下列维生素：

（1）维生素B_1（硫胺素）　主要存在于麦粒外层；

（2）维生素B_2（核黄素）；

（3）维生素C（抗坏血酸）　量很少；

（4）维生素E（生育酚）　存在于胚的脂肪中。

维生素是结构很复杂的化合物，麦粒的贮存和加工处理会损害维生素。

1.1.4.5.3　大麦中的酶

酶是一切有生命的植物和动物的组成部分，大麦和酵母中也含有丰富的酶。制麦和啤酒生产时的众多物质转化过程几乎都要通过酶的作用完成，因此有必要阐述酶及其结构和反应机理。

> 酶是高分子蛋白物质，它作为生物催化剂引起或加速特定的反应，浓度很低时也能起作用并决定生化反应的方向和速度。
>
> 酶的名称来自被分解物质，如分解蔗糖的酶称作蔗糖酶。

大麦中含有一系列的酶，但大多数酶的含量很少，同时大部分酶在制麦过程中才形成。

（1）酶的结构　酶的基本结构单元是以肽键—CO—NH—的形式彼此连接的氨基酸，肽链在酶中不是以平面的形式而是以螺旋状的形式排列，这种螺旋结构是由不同的链接导致的，这些螺旋还被折叠或缩合成多种多样的形式。这些螺旋、折叠、团状结构由所形成的有机体预先确定，对酶的反应机理起着决定性的作用。

就目前所知，酶由蛋白团（球）组成，它们具备一个特有的袋子、条缝或凹槽，刚好将物质装进去（就像钥匙和锁之间的对应关系一样）。

（2）酶的反应机理　酶的活性中心存在于分子团内部的典型酶袋、条缝或凹槽中（见图1.6），此活性中心2由特定排列的氨基酸及其它作用基团组成。活性中心对底物产生一个吸引力（1），当底物进入酶袋后，酶的氨基酸及其它作用基团与底物连接，这种连接通过正负电荷或化学键实现。此时，氨基酸的空间结构被改变，底物与酶连接在一起（2）[19, 20]，分解后（3）活性中心的氨基酸又重新恢复

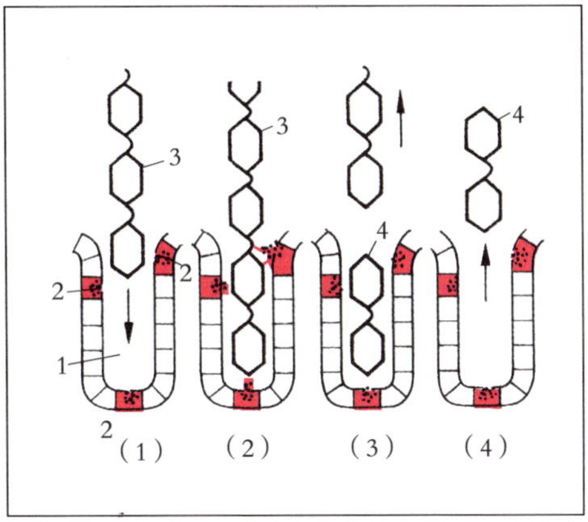

图1.6 酶的反应机理图示
（以β-淀粉酶为例）
（1）底物进入（2）与活性中心部位连接
（3）氨基酸返回（4）产物离开酶袋原位
1-酶袋 2-活性中心 3-底物 4-产物

其原有状态，产品也从酶中渗透出来（4），酶再作用于下一次分解过程。

所形成的独特酶袋以及活性中心的排列决定了每种酶都只能与某种特定的底物反应，因此所有酶对底物都具有高度的专一性。图1.7展示了酶的催化机理。

许多酶的催化作用都与酶活性基（辅酶）有关，二价金属通常对于某些酶的功能十分重要，比如，Fe^{2+}、Mg^{2+}、Ca^{2+}等，这些金属被结合在酶中。

（3）酶的催化机理 在化学反应过程中，特别是在有能量贮存的化合

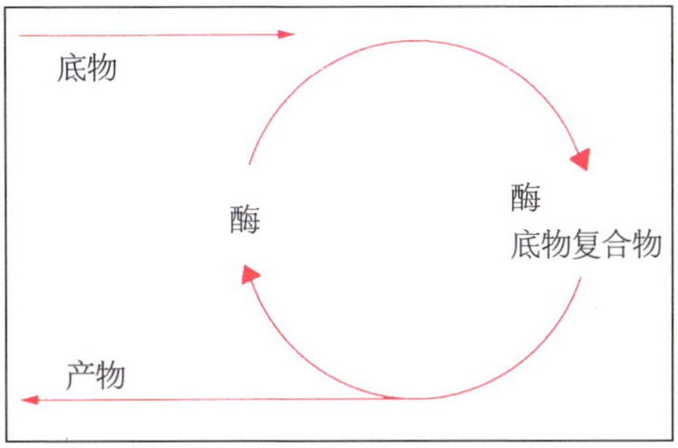

图1.7 酶的催化反应机理

物分解过程中，必须克服活化能，从而使能量释放出来。比如，能量贮存丰富的纤维素（木材）氧化（燃烧）时会变成缺乏能量的水和二氧化碳，同时释放出能量（热量）。但这个过程（放热）不能自动进行，需要吸热，通过吸入热量（点燃）克服活化能，这点对于自然界中所有反应进程都很重要，因为如果没有活化能存在，所有物质都会迅速处于平衡状态，没有能量差，生命也就不可能进行。

如果含有一定能量的底物（见图1.8）要从高能量状态（A）向低能量状态（C）转化，则必须首先通过能量输入将底物置于活化状态（B），所需能量被称为活化能（E），只有克服这种能量，才能达到低能量状态（C）[21]。

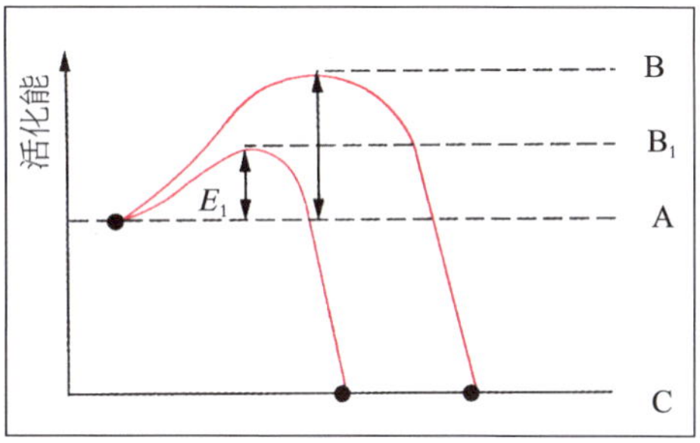

图1.8 通过酶来降低活化能量（催化反应）

酶的催化作用可降低活化能

这就是说：能量区间（B_1）明显降低，需要的活化能（E_1）也明显减少，这样酶对物质进行分解时，各种反应过程的速度就会大大加快。

休眠期的大麦中只有很少的酶，而且多数处于不溶解的结合状态，大多数酶在大麦发芽过程中形成或游离出来。

为了把胚乳中贮存的非水溶性内容物质转化为水溶性的，并将其送往

胚部以便合成新的细胞物质或获得能量，酶是必不可少的。

由于糖化时的分解过程需要酶，制麦的主要任务就是在发芽时形成酶。

1.1.5 大麦质量评价

由于所购买的大麦质量很大程度上影响着麦芽和啤酒质量，所以评价大麦质量对于制麦者来说十分重要。

评价大麦质量从以下两个方面进行：

- 感官评价
- 理化分析

询价和进货时都要对大麦进行质量评价，检查质量是否符合要求。大麦批量越大，其组成波动也越大，为了准确了解其平均组成情况，必须尽可能从不同的位置取样并混合。

1.1.5.1 感官检验

挑选酿造大麦主要以大麦的品种和种植地区为依据，除了在大麦供货时进行快速检查外，大麦的感官检验（外观评价）也很重要。这些感官检验项目有：

（1）气味　大麦气味应为新鲜纯净的麦秆气味，水分高以及贮存不当会使大麦产生霉味，导致大麦发芽率低，同时加工处理困难。

（2）湿度　大麦应感觉干燥，能从手中滑落，若大麦粘在手上，则表明此大麦的水分很高。

（3）颜色和光泽　大麦外观应为浅黄麦秆色，有光泽，均匀。若大麦外观为绿色，说明大麦收割过早，淋过雨的大麦呈灰色，无光泽。麦粒顶端呈棕色可能是某一品种的特征（Isaria），但大多是收割时潮湿所致，这会导致大麦呈水敏性。

（4）红颗粒　红颗粒（胚乳呈红色）是由于镰刀霉菌的侵害，由此生产的麦芽会使啤酒产生喷涌，所以有红颗粒的大麦不适合制麦。

（5）麦皮特性　麦皮应有细腻皱纹，细腻皱纹表明大麦麦皮薄、浸出率高。未成熟大麦的麦皮通常较厚或平滑，麦皮越厚，所含多酚物质和苦味物质越多。

有些年份会出现成熟期麦粒破裂的现象，这是麦粒生长和成熟期内热（太阳）和雨交替引起的，品种的遗传特性以及霉菌的影响会加强或削弱这一效应[192]，可能出现的结果有[191]：

- 麦皮破裂：腹部麦皮与背部麦皮结合处没有完全合拢，但里面的种皮没有受到损害
- 麦粒破裂：麦皮和内层有裂缝，甚至可能到达胚乳，麦皮破裂的现象使大麦质量下降
- 发芽：如果收割时特别潮湿，大麦在麦秆上就开始发芽，这种大麦不能用于制麦，正常情况下自然休眠期可以阻止麦粒发芽

（6）大麦纯净度　大麦中绝不能含有杂粒，如，杂草籽、沙子、石头、绳头、麦草、麦秆、麦芒、金属、半粒、麦角、杂谷粒。

（7）伤粒　伤粒会导致加工过程中工艺和微生物方面的问题，因此必须去除伤粒，伤粒主要出现在收割和

有虫害时。

（8）形状和麦粒大小　麦粒应饱满、粒大，这种麦粒往往比扁平细长的麦粒浸出物含量高，蛋白质含量低。麦粒形态主要取决于大麦品种。

（9）均匀度　腹径在2.5mm以上的麦粒比例要高，这样可得到均匀的大麦。

（10）胚部外观　潮湿季节收割的大麦中往往含有已发芽的麦粒，它会导致大麦发芽不均匀，所以已发芽的麦粒制麦时没有利用价值。

（11）虫害　最常见的虫害是甲壳虫，受其侵袭的大麦有明显的虫蛀处，浸麦时被虫蛀的麦粒会浮上水面，没有利用价值。

1.1.5.2　物理和化学分析

1.1.5.2.1　分级

分级是最重要的大麦物理分析方法，既快速又简单，通过2.8mm、2.5mm和2.2mm的振动筛将大麦分为四个等级。

所有截留于2.8mm和2.5mm筛面上的麦粒为一类大麦（又称全大麦），所有穿过2.8mm和2.5mm筛子，但被截留于2.2mm筛面上的大麦粒为二类大麦，穿过所有筛孔的麦粒为瘪大麦，作为饲料出售。

由于分析样品总是采用100g，所以各筛上的重量就是百分比，例如：

筛Ⅰ	42.5g	一类大麦含量为	88.5%
筛Ⅱ	46.0g	（全大麦比例）	
筛Ⅲ	10.5g	二类大麦含量为	10.5%
底面	1.0g	杂麦含量为	1.0%
	100.0g		100.0%

一类大麦含量的标准值：	
一般酿造大麦	≥85%
优质酿造大麦	≥90%
最佳酿造大麦	≥95%
瘪大麦含量的标准值：	
清选不好的大麦	＞4%
一般酿造大麦	3%～4%
优质酿造大麦	2%～3%
最佳酿造大麦	＜2%

1.1.5.2.2　千粒重

由于千粒重与水分成正比，所以通常计算绝干千粒重。千粒重与大麦分级率和大麦浸出率之间存在着一定关系，千粒重值越高，则一类大麦含量越高，浸出率也越高。测定千粒重时借助计数板或计数仪计数，然后用天平称重进行计算，伤粒、杂粒必须在计数前除去，并将其重量从总重量中减去。

千粒重计算公式：

$$风干千粒重(g)=\frac{校正后的麦粒重量\times 1000}{整粒粒数}$$

$$绝干千粒重(g)=\frac{风干千粒重\times（100-大麦水含量）}{100}$$

举例：

40g样品中有1.6g伤粒和杂粒，样品为1048粒，大麦水分11.5%，其千粒重计算如下：

1048颗麦粒重=40.0－1.6=38.4（g）

$$风干千粒重=\frac{38.4\times 1000}{1048}=36.6（g）$$

$$绝干千粒重=\frac{36.6\times（100-11.5）}{100}=32.4（g）$$

则：千粒重为32.4g

千粒重标准值：		
风干千粒重	37~40g	轻质大麦
风干千粒重	41~44g	质量中等的大麦
风干千粒重	>45g	重大麦
绝干千粒重正常值	38~40g	
绝干千粒重界限值	30~45g	

1.1.5.2.3 百升重

它说明了每100L大麦的重量，一般酿造大麦的百升重为68~75kg，百升重的大小与许多因素有关，如今已几乎不再测定。

1.1.5.2.4 粉状粒含量（胚乳特性）

粉状粒含量说明大麦在制麦中的可加工性和对麦芽质量的影响。切粒试验采用纵向或横向切粒器进行，优质酿造大麦的粉状粒含量不应低于80%，玻璃粒又分为暂时玻璃粒和永久玻璃粒，区分暂时玻璃粒和永久玻璃粒时，必须将玻璃质麦粒浸泡24h，干燥后再次切粒判断，呈永久玻璃质的麦粒难以加工成麦芽。

1.1.5.2.5 化学技术分析

每批大麦首先要进行水含量和蛋白质含量测定，其它分析项目则根据需要进行。

（1）水含量　根据标准干燥法进行水含量测定，按照规定的温度和时间将大麦粉碎物干燥。此外还有快速水分测定仪，可以测定供货大麦的水分。

（2）蛋白质含量　大麦蛋白质含量对制麦和啤酒酿造起着重要作用，蛋白质含量高的大麦加工难度高，制麦损失也很高，蛋白质每增加一个百分点，就会导致相近百分点的浸出物损失，因此在大麦供货合同中，蛋白质含量有着特殊意义，超过合同中规定的蛋白质含量会造成相应比例的浸出物损失。

实验室采用凯氏（Kjeldahl）定氮法或快速测定法检测蛋白质。

人们检测的是氮的含量，因为蛋白质中的氮含量通常为16%，所以通过系数6.25就能得到蛋白质含量（$\frac{100}{16}=6.25$）。

1.1.5.3 生理检测

1.1.5.3.1 发芽率

发芽率是指样品中有生命麦粒的百分比，发芽率与大麦是否度过休眠期无关。大麦发芽率：≥96%

1.1.5.3.2 发芽力

发芽力是指检测时在正常发芽条件下发芽大麦所占的百分数，发芽力是3d后和5d后麦粒发芽的尺度，大麦发芽力高说明大麦的健康状况良好，制麦过程也会很顺利。

5d后的发芽力应达到：	
一般酿造大麦	至少95%
良好的酿造大麦	至少98%
优质酿造大麦	至少98%
3d后的发芽力应尽量接近5d后的发芽力。	

除了测定发芽率之外，还有TTC快速发芽率测定法（TTC代表三苯基四唑氯化物），此法特别适合测定当年10月1日前收获的大麦的发芽率。

1.1.5.3.3 水敏性

大麦具有不同的水敏性，浸麦时必须注意：水敏性越高，大麦湿浸时间就应越短。利用不同水量（4mL发芽力减去8mL发芽力）测定的发芽力差值即为水敏性值。

水敏性 <10%：水敏性很低的大麦
水敏性 11%~25%：水敏性低的大麦
水敏性 26%~45%：有一定水敏性的大麦
水敏性 >45%：水敏性很高的大麦

1.1.5.3.4 吸水能力

大麦的酶活力越高，吸水能力就越强，酿造价值也就越高。检验大麦的吸水能力可判断大麦能否在最短的浸麦时间内最大限度地吸水。

浸泡72h后的吸水能力评价：
吸水能力 <45% 很低
吸水能力 45%~47.5% 一般
吸水能力 47.6%~50.0% 好
吸水能力 >50% 非常好

1.2 酒花

酒花（蛇麻葎草酮，Humulus Lupulus L.）为多年生雌雄异株的攀缘植物，它属于荨麻植物组和荨麻植物族。啤酒厂仅用雌性酒花，它含有苦味树脂和芳香油，这些成分赋予啤酒苦味和香味。

酒花定义如下：酒花是雌性酒花植物的干燥花朵以及由它制成的、仅含酒花组分的酒花制品。

酒花必须在特殊的地区种植，这些地区必须满足酒花生长所需的前提条件，酒花收获之后，为避免酒花利用价值降低，需进行干燥和加工。酒花花朵的结构及其组成是判断酒花质量的依据。

1.2.1 种植地区

世界最大的酒花生产国是德国和美国，紧跟其后的以前是捷克共和国现在则是中国。过去几年中酒花的种植面积及收获量如下：

国家	种植面积/hm²		收获量/t
	1997年	1995年	1997年
德国	21381	34121	34083
英国	3067	4078	4474
西班牙	847	1724	1158
法国	774	1108	1149
比利时	304	603	550
奥地利	246	335	377
葡萄牙	128	128	100
冰岛	6	10	9
欧盟	26754	42109	41898
捷克	7466	9910	7411
乌克兰	1900*	2565	740*
独联体（Russ foerderation）	1697*	2500*	847*
波兰	2480	3264	3175
斯洛文尼亚	2326	3967	4194
罗马尼亚	713	1839	622*
斯洛伐克	777	1035	772
前南斯拉夫	589	808	930
保加利亚	385	360	312
土耳其	297	300	292
瑞士	22	50	45
匈牙利	0	37	0
整个欧洲	45406	68743	61238
美国	17537	35768	33962
阿根廷	212	375	196
加拿大	125	165	94
整个美洲	17874	36307	34252

续表

国家	种植面积/hm²		收获量/t
	1997年	1995年	1997年
南非	651	1209	985
津巴布韦	0	48	0
整个非洲	651	1274	985
中国	4392*	16005*	11746*
日本	398	956	762
印度	108	94	35
韩国	5	9	4
整个亚洲	4903	17064	12548
澳大利亚	1053	2558	2454
新西兰	354	756	769
整个澳洲	1407	3315	3314
全球产量	70241	126686	112337

*：估计值。

酒花的总需求量约为125000t，由于每年的酒花收获量有所波动（图1.9），无法保证满足这一需求量，而另一方面全球现有的酒花存储量可以满足一年的酒花需求量，除了那些啤酒消费发展强劲的地区外，酒花的需求量均出现轻微的下降，原因是：

- 啤酒消费量停滞不前，甚至出现部分下降
- 啤酒的苦味值一直在下降
- 越来越多地使用α－酸含量高的酒花品种

（1）德国　德国最大的酒花种植地为哈拉道（图1.10），哈拉道位于奥格斯堡和雷根斯堡之间，其中心在美因堡周围，种植面积为17440hm²（1997年），德国大部分酒花都种植在这里。

博登湖北部泰特朗种植区的总种植面积扩展至1666hm²（1997年）。

易北河–萨勒河地区的47名种植主（1996年）共种植了总面积为1526 hm²的酒花（1997年），易北河－萨勒河区域一直延伸到德国的萨克森、图林根及南部的萨克森–安哈特联邦州。

施派尔特种植区的种植面积为627hm²（1997年），此地区位于纽伦堡的西南部。

赫尔思布位于纽伦堡的东北部、法兰克山脉的边缘，酒花种植面积为106hm²（1997年），是德国最小的酒花种植地区之一。

巴登/比特堡/莱茵兰法尔茨种植

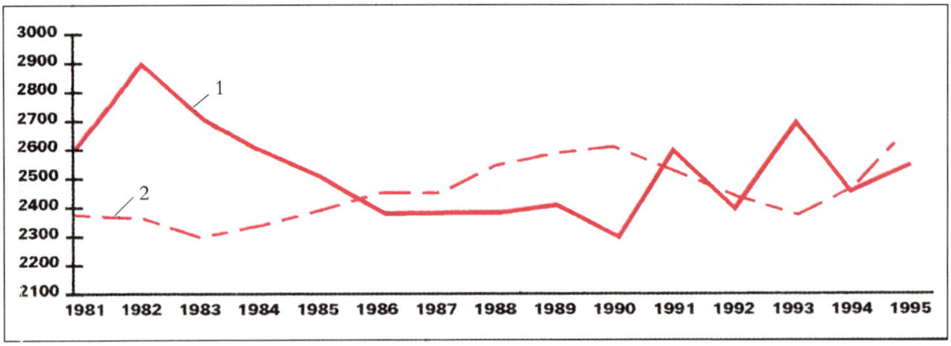

图1.9　酒花收获量和酒花需求量
1–酒花收获量　2–酒花需求量

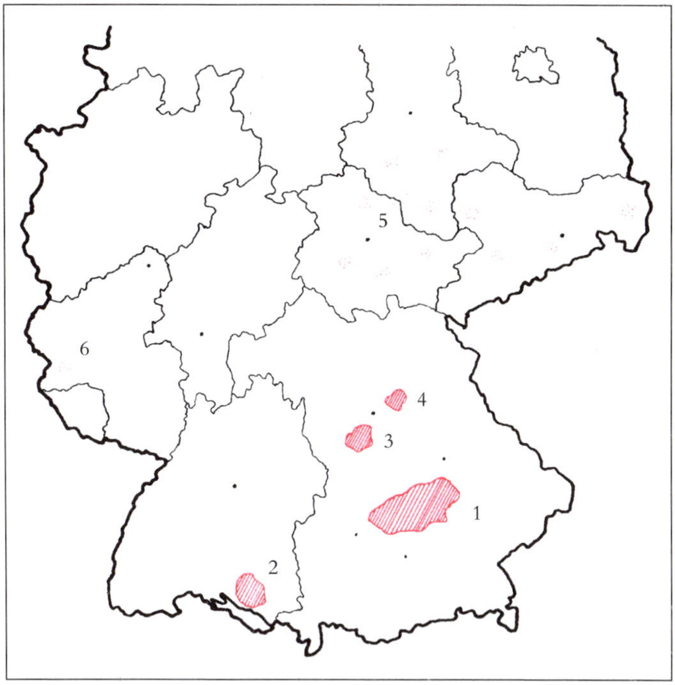

图1.10　德国的酒花种植区
1–哈拉道
2–泰特朗
3–施派尔特
4–赫尔思布
5–艾尔–萨勒地区
6–巴登/比特堡/莱茵法尔茨

区仅有3名种植主，种植面积仅为16 hm^2，因此它是德国最小的酒花种植区。

在德国，香型酒花占绝对主导地位。1996年酒花收获量如下：

香型酒花	24316t
苦型酒花	8735t
α –酸含量高的酒花	6300t
其它类型的酒花	160t
德国的酒花总产量	39511t

种类的区分见1.2.6。

（2）美国　在美国，华盛顿的酒花产量最高（1997年为25318t），其次是俄勒冈（6156t）和爱达荷（2487t），美国的酒花种植量和收获量分别为：

香型酒花	7741t
苦型酒花	5030t
α –酸含量高的酒花	19550t
其它类型的酒花	1684t
美国的酒花总产量	34006t

在香型酒花中占主导地位的是Willamette，其次是Tettnang。占主导地位的苦型酒花和 α –酸含量高的酒花是Galena、Nugget和Cluster。

（3）捷克共和国　捷克共和国的主要酒花种植地是Sazzer，其种植面积为5640hm^2（1997年），其次是小型酒花种植区Auscha（936hm^2）和Tirschitz（875hm^2），捷克共和国仅种植香型酒花。

（4）英国　英国的酒花种植地是肯德郡和Herefordshire，其种植面积为3067 hm^2（1997年），主要酒花品种是 α –酸含量高的Target，其次为香型酒花Goldings、Challenger和Fuggles。

（5）中国　中国的酒花种植面

积为4400hm²（1996年），酒花收获量为12000t。酒花种植区主要有以下几个省：

新疆	2500hm²	7500t
甘肃	1700hm²	4000t
宁夏	150hm²	400t

酒花品种主要为苦型酒花青岛花641和Toyomidori。

1.2.2 酒花的采摘、干燥和保存处理

酒花收获之后必须干燥，变成可储存的形式。

1.2.2.1 采摘

酒花采摘成熟时机为八月底，整个采摘应在14d内完成，将酒花藤蔓从架线上松开，然后摘下带有短茎的花朵（雌性），如今采摘酒花使用酒花采摘机。

1.2.2.2 干燥

刚采摘的酒花含有75%~80%的水分，不能贮存，必须尽快干燥。酒花的干燥在带式干燥器中进行。小型企业则利用干燥炉分批处理。酒花在最高为50℃的温度下小心地被干燥，水分降至8%~12%，干燥完毕后立即进行袋装或压榨成大块再包装。

即使采用这种包装形式，长时间存放也会降低酒花质量。由于：

- 氧化作用
- 吸收水分
- 温度升高

酒花的苦味值很快就会降低并出现其它不利情况，因此酒花必须进行稳定化处理。

1.2.2.3 酒花的稳定化处理

采摘后的酒花大部分被加工成酒花浸膏和颗粒酒花，仅有一小部分作为全酒花使用，无论哪种情况，从收获到加工都要经过一段时间，在此期间必须防止酒花变质，因此人们利用液压设备将酒花压缩为长1.1m，直径0.6m的捆卷状，然后装入布袋并缝好，这样，每捆酒花大约重65kg。由于酒花被压缩，进入酒花中的空气减少，水分的吸收也减少。为了更好地利用存储空间，捆卷状改为可堆放的长方形。

1.2.3 酒花花朵的结构

酒花有雌雄两种，人们仅种植雌性酒花，第二年它会在分支轴上长出花果，根据其形状，人们称之为酒花花朵或酒花花球。了解酒花花朵的结构对于进一步了解酒花内容物非常重要（图1.11）。

花朵组成部分	特性
花茎（1）	应较短
花轴（2）	形状弯曲，呈之字形
分支轴花朵（3）	在曲节上有分支，每个分支轴上长有被遮住的花朵和苞叶；若酒花已结实，则在此处形成籽。结籽酒花花朵的散开度很大
苞叶（4）	黄绿色的叶片，外形像鸡蛋，苞叶生根端的颜色要比顶端的颜色黄一些。苞叶的排列为松果状

续表

花朵组成部分	特性
蛇麻腺（5）	为黄色的、黏稠的粉粒，位于前叶之中，而前叶处于花轴和苞叶之间。蛇麻腺以花萼形式产生，花萼中分泌出苦味树脂和芳香油。花萼被膜覆盖，以防止分泌物的流失；触摸可使花萼折断；除多酚物质外，蛇麻腺含有酒花中所有对啤酒酿造有价值的组分

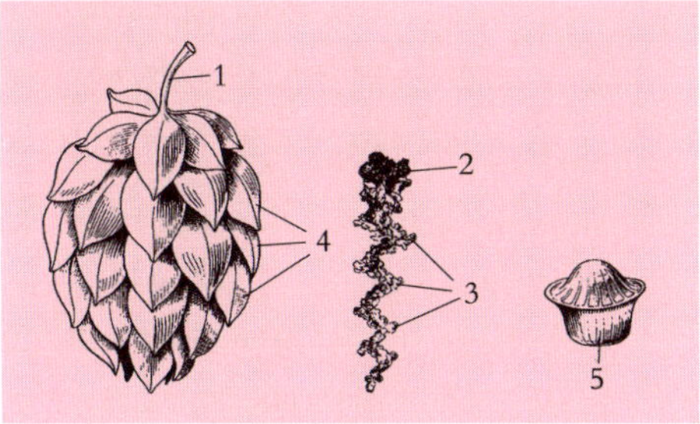

图1.11 酒花花朵
1–花茎 2–花轴 3–花朵
4–苞叶 5–蛇麻腺

1.2.4 酒花组分的组成和性质

酒花的组分对啤酒质量意义重大，酒花干物质的组成如下：

苦味物质	18.5%
酒花油	0.5%
多酚物质	3.5%
蛋白质	20.0%
矿物质	8.0%

剩下的是纤维素和其它物质，它们对于啤酒酿造没有多大意义。对啤酒酿造具有重要意义的成分是苦味物质和酒花油。

1.2.4.1 苦味物质或酒花树脂

酒花植株已在早期生长过程中形成微苦的β–酸，并将其排入正在形成的蛇麻腺中。酒花成熟期间，一部分β–酸转化为苦味更重的α–酸。这种只涉及一部分β–酸的转化受气候条件影响很大，如干热的酒花成熟季节比湿冷的夏季对这种转化过程的阻碍更大。

就啤酒的苦味而言，α–酸或葎草酮是最重要的化合物，它们并非单一的化合物，其组分之一合葎草酮对啤酒的苦味有不利影响。由于α–酸的含量及其组成属于酒花的种类特点，人们在培育酒花时力求合葎草酮含量较低的酒花品种，目标是使α–酸中的合葎草酮含量低于20%~25%。

某些酒花品种如北酿（Northern Brewer）含有较多（6%~9%）的α–酸，同时也含有较多的合葎草酮（超过α–酸含量的30%），所以具有较高的苦味值，但由于合葎草酮含量较高，这些酒花的苦味质量通常不如那些合葎草酮含量较低的酒花品种好。

不溶性的α–酸在麦汁煮沸时异构化，转化成可溶性的异α–酸，部分异α–酸在冷却和发酵时析出，其余的则进入成品啤酒中影响啤酒的苦味。

苦味物质的表面活性很高，可改善泡沫的稳定性，因此苦味较强的啤酒的泡持性较好。

苦味物质还能抑制啤酒中微生物的生长，但这种抑菌作用并不很强，因此不能取代必要的啤酒稳定化处理措施。

α－酸并不能无限期保存，因为蛇麻腺的膜具有渗透性，对膜内物质的保护作用十分有限。在氧气以及较高的温度和空气湿度的影响下，α－酸不断被分解。人们可以推断，在18℃保存2个月后，25%的α－酸会被分解[155]，这意味着，在α－酸形成至成熟期间，α－酸的分解也同时开始。

因此必须低温、干燥、密闭地储存酒花，直到酒花被加工为最终成品。

α－酸和β－酸最终会转化为没有酿造价值的硬树脂，同时戊酸从侧链中分解出来，使存放时间较长的酒花产生奶酪味，但酒花的硬树脂中含有黄腐酚，它具有抗癌作用。啤酒中可检出异构化的黄腐酚，颗粒酒花和酒花浸膏也含有黄腐酚。

但啤酒中的黄腐酚含量很低，人们每天必须饮用几升啤酒，才能达到抗癌效果。

如前所述，各种苦味物质的苦味值差别很大，α－酸的苦味值是β－组分的9倍，因此Woellmer得出了以下计算酒花苦味值的公式：

$$苦味值=\frac{\alpha－酸+\beta－组分}{9}$$

α－酸无疑是酒花中最重要的成分，它决定了酒花的交易价值，因此人们在过去几十年中大力选育和种植富含苦味物质的酒花（苦型酒花），从“Northern Brewer（北酿）”开始。最近市场上也出现了α－酸含量高达12%~15%，而合葎草酮含量低于α－酸含量的25%的酒花（例如Magnum或Taurus）[156]，富含苦味物质的α－酸含量高的酒花品种在全世界的种植比例很大。

根据其溶解性，人们将酒花苦味物质或酒花树脂分为以下组分：

苦味物质是最有价值和最具特征的酒花组成部分，它赋予啤酒苦味，改善啤酒的泡沫稳定性，并能通过其抑菌作用改善啤酒的生物稳定性。

- 总树脂（溶于冷甲醇和乙醚）
  - 总软树脂（溶于戊烷）
    - α－酸：包括葎草酮、合葎草酮、加葎草酮
      - 异构化 → 异α－酸：包括异葎草酮、异合葎草酮、异加葎草酮
    - β－组分：β－酸蛇麻酮（腐黑酸），包括蛇麻酮、合蛇麻酮、加蛇麻酮
  - 硬树脂（不溶于戊烷）：没有进一步区分

1.2.4.2　酒花油

酒花含有0.5%~1.2%的酒花油，它包括大约200~250种煮沸时会挥发掉的化合物，酒花油在蛇麻腺中形成，并赋予酒花典型香味。

人们将酒花油分为含碳氢与含氧的化合物（见本页表格）。

酒花油中单个成分所占的比例只有通过气相色谱仪才能测定，这些化合物以峰值的方式表现出来，但人们无法得知各香味成分是如何共同作用并形成整体香味的，因此在判断酒花质量时，人们仍然采用感官检验的方法。

酒花的种类决定了酒花油的不同组成。

但有些化合物有着特殊的香味：

沸点低的月桂烯类单萜烯使酒花香味浓烈，但使啤酒口味粗糙，因此月桂烯不是人们所希望有的香味物质。与此相反，有利的香味成分有：倍半萜烯，β－石竹烯，β－法呢烯、葎草烯及其环氧化物。

尽管酒花油是挥发性的，通过麦汁煮沸过程会被蒸发出去，但仍有一部分酒花油残留在啤酒中，赋予啤酒特有的香味。为了能在酒花添加量最小的情况下保持酒花油的芳香味，人们通常在较晚的时刻添加一部分酒花，并放弃一部分α－酸的异构（见3.4.1.1）。

> 为此人们培育出所谓的香型酒花（A型-酒花），其α-酸含量为4%~6%，合葎草酮含量小于20%，而酒花油中的葎草烯和法呢烯的含量则尽可能高。

在1987—1997年，德国香型酒花的份额由酒花总收获量的48%提高到

酒花油

- 碳氢化合物（大约是总油的75%）
  - 单萜烯
    - 月桂烯（最高可达总酒花油的60%）
  - 二萜烯（例如：二聚月桂烯）
    - 倍半萜烯
  - β－石竹烯（最高可达总酒花油的15%）
    - 葎草烯（总酒花油的0~40%）
  - 其它无氧化合物
  - 无氧含硫化合物
- 含氧化合物（大约是总油的25%）
  - 氧化的单萜烯、二萜烯和倍半萜烯
  - 其它的含氧化合物
  - 含氧含硫的萜烯及其它的化合物

63%，香型酒花的品种有Perle, Spalter Select, Hallertauer Trationen, Hersbrucker等。

1.2.4.3 多酚物质

多酚物质占酒花干物质的2%~5%，几乎仅存在于苞叶和花轴中，多酚物质有一些对于酿造而言十分重要的特性：

（1）涩口。

（2）它能与复合蛋白质结合并沉淀。

（3）氧化后形成红棕色的化合物栎鞣红。

（4）与铁盐结合后，形成黑色化合物。

多酚物质的这些特性会导致啤酒出现浑浊，同时对啤酒口味和色泽产生影响。多酚物质是苯基结合形成的复杂或简单化合物，由单宁、黄酮醇、儿茶酚、花色苷混合组成。

多酚物质中，从数量和作用上来看花色苷最重要。

花色苷大约占酒花多酚物质的80%。麦芽中的花色苷主要存在于糊粉层中，与酒花花色苷的结构基本相同。麦汁组成正常时，80%的花色苷来自麦芽，20%的花色苷来自酒花。

酒花多酚物质和麦芽多酚物质的主要区别在于前者的聚合度高，易发生反应。

1.2.4.4 蛋白质

酒花绝干物质中有12%~20%的蛋白质，其中30%~50%进入啤酒中。酒花中的蛋白质因其含量极少对啤酒酿造（泡沫形成，醇厚性）没有影响。

酒花的其它成分（碳水化合物、有机酸及矿物质）对于啤酒酿造而言没有意义。

1.2.5 酒花的评价

酒花评价包括对全酒花的感官评价及对酒花和酒花制品的苦味测定。

1.2.5.1 全酒花的感官评价

尽管分析方法非常具体地说明了酒花的成分，但酒花的感官评价仍然起着非常重要的作用，它给出了关于酒花质量的总体印象。

根据欧洲酒花种植办公室科学研究委员会的标准方法，评价酒花有100个加分点及30个减分点。

（1）酒花的采摘（1~5个加分点） 不应含有脏物、秆茎和叶片，花序上的秆茎超过2.5cm才算秆茎，秆茎和叶片含量在3%以下为合格。

（2）干燥状况（1~5个加分点） 压缩酒花的花序不应粘在一起或破碎，花轴不应折断。湿度高时酒花会变为深棕色，霉菌易繁殖，产生霉味。

（3）颜色和光泽（1~15个加分点） 酒花应呈黄绿色并具丝绸光泽，若为灰绿色，则说明采摘时酒花未成熟；若为黄红色至棕红色，则说

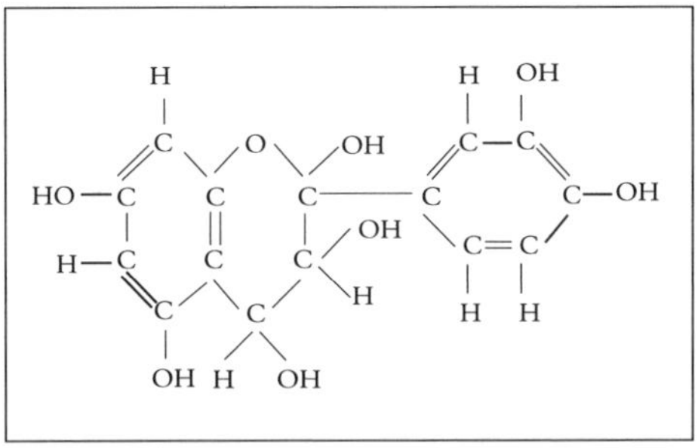

花色苷（无色–花色素）的结构式

明酒花采摘过迟（被氧化了）；若为深棕色，则说明干燥时水分过高；若有红色斑点直至棕色斑点，则说明受到了红蜘蛛的侵害而导致黑穗病或受到了冰雹的打击；枯萎花朵上的白色痕迹表明酒花受到了粉霉病的侵袭；若花朵为烟熏色，则说明受到了黑霉菌的侵袭；若为浅黄色的花朵、绿色的花茎，则说明硫熏过度。

（4）花体（1~15个加分点） 花朵应大而均匀，呈闭合状态。香型酒花的花轴应多节，绒毛浓密，花朵闭合好，可使酒花充分成熟，并在干燥时保持闭合状态，阻止蛇麻腺的散落。

（5）蛇麻腺（1~30个加分点） 蛇麻腺应尽量多（1~15个加分点）且呈柠檬黄至金黄色，有光泽、有黏性。若蛇麻腺为红棕色、失光、干燥，则说明干燥温度过高或酒花老化（另外1~15个加分点）。蛇麻腺的质量是酒花最重要的酿造价值标准。

（6）香气（1~30个加分点） 酒花香气应纯净、非常细腻、持久。感官评价时，通过手搓辨别香味的纯净度、细腻度和强度。纯净度评价分为：纯、不一致、不纯。细腻度评价分为：十分细腻、细腻、中等细腻、不细腻、干草味、霉味。强度分为十分持久、持久、中等强烈、香味弱、香味短、浓烈刺激或刺鼻。每种酒花都有自己的香气状况评价。异味有：烟熏味、焦糊味、洋葱味、大蒜味、干草味、青草味、硫黄味。

（7）病害、虫害及结籽等（1~15个减分点） 它们是霜霉病、叶虱黑病、红铜病（蜘蛛螨）、红色顶端病、花朵坏死病以及结籽等。

（8）错误处理（0~15个减分点） 由于干燥温度过高造成蛇麻腺被烧焦，另外干燥时水分高，花朵破碎严重，有斑点和异味等。

总体评价：

<60分	差
60~66分	中等
67~73分	好
74~79分	很好
>80分	非常好

1.2.5.2 苦味物质含量

对于酿造者来说，最重要的数据当然是酒花的苦味物质含量。苦味物质含量只能在实验室精确测定。常见的方法很多。

通过电导测定法可测定：

总树脂含量

总软树脂含量

硬树脂含量

各标准值大约为：

全酒花、酒花粉（风干%）、浓缩酒花粉（风干%）、酒花浸膏（风干%）

总树脂	12~24	22~40	30~60
总软树脂	10~18	18~36	24~54
电导值	4~10	7~20	9~30
β-组分	5~9	11~16	15~24
硬树脂	2~4	2~7	3~10

电导值与α-酸含量成正比。

为了能够精确计量酒花苦味物质含量，颗粒酒花的真空包装袋或盒上总是以克为单位注明其所含α-酸的总量。

比如，1350g真空包装袋除了表明产地、品种、年度外，还写着196g α，意思是：1350克酒花粉或颗粒酒花中含有196g α-酸。百分比表示为：

1350g酒花真空包装袋 = 100%

196g α - 酸 = x%

$$x\% = \frac{196g \times 100\%}{1350g} = 14.52\%$$

这就是说，此酒花制品的α-酸含 量为14.52%

1.2.6 酒花品种

酒花是啤酒酿造中最贵的原料。因此种植和购买酒花时，选择酒花品种具有特殊意义。我们已知道应从哪些方面评价酒花，我们也知道除了苦味值高的酒花外，苦味少的香型酒花也很受欢迎。

人们把商业酒花分为：

- 香型酒花
- 苦型酒花
- α-酸含量高的酒花

香型酒花以其香味舒适，合葎草酮含量低于20%和组香特性成分（石竹烯、法呢烯）含量高而著称，尽管其α-酸含量较低，只有2.5%~5.0%，但交易价格仍然很高。德国的重要香型酒花品种有：

- Hersbrucker Spät
- Perle
- Hallertauer Tradition
- Spalter Select

酒花品种因高的α-酸含量而突出，重要的苦型酒花有：

- Northern Brewer
- Brewers Gold

α-酸含量高的酒花是指那些α-酸含量高达10%~18%的苦型酒花，人们要求α-酸含量高的优质酒花中合葎草酮含量最高不超过25%。α-酸含量高的重要酒花品种有：

- Hallertauer Magnum（图1.11a）
- Nugget
- Taurus

由于酒花质量不仅取决于酒花品种也取决于酒花的种植地区，因此酒花首先根据酒花的种植地区然后再根据酒花的品种来命名。如：

- Hallertau Hallertauer Tradition 或
- Elbe - Saale Hallertauer Tradition.

α-酸含量取决于收获年份，根据每年的气候情况，α-酸含量的波动范围很大，以下几年中的α-酸平均含量为：

酒花品种	1994	1995	1996
Hallertauer Hersbrucker spaet	1.3	2.1	4.2
Hallertauer Perle	3.3	4.9	7.8
Hallertauer Spalter Select	2.2	3.5	5.5

图1.11a　α-酸含量高的酒花Hallertauer Magnum

续表

酒花品种	1994	1995	1996
Hallertau Hallertauer Tradition	3.7	4.5	6.5
Hallertau Hallertauer mittelfrueh	2.6	3.3	5.3
Hallertau Nugget	8.8	8.8	10.1
Hallertau Hallertauer Magnum	9.6	11.1	14.0
Hallertau Northern Brewer	5.3	7.1	9.8
Elbe－Saale Northern Brewer	4.5	6.1	8.6
Elbe－Saale Hallertauer Magnum	9.2	11.0	14.3
Tettnang Tettnanger	2.9	2.6	4.6
Spalt Spalter	2.8	3.3	5.4

德国的酒花品种发展方向是α－酸含量高的优质酒花，如Hallertauer Magnum，而过去的苦型酒花品种如Northern Brewer；Brewers Gold及Hersbrucker spaet则较少被问津。

有价值的香型酒花品种有Perle、Spalter Select、Hallertauer Tradition及Hallertauer：

酒花品种	酒花种植面积/hm^2		
	1994	1995	1996
Hersbrucker	5485	4956	4104
Perle	3591	3705	3889
Spalter Select	1253	1367	1433
Hallertauer Tradition	859	1133	1629
Hallertauer	926	1055	1312
香型酒花品种总计	13354	13442	13629
Northern Brewer	4821	4313	3588
Brewers Gold	1316	1140	823
苦型酒花品种总计	6137	5453	4411
Hallertauer Magnum	1317	1850	2379

续表

酒花品种	酒花种植面积/hm^2		
	1994	1995	1996
Nugget	503	668	724
α－酸含量高的酒花品种总计	1911	2619	3198

酒花的销售价格取决于酒花品种和时间。Perle、Hallertauer Tradition等品种每50kg的国家收购价格为150~250马克（1996年），Spalter、Tettnanger等香型酒花品种每50kg的国家收购价格为400~500马克。

世界上大多数国家更加倾向于种植苦型酒花品种，就如1991年酒花收获量表（单位为公担，每公担对应50kg）所显示的那样[4]：

国家	香型酒花品种	苦型酒花品种
澳大利亚	1916	40034
比利时	3892	8735
保加利亚	5920	11330
德国	425039	302852
英国	43633	76703
法国	12376	2370
前南斯拉夫	76420	16980
波兰	47495	5120
西班牙	－	38408
前捷克斯洛伐克	220140	－
匈牙利	807	10087
美国	197899	429469
乌克兰	108602	12518
新西兰	918	8171

为了保证所供酒花质量，同时避免欺骗行为，每批来自德国种植区的酒花都要盖章，并提供证书，证书中要注明以下内容（图1.11b）

- 种植州（比如，巴伐利亚）
- 种植地区（比如，哈拉道）
- 收获年度（比如，1993年）
- 酒花品种（比如，图1.11b中的“泰特朗”Tettnanger）
- 酒花包装袋的编号
- 酒花包装袋中的酒花质量（kg）

1.2.7 酒花制品

全酒花在啤酒厂的使用比例越来越小，这是因为使用酒花制品具有以下优点：

> 1.质量均匀的酒花制品使啤酒苦味均匀。
>
> 2.酒花制品几乎可以无限度地贮存，因此可在酒花收成好的年度里贮存酒花。不受酒花市场价格剧烈波动的限制。
>
> 3.酒花制品的苦味物质收得率高。
>
> 4.酒花制品的运输费用和贮存费用很低。
>
> 5.用酒花制品时，不需使用酒花分离器。
>
> 6.酒花制品添加可实现自动计量添加。

最常见的酒花制品有两类：

- 颗粒酒花
- 酒花浸膏

1997年世界酒花产品的加工情况如下：

- 天然酒花 15%~20%
- 颗粒酒花 40%~45%
- 酒花浸膏 30%
- 异构化酒花制品 10%

BEGLEITURKUNDE
Ausgestellt auf Grund der Verordnung (EWG) Nr. 1696/71 vom 26. 7. 1971,
geändert durch Verordnung (EWG) Nr. 1170/77 vom 17. 5. 1977.
DEUTSCHER
SIEGELHOPFEN
(ohne Samen)
Zertifiziertes Erzeugnis - Verordnung (EWG) Nr. 890/78
LAND
ANBAUGEBIET
JAHRGANG
SORTE
PERLE
GRUPPE
NR. BALLEN/BALLOT
GEWICHT IN KG (BRUTTO)
Aufbereitet
ORT DEN 19
Siegelmeister/Aufsicht
DIENST-SIEGEL
NR.

图1.11b 有德国官方印章的酒花证书

1.2.7.1 颗粒酒花

把酒花制成颗粒是一种能够有效保持酒花内容物质的方法，把酒花花朵磨碎变成酒花粉末，然后以颗粒形式真空包装出售。颗粒酒花的流动性好，便于添加。

人们把颗粒酒花分为：

- 90型颗粒酒花
- 浓缩型颗粒酒花（45型颗粒酒花）
- 异构化颗粒酒花

（1）90型颗粒酒花 90型颗粒酒花是指由100kg原酒花制成90kg酒花粉末，它含有酒花的所有重要内容物质。

90型颗粒酒花的制作过程如下[6]（图1.12）：首先用20~25℃的空气，然后用40~50℃热空气干燥酒花花朵，

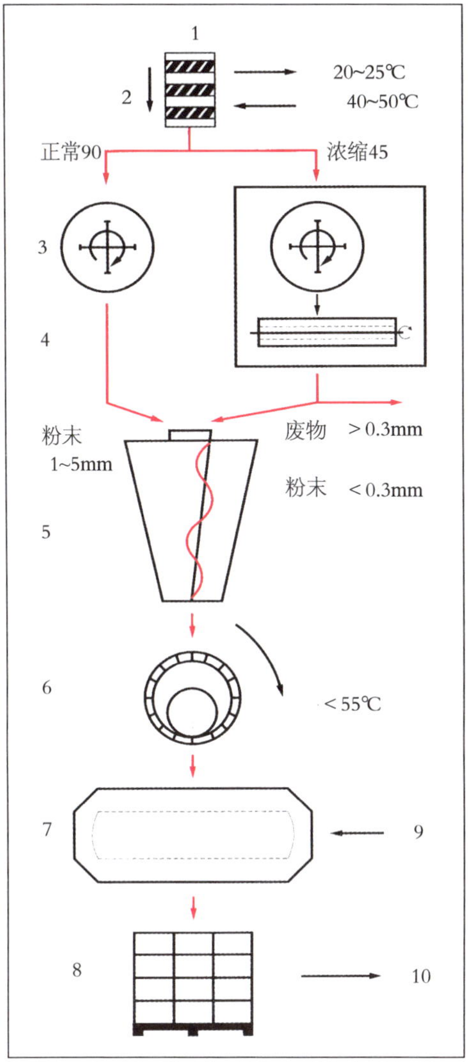

图1.12　90型颗粒酒花的制作过程
1-颗粒酒花的输送　2-水分被干燥至7%~9%
3-粉碎　4-筛滤　5-混合　6-压粒成型
7-冷却　8-包装

使其水分降至7%~9%2，接着将其粉碎成1~5mm粉末3，并将酒花粉末混合5，在带有洞模的颗粒成型机（图1.13）中压制成颗粒状6。在成型压缩过程中，粉末被压缩制成圆柱形。制作时酒花的温度会升高，这会降低酒花的价值，因此要注意不让干燥温度超过50℃。

接着将颗粒酒花冷却7，并在无氧状态下进行包装8。CO_2或N_2作为保护气体被充入包装物内，以保证内容物的质量不发生变化。

（2）浓缩型颗粒酒花（45型颗粒酒花）　为制作蛇麻腺含量丰富的45型颗粒酒花，必须利用蛇麻腺中的总树脂和酒花油。蛇麻腺的颗粒大小约为0.15mm。现在的任务是：使蛇麻腺从花朵中分离，并除去部分叶片和茎秆。此工作可通过粉碎和筛选机完成。

为了能对蛇麻腺进行机械加工，必须使蛇麻腺变硬并失去其粘附力，它的液体内容物必须凝固。所以粉碎和筛选应在很低的温度下进行，一般选择－35℃。

加工后，细粉碎物含有蛇麻腺和一半干燥酒花，粗粉碎物由叶片和茎秆组成，属于不需要的杂物。生产浓缩型颗粒酒花（45型颗粒酒花）的前提是：蛇麻腺完整不破碎。

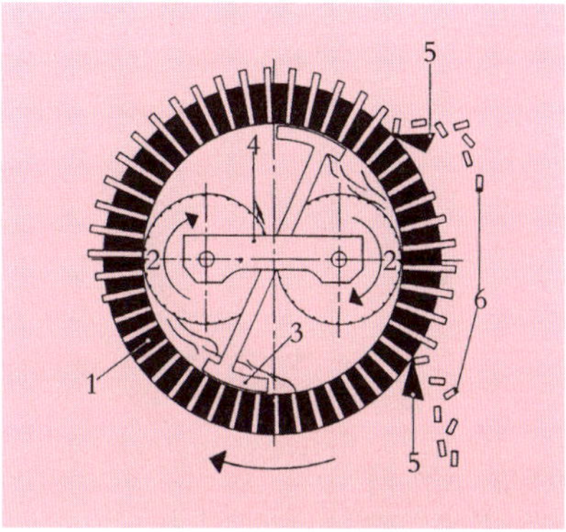

图1.13　颗粒成型机
1-压缩形式（矩阵）　2-压缩轧辊　3-分配器
4-压缩轧辊的连接杆　5-颗粒酒花的刮擦刀
6-颗粒酒花（nach Rohner, MK Mueller）

一个筛分过程无法分离蛇麻腺，只有通过反复的后粉碎及筛分才能使所有完好的蛇麻腺都进入细粉碎物中，而无一进入粗粉碎物中（图1.13a），因此，对于蛇麻腺的分离而言，选择粉碎技术及所用筛子的筛孔（150~500μm）十分重要。通过蛇麻腺的进一步分离浓缩可获得25型颗粒酒花[164]。

过去几年中，浓缩型颗粒酒花的生产在不断增加，主要原因是，使用浓缩型颗粒酒花时剔除了叶片和茎秆部分，减少了垃圾量，从而也减少了颗粒酒花中多酚物质的含量。

颗粒酒花的苦味物质收得率比全酒花约高10%。主要是由于酒花内容物可迅速分布于煮沸麦汁中，从而增加了表面积，使酒花内容物的浸出和异构更加迅速。

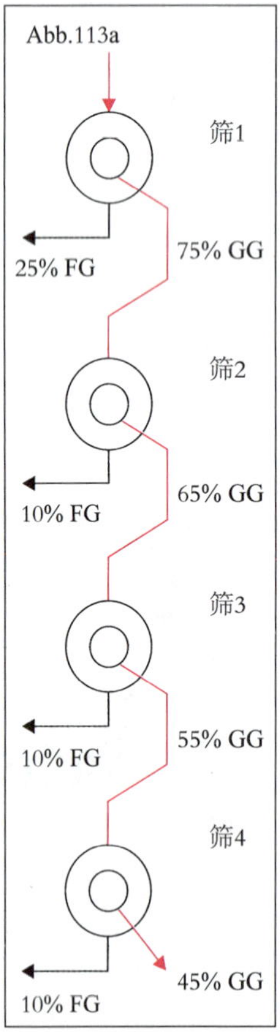

图1.13a　浓缩型颗粒酒花的生产（起点值＝粉碎的全酒花）
FG＝细粉碎物
GG＝粗粉碎物

颗粒酒花对氧气很敏感，采用密封性包装对其储藏能力而言至关重要，为使氧含量减少至0.5%以下，包装内充入惰性气体，带有铝阻隔层的4层锡箔纸阻止氧气进入包装内。

包装计量标准可选择：

—颗粒酒花的千克数

—或α－酸的千克数

（3）异构化颗粒酒花　加入氧化镁可使α－酸异构，相对于传统颗粒酒花而言，异构化颗粒酒花有许多优点，因为人们不再需要为了α－酸的异构而长时间地煮沸：

- 异α－酸的收得率会提高
- 煮沸时间可缩短
- 用于酒花和能源的费用可降低
- 异构化颗粒酒花无需冷藏
- 热凝固物减少

异构化颗粒酒花的生产（图1.13b）同浓缩型颗粒酒花的区别在于：

- 在成型压缩之前，颗粒和氧化镁混合，氧化镁是α－酸异构化的催化剂。同氧化镁混合的颗粒采用锡箔纸和纸盒包装后置于50℃的热箱中，直至异构过程结束。
- 整个过程严格监控，由于颗粒被密封在锡箔纸中，氧气无法进入。德国不允许使用异构化颗粒酒花。

1.2.7.2　酒花浸膏

浸出是指借助合适的溶剂使酒花

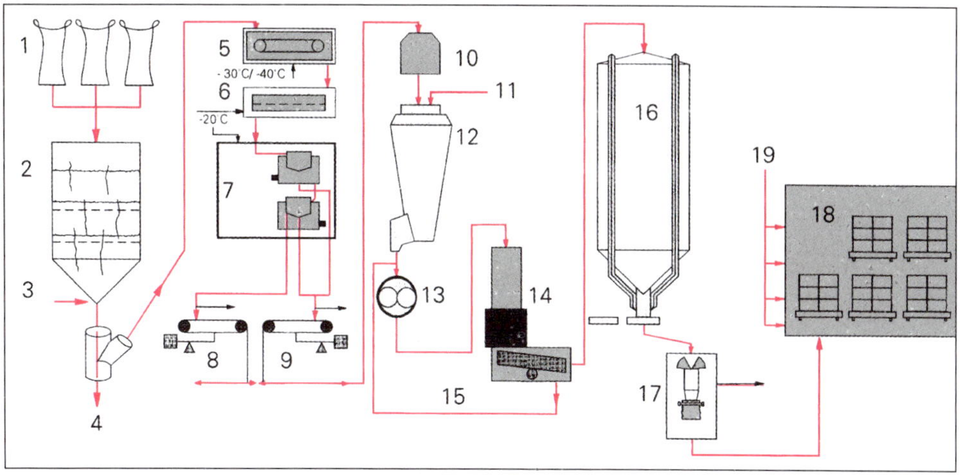

图1.13b　异构化颗粒酒花的生产流程

1–酒花混合　2–原酒花干燥　3–50℃的热空气　4–非酒花成分的分离（石块，茎秆）　5–深度冷冻　6–粉碎　7–筛分成两组分　8–花朵叶　9–蛇麻腺　10–磨碎　11–混合罐　12–添加氧化镁　13–压粒　14–颗粒的冷却和筛分　15–碎末　16–颗粒均质　17–包装　18–温贮室　19–50℃的热空气

中各组分溶解出来。在食品工业中，大多通过溶剂蒸发而使液体浓缩，也就是说，溶剂仅作为输送剂，将固体物质中的内容物溶解出来。

如今酒花浸膏制备溶剂主要使用液态CO_2或乙醇，曾长期广泛使用的氯甲烷由于环保原因而被禁用。前两种溶剂特别适合酒花浸膏的制备，因为它们可将酒花树脂和酒花油完好地带入溶液中。

使用其它有机溶剂则有问题，因为制成的浸膏不可避免地含有溶剂残余物，而残余物有毒性，这与德国“纯酿法”的精神不符。

1.2.7.2.1 用乙醇萃取的酒花浸膏

使用乙醇的酒花萃取工序是连续的，酒花首先进入重物分离器和金属分离器，接着在螺旋输送机中与浓度为90%的乙醇混合，通过湿粉碎机把酒花–乙醇–混合物泵入一个多级逆流连续浸出机中。乙醇不断从反方向流向酒花，溶出酒花内容物。浸出完毕后的酒花糟离开设备，并经过干燥处理；而乙醇提取液中则含有全部内容物质。

为将乙醇提取液制成浸膏，须将它置于多级真空蒸发器中进行浓缩。蒸发器中出来的为浓缩原浸膏。在下面的处理步骤中，要减少乙醇含量，分离树脂浸膏和热水浸膏。

接着在洗涤蒸馏塔中，全部乙醇被水蒸气驱赶出来，洗涤蒸馏过程在真空（12kPa）中进行，这样蒸气处理过程可在60℃下柔和地进行，留在浸膏中的酒花油更多，而α–酸的异构较少。

1.2.7.2.2　用液态CO_2萃取的酒花浸膏

酒花内容物质可通过液体CO_2带入溶液中，由于CO_2在正常情况下为气态，人们必须将其液化，方法有两种：

- 在正常压力下极度冷却
- 在正常温度下大幅度提高压力

用液态CO_2萃取时，温度为20℃，压力为700kPa，酒花内容物质使萃取容器中的液态CO_2变为饱和状态，在第二个容器中CO_2蒸发，留下不挥发的酒花内容物质。

蒸发的CO_2通过机械输入的能量重新被压缩、液化，并再次回到生产过程中。

每千克酒花需要20kg液态CO_2，虽然这种方法能耗较大，也比较昂贵，但产品非常纯净，收获的所有酒花中大约有1/3通过这种方法萃取。

1.2.7.2.3 用超临界CO_2萃取的酒花浸膏

> 原则上CO_2具有两种可以进行萃取的状态：CO_2的临界压力为7300kPa，临界温度为31℃。在此压力之上温度之下，CO_2呈液态，具有溶液特性。
>
> 临界点之上的CO_2被人们称为超临界CO_2或液态CO_2。12MPa以上的超临界CO_2具有很重要的溶解特性。
>
> 如今全世界都使用压力为15~30MPa，温度为32~100℃的超临界CO_2萃取酒花。

图1.14反映了使用超临界CO_2萃取酒花的过程：

酒花进入萃取罐1中，接着将罐压升至萃取压力。6~7MPa的液态CO_2由工作罐2中被抽出，并被压缩至萃取压力3。然后经热交换器4将温度调至浸出（萃取）温度，CO_2被泵送流过萃取罐，酒花中的苦味和香味物质溶解于CO_2中，浓缩的CO_2到达分离容器5，膨胀阀6中的压力此时已降至6~8MPa，CO_2在热交换器7中被蒸发，这样CO_2就失去了它的溶解性质，浸膏被分离出来。气态的CO_2在冷凝器8中被液化，并再次进入萃取循环中。

整个萃取流程都以连续进料出料方式进行，萃取设备由许多萃取器构成。高压萃取时可通过改变温度和压力来改变溶解性，没有氧化及环境污染问题，同时完全获得了香味成分。

CO_2浸膏是如今常用的酒花浸膏。

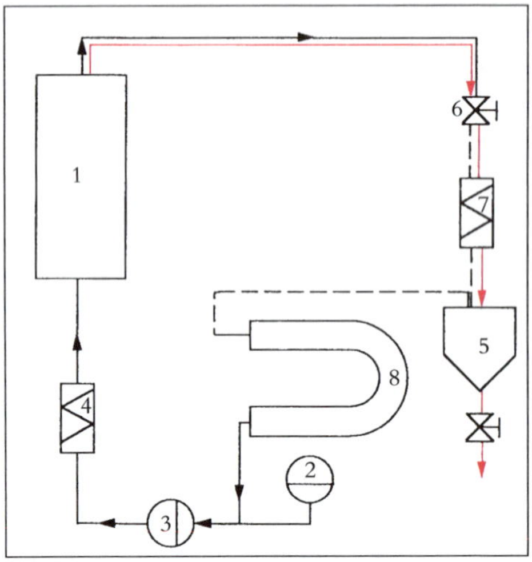

图1.14 用超临界CO_2萃取酒花
1−萃取罐 2−工作罐 3−压缩 4、7−热交换器 5−分离容器 6−膨胀阀 8−冷凝器

1.2.7.2.4 酒花浸膏粉

酒花浸膏粉是喷在硅胶上的酒花浸膏，为了使酒花浸膏粉具有滑动性，硅胶的含量至少要达到30%~40%，也可以用酒花粉或酒花颗

粒代替硅胶，但在这种情况下必须增大酒花粉或酒花颗粒的比例，因为它们不能吸收这么多浸膏，否则粉末会结块，失去滑动性。

1.2.7.2.5 异构化酒花浸膏

酒花浸膏可以异构化，通过实际上已经开始的异构化，酒花浸膏可在各生产阶段添加，酒花苦味质的收得率可达95%，而使用天然酒花或颗粒酒花时酒花苦味质的收得率仅为25%~30%，因为酿酒过程中的中间产品会重新析出。

异构化酒花浸膏的运输和储藏费用很低，在密封状态下可保存两年而没有任何质量上的损失。稀释后很容易添加，可精确地调整啤酒的苦味值。同其它酒花制品一起使用时，异构化酒花浸膏的添加比例应为30%~40%。

说明：德国不允许使用异构化酒花浸膏。

生产异构化酒花浸膏使用CO_2浸膏（图1.14a），CO_2浸膏被加热，用脱氧水1乳化，乳化液被进一步加热2，并通过添加碱性催化剂3进行异构，异构化过程必须监控。异构化之后，那些对于进一步加工没有意义的酒花蜡和软树脂被分离4，溶液被冷却5，pH被调至7~8，使β－酸析出并被分离6。接着将pH进一步调至5~6，使未异构的α－酸沉淀析出并在分离器7中被分离出来。

然后通过pH的急剧下降使游离的异α－酸沉淀析出9，并以这种形式

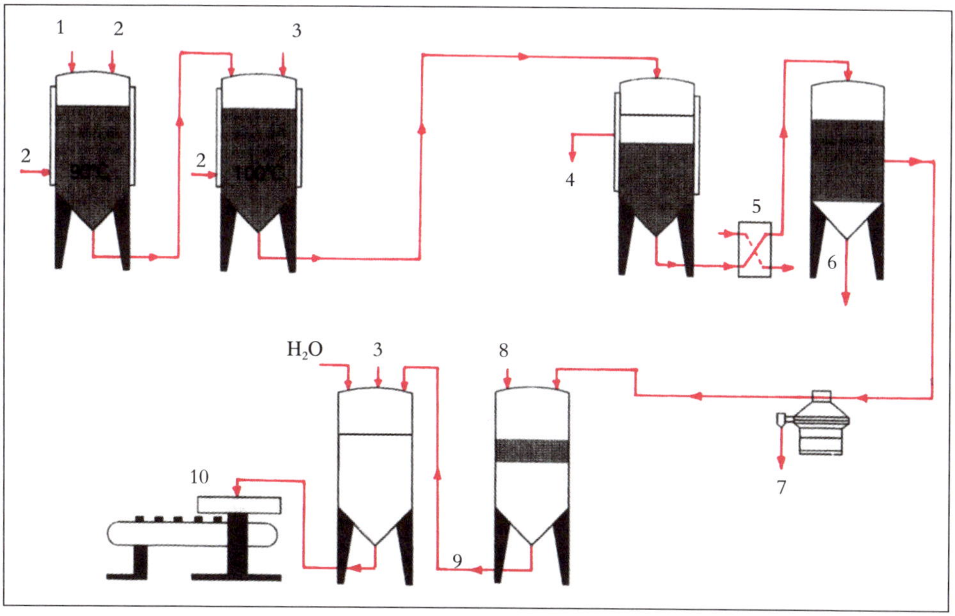

图1.14a 异构化酒花浸膏的生产

1－脱氧水 2－蒸汽 3－加入碳酸钾 4－软树脂的分离 5－冷却 6－β－酸的分离
7－未异构化的α－酸的分离 8－酸的加入 9－游离的异葎草酮的沉淀析出
10－异构化酒花浸膏的标准化（20%/30%）及灌装

一直保存到生产结束，直到送往啤酒厂之前，异α－酸才被添加3到钾盐中，通过蒸馏水调整至销售浓度并灌装10。

1.2.7.2.6 四氢异构化酒花浸膏

像生产还原异构化酒花浸膏时一样，生产四氢异构化酒花浸膏时CO_2浸膏中的α－酸完全被异构并还原。

使用四氢异构化酒花浸膏有如下优点：

- 没有日光味（见4.6.3），这样采用无色啤酒瓶灌装啤酒时就不会因为光线照射影响啤酒的口味
- 用四氢异构化酒花浸膏生产的啤酒的泡持性显著改善
- 四氢异构化酒花浸膏添加非常方便，酒花苦味质利用率高，是一种非常经济的产品

当然，由于生产过程复杂，四氢异构化酒花浸膏的售价较高。

四氢异构化酒花浸膏苦味柔和；六氢异构化酒花浸膏则能显著改善啤酒泡沫。

1.3 水

从数量上看，水是啤酒酿造中使用最多的原料。但在所需水中，只有很少一部分直接进入啤酒，绝大部分用于物料清洗、冲洗和制冷系统的冷却设备。

水的获取和处理对啤酒酿造意义重大，因为水质直接影响到啤酒质量。

1.3.1 水循环

地球上的水处于不断循环状态（图1.15）。

阳光的照晒使水域（江、湖、河、海）和地表水蒸发，然后水又以雨或雪的形式落回地面，降雨量取决于气候条件。

大约有50%的雨水直接蒸发或被植物吸收，然后又从植物中被蒸发，剩下的雨水大多进入地表，只有一部分渗入地下，成为地下水。

水的供给和使用，各地区很不相同，一年中波动也很大。炎热季节许

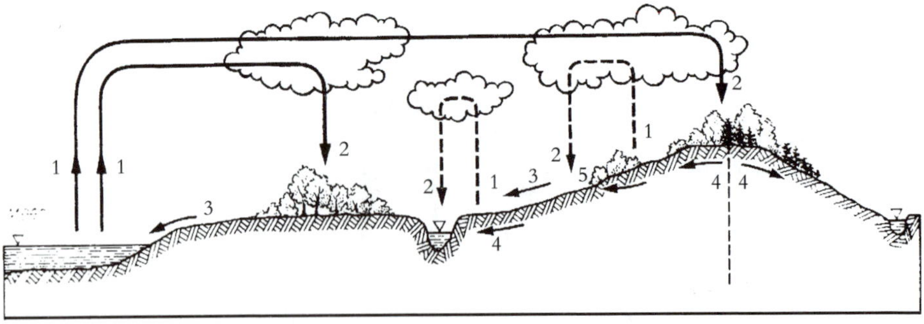

图1.15 水的循环

1－水的蒸发 2－降雨 3－地表的流失 4－地下的流失 5－泉水

多地区缺水。下雨之后或化雪时，很多水又白白流入海洋中。

过去几十年中，由于家庭的进一步现代化，工业的不断发展和农业需要，饮用水的需求量不断增加。同时，对饮用水的质量要求也在不断提高。

此外，许多地区的水都存在质量问题。由于土地过度施肥以及废物排放，许多水变得不再符合要求。大气带来的污染，比如，氧化氮、二氧化硫、氨以及进入土地中的肥料、农作物保护剂或粪水，使土壤中硝酸盐、植物保护剂、重金属盐、卤代烃或其它有毒物质的含量不断增加。

因此立法者越来越多地尝试着通过法律法规来保护土壤和水质免受污染。

按照要求，啤酒厂用水原则上必须符合饮用水质量要求，这样啤酒厂的每一种水都必须遵守饮用水质法规中的规定，详见1.3.4。

1.3.2 啤酒厂水耗

> 啤酒生产的耗水量很大，每hL成品啤酒的耗水量在3~10hL波动，平均需要5~6hL水。

啤酒厂各车间的耗水量如下（以每百升成品啤酒计）[89]：

车间 / 部门	每hL成品啤酒耗水量 / hL	每hL成品啤酒的理想耗水量 / hL
从原料接收至称重	0.16~0.26	0.13
从糖化至发酵	1.95~3.11	1.53
从发酵至下酒	0.44~0.70	0.34
后酵	0.50~0.80	0.39
过滤	0.47~0.76	0.37

续表

车间 / 部门	每hL成品啤酒耗水量 / hL	每hL成品啤酒的理想耗水量 / hL
瓶装	1.79~2.86	1.40
桶装	0.56~0.90	0.44
成品啤酒至装卸机	0.48~0.77	0.38
货物的寄发、推进及管理	037~0.59	0.29
车间	0.55~0.87	0.43
锅炉房	0.40~0.64	0.31
压缩空气	0.45~0.71	0.35
制冷	0.32~0.51	0.25
技术服务设施	1.17~1.86	0.91
无酒精饮料	2.00~2.50	1.70
自有二氧化碳	0.70	0.55

以上列举的数字为众多啤酒厂的平均值，其中：

- 第一列数字为大型啤酒厂的值（25kt/年）
- 第二列数字为小型啤酒厂的值（2kt/年）
- 第三列数字为大型啤酒厂的最佳水耗值

上述啤酒厂生产每吨啤酒的平均耗水量为8.5~13.5t，最佳耗水量为6.6t（1990年），高于德国啤酒厂的平均耗水量。新鲜水和废水收费的提高使德国啤酒厂的平均耗水量大幅度下降，目前德国啤酒厂平均每t啤酒的耗水量为5~6t，每吨成品啤酒最理想的耗水量（1998年）为3.4~3.8t。

由于水是一个重要的成本参数，而酿造啤酒需要的水量相对较多，因此要尽可能节约用水并注意回收利用（在不降低质量的情况下）。

我们知道，炎热季节某些地区可能缺水，这就迫使人们节约用水。这点将在以后几个章节中进一步论述。

1.3.3 水的获取

充足的水源是人类、动物和植物赖以生存的基础，以前德国的饮用水主要是取自地下水，个别情况下使用地表水及河岸过滤水，后来开始建造地下水工厂，不久又修筑了第一批拦水坝，以获取充足的、未受污染的地表水作为饮用水，一小部分饮用水来自泉水。

1.3.3.1 地下水的获取

地下水指渗入地下的那部分水。水的渗透取决于土壤特性、地质情况、雨季长短和雨量多少。

不同岩石构成的地质，对水渗透的阻力不同。有的地层容纳水（称为渗水层），有的地层阻止水渗入（称为阻水层）。水以自然沉降方式渗透，直到遇上阻水层（比如，黏土岩石、黏土板岩、泥灰岩、花岗岩、正长岩等），然后水注满阻水层上面渗水层（比如，沙、沙石、石灰石、鹅卵石、石膏、黄土等）的孔隙，这时水就被称为地下水，其表面为地下水位。

地下水位高度迥异，连续下雨会提高地下水位；而自然分流、打井开采又会降低地下水位。由于耗水量持续增加，地下水不断被开采，某些国家的地下水位已经降到了令人担忧的程度。甚至在多雨的夏季，地下水位也不再升高，因为通过植物蒸发耗去了大部分降水。地下水位的升高，主要是在10月至3月的生长和无霜冻季节。

河岸过滤水的重要性居于地表水和地下水之间。河岸过滤水是指通过河岸渗水层或多或少被过滤的水。河岸过滤水成分的波动同河水一样，因为水中溶解的物质未被过滤出来。

地下水的获取途径有：

- 主要通过钻管深井
- 水平过滤机井
- 较老的竖井（很少）
- 有时候地下水会以泉水形式出现

钻管深井是指通过垂直钻管获取地下水的取水设备。钻管是水井的内壁。井深超过300m。由于它的过滤通道很长，它穿过了整个渗水层，所以获取水的效率很高。

钻井越深，水的无菌状况越好，因为地层起着天然过滤作用，改善了水的生物状况。但岩石地区例外。

水的输送通过泵进行。由于回转（离心）泵的吸水扬程（高度）只有6.5m，所以用钻孔泵（图1.16）或潜水泵输送水，潜水泵的泵和电机并为一个防水装置，可在水下工作。

1.3.3.2 地表水的获取

地表水可从江河湖泊以及越来越多地从水库中获取，工业和城市废水污染导致河水越变越脏，处理也更加困难。出于卫生原因，人们放弃使用河水，如果必须使用，则尽可能选择居民废水排放区上游的河水，并在直流河段取水或弯道的外侧取水，因为那儿污染较少。

在河流上游建造拦水坝的意义越来越大。因为通过拦水坝的建造可以

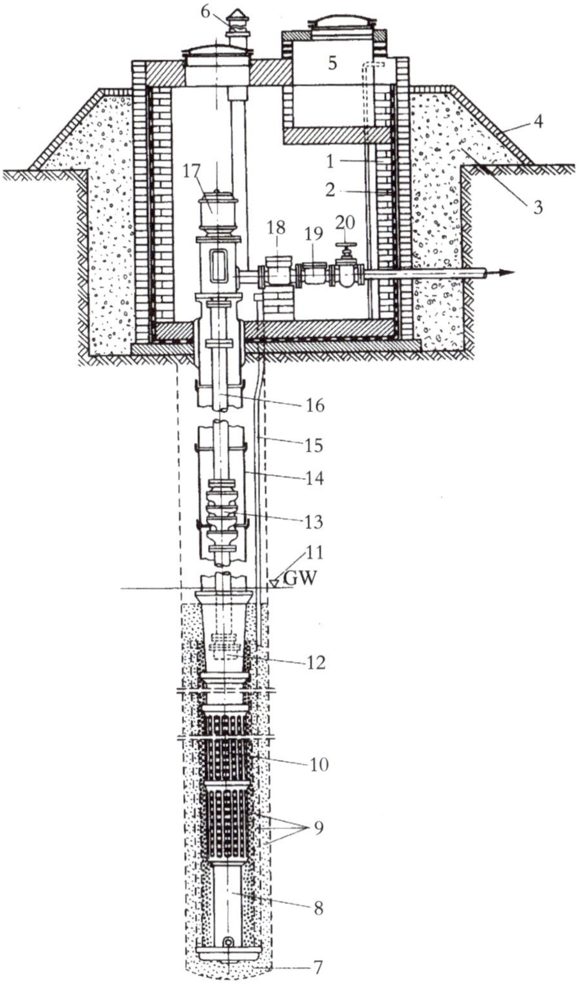

图1.16　钻管深井
1-井室
2-隔离层
3-浇灌层
4-草坪覆盖层
5-处理室
6-通风
7-钻管深井的终端
8-钻管
9-沙石滤层
10-钻料过滤管
11-地下水位
12-抽吸套管
13-离心泵
14-钻料套管
15-水深测量管
16-上升管
17-电机
18-水管
19-止回阀
20-闸板

起到以下作用：

- 调节河水流量，避免水灾，并获得比较干净的地表水
- 利用部分蓄水发电

拦水坝建在河流的上游，选择有利地段建造拦水坝以形成一个较大的储水区。对于饮用水蓄水坝来说，取水区域内不能有工业或排放废水的居民用户，此外拦水坝里也严禁游泳。水在拦水坝中停留数月，在此期间自我净化。

由于地表水不与土壤中的盐分接触，所以含盐很少，没有缓冲力，pH较低，对铁器和钢器有腐蚀作用。

1.3.3.3　自己供水的意义

> 水要花钱！根据当地条件和供水设备，水要花很多钱。我们知道，每生产1hL啤酒需要4~10hL水。

因此我们完全可以理解，为什么大部分啤酒厂都有自己的取水设施，通常是从多个井中取水。

当然，人们也高度重视自采水的质量，啤酒的名称和广告就证实了这点，比如强调啤酒是用岩泉酿制而成的。

1.3.4 对水的要求

通过设备开采出来的水并不总是符合质量的要求，人们必须检测水质是否具备特定的参数并满足所有的要求。

首先酿造水必须具备饮用水法规中规定的饮用水质量，满足饮用水在感官方面、理化方面、微生物方面以及化学方面的要求，此外酿造水还必须满足一系列酿造工艺方面的要求，对啤酒酿造产生有利的影响。

1.3.4.1 对饮用水的要求

根据饮用水法规，饮用水必须无色、无浑浊物质并无味，针对水中溶解的物质总量及其组成，欧共体法规对单个物质的参考值及最高值作出了以下规定[134]：

		参考值	最高值
色度	Pt/Co mg/L	1	20
浊度	SiO_2 mg/L	1	10
温度	℃	12	25
pH	pH	6.5~8.5	9.5
电导值	μS/cm	400	—
氯离子	Cl mg/L	25	—
硫酸盐	SO_4 mg/L	25	250
钙离子	Ca mg/L	100	—
镁离子	Mg mg/L	30	50
钠离子	Na mg/L	20	175(自1984年起) 150(自1987年起)
钾离子	K mg/L	10	12
铝离子	Al mg/L	0.05	0.2
总硬度	Ca mg/L	—	60(最低值)
蒸发残留物	mg/L	—	1500
硝酸盐	NO_3 mg/L	25	50
亚硝酸盐	NO_2 mg/L	—	0.1
氨	NH_4 mg/L	0.05	0.5
（除硝酸盐和亚硝酸盐之外的）总氮	N mg/L	—	1
高锰酸钾的消耗量	O_2 mg/L	2	5
可用氯仿萃取的烃	蒸发残留物 mg/L	0.1	—
酚类	C_6H_5OH μg/L	—	0.5

续表

		参考值	最高值
硼[1)]	B μg/L	1000	—
表面活性物质	月桂基硫酸盐 μg/L	—	200
有机氯的化合物	μg/L	1	25
铁	Fe μg/L	50	200
锰	Mn μg/L	20	50
铜	Cu μg/L	100(3000*)	
锌	Zn μg/L	100(5000*)	
磷[2)]	P_2O_5 μg/L		5000
氟化物	F μg/L8~12℃		1500
	25~30℃		700
不溶解的物质		0	0
残余氯	Cl μg/L	0	0
钡	Ba μg/L	100	
银	Ag μg/L	—	10
砷	As μg/L	—	50
镉	Cd μg/L	—	5
氰化物	CN μg/L	—	50
铬	Cr μg/L	—	50
汞	Hg μg/L	—	1
镍	Ni μg/L	—	50
铅	Pb μg/L	—	50
锑	Sb μg/L	—	10
硒	Se μg/L	—	10
杀虫剂	μg/L	—	单个物质 0.1
			总量 0.5
聚环芳香烃	μg/L		0.2

*：在管道中停留12h后。

1）对应硼酸	H_3BO_3 mg/L	6	—
2）对应磷酸	PO_4	535	7000

同样对水的微生物指标也提出了很高的要求。

每种水同土壤接触时都会被污染，细菌数随污染程度波动，渗入地层后，地层对水的过滤作用不断加强，水的微生物状态也在不断改善。饮用水是最重要的食品，我们必须高度重视它的纯净度。

然而水中始终含有一些微生物，不经过长时间的检测人们无法知道它们到底是致病的还是无害的。水中大多数微生物是非致病菌，但我们如何知道这一点呢？

致病菌（病原菌）只能来自于人或动物，致病菌（病原菌）存在于人或动物体内，通过人或动物排泄出来。人和恒温动物的大肠内存在着大量无害但却很容易被检出的细菌——埃希氏大肠杆菌（*E. coli*），人们把它作为污染和感染的指示菌。

> 人们检测水中的埃希氏大肠杆菌，若水中存在埃希氏大肠杆菌，说明水中可能存在引发疾病的致病菌。

> 饮用水法规（德国关于饮用水和食品企业用水的法规）的第一章规定了饮用水的性质：
>
> （1）饮用水不能含有致病菌。如果100mL水中含有埃希氏大肠杆菌（界限值），就没有满足这个要求，100mL水中不能有大肠杆菌（界限值）。如果40个样品中至少有95%的样品未检出埃希氏大肠杆菌，才算满足要求。100mL饮用水中不得含有粪链球菌（界限值）。

对水除菌可以采用也可以不采用添加剂：

- 通过无菌过滤
- 通过紫外线杀菌
- 通过添加氯、二氧化氯、臭氧或银离子等

> 德国饮用水法规在第1章第4节中规定：
>
> 采用氯、次氯酸钠、次氯酸镁、次氯酸钙或氯化钙杀菌的水在处理之后必须含有0.1mg/L的残余游离氯。采用二氧化氯杀菌的水，处理之后必须至少含有0.05mg/L的残余二氧化氯。

德国饮用水法规规定，制备饮用水时只能使用以下物质或添加剂，它们在制备后的饮用水中的残余量不能超过规定值：

添加剂	目的	最高添加量/（mg/L）	最高残余量/（mg/L）
氯	杀菌	1.2	$0.3Cl_2$
二氧化氯	杀菌	0.4	$0.2ClO_2$
臭氧	杀菌	10	$0.05O_3$
银离子	杀菌	—	0.03Ag
H_2O_2	氧化	17	$0.1H_2O_2$
$KMnO_4$	氧化	—	0.05Mn
氧气 SO_2等	氧化		
亚硫酸盐	还原	5	2 SO_3
硫代硫酸钠	被Cl_2还原	6.7	2.8 S_2O_3

1.3.4.2 对酿造水的要求

水中总有溶解盐，但由于被高度稀释，水中的盐不以盐的形式存在，而是以离子形式存在，因此说溶解的

离子更准确。

这些离子中的大多数在糖化时（即这些离子与麦芽第一次接触时）不与麦芽成分发生反应，而另一些则相反，它们会与麦芽的某些成分发生反应，人们因此将这些离子分为：

- 没有化学作用的离子
- 有化学作用的离子

1.3.4.2.1　没有化学作用的离子

没有化学作用的离子是指那些不与麦芽成分发生反应、没有任何改变地进入啤酒中的离子，当它们的浓度较高时，可对啤酒的口味产生好的或不好的影响，例如NaCl可使啤酒的口味柔和，没有化学作用的离子包括NaCl、KCl、Na_2SO_4、K_2SO_4等。

但有些没有化学作用的离子可对啤酒生产的某些过程产生影响，比如当麦汁中存在能够还原硝酸根的细菌时，20~30 mg/L的硝酸根离子就可能抑制发酵。上述离子没有化学作用仅指它们对于麦汁制备过程中接触的麦芽成分所表现出来的惰性。

1.3.4.2.2　有化学作用的离子

酿造水中的许多离子和麦芽成分发生反应，并通过物质转化影响啤酒生产过程中的酸度（pH）。

（1）pH　化学纯净的水不全是由水分子组成的，其中一小部分已被电离。

$$H_2O \rightleftharpoons H^+ + OH^-$$

当水中H^+和OH^-的数量相等时，水呈中性：1L25℃的水中含有10^{-7}gH^+和10^{-7}gOH^-。

如果往水中加酸，H^+浓度上升，OH^-浓度下降，反之，往水中加碱时，OH^-浓度上升，H^+浓度下降。

任何一种水溶液，不管是强酸还是强碱，都含有H^+和OH^-，只是H^+和OH^-的数量不同而已，只有在中性的水中H^+和OH^-的数量才相等，H^+和OH^-的积是不变的。

溶液的性质由H^+的数量决定。

溶液中H^+浓度以10的幂来表示，由于这样会产生长达14位的小数，因此仅以负指数值表示，并将其作为pH。

- pH即溶液中H^+浓度的负对数（$-\lg c_{H+}$）

例如，某溶液中含有0.000000001g H^+，以10的幂来表示为10^{-9} g，则溶液的pH为9.0。纯水pH的中性点为7.07，其中H^+和OH^-的浓度相等（图1.17）。

根据反应特性可将溶液分为三组：

pH＜7 酸性反应	pH＝7 中性反应	pH＞7 碱性反应
所有的酸 例如HCl、 H_2SO_4及酸性的 盐如KH_2PO_4	水 中性的盐如 NaCl、Na_2SO_4	所有的碱 如NaOH、 $Ca(OH)_2$， 碱性的盐如 Na_2CO_3、K_2CO_3

pH可通过电极或热量法测量，估测时也可使用pH试纸。以下液体的pH约为：

0.1moL/L	HCl	1.0
0.1moL/L	CH_3COOH	2.9

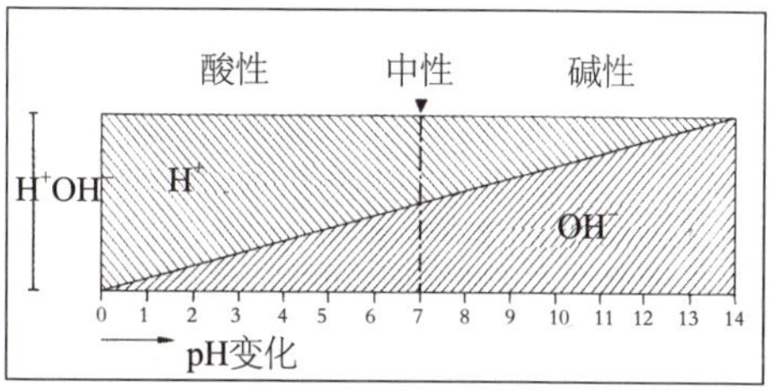

图1.17　H^+和OH^-的浓度

葡萄酒	2.8~3.5
小麦啤酒	3.3~3.7
浅色啤酒	4.4~4.7
打出麦汁	5.4~5.5
自来水	7.4~7.8
0.1mol/L $NaHCO_3$	7.6
0.1mol/LNa_2CO_3	8.5
0.1mol/LNaOH	13.0

（2）离子对pH的影响　pH对啤酒酿造的许多过程都有影响。

酶在某一特定的pH下活力最强，而在其它pH下活力则较低，酒花苦味物质的状态取决于pH，微生物的生长状态也取决于特定的pH范围。

醪液和麦汁的pH取决于醪液和麦汁中离解的盐和有机化合物，这些盐和有机化合物来自于水、麦芽、原料及酒花。

> 糖化时溶解在水中的有化学作用的离子与可溶性粉碎物相遇，生成化合物。

pH的偏移可朝酸性或碱性方向进行，对于啤酒的质量来说，pH的变化再小都很重要。pH越低，啤酒生产的大部分过程进行得就越好或越快。

因此，在啤酒生产过程中pH应尽可能低，较高的pH会带来一些困难，有化学作用的盐也因此被分为增加pH和降低pH的盐，由于酿造水中的盐大部分以离子形式存在，所以最好将其称为增加pH和降低pH的离子或者：

- 增酸离子 = 降低pH的离子
- 降酸离子 = 增加pH的离子

（3）水的硬度　水的硬度是由溶解在其中的钙离子和镁离子形成的，单位是德国度（°d），德国对水硬度的定义是：

$1°d=10mgCaO/L=1gCaO/hL=$

$7.19mg\ MgO/L$

根据硬度人们对水进行了分类（$1°d=0.357mval/L=0.18mmol/L$）：

°d		碱土金属	
		mval	mmol
0~4	很软	0~1.44	0~0.7
4.1~8	软	1.45~2.88	0.7~1.5
8.1~12	中等硬	2.89~4.32	1.5~2.2
12.1~18	比较硬	4.33~6.48	2.2~3.2
18.1~30	硬	6.49~10.8	3.2~5.3
>30	很硬	>10.8	>5.3

例1：麦芽中的碱性磷酸氢二钾与中性硫酸钙起反应：

$$4K_2HPO_4 + 3CaSO_4 \longrightarrow Ca_3(PO_4)_2 + 2KH_2PO_4 + 3K_2SO_4$$

磷酸氢二钾　硫酸钙　磷酸钙　磷酸二氢钾　硫酸钾

生成的磷酸钙是不溶解的；磷酸二氢钾呈酸性，溶液的pH因此下降。

例2：酸性磷酸二氢钾与中性碳酸氢钙起反应：

$$2KH_2PO_4 + 3Ca(HCO_3)_2 \longrightarrow K_2HPO_4 + CaHPO_4 + 2\,H_2O + 2\,CO_2$$

磷酸二氢钾　碳酸氢钙　磷酸氢二钾　磷酸氢钙　水　二氧化碳

由酸性磷酸二氢钾产生了碱性磷酸氢二钾，溶液的pH因此上升。

有化学作用的离子可使啤酒酿造过程中的pH产生偏移。

新的分类方法：

硬度范围1：1~1.3 mmol/L=70° d以下（软）

硬度范围2：1.3~2.5 mmol/L=7~14° d以下（中等硬）

硬度范围3：2.5~3.8 mmol/L=14~21.3° d以下（硬）

硬度范围4：3.8 mmol/L以上=21.3° d以上（很硬）

降酸离子对生产过程和啤酒质量有不利影响（见6.4），碳酸盐和碳酸氢盐离子有降酸作用。

水中的碳酸盐和碳酸氢盐离子含量被称为碳酸盐硬度，暂时硬度或总碱度。

与碳酸盐硬度的降酸作用相对的是，氯化钙、硫酸钙、氯化镁和硫酸镁中钙、镁离子具有增酸作用，这类盐被称为非碳酸盐硬度（或残余硬度，也称硫酸盐硬度或石膏硬度，因为一部分硬度是由这些盐形成的）。

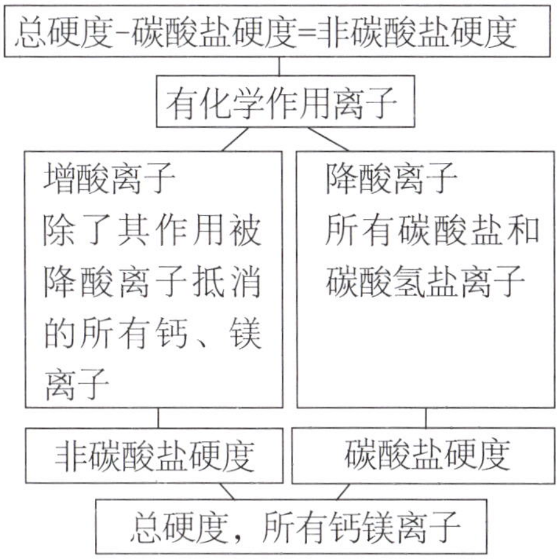

碳酸盐硬度和总硬度的测定根据DIN 17640标准进行。

水的降酸或增酸性质由残余碱度（RA）决定，残余碱度是指碳酸盐硬度（KH）和以比值表示的非碳酸盐硬度（NKH）之差。

$$RA=\frac{KH-钙硬度+0.5镁硬度}{3.5}$$

残余碱度越高，碳酸盐硬度的作用越强，pH也就越高，生产比尔森啤酒时残余碱度不应超过2° dH，否则水必须进行处理。

1.3.5 水处理

水的质量通常需要改善，而且要考虑怎样改善。水的用途决定了处理方法，比如作为锅炉用水，水中是否含有细菌无关紧要，重要的是水中溶解的盐，而清洗用水的质量要求则刚好相反。因此人们将水处理方法分为：

- 去除悬浮物质
- 去除溶解物质
- 降低酿造水中的残余碱度
- 去除细菌
- 去除溶解气体

1.3.5.1 悬浮物质的去除

悬浮物质是指进入水中未溶解的土壤和植物物质，它的分离通常分两个步骤进行：

沉淀池中的澄清：

- 通过降低水的流速，使水中的悬浮物质缓慢沉降下来。

流量相同时，沉淀池越大澄清效果越好，因为这时水的流速几乎降至零，拦水坝是天然沉淀池，在沉淀池中，悬浮物质分离率可达60%~70%。

经过沉淀池的澄清，悬浮物质还不能全部除去，因此接下来要对水进行过滤。

预澄清水的过滤：

- 过滤时水要穿过一层大小均匀且灼烧过的纯石英砂，水流过砂石时，悬浮物质被砂的孔洞截留住。

在处理量大的水厂处理设备中，常使用表面积高达150m^{2}的敞开式过滤器（图1.18），石英砂位于过滤器底面上，厚度几乎达2m，底面上装有喷嘴，过滤后的水由此流出。过滤几天后，过滤器借助压缩空气进行反向冲洗。

封闭式的砂石过滤器适合小型啤酒厂。石英砂颗粒直径为0.8~1.2mm，堆放高度为2m，被置于带喷嘴的底面上，水由上而下流过得以过滤。

砂石过滤器的反冲洗分为三个阶段：

- 空气
- 空气/水
- 水

空气/水的冲洗主要起到清洗效果，反冲洗对于避免微生物生长很重要[159]，但砂石过滤不是无菌过滤。

封闭式压力器的过滤速度为每平方米过滤面积10~20m^3/h，压力上升表明过滤器必须清洗。反方向冲洗过滤器，使整个过滤材料得以疏松，砂石上的杂物也被除去。CO_2设备中过滤器的工作方式也是如此。

1.3.5.2 溶解物的去除

水中溶解的盐以离子形式存在。某些溶解在水中的离子随着时间的推移会堵塞或腐蚀管道。若溶解的盐分较多就必须去除，这类物质包括溶解在水中的铁盐和锰盐，它们会损坏管道。

铁和锰的去除方法：通过喷淋、喷雾、喷射或其它形式进行通风，可使这些盐变得不溶于水同时析出。

$$2Fe(HCO_3)_2+0.5O_2+H_2O \longrightarrow 2Fe(OH)_3+4CO_2$$

$$2MnCl_2+O_2+4H_2O \longrightarrow 2MnO(OH)_2+4HCl$$

$$4FeS_2+3O_2+6H_2O \longrightarrow 4Fe(OH)_3+8S$$

随后需要对析出的絮状盐分进行过滤。

此外，水中还存在其它离子，虽然不会妨碍管道，但对啤酒酿造有影响。除去铁盐和锰盐的通风设备分为敞开式和封闭式，使用封闭式设备时必须注意，空气的压力高于水的压力。

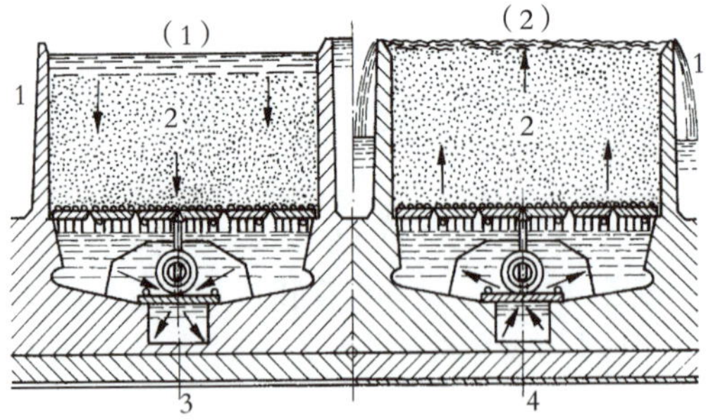

图1.18 敞开式砂石过滤器
（1）过滤 （2）反向冲洗
1–过滤池 2–过滤范围
3–净水道 4–反冲洗水道

1.3.5.3 改善水的残余碱度

降低酿造用水残余碱度的办法有：

- 降低碳酸盐硬度，除去碳酸盐
- 提高非碳酸盐硬度
- 中和，通过添加酸使碳酸盐硬度转化为非碳酸盐硬度。但在德国根据《纯酿法》不允许使用生物酸化以外的方法

1.3.5.3.1 碳酸盐的去除

除去碳酸盐硬度的方法有：

- 加热法
- 石灰水法
- 离子交换器法

（1）加热法　把含有碳酸盐的水加热至70~80℃，碳酸氢钙会脱去CO_2转变成不溶于水的碳酸钙，作为水垢沉降于容器壁上。反应式如下：

$$Ca(HCO_3)_2 \xrightarrow{\text{加热}} CaCO_3\downarrow + CO_2\uparrow + H_2O$$

在壶中烧水就有这个反应过程，几小时后会出现壶垢，这很不利于热传递。若在蒸汽锅炉中出现水垢，就有导致锅炉爆炸的危险，因此锅炉用水必须在使用前除去硬度，比如通过离子交换法。

对于酿造用水，加热法很不实用，因为加热之后还必须再冷却，所以此法很不经济。加热法只有一个优点，即不需监控。

（2）石灰水法　除去碳酸盐的常见方法为石灰水法，石灰水中的氢氧化钙与水中的碳酸氢盐反应形成不溶于水的碳酸钙。

$$Ca(HCO_3)_2 + Ca(OH)_2 \longrightarrow 2CaCO_3\downarrow + 2H_2O$$

图1.19所示为一个先进的二级石灰水法设备流程。

从混合罐2出来的石灰乳，计量后加入石灰水饱和罐1中进行石灰水饱和处理，饱和石灰水由石灰水饱和罐中进入反应器3，与其中的硬水混合，反应后形成的沉淀物由中心管向下沉降落入锥底，沉淀泥必须经常排除。清亮的水向上升。在纯化器4中重复此沉淀分离过程，并且可根据人们需求与

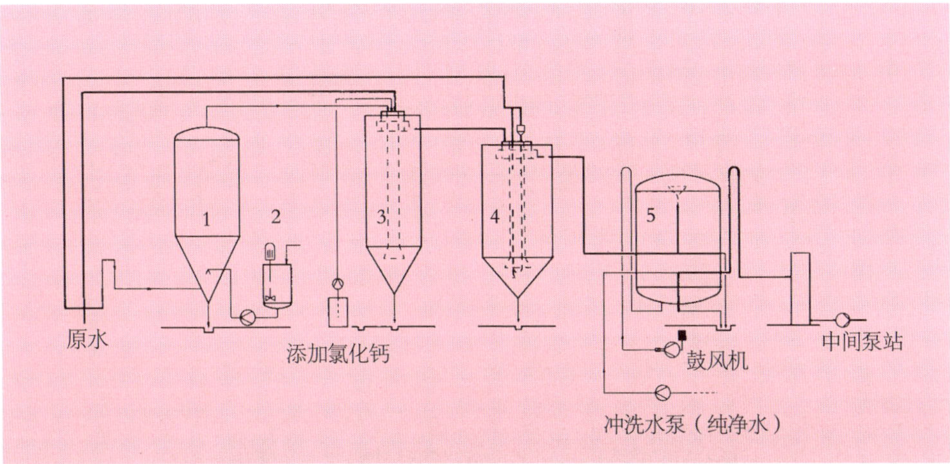

图1.19　先进的二级石灰水法水处理设备流程
1-石灰水饱和罐　2-混合罐　3-反应器　4-纯化器　5-砂石过滤器

原水混合，从而改变水的化学组成。在砂石过滤器5中，通过砂石可除去水中的悬浮物质，封闭式的砂石过滤器工作原理见1.3.4.1。

石灰水法如今仍在广泛使用，并可进行一级或二级处理。这一方法不仅在于简单，而且石灰水很便宜，并能除去铁、锰和其它重金属，使水得到最好的净化。缺点是必须排除石灰石沉淀泥，水质不同时，石灰水用量必须灵活地加以适当调整。

1.3.5.3.2 除盐

很久以来，离子交换器一直用于酿造用水的水质改善，通过它可除去水中的阳离子，由此降低水的硬度。在原水水质特别糟糕的特殊情况下，需在阳离子交换器之前安装一个石灰法水软化设备，由此可降低阳离子交换器的处理负担，节约再生剂。通过阴离子交换器处理水，可使水中无机酸的阴离子被去除。若两种离子交换器联合使用（阳离子交换器安置在前），就可制备与蒸馏水一样的去离子水。图1.20所示为带强酸阳离子交换器1和强碱阴离子交换器2的酿造用水处理设备，其中每种离子交换器都有两个，当第一个交换器再生时，第二个交换器可继续工作，从而实现连续生产。

除蒸汽锅炉用水外，为了避免腐蚀，不能完全除去水中的盐，可通过后置的调节装置4根据需要调节水中残余的碳酸盐硬度。

反渗透法也可用于水处理（见7.3.1.1.1），膜系统要求水经过预澄清处理，否则由于孔隙小，膜容易堵塞。腐蚀性的CO_2主要通过喷淋以及与石灰水中和去除，也可通过大理石过滤器去除。

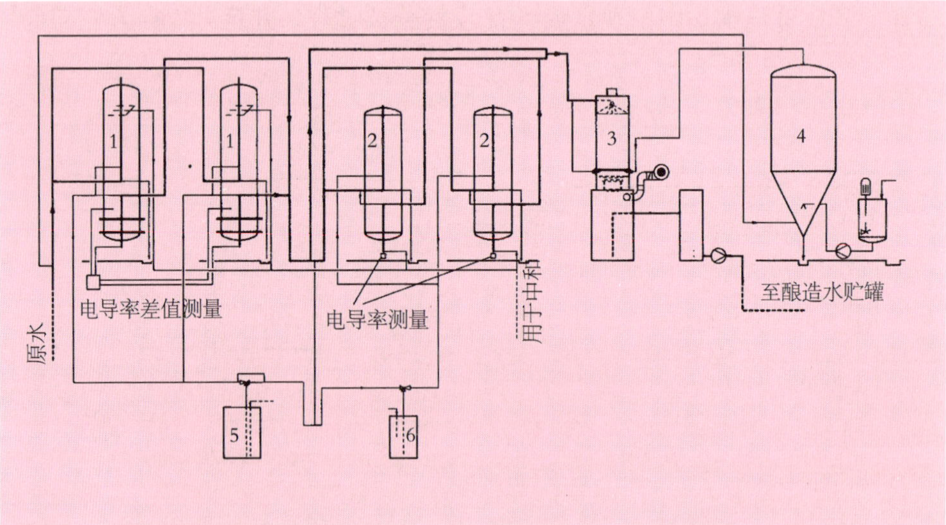

图1.20 酿造用水处理设备（两条处理线交替使用）

1–阳离子交换器 2–阴离子交换器 3–CO_2酿造水喷淋塔 4–碳酸盐硬度调节罐 5–HCl计量添加容器 6–NaOH计量添加容器

从健康和腐蚀性角度考虑，脱盐彻底的水并不好。与原水混合、添加$CaSO_4$或$CaCl_2$，可形成少量的残余硬度，沉降酿造用水中的草酸盐需要Ca^{2+}，此外，不同的盐有助于啤酒口味的圆润与柔和。

如果采取生物酸化法调节醪液或麦汁酸度（见3.2.1.8），那么对酿造用水的残余碱度要求就不高。重要的是钙离子含量至少为50mg/L，硝酸盐含量要尽量低[31]。

除了化学处理外，生物处理也十分重要。

1.3.5.4 水的除菌

啤酒厂用水必须符合饮用水质量要求。为使水质达到规定要求并保持纯净状态，可采用下列方法：

- 添加活性氯，最大用量为1.2mg/L
- 添加二氧化氯，最大用量为0.4mg/L
- 添加臭氧，最大用量为10mg/L，浓度为0.005%

采用活性氯和臭氧处理后的水中三卤素甲烷以及残余氯的含量最高不得超过0.001%。

水除菌的方法：

（1）无菌过滤　通过无菌过滤可以达到除菌目的。有关企业已生产出质量优良、性能可靠的无菌过滤机。但水的预澄清是无菌过滤的重要前提，否则过滤机会很快被堵塞。（无菌过滤机见4.5）。

（2）紫外线灭菌　紫外线照射可杀死微生物，这种方法既卫生又可靠，但设备损耗大，处理能力低；水层必须很薄，浑浊和色泽会影响灭菌效果。此外，细菌数量大时，照射量也必须随之提高，必须定期更换紫外灯并检查其作用。

（3）臭氧灭菌（O_3）　对空气中的氧进行放电处理可获得臭氧（O_3），氧化作用会破坏细菌的细胞膜，从而达到杀菌的目的。此方法既卫生又可靠，但投资费用很高。可将紫外线照射与臭氧结合起来对水进行灭菌处理。

（4）通氯气灭菌　往水中通入氯气产生次氯酸（HClO），次氯酸分解为HCl和氧化力很强的原子态的氧，通过氧化破坏细胞膜杀死微生物。此方法所需设备很少，但如果水中存在有机物或酚，则会产生有害物质（AOX、氯酚、三卤素甲烷等）。

（5）二氧化氯灭菌　二氧化氯是一种不稳定的气体，它由盐酸（HCl）和亚氯酸钠（$NaClO_2$）反应生成，并立即添加。

同上述方法相比，这种方法有以下优点：

- 水的口味不发生改变
- 形成的AOX和氯很少
- 费用很低
- 生产过程非常安全
- 灭菌效果可靠

但这种方法要求添加量准确，而且添加后需要足够长的反应时间，同时必须进行监控。

此外还必须考虑到，温度越高，二氧化氯就越不稳定。

（6）银离子灭菌　银离子具有杀菌效果，水在银极间留过，银离子会杀死水中的细菌（图1.20a）。

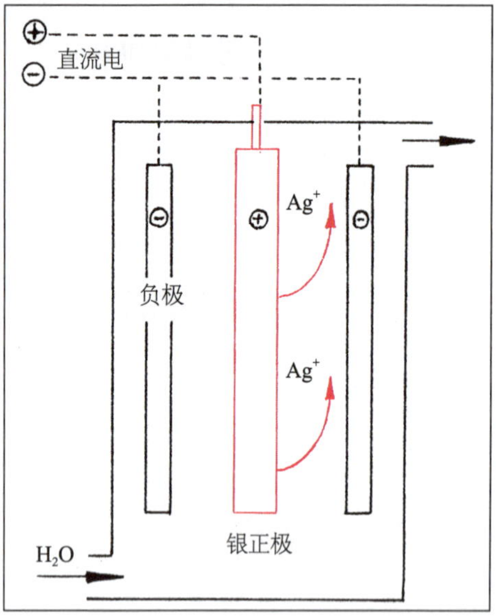

图1.20a　银离子的灭菌处理

1.3.5.5　水除气

水中溶解了许多空气，空气中的氧对啤酒质量和口味稳定性不利，但在啤酒厂中的许多地方水都会同啤酒接触，如果水中还含有溶解氧就会损害啤酒。

空气在水中的溶解度随着温度的上升而降低，温度很高的水比如洗糟水几乎不含氧气，但低温水中含有许多氧气，对啤酒十分不利，比如：

- 过滤时的酒头和酒尾
- 注入过滤机中的水
- 硅藻土预涂用水
- 投料水

除气的方法：

- CO_2洗涤
- 真空除气
- 用氢还原
- 热除气
- 采用空心纤维膜除气

（1）CO_2洗涤除气　采用这种方法时水流过喷淋体，不含氧气的CO_2从下至上反向流动，借助巨大的交换面积，氧气被多余的CO_2带走。

（2）真空除气　水被喷入一个真空容器，为了完全除去氧气，真空除气必须同CO_2洗涤结合起来。

（3）用氢还原　通入氢后，水中含有的氧与氢反应生成水（图1.20b），但这一反应需要钯粒作催化剂，投资和生产成本相当高，设备必须很好地监控和清洗[36]。

（4）热除气　采用这一方法需要将水至少加热至85℃，接着水被喷为雾状，其中含有的空气被蒸汽带走，优点是顺便对水进行了杀菌处理。

（5）采用空心纤维膜除气　如同电解方法一样（见4.8.3.1），采用由30000根大约68cm长的空心纤维组成的膜块，空心纤维的直径分别为300 μm，孔径为0.05 μm。待除气的水

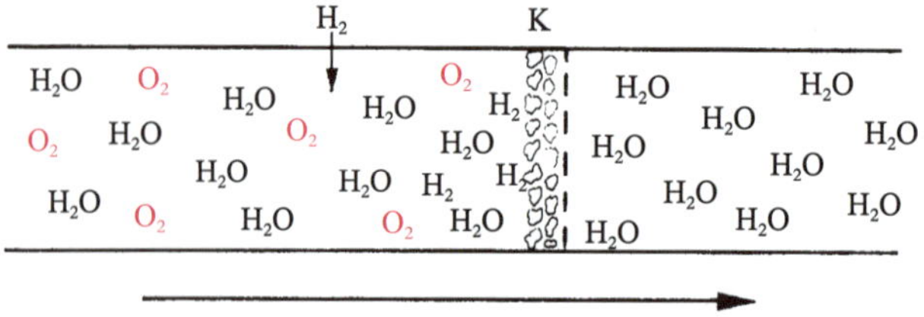

图1.20b　用氢气进行水脱氧（原理图）
（K）催化剂钯

从空心纤维的周边流过，不含氧气的二氧化碳作为汽提气体反向流过空心纤维的内部，水和二氧化碳中氧气浓度的差别促使水中的氧气进入二氧化碳中，从而被带离空心纤维，这种方法无需监控（Centec, Hanau）。

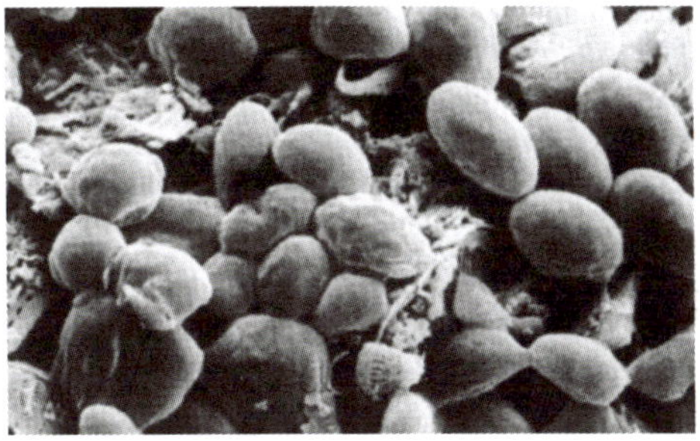

图1.21　酵母细胞结构

1.4　酵母

酵母是单细胞微生物，它获取能量的方式有：

- 有氧呼吸（耗氧式）
- 无氧呼吸（厌氧式）

在啤酒酿造中，麦汁中的糖分被酵母发酵成酒精。啤酒厂使用的酵母菌为啤酒属酵母。挑选的啤酒酵母菌种需要进行纯种培养。其它的酵母菌种如面包酵母、葡萄酒酵母则用于面包、葡萄酒的发酵。

由于酵母不仅进行酒精发酵，而且其新陈代谢产物可影响啤酒的口味和特点，所以了解酵母的内容物组成，它的新陈代谢过程及其增殖很重要。不同的酵母菌种有一系列不同特性。

1.4.1　酵母细胞的结构和组成

酵母的使用形式是酵母泥，酵母泥由数十亿个独立的酵母细胞构成，酵母细胞形态为椭圆至圆形，长8~10 μm ，宽5~7 μm（图1.21）。

酵母细胞大约含有75%的水，绝干物质主要由下列物质组成：

蛋白质：	45%~60%
碳水化合物：	25%~35%
脂肪：	4%~7%
矿物质：	6%~9%

矿物质的组成主要是（每100g干物质）：

2000mg磷

2400 mg钾

200 mg钠

20 mg钙

2 mg镁

7 mg锌

以及微量的铁、锰和铜。

此外酵母还含有一系列维生素，特别是：

硫胺素：8~15mg/100g酵母干物质

核黄素：2~8 mg/100g酵母干物质

烟酰胺：30~100 mg/100g酵母干物质

叶酸：2~10 mg/100g酵母干物质

泛酸：2~20 mg/100g酵母干物质

吡哆酸：3~10 mg/100g酵母干物质

生物素：0.1~1 mg/100g酵母干物质

酵母细胞（图1.21a）由被细胞膜3包裹着的细胞质1构成，细胞质中含有一系列调节物质代谢的细胞器。

其中最重要的细胞器是作为细胞指挥中心的细胞核10，它被封闭而有细孔的双层核膜包围。细胞核含有基础物质、核内物质以及染色体，每个细胞都有自己的基因编码，基因由脱氧核糖核酸（DNA）多聚分子链构成，其信息含量为10^{9}~10^{10}M，控制细胞物质代谢和生长的所有过程。细胞核中还有一个由核糖核酸构成的核心12。

酵母细胞含有大量线粒体5，线粒体引进细胞质中形成的丙酮酸（见4.1.2.1.1），并经过复杂的步骤通过呼吸将其变为CO_2和水，在此过程中形成重要的能量载体三磷酸腺苷（ATP）和二磷酸腺苷（ADP）（见4.1.2.1.2），因此人们将线粒体称为细胞的电站。

粗糙的内质网用于蛋白质的合成，光滑的内质网则合成脂肪，并负责排毒过程。形成的蛋白质被切断，并以泡囊的形式被送往预定的地点，这一任务由类似编组站的高尔基体承担，带有毒素的分泌泡被送往细胞膜，随后排出。

溶酶体是细胞的垃圾回收站，负责细胞内的消化，将复杂的分子拆分为简单的基础物质。核糖体合成蛋白质并在细胞内对其进行分配，负责像流水线一样的生产以及根据细胞核的信息用氨基酸合成基因产品。

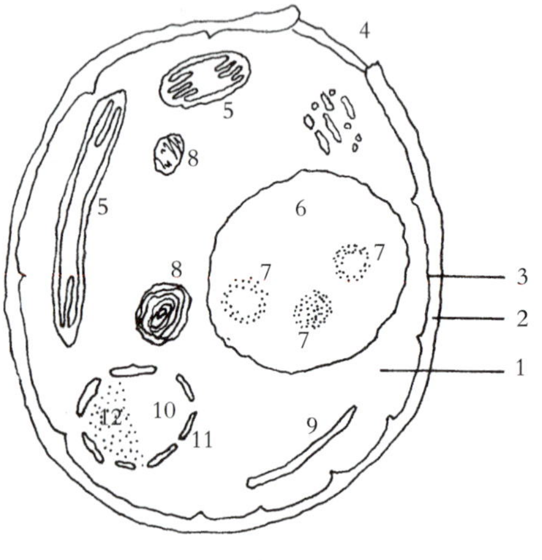

图1.21a　酵母细胞结构

1-细胞质　2-细胞壁　3-细胞膜　4-出芽点　5-线粒体　6-液泡　7-聚偏磷酸盐颗粒　8-类脂颗粒　9-内质网　10-细胞核　11-核膜　12-核心

细胞膜非常重要，它包裹着整个细胞以及细胞中的大量细胞器，因此我们应留意生长期间内质网中膜的形成。

细胞膜中最重要的基础物质是磷脂，磷脂具有对其作用而言非常重要的典型结构：

脂肪酸残基—COO—	—C—H_2
脂肪酸残基—COO—	—C—H
氨基酸—磷	—C—H_2

每两个脂肪酸残基与甘油产生酯化反应，在甘油［$C_3H_5(OH)_3$］的第三个OH^-根上，通过磷基结合了一个氨基酸（磷脂）。

磷脂分子（图1.22）使细胞膜的结构呈现出两种相互抵触的性质：一方面甘油残基同磷以及脂肪酸残基（图1.22中的球形）呈亲水性，另一方面在细胞膜中它们相互碰撞，在脂肪酸残基带相反电荷的两层端点（红色）呈疏水性，从而无需磷脂分子结合便形

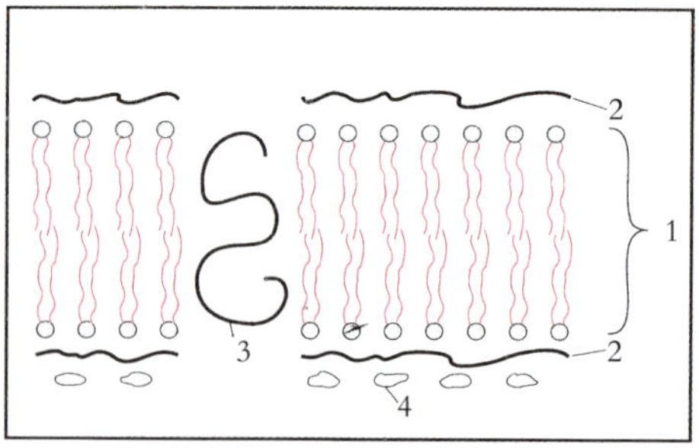

图1.22　细胞膜的结构

1-磷脂　2-附着的蛋白质　3-输送蛋白质　4-附着的海藻糖

成了一个无法渗透的双层膜，所有动植物的细胞膜都是这种结构。

尽管酵母细胞膜只有大约6nm厚，仅占酵母细胞直径的1/1000，人们仍不应忘记，它不仅包裹着整个酵母细胞体积，而且形成了包围细胞器的膜以及细胞中的隔断部分。一个酵母细胞的表面积约为150μm^2，因此10g压榨酵母的接触面积约有9~10m^2。

人们应当看到酵母繁殖时合成脂肪酸的能力，酵母细胞形成的新物质相当于自身体积的4~5倍，设想一下这将涉及多少分子，如果将一个酵母细胞放大至1m，细胞膜的厚度便正好为1mm。

脂肪是膜的主要组成物质，其形成过程消耗很多能量，同时需要氧气存在，在此过程中脂肪酸的一部分转化为溶点较低、运动性更好的不饱和脂肪酸，缺乏氧气时细胞的形成会提前停止。

细胞壁没有渗透性，已溶解物质（如糖、氨基酸、脂肪酸和矿物质）的吸收由膜中的不溶性输送蛋白质完成3，只有一定的物质能够通过，高尔基体负责将废物和毒素，如生成的酒精排往膜外。

细胞膜的外部是糖解残基5（图1.22a），它由30%~40%的甘露聚糖和30%~40%的葡聚糖组成，外部的甘露聚糖与磷，里面的葡聚糖与硫产生酯化反应，总复合物还包括蛋白质和酶，它们负责分解物质，使其能够通过细胞膜，因此这种复杂的积聚结构具有重大意义。

膜的内部和外部有边缘蛋白质

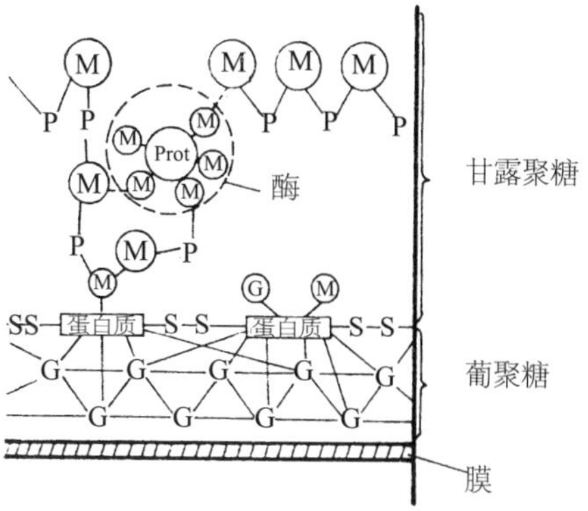

M：甘露聚糖　P：磷酸盐
G：葡聚糖　　S：硫

图1.22a　细胞壁的结构

（图1.22a），此外内部还有一层海藻糖。

细胞膜，积聚层以及糖解残基整个包裹层被称为细胞壁。

图1.22b再次展示了由磷脂构成的细胞膜的结构，输送蛋白质只能让一些特定的物质（麦芽糖、肽或其它化合物）通过细胞膜。

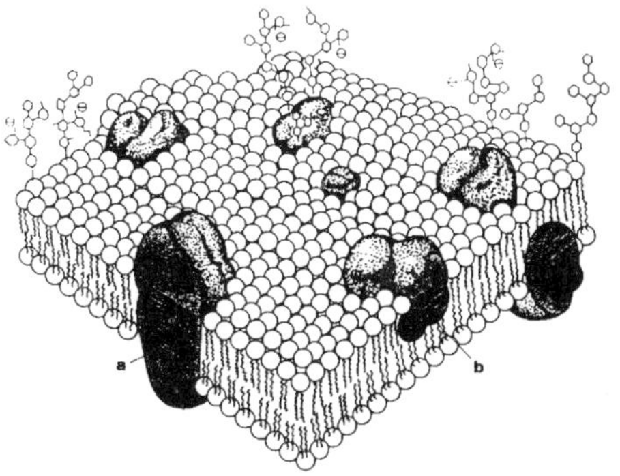

图1.22b　细胞膜的构造
由带输送蛋白质的磷脂组成图中标识部分：糖基化残基

占细胞体积50%以上的细胞质是细胞内部最重要的部分，是细胞的反应中心，大多数营养物质的分解代谢以及细胞自身基础物质的合成过程都在这里完成，整个中间物质代谢：糖解（见4.1.2.1）、脂肪酸的分解、蛋白质的生物合成以及其它种种过程都在这里同时进行，在一个水性介质中，密集的核糖体、酶和分解产物随着介质的流动而运动着。

营养物质丰富的时候，如发酵开始时，酵母细胞的储存物质会增加，糖原这种储备碳水化合物的含量可超过酵母干物质的30%，储存在细胞质中，海藻糖这种双糖也会储备，此外还有酵母形成新的细胞物质所必需的磷和脂肪。

细胞中通常会充满酸性细胞液和被膜包围的空间即所谓的液泡，这里储存着特定的蛋白质和多余的盐类，部分为结晶形式，当外部的渗透压由于较高的浸出物或酒精含量上升时，细胞可以通过结晶盐的可逆变化调整其内部压力。

酵母细胞以出芽方式进行繁殖，子细胞脱离后，母细胞上会留下一个出芽点（图1.21a），根据出芽点的数量（4~6个）可以识别细胞的年龄。

1.4.2 酵母的新陈代谢

为了完成生命必需的新陈代谢过程并合成新的细胞物质，酵母像其它细胞一样需要能量和营养物质。

像其它生物一样，酵母最喜爱的获得完成这些过程所需能量的方式是呼吸，呼吸时获得的能量十分巨大，因为葡萄糖完全被分解，呼吸时所吸收的营养物质如糖毫无残留地被分解为CO_2和水。

$$C_6H_{12}O_6 + 6O_2 \longrightarrow 6H_2O + 6CO_2\uparrow$$

在无氧条件下，酵母是唯一能够进行酒精发酵的生物，此时由葡萄糖生成酒精和CO_2：

$$C_6H_{12}O_6 \longrightarrow 2C_2H_5OH + 2CO_2\uparrow$$

这时酒精中还含有很多能量，因此酵母细胞从发酵中获取的能量远远少于从呼吸中获取的能量（见4.1）。

葡萄糖分解为酒精，或在呼吸时最终分解为CO_2和水的反应过程分为许多步骤，其中每个反应都由特定的酶进行催化。这些酶存在于酵母细胞的特定结构中，针对糖解和酒精发酵的酶存在于细胞质中，而呼吸时则依靠线粒体中的酶。

呼吸和发酵时需要的有机物质通过细胞膜内的蛋白质吸收，并通过细胞膜输送，因此酵母细胞只能吸收那些有相应输送机制的物质，而这又取决于酵母细胞中酶的种类。

酵母有着复杂的：

- 碳水化合物的代谢
- 蛋白质的代谢
- 脂肪的代谢
- 矿物质的代谢

碳水化合物的代谢主要是为了通过呼吸和发酵获取能量，麦汁中只有一小部分以糖原和海藻糖形式存在的储备糖。

如脂肪和矿物质的代谢一样，蛋白质的代谢主要是为了形成新的细胞物质，其中合成与分解过程都十分重要。

4.1.2——酵母的物质代谢将进一步讲述这些对啤酒质量有着决定性影响的复杂的物质代谢过程。

1.4.3 酵母的繁殖和生长

酵母的典型增殖方式为出芽，因此酵母也被称为出芽菌。出芽时，母细胞的某一表面上长出一个小芽孢，部分细胞质和一个分离产生的子细胞核进入其中。某些酵母菌种的母细胞上保留着分离痕迹（图1.23）。而另一些酵母菌种的母细胞的子细胞则彼此连接在一起形成芽簇。

若把微生物置于一种新的营养液中，比如在接种麦汁中添加啤酒酵母，它们就会开始生长。其生长按一定规律进行，速度也不恒定。整个生长过程可划分为六个不同阶段（图1.24）。

（1）调整期　此阶段也称为起始阶段，是进行新陈代谢的活化过程。此阶段的时间长短波动很大，主要取决于有机体类型、培养代数、培养条件等因素。细胞一旦开始分离就标志着此阶段结束。

（2）加速期　此阶段紧接着调整期，细胞分离速度加快。

（3）对数增长期　在对数增长阶段，细胞增殖速度最大且保持恒定，此时形成新的一代所需时间最短（即细胞数翻倍的时间），在最佳增殖条件下只需几个小时。

（4）减速期　由于各种因素，比如底物减少，抑制生长的代谢物增加等，对数增长阶段有一定的时间限制，随后进入增殖速度逐渐减小的减速期。

（5）稳定期　这一阶段微生物的数量保持恒定。形成的新细胞数与死亡的细胞数相等。

（6）死亡期　在此阶段，细胞死亡数多于形成的新细胞数，细胞数减少。

每个生长阶段的时间长短和强度主要受到底物、温度和酵母生理状态的影响。底物必须含有生长必需的营养物。同样，底物的水分含量、pH和氧气浓度对生长也很重要。

水是有生命物体的主要组成部分，在微生物的生命过程中起着重要作用。总之，只有当底物水分至少达到15%时，微生物才能生长。利用不同的最佳pH可区分不同的微生物。酵母主要在酸性条件下生长。酵母生长时供氧的重要性已在前面讲过，啤酒厂通过接种前的麦汁通风促进酵母

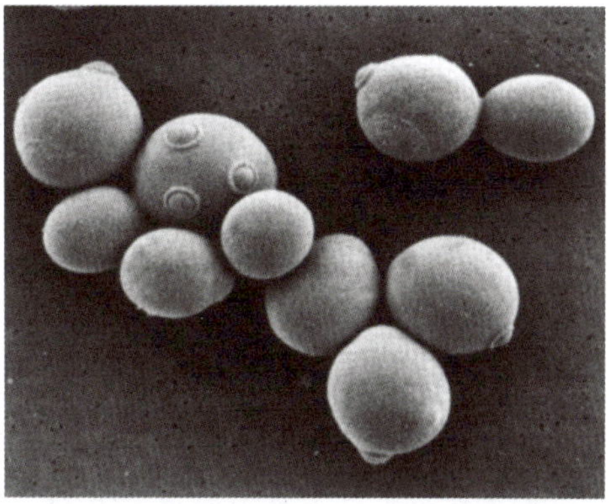

图1.23　出芽的酵母细胞（芽痕很易识别）
（图片：Inge Russell博士，Labatt Brewing Co.）

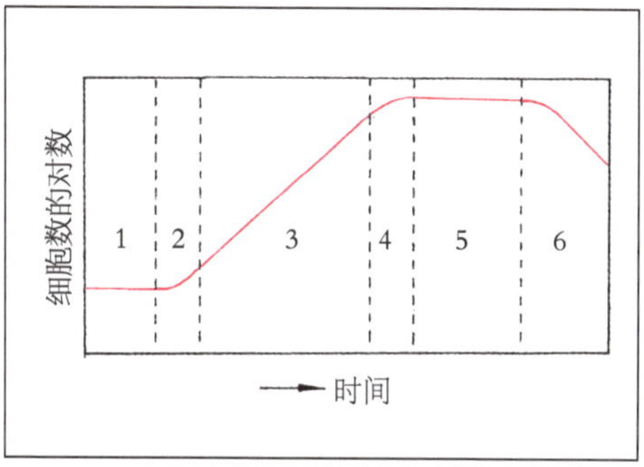

图1.24　酵母增殖过程
1-调整期　2-加速期　3-对数增长期
4-减速期　5-稳定期　6-死亡期

生长。

温度对微生物的生长影响也很大。每种微生物都有自身的最佳生长温度。在最佳生长温度下，调整期和形成新一代的时间最短。微生物不仅可在最佳温度下生长，也可在一定温度范围内生长。对于酵母属的啤酒酵母来说，生长温度范围一般在0~40℃，最佳生长温度为25~30℃。

微生物细胞的生理状况（代数、营养状况）决定了调整期的长短，在对数增长期转接于新底物上的酵母细胞代谢活化非常快。对于啤酒厂这就意味着：要想起发迅速，最好使用取自主酵间的酵母，并将其立刻添加至接种麦汁中。

1.4.4 啤酒酵母的特征

啤酒厂使用的酵母主要是啤酒属酵母，而啤酒属酵母中又有众多的种类。实际生产中使用的酵母有两大类：上面酵母和下面酵母。在上面发酵酵母和下面发酵酵母之间存在着形态差别，下面将论述这点。

1.4.4.1 形态特征

上面发酵酵母和下面发酵酵母在显微镜下可根据出芽情况进行区别。下面发酵酵母几乎都是单细胞或几个细胞连接；而上面发酵酵母则形成芽簇（图1.25、图1.26）。上面发酵酵母中的母细胞和子细胞一般长时间彼此连接，从而形成多枝的芽簇。下面发酵酵母的母细胞和子细胞增殖后彼此分开。上面发酵酵母和下面发酵酵母的细胞形状一样。

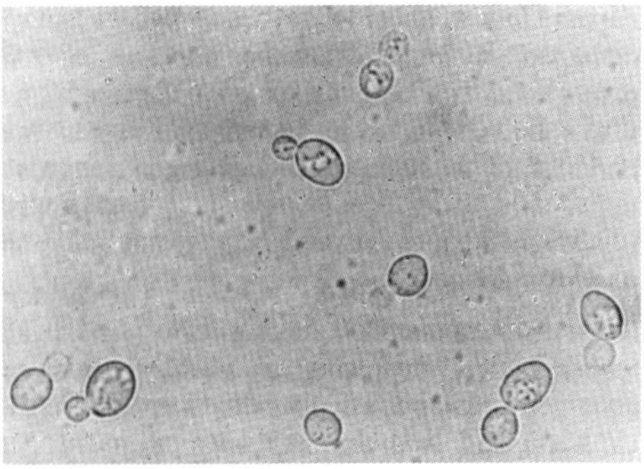

图1.25 下面发酵啤酒酵母（可明显看到出芽情况）（放大1000倍）

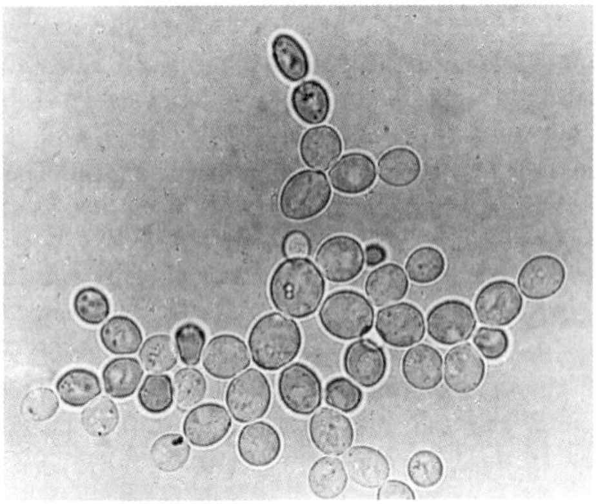

图1.26 上面发酵啤酒酵母（放大1000倍）（图片：C. Müller）

1.4.4.2 生理特性区别

上面发酵酵母和下面发酵酵母最大的生理特性区别在于：对三糖棉籽糖的发酵利用情况不同，下面发酵酵母由于酶的多样性可全部利用棉籽糖，而上面酵母只能发酵其1/3。

其它的不同特性在于呼吸和发酵代谢以及形成孢子的能力。下面发酵酵母的发酵代谢占优势，而上面发酵酵母的呼吸代谢占上风。因此，上面发酵酵母回收量要比下面发酵酵母多一些，下面发酵酵母的酶量比上面发酵酵母少一些；下面发酵酵母形成子囊孢子的能力有限，与上面发酵酵母相比，下面发酵酵母很少形成孢子，而且形成孢子的时间较长。

1.4.4.3 发酵工艺的区别

从上面发酵酵母和下面发酵酵母的名称中就知道它们的发酵现象不同。在发酵过程中，上面发酵酵母上升至液面；而下面发酵酵母则在发酵即将结束时沉降至容器底部。

上面发酵酵母在发酵结束后也会沉降至底部，但比下面酵母晚很多，主酵结束回收酵母时还在上面，使用敞口发酵容器时回收也在上面进行。

下面发酵酵母的另一个重要特征在于其不同的凝聚能力，人们据此将下面发酵酵母划分为粉状酵母和凝聚酵母。在粉状酵母中，细胞均匀分布于发酵底物中，只在发酵结束时才缓慢沉降至容器底部。而凝聚酵母的细胞，经过一段时间后就凝聚形成大的凝聚块，并很快沉降。酵母的凝聚能力取决于遗传，上面发酵酵母不具备凝聚能力。

酵母菌种的凝聚能力具有很大的实际意义，凝聚酵母所发酵的啤酒清亮，但发酵度不高，而粉状酵母和上面发酵酵母所发酵的啤酒浑浊，但发酵度很高。

上面发酵酵母和下面发酵酵母的区别还在于发酵温度的不同，下面发酵酵母的发酵温度在4~12℃，上面发酵酵母的发酵温度在14~25℃，具体温度由酿造者决定。

1.4.4.4 系统分类

根据上面所描述的不同特征，将酵母分为上面发酵酵母和下面发酵酵母。在此应注意：不管是上面发酵酵母还是下面发酵酵母，其性质并不是永久不变的，它们多少有些变化，特别是对棉籽糖的发酵，因为某些下面发酵酵母啤酒菌种也仅能发酵1/3的棉籽糖，由于这种区别不够稳定，所以将下面发酵和上面发酵酵母都归为啤酒酵母*cerevisiae*属。

选择酵母菌种进行培养和接种麦汁时，要根据一定的标准，这些标准主要有：

- 发酵表现形式（是上面发酵酵母还是下面发酵酵母）
- 凝聚表现形式（是粉状酵母还是凝聚酵母）
- 发酵能力（发酵速度和发酵度）
- 繁殖程度
- 发酵副产品的形成和分解（香味物质所形成）

在啤酒属酵母中，不仅有培养酵母菌种，而且还有啤酒厂污染的危险酵母。比如，葡萄酒酵母就是啤酒的有害酵母。其它种类的酵母也是啤酒有害感染菌。我们将这些微生物的侵入称为污染。

这些被称作野生酵母的微生物，特别容易通过原料进入啤酒厂，它们始终不受欢迎。它们可在啤酒中产生不舒适的口味和气味，并导致啤酒浑浊（见8.3）。

1.5 辅料

麦芽中含有的酶足以分解额外的淀粉，因此人们采用未发芽的谷类来代替一部分麦芽，通常是15%~20%，这些比麦芽便宜的未发芽的谷类被称为辅料。

用作辅料的通常是当地种植面积较大的谷物，比如：

- 美国：玉米或大米
- 亚洲：大米
- 非洲：高粱

糖化过程中这些蛋白质大部分也不会溶解，所以使用玉米时蛋白质含量相应较低，这对酵母所需的低分子蛋白质（游离α－氨基氮，见4.1.3.1）有影响。

从外部形态看，玉米淀粉（图1.27）类似大麦淀粉，玉米淀粉的糊化温度也是60~70℃，加工时没有问题，脱胚后玉米的绝干浸出物含量为88%~90%（相当于77%~78%风干），同麦芽相当。

世界谷物产量1990—1992[125] 单位：10^6t

	非洲	北美和中美洲	南美洲	亚洲	欧洲	前苏联	大洋洲	总计
小麦	15	100	16	208	127	88	14	568
大米	13	10	15	478	2	2	1	521
玉米	30	235	38	133	54	9	<1	500
大麦	6	22	1	19	68	48	5	169
高粱	14	23	4	18	<1	<1	<1	60
Millethirse	10	<1	<0.1	16	<0.1	2	<0.1	28
燕麦	<1	7	<1	1	10	14	2	35
黑麦	<0.1	<1	<0.1	1	11	19	<0.1	32
总计	89	399	75	874	272	183	23	1914

1.5.1 玉米

玉米收获时的水含量为25%~30%，通过干燥水含量降至10%~14%，玉米粒中干物质的组成如下：

76%~80% 碳水化合物

9%~12% 蛋白质

4%~5% 油脂

以及少量粗纤维和矿物质。

油脂存在玉米粒的胚中，由于人们担心油脂的消泡作用，所以加工前便将玉米脱胚，从而除去油，脱胚后玉米的油脂含量约为1%，油脂含量在1.5%以下都可以接受。

在加工成玉米颗粒或玉米片的过程中，蛋白质含量下降至7%~9%，在

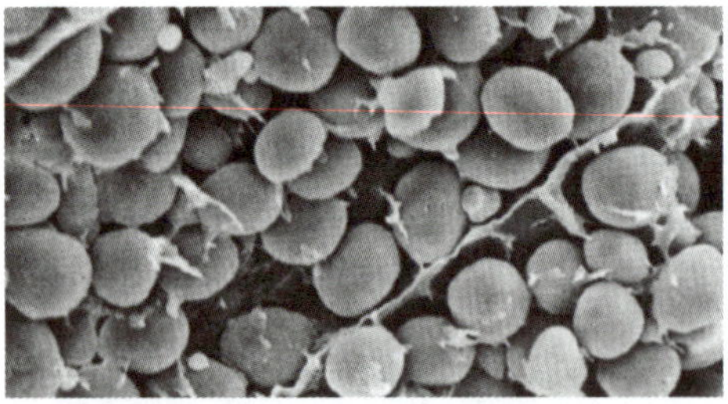

图1.27 玉米淀粉（放大1000倍）
（VLB柏林，原料研究所）

加工时玉米被干燥脱胚，胚和皮通过普氏平板筛和旋风分离器除去，玉米可加工成下列产品：

- 玉米颗粒
- 玉米片
- 玉米淀粉
- 玉米浆

（1）玉米颗粒　玉米颗粒的直径大多较大（0.3~1.5mm），啤酒厂可采用辅料粉碎机进行粉碎，玉米颗粒通常与1/4的麦芽醪一起在辅料煮沸锅中进行预处理（见3.2.4.3.5）。

（2）玉米片　玉米颗粒略微湿润后通过辊子压成玉米片的同时糊化，以糊化方式存在的玉米片无需预先煮沸便可投料。

（3）玉米淀粉　玉米颗粒在50℃的热水中浸泡30~40h，水中加入SO_2抑制细菌的生长，采用粉碎机使玉米颗粒破碎，胚通过分离装置除去，接着通过分离使淀粉同玉米皮和蛋白质分开，并在干燥前对玉米进行多次洗涤，这一过程在啤酒厂外面的特殊设备中完成。这样生产出来的玉米淀粉很细（平均颗粒大小为0.2mm），经过提炼的玉米淀粉通过专用车送往啤酒厂，由于颗粒十分细小存在粉尘爆炸的危险。玉米淀粉的组成是纯粹的淀粉，糊化和液化都十分容易。

（4）玉米浆　玉米浆由未经干燥的玉米淀粉制成，之后通过水解淀粉被分解为糖，对此有三种方法可供选择：

- 酸法水解
- 酸法水解与酶法水解联合
- 酶法水解

我们知道（见1.1.4.1.1），淀粉（支链淀粉和直链淀粉）由葡萄糖残基组成的长链构成，如果添加酸，构成化合物的葡萄糖分子就会通过水分子的加入被分开（图1.28），形成葡萄糖，这一过程通过添加稀盐酸（0.10~0.15mol/L）在一定的温度和压力下进行，越来越多的化合物被溶解，形成了由糖和糊精组成的浆液。不溶性的物质通过离心除去，玉米浆的浓度被浓缩至60%。

如果采用联合式的分解方法或单独采用酶制剂法（见3.2.4.3.5），还可获得更多的葡萄糖和麦芽糖，这对发酵时的浸出物组成十分有利。

玉米浆的组成波动很大，人们根据葡萄糖值（DE值）进行定义，这一概念表明了还原性糖的含量，95DE的糖化玉米浆中几乎只有葡萄糖。

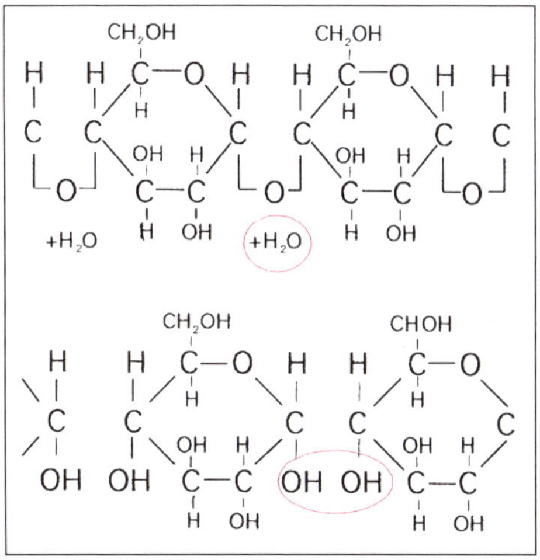

图1.28　通过水解分开葡萄糖分子之间的联结

1.5.2　大米

人们将大米脱皮和抛光过程中破损的、只是外观有问题的碎米用于啤酒酿造。

大米颗粒的水含量约为12%~13%，大米干物质的组成为：

淀粉　　85%~90%
蛋白质　　5%~8%
油脂　　0.2%~0.4%
以及少量矿物质。

大米中的淀粉含量高达85%~90%，大米淀粉由各种各样的单个或复合小颗粒构成（图1.29），复合颗粒由众多肉眼无法区分的颗粒组成。

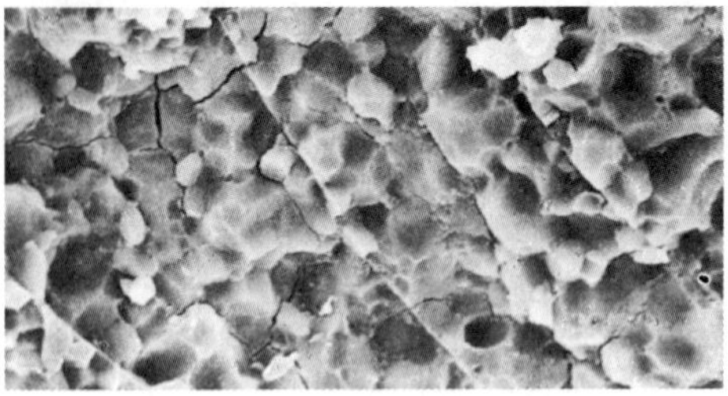

图1.29　大米淀粉（放大1000倍）
（VLB柏林，原料研究所）

大米淀粉的膨胀十分剧烈，糊化温度为70~85℃，特定品种以及炎热气候下收获的大米糊化温度偏高（80~85℃），加工大米时必须注意这点（见3.2.4.3.5）。

大米中少量的蛋白质糖化时几乎不溶解，因此麦芽醪液必须为酵母提供必要的游离α－氨基氮。

大米可以加工成大米颗粒或在啤酒厂中粉碎，然后同部分麦芽醪一起在辅料煮沸锅中进行预处理，或者加工成已糊化的大米片，直接加入糖化锅。

1.5.3　大麦

大麦可用作辅料，使用量为15%~20%时，麦芽中的酶可以顺利地对其进行分解，大麦可以以大麦粉碎物或去皮及未去皮大麦片的形式参与生产。

同麦芽相比大麦的价格较低，但同时浸出率也较低，加工过程中的问题是，由于没有经过制麦，β－葡聚糖还没有溶解，糖化时也不能充分分解，因此可能导致过滤困难。

大麦浆：啤酒厂可以自己生产大麦浆，只要将大麦粉碎，添加酶制剂并在常温下进行分解即可，这样不仅能形成麦芽糖和糊精，而且还会产生类似糖化阶段的其它分解过程（蛋白质和β－葡聚糖的分解等），最后形成类似醪液的浆液供浓缩和使用。

1.5.4　高粱

大颗粒的高粱是一种主要在温暖和干燥的非洲地区种植的谷物，而小颗粒的高粱欧洲也种植，主要用作食物（鸟食）。

啤酒生产只采用大颗粒的高粱，高粱的种类很多，其中棒状和圆锥状的品种主要用作食物（图1.30）。

许多非洲国家越来越多地将当地原料高粱作为浸出物的来源用于啤酒生产，此外还对其进行发芽处理，以

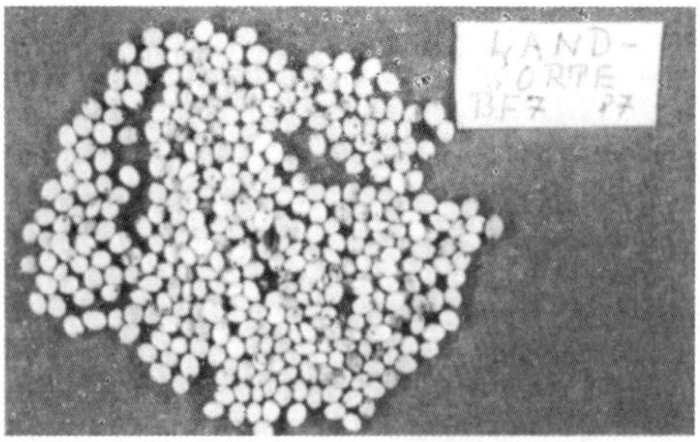

图1.30　高粱颗粒
（图片：P. Seidl，慕尼黑）

取代昂贵的进口麦芽，再者非洲许多国家的气候条件也不适合种植酿造大麦。由于高粱会自然发芽，也会形成酶，借此可以分解其内容物质，但高粱中含有的酶比大麦少。

高粱的种植和收获都在雨季，容易受到严重污染（微生物，特别是霉菌的侵袭），因此收获后必须处理，以防变质。

在这些国家，纯种培养和种植刚刚起步，因此还不能从各种收获物[131]中得出平均数据，大多数高粱的组成如下：

蛋白质含量	11%~12.6%
脂肪（绝干）	2%~6%
淀粉含量（绝干）	62%~67%
发芽力	90%以上
百升重	70kg以上
千粒重	25g以上（至44g）

淀粉颗粒紧密地镶嵌在胚乳中（图1.31）。

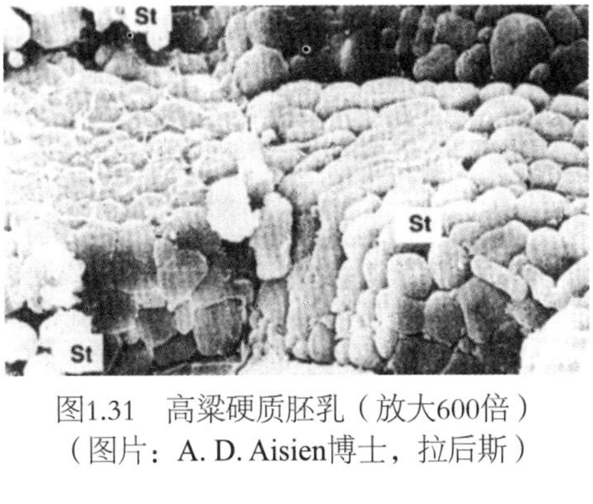

图1.31　高粱硬质胚乳（放大600倍）
（图片：A. D. Aisien博士，拉后斯）

1.5.5　小麦

小麦很少用作辅料，更多地是用于制造小麦麦芽，继而用于上面发酵啤酒的酿造，比如含酵母的小麦啤酒、白啤酒。由于小麦麦芽的浸出率较高，所以在酿造小麦啤酒时，小麦麦芽的使用量达50%~60%。但只有特定的小麦品种用于酿造，其中冬小麦品种由于其蛋白质含量低而浸出物含量高被广泛采用，此外由这类小麦生产的啤酒色泽也较浅。

谷蛋白是典型的小麦蛋白，它是不同种类蛋白体的混合物，约占蛋白质的80%左右。谷蛋白中的蛋白质主要是谷蛋白和醇溶蛋白。用小麦面粉掺水和面时，粘黏和丝状的面筋就是谷蛋白所致。

蛋白质含量丰富的小麦不适合制麦，因为加工困难。

2.9.10介绍了其它用于面包制做的谷物（斯佩尔特小麦、黑麦、二粒小麦、黑小麦）及其可制麦性。

1.5.6　着色糖

着色糖用于深色上面发酵啤酒的着色，生产方法是将糊精含量少的淀粉糖在碱性介质中强烈加热，形成着色能力强（18000EBC）的水溶性深色产品（烯醇），稀释后成为着色糖。

只要微生物状态好，不会引起浑浊，着色糖便可添加至麦汁或啤酒中，如着色啤酒（见2.9.11）一样，着色糖可以调节啤酒的色度。《纯酿法》不允许使用着色糖，但允许使用着色啤酒（见2.9.12）。

1.5.7　糖

无需遵守《纯酿法》生产啤酒

时，可以使用未经染蓝的晶体状蔗糖增加饮料的甜度。

糖的性质中最重要的是其溶解性，糖在水中的溶解度很高，20℃下100份水中可以溶解204份糖。

糖液的浓缩物为糖浆，制备糖浆只需将糖溶解于水中，15~20℃时糖在水中的溶解度约为66.3%~67.1%。

要制备浓度为65%的糖浆，需将65kg 糖溶于35kg水中，这样就制成100kg 浓度为65%的糖浆。由于糖浆不是根据重量而是根据体积来计量，所以需求出一定量糖浆的体积。

溶解后糖的密度为1.6g/cm^3=1.6g/mL，体积V=质量m/密度ρ

1kg糖的体积为：V=1000g/（1.6mg/L）=10000mL/16=0.625 L

65kg糖≈0.625L×65≈40.6L糖

35kg水≈35.01L水

100kg糖浆（65%）≈75.6L糖浆（65%）

糖浆的最低浓度值应为65%，它的贮存能力好，不会受到微生物的侵袭，因为微生物在如此高的浓度下无法生存。糖大多采用低温，有时也采用高温方式溶解。

采用质量测定仪可以根据质量准确添加。

不按纯酿法生产啤酒时，可将糖加入煮沸结束的麦汁中，以提高麦汁中可发酵性糖的比例。少量使用糖不会损害啤酒的口味，但必须注意，糖不能带给麦汁蛋白质，这样可能使麦汁中的氨基氮含量变低，影响发酵。只有当糖的购买价格较低时，添加糖获取浸出物才有意义，谷物中的浸出物通常比较便宜。

将糖融化或加热糖浆可形成带有典型焦香口味的棕色产品，通过pH可控制这一过程更多地形成色泽或者更多地形成香味物质，经过缓冲处理的蔗糖糖浆加热时会产生大量的香味物质，生产酿造焦糖时就希望这样。

酿造焦糖以糖浆或棕糖形式销售。

2 麦芽生产

没有麦芽就不能酿造啤酒，因此大麦麦芽的生产是啤酒酿造的第一步。虽然人们也可以利用其它的原料生产麦芽，比如，小麦、黑麦或高粱，但历史上因种种原因，人们还是选用最适合啤酒酿造的大麦来酿制啤酒。因此以下所讲的麦芽指的就是大麦麦芽。生产100L 11°P的啤酒约需17kg的麦芽。

出于经济上的考虑，在世界上除德国之外，许多国家都在利用未发芽的谷物原料替代部分麦芽来酿造啤酒，由此啤酒酿造所需麦芽量就可大大减少。从下表中人们可以看到：世界上许多地区（洲）在啤酒生产的大麦需求量、麦芽需求量以及酿造大麦生产量上存在着很大差别[125]：表中显示在不同地区，其大麦生产量和用于麦芽生产的大麦需求量各不相同。丰富的酿造大麦供给量和强大的制麦能力使欧洲、澳大利亚产生了世界闻名的麦芽出口商，其它实力雄厚的麦芽出口商位于加拿大以及土耳其。

国家和地区	啤酒生产量/万升	麦芽需求量/万吨	大麦生产量/万吨	酿造大麦生产量/万吨
北美和中美洲	3170	380	2230	550
南美洲	1150	140	110	30
欧洲（不含独联体）	3810	460	6800	1020
独联体	500	60	4790	140
近东	80	10	1340	40
远东（不含中国）	1200	140	300	10
中国	1200	140	230	10
澳大利亚	180	20	470	120
新西兰	50	10	40	10
非洲	530	60	530	20
世界总量	11870	1420	16840	1950

大量的大麦和麦芽出口汇集于南美洲、非洲，特别是啤酒酿造业快速发展的东亚。

当然货物的流向取决于与气候有关的产量波动、质量波动以及全球市场价格波动情况，这些波动几乎年年发生变化。

现在，大麦麦芽的生产几乎掌控在大的麦芽生产商手中，而过去啤酒厂常常在自己的麦芽厂生产麦芽。

制麦的目的是在大麦颗粒中形成酶，并使大麦颗粒中的某些物质发生转化。因此大麦需要一定时间发芽。由大麦制成的麦芽，其外表几乎和大麦一样（图2.1）

为达到以上目的，进厂大麦在制麦前必须清选、分级和立仓贮存。在浸麦过程中，大麦颗粒吸收发芽必需的水分，然后在发芽箱中发芽，入干燥炉中高温干燥。干燥后还需后处理并贮存于立仓中，直至出售。

图2.1　大麦和麦芽颗粒

2.1 大麦进厂接收、清选、分级和输送

大麦直接运至麦芽厂。如今麦芽厂大多需在供货前和农民鉴订预售合同，农民按预售合同中所规定的大麦品种进行种植。大麦品种的纯种性是保证质量均匀的基础。进厂的大麦通常已经过粗选和贮存（图2.2）。

ANNAME: 接收
MAGNET: 磁铁
WAAGE：秤

进厂后的大麦在进行精选时要特别注意：

- 除去不可制麦的杂质
- 除去类似杂草籽的杂粒，这些杂粒会使麦芽质量变差，也会使水分含量提高
- 要按颗粒大小进行麦粒分级

以上任务由大麦清选设备和分级设备来完成。

麦芽厂中有许多输送装置。由于大麦在经过制麦设备时都会产生粉尘，所以麦芽厂还必须安装除尘设施。

2.1.1 大麦进厂接收

大麦多由汽车、火车或轮船来运输。

2.1.1.1 车载大麦的进厂接收

大麦以袋装或散装形式进厂。若以火车散装形式运送，则卸料时需

用机械卸料铲。立仓货车有自卸料装置，它一般用于大宗的大麦运输，最多可达64t（图2.3）。

大麦进料口的大小和大麦的容纳接收能力取决于麦芽厂的生产规模。如用载重汽车将原料送进厂，则卸料可在很短时间内完成。

进料口的边缘应陡些，以使大麦

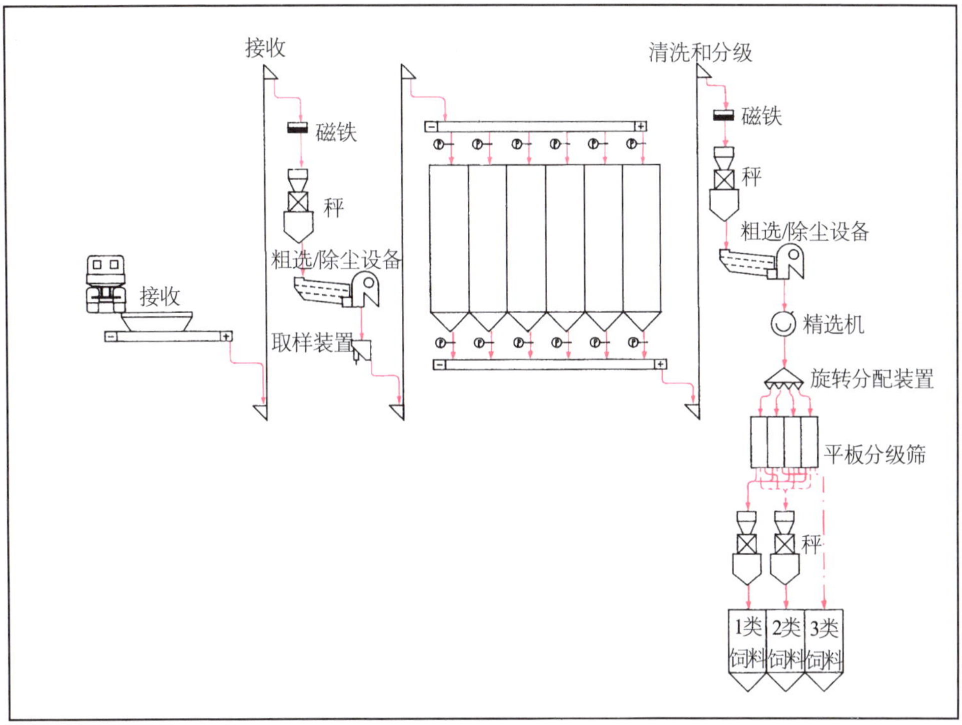

图2.2　大麦清选和分级设备

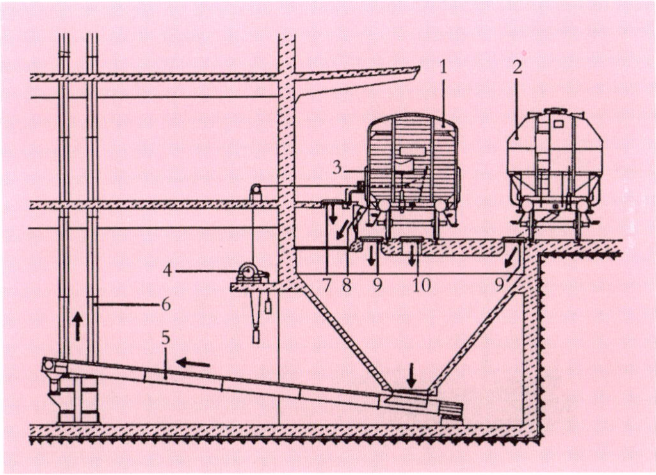

图2.3　火车或载重汽车运输的大麦进厂接收
1-平底火车车厢
2-带有自卸实装置的立仓式货车
3，4-卸料铲装置
5-支承链输送器
6-斗式提升机
7-在装卸平台上的袋装卸料
8-边缘侧倾的袋装卸料器
9-边缘出料口
10-底部出料口

顺利流入料斗。金属筛条应能拦截大的杂物，以免其损伤制麦设备。卸料时会产生粉尘，制麦厂应使用除尘设备将其消除。

2.1.1.2　船载大麦的进厂接收

今天，人们喜欢将现代化的麦芽厂建在水道（江、湖、河）旁，以便经济地将大麦运抵麦芽厂和将麦芽运出麦芽厂。在国内应尽可能用驳船把大麦运至麦芽厂，因驳船可用气压输送方式运送大麦，运送能力为50t/h，卸料能力也很强（图2.4）。国际上常用机械方式从船上卸料。出于较低运行费用的考虑，内陆船装配有类似挖泥装置的卸料器，海船装配有特殊输送设施（斗式提升机、抓斗）。

进厂大麦输送至立仓的过程中，要均匀取样，并送至化验室进行检验。建议在卸料前进行“快速检验”，以免出现意外。原大麦在粗选前要进行称重，将其重量登记在记录本上或输入计算机中。

2.1.2　大麦清选和分级

大麦的清选就是去除非大麦颗粒的过程，比如麦秆、绳头、木块、铁钉、螺钉、金属丝、石块、杂麦粒、碎麦粒等。当然，由单台设备是不可能将以上杂物完全去除的，因此需要按序安装不同的设备，以此组成完备的大麦清选系统。近几年，这些设备改进很快，因此在麦芽厂可以看到不同的大麦清选系统配置。

大麦处理（清选）由以下工序组成：

— 大杂物去除（粗选）

— 杂麦粒去除

— 铁质杂物去除（铁钉、螺钉等）

— 除芒

— 砂石、粉尘去除

— 圆形杂麦粒和半粒去除

— 麦粒大小分级

— 原大麦和麦芽贮存

— 取样和检查

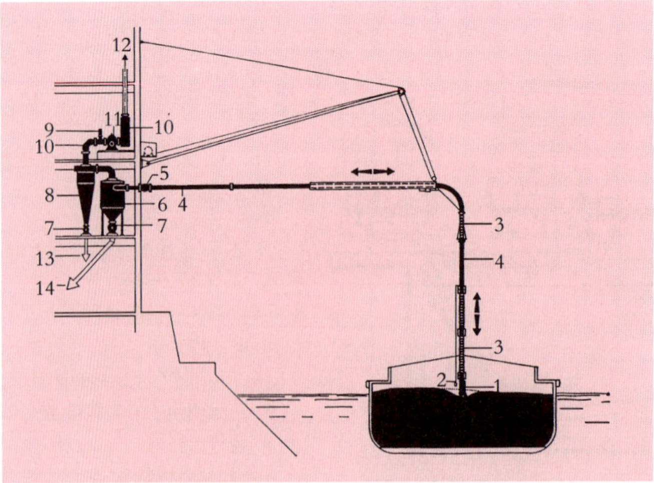

图2.4　船载大麦的进厂接收

1-喷嘴（可调节）
2-喷嘴的高度调节
3-弹性伸缩管
4-固定管道
5-垂直和边缘调节接头
6-原料承受器
7-卸料闸门
8-旋风除尘器
9-安全阀
10-噪音减弱器
11-旋塞抽气机
12-空气出口
13-灰尘出口
14-大麦出口

2.1.2.1 大麦粗选

粗选由以下两部分构成：

— 机械粗选（风力粗选机、分选机、回风分离器）

— 磁选

处理原大麦的第一台机器为分选机或风力粗选机，要对原大麦进行以下两个方面的粗选：

- 利用分离筛，分离出较大的杂物（如绳头、木块等）和较小的杂物（如沙粒、碎屑等）
- 去除混有轻微杂质的粉尘空气

图2.5所示为老式风力粗选机的工作原理图。从图示中可以了解它的基本工作原理：含尘空气被抽吸出来，在风力粗选机中，由于直径的增大而使风速减小，从而使轻微杂粒得以沉降并排除。通过振动筛可以从粗选机的下半部去除较大和较小的杂物。

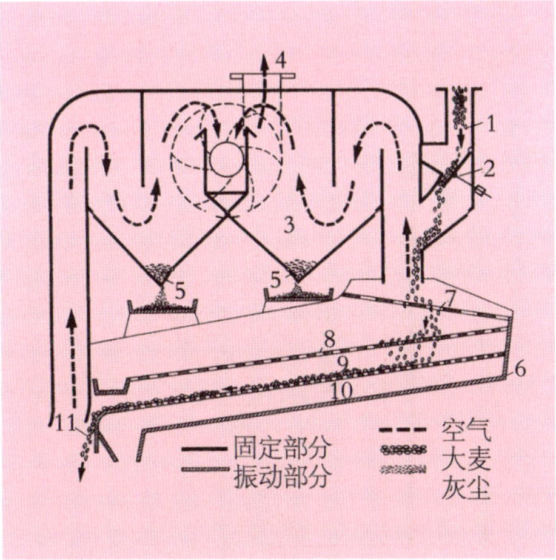

图2.5 风力粗选机（老式）
1-大麦入口 2-进料调节器
3-粉尘箱 4-用于除尘的吸风接管
5-手阀 6-偏心驱动的振动筛组
7-长孔筛 8-短孔筛 9-沙子筛
10-守料板 11-大麦出口

先进风力粗选机通过以下两个步骤进行类似的工作：

- 振动筛筛析出较大和较小的杂质
- 通过离心沉降粉尘箱，可分离出抽吸空气中的大部分轻微杂质

Classifier 分选机（德国Bühler公司，Braunschweig）是较先进的粗选机（图2.6）。和所有粗选机一样，它也有分离大杂物和小杂物的两个筛子，但其尺寸很大，清选能力高达24t/h。机体中心安装有两个同步但反向转动的不平衡电动机，由此消除边缘不平衡的现象，并将其转化为往返运动。

粗选机出风道可以抽出麦粒中的轻质杂物，并通过除尘器将这些粉尘排除。如今采用回风分离器进行除尘。回风除尘器可以从麦流中排除轻质杂物（图2.7）。不平衡电机1不断使容器底部2轻微打开，原大麦均匀流入并可进行调节。流入的麦粒随即与空气接触，空气将轻质杂物送往上部而麦粒向下降落。通入的空气可以调节装置5进行。空气到达粗选机上部后，因空间扩大而使流动速度减小，轻质杂物向下落，然后通过杂物排出阀8而分离排出。

从分选机出风口排出的含尘空气进一步循环，并进入除尘器而使粉尘与空气分离。大约10%的回风重新进入分选机中，借此在进料口形成一定的压力，确保分离系统运转时不产生粉尘。

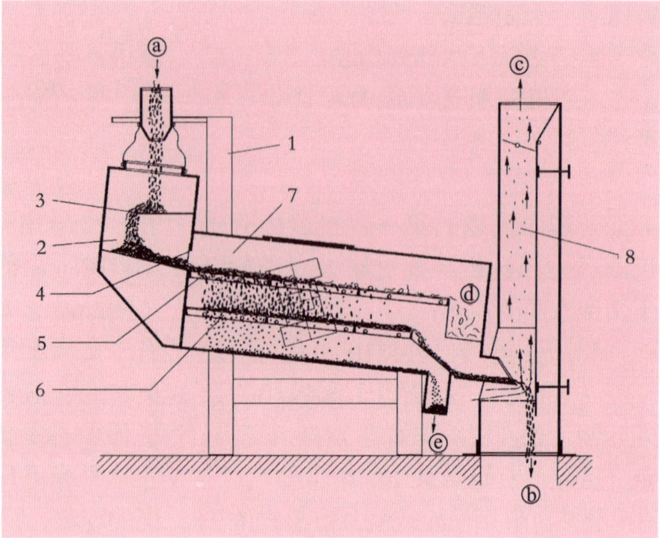

图2.6 “Classifier”分选机
1-支架
2-进料箱
3-原料分配
4-分配活门
5-主分选筛
6-沙子筛
7-分离筛箱
8-粗选机出风道
ⓐ大麦进口 ⓑ已粗选大麦出口
ⓒ与除尘装置相连接的管道
ⓓ大杂物出口ⓔ小杂物出口（沙子等）

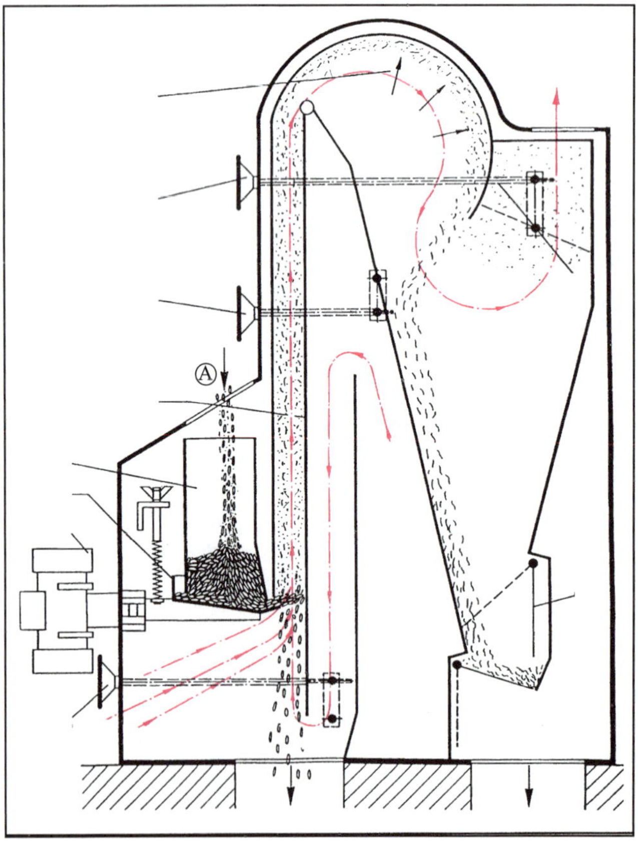

图2.7 回风分离器
1-不平衡电机
2-带有可调节装置的容器底部
3-进料容器
4-可调节的风道壁
5-垂直风道的调节装置
6-带有截上阀的空气调节器
7-沉降扩张室
8-重杂质排出活门
Ⓐ 未清选大麦
Ⓑ 已清选大麦出口
Ⓒ 重杂质排出口
Ⓓ 粗选机出风口（至旋风除尘器）

2.1.2.2 磁力除铁器

为了不出现以下因铁块而引起的损坏，在原大麦处理流程开始时一般安有磁力除铁器：

- 铁块堵塞、磨损机器以致出现灼热
- 机器快速工作时出现火花
- 火花造成粉尘爆炸和火灾
- 损伤机器

如今制麦厂几乎都使用永久磁铁。由于永久磁铁的制作材料是特种金属合金，所以它的磁力很强。永久磁铁安装在一个倾斜的平面上（图2.8），处理时使麦粒分布于整个平面。除铁过程必须持续不断进行。如果铁块没有完全除去，机器的金属部分易被强烈磨损，造成严重损伤。

另一种方法是利用可自动除铁的转鼓式除铁器（图2.9）。固定安装的永久磁铁b将铁吸附于转动的转鼓a上，一旦转鼓离开磁性区，铁块就会自然落下。

以下设备属于大麦精选系统。

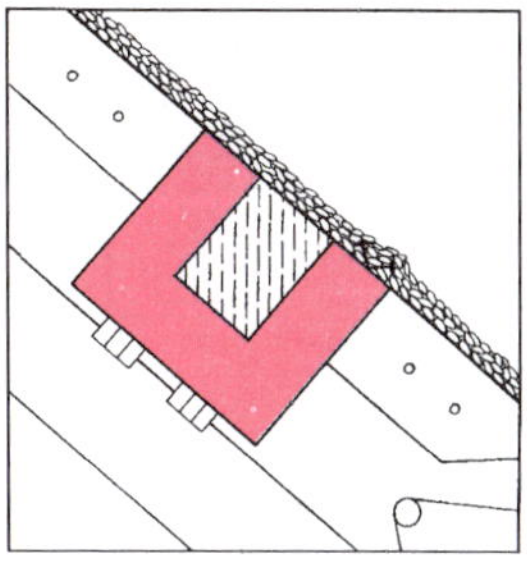

图2.8 永久磁铁

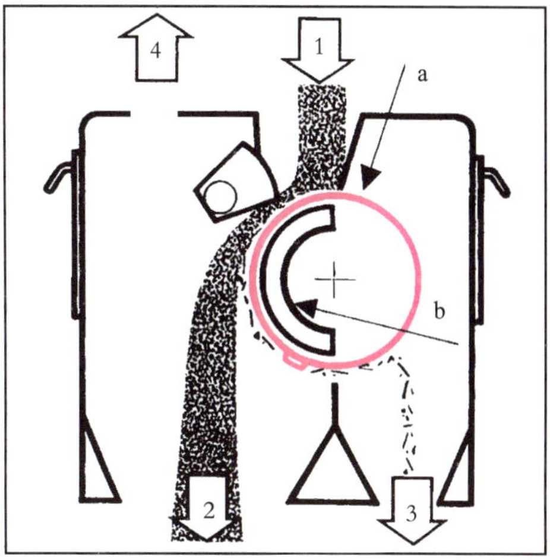

图2.9 自动除尘铁的转鼓除铁器
1-大麦进入 2-大麦流出 3-铁块 4-吸尘接管
a-旋转转鼓 b-永久磁铁

2.1.2.3 去石机

磁铁虽然能除铁，但不能去除原大麦中的石块，除去石块则要利用去石机（图2.10和图2.10a）

大麦从入口6到达倾斜工作面1，不平衡电机带动工作面振动，产生一个向上运动的输送作用，将金属编织筛上的物体向上输送。均匀的风流使较轻的麦粒轻轻飘起，从而沿倾斜工作面向下飘游，而较重的石块则不断被振动筛带到上部的出口处9。

去石机用在麦芽厂使用较少，在今天更多地用于啤酒厂粉碎机之前，这样可避免石块损伤粉碎机的辊筒，导致拉丝辊的丝被磨平，从而提高辊筒的使用寿命。

2.1.2.4 除芒机

一般来说，大麦在碾场时已被除芒，因此麦芽厂大多无须除芒。不过，如果进厂大麦除芒不彻底时，麦芽厂仍须使用除芒机（图2.11）。

今天，除芒机主要作为摩擦机器来使用。其多为带孔金属板滚筒，外层用铁板包围。当滚筒中的转子旋转时，麦粒也随之剧烈旋转。搅拌器将

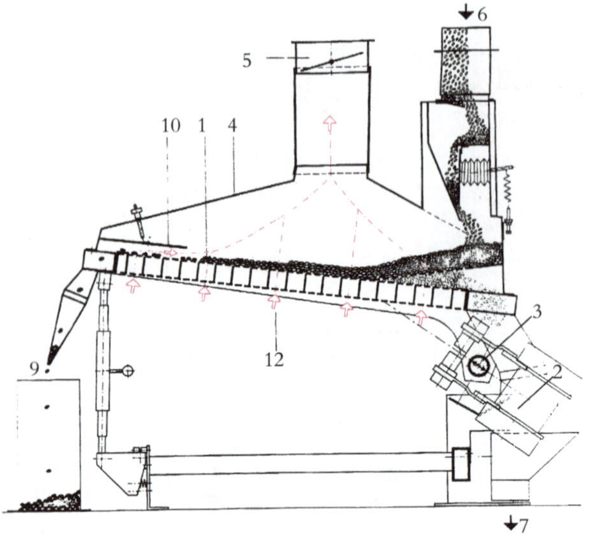

图2.10　去石机
1-倾斜工作台
2-不平衡电动机的转动装置
3-不平衡电动机的作用方向
4-机盖
5-抽风机接口和截止风门
6-大麦入口
7-大麦出口
8-石块
9-石块出口
10-分离区的终端
11-大麦
12-空气进入

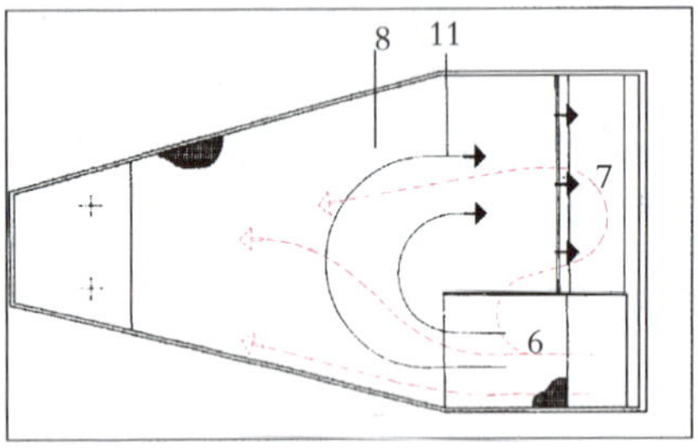

图2.10a　分离筛上的运动方向

麦粒输往出口处，搅刀使麦粒之间强力摩擦，麦芒随之从麦粒上脱落。有不少麦粒粉屑也和大麦一起从除芒机的终端输出。所以除芒机之后至少要安装分离风道或除尘器，不过把除芒机安装在粗选机之前意义更大。

新式摩擦机利用搅刀波纹面板和滚筒筛之间的换向产生摩擦效果，或者利用静止波纹面板和运动波纹面板之间的换向来产生摩擦作用。

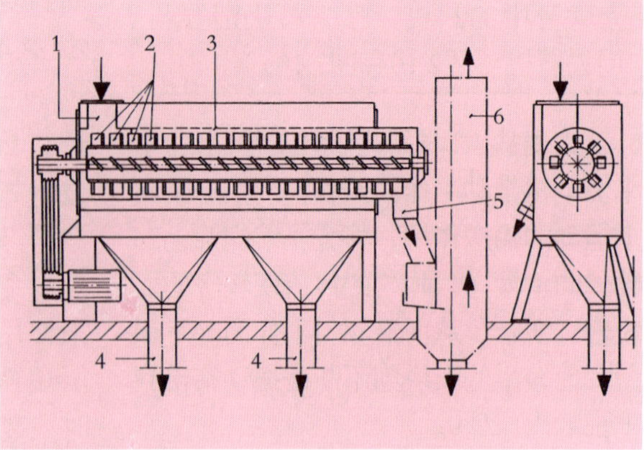

图2.11　带有分离风道的除芒机
1-大麦入口
2-搅刀
3-除尘机外壳
4-麦芒出口
5-大麦出口
6-吸尘口

2.1.2.5 精选机

大麦中总混有圆形杂草籽和破碎麦粒等杂物。杂草籽可导致麦芽质量下降，而破损的麦粒易生长霉菌，因此必须将它们除去。这些小杂物不会在粗选机中分离出来，因为它们和麦粒的大小一样。精选机的任务就是去除这些杂粒，将这些破损麦粒和圆形杂草籽分选出来，以免使麦芽质量下降。

精选机由金属或不锈钢卧式滚筒构成。滚筒直径为40~70cm，长度取决于分选能力，可在1~3m波动。在滚筒内壁有冲压的半圆形窝眼，根据分选需要，窝眼大小可在1.25~26mm。大麦分选所用窝眼直径为6.5mm。

大麦进入滚筒中，滚筒以20~50 r/min的速度旋转，麦粒也随之转动。到达一定高度后，麦粒因自身重力而落下。此过程不断重复，直至滚筒中的大麦缓缓向下滑动，并最终在滚筒的另一端被分离出来（图2.12）。

圆形杂草籽和破损麦粒被窝眼继续向上传送，到达精选机的上半部分后由于自身重力而下落并进入收集槽，然后被输送至出口处。

这种精选机又称圆形杂粒精选机。

跟圆形杂粒精选机相反，长形杂粒精选机则是从杂粒中（比如燕麦）选出好粒（如大麦）。在麦芽厂大多仅用圆形杂粒精选机。

好大麦粒与圆形杂粒之间的分离，除了可通过窝眼大小调节外，还可以通过收集槽的高度和转速来调节。收集槽的高度可从机器外部来控制。不过有时也会出现短小的整粒大麦被带入收集槽中的现象，这就意味着损失；另一方面，也有可能在选出的好麦粒中混有未选出的半粒大麦，这会导致麦芽质量下降。为避免这些情况的出现，可在主精选机之后再安装一个或多个后精选机，以保证大麦精选彻底。

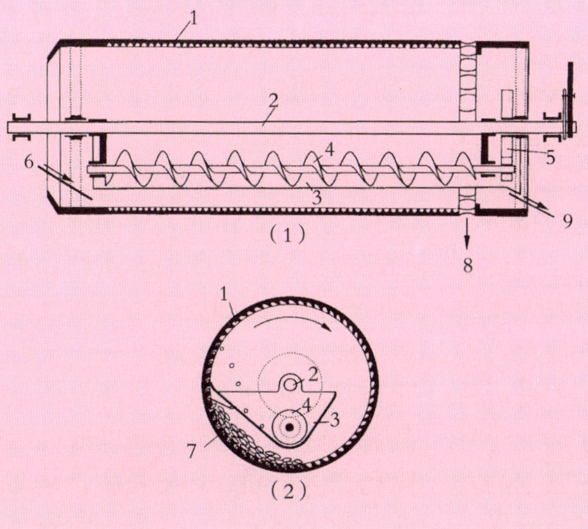

图2.12 精选机
（1）正剖图 （2）侧剖图
1-精选机外壳
2-主轴
3-杂粒收集槽
4-绞龙
5-螺杆传动装置
6-大麦入口
7-麦流层
8-大麦出口
9-破损麦粒出口

分选能力强的大功率精选机往往配有一个可更换的分选外壳。另外，也常带有可阻止麦层中重粒与轻粒大麦分层的装置。因为分层现象会降低精选机的工作效率（图2.13）。如今精选机的工作效率可高达15t/h。

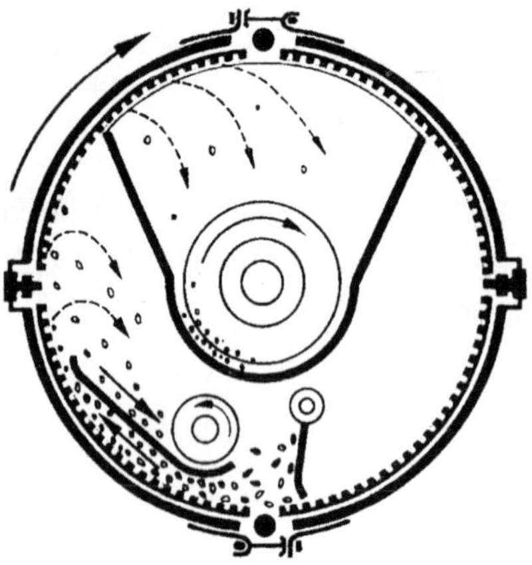

图2.13 带有可更换式外壳的高速精选机

2.1.2.6 大麦分级

2.1.2.6.1 分级原理

经过上述工序之后，大麦清选已进行了大杂、小杂、粉尘、铁块和圆杂粒的分选。除了与大麦粒大小相近的杂粒和小杂物外，主要为大小不等的大麦粒。在浸麦时，小粒大麦比大粒大麦吸水快。如果不分级，会导致麦芽质量不均匀。为了得到大小均匀的麦芽，需要使用筛孔为2.2mm、2.5mm的分级筛进行大麦分级。

由于在浸麦开始时，大粒大麦与小粒大麦在吸水速度上有很大的差别，所以越来越多的麦芽厂不进行更细的分级，而是把所有的麦粒同时制麦（经常是腹径在2.2mm以上的麦粒），有时也对成品麦芽进行分级，现在认为大麦品种纯净性比麦粒大小更重要。

利用两种分级筛将大麦粒分为三类：

（1）第一级，Ⅰ类大麦　是指截留在筛孔宽度为2.5mm筛上的大麦，它是由颗粒最大、腹径最宽的麦粒组成的。这类麦粒的浸出率最高，最适合生产麦芽和酿造啤酒。Ⅰ类大麦的比例应尽可能高，这是大麦最重要的质量特性之一，决定了大麦的价格。

（2）第二级，Ⅱ类大麦　是指能穿过2.5mm的筛，但被截留于2.2mm筛面上的大麦。此类大麦应尽可能少，必须用特殊制麦方法单独处理。

（3）第三级，瘪大麦　是指能穿过2.2mm筛的大麦，主要由价值小的瘪大麦构成，不能用于麦芽生产，但可用作饲料。这种饲料大麦所占比例不得超过2.5%，更低的比例要求可由供应商和购买者商定。当然，此类大麦的比例量取决于大麦年收成。

根据分级板形式的不同，分级机可分为圆筒分级机和平板分级机。

2.1.2.6.2 圆筒分级机

圆筒分级机由轻微倾斜的旋转柱式滚筒组成；滚筒的直径约0.6m，长2~3m，筛板上的筛眼长约25mm。最前面的筛孔宽度为2.2mm，后一半的筛孔宽度为2.5mm；使用处理能力大的圆筒分级机分级时，不同品种的大麦可用不同的圆筒进行分级处理。当麦层缓慢向下运动时，每一麦粒都不断与筛孔接触，或穿过筛孔落下，或截留于筛面上，若麦粒的腹径刚好与筛孔宽度相同，则麦粒就会被筛孔卡住。为了避免此类现象，特安装有一个活动的滚筒刷来清理筛孔。由于分级滚筒的上半部不与麦粒接触，因而分级筛的利用面积仅为25%左右。在先进高效圆筒分级机中，安装有一个分散辊，分级筛的有效利用面积几乎可达50%，同时避免了麦层中间的麦粒向外运动（图2.14）。

圆筒分级机的分级能力为1~6t/h，由于圆筒分级机的分级能力较小，而占地面积相对较大，所以仅在一些小型或老式麦芽厂中使用。

2.1.2.6.3 平板分级机

平板分级机由20~28个上下安装的水平筛面组成，它悬挂于多管柱上，通过偏心驱动装置进行振动，从而使大麦粒均匀分布于筛面上，并不断改变方向和位置，实现分级。

大麦的进入和排出通过软管进行，因为振动情况下不能采用固定式连接方法。平板筛的传动通过垂直轴上的电机皮带或振动马达进行，不管怎样，马达与铅制振动重物有关，振动重物决定了冲程循环直径。转速为220r/min，冲程循环直径一般为74mm。

筛板（图2.15）由呈十字交叉式的开孔分级板1组成。分级板下有一个大格弹性球筛2，在分级板与弹性球筛之间有一些橡皮弹性球3、塑料方块或皮带块，偏心运动使它们不停地振动，从而避免麦粒卡住分级筛孔。分级筛孔具有一定的大小，这些弹性球或塑料方块以及皮带块被支撑分格板4固定在一定区域内。收集导流板上的塑料方块可将筛板底面清理干净。

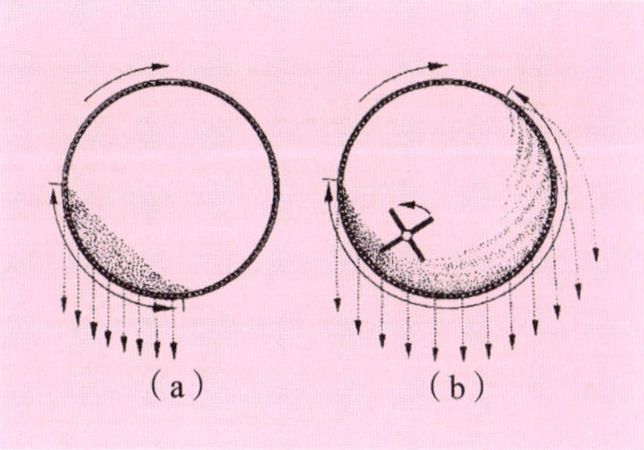

图2.14 通过分散辊扩大了分级面积
（a）圆筒分级机 （b）高效圆筒分级机

当今所制造的先进平板分级机为格框式短筛分级机。其分级单元为多个分格框，这些分格框上下安装在一起，从而使所有分级单元被充分利用。进入分级机的麦流分为许多细麦流（图2.16），并被导入不同的筛面进行不同等级的分选，以达到良好的分级效果。在Quardrostar高效平板分

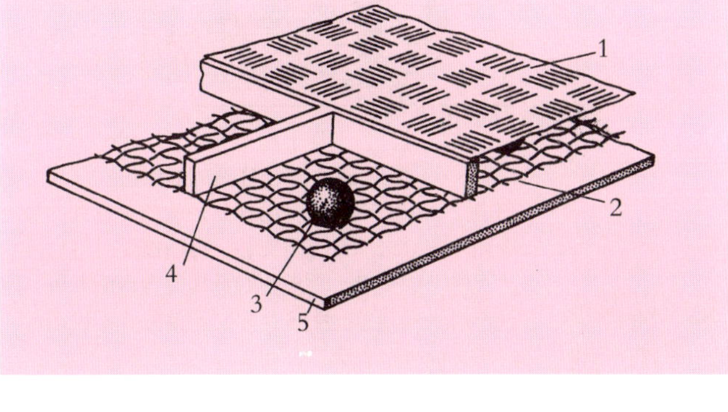

图2.15 分级单元
1–开孔分级板
2–弹性球筛
3–橡皮弹性球
4–支撑分格板
5–收集导流板

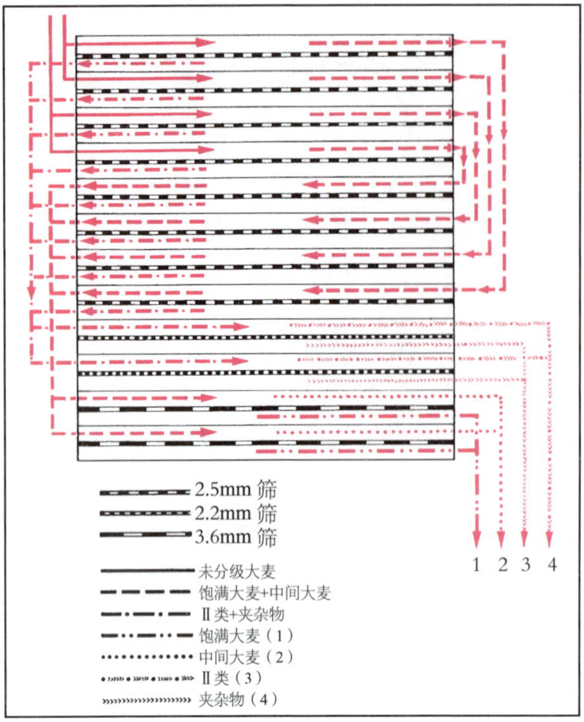

图2.16 平板筛的工作原理

大麦以多个分流层进入并分布于2.5mm分级筛上，之后再通过多个2.2mm筛进一步分级。这样做很有必要，因为2.5mm以上的麦粒所占比例最大，所以2.5mm分级单元最多。Ⅱ类麦粒也以同样的方式被分离。最后小杂（饲料大麦）和中间麦粒再由少量的分级单元分级。

级机的图示中（图2.17），分级机的中部已打开，我们从中可看到上下安装的分级单元。

TS200型分级机（德国Schmidt公司）为平板筛的另一种形式（图2.18），其分选面积更大。弹性球和小方块可保持分级筛的清洁。粉尘的85%被抽吸后，又重新参与循环。小部分粉尘气体被引入中央除尘器进行除尘处理。图中看不到除尘部分（见2.1.2.1 的回风分离器）。

如今已制成分级效果更好的分级机，其功率达15t/h以上。

图2.17 高效平板分级机Quadrostar（Bühler公司，Braunschweig）

图中分级机的中间部分已打开，从中可看到分级单元。各分级单元上下安装，可在需要时进行清洁、修理或更换。平板筛的悬挂装置也清晰可见。对于转动单元来说，固定连接方式不仅消耗能源，而且磨损大。

2.1.3 大麦和麦芽的输送

麦芽厂中的大麦、绿麦芽以及成品麦芽需不断运送。同样，啤酒厂也

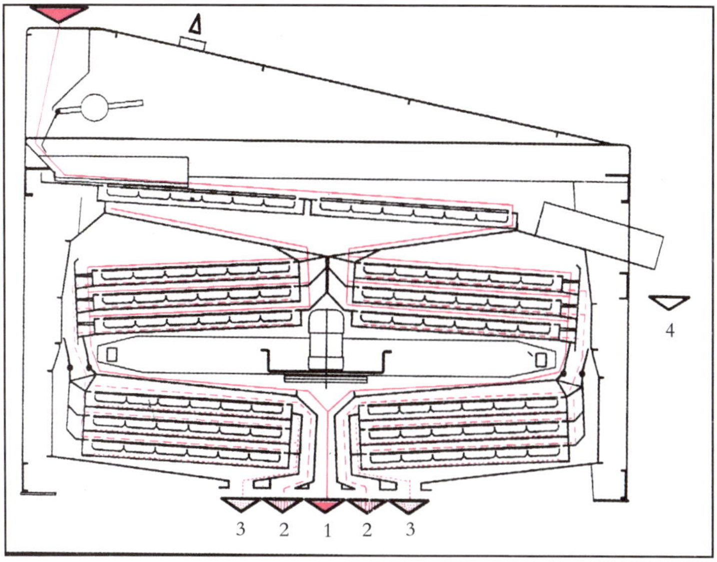

图2.18　TS200分级机
1-一级大麦
2-二级大麦
3-夹杂物
4-中间大麦

需将麦芽输送至粉碎机。由于每次运送的物料量都较大，所以人们总会想方设法使输送路径缩短并选择经济合理的输送设备。原则上可将输送方式分为两大类：

- 机械输送：物料在机械力作用下实现位移
- 气流输送：物料在管道中利用空气流动来实现位移

2.1.3.1　机械输送

机械输送方式是指通过机械输送手段使物料运动。可划分为：

- 用于垂直输送的斗式提升机
- 螺旋输送机
- 槽链输送机
- 用于水平输送的带式输送机

2.1.3.1.1　斗式提升机

结构：斗式提升机（图2.19）由材质为棉织品、塑料或链条制成的传送带3和可在上下两个垂直安装的轮上1、2运动的皮带组成。在皮带上每间隔0.3~0.4m安装一个可容纳2~15L大麦或麦芽的金属料斗。

料斗的制作方式有以下三种：

—— 金属板焊接成型

—— 金属板冲压成型

—— 塑制成型

斗式提升机的驱动装置位于上部

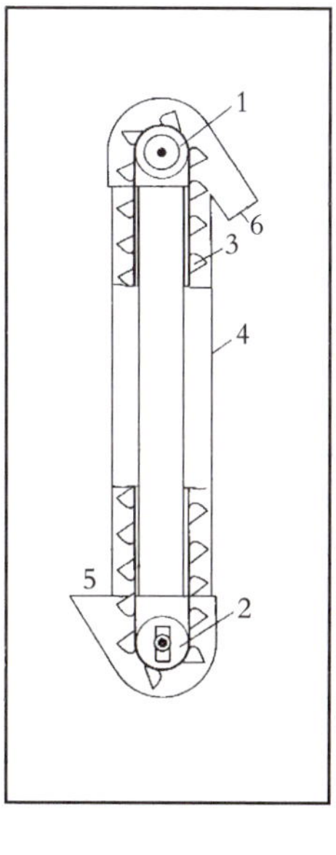

图2.19　斗式提升机
1-带启动装置的上轮
2-带张紧装置的下轮
3-带料斗的传送带
4-机壳
5-下料斗
6-出料口

的驱动轮1上，因为此处需承受传送带的总重。

斗式提升机的最下部安装有一个张紧装置2，通过它可使传送带始终保持张紧状态。为避免出现事故和物料损失，整个斗式提升机由铁制机壳4外包。

工作方式：带有料斗的传送带在输送大麦时的最高转速为4m/s，输送麦芽时的最高转速为2.5m/s。料斗在下料处5将物料刮起并向上输送。在驱动轮1处将物料倾倒，物料从出料口6处出料。

对于绿麦芽的输送来说，为避免湿绿麦芽的运动使皮带倾斜移动，应使用链带斗式提升机或使用以栅格式转鼓为驱动装置的皮带。

优点：由于能耗很少，斗式提升机是垂直输送最经济的输送手段，因此被广泛运用。它操作简单、保养维修少、可靠性高。

缺点：料斗里的物料不能完全输送，总残存一些物料。若希望用同一斗式提升机输送不同物料，则这一缺点特别凸显。如遭遇突然断电，斗式提升机会向后运动一段，因为皮带会将装满物料的料斗往回拉，因此需要安装一个止返装置。斗式提升机是一种隐含危险的输送工具，因为输送带倾斜运动或与料斗的摩擦有可能引起火灾和粉尘爆炸。因此对于较大的斗式提升机来说，须通过转速和倾斜运转监控来监测它的运转情况。

2.1.3.1.2　螺旋输送机（绞龙）

迄今为止，大麦和麦芽等物料的水平输送设备使用最多的仍为螺旋输送机。

在一钢板槽内，借助转动轴承使钢制绞龙螺旋运动。钢板槽用一个可开合的盖板所密封，以防意外（图2.20）。绞龙每隔2~3m就被支承起来，以加强轴的支撑作用。传动轴由电机带动运转，轴的转速在200r/min以内，需安装变速装置。转动的绞龙将大麦或麦芽等物料缓慢向前推至卸料处，此处有一卸料闸门，只要打开位于槽底的闸门，即可方便地将物料排出。槽内只允许运载约1/3以下容量的物料，否则会影响绞龙的正常运转。

优点：对于水平输送来说（或者30°角以内的斜面倾送），尽管此法能耗很高，仍不失为一种较经济的输送工具。麦芽厂中较短距离的物料输送大多使用绞龙。

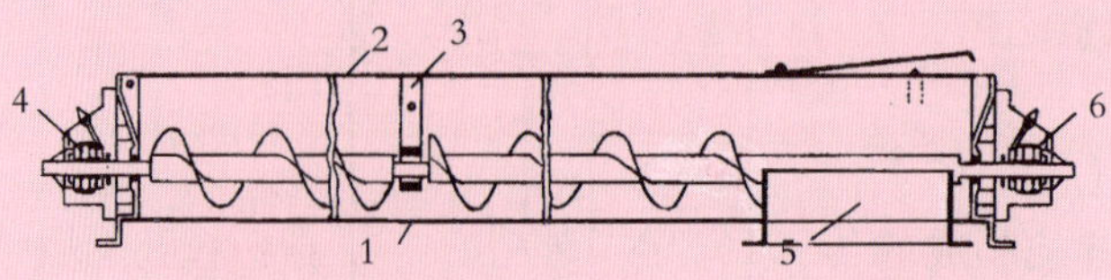

图2.20　螺旋输送机
1-槽
2-槽盖
3-中间吊架轴承
4-端吊架轴承
5-卸料出口
6-转动装置

缺点：在机槽和螺旋最下端之间的间距必须保持3~5mm，否则会出现摩擦。槽中因此总会残留一些物料，这一点对于绿麦芽的输送尤其不利。此外，随着时间的推移，绞刀的刀口会变得很锋利，这将损伤麦粒，特别是绿麦芽。

绞龙螺旋的形式有以下几种（图2.21）：

- 普通形式的全螺旋
- 内部开放式的带式螺旋
- 相似于带式螺旋，但有半弯曲的花式螺旋
- 带有单个桨叶的桨式螺旋（图2.21）

在通风式发芽设备中，我们还可看到用于翻麦的具有不同螺旋形式但垂直安装的绞龙。

有一种类似绞龙的输送设备叫“Flexauger”。此设备是由弹簧制作的无轮轴绞龙，绞龙在一个弹性聚乙烯管上旋转，以此使物料移动。此管可在45°角之内下弯或上弯，由此可使物料全部排空。

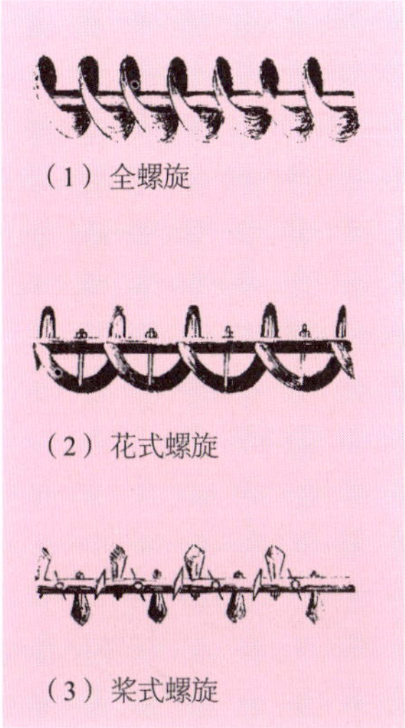

图2.21　绞龙的螺旋方式

2.1.3.1.3　槽链输送机

槽链输送机既可水平方向也可倾斜方向输送物料。

在一个矩形平面槽（图2.22）中，具有特殊横板的叉链以0.4~0.6m/s的速度运转。大麦或麦芽在槽中的装填量只允许在2/3~3/4。在叉链运转时，物料也随之运转。由于叉链与金属槽底之间有摩擦，所以槽链输送机会产生很大的噪音，特别是在空转时。

通过传动装置中的链轮的运动而使叉链转动。卸料位于传动装置处，也可在整个链的某一中间位置卸料，但卸料会不完全。槽链输送机可实现无粉尘工作，它的能耗和其它的输送工具大致相当。

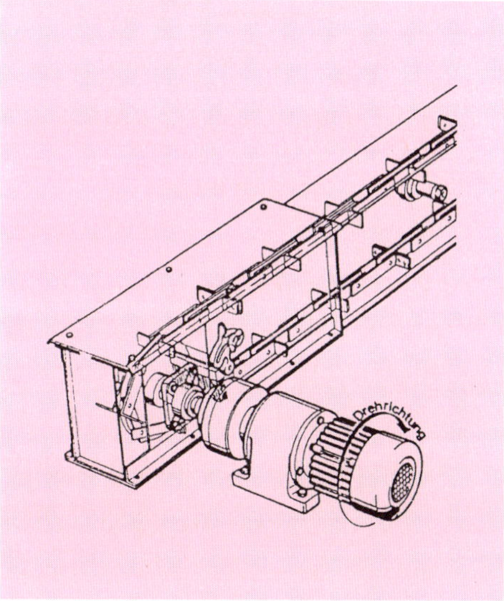

图2.22 槽链输送机（Redler）

2.1.3.1.4　带式输送机

带式输送机具有运输送物料时不使物料受损，能耗低的特点，但它占地面积较大，因此只适合大批量物料输送。上料处和卸料处的选择应尽量

考虑物料损耗和粉尘扩散，卸料处应可变动。

输送带大多用橡胶和若干层帆布织品制成。根据输送物料的不同，可以选用平面带或槽形带（图2.23）。槽形带的输送量大于平面带，因为它可以无损耗地运送物料。

输送带以2~3m/s的速度运行，通过张紧轮上的张紧装置而使皮带张紧，驱动装置常使用电动皮带鼓轮。

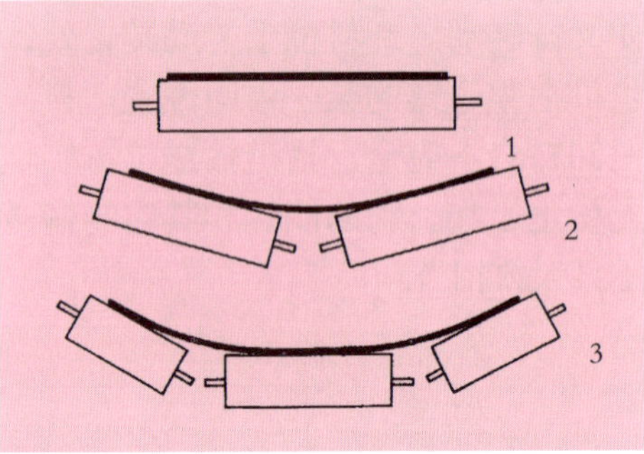

图2.23　带式输送机的托轮安装形式
1-最简单的带　2-槽形带
3-带中间辊的槽形带

2.1.3.2　气流输送设备

在麦芽厂和啤酒厂的散装固体物料的输送中，除机械输送外，还有气流输送。

气流输送时，大麦或麦芽在管道中与空气气流一起运动。为使输送物料呈悬浮状态，气流速度必须达到11m/s；要使物料运动，则必须采用更高的气流速度，一般为20m/s。气流由旋转活塞式鼓风机或高压抽风机（真空泵）产生。

气流输送的优点：

- 可进行输送量大的物料输送
- 占地面积小
- 输送设备中无残余物料
- 输送路径可灵活变动
- 无火灾危险

不过相对机械输送来说，它的能耗很高。

气流输送有以下两种形式：

- 在输送管道中进行低压物料输送的真空吸入式
- 在输送管道中进行高压物料输送的压力鼓入式

2.1.3.2.1　真空吸入式输送设备（图2.24及下表）

如进入侧有多支软管通道，则吸入式可将固体物料从多处吸入到一处。但出料只能利用位于最高点的旋转卸料器（图2.25）进行，它多安装在干燥间的顶部、大麦立仓的顶部或浸麦槽的上部。

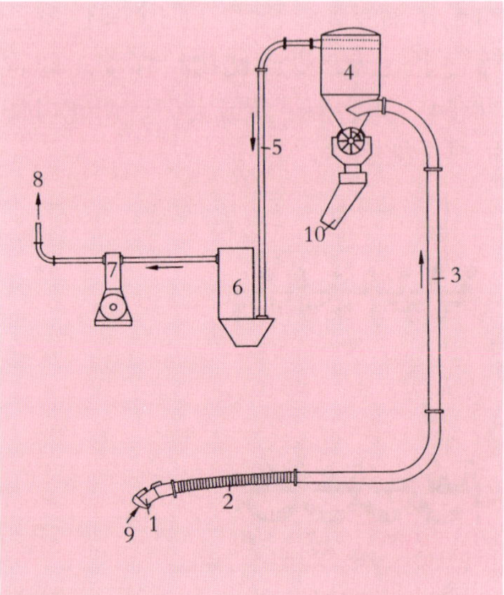

图2.24　吸入式输送设备（工作原理图）
1-吸气嘴　2-活动软管　3-固定输送管道
4-卸料器　5-吸排管　6-粉尘过滤器
7-真空泵　8-排风管　9-大麦入口
10-大麦出口

吸入式输送设备的结构和作用

机器部件	作用	结构	注意事项
吸气嘴（1）	吸入空气	可调节的双层管	必须吸入足够的空气
或喇叭吸气嘴（1）	吸入大麦	有足够的空气进入	空气和大麦一同吸入
活动软管（2）	吸入点的移动	螺旋管	
输送管道（3）	被吸入空气和大麦的远距离输送	直径为15~20cm的管道和大弯角	在转弯处，麦粒摩擦管壁，随着时间的延长，会磨穿管道弯角，为将大麦输送至浸麦槽，可有多分支吸入输送管道系统
卸料器（4）	使大麦在此卸料	带有锥底的容器，此容器中安装有密封的旋转叶片转子（图2.25）	旋转叶片转子只分离物料而不让空气进入，含粉尘空气被吸入其中的筒筛进行过滤
吸排管（5）	此管通向过滤器和真空泵（7）	此管的机械强度高于进口处	它使气流速度减弱
粉尘过滤器（6）	截留气流中的粉尘	见2.1.4.2	为清洁空气，还常常附加一台湿式过滤器
真空泵（7）	吸入输送空气	高压抽气机	

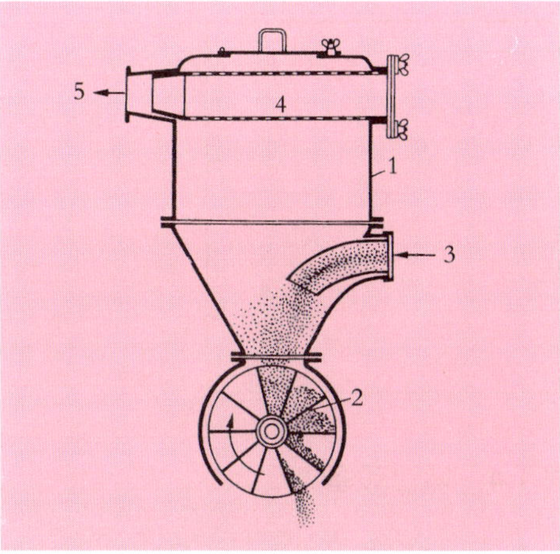

图2.25　旋转卸料器
1-外壳　2-叶轮　3-气流入口
4-筛筒　5-粉尘空气出口

2.1.3.2.2　压力输送设备

使用压力输送设备（图2.26）时，物料被加入旋转加料器中，旋转叶片将物料输送进管道，管道中强大的气流使物料运动。为使物料能在多处进入，旋转加料器有时被做成移动式。物料的分离利用离心分离器，但从分离器出来的空气中仍含有粉尘。接收大麦时多使用带有快速管道接头的可移动式压力鼓风机。

压力输送式和真空吸入式的特点对比如下：

	压力输送式	真空吸入式
气流产生方式	几乎仅用旋转活塞鼓风机	大多使用高压抽气机（真空泵）
物料进入	多用旋转加料器	吸嘴

续表

	压力输送式	真空吸入式
物料排出	用或不用旋转卸料器	多用旋转卸料器
输送速度	相对较低	较高
物料分离器	各种形式	在叶片中不可能
工作压力	可以较高，可远距离输送	相对较低

总的来看，气流输送设备及其运行费用要比机械输送高得多。大量输送物料时，特别对于那些需要不断改变输送方向的位置，多使用气流输送设备。但恰恰在输送物料方向改变时会出现这样的问题：随空气一同输送的大麦，其惯性比空气大得多。每一次转弯时，麦粒都会按惯性继续笔直前行（图2.27），因此麦粒会受到损伤，随着时间的推移，麦粒会把转弯处的管壁磨穿。为避免这种情况，应把弯道的转角做大一些，将弯管的壁设计厚一些。

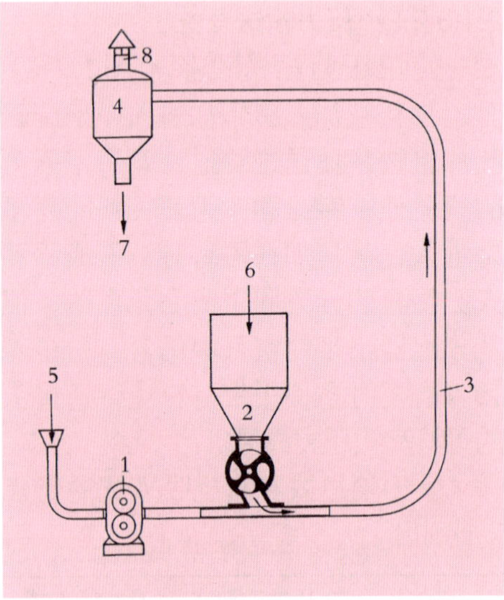

图2.26　压力输送式设备（工作原理图）
1−压力鼓风机　2−旋转加料器　3−输料管
4−分离器　5−空气入口　6−大麦入口
7−大麦出口　8−空气出口

另外一种改进型为脉冲推移输送。它是一种慢速输送系统，物料输送不是通过气流而是利用“料塞”进行的（图2.28）。进入旋转加料器中的物料，通过间歇鼓入的压缩空气而使物料分成所谓的“料塞”。压缩空气使麦粒呈松散状，并使“料塞”易于向前运动，因此这种设备具有较高的经济性，且在输料速度为2m/s以上时也可使物料免受损伤。此设备的输料能力相对于一般气流输送设备要小40%左右。不过，也有输送能力大、输送距离远的脉冲推移输送设备，运送能力可达50t/h。

脉冲推移式输送系统的物料输送速度虽然较小，但当遭遇长时间断电时，也不会出现持续堵塞现象；在断电恢复之后，它又会形成大的“料塞”继续传输，直至输送管道中无物料为止。

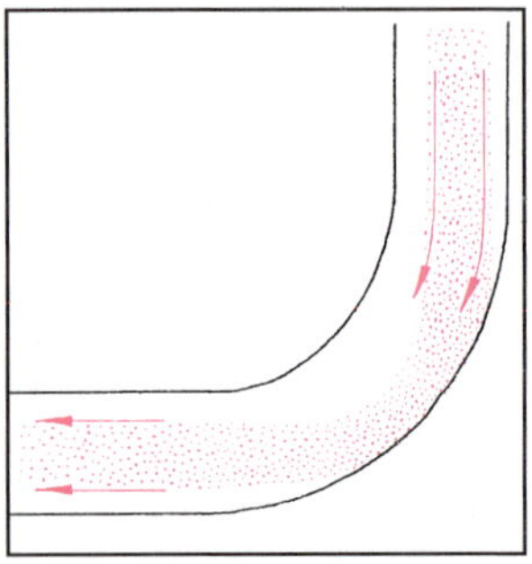

图2.27　弯道处的麦粒流动

2.1.4　除尘设备

大麦和麦芽颗粒表面总有一些粉状物，在物料运动时会产生不容忽视的大量粉尘。任何地点产生的粉尘

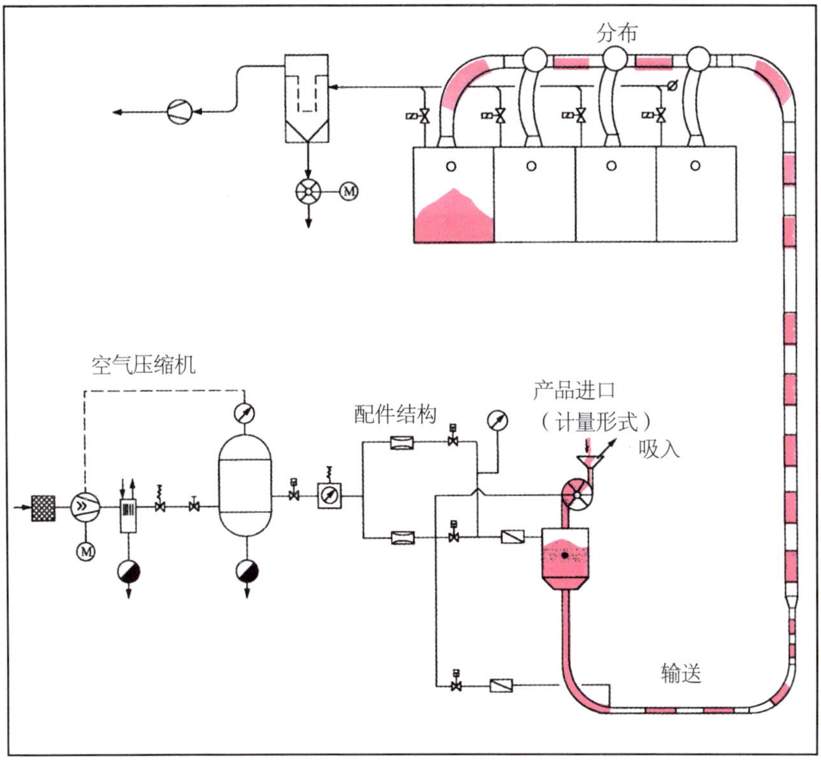

图2.28　强迫脉冲推移式输送设备

空气都必须抽吸排出，并进行除尘处理，因为粉尘会带来以下害处：

- 在达到一定浓度时会产生粉尘爆炸
- 使劳动环境变差
- 使劳动场所和机器变脏
- 是微生物污染源

因此必须将所产生的粉尘空气抽走并进行除尘处理。用于除尘的设备有：除尘器或分离器。除尘设备的显著之处在于它的粗管道。利用轴向或径向风机产生必需的气流（见10.5.2），气流中的粉尘可通过以下设备来分离：

- 旋风除尘器
- 过滤器

2.1.4.1　旋风除尘器

旋风除尘器（图2.29）的上部为一锥形筒1，气流从此处以切线方向进入。旋风除尘器内的直径由上至下逐渐减小。粉尘受离心力作用向外并向下运动，最后从旋转排料器4处排出收集于袋中。已除尘的空气6从上部排出。

仅使用旋风除尘器是不可能将粉尘从空气中完全分离的：一部分更细小的粉尘颗粒会随气流流出，特别是在人口密集的地方。而排出大量含粉尘空气是违反德国环境保护法的，因此现代化的设备仅仅只将旋风除尘器作为预分离器。尽管今天的旋风除尘器因体积增大而使离心力增加，但仍达不到理想的除尘效果，只有使用过滤器，才能真正除去粉尘。

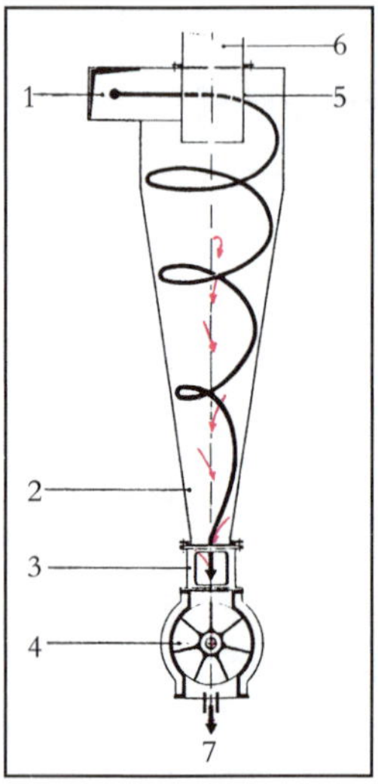

图2.29 旋风除尘器
1–气流进入锥形筒
2–分离锥筒
3–视镜
4–旋转排料器
5–浸入管
6–已除尘空气
7–粉尘出口

2.1.4.2 粉尘过滤器

过滤器可使6μm以上的粉尘颗粒与气流分离，如此处理之后的空气可以认为已达到除尘要求。但要做到绝对分离是很难的，或者通过更多的资金投入来解决。

2.1.4.2.1 老式粉尘过滤器

最老式的粉尘过滤器是压力布袋过滤器。这种过滤器如今只有在较老的企业中还可看到。在两个框室之间，安装有近百个布袋管，粉尘空气被压入这些布袋管中。上下滑动的耙将袋内粉尘不断刮下，粉尘下落并被排走。若袋破损，则整个空间将布满厚厚的粉尘；若布袋未损坏，则残留的粉尘会逐渐积聚直至塞满布袋。

在麦芽厂还常常能见到吸入式布袋过滤器（图2.30）。粉尘空气从底部进入滤袋并从上部进行空气抽吸。在3~8个滤室内，每个滤室悬挂有18个滤袋。滤袋直径13~20cm，长1.8~2.8m。清渣时，各相应滤室应停止工作，即粉尘空气不通过正在清洁的滤室。清洁时，滤袋上的一个特殊装置先使滤袋松弛，然后又重新张紧，这一松一张的过程可使袋内粉尘落下并被分离。然后再开始清洁下一个滤室。清洁的环节不容忽视。

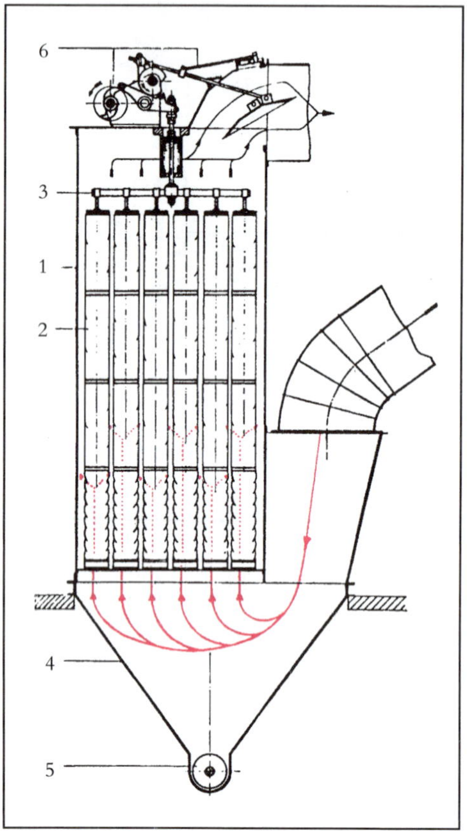

图2.30 袋滤器（老式）
1–过滤器箱体 2–过滤布袋 3–布袋挂
4–粉尘收集槽 5–粉尘螺旋输送器
6–控制装置

2.1.4.2.2 新式粉尘过滤器

如今的新式粉尘过滤器采用喷嘴过滤装置，当然也有其它形式的粉尘过滤器。在占地面积小的优势之下，它们可将空气处理到符合德国环保法要求的标准。

2.1.4.2.2.1 喷嘴过滤器

喷嘴过滤器（图2.31、图2.32）由一柱状部分和锥形部分组成。柱状部分中装有长达3m的合成材料滤管，这些滤管张紧于金属丝框上。粉尘空气以切线方向进入，因离心力作用使部分粉尘首先分离，接着粉尘空气穿过滤管，粉尘颗粒被滤管所截留，以此达到除尘目的。每个滤管的上面都安装有一喷嘴，喷嘴在瞬间喷出的强大气流将滤管外部附着的粉尘吹落，落下的粉尘被旋转卸料器排出。起调控作用的控制器采用气动方式工作。一个滤管进行清洁时，其它滤管仍在工作，除尘过程不会中止。喷嘴过滤器处理空气的能力可高达800 m^3/min。

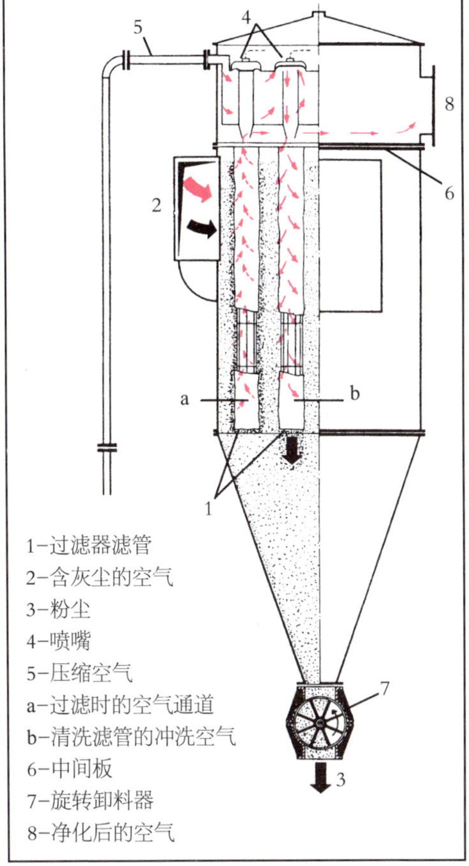

图2.31 喷嘴过滤器

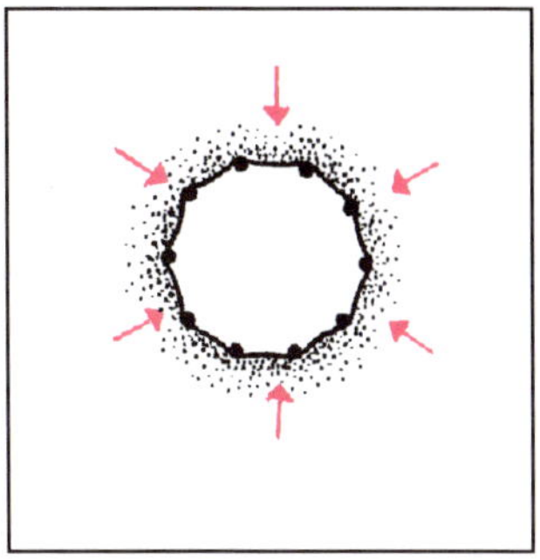

图2.32 过滤单元的截面图

所有的过滤器都必须密闭，并装配有气体卸压开启装置，以尽可能降低出现粉尘爆炸危险的目的。

2.1.4.2.2.2 其它形式的先进空气过滤器

空气过滤的一大难题是占地面积大，各种形式的空气过滤器的除尘能力分别为（按每平方米过滤面积计算）：

压力滤袋式：1~1.5m^3/（min·m^2）

吸入滤袋式：3m^3 /（min·m^2）

喷嘴过滤式：4~9m^3/（min·m^2）

从圆形滤袋向方形滤袋的转变就可减少占地面积（图2.33、图2.33a）。

2.2 大麦的干燥和贮存

新收获的大麦不能马上制麦，而是要进行一段时间的贮存。这段贮存时期可使大麦度过它的休眠期，时间6~8周。只有经过了这段时间的贮存，大麦才可能完全达到其发芽力。

所谓制麦成熟就是指大麦达到了其所有的生命功能状况。

在贮存期间，大麦要呼吸，因此必须给其通风；大麦贮存需在立仓中

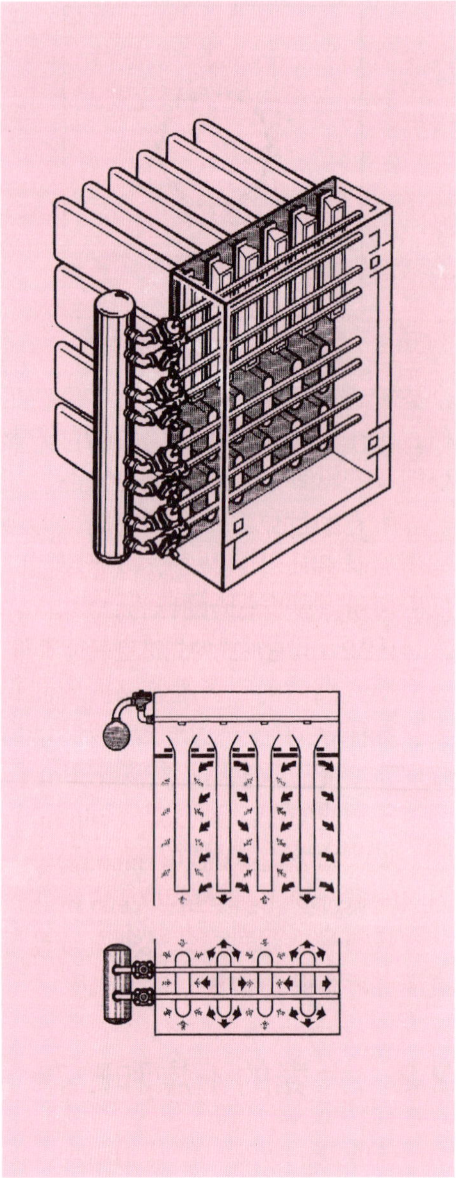

图2.33　空气过滤器

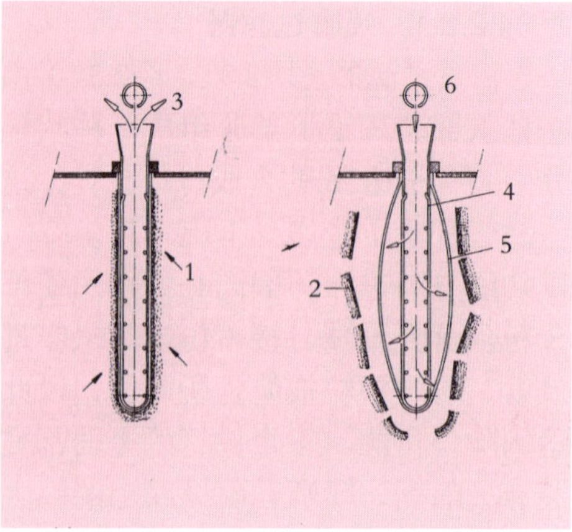

图2.33a　过滤器布袋的清洁图示
1-粉尘空气　2-粉尘层　3-已清洁的空气
4-支撑框　5-滤袋　6-压力空气喷嘴

进行，湿大麦没有贮存能力，为此需在贮存前给其干燥。另外对受虫害侵袭的大麦来说，还必须对其熏蒸，以消灭虫害。

2.2.1　大麦的呼吸

在贮存期间，即使大麦所有的生命功能受到了最大程度的限制，大麦的生命呼吸仍将继续。呼吸时出现的化学变化可以用以下简式表达：

$$C_6H_{12}O_6+6O_2 \rightarrow 6CO_2+6H_2O$$

$$Q=2822kJ$$

呼吸必需氧气。缺氧时会导致分子内的呼吸，此时会产生对胚有毒性的物质（比如：醛类和醇类物质），这些物质会使胚死亡，因此应给贮存大麦通风。由于呼吸会消耗自身物质（主要是淀粉，它以葡萄糖$C_6H_{12}O_6$的形式而消耗），会导致淀粉（构成浸出物的最重要物质）损失，因此它的损耗应尽可能降低。

呼吸消耗淀粉越少，制麦损失就越小，企业收益就越好。

由于收获后的大麦在制麦前必须贮存，因此使贮存期间的呼吸损失尽可能降低就显得十分重要，而呼吸受到大麦水分和贮存温度的影响。

呼吸受大麦水分影响很大：每1kg大麦在20℃贮存24h后，呼吸形成的CO_2量与大麦的水分的关系如下：

大麦水分/%	形成CO_2量/mg	大麦水分/%	形成CO_2量/mg
11.0	0.3	19.6	123
12.0	0.4	20.5	359
14~15.0	1.4	30.0	2000
17.0	100		

大麦水分超过15%时，呼吸尤为强烈，因此贮存前必须干燥。

温度对呼吸影响相对较小，但也要高度重视。每/kg大麦（水分14%）贮存24h后，呼吸形成的CO_2量与贮存温度的关系如下：

温度/℃	形成CO_2量/mg
15	1.3~1.5
30	7~8
40	20
52	249

大麦在贮存期间呼吸所形成的热量和水分如不排出，将会导致连锁反应：呼吸所产生的热量和水分又重新加速呼吸过程，大麦的贮存温度和水分因之更高，有时甚至会长霉并失去酿造价值。在贮存水分为14%~16%的正常贮存情况下，贮存时间与贮存损失的关系如下：

原料	贮存形式	贮存损失量/%		
		0~3个月	4~6个月	6个月以上
大麦	地面散装	1.0	2	3
	立仓	0.5	1	2
小麦	地面散装	0.7	1.4	2.5
	立仓	0.6	1.2	2

大麦贮存要点：

尽可能干燥贮存，水分含量高的大麦必须在贮存前干燥。

贮存期间，必须给大麦通风，以维持其生命活力，同时必须排出呼吸所产生的CO_2、水和热量。

将大麦进行冷却可提高其贮存能力。

2.2.2 大麦干燥

大麦水分相差很大，平均水分为13%~15%。收获年份若干燥，则大麦水分在11%~12%，收获年份潮湿时，大麦水分可达20%、甚至25%以上。

潮湿贮存的大麦会丧失发芽能力，制成的麦芽质量差，因此水分高于15%的大麦必须在贮存前进行干燥。干燥可缩短大麦休眠期。干燥采用热空气干燥器或真空干燥器。

热空气干燥器（图2.34）有4层箱室，待干燥大麦在里面向下缓缓移动，水平流动的热空气气流穿过百叶窗，将麦粒的水分带走。通入的热空气温度取决于大麦水分。湿大麦对温度很敏感，干燥过于强烈会严重损害大麦的发芽率。干燥后的大麦在干燥器下部的冷却室内被新鲜冷空气冷却。大多数麦芽厂没有热空气干燥器，必要时可在绿麦芽干燥炉内对湿大麦进行干燥处理。必须保证干燥温度均匀一致，以免损伤大麦发芽率。大麦冷却后才能贮存。

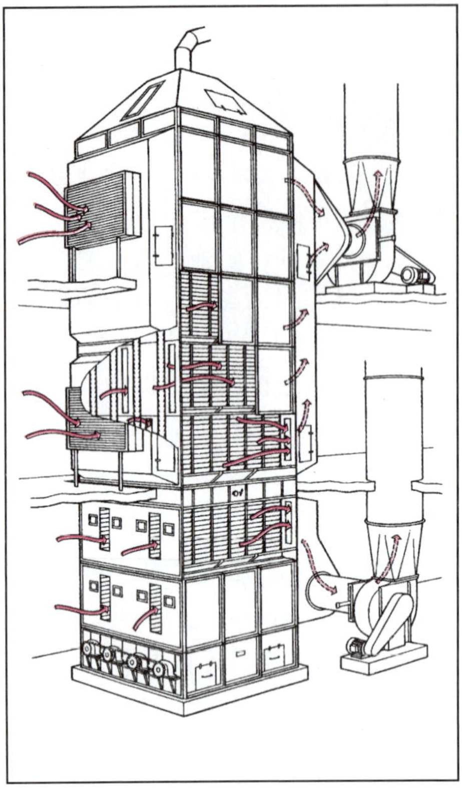

图2.34　大麦干燥器

2.2.3　大麦冷却

有生命的大麦在呼吸时会产生热量。温度越高，呼吸越旺，大麦的水分和温度也随之增高。大麦越潮湿，温度越高，微生物生长就越迅速，霉菌、细菌以及混入其中的昆虫生长也就越快，因为潮湿高温是它们生长的最佳环境。大麦贮存温度越低，其贮存能力就越强。大麦水分与贮存时间的关系如下表所示。

大麦贮存水分、贮存温度与大麦无损伤贮存时间的关系表：

水分/%	贮存温度/℃	无损贮存时间
12.0~15.0	9~12	长期
15.0~16.5	8~10	1~1.5年
16.0~18.0	5~7	4~6个月
18.0~20.0	5	3~4个月
20.0~22.0	5	2~3个月
22.0~25.0	5	1~2周
25.0~30.0	4~5	2~3d
>30.0	–	–

潮湿收获的大麦，通过冷却可较长时间贮存。尽管大麦仍需干燥，但通过冷却可使干燥推迟进行。Sulzer Escherwyss公司生产的谷物冷却器用于大麦冷却时性能很好（图2.35）。

由冷却器产生的冷空气从密闭的立仓底部进入立仓，首先对立仓底部的谷物进行冷却。冷空气吸收谷物的热量并向上穿过整个立仓。冷却期间产生的热空气从立仓上部排出。冷却区由下至上进行分段周期冷却。当立仓最上部排出冷空气时，则表明整个冷却过程结束。贮存温度选择在15℃以下，此温度对防止昆虫侵袭和霉变有很大的意义。

2.2.4　大麦贮存

大麦大多采用立仓贮存，不过在老的麦芽厂也有使用箱式地面散存的。

2.2.4.1　立仓贮存

立仓通常用钢筋混凝土制成，它

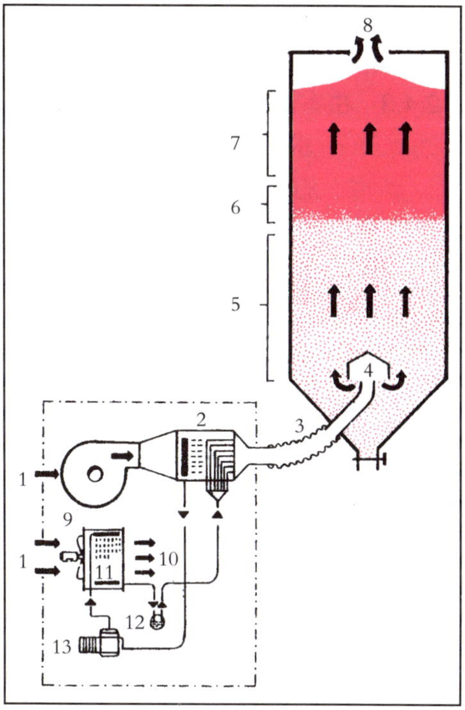

图2.35　谷物冷却器

1-新鲜空气　2-带有湿度和温度调节器的空气冷却器　3-冷空气进口　4-空气分配器　5-麦粒已冷却区段　6-冷却区段　7-麦粒未冷却区段　8-热空气　9-鼓风机　10-排风　11-空气冷凝器　12-冷媒收集器　13-制冷压缩机

具有热传导性能低、防火、维修费用低的特点。为有效利用空间，建筑形状可为圆形、方形或蜂窝形；为确保出料彻底，出料角需要不小于40°。基于此设置，出料时易产生因狭缝而引起的离析现象（图2.36），因此立仓出料不会均匀。

钢制立仓不仅经济，而且容易建造，但因钢壁传热性能好，所以易使靠近仓壁的大麦吸热，令麦粒表面形成冷凝水。

立仓贮存时要求能给大麦通风，并能定期倒仓。通风时要注意空气状况（温度、水分）。在立仓的不同高度应设立温度显示仪以监控温度变化。设计麦芽厂立仓时，立仓的总贮存能力应为制麦加工能力的80%~100%。

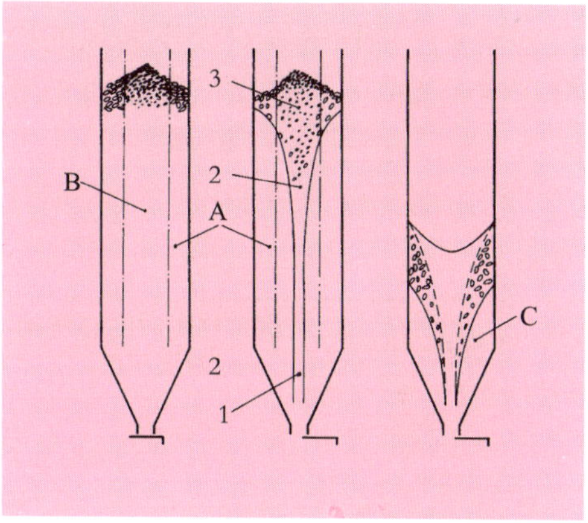

图2.36　在立仓贮存及出料时形成的离析现象

A 轻质颗粒　B 重质颗粒　C 轻质阻塞区

1，2，3物料流出（闸门打开后的流出顺序）

2.2.4.2　仓库贮存

当今的麦芽厂普遍拥有立仓，仓库贮存因劳动量大、占地面积大已不再使用。仓库贮存时，为能分批进行制麦加工，大麦贮存在仓库内的不同箱中，可通过将大麦从一箱吸至另一箱的倒箱操作而通风。有的麦芽厂拥有大型仓库，这些普通仓库分别建在多个不同的楼层上，在楼板上设置等距离的可关闭的开孔。打开开孔闸门，大麦即可通过小分配器流到下面的仓库，借此对大麦通风。

大麦贮存期间，空气湿度与大麦湿度之间存在一定的关系，空气中的水含量可使大麦更干燥或更潮湿。若进入的空气温度比大麦温度高，与麦粒接触后空气温度会降低，同时也降低了空气的吸水能力，这样空气会把水分传给大麦。所以当外界空气温度较低时，应将仓库的窗户打开，在低温干燥的夜间通风，大麦可被风干。

春天，大麦因自身温度较低而外界温度不断上升而吸潮。因此，制麦工必须关注各种气候对大麦通风的影响。使大麦的水分和空气的相对湿度保持平衡，这一点十分重要。

利用测湿仪，可测得空气的相对湿度。

大麦水分/%	保持平衡时的空气相对湿度/%
13.5	60
14.0	65
15.0	70
16.0	75
17.0	80
19.0	85
21.0	90

用于干燥的空气温度必须低于贮存大麦温度，若其温度高于贮存大麦，那么其湿度必须很低。仓贮大麦的堆放高度取决于规定堆放量和大麦水分，大麦水分越高，则堆放高度必须越低。刚收获的大麦的堆放高度应稍低，因为后熟和水分散发过程会导致温度上升，使大麦质量下降。

大麦水分/%	最大堆放高度/m
<15.6	3
15.5~17.0	2.25
>17.0	1

仓库贮存优点是容易检查，缺点是大麦须移位、能耗大、劳动强度大、仓库空间利用率低，因此设备基本上都采用立仓。

2.2.4.3　虫害及菌害侵袭

除了高水分和高温会损害大麦外，动物性的虫害和植物性的菌害也会损害大麦。

2.2.4.3.1　动物虫害

在动物虫害中，甲虫和蛾虫对大麦的损害尤为突出。

甲虫（图2.37）长3~4mm，繁殖快。雌性甲虫将卵产在事先已钻好洞的麦粒里。幼虫蚕食麦粒，成虫后离开麦粒。所以我们通过麦粒上的孔洞就可判断麦粒是否曾受侵袭。由于甲虫繁殖迅速，会在短时间内带来很大的损失，因此若不及时控制这种侵袭，那整个麦堆都将被甲虫蚕食掉。使用适当的杀虫剂对整个麦层进行熏蒸，可预防甲虫侵袭。要求杀虫剂不仅能杀灭甲虫及其幼虫，而且必须无残留（如磷化氢、磷毒剂、Actellic50等）。以上杀虫剂同样可杀灭蛾虫，蛾虫会在正被蚕食的麦粒上做蚕壳。

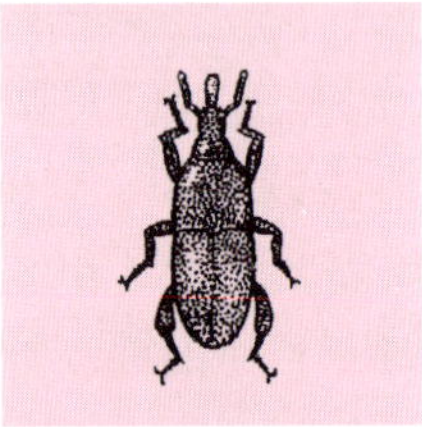

图2.37　甲虫

2.2.4.3.2　植物菌害

和其它自然作物一样，在大麦麦粒的表面也会生长霉菌。大多数的霉菌是无害的，它们仅在开始死亡的植物上繁殖，于自然循环中承担着重要的角色，对活着的物体没有损害。如果收获的谷物潮湿贮存，则会产生令人讨厌的菌害和细胞毒素。其它的霉菌，如农作物霉菌，它们可将农作物的细胞内容物作为营养，因而常会造成农业重大损害，不仅导致农作物数量而且会造成质量上的损失[67]。

这些霉菌产生的代谢物会给霉菌提供新的生存空间，并使霉菌得到保护，这些代谢物称为霉菌毒素，因其会毒害其它生物。

大麦上生长的农田霉菌有：禾草镰刀孢霉和大镰刀孢霉。这些霉菌会在麦粒里面形成菌丝，产生真菌毒素，将麦粒染成红色。在温和地带，因其产生量少，所以这种真菌毒素的毒效比较弱。但当镰刀孢霉菌在其它条件下出现时，则会形成红色霉麦粒，能使啤酒产生喷涌，这些应引起我们的注意。

所谓的喷涌是指在开启啤酒瓶时出现喷沫。这种情况在某些年份出现较多，它会损害啤酒厂的声誉。

除了在农田及贮存中的原因外，在麦芽厂，一定的条件也是造成霉菌对大麦和麦芽侵袭的重要因素。浸麦时，麦粒外表的霉菌孢子被清洗，在发芽过程中，这些霉菌在麦粒内生长、繁殖，只有在绿麦芽干燥过程时，大部分的霉菌才被杀死。这里涉及到的霉菌主要是镰（刀）孢霉类。只在制麦过程中处理它们已经太迟，因此我们必须在大麦成熟、收割、贮存过程中高度关注霉菌污染。

霉菌侵袭形成的真菌毒素对人类是很危险的，特别是在热带或亚热带地区形成的真菌毒素（比如玉米粒和大米粒中）。因此，对热带地区生长的谷物一定要尽可能检测是否存在霉菌侵袭和真菌毒素。

2.3 大麦浸泡

大麦中对制麦工艺有重要作用的酶在贮存期间的活力很低或处于非活性状态。通过浸麦，为麦粒内部提供水分，使大麦中原有的酶恢复活性并开始生命过程——发芽。发芽过程不仅发生在麦芽厂，所有的谷物、果实、土豆或种子，只要吸水就会开始发芽。和其它生命过程一样，大麦在发芽时呼吸会加快，因此需要给麦粒提供氧气。浸麦和发芽是两个前后衔接的过程，必须重视它们之间的联系。在浸麦时应给大麦提供足够的水分和氧气，以使发芽尽可能迅速。

浸麦在浸麦槽中进行。

2.3.1 浸麦过程

浸麦时应使大麦吸收水分，为大麦供氧，同时清洗大麦。

2.3.1.1 吸水

水分首先进入麦粒的胚部，然后渗入皮层。麦粒吸水情况与浸麦时间、浸麦温度、麦粒大小、大麦品种和种植年度有关。

（1）浸麦时间　麦粒刚开始时吸水很快，然后吸水速度逐渐变慢，浸麦温度为10℃时的吸水曲线如下（图2.38）。

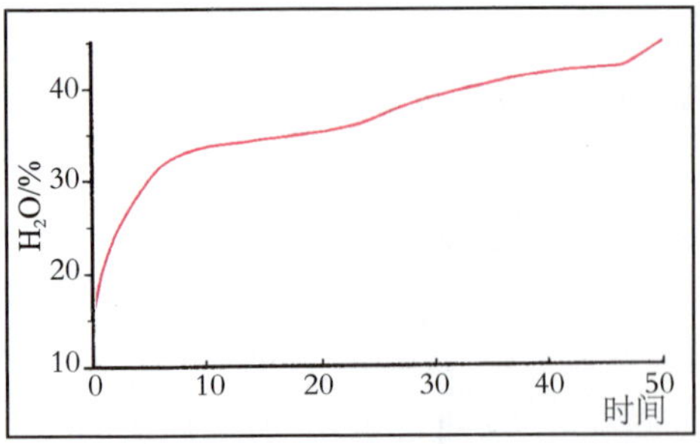

图2.38 浸麦吸水曲线

（2）浸麦温度 浸麦水温越高，麦粒吸水就越快。例如，要达到42％的水分，不同的浸麦水温所需的浸麦时间为：

5℃： 100h

10℃： 75h

15℃： 50h

（3）麦粒大小 小颗粒大麦比大颗粒大麦吸水要快。当浸麦88h时，麦粒大小与水分之间的关系为：

麦粒大小/mm	麦粒水分/%
2.9	43.7
2.8	43.3
2.7	43.6
2.6	43.7
2.5	43.7
2.4	44.7
2.3	45.6
2.2	48.9
2.1	47.8
2.0	49.0

为防止发芽不均匀以及由此导致的麦芽质量下降，麦芽厂应对进厂的大麦进行Ⅰ类、Ⅱ类及杂麦的分级处理。

（4）大麦品种和种植年度 大麦品种和种植年份对大麦吸水性影响很大。干燥内陆地区种植的大麦在吸水和发芽时比沿海地区的大麦要快得多。麦粒吸水时必须注意：有的大麦呈“水敏性”。

水敏性是指若提供的水量高于发芽所需水量，则会导致发芽力大大下降，这种现象称为水敏性。水敏性与麦粒外表皮层特性有关，随根芽的生长或麦粒谷皮的脱落而消失。因此选择在水分为37％~40％时萌发，然后将麦粒水分提高至预定的水分设定值是有利的。

麦粒吸水不仅取决于大麦的不同物理特性，如水分、千粒重或蛋白含量，还受到一系列生理特性的影响。随着浸麦过程的进行，大麦的生理特性将影响其吸水情况。水分首先进入麦粒的胚部即基部，然后向胚乳部分扩展。随着浸麦的不断进行，特别是在第二和第三阶段，不同品种及环境生长条件对水分在浸麦麦粒中的扩展的影响是不同的[98]。很明显，吸水量大并不说明胚乳吸水快和吸水均匀，因为麦粒中水的扩散是有很大差别的。

根据吸水情况可将大麦划分为两类：

a）根芽生长快、发芽旺盛的大麦品种类：这种大麦吸水量大，但水分在麦粒中的扩展很慢，胚乳中的水分升高很慢（图2.38，a）。

b）根芽生长慢、发芽强度低的大麦品种类：这种大麦吸水量小，但水分在胚乳中扩展迅速，胚乳中的水分升高很快（图2.38，b）。

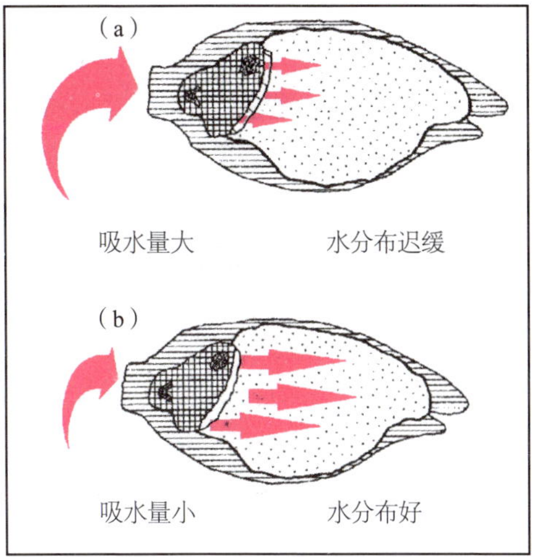

图2.38（a、b） 不同大麦品种的吸水状况
（a）高活力大麦 （b）低活力大麦

大麦在浸麦中的吸水特性不同，也要求我们在浸麦时采用不同的浸麦方法，以达到大麦吸水和水分分布的最佳值。

（a）活力高、发芽强烈的大麦：通过湿浸麦工艺和发芽中的喷水而使大麦强烈吸水。

（b）活力低的大麦：浸麦中的供氧十分重要，使用长断水浸麦工艺。

浸麦后大麦的水含量称为浸麦度。浸麦度一般为：
浅色麦芽（比尔森型麦芽）：42%~44%
深色麦芽：44%~47%

若在浸泡阶段分段提高麦粒水分，则生产浅色麦芽时也可使浸麦度达到48%。对于某些大麦品种来说，则必须达到这一浸麦度，由此可缩短发芽周期，同时降低制麦损失。浸麦度对于发芽工艺意义重大，它能强烈影响酶的形成、根芽叶芽的生长和物质转化。

浸麦度可通过以下方式测定：

- Bernreuther（勃式）测定器
- 利用千粒重来计算
- 直接测麦粒水分
- 感官经验判断

勃式测定器是一个体积小、开有孔洞、有较长手柄的金属筒。在测定器中装入100 g已测过水分的大麦，将其插入浸麦层中参与整个浸麦过程。浸麦结束时，倒出测定器中的湿大麦，用干毛巾擦去湿大麦表面的附着水，然后称重。通过重量的改变就可计算出浸麦度：

练习题：

100g水分为16%的大麦，浸麦后的重量为150g，请问：浸麦度为多少？

100g大麦含水16g

150g湿大麦含水为：16g+50g=66g

100g:150g=x:66g

$$x=\frac{100\ \text{g}\times 66\ \text{g}}{150\ \text{g}}=44\ \text{g}$$

即100g已浸过的大麦中含水44g，这就是说浸麦度为44%

实验室直接测定水分：取一部分浸麦后的湿大麦，准确称重。先将湿大麦预干燥，然后粉碎，粉碎后的样品放置于干燥箱中彻底干燥，再准确称重。通过水分损失来计算浸麦度。

感官经验判断：用大拇指和食指垂直挤压湿大麦，能大致判断浸麦过程是否可结束。浸泡好的大麦，挤压时能裂开，但不发硬，同时有轻微的挤压声。麦粒因吸水而膨胀，净增容积为原麦的40%~50%，在浸麦投料时必须注意这一点。每吨大麦约需2.3m^3浸麦槽容积。

2.3.1.2 供氧

随着大麦水含量的增加，其呼吸越来越旺，对氧的需求也越来越多。不通风时大麦会进行分子内呼吸，情况严重时甚至会使胚失去生命（死浸）。

为浸麦中的大麦提供充分的氧气，是快速萌发和良好发芽的前提条件。

浸麦水中含有溶解氧，但这一点溶解氧会很快被麦粒消耗掉。长期试验表明，不断给浸麦水中通入空气，实际上并不能使浸泡水中的溶解氧提高到所希望的程度。如今人们总是尽可能缩短湿浸时间，以使大麦与空气长时间充分接触。由于代谢形成的CO_2会向下沉降，因此必须将其抽离。通过喷淋操作可提高大麦的供氧效果，并且吸水过程也不会终止。

2.3.1.3 大麦清洗

尽管大麦在浸麦前已进行了除尘处理，但麦粒表面仍附有一定量的污物。在浸麦过程中，利用麦粒在水中的翻腾、倒泵（槽）和其它机械方式，让浸泡水清洗出麦粒中的不同化学物质。当加入第一次浸泡水后，可以观察并闻到仍有一定量的麦粒表面脏物溶于水中。由于这些物质不利于啤酒的口味，并可导致啤酒出现浑浊，所以这一清洗过程十分重要。

在大麦受到镰孢霉菌严重侵袭时，只要不是整批大麦都受损，可在浸麦时利用杀菌剂进行杀菌处理。

2.3.2 浸麦容器

几十年来，浸麦一直在薄钢板制成的柱锥形漏斗式容器中进行。如今浸麦容器大多使用不锈钢制作。选择如此形状的容器，是因为在浸麦结束时可彻底排料至发芽箱。

浸麦车间一般建在发芽车间之上。在老式的浸麦车间，人们仍可看到传统浸麦槽（图2.39），浸麦过程始终在两个上下安装的浸麦槽中完成。但这

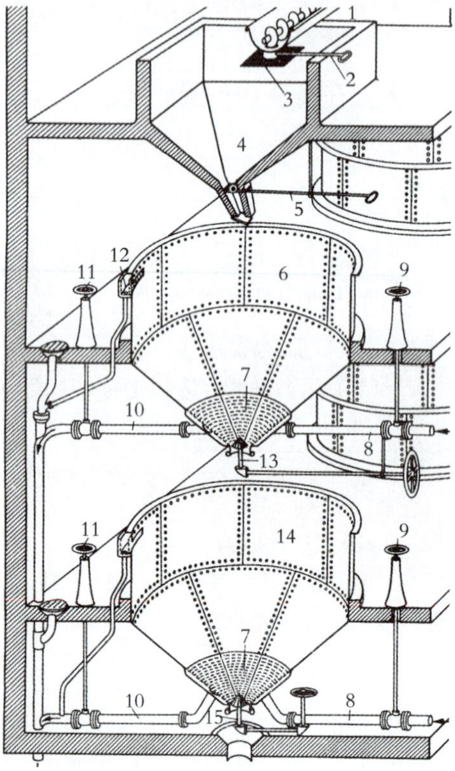

图2.39 浸泡槽并列安装的浸麦车间图示
1–布料搅龙 2–闸门 3–金属格网 4–投料站 5–投料站下料闸门 6–预浸槽 7–浸麦槽假底 8–新鲜水进口 9–新鲜水进口阀口 10–废水排出管 11–废水排出阀门 12–排浮麦筛口 13–下料至主浸槽的阀门 14–主浸槽 15–下料阀门

种形式的浸麦槽会给处于锥底的麦层带来一个问题：麦粒的生命进程随吸水进程不断加快，呼吸作用也逐渐旺盛。对于此部位的麦粒来说，湿浸水排完后，仍有水从上层麦粒流向下层麦粒，而此时上层麦粒已开始吸氧，随着呼吸作用的进行，产生的CO_2向槽底沉降，这样就阻碍了底层麦粒的呼吸。若不采取相应措施，则结果肯定是麦芽生长不均匀。

正因为有以上缺陷，所以出现了带中心管的浸麦槽。第一天浸麦时，通过中心管进行麦水循环（图2.40）。这样锥底部分的麦粒就不再受到上述损害，槽中所有麦粒均能得到均匀吸水和通风供氧。今天使用的浸麦槽仍是这种形式，不过不是采用中心管使大麦进行原始的机械运动，而是采用压缩空气进行倒泵。

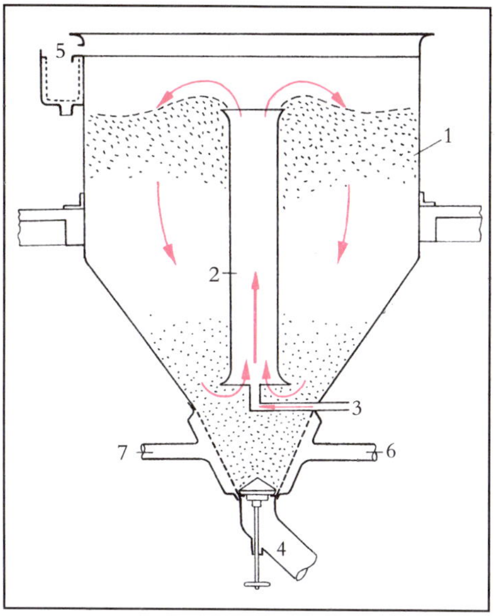

图2.40　带中心管的浸麦槽
1–浸麦槽体　2–中心洗麦管　3–压缩空气进入
4–已浸大麦出口　5–浮麦收集槽
6–新鲜水出口　7–废水出口

如果不采用带中心管的浸麦槽，则大多采用利用喷嘴喷出压缩空气的浸麦槽，以确保在麦粒吸水时也能向大麦通风。若浸麦结束后的麦粒以机械方式输送至发芽箱（干料下麦），则锥角（约60°）应比泵送方式（约90°，湿料下麦）小一些。

最近出现一种平底浸麦槽（图2.41），它既可以独立完成浸麦，也可以和传统浸麦槽联合作为第二浸麦槽。

此浸麦槽为带平底的柱形容器，平底是开有筛孔且自由流通面积达24%~32%的不锈钢筛板。

下料时利用一个多臂的径向布（排）麦器摊平大麦，浸麦结束时利用它把湿大麦排出。布麦器可根据需要上升和下降。臂上装有可调节的布麦刮板（图2.42），可根据需要将麦层摊平、集中至中央或边缘排麦。筛底装有为浸麦物通风的压缩空气喷嘴，以及清洗筛底空间的冲洗喷嘴。由于浸麦物可均匀、平整地分布于筛板上，因此它可使麦粒生长均匀、萌发迅速。

平底浸麦槽的筛底空间不能随意减小，所以它比传统浸麦槽耗水多。因此为节约用水，一些麦芽厂利用一些装置使浸泡水面仅高出麦层面少许。但在平底浸麦槽中不会出现像传统浸麦槽那样损伤锥底麦粒的现象。

另外一种办法是使用浸渍下料绞龙，它既可用于清洗麦粒、预浸，还可用作后浸麦（图2.43）。

大麦进入一个装满水的槽中，然后再被一个倾斜的绞龙缓慢地从水中

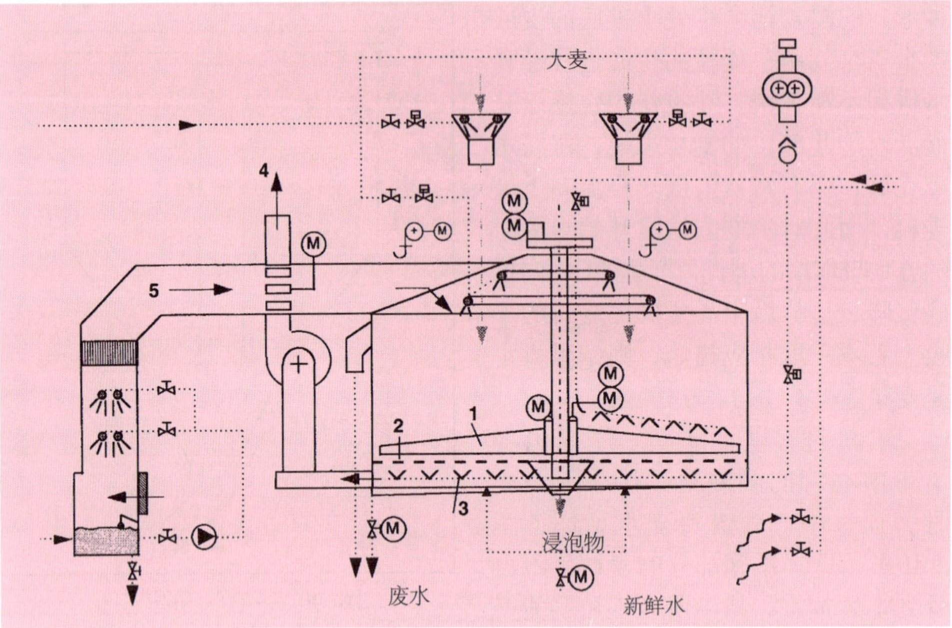

图2.41　平底浸麦槽
1–多臂辐射布麦浸麦器　2–平底　3–平底底部喷淋　4–CO_2抽吸　5–新鲜空气入口

图2.42 多臂辐射布麦浸麦器（Giracleur）

运送出来。在此过程中，大麦自然吸水得到预浸，浮麦被一个前置的装置而排除。

另一种特殊浸麦设备是转鼓式浸麦器，它可对麦粒进行强烈清洗（图2.43a和图2.43b）。在约30~45min内，大麦同25℃水进入旋转的转鼓中，然后通过转鼓中的滚鼓管的正反向运动使麦粒进行强烈清洗。这种转鼓的良

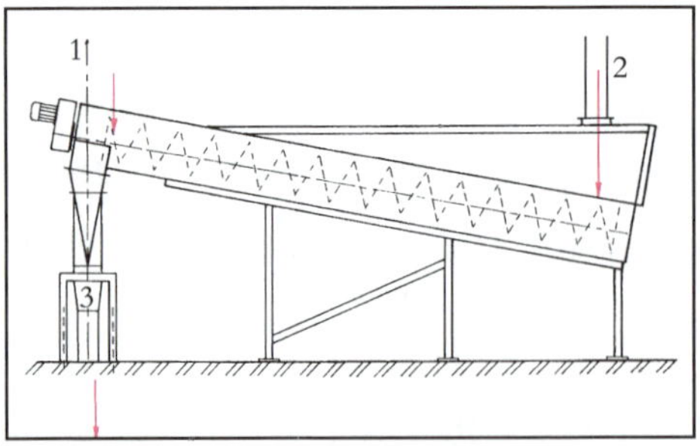

图2.43　下麦浸渍螺旋输送机
1–浸麦水进口　2–大麦进口
3–已预浸的大麦出口

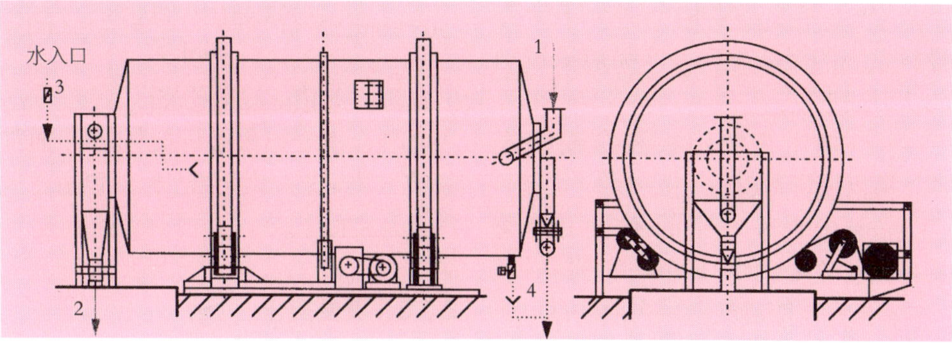

图2.43a　带有传动装置的清洗或浸麦转鼓的正视图和剖视图
1-大麦进入　2-已清洗麦粒　3-进水　4-排水

图2.43b　转鼓式浸麦器的内视图
（图片：Friedrich Weissheimer麦芽厂）

好清洗效果对除去麦粒表面的霉菌孢子十分有效（排喷涌转鼓）。这种转鼓使麦粒迅速吸水至27%~30%。

图2.44所法为一个现代化的浸麦车间设备布局图。当然也有其它类似的布局图。

三种浸麦设备的比较：

（1）传统浸麦槽（柱锥漏斗形）　处理大麦能力可高达50~60t，要处理更多的大麦，则需使用多个并列的浸麦槽。水耗量：4~6m^3/t大麦。

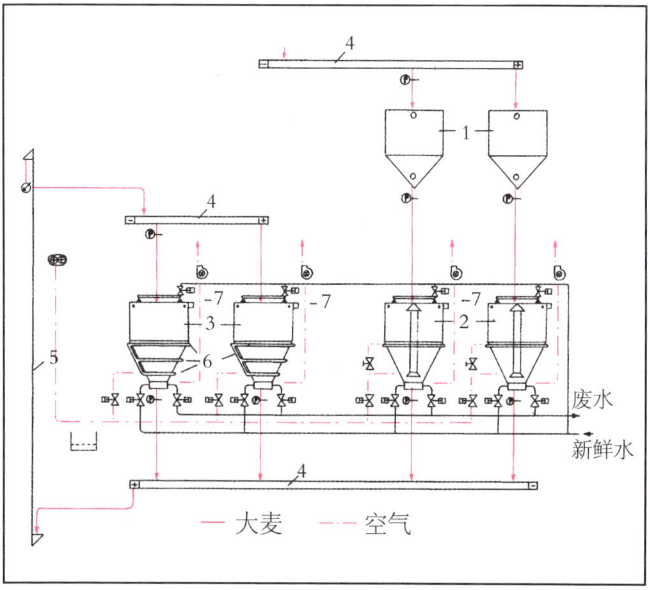

图2.44　现代化浸麦车间设备布局图
1-投料站
2-带中心洗麦管的预浸泡槽
3-主浸麦槽
4-螺旋输送机
5-斗式提升机
6-通风管
7-CO_2排出管

（2）平底浸麦槽　适合于大麦投料量大的浸麦生产，产品质量较均匀。但缺点是：

——由于需要筛板和布麦排麦器，所以投资费用高

——由于筛底空间不能用于浸麦，所以水耗量大，5~7m^3/t大麦

——筛底的清洗仍需人工进行

（3）转鼓式浸麦器　适用于涨潮式浸麦工艺或喷淋浸麦工艺之前的开始浸麦阶段。它的水耗量特别小，0.6~0.8m^3/t大麦

传统浸麦槽的容积计算：

V_w等于柱形部分容积V_z与锥形部分容积V_k之和，即：$V_w=V_z+V_k$

举例：

某传统浸麦槽的直径为4.90m，柱高1.90m，锥高2.40m，那么浸麦槽的容积有多大？

a）柱部容积V_z:

$V_z=\pi r^2 h_z=3.14\times2.45^2\times1.9=35.81$（$m^3$）

b）锥部容积V_k:

$V_k=1/3\,\pi r^2 h_k=1/3\times3.14\times2.45^2\times2.4=15.08$（$m^3$）

c）浸麦槽的容积V_w:

$V_w=V_z+V_k=35.81+15.08=50.89$（$m^3$）

即：此浸麦槽的容积为50.89m^3

那么，此浸麦槽可浸麦多少呢？

从1.1.5.2.3我们知道，每100L大麦平均重70kg左右，浸麦后麦粒容积净增约40%，即：70kg大麦浸麦完毕后的湿大麦容积为1.40hL

1.40hL≌70kg

$$508.90\text{hL}\cong\frac{508.9\text{hL}\times70\text{kg}}{1.40\text{hL}}=25445\text{kg}$$

即：此槽能浸麦约25t。

现今浸麦槽最多可投料75t，通常每吨大麦需2.4m^3浸麦容积（包括通风的上升空间）。

2.3.3　浸麦操作

麦粒在浸麦开始阶段吸水很快，然后渐渐变慢。浸麦初期，大麦的生命活动很弱，以后逐渐加强，尤其是呼吸过程。这就是说，只能在浸麦开始的几个小时内将大麦完全浸于水中，之后必须通入空气，排出CO_2。

投料开始时，首先将浸麦水加入槽中，然后通过弹射板下料。少量浮于水面称为浮麦的麦粒，通过浮麦溢出口排出，收集后作为饲料低价出售。浮麦的比例很小（0.1%~0.2%）。第一次浸麦后的水很脏，应立即排放，然后换水。由于水的成本很高，因此应注重节水。

有些麦芽厂不排浮麦，他们认为这些瘪麦即使作为饲料也无多大价值。因此应加强大麦清选工作，以将这些瘪麦事先清选出来。

麦芽厂90%的耗水量在浸麦车间，根据浸麦工艺的不同，一般耗水量在4~7m^3/ t大麦。若回收使用浸麦水，则可降至3.5m^3/ t大麦。其中0.94 m^3/ t大麦耗水量是用在使麦粒水分由12%上升到45%~46%，低于此值是不可行的，因为还需要水来清洗大麦。这里与大麦粗选[157]也有重要联系。当今麦芽厂的平均废水量为3~5.3m^3/ t大

麦，若大麦粗选中粉尘去除良好，不仅可降低浸麦中的耗水量，还可降低废水污染值。麦芽厂的废水污染值为：

- 2.9~4.5kg BSB_5/t成品麦芽（注明：BSB_5是5d生物耗氧量）
- 3.4~7.95kg CSB/t成品麦芽（注明：CSB是化学耗氧量）

节水主要是依靠浸麦水的再次利用。考虑到已用水中存在杂物，因此一般把已用水作为下一次浸麦的投料水。已用水中的杂物，不仅指麦粒表面的脏物，更重要的是指细菌和霉菌等。在有些国家，可通过添加絮凝剂（如硫酸铝或聚丙烯酰胺）或甲醛来处理，不过这些方法在德国因《纯酿法》而受限制。

在这种情况下，价格较低的再处理方法更受欢迎，因为这样可以在很大程度上降低高昂的水和废水支出。

新的检测可以证明，虽然浸泡水的再次使用会明显增加微生物的数量，但微生物的组成却得到了有利的改善：白地霉*Geotrichum*和短梗霉*Aureobasidium*的迅速生长抑制了产生真菌毒素的细菌（镰刀霉菌）的生长，最后成品麦芽中检出的微生物很少。

> 浸麦水的回收利用不仅关系到废水量的降低，在一定情况下还关系到最终产品“麦芽”的微生物状况。

> 经过4h湿浸或最多6h湿浸后，就要把第一次浸麦水排掉，然后给大麦通风。在干浸期间，麦粒会吸收其表面的附着水，由此使麦粒水分继续上升，此时的麦粒水分叫浸麦度。在干浸期间，每小时抽吸10~15min的CO_2，只有这样才能使大麦的生命过程在发芽时持续进行。干浸和湿浸在浸麦过程中交替进行，干浸时间约占总浸麦时间的80%左右。

因发芽间隙麦粒还需吸水，所以浸麦周期一般为1~1.5d。由此可看出，浸麦和发芽这两个工序是没有绝对界限的。

要想达到预期44%~47%的浸麦度，则必须在浸麦结束时使麦粒水分达到36%~38%。这需要通过两次间隔约24h的湿浸来满足。

例如：

工作步骤	说 明
第一次湿浸：	湿浸时间4h，2~3h后通风，每次通风15min，麦粒水分从14%升至30%
第一次干浸：	干浸时间20h，麦粒水分由30%升至34%
第二次湿浸：	湿浸时间3h，每小时通风15 min，麦粒水分由34%升至38%

接下来湿大麦下料至发芽箱，在发芽箱喷水至希望的水量（浸麦度）。

在浸麦中不必总是保持湿浸干浸24h的循环，而应与麦粒的生长节奏和发芽中的翻麦条件相适应，这就要求操作人员具有较高的灵活性。

通过强烈的供氧和吸水，即可保证在浸麦结束时进行均匀的萌发。

浸麦结束后，可采用以下两种方式下料：

- 湿下料（湿麦粒和水一起下料）
- 干下料（无水的湿麦粒下料）

2.4 发芽

发芽使大麦重新生长成新的植物。新植物的生长合成需要通过呼吸和其它生命过程获得足够的能量和生长物质。新植物在从周围环境中通过同化作用形成淀粉以前，需要消耗胚乳中的贮藏物质。制麦前，胚乳中的内容物是以稳定的高分子物质形式存在的。由于需借助水来输送物质，因此胚乳中的内容物必须分解成低分子物质。这一分解过程需借助于发芽过程中形成的酶来完成。

形成酶是制麦的主要目的，糖化中的物质分解必须有这些酶类参与。制麦过程中要控制酶的分解，以避免过多内容物损失。

发芽过程是在通风式发芽设备中进行的，很少使用地板发芽。

2.4.1 发芽阶段的各种变化过程

发芽中的各种变化过程是：生长过程、酶形成过程和物质转换过程。

2.4.1.1 生长过程

在发芽过程中，叶芽和根芽不断生长。

（1）根芽　在浸麦即将结束时，根芽从麦粒底部长出（图2.45）。根芽的外观变化是各发芽阶段的典型特征，根据这些特征从而进行各阶段的命名。例如：根芽破粒而出时称为露点阶段；叶芽分叉时称为分叉阶段；根芽彼此缠结时称为缠根阶段。

发芽两天后，大约可分生出2~4个侧根。比尔森麦芽的根芽为麦粒长的1.5倍左右，深色麦芽的根芽为麦粒长的2倍左右。在绿麦芽干燥后，通过除根机可除去根芽，由此也产生部分损失（为制麦损失的一部分）。

为尽可能降低根芽损失，必须注意影响根芽生长的各种因素，即发芽时间和发芽温度。发芽时间越长，发芽温度越高，则根芽损失就越大。为降低根芽损失，应尽可能低温、短时间发芽。根芽损失约占麦芽干物质的4%。

（2）叶芽　叶芽穿破麦粒种皮长出，但不能穿破谷皮。它沿麦粒背部从底向顶部生长，可通过谷皮下的小梗分辨，这是麦芽区别于大麦的重要标志。大麦无叶芽（图2.1）。由于叶芽不能长出麦粒，所以在除根时不必除去叶芽，从而不会产生叶芽损失。叶芽长度与麦粒内部的物质转化程度有关（见2.4.1.3）。

叶芽长度与麦粒溶解度呈正比例平行增长。

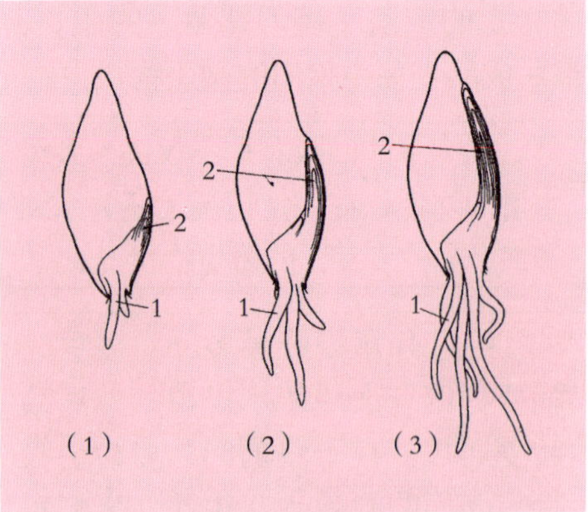

图2.45　发芽中的麦粒生长变化过程
（1）发芽第一天（2）发芽第三天（3）发芽第五天
1–根芽　2–叶芽

麦芽的溶解度应限制在一定的程度内，否则，物质转化过度将使损失增大。因此对叶芽长度也有一定的生长限制，比尔森型麦芽的叶芽长度应为麦粒长的2/3~3/4，深色麦芽长度应为麦粒长的3/4~1/1。

两种类型麦芽的不同溶解度是由麦粒内的不同分解产物含量决定的。叶芽长度超过麦粒长时，我们可从麦粒顶部看见“冒尖”。如果在发芽结束时出现冒尖现象，则可能是因发芽温度过高或发芽时违规操作造成的。

2.4.1.2 酶的形成

酶的形成和活化是制麦阶段中的重要过程。大麦中已存在一定量的酶。发芽期间，酶逐渐游离出或进一步形成。大麦和麦芽中含有多种酶及酶复合物，其中比较重要的酶为：

- 淀粉分解酶，主要是α－淀粉酶和β－淀粉酶
- 细胞溶解酶，主要是β－葡聚糖酶、木聚糖酶
- 蛋白分解酶
- 磷酸酯酶

上述酶中，除α－淀粉酶外，大麦中均少量存在。酶通过激素而形成，由赤霉酸或类赤霉酸物组成的激素从胚部通过盾状体渗透至胚乳中，然后从胚乳转移至糊粉层，在此游离出氨基酸，并形成酶（图2.46）。首先形成β－葡聚糖酶，进而形成α－淀粉酶和蛋白酶。β－淀粉酶不是在糊粉层形成的，而是在胚乳中形成或游离出来的。酶的形成与麦粒呼吸同时进行。通风良好的发芽物，其酶的形成更早，形成的酶量也更丰富。

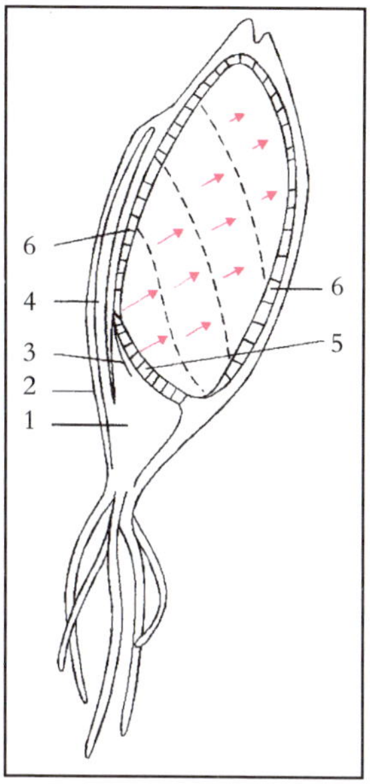

图2.46 发芽麦粒中酶的形成示意图
1–胚
2–谷皮
3–开始生长的叶芽
4–叶芽
5–上皮层
6–糊粉层

2.4.1.2.1 淀粉分解酶

淀粉酶是麦芽中最重要的酶，糖化中淀粉的分解要利用淀粉酶来完成。

A：α－淀粉酶

> 未发芽的大麦粒中不含α－淀粉酶（图2.46a）。大部分α－淀粉酶是在发芽第2~4天形成的，随着发芽的继续，其含量还会不断提高。

西方烧酒厂等需要处理大量淀粉原料的厂家，常需要含淀粉酶丰富的麦芽，这种麦芽的发芽周期往往很长，以此来提高α－淀粉酶的含量，当然根芽损失肯定很大。

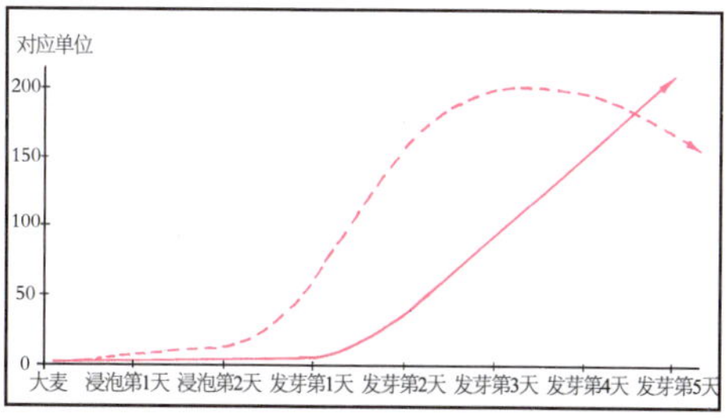

图2.46a α－淀粉酶的形成（虚线为呼吸曲线）

B：β－淀粉酶

未发芽大麦中存在大量β－淀粉酶（图2.46b）。在浸麦过程中会有少量损失，但在发芽第2~3天，它又会显著增长。

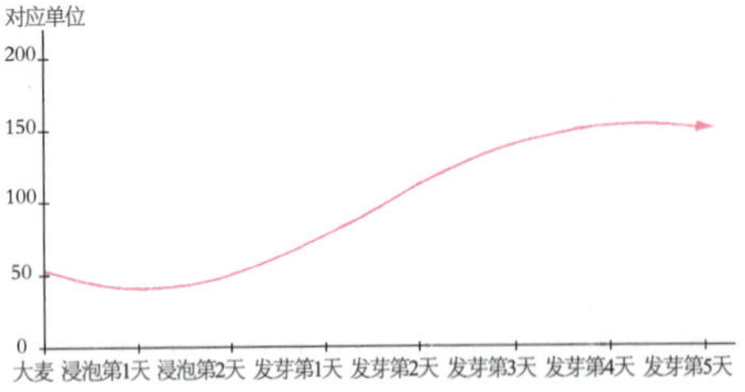

图2.46b　β－淀粉酶的形成

> β－淀粉酶的形成与发芽开始几天的麦粒呼吸存在直接关系，因此这段时间的强烈通风及供氧对β－淀粉酶的形成非常重要。

在发芽后期，β－淀粉酶的含量几乎无变化。发芽过程中形成的α－淀粉酶和β－淀粉酶的数量取决于下列因素：

（1）大麦品种特性　品种特性又受到种植气候变化的影响。

（2）颗粒大小　大颗粒大麦形成的淀粉酶量多于小颗粒大麦。

（3）高的绿麦芽水分　发芽水分越高，形成的淀粉酶量就越多。

（4）低温发芽　低温发芽形成的淀粉酶量要多一些。尽管高温浸麦和高温发芽可使淀粉酶形成早一些，但最后形成的淀粉酶却较少。

淀粉酶的活力用糖化力表示，单位符号为WK。

2.4.1.2.2　其它的酶类

在制麦过程中，除了形成淀粉酶外，还形成细胞分解酶、蛋白分解酶及其它酶等。这些酶在大麦中含量很少，主要在发芽第3~4天形成，它们的形成机理与淀粉酶的形成大致相同。

2.4.1.3　发芽过程中的物质转化

在发芽过程中不仅有酶的形成和积累，一定程度上还需要这些酶为胚提供营养物质。因此酶影响着物质转化过程，它能将高分子物质转化为低分子物质。

为满足发芽过程中呼吸及合成新细胞的需要，这些分解产物被输送至胚部，这就意味着损失。所以制麦应限制呼吸和新细胞形成。下列物质转化对我们非常重要：

淀粉分解，蛋白质分解，细胞溶解（β－葡聚糖和戊聚糖的分解）。

发芽过程中麦粒内部变化图示及说明如下[见图2.46c（a~e）]：

（1）胚乳中的淀粉细胞　完好的细胞壁被部分剖开，借此我们可观察淀粉细胞的内部情况，从中可清楚看到大颗粒淀粉粒（直径在30 μm以内）、小颗粒淀粉粒（直径在5 μm以内）。大麦淀粉中没有中等淀粉颗粒。淀粉颗粒很稳定地贮存在淀粉细胞中。

（2）淀粉细胞　淀粉细胞像小布袋一样装着淀粉颗粒。从图中已剖开的淀粉细胞中可清楚看到淀粉颗粒正从淀粉细胞中涌出。淀粉细胞的坚实结构使大麦具有坚固的、难磨粉的麦粒内容物。

（3）坚固的细胞壁变得支离破碎并可渗透　部分细胞壁经酶的作用而溶解，原有的坚固结构变成有孔洞的、可

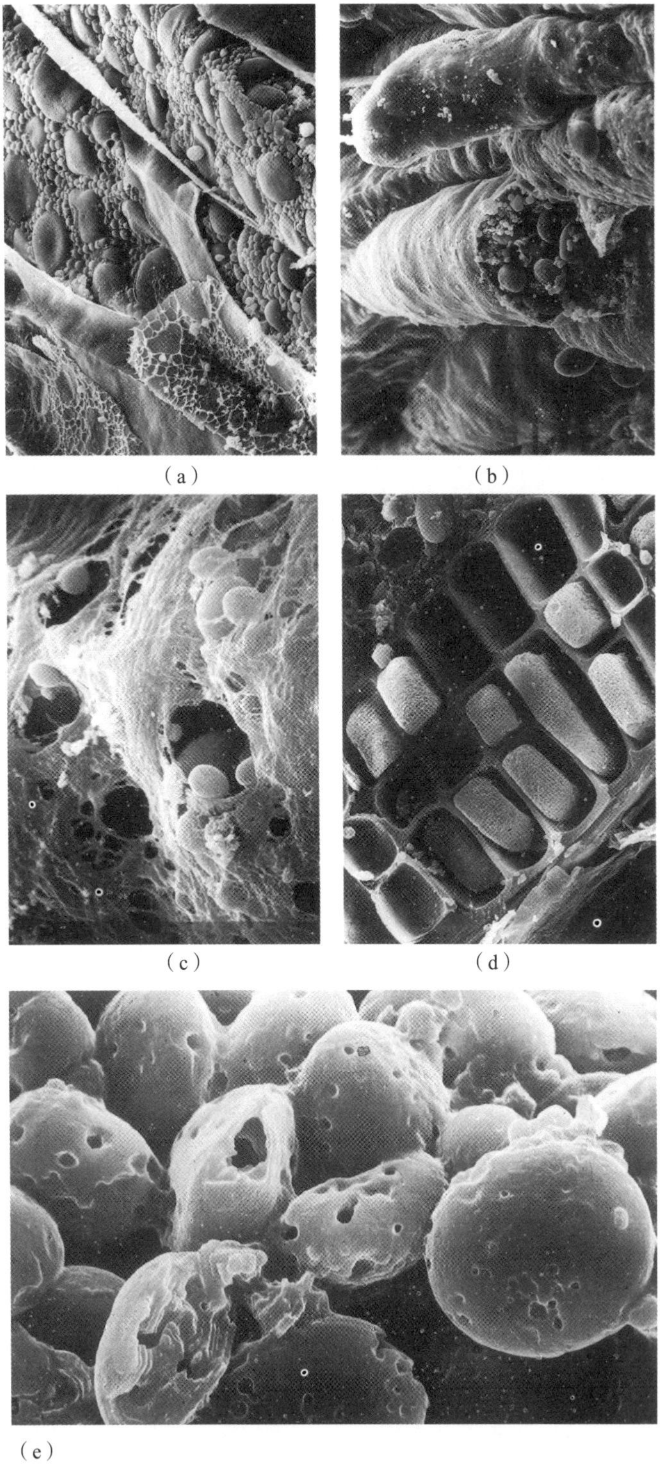
（a）（b）（c）（d）（e）

图2.46c（a~e） 发芽过程中麦粒的内部变化

渗透的状态。从图中可看出，细胞内的物质可以溢出。麦粒逐渐变疏松，可搓碎，也就是我们所说的溶解。

（4）糊粉层　它包围着胚乳，不含淀粉，由多层富含蛋白质的细胞组成。如图所示，在制麦时糊粉层也部分被分解。它是发芽过程中形成酶的场所。

（5）开始分解的淀粉颗粒　随着水分的提高，大麦呼吸逐渐增强。胚需要糖分用于呼吸，这些糖分可通过淀粉酶分解胚附近的淀粉而获得。从图中可看到，淀粉颗粒表面有许多因酶解而形成的孔洞。

2.4.1.3.1　麦粒的溶解和β–葡聚糖的分解

胚乳细胞壁主要是由半纤维素和蛋白质构成框架支撑。在发芽期间，部分细胞壁被复合酶和木聚糖酶所分解，其中半纤维素酶和β–葡聚糖酶就属于复合酶。细胞的溶解（细胞壁的分解）使其它酶类可自由进入胚乳内部，酶的分解变得更加容易。

> 麦粒的溶解使得麦粒的可搓碎性越来越好

原本坚硬的大麦颗粒在发芽结束时变得能用手指搓碎了。如搓研时，内容物在手指上不是呈胶团状，而是呈均匀的粉状，则说明麦芽溶解适当，可以结束发芽。由于酶的绝大部分是在发芽第3~4天后形成的，所以可利用溶解度的好坏来决定发芽周期。在溶解过程中，细胞壁所含的半纤维素和蛋白质被分解。半纤维素主要由β–葡聚糖组成（见1.1.3.1.4）

β–葡聚糖在制麦中被下列酶所分解：

- 内–β–1,4–葡聚糖酶：在大麦中已存在
- 内–β–1,3–葡聚糖酶：只在制麦中形成，大麦自身不存在

此外，还有将β–葡聚糖从与蛋白质结合的键中分解出来的β–葡聚糖溶出酶，它在制麦过程中的增长量为150%~170%。β–葡聚糖含量高并不意味着可滤性差，可滤性情况如何要视其形成β–葡聚糖凝胶的程度。

重要的是，如何使麦芽中的β–葡聚糖含量低。由于大麦的β–葡聚糖含量与大麦品种特性有关，所以培育出β–葡聚糖含量低的大麦品种是十分重要的。

只要有高分子β–葡聚糖含量上升，就存在形成β–葡聚糖凝胶的可能，由此而导致过滤困难。麦芽中若含有未发芽的麦粒，则会增加高分子β–葡聚糖的含量，导致麦汁黏度上升，过滤困难。

检查大麦的发芽力十分重要，发芽力低的大麦制得的麦芽会导致过滤困难。因此制麦时应注意：

- 须选用发芽力高、健康状态好的大麦
- 大麦贮存水分低（干燥贮存），为12%

在使用细胞溶解性好、蛋白溶解性高的新大麦品种时，要注意通过下列措施抑制其溶解：

- 降低发芽物的水分
- 采取低温发芽

只有均匀发芽，才能生产出质量

均匀的麦芽。如果在麦芽中混入了未发芽的麦粒，就会带入大量的高分子β－葡聚糖。糖化时，它们在60~70℃溶于醪液中，但不能再被分解。对这种情况的最终处理办法是：将啤酒在30~50s内加热至70~80℃，然后冷却。这种办法可使凝胶在加热时溶解，以此来保证啤酒过滤。

> 麦芽是决定麦汁和啤酒中β－葡聚糖含量的一个重要因素，麦汁中的β－葡聚糖含量不应高于200mg/L。

由于导致可能形成凝胶的主要物质是高分子β－葡聚糖，所以麦芽中能分解β－葡聚糖的内－β－葡聚糖酶的含量应高一些。此酶在麦芽中应尽可能达到120个单位/kg麦芽。

溶解判断：

麦芽溶解是一个复杂的过程，它对麦芽的质量具有重大意义。可通过下列措施来了解溶解度。

- 测麦芽的脆度值（见2.8.2.6）
- 测麦芽的粗细粉差（见2.8.3.2）
- 测麦芽的蛋白溶解度（库尔巴哈值）
- 测协定麦汁黏度（见2.8.3.2）
- 做麦芽粒打磨试验（见2.8.2.10）

蛋白溶解度是指大麦中的蛋白质在制麦过程中分解成可溶性氮的百分比。此值正常为38%~42%，可在较大范围内波动。

蛋白溶解度越低，则麦芽溶解就越差，分解程度就越小。而细胞壁分解不足，则以后麦粒中的淀粉就难以分解，特别是麦粒顶部中的淀粉。此外，未分解的β－葡聚糖还会导致过滤困难。

高的蛋白溶解度会形成较多的蛋白分解物，比如麦芽中的氨基酸。形成的氨基酸和糖会在绿麦芽干燥时合成类黑素（见2.5.1.3），它不仅使啤酒色度上升，而且其转化物还会使啤酒口味稳定性下降。因此不要使麦芽的蛋白溶解度高于41%。

蛋白溶解度高低的趋向与大麦品种有较大关联，与种植环境及其它因素也有关系[183]。有些大麦品种，如Alexis、Chariot和Scarlett，它们的蛋白溶解度适中；而有些大麦品种，如Thurlngia，Maresi及Krona，它们的蛋白溶解度就很高。这些品种的差异性，在发芽时应引起我们的高度注意，以采取相应措施。由此，从发芽第3d起，减少通风供氧就显得十分重要，因为它不仅可降低制麦损失，而且还能降低蛋白溶解度。

2.4.1.3.2 淀粉的分解

淀粉为胚提供能量。呼吸使胚获得其生命活动及形成新细胞所必需的能量，直到其自身能进行光合作用为止。

> 淀粉必须转化成可输送的糖分，才能运送至胚部，供胚呼吸所用。不过对麦汁制备来说，呼吸意味着淀粉损失。因此，为降低损失，制麦时要防止呼吸过度。

发芽时物质转化量是很大的，淀粉含量在减少，而糖分含量在增加。即：

	淀粉含量/%	糖分含量/%
大麦	63	2
麦芽	58	8

从上表可看出，有5%~6%的淀粉被分解成糖了。这个结果并不准确，

因为百分比不是建立在同一个原始基数上的。例如：

100g大麦绝干物质大约可形成90g麦芽绝干物质。而100g大麦中含有63g淀粉，若淀粉分解物不被呼吸掉，则由100g大麦制成的90g麦芽中仍含有63g淀粉，即淀粉含量应占麦芽量的70%，而现在仅有58%，这就意味着大约12%的淀粉被分解了。所形成的一半糖分用于呼吸，对麦芽厂来说，淀粉分解物被呼吸掉就意味着损失。呼吸强度与发芽时间、发芽温度和通风程度有关。

为尽可能降低呼吸损失，发芽时应尽量采取短时、低温，仅给发芽物提供一定的必需空气量等措施。

从第3天发芽起，就应该限制麦粒的呼吸，其目的是：

- 降低呼吸损失
- 降低蛋白溶解度
- 提高脂肪氧化酶的活力，以此有利于啤酒的口味稳定性[151]

图2.46d清楚显示了淀粉颗粒表面的淀粉酶的酶促作用，此淀粉颗粒来自3000年前古埃及人类居住区发掘出的陶土碎片上残留的啤酒痕迹。它清楚表明，那个时候大麦或二棱大麦已经发芽并且形成了酶。

图2.46d　3000年前的淀粉分解
（图片：Delwen Samuel）

麦芽中的糖主要是葡萄糖，也有果糖和蔗糖，麦芽糖却基本没有，因麦芽糖会被立即分解。发芽后，淀粉颗粒仍以原来的形状和大小存在。尽管淀粉分解很少，但仍有少量可被分解，这一点可借助显微镜观察到。

2.4.1.3.3　蛋白质的分解

蛋白质的作用不是用于呼吸，而在于形成新细胞组织，比如根芽的合成。为了能被输送，必须将非水溶性的高分子蛋白质转变为水溶性的低分子蛋白分解物，由此改变蛋白质的结构。有35%~40%的蛋白质在发芽中被分解为水溶性的蛋白分解物（库尔巴哈值）。在肽酶的作用下主要形成低分子蛋白分解物（氨基酸、寡肽）。蛋白质的分解与麦粒的溶解是平行的，因此不必特殊控制。一部分蛋白质将转化为根芽，所以麦芽的蛋白含量比大麦约低0.3%。

2.4.1.3.4　脂类物的分解

通过脂肪酶对脂键的酶解，脂肪分解成脂肪酸和丙三醇，脂肪酸因此游离出来。

脂肪酸继而被脂肪氧化酶所分解，脂肪氧化酶特别易在叶芽和根芽中富集，分解的产物（如Nonadienal）呈黄瓜气味，这从绿麦芽中可得知。

2.4.1.3.5　发芽中的二甲基硫形成

> 二甲基硫（DMS）是一种挥发性的含硫化合物，会使啤酒呈青草味或蔬菜味，因此要避免形成DMS或除去DMS。

在发芽时会形成热稳定性差的DMS前驱体，它在高温下会分解。

重要的是，在浸麦和发芽时要尽可能减少DMS前驱体向DMS转变。浸麦和发芽中，以下因素会形成较多的DMS前驱体：

- 高的浸麦度
- 高的发芽温度

因此在浸麦和发芽中应注意以下措施才能使DMS前驱动体形成减少：

- 低的浸麦度，低的发芽物水分
- 低的发芽温度，低的麦芽溶解度

大部分DMS前驱体会转移到根芽中，只有一部分残留于除根后的麦芽中，这些残留物在干燥过程中变化显著（见2.5.1.4）。在整个啤酒酿造过程中都会涉及DMS问题。

2.4.1.3.6 发芽调节物

在制麦中通过添加一定的添加剂可以调节麦粒内容物的转化速度，即加速或减缓发芽过程。这类添加剂称为发芽调节物，主要分为：

- 激活剂（加速物质转化）
- 抑制剂（减缓物质转化）

（1）激活剂　广泛运用的激活剂是赤霉酸，在未发芽的大麦中有少量存在，赤霉酸也是串珠镰孢霉的代谢产物。于1926年在日本被首次介绍，通过串珠镰孢霉的培养我们可获取赤霉酸。在一定贮存条件下，它是白色粉状晶体，使用时将其溶于水中。首先将已计算好添加量的赤霉酸预溶于酒精或丙酮溶液中（1g赤霉酸溶于50mL溶液），然后把预调好的溶液倒入适量水中调匀。这种配制最多只能在使用前24h内调配，因为它易分解及失效。配制好的赤霉酸液通过喷嘴或泵向发芽物喷洒。在发芽箱中，可利用翻麦机上安装的喷嘴在翻麦时边喷边翻。

- 赤霉酸应尽早添加

如果将赤霉酸喷洒于发干的、已露点的发芽物中，那么它的效果会发挥得最好，这样它会附于麦粒表面，并很快被胚吸收。

- 赤霉酸添加量为：0.03~0.08g/t大麦

赤霉酸的添加量取决于大麦品种、种植年度和添加时机。由于赤霉酸可缩短大麦休眠期，所以可在大麦收割季节开始时添加最高量，以后则减少添加量。

添加赤霉酸的优点：

- 可缩短发芽时间2d
- 浸出物收得率可提高约1%
- 缩短大麦休眠期

（2）抑制剂　相对激活剂来说，抑制剂的作用较小。添加溴酸钾可抑制蛋白溶解。在德国，依据《纯酿法》，在制麦时是不能添加发芽调节剂的。

2.4.1.4 发芽操作总结

发芽操作要注意以下几点：

（1）发芽是一个强烈的生命过程。大麦仅在水分充足时才会发芽，发芽期间的发芽物水分须保持在40%以上。部分水分被吸收，同时由于呼吸作用又会形成另一部分水分（发汗现象）。如果由于呼吸形成的水分不足，则必须给发芽物另提供水分。

（2）由于呼吸逐渐增强，所以应给发芽物提供足够的氧气。供氧越强烈，麦粒内容物被呼吸损耗就越多。若供氧不足，则会产生分子内呼吸，导致胚部死亡。

（3）呼吸使温度升高，由此会增加呼吸损失和根芽损失，并会减少酶的形成。

从发芽第3天起，就要限制呼吸。

各种麦芽在发芽时的最高品温分别为：

比尔森麦芽：17~18℃

深色麦芽：23~25℃

合理、经济的发芽操作应注意调节水分、通风和温度。

2.4.2 发芽方法

当今的发芽几乎仅在圆形或矩形发芽箱中进行。但过去并非如此。几十年前，甚至几年前，仍有使用地板式发芽的麦芽厂。

2.4.2.1 地板式发芽

地板式发芽是将发芽物摊在地板上。发芽间高3m左右，地板为平底面，若条件允许可铺木板，因木板的多孔性可吸收多余水分。地板发芽时温度应尽可能均匀、低温，因此地面可平铺一层砖，以隔绝外界空气。因其发芽最高温度不应超过18℃，故地板式发芽受季节限制，高温季节不易进行。地板式发芽中，每100kg大麦约占地3.4m^2，发芽物层厚度仅几厘米，所以地板发芽占地面积大，大多分上下几层地板。

地板发芽的操作难度在于翻麦，仅能使用木铲进行，这一点从啤酒酿造标志中就可看出（见图2.47）。

图2.47 啤酒酿造标志中发芽翻麦木铲

每天翻麦2次，通过翻麦使上下麦层换位，并使车间通风来调节发芽温度。借助其它工具如钉耙等，可减轻劳动强度。地板发芽的主要缺点是：劳动力消耗大，占地面积大，受外界温度影响大。这些缺点导致了地板发芽时代的结束。尽管如此，下列一些基本发芽专业术语今天仍在使用：

- 露点阶段：根芽从麦粒的底部冒出（露点）
- 分叉阶段：根芽开始分叉
- 缠根阶段：由于根芽较长而相互缠结在一起。

因根芽缠结在一起而形成的绿麦芽团块的温度较高，所以叶芽生长很快，通常会看到叶芽长出麦粒。发芽结束后，绿麦芽即被输送到干燥箱中干燥。

2.4.2.2 通风式发芽

从经济角度出发，新式发芽系统都采取厚麦层发芽（深层发芽）。由于空气不会自动穿过发芽麦层，所以在通风式发芽系统中必须让空气穿过发芽层。在空气进入发芽层前，必须预先将空气调温、增湿。

在通风式发芽系统中，通过鼓入湿冷空气来调节发芽物的水分、温度和湿度。

通风式发芽系统由下列设备组成：

- 制备低温、潮湿空气的调温调湿设备
- 大麦发芽箱或发芽转鼓等

2.4.2.2.1 空气调温增湿

地板发芽的麦层很薄，仅需自然通风。而在其它发芽系统中，筛板上的绿麦芽层厚1.5m以内，因此必须鼓入大量空气，使其穿过麦层助强烈呼吸的发芽物通风，从而令麦粒生命过程旺盛进行。绿麦芽的通风量为300~700m^3空气/t大麦，为此需提供能强烈鼓风的轴向或径向风机（见10.5.2），图2.48示意如下：

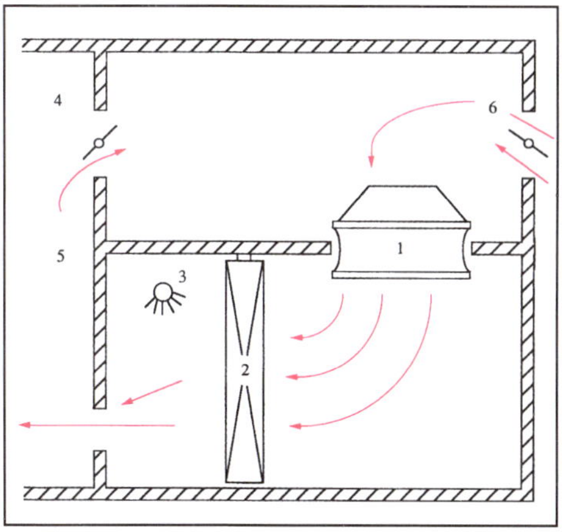

图2.48 空气调温增湿
1-径向风机 2-直接蒸发器 3-喷雾增湿
4-回风风门 5-发芽间 6-新鲜空气

大麦呼吸产生的热量必须排走，整个发芽期间的产热量约为：850000kJ/ t大麦。由于通入的空气温度应比发芽物低2℃左右，因此在一年的大部分时间里通入的空气都需冷却。大多使用直接蒸发器（见10.3.4）将空气温度自动调节到所需要的范围。在外界气温很低时（如冬天），则须将通入的空气加热到所要求的温度范围。

在整个发芽期间，发芽物的水分都应保持在45%左右。通入干燥的空气会使绿麦芽失去水分，因此必须加水使空气湿度达到饱和（图2.48a）。

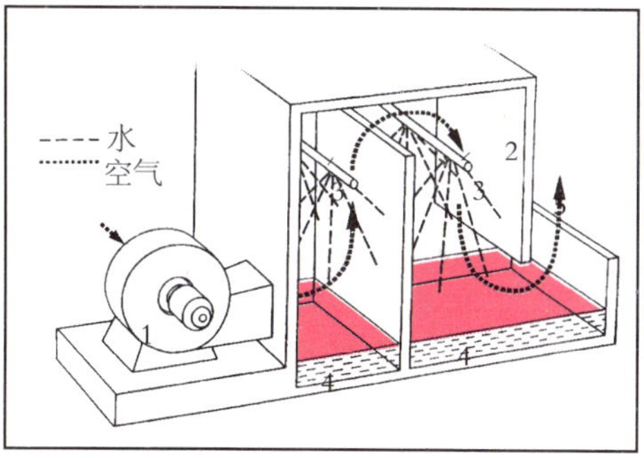

图2.48a 空气增湿设备
1-轴向通风机 2-增湿箱 3-带喷嘴的水管
4-水收集槽 5-已增湿冷空气

空气温度、温度改变量、水分和相对湿度之间的关系详见Mollier h、X－图表。用喷嘴对空气进行雾化增湿，增湿应仅在空气进入发芽物之前的短时间内进行，以避免空气中的水分在进入发芽箱风道前重新凝结成液体水而滴落。每吨大麦约需增湿水0.5m^3，多余的水经过处理可重新用于增湿。为了给发芽间的绿麦芽补水，有些发芽系统的翻麦机上安装有喷头。发芽期间大麦呼吸非常旺盛，由此会消耗麦粒内容物。在发芽即将结束前，我们要更多关注麦粒中的酶促溶解进程，此进程与呼吸无关，我们不希望更多的麦粒内容物被呼吸掉。

为此应逐渐加大通向麦层中的富含CO_2的回风，以抑制麦粒的呼吸。此回风和新鲜空气混合，然后通向发芽后期的麦层。

无论在哪种发芽系统中，都需给发芽物通入湿冷空气。翻麦的目的是：避免绿麦芽缠结在一起，并使各部分发芽物都能与潮湿的冷空气充分接触。

2.4.2.2.2　**转鼓式发芽**

发芽物被装入一个金属板制成的密封转鼓（筒）中进行通风发芽。翻麦则借助转鼓的转动而进行。

发芽转鼓（见图2.49）由钢板转筒1组成。转筒直径为2~4m，长3~15m。下半部安装有水平放置的筛板2，发芽物3置于筛板之上。已增湿的空气4从底部压入发芽层中，穿过筛板及发芽层后从转筒上半部排出。通过转筒的缓慢旋转而翻麦。根据转筒大小不同，转动一周需0.5~1h。转筒由滑动轮6支撑着，螺杆传动装置驱动齿圈7使转筒转动。为避免空气损失，风道与转筒之间用密封圈进行密封。

转筒的装料度为70%左右。每隔一段时间（大约为发芽周期的1/10）需缓慢旋转转筒。为避免筛板上的发芽物因倾斜造成麦粒不平整，一般先将转筒往前多转一些，再回转一点至正位。转筒发芽的主要优点：不损伤发芽物；缺点：若单筒处理量在20t以内时是很不经济的，所以麦芽厂很少使用此发芽设备。

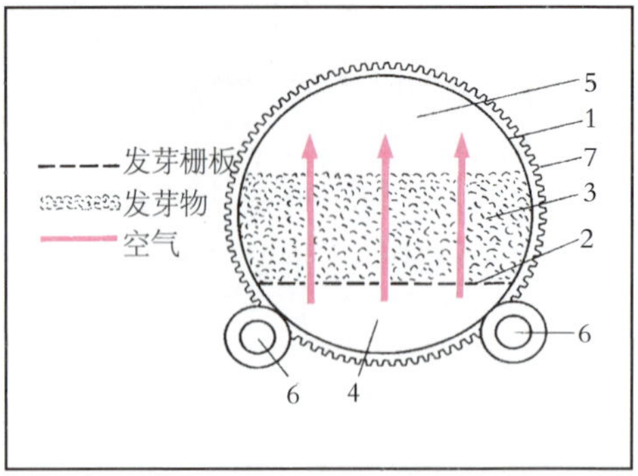

图2.49　发芽转鼓

1-钢板转筒　2-筛板　3-发芽物　4-已增湿空气　5-废气　6-滑动轮　7-驱动齿圈

2.4.2.2.3　**箱式发芽**

箱式发芽是目前最常见的发芽系统，其形式多样、大小不一。大多数发芽箱为长方形，可处理5~300t大麦。近几年来，已出现大麦处理量高达300t的圆形发芽箱，圆形发芽箱大多为塔式，上下排列（塔式发芽）。两种发芽箱的基本工作原理相同，发芽时发芽物置于筛板上，通过螺旋翻麦机翻麦，使上下发芽层都能同从下面鼓入的湿冷空气接触。

2.4.2.2.3.1　**矩形发芽箱**

矩形发芽箱用砖砌或钢筋混凝土制作（萨拉丁箱）。箱的两端多为弧形，与翻麦机的螺旋弧形相吻合，可使箱两端的所有麦粒都被翻动。发芽箱数量视发芽周期而定，大多在一个发芽车间布置6个彼此相邻的发芽箱。

发芽间墙体保温隔热，有光滑的墙壁和顶层。发芽间还须保持少许正压，因此发芽间的门应可密闭，在发芽期间要随时保持关闭（图2.50）。

筛板安装在距发芽箱底约60cm高处，发芽物置于筛板上，表层厚

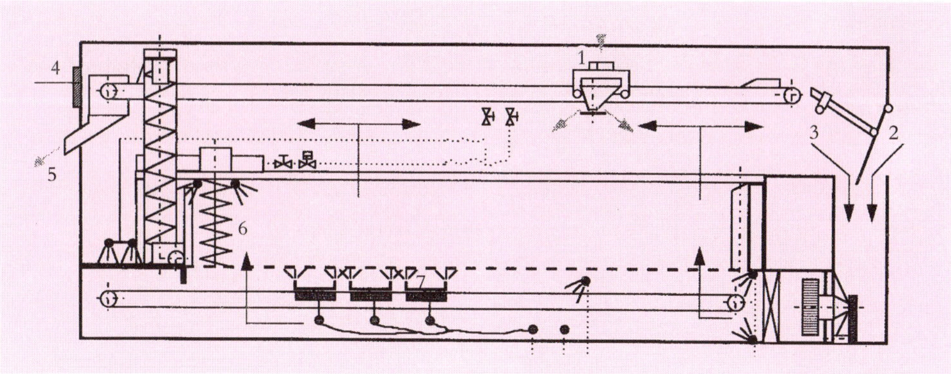

图2.50　萨拉丁发芽箱

1-浸麦物进入　2-新鲜空气进入　3-回风　4-排风　5-绿麦芽下料至干燥箱　6-翻麦机　7-筛板下的机械清洗装置

0.5~0.9m，发芽期间，麦层逐渐增厚至0.8~1.3m。

筛板分为两种，即：

- 自由流通面积为20%的开槽支撑筛板（图2.50a）
- 自由流通面积为40%的条缝筛板若筛板下的风道不能行走，则为便于清洗和检查，此筛板应可向上掀起。

在筛板下还有下列抽吸装置：

- 用于通风的风道
- 用于清洗筛板和风道的高压清洗喷嘴（见图2.50中的7），每平方米筛板可承载300~500kg的大麦投料量

翻麦机：翻麦机多为螺旋状搅拌器（图2.51和图2.51a）。在一个长的翻麦机横梁上安装有20个以内的螺旋翼片，相邻的两个螺旋翼片以反方向转动，由此疏松麦层。通过翻麦机上的传动装置使螺旋翼片以8r/min左右的转速缓慢转动。翻麦机以0.4~0.6m/min的速度向前移动而翻麦。发芽开始几天，每天翻麦2次；发芽最后几天，每天仅翻1次。

每个螺旋翼片上均装有一个麦层摊平杆，翻麦时它和螺旋翼片一起旋转，由此使翻麦后的麦层厚度大体一致，这样就保证了各处通风的均匀性。翻麦机上还安装有喷头，可对发芽期间的绿麦芽喷补水雾。发芽箱的进出料装置十分重要，它应尽可能在短时间完成进料和出料，以减少能耗。较老的设备中还安装有可移动的出料器，它像挖铲机一样将绿麦芽移至收集口，并从收集口将绿麦芽输送走。新式设备中的翻麦机也能和相

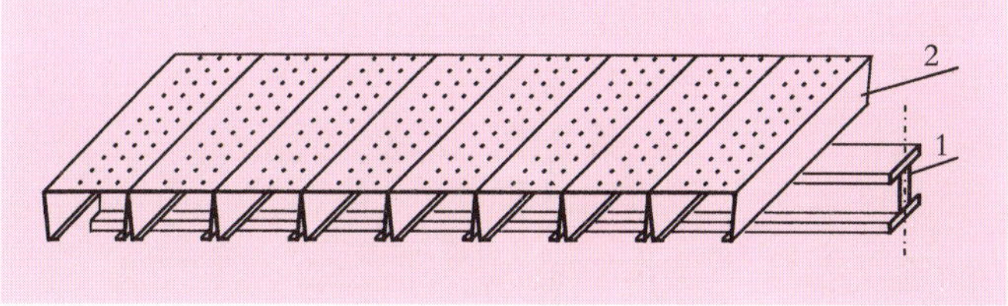

图2.50a　C型钢材的开槽支撑筛板

1-工字钢架

2-C型钢材

连的清除（麦粒）器一起完成出料工作。清除器和翻麦机以分段的方式将绿麦芽输送至打开的收集口处，螺旋翼片被调至出口的锁闭位置，通过翼片下的清除器，将发芽箱中的物料清扫干净，完全不用人工出料。

大的发芽设备配有可挂定的输送机，它可连续出料。

于滑轮上，筛板与箱壁之间密封（图2.52）。这种形式的发芽箱擦掉的根芽总落在翻麦机下相同的位置。

（2）筛板固定而翻麦机横梁可移动的圆形发芽箱，翻麦机横梁围绕固定的中心轴转动。

以上两种形式目前都在使用，但大多采用多个发芽箱上下安装的塔式

图2.51　螺旋翻麦机

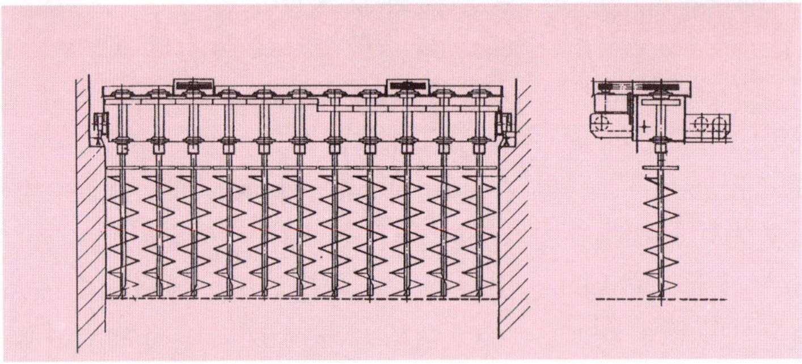

图2.51a　螺旋翻麦机结构图

2.4.2.2.3.2　圆形发芽箱

圆形发芽箱和矩形发芽箱的制造原理基本一样，具有相同的组成单元。这类发芽箱大致分为以下两种形式：

（1）筛板能旋转而翻麦机横梁固定的圆形发芽箱，旋转的筛板安装

形状。由于翻麦机在相同时间内外层翻动的面积比内层大，所以外层螺旋翼片的转速比内层要快一些。为便于进出料，螺旋翼片大多安装在翻麦机横梁后面，通过调节其高度，就可彻底清除发芽箱中的物料（图2.52a、图2.52b）。

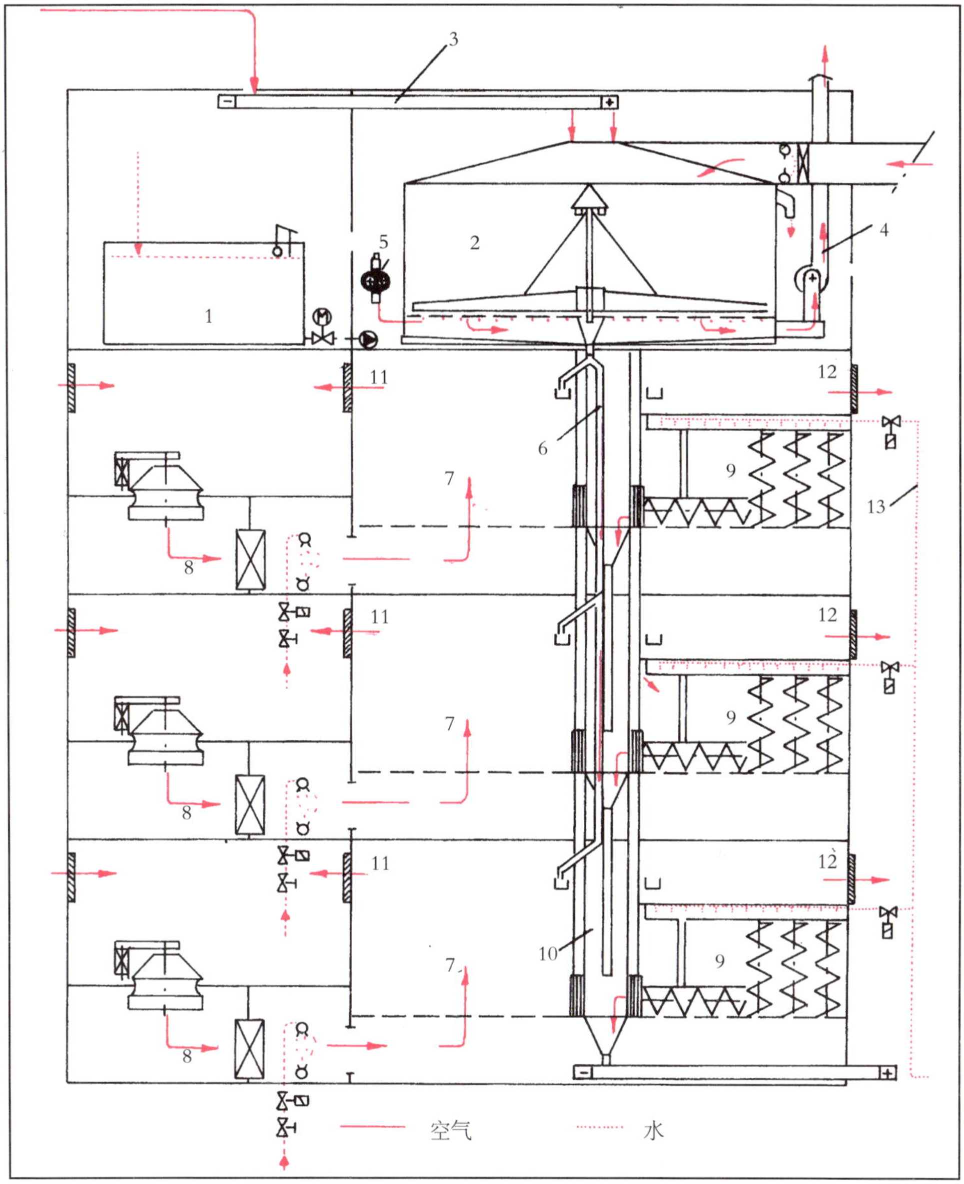

图2.52 塔式制麦厂设备布局图

1-贮水槽 2-平底浸麦槽 3-大麦进口 4-CO_2抽吸管 5-压力鼓风机 6-湿麦下料管 7-发芽箱 8-增湿间 9-带进出料器的翻麦机 10-下料管 11-回风 12-废气 13-后湿浸进水

2.4.2.2.4 移动式发芽系统

在箱式发芽中，绿麦芽总在一个地方上下翻动。当然也可利用翻麦机使浸麦后的发芽物每天进行1次或2次以逐步行进的方式向干燥炉输送，麦堆移动式发芽的名称也由此而来。麦堆移动式发芽是移动式发芽的最早形式。

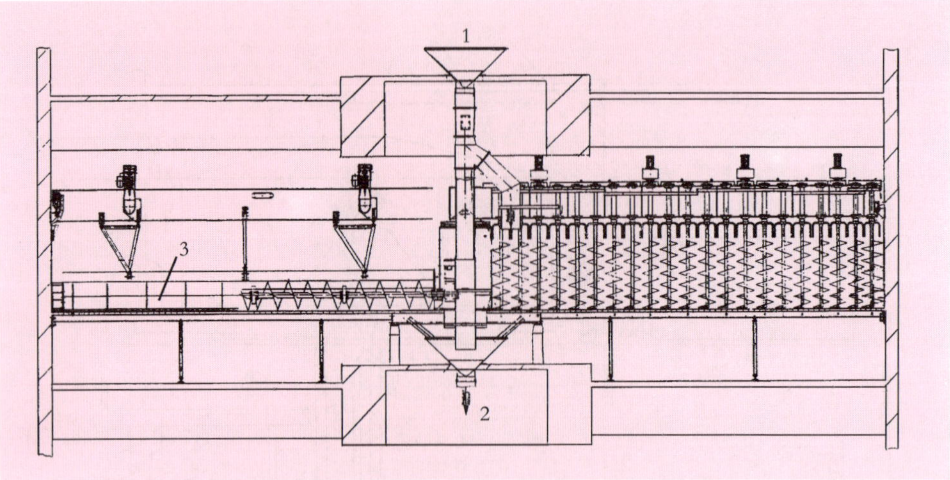

图2.52a　带有进料出料器的螺旋翻麦机（正视图）
1-浸麦物进入　2-绿麦芽出料口　3-可上下移动的进料出料器

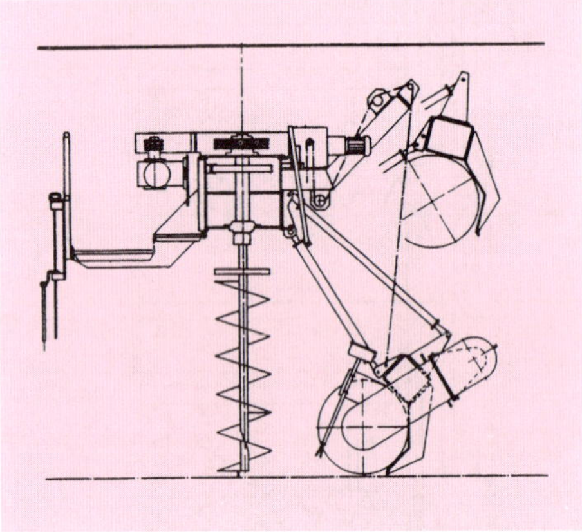

图2.52b　带有进料出料器的螺旋翻麦机（侧视图）

2.4.2.2.4.1　麦堆移动式发芽

麦堆移动式发芽设备（图2.53）中的箱长50~60m、宽3~4m，结构与普通发芽箱相同，不过在筛板2下分隔有16个半天发芽隔仓4。在最初生产的此类发芽设备的翻麦机5上安装有铲斗和橡胶刮麦器，新式设备的翻麦机上则安装有倾斜的螺旋翼片（图2.54）。

浸麦结束后，湿大麦从浸麦槽7向下倾料于第一个半天发芽隔仓中。麦层每天向前移动2个半天发芽隔仓，即每隔12h向前移动一次。翻麦机的移动速度为20~30cm/min，麦层移动的方向与翻麦机的走向相反，翻麦机将整个麦层移动后，升起螺旋翼片并快速返回另一端。

发芽结束后，发芽箱中的绿麦芽落入一混凝土槽中，被螺旋输送机8输送至提升机，再由提升机送到干燥炉。为了能定期清洗筛板，每隔一定时间将保留一天发芽隔仓（清洗隔仓6）。通过对半天发芽隔仓空气进风门的调节，就可给发芽物提供不同容量的空气。今天已不再生产麦堆移动式发芽设备。

2.4.2.2.4.2　劳斯曼系统中的箱式移动发芽与干燥（德国雷根斯堡 Lausmann公司）

在劳斯曼发芽干燥系统中（图2.55），发芽物每天向前移动一个发芽

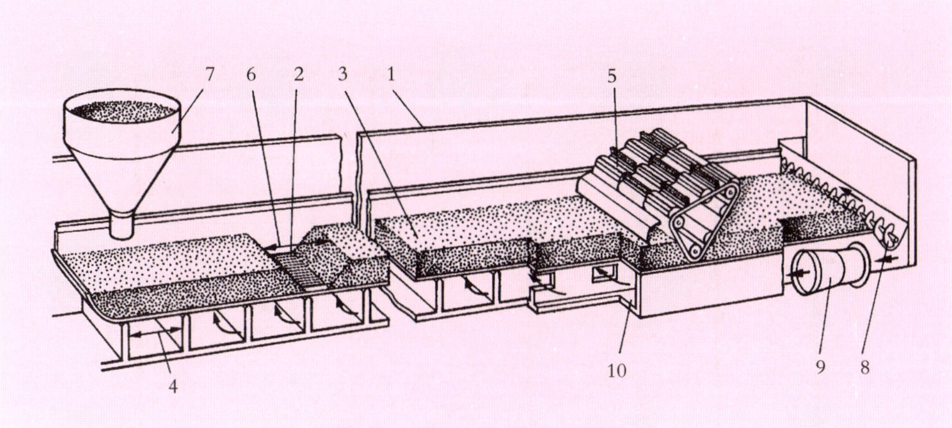

图2.53　麦堆移动式发芽设备

1-发芽隔仓墙　2-筛板　3-发芽物　4-半天发芽隔仓　5-翻麦机（老式）　6-筛板清洗站　7-浸麦槽　8-排料螺旋输送机　9-鼓风机　10-风道

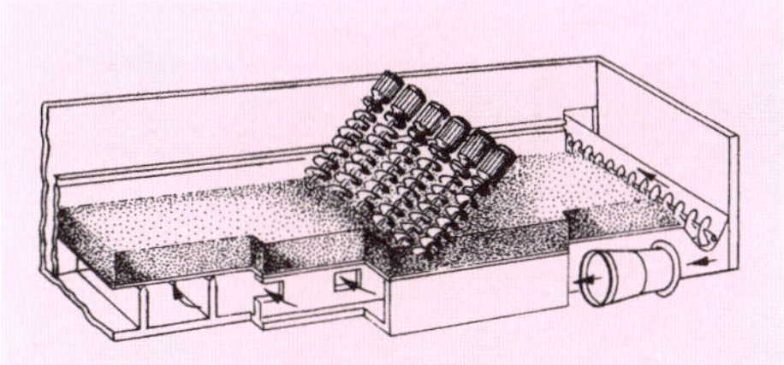

图2.54　新式倾斜螺旋翻麦机

床，直至绿麦芽烘床。在浸麦槽1中进行浸麦，然后通过螺旋输送布麦机2下湿麦于第一个发芽床中。湿麦置于可上下移动的发芽筛板3之上，利用四个同步的螺旋升降杆4可使筛板上升或下降。每个发芽床都对应一个可提供冷空气的通风系统9、10、11。安装在各发芽床上的测温柱，将测量发芽物和空气的温度。发芽物的翻麦和转移将通过翻麦机6完成。翻麦机由带刮麦器的长带组成，它可将发芽物无损伤地分层刮移。翻麦机位于两个发芽床之上，这样就可把前一个发芽床上的发芽物刮移到下一个发芽床中。刮麦时，待刮的发芽床缓慢升起，而待进麦的发芽床则同时缓慢下降。所有的发芽床都如此运作，直至干燥开始。翻麦机上安装的喷淋补水装置7可使发芽物水分最多提高5%（强喷）。喷雾装置8可使发芽物水分提高1%~1.5%（亚喷）。第1、第2发芽床和其它4个发芽床一样装满绿麦芽。图2.55就是劳斯曼箱式移动发芽和干燥设备示意图。

干燥炉隔离门板12将并列的干燥炉与发芽间隔开。绿麦芽通过同一个翻麦机进入干燥炉时，打开隔离门板，进料后立即关闭此门，以免发芽间的温度和干燥间的温度相互影响。下料于干燥床13的时间约45min，干燥后出炉操作15约需20min。干燥炉的鼓风机为调频式轴向风机17，新鲜空气或回风被热调节器加热后再被鼓入干燥床，对干燥床上的麦层进行干燥。

整个设备全自动控制，经调节可满足各发芽床的不同需要。该系统的优点：

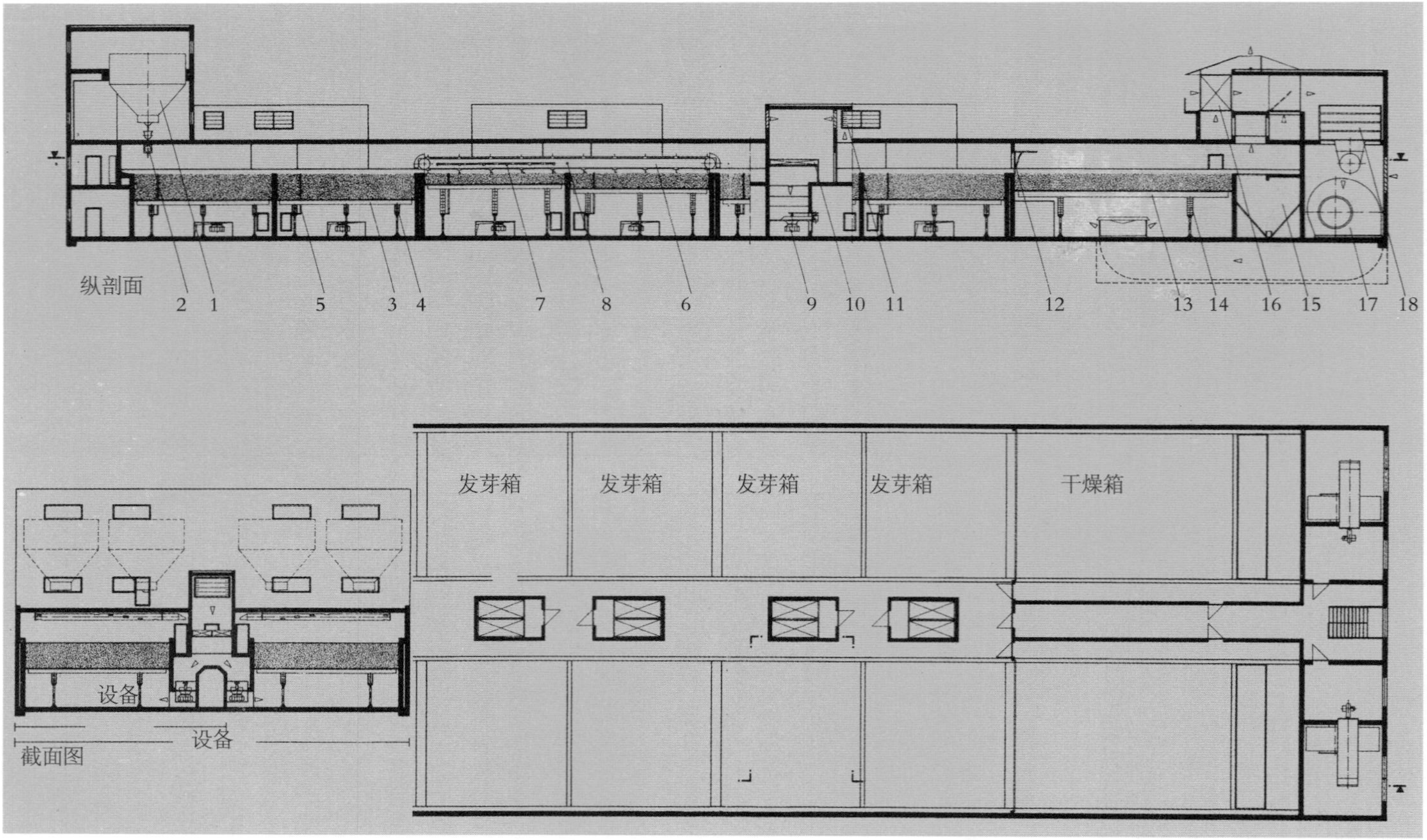

图2.55　移动箱式制麦厂（带干燥Lausmann系统）

1-浸麦槽　2-湿麦螺旋输送布麦机　3-发芽筛板　4-发芽箱提升螺杆　5-测湿柱　6-翻麦机　7-水喷射管道系统　8-喷雾管道　9-发芽箱鼓风机　10-冷却机　11-风门　12-烘干炉隔离门板　13-烘干炉筛板　14-烘干炉提升装置　15-出炉麦芽暂存箱　16-玻璃管热交换器　17-烘干炉鼓风机　18-高性能空气加热器

- 可进行不同制麦工艺的操作
- 整个系统的建筑空间小
- 维护工作少、操作安全性高
- 较低的用电消耗量、无用电高峰负荷
- 较好的设备“性价比”

劳斯曼制麦系统可日处理大麦5~75t。

2.4.2.2.4.3　发芽干燥两用箱（Hauner系统）

此制麦系统是将发芽和绿麦芽干燥放在同一个箱中分别进行（静态制麦），因此这个系统需配置发芽通风及干燥加热通风的通风设施。今天建造的两用箱都是圆柱形状。它的优点是：

- 无需输送绿麦芽，避免了绿麦芽的损伤
- 由于无需输送绿麦芽，因此节约了输送能耗
- 也因此节约了输送时间，节约了占地面积（因发芽和干燥在同一箱中进行）

由于发芽和焙焦之间存在很大的温差，因此会对两用箱的建筑结构造成破坏。在这个系统中（图2.55a），为避免损伤墙体，需要使用弓形不锈钢板作墙体的外套，并在钢板与梯形板饰墙体之间加装一层矿物石棉保温层。这样在加热时，钢板可以膨胀，而墙体不会因扩张而受损。

旋转筛板上的大麦最高负荷量为600kg大麦/m^2。利用2~4个驱动马达使筛板以0.4~0.5m/min的速度旋转，驱动马达固定安装在不锈钢壁上，筛板旋转一周的时间约需2h。

固定安装的螺旋翻麦机有呈奇数的旋转翼片。为达到均匀翻麦的效果，旋转翼片的转速应由里到外逐渐加大。由于发芽过程和干燥过程都在同一箱中进行，因此每个箱的温度和通风量变化都很大，所以不能用一个固定不变的工艺进行制麦。

8个左右的两用箱都围绕一个干燥、通风、加热中心来布局，并装配有各自的发芽通风设备。

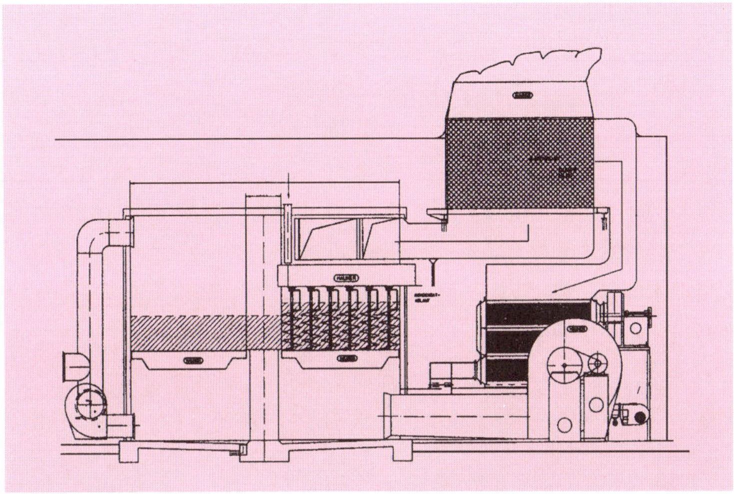

图2.55a　发芽干燥两用箱（Hauner系统）

2.4.2.2.4.4 单罐制麦系统

单罐制麦系统在热技术方面具有特色，可处理小批量大麦。全部制麦过程均在同一个可旋转的罐中进行（图2.55b）。

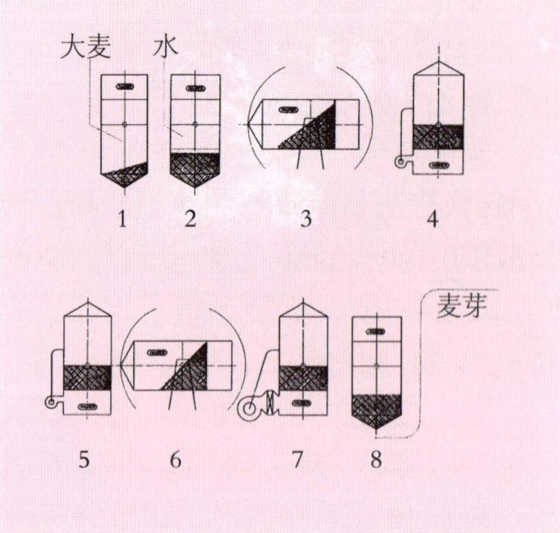

图2.55b 单罐制麦系统（Hauner系统）
1-大麦进口 2-浸麦 3-翻麦 4-干浸
5-发芽 6-翻麦 7-干燥 8-麦芽出罐

大麦在一个高3.5m内的罐中2进行浸泡，为使水分均匀分布，需倒罐翻麦3，然后干浸4。干浸时抽CO_2、通入新鲜空气。发芽时的翻麦方式和浸麦一样5+6。干燥时7只需通入可调节的热空气。为便于出料，需把罐旋至锥底朝下8。这种设备最多可加工3.8t大麦，每年相应可生产130t麦芽，可供760kL啤酒生产所需。

2.4.2.3 发芽中的检查

检查发芽工作的原则：在生产比尔森型麦芽时，要避免内容物过度分解，以免形成过多的糖和氨基酸，以及过多的DMS和DMS-P（二甲基硫前驱体，见2.5.1.4）。措施包括：

- 发芽温度应缓慢上升，最高温度为17~18℃
- 根芽应短肥，长度为麦粒长的1.5~2倍。过长的根芽会降低麦芽质量
- 叶芽长度应均匀，一般为麦粒长的2/3~3/4，不得长出麦粒
- 发芽结束时，绿麦芽的水分与浸麦结束时的水分之差不应超过1%左右
- 绿麦芽的气味应呈新鲜的黄瓜气味，不得有酸味、霉味及腐烂味

在生产深色麦芽时，应侧重于加强内容物的分解，因为干燥时要形成色泽物质，就必须生成足够的糖和氨基酸。这些措施包括：

- 发芽温度可升至25℃
- 形成较长的根芽
- 叶芽长度应为麦粒长的3/4~4/4。

在先进的麦芽厂，除了要进行感官检查外，还要经常借助温度计和其它检测装置对空气量、温度、回风量之比、翻麦等进行自动调节。

2.5 麦芽干燥

为阻止麦粒内容物的继续转化和损失，我们通过对绿麦芽进行凋萎和焙焦来中止发芽过程。

为此提出以下干燥目的：

- 使麦粒水分从40%以上降至5%以下，从而使麦芽具有贮存能力和保存性
- 正如发芽、溶解以及酶活力一样，我们可通过降低麦粒水分来调节麦芽的所有生命功能
- 与水分降低相反，在干燥中要尽力保护已形成的酶的活力

- 依据不同啤酒香型需要，在干燥中要形成或避免各类色泽物质、香味物质，为此在干燥过程中要引起高度重视
- 通过干燥便于除根

2.5.1 干燥中的变化

根据上述目的，干燥中会产生下列变化：

- 水分下降
- 发芽终止和溶解终止
- 有或无色泽物质和香味物质的形成

2.5.1.1 水分的下降

为使麦芽具有贮存能力，麦粒水分应从40%以上降至5%以下。

（1）通入大量热空气穿过绿麦芽层，使其水分蒸发排出。对湿麦芽进行加热干燥时，必须注意湿热会使麦粒中的所有的酶失活，而酶对干热的抵抗能力较强。糖化中内容物分解要依靠酶来进行，因此在干燥中充分保护酶是十分重要的。

（2）为保护麦粒中的酶，在麦粒高温强加热前，应首先对绿麦芽进行预干燥。强加热时，绿麦芽中的湿淀粉会糊化，且冷却后会变成不可利用的内部为玻璃质的麦芽。

> 在高温加热时，湿淀粉会变成不可利用的麦芽玻璃质。因此，只有当麦粒水分降至10%~12%时，才允许升温到50℃以上。

在40~50℃的缓慢水分下降过程，我们称之为凋萎。

2.5.1.2 发芽和溶解的终止

排出水分使麦粒发芽停止进行，根芽也因此不再生长。干燥时的热效应使大部分麦粒死亡，不再有生命和呼吸过程。溶解也因发芽终止而停止，不再进行分解，麦粒因此变成稳定的麦芽。

2.5.1.3 色泽物质和香味物质的形成（美拉德反应）

在高温长时间贮存时，低分子的蛋白分解物和糖将会结合形成色泽物质和香味强烈的物质，我们称之为类黑素。此外还会出现二羰基化合物和氨基酸之间的反应，人们称之为“Strecker-醛类物”形成反应。这些复杂的、不同结构的化合物我们统称为类黑素，其反应统称为“美拉德反应”。

不进行广泛比较，我们很难辨别美拉德反应以及它的产物。而今天我们已知道，这些产物及其它物质正是导致已灌装啤酒呈现口味老化的前驱物。因此我们必须要有控制此类反应在一定范围内进行的标准。美拉德反应的温度越高、时间越长，则反应越强烈，导致麦芽或麦汁或啤酒的热负荷就越大。通过测定TBZ（硫代巴比妥酸值）就可反映出美拉德反应形成的这些物质的总量。即：TBZ越高，则麦芽或麦汁或啤酒的热负荷就越大。

由于美拉德反应形成的产物是色泽物质和香味物质，因此在生产不同麦芽时，应注意：

- 在生产深色麦芽时，应多形成类黑素
- 在生产浅色麦芽时，应避免形成类黑素

类黑素是糖和氨基酸在高温下结合生成的。要想避免它的形成，就要尽量阻止其最初前驱体的形成或至少限制其前驱体的生成。而糖是后序加工过程中的最重要物质，因此我们要尽量减少蛋白分解物的形成。

以下措施可使我们在制麦中形成较低的类黑素[183]：

- 使用蛋白溶解趋势低的大麦品种
- 低的浸麦度
- 从发芽第3天起，要减少供氧量
- 使麦芽蛋白溶解度保持在41%以下
- 凋萎起始温度在35~50℃
- 在焙焦时最好采取短时高温（85℃ 3h焙焦的TBZ与80℃5h相等）
- 麦芽中（协定麦汁）的TBZ应<14

在TBZ、蛋白溶解度和浅色啤酒的口味老化感之间存在一定的相互关系。

对于深色麦芽的生产来说，除了焙焦温度之外，在凋萎阶段形成的类黑素初级前驱物对美拉德反应也具有重大的影响。

高温、高湿下的凋萎可形成啤酒舒适而强烈的麦芽香味，在此形成的斯特雷克尔（Strecker）醛类物与浅色麦芽中的斯特雷克尔（Strecker）醛类物是不同的，它对口味有积极的作用[186]。由于深色麦芽在贮存之后会发生香味特性的改变，因此在使用前还要贮存2~3个月，利用此方法可使啤酒具有较好的麦芽香味和较高的口味稳定性。

2.5.1.4 干燥中的DMS形成

浅色啤酒中的二甲基硫（DMS）含量一般在40~100μg/kg。超过100~150μg/kg的含量，我们就可感觉到很不舒适的蔬菜味或圆白菜味。

形成DMS的途径有以下三种：

- DMS的前驱体——SMM（硫甲基蛋氨酸）通过热负荷而分解并形成DMS
- 游离DMS与氧反应形成DMSO（二甲基亚砜），DMSO可再被相应的酵母和细菌还原为DMS
- 含硫氨基酸通过美拉德反应而转化为DMS，此反应形成的DMS很少

SMM是DMS的前驱体（也称为DMSP），它是在发芽期间形成的，通过加热（干燥、糖化中的高温、麦汁煮沸）而分解成挥发性的、可溢出的DMS。DMS对氧很敏感，氧化后形成非活性的前驱体，即DMSO（或写作DMS-O）。

- DMSO的煮沸溶解性很强，可全部从麦芽中转移至麦汁中。它很少被酵母或细菌还原为DMS
- 相反，SMM（非活性前驱体）可被酵母所吸收，但不能被转化

啤酒中存在的DMS是游离DMS，它来自以下途径：

- 麦芽焙焦中或麦汁煮沸中未排出掉的DMS部分，它是麦汁在回旋沉淀槽中因保持高温而由SMM重新分解而来的

影响大麦和麦芽中DMS含量的因素很多[181]，综合如下：

- 大麦品种：它对DMS含量影响很大。比如，Alexis大麦的DMS含量很低，冬大麦的DMS含量总比夏（春）大麦高约2mg/kg
- 种植地区：它的影响很明显，种植年度和气候也同样有显著影响

- 发芽物水分：在2.4.1.3.5中已谈过，水分越高，则DMSP含量越大，TBZ也越高，蛋白分解程度增高，游离出的SMM就越多
- 发芽温度：发芽温度越高，形成的SMM就越多
- 发芽周期：发芽周期越长，累积形成的DMSP就越多
- 凋萎温度：提高干燥中的凋萎温度，则可减少DMS含量，不过TBZ就会增加
- 焙焦温度：对DMS含量影响很大。70℃的焙焦温度是不够的，通常的80℃（5h）焙焦温度也不足以将全部的DMS清除。考虑到低的热负荷（TBZ），在此我们建议采取高温短时的焙焦方法（85℃，3h）。

同时也应考虑到：DMS可被麦糟和凝固物吸附后一起清除。尽管满锅麦汁中仍有较多的DMS，但我们可在麦汁煮沸中及之后继续清除它（见3.4.1.9）。

2.5.1.5　亚硝胺的形成

亚硝胺（亚硝基二甲基胺，NDMA）是致癌物质，在高温下由胺类物（氨基酸）和氮氧化物转变形成NDMA。

自从直接加热干燥绿麦芽变更为间接干燥绿麦芽以来，进入麦芽中的氮氧化物（直接加热产生的烟气中富含NO_x）就不复存在，因此今天在绿麦芽间接干燥中仅形成少量的亚硝胺。麦芽中的NDMA界限值为：<2.5μg/kg麦芽。

2.5.1.6　酶的失活

酶是含高分子蛋白的催化剂（见1.1.3.5.3）。干燥时，因加热作用会使蛋白部分改变结构而变性。变性取决于载体蛋白的结构，对不同酶的影响程度也不一样。

在干燥第一阶段，淀粉酶活力上升，特别是α－淀粉酶，在50℃以内时其活力持续上升，高于50℃时活力开始下降。干燥结束时的α－淀粉酶活力比绿麦芽中的α－淀粉酶活力要高15%左右（图2.56）。与此相反，对温度敏感的β－淀粉酶活力却降低了40%左右。以上数据是针对浅色麦芽而言的。对温度更敏感的葡聚糖酶在干燥中活力损失更大，其中内－β－葡聚糖酶损失为20%~40%，外－β－葡聚糖酶损失达50%~70%。不同的是，大多耐温的蛋白酶在干燥中活力会增长10%~30%。

脂肪酶中，特别是脂肪氧化酶，仅有部分失活，所以麦芽仍有相当大的酶活力。

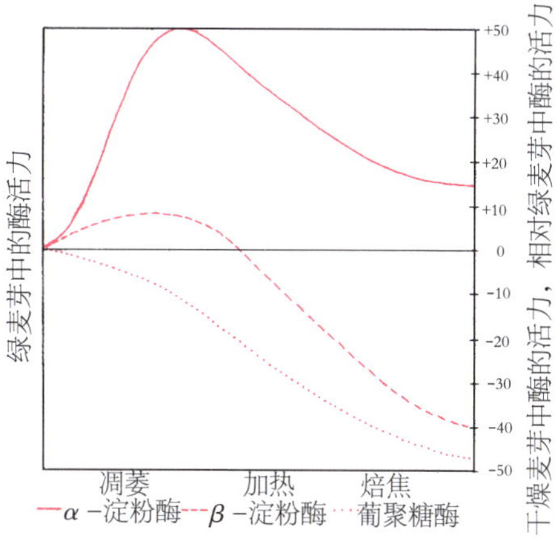

图2.56　干燥中酶的失活变化

2.5.2　干燥炉的结构

麦芽干燥需要热量。由于麦层较

厚，所以需要较多的热空气来干燥麦芽。加热和通风装置是干燥炉的核心设备。出于经济上的考虑，进入麦层中的热空气其形成和通入方式在过去几十年中发生了很大变化。但不管怎样改变，原则上干燥过程仍分为两个阶段：

- 第一阶段：工艺变化要和麦芽生产类型相适应。不同的麦芽类型，其温度变化和水分变化过程是不同的。这一阶段称为“凋萎阶段”。
- 第二阶段：加热至焙焦温度进行焙焦，此阶段称为“焙焦阶段”。

以上两个阶段的划分决定了干燥炉的结构。

2.5.2.1 干燥炉的加热和通风

过去的干燥炉几乎只用煤来加热。但煤燃烧产生的烟气不能直接送入麦层，因烟气与绿麦芽接触后会产生对麦芽质量不利的亚硝胺。只有使用山毛榉木块干燥麦芽是例外，它被用来生产特种啤酒（烟熏啤酒），可赋予啤酒特殊的“烟熏”口感。燃烧气体被引入粗金属管中（图2.57中的11），对管外流经空气进行加热，这种常见的加热方式叫间接加热，因为被加热的空气不与燃烧气体直接接触。随后这种煤加热方式被较易控制的油或天然气所取代。

当然在使用粗金属管的干燥炉中，也可使用蒸汽加热交换器或高温水加热交换器。

在间接干燥中，由于富含氮氧化物（NO_x）的烟气不再和麦芽中的蛋白物发生反应，所以就不会形成亚硝胺。

现代化的加热装置可以使用一级能源（天然气或石油）。在这种燃烧炉中，烟气在管道中曲折穿过管式热交换器，并在交换器中将鼓入的空气加热，

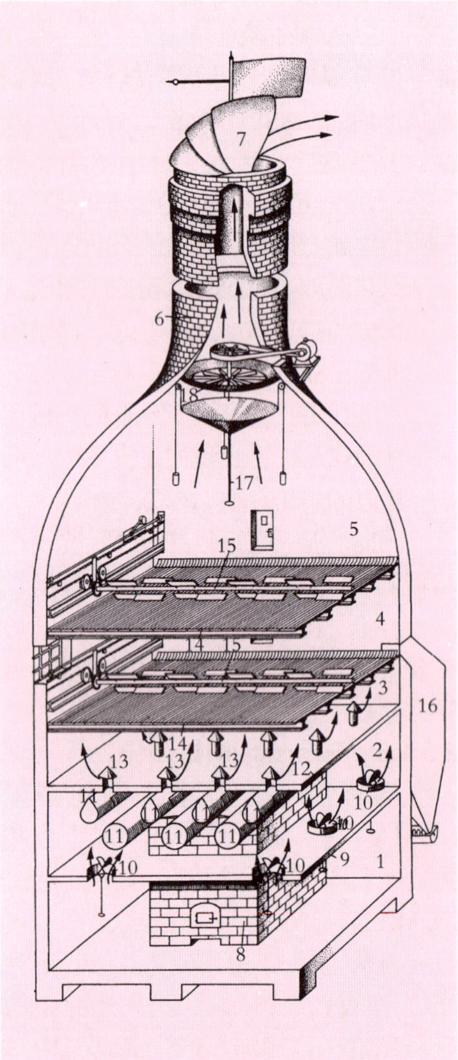

图2.57 老式双层干燥炉

1-燃烧炉间 2-空气加热间 3-根芽间 4-下层干燥床 5-上层干燥床 6-排气筒 7-干燥炉排气帽 8-燃烧炉 9-中间楼顶 10-可关闭的风门 11-加热管 12-中间楼顶 13-热空气上升帽 14-筛板 15-翻麦机 16-出炉麦芽暂存仓 17-蒸汽伞形罩 18-抽风机

加热后的空气再去干燥麦芽。为了防护酸性冷凝液对金属的腐蚀，管式热交换器中的管道必须使用不锈钢材料。在烟气加热结束时，由于使用了烟气冷却热回收技术，因此可将多余烟气放出，从而得到最佳的热利用。

在干燥时我们应考虑到的问题是：在干燥的升温阶段，从麦层出来的气体有45~50℃；在干燥的焙焦阶段，从麦层出来的气体有80~85℃的高温（浅色麦芽生产）。如果将麦层排出的热气（体）直接再利用，这是行不通的；而若将麦层排出的热气直接排放掉，这意味着能量被大量损失掉了，也是不可行的。

为了尽可能回收从麦层排出的热气（排出气体）中的大部分能量，我们可将排出气体与外界吸入的冷空气在玻璃管热交换器中进行热量交换。玻璃管热交换器由100多根水平分布的玻璃管所组成，这些玻璃管在排气风道壁之间胶合着（图2.57a）。冷空气压入通行于玻璃管，被横向穿过玻璃管的热的排出气体所加热。这种热交换器因此也称为错流热交换器（KWT）。

之所以选用玻璃管，主要因为它比钢管便宜，尤其不会被有腐蚀性的烟气所腐蚀，并且很容易清洗。

利用热回收技术可大大提高能源节省量。以下是利用排出气体加热新鲜空气技术而得出的年均热耗量：

举例：

	热交换后的进气温度/℃			热耗/（kW·h/t成品麦芽）	
	冬季外界气温−10℃	夏季外界气温25℃	平均外界气温8℃	无热回收	有热回收
凋萎时	18.0	25.0	21.6	837	618
升温加热时	28.5	41.0	37.6	159	83
焙焦时	35.0	57.0	53.6	94	38
合计热耗	–	–	–	1091	740

使用热回收和不使用热回收的热耗差为：351kW·h。

上例中能耗节约量至少为32%。

所以在当今现代化的麦芽厂中，总使用玻璃管换热器，以此节省能耗和成本。

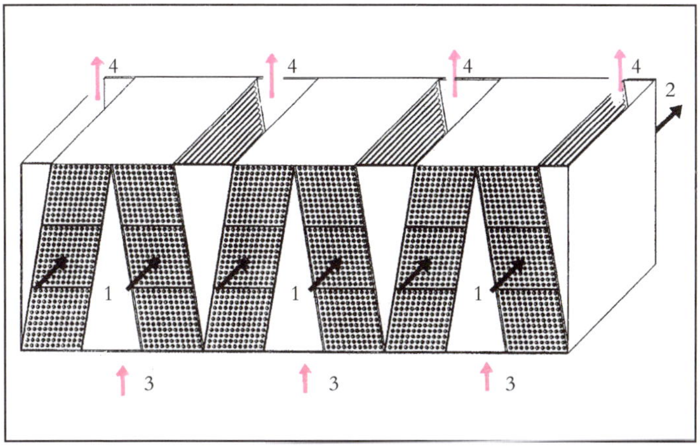

图2.57a　玻璃管热交换器
1–冷新鲜空气进入
2–已加热的新鲜空气流出
3–热排出气体进入
4–已冷却的排出气体输出

冬季由于外界气温很低，利用此技术能耗节约量可高达30%~35%，远高于夏季节约量。

在老式干燥炉中，空气的抽吸是通过炉顶大功率抽风机来完成的（见图2.57中的18），这在麦层很厚的现代化干燥炉中不可能实现。今天多使用轴向或径向风机，它可将所需要的风量鼓入越来越疏松的麦层中。利用调频马达调节所需要的适宜风量。

- 干燥过程中所需风量逐渐减少，起始时风量为4300~5000m^3空气/（h•t）麦芽，穿透麦层时的风量为起始时的一半。在其它一些国家，常使用小的功率较好的径向风机
- 单层高效炉的大麦处理能力为：350~500kg大麦/m^2烘床

烘床处理大麦能力越大，麦层越厚，则需要的风机功率就越大。

单层烤炉的热耗要高于双层烤炉。在双层烤炉的干燥期间，能源的很大一部分可重新再利用。下表列出使用热交换器时每生产1t成品麦芽所消耗的热能：

	MJ	kW・h	kW・h平均值
单层烤炉	250~300	70~83	75
双层烤炉	200~250	55~70	61

如果不使用热交换器，则以上值应增加35%左右。

热电站（BHKW）可更好利用一级能源，其设备不仅产生电能，还可产生热能（见10.2.5）。

2.5.2.2 老式双层烤炉

过去的干燥炉多为双层干燥炉，如今在小型或老式麦芽厂仍可见到。从远处就可辨认出其典型标志——排气帽（图2.57中的7）

绿麦芽置于烘床筛板上，筛板用圆形钢丝或异形钢丝制成，热空气穿过筛板对绿麦芽进行干燥。采用刮铲式翻麦机进行翻麦。这种干燥炉需耗大量手工劳动：将绿麦芽摊平，将凋萎麦芽移至倾板处，打开倾板使凋萎麦芽从上床落至下床，再将麦层在下床摊平，清扫上床剩余麦粒。筛床成品麦芽的装料量为65~80kg/m^2。由此可知双层烤炉的干燥能力是很低的，且劳动量消耗大，如今它已被单层高效干燥炉所取代。

2.5.2.3 带倾翻烘床的单层烤炉

许多干燥炉都配置有倾翻烘床。通过合适的温度和风量调节就可省掉翻麦过程，即这种干燥炉没有翻麦机。出料时只须倾翻筛板，麦芽就会落下。筛板上的螺杆使筛板围绕自身重心转动而倾翻，小型倾翻烘床常采取侧翻，大型倾翻烘床大多采取中间对翻（图2.58）。干燥炉具有多种形式的进料装置，无需人工布料。干燥时间为18~20h。今天已不再建造这种单层烤炉了。

2.5.2.4 带有布料、出料装置的高效干燥炉

现代化的干燥炉都配有“布料出料器”。此类高效干燥炉为矩形或圆形单层（图2.59和图2.60）或双层（图2.61）干燥炉。

上述图例说明高效干燥炉有布料出料装置，而不需要翻麦机。

孔洞筛板或条缝筛板的自由流通

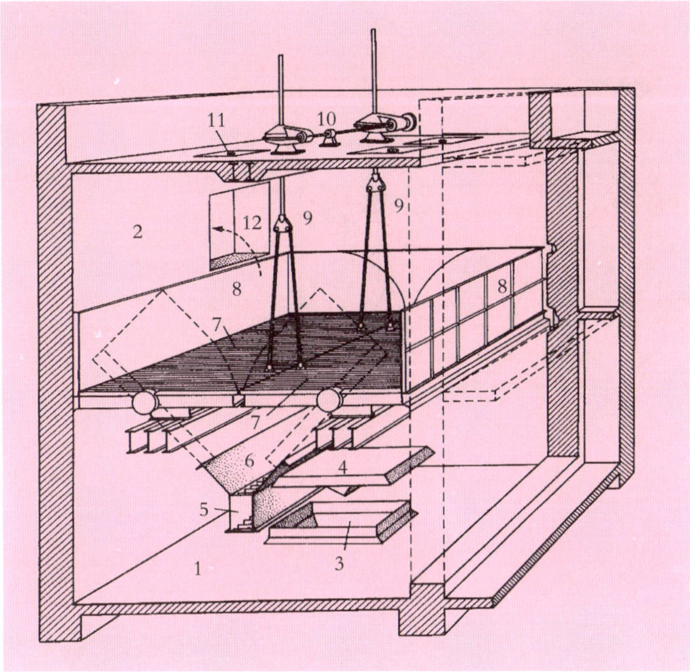

图2.58　单层倾翻式干燥炉
1–热空气压入间
2–干燥间
3–鼓风机出风口
4–空气分配板
5–槽链输送机
6–挡板
7–倾翻筛床
8–边墙壁
9–烘床拉杆
10–螺旋拉杆机
11–绿麦芽进入口
12–出气口

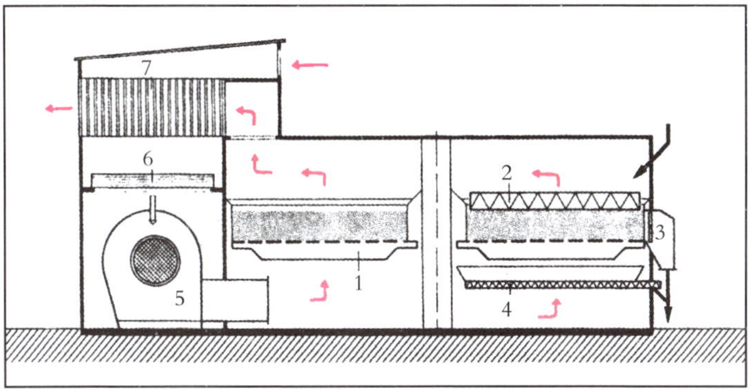

图2.59　圆形单层干燥炉
1–筛板
2–布料出料器
3–出料口
4–输送机
5–鼓风机
6–加热器
7–玻璃管换热器

面积约为30%（图2.50a）。筛板放置在滑轮上，由3~6个电机（每个电机功率为1~2kW）均匀驱动。可转换开关向左或向右转动，转速有两个档位（可供调节）。

可升降的布料出料器主要由水平放置的螺旋输送机（绞龙）构成，根据需要可将物料由里向外或由外向里输送。输料时间约需1h。

布料时，将布料出料器放至预先设定的高度，筛板旋转时就将绿麦芽在烘床上由外向里进行布料。布料完成时间约1h。

干燥结束后，布料出料器在筛板旋转时自动降至低位，同时将出炉麦芽输送至出料口。整个干燥过程，包括自动布料、出料，需18~20h。

以上是布料出料器固定而筛板旋

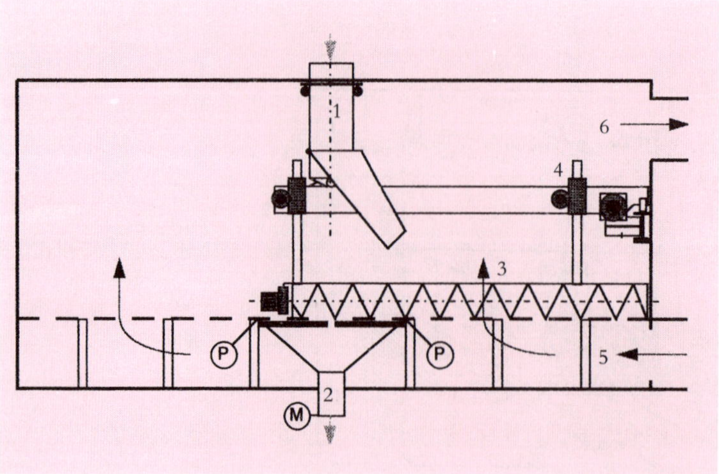

图2.60 带有布料出料器的单层高效干燥炉（筛板固定式）
1-绿麦芽进入
2-出炉麦芽出口
3-布料出料器绞龙
4-布料出料器的升降装置
5-热空气进入
6-排出气体

转的高效干燥炉。另一种形式刚好相反，即筛板固定而布料出料器旋转的高效干燥炉。

筛板旋转的高效烤炉主要有以下优点：

- 因布料出料器上的绞龙而擦断的根芽仅下落在固定的地点，可在此处将其收集
- 在出料时，可将出炉麦芽输送至干燥炉内壁的一个固定下料口

双层烤炉由两层上下安装的烘床构成。下层烘床进行焙焦时，上层烘床同时进行凋萎。从焙焦层出来的干热空气和新鲜空气混合后再由下向上通向凋萎层，而从凋萎层出来的湿空气则排向空中。

双层烤炉两个烘床的布局及工作方式有以下几种：

- 两层烘床垂直上下安装或两个烘床并列安装
- 两层烘床上的麦粒进行倒床或不进行倒床

在进行倒床的双层烤炉中，凋萎和焙焦过程的操作都在各自独立的烘床上进行。如果凋萎和焙焦在同一个烘床上进行，就无须倒床，不过必须倒换两个烘床通风风道的风向（译者注：一个烘床焙焦结束，另一个烘床也完成凋萎时，必须倒换风向，使焙焦结束的烘床进行下一轮的凋萎，而完成凋萎的烘床进行焙焦）。

以上两种形式各有优缺点。不进行倒床的双层烤炉（转换风道）由于少了2h左右的倒床时间，所以干燥时间短一些，它的优点就在于此。

双层烤炉的干燥原理和单层烤炉一样。

如果干燥炉是进行倒床的双层烤炉，那么它的干燥过程就分两步进行（凋萎阶段和焙焦阶段），完成整个干燥就需2×20h，其工艺过程如图2.61所示：上床（凋萎层）的通风调节完全与下床（焙焦层）温度无关，其风量大小应使从凋萎层出来的排气温度为25~30℃，且湿度总处于饱和状态，同时下床温度要绝对达到焙焦温度。

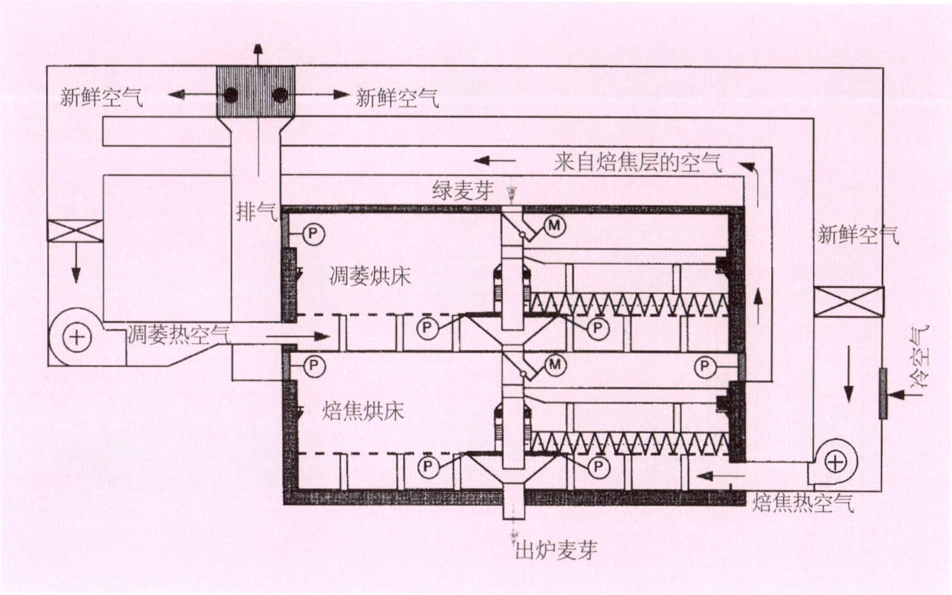

图2.61　圆形双层干燥炉（筛板固定、倒床操作）

布料出料按前述方式进行，两个布料出料器使麦芽从上床输送至下床，两个筛板和两个布料出料器的运行速度相同。

出于经济方面的考虑，要尽可能利用回风中的热能：鼓风机将新鲜空气吸进热交换器进行预加热，然后再通过加热器将其继续加热到规定温度。单层干燥中，作用后的热空气从热交换器中排出，以此回收热能。而在双层干燥炉中则不能如此排气。双层烤炉中，将冷风和热风按一定比例混合，使混合后的空气温度达到规定值。上床和下床的温度和风量只能分别调节。

2.5.2.5　垂直干燥炉

干燥炉的另一种形式为垂直干燥炉。在此干燥炉中，20cm厚的麦层堆放在垂直烘床上，热空气交换方向（横向或水平方向）通过麦层（图2.62）。麦层称为麦芽室或麦芽间，根据干燥炉的大小可有3~12个这样的麦芽室，它们被厚约80cm的空气通道分隔开。中间楼板将干燥炉分为2~3个上下烘床，以此形成空气通道。

每个烘床间的麦层高度及空气通道高度相同。打开闸门，麦芽便从上层烘床落入下层烘床，或落入输送装置中被排出。

- 麦芽因重力从上层烘床落入下层烘床，绿麦芽不用翻麦

由于垂直干燥炉的干燥空间利用较为合理，所以垂直干燥炉也属高效干燥炉。其加热方式和水平烤炉相同，在空气通道底部装有空气喷嘴，热空气通过喷嘴进入麦层中。

垂直干燥炉的能耗很高，约1.2百万kJ/kg麦芽，因此现在不再使用这种干燥设备。

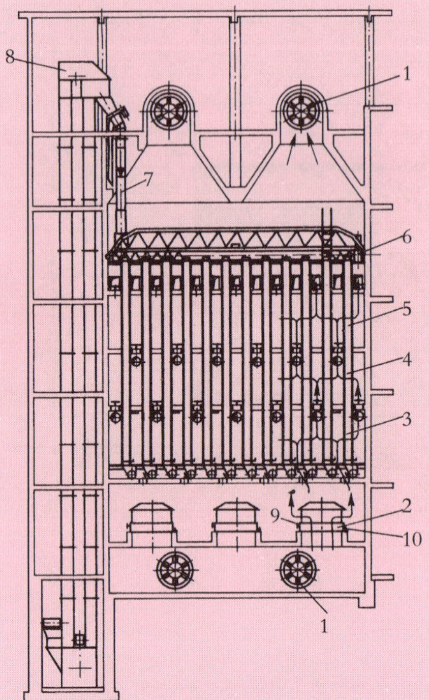

图2.62　三层垂直式干燥炉
1-轴向抽风机　2-空气蒸汽机加热器
3-下床　4-中床　5-上床
6-进料螺旋输送机　7-远视管　8-斗式提升机
9-蒸汽管道　10-冷凝水管道

2.5.3　干燥操作

干燥时，将绿麦芽加热至焙焦温度，并在焙焦温度下保持3~5h。加热干燥须小心进行，以达到降低水分的目的。否则：

- 麦芽中的淀粉会糊化，由此形成玻璃质粒
- 在干燥过程中还会形成分解物

干燥工艺过程应取决于麦芽生产类型。为便于区别，现将浅色麦芽和深色麦芽的生产要求对比如下：

	浅色麦芽（比尔森型）	深色麦芽（慕尼黑型）
大麦蛋白含量	8.5%~11%	11%~13%
浸麦度	42%~44%	44%~47%
发芽的最高温度	17~18℃	22~25℃
溶解要求	适当	充分（缠根）
叶芽长度	2/3~3/4	3/4~1/1
凋萎层	通过强烈通风迅速降低水分，使酶失活，无内容物分解	利用温热回风，使酶促分解加强，形成分解物
焙焦温度	80~85℃	105~110℃
类黑素形成	很少	很多

人们将干燥分为三个阶段：

（1）凋萎阶段　利用大量热空气使绿麦芽的水分缓慢降至12%~14%，而下层麦粒温度不能超过55℃。

在适度的温度下进行低温、长时间的凋萎会带来：

——出炉麦芽中含较多的脂肪分解物

——较好的口味稳定性[151]

在这个阶段即将结束时，排气的温度曲线（图2.63中的3）将与烘床上层温度曲线（图2.63中的2）相交，此相交点称为穿透点（图2.63中的D）。穿透意味着凋萎阶段的结束。

（2）加热升温阶段　此阶段是指将麦芽缓慢加热升温至焙焦温度，同时麦芽水分降至5%。

（3）焙焦阶段　此阶段是指在焙焦温度下保持3~5h。

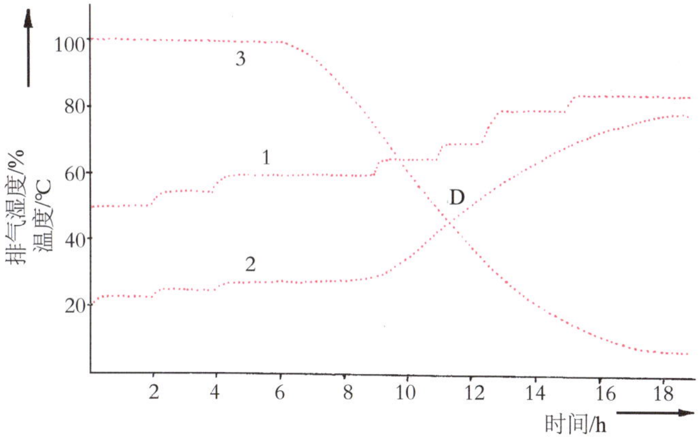

图2.63 单层高效炉制备浅色麦芽时的凋萎和焙焦工艺图
1-烘床下层温度曲线
2-烘床上层温度曲线
3-排气湿度曲线
D-穿透点

2.5.3.1 比尔森麦芽的生产

在生产比尔森麦芽时，要避免一切有利于生成类黑素的因素。这些措施包括：

- 使用蛋白含量低的大麦（最高为11%）
- 低的浸麦度（42%~44%）
- 发芽中的分解程度不能过高（发芽最高温度不能超过18℃，适度溶解，叶芽长为麦粒的2/3，根芽长为麦粒的1.5倍）
- 在凋萎阶段应采取低温（≤55℃）、大风量进行通风，令水分降至8%~10%，使酶不再分解；
- 焙焦温度为80~85℃，较高的焙焦会给啤酒带来大量的口味老化前驱物，但DMS-P的分解却需要一定的热负荷。

用单层干燥炉生产比尔森麦芽的干燥操作表如下：

时间/h	各麦层温度/℃			各麦层水分/%			风机功率
	上	中	下	上	中	下	
1~3	20	28	37	41	39	33	全功率
4~7	35	45	52	35	30	17	全功率
8~11	55	59	62	19	16	8	全功率
12~15	71	73	78	7	6	6	3/4功率
16~19	79	82	85	6	4.5	4.5	1/2功率
20~22	84	85	86	4	4	4	1/2功率

若用带翻麦机的老式双层干燥炉生产比尔森麦芽（24h内翻麦2次），则干燥操作与上述完全不同。

双层干燥炉生产比尔森麦芽的干燥操作如下表：

时间/h	麦层温度/℃		麦层水分/%		每次翻麦时机		通风情况
	上烘床	下烘床	上烘床	下烘床	上烘床	下烘床	
1~4	20~30		43~40		1		第1~12h连续通风
5~9	30~40		40~24		5		

续表

时间/h	麦层温度/℃		麦层水分/%		每次翻麦时机		通风情况
	上烘床	下烘床	上烘床	下烘床	上烘床	下烘床	
10~14	40~50		24~12		9		第1~12小时连续通风
15~19	55		11		之后每2小时翻1次		
20~24	60		10			每2h翻麦1次，至第42h后每1h次翻麦1次	第25~37小时大通风
25~29		55~60		11~18			
30~34		60~64		8~6			
35~39		65~74		6~5			
40~44		75~85		4.5			
45~48		85		4			连续通风

在高效干燥炉中尽管没有翻麦机，但麦芽干燥还是均匀的。

- 干燥是由底部向上进行的，因而水分的蒸发会使上层湿麦粒的温度稍低一些，也由此阻止了玻璃质麦芽的产生

在凋萎阶段（干燥的起始阶段），上层麦芽温度要明显低于下层。热空气穿透后，其温度才真正快速上升

2.5.3.2 慕尼黑型麦芽的生产

在生产慕尼黑型麦芽时，要加强一切有利于形成类黑素的因素，这些措施是：

- 使用蛋白含量高的大麦
- 高的浸麦度（44%~47%）
- 酶促分解要强烈，在发芽时形成较多的分解物（发芽最高温度为20~25℃，充分溶解，叶芽长为3/4，根芽长为麦粒的2倍）
- 在干燥的起始阶段（凋萎阶段），通过风机的关闭而使麦粒水分仅降至20%，以使酶能尽可能多的形成分解物（图2.64）。焙焦温度为105℃

双层干燥炉生产慕尼黑型麦芽的干燥操作表如下：

时间进程/h	麦层温度/℃		麦层水分/%		每次翻麦时机		风量调节	
	上烘床	下烘床	上烘床	下烘床	上烘床	下烘床	时间/h	开关调节
1~4	20		44				1~10	开
5~9	30		30		每2小时翻麦1次			
10~14	40		25				1~14	关1/4
15~19	60		22				14~17	关1/2
	65		20		每1小时翻麦1次		17~19	关3/4
20~24							19~23	全关
		50		16	每1小时翻麦1次		25~34	开
25~29								
30~34		50		12				
35~39		65		7	每1小时翻麦1次		35~38	关/1/4
40~44		90		5			38~41	关1/2
							41~43	关3/4
45~48		105		3	连续翻麦		43~47	全关

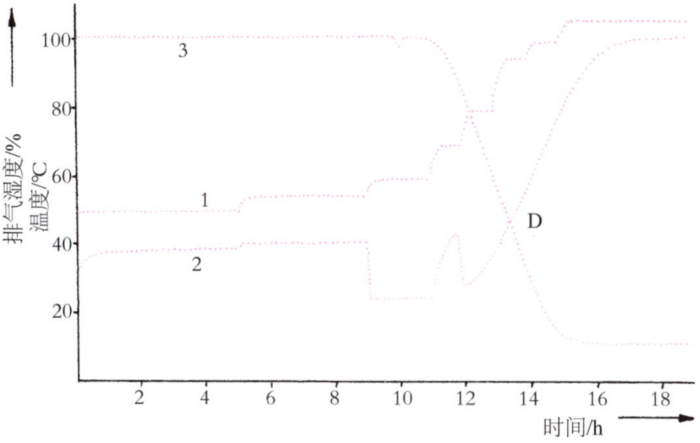

图2.64 在单层高效干燥炉中生产深色麦芽的凋萎、焙焦工艺曲线图
1–烘床下层温度曲线
2–烘床上层温度曲线
3–排气湿度
D–穿透点

2.5.3.3 麦芽出炉

焙焦后要尽可能快速出料，以便重新进料。麦芽出炉的方法有：

- 在较老的干燥炉中用“刀架”推料出炉
- 在带有倾翻筛板的筛床中，则通过筛板倾翻而出料
- 用出料装置将出炉麦芽推至侧置的出炉麦芽暂存仓中

2.5.3.4 干燥工作的检查

要想使干燥工作有条不紊地进行，就得经常检查以下项目：

- 上下麦层的温度，外界气温、进风温度和回风温度
- 进入麦层中的空气湿度
- 翻麦机的工作时间
- 鼓风机的运转时间
- 新鲜空气的风门位置和回风的风门位置

所有技术参数都可实现编程，新式设备中也可自动调节。由于布料和出料都可全自动化控制，因此干燥操作过程中控制台和电脑显示的意义也就越来越大，制麦人员掌握各种进程的相互关系也显得越来越重要。

2.6 干燥后的麦芽后处理

麦芽干燥后要冷却，然后尽快除去根芽，接着便进行贮存。为使麦芽在出售前外观更加出众，有时还需进行麦芽抛光。

2.6.1 出炉麦芽的冷却

焙焦完毕，麦芽仍有80℃左右的高温，因此不能直接进行贮存，为此麦芽出炉后要尽快冷却。冷却方法有：

- 通入低温新鲜空气，使麦芽温度至少降到35~40℃
- 在一个特殊的麦芽冷却箱中进行冷却
- 在小型麦芽厂，则通过缓慢除根，边除根边冷却麦芽

由于出炉麦芽中仍蕴含很高的

热能，因此越来越多的麦芽厂将它的热能用于下一轮绿麦芽的凋萎工作，即：将通入凋萎层的空气引入通过出炉麦芽层，由此使空气加热，同时令出炉麦芽得到冷却，从而无需再通冷空气来冷却出炉麦芽。出炉麦芽冷却后，立即进行除根。

2.6.2 除根

出炉麦芽粒上还有绝大部分根芽，此根芽约占麦粒重的3%~4%，这些根芽对麦汁制备毫无利用价值，因此必须去除它。不过，根芽是麦芽厂最有价值的副产物。根据Baumann先生的观点，比尔森麦芽上的根芽的平均化学组分如下：

- 水分 8.8%
- 蛋白质 30.3%
- 脂肪 2.0%
- 灰分 6.0%
- 粗纤维 8.6%
- 非氮类浸出物 44.6%

小部分的根芽已在干燥过程中脱落。对于现代化的旋转烘床干燥炉来说，在其固定翻麦机之下安装用于除去根芽的带螺旋输送机的根芽收集输出槽。而老式干燥炉，其根芽穿过筛板落入下置的根芽箱中，如果在此处被强烈加热，则会因焦化而失去营养价值，所以根芽不要落入加热室或加热管上。烤焦的根芽色度比正常除去根芽的色度要深得多。

利用除根机或除根绞龙来除去根芽。所有除根机的工作原理为：麦粒与筛筒相向挤压，根芽因此断裂脱落，再被筛筒下的螺旋输送机输送出去（图2.65）。在此重要的是，在除根过程中不能损伤麦粒，而只能以搅拌的形式使麦粒在筛筒中向前移动，以除去根芽。

2.6.3 麦芽的贮存

在贮存过程中，麦粒水分会缓慢升至4%~5%，胚乳中会出现物理和化学变化，这些变化将使麦芽在啤酒厂的加工变得更容易。如果出炉麦芽立

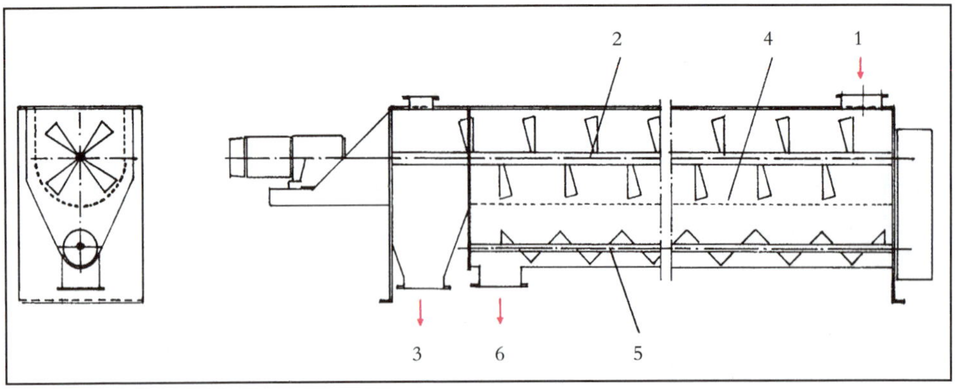

图2.65 麦芽螺旋除根机

1-麦芽进口 2-搅拌器 3-麦芽出口 4-金属网筛 5-螺旋输送机 6-根芽出口

即投入糖化，则会导致麦汁过滤和发酵困难。麦芽在立仓或仓库中至少需贮存4周。由于大多数麦芽的胚已失去生命，且麦粒呼吸也只会造成损失，所以在麦芽贮存时无需通风。正常麦芽贮存的前提是：麦芽不能变潮湿，因为此时的麦芽特别容易吸水。因此潮湿空气不得与麦芽接触。

- 刚干燥及除根后的麦芽还不能用于糖化，必须经过贮存后熟后才能使用。待贮存的麦芽必须根芽除尽、低温、干爽

立仓贮存时，麦粒与空气接触面积小，所以吸水的危险性比仓库贮存要小。仓库贮存（袋装）时，麦芽堆放高度约3m，过去常将根芽覆盖在麦堆表面，以使根芽充分吸水，从而避免麦芽的吸水。

2.6.4 麦芽的抛光

供货前，常需除去附在麦芽粒表面的杂质和碎表皮，此过程称为抛光。抛光使麦芽外观更漂亮。麦芽抛光机与中央分离器相连，除了有磁性除铁器之外，还有一个振动筛，可分离出麦芽中的粗细杂物。麦芽通过刷子轮上的鬃毛与孔洞板之间的摩擦而去除杂物。根据麦芽的溶解不同，可以调节抛光机的抛光程度。由于抛光过程中也有少量麦芽被破碎，所以去除的杂物中还含有丰富的浸出物。

2.7 制麦率

100kg大麦制麦后肯定得不到100kg的麦芽。成品麦芽量总是少于所投入的精选大麦量。成品麦芽量与所投入的精选大麦量之比的百分率为“制麦率”（风干）。制麦率（风干）与100%的差值为“制麦损失”（风干）。制麦率应尽可能高，制麦损失应尽可能降低。一般来说，在生产比尔森麦芽时，100kg精选大麦平均可得到：148kg湿大麦（浸麦毕）或140kg绿麦芽或78kg出炉麦芽或80kg已贮存麦芽，即：损失量为20kg。

估计100kg精选大麦可制成80kg浅色麦芽。大约一半损失是因水分差引起的：

- 大麦水分：12%~14%
- 麦芽水分：3%~4%

不包括物质损失，仅水分差就有10%。制麦中的麦粒内容物损失量如下：

	浅色麦芽	深色麦芽
浸麦损失	1.0%	1.0%
呼吸损失	5.8%	7.5%
根芽损失	3.7%	4.5%
总损失	10.5%	13.0%

从上表可看出，呼吸损失和根芽损失是主要的制麦损失。为尽量减少制麦损失，我们应首先限制呼吸和根芽生长。具体措施是：

- 采取低温发芽
- 从发芽第3天起，应增加富含CO_2的回风的输送

2.8 麦芽的质量评价

中欧酿造分析委员会（MEBAK）的一系列检验方法可用来评价麦芽质量。它是利用下列手段来检验麦芽质量的：

- 感官检验
- 物理分析
- 化学分析

2.8.1 感官检验

从麦芽的色度、气味、口味、香味、光泽以及纯净度等方面对它作感官方面的粗略评价。

2.8.2 物理分析

2.8.2.1 分级

麦芽的分级检测与大麦分级检测一样。一级麦芽（≥2.5mm）率应≥85%、杂麦率应<1%。

2.8.2.2 千粒重

麦芽的千粒重检测与大麦千粒重检测一样。正常值为：

- 风干千粒重：28~38g
- 绝干千粒重：25~35g

2.8.2.3 百升重

麦芽的百升重检测与大麦百升重检测一样。由于它的说服力有限，所以几乎不进行。

2.8.2.4 沉降试验

大麦在水中会沉降，但停在水里的麦芽因麦粒有气孔而向上浮。叶芽越长，溶解性越高，则上浮的麦芽就越多。正常麦芽沉降率为：

- 溶解好的浅色麦芽：30%~35%
- 深色麦芽：25%~30%

2.8.2.5 玻璃质麦芽率

采取纵切方式来检测它。整玻璃质麦粒应≤2%，粉状麦粒至少≥95%。

2.8.2.6 脆度值

脆度值低或玻璃质粒高的麦芽将会使麦汁过滤困难，麦汁难以清亮，啤酒过滤困难。利用脆度仪来测定麦芽的脆度值。检测时，将一定量的麦芽倒入脆度仪中，使麦芽在胶轮和转动的筛鼓之间发生轻微摩擦，检测结果以脆度值或整玻璃质粒量表示。正常值为：

脆度值（浅色麦芽）	评语
>81%	很好
78%~81%	好
75%~78%	一般
<75%	差
整玻璃质粒量	**评语**
<1%	很好
1%~2%	好
2%~3%	一般
>3%	差

2.8.2.7 叶芽长度

麦芽的叶芽长度可说明发芽的均匀情况。根据叶芽长度可将其分为：

0~1/4	一类
1/4~1/2	二类
1/2~3/4	三类
3/4~1	四类
>1	五类

由每一类的比例可计算出平均叶

芽长度，浅色麦芽的平均叶芽长度应为0.7~0.8。

2.8.2.8 发芽率

将麦芽粒重新浸泡，在正常情况下仍有6%~10%的麦芽粒有生命。若发芽率＞10%，则说明麦芽焙焦时间或焙焦温度不够。

2.8.2.9 密度

麦芽密度可说明麦芽胚乳的溶解情况。密度越小，则说明麦芽溶解越好。密度评价如下：

密度/（kg/dm^3）	脆性
<1.10	很好
1.10~1.13	好
1.14~1.18	一般
>1.18	差

2.8.2.10 麦芽摩擦法（源自嘉士伯）

不可否认，同批麦芽中的各麦粒溶解性是不同的。溶解性不够及含β-葡聚糖量高的麦芽将会导致麦汁过滤和啤酒过滤困难。利用麦芽摩擦法可以检测它。

在这个相对简单的方法中，将麦粒纵向摩擦（打磨），然后利用Calcofluor（一种细胞着色剂）进行染色来检测溶解度。它将麦粒溶解情况分为六类（从未溶解的麦粒到充分溶解的麦粒），借此确定麦芽溶解均匀性。

麦芽溶解均匀性一般应≥70%，较好的应≥75%。

2.8.3 化学分析

2.8.3.1 水分

检测麦芽水分的方法和检测大麦水分一样。正常值为：

- 浅色麦芽：3%~5.8%（出炉麦芽：0.5%~4%）
- 深色麦芽：1.0%~4.5%（出炉麦芽：0.5%~4%）

商品麦芽的水分界限值大多为5%。

2.8.3.2 协定糖化分析

麦芽最重要的特性当然是它在糖化生产中的状况及其内容物的最大分解能力。进行标准的协定糖化是在实验中完成的，由此可检测麦芽浸出率。可以说，麦芽溶解越好，麦芽粉碎对浸出率的影响就越小。所以在实验室的协定糖化分析中，总是同时进行双份样品分析，每份麦芽样品重为50g。

- 一份粗粉碎样，即细粉比例仅占25%（粗粉碎分析）
- 一份细粉碎样，即细粉比例占90%（细粉碎分析）

为此，根据EBC分析要求，需要利用一台既能满足检测要求，又能调节的特殊粉碎机——DLFU粉碎机。

具体方法：取50g粗粉碎样和50g细粉碎样，分别投入两个协定糖化杯中（事先称重）。各加入200mL45~46℃的蒸馏水，在不断搅拌下进行协定糖化。首先在45℃保温30min，然后使温度在25min内升至70℃（1℃/min）。当达到70℃时，往每个协定糖化杯中加入100mL70℃的蒸馏水。在不断搅拌下保温70℃休止1h，在70℃保温过程中要进行碘检。接着在10~15min内将协定醪液冷至室温，用蒸馏水定重至450g。定重后，用实验室的折叠滤纸进行过滤，开始滤出的100mL滤液需重新倒回过滤（回流）。麦糟变干时就停止过滤，滤出的麦汁称为“协定麦汁”。协定麦汁应立即检测，最重要的检测项目是浸出率。由于用糖度计测量麦汁浸出物浓度很不精确，所以需用比重瓶或折光仪或特殊糖度计或精确密度测定仪进行测定。利用“柏拉图表”可计算出麦芽浸出率。麦芽浸出率分为风干和绝干浸出率。

麦芽绝干浸出率很重要，因风干浸出率还与麦芽水分有关。协定糖化的麦芽细粉（碎）绝干浸出率正常值为：

- 浅色麦芽：79%~82%
- 深色麦芽：75%~78%

麦芽绝干浸出率（细粉碎）越高，麦芽就越好。

必须高度重视麦芽的溶解，对于溶解好的麦芽来说，它的粗细粉差值很低，因粉碎对麦芽内容物的溶出影响很小。

- 细粉绝干浸出率−粗粉绝干浸出率=粗细粉差
- 评价：粗细粉差＜1.8%，好；粗细粉差＞1.8%，一般

对协定麦汁还要进行下列检测：

- 醪液气味：若醪液气味与所检测麦芽的类型相一致，则评价为“正常”
- 碘检（糖化时间）：细粉的协定糖化醪的温度达到70℃以后进行碘检，直至碘检液的颜色呈纯黄色为止。碘检结果用“＜10min”，“10~15min”，“15~20min”等表示

过滤时间：细粉协定麦汁在1h之内过滤完毕，则结果以“正常”表示，超过1h，则以“过滤慢”表示。

协定麦汁外观：以“清亮”、“失光”、“浑浊”表示。

pH：细粉协定麦汁在过滤开始30min后用玻璃电极测定。协定麦汁的pH为5.6~5.9。

协定麦汁色度：虽然其色度并不能准确说明啤酒色度，但人们仍常检测它，因为它可说明所测麦芽的类型。

利用Hellige公司的 Neo−比色计，选用合适的比色盘进行协定麦汁色度的比对。正常值为：

- 浅色麦芽：＜4EBC
- 中等色度麦芽：5~8EBC
- 深色麦芽：9.5~16EBC

煮沸色度：在回流冷凝管中将细粉协定麦汁煮2h，然后用“膜滤器”过滤。从协定麦汁的煮沸色度可以推测啤酒色度，但统计表明二者之间没有固定关系。浅色麦芽的平均煮沸色度为5.1EBC，最高为7EBC。

麦汁黏度：从细粉协定麦汁黏度可以预测麦汁过滤和啤酒过滤状况。黏度应为：1.51~1.63mPa•s。

含氮量：测定方法同大麦一样。麦芽的含氮量比大麦含氮量要低0.5%。大多需换算成蛋白含量：$N\times6.25$。麦芽蛋白含量应＜10.8%。

可溶性氮量：它是指在协定糖化中溶解出的含氮物质，细粉绝干可溶性氮量的正常值为0.55%~0.75%或650~750mg/100g麦芽干物质。

蛋白溶解度：又称库尔巴哈值。此值说明麦芽中的总氮在协定糖化中所溶出的百分比。

它是麦芽蛋白溶解的一个重要指标。蛋白溶解度越高，则麦芽溶解就越好。评价如下：

- <35%：溶解一般
- 35%~41%：溶解好
- >41%：溶解很好

甲醛氮量：它反映了麦芽中的低分子氮含量。正常值为：180~220mg/100g麦芽干物质。

氨基氮量：它也反映了麦芽中的低分子蛋白分解物量。正常值为：120~160mg/100g麦芽干物质。

糖化力：淀粉酶的活力对淀粉分解特别重要，因此对麦芽质量有重大意义。糖化力的单位以"WK"表示。

正常值为：

- 浅色麦芽：240~260WK
- 深色麦芽：150~170WK

哈同值：在4个糖化杯中各装入50g麦芽细粉碎样，各自在规定温度下糖化1h。

- 第一个糖化杯在20℃糖化1h（VZ20℃）
- 第二个糖化杯在45℃糖化1h（VZ45℃）
- 第三个糖化杯在65℃糖化1h（VZ65℃）
- 第四个糖化杯在80℃糖化1h（VZ80℃）

然后分别检测浸出率。从哈同值的大小可推测麦芽的酶活力、胚乳溶解和蛋白溶解情况。尤其是VZ45℃值很重要，它与氨基酸含量存在密切关系，可说明酵母的营养情况。浅色麦芽的VZ45℃为33%~39%。

DMS-P：最高含量为5mg/kg麦芽干物质。

NDMA（亚硝胺）：最高含量为3μg/kg麦芽干物质。

1996德国浅色麦芽的平均分析值如下[200]：

水分：4.4%

绝干细粉浸出率：80.9%

绝干粗粉浸出率：79.5%

粗细粉差：1.3 EBC

煮沸色度：5.6EBC

绝干蛋白含量：10.5%

蛋白溶解度：41.8

VZ45℃：36.3

DMS-P：4.62mg/kg麦芽干物质

脆度值：84.4%

2.8.4 麦芽供货合同

在麦芽供货合同中，麦芽厂一定要保证麦芽的相应质量。啤酒厂也有一系列的相关麦芽质量要求，从而保证糖化工艺的顺利进行，以生产出高质量的啤酒。如麦芽一系列的质量标准为：

蛋白质含量<10.8%

蛋白溶解度38%~42%

绝干浸出率>80%

粗细粉差1.2%~1.8%

黏度<1.55mPa•s

色度<3.4EBC

煮沸色度<5.0EBC

绝干可溶性氮量>0.65g/100g麦芽干物质

脆度值80%~86%

整玻璃质粒<2%

VZ45℃ 37%~41%

水分＜5.0%
杂质＜0.8%
叶芽长度均匀，比如：

＜1/4	0%
1/4~1/2	3%
1/2~3/4	25%
3/4~1	70%
＞1	2%

此外在合同中还应包含下列内容：

- 不用赤霉酸生产麦芽
- 无红色霉粒麦芽（镰孢霉菌感染）
- 水分和浸出率出现偏差时，价格应相应调高或降低
- 确保所制麦芽的大麦品种纯度和均匀性
- 确定麦芽的贮存期

对于酿造工和制麦工来说，当涉及麦芽分析时，很重要的是：他应知道好麦芽的对应检测数据是多少。只有优质麦芽才能选用理想的糖化工艺，也才能生产出优质啤酒。利用特殊的分析仪器可在约1min内对500g左右的麦芽样品进行重要数据（项目）的检测，这些重要项目是：

- 水分
- 细粉浸出率
- 粗粉浸出率
- 蛋白质含量
- VZ45℃
- 黏度
- pH
- 色度，等

2.9 特殊麦芽的生产和其它谷类麦芽的生产

当今啤酒种类越来越多，这些啤酒在口味、色度、香味、口味丰满性、泡沫特性及其它质量特性方面存在一定的差别。也就是说，要生产不同的啤酒，就应使用不同比例的各种麦芽，以赋予不同啤酒的典型特征。这些麦芽我们称之为“特种麦芽”，它是一个泛义的称呼。第一个要谈到的就是比尔森型麦芽。

2.9.1 比尔森麦芽（浅色麦芽）

新的大麦品种有过度溶解的趋势。因此，在生产此类麦芽时，溶解度应稍低一些，对它的要求是：

- 色度：2.5~3.5EBC
- 粗细粉差：1.7%~2.0%
- 黏度：＜1.55mPa•s
- 蛋白溶解度：40%左右（+1%~2%）
- 游离氨基氮（FAN）：至少为总可溶氮的20%
- VZ45℃：＞36%
- 使用有发芽能力（发芽成熟）的、可均匀发芽的大麦

为控制DMS-P的含量，应适当提高焙焦温度，这一点对现代糖化特别重要。

2.9.2 深色麦芽（慕尼黑型）

在生产深色麦芽时，要加强一切

有利于呈香类黑素的形成因素。

这些因素是：

- 使用蛋白含量高的大麦
- 18~20℃的强烈高温发芽
- 48%~50%的高浸麦度
- 湿热凋萎
- 在100~105℃焙焦4~5h
- 色度：15~25EBC
- 粗细粉差：2.0%~3.0%

15个EBC色度的麦芽是深色麦芽的最基本特征（即：最低色度为15EBC）。若糖化投料时使用25%~40%的25EBC深色麦芽，则可加强啤酒的麦芽香味，这对于使用短时糖化工艺来说十分重要。慕尼黑型深色麦芽的使用比例在85%以内，目的是突出深色啤酒、节日啤酒和高浓啤酒（原麦汁浓度高）的深色特征。

2.9.3 维也纳麦芽

维也纳麦芽适用于调整色度过浅的浅色麦芽的色度，或用于生产金黄色的啤酒以及用于加强啤酒的口味丰满性。它的要求：

- 浸麦度达到44%~46%
- 麦芽溶解正常，但不能过度溶解
- 在90℃焙焦
- 色度达到5.5~6EBC

此麦芽特别适用于三月啤酒、节日啤酒和家酿啤酒的生产。

2.9.4 焦香麦芽

过去生产焦香麦芽是将出炉麦芽重新浸泡，使其水分达到44%，而今天则使用含45%~50%水分的绿麦芽来加工它。为使酶强烈分解形成低分子蛋白物和糖，我们要将绿麦芽在发芽最后的30~36h内升温至50℃。然后在炒麦机中将温度继续升高，在温度为60~80℃进行60~90min的所谓“糖化”，然后按不同焦香麦芽的要求进行不同的加工后处理：

- 在生产比尔森焦香麦芽时，紧接着的后处理仅为烘干
- 在生产浅色焦香麦芽时，其后处理和深色焦香麦芽相同，不过后处理的时间和强度要低于深色焦香麦芽
- 在生产深色焦香麦芽时，其后处理是这样的：“糖化”后在60min左右将温度升至150~180℃，这期间要迅速排出炒麦机中的水蒸气，在此温度下保持1~2h，使麦粒内容物“焦糖化”。最后从炒麦机中取出麦芽，并快速、均匀地冷却。此时麦粒内容物的水分仅为6%，但仍很松软

不同焦香麦芽的加工方法是不同的，所以其质量特征也就不同，使用上也各有差异。

（1）比尔森焦香麦芽　在使用量为8%~12%时，所酿啤酒的色度浅、泡沫性能好，口味丰满性得到了提高。比尔森焦香麦芽的色度为3~5EBC。生产比尔森啤酒时的添加量为3%~5%；生产低醇啤酒和无醇啤酒时，其使用量在40%以内。比尔森焦香麦芽可改善啤酒泡沫性能，提高啤酒口味丰满性。

（2）浅色焦香麦芽　它的色度为25~30EBC。主要用于提高浅色啤

酒的口味丰满性，强化麦芽香味，提高啤酒色度。酿造浅色啤酒和节日啤酒时的添加量为10%~15%；酿造低浓（度）啤酒、低醇啤酒和无醇啤酒时的添加量为40%以内。

（3）深色焦香麦芽　其色度为80~150EBC。主要用于提高啤酒口味丰满性、强化麦芽香味、提高啤酒色度。酿造深色啤酒时的添加量为5%~10%；酿造低浓（度）啤酒时的添加量为2.5%以内。

2.9.5　高温堆积麦芽

它的制作费工费时，方法如下：

- 使用与加工深色麦芽相同的大麦
- 浸麦度为48%
- 在发芽最后36h，使绿麦芽层的温度升至40~50℃
- 过去将绿麦芽层堆积1.5m高，然后用一层帆布遮盖（或将绿麦芽装入一个弯曲箱中，以少量热空气对它进行微火保温）。这样做的目的是尽量使麦粒呼吸降至最低限度，以抑制根芽叶芽的生长，而酶继续作用，在适宜温度下形成低分子糖和氨基酸
- 凋萎的处理方法有多种，但主要仍是使绿麦芽中的内容物在较高温度下转化成低分子物质
- 在80~90℃进行3~4 h的焙焦

此麦芽的色度为30~40EBC，它的使用情况如下：

- 与浅色麦芽或深色麦芽一起使用，使用量为50%以内
- 用于弥补深色麦芽的香味不足，使用量为25%以内
- 在酿造麦芽啤酒或老啤酒时，替代黑麦芽（着色麦芽）或焦糖色素

2.9.6　着色麦芽

此麦芽亦称黑麦芽。为进一步加深啤酒的色度，可在啤酒生产时添加小部分着色麦芽，然而它的使用量不应超过1%，否则会带给啤酒一种不舒适的焦香味。其制作要求如下：

- 选用溶解性好的浅色出炉麦芽，色度也可稍深一些
- 在70℃不抽气的炒麦机中使水分均匀提高至5%
- 2h后，在炒麦机中将麦温升至175~200℃，并在此温下保持1.5h，以形成焦糖及其它焦煳物
- 然后迅速、均匀地降温。着色麦芽的色度为1300~2500EBC

为避免产生焦苦味，在175~200℃炒麦期间，应向麦粒喷水，这样便可使焦煳气味与产生的水蒸气混合而挥发出去。不过，有些啤酒品种，比如Stout（斯陶特），却希望保留这种着色麦芽的焦苦味。

在酿制上面发酵啤酒时，可使用上述方法制成的小麦着色麦芽。酿造老啤酒或深色小麦啤酒时的小麦着色麦芽使用量为1%以内。

2.9.7　酸麦芽

制作酸麦芽的最简单方法是：将浅色出炉麦芽浸泡于45~50℃的水中，

直至麦芽上的乳酸菌形成约1%的乳酸为止。然后在50~60℃小心干燥，使麦芽中的乳酸含量达2%~4%。使用酸麦芽可使醪液的pH下降。如今，实现这一酸化过程更好更可靠的办法是：生物乳酸化。

酸麦芽仅在酿造以下几类特种啤酒时使用：

- 酿造低浓（度）啤酒时，用酸麦芽来提高啤酒的口味丰满性，赋予啤酒柔和的口感，特别在糖化用水硬度高时，其使用量多为6%~9%
- 酿造无醇啤酒时，由于要抑制发酵，使用酸麦芽可得到舒适的麦芽口味。不过要使pH降至4.5左右，就需要用较多的酸麦芽或乳酸麦汁
- 在生产麦芽啤酒时，使用它可降低pH

2.9.8 露点麦芽和短根麦芽

露点麦芽和短根麦芽是指发芽时间很短的麦芽，因此它们具有溶解性低的麦芽的所有缺陷（麦汁过滤困难，啤酒过滤困难等）。这两类麦芽应用得很少，即使使用，也是利用它们的优点。即：改善啤酒的泡持性、较少突出的口味丰满性、较小的麦芽香味口感。

其制作方法类似浅色麦芽，不同的是：

- 制作露点麦芽时，仅发芽2d（损失率为1.5%~2.5%）
- 制作短根麦芽时，仅发芽3~4d（损失率为4.5%~5%）

2.9.9 小麦麦芽

小麦麦芽用于生产小麦啤酒，不过也用于酿造其它上面发酵啤酒，比如科尔施（Köelsch）啤酒。

为了获得高质量的酿造小麦，过去人们一直在努力培育和种植适宜的酿造小麦品种[120]。出于啤酒口味和香味方面的原因，在生产小麦麦芽时应避免强烈的制麦加工，这里主要涉及低蛋白含量、低黏度的小麦品种（比如：Estica、Obelisk、Andros、Kanzler、Orestis、Athantis）[201]。

与大麦相比，小麦主要是没有麦皮、蛋白质含量高，这些差别在一定时候会给酿造过程带来问题。由于没有麦皮，所以小麦麦粒吸水非常快，所需的浸麦时间很短。浸麦度达到37%~38%以后，就结束浸麦，然后在发芽时将水分补至最高水分44%~46%，浸麦和发芽的时间共计7d左右。

小麦的发芽与大麦发芽类似，但制麦加工更困难些。由于要防止缠根，所以在小麦发芽时要勤翻麦。它的发芽温度比大麦低一些，但在发芽最后一天，为促进细胞溶解，应将温度升至17~20℃。

为获得小麦啤酒典型的香味，发芽时人们习惯于限制其蛋白分解。适量的麦汁含氮物会给小麦啤酒带来强劲的口感，这一点十分重要。因而小麦啤酒需要较多的发酵副产物，而过多的氨基酸会抑制这些副产物的形成。因此要尽量选用蛋白含量低的小麦，以使小麦麦芽中的可溶性氮量低

一些[121]。

协定麦汁的pH应高一些（pH6），高的麦芽pH不一定使啤酒的pH也升高。

在起始发芽时，有些小麦品种需在水分从45%逐步升至47%的情况下采取高温起始发芽（19℃），然后降温至13~15℃[201]的方法。实践证明这种方法对小麦品种是很有效的，轻微升高的麦芽黏度可使蛋白溶解度有降低的趋势。对于较易溶解的小麦品种则不然，此种方法会使小麦啤酒香味缺乏。如果要想抑制蛋白分解，就必须降低发芽水分、提高发芽温度。小麦麦芽的要求：

- 蛋白溶解度：最高值为42%
- FAN：为总可溶氮的18%
- 黏度：＜1.65mPa•s
- 粗细粉差：约1.0%

凋萎起始温度为40℃，结束温度为60℃。根据焙焦强度不同而将小麦麦芽分为：

浅色小麦麦芽：凋萎结束后立即在80℃进行焙焦，以避免色度加深。其色度为3.0~4.0EBC，由此赋予上面发酵啤酒典型的口味悠长、杀口性强、小麦香味浓的特点。

深色小麦麦芽：凋萎结束后在100~110℃进行焙焦，以达到15~17EBC的色度。此类麦芽主要用于酿造深色小麦啤酒、老啤酒和深色低醇啤酒。

为保持所期望的啤酒特点，不同特种麦芽的糖化投料配比一直是各啤酒厂的秘密。此配比一定要仔细试验，精确计量。此外，后面还将列出一些不同啤酒品种的不同类型麦芽推荐使用配比表。

2.9.10 用其它制面包谷物来生产“麦芽”

根据德国《纯酿法》的规定，人们也可以用非大麦的谷物原料来制麦，进而酿造上面发酵啤酒。除小麦外，还有下列非大麦谷物（它们也可用于制面包）：

（1）斯佩尔特小麦　它也是一种特殊小麦品种，有谷皮，在德国的种植量很少（比如德国南部地区）。

收割未成熟的此类小麦，麦粒干爽后就可出售。

它的制麦方法和小麦一样，由它制得的麦芽可用于生产上面发酵斯佩尔特小麦啤酒。

（2）二棱小麦　它是一种谷皮较厚的小麦，麦穗上仅长出两行麦粒，是小麦的原始形态，现在几乎不再种植。它被用来生产淀粉酶麦芽或偶尔用于酿造特种啤酒。

（3）黑麦　由于它的戊聚糖含量较高，所以很难制麦。黑麦麦芽的黏度很高，为3.8~4.2mPa•s（正常大麦麦芽，＜1.5 mPa•s）。

将它仅浸40%以下的水分，浸麦发芽周期共约7d。黑麦麦芽的色度大多深于大麦麦芽。如果焙焦制成深色型，则深色黑麦麦芽会给啤酒带来明显的面包口味或干面包皮口味。黑麦啤酒只在某些地区有影响，生产特种啤酒时，主要利用其有趣的口味特性。

（4）特提卡纳小麦　它是小麦和黑麦的杂交品种，作为一种常见的谷物品种，由于它具有较强（对自然）的抵抗性，所以相对来说意义重大，对制麦和啤酒酿造也具有较大影响。总的说来，它有较高的麦汁黏度和极强的蛋白分解（能力）。Progo特提卡纳小麦具有很好的制麦特性。

2.9.11 高粱麦芽

使用高粱制成的麦芽是用于酿造浑浊的高粱啤酒的。仅在非洲每年就可生产16万吨高粱麦芽[126]，部分采用通风发芽工艺制作。此外也用于制麦生产家酿啤酒。估计高粱啤酒的年消费量仍然有30×10^6hL。

由于高粱中的酶量要少于大麦，所以浸麦时应不断换水。在27~30℃强烈浸麦17~21h[163]，然后在17~21℃进行发芽。要加强通风，并使其水分达到52%~58%。发芽时，高粱生长强烈，尤其是高粱根芽（图2.66）。其根芽缠根很强（图2.67），在凋萎时也易缠根。为避免缠根，干燥时仍需翻麦。

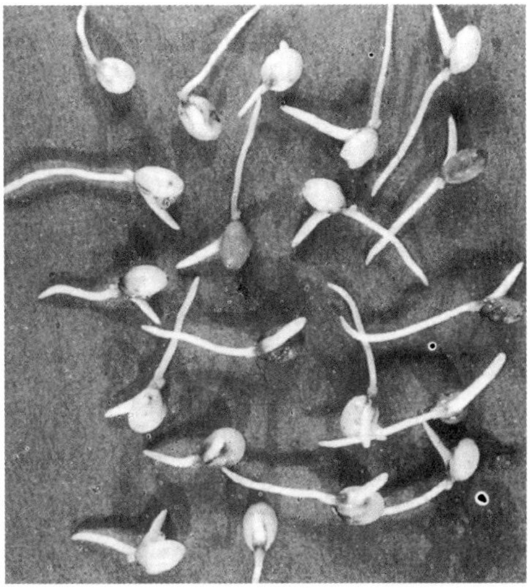

图2.66 已开始发芽的高粱粒
（图片：P. Seidl.慕尼黑）

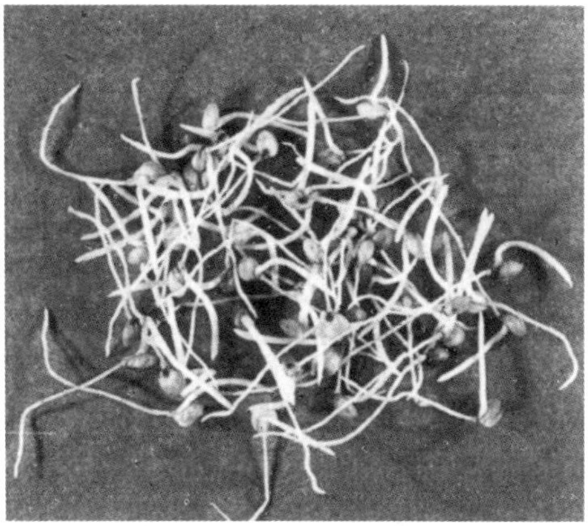

图2.67 已发芽的高粱粒
（图片：P. Seidl 慕尼黑）

高粱麦芽中的β－淀粉酶活力比大麦麦芽要低25%。相反，其多酚含量和蛋白含量却高于大麦麦芽。

在非洲很多国家，比如尼日利亚，由于禁止大麦麦芽进口，所以只能用高粱麦芽酿制啤酒，因为在许多地区由于气候原因无法种植大麦。此外，在一些地区，高粱的供给量十分充足。在某些国家，甚至将高粱作为辅料，与高粱麦芽一起酿造啤酒。

2.9.12 黑啤酒

虽然黑啤酒不是一种特种麦芽，但在此仍要介绍一下，因它的酿造需使用黑麦芽。黑啤酒是用60%浅色麦芽和40%黑麦芽酿造的、原麦汁浓度为18%~20%的黑色啤酒。此类啤酒的口味不太令人习惯，它的色度约有8000EBC，在德国由特殊企业酿制。

人们利用黑啤酒来增加麦汁或啤

酒的色度。优势在于：利用它可毫无问题地后修饰调节所期望的啤酒色度（焦糖色素浆见1.5.6）。

2.9.13 不同品种啤酒的不同类型麦芽的使用配比

源自Narziβ教授数据[24]

啤酒类型	啤酒色度EBC	麦芽类型	麦芽色度EBC	使用比例/%
比尔森啤酒	6~7	比尔森麦芽	3.0	95~100
		比尔森焦香麦芽	4.0	4~5
浅色啤酒	8	浅色麦芽	3.5	95~100
		浅色焦香麦芽	25	≤5
出口啤酒	12	浅色麦芽		
		或：比尔森麦芽		
		深色焦香麦芽	120	≤1
深色啤酒	50~60	深色麦芽	15	90
		浅色麦芽	3.5	9
		着色麦芽		1
		或：深色麦芽	15	40
		深色麦芽	25	40
		浅色麦芽	3.5	14
		深色焦香麦芽	120	5
		着色麦芽		1
		或：深色麦芽	15	50
		高温堆积麦芽	35	30
		浅色麦芽	3.5	19
		着色麦芽		1
三月啤酒	30	维也纳麦芽	5.5	90
		浅色麦芽	3.5	10
		有时：浅色焦香麦芽	25	10
		或：深色麦芽	15	70
		浅色麦芽	3.5	30
		有时：深色焦香麦芽	120	5
		或：深色麦芽	15	50
		或：浅色麦芽	3.5	30
		高温堆积麦芽	35	20
		深色麦芽	15	100
小麦啤酒	12	小麦麦芽		50~90
		浅色麦芽	3.5	剩余部分
	12	或：小麦麦芽		70
		浅色焦香麦芽	25	5
		浅色麦芽	3.5	25
	12	或：小麦麦芽		70
		深色麦芽	15	15
		浅色麦芽	3.5	15

续表

啤酒类型	啤酒色度EBC	麦芽类型	麦芽色度EBC	使用比例/%
	40	浅色小麦麦芽		60
		深色麦芽	15	40
		或着色麦芽		0.5）
	40	或：浅色小麦麦芽		40
		深色小麦麦芽		30
		深色麦芽	15	30
老啤酒	35	浅色麦芽	3.5	99
		着色麦芽		1
		或：深色麦芽	15	90
		浅色麦芽	3.5	10
		或：浅色麦芽	3.5	85
		深色焦香麦芽	120	15
		或：深色麦芽	15	50
		高温堆积麦芽	35	50
科尔施啤酒	10	浅色麦芽	3.5	95
		浅色焦香麦芽	25	5
		或：浅色麦芽	3.5	85
		维也纳麦芽	5.5	15
无醇啤酒（7.2%）	8.5	浅色麦芽	3.5	70
		深色麦芽	15	15
		浅色焦香麦芽	25	15
		或：浅色麦芽	3.5	40
		深色麦芽	15	10
		浅色焦香麦芽	25	15
		维也纳麦芽	3.5	30
		酸麦芽		5
		或：浅色麦芽	3.5	70
		维也纳麦芽	5.5	23
		深色焦香麦芽	120	2
		酸麦芽		5

2.10 麦芽厂的事故保护

由于本节是解释德国《事故保护条例》有关内容，故省略（译者注）。

3 麦汁制备

啤酒生产的主要工序是发酵，即将麦汁中所含的糖分转化为乙醇和二氧化碳，而发酵的前提条件是将麦芽中的非水溶性组分转化成水溶性组分，特别是可发酵性糖，这些非水溶性组分的转化和溶解就是麦汁制备的目的，也是麦汁在主酵间和后酵间进行发酵的基础。

麦汁制备（包括麦汁处理）在糖化车间进行（图3.1）。

麦芽从麦芽立仓1进入麦芽粉碎机2，在粉碎机中被适度粉碎，粉碎机安装在糖化车间上面。

麦芽粉碎物和水在糖化车间混合投料，通过糖化锅和糊化锅尽可能分解原料内容物质。

在过滤槽4中，麦汁中的可溶性浸出物与非水溶性的麦糟物质被分离。

麦汁和酒花在麦汁煮沸锅5中煮沸，借此赋予啤酒苦味。麦汁煮沸结束后要计算糖化收得率，以此检查糖化车间的工作。

在回旋沉淀槽6中，热麦汁中的凝固物与麦汁分离并沉降，分离出的麦

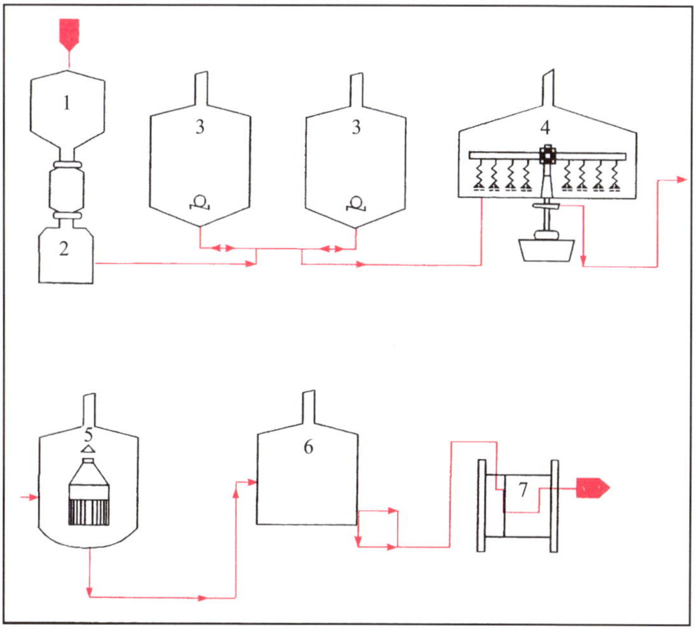

图3.1 麦汁制备流程图
1-麦芽暂存立仓
2-粉碎机
3-糖化锅、糊化锅
4-过滤槽
5-麦汁煮沸锅
6-回旋沉淀槽
7-薄板冷却器

汁进入薄板冷却器7中被冷却，因为发酵必须在低温下进行。冷麦汁中的冷凝固物利用过滤机或其它设备分离，薄板冷却器和过滤机安装在冷却车间，麦汁处理结束后开始发酵。

3.1 麦芽粉碎

糖化时为使麦芽中的酶尽可能地作用并分解麦芽中的内容物质，必须将麦芽粉碎，每锅糖化的麦芽量被称为“糖化投料量”。

粉碎是一个机械破碎过程，在这一过程中必须保护麦皮，因为麦皮将用作过滤槽中的过滤介质。

粉碎时有一系列问题需要重视，粉碎前麦芽需用天平称重。

粉碎麦芽的设备叫粉碎机，根据粉碎方式不同，粉碎机又可分为：

- 干法粉碎机
- 湿法粉碎机
- 锤式粉碎机

3.1.1 麦芽的预处理

啤酒厂购买的麦芽加工前一直贮存在立仓中，立仓不需通风，因为麦芽不再进行呼吸。

接收麦芽前，要用“快速测定法”（见2.8.3.3）对即将进厂的麦芽样品进行检查。

麦芽加工之前应去除麦芽中的杂物，并针对每锅糖化投料量进行称重。

3.1.1.1 麦芽除尘和除铁

麦芽加工前要除尘，使用能同时除掉灰尘的除石机更好。尽管在麦芽厂中已经过清选，仍有麦粒大小的石子进入成品麦芽中。一旦这些石子进入粉碎机，就会磨坏粉碎辊上的拉丝，降低辊筒的使用寿命（见3.1.3.5）。

使用磁铁除去麦芽中所有的铁块是另一道必需的工序，磁铁通常安装在粉碎机之前。尽管管道中安装了中间除铁磁器，但总有一部分铁块（铁钉、螺丝等）进入成品麦芽中，一旦进入粉碎机，不但会损坏粉碎机的辊筒，而且会形成火花，导致粉尘爆炸。

当干法粉碎机中出现的粉尘达到一定浓度时，就会引起爆炸，带来巨大损失，因此要尽一切可能避免干法粉碎机中的粉尘爆炸，包括除去可形成火花的铁块（见2.1.2.2）。

使用干法粉碎机时，为了避免粉尘爆炸，粉碎辊下面安装了防爆挡板，这些防爆挡板截住粉碎物，这样粉碎口的下面就不会形成可能引起爆炸的粉碎物和空气混合体，虽然这一区域可能产生火花，但却不会着火，当然前提条件是检查完粉碎口后重新将挡板装好，挡板乍一看似乎无用，有时可能被忘记。

为了尽量减少万一出现粉尘爆炸时的损失，干法粉碎机的侧面还有一个爆裂板，一旦压力增加便会立即爆裂，从侧面疏导压力，但重要的是，粉碎机外面的压力可被进一步疏导至室外，避免人和物的损失。

除了疏导压力以外，人们还可以[128]：

■ 通过Q形管排放爆炸压力

在这些管道中，爆炸的动能转化为热能，管道的外形保持不变，内部配件在爆炸后必须重新清理干净。

- 压制爆炸

爆炸开始后的瞬间压力容器中便会涌出一股压力高得多的阻燃气体，阻止爆炸的延伸。

粉碎时形成的麦芽粉尘量很多，每100kg麦芽可产生0.4~1.4kg麦芽粉尘[40]。粉尘必须定期排除，小型啤酒厂用布袋除尘，较大的啤酒厂则用粉尘立仓收集粉尘，由于粉尘中也含有浸出物，粉尘可同麦糟一起混合出售。由于管道潮湿，直接将粉尘混入麦糟立仓可能会出现问题，因为潮湿的粉尘会粘在管道上，堵塞管道。

人们也可将麦芽粉再次加入投料中，因为它含有很多浸出物。除尘装置首先是为了保护设备免遭爆炸的危险，而不是为了清洁麦芽。

3.1.1.2　称重

每锅糖化的投料量必须准确记录，这点对企业内部管理而言很有必要，因为在这之后我们要了解原料的利用程度，对此可用以下两项指标来评价：

- 糖化收得率（见3.5）；
- 计算每100L啤酒所用的麦芽量。

可用自动计量秤控制麦芽投料量，计量系统原则上可分为两种：

- 老式倾翻计量秤
- 新式电子计量秤

此外，人们还常用压力测量罐对空的和满的容器称重，这样也可以测出全部粉碎物的重量。

3.1.1.2.1　倾翻式计量秤

倾翻式计量秤是常用的自动等重计量秤（见图3.2），由于其坚固性和操作可靠性，几十年来一直广泛用于啤酒厂和麦芽厂。

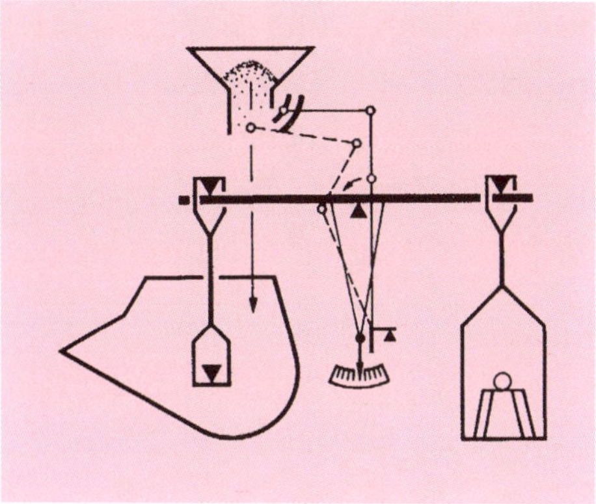

图3.2　倾翻式计量秤

这种计量秤间歇式工作，一定量的麦芽在一个可倾翻的盆中称重，达到规定重量后，盆向下倾翻，它的名称也由此而来。

这种计量天平根据等臂杠杆原理制作，秤杆的一侧装有调重的秤砣，另一侧是一个装载麦芽的倾翻盆。

麦芽通过已打开的通孔流入盆中，盆也因此缓慢下沉，杠杆传输力使下料口逐渐关闭，这种计量秤有几个工作步骤（见图3.3）：

- 麦芽从下料口快速流出，并很快将盆装满
- 当下料量接近满量时，下料口的闸板开始逐渐关闭，麦芽下料很慢，直至满量
- 在刚好达到满量时，下料口完全关闭
- 盆下降、倾翻、排空
- 盆的开口向上转动，又开始新一轮下料过程

粉碎机计量秤的一次倾翻量有

5kg、10kg、20kg或25kg，在大的啤酒厂中还有50kg和100kg，计量秤箱子上装有两个计数器（见图3.3a）。

- 上部计数器用以调节每锅投料倾翻量
- 下部计数器用以记录总流量

使用计数器时，可通过手轮来调节所希望的倾翻量，然后操作制动杠杆。

> 举例：
>
> 某啤酒厂一次粉碎量为2200kg麦芽，计量秤的每次倾翻量为20kg，问需设定多少倾翻次数?
>
> 2200kg/（20kg/次）=110次
>
> 即：必须倾翻110次。

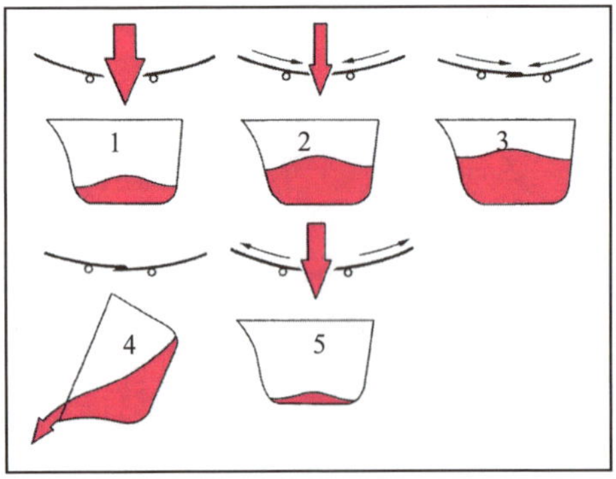

图3.3　倾翻式计量秤的工作方式
1-麦芽进入　2-下料口开始关闭
3-已关闭的下料口　4-倾翻及盆的排空
5-恢复，下料口打开

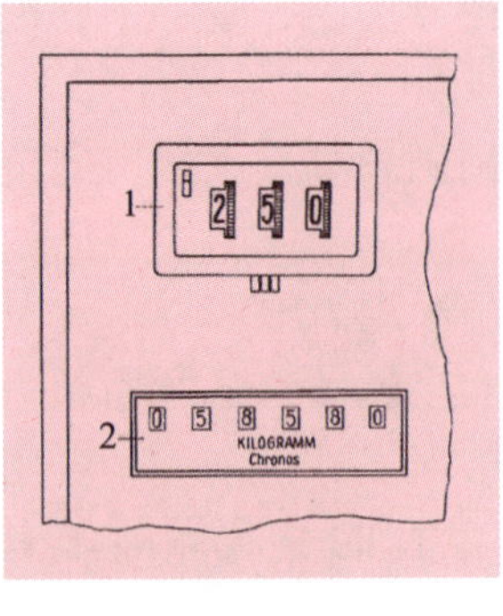

图3.3a　倾翻式计量秤的计数器
1-可调节的倾翻计数器
2-实际流量的计数器

计量秤有个机械倾翻装置，倾翻计量秤和电子计量秤可以校准并很容易配备计数器和脉冲装置，也可用于较大的麦流量（每小时400多吨）。

3.1.1.2.2　电子计量秤

电子计量秤由三个上下安装、底部可倾翻同时相互连接着的容器构成，由于外观像一个管道，人们也称之为管式秤，其工作原理如下（见图3.4）：

最上面的容器首先被装满。

（1）前容器　在称重容器称重和排空期间，前容器必须连续不断地接收麦芽，当称重容器的皮重已被称量记录后，称重容器的进口便会打开，麦芽从前容器落入称重容器中③，达到给定重量后，前容器的出口关闭，进入的麦芽继续由前容器收集①和②。

（2）称重容器　待称重容器稳定后，称重过程开始。容器装满后的总重减去容器皮重即为容器中的麦芽重量，对此计量秤需要两次稳定时间，即：

- 装满之后
- 容器排空后和新一轮进料前

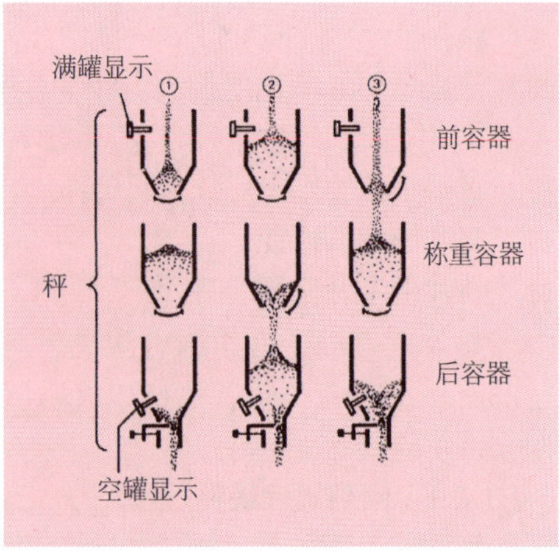

图3.4　容器式电子计量秤的工作过程图示

每个过程的不同重量由安装的计算机进行计算，这样随时都可准确读数和调节。

（3）后容器　后容器用以装载来自称重容器的麦芽，因此相对较大。

电子计量秤可以满足各种要求，如今的新式大型设备几乎都使用电子计量秤（见图3.5）。

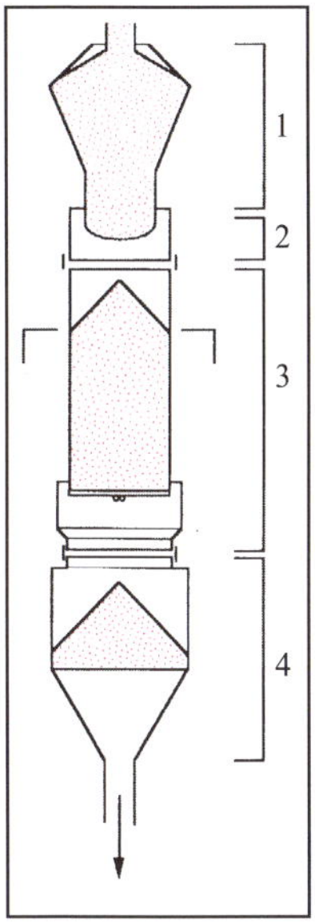

图3.5　管道式电子计量秤
1–前容器
2–进料闸门
3–称重容器
4–后容器

3.1.2　粉碎的基础知识

糖化时要尽可能使酶接触并分解麦芽内容物，对此需将麦芽粉碎。粉碎越细，酶的作用面就越大，内容物也就能更好地被分解。糖化结束后进行麦汁过滤，在麦汁过滤过程中，过滤设备不同，麦皮的作用也不同，过滤槽使用麦皮作为过滤介质。

由于麦汁过滤时需使用麦皮，因此麦芽粉碎时要尽最大可能使麦皮不破碎。干燥的麦皮很容易破裂，而破裂时出现的小颗粒会强烈减弱麦皮的过滤能力。反之，麦皮越潮湿，弹性就越大。加水湿润麦皮，可以更好地保护它的弹性，麦汁过滤也会更快，这个过程称为“增湿”。若加入大量水，麦芽中的内容物也将变潮湿，并在粉碎时从麦皮中被挤出来，这个过程称为湿法粉碎。

如今对粉碎的基本要求是：

- 干燥的胚乳，粉碎时尽可能粉碎细一些
- 潮湿、有弹性的麦皮

麦芽粉碎取决于麦芽的溶解性。

溶解良好的麦芽粉碎时对粉碎辊筒的阻力小，因为麦芽内容物很脆、很疏松，所以溶解好的麦芽，其粉碎物中细粒、细粉的份额很大。这些细粒、细粉在糖化车间可以很好地与酶接触并溶出。

溶解差的麦粒顶端和麦芽很坚硬且不易破碎，这表现为粉碎物中的粗粒比例高。由于它们在麦粒内部物质转化时未被转化，所以需要更强烈的酶促分解。这类内容物的浸出很难，若这些粗粒在糖化车间不能完全分解，就会降低浸出率。

麦芽溶解越差，越需细粉碎。

粉碎度会影响麦糟体积和麦糟的过滤能力。

对于现在普遍使用的过滤槽来说：

- 麦芽粉碎越细，麦糟体积就越小
- 麦芽粉碎越细，槽层的渗透性就越差，麦糟吸紧速度就越快，过滤时间也越长

甚至还会出现麦汁根本不能继续过滤的情况，因此在使用过滤槽时，

麦芽不能粉碎过细；如果粉碎较细，则要相应减小糟层厚度。

以上所述不适用于新式压滤机，因为压滤机采用带细孔的聚丙烯滤布进行过滤，对于压滤机应使用锤式粉碎机进行细粉碎，以获得较高的收得率。

> 100kg麦芽能产生：
> 麦芽170L
> 使用过滤槽的粉碎物270L
> 使用压滤机的粉碎物220L
> 使用过滤槽的麦糟200L
> 使用压滤机的麦糟120~140L

3.1.3 干法粉碎

啤酒厂最常见的粉碎机为干法粉碎机，这类粉碎机中安装着几对干法粉碎辊筒。根据辊筒数可分为：

- 对辊粉碎机
- 四辊粉碎机
- 五辊粉碎机
- 六辊粉碎机

3.1.3.1 六辊粉碎机

六辊粉碎机（见图3.6）是最好、最常见的干法粉碎机，它的三对辊筒被称为：

- 预磨辊2
- 麦皮辊3
- 粗粒辊4

三对辊筒之间装有筛孔大小不同的上振动筛5和下振动筛6，这些振动筛将预磨辊的粉碎物分为三种：

- 粗粉碎物——带有粗粒的谷皮7
- 中等粉碎物——粗粒8
- 细粉碎物——细粒和细粉9

细粉直接进入粉碎物暂存箱，因为细粉不需再粉碎，第二对辊筒3在尽可能保护麦皮的情况下对粗粉碎物进行二次粉碎，第三对辊筒4则对粗粒再次进行粉碎。

现代化六辊粉碎机的辊筒位置大多发生了很大变化，筛选面积也增大了，在此以Maltomat六辊粉碎机（见图3.7）为例，在Maltomat六辊粉碎机中，整个麦粒分别流过最先的两对辊筒，麦皮破裂，从前两对辊筒中落下的粉碎物再被四层筛子筛选，仅粗粒进入第三对辊筒进行粉碎。

采用最先两对辊筒粉碎的原因是：常用的六辊粉碎机中，大约只有10％的麦芽粉碎物通过第一组振动筛，而Maltomat通过两段筛组可以使筛子负荷由34～42kg/dm^{2}减少到18kg/dm^2，从而达到更好的分离效果。同时，由于两段偏心驱动的筛组以相反的方向运动，整个粉碎机与常用粉碎机不同，没有振动。

对于使用过滤槽的粗粉碎而言，六辊粉碎机的粉碎能力可高达14t／h。评价粉碎物的质量有具体要求（见3.1.6）。

评价粉碎质量的原则是：

- 经预磨辊粉碎后，所有的麦粒应破裂，不能有整麦粒存在
- 经麦皮辊粉碎后，附在麦皮上的粗粒应从麦皮上脱离出来，但不能损伤麦皮
- 经粗粒辊粉碎后，粗粒应粉碎为细粒，但不能有细粉，因为细粉会阻碍过滤过程

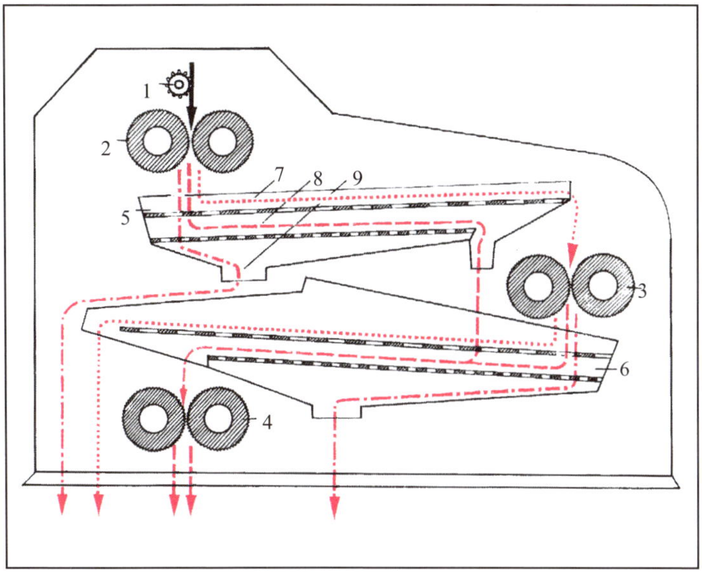

图3.6　六辊粉碎机
1–分配辊
2–预磨辊
3–麦皮辊
4–粗粒辊
5–上振动筛
6–下振动筛
7–含有粗粒的谷皮
8–粗粒
9–细粉

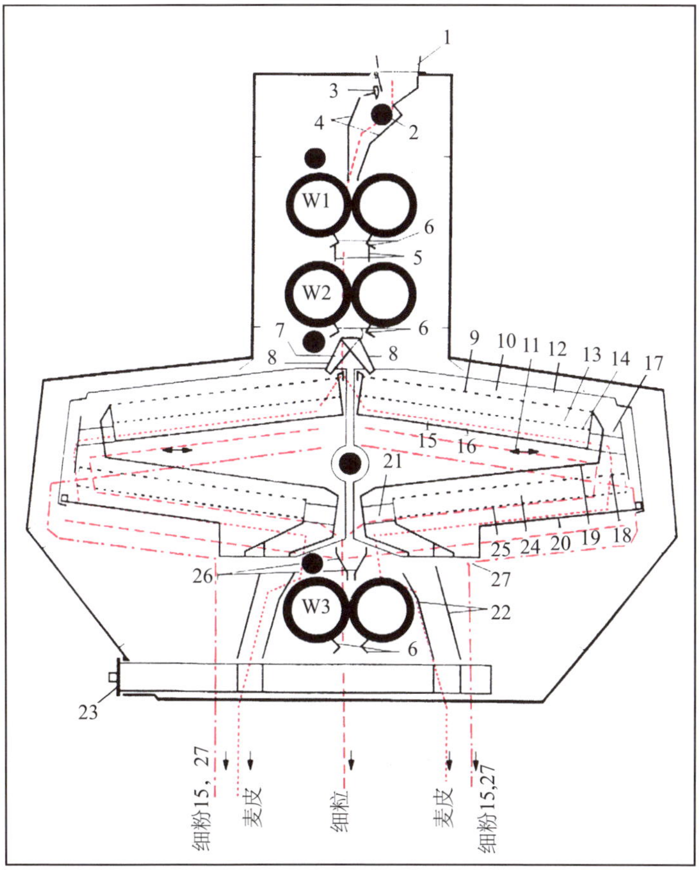

图3.7　Maltomat六辊粉碎机工作原理图
（W1）预磨辊
（W2）谷皮辊
（W3）粗粒辊
1–麦芽进入
2–进料辊
5–输送板
6–摩擦刷
10–粉碎物
13，24–粗粒
15，27–细粉
23–取样器

3.1.3.2 五辊粉碎机

五辊粉碎机的原理和六辊粉碎机相同，只是其中一个辊筒起着两种作用（见图3.8），第二个粉碎辊既和第一个粉碎辊一起构成预磨辊组，又和第三个粉碎辊组成麦皮辊组。当粉碎机调节适当时，利用六辊粉碎机和五辊粉碎机，可以得到合适的麦芽粉碎物。

五辊粉碎机不再生产。

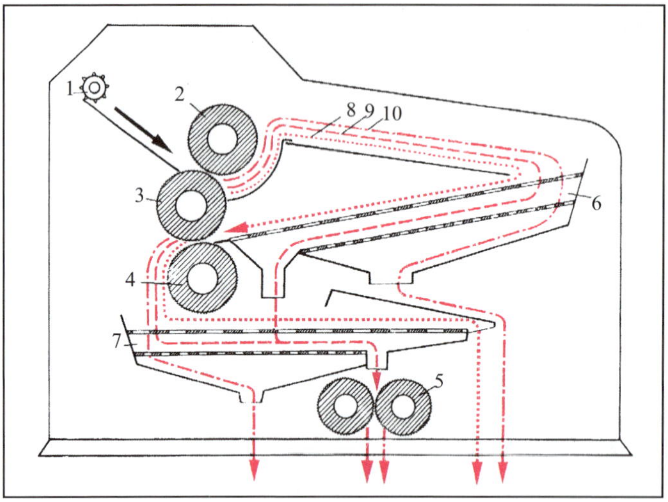

图3.8 五辊粉碎机工作原理图

1–分配辊
2–预磨辊
3–预磨和麦皮辊
4–麦皮辊
5–粗粒辊
6–上振动筛
7–下振动筛
8–带有粗粒的麦皮
9–粗粒
10–细粉

3.1.3.3 四辊粉碎机

在中等大小的啤酒厂中常常可以见到四辊粉碎机，机中上下安装着两对辊筒，第一对辊筒起预磨作用，预磨后的粉碎物采用两种方式分离：

- 在两对辊筒之间的振动筛上进行分离，这样只有粗粉碎物进到第二对辊中进行粉碎（带有中间筛组的四辊粉碎机）
- 通过打散辊将细粉碎物分离出去，以达到相同的粉碎效果（带有打散辊的四辊粉碎机）

在图3.9所示的粉碎机中，麦芽首先通过分配辊或进料辊进入第一对辊进行粗粉碎，粗粉碎物的组成如下：

带有粗粒的麦皮：30%

粗粒：50%

细粒：20%

中间安装的振动筛分离出细粉和细粒，并使它们进入粉碎物暂存箱，第二对辊的粉碎使麦皮与麦皮上粘附的粗粒分开。

第二对辊粉碎后所得到的粉碎物大约由下列组分构成：

麦皮：20%

粗粒：50%

细粉：30%

3.1.3.4 对辊粉碎机

只有在很小的糖化车间或啤酒屋才能见到对辊粉碎机，它只有一对辊进行粉碎，不能分别处理粉碎物，糖化收得率也不够理想，但采用湿粉碎或增湿粉碎系统时，情况另当别论。

3.1.3.5 粉碎机的辊筒

粉碎质量很大程度上取决于粉碎

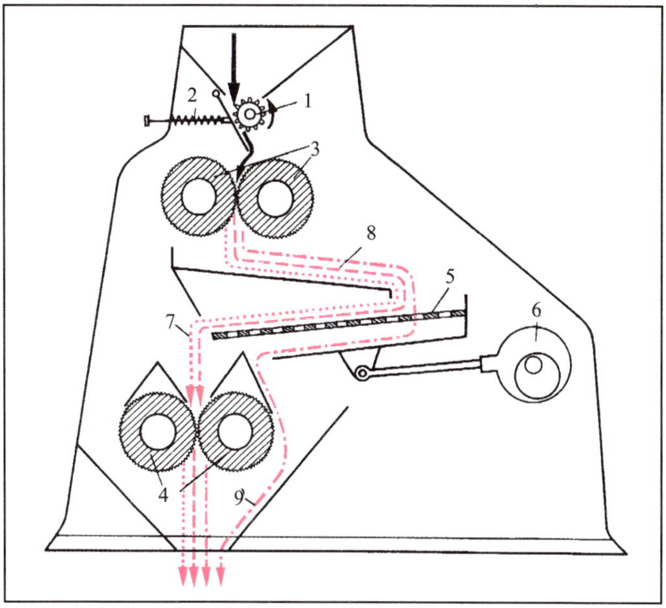

图3.9　四辊粉碎机工作原理
1-分配辊
2-进料调节
3-预磨辊
4-麦皮辊
5-振动筛
6-偏心驱动装置
7-带有粗粒的麦皮
8-预磨粉碎物
9-细粉

机的辊筒，因此辊筒的制作和调节必须满足一定的要求。

（1）进料装置　粉碎效果好的前提是进料口的麦芽进料要正确，即进料麦粒必须均匀布满整个辊筒长度，进料波动也能自动补偿。为此，每个粉碎机都有一个拉丝或带沟槽的进料辊，转速和拉丝情况确定了进料辊的麦芽流量。

（2）辊筒　如今，辊筒采用离心灌铸工艺制成，这种制造方式确保辊筒表面达到必要的硬度。辊筒的直径大多约为250mm，直径不应太小，否则麦粒容纳角度太小，粉碎功率下降，容纳角度是指容纳麦粒时所形成的角度。

①拉丝：新式粉碎机全部采用拉丝辊，开槽数有600~900个（见图3.10），开槽与辊轴一般不平行，有一定的边缘倾斜（斜拉槽），由此可加强滚动直至产生剪切效应。两个辊筒的斜拉度相同，在4%～14%（图3.11）。相应的槽有4种不同的组合形式（图3.12），粗粒辊总是采用a方式。

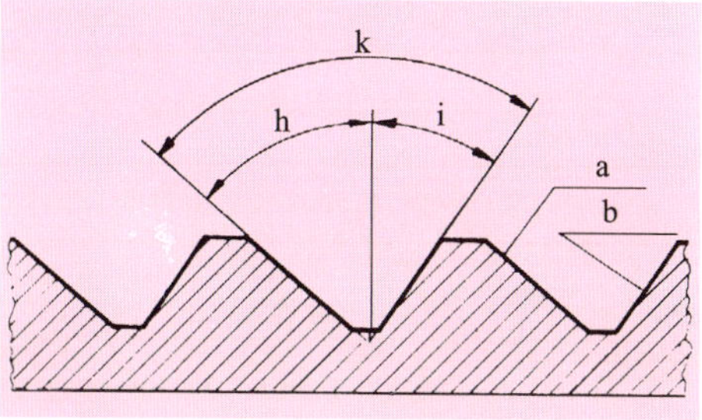

图3.10　辊筒拉丝
（a）刃部（b）背部（i）刃角（h）背角
（k）槽角

拉丝辊的两个辊筒转速比大约为1.25：1，较快的转速被称为“超前值”。在平面辊中，两辊“超前值”大约为1.25：1；通过“超前值”和辊筒表面结构的粗糙性达到平面辊的粉碎效应。由于辊筒的挤压，辊筒的中部不像辊筒的边缘那样有同样的粉碎效果。通过球状凸起加工处理可以达到绝对均匀粉碎的作用，它是将辊筒的终端稍微做细一些。

硬性物体（铁块、石块等）可以迅速使辊筒的丝槽钝化，因此需在粉碎机前安装磁铁器和除石机（见2.1.2.3）

②辊筒的转速

辊筒的转速为：

预磨辊：400~420r/min;

麦皮辊：400r/min;

粗粒辊：380~440r/min。

辊筒长度通常为0.8~1m；特别小的粉碎机为0.4m；特大型粉碎机可达1.5m。

辊筒间距可在0~2.5mm无级调节。辊筒间距一般为：

四辊粉碎机

预磨辊间距：1.3~1.5mm

粗粒辊间距：0.3~0.6mm

六辊粉碎机[64]

	过滤槽粗粉碎			压滤机细粉碎	
	干粉碎	槽调节	增湿粉碎	干粉碎	槽调节
预磨辊间距	1.6mm	背对背	1.2mm	0.9mm	刃对刃
麦皮辊间距	0.8mm	背对背	0.6mm	0.4mm	刃对刃
粗粒辊间距	0.4mm	刃对刃	0.4mm	0.2mm	刃对刃

③辊筒的平行度调节：辊筒的平行是均匀粉碎的前提条件。在粉碎机调节时，通过插入一卡片来检查辊筒平行度，卡片必须被竖直插入粉碎机中。

④辊筒的驱动：一个辊筒固定安装并通过传送带运转。另一个辊筒固定在弹簧上并一起运转。若有硬性物体出现时，就不会严重损伤辊筒。现代粉碎机中有些装配有单独驱动的辊

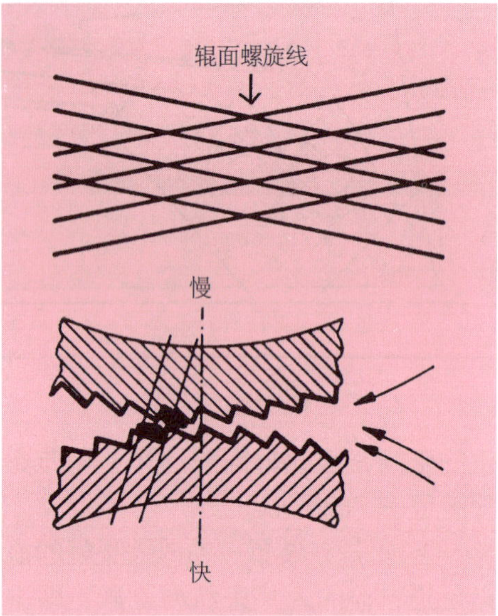

图3.11　拉丝辊的剪切效应

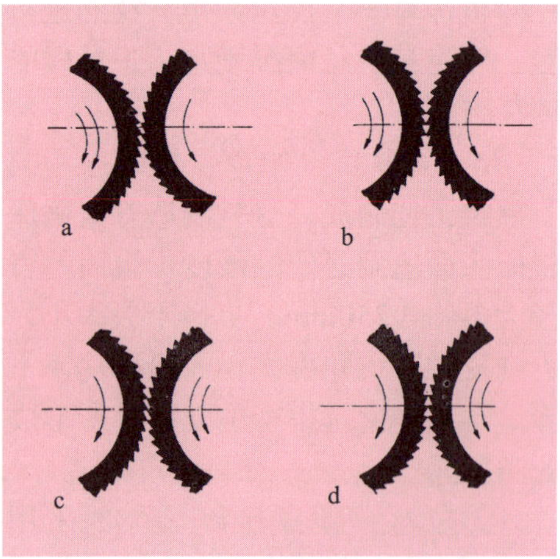

图3.12　槽的安装调节
（a）刃对刃（b）刃对背（c）背对背（d）背对刃

筒。主动辊由一对齿轮驱动，这对齿轮也决定了超前值，如今的齿轮大多由无需润滑的合成材料制成。

（3）粉碎机的功率　如今粉碎机的功率可高达14t/h，可在1h内粉碎完一锅料。优良粉碎机的功率需求分别为：

- 过滤槽粉碎，为2.3～2.5kW
- 压滤机粉碎，为3.3～3.8kW

粉碎机房是很容易造成危险事故的地方。本书3.11.1对于事故保护和爆炸危险有说明和规定（德国规定）。

3.1.3.6　增湿干粉碎

干燥的麦皮很脆，粉碎时容易破碎，而麦汁过滤时需要麦皮作为过滤层，为了保护麦皮，人们通常会在干粉碎之前对麦芽进行湿润处理，这个过程称为增湿。

增湿干粉碎时，通过饱和蒸汽或30~35℃的水在粉碎前对麦芽进行1~2min的增湿处理可提高麦皮中的水含量。

- 采用蒸汽可提高1.2%~1.5%
- 采用热水可提高2.0%~2.5%

而麦粒内部的水含量仅增加0.3%~0.5%。

这样做的优点是：

- 麦皮非常有弹性，可以更好地被粉碎出来
- 麦皮的体积增加10%~20%，过滤层更加疏松，过滤速度提高
- 收得率和最终发酵度上升
- 糖化时碘检合格更快

缺点是增加了设备，特别是需要清洗粉碎机。

- 未增湿干粉碎时的粉碎物体积为0.5~0.7hL/100kg麦芽
- 增湿干粉碎时的粉碎物体积为0.8 ~1.0hL/100kg麦芽

麦芽的增湿在增湿设备中进行，在此以螺旋增湿设备Condimat（Braunschweig的Buehler公司）为例[49]，这一麦芽增湿设备（图3.13）由一个槽构成，麦芽在槽中通过绞龙3运动，运动过程中喷嘴4喷出30℃的水与麦芽接触，混合桨5使水分均匀分配，喷水1~2min后，麦皮即可具备粉碎所期望的弹性，接着麦芽由紧随其后的粉碎机粉碎，而麦皮则受到保护。

3.1.3.7　粉碎物暂储箱

粉碎物若直接从粉碎机进入糖化

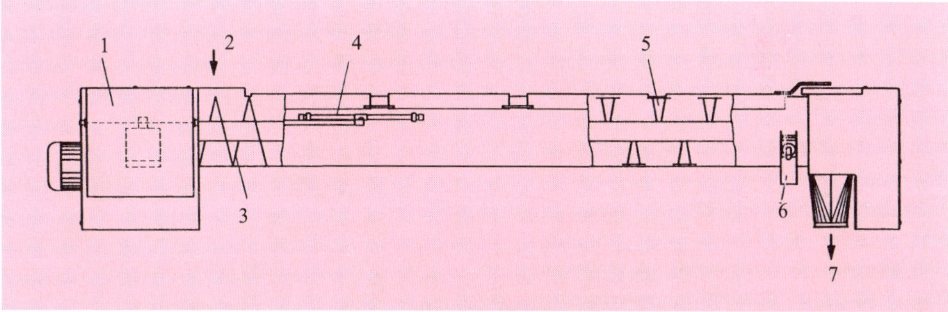

图3.13　麦芽增湿器Condimat

1-带有开关箱的水计量器　2-麦芽进入　3-螺旋输送绞龙　4-喷嘴　5-混合桨　6-取样器　7-出口

锅，糖化投料时间就与粉碎时间同样长，由于大多数粉碎机需要较长的粉碎时间，因此粉碎物必须进行暂储。

储存采用粉碎物暂储箱，这是一种带有出料口的长方形或圆柱形容器，粉碎物暂储箱的容积应为300L/100kg。

粉碎物暂储箱可使粉碎过程避开啤酒厂的能源使用高峰期，粉碎物的暂储时间必须较短，因为：

- 氧化过程即将开始（见3.2.33）
- 微生物开始生长，特别是增湿后的粉碎物

粉碎物暂储箱的进料和出料可用程序控制，而小型或老式啤酒厂只有靠粉碎工或糖化工操作。

3.1.3.8 锤式粉碎机

压滤机采用具有细小渗透孔的聚丙烯滤布过滤麦汁，其麦糟厚度仅4cm左右，麦皮不作为过滤介质，麦芽可粉碎得很细，粉碎使用锤式粉碎机。

可更换的钢锤2以60～100m/s的转速围绕转子（图3.14；1）旋转，粉碎麦芽，直到粉碎颗粒全部穿过粉碎筛的筛孔为止。用这种粉碎方式得到的是很细的粉碎颗粒，它们刚好能穿过筛孔，筛孔的大小决定着粉碎程度和粉碎机的功率。为了避免堵塞，必须很好地控制进料，因此粉碎机的进料装置十分重要。为了使磨损均匀，有些设备会定期改变转子的转动方向。

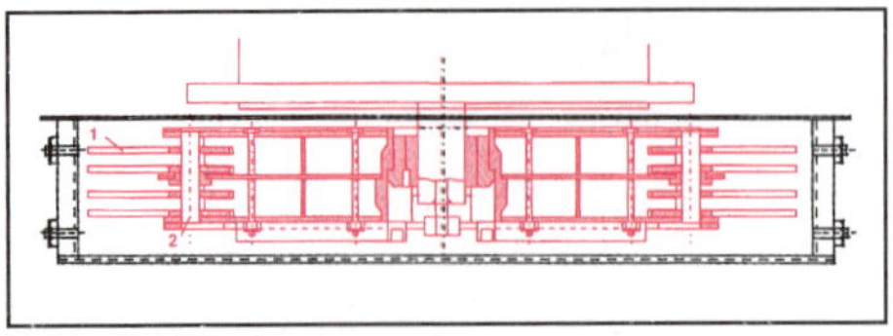

图3.14 立式转子粉碎机的转子
黑色：带粉碎筛-外壳的固定部分
红色：带钢锤的转子部分

锤式粉碎机的制造方式有：

- 水平转轴式
- 带垂直转轴的立式转子粉碎机

Vertica型（Buehler公司，Braunschweig）立式转子粉碎机（图3.15）由一个转子套和上面的垂直驱动装置构成，进料处安装了一个可以吸除杂质和再次除铁的进料装置，转子的速度高，产生火花的危险也很大，此外粉碎筛也会被轻微损坏。

出于同样的考虑，进料处还安装了能够除去石块和其它较重杂质的重物分离装置。

麦粒细流进入粉碎机（图3.15），被钢锤粉碎，并被甩过带有细孔的外部筛网，粉碎物被收集在漏斗中，通过一个出料口6排出。爆破板5和导出管4可在粉尘爆炸时将产生的压力排至室外，此外也可以使用Q形管。

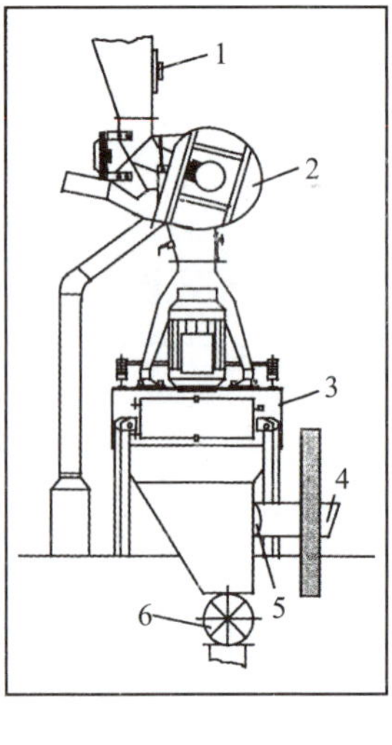

图3.15 Vertica型（Buehler公司，Braunschweig）立式转子粉碎机
1-麦芽流入口
2-鼓风机
3-粉碎室
4-导出管
5-爆破板
6-出料口

3.1.4 湿法粉碎

麦芽进行干法粉碎（这种方式在大多数啤酒厂很常见）时，即使采取了保护性措施，麦皮也会不同程度地受到破坏，从而限制了其作为过滤介质的作用。如果在麦芽粉碎前，对麦芽进行浸泡处理，那么麦皮以及麦芽内容物就会吸收水分，变得有弹性，麦芽内容物可从麦皮中被分离出来并被粉碎，而麦皮几乎没有损伤，其过滤能力得以改善，粉碎得很细的麦芽内容物能更好地被分解。

湿法粉碎机（见图3.16）的上部有一个出口为锥形的麦芽仓，浸泡在麦仓中进行。

湿法粉碎机最重要的部件是辊间距只有0.45mm的粉碎辊3，进料辊2安装在粉碎辊3之前，已粉碎的醪浆用绞

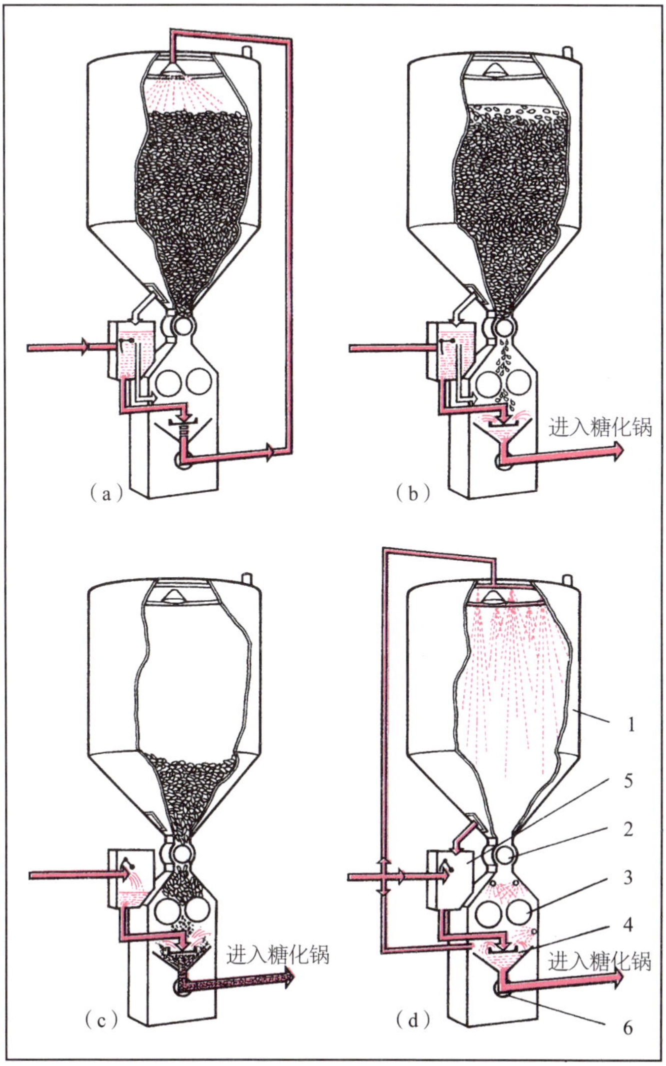

图3.16　湿法粉碎机的工作方式
（a）浸泡
（b）泵出浸泡水
（c）糖化下料
（d）冲洗
1–麦芽暂贮仓
2–进料辊
3–粉碎辊
4–带有喷嘴的醪液混合箱
5–进水调节
6–醪液泵

龙收集，并由醪液泵6泵出。喷淋和喷冲系统可用来浸泡麦芽或清洗整个设备。

湿法粉碎机的工作步骤如下：

a）浸泡：已自动称量的麦芽输送至粉碎机上面的麦芽暂贮仓1，并在立仓中用30~50℃的水浸泡，醪浆泵将水从下面循环泵入麦芽暂贮仓中，以确保麦芽浸泡均匀，此过程持续15~30min。通过浸泡，麦芽的水分增加30%左右，水分的吸收也使麦芽体积增加35%~40%，麦芽中的酶也慢慢活化。

b）泵出浸泡水

c）糖化下料：浸泡结束后的麦芽通过进料辊2进入辊间距只有0.45mm的粉碎辊3，麦皮几乎没有损伤，而麦粒内容物则从麦皮中被平滑地挤压分离出来，因此，湿粉碎的糟看起来就像堆在一起的麦粒。唯一的问题是，未被粉碎的麦粒不能分解，而是毫无变化地进入醪液混合箱，因此粉碎物应多循环一些时间。

糖化容器中的糖化用水量由以下几方面构成：

- 所希望的料水比，需考虑麦芽浸泡仓中含有浸出物的浸泡水量
- 挤压时的进水量
- 清洗湿粉碎机的水量

d）冲洗：通过安装的喷嘴强烈冲洗粉碎机中与麦芽接触的所有地方。

湿粉碎机不再生产。

3.1.5 浸渍增湿

浸渍增湿时人们利用了湿粉碎的优势，按照每100kg麦芽60L热水的比例，将麦芽同50℃~70℃的热水混合50~60s，在这么短的时间内，只有麦皮（约15L/100kg）能够吸水，其水含量上升至18%~22%，从而变得富有弹性。在每100kg麦芽多余的20~30L水被排出的同时，附着在麦粒上的水量也与此相同。增湿时间短要求麦粒强制性通过，以保证准确的吸水量。强制性输送过程由：

- 出料口（图3.17）
- 浸渍增湿筒（图3.18）完成

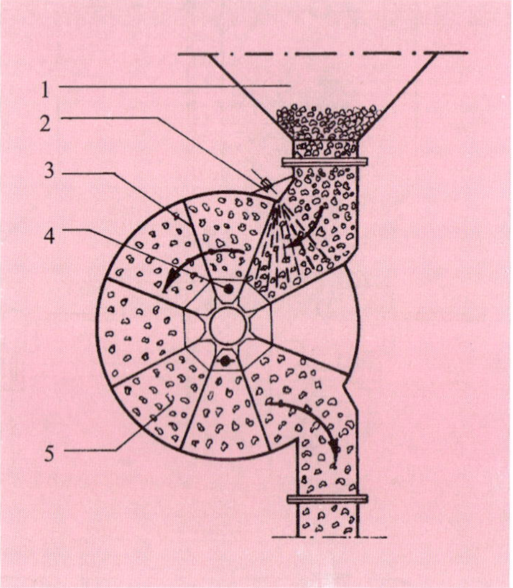

图3.17 利用旋转卸料器进行麦芽增湿
1-麦芽下料筒 2-进料调节器
3-转轮 4-水进入 5-增湿的麦芽

接着，麦芽在后面的湿粉碎机中被粉碎，并立即同投料水和多余的浸泡水混合。

由于投料后酶的作用立即开始，建议这个时间进行生物酸化。

采用浸渍增湿的湿粉碎机的工作原理如下（图3.19）：

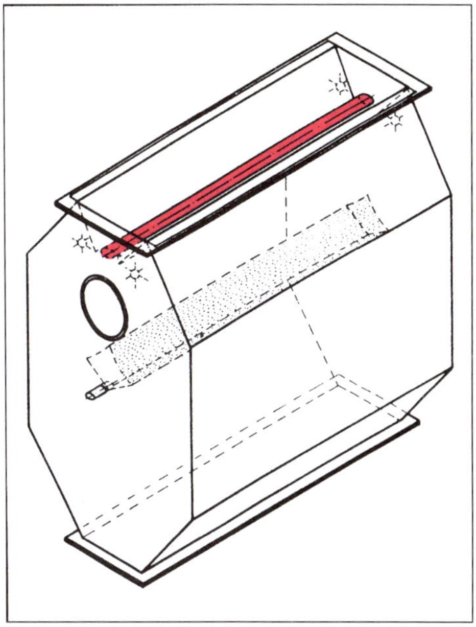

图3.18　浸渍增湿筒

已称量的干麦芽进入麦芽暂贮仓1中，并连续流过增湿段2，用热水3增湿约60s，水温可自由选择，大多为60～70℃。由于水温越高，麦芽吸水越迅速，所以这一过程必须控制并调节，此例中的调节由粉碎机的进料辊4完成。在粉碎辊5的特殊丝槽中，潮湿麦皮可保持完好，而麦粒内容物却得以粉碎。

通过喷嘴6使适合糖化下料温度的水与粉碎物进行充分混合，并借助麦浆泵8把醪液从底部泵入糖化锅中，避免吸氧。

进料辊在此的作用很大，它必须将需要的麦芽量均匀分布在整个辊筒长度上，因此它带有一个可无级调速的驱动装置，转速可在25~138r / min变化。

粉碎辊为拉丝辊，两辊为“槽对槽”，辊间距可在0.25～0.4mm任意

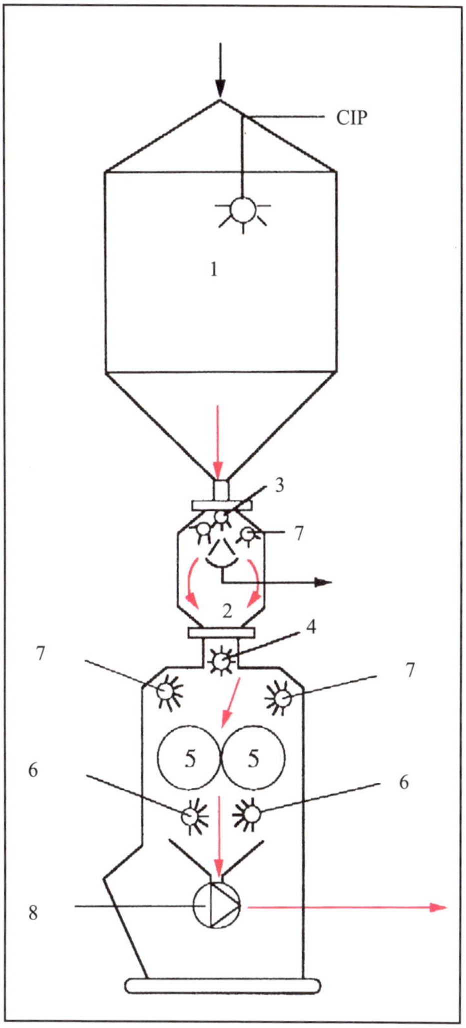

图3.19　浸渍增湿
1-麦芽暂贮仓　2-增湿段　3-热水
4-进料辊　5-粉碎辊　6-冲洗喷嘴
7-清洗喷嘴　8-麦浆泵

调整。

粉碎辊的转速取决于麦芽的溶解性：溶解差的麦芽较硬，所以进料速度就快一些，粉碎辊筒的转速也要调小一些，以便延长浸泡时间。

为了达到最佳的CIP清洗效果，增湿段和粉碎机由不锈钢材料制成，此

类粉碎机的粉碎能力多为4~20t/h。

采用湿粉碎机时，粉碎时间与糖化时间相同，因为不再能够使用粉碎物暂贮箱，因此这类粉碎机的设计功率都很大，用电峰值高，费用也较高。

由于粉碎-投料的时间比较长，氧气从粉碎时便已开始进入。

用于增湿干粉碎的完整麦芽粉碎设备如下（见图3.20）：

从麦芽立仓运来的麦芽首先进入分离筛1，除去大块脏物，粉尘在除尘设备2中被吸除，随后麦芽进入除石机4除去石块和粉尘3，然后通过自动计量秤称重，根据安装方式不同，在设备与设备之间还有输送装置，大多数为斗式提升机5和水平输送绞龙，接着麦芽进入磁铁除铁器6中，去除所有铁块，以免形成火星和损伤辊筒，除铁后的麦芽进入增湿器8，增湿器需要一根进水管9和麦粒流量调节器7，增湿后的麦芽通过旋转卸料器10或其它调节器计量送入粉碎机11，粉碎物被收集在暂贮箱中。当然，这只是众多麦芽粉碎设备配置中的一种。

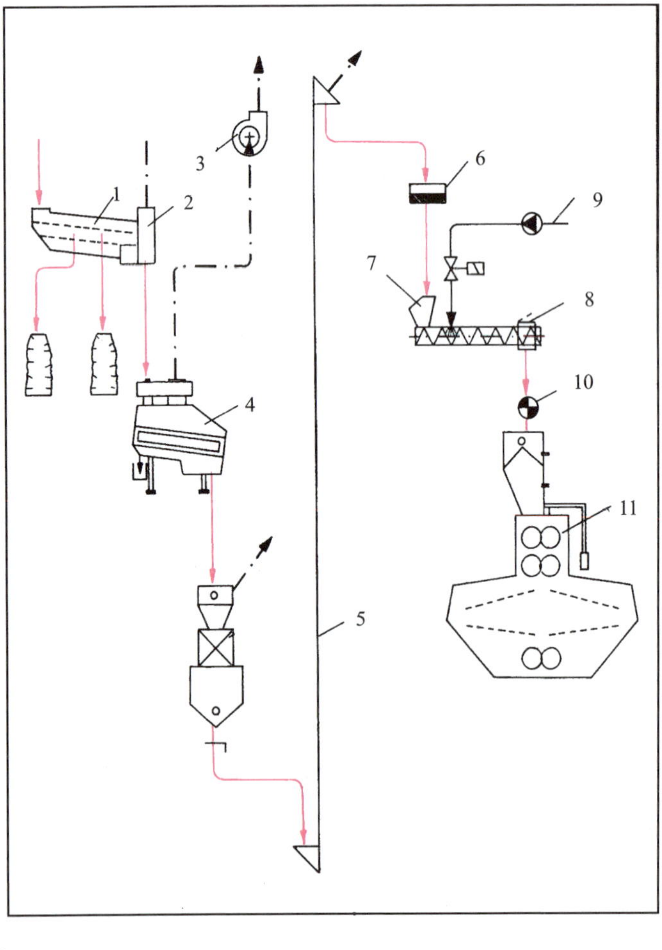

图3.20　完整麦芽粉碎设备
1-分离筛
2-除尘设备
3-石块和粉尘
4-除石机
5-斗式提升机
6-磁铁除铁器
7-麦粒流量调节器
8-增湿器
9-进水管
10-旋转卸料器
11-粉碎机

3.1.6 粉碎物的评价

粉碎时，要经常检查粉碎物的质量，但这种检查仅适用于干法粉碎和增湿粉碎，湿法粉碎只能采用感官评价。

为了能够精确取样，干法粉碎机的每一对辊筒下面都安装着一个取样器，粉碎机的出口处有一个可取150~200g最终粉碎物的特殊取样装置，为了避免出现误差，总粉碎物量不允许改变。经验式的粉碎物组成评价会出现较大误差，准确的评价必须在实验室采用分级筛进行。

准确评价粉碎物的质量可用普式平板筛，这是一个小型平板筛，其中有五层筛子，它们将100～200g粉碎物样品分为6种组分：

筛号	组分	筛子厚度/mm	筛孔宽度/mm
1	麦皮	0.31	1.27
2	粗粒	0.26	1.01
3	细粒I	0.15	0.547
4	细粒Ⅱ	0.07	0.253
5	细粉	0.04	0.152
筛底	粉末	-	-

过滤槽或压滤机粉碎物的正常分级值如下：

筛号	过滤槽粉碎物	传统过滤槽粉碎物	压滤机2001粉碎物
筛1	18%	11%	1%
筛2	8%	4%	2%
筛3	35%	16%	15%
筛4	21%	43%	29%
筛5	7%	10%	24%
筛底	11%	16%	29%

1996年粉碎物分级的平均值如下：[200]

单位/%	过滤槽	锤式粉碎机
筛1，谷皮	16.9	1.0
筛2，粗粒	15.2	3.6
筛3，细粒I	36.3	20.9
筛4，细粒Ⅱ	15.9	39.1
筛5，细粉	7.9	30.8
筛底，粉末	8.0	4.6

重要的是：麦皮筛上不允许有完整的或只是稍微破裂的麦粒。

粉碎质量的好坏会影响：
糖化工艺
碘检时间
麦汁过滤
糖化车间收得率
发酵
啤酒的可滤性（β-葡聚糖含量）
啤酒色泽、口味和总体风味

为得到最佳的粉碎物组成，调节粉碎机时应注意粉碎物的以下特性：

细粉碎	粗粉碎
麦芽水分高	麦芽水分低
麦芽溶解很差	麦芽溶解很好、脆度好
糖化过程不强烈	糖化过程强烈
糖化收得率差	麦汁过滤时间长

为了精确地调节粉碎机，除了利用分级筛的结果进行评价外，还可通过麦糟可洗出浸出物量和可分解浸出物量进行评价（见3.3.5.2）。

所有粉碎机预磨时的麦皮份额应大约调至40%。

3.2 糖化

糖化是麦汁制备中最重要的过程。在糖化过程中，水与麦芽粉碎物进行混合，由此使麦芽中的内容物溶出，获得浸出物。糖化时的物质转化具有重要意义。

3.2.1 糖化时的物质转化

3.2.1.1 糖化的目的

麦芽粉碎物中的内容物大多是非水溶性的，而进入啤酒中的物质只能是水溶性的物质，因此我们必须通过糖化，使粉碎物中的不溶物转变为水溶性物质。

我们把所有进入溶液中的物质称为浸出物。

水溶性物质是：糖、糊精、矿物质和某些蛋白质。

非水溶性物质是：淀粉、纤维素、部分高分子蛋白质以及其它随麦糟排走（麦汁过滤结束时）的化合物。

从经济角度出发，人们总是力求尽可能多地使非水溶性物质转化为水溶性物质，即尽可能获得大量浸出物，分别用糖化车间收得率和麦糟浸出物含量来表示。

但重要的不仅是浸出物的数量，还有浸出物的质量，因为某些化合物（如来自麦皮的多酚物质）并不需要，而有的物质（比如某些糖类或蛋白分解物）却必不可少。

糖化的目的是尽可能形成大量的优质浸出物，而大多数浸出物只能在糖化中通过酶的作用产生，因此酶应在其最佳温度范围内发挥作用。

3.2.1.2 酶的特性

酶最重要的特性是它分解底物时的活力，这种活力取决于各种因素：

- 酶的活力取决于温度

活力随温度的升高而增强，最终在每种酶特定的最适作用温度下达到最高活力（见图3.21）。温度过高时，酶的卷曲空间结构会展开（变性），活性迅速下降，温度超过最佳范围越高，失活和死亡的酶就越多。

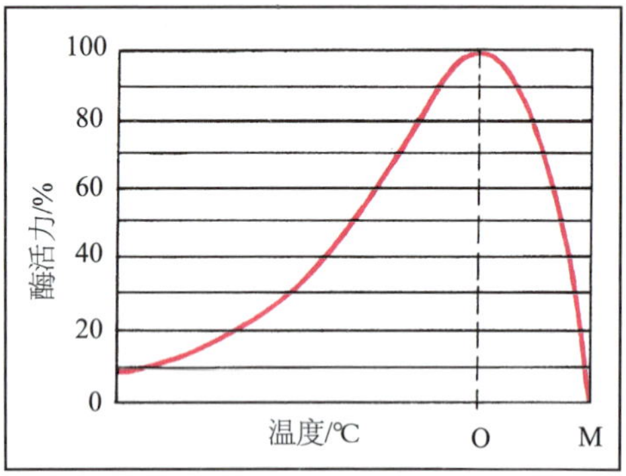

图3.21 酶活力与温度的关系
O：最佳温度 M：最高温度

酶的活力在一定温度下是可以改变的，低温下，酶的活力几乎可以无限度地保持，但随着温度的上升，酶的活力迅速下降（见图3.22）。

- 酶的活力取决于pH

pH的变化会导致酶的卷曲结构发生改变，所以酶的活力也取决于pH。每种酶都会在某一pH下达到自己最佳的活力值，这一pH对每种酶而言都是特定的，过高或过低的pH都会使其活力下降（见图3.23），不过，pH对酶活力的影

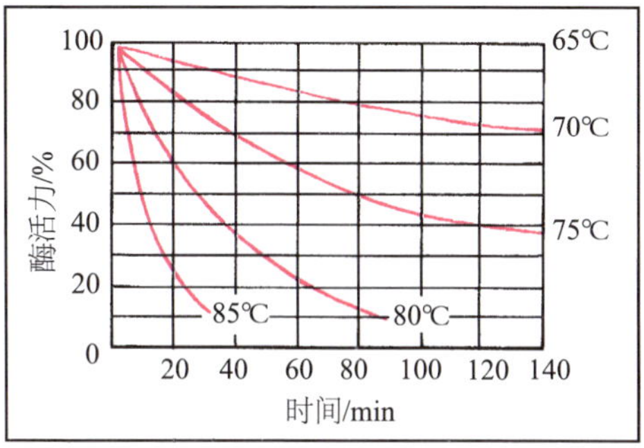

图3.22 酶活力与作用时间的关系

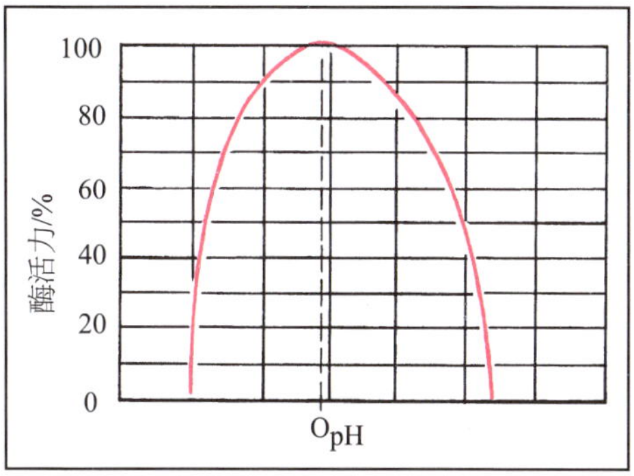

图3.23 酶活力与pH之间的关系
O：最佳值

响一般来说没有温度的影响大。

以下物质分解过程对于酿造工而言十分重要：

- 淀粉分解
- β-葡聚糖（麦胶物质）的分解
- 蛋白质的分解
- 其它一系列分解过程

3.2.1.3 淀粉的分解

啤酒中最重要的组分酒精是由糖发酵而来的，因此必须将淀粉分解成麦芽糖，除此之外，还有其它中间产物和不可发酵的糊精。

> 淀粉必须彻底分解为糖和不会导致碘液变色的糊精，彻底分解淀粉不仅是出于经济性考虑，没有分解的残余淀粉会导致啤酒出现糊化浑浊。

淀粉分解分为三个不可逆过程，但它们彼此连续进行：即糊化、液化、糖化。

（1）糊化　在热水溶液中，大量水分子进入淀粉分子中，使其体积增大，密结的淀粉颗粒膨胀、破裂，形成黏性（黏稠）溶液，其黏度取决于水分子进入淀粉颗粒的多少，而且不同谷物的黏度也不同，比如大米的膨胀要比麦芽淀粉大得多，但在膨胀过程中并没有发生物质分解，因此人们称这一过程为“糊化”，这是日常烹饪工作的重要组成部分（比如制做布丁，使汤或汁变稠）。

糊化后的淀粉不再聚结成固体淀粉颗粒，液体（醪液）中含有的酶可以直接将它们很快分解，而未糊化淀粉的分解则需要很多天。

> 糊化就是指淀粉颗粒在热水溶液中膨胀、破裂，这种黏性溶液中的游离淀粉分子相对于未糊化的淀粉而言可以较好地被淀粉酶分解。

不同谷物的糊化温度不同：

- 有酶存在时，麦芽淀粉和大麦淀粉一般可在60℃糊化，而大米淀粉的糊化要在80~85℃进行

（2）液化　α-淀粉酶将许多葡萄糖残基组成的淀粉长链（支链淀粉和直链淀粉）迅速分解为许多短链（见图3.24b），使已糊化醪液的黏度迅速下降，而β-淀粉酶只能很缓慢地从非还原末端分解长链，因此，如果仅通过β-淀粉酶分解淀粉，则需要几天时间。

液化的含义是：通过α-淀粉酶的

作用，使已糊化的淀粉液黏度降低。

（3）糖化 α-淀粉酶将支链淀粉和直链淀粉的长链分解为由7~12个葡萄糖残基组成的糊精，β-淀粉酶再从此短链的末端每次切下2个葡萄糖单元，形成麦芽糖（见图3.24c），这个过程比α-淀粉酶分解淀粉长链的过程长。

不同长度的淀粉链除了形成麦芽糖外，还可形成其它糖类，比如：葡萄糖和麦芽三糖。由于α-淀粉酶和β-淀粉酶都不能分解1,6-糖苷键，淀粉的分解会在1,6-键前的2~3个葡萄糖残基处停止，因此正常麦汁中总有界限糊精存在。

麦芽中虽然存在既可分解1,4-糖苷键，又可分解1,6-糖苷键的界限糊精酶，但由于它的最佳作用温度为50~60℃，所以此酶在糖化中没有作用，不过70℃时界限糊精酶还有微弱的活力。

麦芽中的淀粉酶对淀粉的分解作用为：

α-淀粉酶将淀粉长链分解为较小的糊精，其最佳作用温度为72~75℃，失活温度为80℃，最佳pH为5.6~5.8。

β-淀粉酶从链的非还原末端分解，形成麦芽糖，也形成葡萄糖和麦芽三糖，其最佳作用温度为60~65℃，对较高温度很敏感，70℃时迅速失活，最佳pH为5.4~5.5。

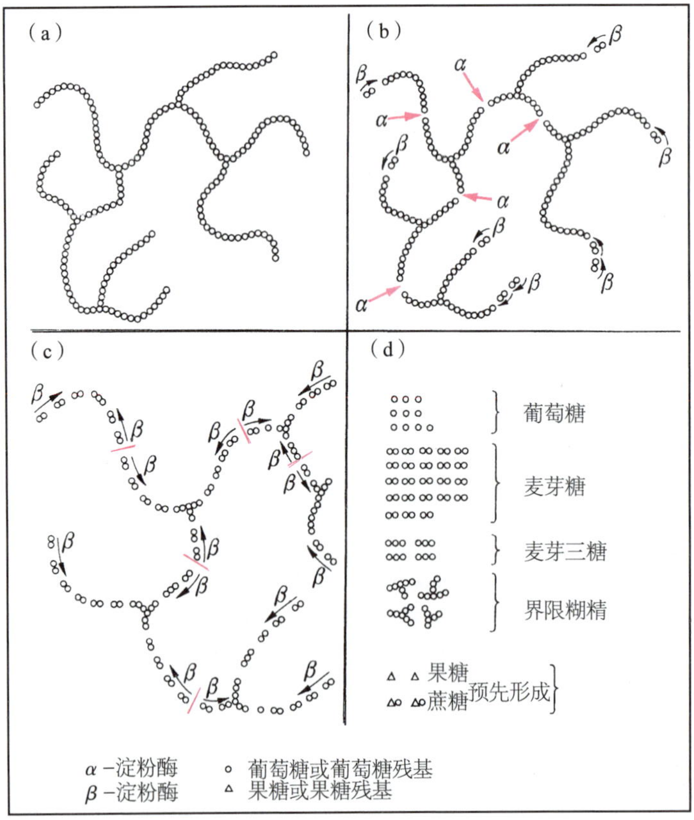

图3.24 糖化中的淀粉分解

淀粉的分解情况必须检查，因为没有分解的淀粉和高分子糊精可导致啤酒出现糊化浑浊。

淀粉的分解情况可采用0.02mol/L的碘液（碘和碘化钾的酒精溶液）进行检查，称为“碘检”，之前必须冷却醪液样品。碘检原理：室温下，碘液遇到淀粉和较大分子的糊精时呈蓝色至红色，而所有糖类和较小分子的糊精则不会使碘液变色。

碘液遇高分子和中分子的分支糊精后会显现紫色至红色，这一变色过程并不容易辨认，但能表明麦汁碘检不正常。较好的碘检方法是根据W.Windisch法检查此类糊精的存在。这种方法的步骤为：先用乙醇沉淀此类糊精，然后去除乙醇，重新溶解后加碘显色，这种方法多在出现问题时使用。酿造工必须能够正确判断碘检显色。

碘检时未出现变色，应记录“碘检正常”，淀粉分子从分解至碘检正常状态的过程称为“糖化”。

“糖化”的含义是：通过淀粉酶的作用，将已液化的淀粉分解为麦芽糖和糊精，其检查通过“碘检”进行（见图3.25）。

糖化时主要形成下列可以或不可以被啤酒酵母发酵的淀粉分解产物：

（1）糊精　不可发酵。

（2）麦芽三糖　能被所有发酵度高的酵母发酵。只有当麦芽糖发酵完后，酵母才能分解它，即在后酵贮存时分解（后发酵性糖）。

（3）麦芽糖及其它双糖　能又快又好地被酵母发酵（主发酵性糖）。

（4）葡萄糖　最先被酵母分解（起发酵性糖）。

可发酵性糖占麦汁总浸出物的比例决定了最终发酵度，而最终发酵度又确定了啤酒的酒精含量，从而对啤酒的风味有着重要影响。

酶的各种工作决定了可发酵性糖的比例，因此最终发酵度也在糖化时被确定。

当外观发酵度为80%时，浅色全啤酒的可发酵性浸出物的正常组成为：

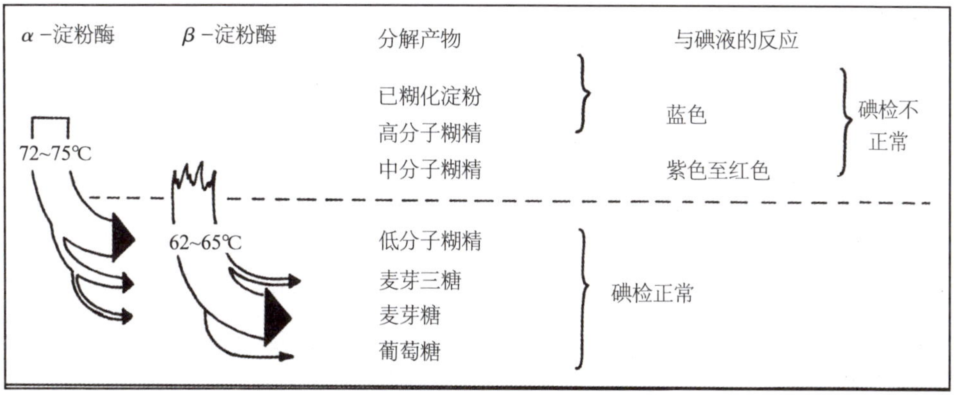

图3.25　淀粉分解至碘检合格

可发酵性糖	占浸出物的百分比/%	占100mL12%麦汁的百分比/%	占可发酵性浸出物的百分比/%
六碳糖	7～9	0.9~1.2	11.9
蔗糖	3～4	0.4~0.5	5.1
麦芽糖	43～45	5.6~5.9	65.4
麦芽三糖	11～13	1.4~1.7	17.6
合计	62~68	平均8.8	100.0

麦汁中可发酵浸出物的组成在很大程度上取决于糖化工艺，由于麦汁中的各种糖分和糊精会共同影响发酵过程和啤酒质量，因此酿造者在糖化时必须注意影响淀粉分解的各种因素，这些主要影响因素有：

- 糖化过程中的温度
- 糖化时间
- 醪液的pH
- 醪液浓度

3.2.1.3.1 温度对淀粉分解的影响

在62~63℃糖化，可以得到最大量的麦芽糖和最高的最终发酵度，麦芽糖含量丰富的麦汁发酵较迅速，酵母也能长时间保持悬浮状态。

> 在62~64℃长时间糖化，可以得到最终发酵度较高的啤酒；若超过此温度，在72~75℃长时间糖化，则可得到最终发酵度低、糊精含量丰富的啤酒。

糖化温度的影响非常大，所以糖化时须在各种淀粉酶的最佳作用温度下进行休止，即：

> 形成麦芽糖的休止温度为62~65℃（β-淀粉酶的最佳作用温度）。
>
> 糖化休止温度为72~75℃（α-淀粉酶的最佳作用温度）。
>
> 糖化终止并醪温度在76~78℃。

尽管过滤过程要在较高温度下进行，使麦汁黏度保持较低水平，以加快过滤速度，但同时必须考虑到温度超过78℃以后，仍有活力的α-淀粉酶会不断失去活力，而过滤过程中会有残余淀粉重新被溶解，需要残余的α-淀粉酶对其进行分解（后糖化），否则，碘检正常的麦汁可能又变得不正常（糊化浑浊）。

3.2.1.3.2 糖化时间对淀粉分解的影响

在糖化过程中，酶的作用并不均匀，酶的活力可划分为两个阶段（图3.26）[19]，：

（1）10~20min后，酶的活力最大，62~63℃时酶的活力要高于67~68℃时。

（2）40~60min后，酶的活力下降较快，然后下降变慢。

由此可见，温度的影响与糖化时间总是联系在一起的。

总之：

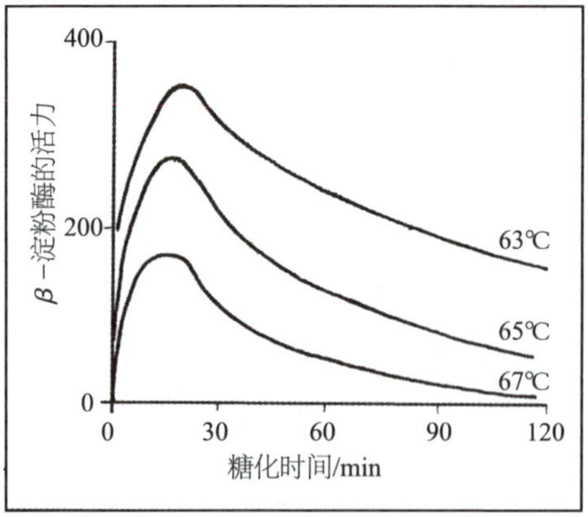

图3.26 糖化温度和休止时间对β-淀粉酶活力的影响

1. 随着糖化时间的延长，浸出物溶液的浓度也在不断提高，但提高过程会越来越慢。

2. 随着糖化时间的延长（特别是62~63℃的糖化），麦芽糖含量也在不断提高，即最终发酵度在不断提高，这样的麦汁可使主发酵强烈。

3.2.1.3.3 pH对淀粉分解的影响

前面已经提到，酶的作用强度取决于pH，我们知道β-淀粉酶的最佳pH为5.4~5.5。

醪液的pH在5.5~5.6时，可以视为两种淀粉酶的最佳pH范围，与较高的醪液pH相比，这一pH可增加浸出物的浓度，形成较多的可发酵性糖，提高最终发酵度。

根据糖化用水和麦芽的化学组成，醪液的pH一般会在5.6~5.9，即偏高。因此，酿造者必须在糖化时将pH降至5.2~5.1，这点将在3.2.1.8论述。

3.2.1.3.4 醪液浓度对淀粉分解的影响

在稀醪中，更多的浸出物可以溶出，但浓醪可以较好地保护酶，防止其在较高温度下失活（醪液中颗粒和已溶解物质的胶体保护效应），因此浓醪糖化可以提高可发酵性糖的含量和最终发酵度。

但醪液浓度对淀粉分解的影响没有其它因素那么大。

3.2.1.3.5 淀粉分解的检查

有关淀粉分解检查的说法在此总结如下：

- 糖化时，必须将淀粉彻底分解至碘检正常状态。
- 糖化终了时，借助“碘检”检查淀粉分解情况。由于碘液只有在冷醪中遇到淀粉和较大的糊精才会显色，因此必须冷却碘检醪液样品，碘检时将冷醪液放在白瓷盆或石膏棒（如粉笔）上，然后滴入一滴0.02mol/L的黄色碘液，糖化终了的醪液碘检时绝对不能变色。
- 麦汁煮沸终了时也必须进行碘检（后糖化）。

如果麦汁碘检时出现变色现象，说明麦汁碘检不正常，人们称为“蓝色糖化”，由此生产出的啤酒会出现“糊化浑浊”，因为分子质量较大的糊精不能溶解，相应的补救措施是：取麦芽浸出液或头道麦汁添加到发酵麦汁中。

3.2.1.4 β-葡聚糖的分解

我们已经看到，麦粒的细胞壁是由蛋白质、纤维素和半纤维素交织而成的，它们通过β-葡聚糖链连接在一起，在特定条件下，β-葡聚糖容易形成凝胶，从而使啤酒的黏度升高，导致过滤困难，因此人们有必要进一步了解β-葡聚糖。

正如我们知道的那样，大部分高分子β-葡聚糖在制麦时已被分解，对此有利的措施是：

- 采用β-葡聚糖含量低的大麦品种
- 麦芽的内β-葡聚糖酶含量高（至少120u的内β-葡聚糖酶/kg麦芽）

- 麦粒的内容物质溶解好（脆度值超过80%）

同螺旋形的淀粉分子（α－葡聚糖，见1.1.4.1.1）相反，β－葡聚糖分子没有分支，为长形，众多这类分子通过氢键连接、组合，由于其外观不规则，人们将其称为胶束（图3.26a,1），在这种形式下，它们是可以溶解的，众多这种胶束相互连接2，其中一部分同细胞壁中的蛋白质紧密结合3，特别是麦粒中未真正溶解的部分，比如麦粒顶端4，这也是糖化开始时的状况[122，123，124]。

糊化时淀粉颗粒的结构被溶解，部分同蛋白质结合在一起的胶束也游离出来，这样，内切β－葡聚糖酶便可在这些胶束中分解β－葡聚糖5。内β－葡聚糖酶的最佳作用温度是45~50℃，如果这一温度下的休止时间较长，麦芽的溶解好同时内切β－葡聚糖酶的含量高，那么大多数β－葡聚糖都会被分解为可溶性的，从而避免形成凝胶的危险。

但如果温度升高，对温度十分敏感的内切β－葡聚糖酶便会失活并失去作用，而对温度不敏感（至70℃）的β－葡聚糖溶解酶则开始产生作用，将高分子β－葡聚糖从蛋白质和未溶解的麦粒顶端溶解出来，而这些高分子β－葡聚糖却不能继续分解，因为内切β－葡聚糖酶在这一温度下早已失活，因此溶解差、酶含量低的麦芽总是含有高分子β－葡聚糖，但它们并不等于β－葡聚糖凝胶。

当温度达到70~80℃以上，结合物中的部分氢键（图3.26b,1）断开后问题才真正出现，即在麦汁煮沸和麦汁冷却时。

加热会产生性质活跃的β－葡聚糖2，它们在冷却时有着不同的表现。

如果无剪切力：

- 采用酶含量高、溶解良好的麦芽
- 缓慢冷却
- 平稳沉淀，不产生涡流
- 避免形成剪切力

分子间便不会重新建立氢键，形

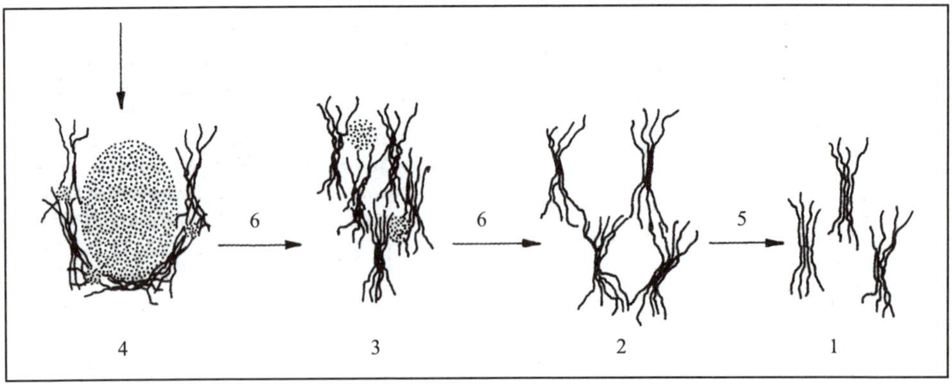

图3.26a　β－葡聚糖在糖化时的分解

1－胶束　2－相互连接的胶束　3－与蛋白质结合的胶束　4－未溶解部分
5－通过内切β－葡聚糖酶分解　6－通过β－葡聚糖凝胶酶分解

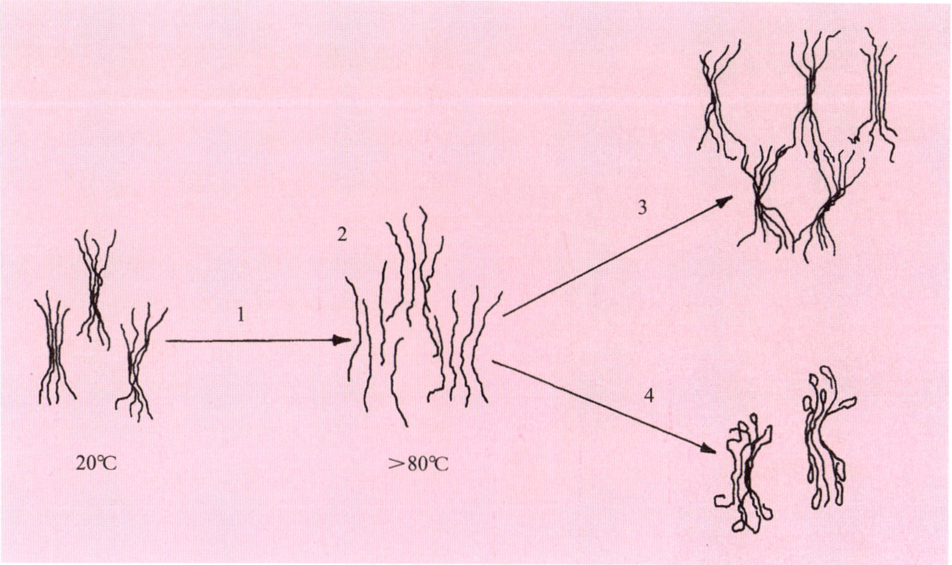

图3.26b　β-葡聚糖在热介质中结构和状态的改变

1-氢键断裂　2-加热后性质活跃的β-葡聚糖　3-剪切力　4-无剪切力

成凝胶的危险很小。

但如果有剪切力：

- 在较高的温度下制造很大的剪切力，比如：

——外加热器中的流速高，方向重复变换

——泵中形成强烈的涡流

——回旋沉淀槽中形成强烈的涡流

——管道横截面积太窄或多变

——离心力的作用

氢键便会将葡聚糖束结合起来，通过分子的延伸形成凝胶，从而提高黏度并导致过滤困难。

麦芽脆度值、Carlsberg麦粒抛光法（见2.8.2.10）和协定糖化麦汁的黏度是反映高分子β-葡聚糖值的主要检查指标，它们同麦汁的β-葡聚糖含量以及啤酒的可过滤性之间有着密切的关系，脆度值最好超过80%，麦粒抛光法检测出的麦芽均匀度至少应达到70%，最好75%。

检测麦汁黏度可以反映出β-葡聚糖含量，由此说明它对麦汁和啤酒过滤造成的难度，检测黏度的方法有：

- Höppler落球黏度计法（见图3.27）：通过测定一定大小和形状的球穿过装满麦汁的玻璃管上下线所用的时间来计算麦汁的黏度，结果以 mPa·s为单位，正常值为：

协定麦汁（换算至浓度8.6%）的黏度：1.51~1.63mPa·s。

煮沸终了麦汁（换算至浓度12%）的黏度：1.73~2.20mPa·s。

全啤酒（换算至浓度12%）的黏度：1.78~1.95mPa·s。

- Ubbelohde-毛细管-黏度计法，此法可自动测量。

图3.27　Höppler落球黏度计

3.2.1.5　蛋白质的分解

最迟到麦汁煮沸时，几乎所有的高分子蛋白质（少量除外）都会沉淀下来，啤酒中仅含有酵母增殖和快速发酵所必需的蛋白质。

	有利影响	不利影响
高分子蛋白分解物	泡沫的形成口味丰满性	形成浑浊
低分子蛋白分解物	酵母营养	

酶对蛋白质的分解必须分别看待：

- 45~50℃时会更多地形成低分子蛋白质分解产物，特别是肽和氨基酸
- 60~70℃时会形成更多的对泡沫稳定性有利的高分子蛋白质分解产物

氨基酸是酵母必需的营养物质，这一点很重要，酵母最少需要消耗10~14mg α-氨基氮/100mL麦汁。

由于脯氨酸不能作为α-氨基氮的提供者被酵母利用，麦汁的α-氨基酸含量至少应达到20mg/100mL，如果不能保证这点，则：

- 酵母的繁殖会减弱
- 发酵和成熟会延缓
- 啤酒中会有不希望的嫩啤酒味道

采用溶解好的麦芽生产的麦汁含有足够的α-氨基酸，但使用辅料、糖或糖浆时，由于这些物质不能给麦汁带来氨基酸，必须在45~50℃时进行休止，而使用溶解好的麦芽时，鉴于其蛋白质分解情况没有必要在45~50℃时进行休止。

45~50℃时的长时间休止会使泡沫变差。

3.2.1.6　脂类物质的转换

糖化时麦芽中含有的一部分脂类被脂肪分解酶分解为甘油和脂肪酸。

在此要特别注意容易发生反应的不饱和脂肪酸的氧化和酶分解，在脂氧化酶和氧的作用下这些脂肪酸会转化为中间产物，今后可能作为老化物质对啤酒的口味稳定性产生不利影响。

即使只有极少量的脂肪酸进入啤酒，也会给啤酒的口味稳定性带来危害，但只有不饱和脂肪酸由于其氧化速度快被视为老化前驱物质[168]。

由于麦芽粉碎物始终含有不饱和脂肪酸，只有通过严格杜绝氧来避免氧化，但投料装置却将麦芽粉碎物、水和空气强烈混合在一起，因此人们从一开始便努力避免氧的影响。

但即使完全隔离氧也不能避免脂氧化酶的分解作用，脂氧化酶在发芽过程中形成，主要聚集在叶芽和根芽

中，在麦芽叶芽中这种酶比较丰富，其最佳pH为6.0，对高温非常敏感，因此这种酶很大部分在干燥时便已失活，深色麦芽比浅色麦芽的失活程度更高，尽管如此还是有1/3有活力的酶留在了麦芽中。

通过粉碎存在于叶芽中的脂氧化酶被迅速激活，由于投料温度通常较低并且投料水的pH较高，脂氧化酶可在相对较短的时间内分解不饱和脂肪酸，产生日后会形成老化物质的自氧化产物。

从粉碎开始避免这一氧化和转化过程的方法有三种：

- 添加惰性气体（CO_2或N_2）隔离氧气
- 采用60℃或更高的投料温度（见3.2.3.2）
- 将投料时的pH降至5.1~5.2（见3.2.1.8）

但糖化时也有其它的饱和脂肪酸被溶解，包括淀粉中含有的5%~7%的脂肪，麦汁过滤浑浊以及凝固物分离差会将较多的游离脂肪酸带入麦汁，可能导致过滤问题。

发酵时也会形成脂肪酸，贮酒阶段酵母会使其中对泡沫有不利影响的中链脂肪酸析出。

3.2.1.7 其它的分解和溶解过程

一部分仍未溶解的有机磷酸盐可通过磷酸酯酶溶解，这些磷酸盐是酒精发酵所必需的，一部分磷酸盐和水中形成硬度的盐分一起转化，这将有助于麦汁的pH变化和缓冲作用。

随着糖化时间的延长和温度的提高，麦皮和胚乳中的鞣质和花色苷将游离出来，对于这一过程糖化时只能在一定程度上加以控制。

特别是高分子鞣质和花色苷物质对于啤酒浑浊有重大影响，它们与高分子蛋白质结合并沉降下来，同时也不利于啤酒的口味。但低分子的鞣质具有积极的还原作用，这种积极的还原作用可在糖化和过滤时避免氧含量的增加。

锌的游离：

> 微量元素“锌”对酵母的蛋白合成、增殖和发酵具有重大的生理意义，缺锌会导致酵母增殖缓慢、发酵缓慢、双乙酰还原不完全，因此必须高度重视锌，并尽最大可能保住麦芽中含有的锌。

麦芽约含锌总量的20%，下料混合时溶于醪液中，随着糖化的进行，锌含量会逐渐减少，如果低于界限值0.15~0.18mg/L，则会出现以上所说的发酵困难。

有利于锌含量的措施有：

- 较低的pH
- 较低的糖化投料温度
- 料水比：1/2.5

弥补锌含量缺乏的措施还有很多：

- 在其它国家普遍添加氯化锌，但《纯酿法》不允许
- 由于只有一部分锌溶解在醪液中，而大部分锌进入了麦糟，人们可将少量麦糟和生物酸按照1∶1的比例混合在一起，一天后将少量这种含锌溶液杀菌，加入生产酵母中，从而获得必要的锌含量
- 由于锌在酸性溶液中相对容易转

化，可用锌来制作酸化容器的器壁，但容易出现孔隙和被破坏，因此可在生物酸化容器中放入一块锌板，但这一措施也不符合《纯酿法》的要求。

3.2.1.8 生物酸化

通过对pH有影响的钙盐、镁盐特别是磷酸盐和其它麦芽成分的共同作用，醪液的pH稳定在5.6~5.8，但我们已看到，pH较低时，一系列的过程和变化会进行得更快和更好。

因此人们希望将pH降至5.1~5.2，方法有：

- 在法律允许的范围内添加矿物酸
- 采用生物酸化方法，也就是说培养麦芽表面本身就有的乳酸菌，不借助外来物质，这些乳酸菌会产生大量可降低pH的乳酸

根据酸化的时间，人们将其分为：

- 醪液酸化
- 麦汁酸化

这两种方法既可联合使用又可单独使用。

在糖化过程开始时进行醪液酸化或对麦汁进行酸化是一项重要措施，它的好处在于[137]：

- 酶的作用大幅度增加，因为除了α-淀粉酶外的其它所有重要酶都被激活
- pH较低时更多的生长物质会进入溶液，比如锌的含量增加
- 浸出物收得率提高
- 蛋白质的析出得到改善（更好地形成絮状物）
- 还原趋势改善，对氧的敏感性降低
- 麦汁过滤加快
- 减轻麦汁煮沸时的色度
- 促进磷酸酯酶的作用，通过分解磷酸盐提高缓冲能力
- 由于凝固物的析出更好，发酵过程加快，pH下降迅速，发酵度较高
- 黏度降低，啤酒过滤得到改善
- 口感更加圆润、醇厚、柔和
- 酒花苦味更加舒适，没有后苦味
- 啤酒具有杀口性，口味更加清新、浓厚、有特色
- 泡沫细腻、稳定
- 啤酒的色泽较浅
- 口味稳定性更好，因为当pH降至5.2以下后，脂氧化酶不再起作用
- 理化稳定性更好，形成蛋白质沉淀的趋势减弱
- 促进消化，乳酸的有利影响
- 减少啤酒生物方面的危险，因为：
  - pH较低：当pH低于4.4时，啤酒有害菌不再生长
  - 最终发酵度较高，可发酵性糖减少
  - 酵母的选择压力增加，作为竞争对手的啤酒有害菌被抑制

所有这些都是在糖化开始时对醪液进行酸化的理由，由于磷酸脂酶可分解出作为缓冲物质主要组成部分的磷酸，pH的变化被抵消一部分，因此也有必要对麦汁进行酸化，但我们将看到，麦汁酸化最好在麦汁煮沸快结束时或麦汁煮沸之后进行。

- 麦汁生产过程中的最佳pH为5.1~5.2

酸化的方式有：

- 添加矿物酸
- 生物酸化

3.2.1.8.1 添加矿物酸

除了遵循《纯酿法》的国家之外，人们有时会往醪液或麦汁中添加酸，一般使用磷酸，常见的还有盐酸或硫酸，但其腐蚀作用会使不锈钢变黑。

酸的添加量必须通过滴定准确计算出来（见3.2.1.8.2），酸在大量的醪液和麦汁中会立即离解，仅以离子的形式存在，这点应该对那些一听说添加了酸便会觉得胃灼痛的顾客说明。

要使pH下降0.1，必须：

- 给醪液添加0.64当量的酸/100kg麦芽
- 给打出麦汁添加0.32当量的酸/100kg麦芽满锅麦汁

由此得出下列每100kg麦芽的酸添加量[167]：

酸	添加至醪液中		添加至麦汁中	
	g	= mL	g	= mL
100%的乳酸	58		29	
80%的乳酸	72	60	36	30
37%的盐酸	63	53	32	27
98%的硫酸	32	17	16	9

3.2.1.8.2 “酸麦芽”的生产

德国采用通过生物方法获得的乳酸进行酸化。

醪液或麦汁生物酸化的基本思路是：

德国《纯酿法》不允许添加其它物质，但麦芽不是其它物质，而且其表面含有大量的乳酸菌。在溶液中，这些乳酸菌在最佳温度48℃下可产生2%的乳酸，更高的浓度乳酸菌自身无法承受。

如果使乳酸菌在整个醪液或麦汁中增殖并产生乳酸，就会使整锅麦汁或醪液变酸。为了有目的地降低pH，必须：

生产乳酸溶液，并精确计算加入醪液或麦汁中的乳酸量。

生物酸化的首要前提是合适的乳酸菌种，建议使用的纯菌种为[137,206]：

Lactobacillus amylovorus

Lactobacillus amylolyticus

- 这两种乳酸菌都可以在啤酒麦汁中迅速繁殖
- 具有很高的酸化能力，乳酸量达2%，可将pH降至3以下
- 与其它乳酸菌不同，这两种乳酸菌可由两个葡萄糖分子形成乳酸（同型发酵，也就是说只产生同类代谢产物）
- 在52℃的高温下还可以生长
- 也可以发酵糊精和淀粉
- 产生大量的有生理营养意义的L型乳酸
- 对啤酒无害（对酒花十分敏感，30℃以下不能生长）
- 不会产生胺或其它毒素，不会产生双乙酰
- 菌种容易处理

扩培在由一个培养罐1和一个贮存容器2组成的酸化设备中进行（图3.28），其中贮存容器的体积约等于培养罐的3倍。

在培养罐中，酸化麦汁和稀释后的头道麦汁以大约1∶1的比例在（48±1）℃的温度下混合，并严格保持这一温度，由于乳酸菌在隔绝空气的情况下会更好地生长，而好氧的污染性细菌（比如*Candida*野酵母）会被抑制，因此往酸化物中充入CO_2气体。

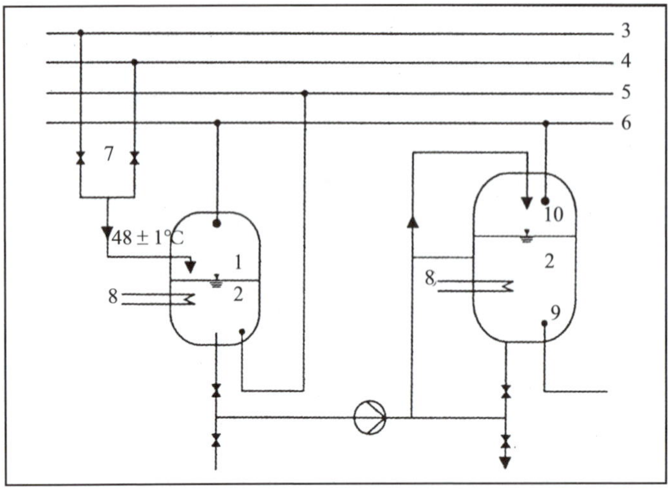

图3.28　生物酸化的设备流程图
1-用于生物酸化的发酵罐
2-用于生物酸化的贮罐
3-头道麦汁
4- 脱氧后的冷水
5- CO_2
6-CIP管道
7- 混合装置
8-加热管
9-通气接口
10-CIP喷头

生物酸化的过程最好有一定的规律，根据糖化节奏，当培养罐的一半被倒入贮存容器2中后，马上由同样数量的稀释头道麦汁补足，乳酸的含量为0.8%~1.2%。

泵入贮存罐中已开始酸化的麦汁的酸度逐渐上升到1.8%~2.2%，达到最终酸度值后可从底部取出。

进行醪液酸化时根据经验：

- 投料时添加1%
- 麦汁煮沸结束时添加1%~2%

只对麦汁进行酸化时：

- 往打出麦汁中添加大约2%

根据每天的糖化次数和产量大小，人们需要配备相应数量的容器（图3.28a），必须考虑的是，在贮存容器中酸化还在继续，直到乳酸含量达到1.8%~2.2%，过多的自身代谢产物乳酸菌也无法承受，因此酸度是自行控制的。

必要的乳酸量可以计算，下列表中可以查出，要使投料量为1t的醪液或麦汁（65hL，11.5%）的pH下降0.3，需要浓度为0.8%的乳酸溶液在醪

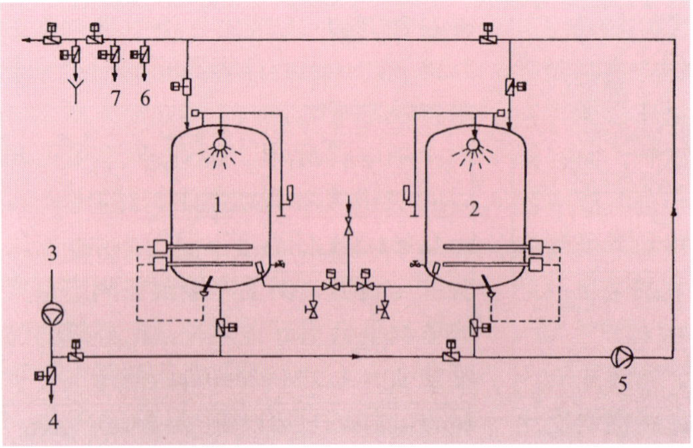

图3.28a　生物酸化设备
1-用于生物酸化的发酵罐
2-用于生物酸化的贮罐
3-来自暂贮罐的麦汁
4、7-进入麦汁煮沸锅
5-乳酸液泵
6-进入糖化锅

液中

3 ×60mL/kg×1000kg=

=180000mL=180L

在麦汁中

3 ×30mL/kg×1000kg=

=90000mL=90L

使用浓度为0.8%的乳酸溶液时，每1kg麦芽的乳酸需求量（mL）如下（=1/t投料量）：

pH降低	醪液中添加/mL	麦汁中添加/mL
0.1	60	30
0.2	120	60
0.3	180	90
0.4	240	120

（1）确定乳酸浓度　为了测量乳酸的浓度必须首先配制原液[15]：

将4L46~48℃的自来水同1kg未粉碎的麦芽装入一个5L锥形瓶中，在恒温箱中放置48~72h，烧瓶装上发酵栓。

乳酸浓度的检测：采用滴定法，用0.1mol/L NaOH滴定25mL乳酸原液，此时：

消耗的每1mL 0.1mol/L NaOH相当于9mg乳酸。

滴定时大多用溴百里酚蓝作为指示剂（0.1g溴百里酚蓝溶解于100mL20%的乙醇中），此指示剂在pH为7.0时变色（遇酸黄色，遇碱蓝色）。

例题：

25mL乳酸原液在滴定至变色时，消耗了14.1mL NaOH。

1mL 0.1mol/L NaOH = 9mg乳酸

14.1mL 0.1mol/L NaOH = 9×14.1 = 126.9mg乳酸

25mL乳酸原液中含有126.9mg乳酸

100mL乳酸原液中含有126.9×4=507.6mg乳酸

507.6mg/100mL = 0.51g/100mL

即：乳酸原液的浓度约为0.51%

（2）乳酸原液的扩培　从乳酸原液中取出2L酸液放入一个10L的容器中，每隔8~12h添加4L46℃的浓度为8%的麦汁进行扩培，快满10L时，可将其转入另一个温度可以恒定调节的扩大罐中继续扩培，关键是保持48℃（±1℃），因为在较低温度下，其它微生物会形成不利于啤酒口味的代谢产物。

例题：

计算打出全麦汁的乳酸添加量。

为使1L煮沸前麦汁的pH从5.54降到5.20，需要14.25mL乳酸原液，25mL乳酸原液的滴定值为28.7mL 0.1mol/L NaOH，问：100L麦汁需添加多少克乳酸（100%浓度）？

已知：1mL 0.1mol/L NaOH =9mg乳酸，则

28.7mL 0.1mol/L NaOH =28.7×9=258.3mg乳酸液

25mL溶液中含有258.3mg乳酸

那么，在100mL溶液中有258.3×4=1033.2mg乳酸

1033mg=1.033g

100mL麦汁中含有1033mg乳酸

那么14.25mL麦汁中含有乳酸量为：1033×14.25/100=147mg=0.147g

> 乳酸
> 即：1L麦汁需要0.147g乳酸
> 100L麦汁则需要14.7g乳酸

（3）乳酸的添加　乳酸应尽早添加，这样可以进一步提高酶的活力，同时限制对酸敏感的脂氧化酶的作用，否则脂氧化酶会立即开始分解容易发生反应的不饱和脂肪酸。当然，为了尽早添加人们可将酸加入投料水中，但这样做需要一个单独的容器，此外《纯酿法》也不允许这样添加。投料时在湿粉碎机中添加酸很有益，同时也是许可的（见3.2.3.3）。

> 在煮沸麦汁中添加乳酸时，通常在煮沸快结束前进行，以便让酒花树脂先在较高的pH环境下较好地异构化，提高酒花的利用率。
>
> 此外，SMM裂解为二甲基硫时，如果pH较高，半衰期会缩短。

3.2.1.9　浸出物的组成

75%~80%的投料量会在糖化时溶解浸出，不溶的残余部分随着麦糟被排出，糖化时形成的浸出物（图3.29）主要是糖类（麦芽糖、麦芽三糖、葡萄糖），包括大麦中预先形成的糖（蔗糖、果糖），在11%~12%的麦汁中，这些可发酵性糖的含量占浸出物总量的61%~65%，从而决定了同样高的最终发酵度，61%~65%的真正发酵度（V_w）相当于实际生产中75%~80%的外观发酵度（V_s），浸出物中不可发酵的残余部分主要是糊精、蛋白质、麦胶物质和矿物质（见4.3.3.3）。

3.2.1.10　糖化的结论

关于糖化过程有一系列的结论，从投料开始人们就必须注意以下要点：

- 保持酶的最佳作用温度并注意酶的最高温度
- 避免氧对啤酒质量的不良影响
- 利用pH影响物质的转化和过程
- 避免形成剪切力

与此相关的因素：

- 麦芽在较高的温度下增湿

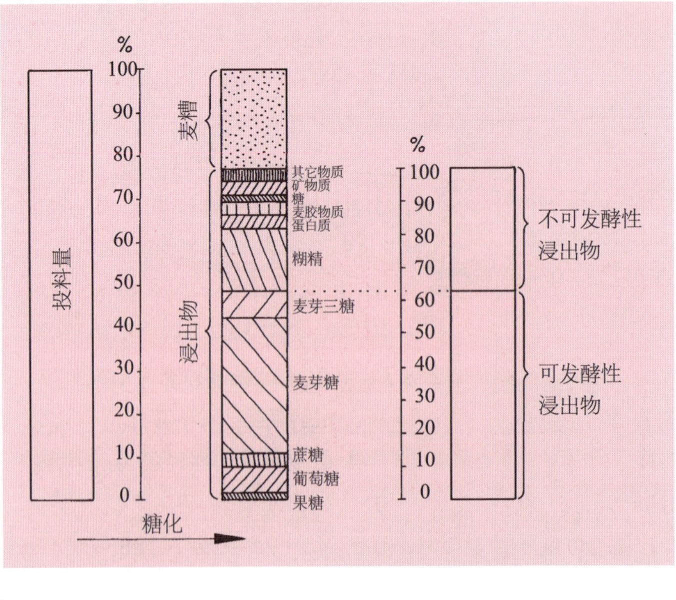

图3.29　浸出物的组成

- 投料时间短
- 混合均匀，不结块
- 避免氧气进入
- 从底部进醪
- 使用经过脱气处理的投料水
- 采用无级调频控制的搅拌器
- 加热时采用最大搅拌功率，保温时只用一半功率
- 不接触空气的调频醪液泵
- 避免不必要的剪切力
- 采用弯头较宽的管道
- 投料温度高（超过60℃）
- 醪液的pH低于5.4，最好5.2：
  — 新鲜啤酒的口味更加柔和
  — 口味稳定性更好
- 酿造用水的氧含量更低
  — 对投料水进行脱气处理或者采用氮气或二氧化碳

3.2.2 糖化容器

糖化需要两个容器，因为在煮出法工艺中，要分出部分醪液在一个容器中煮沸，而剩余醪液仍留在原容器中，也就是说，两个容器中至少一个能加热，现代化糖化车间的两个容器均能加热（糖化锅和糊化锅）（见图3.30，图3.31）。

糖化锅的构造与煮沸锅类似，只是尺寸更小，因为醪液总量比满锅麦汁量要少得多，如果采用浸出法糖化工艺，则只需要一个糖化锅。

搅拌器的尺寸设计非常重要，它的转速必须与锅体直径相适应， 而且不能超过3m/s线速，否则会对醪液产生剪切力，剪切力可改变醪液内容物质（见3.2.4.1）。

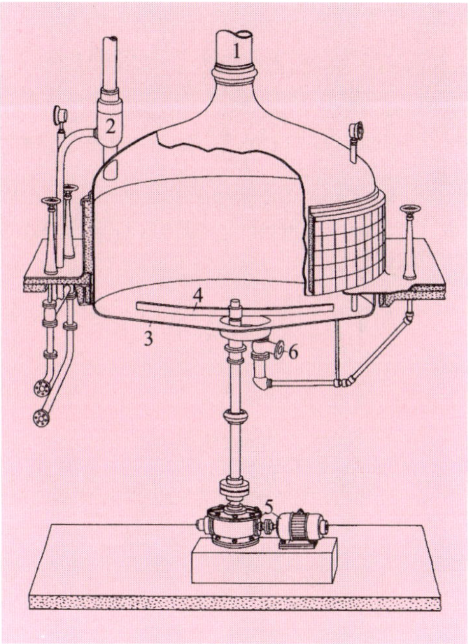

图3.30　糖化锅（老式）

糊化锅的加热具有特殊意义，过去通用的蒸汽夹套如今已不再适用，蒸汽夹套的表面积很大，煮沸结束时如果忘记打开空气阀门，就容易形成真空，把锅底吸瘪，此外蒸汽夹套的传热效果也很差。

如今，通过焊接在锅底及侧壁的半圆形管加热（图3.32）可使传热效率提高20%。

传热效果好的铜材也被价廉的钢材取代，铜不适合原位清洗，而不锈钢的传热效果相对较差，因此有时使用传热较好的碳钢板制作锅体加热部分，里层再用很薄的不锈钢。

有着200~300Pa·s过压的蒸汽进入不同的区域内，与锅壁交换热量后被冷凝下来，由于使用牢固的半圆管，蒸汽阀门关闭后不会出现真空吸瘪现象，煮沸结束时也不用与空气接触，

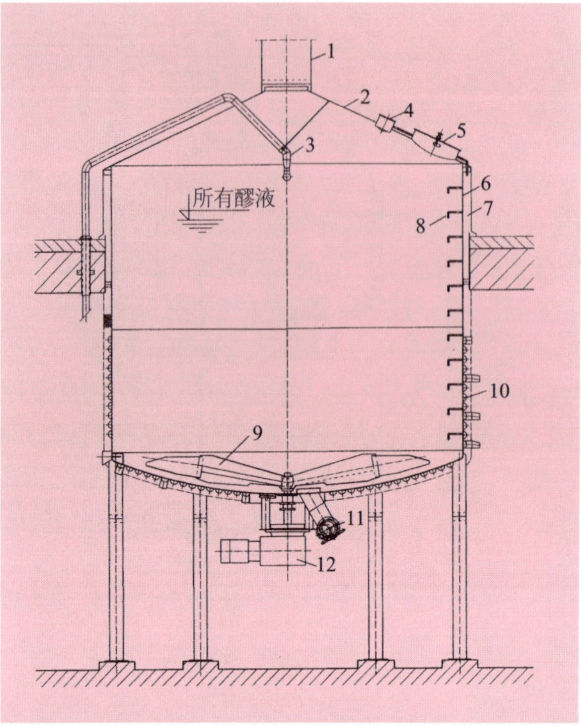

图3.31 糖化锅
1-排汽筒
2-排汽锅顶盖
3-CIP清洗
4-内部照明灯
5-视孔
6-锅壁夹套
7-保温层
8-攀登栏
9-搅拌器
10-加热管
11-醪液进口和出口
12-驱动马达

从而避免了乏汽。

蒸汽冷凝后出现的冷凝水通过疏水器排出，疏水器大多以浮阀形式工作，以确保加热管中的压力，而冷凝水则在无压状态下被排出。

处理辅料需要一个辅料煮沸容器，辅料同大约10%的麦芽一起被加热、煮沸。

辅料煮沸器同糖化和糊化锅的结构相同，但体积小些，因为辅料醪液较少，以前人们将辅料煮沸器设计为封闭的加压煮沸容器，在超过100℃的温度和过压下煮沸辅料，但由此获得的额外浸出物与消耗的能源量不成比例，因此后来改为敞开式结构（见图3.32a）。

但人们通常采用的并不是单独的辅料煮沸器，而是糊化锅。

图3.32 半圆管加热
1-钢底、碳钢板 2-不锈钢平板
3-用于加热的半圆管 4-保温层

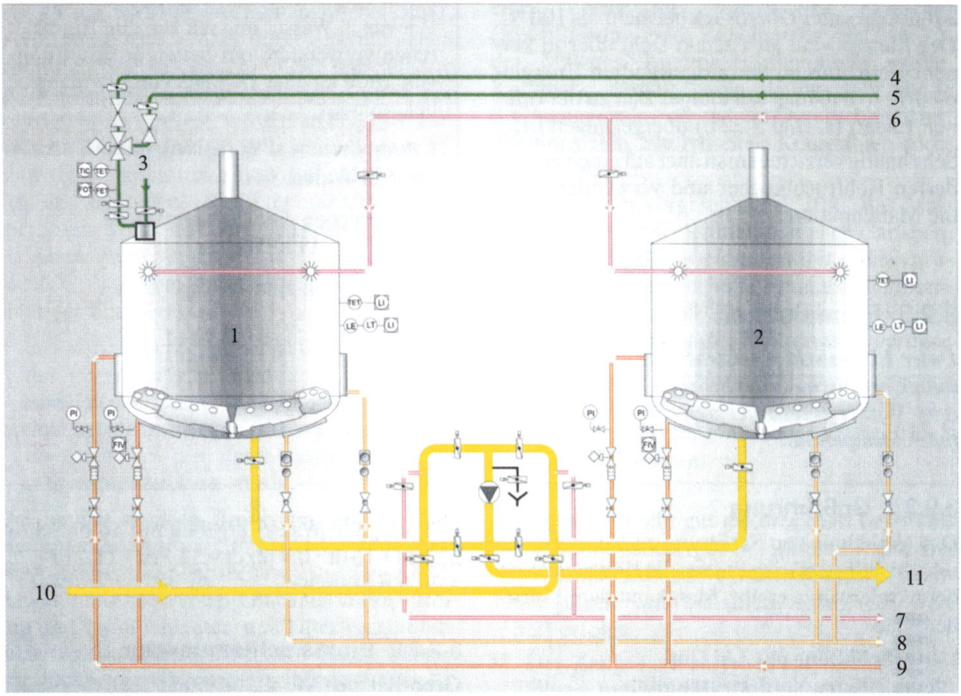

图3.32a　糖化设备

1-糖化锅　2-糊化锅　3-麦芽/原料　4-冷水　5-温水　6、7-CIP管道　8-冷凝水管道　9-蒸汽进入　10-醪液进入　11-去过滤槽

3.2.3　糖化下料

糖化下料是指尽最大可能使麦芽粉碎物在预定温度下与糖化用水强烈混合。

3.2.3.1　糖化用水

麦芽粉碎物与糖化用水的混合比例非常重要，它决定头道麦汁的浓度。

100kg糖化投料量加上300L糖化用水，可得到浓度为20%的头道麦汁。

当然，头道麦汁的浓度要比最终啤酒应达到的原麦汁浓度高，这样就可使用大量的水洗涤麦糟，降低麦汁浓度，糖化用水配比也决定了麦汁的组成和啤酒类型：

（1）生产浅色啤酒　应选择较多的糖化用水，料水比为3~4hL/100kg投料量，加快酶促反应。

（2）生产深色啤酒　应选择浓醪糖化，料水比为3~3.5hL/100kg投料量，使麦芽香味物质较多地进入醪液中。

投料后的体积为：0.7~0.8L／kg麦芽粉。

> 练习题：
>
> 用1600kg麦芽粉生产浓度为18%的头道麦汁，应使用多少升糖化投料用水?
>
> 因100kg麦芽粉与300L糖化用水可生产出浓度为20%的头道麦汁（见前面），用1600kg麦芽粉生产浓度为20%头道麦汁所需糖化用水量则为：16×300=4800L

1600kg麦芽粉产生浓度为18%头道麦汁所需糖化用水量为：

$$\frac{4800L \times 20\%}{18\%}=5333.33L$$

即：需要使用5333.33L的糖化用水。

这些水同1600kg麦芽粉共产生5333.33L+1600×0.7L/kg=5333L+1120L=6453L醪液。

3.2.3.2 投料温度

原则上可在任何温度下投料，但由于酶有最佳温度的特性，投料温度也就显得很重要，以保证酶能充分发挥作用。

过去的小型啤酒厂常在温度低的夜晚投料，整个糖化工作在夜间进行，浸出率比较高，因为有足够的时间使麦芽内容物溶出，但由于这种方法同样会使不利物质溶出，而且费时，如今已不再使用。

近来低温投料理论又被重提：麦芽粉碎物的淀粉细胞仍被蛋白质包围，而蛋白质又与胚乳细胞壁上的半纤维素和麦胶物质联结在一起，为使淀粉酶与淀粉接触，首先必须分解包围淀粉的蛋白质、半纤维素和麦胶物质层，麦芽溶解越好，这些物质的分解就越多。

分解淀粉前首先应分解蛋白质、半纤维素和β-葡聚糖，这些物质的最佳分解温度为45~50℃，（蛋白质的最佳分解温度在45~50℃，β-葡聚糖的最佳分解温度为45℃），而这些酶在35℃时即开始溶出，若在35℃投料，达到最佳作用温度时底物会以溶解形式存在，尽管35℃与淀粉分解毫无关系，但低温投料却可获得较高的最终发酵度，这就是35℃投料的原因，但如今几乎没人在这一低温下投料，因为：

- 整个糖化时间太长
- 能耗太高
- 担心麦胶物质和蛋白质的过度分解影响啤酒的泡持性能

大多数啤酒厂采用50℃左右（45~55℃）投料是希望通过β-葡聚糖的分解继续尚未进行完全的溶解，从而避免麦汁和啤酒过滤问题，良好的过滤能力和较长的连续过滤时间决定着一个啤酒厂的效率。

尽管50℃投料和休止被称为蛋白质休止，但它只是提高了通常已经足够的游离α-氨基氮的含量，却降低了对泡沫有利的物质含量，在这一温度下长时间休止会使泡沫变差。

如今，啤酒厂经常选择60~64℃投料，在这一温度下，β-淀粉酶可以很好地分解已迅速糊化并液化的淀粉，并通过蛋白质分解形成对泡持性有利的高分子产物，但这样做的前提是麦芽的溶解非常好。

不利因素是高温使β-葡聚糖酶失去活力，导致β-葡聚糖含量高，可能引起麦汁和啤酒过滤困难，特别是采用由品种不纯的大麦制成的麦芽时，或使用不同的麦芽以及当制麦厂为了调整某一特定的细胞溶解参数（蛋白溶解度、脆度等）掺杂短根麦芽时，短根麦芽的β-葡聚糖含量很高，一般细胞溶解参数的平均值无法反映这点。

因此采用较高的投料温度时，建

议[206]使用嘉士伯分析方法（见2.8.2.10）检查麦芽的均匀程度，均匀度值应达到70%，最好为75%。

高温投料的前提条件是溶解良好且均匀的麦芽。

采用溶解较好的麦芽在60~64℃投料有一系列的优点，特别是在同时对麦汁进行酸化处理的时候（pH为5.2）：

- 明显节约时间；投料温度为60~64℃的浸出法工艺需要的时间不超过120min，最快只需要80~90min，当然，也可以采用一次或二次煮出的短时高温糖化工艺
- 节约能源
- 减少蛋白质的分解，形成更多的高分子蛋白质分解产物
- 改善啤酒泡沫
- 由于减少了蛋白质的分解，麦汁中的游离α-氨基氮含量减少
- 参加美拉德反应的氨基酸减少
- 口味稳定性得到改善，原因之一是高温使脂肪氧化酶失活

3.2.3.3 糖化用水和麦芽粉碎物的混合

糖化投料时，糖化用水必须和麦芽粉充分混合，绝不能结块。传统方法是先在糖化锅添加糖化用水，然后将麦芽粉呈细流层状倒入锅中，在此期间必须开动搅拌器，使麦芽粉与水混合均匀，但这种方法会损失麦芽粉末，同时不利于啤酒质量，因为麦芽粉的倒入会使醪液吸氧，氧含量升高。

为使糖化用水与麦芽粉充分混合，应在下料管中安装麦水混合器（见图3.33），在麦水混合器中，投料温度下的糖化用水以水雾形式喷出，麦芽粉从上向下穿过此水雾区，两者均匀混合，没有结块，避免结块的投料和搅拌在此十分重要。

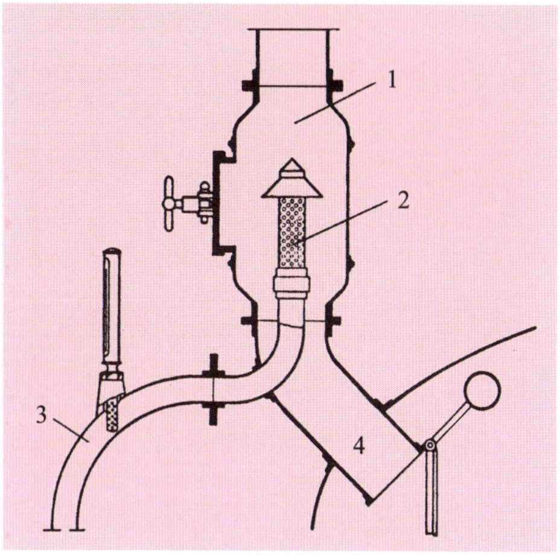

图3.33　麦水混合器
1-麦芽粉进料口　2-糖化用水喷头
3-水进入　4-水-麦芽混合

由于投料水中含有氧气，通常会预先对其进行脱气处理。

斜面转盘罐是一个很有意思的投料方式（图3.33a），粉碎物与投料水3通过一个预糖化器4进入罐中，多个相对倾斜的转盘5在一个偏心轴上运动，从而使醪液有力且柔和地运动并混合均匀，通过带有泵11的排出口9醪液被泵入糖化锅，这样醪液便可以连续通过带斜面转盘的预糖化容器。

我们看到，随着投料时粉碎物、水和空气（也包括麦芽和水中的空气）的强烈混合氧化过程开始，这样一来后期避免氧化过程的措施便被削弱，如果人们想从一开始就避免氧化过程，可将从麦芽仓到糖化锅的整个粉碎和投料过程封闭起来并充入惰性气体（二氧化碳或氮气）（图3.33b）。

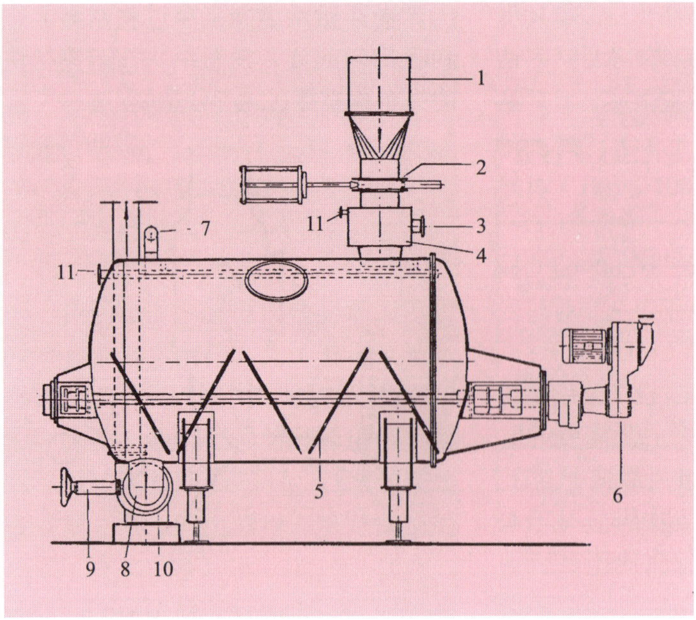

图3.33a　斜面预下料罐（BTE Essen）
1-粉碎物进口
2-闸阀
3-水进入
4-预糖化器
5-斜面板
6-无级调速的驱动电机
7-空气阀门
8-醪液出口
9-出口阀门
10-醪液泵
11-CIP管道

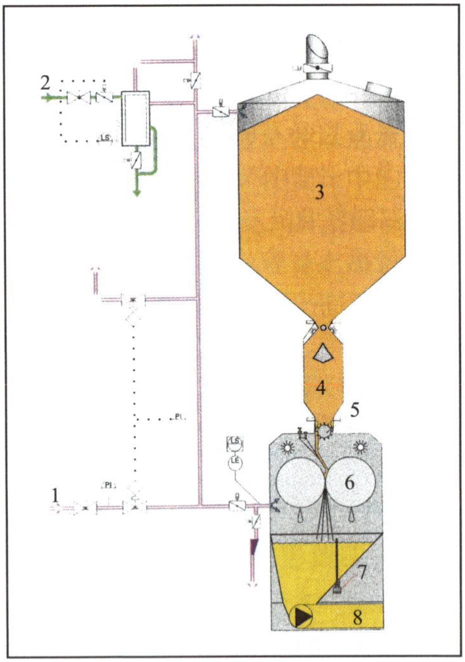

图3.33b　封闭式无氧气的粉碎和醪液处理
1-气体进入(CO_2或N_2)　2-水　3-麦芽
4-湿筒　5-进料辊　6-粉碎辊
7-排水高度调节　8-醪液

同时应该利用糖化时可以对醪液进行酸化处理的机会，通过较低的pH阻止脂肪氧化酶的作用。

投料也可以在一个带有混合绞龙（桨片式绞龙）的粗管中进行，其后安装一个稠液泵（如偏心螺杆泵），这样便可以处理浓醪，惰性气体的通入从一开始便保证了无氧的工作过程。

在此还应提及的是，过去的工作并不像今天这样简单，酿造工徽标上的图案提醒我们，以前的糖化是多么费力：那时候没有搅拌器，必须使用糖化耙或糖化铲手工搅动醪液（图3.34）。

3.2.4　糖化工艺

糖化就是将醪液的温度提高到酶的最佳作用温度进行休止，使酶充分发挥作用。

图3.34 酿造标志中的糖化搅拌器

休止温度如下：

- 45~50℃蛋白休止
- 62~65℃麦芽糖形成休止
- 70~75℃糖化休止
- 78℃并醪，糖化终止

根据不同的升温方式，人们将糖化工艺划分为两类：

- 浸出法
- 煮出法

浸出法工艺就是把总醪液加热至几个休止温度阶段进行休止，最后达到并醪糖化终止温度，此工艺没有分醪煮沸过程。

煮出法工艺则是分出一部分醪液进行煮沸，然后把煮沸的醪液重新泵入余下的未煮沸醪液中，使混合醪液的温度达到下一个较高的休止温度。

3.2.4.1 糖化工作的几个要点

选择糖化工艺时，为使生产出的醪液和麦汁在组成上达到所期望的啤酒类型的要求，必须重视几点：

如决定最终发酵度高低的可发酵性糖含量和影响啤酒口味丰满性和泡持性的高分子蛋白质分解产物。由于糖化工艺会影响啤酒特性，所以需要讨论几个重点[7]。

3.2.4.1.1 麦芽质量

特别是用新品种大麦制成的麦芽，其蛋白溶解度通常很高，这样的麦芽在50℃长时间休止，就会导致过多的高分子蛋白质被分解，啤酒口味过于淡薄，且泡持性能差，如果麦芽的细胞溶解很好，就不应在45~50℃休止，应选择58~62℃的糖化投料温度。

如果麦芽细胞壁溶解不足，糖化时需要继续分解，但又不希望蛋白质继续分解，可选择35℃的糖化下料温度，因为在此温度下对温度敏感的β-葡聚糖酶可以作用，使胚乳得到很好的分解，而蛋白质却不被分解。

3.2.4.1.2 添加热水升温

我们知道，制作浅色啤酒时的料水比为1∶4~1∶5，如果在35℃（或50℃）进行浓醪投料（麦芽∶水=1∶2.5），然后往醪液中加入82~85℃的热水，使醪液温度升到下一次的休止温度50℃（或63℃），便可抑制一定的分解过程，特别是蛋白质分解过程，添加热水后正常的料水比也达到了。

啤酒厂往往有过剩的热水，采取这种升温方式可以节约能源。

生产低度啤酒或无醇啤酒时，应限制最终发酵度，这时就要运用特殊的“跳跃式工艺”（见3.2.4.3.4）。

3.2.4.1.3 酶与麦芽组分的最佳接触

良好的糖化工作是让麦芽组成部分与溶入水中的酶保持最佳接触，充分发挥酶的分解作用，这点十分重要。我们已谈过，为使酶促反应完全，糖化下料时应使麦芽粉和水充分混合。

搅拌器在糖化中起着重要作用：如今不再进行强烈搅拌，而是根据锅内容积通过变速（频率调节）电动机以分级方式或无级方式提高搅拌器的转速。

为了分出浓醪，搅拌器要先停止运行5~10min，使未溶解的麦芽组分沉降到锅底，合醪后搅拌器应以中速再搅拌30min。

强烈搅拌会将空气带入醪液中，还会产生剪切力，剪切力在此意味着：醪液、麦汁和啤酒中含有许多由高分子化合物组成的物质，或者类似结构复杂的酵母细胞之类的物质，较大的压差挤压着这些小颗粒，导致其结构改变或完全消失。[8]

若泵或搅拌器叶片的旋转速度远远高于液体旋转的速度，就会产生较大的压差（图3.35），旋转醪液中的颗粒（a）均匀运动，形态保持不变。若出现压差，颗粒（b）受变形力作用，形态会完全改变，出现严重破裂，特别是在叶轮涡流边缘层处（图3.35a）、管道的强弯曲处、管道的粗糙表面上和泵的窄面处。这样形成的力叫“剪切力”，这样的剪切力随处可见，由于快速运动形成的压差，也会出现在下列设备中：

- 所有形式的泵
- 离心机
- 会导致涡流出现的所有管道和容器

由剪切力导致结构和性质产生不利变化的例子之一是β-葡聚糖，剪切力会使其分子扩张，形成凝胶，β-葡聚糖凝胶也可通过强烈的剪切力直接产生，前提是有一定量的高分子β-葡聚糖存在[10]。

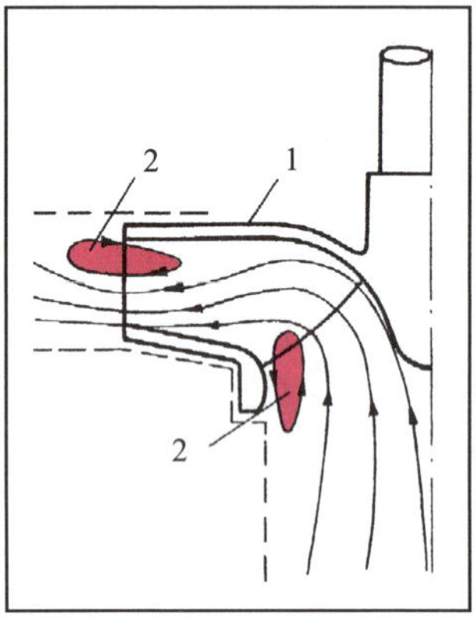

图3.35a 剪切力的形成
1-叶轮
2-涡流区域

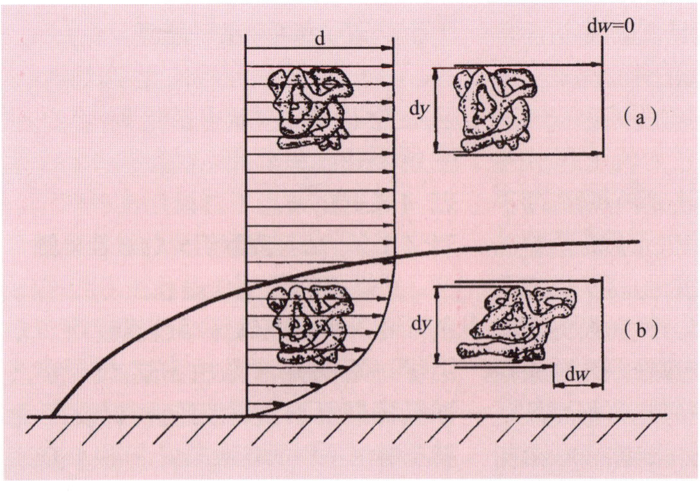

图3.35 边缘处的小颗粒变形图示
（a）静止状态或慢速运动状态
（b）由于剪切力而导致变形(根据Hilge-Berdelle观点)

β-葡聚糖的含量高与啤酒的难滤性有着内在联系，所以要避免形成β-葡聚糖凝胶（见3.2.1.4）。

但凝胶的形成也取决于酒精的形成，因此β-葡聚糖凝胶后期才会形成。

有目的地调节搅拌器能够克服以上问题，反之搅拌过弱会形成温差，不利于麦芽内容物的浸出，这就是说，搅拌器必须有针对性地使用。

为了尽可能减少剪切力，必须使用转数少、圆周速度低于1m/s的大搅拌翼（图3.36）。

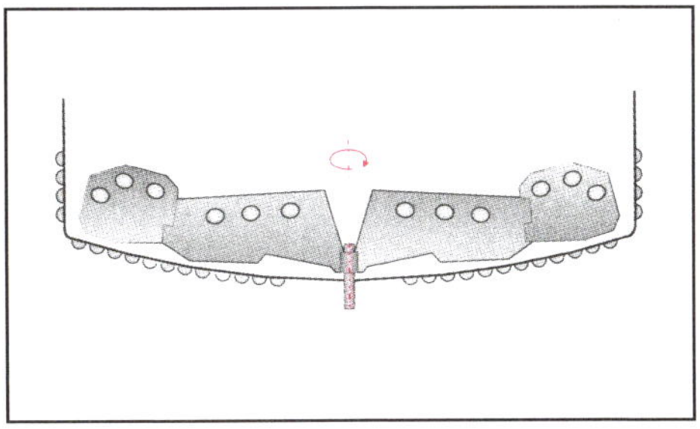

图3.36　用于醪液轻柔处理的搅拌器

但醪液的黏度并不完全相同，因此搅拌器面临的阻力是变化的。

低温时（30~35℃）黏度比较高，50~52℃时黏度降低了很多，超过60℃后由于糊化开始黏度大幅度上升，使用大米时由于大米的糊化温度较高，黏度的上升也比较晚，80℃或更高的温度下达到最高值。

搅拌时出现的剪切力可以通过不能水解的细小物质的变化来测定，温度超过57℃时，不能水解的细小物质以及剪切力都会明显增加，而且随着搅拌速度的加快而上升（图3.36a），因此必须通过柔和的搅拌避免剪切力的形成，特别是在较高的糖化温度下。

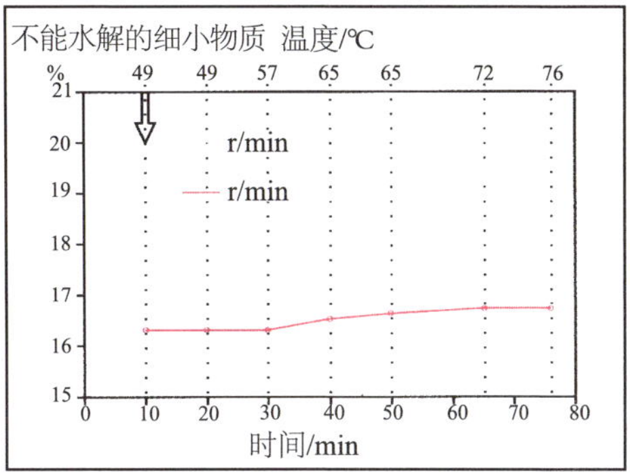

图3.36a　高温下快速搅拌会加剧剪切力的形成

特别需要注意的还有，当温度超过57~58℃时，耐热性好的β-葡聚糖溶解酶会将越来越多的高分子β-葡聚糖溶解出来，这些β-葡聚糖不再能够被分解，通过剪切力这些分子会伸展，变为凝胶形式。因此，当温度超过57~58℃时，为了避免形成剪切力，搅拌速度必须放慢，对此要求搅拌器为调频驱动。

3.2.4.1.4　糖化中的氧化过程

水中溶解有一定量的空气，空气溶于水中的量取决于温度和相互混合的状态，原则是：

> 往醪液、热麦汁和啤酒中带入空气是非常有害的！

任何形式的吸氧，都会导致如下结果：

- 麦汁和啤酒色泽加深
- 啤酒的口味粗糙
- 啤酒的口味稳定性变差

铜制容器中氧化过程要强烈些。

以上原因促使我们采取一切可行办法来减少或避免醪液吸氧，那么空气是在哪些地方，又是如何进入醪液中的呢？举例如下：

- 上部进醪至容器中
- 高速搅拌
- 倒泵时吸入

> 糖化中大量减少氧化的方法有：
> - 安装下料管路或在粉碎机中进行麦水混合（见3.1.5.2）
> - 底部泵醪（图3.36和图3.36a）
> - 调节搅拌器转速
> - 倒泵时避免出现涡流

在以后的章节中我们也将看到，啤酒酿造设备制造业也采取了所有的技术措施来避免或减少有不利影响的吸氧问题。

> 吸氧少的工作方式可带来如下优点：
> - 改善β－葡聚糖的分解，由此改善淀粉的分解
> - 提高最终发酵度
> - 加快麦汁过滤
> - 麦汁和啤酒色泽变浅
> - 啤酒的口味更纯正
> - 提高口味稳定性
>
> 所有这些都要求我们尽力避免糖化过程中的任何氧化。

3.2.4.2 浸出法工艺

浸出法是最简单的糖化工艺，醪液始终都在糖化锅中，通过升温使整体醪液达到不同酶作用的休止阶段。

浸出法工艺仅需要一个可以加热的糖化锅，由于醪液没有泵出，空气摄入量很少，这一点具有积极意义，因为氧气可使聚多酚在糖化时氧化，导致啤酒口味粗糙和色泽上升。

在浸出法工艺中，搅拌效果起着重要作用，搅拌器应通过可换级的电机具备两种速度以适应各工艺阶段的要求或者可以无级调速。搅拌翼的设计很重要，休止时若停止搅拌器的转动，则淀粉的糖化时间和过滤时间就会延长，浸出率也会降低，因为产生的温差不利于内容物的浸出和酶的作用。

加工溶解好的麦芽时，人们只需先后升温至淀粉酶的最佳作用温度，大约保温20min，碘检合格后便可结束糖化（图3.37），这说明溶解很好的麦芽可在62℃投料，而不必担心麦汁中高分子β－葡聚糖的含量过高（过滤困难的危险）或者游离α－氨基氮的含量达不到200~220mg/L（见1.1.4.2.2），投料温度高时，肽酶不再起作用，也不会再生成氨基酸，但较为耐热的蛋白酶会形成对泡沫有利的高分子物质。如今，只要麦芽的溶解很好，很多啤酒厂都能成功地利用高温投料及其糖化时间低于1.5h的优点。

阻碍跨越休止阶段的因素是蛋白溶解度（见2.4.1.3.1），溶解不足或溶解较差的麦芽中已经存在的β－葡聚糖必须通过β－葡聚糖酶进一步分解，问题是β－淀粉酶的休止（62~65℃）不能跨越，因此也不能避免在这一温度下

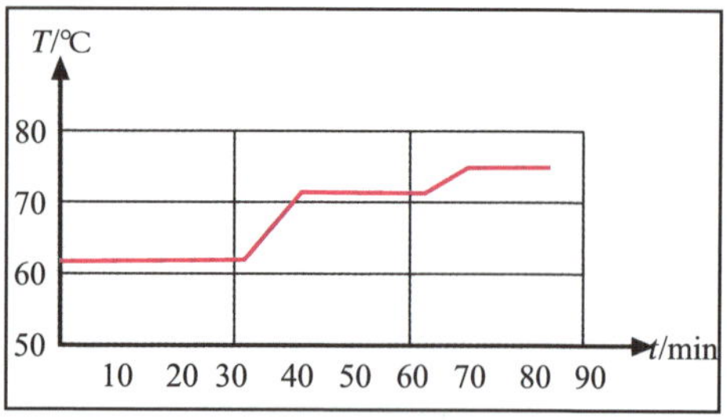

图3.37　采用溶解非常好的麦芽在62℃投料的浸出法工艺

仍有β-葡聚糖通过β-葡聚糖溶解酶溶解出来，而且麦芽的溶解越差溶解出来的β-葡聚糖就越多[196]，对于溶解正常的麦芽而言（黏度<1.52mPa·s，β-葡聚糖含量<150mg/L），50℃（图3.37a）投料，糖化时间最多2h仍是众多啤酒厂采用的比较可靠的方法。

浸出法的优点主要有：

- 容易进行自动化操作
- 与煮出法相比，能耗较低
- 工艺一目了然
- 淀粉糊化和液化加强
- 麦皮内容物的浸出强烈
- 类黑素形成较多
- 二甲基硫DMS排出较多
- 总醪液中的酶量减少
- 糖化收得率提高

在煮出法工艺中，分醪煮沸使能源消耗增大，但总体只高出浸出法大约20%，因为浸出法中整个醪液的升温也要消耗能量。

煮出醪液：

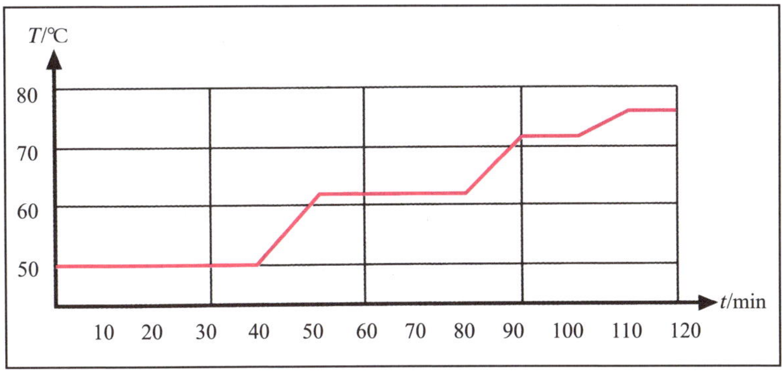

图3.37a　50℃下料的浸出法工艺

缺点是浸出法碘反应要差一些，麦芽质量较差时糖化收得率也低一些。

鉴于其优点，浸出法如今被越来越多地采用。

3.2.4.3　煮出法工艺

煮出法工艺需要分出部分醪液煮沸，煮沸醪液重新泵回糖化锅后，整个醪液的温度升高。根据分醪的次数，人们又把煮出法分为三次、二次和一次煮出法工艺，不过，如今都倾向于次数较少的分醪。

分醪煮沸有以下作用：

- 由于升温迅速，分出醪液中的蛋白质分解较少

煮出醪液的形式和数量对糖化分解过程具有重大意义：若停止搅拌，未溶解的部分醪液就会沉于锅底，称为“浓醪”，而已溶解的醪液则在锅内上部，称为“稀醪”，利用一个“旋转管”可将稀醪分出。

由于浓醪中仍含有淀粉颗粒，浓醪必须煮沸，而稀醪不允许煮沸，因为稀醪中含有丰富的酶。

- 煮出醪液尽可能采用浓醪

将煮沸醪液与糖化锅剩余醪液混合并醪时，为了保护酶必须开动搅拌器，同时应将煮沸醪液并入剩余醪液中，决不能反向进行（图3.38）。

为了避免不必要的有害空气侵入，将煮沸醪液并入剩余醪液时，如今已不再从上部，而是尽可能从底部泵入锅中。

煮沸醪液的数量决定了希望达到的并醪温度，酿造工可根据经验分醪，一般为总醪量的1/4~1/3。

更改糖化工艺时，煮出醪液的数量必须根据以下公式进行计算，考虑到降温情况，煮出醪液的温度最好以90℃计。

$$\text{煮出醪液量}\ V_{Km}(\text{hL})=\frac{\text{温度上升期望值}(℃)\times\text{总醪量}(\text{hL})}{95℃-\text{剩余醪液的温度}(℃)}$$

例题：

130hL温度为50℃的醪液应被加热至64℃，需要煮沸的醪液量是多少?

$$V_{Km}=\frac{(64℃-50℃)\times 130\text{hL}}{(95℃-50℃)}$$

$$V_{Km}=\frac{14℃\times 130\text{hL}}{45℃}=40.4\text{hL}$$

煮沸醪液的体积为4040L。

煮沸过程会杀死醪液中所有的酶，因此需要未煮沸醪液中的酶来分解淀粉，所以不能煮沸所有的醪液，煮沸时间同样很重要，长时间的煮沸会使更多的淀粉溶解出来，但由于煮沸消耗大量能源，因此应将煮沸时间控制为必需的时间，为了节约能源，煮沸时尽可能放弃蒸发，煮沸时间通常为：

- 生产浅色啤酒的醪液：10~15min
- 生产深色啤酒的醪液：20~30min

多次煮沸需要大量的能源和时间，因此在工厂中应尽可能减少煮沸次数（1~2次），降低费用并缩短时间。

根据煮沸次数可分为：一次煮出法，二次煮出法，三次煮出法。

3.2.4.3.1 一次煮出法工艺

一次煮出法工艺在原理上类似浸出法，只不过通过一次分醪煮沸和并

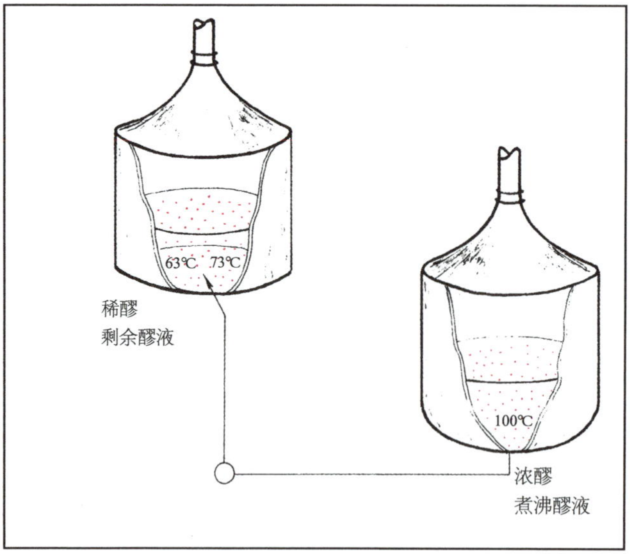

图3.38 并醪

醪使总醪液升温至65~75℃，图3.39所示为一次煮出法工艺范例。在此工艺中，35℃糖化下料，然后缓慢升温至50℃（或在此温度下料），休止后再升温至64℃进行较长时间的休止，形成麦芽糖，同时分醪并煮沸15~30min，最后并醪至75℃进行糖化。

也可在35~50℃或50~64℃分醪，但必须要考虑到在这种情况下煮出醪液量较少，效果也比较差。

由一次煮出法变化而来的特殊工艺是“壶式糖化工艺”：35℃糖化下料，然后取出约20%的稀醪，另一部分醪液进行休止，接着升温煮沸30~40min，通过添加稀醪使总醪温度降至65℃休止，形成麦芽糖，最后升温至糖化温度，糖化完全后结束。

3.2.4.3.2 二次煮出法

传统二次煮出法的投料温度为50℃，短时间休止后即分出浓醪，升温至一定温度后短时间休止，然后升温煮沸15~20min，煮沸结束后并醪至64℃，进行麦芽糖休止，短时间休止后进行第二次分醪升温煮沸，第二次分出的醪液大多短时间煮沸，并醪后使总醪液升温至约75℃，最后终止糖化，二次煮出法需要3~3.5h。

仔细观察这种糖化工艺，不难看出，它特别强调50℃这个温度，这种糖化工艺加强了蛋白质和β-葡聚糖的分解，但也因此损害了啤酒的口味丰满性和泡沫的形成，导致啤酒口味淡薄，添加深色麦芽只能在一定程度上弥补这些口味缺陷。

为了克服以上质量缺陷，可在50℃糖化下料，然后升温至62℃，或添加高温水，使蛋白质休止得以精确控制。

另一种方法是在35℃糖化下料，然后进行第一次分醪，当然也必须控制蛋白质的分解，如今主要通过游离氨基氮含量来控制这点。

高温短时糖化工艺是一种特殊的二次煮出法（见图3.40），此工艺在62℃下料，整个糖化时间仅有2h，其名称也由此而来，也可按一次煮出法工艺进行操作，要求使用溶解好且溶解均匀的麦芽。

尽管62℃的糖化下料温度高于蛋白质的最佳分解温度，蛋白质分解仍

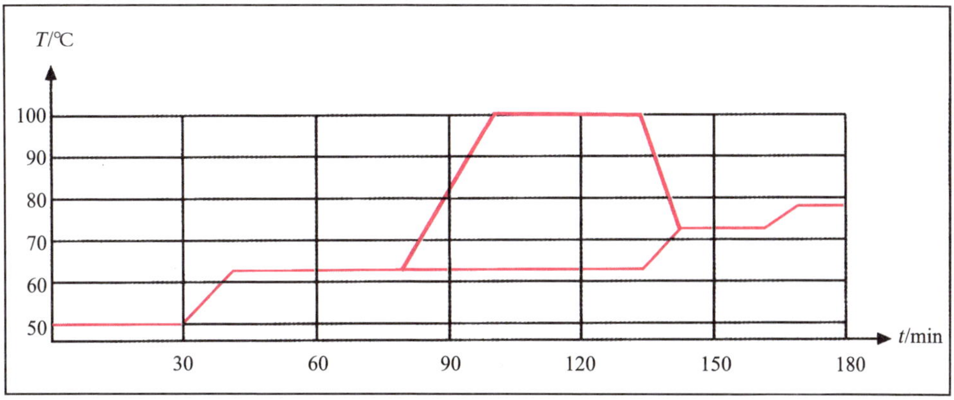

图3.39 一次煮出法工艺

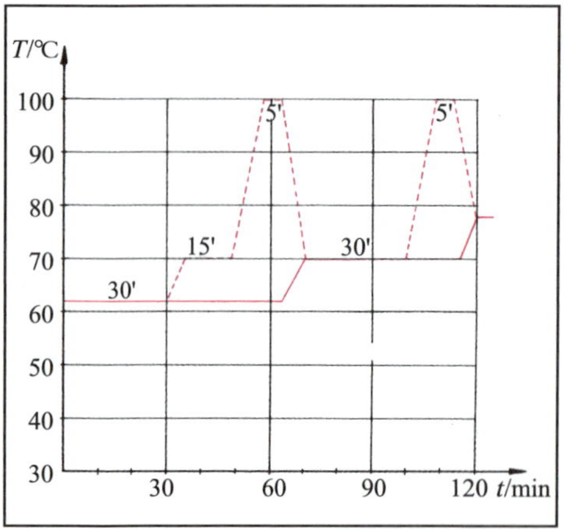

图3.40　高温短时糖化工艺

较强烈，可以获得较好的泡沫，由于没有进行β-葡聚糖分解，所以实施此工艺的前提是使用溶解很好的麦芽。

3.2.4.3.3　三次煮出法工艺

三次煮出法工艺中，升温通过三次分醪、煮沸、并醪完成，主醪糖化温度如下：

- 35℃糖化下料
- 50℃蛋白休止/麦胶物质的分解
- 64℃麦芽糖形成休止
- 75℃糖化休止

由于主醪的总体糖化时间较长，以及浓醪强烈分解，三次煮出法能赋予啤酒更多的麦芽香味，但因为持续5~6h，能耗较大，所以很少使用，一般用于生产深色特种啤酒。

比尔森的发源地厂还在使用三次煮出法工艺。

3.2.4.3.4　特殊糖化工艺

人们将那些有独特之处的或在普通糖化工艺之前或之后使用的工艺称为特殊糖化工艺，采用特殊糖化工艺的目的是：

- 降低最终发酵度（如跳跃式糖化法）
- 改善啤酒质量（如Kubessa糖化法）
- 提高浸出率（如压力糖化法、蒸煮糖化法）

（1）跳跃式糖化法（图3.41）　约在35℃浓醪下料，然后加入100℃的水，使醪液达到72℃，由此跳过β-淀粉酶的作用温度，虽然有α-淀粉酶进行糖化，但产生的糊精很多，最终发酵度低（约40%），如生产营养啤酒那样，这一工艺只能使用溶解好的麦芽。

由于加入了煮沸的热水，这种工艺也被称为添加热水工艺，当然也可以在其它任何温度下通过添加热水升温。

（2）Kubessa糖化工艺　根据Kubessa和Merz两人的观点，在此工艺中，将麦皮分离后阻留于粉碎物暂贮箱中，或在64℃投料于热水中，麦皮仅在醪液泵入过滤槽时加入，这种工艺的目的是阻止麦皮内容物溶出，煮沸会使麦皮中的鞣质和苦味物质溶解出来，使浸出物的质量变差，不过，此工艺较少运用。

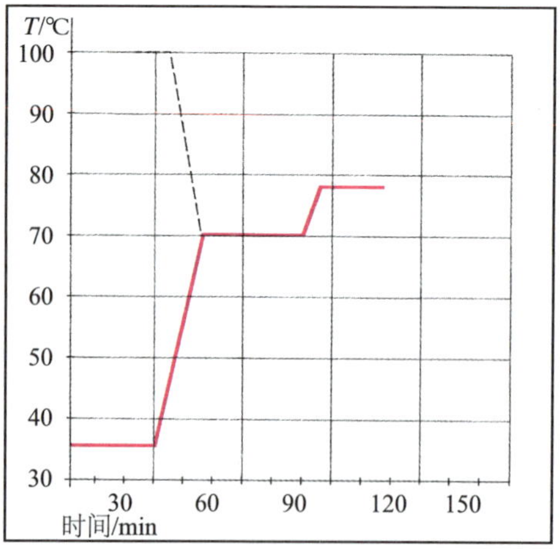

图3.41　跳跃式糖化工艺

（3）压力糖化工艺　在一般的糖化中，淀粉不会全部溶出，因而麦糟中总会含有淀粉，通过200~300kPa的过压醪液煮沸，可使浸出率提高2%~3%，但这样虽然改善了淀粉的分解，但额外溶出的浸出物质量并不好，所以人们一般注重质量，放弃额外浸出物的获取，此外，采用这种工艺必须使用可密闭的压力糖化锅，而大多数厂家没有。

3.2.4.3.5　利用辅料的糖化工艺

我们看到，发酵需要的糖可以借助酶从麦芽淀粉中获得，但含有淀粉的并不只是麦芽，而是所有的谷物，在很多国家这些谷物比麦芽便宜很多，只要没有德国这样的《纯酿法》限制，人们就可以使用一部分比较便宜的谷物生产麦汁，这些谷物被称为辅料。

糖化时麦芽中的酶必须同时分解这些物质，只要未发芽的谷物量不超过15%~20%，酶便具有足够的分解能力，如果辅料量过高就要使用酶制剂来支持分解过程，否则分解过程就会无限延长或中止。

人们特别喜欢用大米和玉米作为辅料，但也可用大麦、小麦和黍米，特别是在非洲国家，虽然糖不是未发芽的谷物，但由于可以带入浸出物在此也起着一定的作用。

使用辅料时淀粉的化学分解也同麦芽中的淀粉分解一样，但不同谷物中的淀粉颗粒大小不同，在淀粉细胞中的储藏也不一样（见1.5）。同时被不同的谷皮包围着，这就导致淀粉颗粒在糊化时的表现不同，因此各种谷物的处理方式也必然存在差别，但同时这些谷物中的其它物质也会溶解，或被麦芽中的酶分解。这样一来，醪液、麦汁和啤酒的组成就会发生变化，对发酵、过滤和啤酒的口味以及其它参数都有影响，因此，使用大米酿造的啤酒口味干爽，而使用玉米酿造的啤酒口味则较柔和。

使用辅料时要特别注意，辅料中蛋白质的贮存形式还很稳定，如果制麦不充分，糖化时只有少量能被分解，这样，辅料醪液中的低分子蛋白质分解产物（游离α-氨基氮）就比麦芽醪液中少，人们必须通过充分分解蛋白质为酵母提供足够的游离α-氨基氮，尽管如此，辅料啤酒中的氮和多酚含量还是较少，同辅料用量成反比。

采用辅料总会使啤酒口味发生变化，而且这种变化随着辅料使用量的上升而增加，使用辅料时一开始就要注意口味的变化（当然这种变化不一定不好），特别是同那些只使用大麦麦芽而不使用辅料的厂家进行市场竞争时。

3.2.4.3.5.1　使用大米的醪液

大米是最难加工的辅料，其淀粉颗粒非常小而且非常坚硬（图1.29），在温水中只能缓慢吸水膨胀，为了使之糊化，人们必须将温度提高至75~80℃或更高，但在这一温度下淀粉酶很快就会失去活性，因此必须寻求其它方法来处理大米。

此外，同其它谷物相比，糊化时大米淀粉膨胀得更厉害，容易糊锅，如果采用浓醪投料，膨胀程度会使搅拌器工作困难，如果不采取措施甚至会停止转动，因此必须想办法借助麦芽的α－淀粉酶对黏稠的糊化醪进行液化，从而降低黏度，但α－淀粉酶在80℃时很快就会失活，不能进行液化，解决这一问题的方法很多：

如果大米醪液投料时的浓度不太高，糊锅的危险就比较小，人们很喜欢使用辅料加热器来处理大米，这在老式设备中是一个封闭的容器，大米醪液在压力下（温度超过100℃）糊化，从而很理想地溶解出来。如今人们通常不再采用过压煮沸，因为额外获得的浸出物几乎不能抵消多余的能源消耗。

大米同10% ~20%的麦芽一起投料并在78℃保温10~20min（图3.42），这时几乎所有的大米淀粉颗粒都被糊化和液化，这样在接下来的煮沸中也不再有糊锅的危险。

有些大米种类的糊化温度在80℃以上，如果想保险就必须将大米醪液加热至85~90℃，在此温度下糊化，接着重新冷却至70~75℃，通过添加麦芽醪液迅速糖化。

但这种工艺的缺点是，很难将麦芽醪液同黏度很高的大米醪液混合均匀，最好是能在大米醪液糊化前将其同一部分麦芽醪液（至少10%）混合。

另一种方法是将大米醪液同10%~20%的麦芽醪液缓慢加热至80℃以上（图3.43），通过尚有活力的麦芽淀粉酶对正在糊化的淀粉进行液化。

一个非常可靠的方法是使用耐热的、用细菌方式生产的α－淀粉酶，它在80℃以上也能起作用，对黏度高的大米醪液进行液化，关于用细菌方式生产α－淀粉酶见3.2.4.3.5.6。

如果能够成功地对大米醪液进行糊化和液化，最大的障碍就被克服了，之后的处理可以按照如下方式进行：

前提是大米粉碎得很细，按照每100kg碎米不少于500L水的比例投料，大米的收得率比麦芽大约高2%，投料时必须注意这点。

采用大米糖化的实例1（图3.42）：

（1）大米粉和10%~20%的麦芽粉（占总麦芽量）一起于50℃下料，保温10~15min，加水量为：每1t原料

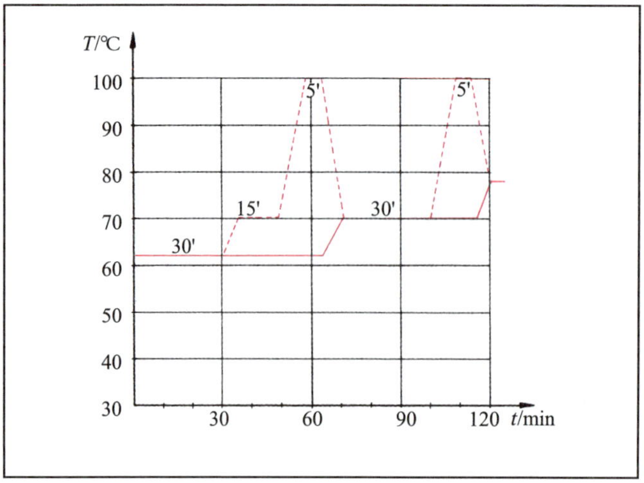

图3.42　采用大米的糖化工艺（例1）

加4t水，以免成为浓醪。

（2）将温度缓慢升至72~75℃并休止10min。

（3）15~20min内升温到85℃，使大米淀粉糊化和液化。

（4）将醪液升温至100℃，并煮沸30~40min。

（5）辅料醪液开始煮沸时，麦芽在50℃下料于糖化锅中（进行蛋白休止）。

（6）将煮沸终了的辅料醪液不断搅拌泵入麦芽醪液中，并醪后总醪温度达到63℃（麦芽糖形成休止）。

（7）休止15min后分浓醪至糊化锅，升温煮沸15min。

（8）第二次并醪，总醪温度达到74℃（糖化休止）。

（9）糖化休止后，将总醪液加热至78℃，并泵入过滤槽。

某些大米品种的淀粉糊化温度在80℃以上，为了彻底糊化，根据Le Covaisier的建议，某些啤酒厂首先将纯辅料醪液加热到85~90℃（或者在此温度下投料），在这种情况下，大米淀粉首先糊化，然后通过与冷麦芽醪液的混合使温度下降至约75℃，确保后继加工。

使用大米进行糖化的实例2（图3.43）：

（1）将大米单独在85~90℃下料至糊化锅中糊化，糊化后的醪液黏度不能太高，否则醪液会很浓，导致粘锅（严重时可使搅拌器停止转动），而且会出现糖化困难，因此大米与水的比例至少为1：5。

（2）高温大米醪液与在30~50℃下料的麦芽醪液（麦芽量的20%）并醪至72~75℃。

（3）在72~74℃休止20~30min，这样糊化了的大米淀粉通过与麦芽中的淀粉酶密切接触被液化。

（4）将液化后的大米醪液升温至100℃，并在100℃煮沸30~40min。

（5）在大米醪液开始煮沸时，剩余的麦芽在50℃下料于糖化锅中（蛋白休止）。

（6）大米醪液在不断搅拌下泵入麦芽醪中，总醪液的温度也升至63℃（麦芽糖形成休止）。

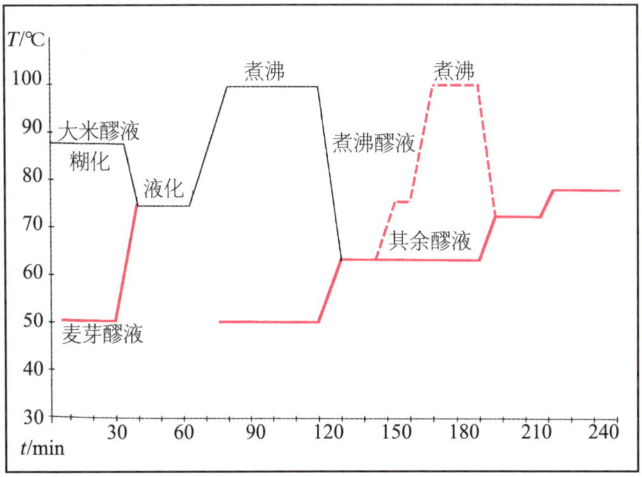

图3.43　采用大米的糖化工艺（例2）

（7）休止15min后，将浓醪分入糊化锅中，升温煮沸15min。

（8）第二次并醪后，总醪液的温度升至74℃（糖化休止）。

（9）糖化休止后升温至78℃，然后泵入过滤槽。

3.2.4.3.5.2 使用玉米进行糖化

玉米颗粒的胚含油量很高（脂肪含量可达5%），加工时被除去，可提炼玉米油，啤酒厂使用的玉米形式为颗粒状或片状。

玉米颗粒被粉碎得很细，通常在辅料蒸煮器中单独或同部分麦芽一起糊化。

玉米片是在挤压辊中被压扁的，此时，润湿的颗粒穿过内部经过冷却的、光滑的挤压辊，挤压力为50t的同步挤压辊将玉米颗粒压成扁片，接着开始糊化并在160℃的旋风干燥器中进行干燥，这样加工而成的玉米片可以直接加入糖化锅中。

玉米粉可直接加入糖化锅，玉米糖浆直到麦汁打出前的煮沸阶段才添加。

玉米的下一步处理与纯粹的麦芽醪液相同，不过通常采用二次煮出糖化法。

3.2.4.3.5.3 采用大麦作为辅料进行糖化

在不添加酶的情况下，大麦作为辅料的用量可以达到20%，大麦的预处理方法有两种：

- 通过一个特殊的辊式粉碎机或锤式粉碎机将坚硬的大麦颗粒粉碎，此时麦皮也被一同粉碎，麦汁过滤时必须注意这点
- 或者通过一个特殊的压片机将去皮或未去皮的大麦制成麦片，但这种方法成本很高，在啤酒厂中操作也比较麻烦

这样处理后的大麦辅料可同麦芽醪液一起加工，不同的是，淀粉分解几乎没有什么困难，而蛋白质分解却必须注意，特别是β－葡聚糖可能带来问题，因为它们完全没有被分解，肯定不利于过滤，实践证明，在45~50℃内β－葡聚糖酶的最佳作用温度下进行休止有好处（见3.2.1.4）。

大麦的浸出物含量肯定低于麦芽，替代100kg麦芽大约需要125kg大麦（或120kg去皮大麦），只有当麦芽价格上涨或蛋白质含量低的大麦价格便宜时才有必要使用大麦作为辅料。

用作辅料的大麦量超过20%便需要添加酶（见下章）。

3.2.4.3.5.4 采用黍米进行糖化

很多非洲国家都酿造黍米啤酒，如今南非的年产量已达30×10^6hL，酿造时采用30%的发芽黍米和70%的辅料，辅料主要是黍米、玉米或Millet小米，这是一种颗粒较小的小米种类，在欧洲也用作粮食。

黍米啤酒通常采用80%~90%的玉米，酿造时玉米被粉碎，同乳酸混合，乳酸是口味物质的载体，还可以延长黍米啤酒的保质期，没有乳酸黍米啤酒的保质期只有近100个小时，混合物中还要加水，然后煮沸两小时，接着冷却至80℃，添加发芽黍米并冷却至40℃，在这一温度下加入剩余的发芽黍米并冷却至22℃，之后过滤同时添加酵母，三天后发酵结束，酒精含量约为4%，浑浊的黍米啤酒不经过滤便灌装。

许多非洲国家越来越多地借助传统啤酒酿造设备，不用酿造大麦麦芽或酶制剂，而是采用100%的黍米生产啤酒，但需要特殊的糖化工艺[131]，发芽黍米的浸出率可达79%~84%，同时也具有相应的收得率，并可达到所希望的最终发酵度。

醪液在同辅料一起煮沸前被酸化，为了蛋白质的分解人们使pH达到4.6，温度为52℃，以便获得足够的低分子蛋白质分解产物（游离α-氨基酸）作为酵母的营养物质。蛋白质的组成必须特别注意，不添加辅助剂黍米啤酒便无法具备胶体稳定性，在较小的农村啤酒厂中，黍米啤酒不添加酒花，以浑浊状态出售，保质期很短[129]。

3.2.4.3.5.5 采用糖或糖浆进行糖化

糖可溶解并可发酵，当然人们不单独使用糖，而是将其加入可能同时使用了辅料的麦汁中，由于糖并不需要在糖化时分解，所以人们在麦汁打出前10min将其加入煮沸锅，但必须注意由糖带入的浸出物量：78kg糖可取代100kg麦芽，但糖不能将蛋白质带入麦汁中，因此必须特别注意游离α-氨基氮含量，避免导致发酵困难。

此外，人们可以用由玉米制成的HFSS（high fructose saccharose syrup）谷物浆来代替价格通常较贵的糖或糖浆，这是一种相当于原糖的液体转化糖，其添加也在煮沸锅中进行。

3.2.4.3.5.6 添加酶进行糖化

自然界中的所有生命过程都是由酶控制的，动植物的生长过程以及所有的分解过程都不例外，因此酶也是所有生物必不可少的组成部分。

所有的微生物也都有一种专门适合自己的酶，借助这些酶它们能够分解特定的物质，以获得生命所必需的能量。

（1）酶的意义　自古以来，食品加工一直利用着酶促反应，酶有的是一开始便存在于食物中（如大麦），有的是通过微生物获取（如通过酵母）。许多古老的工艺，如奶酪的制作就以微生物酶的作用为基础，在此过程中，酶虽然由微生物形成，但却在生物细胞外作用。1897年，Buchner兄弟将酵母细胞彻底磨碎，用没有细胞的酵母浸出物进行发酵证明了这点（E. Buchner1907年获得诺贝尔奖）。

如今，专门的酶加工企业成吨地生产着我们日常生活中不可或缺的纯酶，先进的洗涤液中含有通过微生物方法制成的蛋白酶、脂肪酶、淀粉酶、纤维素酶和其它酶，它们可用温水洗干净衣物，并对脏水进行生态处理，洗碗机用的洗涤剂也是低温强效型环保洗涤剂。

酶在纺织品生产的上浆、漂白、牛仔布磨色等工序中起着重要作用，纺织、造纸和皮革业都不能离开酶。

烘烤时酶也起着特殊作用，它使点心变得松软，外表焦黄，使冷却或冷冻后的面团可供使用并延缓点心变硬。

至于酶对于淀粉和制糖业、葡萄酒和果汁生产、蛋白质提取、饲料生产以及医药行业的意义这里只是附带说明。

这些酶制剂同样可以用于啤酒生产，前提是不需要遵守《纯酿法》。《纯酿法》规定除了大麦和酵母本身含有的酶外不能使用其它酶。

由于许多国家都出于经济性考虑使用辅料，同时啤酒生产过程中可能出现工艺问题，所以人们应该了解酶在啤酒生产中的优势及其制取和使用方法。

在一定条件下有目的地使用酶可以带来一系列的好处：

- 酶制剂有明确的底物和反应的专一性
- 在较低温度下有很高的反应速度
- 反应容易控制并迅速
- 可以生产出纯酶

特别是从霉菌或细菌中提取的酶：

- 当辅料使用量较高时，淀粉酶可在糖化车间促进淀粉的分解，生产CO_2含量低的啤酒（低热量啤酒）时可将淀粉分解殆尽
- 蛋白酶可加强蛋白质分解并提高游离α-氨基氮的含量
- 葡聚糖酶可在糖化车间分解葡聚糖，避免过滤问题
- 脱羧酶可避免发酵时形成双乙酰

这些由细菌或霉菌制成的酶与大麦或麦芽中的酶结构不同，因此它们的最佳pH和最佳温度也与麦芽中的酶不同。

（2）酶的生产　生产酶时需要对那些能产生相应酶的微生物进行纯种培养，因为微生物的新陈代谢需要酶，这些微生物可以是霉菌或细菌。纯种培养过程同酵母纯种培养一样，在微生物的最佳生长条件下（营养溶液、最佳pH、最佳温度、通风和厌氧等），在锥形罐中进行。

形成一定的生物群后，生物组织被打碎，这一过程要求特别认真，以便能够完全分解，之后进行均质处理，在此使用能够保护酶免遭氧化的萃取物质。萃取时通常需要准备大量的起始物质，因为酶在萃取的蛋白质组分中所占的比例很小，清洗时流失较多，接着酶被增殖和清洗，同时借助组分沉淀分离或分子质量分离方法将附带的蛋白质除去，含有所需酶的组分被收集起来并进行进一步的分离处理。

分离效率高的电泳方法可将附带的蛋白质完全除去，最后获得同原微生物以及其它酶完全分离的纯酶。

这样获得的培养物保存期不长，要达到必要的保存期还必须将其转化为酶制剂。

（3）浓缩培养物　通过对清洗并浓缩过的过滤物进行进一步浓缩可获得浓缩培养物，添加稳定剂可使其拥有较长的保存期，浓缩培养物为液体，必须冷藏，通常25℃下的保存期超过三个月，冷却可将其保存期延长至一年，但活性会逐渐下降。

（4）干物质　由浓缩液通过喷撒、真空或冷冻干燥法制成，以粉末形式出售，使用前需用温水搅拌、活化。

（5）颗粒　酶颗粒的大小为0.4~0.6mm，保存期长并易于储藏。

（6）酶制剂的使用　生产厂家以众多富于想像力的命名将酶制剂推向市场。关于酶制剂的生产、应用范围、产品特性、酶的性质、添加、使用、操作、安全性和储藏条件，产品说明书特别是安全说明书中都进行了描述。

应注意生产厂家提供的说明。

3.2.5 糖化工艺时间

小型啤酒厂中每锅麦汁的糖化时间并不重要，如果一天仅生产一锅麦汁，则上午投料，下午麦汁煮沸结束，接着进行麦汁处理，所以不以小时计算。

日糖化次数越多，时间压力也就越大，现代化大型啤酒厂每天的糖化次数通常为8锅或更多。

如果一天必须生产8锅麦汁，则每隔3h就必须投料一次，如果一天要生产12锅，则每隔2h就必须投料一次，这不仅取决于是否运用快速糖化工艺，而且取决于精确的时间安排，决不能延误时间，必须争分夺秒。

这样的时间管理当然需要计算机系统来控制整个糖化过程，用计算机系统操作，可以排除主观上的错误，而酿造工只需进行检查。

> 所需糖化时间：
> — 采用溶解性好的麦芽的浸出糖化法：1.5~2h
> — 煮出法：3h

3.2.6 糖化检查

糖化必须按照啤酒厂管理部门制定的规定进行，糖化车间的酿造工必须准确填写糖化报告单上的各个具体项目（如，投料量、煮沸终了的麦汁量、时间、温度等），德国《啤酒税法》第14条规定：啤酒厂必须填写“糖化报告”。

在现代化的糖化车间里，这项工作由计算机自动记录和汇总，可以贮存，随时调用，需要时也可以打印出来。

但不管怎样，酿造工都必须进行碘检。

3.3 麦汁过滤

糖化过程结束后的醪液中含有水溶性和非水溶性物质。

浸出物的水溶液称为“麦汁”，非水溶性物质被称为“麦糟”，麦糟中主要含有麦皮、叶芽和其它物质，这些物质不溶于溶液中。

啤酒生产只需要麦汁，因此必须尽最大可能使麦汁与麦糟完全分离，这一分离过程称为“麦汁过滤”。

- 麦汁过滤时应尽可能获取浸出物

在麦汁过滤过程中，麦糟起着过滤介质的作用。

麦汁过滤分为以下两个阶段：

- 头道麦汁过滤（头道麦汁）
- 洗糟（洗糟麦汁）

3.3.1 糖化用水和洗糟用水

从麦糟中流出的麦汁称为“头道麦汁”，头道麦汁过滤后，麦糟中仍滞留着浸出物，为了提高经济效益，必须提取这些浸出物，也就是说，头道麦汁过滤完后必须洗糟，洗糟时麦汁的浓度越来越低。

为了保证过滤终了的麦汁浓度，头道麦汁浓度必须高于将要发酵的麦汁浓度，大约高出4%~8%，即生产浓度为12%的啤酒时，头道麦汁浓度必须为16%~20%。

用热水溶出滞留在麦糟中的浸出物的过程称为洗糟，洗糟过程中滤出的低度麦汁叫“洗糟麦汁”，洗糟麦汁浓度刚开始时迅速下降，后来则缓慢下降，因为从麦糟中洗出浸出物越来越难（图3.44）。

洗糟水量取决于头道麦汁的数量和浓度以及煮沸锅中的满锅麦汁浓度，对于浓度为12％的啤酒来说，其比例如下：

头道麦汁浓度／％	头道麦汁量与洗糟水量之比
14	1∶0.7
16	1∶1
18	1∶1.2
20	1∶1.5
22	1∶1.9

洗糟水量越多，从麦糟中洗出的浸出物量越多，浸出物收得率就越高。

但洗糟用水量越多，煮沸时必须蒸发掉的水量也就越多，因此必须在下列因素之间找到一个折中点：

- 过滤时间和浸出物收得率
- 麦汁煮沸时间和能源费用

头道麦汁浓度越高，头道麦汁的量就越少，洗糟用水就必须越多，而头道麦汁浓度越高，浸出物收得率就会越高，对此，过滤温度具有重大意义。

- 过滤温度越高，麦汁黏度就越低

这似乎意味着100℃时过滤速度最快，但必须考虑洗糟时会有未溶解的淀粉从麦糟中溶出（糖化的持续），而只有温度不超过78℃，α－淀粉酶才能继续进行后糖化，因此100℃过滤会导致所谓的“蓝色糖化”。

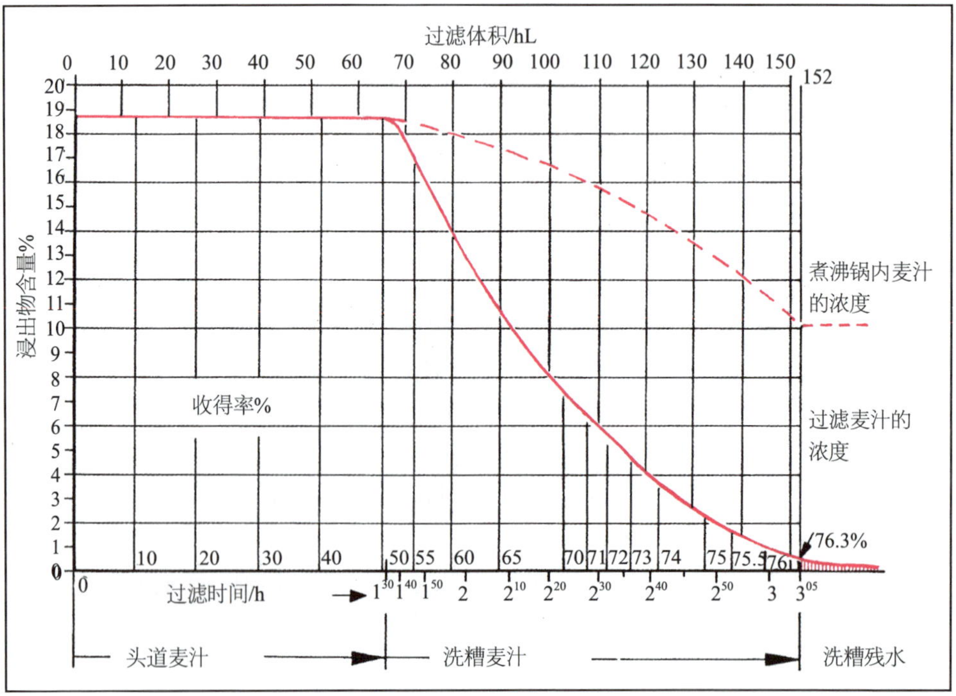

图3.44　麦汁过滤曲线

■ 由于80℃会破坏α-淀粉酶，所以麦汁过滤温度必须保持在80℃以下

3.3.2 洗糟残水

洗糟一直要进行到达到满锅麦汁的浓度为止，最后滤出的低度麦汁被称为“洗糟残水”，生产“全啤酒”时，洗糟残水的浓度仍有0.5%~0.6%，有时可将“洗糟残水”作为下次投料的糖化用水。“高浓啤酒”的洗糟不能太强烈，否则会使麦汁的浓度下降过大，一般将最后洗糟麦汁作为投料用水用于生产低度啤酒。

洗糟快结束时，麦皮中溶出的鞣质、苦味物质和硅酸等不良物质较多，这可以从下表中看出：

	头道麦汁的浸出物组成/%	洗糟麦汁的浸出物组成/%
麦芽糖	58.95	53.07
含氮物	4.34	5.38
矿物质	1.54	2.54
硅酸（SiO_2）	0.1481	0.4536

因此，要生产高质量的啤酒，洗糟就不能过于强烈，即洗糟时间不要过长。基于以上观点，利用洗糟残水作为下次投料用水时也必须注意：

■ 长时间洗糟以及重新利用洗糟残水可以提高浸出率，但对啤酒质量不利

利用未处理的洗糟残水时，除了要考虑质量，还要考虑不断增长的能源费用，只有当浸出物的增加所带来的经济效益高于蒸发水分所消耗的能源费用时，才能体现其经济性。

麦汁过滤既可用过滤槽，也可用压滤机。

3.3.3 过滤槽的麦汁过滤

过滤槽既是较老的，又是应用最广泛的一种麦汁过滤设备，过滤槽是一圆柱形容器，槽中安装着有开孔的筛板，筛板支撑麦糟，麦汁则被过滤。

近几十年来，过滤槽的结构和工作方式得到了一系列的改进，由于德国仍有许多啤酒厂使用老式过滤槽，所以下面首先介绍老式过滤槽的结构，然后再描述新式过滤槽。过滤过程中有许多中间步骤，在此不再详述。

3.3.3.1 老式过滤槽的结构（见图3.45及下表）

各组件	作 用	注意事项
排气筒1	排出蒸气	许多过滤槽没有排气筒，因为没有蒸发，所以也不一定都需要，但为了排出蒸发气体，有排气筒的过滤槽要好一些
槽盖2	封闭槽，防止热量损失	
槽底板3	收集头道麦汁和洗糟麦汁	必须保持平整，而且每1.2~1.5m²基本过滤面积上必须有一个麦汁排出孔，每个孔的底部焊接着一个过滤管，此孔叫“开孔”，所有开孔要尽可能均匀分布在整个槽底板上

续表

各组件	作 用	注意事项
筛板4	阻留麦糟	用坚硬的磷青铜或其它材料制作，板厚3~5mm。为使麦汁流出，每平方米筛板上大约有2500~3000个筛孔，每个筛孔长30~40mm，宽0.4~0.7mm，并向下扩展至3~4mm宽，以免麦糟阻塞筛孔。自由流通面积为筛板总面积的4%~8%。为了使操作更方便，筛板被划分为许多小块，每小块面积约0.6~0.8m^2，以便于清洗
保温层5	防止麦汁冷却	把过滤槽围起来，过滤槽的边缘最先降温，使过滤困难，收得率降低
进醪管6	醪液从糖化锅进入过滤槽	糖化醪从糖化锅的底部泵入过滤槽，泵醪速度1.6m/s，进醪时间最多为30min
耕糟机7	疏松麦糟	耕糟机有两个臂，臂下面安装有一列或两列耕刀，大多数耕刀是直的，有时也有波浪状的，为了松动麦糟，耕刀上有类似切块的小榫子。耕刀由一根杆平行控制，通过拉杆或手轮可横向或纵向调节耕刀的旋转方向，为了耕动麦糟，耕刀必须置于旋转方向
	排糟	为排出麦糟，必须把耕刀置于横向旋转方向
耕糟机的传动装置8	耕糟机的运动	驱动轴的旋转带动耕糟机运动，转速有两种：低速用于耕糟，高速用于排糟
耕糟机的升降装置9	耕刀的上升和下降	耕糟机转动轴的末端与活塞相连，此活塞可在一固定安装的汽缸中上下运动，通过活塞下面水的压入，耕糟机高度提升，泄压后耕糟机则下降
进管10	进水或进气	水必须借助一个特殊手泵产生压力或采用机械方式使耕糟机上升和下降
洗糟水进管11	洗糟水的进入	来自于热水储罐的洗糟水必须先通过水混合调节装置使混合后的洗糟水达到所期望的78~80℃
洗糟水喷水管12	分布洗糟水	由两个旋转臂组成的喷水管，或固定于耕糟机上，通过耕糟机的运动而旋转，或在耕糟机之上自由运动
过滤管13	排出头道麦汁和洗糟麦汁	过滤管以很小的斜率安装
麦汁收集槽14	收集头道麦汁和洗糟并导入煮沸锅	所有过滤管都与铜制麦汁收集器之上的过滤阀相连，收集槽上有三个出口管：一个出口至浑浊麦汁泵；一个出口通至麦汁煮沸锅；一个出口至污水排出口

续表

各组件	作 用	注意事项
鹅颈阀15	均匀的麦汁过滤	过滤阀的形状像鹅颈（图3.46），麦汁必须在过滤阀的上升管中上升，借此避免麦糟吸紧，同时加快过滤。有一管道与过滤阀相连，可在糖化醪泵入槽前通过此管将热水从筛板之下的过滤管压入过滤槽中，以排除空气
麦糟排出口16	排麦糟	排麦糟时必须把排糟口打开，麦糟出口之下安放有麦糟暂贮箱，麦糟通过箱内的绞龙排出

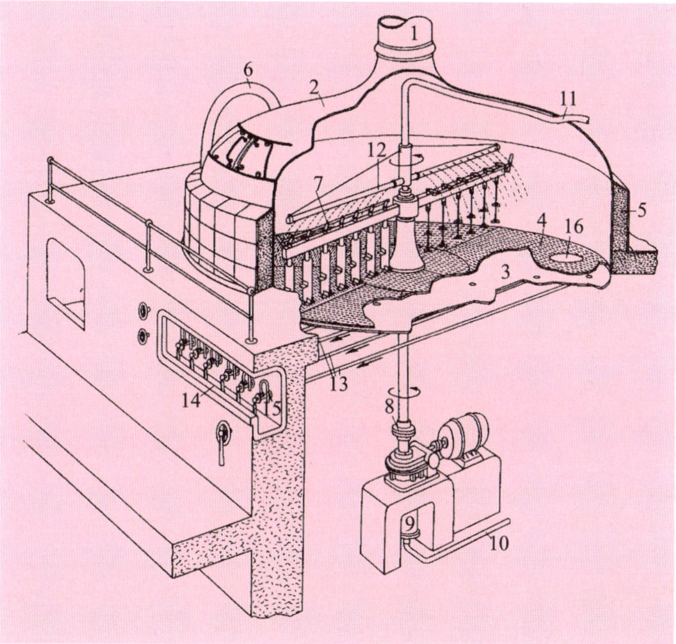

图3.45　老式过滤槽
1–排气筒
2–槽盖
3–槽底板
4–筛板
5–保温层
6–进醪管
7–带耕刀的耕糟机
8–耕糟机驱动元件
9–耕糟机的升降装置
10–压力水进入管
11–洗糟水进管
12–洗糟水喷水管
13–过滤管
14–麦汁收集槽
15–鹅颈阀
16–麦糟排出口

人们早就知道氧气对麦汁有不利影响，而从鹅颈阀出来的麦汁吸氧非常严重，为了减少麦汁吸氧，同时不必购买新的过滤槽，许多啤酒厂将过滤管与一个收集管连接起来，这样麦汁可在不吸氧情况下直接进入麦汁煮沸锅或麦汁暂贮罐。

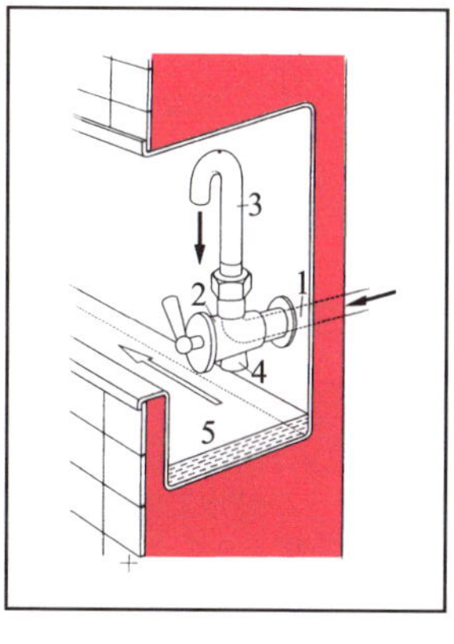

图3.46　麦汁过滤阀
1–过滤管
2–开启的过滤阀
3–排气弯管
4–预喷开口
5–麦汁受皿

3.3.3.2 新式过滤槽的结构（图3.47和图3.47a）

与糖化车间的其它糖化设备一样，过滤槽如今也用不锈钢制作并经过保温处理以防降温，为了尽可能减少吸氧，醪液从底部进入过滤槽（图3.48）。

2~6个可关闭的醪液进口阀可以从底部进行操作（图3.49），泵醪过程必须确保在10min内完成，进口流速不要高于1m/s。

过滤槽筛板（图3.50）由不锈钢制作，为缝宽0.7~0.9mm、自由流通面积可达12％的开缝筛板，或槽口为0.7mm×8mm、自由流通面积为8％~10％的开槽底板。

筛板的单位承载负荷为：

干法粉碎：140~175kg／m^2

增湿粉碎：150~210 kg／m^2

湿法粉碎：200~280 kg／m^2

倾斜式筛板（图3.50，4）可改善过滤情况，较清亮的过滤麦汁证实了这点，除槽过程中，倾斜的筛板使槽不再落入缝隙中，能够更好地被清除出来。

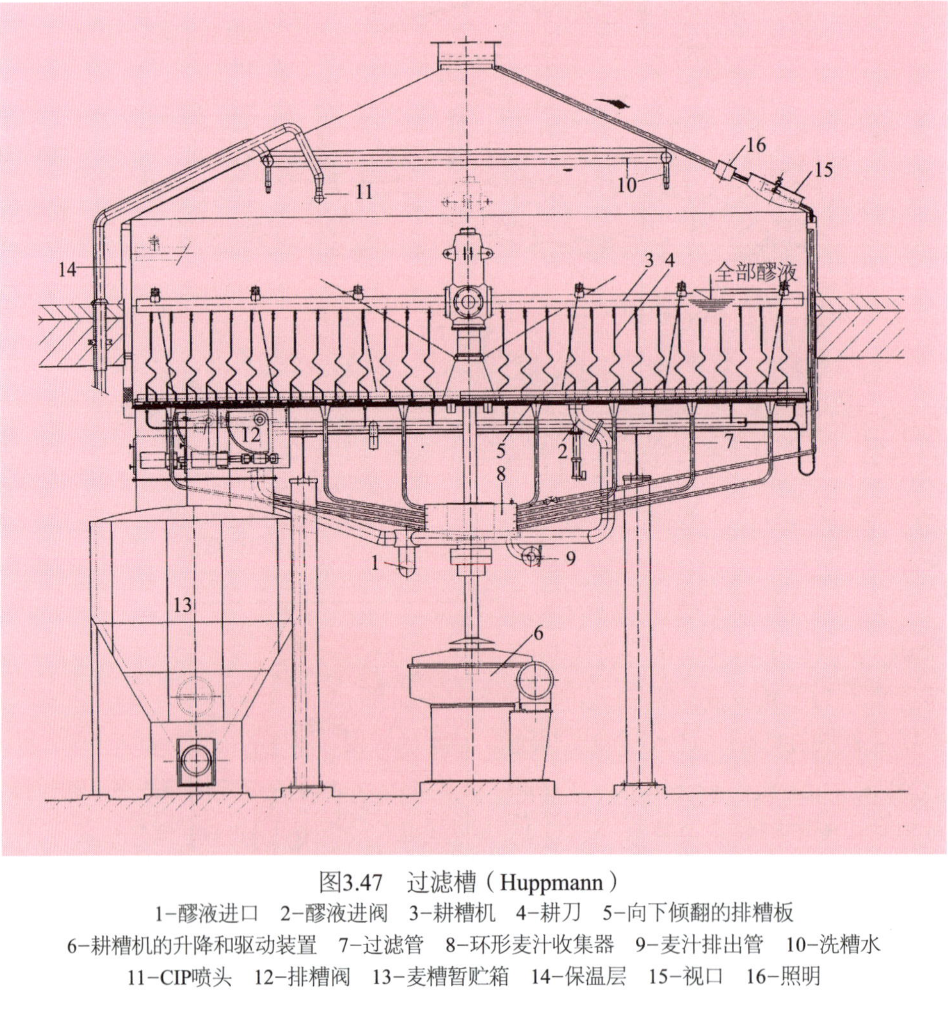

图3.47 过滤槽（Huppmann）

1-醪液进口 2-醪液进阀 3-耕糟机 4-耕刀 5-向下倾翻的排糟板 6-耕糟机的升降和驱动装置 7-过滤管 8-环形麦汁收集器 9-麦汁排出管 10-洗糟水 11-CIP喷头 12-排糟阀 13-麦糟暂贮箱 14-保温层 15-视口 16-照明

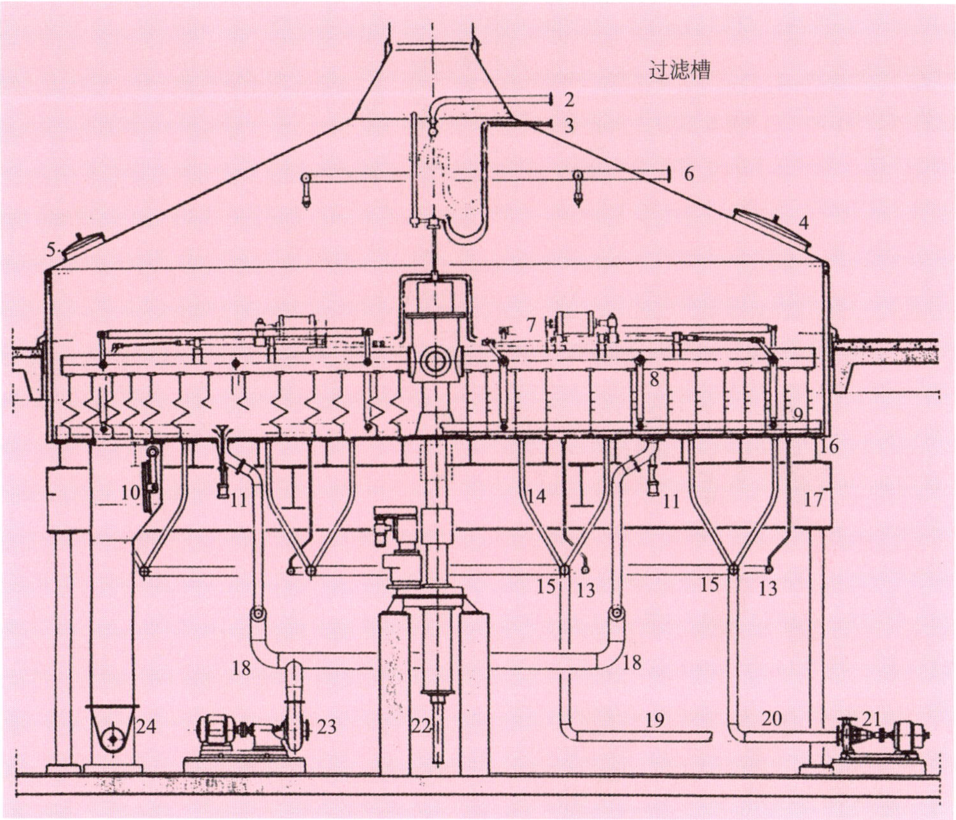

图3.47a　过滤槽（Ziemann）

2-CIP喷嘴　3-去液压系统的连接　4-人孔　5-视口　6-洗糟水　7-液压缸　8-耕刀
9-糟板　10-排糟口　11-醪液进口　12-驱动装置　13-筛底喷冲　14-过滤管　15-环管
16-T型支架　17-底座　18-醪液进入　19-过滤系统1　20-过滤系统　21-麦汁泵
22-用于耕刀升降的液压缸　23-醪液泵　24-排糟绞龙

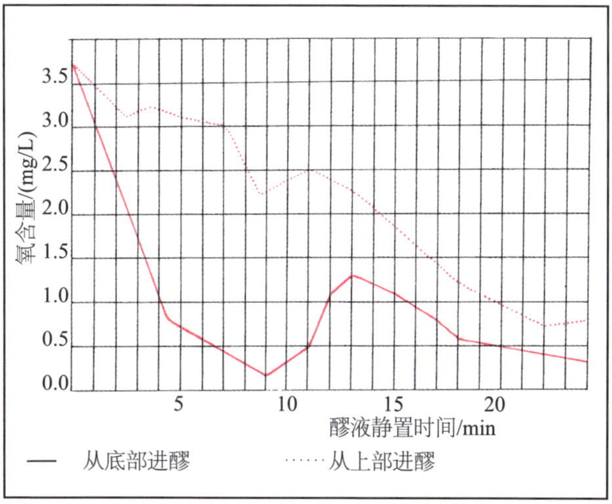

图3.48　过滤槽上部进醪和底部进醪的氧含量变化对比

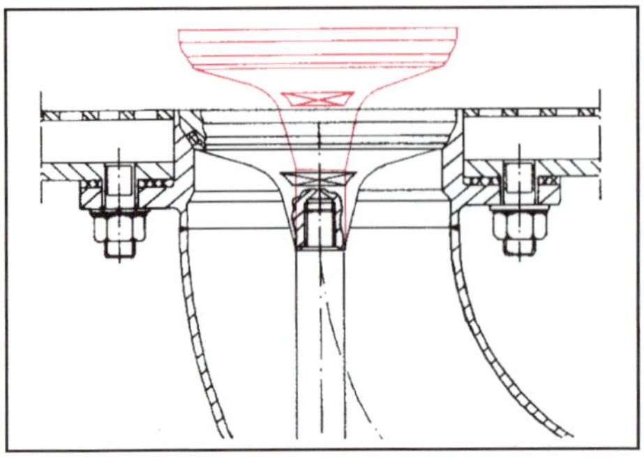

图3.49　从底部进醪的进醪阀

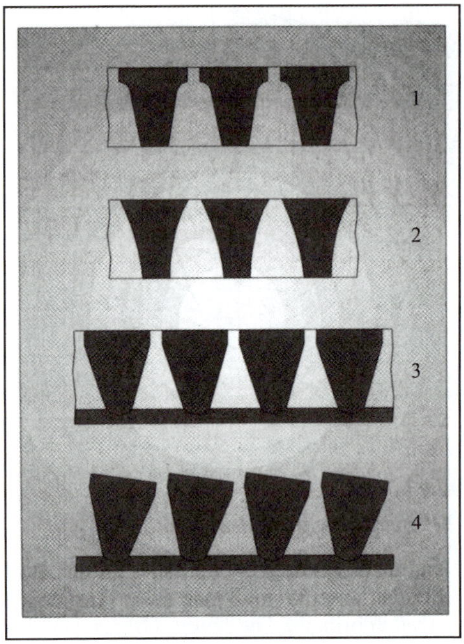

图3.50　过滤槽筛板的不同设计形式
1-两次铣切的筛板（老式）　2-一次铣切的筛板
3-由不锈钢加工而成的开缝筛板
4-带略微倾斜凸起的开缝筛板

筛板离槽底有20mm，通过安装在筛板底部的喷头可对整个空间进行清洗（图3.51）。

如果将筛板安放在更接近槽底的位置，就必须有更多的开口，下限为10mm，因为清洗装置的喷头也需要空间安装。

每$1m^2$底板上有一个带锥形流出口的开口，在常见的环形管过滤系统中，底板分为多个集中的过滤区域，所有麦汁过滤管都与中心收集管相连，这样可以保证浸出过程均匀。在另一种过滤系统中（图3.47），所有麦汁过滤管都通入一个中央麦汁收集容器中，麦汁不会接触氧气。

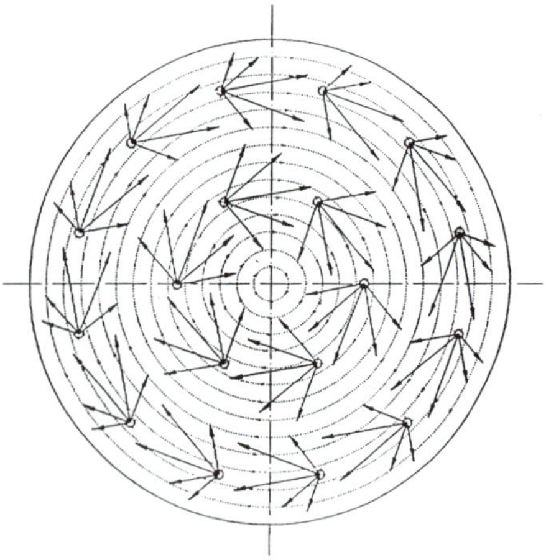

图3.51　筛板下的CIP清洗

传感器在此确保麦汁无氧过滤，有空气吸入时泵会自动关闭。

根据过滤槽的大小，耕糟机安装有两个、三个、四个或六个臂，耕糟机速度可无级调节。耕糟机的关键部件是较特殊的耕刀，此耕刀安装在耕糟机臂上，每个耕刀有自己的耕糟轨迹，其形状（图3.52）和排列能确保耕糟的均匀性，避免形成令人担心的沟缝。

耕刀的设计形状可使其在最短的时间内松动糟层，而不会破坏过滤层，耕刀必须尽量靠近筛板，外部耕刀的速度应尽可能低，但耕刀的数量要能保证达到希望的结果。

耕糟机的高度通过麦汁浊度自

动调节：麦汁浊度升高，耕糟机上升；麦汁浊度降低，耕糟机下降（图3.52a），压差升高，耕糟机下降（图3.53），因为这表明麦糟已被吸紧，若压差变小，则耕糟机上升，为此必须安装测量和调节装置。

借助蜗轮传动，耕糟机启动十分

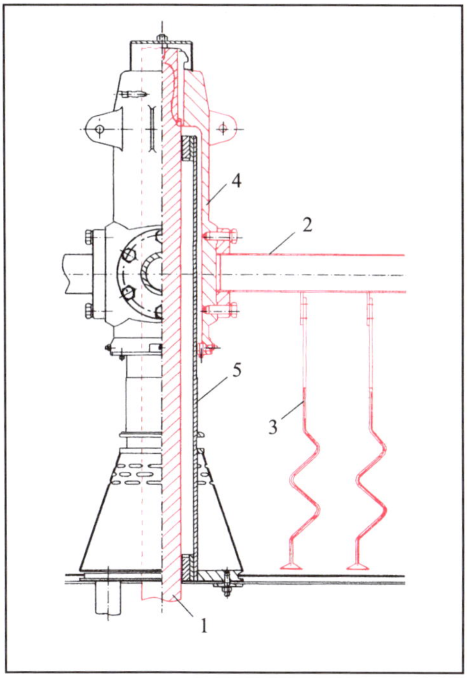

图3.52　耕糟机驱动装置
1-驱动轴和活塞轴　2-耕糟机臂　3-耕刀
4-升降装置　5-带支架的冠状杆（红色部分可旋转和升降）

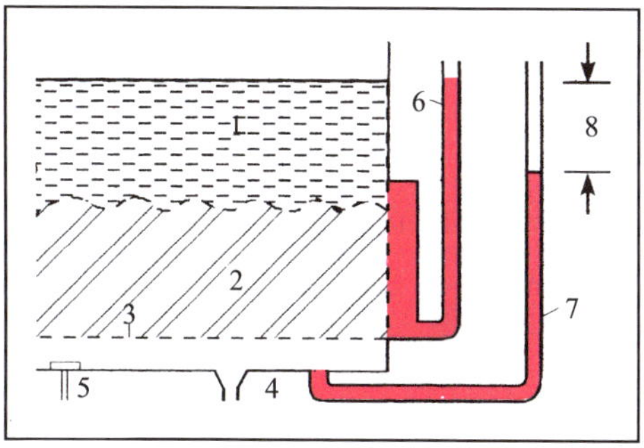

图3.53　麦汁过滤时的压差
1-麦汁/洗糟水　2-麦糟　3-筛板　4-过滤麦汁流出口　5-筛板喷冲　6-过滤槽的液位
7-抽吸压力　8-压差（=麦糟阻力）

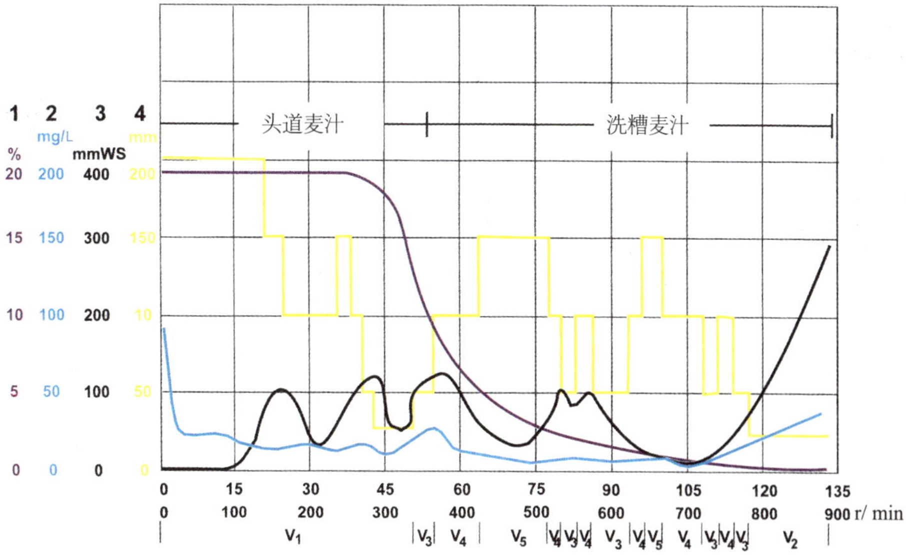

图3.52a　麦汁过滤时的各种参数的变化过程
（1=深蓝色）过滤麦汁的浸出物含量（2=浅蓝色）浊度EBC（3=黑色）过滤压差 mm水柱
（4=黄色）耕糟机的高度 mm

轻缓，合适的轴密封可以避免麦汁进入转轴区。

借助安装在过滤槽上部的扇形喷头，可以很好地送入洗糟水。

排糟通过多个排糟阀，此时耕糟机上的排糟板被放下，它的特殊结构可使排糟迅速进行（最多10min）。

3.3.3.3 过滤槽的过滤过程

过滤槽的过滤过程分为以下几个步骤：

- 压热水
- 泵入醪液
- 静置
- 预喷和浑浊麦汁回流
- 头道麦汁过滤
- 洗糟
- 洗糟残水排出
- 排糟

（1）热水压入　为了迅速过滤，筛板必须干净而且没有脏物和空气气泡，为此要将热水从筛板底部压入，同时预热筛板。

（2）醪液泵入　醪液要尽最大可能快速泵入过滤槽中并且分布均匀，否则会导致浸出物溶出不均匀，使浸出率下降。为了避免离析现象产生，泵醪时速度要尽可能低，但同时体积流量又必须保证倒醪在10min内完成，这就要求横截面大。底部泵醪具有优势，泵醪期间应开动糖化锅中的搅拌器以保证醪液的均匀。

（3）静置　醪液泵入后，单位承载负荷为150kg/m^{2}时大约会形成25cm高的糟层，单位承载负荷为200kg/m^{2}时，糟层的厚度约为34cm，头道麦汁聚集在糟层上面，这一过程必不可少，因为需要麦糟作为麦汁过滤的天然过滤介质，此过程称为过滤静置，静置时间大约5~30min，静置结束后麦糟分为三层：

- 底层：由粗粒和重粒组成，部分含有淀粉
- 主层：最厚的层次，由麦糟组成
- 上层：由醪液的最轻颗粒组成，很薄，主要是蛋白质和小块麦皮

上层又分两部分，下面部分主要由麦糟构成，这层不利于麦汁过滤，因为它的通畅性低于其它滤层，这一层的均匀分布对于糟层的均匀浸出十分重要，上层必须尽快被打破。

糖化终止的温度越高，麦糟越疏松，过滤会越迅速。基于这一原因，过滤时必须避免温度下降。

泵醪期间，由过滤液位控制的耕糟机大约抬高20cm，泵醪结束时升至最高处并停止转动。

（4）预喷和浑浊麦汁回流　在筛板和槽底之间聚集着一些穿过筛板的颗粒，这些颗粒和刚开始过滤出的麦汁一起构成浑浊麦汁，这些浑浊麦汁必须回流，从过滤槽的麦汁液面下进入槽内，回流5~10min，直至滤出麦汁清亮为止。从麦汁液面下回流进入过滤槽的目的是为了最大限度减少吸氧。

针对仍采用阀门进行过滤的过滤槽，回流时总是按顺序把两个过滤阀同时打开，并立即关闭，这样就会在过滤阀的截面区域形成涡流，借此带走槽底的浑浊物，这个过程叫“预喷”，预喷操作重复2~3次。

（5）头道麦汁过滤　头道麦汁应尽可能迅速过滤，以避免不必要的

时间损失，从各麦汁管出来的头道麦汁浓度相同。头道麦汁穿过麦糟层得以过滤，麦糟对流出的麦汁产生阻力，阻力又导致吸力的产生，因为人们总试图滤出尽可能多的麦汁，当自然滤出量少于这一量时糟层就不断被压紧，阻力增加，流出的麦汁也越来越少，这样又会反过来导致过滤速度减慢。

因此要尽可能保持较小的压差和疏松的麦糟层，现代化的过滤槽利用压差来调节耕糟机。

在采用鹅颈阀的过滤槽中，过滤阀的开启度仅控制在1/4~1/3，此外可通过过滤阀的上升管降低吸力。

（6）洗糟和洗糟麦汁的过滤　当槽中的麦糟刚露出液面时，就应停止头道麦汁过滤，开始洗糟，洗糟水淹没麦糟并从上向下缓慢压出麦汁，洗出麦糟中的浸出物，浸出物的洗出并不快，需要一定的时间。

洗糟工作可以连续进行，即洗糟水不断加入，洗糟麦汁不断从下面流出，或者分次进行，连续洗糟时虽然过滤快一些，但收得率要低一些。如果分两次或三次洗糟，由于洗糟水有较多的时间浸洗麦糟，所以收得率要高一些，而且由于洗糟水与麦糟中浸出物之间的浓度差很高，混合和浸出过程都会加快。

两种洗糟方法实践中都常采用，连续洗糟更具优势，因为：

- 过滤麦汁清亮
- 麦皮浸出物质少
- 吸氧少
- 节约时间
- 啤酒质量更好
- 口味稳定性更好

洗糟前或在洗糟时，要开动耕糟机，耕糟机的开动主要取决于麦芽的可滤性，首先耕动麦糟的表层，然后耕刀缓慢下降，直到距筛板5~10cm，耕刀不要放得过低，否则滤出的麦汁又会浑浊，耕糟操作决定了过滤时间和滤出麦汁的清亮度。

改善过滤工作需要连续测量和显示装置：

- 压差计
- 浊度计

如果浊度值上升，则必须升高耕糟机，反之下降，如果压差上升，说明麦糟阻力上升，则必须降低耕糟机，松动麦糟，但这会使浊度重新上升，整个过程又从头开始。

通过测量满锅麦汁浓度来决定过滤是否结束，可以准确地利用洗糟水，不形成洗糟残水，在不回收利用的情况下，洗糟残水只会加大能源损失和废水量。

当然，人们也可以从上部抽取头道麦汁，这样不会损失浸出率，因为与洗糟不同的是，头道麦汁的浓度在通过糟层之前和之后不会改变，问题只是固形物的含量，因为小颗粒沉降得很慢，但如果从上部抽取麦汁并进行精滤，可在不影响收得率的前提下将麦汁过滤时间缩短大约20min，如今相关厂家都可提供这样的附加设备。

（7）排糟　洗糟残水流完后，将耕刀横向调节进行排糟，在新式过滤槽中，排糟板向下打开，麦糟从排糟口落下。

3.3.4 压滤机的麦汁过滤

压滤机是过滤槽的竞争对手，但其应用并不像过滤槽那样广泛，过滤槽利用厚麦糟层进行过滤，而压滤机仅需4~6cm厚的麦糟层，麦汁过滤主要通过滤布，因此它同样可以较好地从麦糟中获取浸出物。最近，压滤机的不断改进更新了人们的观点，因此讨论压滤机时，必须区分1990年前制造的传统压滤机和1990年以后制造的新式压滤机。

3.3.4.1 传统压滤机

3.3.4.1.1 传统压滤机的结构

随着时代的发展，传统压滤机历经改进，但基本结构仍保持不变（图3.54），支撑滤板和滤框的是带有支撑杆2的支撑架1，通过一个固定顶板3和一个活动顶板4，所有滤板和滤框被压紧。

压滤机的主要部件是滤框和滤板5，滤框用来容纳麦糟，形状为正方形，一般规格为1.2m×1.2m，滤框的深度为6cm，每个滤框能容纳80~100L麦糟，根据压滤机的大小，滤框的数目在10~60，由于只有滤框容纳麦糟，所以过滤机的容纳能力可用滤框数乘以每个滤框的容纳能力算出。

糖化醪泵入后，所有滤框必须被

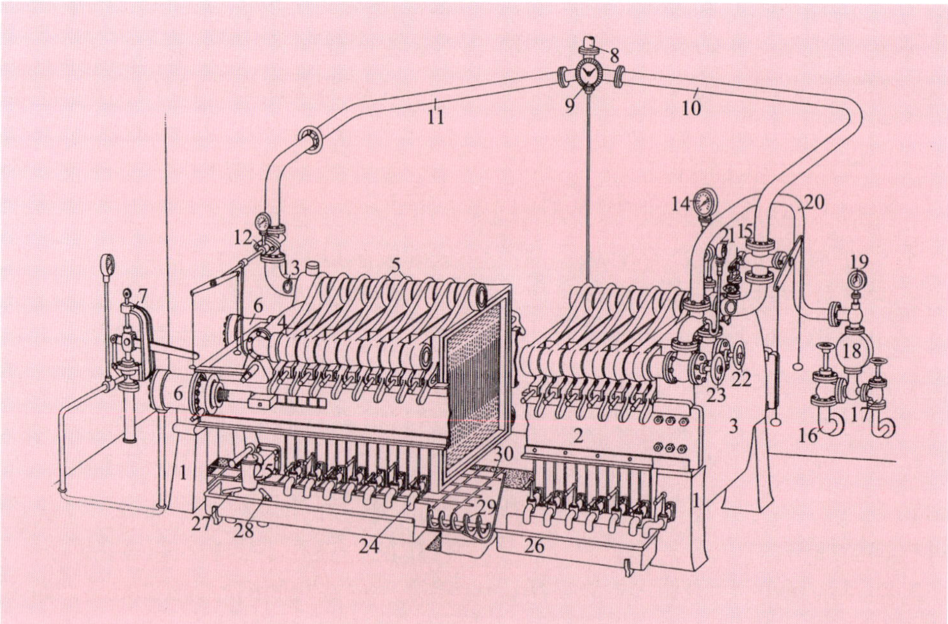

图3.54 传统压滤机结构

1-支撑架 2-支撑杆 3-固定顶板 4-活动顶板 5-滤框和滤板 6-压紧装置 7-手动泵 8-进醪管口 9-调节阀 10-进醪到固定顶板 11-进醪到活动顶板 12-截止阀 13-视镜 14-压力表 15-安全阀 16-热水进口 17-冷水进口 18-混合器 19-温度计 20-洗糟水进口 21-洗糟水水压表 22-底部洗糟阀 23-上部洗糟阀 24-过滤阀 25-万向联轴阀 26-麦汁受皿器 27-麦汁排出管 28-污水排出管 29-麦糟槽 30-筛条

麦糟填满，所以糖化投料量必须和压滤机的容纳能力相匹配，可这样进行计算：100kg糖化麦芽生成120~140L麦糟，麦芽粉碎越细，麦糟体积就越小，每个滤框都有一个进醪口，进醪口的深度是滤框的两倍，压滤机压紧后，所有进醪口就形成了一个醪液进入通道，通道根本不与滤板接触，每个进醪口都有一个通往滤框内部的孔径，醪液由此流入滤框内，滤框上有避免麦汁泄漏的橡胶密封圈，密封圈每年应更换一次，因为橡胶的弹性随着时间的延长会减弱，压滤机也会因此变得不密封（图3.55）。

- 打开压滤机
- 清洗滤布

（1）压滤机的装配　首先必须由固定板开始将滤布悬挂在滤板的两侧，一张滤布被悬挂在滤板两侧并被均匀地推进相邻的滤框内。

压滤机安装好后，如果立即泵入醪液，醪液会因被冷却而不易过滤，特别是在生产刚开始时，因此首先要用80℃的热水充满过滤机，过一段时间（约0.5h）再放掉，这样做还可以检查过滤机是否密封。

（2）泵醪和头道麦汁的过滤　当人们将醪液泵入滤框上的通道时，倒

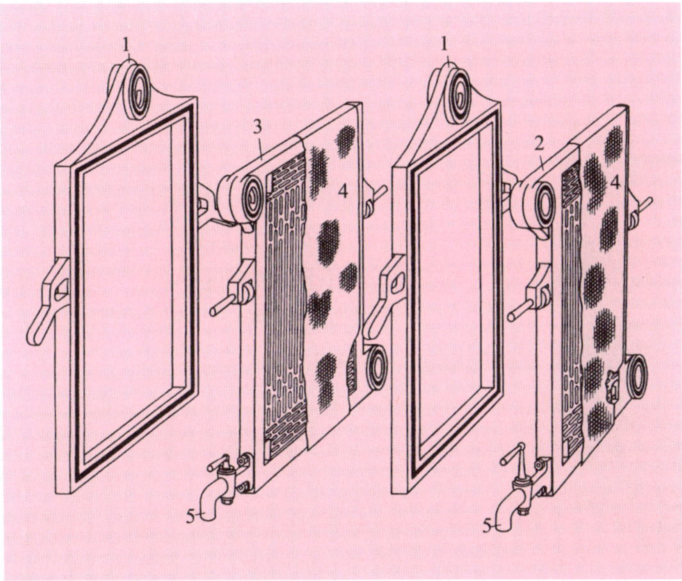

图3.55　滤板和滤框在压滤机中的安装顺序
1–滤框
2–入口在底部的滤板（水板）
3–入口在上部的滤板（麦汁板）
4–滤布
5–过滤阀

3.3.4.1.2　传统压滤机的工作过程

传统压滤机的过滤过程分为以下几个步骤：

- 装配压滤机
- 泵醪和头道麦汁的过滤
- 洗糟和洗糟麦汁的过滤

醪过程便开始了，为了使醪液混合均匀，需要开动糖化锅中的搅拌器，醪液的流速应保证其均匀流入滤室，泵速太高会使过滤面堵塞，压力上升，泵醪需要的时间增加，如果压力上升很慢，泵醪快结束时才达到50kPa的

过压，泵醪速度就会最快，要做到这点，泵的电机必须是可以调节的，泵醪需要20~25min。

泵醪期间，头道麦汁已从所有过滤阀中开始滤出。

对于压滤机来说，没有醪液静置步骤，麦糟被滤布截留住，而麦汁穿过滤布沿滤板的条形槽向下流动，最终从所有的过滤阀中流出（图3.56），对于压滤机来说，没有浑浊麦汁。

泵完所有醪液后头道麦汁的过滤就宣告结束，滤框室装满了麦糟，头道麦汁流完后关闭过滤阀。

（3）洗糟和洗糟麦汁的过滤　洗糟水不能从醪液通道泵入，否则水会从阻力最小的上部穿过滤布进入滤板，起不到洗糟作用。因此洗糟用水从一个“边缘通道”每间隔一块滤板进入，通常采用下面的通道，因为从上部洗糟必须更加小心。洗糟用水从每两块滤板下方的孔道流入，穿过滤布，充满两边相邻的滤框室。检查压滤机是否装满可借助小空气阀，每两块滤板的上方安装着一个空气阀，或者通过压滤机上较大的空气阀来检查。

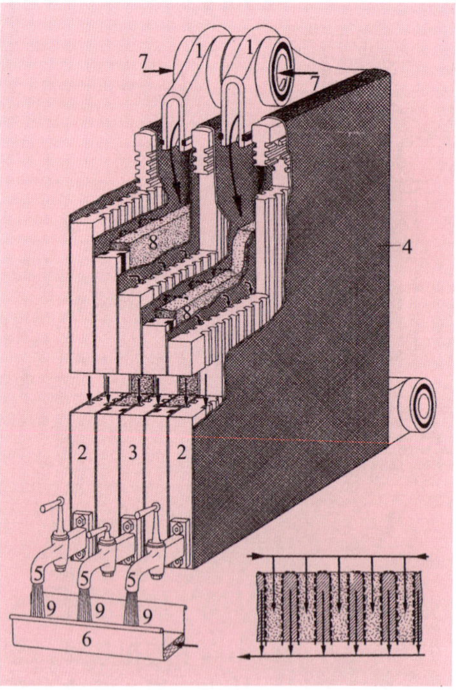

图3.56　头道麦汁的过滤
1-滤框　2-水板　3-麦汁板　4-滤布
5-过滤阀　6-麦汁受皿器　7-醪液进口
8-麦糟　9-头道麦汁

压滤机装满后，打开中间板（麦汁板）的过滤阀，为了便于区分，这类板的过滤阀上的手柄要低一些，如果打开水板的过滤阀，流出的液体是清亮的水。

洗糟水强行流过6cm厚的麦糟饼层，同时对麦糟进行浸洗，但前提是滤框室必须全部装满麦糟，否则洗糟水会从滤框室的上部（空隙空间）流走，收得率降低（图3.57）。

在这种麦汁过滤方式中，麦汁通过过滤阀和麦汁受皿器流出，氧化强烈，所以新式压滤机采用封闭式的过滤系统（图3.58）。

这里的液体不从过滤阀流出，而是通过滤板上的边缘通道流出，固定滤板处的通道与滤机高度相同，确保压滤机装满。现代压滤机在过滤结束时用压缩空气将剩余洗糟水压过麦糟，使麦糟中的残余浸出物被压榨出来。

压滤机也可进行连续洗糟和分次间断洗糟。

洗糟一直进行到所期望的麦汁量达到为止，当然所要求的满锅麦汁浓度也必须达到。

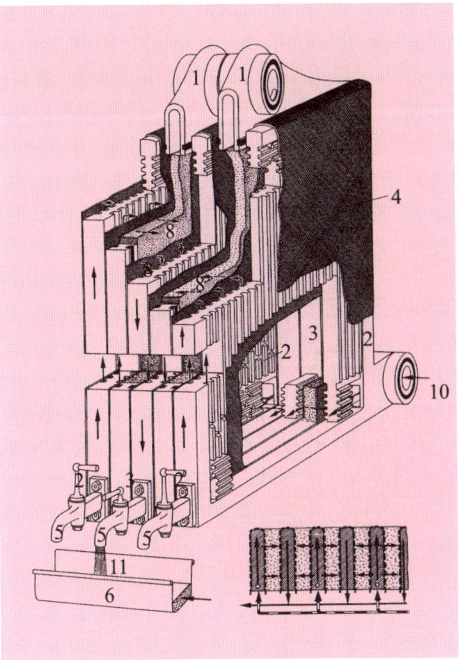

图3.57　洗糟麦汁的过滤
1-滤框　2-水板　3-麦汁板　4-滤布
5-过滤阀　6-麦汁受皿器　7-醪液进口　8-麦糟
9-头道麦汁　10-洗糟水出口　11-洗糟麦汁

（4）压滤机的拆卸　洗糟残水一流完，便可拆开压滤机，但压滤机此时尚有75℃的高温，手工操作十分困难。首先要用手或机械方式将滤框和滤板逐个分开，麦糟落入压滤机下的槽盆中，通过绞龙被输送出去，然后用水冲洗滤布，如今一般只是周末或每月一次取出滤布并清洗，封闭式压滤机每个周末进行一次循环清洗。

3.3.4.2　新一代压滤机

在过滤槽和压滤机就糖化收得率和糖化次数竞争之际，Meura/Tournai/B于1990年推出了新一代压滤机2001，与老式压滤机相比，新压滤机有了许多改进（图3.59）。

3.3.4.2.1　压滤机2001的结构

压滤机2001由前后交替的膜滤框槽和聚丙烯格板（图3.59a）组成，聚丙烯的热传导值很低，格板的外部尺寸为2.0m×1.8m，一台压滤机可有60个格板。

膜滤框槽1由大约1cm厚的坚固开槽板2和板两面覆盖的弹性塑料膜3组成，滤板与滤机上面的压缩空气管通过一个软管连接口4连接在一起，在一定时候，将薄滤板与塑料膜用压缩空气压紧。由于膜有弹性，会扩张，由此挤压位于膜两侧约4cm厚的框室5内的麦糟，麦糟在另一面被格滤板6挡住。由聚丙烯制成的格板约4cm厚，两边覆盖着聚丙烯编制的滤布9，头道麦汁和洗糟麦汁通过滤布过滤出去。压滤机装配压紧后，每对膜滤框槽和滤板之间便形成了一个约4cm厚的麦糟容纳空间。

在压滤机的下部，所有膜滤框槽和格板的前后均有一个通道，一边通道7用于醪液和洗糟水的进入，该通道与每个膜滤框槽的边缘相连接，另一边通道8用以容纳和排出头道麦汁及洗糟麦汁，由于醪液从压滤机底部通道进入和排出，所以氧含量较低。

压滤机上部通道在滤机装满时也同时排出了空气。

整个压滤机的组成（图3.59b）为：两端分别有一块固定顶板1和一块活动顶板2，在它们之间有若干块格滤板3（可达60块）和滤框槽4，滤板和滤框挂于支承杆5上，可平行移动。固定顶板上有醪液进口管6和麦汁排出管7，压缩空气通过一固定管8进入压滤

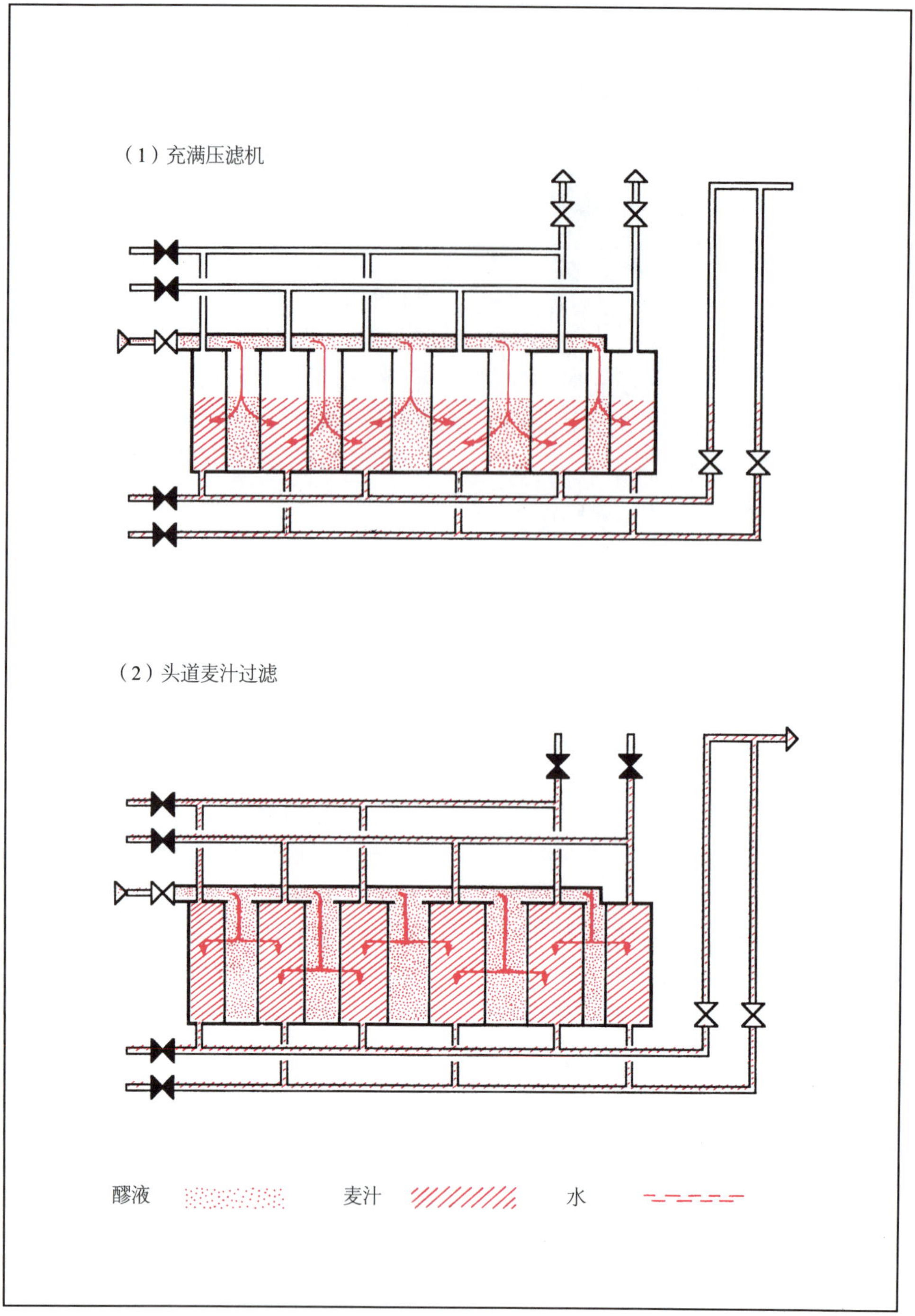

图3.58　使用压滤机的封闭式麦汁过滤

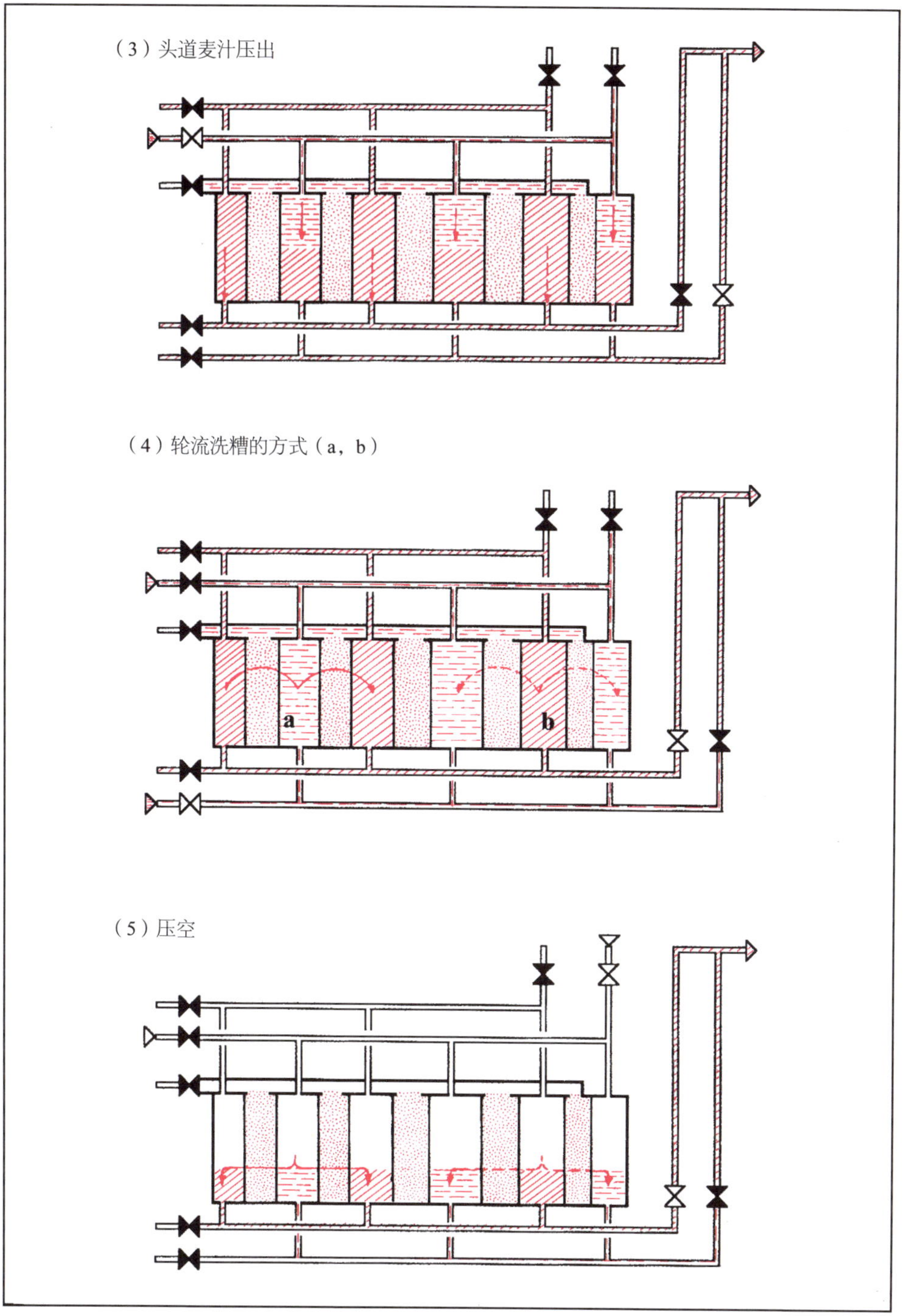

图3.58　使用压滤机的封闭式麦汁过滤

图3.59 压滤机2001
（图片：Meura, Tournai/B公司）

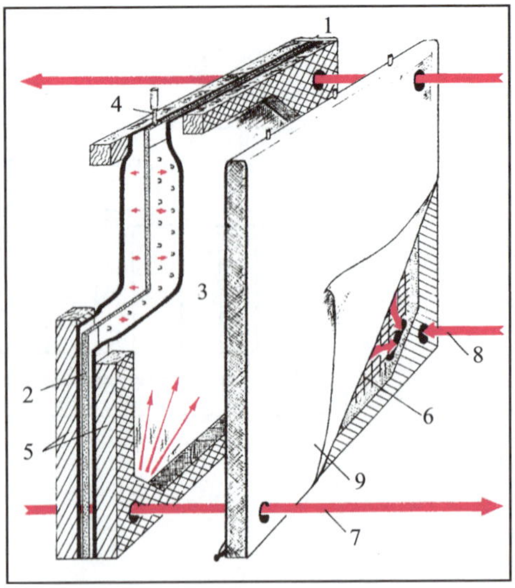

图3.59a 压滤机2001型的膜滤框槽和格滤板
1-槽 2-开有槽的板 3-弹性塑料膜
4-压缩空气接口管（边缘） 5-框室 6-格滤板
7-醪液进入通道 8-麦汁流出通道 9-滤布

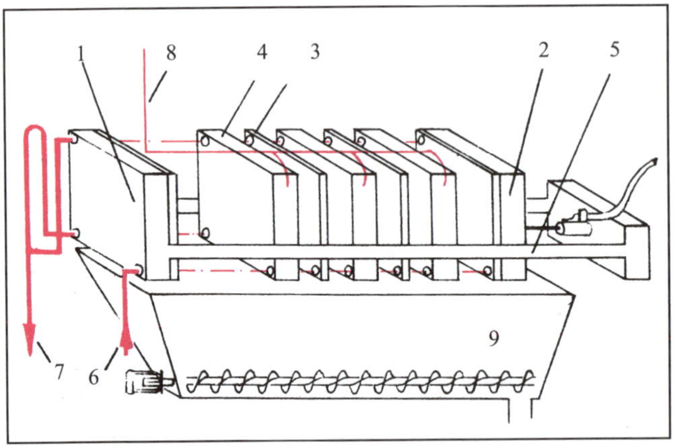

图3.59b 压滤机2001原理图
1-固定顶板
2-活动顶板
3-格滤板
4-膜滤框槽
5-支承杆
6-醪液进口管
7-麦汁排出管
8-压缩空气进口
9-带出料绞龙的麦槽模块

机，并通过一根较长的压缩空气软管导入滤框槽，排槽。麦槽槽9用来装麦槽并排出麦槽。测量和调节装置可使整个过滤过程自动进行。

3.3.4.2.2 压滤机2001的过滤过程（图3.60至图3.60d）

（1）进醪（图3.60） 醪液以15~20kPa的压力，从底部（图3.59b，7）两面通过下通道泵入“膜滤框槽”

内，头道麦汁立即从格滤板的滤布中流出。

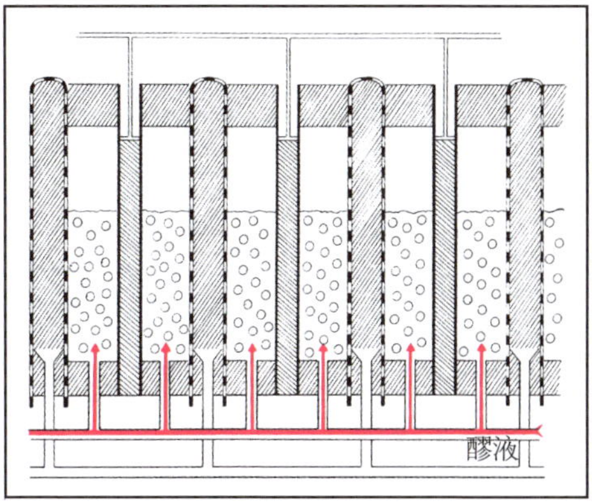

图3.60　泵入醪液

（2）过滤（图3.60a）　随着醪液的不断泵入，滤框内的麦糟层越来越厚，头道麦汁也不断流出。在刚开始的10min内，压力上升较小，随后压力大致保持不变。醪液全部泵入压滤机后，所有滤框室被麦糟充满，头道麦汁过滤大约需要20min。

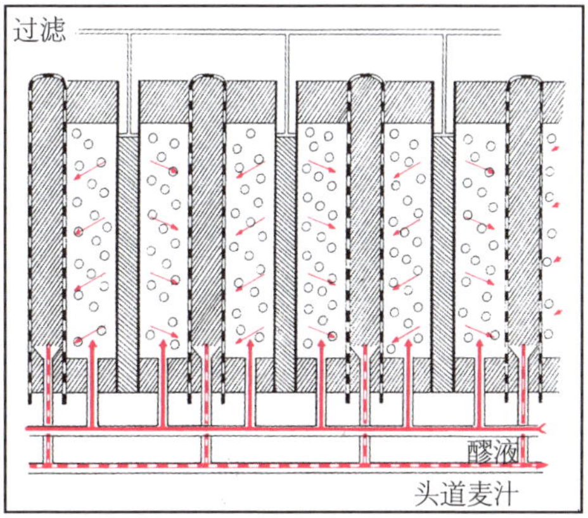

图3.60a　头道麦汁过滤

（3）第一次挤压（图3.60b）　头道麦汁全部滤完后对麦糟进行挤压，利用50~60kPa（过压）的压缩空气使膜框板上的膜压向麦糟，从而挤出麦糟中的残余头道麦汁。该过程约需5min。

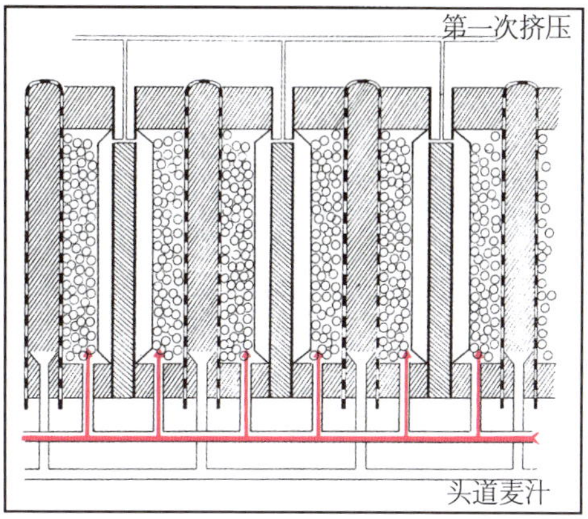

图3.60b　第一次挤压

（4）洗糟（图3.60c）：洗糟水如同醪液一样从底部泵入压滤机并均匀分布在滤层上，78℃的洗糟水穿过麦糟层洗出其中的残余浸出物，洗糟麦汁穿过滤布沿格板流出。这一过程时间最长，需50~55min。

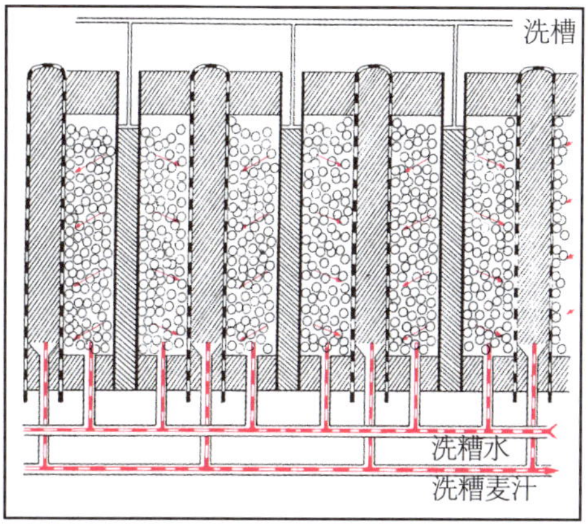

图3.60c　洗糟

（5）终了压缩（图3.60d）　过滤结束时再一次压榨麦糟，压力升至70kPa，借此压榨出麦糟中的残余浸出物，同时麦糟水分降至32%左右，易于输送。麦糟也可以用120kPa以上的压力压榨，这样含水量会更低，但麦糟过干会堵塞管道，并在麦糟暂贮箱中形成架桥现象，不便快速出售。这个过程约需10min。

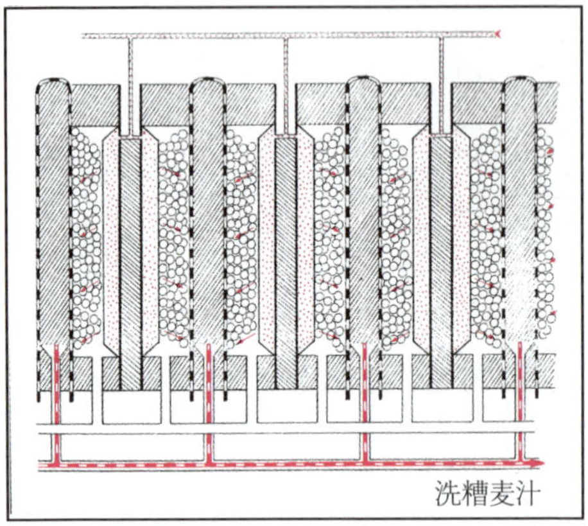

图3.60d　终了压缩

（6）排糟　打开压滤机，麦糟落入麦糟盆中，在此需检查残余麦糟。这个过程约需10min左右。排糟结束后重新装配压滤机用于下锅糖化醪的过滤，清洗时滤布不用取出，可直接冲洗。压滤机的拆卸和装配可自动进行，减轻了劳动强度且容易操作。

压滤机一次的总工作时间为100~110min，两锅麦汁的制备间隔时间可缩短至2h，即每天可生产12锅麦汁。

（7）清洗　每周糖化结束后，要对滤布进行冲洗，清洗时滤布不用取下，为了清洗出滤布中的颗粒，可用稀碱液循环清洗几小时，残余脏物（麦糟和黏性颗粒）也被清洗掉，然后用水彻底冲洗压滤机。

（8）每周糖化开始时的操作　开始新一轮糖化时压滤机必须预热，而且应用弱酸液进行中和处理，要注意：每周糖化结束时，压滤机的外部温度应低于人体温度，用手触摸机身，不能有发热的感觉。

3.3.4.2.3　压滤机2001型的优点

Meura压滤机在全世界的应用十分广泛，因此这里对其进行较为详细的描述，如今，许多其它啤酒设备生产厂家〔如德国Ludwigsburg的Ziemann公司, 西班牙Requejada （Cantabria）的Landaluce公司，法国Nancy Cedex的Nordon公司〕也都成功地生产出了各种规格的新一代麦汁压滤机，有些过滤板的长度超过了3m（图3.61）。

这些压滤机的结构和原理都比较相似，当然也各具特点，但人们大多都放弃了膜块和栅板上的区别，而选用一种相同的、带有各种入口和出口的聚丙稀板来装配压滤机。

这些压滤机在滤板的上部和下部各有一个通道用于进醪（图3.61a；a），通道可与每块滤板相连，这样滤板之间所有的空间都可以充满麦汁（图3.61b；3），板的两边都有人造滤布4，麦汁通过滤布被过滤，而麦糟被阻挡下来3，这些过滤系统放弃了人造膜，从而也不对麦汁进行额外压榨。

设备的工作原理在于，滤板之间的空间（也是滤布之间）用于存放麦糟，头道麦汁从侧面的通道流走（3.61a，a），洗糟时（图3.61a，b）将水每隔一块板压入，洗糟水从中间的滤板排出，两块不同的滤板（图3.61b，1+2）交叉安装，洗糟水被迫横向穿过糟层，为了达到更好的洗糟效果需要不时地更换方向。

由于舍弃了膜，这种先进压滤机的原理又重新类似于原始系统，当然

图3.61　新型压滤机（λ型过滤机）
〔Landaluce公司，Requejada,（Cantabria）,Spanien〕

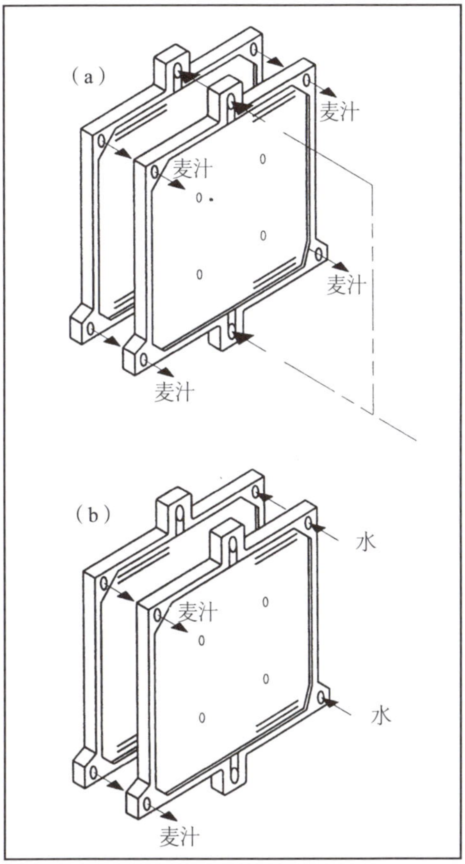

图3.61a　λ型过滤机的工作过程
（a）醪液泵入和头道麦汁的过滤
（b）洗糟麦汁和洗糟麦汁的流出

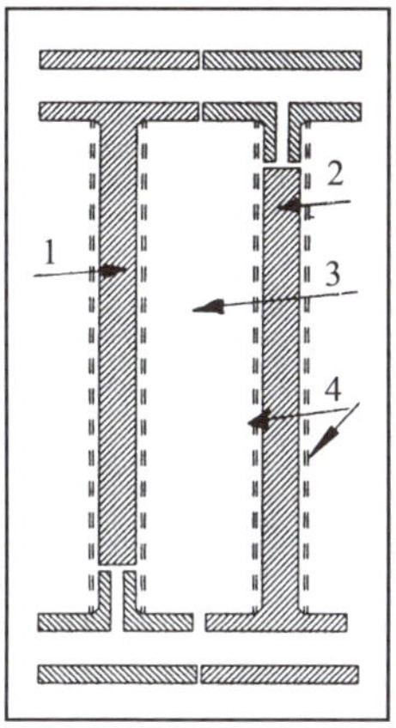

图3.61b
1-滤板1
2-滤板2
3-麦糟存贮室
4-滤布

有很大改进。

现代化压滤机的优点有：

- 过滤时间小于2h，每天可生产12锅麦汁

根据下列时间进行计算：

压滤机的装灌	8min
泵送	3min
头道麦汁过滤	15min
洗糟	65min
压榨	6min
打开压滤机	1min
移动滤板	13min

封闭压滤机	1min
总计	112min

- 滤出麦汁清亮，浊度很低，这要归功于滤布的细密网眼和细粉碎
- 糖化车间收得率几乎等于甚至超过实验室浸出率，主要是因为麦芽粉碎细和麦糟被压榨，收得率和过滤时间受麦芽质量影响
- 吸氧少，因为醪液从底部进入压滤机
- 麦芽粉碎简单、经济，可采用无需维护的锤式粉碎机，因为压滤机无需利用麦皮作为过滤介质。麦芽粉碎物的组成是收得率高的关键，为此某些啤酒厂用传统干法粉碎机进行麦芽粉碎，粉粒份额可达50%左右，分离出来的麦皮再用锤式粉碎机粉碎

良好的过滤需要以下的粉碎物组成（锤式粉碎机）：

筛1	＜1%
筛2+3	＜9%
筛4+5	＞55%
筛底	＞35%

- 压滤机操作简单，劳动强度小，但这取决于滤布的质量和使用寿命
- 现代化压滤机的运行费用很大程度上受滤布使用寿命、滤板输送机械技术和液压技术的影响
- 细粉碎的能源消耗大于传统粉碎

但人们也应看到，现代化过滤槽同样可以每天糖化12锅，劳动强度也同样很小，因为不再需要人进入过滤槽中，这样一来，压滤机相对于过滤槽的优势也大大减弱了。

总而言之，压滤机的优势只有在那些年产量超过几十万吨的大型啤酒厂中才能体现出来，大多数啤酒厂仍然会依照传统优先选择现代化的过滤槽。

3.3.5 麦糟

排糟时，每100kg麦芽投料量可获得100~130kg含水量为70%~80%的麦糟，根据Kellner的观点，麦糟干物质由下列物质组成：

蛋白质	28.0%
脂肪	8.2%
不含氮的浸出物	41.0%
纤维素	17.5%
矿物质	5.3%

麦糟多作为饲料出售，麦糟的营养价值大约为等量大麦的1/5，这点完全可以理解，因为糖化已将大部分浸出物溶出，相对其原有形式而言，麦糟内容物质的优势在于更容易消化。

麦糟不含维生素，所以它不能单独作为饲料，此外麦糟还含有少量糖分和大量蛋白质，所以热麦糟很容易变酸。

然而并不是周围都有农村随时需要麦糟，因此必须对其进行迅速而可靠的处理，有些跨地区的麦糟收购者可对多余的麦糟进行加工或干燥，啤酒厂也可将麦糟加工成青贮饲料。

3.3.5.1 湿麦糟的输送

麦糟从过滤槽排糟口落入过滤槽下面的湿麦糟输送装置中（图3.62），绞龙将麦糟输送至出口，麦糟被轻微压缩了一些，最后在绞龙终端用压缩空气将麦糟压入麦糟立仓中

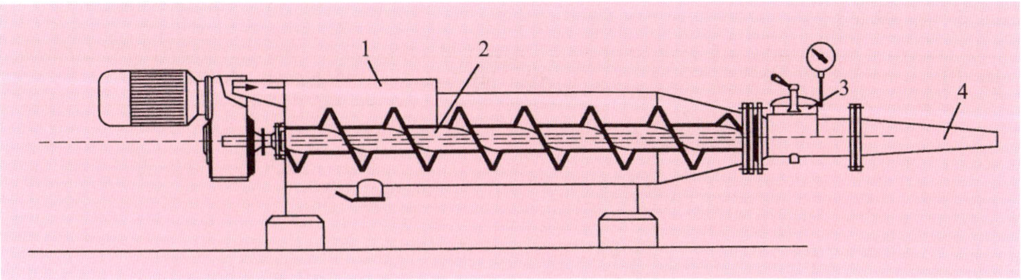

图3.62　湿麦糟输送设备
1-装纳麦糟　2-麦糟绞龙　3-排气闸　4-进入麦糟立仓的管道

（图3.63），输送空气通过一个排气塞与麦糟分离，麦糟落入立仓中，输送绞龙将其输送至运输车上，麦糟输出装置具有防冻性能，所输出的麦糟量通过电子秤计量。

如果麦糟不能马上出售，则需用麦糟干燥器将麦糟含水量干燥至10%~12%，输送绞龙将麦糟输送到"压缩点"，"压缩点"由带有筛孔外壳的锥形压缩绞龙组成，已脱水的麦糟输送至干燥器，再通过旋转轮闸门从干燥器中排出。每蒸发1kg水分需消耗蒸汽1.25~1.36kg，只有当干麦糟的售价为湿麦糟的4~5倍时，麦糟干燥才有意义，因此大多数啤酒厂不采用麦糟干燥设备，而是把湿麦糟卖给周围农民或饲料加工企业。

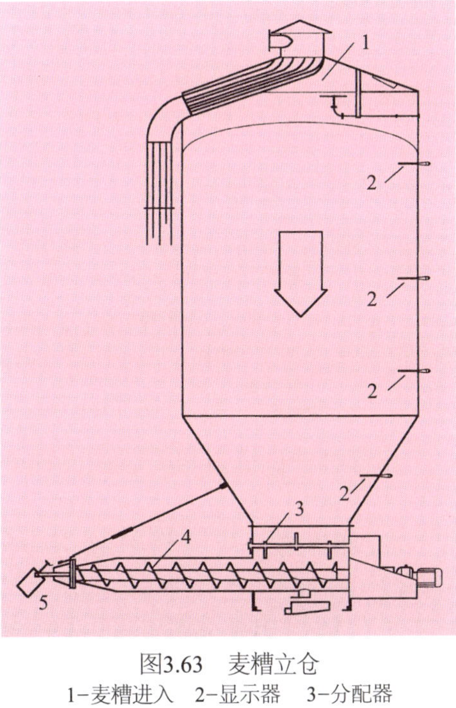

图3.63　麦糟立仓
1-麦糟进入　2-显示器　3-分配器
4-麦糟绞龙　5-麦糟排出

3.3.5.2　麦糟分析

通过麦糟分析能了解麦糟中仍有多少浸出物，麦糟总浸出物由可洗出浸出物和可分解浸出物组成。

可洗出浸出物大多将麦糟压榨后测定，通过麦糟煮沸和酶的分解，可测得总浸出物。

麦糟总浸出物和可洗出浸出物之差，就是可分解浸出物。

此结果可以说明糖化车间工作的好坏。

3.3.5.2.1　可洗出浸出物

麦糟中的可洗出浸出物可用快速测定法测出，即用手工方式压榨1kg湿麦糟，然后用滤纸过滤，再用糖度计测定其浓度。

可洗出浸出物以占湿麦糟的百分比表示，其正常值一般为0.8%。

可能导致麦糟中可洗出浸出物含

量高的原因有：

原 因	说 明	解 决 办 法
溶解性差的麦芽	相对于溶解好的麦芽来说，浸出物从麦糟中溶出很慢且不完全	使用溶解好的麦芽
粉碎过细	粉碎物太细，麦糟中的浸出物很难洗出	粉碎稍粗一点
过滤时间太短	在规定时间内，麦糟中的浸出物很少浸出到洗糟水中	长时间、充分、少量多次的洗糟比连续洗糟好
醪液在过滤槽中分配不均	高度不同的麦糟层，导致不同的洗糟效果	醪液在过滤槽中分配要均匀，对此需用分配性能较好的耕槽机
麦糟吸得过紧	从吸得过紧的麦糟层中不再能洗出浸出物	调节过滤阀，防止吸紧滤头的开闭，运用过滤槽测压计
预喷不够	筛板下的空间有槽底浑浊物，导致麦汁流出不均匀	预喷时过滤阀要开到最大
头道麦汁的浓度过低	洗糟时的洗糟水量不够	较高的头道麦汁浓度（18%~20%）；头道麦汁量与洗糟水量之比为1：1~1：1.2
过滤时温度过低	由于滤槽的降温或洗糟水温度过低导致洗糟困难，因为麦糟被粘紧	整个过滤期间温度要尽可能接近78℃；过滤槽的槽壁应保温
压滤机滤框室内醪液不均匀，而且未装满	进醪过快或过慢使醪液在滤框室中分配不均匀	糖化投料量必须和滤框的尺寸和数量相配套；进醪必须均匀，压力上升应缓慢
麦芽溶解差	酶不易进入麦芽内容物内	使用溶解好的麦芽
粉碎过粗	粉碎机的调节不正确，辊筒破旧，粉碎过快，麦芽水分太高	正确调节粉碎机，重新拉丝拉槽，粉碎慢一些
糖化工艺时间过短或不适合	麦芽及辅料的内容物溶出不足	长时间、强烈的糖化；分醪煮沸时间长一些；采用多次浓醪煮沸

3.3.5.2.2 可分解浸出物（实验室检测）

麦糟中除了可洗出浸出物外，还有在糖化中没有溶解出的可分解浸出物，可分解浸出物量可通过以下实验和计算求出，即将25g已粉碎的干麦糟煮沸15min，再添加酶，按协定糖化法进行糖化。

用这种糖化法得到的总浸出物量为1.3%~1.8%。

总浸出物量－可洗出浸出物量=可分解浸出物量

可分解浸出物含量的正常值为0.8%，通过它可以评价过滤前的糖化工作的好坏。

3.3.5.2.3 麦糟中的浸出物含量换算成麦芽浸出物含量

> 麦糟中的可洗出浸出物和可分解浸出物造成了麦汁浸出物的损失，使糖化收得率降低，为了更清楚地说明此损失，需把麦糟中的浸出物含量换算成麦芽浸出物含量，即每100kg麦芽的损失，一般情况下每100kg麦芽的损失为1.1~2.5kg。

3.3.6 麦芽浸出物

糖化的目的是获得大量优质的浸出物，并通过过滤将其从麦糟中分离出来，如果人们对未添加酒花的麦汁进行蒸发处理的话，就可以获得浓缩后的麦芽浸出物。

麦芽浸出物是一种深色、黏稠的浆液，味道很甜，含有所有的麦汁营养物质，麦芽浸出物可作为营养物质和补品以液体或粉末形式出售，糕点和巧克力生产厂家也使用麦芽浸出物作为甜味添加剂。最近，自酿啤酒的人们又使麦芽浸出物的需求量有所上升，很多自酿啤酒的人都不愿在家进行糖化，特别是繁琐的麦汁过滤，而是直接采用麦芽浸出物（稀释后）作为满锅麦汁，这些麦芽浸出物可在相关商店购买。

麦芽浸出物的质量很大程度上取决于生产它的麦汁的质量，人们选择浓醪糖化，否则蒸发麦汁会消耗太多的能源，浓缩后麦汁的浸出物含量可达75%~80%，但通常会小于这个浓度，以便于稀释。

常压下蒸发麦汁中的水分（100℃）需要很多时间，而且麦汁中会形成大量的美拉德反应产物（类黑素和斯特雷克醛），麦汁颜色加深，热负荷增加，口味也有相应变化。为了避免这点，可在较低的温度下对水进行真空蒸发（10kPa≈46℃煮沸温度，20kPa≈60℃煮沸温度，见10.2.2.1），前提条件是：

- 带搅拌器的封闭真空压力锅
- 封闭的管道系统
- 真空泵

在这些条件下，麦汁质量可一直保持到稀释。

人们使用专门的真空蒸发设备进行蒸发。

3.4 麦汁煮沸

糖化过程得到的麦汁须煮沸1~2h，煮沸期间必须添加酒花。

酒花中苦味物质和香味物质在麦汁煮沸时溶解到麦汁中，同时，麦汁中的蛋白质被分离。

麦汁煮沸在煮沸锅中进行，煮沸锅的装置必须满足剧烈煮沸的要求，煮沸结束时的麦汁称为打出麦汁。

3.4.1 麦汁煮沸过程中的变化

麦汁煮沸过程中会发生一系列变化，这些变化对酿造过程具有重要意义：

- 酒花组分的溶解和转变
- 蛋白质-多酚复合物的形成和分离
- 水分蒸发
- 麦汁灭菌

- 酶的彻底破坏
- 麦汁色度的上升
- 麦汁酸度的增加
- 形成还原性物质
- 麦汁中的二甲基硫（DMS）和其它挥发性物质的含量。

3.4.1.1 酒花组分的溶解和转变

对于啤酒生产来说，下列酒花组分具有重要意义：

- 酒花树脂或者酒花苦味物质
- 酒花油
- 酒花多酚物质

- 酒花树脂或者苦味物质对啤酒生产十分重要，它赋予啤酒苦味
- α-酸不溶于冷麦汁，麦汁煮沸时其结构发生改变，称为异构，即从α-酸异构为异α-酸；异α-酸与α-酸相比更易溶于麦汁
- 麦汁煮沸时，α-酸不可能全部异构，所添加的α-酸中平均只有约1/3转变为异α-酸。麦汁煮沸过程中还有大量苦味物质被析出，所以在麦汁煮沸时要注意这一损失量。

	苦味物数量/%	相对苦味值/%
酒花糟	20	7
凝固物	50	18
酒液泡盖和酵母	10	25
成品啤酒中仅剩余	20	50

麦汁煮沸时，异葎草酮的收得率及啤酒苦味主要取决于：

（1）异葎草酮的天然属性　α-酸的不同组分在麦汁煮沸时的异构强度不同，合葎草酮可提高异葎草酮的收得率，通过使用含合葎草酮较多的酒花品种（比如“北酿”）可得到苦味较强的啤酒。

（2）煮沸时间　煮沸时间越长，异葎草酮收得率就越高。α-酸的绝大部分在煮沸初始便已异构，之后随着煮沸时间的延长，收得率提高得越来越慢，煮沸1h后，苦味物质的绝大部分都得以异构。

（3）pH　较高的pH有利于异葎草酮的异构，而较低的pH则有利于苦味的谐调和细腻。

（4）异葎草酮的浓度　随着酒花添加量的提高，异葎草酮收得率反而降低，下降率的波动范围很小（最大10%）。

（5）异葎草酮与凝固物的析出情况　一部分异葎草酮被凝固物吸附而析出。

（6）浸出过程的加强　例如提高煮沸温度。

（7）酒花粉碎程度　酒花粉碎越细，浸出速度就越快，苦味收得率可提高（见颗粒酒花和酒花浸膏的制作）。

麦汁煮沸时酒花油极易挥发，煮沸时间越长，挥发量越多。我们知道（见1.4.4.2），各种酒花油气味的强度和舒适感不同，因此人们努力使最好的酒花油至少能够部分溶解到麦汁及啤酒中，为达到这一目的，大多数啤酒厂都在麦汁煮沸结束前15~20min添加香型酒花，至少使一部分酒花油进入麦汁中。

水溶性的酒花多酚物质能很快溶解到溶液中，花色苷、单宁和儿茶酸

（素）属于酒花多酚物质，它们主要参与凝固物的形成（见以下章节）。

多酚物质会在啤酒生产过程中聚合（特别是花色苷），对啤酒的稳定性十分不利，此外会增加啤酒的醇厚感和苦味。

3.4.1.2 蛋白质-多酚复合物的形成和分离

酒花和麦芽中的多酚物质在麦汁中完全溶解并与麦汁中的蛋白质结合起来，在此聚合反应中，酒花多酚物质比麦芽多酚物质活泼一些。

由于一部分多酚物质以氧化状态存在，而蛋白质的分子大小也不同，因此会产生不同性质的复合物。

> 遇热凝固的复合物：由蛋白质和多酚物质以及蛋白质和氧化后多酚物质形成的复合物加热时不溶解并在麦汁煮沸时以凝固物形式析出，所谓凝固物是指煮沸时形成的絮状物，应尽可能从麦汁中分离出去。

下列因素可促进凝固物的形成：

a. 长时间煮沸：煮沸2h能大量分离出凝固物。

煮沸压力越高，煮沸温度就越高，蛋白析出需要的时间也就越短，例如煮沸温度为140℃时，凝固物析出需要的时间仅为3~5min。

b. 煮沸麦汁的强烈运动：剧烈沸腾可加剧蛋白质与聚多酚之间的反应。

c. 降低pH：形成凝固物的最佳pH为5.2，因此要尽可能设法降低满锅麦汁的pH。

> 凝固物的形成情况如何，可在麦汁煮沸结束时用视镜或玻璃杯来检查：凝固物应尽可能呈大块絮状浮于清亮的麦汁中，然后以丘状形式沉淀下来，根据经验，形成的絮状物越大说明蛋白质的析出效果越好。
>
> 遇冷凝固的复合物：麦汁中的蛋白质分解物与多酚物质形成的复合物在麦汁煮沸时以溶解形式存在，而在麦汁冷却时以冷凝固物形式析出（见3.9.1.2）。

尽管经过长时间煮沸，麦汁中仍然含有少量高分子可凝固性氮（<20mg/L麦汁），它可在啤酒中析出，造成啤酒的冷浑浊。

3.4.1.3 水分蒸发

麦汁煮沸使水分挥发，麦汁的浓度随之增大。

凝固物的形成取决于煮沸强度。

强烈煮沸意味着煮沸锅内的麦汁运动越剧烈，水分蒸发就越强烈，因此水分蒸发量直接关系到蛋白质的析出，长期以来，10%~15%的麦汁蒸发量一直是优质煮沸锅的标志，如今改用蒸发强度表示（总蒸发率）。

总蒸发率显示满锅麦汁的百分之多少被蒸发。

人们不再使用以前常见的、用百分比表示的每小时蒸发量和蒸发指数，因为如今的麦汁煮沸时间大多只有1h多一点，有时蒸发量也用hL/hL打出麦汁表示，但这不对，因为起始量为满锅麦汁量。

> 实例：
>
> 满锅麦汁量为36000L，打出热

麦汁量为33900L，蒸发量为多少？

36000L满锅麦汁

33900L打出麦汁

2100L蒸发掉的水

36000L满锅麦汁=100%

2100L蒸发量=x%

$$x\%=\frac{2100\text{L}\times 100\%}{36000\text{L}}=5.83\%$$

蒸发率（总蒸发率）为5.83%。

水分蒸发要消耗水和能源，这就意味着消耗大量金钱，因此酿造者应该：

- 避免超过必需的煮沸时间
- 避免水分过度蒸发
- 尽可能回收能源

为此人们开发了高浓稀释工艺（见4.9.1），生产的麦汁浓度高于成品啤酒相应的麦汁浓度，这样需要煮沸的麦汁（=水）就会变少，从而节约成本。

水分蒸发还涉及另一个重要方面：

水分蒸发越多，所用洗糟水就会越多，水分蒸发强烈，可提高糖化收得率，但通过长时间强烈煮沸来提高糖化收得率的做法很不经济，因为能源费用高于通过大量使用洗糟水提高浸出物收得率所带来的收益。

煮沸时由于水分蒸发麦汁浸出物的浓度上升，但这一上升值在各厂并不相同，因为不同形式的煮沸锅有不同的煮沸强度，煮沸终了麦汁的浓度最多可高于满锅麦汁浓度2%。

接种麦汁浓度取决于啤酒品种，此外要考虑到在麦汁冷却过程中浓度还会变化，这一变化受冷却方式影响，敞开式冷却中的浓度变化大于封闭式冷却，水分蒸发会使麦汁浸出物含量升高，若用洗糟水洗涤酒花糟会降低浸出物含量。

麦汁煮沸结束时，浸出物含量必须严格控制，既不能由于麦汁冷却也不能由于后面的酒头或酒尾使成品啤酒浓度低于所期望的原麦汁浓度。

为了尽量不使啤酒浓度低于规定的原麦汁浓度，一般会留有0.2%~0.3%的空间，因此对酿造工来说，检查浸出物含量非常重要。

3.4.1.4 麦汁灭菌

大量细菌随着麦芽粉进入醪液中，如果不杀灭这些细菌，它们很快就会使啤酒变酸，麦汁煮沸可杀灭麦汁中的所有微生物。

3.4.1.5 酶的彻底破坏

麦汁煮沸彻底破坏了满锅麦汁中残存的少量酶，打出麦汁的组成不再变化，即被稳定下来。此后如需要改变麦汁组成，如打出麦汁有糊化浑浊或想酿造低热量啤酒（见7.3.2），可添加少量麦芽浸出液或头道麦汁来分解淀粉，直到碘检正常或将其分解为可发酵性糖为止。

3.4.1.6 麦汁色度的上升

煮沸过程中形成的类黑素和多酚物质的氧化使麦汁色度不断升高，打出麦汁色度高于成品啤酒色度，因为发酵时色泽又会变浅。

浅色啤酒的色度	EBC单位（近似值）
满锅麦汁	8.8
打出麦汁	13.0
比尔森型麦汁	12.3

3.4.1.7 麦汁酸度的增加

煮沸时形成的酸性类黑素和酒花带入的酸性物质使麦汁酸度上升。

满锅麦汁的pH为5.5~5.6；

打出麦汁的pH为5.4~5.5。

pH较低时，许多重要过程进行得更迅速，更有利于啤酒生产。在麦汁煮沸过程中：

- pH为5.2对蛋白质-多酚复合物的析出有利
- pH低时麦汁色度上升
- pH低，酒花苦味更细腻更纯正
- 微生物对pH低非常敏感

但pH低对苦味利用率不利，所需酒花量相对高一些。

因此，人们希望在煮沸过程快结束时再将麦汁的pH通过酸化降至5.1~5.2。

方法和措施见3.2.1.8。

3.4.1.8 还原物质的形成

麦汁煮沸期间同时形成了能与麦汁中氧结合的还原物质，例如类黑素物质，它的形成机理麦芽干燥时已论述。

3.4.1.9 麦汁煮沸过程中以及之后二甲基硫（DMS）含量的变化

如果制麦过程中的二甲基硫去除不够，煮沸时也无法弥补，因此，人们要求麦芽中二甲基硫前驱物质SMM的含量不超过5mg/kg，此外还必须设法除去仍在形成的二甲基硫（图3.64）。

图中再次显示：二甲基硫主要由其前驱物质SMM受热裂解而成，只有一小部分SMM会转化为DMSO，然后通过酵母的酶还原作用或杂菌污染形成二甲基硫，葡萄糖和含硫氨基酸之间产生的美拉德反应是可能形成二甲基硫的第三个途径（图中没有表明）。

二甲基硫（DMS）是一种易挥发的化合物，也就是说，如果人们在106~107℃煮沸75~80min，它便可以几乎完全挥发，但现今无人能够做到这

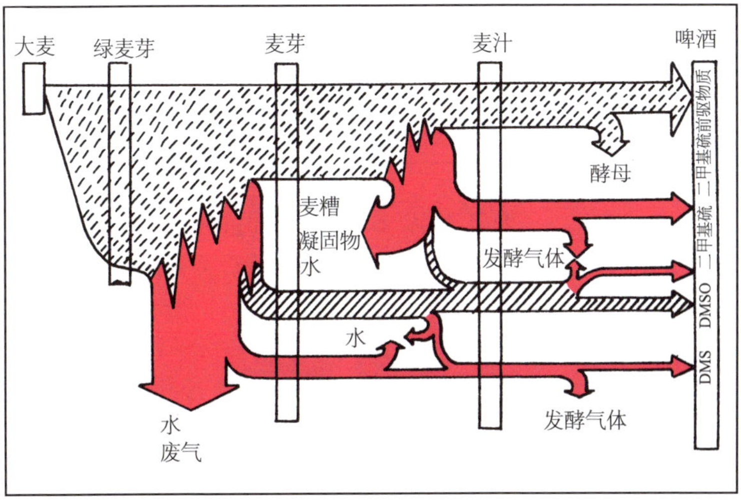

图3.64 制麦和啤酒生产过程中的二甲基硫（DMS）形成过程

点，同时由于热负荷较大，这样做也不好，如今人们通常在102~104℃下煮沸60~70min，这样已经有些问题。

于是，人们尝试通过特殊的麦汁分配伞和“动力煮沸”（见3.4.2.3.2）加强挥发性成分、特别是二甲基硫的蒸发。

二甲基硫前驱物质SMM的半衰期取决于煮沸温度和煮沸时间，并随着煮沸温度和煮沸时间的增加而缩短（图3.64a），除了蛋白质的凝固以及酒花苦味物质的溶解和转化以外，二甲基硫的蒸发也在很大程度上决定了煮沸过程，较低的pH会延长半衰期，因此人们在麦汁快打出之前才调整pH。

麦汁煮沸结束后，前驱物质SMM转变为DMS的过程继续进行，而且随着热保温温度的增加以及保温时间的延长而加剧。

因此麦汁打出后人们应尽可能减少热负荷，这也是为了避免继续形成美拉德反应产物，比如尽量缩短回旋沉淀休止时间并尽快冷却麦汁。

发酵时二甲基硫也会随着发酵气体排出，发酵温度越高洗涤效果越强，但压力会对此有所阻碍，总的来说，接种麦汁中的二甲基硫含量会在成品啤酒中反映出来。

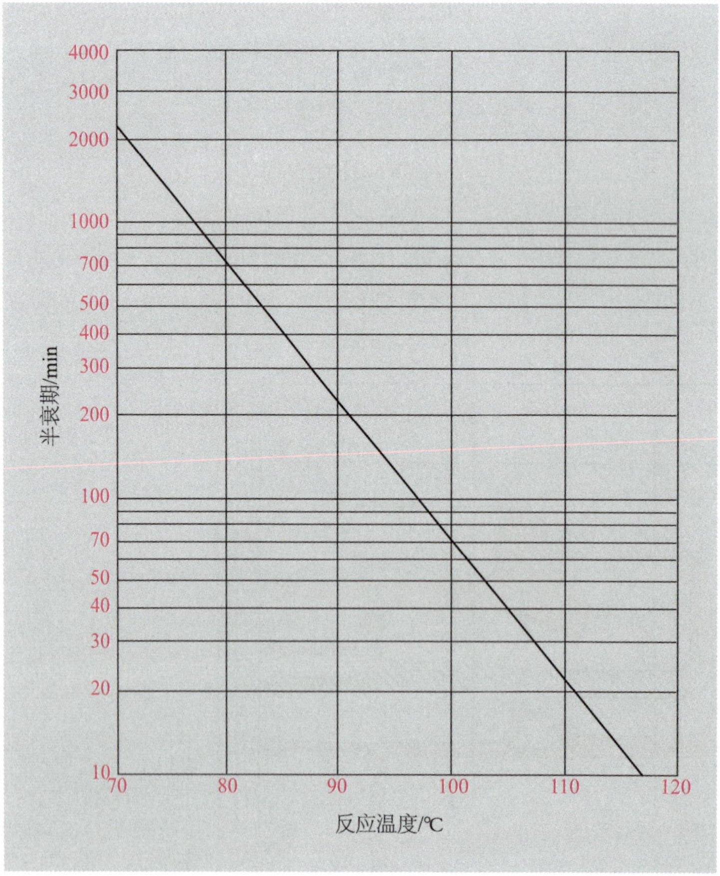

图3.64a　二甲基硫前驱物质裂解与煮沸时间和温度的关系

3.4.1.10 麦汁中的锌含量

锌是麦汁中最重要的微量元素，至少应达到0.10~0.15mg/L。锌能够促进酵母细胞的蛋白质合成并调节核酸以及糖类的代谢，也是酒精发酵过程中必不可少的结构物质（见图4.2，12号转化只有锌存在才能进行）。麦汁中缺乏锌会导致发酵困难，但在通常情况下，大多数麦汁中都含有足够的锌，当发酵困难时就需要注意锌的含量。

3.4.1.11 满锅麦汁

所有麦汁进入煮沸锅后，煮沸过程便开始了，人们将这一时间称为满锅时间，这时的麦汁被称为满锅麦汁。

满锅麦汁的平均组成[200]对酿造者来说很重要，通常为：

浸出物含量	10.6%
pH	5.61
总氮	972mg/L
可凝固性氮	59 mg/L
游离氨基氮	180 mg/L
黏度	1.77mPa·s
二甲基硫	246 μg/L
二甲基硫前驱物质	333 μg/L
硫代巴比妥酸（见2.5.1.3）	26

3.4.2 麦汁煮沸锅的结构与加热

麦汁在煮沸锅中强烈煮沸60~70min，因此煮沸锅必须具有加热装置，随着加热方式的改变，煮沸锅的式样也在不断变化。

根据加热方式的不同麦汁煮沸锅分为以下三种形式：

- 直火加热式煮沸锅
- 蒸汽加热式煮沸锅
- 热水加热式煮沸锅

3.4.2.1 直火加热式煮沸锅

煮沸锅最古老的加热方式为煤炭加热，这种直接在锅底燃烧加热的煮沸锅（见图3.65）如今只有在老式糖化车间才能偶尔见到，这类锅底凸起，以使锅内麦汁由里向外沸腾，这种煮沸锅如今已大多改用天然气或燃油加热。

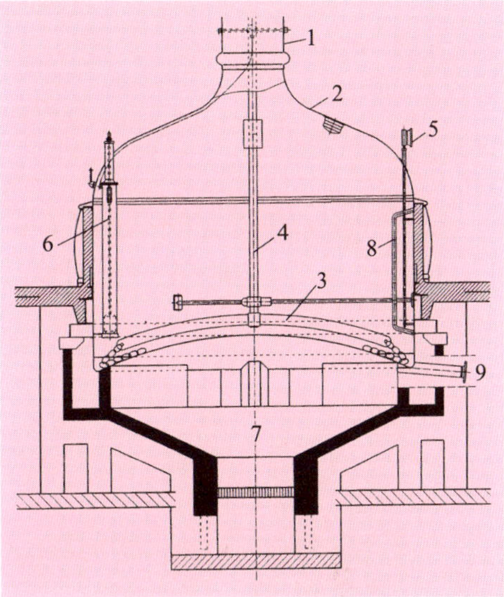

图3.65 直火式加热煮沸锅
1-排汽筒 2-锅体 3-搅拌器 4-搅拌传动装置（上面传动） 5-温度计 6-浮式测量标尺 7-加热间 8-人梯 9-排麦汁管

3.4.2.2 蒸汽加热式煮沸锅

用蒸汽加热进行麦汁煮沸是今天常用的方法，为此有必要对蒸汽进行阐述。

3.4.2.2.1 蒸汽温度与压力

水在100℃时沸腾并产生具有相同温度的蒸汽，但这只是在一个大气压下进行常压煮沸的结果，如果将容器密闭起来（如高压锅），提高容器内的压力，水就会在较高的温度下（>100℃）沸腾，这就是说，在饱和状态下煮沸温度（蒸汽温度与之相等）取决于压力，下面的水蒸气表可说明这点（在饱和状态下）。

温度/℃	蒸汽压力/kPa	温度/℃	蒸汽压力/kPa
98	94.30	105	120.80
99	97.76	106	125.04
100	101.33	107	129.41
101	105.00	108	133.90
102	108.78	109	138.52
103	112.67	110	143.27
104	116.68		

这说明压力越大，沸点越高，我们在后面将看到，锅炉设备中的蒸汽压力和温度还要高得多。

另一方面水在低压下温度很低也能煮沸，例如：

6kPa压力→沸点36℃；

2kPa压力→沸点17℃。

在麦汁煮沸锅中，由于麦汁具有一定高度（产生液压），因此会导致沸点高于100℃，如果麦汁高度为2.5m，就意味着煮沸锅底的麦汁处于25kPa的过压下，也就是说蒸汽压力为125kPa，从上表可知相应沸点为106℃。

所以在煮沸锅底的各处就会形成气泡并向上翻腾，使麦汁处于运动状态，并可排除不希望有的物质。

过压为200kPa~300kPa的蒸汽（133~143℃）被导入蒸汽夹套中，将热量传给麦汁，使麦汁沸腾而蒸汽自身被冷凝。

煮沸锅底的临界面温度较高，而较高的压力和温度会带来问题：麦汁糊锅，影响啤酒口味。

3.4.2.2.2 双底蒸汽煮沸锅的装备

为保证良好的加热效果，必须注意几个基本问题（见图3.66）。

为了防止蒸汽热量损失，蒸汽必须用带有隔热层的蒸汽管道1引入煮沸锅，蒸汽进口阀2之后有一个蒸汽减压阀3，它将蒸汽压力减至许可压力，一般煮沸锅的蒸汽压力为200~300kPa。如果进入锅内的新鲜蒸汽压力为1500kPa，煮沸锅便会破裂，因此减压阀必不可少，通过带有保温层的蒸汽环管4，蒸汽均匀地由许多夹套进管5进入煮沸锅夹套内6。

蒸汽夹套也带有保温层以防热量损失，作为一个压力容器，根据法规蒸汽夹套必须装有安全阀7和压力表9，煮沸开始时，必须用蒸汽赶走夹套中的空气，由于空气比蒸汽轻，可通过焊接在夹套上部的1~4个排气管排气，排气管在糖化车间上部的某一位置汇合，各端点连有一个排气阀8，在

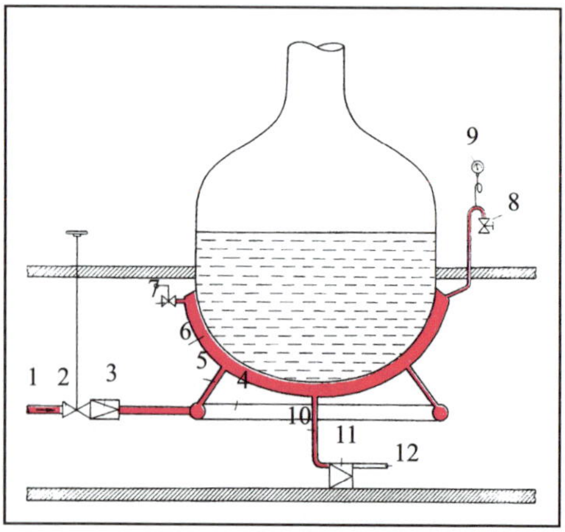

图3.66　带夹套的蒸汽煮沸锅

1-蒸汽进口　2-蒸汽进口阀　3-减压阀　4-环管　5-夹套进管　6-夹套　7-安全阀　8-排气阀　9-压力表　10、12-冷凝水排出管　11-疏水器

煮沸开始及煮沸过程中，这些排气阀要一直开启到有蒸汽出来为止，以此确保夹套中的空气全部排放，煮沸结束时要将这些排气阀打开，避免夹套中蒸汽冷凝形成真空，吸瘪锅底，如今这些操作已实现自动化。

麦汁和蒸汽之间存在的热差可通过传热的煮沸锅底得到平衡，麦汁被升温加热，而蒸汽则被冷凝成水。

冷凝水比蒸汽重，它们聚集于夹套的最低位置，由于再也没有热量可以传递，冷凝水通过冷凝水排出管10进入汽液疏水器被排出，疏水器11位于夹套底部，它只让水而不让蒸汽通过，疏水器大多利用浮漂工作原理。

冷凝水最终通过冷凝水排出管12排入收集罐中，冷凝水是纯净水，可作为锅炉用水重新注入锅炉中。

在糊化锅一节中我们讲到，过去流行的夹套式加热如今已经消失，取代它的是焊接在锅底的半圆加热管，它同样适用于麦汁煮沸锅。带有内加热器或外加热器的低压煮沸锅如今不再安装锅底加热装置，因为低压加热器就完全可以为麦汁提供必需的热能。

3.4.2.2.3 煮沸锅的形状和材料

随着时代的发展，煮沸锅的形状也在不断变革。

最早的蒸汽球形煮沸锅诞生于1850年，接着人们又使煮沸锅底的中间部分向上拱起，以便形成由内到外的麦汁沸腾。

此后又出于同样目的在煮沸锅中安装内加热器，借助较高压力（直到500kPa，158℃）的蒸汽煮沸麦汁，促进蒸发。

1950年后出现了许多组合式糖化设备，其中有的糖化设备将糖化锅和煮沸锅上下安放在一起，尽管底部的煮沸锅有一个长方形的基面，但其下半部为半圆形，侧面进入的蒸汽可以保证良好的麦汁对流循环。

流体自动糖化设备（或称为联合糖化设备）的机体是用剪开的平板金属焊在一起制成的，没有采用造价昂贵的铜体，但在某些糖化车间还可以看到这种漂亮的铜体锅。不对称的斜壁及加热管可保证较好的麦汁循环效果（见图3.67），但这种循环并不能完全到达锅内每一个角落，加热面可以根据投料量成比例扩大。

图3.68展示了一个传统麦汁煮沸锅的详细结构，在许多啤酒厂仍可见到这种煮沸锅，其蒸汽夹套被分为两

图3.67 坚固构造的煮沸锅

个加热区，内加热区使用较高压力的蒸汽，以达到较高的温度使麦汁剧烈煮沸。

以下是对有两个加热区的老式煮沸锅的进一步说明（选择性说明）。

部　件	作　用	说　明
排汽筒1	排出水蒸气	水蒸气蒸发效率越高，则排汽筒越粗。排汽筒的直径一般为煮沸锅直径的1/6
排汽筒风门2	调节水分的蒸发	升温时，如风门处于打开位置，则会产生不必要的热量损失。通过节流阀可减少此热量损失
冷凝水排出管3	—	排汽筒中的冷凝水通过此管道流出，由于水很脏，因此要收集后再排出
锅盖4	盖住煮沸锅以防止热量损失	出于美观考虑大多用铜材制作，但从热技术角度来看铜材不合适，因此几乎都使用不锈钢
人孔5	打开此门，以便检查煮沸锅内的情况，维修时供人进出	采用轮式双拉门
照明灯6	检查煮沸锅的内容物	此灯必须用防水罩包起来
麦汁进入管7	麦汁从过滤槽经此管道进入煮沸锅	过滤槽到煮沸锅的管道必须采用最短距离，因此煮沸锅总是严格密封并处于过滤槽之下，这样就不需要用泵输送麦汁
温度计8	显示温度	—
浮式测量标尺9	测量煮沸锅内麦汁体积量	测量标尺处于套筒中，套筒底部与麦汁接触。此标尺能在麦汁煮沸时读数，但并不十分准确，要想准确计量读数，需要校正测量标尺，测量标尺从上部划线处插入
搅拌器10	搅动麦汁	搅拌器仅在麦汁沸腾前使用，以避免麦汁局部过热被烧焦
打出麦汁阀12及麦汁出口管道13	煮沸终了麦汁的排出	出口阀在操作平台上控制，煮沸终了麦汁的出口管径和麦汁打出泵必须确保在最短时间内将麦汁打出
蒸汽入管14	输入蒸汽	蒸汽须有较高的压力
外加热区的加热装置15~25	煮沸麦汁	外加热区使用的蒸汽压力应为200~300kPa，13~143℃
内加热区的加热装置26~31	加剧麦汁煮沸	较小的内加热区使用的蒸汽压力约为500kPa，158℃，加剧中央麦汁的煮沸

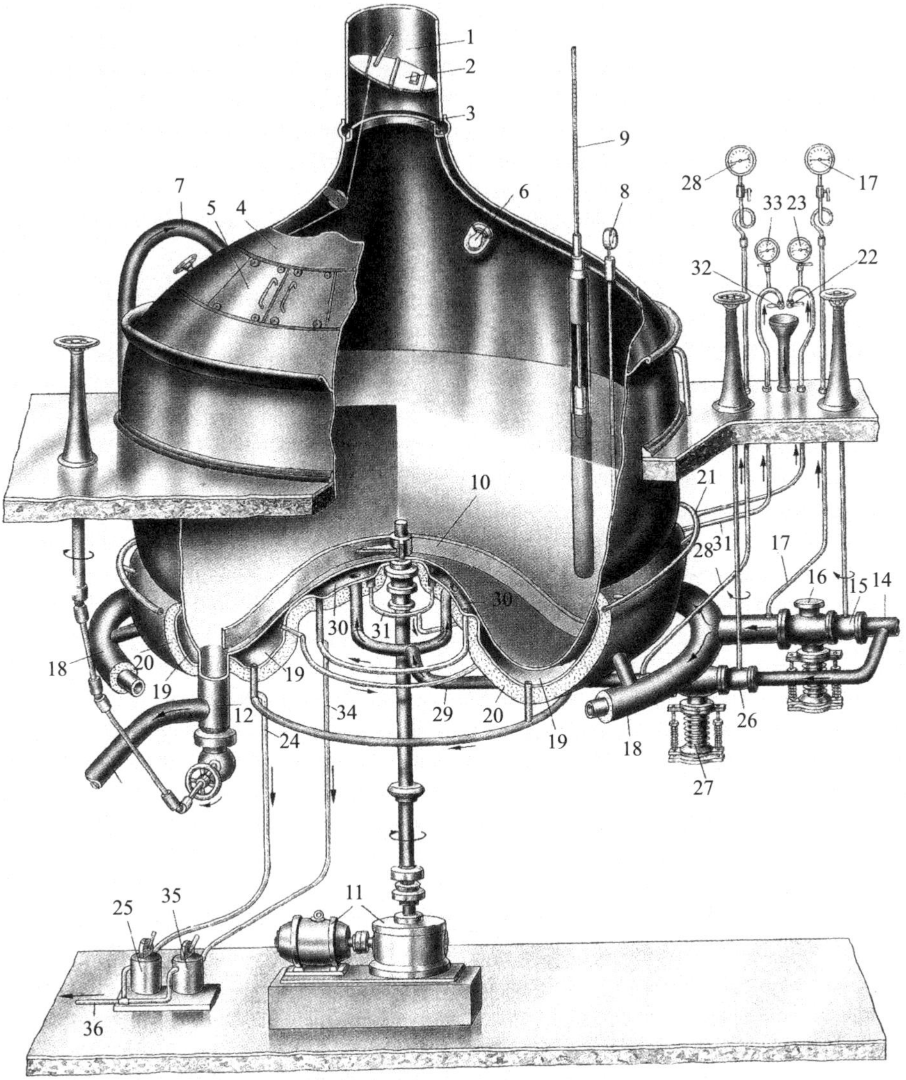

图3.68　两个加热区的老式煮沸锅

1-排汽筒　2-排汽筒风门　3-冷凝水排出管　4-锅盖　5-人孔　6-照明灯　7-麦汁进入管　8-温度计　9-浮式测量标尺　10-搅拌器　11-搅拌传动装置　12-打出麦汁阀　13-麦汁出口管道　14-蒸汽入管　15-外区蒸汽阀　16-外区减压阀　17-外区的蒸汽压力表及支管　18-外区的绝热蒸汽环管　19-外部蒸汽夹套　20-绝热保温层　21-外区排气管　22-外区排气阀　23-外区压力表　24-外区冷凝水排出管　25-外区汽水分离器　26-内区蒸汽阀　27-内区减压阀　28-内区蒸汽压力表及支管　29-内区蒸汽入管30-内区蒸汽夹套　31-内区排汽管　32-内区排气阀　33-内区压力表　34-内区冷凝水排出管　35-内区汽水分离器　36-流入收集罐的冷凝水排出管

3.4.2.2.4 热水加热式麦汁煮沸

可以在一定压力下使水温很高但又不使其蒸发，这种水被称为过热水，可用160~170℃的过热水对麦汁煮沸锅进行加热，节约因蒸汽冷凝造成的热损失，但该装置需要较大直径的加热管，能源消耗也比蒸汽高得多，因为蒸汽的运动性比液体过热水要好得多，因此热传递也更好，所以现在很少使用过热水煮沸，过热水的热量传递通过焊接在锅底的半圆管进行，与前面讲述的糊化锅一样。

3.4.2.3 带低压煮沸的煮沸锅

低压煮沸的根本想法是借助压力使煮沸温度超过100℃（见3.4.2.2.1），从而加快一系列物质转化过程。低压煮沸锅被设计为可以封闭的煮沸锅，最高过压为50kPa，同时配备针对过压或负压的必要安全保护仪器，麦汁通过内加热器或外加热器加热，煮沸锅乏汽冷凝器也同煮沸锅的压力范围匹配，以便能够利用较高的乏汽温度。如今，麦汁煮沸过程中最重要物质的反应速度和状态都通过二甲基硫前驱物质裂解的半衰期特点反映出来[172]（见3.4.1.9）。

温度和时间决定着煮沸的质量：

- 煮沸时间越长、煮沸麦汁的温度越高，对麦汁不利的热负荷就越大，但另一方面也要考虑：酒花苦味物质应更多地异构化并溶解
- 二甲基硫前驱物质的裂解应尽可能完全

结果是人们在103~106℃下将麦汁煮沸60~70min。

低压煮沸时总蒸发量大约为6%。
煮沸时：

- 要么通过一个安装在外部的外加热器
- 要么通过内加热器在煮沸锅内加热麦汁

3.4.2.3.1 采用外加热的低压煮沸

在带外加热器的麦汁煮沸锅中，麦汁通过一个独立安装在锅体外的外加热器煮沸——每小时最多可循环8次，在此过程中，麦汁不断从煮沸锅的下部被抽取并泵入外加热器（图3.69,1）。

外加热器大多为管束式热交换装置（管式蒸发器），人们很少使用板式热交换器。麦汁被导入管道，外面是反向流动的蒸汽，麦汁被加热的同时蒸汽被冷凝。外加热器有立式和卧式两种，后者稍微倾斜，以便冷凝水流出，两种结构都很常见。

外加热器的规格取决于所要求的加热面积，加热面积又由加热管的数量、直径和长度所决定。

如果让流速很低的麦汁流过加热管，会有糊锅或者焦化从而颜色大幅度加深的危险。此外，人们还要担心，较高的温度可能使可凝固性蛋白质在管道中沉积。为了避免这点，如今大多采用2.6~3.0m/s的较高流速，同时为了达到相同的热交换效果，麦汁通道被延长，由于加热器的长度受到空间限制，热交换器的两端通常采用转向板的形式，这样麦汁可以多次流经热交换器（图3.70），但转向点会在麦汁中形成剪切力。

煮沸有两种方式：

- 整个煮沸锅都处于轻微的过压

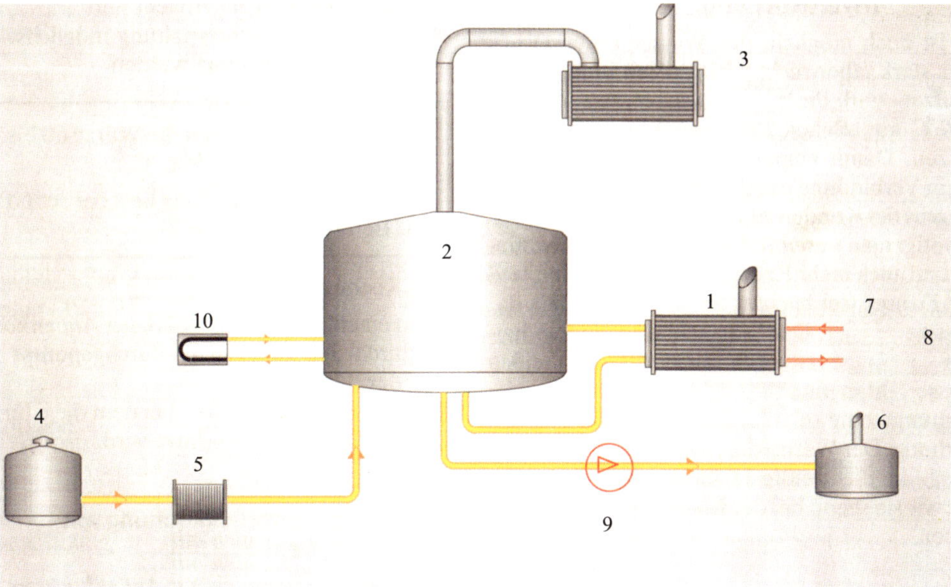

图3.69　带外加热器的煮沸锅

1-外加热器　2-麦汁煮沸锅　3-乏汽冷凝器　4-暂贮罐　5-麦汁加热器
6-回旋沉淀槽　7-蒸汽　8-冷凝水　9-泵　10-麦汁密度测量

下，乏汽通过一个过量阀排走，这种方式的优点是乏汽的温度较高

- 煮沸锅无压煮沸，乏汽的排出也在无压的情况下完成，麦汁只是在外加热器的循环中处于过压状态，煮沸温度为102~104℃

提高煮沸温度所需要的过压（8~20kPa）可通过下列方法获得：

- 在煮沸锅入口前安装保压阀（泄压阀）
- 提高泵的转速

蒸汽和麦汁的温度差不应超过10℃，所要求的加热面积为每10kL打出麦汁10~11m^2。

如果流速足够大，同时蒸汽和麦汁的温差较小，连续生产时间可达到30~40次糖化，之后则必须清洗，参数不理想时6~8次糖化后就必须清洗。

回流到煮沸锅时麦汁泄压，此时会产生人们所希望的强烈蒸发，麦汁经过一个导流锥体或一个分配装置回到麦汁液面上。

循环泵的功率要保证麦汁每小时能循环8次，尽管如此还是不能保证每滴麦汁都经过加热器8次，因为煮沸锅中的麦汁必然会混合。

外加热器最初只是一个辅助措施，目的在于改善煮沸效果差的煮沸锅，如今已经接受了实践的检验，与发展同样迅速的内加热器相比，外加热器仍具备以下优势：

- 循环量可以准确调节，煮沸锅中的内容物质能够均匀混合
- 从外加热器中出来的麦汁温度可以准确调节
- 借助附加的热保温装置可以准确

设定热保温阶段

- 只需压力很低的饱和蒸汽（30kPa）
- 可以安装各种加热面积

但外加热器也有下列缺点：

- 外加热器的设备技术费用高（管道、热交换器、循环泵），同时需要额外的保温处理
- 由于需要泵循环，能源消耗增加
- 流量大时会产生剪切力
- 占地较大，设备费用高

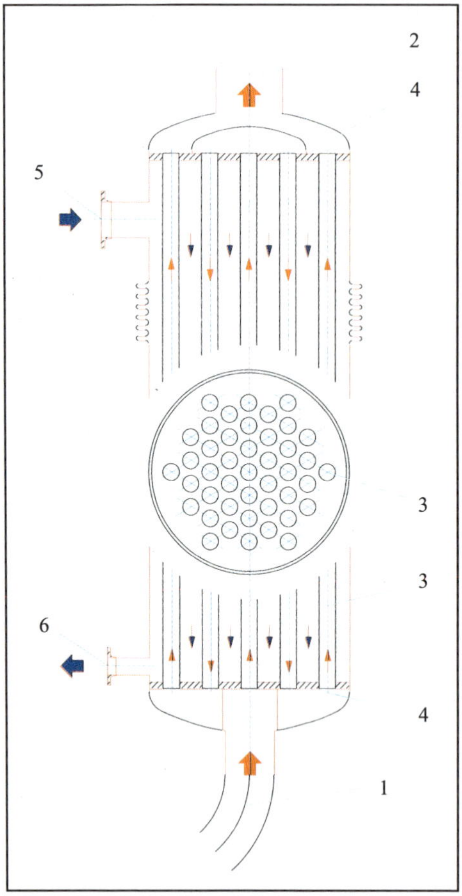

图3.70　外加热器

1-麦汁进口　2-麦汁出口　3-麦汁管　4-管束　5-蒸汽进入　6-冷凝水出口

尽管有这些缺点，许多啤酒厂还是成功地使用了外加热。

3.4.2.3.2　采用内加热的低压煮沸

如今许多现代化的煮沸锅（图3.71）均采用内加热器，内加热器是安装在煮沸锅中的立式列管式加热器，麦汁穿过内加热器中垂直安装的列管1，被外面的蒸汽加热而向上翻腾，而上面通入的蒸汽6被冷凝7。

在一个限流锥体5中，煮沸锅麦汁液面上沸腾的麦汁被阻挡，并被甩向一个分配伞4，它使麦汁散开以便达到更好的蒸发效果，同时不断地将麦汁送回麦汁液面。

煮沸时麦汁的温度可以达到103~106℃，用于加热的蒸汽温度（压力）当然更高：

- 加热时约为140~145℃（=380~430kPa，见10.2.2.1）
- 煮沸时约为130℃（=280kPa）

温度低于100℃的麦汁从下面进入加热器的加热管中，并在上升的过程中被加热（图3.71a），这时，内壁上很快会形成[174]：

气泡层2，并在上升的过程中转变为低温气泡蒸发3，最后转变为最大区域的完全气泡蒸发4。

与此同时，外部的蒸汽将其蒸发热量释放出来并被冷凝，随着向下流动的冷凝水的增多，热交换受到的影响也越来越大。

气泡蒸发时，大部分水转变为蒸汽，蒸汽的体积明显大于水的体积，由此增大的体积使加热管上部限流锥体中的液位升高，超过麦汁液位，最后借助分配伞回到麦汁表面，形式各

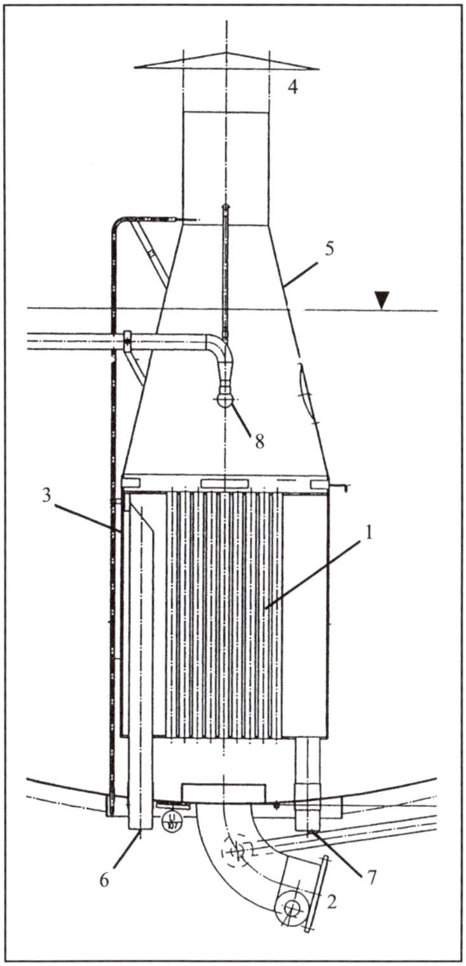

图3.71　内加热器的构造
1-列管　2-麦汁进入　3-外壳　4-麦汁分配伞
5-限流锥体　6-蒸汽进入　7-冷凝水排出
8-CIP清洗

异的分配伞应保证麦汁在煮沸锅中的循环彻底，没有死角。

温差大对煮沸效果有利，但也会带来问题：

- 外部煮沸时可以保证煮沸锅中所有麦汁不断循环，而使用内加热器，特别是在加热阶段则可能出现不均匀的现象：加热时煮沸锅中最低层的麦汁被吸入内加热器，加热后分布于麦汁表面，这样一来，煮沸锅中的温差可达20℃，需要15~20min才能消除[190]（图3.71b），致使麦汁受到不同的处理，苦味物质的异构和二甲基硫的挥发都不相同。
- 加热时蒸汽和流出麦汁的温差还很大，这部分最容易出现焦化和糊锅现象。

冷麦汁不断从下部进入加热器，煮沸开始时才会从上面溢出，但当水变为蒸汽时体积会明显增加。

- 流量会因此受到暂时的限制，针对整个加热过程而言，煮沸的波动强烈。

蒸发时1kg水可产生1700L同样温度的水蒸气，这必然使加热器的管道

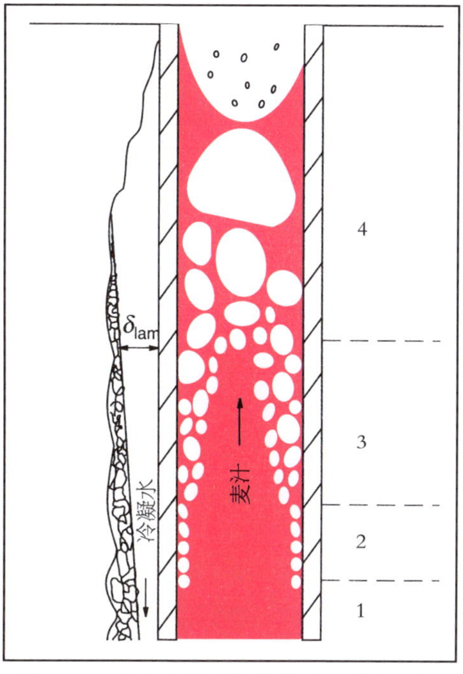

图3.71a　在内加热器加热管中的蒸汽形成
1-热麦汁　2-气泡层　3-低温气泡蒸发
4-完全气泡蒸发

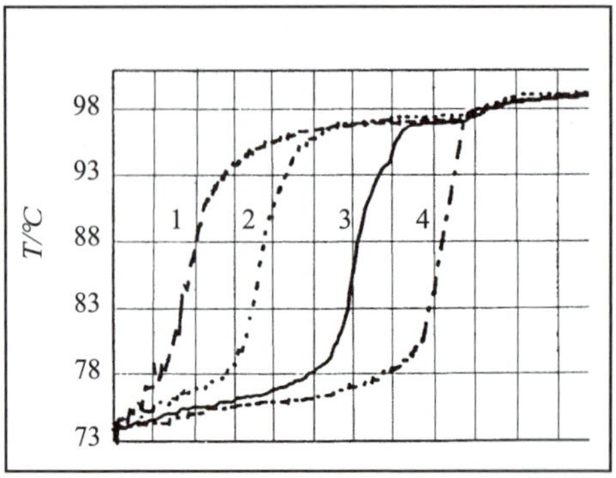

图3.71b　加热时的温度不均匀性

测量部位

1-在麦汁上表面下　2-在上部1/3处　3-在上部1/3处　4-在锅底上面

中出现暂时的阻塞和波动，因为沸腾的麦汁和由此产生的蒸汽不能很快从上面排出，加热器的管道越细，堵塞就越严重。

为了解决这些问题，人们最近提出了几项建议，其中包括：

- 使用循环泵加速煮沸锅中内容物质的循环，并通过这种强制性循环在较短的时间内使整个煮沸锅中麦汁的温度达到一致，在此可使用调频输送泵打出麦汁，同时在加热过程中避免煮沸锅中出现温度不同的层次
- 在煮沸过程中加强自然循环，包括：通过灵活控制循环量和加热介质的温度以及蒸汽压力优化气味物质蒸发过程
- 使用麦汁分配伞实现最大蒸发

在优化相位的气味物质蒸发过程中（Steinecker公司的Eco-therm煮沸系统[173]），通过一个控制装置可以针对加热和煮沸的每个时期选择不同的加热介质温度和循环量，从而调整打出麦汁所希望达到的值，这样一来，借助迅速或缓慢的加热以及煮沸阶段的差异可以影响二甲基硫前驱物质的分解和气味物质的形成，从而赋予每种啤酒特有的风格。

70min的煮沸阶段可以分为三个部分[193]：

- 通过20min较高的加热功率容易析出的氮很快被分离出来
- 在30min较低的加热功率和稳定的煮沸锅温度下（99℃），二甲基硫前驱物质进行分解，同时节省了加热能源
- 20min较高的加热功率是为了通过有效的析出调整氮的含量

使用麦汁分配伞主要是为了除去挥发性的气味物质，特别是为了二甲基硫前驱物质的分解和游离二甲基硫的挥发，因此麦汁分配伞的构造很重要。

（1）双层伞（Steinecker公司）在新式的双层伞（图3.71c）中，在较低的加热介质温度下（大约130℃）（a，右边），麦汁被压至下层伞4，并通过有利于流动的转向设计进入煮沸锅外部的1/3处，从而保证了良好的蒸发，而上层伞5中只有少量流速很低的麦汁流出，这一阶段的目标是将不良的气味物质蒸发掉。

在煮沸开始时的最大加热功率下（加热介质温度大约为145℃）（b，左边），沸腾的麦汁通过内部3和外部2的限流管被压向双层伞并转向，这时较平的下层伞阻止上层伞将麦汁甩向锅壁，否则会导致不必要的剪切力。

（2）两相伞（Huppmann公司）两相伞（图3.71d）分为两个平面，通

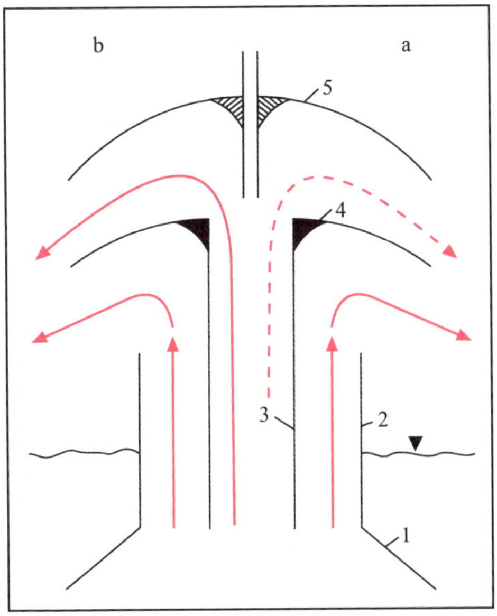

图3.71c　双层伞（Steinecker,Fresing）
1-增压锥管　2-外部加热管
3-内部加热管　4-下层伞　5-上层伞
（a）使用较低的加热介质温度进行煮沸
（b）最大加热功率

过符合流体技术的转向设计，沸腾的麦汁被分开，从上下两个平面上喷散出去，从而达到很好的蒸发效果，同

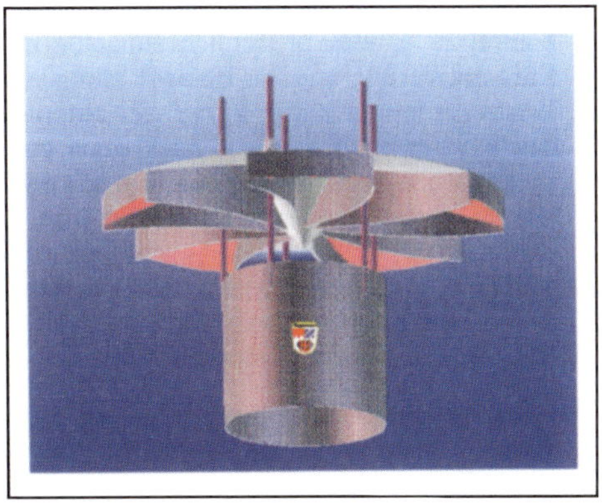

图3.71d　两相伞

时扇形伞的适当构造可使麦汁轻微转动，图中可以看到的螺纹表明伞的高度可以调节，所有的伞都是这样，因为最佳高度需要测量。

（3）煮沸时间和压力　如今，煮沸过程通常为60~70min，传统低压煮沸时的情况如下（图3.72）：

- 约15min内加热至100℃
- 100℃时预煮沸10min左右
- 10~15min内将煮沸温度升至102~104℃

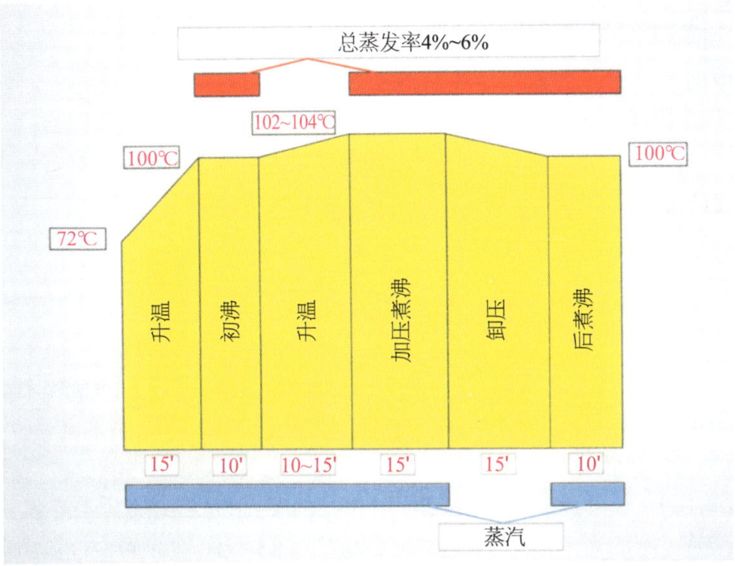

图3.72　麦汁煮沸时的煮沸时间、温度和压力

- 在102~104℃下煮沸15min左右
- 15min内卸压至100℃
- 在100℃下后煮沸约10min

（4）动态低压煮沸（Kitzingen公司） 动态低压煮沸时没有长时间的保压阶段，而是不停地在升压和降压之间转换（图3.71e）。

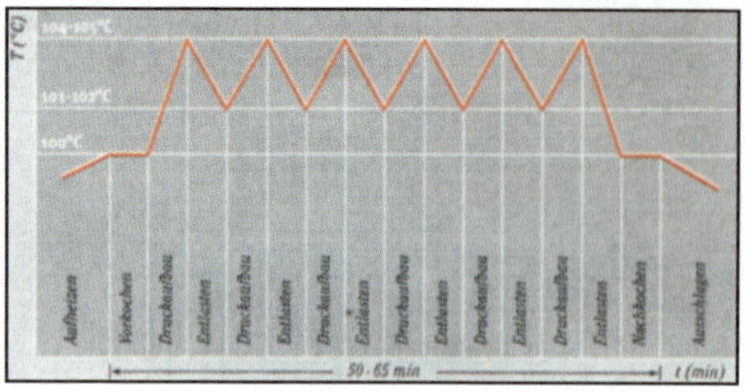

图3.71e 动态低压煮沸

刚开始通常是10~20min的预煮沸阶段，主要针对蛋白质的凝固和酒花树脂的异构化，接着关闭蒸汽挡板，煮沸锅内的压力上升到30~35kPa，温度提高到104~105℃，保持3~5min。

随后将压力降至10~15kPa，温度随之降至101~102℃，为了加快压力的下降，需要关闭蒸汽阀，同时使能量贮存罐（见3.4.2.5.3）中的水循环达到最大功率，卸压3~5min后再次打开蒸汽阀，整个过程重新开始，这样的升压和降压间歇过程前后最多可出现6次。

频繁的卸压阶段保证了麦汁中的挥发性物质被强烈而彻底地蒸发出去[151]。较强的煮沸会加大麦汁的热负荷，但在这里对啤酒的老化没有影响。

内加热器的优点：

- 结构简单、牢固，使用寿命长
- 只要没有强制性循环就不需要额外的驱动能源
- 便于原位清洗
- 不需要额外的保温处理
- 不需要额外占地

缺点：

- 加热至沸腾时会出现不稳定的阶段，不利于麦汁的组成，这个主要缺点只能依靠泵的支持来避免（见前面）
- 由于加热时的温度较高而流速较低，加热器的管道堵塞较快
- 加热面积有限

使用内加热器还是外加热器主要取决于公司的理念，因为这两种系统没有很大的差别。

除了前面提到的、使用循环泵进行强制循环外，还可以采用带搅拌翼的内部管式加热器（图3.72a）在不出现不稳定阶段的情况下加热麦汁，这

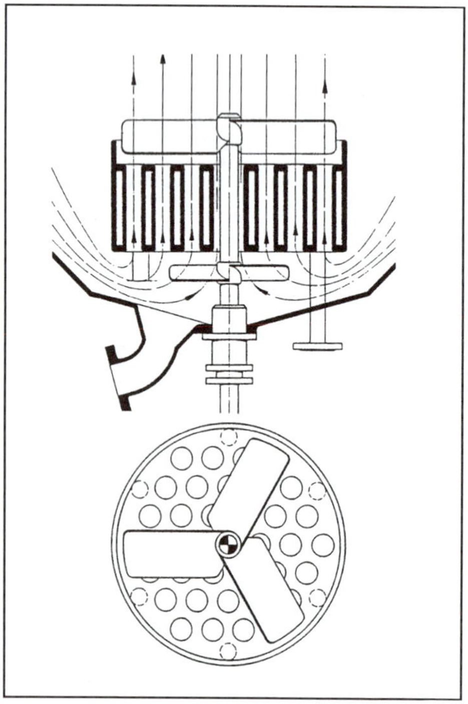

图3.72a 带螺旋桨的内加热管（BTE公司,Essen）

种加热方式有时可用于糖化容器的加热，这样醪液的输送柔和同时加热功率高。

（5）回旋煮沸　原则上说，只要煮沸锅的底部是平的，就可以用作回旋沉淀槽（回旋沉淀煮沸锅），采用带外加热器的煮沸锅更适合用作回旋沉淀煮沸锅，因为其内部没有其它配件，采用带内加热器的煮沸锅时必须考虑加热器对回旋过程的阻碍（见3.8.3），这样可能会影响热凝固物的分离。

3.4.2.4　高温麦汁煮沸

这种工艺的基本思路是：在麦汁煮沸时进一步大幅度提高煮沸温度，使许多过程在高温、高压下加快进行。

酒花中的α-酸完全异构需要（根据Sommer）：

100℃	90min煮沸时间
120℃	5~8min热保温时间
130℃	3~5min热保温时间
140℃	2~3min热保温时间
150℃	1~1.5min热保温时间

在高温麦汁煮沸工艺中，过滤后的麦汁先存放在麦汁暂贮罐中（图3.73,1）并添加酒花，然后用泵2将压力提高至600kPa，并且：

- 在第一级热交换器中3加热至95℃
- 在第二级交换器中4加热至115℃
- 在第三级交换器中5加热至140℃

在接下来的“蛇管式”保温段6中，这一温度在600kPa的压力下保持5min，然后麦汁被送至一个蒸发容器，在此卸压至100kPa（=120℃），在第二个卸压阶段麦汁卸压至常压，温度为100℃，之后被送入回旋沉淀槽。

优点是麦汁氧化程度小，色泽较浅，缺点是挥发性物质的蒸发不够，高温煮沸工艺应用不太广泛，设备也不再生产。

3.4.2.5　节能麦汁煮沸系统

麦汁煮沸时产生的水蒸气被称为乏汽或二次蒸汽。乏汽不加处理地从排气筒直接排放至大气中，会对周围环境造成异味污染，啤酒厂将因此而被关闭，因为它违反了德国环境保护法，这个法规严禁气味物质污染空气。

此外，二次蒸汽中还含有许多热量，将1kg100℃的热水转化为100℃的蒸汽，需要大约2260KJ的热

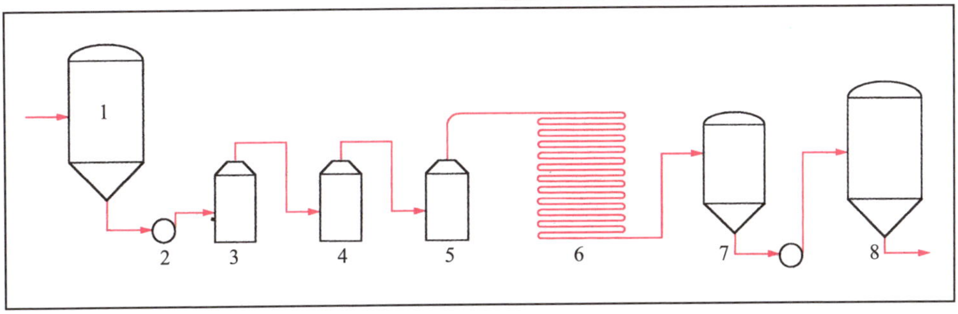

图3.73　高温麦汁煮沸流程

1-暂贮罐　2-泵　3、4、5-热交换器　6-保温段　7-蒸发容器　8-第二蒸发容器

能，如果水蒸气被周围环境冷凝，这一能量就会被浪费掉。

3.4.2.5.1 二次蒸汽冷凝

基于以上原因，至少应部分回收二次蒸汽的能量，二次蒸汽能源回收可通过安放在排气管中的冷凝器进行，将二次蒸汽冷凝可回收蒸发所需的热量。

在冷凝器（图3.74）中，二次蒸汽穿过中间有水流动的薄板或列管，水被升温，二次蒸汽将它的热量传递给水后自身冷凝下来。根据不同用途，乏汽可进行一级或二级冷却，得到高温水，如今大多使用一级冷却的冷凝器（图3.75）。

- 蒸发100L水所产生的热能可将800L水升温至80℃

冷凝成水之后二次蒸汽的体积大大减小，很容易被排放掉。

如今二次蒸汽冷凝器常采用一段式板式热交换器的形式，二次蒸汽从每两块板的上面进入，在下行过程中被

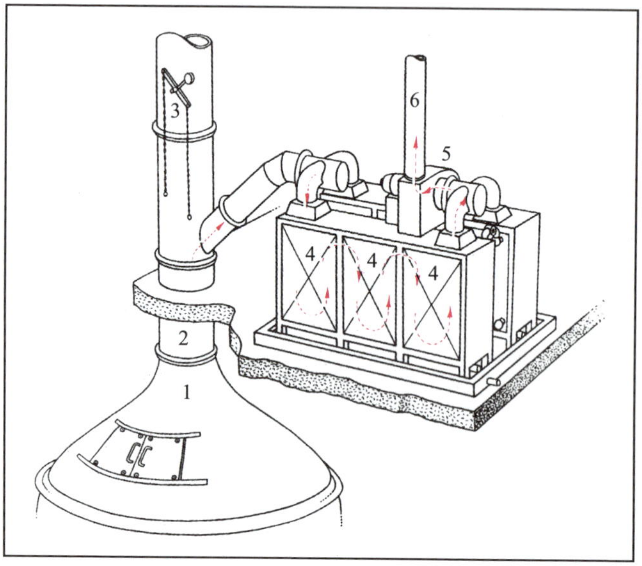

图3.74 煮沸锅二次蒸汽冷凝器
1-麦汁煮沸锅
2-排气筒
3-风门
4-热交换器
5-排气机
6-排气筒

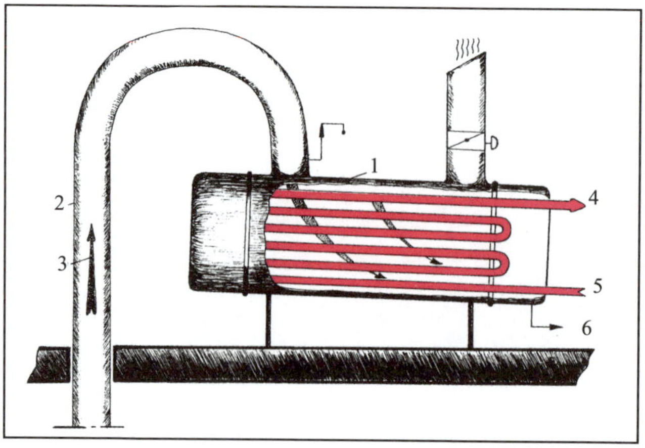

图3.75 二次蒸汽冷凝器
1-管束热交换器
2-排气筒
4-水蒸气
4-高温水出口
5-热水出口
6-冷凝水

冷却，而两块板中间的冷却水以相反的方向从下往上流，同时被加热（图3.75a）。从热能的角度考虑，人们应尽量使用热水作为冷却水，并通过二次蒸汽的冷凝使其尽可能接近沸点。

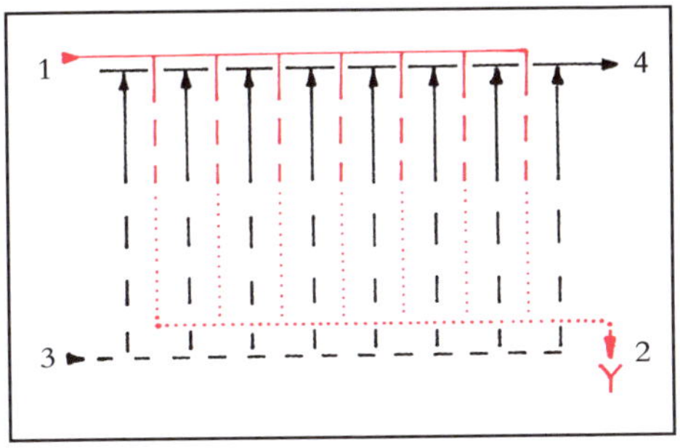

图3.75a　薄板冷却器作为乏汽冷凝器

1–乏汽　2–冷凝水　3–冷却水　4–热水

3.4.2.5.2　乏汽压缩

煮沸时产生的乏汽温度可达100℃，但却不再能够用于加热，如果人们能将乏汽压缩至几分之一100kPa的过压，就可将乏汽的温度提高到102~108℃，并再次用于加热，采用这种方式可以直接回收麦汁煮沸过程中消耗的蒸发热。

乏汽回收的前提是乏汽中不含空气，要做到这点必须保证煮沸时没有泡沫同时不带入空气。

乏汽压缩可以使用：机械压缩机，人们称之为机械乏汽压缩，或者蒸汽喷射泵，它需要来自锅炉的工作蒸汽，人们称为热力乏汽压缩。

机械乏汽压缩代表着现有技术，热力乏汽压缩在啤酒厂较为少见。

（1）机械乏汽压缩　乏汽由涡流、螺旋或转动活塞压缩机机械压缩至20~50kPa，压缩使乏汽的温度升高，并可再次间接用于加热，但之前还需要喷入冷凝水，减少过热程度，采用乏汽压缩可以节约蒸汽和能源，因为这里只需要驱动压缩机所必须的能源（约为第一手能源的5%，即节约了95%）。

加热麦汁首先要使锅炉房中的新鲜蒸汽进入加热器（图3.76，10），借助循环泵4麦汁流经外加热器3，被加热并被送回煮沸锅1，当加热器中达到希望的沸腾温度102~106℃后，压缩机2开始工作，形成的乏汽9被压缩至Pü = 9~25kPa = 102~106℃，这样就使煮沸过程得以持续。

乏汽压缩设备可装入现有设备中，也可用于那些出于质量考虑不愿采用低压煮沸的啤酒厂，因为这里只有外加热器中的压力升高，煮沸锅中的压力保持不变，但这一系统只有在绝对没有空气的情况下才能顺利运行，鉴于较重的空气会下沉，必须在系统的最低处安装自动排气设备。

此系统可节约大量新鲜蒸汽，冷凝热量重新用于麦汁的加热，不会出现多余热水。煮沸锅需要真空保护装置，避免空气进入[13]。除优点外，这一系统也有缺点：

- 设备技术复杂且昂贵
- 要求较大的加热面积，因为可利用的温差很小（60~80m^2/100hL麦汁）
- 需要保养工作
- 如果使用电机驱动，可能会出现明显的用电高峰，如果使用内燃机（煤气或柴油）则可利用内燃机的余热，这种情况下不会出现用电高峰

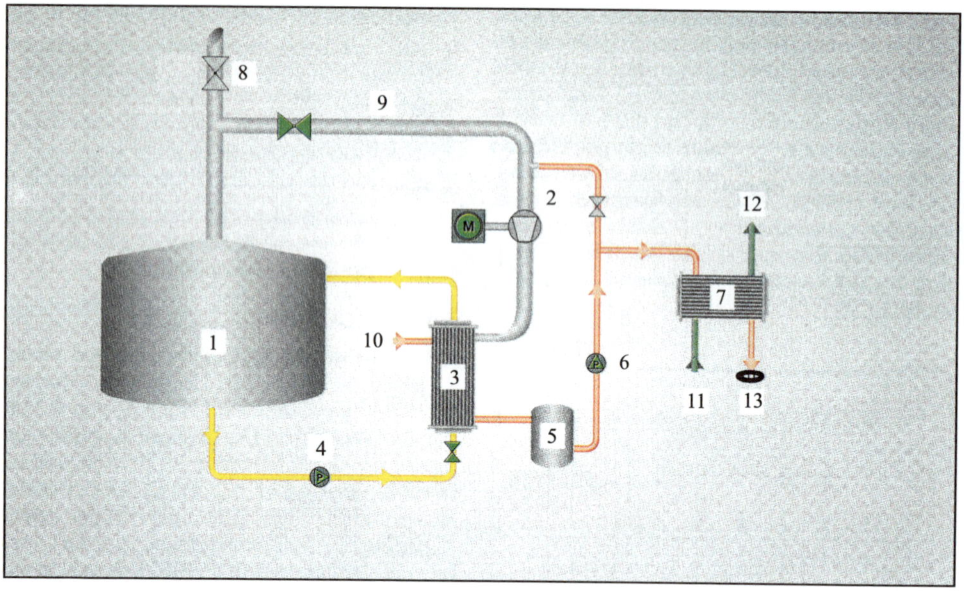

图3.76　机械乏汽压缩设备
1-煮沸锅　2-压缩机　3-外加热器　4-麦汁循环泵　5-冷凝水罐　6-冷凝水泵　7-乏汽冷凝器
8-安全阀　9-乏汽　10-新鲜蒸汽　11-冷水　12-热水　13-冷凝水

总体而言，每天糖化5次以上使用乏汽压缩机才有意义，乏汽压缩机的优势随着日糖化次数和投料量的增加而增加。

（2）热力乏汽压缩　采用热力乏汽压缩时乏汽借助蒸汽喷射泵（图3.77）被吸入并被压缩，泵由一个带喷嘴2的混合室1构成，压力最低为800kPa、最高可达1800kPa的来自锅炉的新鲜蒸汽通过混合室，高速流动的新鲜蒸汽将乏汽带入后面的扩压器3，随着流动速度的下降，动能转化为10~40kPa的压力。

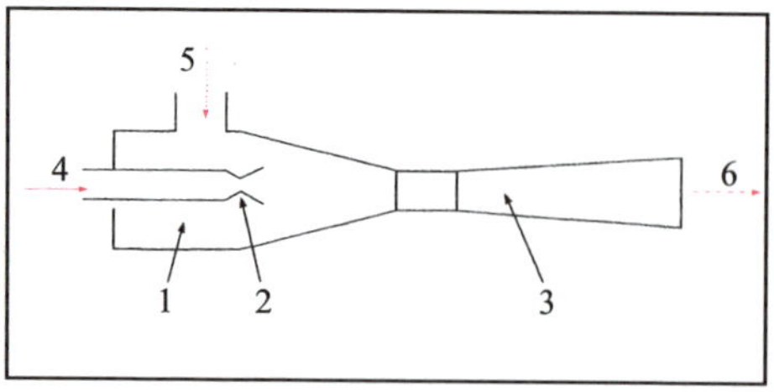

图3.77　蒸汽喷射泵
1-混合室　2-喷嘴　3-扩压器　4-驱动蒸汽
5-乏汽　6-热蒸汽

热力乏汽压缩设备（图3.78）的原理是首先通过新鲜蒸汽10加热麦汁，随后循环泵4将麦汁压入外加热器3加热并送回煮沸锅1，当外加热器之后的沸腾温度达到106℃时，蒸汽喷射压缩机2开始工作。

大部分乏汽9被蒸汽喷射压缩机吸入、压缩并达到较高的温度，经过压缩的乏汽被送入外加热器3并继续加热麦汁至沸腾。

外加热器中形成的、温度为106℃、压力为30kPa的冷凝水被收集在一个收集容器5中，并通过冷凝水泵6送入乏汽冷凝器7。

如果要压缩所有的乏汽，由于需要使用新鲜蒸汽驱动麦汁，就必须不

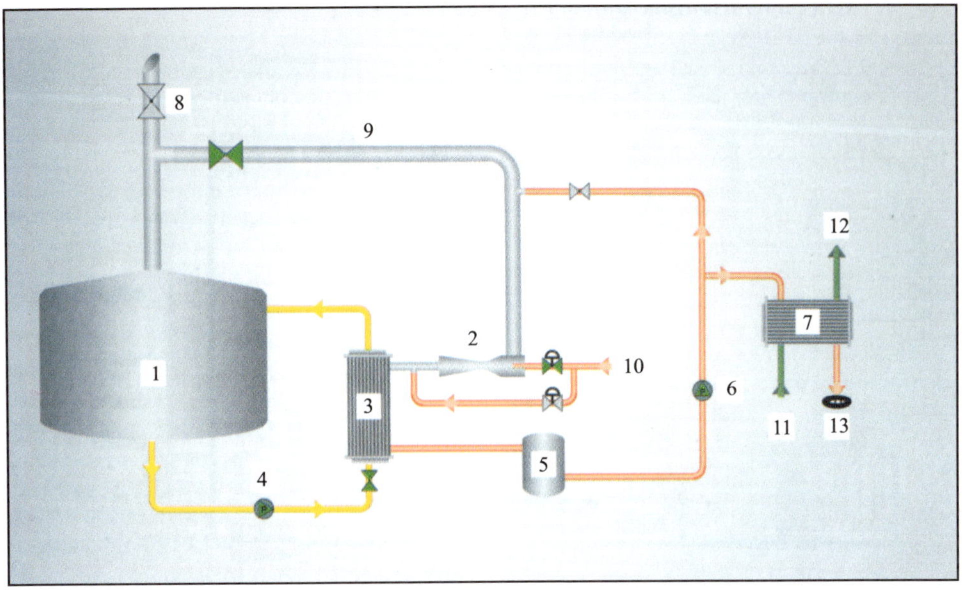

图3.78　热力乏汽压缩设备

1-煮沸锅　2-蒸汽喷射压缩机　3-外加热器　4-麦汁循环泵　5-冷凝水罐　6-冷凝水泵　7-乏汽冷凝器　8-安全阀　9-乏汽　10-新鲜蒸汽　11-冷水　12-热水　13-冷凝水

断地通入热能，从而使整个过程失去控制，因此人们将剩余的30%在乏汽冷凝器中冷凝，以便在乏汽冷凝器7中获得生产用热水12。

热力乏汽压缩的优点：

- 保养工作少，运行无障碍
- 避免了用电高峰

缺点是：

- 由于加热温度低，热传递面积必须较大
- 热水量增加
- 需要较高的蒸汽压力（可能达到1800kPa，需要单独的锅炉设备）

同机械乏汽压缩相比，热力乏汽压缩不仅对小型啤酒厂而言是个较为经济的选择，对于需要额外热水量的大型啤酒厂也是如此，热力乏汽压缩与不采用压缩的传统煮沸的每锅节能量差别明显[132]，但在采用内加热器时，所需热交换面积的空间安置通常会带来很大问题，此外只有当产生的热水也可以利用时，热力乏汽压缩才有意义。

3.4.2.5.3　带有能源贮存的低压煮沸系统

各处热交换获得的热水量往往大于需求量，而啤酒厂实际需要的是再通入很少热量便可用于加热的高温水，因此即使温差很小也必须利用，同时将这些热水在不降温的前提下储存起来，能保温的能源贮存系统可做到这点（图3.79）。

从煮沸锅3排出来的乏汽进入乏汽冷凝器4后被冷凝，而反向流动的冷却用水被加热至97℃，接着被加热至97℃的热水回到能源贮罐5的上

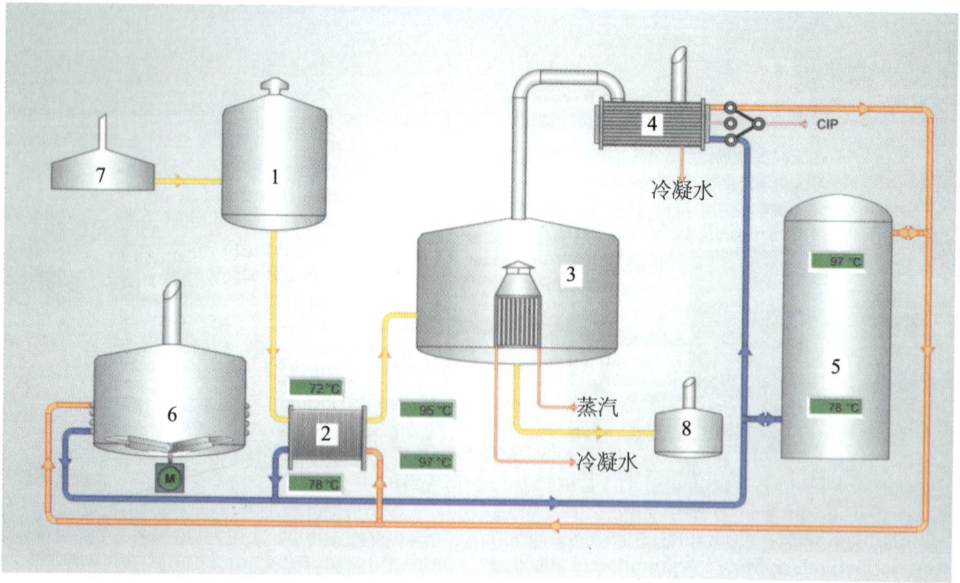

图3.79　能源储备系统

1-麦汁暂贮罐　2-麦汁加热器　3-煮沸锅　4-乏汽冷凝器　5-能源贮罐　6-糖化锅　7-过滤槽　8-回旋沉淀槽

部，从能源贮罐上部流出的热水可加热麦汁暂贮罐1中的麦汁或糖化/糊化锅6中的醪液，其它的加热源也可以使用，但要注意保持热水的温度不明显降低。

热水被贮存在能够保温的能源贮罐中，高温水和热水之间的界面随着需求量变化，混合段的高度取决于贮罐的结构，细长型贮罐的混合段只有10~20cm。

余热可在这样的贮存系统中贮存较长时间，并随时可供使用，在此重要的是有效利用最小的温差保持贮存罐中的温度。

同没有热回收的传统煮沸相比，第一手能源的节约量为：

- 低压煮沸系统：40%~50%
- 带有能源贮存的低压煮沸系统：60%~70%

3.4.2.6　麦汁煮沸中的能源消耗

麦汁制备过程中，煮沸锅消耗的能源最多，因此必须考虑如何尽可能降低能源消耗，因为能源便是金钱。

能源消耗常以kW · h或kJ表示。

1kW·h=3.6MJ=860kcal

常见的工业燃料热值如下：

天然气：11.2kW·h／m^3

燃　油：10.14kW·h／L

重　油：11.16kW·h／kg

煤　块：8.95KW·h／kg

糖化车间的热效率为80%，即糖化车间的能源利用率为80%。

我们以传统煮沸锅的能源消耗为出发点。

将麦汁加热至沸腾的能源消耗：

满锅麦汁的温度约为75℃，将其加热至沸腾大约需要3kW·h/hL=10.5MJ。

传统煮沸的能源消耗：

如果在100℃进行90min煮沸，蒸发量为12%的话，那么每100L打出麦汁约需14kW·h（=12000kcal）热量。

低压煮沸的节能：

低压煮沸时较高的煮沸温度加速了溶解和转化过程，总的煮沸时间因此缩短，如果蒸发量由传统煮沸的12%（10%~15%）变为现在的5%~7%，则相对传统煮沸而言，可节约能源6kW·h/hL打出麦汁，即

每100L打出麦汁约需9kW·h热量（=7740kcal）

仅仅是减少总蒸发就可节约大量能源。

> 我们简单计算一下：
>
> 例题：
>
> 某厂每年生产1700锅麦汁，每锅煮沸终了麦汁为560hL，燃油价格为0.43马克/L，那么通过低压煮沸节约的费用是多少呢?
>
> 对于每100L煮沸终了麦汁：
>
> 传统煮沸需14kW·h能源
>
> – 低压煮沸需9kW·h能源
>
> 节约能源量为5kW·h能源
>
> 从1L燃油中可获得10.14kW·h能量，节约5kW·h能量，相当于节约0.49L燃油；IL燃油价值0.43马克，节约0.49L燃油就相当于节约0.21马克，每锅560L煮沸终了麦汁则可节约560×0.21=118马克。
>
> 对于每年1700锅来说，则可节约200600马克。

3.4.2.7 乏汽冷凝水

麦汁煮沸时一部分水被蒸发，人们将其称为乏汽，如果不采取任何措施，这些乏汽便会通过排气筒排出，有关的气味污染规定（德国的联邦有害物质保护法中对此做出了规定）迫使啤酒厂对这些乏汽进行冷凝，这样人们不仅能够回收乏汽中含有的大部分能源（见3.4.2.5.1），而且能同时获得可重新使用的水用于各种不同的用途，但由于乏汽冷凝水中含有一系列蒸发出来的不良物质（二甲基硫，老化羰基等），建议不一定再次用作酿造水[193]，处理后的乏汽冷凝水（根据反渗透法的可能性）可用于其它领域：

- 原位清洗的预冲洗水
- 乏汽冷凝器中的冷却水
- 锅炉添加水
- 啤酒箱的清洗
- 麦糟仓的清洗
- 过滤槽和回旋沉淀槽的冲洗
- 灌装车间塑料传送带的润滑

3.4.2.8 麦汁暂贮罐

糖化锅和过滤槽的被占用时间同糖化或麦汁过滤的时间一样长，但煮沸锅则必须从头道麦汁过滤开始到热麦汁打出一直可供使用，从而成为被占用时间最长的容器。如果一天的糖化批次很少，这点不会产生任何影响，但如果连续煮沸，每天糖化8锅或更多，就会产生矛盾，因为当煮沸锅还被占用时就又有头道麦汁需要过滤了（图3.80）。

因此人们决定在过滤槽和煮沸锅之间安装一个不能加热但保温效果好的暂贮罐作为缓冲罐，以保持打出麦汁的频率。

当然也可以安装第2个煮沸锅，以便能够独立工作，有时候这样做也是必要的，但不能加热的暂贮罐比煮沸

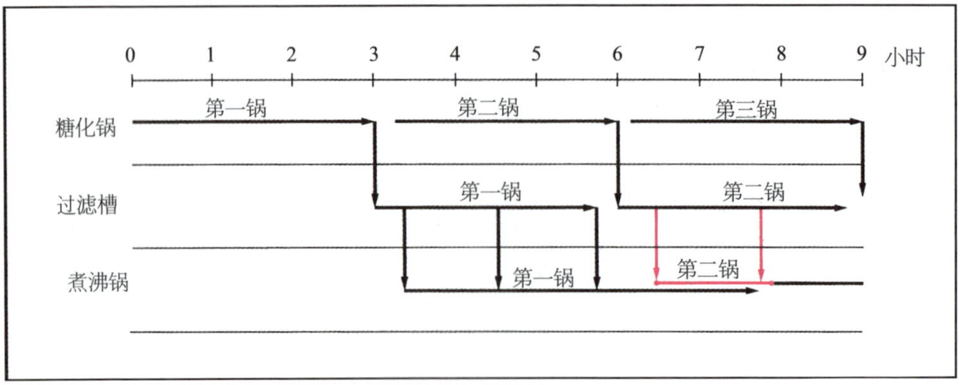

图3.80　糖化车间各容器工作时间图示

锅便宜得多。

在泵入麦汁煮沸锅的过程中也可以通过一个热交换器加热麦汁，乏汽冷凝器制备的热水就适合用作加热介质（见3.4.2.5.3）。

3.4.3　麦汁煮沸的操作过程

麦汁煮沸过程中有两点特别重要并且相互关联，即麦汁本身的煮沸和酒花内容物的转化。

3.4.3.1　麦汁煮沸

一般来说，麦汁一进入煮沸锅后就开始煮沸。

煮沸时间为60~70min。

人们愿意长时间强烈煮沸，因为：

- 可使酒花中的苦味物质更好地溶解于麦汁中
- 可使可凝固的蛋白质更好地从麦汁中分离
- 可使DMS更好地排出

但同时也应注意，多一分钟煮沸就意味着多一分钟的能量消耗费用，因此不要进行不必要的煮沸。

麦汁煮沸后，即打出麦汁时，一定要准确达到所要求的麦汁浓度（见3.4.1.3），因为只有这样才能达到所要求的原麦汁浓度，煮沸开始前就必须想到这点。

另外还有一点很重要，即在煮沸开始前一定要检查麦汁中的淀粉是否完全分解（后糖化）。

打出糖化醪液和过滤麦汁时，可能仍有少量淀粉颗粒溶解出来，而这些溶出的淀粉颗粒不再能分解为糖分，因为较高（甚至太高）的出醪温度使淀粉酶失去了活力，为了避免啤酒中出现糊精浑浊，必须在煮沸前或发酵中添加头道麦汁或麦芽浸出液进行所谓的后糖化，否则将无法补救。

3.4.3.2　添加酒花

酒花在麦汁煮沸时添加并同麦汁一起煮沸，通过煮沸，α-酸异构为异α-酸并赋予啤酒纯正的苦味，在此应注意以下几点：

- 酒花添加量应为多少
- 酒花应何时添加
- 酒花如何添加

3.4.3.2.1 酒花添加量的计算

啤酒苦味的强弱取决于啤酒类型，苦味以苦味值单位BE表示：

BE=苦味物质含量mg/L啤酒

德国啤酒的平均苦味值和苦味物质添加量：

啤酒品种	100L啤酒添加 α –酸量 / g	苦味值 / BE
小麦啤酒	5.0~7.0	14~20
强啤酒	6.0~8.0	19~23
三月啤酒	7.0~8.5	20~25
无醇啤酒	7.0~9.0	22~28
出口啤酒	7.5~11.0	10~22
比尔森啤酒	10.0~16.0	28~40

要想生产32个苦味值单位的比尔森啤酒，就要使每1L比尔森啤酒中含有32mg苦味物质。

酒花添加到热麦汁中，冷却时热麦汁的体积会缩小4%（见3.5.1.3），酒花的添加量必须根据冷麦汁量进行换算。

还要注意加入麦汁中的苦味物质只有一部分溶解到啤酒中，苦味物质收得率取决于各啤酒厂的工艺（煮沸时间、压力、pH等），一般在25%~35%。从上表中我们可以看出，成品啤酒的苦味值大约为加入麦汁中 α –酸量的3倍。麦汁煮沸时要准确添加酒花，就必须在啤酒厂进行小试，计算苦味物质收得率。

例题：

某厂生产比尔森啤酒，打出麦汁量为360hL，要求啤酒的苦味值达到32BE，苦味物质收得率为31%，问：麦汁煮沸时必须添加多少千克 α –酸？

计算过程如下：

打出麦汁量（热）=360hL

打出麦汁量（冷）=360hL×0.96≈345.6hL打出冷麦汁

成品啤酒所希望的苦味值为32BE=32mg/L啤酒=3.2g/hL啤酒，苦味物质收得率为31%，则需添加的 α –酸量 x 为：

$$x=\frac{345.6\text{hL}\times 3.2\text{g/hL}}{31\%}=3567\text{g}\approx 3.57\text{kg}$$

即：该厂在麦汁煮沸时需添加3.57kg α –酸。

在实际生产中，一次麦汁煮沸过程往往需要分次添加数量和品种各不相同的酒花或酒花制品，那么就必须将一次煮沸过程中需要的 α –酸总量进行分配，这点由企业决定。

仍以上例说明：该厂在麦汁煮沸时，添加：

α –酸含量为9%的45型颗粒酒花，占 α –酸总量的75%。

α –酸含量为7%的全酒花，占 α –酸总量的25%。

问45型酒花和全酒花应分别添加多少？

计算过程如下：

$$45型颗粒酒花添加量=\frac{3.57\text{kg}\times 75\%}{9\%}=29.75\text{kg}$$

$$全酒花添加量=\frac{3.57\text{kg}\times 25\%}{7\%}=12.75\text{kg}$$

3.4.3.2.2 酒花添加次数和时间

有三种不同的酒花制品可供添加：

- 全酒花

- 酒花粉末制品（酒花粉和颗粒酒花）
- 酒花浸膏

如今以上产品在质量上的差别不大，因为在所有加工制备过程中酒花内容物都得到了很好的保护，也没有损失，但各酒花品种之间却存在着质量差异（见1.2.6）。

糖化车间的大小和设备决定了使用何种产品，全酒花的使用已越来越少，因为它会使酒花糟的排出量增加。

酒花分次添加时必须考虑以下几点：

- 应分几次添加
- 每次应在何时添加
- 哪种最先添加，哪种最后添加

使用多个酒花品种时，应首先添加苦型酒花，这样既可使酸最大限度地溶解到麦汁中，又可使一些不利的挥发性物质蒸发掉。

香型酒花应最后添加，加压煮沸工艺中甚至要在卸压后才能加入，这样可使酒花油留在啤酒中，总之，这种情况下不再考虑苦味物质的有效利用。

添加酒花的时间和品种不同，会给成品啤酒的质量带来不同的影响。

3.4.3.2.3 酒花计量添加系统

（1）整片状全酒花的添加　尽管这种酒花的使用呈下降趋势，但全世界仍有许多啤酒厂使用全酒花。使用全酒花时，煮沸锅后面必须安装酒花分离器，以除去酒花糟，当然这会带来麦汁损失，因此某些啤酒厂在添加前对全酒花进行粉碎，细粉碎后的酒花糟可在回旋沉淀槽中得到分离。

酒花糟可在下次麦汁过滤前加入过滤槽中，然后同麦糟一起出售，但酒花糟不可作为肥料。

（2）酒花粉或颗粒酒花的添加　这种酒花制品使用起来很方便，苦味物质也以标准形式存在，所需贮存空间很小。

酒花粉和颗粒酒花用一个充满惰性气体的锡箔袋、金属易拉罐或锡箔箱包装，重量可达150kg。

市场上的颗粒酒花大多采用充满惰性气体的标准包装，通过塑料薄膜避免气体交换，为了便于操作，多数情况下以α-酸的公斤数标明了内容物质的含量。

小型啤酒厂使用时，直接用手打开，把袋中的酒花粉或颗粒直接加入煮沸锅中，空罐子被一个悬挂着的笼子挡住。啤酒厂越大，对酒花自动化添加的要求也就越高。对于每3h糖化一锅的啤酒厂来说，糖化能力为10t，日产8锅的糖化车间每天需250~300kg颗粒酒花。

酒花计量添加装置应能一次性地将一天各锅所需的酒花在各个酒花计量罐中混合备用，使用时可预先设定时间，到时候自动用麦汁将酒花压出（图3.81）。

（3）酒花浸膏的处理　酒花浸膏的黏度很高，加热到45~50℃时，黏度会大幅度下降，浸膏成为液状。有些工艺是用高温溶液（水或洗糟残水）将金属盒中的内容物冲洗出来，通过不断循环保持浸膏的均匀性，然后在预定时刻加入煮沸锅中。

如果酒花浸膏装在一个很大的容器中，则要在36~48h内将容器中的所有内容物加热至50℃以下的温度

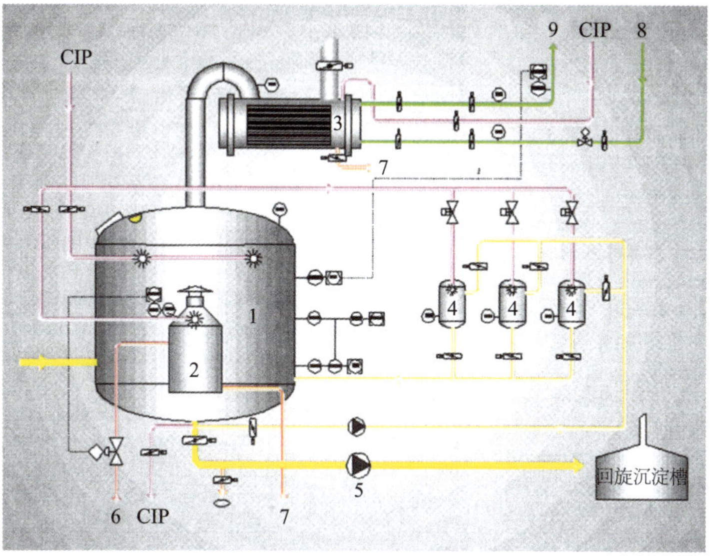

图3.81 带酒花添加容器的麦汁煮沸锅
1-麦汁煮沸锅
2-内加热器
3-乏汽冷凝器
4-酒花添加容器
5-打麦汁泵
6-蒸汽进管
7-冷凝水流出
8-冷水进
9-热水出

（绝对不能超过50℃），这样浸膏就能以液状被压入混合罐，混合之后方可计量添加，根据内容物的量，也可通过活塞泵直接添加，但输送途径必须加热。

小型啤酒厂常在听装酒花金属盒上钻孔，不经预热直接加入煮沸麦汁中，金属盒放在一个篮子里，之后很容易取出。

3.4.4 麦汁检查

煮沸后，通过一个大功率的打出麦汁泵将麦汁泵入回旋沉淀槽，麦汁煮沸结束时，要对麦汁进行检查，检查的项目有：

- 麦汁清亮度：借助视镜对着光线进行检查，看麦汁是否如所期望的那样，清亮并有大块絮状悬浮物
- 后糖化：前面讲到，过高的洗槽水温会使未溶解的淀粉颗粒进入麦汁中，若不及时检查，会在啤酒中造成糊精浑浊
- 打出麦汁量：酿造工可利用测量标尺或浮式测量标尺测定打出麦汁量，这对计算糖化车间收得率很重要，同时在德国也是税务局征税的依据。如果有校准的冷麦汁测量装置，则不必测量打出麦汁量
- 打出麦汁的浸出物浓度测定

糖化车间有一个测量浸出物浓度的操作台，此处可测出其浓度（见3.5.1.1），现代化设备可自动测量并显示浸出物含量（见7.5）。

打出麦汁的量及其浸出物浓度是计算糖化车间收得率的基础。

打出麦汁的组成对成品啤酒的质量影响很大，以下是VLB中心实验室提供的打出麦汁的平均检测值[200]：

pH	5.38
色度（浅色麦汁）	9.5 EBC
色度（深色麦汁）	43 EBC
苦味值（比尔森啤酒）	34.1 BE
苦味值（其它啤酒）	30.4 BE
总氮	1 018 mg/kg
可凝固性氮	18 mg/kg
硫酸镁可沉淀性氮	195 mg/kg
游离α-氨基氮	190 mg/kg
分光光度计法碘值	0.62 ΔE
黏度	1.76 mPa·s
二甲基硫（DMS）	57 μg/kg
二甲基硫前驱物质	95 μg/kg
硫代巴比妥酸值(浅色麦汁)	46
硫代巴比妥酸值(深色麦汁)	104
锌含量	0.19 mg/kg
β-葡聚糖含量	340 mg/kg
冷凝固物含量	200 mg/kg
脂肪酸	
低分子脂肪酸	0.4 mg/kg（0.3~3.8）
较高分子的饱和脂肪酸	0.4 mg/kg（0.0~1.9）
较高分子的不饱和脂肪酸	0.4 mg/kg（0.0~1.1）

ppm =百万分之一 = mg/kg（或L）
ppb =十亿分之一 =μg/kg（或L）

ΔE =乙醇沉淀样品和空白样品相比的变色情况。

3.5 糖化车间收得率

糖化车间收得率是指煮沸终了麦汁中的浸出物量与糖化投料量的百分比，糖化车间收得率的高低是判断糖化车间工作好坏的重要标准之一。

3.5.1 糖化车间收得率的计算

现代化啤酒厂中的糖化收得率可以根据测量值自动计算，下面主要介绍老式或小型啤酒厂中还要用到的计算糖化收得率的思考和运算步骤。

糖化收得率计算的是百分之几的投料量成为煮沸锅中的浸出物，这一百分比（糖化收得率）通常为75%~80%。

计算收得率必须有以下几个参数：

- 糖化投料量
- 糖度计测量值
- 打出麦汁量

糖化投料量通过自动计量秤已准确记录，可在糖化控制计算机中或已记录的糖化报告单上进行查阅，糖化投料量是计算收得率的基础值。

3.5.1.1 质量分数的测定

它的测定通过糖度计进行（图3.82）。糖度计是一个浮球计，根据液体比重计的原理制成，液体的相对密度越小，比重计下沉就越深。糖度计的细杆上有质量百分比刻度尺，由于糖度计首先是用蔗糖溶液校准的，因此糖度计也称蔗糖糖度计。

测定在20℃左右进行，取少量煮沸终了的热麦汁放入一个金属筒中（此筒大多以万向节式悬挂着），金属筒有一个金属冷却套，将麦汁冷却到20℃左右，冷却时麦汁既不能被稀释，也不能因水分蒸发导致浓度上升。在麦汁与糖度计接触的凸面刻度处读数。

糖度计的读数要进行练习，因为金属筒使糖度计细杆处的液面略有上升，无法在平面处读数，糖度计值应为接触凸面的清晰刻度值。

在糖化车间，糖度计值以凸面上线为准，但在实验室，糖度计的读数却从月牙弯面的下端进行，因为实验室在玻璃量筒中测定糖度。测定糖度时，一定要注意糖度计是从上端还是下端读数。

为了尽可能得到准确的测定结果，麦汁的浓度不能变动，糖度计浸入麦汁前，不能用水或其它液体，而要用测量筒中的被测麦汁进行冲洗。为了避免测量筒中的麦汁温度不均匀，可用一个洁净、干燥的混合棒（或用被测麦汁冲洗一下此棒）搅拌一下，由于粘附在糖度计细杆处的麦汁会把糖度计往下粘引，所以不能使糖度计潜入过深以避免错误读数，应小心握住糖度计的上端，慢慢放入估计的刻度处，然后稍等一下，同时要吹去麦汁表面产生的泡沫。

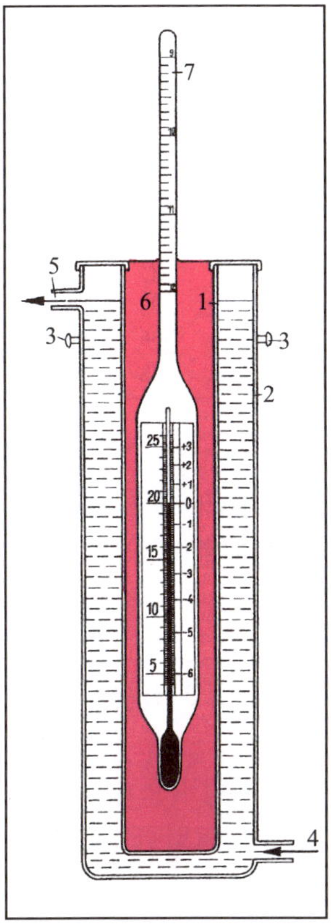

图3.82　糖度计
1–量筒
2–冷却套
3–挂钩
4–冷水进口
5–冷水出口
6–打出麦汁
7–糖度计

糖度计是在20℃校准的，温度偏离20℃时要使用糖度计的校正值，校正值取决于所测麦汁的温度，如果所测麦汁温度高于20℃，说明此温度下的麦汁密度低于20℃时的密度，糖度计显示值要加上校正值，低于20℃时，糖度计显示值要减去校正值。

温度显示杆始终在糖度计的下半部，只要糖度计的下部顶端潜入麦汁中，就可以显示校正值，温度标尺的另一侧为红色的校正数据，图3.83中标尺上列出的数据为相应温度下的校正值。

举例：

糖度计读数：	11.6%
–　校正值：	0.2%
质量分数：	11.4%

校正后的数值即为20℃时100kg麦汁中含有的浸出物的千克数，上例中20℃时，100kg麦汁中含有11.4kg浸出物。

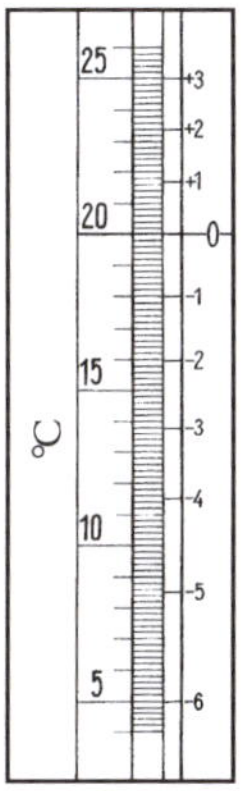

图3.83　测量范围在10%~15%的糖度计温度校正值标尺

3.5.1.2 计算每100L麦汁中的浸出物量（浸出物量/hL麦汁）

在实际生产中，麦汁浸出物的浓度往往不用每100kg麦汁中的浸出物量来表示，而是用每100L麦汁中有多少千克浸出物表示，因为麦汁总是以百升（hL）计的。

这一换算需要麦汁的密度值：

浸出物含量（kg／100kg）×麦汁密度=浸出物含量（kg／hL），物质的相对密度取决于温度和压力。表示相对密度时必须注明温度，压力对于液体来说可以忽略。

换算成“kg浸出物／hL麦汁”时，麦汁密度以20℃时相对于4℃水的密度表示（简写为d_4^{20}）。柏拉图“标准-校正委员会”列出了一个修正的“糖-浸出物表”，表中列出了20℃时“g浸出物/100mL”与“g浸出物／100g”的对应值。

相对密度d(20/20℃)	质量百分比/（g /100g)	密度ρ (20/4℃)	混合百分比/(g/100mL)(20℃)
1	2	3	4
1.04419	11.00	1.04229	11.47
423	01	233	48
427	02	237	49
431	03	241	11.50
436	04	245	51
440	05	250	52
444	06	254	53
1.04628	11.50	1.04437	12.01
632	51	441	02
636	52	445	03
640	53	450	04
645	54	454	05
649	55	458	06
653	56	462	08

如果没有表格，也可按下列近似公式计算：

麦汁浓度/%（质量分数）	相对密度值
0（水）	1.000
1	1.004
2	1.008

由此得到一个近似相对密度值。即：

相对密度值=糖度值×0.004+1

以上例糖度值11.4为例：

相对密度值：11.4×0.004+1=1.0456

根据柏拉图表，查糖度11.4的相对密度值为1.04395。

两个相对密度值之间的差值很小，但对于精确的计算，此差值还是很大。

下列简表中列出的不是相对密度值，而是100mL麦汁中质量分数所对应的浸出物的浓度（混合分数）。

仍以糖度值11.4为例：糖度值为11.4％的对应混合浓度值为11.9g（20℃），这就是说，20℃时，100L麦汁中的浸出物量为11.9kg。

质量分数/（g/100g）	混合分数/（g/100mL）（20℃）	糖化收得率系数	质量分数/（g/100g）	混合分数/（g/100mL）（20℃）	糖化收得率系数
0.1	0.10	0.10	3.2	3.23	3.10
0.2	0.20	0.19	3.3	3.34	3.20
0.3	0.30	0.29	3.4	3.44	3.30
0.4	0.40	0.38	3.5	3.54	3.40
0.5	0.50	0.48	3.6	3.64	3.50
0.6	0.60	0.58	3.7	3.75	3.60
0.7	0.70	0.67	3.8	3.85	3.70
0.8	0.80	0.77	3.9	3.95	3.79
0.9	0.90	0.86	4.0	4.06	3.90
1.0	1.00	0.96	4.1	4.16	3.99
1.1	1.10	1.06	4.2	4.26	4.09
1.2	1.20	1.15	4.3	4.36	4.19
1.3	1.30	1.25	4.4	4.47	4.29
1.4	1.41	1.35	4.5	4.57	4.39
1.5	1.51	1.45	4.6	4.67	4.49
1.6	1.61	1.55	4.7	4.78	4.59
1.7	1.71	1.64	4.8	4.88	4.69
1.8	1.81	1.74	4.9	4.99	4.79
1.9	1.91	1.83	5.0	5.09	4.89
2.0	2.01	1.93	5.1	5.19	4.99
2.1	2.11	2.03	5.2	5.50	5.09
2.2	2.21	2.13	5.3	5.40	5.18
2.3	2.32	2.23	5.4	5.51	5.29
2.4	2.42	2.32	5.5	5.61	5.39
2.5	2.52	2.42	5.6	5.71	5.48
2.6	2.62	2.52	5.7	5.82	5.58
2.7	2.72	2.61	5.8	5.92	5.68
2.8	2.83	2.71	5.9	6.03	5.79
2.9	2.93	2.81	6.0	6.13	5.89
3.0	3.03	2.91	6.1	6.24	5.99
3.1	3.13	3.01	6.2	6.34	6.09
6.3	6.45	6.19	11.4	11.90	11.42
6.4	6.55	6.29	11.5	12.01	11.53
6.5	6.66	6.39	11.6	12.12	11.63
6.6	6.76	6.49	11.7	12.23	11.74
6.7	6.87	6.59	11.8	12.34	11.85
6.8	6.97	6.69	11.9	12.45	11.95
6.9	7.08	6.80	12.0	12.56	12.06
7.0	7.18	6.90	12.1	12.67	12.17
7.1	7.29	7.00	12.2	12.78	12.27
7.2	7.39	7.10	12.3	12.89	12.38

续表

质量分数 /（g/100g）	混合分数 /（g/100mL）（20℃）	糖化收得率系数	质量分数 /（g/100g）	混合分数 /（g/100mL）（20℃）	糖化收得率系数
7.3	7.50	7.20	12.4	13.00	12.48
7.4	7.60	7.30	12.5	13.11	12.59
7.5	7.71	7.40	12.6	13.22	12.69
7.6	7.82	7.51	12.7	13.33	12.80
7.7	7.92	7.61	12.8	13.44	12.90
7.8	8.03	7.71	12.9	13.55	13.01
7.9	8.13	7.81	13.0	13.66	13.11
8.0	8.24	7.91	13.1	13.77	13.22
8.1	8.35	8.02	13.2	13.88	13.32
8.2	8.45	8.12	13.3	13.99	13.43
8.3	8.56	8.22	13.4	14.10	13.54
8.4	8.67	8.32	13.5	14.21	13.64
8.5	8.77	8.42	13.6	14.32	13.75
8.6	8.88	8.53	13.7	14.43	13.85
8.7	8.99	8.63	13.8	14.55	13.97
8.8	9.09	8.73	13.9	14.66	14.07
8.9	9.20	8.83	14.0	14.77	14.18
9.0	9.31	8.94	14.1	14.88	14.28
9.1	9.41	9.04	14.2	14.99	14.39
9.2	9.52	9.14	14.3	15.10	14.50
9.3	9.63	9.25	14.4	15.22	14.61
9.4	9.74	9.35	14.5	15.33	14.72
9.5	9.84	9.45	14.6	15.44	14.82
9.6	9.95	9.55	14.7	15.55	14.93
9.7	10.06	9.66	14.8	15.66	15.03
9.8	10.17	9.76	14.9	15.78	15.14
9.9	10.27	9.86	15.0	15.89	15.25
10.0	10.38	9.97	15.1	16.00	15.36
10.1	10.49	10.07	15.2	16.11	15.47
10.2	10.60	10.18	15.3	16.22	15.57
10.3	10.71	10.28	15.4	16.34	15.69
10.4	10.81	10.38	15.5	16.45	15.79
10.5	10.92	10.49	15.6	16.56	15.90
10.6	11.03	10.52	15.7	16.68	16.00
10.7	11.14	10.70	15.8	16.79	16.11
10.8	11.25	10.80	15.9	16.90	16.22
10.9	11.36	10.91	16.0	17.02	16.34
11.0	11.47	11.01	16.1	17.13	16.45
11.1	11.57	11.11	16.2	17.24	16.56
11.2	11.68	11.22	16.3	17.36	16.67
11.3	11.79	11.32	16.4	17.47	16.77
16.5	17.58	16.88	18.3	19.64	18.86
16.6	17.70	16.99	18.4	19.76	18.97
16.7	17.81	17.10	18.5	19.88	19.08
16.8	17.92	17.21	18.6	19.99	19.19
16.9	18.04	17.32	18.7	20.11	19.31
17.0	18.15	17.43	18.8	20.22	19.42

续表

质量分数/（g/100g）	混合分数/（g/100mL）（20℃）	糖化收得率系数	质量分数/（g/100g）	混合分数/（g/100mL）（20℃）	糖化收得率系数
17.1	18.27	17.54	18.9	20.34	19.53
17.2	18.38	17.65	19.0	20.45	19.64
17.3	18.50	17.76	19.1	20.57	19.75
17.4	18.61	17.87	19.2	20.69	19.86
17.5	18.72	17.97	19.3	20.80	19.97
17.6	18.84	18.08	19.4	20.92	20.08
17.7	18.95	18.19	19.5	21.04	20.20
17.8	19.07	18.31	19.6	21.15	20.31
17.9	19.18	18.42	19.7	21.27	20.42
18.0	19.30	18.53	19.8	21.39	20.53
18.1	19.41	18.64	19.9	21.50	20.64
18.2	19.53	18.75	20.0	21.62	20.76

注：过去的文献把质量分数称为重量百分比。

3.5.1.3 打出热麦汁体积与冷麦汁体积的换算

麦汁煮沸结束后利用测量标尺可较准确地测量打出麦汁的体积，测量时液面必须平静，测量标尺须用煮沸锅内容物进行校准，并放在合适的位置。麦汁煮沸锅的校准对于准确计算糖化车间收得率至关重要，可通过测量来完成。

根据税法的要求，冷麦汁量也可以通过一个校准后的感应流量计来测定。

举例：

打出热麦汁量为264hL，这一体积量是在100℃时测得的，但它的糖度值为20℃的测定值。如果将264hL热麦汁冷却到20℃（假设无水分蒸发），那么它的体积只有原来热麦汁体积的96%，麦汁体积减少了4%。如果将20℃的已冷却麦汁重新加热到100℃，它的体积也许又变为264hL。

在所减少的4%的体积中要考虑热麦汁中的酒花糟量和蛋白凝固物量，尽管这些量与浸出物无关。

打出热麦汁量换算成20℃的冷麦汁量时，要乘上系数0.96（因为测糖度时为20℃）。

■ 0.96被称为校正系数。

上例中的264hL打出麦汁在20℃下的打出冷麦汁量为：

264hL×0.96=253.44hL

当然，4%的体积减少量并不十分准确，因为煮沸锅在高温下会膨胀，使测量的打出热麦汁量减少0.2%，所用酒花的形式也对此有影响，如用全酒花时，酒花糟可使热麦汁量增加0.2%左右，使用酒花制品对热麦汁量又有不同的影响。

糖化车间收得率主要是企业内部的检查指标，只要保证酒花的组成不变，误差就没有影响。

3.5.1.4 糖化车间浸出物量的计算

如果100L20℃的麦汁中有11.90kg浸出物，那么253.44hL20℃的麦汁中含有的浸出物量为3015.94kg，也就是说获得了3015.94kg的浸出物。

糖化车间收得率的计算公式为：

浸出物量（kg）=浸出物含量（kg/100kg）×d×0.96×打出麦汁量（hL）

由于校正系数0.96始终不变，因此在柏拉图表中将其计入收得率系数中：

糖化收得率系数=浸出物含量（kg/100kg）×d×0.96

在上述表中，根据浸出物含量（kg/100kg）就可查出其所对应的“糖化收得率系数”。以浸出物含量11.4（kg/100kg）为例，查表的右侧就知道它对应的糖化收得率系数值为11.42。

根据：浸出物量（kg）=打出麦汁量（hL）×糖化收得率系数

则在上例中，浸出物量=264×11.42=3014.88kg

计算浸出物量非常重要，因为它是计算浸出物损失的基础值。

3.5.1.5 糖化车间收得率（A_s）的计算公式

要计算糖化车间收得率，就需知道浸出物量和所使用的投料量，计算时的出发点：

$$A_s=\frac{\text{浸出物含量（kg/100kg）}\times d\times 0.96\times\text{打出麦汁量（hL）}}{\text{糖化投料量（100kg）}}$$

或简写为：

$$A_s=\frac{\text{糖化收得率系数}\times\text{打出热麦汁量（hL）}}{\text{糖化投料量（100kg）}}$$

在上例中，若浸出物量为3015kg，投料量为4000kg，则糖化车间收得率为：

$$A_s=\frac{3015\text{kg}\times 100\%}{4000\text{kg}}=75.37\%=75.4\%$$

3.5.2 影响糖化收得率的因素

糖化车间收得率取决于下列因素：

- 原料
- 糖化设备
- 糖化工艺
- 麦汁过滤
- 工作方式

糖化收得率一般在74%~79%，此值应尽可能高，而且最多比“麦芽细粉风干实验室浸出率”低1%。

（1）原料　麦芽不同，浸出率也不同。因此我们要选用浸出率高的麦芽。溶解差的麦芽的糖化收得率比溶解好的麦芽低，由于糖化投料量总是风干值，因此麦芽的水分对糖化车间收得率影响很大：麦芽水分越高，糖化收得率就越低。使用碳酸盐硬度高的水，糖化收得率会降低，使用硫酸盐含量高的水和特软水，由于pH较低，有利于酶的作用，同样也有利于糖化收得率。

（2）糖化设备　现代化的糖化车间在生产优质麦汁的同时也能获得很高的糖化收得率，为此拥有一系列附属设备，特别是尽可能彻底洗糟的设施，其糖化收得率超过老式传统糖化设备。

糖化设备的质量可由糖化收得率与实验室麦芽风干细粉浸出率之差来评价，糖化设备好，此差值就小。

（3）糖化工艺　糖化工艺过程越长，糖化程度越强，糖化收得率就越高。通过分出浓醪强烈煮沸可以获得更多的浸出物，通过预糖化和醪液的加压煮沸也可以提高糖化收得率。此外，糖化用水和洗糟用水的比例很重要，因为糖化用水多就不能很好地洗出麦糟中的浸出物，使糖化收得率下降。

（4）过滤　洗糟不均匀以及过滤阀流出不均匀都会导致糖化收得率降低。

少量多次的洗糟同连续洗糟相比，糖化收得率要高一些，过滤情况可通过麦糟的可洗出浸出物含量反映出来（见3.3.6.2）。洗糟残水用作下次糖化投料水可提高糖化收得率，但对麦汁质量不利。

（5）工作方式　整个糖化操作建立在酶的作用基础上，只有准确控制温度和时间，才能使酶的作用得到最佳发挥，所以要求酿造工必须准确而可靠地工作，否则将造成很大损失。

为了避免以上问题，先进的糖化车间均采用预先存贮程序进行自动化操作，酿造工仅观察控制，必要时才采取措施，这样可避免人为因素的影响，达到最佳的工艺过程（见3.10）。

3.5.3　糖化收得率的计算

举例说明：

糖化车间要生产一锅比尔森啤酒麦汁，投入的比尔森型麦芽量为4600kg，煮沸结束时打出了331hL浓度为10.7%的热麦汁，问糖化收得率为多少？

由浓度10.7%查相对密度表得知d=1.0411，根据：

即：此锅的糖化收得率为76.95%

如果用“糖化收得率系数”计算，则计算过程为：

$$A_s=\frac{\text{浸出物含量（kg/100kg）}\times d\times 0.96\times\text{打出麦汁量（hL）}}{\text{糖化投料量（100kg）}}$$

$$A_s=\frac{10.7\times 1.0411\times 0.96\times 331}{46}=76.95\%$$

两种计算所得结果仅相差0.04%，对粗略计算没有影响，重要的是同实验室收得率（细粉风干收得率，见2.8.3.2）进行比较，当然这种比较只有在使用同一种麦芽时才有意义，所以有必要取一段时间的平均样品在实验室进行分析。

$$A_s=\frac{10.70\times 331}{46}=\frac{3541.7}{46}=76.99\%$$

3.6 糖化车间的设备

3.6.1 糖化容器的数量和装配

糖化车间安装了用于麦汁生产的所有必备容器，小型糖化车间仅由2个糖化容器组成：

- 一个糖化、麦汁过滤两用的糖化过滤槽
- 一个糊化、麦汁煮沸两用的糊化煮沸锅

这种两器式糖化设备每天可生产1~2锅，通常出现在小型啤酒厂中，根据糖化天数每年最多可生产600锅。

传统的四器式糖化车间由下列容器组成：

- 糖化锅：可加热或不可加热
- 糊化锅：用于分醪煮沸（图3.84）
- 过滤槽或压滤机：用于麦汁过滤
- 煮沸锅：用于麦汁煮沸

为提高日糖化锅次，糖化车间还配有以下容器：

- 暂贮罐：煮沸锅被占用时用于头道麦汁的暂贮
- 回旋沉淀槽：煮沸锅不兼作回旋沉淀槽时采用

在小型或老式啤酒厂中，过滤槽的位置稍高，并安装在麦汁煮沸锅附近，这样过滤麦汁可利用位差通过麦汁受皿器进入煮沸锅，但如今糖化容器都采用平面布局。

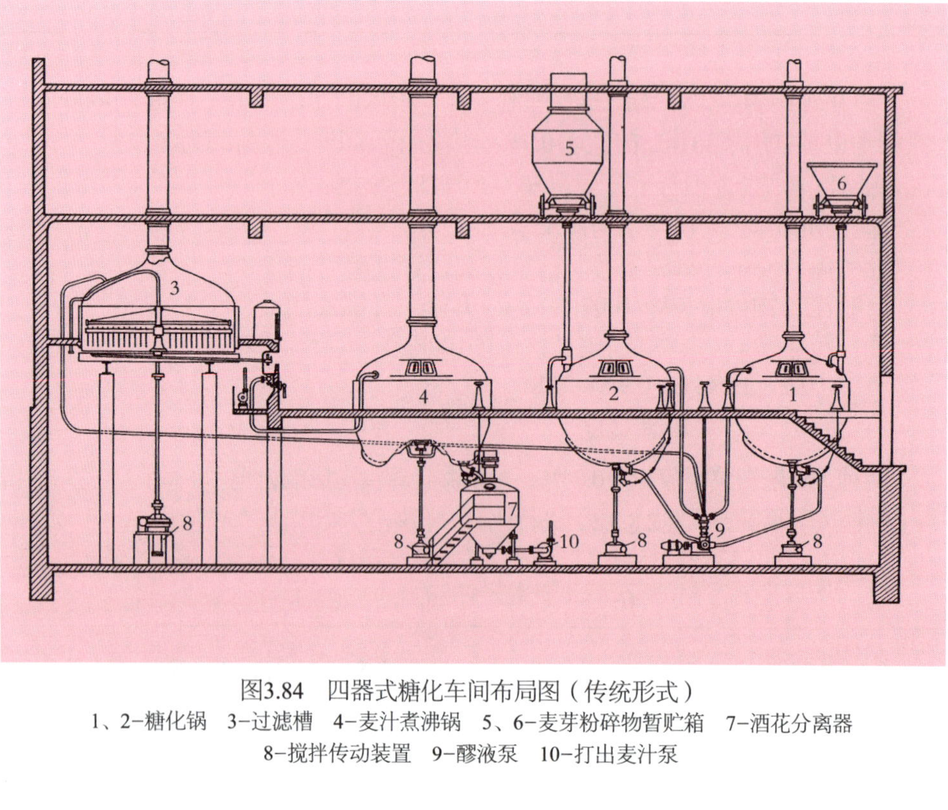

图3.84 四器式糖化车间布局图（传统形式）
1、2-糖化锅 3-过滤槽 4-麦汁煮沸锅 5、6-麦芽粉碎物暂贮箱 7-酒花分离器 8-搅拌传动装置 9-醪液泵 10-打出麦汁泵

3.6.2 糖化容器的规格

> 各糖化容器的规格因用途不同而有所区别，按100kg麦芽投料量计算，各容器的容积为：

糖化锅	6 hL
糊化锅	4~5hL
过滤槽	6 hL
麦汁煮沸锅	8~9 hL
麦汁暂贮罐	7 hL

糖化容器的规格取决于打出麦汁量，过滤槽的直径最小2m，最大可达12m，此外大型啤酒厂优先选择多器式糖化车间。

3.6.3 糖化容器的制作材料

制作糖化容器的传统材料是铜，几百年来，铜制糖化容器一直是酿造业的骄傲，糖化车间建在主要街道的两旁，行人透过糖化车间明亮的玻璃窗可以看到铜光闪闪的容器并留下深刻印象，为啤酒厂起到了广告宣传作用。

但随着时间的推移，铜器会逐渐变黑并产生铜绿，这样一来就失去了上述效果。为保持糖化容器的红铜光泽，必须经常擦洗，刷油漆也不是长远的解决办法，因为油漆有孔隙，孔隙下的容器会继续腐蚀，经常擦洗劳动量也很大，并且需要搭建脚手架。

第一个铬镍钢容器大约在1965年问世，由于使用平板钢制作并可根据所需形状进行机械加工，所以它的制作成本比铜制容器低得多，如今的糖化容器几乎都采用不锈钢材料制作。它具有可用CIP清洗、外表银光闪亮的优点。

当铜制容器由于磨损需要更换成不锈钢容器时，为保持糖化车间的整体形象，可在不锈钢容器的表面罩上铜壳外套。

毫无疑问，现代化不锈钢糖化车间和铜器糖化车间一样，同样会给人们留下深刻印象，特别是通过车间的布局、色彩、灯光效果等。

3.6.4 糖化车间的生产能力

糖化车间是啤酒厂的心脏，其它车间的生产能力取决于糖化生产能力。为了有效利用工作时间和能源，提高经济效率，啤酒厂应使糖化车间尽可能满负荷生产。

我们知道，采用现代化过滤槽的糖化车间每天可生产12锅麦汁，以每周5天工作日，每年52周计，扣除节假日，即可算出一年的生产锅次，如果再考虑到糖化休止时间、必需的维修时间，糖化能力还要再减少一些。由于啤酒出厂前有酒损，年打出麦汁量并不等于年啤酒生产量（见5.5），每个厂的啤酒损失率不同，一般为8%~10%。糖化车间的生产能力以吨投料量来表示，问题是，怎样根据投料量计算打出麦汁量?

> 经验法则：每生产1hL啤酒需要17kg麦芽

若生产1hL啤酒需要17kg麦芽，那么1000kg麦芽可生产的啤酒量为：

1000/17=58.8hL

设啤酒损失为91%，则麦汁量为：

58.8/0.91=64.6hL麦汁

即：投料量为1t的糖化车间，其打出麦汁量为64.6hL。那么投料量为10t的糖化车间，打出麦汁量就为646hL左右。

练习题：

投料量为10t的糖化车间，一年生产多少百升啤酒?

按每天生产8锅麦汁，每周糖化4.5天，每年52个生产周和10个节假日计算：

每锅：= 640hL

每天：= 640hL × 8=5120hL

每周：= 5120hL × 4.5=23040hL

每年：= 23040hL × 52

= 1198080hL

扣除节假日：=5120hL × 10=51200hL

=1146880hL

扣除啤酒损失（设为9%）=1043661hL

按以上方法计算，投料量为10t的糖化设备每年可生产10.4万吨啤酒，但此计算过程为理想状态。

可以估算，若每天生产8锅，每周生产5d，则投料量为1t的糖化设备每年可生产大约1万吨啤酒。

3.6.5 特殊形式的糖化设备

近年来小型糖化设备不断增多，特别是：

- 啤酒屋的糖化间
- 实验和教学糖化车间

3.6.5.1 啤酒屋的糖化间

20世纪80年代初，特别是1986年以来，德国各地，尤其是特大城市和大城市兴建了许多啤酒屋，经营得也非常好，1994年德国有200多家啤酒屋，数量呈持续上升趋势。

啤酒屋的打出麦汁量一般在10~15hL，每周生产3~4锅麦汁，年产啤酒1000~3000hL，仅在啤酒屋的酒吧销售。

啤酒屋的关键是二器式糖化间（见图3.84a），它是啤酒屋最引入注目的地方，其造型往往给消费者留下深刻印象。消费者可以看到酿造师如何生产啤酒，这对他们来说是一段特殊的经历，如果啤酒新鲜、味美，再加上适合饮用啤酒的莱肴，那么啤酒屋的经济收入会十分可观，这样一来，缺少的只是如今越来越受人们喜爱的啤酒园了。

图3.84a　啤酒屋的糖化间
（Beraplan,Haerter,GmbH,Chieming）

啤酒屋比大型啤酒厂更经济，因为它无需广告费用，没有后勤问题，并且不依赖大的经销商，所以优点很多，而且啤酒不用装瓶，不需进行稳定性处理，生产费用很低（见第8章）。

3.6.5.2 糖化生产一体化设备

最原始的二器糖化车间（特别是用于啤酒屋）为糖化生产一体化设备[76]（图3.84b）。

在这种糖化设备中，糖化过滤槽2环绕着糊化煮沸锅1，一个精巧的机械装置将糊化煮沸锅和糖化过滤槽隔开，带有可调节耕刀的4个耕糟臂3可任意上升或下降。

此糖化设备的优点如下：

- 占地面积可节约40%左右
- 生产商负责供货和安装
- 优良的制造方式可节约能源10%
- 糖化收得率较高等

问题是环绕着煮沸锅的过滤槽的清洗。

3.6.5.3 教学实验糖化设备

各种规模和布局的啤酒厂对酿造工和制麦工进行的培训，都不足以使受训者在实践培训中熟悉糖化车间的各个过程，因此职业学校的糖化实践课需要演示糖化生产的所有过程，如今所有的酿造职业学校都有与研究机构和高校一样的、规模在50~100L的教学糖化车间（见图3.84c）。

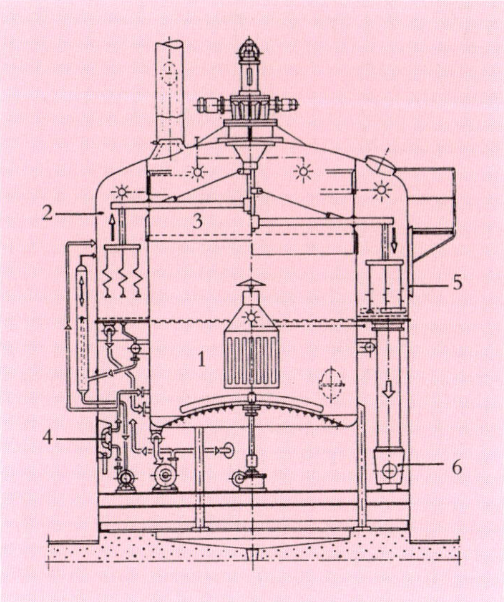

图3.84b 糖化生产一体化设备
1–糊化煮沸锅 2–糖化过滤槽 3–耕糟臂（高度可调节） 4–过滤和麦汁浓度测定 5–视镜 6–麦糟输送器

图3.84c 德累斯顿营养职业培训中心教学糖化设备（照片：BAM设备和机器制造公司，Freising）

3.7 打出麦汁

麦汁煮沸结束后，利用麦汁打出泵将麦汁泵入回旋沉淀槽中，为了尽快进行下一锅麦汁煮沸，打出过程应尽可能迅速，但该过程必须柔和，避免形成不必要的剪切力，损害麦汁内容物质（见3.2.1.4）。

缓慢冷却时或在迅速冷却和剪切力的作用下必须注意β-葡聚糖的各种结构变化，否则会导致过滤困难。

使用未经粉碎的全酒花时，在泵入回旋沉淀槽前应分离出毫无利用价值的酒花糟。打麦汁结束后，酒花糟中所含的麦汁量约有4.9L/kg全酒花，采取下列措施可降低酒花糟中的麦汁含量：

- 使麦汁从酒花糟中自由滴出，可降至4.4L
- 冲洗酒花糟，可降至4.3L
- 压榨酒花糟，可降至4.0L
- 冲洗并压榨酒花糟，可降至2.0L

利用酒花分离器可分离酒花糟，酒花分离器是一种带有筛板的容器，筛板截留住酒花糟，而麦汁可流出。

麦汁流完后用水浸洗酒花糟，对酒花糟与水的混合物进行搅拌可加速浸洗过程。即使使用最好的浸洗方法，浸洗后的酒花糟中仍会有残留浸出物，由于没有可有效利用酒花糟的方法，人们常将其打入下一锅糖化的过滤槽中与麦糟一起强烈洗涤。

3.8 分离热凝固物

打出麦汁中分离出来的絮片被称为粗凝固物或热凝固物，热凝固物由30~80μm的颗粒组成，这些大颗粒略重于麦汁，如果时间充足，一般可以很好地沉淀下来。

热凝固物对以后的啤酒酿造不但没有任何价值，而且会损害啤酒质量，所以必须除去，其副作用主要表现在以下几个方面：

- 不利于麦汁澄清
- 使酵母黏糊
- 增加凝固物沉淀量，导致麦汁损失升高
- 含有麦芽脂肪酸
- 如不及时排除热凝固物，会给啤酒过滤增加困难

打出麦汁中的热凝固物含量为6000~8000mg/L，经过热凝固物分离后下降至100mg/L以下，而目标是完全去除。

但许多啤酒厂都不能达到这一要求，热凝固物分离不足的原因除了过滤槽、回旋沉淀槽或离心机的设计缺陷外还有：

- 麦汁过滤浑浊，因为：
  - 粉碎物的组成不理想
  - 麦芽质量差
  - 错误的过滤操作
- 添加的酒花中不含多酚物质或多酚物质含量少

上述情况下，冷却后麦汁中的凝固物含量超过1000mg/L，造成相应的损害。

以前人们使用冷却盘或沉淀槽来分离热凝固物，但现在大多采用回旋沉淀槽，有时也使用离心机或通过过滤分离热凝固物。

3.8.1 冷却盘

平坦开放式冷却盘是分离凝固物的传统设备，打出麦汁在冷却盘中的高度为15~25cm，麦汁在冷却盘中停留0.5~2h后，凝固物沉降下来，冷却盘面积越大，分离效果就越好。最后流出的部分麦汁叫浑浊麦汁，其中含有大量凝固物，所以浑浊麦汁很不洁净，也易感染杂菌，浑浊麦汁需通过特殊设备处理。

冷却盘中得到的麦汁带菌且操作繁琐、劳动强度大，所以今天几乎不再使用。

3.8.2 沉淀槽

占地面积小的沉淀槽常常取代占地面积大的冷却盘，沉淀槽为平底槽，槽内安装有蛇形管或外面装有夹层冷却套（见图3.85），排气罩用以减少染菌的危险。

麦汁被打入沉淀槽中，液位高度为1~2m，通过冷却管或冷却夹套中的生产用水冷却。冷却水被加热后可作为热水继续使用，比如用于清洗啤酒桶。

因麦汁液位高，槽中的凝固物沉降效果较差，麦汁上部的凝固物比麦汁下部少，因此可通过升降浮漂管从沉淀槽中吸出麦汁，浮漂管借助浮漂吸走最上面的麦汁，浑浊麦汁被截留在沉降槽中，像在冷却盘中一样，这些浑浊麦汁必须通过浑浊麦汁处理器进行处理。沉淀槽也可用打出麦汁槽代替，它是一个没有冷却装置的缓冲罐，打出的麦汁可暂时收集在罐中，沉淀槽和打出麦汁槽都已过时，不再生产。

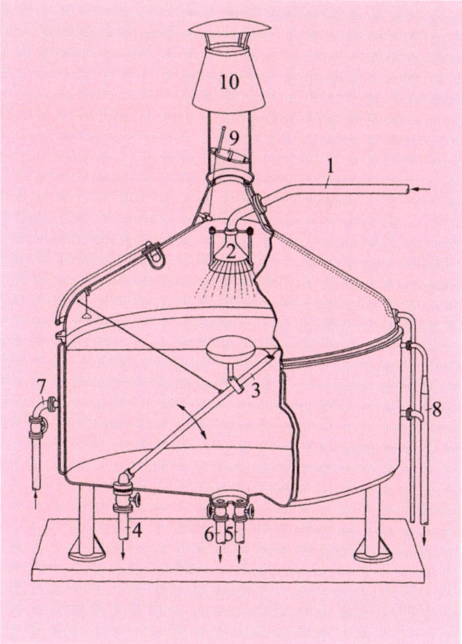

图3.85 沉淀槽
1-打出麦汁进管 2-分配器 3-升降浮漂管
4-麦汁排出管 5-浑浊麦汁排出管
6-污水排出管 7-冷却水进管 8-热水排出管
9-风门调节器 10-排气筒

3.8.3 回旋沉淀槽

大约从1960年开始，回旋沉淀槽越来越多地用于凝固物的分离，与其它方法相比，这种方法最完美、最经济。

回旋沉淀槽是立式柱形槽，内部没有附件，麦汁沿切线方向泵入，形成旋流并使热凝固物以丘状沉降于槽底中央。

清亮麦汁从侧面排出，我们可通过实验来说明其工作原理。

3.8.3.1　回旋沉淀槽的工作原理

实验：

取一个大烧杯或一个直径至少为40cm的平底锅，装上一半的水，然后用饭勺分别将一勺沙子和一勺比水重的轻质颗粒物（比如小粉笔头）倒入杯中或锅中，这样，颗粒物体都沉降至杯底或锅底并停在它们落下的地方。

现在用手尽快搅动，使液体快速旋转，我们可以看到，离心加速度将沙子和小粉笔头压向外部，到达杯壁，水的表面呈凹形（图3.86），这个现象并不新鲜。

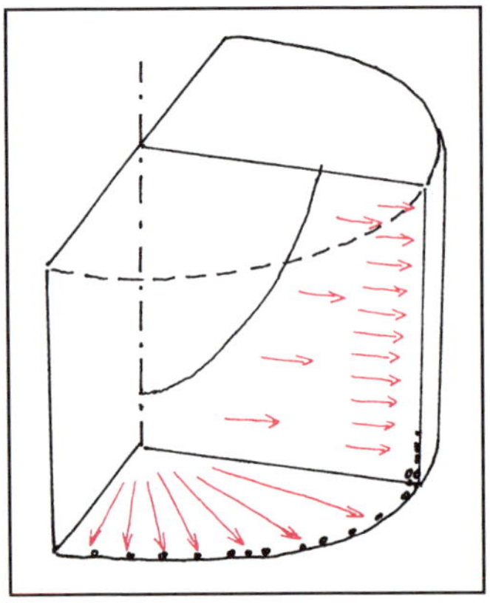

图3.86　离心力将颗粒向外驱动

然后将手从杯中或锅中抽出并观察所产生的现象：沙子和小粉笔头很快以螺旋形式向杯底（锅底）中央移动，并松散地堆集在中央（开始时仍跟着回旋），从上向下可看到漩涡，外层颗粒不断变换其位置，从外壁上可看到此处的速度迅速下降，这是由于杯壁和杯底摩擦产生的阻碍作用所致（减速），杯中的回旋在1min之内结束，由此在容器内产生强烈的主体流动，这种主体流动使得沙子、小粉笔头迅速向杯（或锅）的中央移动（见图3.87），产生这种现象的原因是底层上压力和离心力之间的平衡被打破，由于底部的摩擦，底层液体的流速大幅度降低，这种奇特效应被爱因斯坦称为茶杯效应，因为这种现象很容易在漂浮着茶叶的茶杯中观察到。

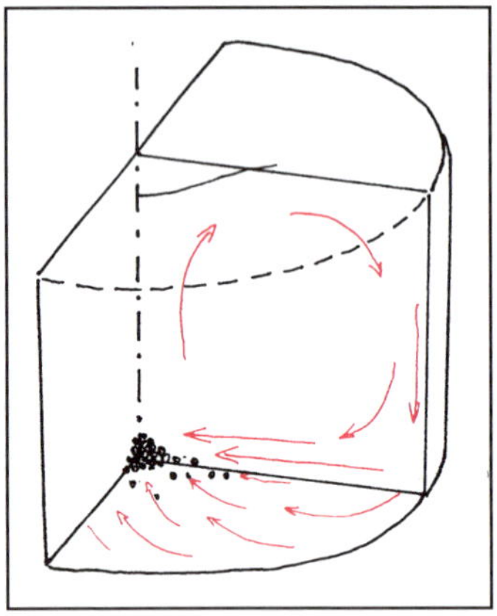

图3.87　槽壁和槽底的摩擦力使颗粒向中央移动

除主体流动外，在回旋沉淀槽中，随着回旋的减弱，还会出现二级流动，二级流动严重阻碍了回旋效应以及凝固物的分离（图3.88~图3.90），特别不利的是位于槽底的环形涡流（图中所标T），它还会带动偶

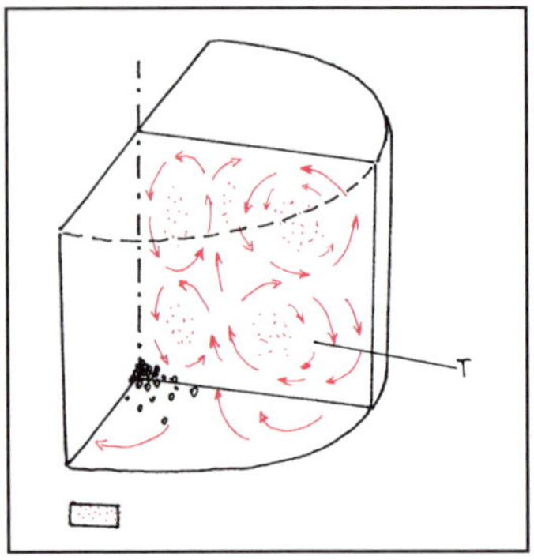

图3.88　回流阻碍中央沉降图

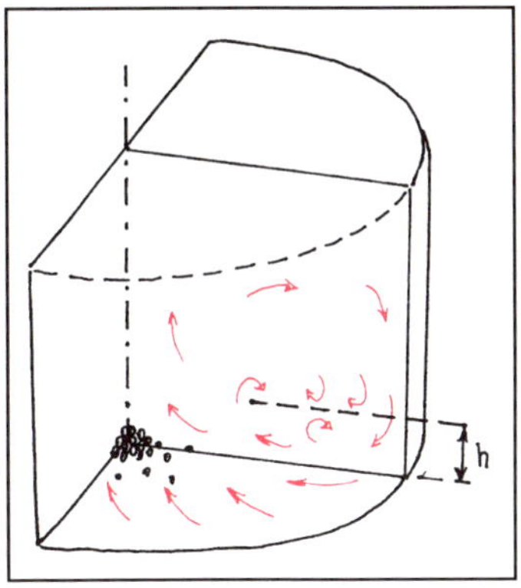

图3.89 回流形成的破坏

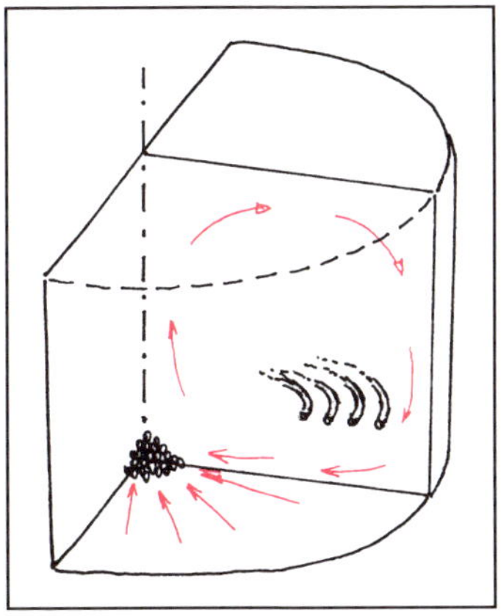
图3.90 Denk圆形环能使沉降过程顺利进行

尔出现的其它涡流，阻碍沉淀物迅速沉降。

回旋沉淀槽效果好的前提是回旋沉淀能力强的麦汁[171]，建议在一个尖底的Imhoff玻璃漏斗中灌入380mm高的麦汁，然后用一个光源来追踪热凝固物的沉淀（图3.91），以此进行检查：回旋沉淀能力强的麦汁5、6min后便完全沉淀了，上部的麦汁十分清亮，而有问题的麦汁经过10min或更长的时间后还不能达到令人满意的结果。

回旋沉淀槽中热凝固物分离差的原因可能是[171]：

- 麦汁过滤有问题
- 在管道和弯头中麦汁的剪切力负荷太高
- 循环泵的设计有缺陷
- 回旋沉淀槽的流入速度太高
- 回旋沉淀槽中的二级流动太强烈
- 排出流速太高
- 麦汁的液位高度和回旋沉淀槽直径之间的比例不当

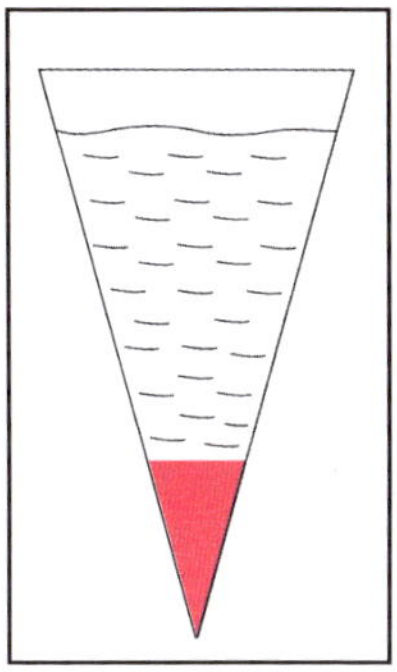
图3.91 检测热凝固物沉降的Imhoff漏斗

特别重要的是：

- 流入速度不能超过3.5m/s
- 麦汁的流量尽量大
- 不破坏热凝固物
- 没有附件阻碍回旋

因此在同一个容器中分离热凝固物特别有利（回旋沉淀煮沸锅），因为只有一部分麦汁需要通过泵的作用进行旋转，这样也只有一部分热凝固物被混合，此外还节约了打出时间同时避免了吸氧。

有些回旋沉淀槽中会出现不希望有的二级流动或涡流。

Denk教授[20]通过试验力求阻止涡流对回旋效应的不利影响。试验表明，在距回旋沉淀槽槽底一定高度处安装一个圆环或栅栏条，即可达到以上目的（图3.89）。

安装一圆环或栅栏条能消除环形涡流及其影响，环形涡流可破坏整个回旋沉淀槽的主流回旋运动，阻碍沉淀物向槽底中央流动（图3.90），圆环或栅栏条在回旋沉淀槽中同心排列安装（图3.91a）。

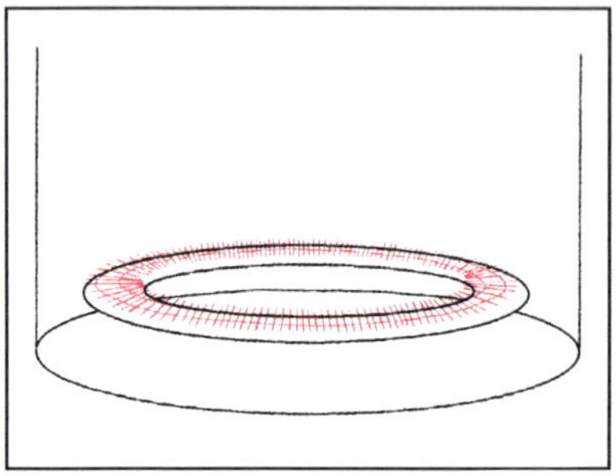

图3.91a　回旋沉淀槽中的栅栏条（根据Denk观点）

3.8.3.2　回旋沉淀槽的结构

回旋沉淀槽（图3.92）是一个平底的密闭柱形容器，出口处的斜率为1%，槽的直径与麦汁液位高度之比为1:1~5:1，不过如今多选择3:1的比例。回旋沉淀槽装有隔热层，防止麦汁冷却。槽底中央有一锥形凹槽用来收集凝固物的，所谓带凝固物收集杯的回旋沉淀槽没有什么优势，而且凝固物收集杯由于介入了底部流动层反而会影响回旋效果，同时凝固物收集杯还会阻碍凝固物堆中麦汁的流出。

麦汁沿切线方式进入槽内，进口大多有两个：

- 一个进口在槽底以避免吸氧
- 另一个进口在距槽底1/3处以形成回旋，出口始终在回旋沉淀槽底部的侧面

回旋沉淀煮沸锅是回旋沉淀槽的一种特殊形式，麦汁煮沸结束后，立即在此锅中进行回旋沉淀。此锅为平底，锅中没有其它装置，以便分离凝固物，麦汁煮沸通过外加热器进行。拱底煮沸锅也可兼做回旋沉淀槽，前提是锅内液体的流动情况能保证理想的凝固物分离效果。

回旋沉淀中凝固物的去除通过中央旋转喷冲装置或固定安装的喷头。

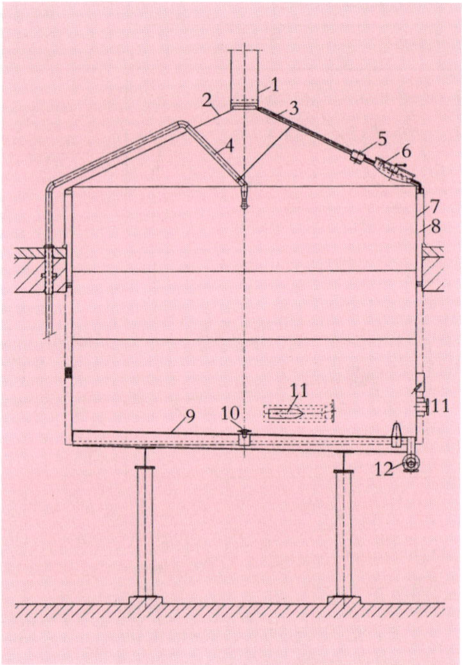

图3.92　回旋沉淀槽
1–排气筒　2–槽盖　3–冷凝水排出管　4–CIP清洗　5–照明　6–观察窗　7–槽壁夹套　8–隔热层　9–斜率为1%的回旋沉淀槽底　10–CIP槽底冲洗　11–切线进口　12–出口

3.8.3.3　回旋沉淀槽中的麦汁澄清处理

- 麦汁泵入回旋沉淀槽的过程特别重要

首先要注意麦汁泵入不能太快，泵工作时不应出现气蚀现象，因为气蚀现象形成的剪切力会打碎凝固物。

麦汁泵入速度不应超过3.5m/s，通常较低的泵入速度就足以使麦汁旋转，达到回旋效应。重要的是麦汁的流量应尽可能大。

麦汁在回旋沉淀槽中一般静置20~30min，安装了栅栏条或圆环的沉淀槽，其静置时间可缩短30%~60%，但不得少于20min，浑浊的麦汁即使采用回旋沉淀槽也不会彻底澄清。

煮沸后人们也必须尽可能降低麦汁的热负荷，因此回旋沉淀的时间要尽可能短，时间短能够：

- 减少色度的增加
- 改善啤酒的口味稳定性[115]

通常下部麦汁沉降的同时上部麦汁已开始排出，然后当沉降结束后，再从底部侧面排出麦汁。

凝固物丘状体从麦汁中露出时，凝固物经常会散开，原因是[20]当麦汁液面下降时，凝固物丘状体中的麦汁也会随之发生以下变化（图3.93）：

- 以相同的速度下降

在这种情况下，凝固物丘状体仍保持不变。

- 或者缓慢地流出

在这种情况下，凝固物丘状体露出麦汁液面的部分像海绵一样充满麦汁，麦汁从丘状体中被压出，使凝固物丘状体或多或少地流散。

- 凝固物丘状体一露出，固定丘状体的浮力便消失

对此可在麦汁快流完时限制其流速。

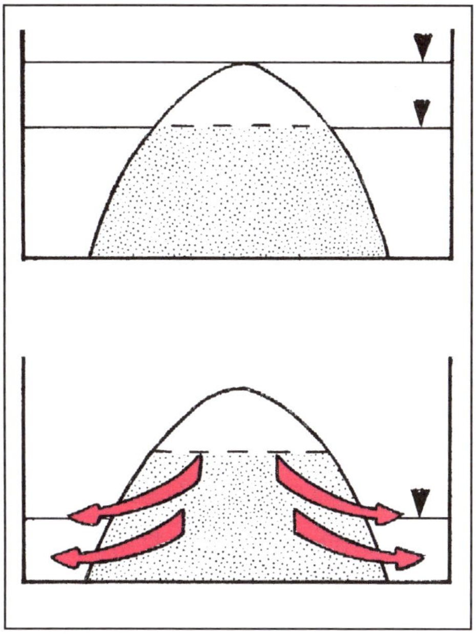

图3.93　麦汁由凝固物丘状体中流出的情况

3.8.4　离心机

3.8.4.1　离心机的工作原理

由于凝固物比麦汁稍重，如果时间充足，凝固物可自然沉降，但沉降时间越长，需要的沉降容器就越多，同时温度的下降会增加杂菌感染的危险，这就迫使人们寻求其它的解决办法。

利用离心加速度可加快凝固物的下落过程，从而使凝固物分离速度大大加快。

根据下列公式，可计算出旋转方向的离心力：

$$F_z = m \cdot \alpha_z = \frac{m \cdot v^2}{r} = m \cdot \omega^2 \cdot r$$

F	m	v	ω	r	α_z
N	kg	m/s	1/s	m	m/s^2

式中 F_z——离心力（N）

m——物体质量（kg）

v——物体线速度（m/s）

r ——旋转半径（m）

ω ——物体角速度（s）

α_z——离心加速度（m/s^2）

线速度可根据下列公式计算：

$v=2\pi rn$

n=转速（r/s），若以“r/min”表示，则为：

$v=2\pi r\cdot n/60$

物体旋转速度越快，质量越大，离旋转轴越远，则离心力就越大。

这样一个离心机中的力到底有多大，我们可以根据一个例题来计算：

一台离心机的箱室直径为0.60m，旋转速度为6000r/min，那么

离心加速度为多大？

第一步：求出线速度

$V=2\pi rn=2\times3.14\times0.3\times6000=11304$（m/min）=188.4（m/s）

第二步：求出离心加速度

$$a_c=\frac{v^2}{r}=\frac{188.4^2}{0.3}=118315.2\text{m}\cdot\text{s}^{-2}$$

即：离心加速度为118315m·s^{-2}

比较离心加速度与重力加速度（9.81m/s）即可发现，离心加速度是重力加速度的1万倍以上。

在离心机中产生作用的是一种不可想象的巨大力量，小时候通过游戏场中的旋转大转盘我们就有过这样的体验：只要花很少的钱我们就能测试出，当离心力超出地球吸引力许多倍时，我们自身器官的反应。

当游戏商人缓慢旋转一个简单的、上面可以站人的转盘时，我们会清楚地看到：站在最外层的人最先跳下去，因为他们不能保持平衡，接着是里层的人被甩出去，只有站在最中间的那个人保持不动，但他一旦偏离中心，也会掉下来。

通过下面的例子我们也可以很好地认识这一分离过程：在一根垂直旋转支架上安装2个、3个或多个装满水的倾斜玻璃管（见图3.94），每个管中放入一些较重的塑料球和几个较轻的TT球，将管密封1，让这个小离心机缓慢旋转，这两种球会相向运动2，当离心力大于地球引力时，重塑料球会向外移动，而轻质TT球则向轴中心移动，并在旋转轴处保持不动。

日常生活中使用的离心机工作原理如上例所述。

在离心机中，巨大的离心力很快使疑固物分离，取代了缓慢的自然沉降。

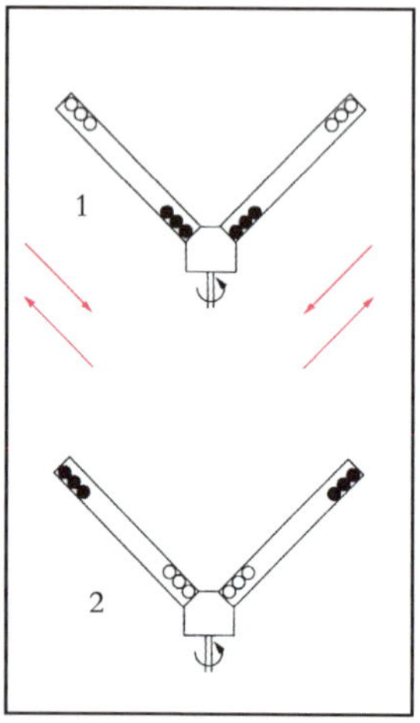

图3.94　离心力演示试验
1–静止状态
2–旋转状态

3.8.4.2　离心机的类型

人们可将其分为：

- 离心机
- 分离机

离心机是一种利用转鼓的离心场

进行分离的设备，在此设备中，麦汁进入多层套放的转鼓中，较重的凝固物被截留在鼓壁，并得以分离。

由于每一次糖化后都必须拆卸并清洗离心机，因此几乎不再使用离心机进行麦汁澄清处理。

分离机是一种带有完整转鼓夹套的设备，可缩短沉降路径（碟片），它备有凝固物自卸装置，如今被广泛使用。

分离机鼓的直径在80cm以内，转速为2500~10000r／min，鼓的直径与转速有关。离心力不能无限制扩大，因为离心力越大，对钢材的抗拉强度要求也越高，所以要限制离心力。

3.8.4.3 自卸式分离机的结构和工作方式

分离机（见图3.95）有一个稳定的基板4，它将高效驱动电机2同由V带3驱动的分离机机身相互连接在一起，转鼓由分离机转鼓轴5带动，核心部件为含有碟片的碟鼓6。

分离机的旋转部分（轴和碟鼓）处于动力平衡状态，它们必须始终以固定方式安装在一起。尽管如此，启动和转鼓运转时还是会出现不平衡（加上误差，轴承空气，抛甩物体的不平衡驱动影响），它们会加重转鼓轴的负担并产生振动，因此启动和刹车时必须尽快停止振动，转轴采用双层轴承9可减轻这种现象。

无冲击的运转是分离机顺利工作的前提，因为冲击力大时会产生可撕裂转鼓的力，损失将不可预料。

3.8.4.3.1 碟鼓的工作原理

碟鼓中安装的锥形碟片最多可达200个，碟片的安装倾角为50°~60°，倾角大小取决于碟片表面的粗糙度

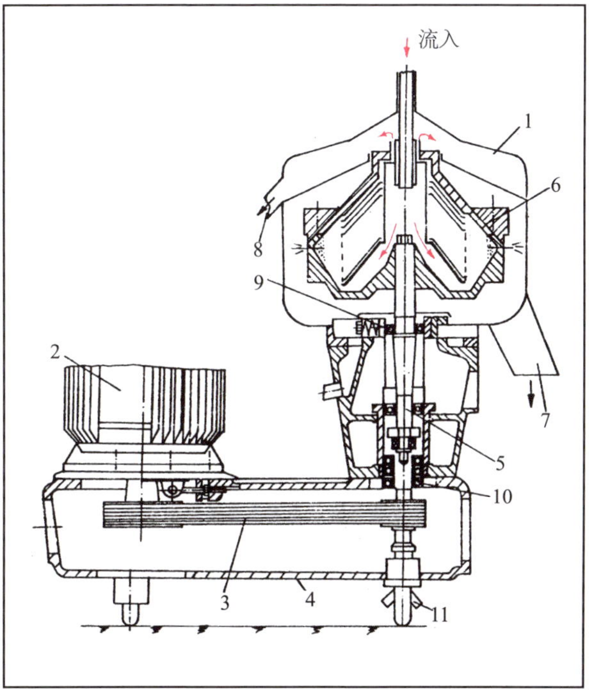

图3.95 分离机
1-转鼓外壳
2-驱动电机
3-V带
4-基板
5-分离机转鼓轴
6-碟鼓
7-固体物质分离
8-清液出口
9-轴颈轴承
10-轴底座
11-减振器

和固定部件的滑动摩擦系数（图3.96）。碟片厚0.4~0.6mm，间距为0.3~0.4mm，此间距由铆接的间隔条确定，碟片的中间有一个开口，即上升孔洞，它们连在一起便形成了用于分配分离物的上升通道。

旋转的转鼓以下列方式分离麦汁中的颗粒物质（图3.97）：未经澄清处理的麦汁从底部进入上升通道并向上升，此时，较重的凝固物颗粒压向碟壁，并沿碟片内侧向外滑动，而较轻的麦汁则与此相反，沿碟片的上部向内流动，被进一步分离。由于碟片间距很短，所以此分离过程非常迅速（图3.98）。

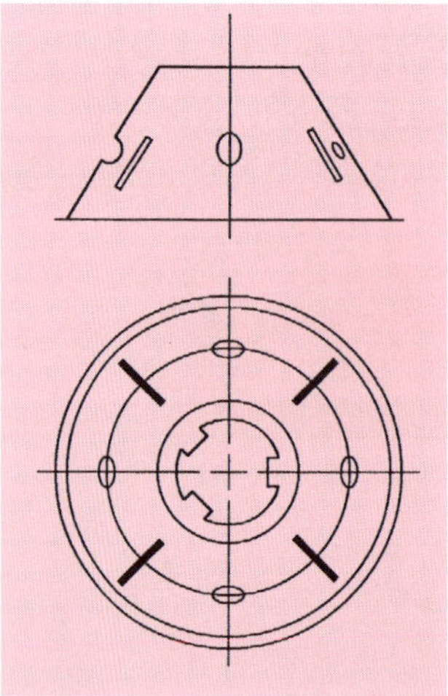

图3.96　碟片

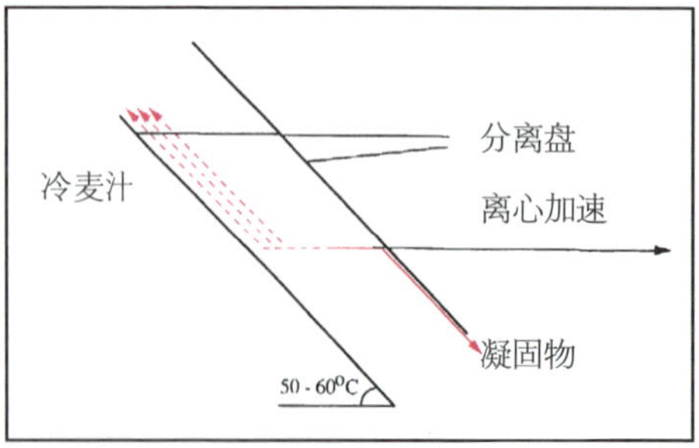

图3.97　在分离机碟片之间进行的分离过程

凝固物聚集在转鼓四周，必须除去。排除方式有两种。

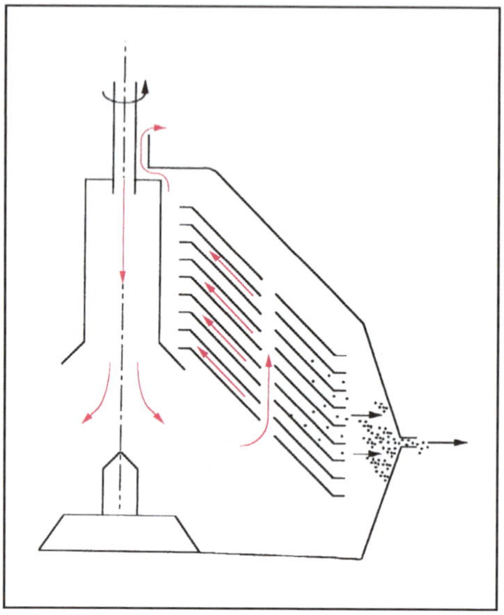

图3.98　分离机的工作方式

3.8.4.3.2　间歇排放固体物质的碟鼓

双锥体形式的碟鼓（图3.99）中，锥体四周有许多以环形塞封闭的

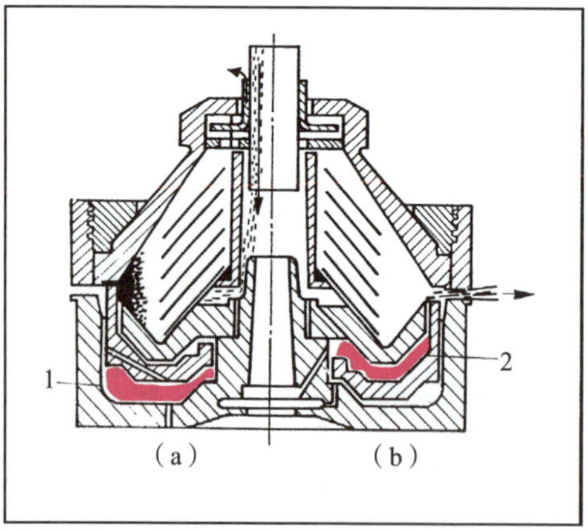

图3.99　间隙排出固体物质的分离机
（a）关闭的凝固泥状物排出口
（b）开启的凝固泥状物排出口
1-用于封闭排出口的高压水
2-用于开启排出口的高压水

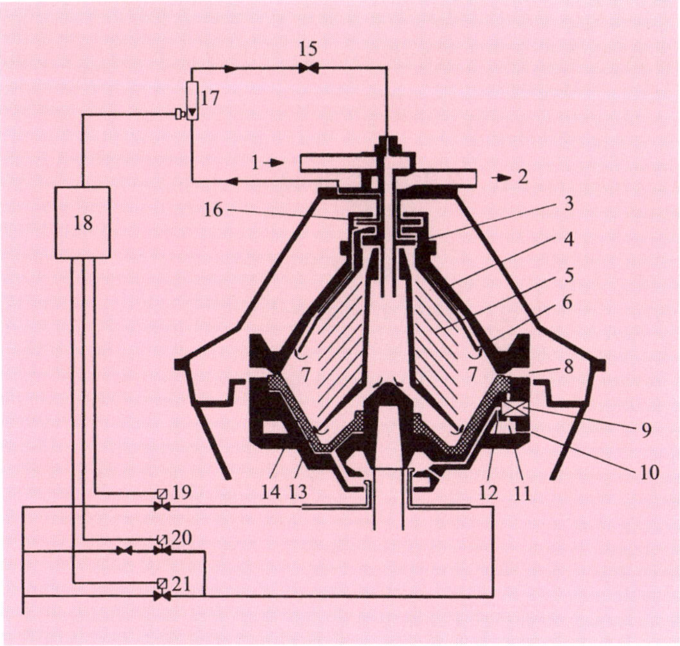

图3.100　带液体探头可自控的分离机转鼓（SC120-36-777）　1-进口　2-出口　3-抓手　4-带液体探头的澄清碟片　5-碟片　6-带液体探头的分离碟片　7-固体物室　8-固体物出口　9-环阀　10-排出喷头　11-贮存室　12-喷头　13-柱塞滑板　14-封闭室　15-调节阀　16-控制抓手　17-流量监控器　18-控制器　19-封闭水阀　20-用于预选排空量的控制水阀　21-打开水阀

凝固物出口。垂直移动环形塞就可打开一个通道，凝固物由此排出。弹簧或旋转液体（大多为水）的压力可使环形塞封闭（a），开启时可利用环形塞底侧（b）的高压水，开启时间可缩短至只排出部分凝固物，这样，分离过程就可在没有液体损失的情况下继续进行。

澄清分离机SC120（图3.100）的工作原理同上，当浊度上升时，通过光电控制可打开固体物排出口8。

3.8.4.3.3　连续排放固体物的碟鼓

碟鼓双锥体的周围有排出通道，即所谓的喷头，固体物质的排出量受喷头数量和孔径影响，孔径的大小在0.5~2.5mm。喷头由硬质金属或合成宝石，如玛瑙制作，因为这些材料可承受很高的负荷，新式分离机中喷头的安装方式可使固体通过喷头排出。

3.8.4.4　热麦汁分离的评价

利用分离机可将热麦汁从热凝固物中较快地分离出来，麦汁损失平均在0.3%以下，相对较低。缺点是：投资和生产费用高，特别是驱动转鼓的电耗很高，约为0.65~0.8kW/m^3，此外机器结构复杂。

总之，人们如今优先选择回旋沉淀槽分离热凝固物，但分离机仍可用于冷凝固物分离和啤酒过滤（见3.9.4.3）。

3.8.5　从浑浊麦汁中回收麦汁

热凝固物分离结束后，凝固物以浑浊麦汁的形式被截留下来，浑浊麦汁是由75%的麦汁和25%的热凝固物组成的泥状混合物，因此需从浑浊麦汁中分离凝固物，以回收麦汁。

过滤机或离心机可用于麦汁和凝固物的分离，借此可回收大部分麦汁，但麦汁有染菌的可能，因此应在无菌的前提下回收麦汁。如果想节约劳动力、减少设备消耗，同时不进行灭菌处理，可采用重新泵入下次糖化过程的方法。

如今越来越多的啤酒厂不再处理浑浊麦汁而是将其直接加入下次糖化，如有可能，应在过滤槽开始洗槽时加入，以达到完全而不过度的浸洗目的。

计算糖化收得率时，为了不重复计算这部分麦汁量须从下次打出麦汁的浑浊麦汁量中减掉75%。

> 从浑浊麦汁中回收麦汁的原因很多，主要是：
>
> - 浑浊麦汁作为废水会加重环境污染，增加排污费
> - 若将浑浊麦汁加入下次糖化中，则不会出现凝固物，因为它们同大量麦糟混合在一起
> - 每1L麦汁的获得对于酿造都很重要！如果每次糖化都可回收100L麦汁，那么年产1500锅的糖化车间可回收150t麦汁

3.9 麦汁冷却和澄清

酵母只能在低温下发酵，所以热麦汁必须尽快冷却到5~6℃，冷却在冷室中进行。在此过程中，清亮的麦汁由于冷凝固物的形成变得浑浊，而主酵和后酵的迅速进行则要求彻底分离冷却时产生的冷凝固物，要使发酵迅速，必须给酵母提供足够的氧气，同时注意冷却时由于蒸发或进水导致的麦汁浓度变化。

3.9.1 冷却过程

麦汁冷却时会出现一系列强烈影响主酵和后酵的过程：

- 麦汁冷却
- 冷凝固物的形成和最佳分离
- 麦汁的强烈通风供氧

此外，麦汁的浸出物浓度和数量会发生变化，同时麦汁中发生物质转化，这些物质转化可通过分析色度的加深和其它物质的变化来确定。

3.9.1.1 麦汁冷却

利用薄板冷却器可将麦汁迅速冷却到5~7℃的接种温度，长时间的缓慢冷却会增加啤酒有害微生物繁殖的可能性，因此快速冷却非常重要。

麦汁在煮沸终了打出时是无菌的，如果啤酒有害菌在生产过程中进入啤酒并得以繁殖，那么这些有害菌的代谢产物会使啤酒在过滤前就已无法饮用。

3.9.1.2 冷凝固物的形成及最佳分离

> 麦汁温度降至60℃时，原来清亮的麦汁开始出现浑浊，这些浑浊物由直径约0.5 μm的微粒组成，人们称它们为细凝固物或冷凝固物。
>
> 由于这些颗粒十分细小，沉降很困难，冷凝固物具有附着在其它颗粒(比如酵母细胞或空气泡)表面的特点，如果冷凝固物附着在酵母细胞表面，会减少酵母的表面接触

面积，影响发酵速度，这种现象称为酵母黏糊。

酵母的重复使用次数越多，冷凝固物的分离越重要，如果不断使用新扩培的酵母，则不一定必须分离冷凝固物。

冷凝固物是蛋白质-多酚物质的混合物，低温时强烈析出，加热时一部分可重新溶解，这意味着，麦汁冷却至5℃时，仍有14%的冷凝固物以溶解的形式存在于麦汁中。

分离析出的冷凝固物是个问题，人们进行了各种尝试，但人们并不想彻底分离冷凝固物，因为这样会导致啤酒口味淡薄。

最佳残余量应为120~160mg/L干物质[199]，将冷凝固物含量减少到此值后，人们可以肯定：

- 啤酒的口味，特别是苦味柔和
- 啤酒的泡沫得到改善（脂肪酸的分离）
- 啤酒的口味稳定性得到改善
- 发酵较强烈

除去冷凝固物可选择（见3.9.4）：

- 过滤
- 浮选
- 沉淀
- 分离

最新研究[199]表明，在相同的分离强度下，使用现代化的分离机澄清冷麦汁可大幅度地提高效率（见3.9.4.3）。

一个设备不能同时分离热凝固物和冷凝固物，因为能较好分离冷凝固物的设备不能同时分离大颗粒凝固物，所以需要不同的设备分离热凝固物和冷凝固物，但在很多情况下人们会放弃冷凝固物的分离。

3.9.1.3 麦汁的通风供氧

高温下给麦汁通风可导致强烈的氧化，从而使麦汁色泽加深、苦味加重，但酵母增殖必需氧气，在厌氧条件下，酵母增殖会立即停止，发酵进程将因此减慢，这个问题可通过对冷麦汁的充分供氧来解决（见3.9.3）。

3.9.1.4 麦汁浓度的变化

在开放式的冷却设备中，水分会蒸发，麦汁在冷却盘中静置时间越长，蒸发掉的水分就越多，从而使麦汁浓度升高。在封闭式的冷却系统中水分当然不会蒸发，相反需要进水顶麦汁，以减少麦汁的浸出物损失，这会降低麦汁浓度，因此必须高度重视麦汁冷却时的浓度变化，保证麦汁的接种浓度（图3.101）。

3.9.2 麦汁冷却设备

如今用于快速冷却麦汁的设备都是板式热交换器（简称薄板冷却器），在薄板冷却器中麦汁被冷水冷却，热交换通过铬镍钢（不锈钢）薄板进行。

3.9.2.1 薄板冷却器的结构

薄板冷却器由许多平行安装在一起的薄板组成，麦汁和冷却水交替流过这些薄板，它们分别在每块板的两个面上流过，两块板构成一个基本单元（流径）（图3.102）。

要达到良好的热交换效果，薄板冷却器应具备以下条件：

- 使用很薄的金属板；

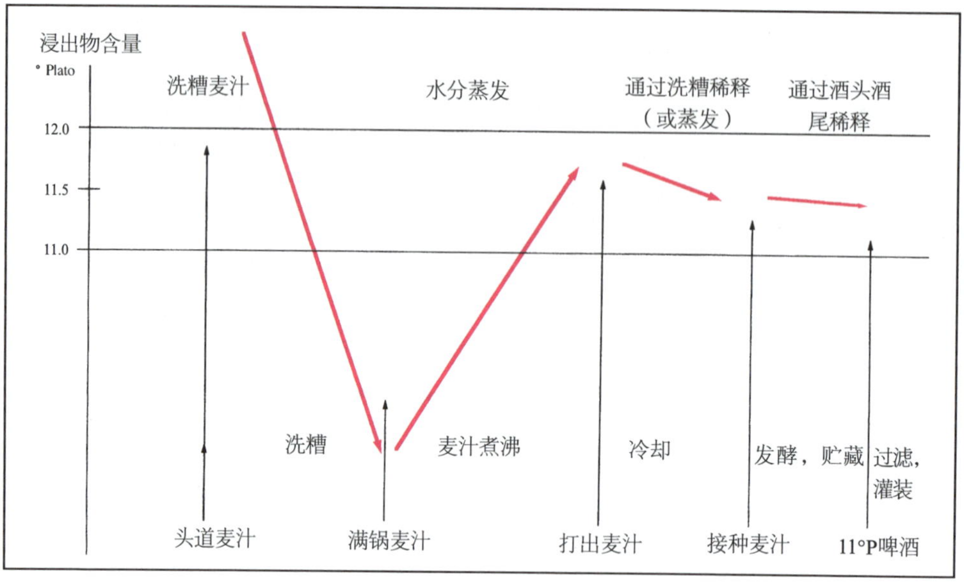

图3.101　在麦汁制备和啤酒生产各工序中麦汁浸出物浓度变化

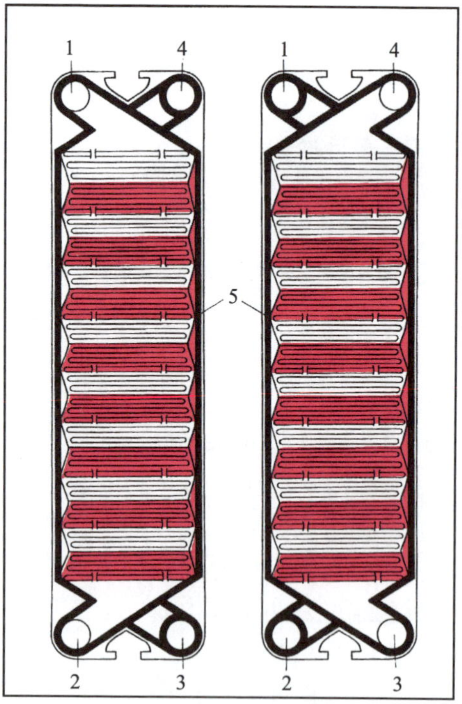

图3.102　基本冷却单元

1-麦汁入口　2-麦汁出口　3-冷水入口

4-冷水出口　5-橡胶密封圈

- 使用能形成涡流的波纹板
- 板间距小
- 麦汁和冷却水的流向相反
- 经常改变流动方向（图3.103）

薄板悬挂在支承轴上，并被相互压紧，麦汁通过连接板流入和排出，流向相同的板群称为板段（图3.103a），通过反向板可改变流往下一个板段的方向。

为了获得必要的冷却面积，需顺次安装多个板段。

为了避免冷却介质同产品混合，介质的流径和开孔处由双层密封圈分隔，中间区域通过漏槽同外界连接。

薄板冷却器由下列部件组成：

- 带张紧装置的支架
- 连接板
- 热交换板

特别重要的是将这些板压紧，以

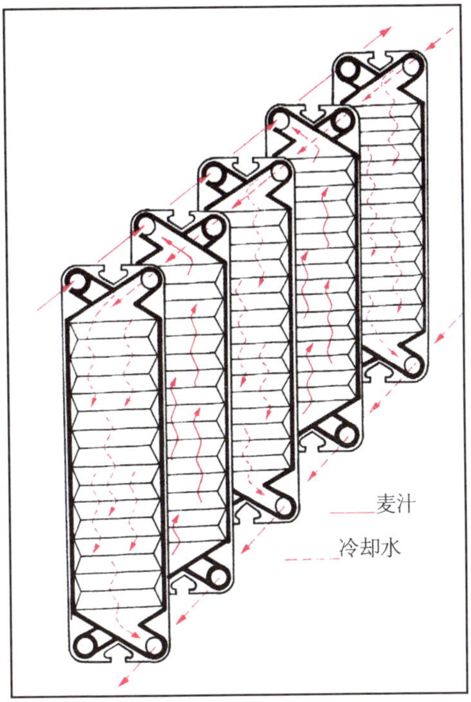

图3.103　薄板冷却器中的热交换

保证薄板冷却器绝对密封，板的压紧依靠张紧装置进行，在此可分为：

- 中心张紧
- 横梁张紧
- 螺杆张紧

中心张紧装置通过一个螺纹螺杆压紧压力板，为了缩短螺杆的旋距，旋紧时在压力板和螺杆之间安装一间隔块（图3.104,a），打开冷却器时，只需取下间隔块就可产生所需的自由支配空间。

横梁张紧装置借助张紧螺母，通过张紧轴杆压紧薄板束（图3.104,b）。

生产压力较高时优先使用拉紧螺杆，多个拉力均匀的拉紧螺杆将板束压紧（图3.104,c）。

但不管在哪种情况下都必须保证张紧程度，太紧可能损坏薄板冷却器。

加热情况下，比如原位清洗时，必须注意材料的伸展性。

3.9.2.2　薄板冷却器的工作原理

在薄板冷却器中，冷水将热麦汁从95~98℃冷却至6~8℃的接种温度，同时冷却水被加热到一定温度，此温度由进水速度调节。

在这一过程中，热麦汁的热量传递给冷水，热传递受许多因素影响（见图3.104 a）：

高温液体1通过板壁与低温液体2进行热交换，影响热交换的因素有：

- 壁厚3
- 壁材料的热传导系数λ

我们知道，碳钢的传热性能比不锈钢好，液体1、2和板壁之间的界面上会形成相界面（1w和2w），相界面

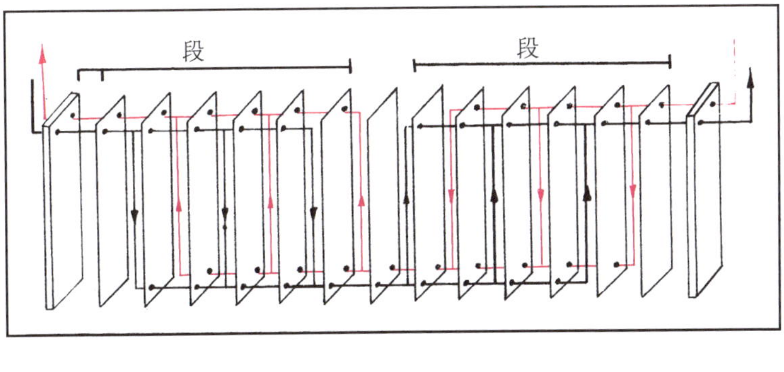

图3.103a　薄板冷却器的工作原理

上的温度会降低或升高至另一液体的温度，静止液体的相界面比快速流动液体的相界面厚。这样的界面很容易看到，如果人在游泳池静止的水中短暂停留，再次移动时就会发现皮肤周围的水已变热了一些。

影响热传递的还有：

- 从液体1到墙壁的热传递系数α_1
- 墙壁的导热性能

从墙壁α_2到液体2的热传递系数这些都通过热传递系数k表示。

即：

$$\frac{1}{k}=\frac{1}{\alpha_1}+\sum\frac{\eta_i}{\lambda_i}+\frac{1}{\alpha_2}$$

从公式中可以看到，分母中的最小系数（α_1，α_2，λ）决定了热传递系数的值，因此为了改善k必须首先改善最小值。

这要求：

- 相互传递热量的液体反向流动
- 液体迅速流动
- 材料表面保持干净
- 使用热传导性好的交换板

使用传热性相对较差的不锈钢的原因是：

- 由于压力不同，板与板之间需要一定的牢固性，同时必须耐腐蚀

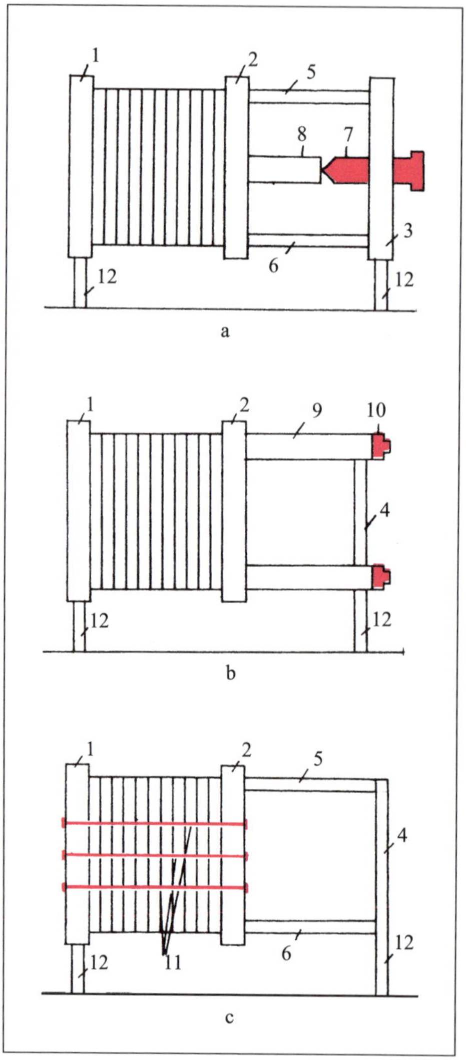

图3.104　薄板冷却器的张紧装置
（a）中心张紧（b）横梁张紧（c）螺杆张紧
1-底板（固定板）2-压板（活动板）
3-后撑架　4-横梁架　5-支承梁
6-下支承梁　7-中心螺杆　8-中间块（间隔块）
9-张紧轴承　10-压紧螺杆
11-拉紧螺杆　12-支脚

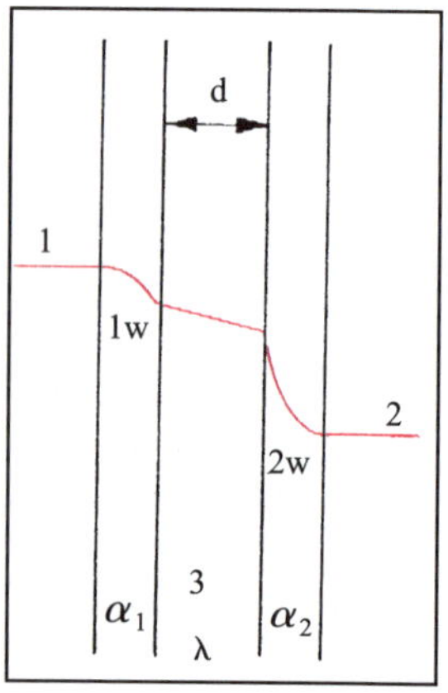

图3.104a　热交换板的热传递
1-热液体的温度
2-冷液体的温度
3-壁厚
1w,2w-板厚度
d-板厚度
α_1、α_2-热传递系数
λ-热传导系数

■ 能通过原位清洗程序很好地清洗

但人们也必须考虑以下因素：

热传递的影响大于材料的导热性，流速高、漩涡大虽然会减少热传递，但却要求：泵的功率较高，从而产生较高且不必要的生产费用。

实施热交换有两个问题：

（1）用10~15℃的井水冷却达不到冷却温度，必须使用预先冷却至0~2℃、比接种温度低的冰水。

（2）对麦汁进行冷却的同时，冷却水被加热。若冷却水的温度仅升至30~60℃，则一般没有利用价值。要尽可能获得温度很高的水，这样可作为高温水或能源贮蓄水继续使用。

麦汁冷却使用一段式或两段式冷却，以两段式冷却最为普遍（图3.105）。在较大的预冷区，麦汁将它的热量传递给低温生产用水，麦汁被冷却至16~18℃，而冷却水则被加热至80~88℃。在较小的深冷区，麦汁被1~2℃的冰水冷却至要求的接种温度，冰水被加热，但温度仍低于低温生产用水，所以回到冰水冷却器中。

如今越来越多地使用一段式冷却（图3.106）：在一段式冷却中，1~2℃的冰水被加热至80~88℃，而95~98℃的热麦汁则被冷至所希望的接种温度。用过的冰水必须换成新鲜冰水。

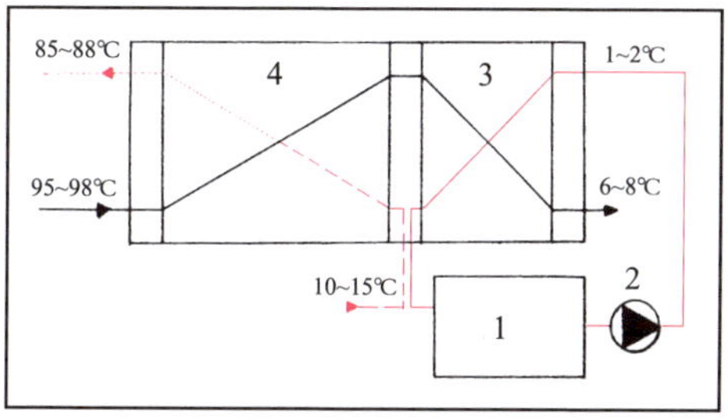

图3.105 两段式冷却的薄板冷却器
1-冰水贮藏 2-冰水泵 3-深冷区
4-预冷区

二段式冷却的耗冷量低于一段式冷却（见10.3.4.3），但需要更多的水，尽管如此，许多啤酒厂仍愿意采用一段式冷却，因为：

■ 结构和操作简单
■ 购置费用较低
■ 人们以为其耗冷量与二段式冷却相同

薄板冷却器的允许工作压力一般为1000kPa。在薄板的水区和麦汁区会出现压力差，一般来说为200kPa，最大为400kPa。压差过高会使薄板变形，使密封圈密封性能降低。热交换器必须针对最大的压差进行设计（压差可能达到2000kPa）。

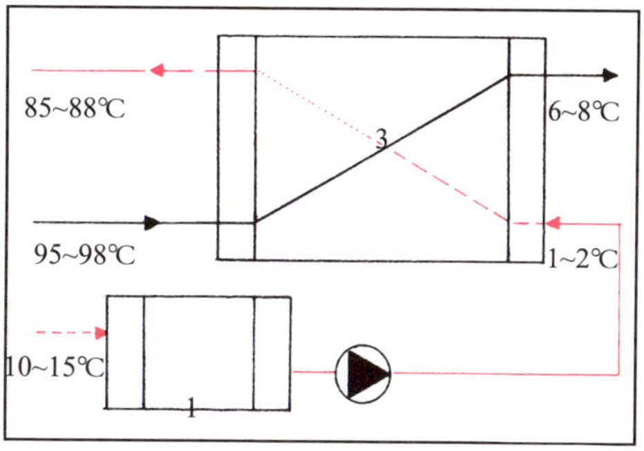

图3.106 一段式冷却的薄板冷却器
1-冰水贮藏 2-冰水泵 3-板束

3.9.2.3 薄板冷却器的优点

薄板冷却器是唯一的麦汁冷却设备，其它的冷却设备由于各种各样的原因已不再使用。薄板冷却器的优点有：

■ 占地面积小
■ 压力损失小时，热传导非常好
■ 清洗容易，能与CIP系统连接
■ 在薄板冷却器中麦汁停留时间短

- 定期进行热清洗的情况下没有污染危险

薄板冷却器可根据不同的生产条件进行调整。

3.9.3 麦汁通氧

我们知道，酵母繁殖必需氧气。发酵需要许多酵母，为了酵母繁殖，必须使酵母活化并同时进入发酵阶段。为此，我们必须给酵母提供足够的氧气（以空气形式）。若耽误或延缓通氧，则不利于酵母的增殖和发酵速度。

> 在啤酒酿造过程中，麦汁通风是唯一一次给酵母提供氧气的机会。酵母可在几小时之内消耗掉提供的氧气，对麦汁质量无损害。

为使空气溶解至冷麦汁中，必须通入很细小的空气泡，并以涡流形式与冷麦汁进行混合，使麦汁中的溶解氧达到8~9mg/L。要达到此溶解氧量必须使用大量的空气。理论上每百升麦汁约需3L空气，但实际上需要几倍的量。因为：

- 一部分气泡不溶于麦汁
- 空气不能完全均匀分布

问题在于细小气泡的通入，它们必须在麦汁中均匀分布并溶解，上升至麦汁表面的气泡会形成碍事的泡沫，这些泡沫量可能很大，从而阻碍通氧过程。

压缩空气必须无菌。因此通氧前需安装一个无菌空气过滤器（见10.5.3.7）。未经灭菌的空气会导致酵母污染。

气体的溶解取决于温度和压力，每种气体都有由温度决定的特有“技术溶解系数”（λ），下表中给出了每mL气体（1kg水·100kPa）的溶解系数：

	0℃	5℃	10℃	15℃	20℃
氧气	47.4	41.5	36.8	33.0	30.0
空气	28.0	25.0	22.0	20.0	18.0
氮气	22.5	20.0	18.1	16.5	15.2
CO_2	1658	1378	1159	987	851

为了保证麦汁中的氧含量，在气体溶解过程中应尽可能保持压力不变（在装灌立式发酵罐时其静止压力不断改变）。

3.9.3.1 麦汁通氧方法

麦汁通氧方法：

- 陶瓷烛棒或烧结金属烛棒
- 带文丘里管的通风设备
- 带双物喷头的通风设备
- 带静止混合器的通风设备
- 离心混合器

（1）陶瓷烛棒或烧结金属烛棒　空气通过烛棒的细孔喷入流动的麦汁中，形成细小的气泡，这是一种简单、有效的溶解方法。不过，为了防止污染，烛棒孔洞的清洗将非常耗时麻烦。

（2）带文丘里管的通风设备（见图3.107）　文丘里管中有一管径紧缩段，用来提高流速，空气通过喷嘴喷入，接着在管径增宽段形成涡流，使空气与麦汁充分混合，同时会形成压力损失。

（3）带双物喷头的通风设备　双物喷头（图3.108）的结构与文丘里管类似，空气通过管壁上的细喷头喷

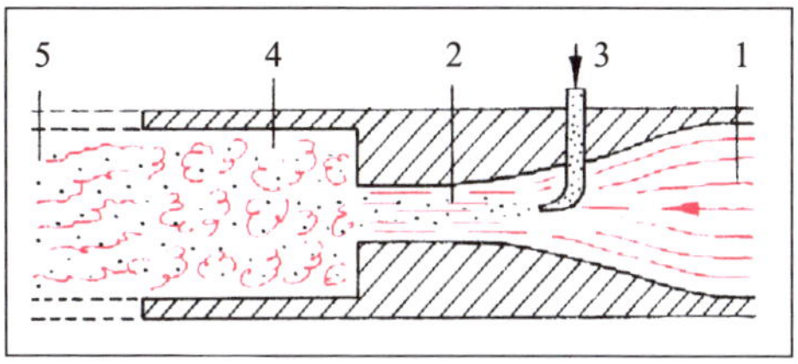

图3.107　文丘里管的工作原理
1–分层液体　2–管径紧缩段，借此提高速度
3–无菌空气喷嘴　4–涡流空气喷嘴　5–视镜

入，形成紧密的细小气泡。

通入空气后混合物进入一个细小的喷头，喷头之后空间加大，麦汁、酵母和空气相互混合，往啤酒中充入CO_2可采取同样的方式（见4.7）。

（4）带静止混合器的通风设备　通过静止混合器（见图3.109和图3.109a）中一段安有弯曲混合带的反应段，使空气和麦汁均匀混合。众多的转角促使麦汁不断改变流动方向，从而产生涡流，以使空气能均匀地溶解于麦汁中。

（5）离心混合器　空气以离心的方式喷入麦汁中并形成细小的气泡，由此使空气很好地溶解于麦汁中。

3.9.3.2　酵母通氧的时间

酵母应在接种时才强烈通氧！如果酵母回收后便强烈通氧，酵母就会被重新活化，但这时却没有可供发酵的物质，因此酵母便开始消耗自身储藏的碳水化合物，这样酵母就会被削弱，发酵开始时也会缺乏储备，死亡酵母数增加以及酵母的状态变差就反映了这点，但从回收酵母中除去CO_2则很重要。

接种时对酵母进行强烈通氧很重要，但之后的几个小时中也应该有目的地通氧，提高酵母的活性。通入的氧气几个小时内就会被耗尽，之后便不再允许通氧。

通氧和酵母添加可在一个设备中进行（图4.15），为了使酵母均匀分布在发酵罐中，酵母应在整个麦汁流入过程中均匀添加。酵母添加通过一个调频泵控制，总酵母量由酵母暂贮

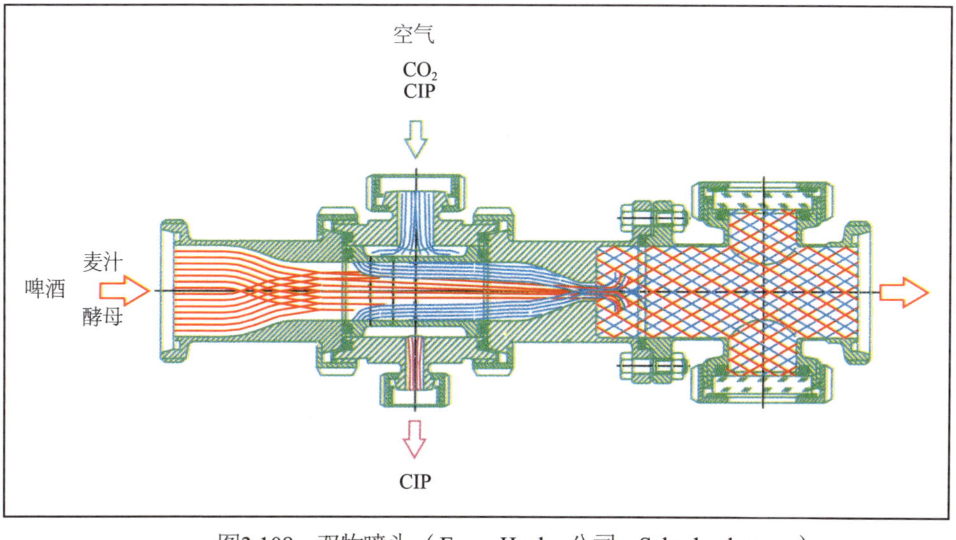

图3.108　双物喷头（Essay Hueber公司，Schrobenhousen）

罐内的光电计量元件进行计量，这样便可准确调节以下参数：

- 期望达到的酵母细胞数
- 空气量

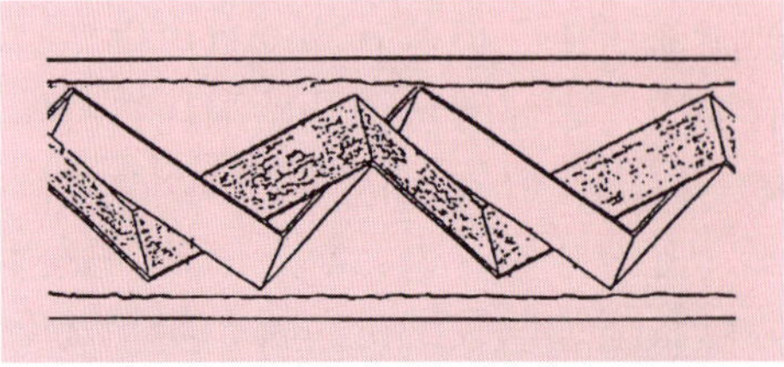

图3.109　带静止混合器的混合单元

图3.109a　带静止混合器的混合单元

3.9.4　冷凝固物分离设备

我们已经看到了清除冷凝固物的好处（见3.9.1.2），分离冷凝固物的方法有：

- 珍珠岩过滤
- 麦汁浮选
- 冷麦汁分离

3.9.4.1　珍珠岩过滤

麦汁过滤使用重量轻且便宜的珍珠岩而不用昂贵的硅藻土，利用珍珠岩进行麦汁过滤是分离冷凝固物最有效的方法（分离率约90%）。

有关硅藻土过滤机的结构和工作原理，以及过滤助剂（珍珠岩和硅藻土）的情况，我们将在4.5中加以讲解。

麦汁过滤时人们更愿意使用较轻和较便宜的珍珠岩来代替硅藻土。

3.9.4.2　麦汁浮选法

冷凝固物容易附着在小颗粒上（如酵母细胞、气泡），浮选法利用此效应向麦汁中通入分散的过量空气，静置几小时后浮选罐中带有冷凝固物颗粒的气泡向上逸出到达麦汁表面，形成厚实的泡盖并在浮选罐排空后被除去。

浮选过程要注意：

- 空气的进入
- 浮选罐
- 操作过程

“输送空气”的通入是浮选法的关键，为使工作更经济，必须尽可能通过较少的由喷嘴分散的空气得到较大的输送表面积，这样可减小泡沫需要的上升空间，浮选罐的容积也可减小（图3.110）。

我们看到，将空气分散充入麦汁的方法很多，对此有关厂家提供了相应的设备。

浮选既可在没有酵母也可在有酵母的情况下进行，如今一般采取有酵母的浮选，因为：

- 没有酵母存在就意味着染菌的可能性
- 酵母可同时很好地利用氧气
- 浮选时间可以作为起发阶段

通氧后的麦汁进入浮选罐，开放式槽、密闭罐或锥罐都可用作浮选罐，麦汁在浮选罐中停留4~8h，形成一层厚实的泡盖，8h后泡盖厚度下降到5~10cm，麦汁泵入发酵罐后，泡盖

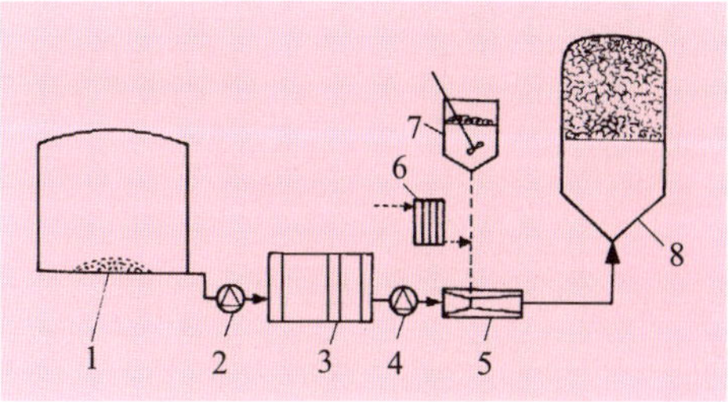

图3.110　浮选法流程示意图
1-回旋沉淀槽　2-热麦汁泵　3-薄板冷却器
4-冷麦汁泵　5-文丘里管　6-空气过滤器
7-酵母罐　8-浮选罐

沉降于浮选罐的底部。麦汁损失约为0.2%~0.4%，冷凝固物分离率约为60%~65%。

使用密闭浮选罐时必须备压，这样可减少上涌的泡沫，提高浮选罐的利用率。立式浮选罐的罐底向中央轻微倾斜，卧式（贮藏）罐则将泡盖截留于罐壁和罐底，各种封闭式罐可以很方便地通过CIP清洗。

与过滤相比，浮选罐的优点是：

- 磨损小
- 劳动消耗少
- 不使用过滤助剂（珍珠岩、硅藻土）

但凝固物必须处理，浮选罐也必须清洗，会产生废水，浮选设备已不再生产。

3.9.4.3 冷麦汁的分离

冷麦汁分离机的工作原理同3.8.4中描述的一致，采用每小时流量达70t的现代化高效澄清分离机[199]可除去超过50%的冷凝物，从而使每升麦汁中的凝固物含量达到120~160mg。采用这类设备时，损失率为打出麦汁量的0.15%~0.20%，同时可在进入发酵之前将冷麦汁的组成固定下来，从而获得均匀的质量。

3.9.5　麦汁冷却路径

热凝固物分离后需要各种设备完成不同的任务：

- 麦汁冷却设备（薄板冷却器）
- 麦汁通氧设备
- 冷凝固物分离设备（过滤机、浮选罐）

这些设备都安装在冷室中，根据传统布局，冷室位于主酵间的上面。

用于麦汁通风的装置很小，且安装在墙上，所以冷室中只剩下薄板冷却器，冷室也就不再名副其实了。

因此，麦汁冷却设备优先放置在糖化车间。

设备的布局有许多可能性，使用过滤机时，麦汁的强烈通风必须在过滤后进行，否则过滤机会出现问题。

3.10　麦汁制备各工序的控制和检查

在每天只生产一锅麦汁的小型啤酒厂中工作的酿造工人必须掌握所有工序，他必须熟悉温度和时间，并不断观察各工序的进程，酿造工与其产品之间有一种大型糖化车间的工人永远都不会有的令人羡慕的联系，他可以通过看、听、闻了解啤酒的状况并随时采取措施，没有时间的压力。

企业越大，每天生产的批次越多，个人通观全局的可能性就越小。如果每天生产8锅麦汁，许多工序都可能同时进行，这就增加了出现疏忽或温度控制不准确的可能性，若没有检查设备，就没人能证明酿造工半夜里的操作失误。

为了能够严格遵守时间，精确控制各种给定参数（温度、时间、压力等），在保证最佳质量的同时不断获得最高的糖化收得率，各大型企业逐渐加强了对麦汁制备过程的自动监控。

说到控制人们马上会联想到大型配电柜或自动装置，其实控制完全始于日常生活，以电灯开关为例：人们可以借此开灯或关灯，开关的开和关两个位置便已经构成了一个两点控制器。

当然糖化车间的控制没有这么简单，如今人们将其分为各个层面，首先是机械接触器，这是由磁线圈驱动的开关，此外还使用时间继电器、电子继电器和电子－气动阀，用较小的控制电压打开较大的驱动装置或保证锁紧。人们将这些开关分为常开触头和动合触头，当接触器处于没有电的状态时，接触点为开启或关闭，之后人们再区分常开触头和动合触头，因为通电后开关的位置会变得相反，从而使阀门开启或关闭，这种锁紧形式存在已久，比如过滤槽驱动装置中的除糟电机只有当耕糟机停止转动时才能开启，反之亦然。

当然，糖化车间的许多过程是同时和交叉进行的，在大型啤酒厂中光采用继电器控制包括时间继电器是不够的，如今人们使用可编程控制器（SPS），采用程序语言确定程序，并贮存起来以防停电。程序循环运行，其中也可有分支和跳跃，程序比较复杂时，只有专门人员才可修改程序或方案，以免出现故障，因此现在的程序中通常设有特定人员才能进入的第三界面。

拥有大型硬盘和彩色屏幕的计算机或工作站可采集大量的企业数据，数据库可在啤酒厂内部交流。

当工艺过程不需要手动干预时，可将多个单独的控制连接起来，从而实现整个设备的全自动控制。

如今，新设备都采用自动控制，现有设备也越来越多地改造为全自动控制，这样做的优势在于：

- 排除了失误
- 从而保证了产品的均匀性
- 减轻了操作工的负担
- 减少了操作人数
- 各过程间的协作更好
- 可检查各过程
- 故障几率小
- 过程步骤容易改变
- 补充了设备部件

糖化设备的控制，原则上分为两种：

- 马赛克图板控制
- 图形控制

（1）马赛克图板控制　在马赛克观察台中，工艺流程都以图标形式显示出来，通过按键操作，所有反馈信息均由指示灯显示。

用于测量的显示器、调节器和计数器都安装在马赛克图板上，这样，酿造工随时都能了解整个生产过程并采取相应措施。这类设备使用广泛，大多便于观察，容易操作。如今不再生产，因为太贵太麻烦。

（2）图形控制　在图形控制中，各部分设备和工艺流程的图示都显示在显示器上，操作、反馈、显示和调节都通过屏幕反映出来，操作使用操作键。工艺参数的更改同样通过显示器，记录由打印机完成。马赛克图板控制可逐级过渡到图形控制。图形控制的优点在于补充控制十分简单，图显扩充十分方便，因此，如今越来越多的啤酒厂采用图形控制。

输入的控制程序可使各工序自动进行，酿造工只需在显示器中追踪它们，并在需要时采取对策。自动平台独立监督生产进程，接收并处理来自设备的信息，出现故障或反常情况时能立即以光或声发出信号，以便酿造工及时做出必要的反应。

计算机可容纳大量数据和信息，既可打印输出又可贮存，贮存数据可随时提取使用，直到被删除。

在糖化车间也经常可以见到生产过程的自动化控制，除了显示器的自动控制外，还有马赛克图板作为手动操作界面（图3.111）。除可编程控制器外同时使用马赛克图板手动操作界面很麻烦，因为这样做大多需要两个输入和输出，特别是当马赛克图板也需要设置锁定条件时。

由于其它生产车间也越来越多地采用自动控制，现在的趋势为整体自动化（见第11章），如今的糖化车间已离不开显示器（图3.112）。

图3.112　皇宫啤酒厂糖化车间的计算机工作台

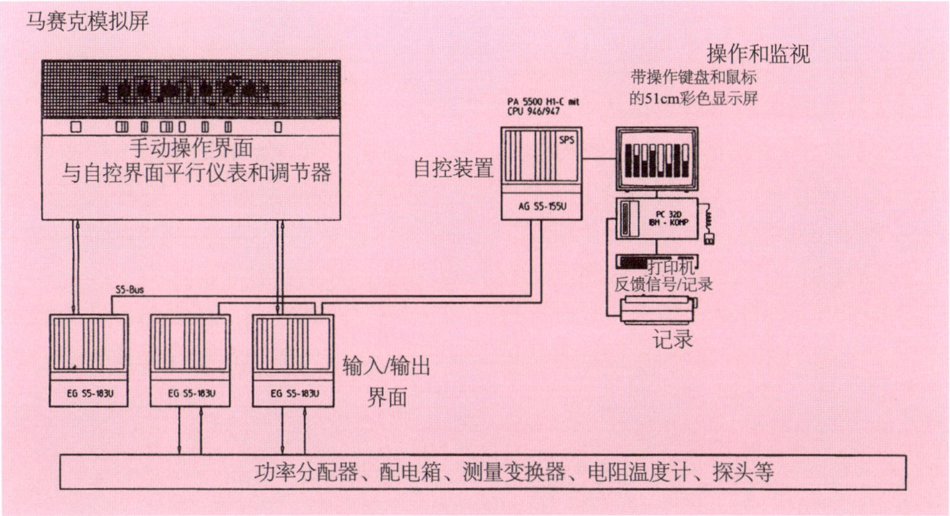

图3.111　糖化车间的过程自动化

3.11 麦汁制备时的工作安全

3.11.1 粉碎车间的事故保护

所有可以接触到的活动部分都有潜在的事故危险，一旦衣服、头发、手或胳膊的某部分被夹住，当事人便会被拽进强大的机器中，损失通常很惨重。

对此的基本原则是：工作服应贴身，长头发必须塞进帽子或头巾里。

接触辊式粉碎机时尤其要注意（*A* SI 2.91/78）：

根据事故保护条例，辊式粉碎机的辊应采取保护性措施，人不能接触到入口处，如果辊的构造无法保证手不能伸进辊中的话，就必须采取由一个或多个栏杆组成的特殊保护措施，这些栏杆必须固定在辊座的里面，或当窗口开启时处于保护状态。

粉碎机前必须安装一个由参数或电子控制的、具有一定磁力的磁铁，以避免铁块损伤机器或形成火花。

火花可能在粉碎机中导致粉尘爆炸，这种危险非常大，因为粉尘同空气以一定的比例混合后会爆炸，由于粉尘可在粉碎机中产生静电，粉碎机必须采用接地保护，机身必须防尘。

防爆阀门不允许变动，安全装置必须完好（Q管，保险片）。

同样，粉碎车间也要求无尘，必须定期打扫，鉴于粉碎车间地面的易燃危险较大，必须保证粉碎车间的手动灭火器和消防龙头随时可供使用。

输送元件必须配备在非正常的生产状态下可自动停机的装置。

3.11.2 糖化容器操作中的事故保护

老式糖化容器必须人工清洗，现代化的糖化容器采用原位清洗，尽管如此，这些容器也必须定期进行人工检查，消除故障。

进入这些容器危险性很大，试想一下，如果同事在容器中工作时，有谁不经意地开动搅拌器或耕糟机，他想求救都不可能，因为没人能够听见喊叫声。

为了避免这类严重事故，手工业职业者总会颁布了在容器和狭窄空间中劳动的规定（ZH 1/77，1991年4月颁布）。

3.11.3 离心机操作中的事故保护

离心机必须匀速运行，并通过检查站进行检查，避免出现不均匀，否则会导致离心机的撞击和毁坏，这种情况会彻底破坏离心机。

为了避免这点，离心机部分必须严格按照标识的形式组装并注意标记。

4 啤酒酿造（主酵、后酵和过滤）

为使麦汁向啤酒转化，麦汁中所含的糖分必须在酵母中酶的作用下发酵成为乙醇和二氧化碳。在这个转变过程中，也形成了对啤酒口味、香味及其它特性有重要影响的发酵副产物。这些副产物的形成及其部分分解与酵母的新陈代谢密切相关，因此必须联系起来加以看待。

在许多啤酒厂中，主酵和后酵（后熟）过程根据传统发酵工艺在主酵间和后酵间中进行（参见图4.1中的1和2）。现代化啤酒厂的主酵和后酵过程则在锥形罐3中进行。由于这两种设备系统存在很大的区别，所以必须分开来加以探讨。

主酵、后熟和贮藏结束后的啤酒通过过滤机4进行过滤，从而提高胶体稳定性，必要时还会经瞬时高温杀菌机5杀菌来提高生物稳定性，然后灌装。

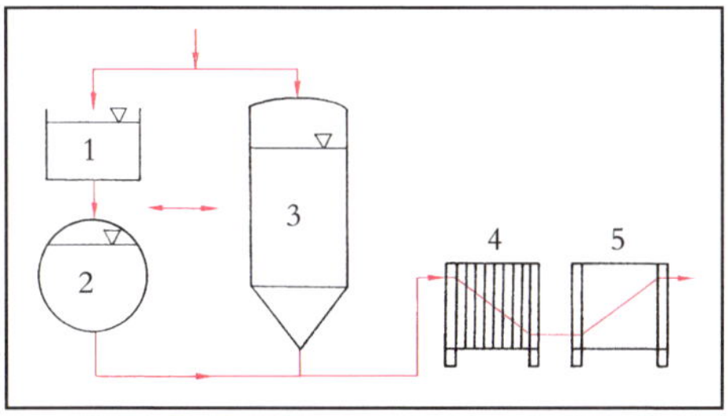

图4.1 主酵、后酵和过滤
1–发酵池 2–后酵罐 3–锥形罐 4–过滤机
5–瞬时高温杀菌机

4.1 主酵和后酵过程中的物质转化

最重要的物质转化过程要数酵母将麦汁中的糖分发酵成乙醇和二氧化碳这一过程。由于发酵过程连续进行，无法将物质转化划分为主酵期和后酵期两个独立阶段，所以必须将发酵过程中的物质转化作为一个整体来看待。

发酵期间通过酵母新陈代谢形成的副产物起着特殊的作用，它们中的某些物质又被部分分解。这些发酵副产物同酒花成分一起对啤酒的口味和香味起着决定性的作用。因此，了解这些副产物的形成和分解十分重要。

4.1.1 酿造工最重要的伙伴——酵母

有些酿造工将浅褐色的酵母泥看作与其它原料一样，加入麦汁后就期望能够酿制出啤酒。他们往往忘了酵母泥是由数以亿计的单一酵母细胞所组成，各自拥有自己独立的、复杂的、经过上亿代不断遗传和变化而保留下来的生理活动。基因控制着这一切。

因此并不是我们能够主动引导酵

母去完成相应的任务，而是我们只能学会调整和控制那些能够调节酵母生理活动的因素。也不能忘了从细胞角度与从酿造工角度来看待发酵过程时所关注的重点完全不一样：酿造工主要对最终产物酒精和CO_2感兴趣，而这些对酵母细胞来讲则是毒害物，因此它们才会希望脱离这些物质而将其分泌出来。酵母细胞关心的是生命活动所需能源的获取，以便在吸收了营养物的基础上制造新的细胞。

从这层意义上来讲只有给酵母细胞创造最佳条件才能够带来最适的啤酒酿造过程。此外啤酒的质量在很大程度上还与酵母及其代谢产物直接相关。

因此有必要在开始具体讨论单一内容前来对主酵和后酵过程中在酵母体内发生的变化作一简单概述。

接种结束后酵母首先必须适应新的环境，对酵母细胞来讲这意味着一个因不同的温度和pH以及高糖含量等造成的巨大冲击。在开始的几个小时内酵母细胞首先会分泌一些氨基酸和核苷酸，但是很快又会重新开始吸收一部分该类物质。温度越高，细胞分泌出来的物质越多。但是细胞适应周围环境的过程总体上来讲仅持续较短时间（静止阶段、适应阶段）。在酵母细胞进一步与新的介质发生紧密接触前，它们首先会利用自身体内的储备物质，以便直接给细胞提供所必需的能量。

麦汁中大量可发酵性糖的存在使酵母很快就会开始分解这些糖类物质。因为麦汁中还存在溶解了的氧，所以酵母细胞立即开始呼吸代谢过程，向细胞的发电厂——线粒体内提供能量。

有了这些大量能量的供给，酵母细胞才能一方面开始发酵代谢过程，另一方面又不断生成新的细胞组成物质并通过出芽方式进行增殖。生成新的细胞所需的物质酵母会从麦汁中摄取。酿造工仅需保证麦汁中拥有足够的必须的细胞组成物，例如：

- 生成新细胞所需的氨基酸（不过酵母能够毫无疑问地从其它氮源中合成自身所需的氨基酸）
- 形成ATP（三磷酸腺苷）（见4.1.2.2.2）和细胞膜的脂双层以及细胞内膜所需的磷酸盐
- 形成细胞膜所需的脂肪酸
- 生成储备碳水化合物所需的糖
- 盐和微量元素（比如锌）
- 呼吸代谢以及一系列物质转换过程所需的足够氧含量。

这其中的大多数成分其供应量均能保持足够，或者酵母能够自身进行合成。但如果缺少某一单个成分则会给发酵过程带来不利影响。因此酿造工必须始终牢记这一点。当原料发生变化或投料时使用部分未经发芽、完全不含氨基酸和盐的辅料或糖制品时可能会出现上述问题。

在酵母细胞非常活跃的这一阶段，麦汁中还存在许多可发酵性的营养物质，此时的酵母会在体内建立碳水化合物（糖原和海藻糖）储备，以便在出现营养物质匮乏时还能够提供代谢所需的能量。

该对数生长期属于发酵过程中最为重要的阶段，麦汁特有的味道将会完全消失。此阶段中酵母所进行的各种完全不同的代谢过程也在很大程度上已经决定了将来所生产啤酒的主要质量指标。

一旦麦汁中所带入的氧气消耗殆尽，那么酵母必须完全通过厌氧糖降解途径来获得所需的能量，而通过发酵糖然后代谢生成酒精和CO_2所获得的能量非常少。

当可发酵性糖含量大幅下降后对数生长期将缓慢结束，最终几乎没有可发酵性糖的时候发酵过程则宣告结束。酵母细胞开始凝聚，不再出现细胞增殖过程，作为细胞毒害物的酒精和CO_2越来越多地阻碍着酵母细胞的生理活动。由于此时发酵罐中在主酵期间的强烈对流逐步衰减直至完全没有，所以酵母细胞缓慢沉降到罐底，可以被回收利用。

而对酵母细胞来讲则是灾难时期的开始，因为能量物质的输入逐渐减少，酵母细胞必须调用其体内的储备物质。酵母开始缓慢向体外分泌其代谢产物和酶，因此必须将酵母加以回收。

即使在较低的储酒温度下，酵母仍然需要能量来维持其生命活动，尽管所需能量较少。酵母逐步开始分解其体内的储备碳水化合物及其它物质，并向体内分泌越来越多的代谢产物。最终酵母细胞也会走向死亡，而此时那些游离的消化酶系则会开始分解细胞内容物，细胞壁也受到破坏。出于分解（自溶）状态的细胞其内容物则被带入啤酒中，从而对啤酒的泡沫和口味带来非常不利的影响，啤酒的pH也会随之上升。另外这些自溶产物为细菌污染物提供了良好的营养环境。所以必须正确及时且多次地进行酵母回收操作。

即使正确及时地回收了酵母，仍然要非常谨慎地对回收酵母进行处理。储藏必须在低温下进行，而且储藏条件必须能够保证回收酵母能够多次被重新用来接种并始终能够快速而完全地释放其活力。

通过上述叙述，希望能够清楚地表达酵母是所有酿造业者在啤酒生产过程中最重要伙伴的这一信息。只有酵母拥有了理想条件，那么才有可能带来最佳的啤酒质量。接下来就此将做详细论述。

4.1.2 糖发酵成酒精和二氧化碳

了解酵母代谢过程对酿造工尤其重要，因为它们对啤酒的质量起到决定性的影响。最受关注的代谢过程包括：

- 糖酵解及碳水化合物代谢
- 蛋白质代谢
- 脂肪代谢
- 矿物质代谢

4.1.2.1 糖酵解

酵母属于唯一一个能够在无氧条件下利用发酵代谢来替代获能更多的有氧呼吸代谢而获取能量的生命体。因此有必要清楚解释一下酒精发酵过程的特征以及该过程中的能量转换问题。

4.1.2.1.1 作为厌氧糖酵解代谢的酒精发酵过程

不管是植物还是动物，所有生命体都需要能量来完成众多的耗能生命活动，酵母也不例外。这些生命活动包括：

- 生成新的细胞组成物质
- 从周围环境中吸收和同化营养物质
- 分解和排放自身不需的或对细胞有毒的物质
- 细胞体内的物质运输等

所有的生命体均通过呼吸代谢来获取所需的能量。该过程起始于在细胞质（细胞溶质）内所发生的葡萄糖分解过程，也就是常说的糖酵解过程（图4.2）。在该过程中经过一系列复杂的中间步骤最终由葡萄糖生成丙酮酸，而丙酮酸进一步可被分解为酒精和CO_2。

糖酵解过程中首先葡萄糖被磷酸化。此时三磷酸腺苷（ATP）给出一个磷酸分子，变成二磷酸腺苷（ADP）1（参见接下来的章节）。接下来在葡萄糖磷酸异构酶的作用下，葡萄糖-6-磷酸被转变为果糖-6-磷酸2。在磷酸果糖激酶的作用下，果糖-6-磷酸再次经过磷酸化而形成果糖-1，6-二磷酸3。磷酸盐仍来自于ATP。

接下来二磷酸果糖醛缩酶将其裂解为两个互为异构体的磷酸丙糖4。所生成的3-磷酸甘油醛和磷酸二羟丙酮5在3-磷酸甘油脱氢酶的氧化作用下被还原为两个1，3-二磷酸甘油酸分子6，并释放出一个氢离子，传递给电子受体烟酰胺腺嘌呤二核苷酸（辅酶、NAD），生成$NADH_2$。然后在磷酸甘油酸激酶的作用下，经过两次脱磷酸过程，而生成两个3-磷酸甘油酸分子7。该过程中经过两次脱磷酸过程由ADP生成的ATP都重新被输送到反应第1和第3步中，实现了能量物质的循环利用。

在磷酸甘油酸变位酶8的作用下，3-磷酸甘油酸被重排，生成2-磷酸甘油酸并在烯醇化酶9的作用下脱水生成磷酸烯醇式丙酮酸。而丙酮酸激酶则负责将其转变为丙酮酸10。在此转变

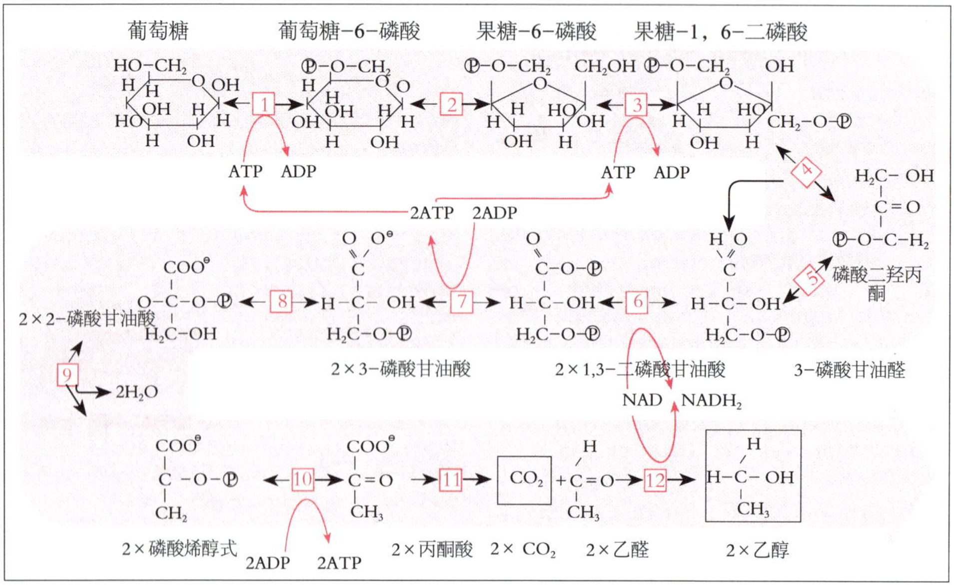

图4.2　糖酵解过程

过程中又会由ADP生成两分子的ATP（2×30.5kJ），这就是糖酵解过程能够带给生物体的能量所在。

在呼吸代谢中丙酮酸将得到进一步的分解，而在酒精发酵（无氧糖酵解）过程中丙酮酸在丙酮酸脱羧酶（11）的作用下被脱去CO_2而形成乙醛。乙醛则进一步通过乙醇脱氢酶（必须有足够的锌离子存在）的作用而转变为乙醇（12）。其中 $NADH_2$将其所接受的氢离子重新释放，返回到NAD受体形式。

在整个转化过程中有一分子的氢离子必须被转移（参见反应第6和第12步）。在自然进化过程中发现，该类还原过程中氢离子的转换利用烟酰胺腺嘌呤二核苷酸（辅酶、NAD）这种化合物来实现非常有效，不会生成比较危险的氢气。图中以NAD→$NADH_2$的形式反映了氢离子的转移过程。

如果来综合考虑整个过程中的ATP/ADP收得率，就不难发现，在第1和第3步中所消耗的ATP在第7步中又被重新补充完整，从而形成一个完整的循环。真正意义上的获能过程出现在第10步，该过程的两次去磷酸反应也导致有两分子的ADP被转变为ATP。

在远古时代由于地球上还不存在或仅存在很少量的氧气，所以生物体才学会利用仅能从1mol葡萄糖收获2molATP的糖酵解过程来获取能量。糖酵解过程在所有细胞质内进行。如果是呼吸代谢，丙酮酸接下来将被运输到线粒体内，在那里被转换为CO_2和H_2O，而该过程所获取的能量则要高得多，可以达到38molATP/mol葡萄糖。

只有酵母才有能力对丙酮酸进行发酵。如果有氧的存在，那么发酵过程则会受到严重抑制，直到完全终止（巴士德效应）。此外若糖含量超过0.1g/L，那么呼吸代谢中的酶系又会受到抑制，使代谢转向发酵方向进行（Crabtree效应、酵解抑制有氧氧化效应）。

总体来看，酒精发酵过程可以利用盖·吕萨克（Gay-Lussac）反应式来表达：

$$C_6H_{12}O_6 \rightarrow 2C_2H_5OH + 2CO_2$$
$$\Delta G = -230\ \text{kJ}$$

如果将参与反应物质的相对分子质量考虑进来，那么各物质之间的关系如下：

$C_6H_{12}O_6$ →	$2C_2H_5OH$ +	$2CO_2$
C：72	48	24
H：12	12	
O：16	32	64
180	92	88

也就是说1mol（180g）的葡萄糖在酒精发酵过程中将会生成92 g酒精和88 g CO_2。也就是说，从质量来看糖分几乎以1：1的关系被分解成了酒精和CO_2（见7.4.3.1），但是所生成CO_2的体积却远远超出酒精的体积，因为气体密度要小得多。

糖通过酵母发酵产生气体正是面包师们所追求的目标。尽管有同样质量的酒精和CO_2生成，但我们平常首先体验到的则是CO_2的巨大体积，正是有了它们才使面包或其它烘烤食品变得更加蓬松。

4.1.2.1.2 发酵过程中的能量获取

此时酵母通过厌氧的糖酵解过程

来获得能量，而这些能量来源于那些将被分解的储能化合物。

绿色植物通过同化作用，利用土壤中的水分和空气中的CO_2在叶绿素的作用下合成葡萄糖并释放出氧气（与前面介绍的呼吸代谢过程正好相反），而这些葡萄糖则在果实或根茎中以淀粉形式被储备起来。因此可以将葡萄糖与淀粉一样视作经过浓缩的化学能量物质。如果对葡萄糖或淀粉进行燃烧（或呼吸）作用，那么这些被储备的能量又会重新被释放出来。其能量高低可以被精确测量到。

这些能量主要储存在那些化学键中，这里电子在吸收了能量后被提升到能量更高的电子轨道上，一旦它们能够重新回到原来的轨道，那么这些被吸收的能量就会重新被释放出来。

在有生命的自然界中经过长期发展而出现了一些不断能够实现能量转移的化合物。它们相当于一种标准能量货币，能够将化学电荷能量转换成生物所需的能量形式。三磷酸腺苷（ATP）就是其中的典型代表。ATP存在于所有的生命体中，由一个嘌呤碱基（腺嘌呤），一个含五个碳原子的寡糖残基（核糖）以及三个磷酸盐残基组成：

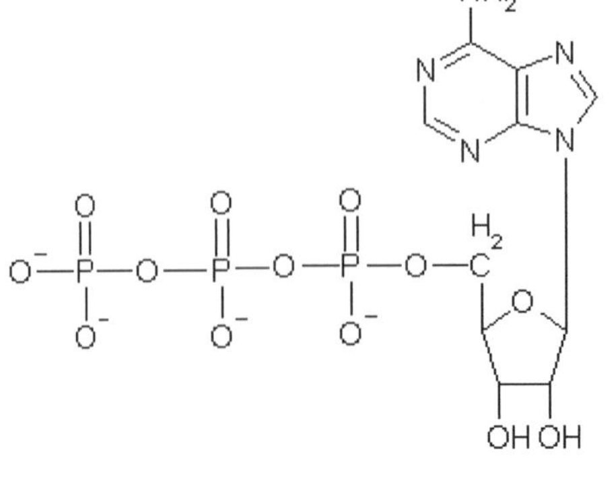

最外围和中间磷原子之间的化学键所含能量特别高，该高能键被切断后形成二磷酸腺苷（ADP）与磷酸盐，另外每1molATP还释放出30.5 kJ可供生物体利用的热量：

$$ATP \rightarrow ADP + P + 30.5\ kJ/mol$$

反之，如果欲将ADP转换成ATP则需要消耗同样的能量。因此可以将ATP称为一种“能量货币单位”，所有的动植物体均能通过它来实现能量转换。ATP是众多与能量相关反应过程的直接能量供应商。生物能量不能作为一个巨大的“储能器”被储存下来，所以相关反应过程必须不断进行。如果可供代谢的葡萄糖或其它物质的输入受到限制，那么就无法获取新的能量，对细胞体来讲就意味着死亡。

在所有高级生命体中，在细胞质内代谢形成的丙酮酸接下来被输送到“细胞发电站”——线粒体中，然后在有氧情况下被完全呼吸代谢，分解为CO_2和水。该过程中每1mol葡萄糖能够获得38molATP的能量，远远高于糖酵解过程中获取的能量。因此当有氧存在的情况下，酵母会立即将自身的生理活动在线粒体的控制下转向获能更高的呼吸代谢过程。

呼吸代谢中所产生的ATP从数量来计是非常低的。即使是人体也仅含有3～4g游离的ATP和ADP。因此每一个ADP分子每天都必须成千上万次地通过磷酸化而转换成ATP，而ATP又得借助去磷酸作用转变为ADP，以释放出所需能量。

有机化合物所含能量能够通过在特定条件下的燃烧过程，借助量热计来精确测定。例如葡萄糖的热焓值为2870kJ/mol，酒精的热焓值则为2640kJ/mol，这意味着在发酵过程中还剩余了230kJ/mol的能量。该能量被称作为“自由能（ΔG）”，前面带有负号，因为该能量属于葡萄糖转变为酒精过程中释放出来的能量。

但是并不是所有的自由能都能被酵母细胞所利用，仅有一部分以化学能形式与ATP结合在一起（2mol ATP），而另一部分则作为反应热损失掉了。

也就是说在ΔG = 230kJ/mol葡萄糖的自由能中仅有2 × 30.5 = 61kJ/mol葡萄糖的能量被酵母体所获取（相当于2molATP能量），而剩余169kJ/mol葡萄糖（标准反应条件下）的热量必须作为反应余热被带走。

实际生产过程中一般将发酵过程所需带走的热量以4500~4700kJ/hL全啤酒来计（见4.4.2.2.1）。

4.1.2.2 蛋白质代谢

酵母细胞干物质中蛋白质含量约占35% ~ 60%。因此生成新的细胞时酵母需要大量最好以氨基酸的形式存在于麦汁中的氮源。酵母细胞按照特定的顺序吸收这些氨基酸，该特征无法通过酿造过程来加以影响。能够被吸收的仅是低分子的氨基酸，最长能够达到四个碳原子。对酵母来讲氨基酸的游离氨基（NH_2—）部分特别重要，在它的基础上酵母可以合成细胞自身需要的蛋白质（游离氨基氮，见1.1.4.2.2）。合成过程中，氨基酸通过脱氨基作用（去除和转移氨基）、脱羧作用（去除二氧化碳）以及还原作用（去除氧）被转换成相应的高级醇，而作为发酵副产物（见4.1.3）的高级醇则被分泌到酒液中（Ehrlich反应机理）。在下述化学式中R（残基）分别代表着一个不同长度的（CH_2）$_n$ + H烷链。

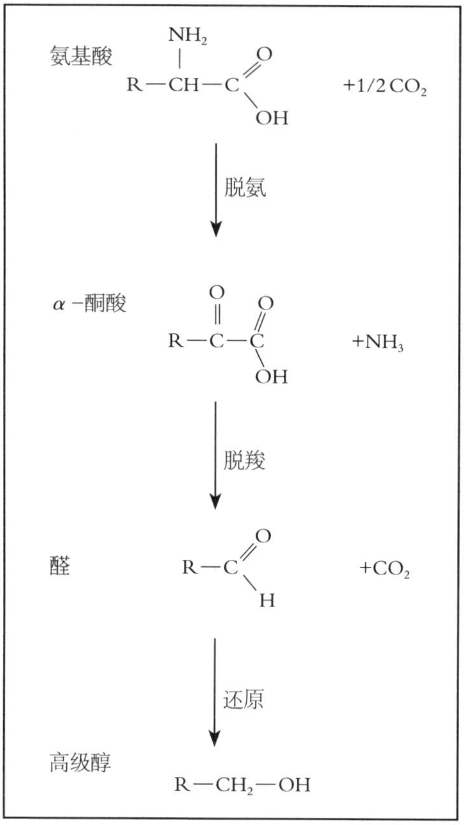

作为氨基酸供给量足够的标准是麦汁中应含有200 ~ 230 mg/L（以12%麦汁计）。如果麦芽溶解良好，该指标要求一般均能满足。如果添加了辅料或糖浆，那么必须对此进行精心控制（例如在糖化时延长蛋白休止时间等）。酵母通过细胞壁中所含膜孔蛋白来吸收麦汁中的氨基酸。首先氨基酸在细胞壁外被聚集储备起来，然后

根据需要具有特定大小的氨基酸则进入细胞壁内被储备起来，然后才开始转换过程（脱氨基作用）并生成细胞自身所需的蛋白质。

因为许多代谢产物重新被分泌到酒液中而对啤酒的口味及口味稳定性、泡沫稳定性与其它方面产生影响，所以蛋白质代谢过程也在很大程度上决定了啤酒的质量。

4.1.2.3 脂肪代谢

脂肪与蛋白质以及磷一起，以磷脂形式组成酵母细胞和细胞内部细胞器官周围的细胞膜（见1.4.1）。因为在发酵过程中酵母必须以其自身重要4～6倍的量来进行繁殖，所以也会消耗相应量的脂质。脂质的生成过程需要氧的参与。

酵母会吸收麦汁中所存在的脂肪酸，但酵母也能够自身合成脂肪酸。合成从丙酮酸开始经过乙酰辅酶A来完成。酵母也能合成不饱和脂肪酸，该过程也离不开氧的参与。细胞壁的延展性（柔韧性）更多地受到不饱和脂肪酸的影响。如果长链不饱和脂肪酸含量过低，那么细胞膜吸收氨基酸的能力将会下降，直至完全丧失。

在蛋白质和脂肪代谢中，酵母优先进行蛋白质代谢。只有当蛋白质代谢所需的氮源绝大部分被消耗掉的时候，细胞才会开始脂肪代谢过程。因为脂肪代谢离不开氧的参与，只有氧供应充足时才能保证脂肪酸的合成，所以从该层意义上来讲，也必须保证发酵开始时麦汁中含有足够的氧。

由酵母自身生成的长链脂肪酸正常情况下对啤酒的口味稳定性（见4.6.4）没有不利影响，因为它们被紧紧结合在细胞膜内。但是当细胞开始自溶时就会带来问题，因为此时游离出来的不饱和脂肪酸其反应活性特别强。

4.1.2.4 碳水化合物代谢

酵母首先吸收麦汁中的单糖（葡萄糖和果糖）和双糖（麦芽糖和蔗糖），然后才是会吸收麦芽三糖并按照此顺序对其进行发酵。总体来讲约98%的糖分会被发酵，仅有约2%的糖分是被呼吸代谢所消耗（见4.1.2.1）。

麦芽糖的很小一部分（约0.25%）被酵母作为生成储备物质的基物。最重要的储备碳水化合物为糖原。糖原为由单个葡萄糖组成的聚合物，以糖原簇形式存在于细胞质中。酵母细胞内的糖原在发酵开始前被酵母作为初始能量而利用。因此在最开始的10～12h，糖原的含量会明显下降，随后又会上升。在发酵过程中糖原含量最高可达到约占酵母细胞干物质30%的水平。在酵母储藏过程中，糖原浓度会显著下降。而且储藏温度越高，时间越久，那么糖原含量下降的幅度就越大。低温下保存酵母时其体内糖原含量基本保持恒定[175]。而这一点对保持酵母的发酵活力尤为重要。

除糖原外，酵母体内还含有约占细胞干物质6% 的另一种储备碳水化合物——海藻糖。海藻糖为葡萄糖组成的二聚糖。海藻糖主要存在于细胞质中，有一部分则直接被结合在细胞壁中，能够保护细胞壁不受外界因素的影响。同样，海藻糖在发酵初期的最初几个小时内首先被分解，然后才重新被生成并作为储备物质储存下来。温度越高，该储备过程进行得越迅速，越强烈[176]。

储备碳水化合物特别是糖原对酵母细胞意义重大。当外界营养物质消耗殆尽时，酵母细胞就能代谢这些储备物质，以满足自身的能量需求，维持最基本的细胞代谢功能。此过程在罐内冷储阶段结束时或需将酵母保存到下一次接种过程时特别容易出现。

4.1.2.5 矿物质代谢

在矿物质中酵母细胞特别需要磷和硫，另外还需要部分微量金属离子。

磷元素主要来源于麦芽中的磷酸盐。如果麦芽溶解良好，那么磷酸盐含量也不会存在问题。磷的作用如下：

- 组成三磷酸腺苷（ATP）（见4.1.2.2.2）
- 组成细胞周围的磷脂双层膜
- 用来缓冲pH变化

如果缺少磷酸盐将导致发酵困难，而且细胞生长减慢。

硫元素主要以无机硫酸盐，但也以含硫氨基酸（蛋氨酸、半胱氨酸）形式被酵母细胞所吸收。SO_2则在细胞自身的氨基酸代谢过程生成。即使细胞生长趋向停止时，酵母细胞仍然会将所分泌的SO_2分泌出来，一直到代谢完全中止，SO_2生长过程才宣告结束[181]。

下列对酵母增殖有利的因素会阻碍SO_2的生成：

- 通风强烈
- 多次追加
- 采用糖原含量高、活力高的酵母

如果温度高、储藏时间长或通风不当时会使亚硫酸盐的含量升高。

特别值得注意的一点是乙醛能够和SO_2一起，将羰基化合物结合起来，从而延缓啤酒的老化。因此发酵过程产生的SO_2能够对啤酒的口味稳定性产生积极影响。

需要补充的是，在许多国家允许向啤酒中添加亚硫酸盐来提高口味稳定性（根据德国的《纯酿法》禁止使用该类添加物）。

除亚硫化物外，硫代谢过程中还会生成另外一类挥发性强的硫化物，特别是二甲基硫（DMS）（参见后面相关章节）这一重要且具不利影响的物质。

- 钾：碳水化合物代谢过程需要钾的参与，它能够加快所有ATP参与的酶解反应。钾元素的pH调节作用也值得一提，此时钾离子与生成的氢离子发生置换（离子泵）
- 钠：钠离子能够激活酶，另外钠离子对穿透细胞膜的物质运送过程影响重大
- 镁：镁对与磷发生的反应影响较大，尤其在发酵过程中。它所发挥的作用无法通过其它离子来替代
- 钙：钙离子能够延缓酵母的衰退并促进凝聚过程。锰或镁离子能够代替钙离子
- 铁、锰：铁和锰离子是呼吸代谢和细胞出芽时所必需的重要微量元素
- 锌：锌离子影响蛋白质合成过程，是发酵过程中最重要的微量元素。锌离子含量不足时会带来

严重的发酵问题，麦汁中的锌离子含量应在0.10～0.15 mg/L。微量元素中最常出现供应不足的当属锌离子，因为生产过程中带入的锌离子绝大部分包含在麦糟中而被分离去除，因此有些啤酒厂必须采取相应措施来保证酵母能够拥有足够量的锌离子（见3.2.1.7）

- 硝酸盐：酵母无法利用硝酸盐，但可将其还原成亚硝酸盐。亚硝酸盐属于典型的酵母细胞毒害物，可阻止酵母繁殖，导致发酵不够强烈。硝酸盐主要来源于水，水源附近区域若过量施肥往往会给水中带来过高的硝酸盐含量。硝酸盐含量超过20 mg/L就会影响到酵母

根据《纯酿法》的规定，不允许单独添加某种营养成分。而与之相反，在面包发酵行业往往通过添加大量的氨及其它盐分，辅以强烈通风来加快酵母细胞繁殖过程。这也说明只要给酵母提供足够且合适的营养成分，特别是供给充足的氧气，那么酵母细胞是能够生成足够量的新细胞的。

4.1.3 发酵副产物的形成和分解

发酵过程中酵母会向啤酒中释放出一系列代谢产物，其中的一些物质之间还会进一步发生反应，从而给不同啤酒的副产物在数量及组成上带来极大的差异。发酵副产物对啤酒质量影响重大，因此酵母代谢以及发酵副产物的形成与分解必须联系起来看待。尽管这里将发酵副产物单独作为一章节来论述，但必须明白作为酿造工应做的工作就是尝试利用最合理的工艺技术将这些发酵副产物的含量控制在比较理想的范围内。其中最受关注的发酵副产物主要包括：

- 双乙酰
- 高级醇
- 酯
- 醛
- 硫化物

发酵副产物可分为以下两类（图4.3）：

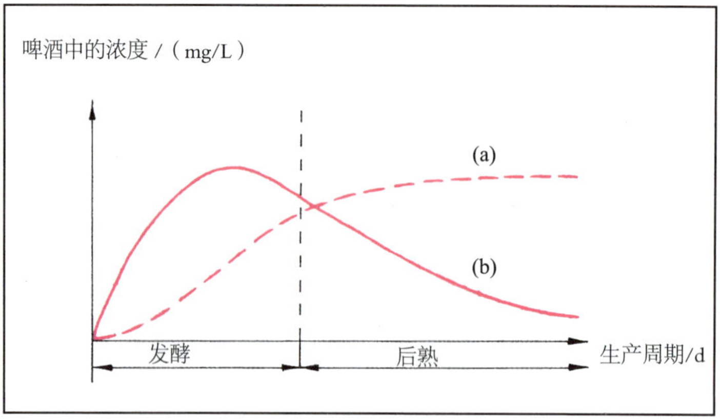

图4.3　发酵和后熟过程中发酵副产物的浓度变化趋势
（a）香味物质
（b）生青味物质

■ 生青味物质（双乙酰、醛、硫化物）：这些物质赋予啤酒不纯正、不成熟、不谐调的口味和气味，浓度高时对啤酒质量具有不利影响。它们可在主酵和后酵进程中通过生化分解途径从啤酒中分离出去，这也是啤酒后酵的目的

■ 芳香物质（高级醇、酯）：这些物质主要决定啤酒的香味。在一定浓度范围内，它们的存在是生产优质啤酒的重要前提条件。与生青味物质相反，芳香物质不能通过工艺技术途径从啤酒中去除

4.1.3.1 双乙酰（连二酮）

双乙酰是最主要的生青味物质。其含量超过味阈值时会导致啤酒口味不纯、有甜味直至馊饭味，浓度高时会给啤酒带来黄油味。由于戊二酮以相同的方式影响着啤酒质量（但其味阈值更高），而两种物质的化学结构中均拥有处于邻位的两个酮基，所以将它们统称为连二酮。

双乙酰：

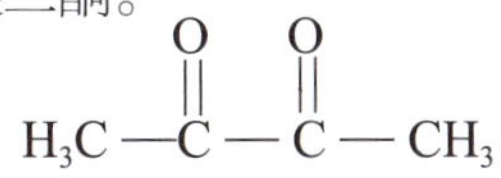

2，3-戊二酮：

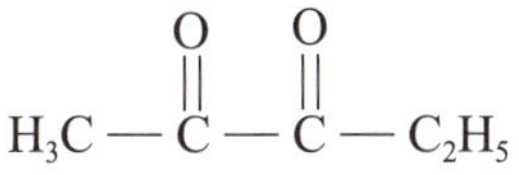

在啤酒后熟过程中，连二酮的分解与其它后熟过程同时进行。因此连二酮如今被视为啤酒成熟度的主要标志（指示性物质）。

连二酮的合成和分解过程分为以下3个阶段：

（1）第一阶段　前驱体的形成。

通过酵母的新陈代谢仅会生成连二酮的前驱物质，该类物质均无嗅无味，在啤酒中觉察不到。它们在酵母合成氨基酸的过程中产生，由糖酵解过程中形成的中间产物——丙酮酸（见4.1.1）开始这一合成过程。此时形成的乙酰羟酸被酵母细胞传递给发酵底物。乙酰羟酸的形成取决于下列因素[34]：

■ 酵母菌种：形成时机及数量为各酵母菌种的典型特征

■ 酵母添加量：酵母添加越多，乙酰羟酸形成就越多，分解也越迅速和强烈

■ 氧含量：氧含量高使酵母作用产生更多的乙酰羟酸

然而，这些因素的影响并不十分突出，即使采取专门措施也几乎不能有效影响乙酰乳酸的形成。

（2）第二阶段：前驱体的转化。

乙酰羟酸经过氧化脱羟后形成连二酮——双乙酰和戊二酮，此转化过程在酵母细胞外进行，不受（酵母）细胞的影响。该过程非常容易发生，以下因素可促进转化过程：

■ 降低pH：pH为4.2～4.4时，转化迅速；随着pH的提高，转化减弱

■ 提高温度：温度越高，转化越迅速

■ 氧气吸入：啤酒摄入氧气可导致前驱体迅速向连二酮转化

前驱体向连二酮的转化决定了啤酒的成熟速度。

（3）第三阶段：连二酮的还原

形成的连二酮只有借助酵母细胞才能被进一步分解，从而减少对啤酒

口味的不利影响。连二酮的分解通过以下还原过程进行：

双乙酰 → 乙偶姻 → 丁二醇

丁二醇的味阈值很高，在啤酒中感觉不到。

下列因素有利于双乙酰分解：

- 发酵期间的酵母分解连二酮的能力很强。发酵时的酵母细胞分解双乙酰的能力是其形成能力的10倍
- 双乙酰的分解能力在主酵期间保持恒定，在后酵期间则逐步下降
- 不同酵母种类的双乙酰分解能力区别很小
- 双乙酰分解受温度影响强烈。随着温度的升高，双乙酰分解能力增强（图4.4）
- 双乙酰的分解速度取决于后酵啤酒中的酵母浓度
- 双乙酰分解速度也受到一些促进或阻碍含双乙酰啤酒与酵母充分接触的因素的影响。防止酵母沉降（比如通过倒泵、卸压等）可促进双乙酰分解
- 通过添加高泡酒可促进双乙酰的分解，因为酵母细胞在增殖期间的还原能力最强

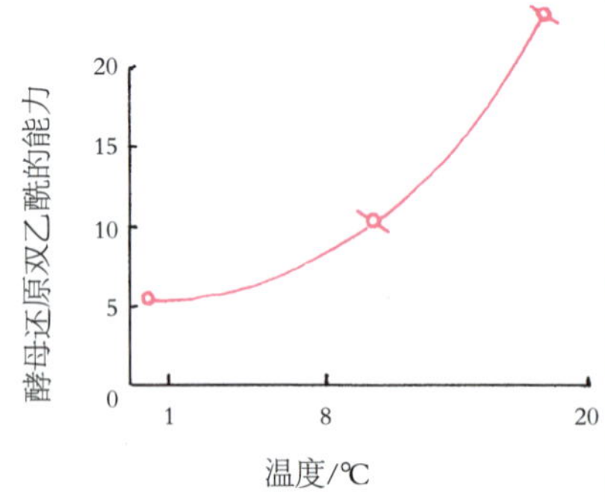

图4.4　温度对酵母还原双乙酰的影响

作为连二酮前驱体的乙酰乳酸其浓度与连二酮的含量直接相关[111]。

从图4.5和图4.6中的曲线变化可明显看出：

- 主酵第一天，乙酰乳酸含量大幅上升
- 下酒过程中的吸氧使得乙酰乳酸的含量再次回升

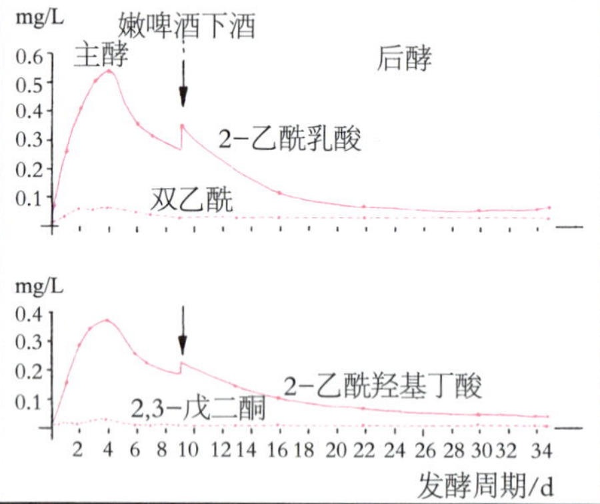

图4.5　乙酰乳酸和连二酮与发酵周期的关系[97]

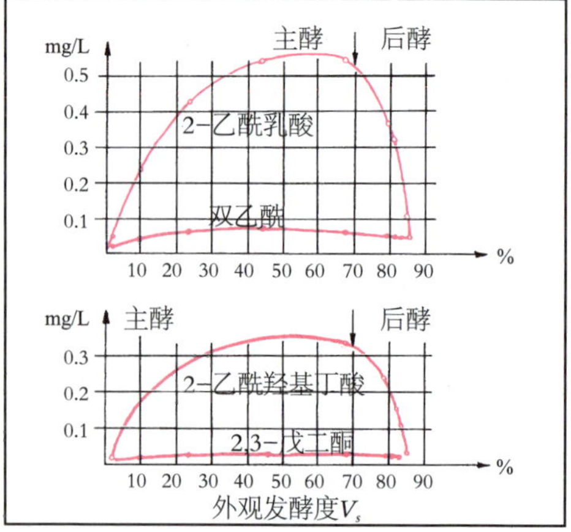

图4.6　啤酒发酵度与乙酰乳酸和连二酮含量之间的关系[97]

- 后酵期间，乙酰乳酸和连二酮逐步得到分解。
- 随着发酵度的不断增加，乙酰乳酸和连二酮含量首先表现出上升趋势；但后酵期间，当发酵度进一步升高时，乙酰乳酸和连二酮量则会降低。

这意味着每一次吸氧（比如下酒时）都会导致嫩啤酒中双乙酰含量的升高，这些双乙酰又必须通过发酵中的酵母来加以分解。

由此可针对发酵工艺控制得出以下结论：

- 双乙酰（连二酮）含量的高低可被视为啤酒成熟的标志。主酵和后熟期的不断缩短导致检查双乙酰含量的重要性不断增加
- 乙酰乳酸必须迅速转化成为连二酮。为此需保证快速发酵直至接近最终发酵度，控制较低pH以及接种后避免吸氧，另外主酵和后熟要求在较高温度下进行（下面发酵工艺最高可达18℃）
- 后熟过程需要有活性和活力的酵母细胞参与。必须通过有效措施防止酵母沉降，具备一定浓度的高活力酵母细胞是十分重要的

成熟啤酒的双乙酰总量（连二酮和前驱体）应低于0.1 mg/L。

4.1.3.2 醛（羰基化合物）

最重要的醛类物质为乙醛，它是酒精发酵过程中的正常中间产物（见发酵图示）。在主酵过程的前三天由酵母形成并分泌到嫩啤酒中。它导致嫩啤酒口味不成熟，即常说的典型生青味，也被称为酒窖口味。随着主酵的进行，乙醛浓度因不断分解而降低，嫩啤酒口味也随之衰落直至消失。嫩啤酒中乙醛含量为20～40mg/L，成品啤酒中其含量可降低到8～10mg/L以下。

下列因素会导致乙醛浓度的升高：

- 发酵强烈
- 发酵温度高
- 酵母添加量高
- 主酵采用带压发酵
- 麦汁通风量过少
- 麦汁被染菌

促进醛分解的因素有：

- 所有促进后酵和后熟的措施
- 高温后熟
- 麦汁通风充分
- 提高后熟阶段的酵母浓度

4.1.3.3 高级醇

与连二酮和醛类物质等生青物质不同，高级醇（或杂醇油）属于芳香物质。形成高级醇的途径有以下几种：

- 麦汁中存在的氨基酸在酵母作用下通过脱氨、脱羧以及还原作用被转化成为高级醇（见4.1.2.2）
- 通过羟酸或酮酸形成高级醇
- 糖通过乙酸酯也可形成高级醇

大约80%的高级醇在主酵期间形成，贮酒阶段增加量很少。已形成的高级醇无法通过工艺技术措施再被还原。因此，必须通过控制主酵过程达到调节高级醇含量的目的。

促进啤酒中高级醇形成的因素有：

- 提高发酵温度
- 嫩啤酒的运动，例如搅拌或循环
- 麦汁中氨基酸含量的减少
- 接种麦汁的强烈通风
- 强烈的麦汁追加操作
- 接种温度高于8℃
- 麦汁浓度提高到13%以上

抑制高级醇形成的因素有：

- 提高酵母接种量
- 降低接种温度
- 低温发酵
- 带压发酵
- 接种后避免吸氧
- 接种麦汁的氨基酸含量充足

高级醇含量超过100mg/L会使啤酒口味和可饮用性明显变差。浅色全啤酒中的高级醇含量在60~90mg/L。

4.1.3.4 酯

酯类是最重要的啤酒芳香物质，在很大程度上决定了啤酒的香味。但酯含量过高也会赋予啤酒不舒适的苦味和果味。酯在发酵期间通过脂肪酸的酯化形成，少量酯也可通过高级醇的酯化形成。

酯含量主要在主酵旺盛阶段大幅增长。后熟阶段的增加量取决于后酵情况，若后酵周期较长，酯量甚至可增加一倍左右。

在啤酒中已发现约有60种不同的酯类物质，其中仅有6种对啤酒口味具有重要意义：

- 乙酸乙酯
- 乙酸异戊酯
- 乙酸异丁酯
- β-乙酸苯酯
- 己酸乙酯
- 辛酸乙酯

酯含量取决于啤酒品种和原麦汁浓度：

- 在上面发酵啤酒中，酯含量可达80mg/L
- 在下面发酵啤酒中，酯含量可达60mg/L

啤酒中的酯含量究竟是多好还是少好仍无定论。酯含量直接受原麦汁浓度影响，原麦汁浓度越高，酯量也就越高。此外，酯含量随罐高的增加而下降，因为罐子越高，液压和二氧化碳含量就越高[33]。

酵母的供氧情况也与酯的形成关系密切，它除了影响呼吸和发酵外，还影响着脂肪的合成。只要脂肪酸合成过程仍在进行，就不会生成酯。因此可以说酯的形成过程非常复杂，想有效控制并不容易。酯的形成受到以下因素影响：

下列因素可促进酯的形成：

- 高麦汁浓度，大于13%
- 高最终发酵度和成品发酵度
- 加强麦汁通风
- 高发酵温度
- 增加主酵和后熟中的酒液运动

下列因素可抑制酯的形成：

- 低麦汁浓度
- 低最终发酵度
- 减少或不进行麦汁通风
- 低发酵温度
- 发酵时压力增高

4.1.3.5 硫化物

酵母的代谢会生成挥发性的硫化物，如硫化氢、硫醇和其它化合物等。这些物质即使含量很低也能强烈影响啤酒的口味和气味，超过了味阈值后这些硫化物会赋予啤酒不成熟的生青味。

挥发性硫化物对啤酒口味产生的不利影响也可能是污染了耐热细菌（Termobakterien）所致，它们也形成同样的代谢产物。

（1）硫化氢（H_2S） 在酒精发酵过程中，含硫的氨基酸会形成硫化氢。当酵母缺乏或损失了生长素时也会导致啤酒中含有过高的硫化氢。硫化氢是一种易挥发的气体物质。一部分硫化氢在主酵和后熟过程中会被不断上升的二氧化碳气体所吸收，从而被带出酒液。温度越高，液位越高，那么二氧化碳所吸附的硫化氢量越多。

啤酒中硫化氢的生化转化应该被视为主酵和后熟的一个重要因素。

（2）硫醇（R-SH） 硫醇类化合物中，醇的—OH基被—SH基取代。该类物质会严重影响啤酒的香味并导致啤酒中日光臭的形成。在发酵度达到60%～70%之前，硫醇量随发酵进程逐渐增加，然后开始下降。若与氧气接触，硫醇会被氧化成对啤酒感官质量危害较小的二硫化物。

（3）二甲基硫（DMS） 总体来讲，高温发酵与低温发酵相比，会导致更多的二甲基硫被分离析出，带压发酵时则会减弱析出效果。随着贮酒时间的延长，二甲基硫会出现轻微上升的趋势。一般来讲，成品啤酒中的二甲基硫含量与接种麦汁中的水平基本持平。

4.1.3.6 有机酸

啤酒中存在的有机酸大部分是通过酵母由麦汁中的氨基酸转化而来：氨基酸被脱去合成酵母细胞自身蛋白质所需的氨基（$—NH_2$）而形成相应有机酸，脱氨后的有机酸被分泌到酒液中。因此除了由类似代谢途径形成的高级醇外，一系列来自于氨基酸脱氨过程的有机酸也影响着啤酒的口味。

4.1.3.7 啤酒香味成分评价基准（摘自Miedaner教授的文献）

香味物质	含量范围/（mg/L）	味阈值/（mg/L）	香味特征
高级醇类：			
2-甲基-丙醇	5～20	10～（200）	醇香
2-甲基-丁醇	10～20	10～（65）	醇香、溶剂味
3-甲基-丁醇	35～70	30～（70）	醇香、香蕉香
2-苯基-乙醇	10～20	28～（125）	玫瑰香
	30～50		（小麦啤酒）
酯类物：			
乙酸乙酯	5～30	25～30	果香、冰糖香
乙酸异丁酯	0.1	0.4～（1.6）	果香、香蕉香
乙酸异戊酯	0.5～2.5	1～1.6	果香、香蕉香
丁酸乙酯	0.3	0.4	苹果香、木瓜香
己酸乙酯	0.1～0.3	0.12～0.23	苹果香、水果香
十二酸乙酯	0.02	3.5	皂香、酯香
乳酸乙酯	0.1～0.5	250	果香、草莓香
	0.4～0.8		（如果采用生化酸化处理）

续表

香味物质	含量范围/（mg/L）	味阈值/（mg/L）	香味特征
有机酸：			
丁酸	0.2～0.6	1.2～2.2	奶酪香、腐臭气
异戊酸	0.5～1.2	1.5～1.6	奶酪香、酒花老化香
辛酸	3～10	10～13	油香
癸酸	0.8	10	腐臭气
十二酸	0.1～0.5	6	皂香
连二酮：			
双乙酰	0.1	0.1～0.15	甜香、馊饭味
乙偶姻	3	8～20	果香
硫化物：			
二甲基硫	0.03～0.12	0.10～0.12	蔬菜味，霉味

有关发酵副产物的形成总结如下：

- 对于来自醛类和硫化物的生青味物质可采取控制连二酮同样的工艺措施来加以调整
- 在主酵和后熟期间，必须借助工艺手段保证啤酒中含有一定的芳香物质
- 啤酒中的酯含量很大程度受麦汁质量影响，而高级醇含量则更多地受到工艺操作条件的影响

4.1.4 其它的转化过程

除形成副产物外，发酵过程还伴随一系列对生产具有影响的转化过程，具体如下：

- 蛋白质组成的变化
- pH的下降
- 啤酒氧化还原势的变化
- 啤酒色泽的降低
- 苦味物质和多酚物质的分离析出
- CO_2的溶解
- 啤酒的澄清

4.1.4.1 蛋白质组成的变化

发酵和后熟过程中，酵母会重新将部分蛋白质以氨基酸和低分子肽的形式分泌到酒液中。该过程必须划分为两个阶段区别看待：

- 酵母细胞在主酵结束后的蛋白质分离过程

> 此时营养物质的供给近乎终止，酵母细胞仍处于存活状态，但所有的生理活动已没有那么强烈。此时酵母开始向酒液中分泌一些物质，在一定程度上它们对改善口味、提高啤酒的醇厚性具有积极影响。这类物质包括氨基酸和多肽、维生素、磷酸盐、糖蛋白以及酶等。它们给啤酒带来的口味改变可看作是啤酒成熟过程的重要组成部分。因此如果过早回收酵母可能导致啤酒的口味比较空洞、酒体欠缺，即使后面贮酒时间再长也不会有很大改善。

- 酵母细胞借助自身酶系对自身物质进行不可逆的分解过程

> 该过程导致酵母细胞自溶（见4.4.4），从而给啤酒带来下列质量缺陷：

- 口味明显变差，出现酵母味、杂酚油类的异味
- 由于碱性氨基酸的析出，导致啤酒pH上升
- 啤酒颜色发生变化
- 生物稳定性和胶体稳定性变差
- 泡沫稳定性下降
- 啤酒苦味变得更加宽广，出现后苦味
- 因为还原不够导致双乙酰含量上升
- 出现啤酒有害菌污染的可能性增加
- 还原能力下降也导致啤酒口味稳定性的下降
- 啤酒过滤困难

由于酵母所分泌的蛋白质中有70%左右是以氨基酸形式进入啤酒的，因此可通过检测啤酒的氨基酸含量，观察其含量是否过度升高来确定酵母自溶开始与否。

4.1.4.2 pH下降

pH在主酵期间大幅度下降，由接种麦汁中的5.3~5.6（采用生物酸化后为5.0~5.3）下降至啤酒中的4.3~4.6。

pH下降主要发生在起发阶段和对数生长阶段。下降的原因有：

- 脱氨作用导致有机酸的形成
- 一级磷酸盐被酵母消耗
- 氨基离子（$—NH_2$）被酵母吸收
- 钾离子被酵母吸收，并将氢离子释放到啤酒中

在发酵后期阶段，pH下降很慢，直至保持恒定。pH上升表明酵母开始自溶。

pH对啤酒质量影响重大。啤酒的pH应尽量保持在4.2~4.4。pH降到4.4以下会带来以下好处：

- 使胶体不稳定的蛋白质-多酚复合物被分离析出
- 加快后熟速度
- 使啤酒口味更细腻
- 改善啤酒的生物稳定性

但是，过低的pH，特别是4.1以下，会导致啤酒口味发酸，这种情况必须避免。尤其在主酵和后熟期间，必须彻底杜绝微生物感染。

下列因素会降低pH：

- 对酿造用水加以软化处理（残余碱度< 5°d）
- 对醪液和麦汁进行生物酸化
- 所有提高最终发酵度的工艺措施
- 控制最终发酵度与成品发酵度之差尽可能小
- 避免出现酵母自溶
- 有利于酵母增殖的麦汁质量及工艺措施
- 有利于增加发酵强度的措施（高温、高酵母添加量等）

4.1.4.3 啤酒氧化还原势的改变

氧化还原势是指溶液中还原力和氧化力的比例关系。啤酒还原能力增强是麦汁经过发酵后的一个重要变化。还原能力增强与酵母消耗麦汁中的溶解氧有密切联系。

啤酒氧化还原势可用以下指标来表示：

- rH（氢压的负对数）
- ITT（冷还原力、Gray和Stone指示时间试验）
- 啤酒的氧含量

rH和ITT在发酵中降幅很大（见下表）：

	rH	ITT
麦汁	20～30	250～500
嫩啤酒	8～12	70～200

接种后麦汁中的溶解氧很快被酵母消耗，后酵罐中的氧含量应在0.00～0.01mg/L啤酒。但是在后酵到灌装的过程中要保持如此低的氧含量十分困难。

在发酵和后熟过程中，可以通过下列措施降低啤酒的rH：

- 采用密闭容器系统
- 控制主发酵时发酵旺盛、剧烈
- 采取一切措施避免吸氧，尤其是麦汁接种以后

4.1.4.4 啤酒色泽

主酵开始几天，啤酒颜色变浅，色度下降约3个EBC。这是由于下列因素所致：

- pH下降导致某些物质脱色
- 酵母细胞的吸附作用，或色泽强烈的物质析出后通过泡盖和沉积物被分离

4.1.4.5 苦味物质和多酚物质的析出

发酵期间，一系列处于胶体溶解状态的苦味物质和多酚物质因为pH的下降而达到其等电点后析出，被作为CO_2气泡的表面活性物质进入泡盖中，或被酵母细胞吸附而得到分离。

在麦汁煮沸过程中未被异构的α－酸也被析出，因为当pH低于5.0，温度低于10℃时，α－酸的溶解度极低。

一部分表面活性很强的异葎草酮也被上升的CO_2气泡带到表面，通过泡盖被分离。酒液表面形成的泡沫被称为泡盖，上述析出物均包含在其中。敞口发酵过程中，泡盖在主酵末期会被撇除。而密封发酵时发酵结束后泡盖衰落后重新回到啤酒中，其中最初被析出的苦味物质又有一部分会溶解到酒液中去。

因为泡沫的原因，发酵罐在使用时必须预留20%左右的泡沫空间。

> 若将低温接种麦汁中的苦味物质含量视为100%：
> - 则在传统发酵和后熟工艺中苦味物质损失比例为25%～30%，其中有70%～80%损失于主酵过程中
> - 在高温发酵工艺中，苦味物质损失可高达50%

4.1.4.6 啤酒的CO_2含量

> CO_2含量是啤酒最重要的质量指标之一。杀口性和泡沫良好的啤酒，其CO_2含量应为0.45%～0.50%。

发酵形成的CO_2仅有15%左右溶解于啤酒中，绝大部分在主酵时逸出，可供回收。

CO_2在啤酒中的溶解性取决于以下因素：

- 温度：温度越高，则溶解性越低
- 施加在液体表面的压力：压力与溶解度成正比（见4.3.5.1）

4.1.4.7 啤酒的澄清和胶体稳定性的改善

后熟过程的最后阶段是进行澄

清，改善啤酒的过滤性能以及提高啤酒的胶体稳定性（见4.6.2.2）。

悬浮酵母的细胞浓度可看作啤酒澄清程度的一个衡量尺度。过滤机进口处的酒液酵母细胞数应低于2×10^6/mL。

啤酒澄清受下列因素影响：

- 起发迅速，以带来尽可能高的pH下降幅度
- 啤酒的β-葡聚糖含量
- 浑浊物的数量及其特性
- 啤酒的温度（及时进行深度冷却）
- 后酵强度（啤酒的运动情况）
- pH（4.2～4.4有利于澄清）
- 后酵罐形式和液位高度（液位高度越低，越便于澄清）
- 澄清时间（在-1～0℃冷储1～2周）
- 啤酒黏度

4.1.5 不同因素对酵母的影响

在酵母扩培、发酵和后熟以及储存过程中，会出现众多对酵母细胞不利的影响因素，导致细胞的代谢活力下降，直至失去生命活力。所有这些冲击因素均会给生产过程带来不利影响[177]，具体包括：

（1）高浸出物含量　高浓酿造过程中发酵时经常会出现问题，往往因为麦汁中的糖含量太高，氨基酸含量不足而引起。如果发酵停滞，那么只能通过重新添加酵母或高泡酒来加以解决。

（2）高酒精含量　一般储藏啤酒中所含有的4.7%～5.0%（体积分数）的酒精对酵母来讲不是问题。即使酒精含量达到6%～7%，绝大多数酵母也能承受。但是酒精含量进一步升高就会带来问题。

高酒精含量对酵母的代谢过程带来三个方面的影响：

- 抑制细胞生长
- 降低活酵母细胞量
- 抑制发酵过程

随着酒精含量的增加，细胞壁中磷脂膜中的脂肪酸含量会发生明显的变化，从而给酵母质量带来不利影响。

啤酒生产过程中一般不会出现特别高的酒精含量。酒精含量最高的啤酒为法国的“Belzebuth”啤酒，其酒精含量为15%。不过它采用了特别的酵母以及众多特殊工艺措施。

（3）微量元素　某些麦汁由于其中的锌离子含量过低而导致发酵迟缓。保证正常发酵的锌离子含量至少应为0.12 mg/L。因为绝大部分锌离子均被麦糟所截留，所以必须采用合适措施对麦汁进行增锌处理（见3.2.1.7）。

（4）酵母供氧　酵母增殖过程需要氧气。吸氧后，形成新细胞所必需的脂质以及不饱和脂肪酸就会被合成。如果供氧不足或完全没有，那么，

- 酵母体内就会缺少这些物质
- 增殖过程提早被终止
- 发酵将出现困难，发酵周期延长
- 酵母细胞死亡率大幅升高

因此在发酵初期检查酵母的供氧量十分重要。理想供氧量应达到至少8～10 mg/L。此时所通入的氧会被酵母在极短的时间内完全消耗掉，所以

无需担心会对啤酒口味稳定性带来负面影响。

（5）低发酵温度　下面发酵过程中常用的温度远低于酵母体内酶系的最佳作用温度。在酵母扩培过程中需不断将扩培温度逐步向发酵温度方向调节。

如果酵母突然接触冷麦汁或降温幅度过大，那么酵母受到冷冲击会立即分泌出氨基酸和核苷物。酵母增殖过程将变慢或完全终止，发酵进程也会延缓，直到完全停滞。

酵母对降温时的大幅温度波动特别敏感（冷冲击）。

（6）高发酵温度　将酵母短时加热到37~40℃会给酵母带来热冲击。此时某些特定蛋白质的合成过程将会非常活跃[177]，经过几个小时的冷却后酵母又能恢复原来的正常代谢过程。

一般来讲正常生产过程中不会出现酵母热冲击问题。

（7）高压　借助限压阀门，带压发酵时发酵罐内可以达到20～180kPa的过压压力，这也导致啤酒中CO_2含量的上升。此时对酵母产生不利影响的不是压力，而是啤酒中的高CO_2分压压力。

CO_2含量的增加将使酵母细胞形成自身结构物质的过程受到抑制，尽管其分解过程也受到抑制，但是分解受到抑制的程度远不及生成过程。因此带压时可以在较高温度下进行发酵，而无需考虑由于高温发酵酵母繁殖旺盛而带来过多香味成分如酯和高级醇的问题。

通过上面的论述可以看到，许多因素都会对酵母产生不利作用，从而对正常发酵过程带来或多或少的负面影响。

4.1.6　酵母凝聚

主酵末期，酵母细胞会相互连接在一起，开始凝聚，然后逐步沉降至底部。不同酵母菌种其凝聚性能各异。因此才有几乎完全不凝聚的粉状酵母和凝聚特性比较明显的凝聚酵母之分。

凝聚性能受菌种决定，无法加以改变，但是有时会出现凝聚酵母其凝聚性能向粉状酵母方向变化的现象（被作为酵母退化的主要表征）。

有关酵母凝聚性能的机理至今仍未完全研究透彻，但是以下结论现已达成广泛共识：

- 凝聚性能属于基因特征，至少有11个基因对其具有影响[205]
- 啤酒的特定因素（温度、阳离子、pH、压力等）会对凝聚特性造成影响

但是究竟哪些因素或它们应该如何配合才能够改善酵母的凝聚特性，目前仍没有定论。其中的一个重要影响因素是具复杂结构的酵母细胞壁（见1.4.1），而细胞壁之间发生连接的特性决定了凝聚过程。酿造工无法控制凝聚过程，唯一的措施是选择使用合适的酵母菌种。

凝聚过程有时会非常突然或延缓出现。酵母凝聚过程会在许多方面造成影响，这包括：

- 能够达到的发酵度
- 酵母回收过程

- 啤酒澄清过程
- 啤酒过滤机单批使用时间

4.2 酵母的纯种培养

发酵必需的酵母量可通过纯种培养来获得。

酵母纯种培养：分离并挑选出合适、健壮的酵母细胞，然后在无污染条件下进行繁殖，直至达到接种所需的酵母添加量为止。

酵母的纯种培养分为以下3个阶段：

（1）获得合适的酵母细胞；

（2）实验室扩培，直至达到5～10 L高泡嫩啤酒；

（3）车间扩培，直至达到接种所需添加量。

4.2.1 酵母实现增殖的基本条件

酵母扩培过程的目的是在最快时间内、无菌环境中培养出具有特定代谢产物，能够适合正常发酵并酿制出优质啤酒的接种酵母。因此，正确处理酵母，合理控制扩培过程十分重要。

酵母繁殖过程必须有三个条件得到满足，这就是氧气、氨基酸以及微量元素的供给。

4.2.1.1 氧气供给

供氧是保证酵母繁殖的重要前提条件。有氧情况下进行的呼吸代谢会调动酵母细胞激活其新陈代谢活动并生成新细胞所需结构物质。但麦汁中的高糖含量却会限制呼吸作用，而使酵母开始发酵过程（Crabtree效应，见4.2.1.1）。因此无法达到采用更强烈的通风来无限制地提高酵母繁殖量的目的。

开始形成新细胞后，细胞膜脂双层所必须的主要成分磷脂不断被储存起来。氧气使一部分脂肪酸转变为熔点更低的不饱和脂肪酸，因此能够进一步提高细胞膜的物质通透性能。

合成硬脂酸甘油酯时同样需要氧气参与。硬脂酸甘油酯的合成过程与酵母繁殖直接相关，另外也与酵母体内储备糖原的过程密切联系在一起。

脂质和酯的生成过程相互对立，只要脂质仍在生成（有氧供给时）酵母就不会合成酯类物质。

4.2.1.2 氨基酸和微量元素供给

麦汁中所含有的氨基酸和矿物质足够满足酵母发酵所需。但如果希望酵母进行繁殖，就需要更多的氨基酸和矿物质，而这一点往往无法达到。因此即使通风供氧再强烈，酵母细胞能够达到的最高细胞浓度也只能在10^8个/mL左右。主要受到限制的因素是麦汁中仅含有200～240mg/L氨基酸，而且并不是这些氨基酸都能被酵母所同化（比如脯氨酸）。

4.2.1.3 对麦汁和接种酵母的要求

对接种所用麦汁的要求如下：

- 碘检颜色正常
- 满足所需生产啤酒典型的颜色和外观要求
- 至少含有8～10 mg O_2/L
- 其游离氨基酸含量至少应在200～230 mg/L
- 锌离子含量至少在0.15 mg/L
- 黏度最高不能超过1.7 mPa・s（以10° P麦汁计）

- pH在5.0～5.2
- 不能存在任何污染

接种酵母必须通过纯种培养方式获得，能够保证达到所需生产啤酒典型的风味。另外还必须满足以下条件：

- 具有高活力
- 不能带有异类酵母或污染物
- 死亡细胞比例不能超过3%
- 外观需呈浓稠泥状

4.2.2 获得合适的酵母细胞

纯种培养要选用经实践证明合格可靠的酵母细胞。酵母细胞的分离在高泡阶段完成。根据林德纳小滴培养法在显微镜下以小滴形式分离出单个酵母细胞，将许多这样的单个酵母细胞在8～10℃与主酵温度相吻合下的情况下进行繁殖培养。接下来可以在显微镜下追踪观察酵母细胞不同阶段的生长情况，并据此对酵母细胞进行挑选。借助无菌滤纸条吸取出其中最健壮的酵母菌落，并把它置于5 mL无菌麦汁中开始培养，然后逐级扩大培养，最高稀释比例可达1∶10。

若酵母不立即使用，则大多将酵母细胞保存在0～5℃的麦汁琼脂（固体培养基）的斜面培养基上，并注入液体石蜡以防止培养基变干。如此处理后的样品可保存6～9个月（酵母银行）。

4.2.3 实验室扩培

前面装有酵母菌落的5mL麦汁被继续用来进行实验室扩培。

接下来的酵母繁殖（增殖）过程主要通过倒罐形式不断将处于高泡期的培养液倒入更大的容器中来实现（扩大倍数小于10）。举例来讲：

容器编号	1	2	3
容器体积/mL	10	100	1000
无菌麦汁量/mL	5	50	500
接种量/mL	—	5	55
总量/mL	5	55	555

超过10 L的容器用金属（铬镍钢）制作，被称为卡氏罐。形式如下：

- 小卡氏罐，容量8～10 L
- 大卡氏罐，容量20～25 L

卡氏罐上采用螺纹密封圈4、5来密封（图4.7）。大多数卡氏罐都带有方便运输的手柄6、无菌空气过滤器1和取样阀2以及一根通过升液连接至罐

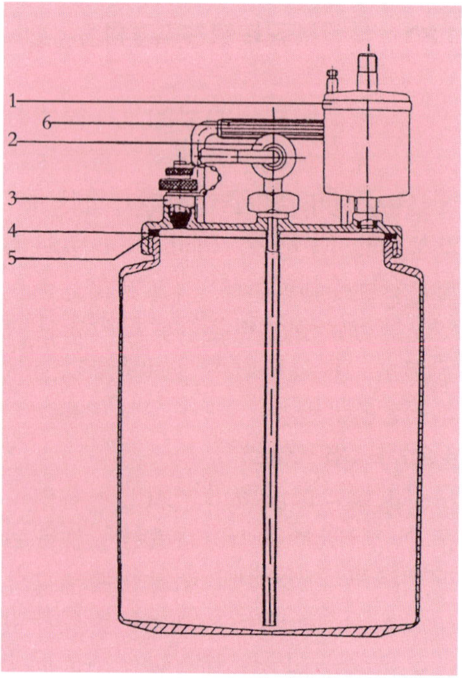

图4.7 卡氏罐

1–无菌空气过滤器 2–取样阀 3–接种头

4、5–螺纹密封圈 6–手柄

底的排空与充注软管，软管自身带有管箍。卡氏罐及其中的内容物一起被加热灭菌，然后被冷却至接种温度后接入酵母液。大多数卡氏罐都有带橡皮膜的接种头3，在无菌条件下通过注射器来进行接种操作。接种量为100～200 mL。通过取样阀2上的无菌空气接头，使无菌空气通过垂直升液管从底部进入麦汁以促进酵母繁殖。若已达到期望的酵母细胞数，则导入经空气过滤器1过滤后的压缩空气将酵母液从垂直液管和取样阀2中压出。

因为运输的原因，更大麦汁量的扩培工作无法在实验室内进行，因此需要在车间的酵母扩培设备中继续进行扩大培养。

4.2.4 车间酵母扩培

车间继续进行的酵母扩培可以在下述设备中进行：

- 酵母扩培设备
- 开放式扩培容器

扩培过程中每一个酵母细胞均必须形成自身重量几倍的新细胞，扩培结束时纯种酵母细胞的浓度可达到（100～140）×10^6个/mL。为了完成如此艰巨的任务，酵母除需要麦汁中拥有足够的营养成分外，还特别需要氧：

- 形成有机化合物需要能量
- 酵母主要通过有氧呼吸来获取增殖所需的能量，无氧发酵时所收获的能量远远不够
- 酵母的呼吸代谢过程必需氧的参与，而高糖含量会阻止呼吸过程，所以无限制地提高供氧量也没有意义
- 所供氧气必须分配良好，能够让每一个细胞都得到供给
- 实际生产中必须通入过量的氧，但是每一个快速上升的气泡均为损失，无法通过渗透来给细胞供氧，而且只会带来不必要的泡沫问题

4.2.4.1 酵母扩培设备

此设备由不同规格的密闭不锈钢罐组成。在这些罐中所进行的扩大培养直至达到发酵池或发酵罐接种所需的酵母添加量为止。扩培方法有多种。

酵母扩培设备由一个麦汁杀菌罐和一个增殖罐组成。麦汁灭菌罐负责对待发酵的麦汁进行杀菌并加以冷却。而酵母增殖以逐级扩大的方式在不同大小的增殖罐中进行，直到拥有锥罐所需的接种量。

以下几点对酵母纯种培养很重要：

- 进入增殖罐以前，一切工作都必须在无菌条件下进行。否则以后根本无法去除这些污染微生物，因为它们的生存条件大多与酵母一样
- 强烈通入无菌空气是酵母迅速生长的前提，只有这样才能培养出健壮且发酵力强的酵母
- 在20～25℃时，酵母繁殖速度要比低温时快。但酵母培养温度要逐步下降到车间所选用温度，以便在生产中达到完全的发酵能力
- 纯种培养要选用打出麦汁，因为其中的酒花苦味物质有抑制杂菌污染的作用

操作过程如下：

- 将麦汁装入麦汁杀菌罐中，在100℃下灭菌至少30min以杀死所有微生物。灭菌后，将麦汁冷却至14～16℃
- 将酵母加入酵母增殖罐中。若增殖罐有各种规格，则首先在无菌条件下将卡氏罐中的酵母添加到最小的增殖罐中。倒罐时首先必须将取样阀处的两个开口用火焰灭菌，以避免污染。为使酵母加快增殖，麦汁必须强烈通风。为此需将麦汁从杀菌罐中泵入增殖罐，达到酵母罐所需的容积后，再对酵母罐进行体外循环并同时通风（图4.8）。容积测量利用压力传感器来完成
- 大约一天以后（24～36h），培养液达到高泡期（对数生长期）。此时，需在无菌条件下，将培养液泵入下一个更大的、装有无菌麦汁的增殖罐中。该过程一直重复进行至达到所需的酵母量为止
- 当增殖罐中达到最高酵母量时，将此时正处于高泡期的嫩啤酒泵入发酵罐中。为确保最佳的发酵过程，需要在倒罐时再次进行强烈通风
- 增殖罐中要保留一定量的处于高泡期的残液。立即加入无菌麦汁后又可开始下一次酵母增殖过程。清洗增殖罐之前，必须完全排空增殖罐

采用该“追加式”扩培方法能够在实际生产条件下、在较短时间间隔内连续进行纯种扩培，由此达到均匀的酵母质量[63，107]（图4.9）。

所有啤酒厂都要尽可能使每次接种时的酵母处于最佳状态。众所周知，使用对数生长期的酵母来发酵具有许多优点[99]，具体如下：

- 起发快
- 发酵时间短
- pH下降快（降幅大）
- 双乙酰分解快且完全
- 啤酒口味纯正、圆润

根据扩培时的不同接种方式又可将扩培工艺划分为两大类：

- 将一部分处于高泡期的培养液在接种结束后保留在增殖罐中，加入新麦汁后又可重新开始增殖过

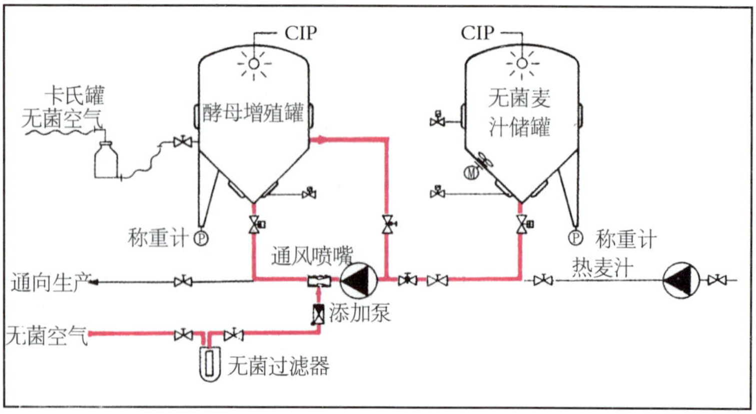

图4.8 Couti-pro酵母扩培设备[Esau & Hueber公司]

程。该工艺被称为同化工艺

- 或者再从头开始纯种培养过程，这意味着增殖罐最后被完全排空。该工艺被称为一罐法

4.2.4.2 酵母扩培同化工艺

根据Back教授提出的同化工艺，同化过程是酵母在特定生长条件下（温度、溶氧量、pH、浸出物浓度）在同化罐内的增殖过程。同化罐为装备有常见辅助装置（过压和负压保护装置、CIP清洗喷头等）的立式锥形罐或圆底罐（图4.9）。

当发酵酒液中处于对数生长期的酵母数达到一定量[（100～120）$\times 10^6$个/mL]，同化罐内酒液的浸出物外观浓度下降到6%～7%时，将80%～85%的培养液抽出，用来接种麦汁。而剩余的15%～20%酒液中则加入具有同样温度的麦汁[203、204]。仍处于对数生长期的酵母将继续发酵麦汁并降糖至外观浓度为6%～7%。该过程可以反复进行（图4.9a）。

同化过程中的控制参数如下：

- 已被发酵和未被发酵麦汁的混合比例
- 浸出物含量
- 温度
- 通风量

通风操作时，每次通风1～2min，然后休止8～9min。通风装置为一常见的T形管，带有2～3m长的气液混合段。同化温度约在发酵温度上4～5℃。为了避免形成太多的泡沫，空气供给量相应控制得小一些。

同化过程会带来更多的酵母。但扩培酵母的增多，也意味着老酵母以及必须加以回收的含酵母啤酒的增加，相应带来成本的上升。因此可以通过不完全使用同化酵母，而是与回收酵母混合起来（40/60或50/50）的方

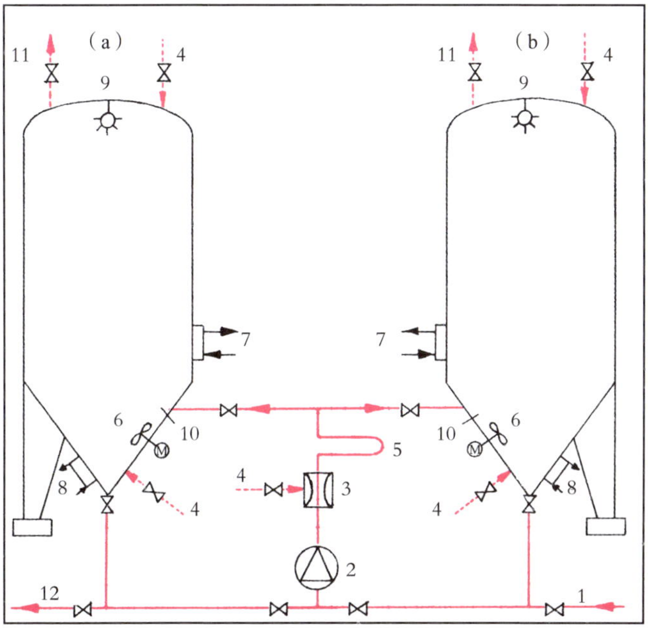

图4.9 理想的酵母扩培设备[根据Back教授]
（a）同化罐1（b）同化罐2
1-麦汁进入 2-变频泵
3-文丘里喷嘴 4-无菌空气
5-溶解段 6-通风搅拌器
7-冷却 8-加热
9-CIP设备 10-溶氧、pH、浸出物含量测量段
11-CO_2 12-酵母

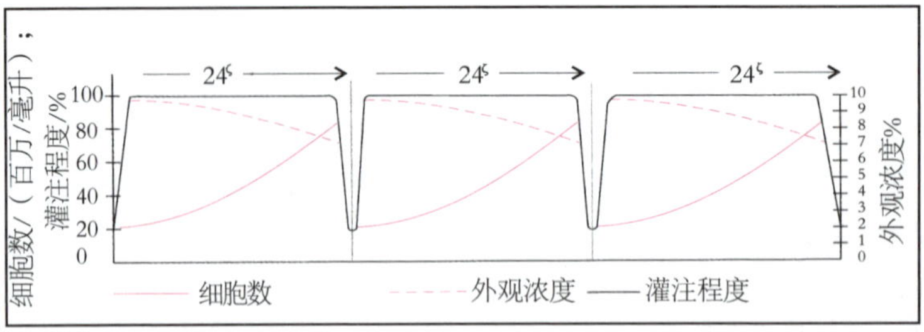

图4.9a　理论上的酵母同化流程

式来解决该问题。

同化工艺具有以下优点[99，203]：

- 培养时间短，能够最好地保证酵母供给
- 可确保死亡细胞量低于3%
- 接种时酵母数量可以下降到（10～15）×10^6个/mL
- 能够快速将pH继续下降0.1
- 双乙酰还原时间缩短
- 发酵和后熟时间缩短一天
- 未滤液的微生物稳定性明显提高
- 啤酒质量得到改善

另外还可节约电能、硅藻土消耗量、水耗以及废水生成量以及废酵母量等[203]。

4.2.4.3　一罐法酵母纯种培养工艺

Wackerbauer教授提出的一罐法纯种扩培工艺[182、202]中，增殖过程一直进行到达到所需的接种酵母量为止。该工艺中没有追加截留过程，也就是说下一次扩培过程需要从头开始进行。

纯种培养罐为一带有加热和冷却夹套4的锥形罐（图4.10，1）。除常见的过压和负压保护装置以及CIP清洗球外，在罐中还装有一个环形通风管3。

工艺流程如下。

首先向扩培罐内注入约一半量的麦汁，然后杀菌15min并冷却至20℃。

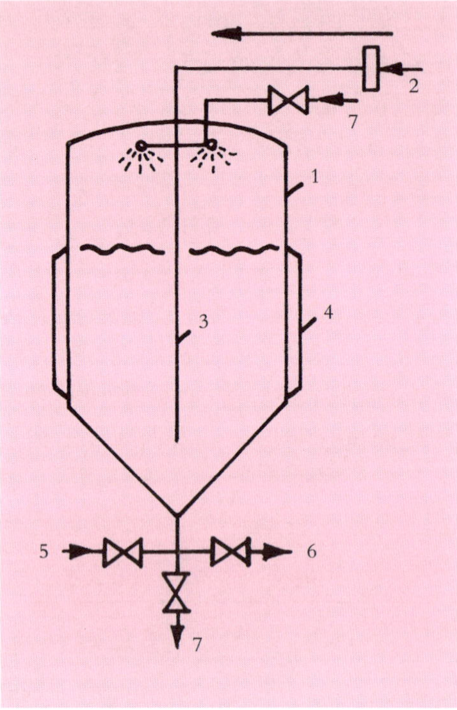

图4.10　Wackerbauer教授提出的一罐扩培工艺
1-扩培罐　2-无菌空气入口
3-环形通风管　4-加热和冷却夹套　5-麦汁入口　6-流向锥形罐的扩培酵母　7-CIP管道

接下来接入纯种酵母，并利用通风管给酵母供氧。通风时第1d每间隔15min通1min，第2d每隔5min通1min。如此操作主要是考虑到第1d时酵母还不需要太多的空气，而从第2d开始呼吸和发酵代谢旺盛，所需要的氧更多。

此外必须保证整个罐内内容物的均匀混合，确保酵母始终处于悬浮状态，最终获得高活力的酵母。该工艺中，麦汁的杀菌以及无菌空气的制备特别重要，必须保证不出现任何污染。

为了最终达到所需酵母量，不同阶段的扩培比例可以控制如下：

- 实验室到卡氏罐：1∶200
- 卡氏罐到增殖罐：1∶（250～300）
- 接种500 hL麦汁：1∶20

一般可认为经过2.5～3d扩培后，即可得到接种单锅麦汁所需的纯种酵母。扩培罐所需的容量可根据以下公式来计算：

$$扩培罐容量（hL）=\frac{糖化产量（hL）\times 2}{20}$$

连续通风过程使酵母增殖速度加快。该工艺方法的优点如下[182、202]：

- 连续通风过程能够保证在较短时间内即可扩培出高活力的纯种酵母
- 整个扩培系统中转运路径特别短，极大地降低了污染可能性
- 每次扩培罐中均会接入新鲜扩培液，所以不会出现酵母退化现象
- 该工艺成本低，操作简便

4.2.4.4 开放式酵母扩培

小啤酒厂往往缺乏购买酵母纯种培养设备的资金，从大型啤酒厂购买酵母也会碰到困难，特别是需要那些大型啤酒厂不能提供的酵母菌种时。在这种情况下，啤酒厂可自己进行扩培，但可能无法始终确保无菌。

开放式的酵母扩培方法有很多种，在此具体介绍两种：

- “Stockhausen-Coblitz”方法
- 小罐方法

Stockhausen-Coblitz方法为最传统的开放式酵母扩培方法。此处利用2个带盖的金属容器进行扩培（图4.11），其工作流程原则上与实验室扩培相同。由于发酵麦汁量不断增加，所以接下来将在较小的发酵池中继续扩培：

	容器名称			
	小Coblitz容器 体积/L	大Coblitz容器 体积/L	小发酵池 体积/L	大发酵池 体积/hL
煮沸终了麦汁量	17	50	225	9
接种的嫩啤酒量	8	25	75	3
总容量	25	75	300	12

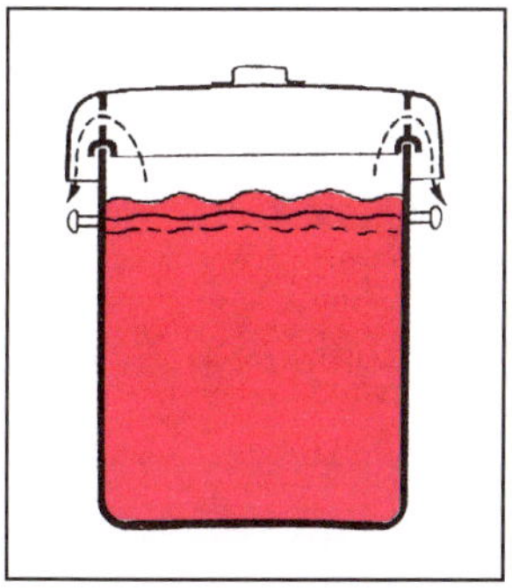

图4.11 Stockhausen-Coblitz 酵母扩培容器

采用该方法只需要较少的操作以及简单的装备就能扩培出发酵50 hL麦汁所需的酵母量。严格来讲，这种开放式酵母扩培只是提前进行的发酵池发酵过程，最迟经过大Coblitz容器后就不再使用无菌麦汁，而是生产麦汁。

另外一种开放式的酵母扩培方法是小罐方法（图4.12）。使用这种方

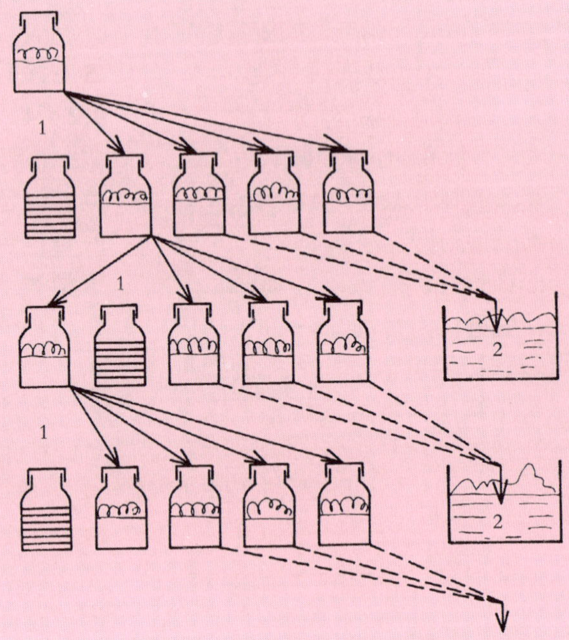

图4.12　Carriére酵母扩培工艺
装有25L嫩啤酒用来接种，容量为40L的牛奶罐
1–牛奶罐　2–扩培池

法时，酵母在一个容易清洗的牛奶罐中进行增殖。总需要使用五个罐子，其中一个作为原种罐用于下一次扩培。采用这种简单的方式也能扩培出接种所需的足够酵母量。

工作流程如下。

将一个罐子彻底清洗干净，用蒸汽或热水加热，然后装入20 L高温、未添加酒花的打出麦汁，将罐子密封后于主酵间内冷却至10～11℃，此过程大约需要1d。

将8 L卡氏罐内的高泡酒液加入20 L麦汁中，只需很短时间发酵便在牛奶罐中继续进行，从大量泡沫的形成就可说明这一点。接下来将罐中内容物分装到4个已按上述方式各注入了20 L冷却麦汁的小罐中。经过2～4d培养后，各罐中的培养液又达到高泡阶段。将3个罐中的内容物（约80 L）倒入经过彻底清洗灭菌的纯种培养池中，第四个罐中的内容物则作为原种用于下次重新扩培。此过程可重复进行一段时间。

在所有扩培方法中均需注意：

- 车间扩培时，酵母种液量与添加麦汁量之比不要超过1：3或1：4
- 在追加法中，追加麦汁的温度应与酵母种液温度相适应，因为骤然冷却会导致酵母因急冷作用而不再继续发酵
- 扩培温度应与发酵温度相适应，以便酵母能够提前适应生产条件

主酵和后熟操作有两种基本形式：

- 很多啤酒厂在开放式发酵池中和后酵罐中进行主酵和后熟过程。这种形式被称为传统发酵和后熟
- 在新设备中，发酵和后熟均在锥形罐中进行

两种形式的设备和工艺操作区别很大，需要分别加以论述。

4.3 传统主酵和后熟

许多啤酒厂拥有开放式的发酵池和后酵罐，也就是说发酵和后熟仍然按照传统生产方式进行。在此具体介绍发酵车间和后酵车间的装备以及发酵和后熟的工艺操作。

4.3.1 发酵池——开放式发酵车间的主要设备

主酵过程在发酵车间内的发酵池中进行。

4.3.1.1 发酵池

根据制作材料和空间利用率可划分不同的发酵池。为排除发酵时产生的热量，发酵池备有冷却装置。

（1）发酵池的制作材料和内衬材料　根据制作材料和内衬材料的不同可将发酵池分为木制、钢制、铝制和混凝土发酵池，其内衬材料也各不相同（沥青、塑料树脂、釉质等）。

（2）发酵池的冷却　可以认为，发酵时形成的热量约为587 kJ/kg浸出物。约2/3的浸出物在主酵时被消耗掉。若每百升接种麦汁含有12 kg浸出物，按主酵消耗2/3浸出物计，则有8 kg浸出物被发酵降解。相应每百升麦汁在主酵期间形成的热量为：

$$587\ \text{kJ/kg} \times 8\ \text{kg} = 4696\ \text{kJ}$$

这一热量必须在主酵过程中通过冷却被转移带走。热量的排出大多通过冷却夹套进行，很少使用蛇形冷却管。冷却装置中流动的是0～1℃的冰水。冷却水的流量必须可以调节，以便达到所期望的控制温度。

为了延长啤酒的保存期，特别是在开放式发酵过程中必须排除一切杂菌感染的机会。

4.3.1.2 开放式发酵间的装备

发酵池在主发酵间的放置位置必须便于生产操作，发酵间应配备有冷却装置并安装能够抽吸二氧化碳的设备。

发酵容器的布局：

发酵间多位于冷却间下面，这样麦汁可借助自然落差流入发酵间。

发酵间通常由三部分组成：

（1）接种间　此室较小且位置较高，其中只有几个不带冷却装置的发酵池。

（2）前酵间　带内部冷却装置的主发酵池在此处。

（3）酵母间　酵母在此保藏。

发酵间分两层，建造发酵池时必须考虑到应便于从上部和下部进行操作。发酵池的放置高度应保证在下部的操作不受阻碍，只有一层的木制发酵间例外。攀缘木制发酵池时必须借助梯子。

传统啤酒的生产过程如下：麦汁和啤酒的流动完全借助自由落差进行。最上面是冷却船，冷却船之下是喷淋冷却器，这两种设备今天已不复存在。冷却器下面是接种间和发酵间，最底部则是受到土壤或岩石保护

的后酵贮酒间。如此布局的意义在于从一个车间到下一个车间的物料输送过程不需使用泵，可节约物料输送时的能耗。在泵发明以前的近百年中，啤酒就已经按照简单而相似的工艺进行酿造，物料也必须从一个车间输送到另一车间，那时这样的设置就很有意义。可以避免依赖人力或者利用最原始的“手动泵”来输送所有无法自行流动的物质。酿造徽章右方的舀酒勺就是对这个时代的最好回忆（图4.13）。

图4.13　酿造徽章上的舀酒桶

发酵车间设备（图4.14）：在发酵间内啤酒和空气发生接触，因此存在被啤酒有害微生物感染的可能性。所谓啤酒有害微生物或污染物是指在啤酒生产中除啤酒酵母以外的微生物。它们通过自身的繁殖以及向酒液中分泌代谢产物可导致啤酒浑浊，使啤酒质量下降甚至使啤酒变得不可饮用。在发酵间，清洗发酵池时会产生大量的废水，它们必须尽快通过合适的排水设施排走。发酵间的厚墙起到隔热作用，以尽可能减少外界气温的影响。

发酵间空间冷却：发酵期间产生的热量不能完全通过发酵池冷却来排除，因此发酵间还需要空间冷却装置，保证车间温度为5.5～6℃。每天每$1m^2$地面耗冷量约为4MJ。因为要排除发酵形成的CO_2，所以发酵间内的空气必须每天换气多次。从冷却这些空气的意义上来讲，这些冷量消耗也是必须的。

发酵间的空间冷却通过循环空气冷却装置间接进行，冷却管置于相邻房间中。空气被鼓风机压过冷却间而被冷却。冷空气中含有的水以冰的形式在冷却管上冷凝析出，空气得到干燥。低温干燥的空气以低速进入发酵间，并在墙的另一端重新被抽出。

通风：在酒精发酵中会形成CO_2。由于CO_2比空气重，所以CO_2主要沉积在容器和车间的下部。

■　吸入CO_2有害健康

空气中的CO_2含量达到4%时就会导致死亡，因此不断形成的CO_2必须被带出发酵间（见4.10.1）。

所形成的CO_2仅有很少一部分溶于嫩啤酒中，其余大部分逸出。二氧化碳的密度为1.96 kg/m^3，这意味着每$1m^3$的二氧化碳其质量仅为2 kg。

4.3.2　发酵车间收得率

麦汁到达主酵间后应立即测定麦汁量和浸出物含量，以计算发酵车间收得率。由于糖化车间收得率和发酵车间收得率之间存在着密切关系，所以发酵车间收得率特别重要。

发酵车间收得率是指糖化投料

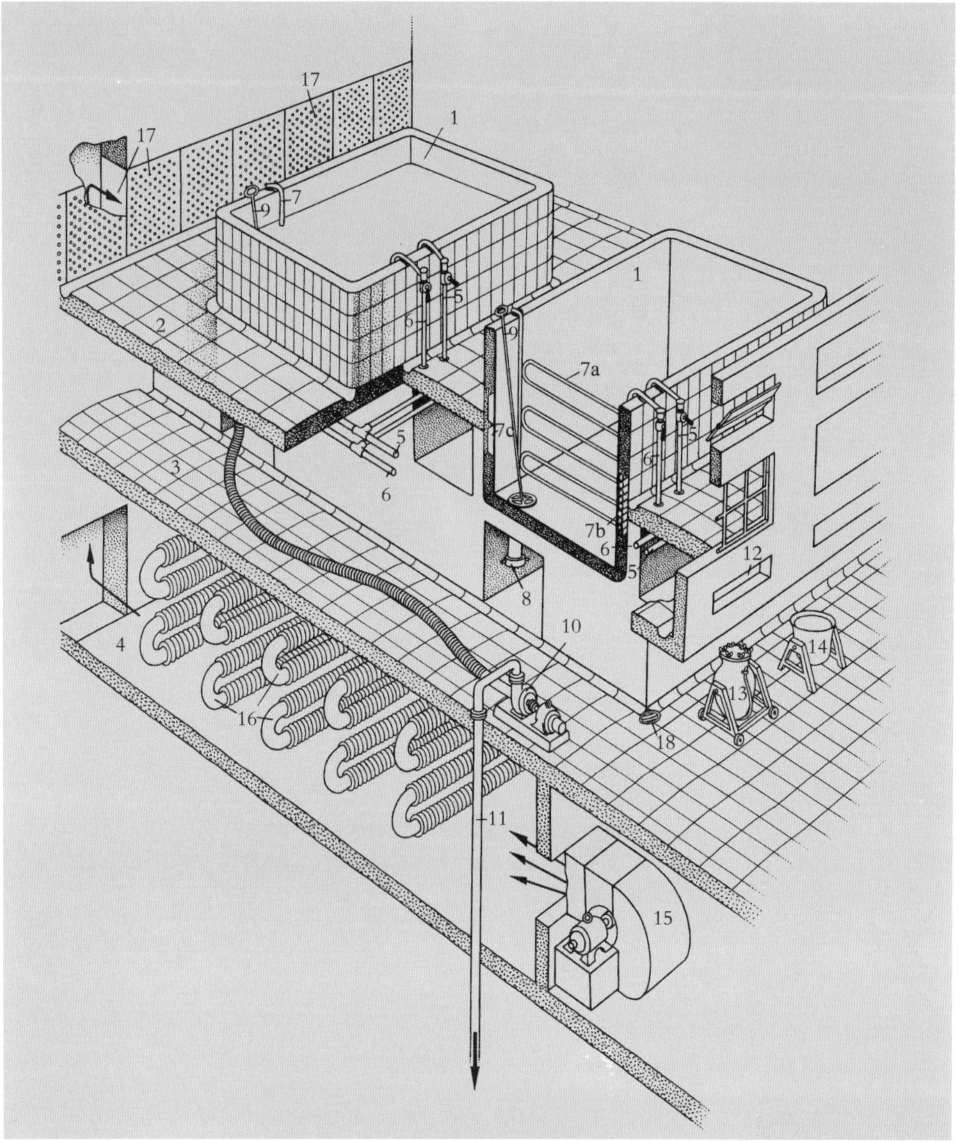

图4.14　发酵车间设备（传统设备）
1-发酵池　2-发酵车间上层　3-发酵车间下层　4-冷却间　5-冷却水进口　6-冷却水出口　7-冷却蛇管固定装置　7a-冷却蛇管　7b-套管冷却　7c-夹套冷却　8-出口接头　9-阀杆　10-下酒泵　11-下酒管道　12-CO_2排放口　13-酵母罐　14-酵母盆　15-鼓风机　16-空气循环冷却的冷却管道　17-将冷空气带入发酵车间的通风口　18-下水道

量中有多少作为麦汁浸出物进入了发酵车间并被接种。

发酵车间收得率的计算原理和糖化车间收得率相同，但无需乘以0.96这个系数，因为接种麦汁的容量是在低温状态下测定的，容量不会发生变化。

在没有蒸发或其它损失的情况下，该收缩量究竟有多少，请看下例：

示例：某锅打出麦汁量为543hL，收缩之后有多少百升麦汁量呢?

543 hL × 0.96 = 521 hL

即有22hL容积由于收缩而消失。在计算发酵车间收得率时无需考虑此损失量。

发酵车间收得率A_g的计算公式：

$$A_g=\frac{\text{接种麦汁量（hL）}\times\text{麦汁质量浓度}\times\text{相对密度}d_{4℃}^{20℃}}{\text{糖化投料量（100kg）}}$$

在打麦汁和接种过程中存在着少量的浸出物损失，原因主要有：

- 容器壁和管道壁上会粘附少量浸出物
- 排除酒花糟和凝固物时会带走一部分浸出物

所以，发酵间收得率总是稍低于糖化车间收得率。

许多啤酒厂不添加全酒花，而是将浑浊麦汁加入下一锅糖化中。由于浑浊麦汁中含有75%左右的麦汁，凝固物量仅占25%，所以必须从下锅麦汁产量中扣除这75%的量（但又必须加上前一锅的量），差值大约相等。

发酵车间收得率本身并没有说服力，重要的是糖化车间收得率与它的差值。该差值受下列因素影响：

- 麦汁冷却设备和工艺方法。该影响因素几乎保持不变
- 由麦汁打出到接种的操作方式

若糖化车间与发酵车间收得率差值与平常观测结果变化较大则表明操作方式有所变动。

计算举例

由4960 kg比尔森型麦芽投料生产出331 hL浓度为11.4%（质量分数）的打出麦汁（即打出麦汁的质量浓度为11.90 kg/hL），而接种麦汁量为321 hL，浓度为11.2%（质量分数，相当于质量浓度为11.68kg/hL）。问：糖化车间收得率A_s与发酵车间收得率A_g之差值为多大?

$$A_s=\frac{11.90\times0.96\times331\text{hL}}{4960\text{kg}}=76.24\%$$

$$A_g=\frac{11.68\times321\text{hL}}{4960\text{kg}}=75.59\%$$

A_s和A_g差值则为 0.65%。

我们也可用简单的方法来计算出浸出物含量的差别：

E_s = 11.90 kg/hL × 0.96 × 331 hL = 3781.3 kg浸出物（麦汁打出时）；

E_g = 11.68 kg/hL × 321 hL = 3749.3 kg浸出物（接种时）；

则浸出物损失量为32.0 kg。

4.3.3 开放式主酵过程的工艺操作

麦汁接种后开始进入主酵过程。主酵期间，发酵过程通过温度和发酵周期得到控制。啤酒下酒到后酵间之前须计算发酵度。

4.3.3.1 接种

接种是指将酵母添加到麦汁中开始启动发酵的过程。即将添加酵母的麦汁叫接种麦汁。原麦汁浓度以%P表示，德国过去以及现在的其它国家仍以°P来表示。

麦汁添加酵母后便可称为啤酒，或更严格来讲应被称为嫩啤酒。为了

促进酵母的作用，必须保证酵母通过麦汁获得足够的氧气且在麦汁中均匀分配，以便能够迅速增殖和发酵。

4.3.3.1.1 麦汁通风

麦汁通风不仅是为了带入氧气，也为使酵母均匀分布到麦汁中去，尽可能避免出现酵母块。每一个酵母细胞都必须尽快地接触到麦汁中的营养成分，这一点对于起发强烈程度尤其重要。所以在现代化的设备中，酵母被均匀地流加到接种麦汁中。

较小的啤酒厂有时还采用下列通风方法：

- 从一个桶中倒入另一桶中
- 酵母提升供氧设备
- 酵母吸氧设备

现代化啤酒厂则采用专门的特殊装置使空气均匀细密地被带入到麦汁中，在3.9.3中已做专门介绍。

麦汁通风不好会造成下列不良后果：

- 起发差
- 发酵时间长（延长3d或更长时间）
- 发酵过程对冷却壁较敏感
- 降糖缓慢或停止
- 后酵不够强劲
- 啤酒质量受到不利影响

> 麦汁需要强烈通氧不容置疑。酵母会迅速吸收此时所带入的氧气，因为酵母增殖急需氧气。在几小时之内氧气很快被消耗殆尽，因而不会带来任何不利影响。但酵母供氧不够则会导致出现前面所提及的不利后果。

4.3.3.1.2 酵母添加

> 酵母应均匀加入麦汁中，同时麦汁应强烈通风，以使起发迅速且旺盛。
>
> 酵母的添加量为（20～30）$\times 10^6$个/mL麦汁，相当于0.6～0.7L稠酵母泥/hL麦汁。
>
> 一般可认为稠酵母泥中的酵母浓度约为3×10^9个/mL，所以0.5L稠酵母泥/hL麦汁中的酵母细胞数约为15×10^6个/mL麦汁，而1L稠酵母泥/hL麦汁中的酵母细胞数则约相当于30×10^6个/mL麦汁。

从酵母暂存罐中计量添加酵母可借助泵或阀门来完成，酵母的添加量可通过浊度测量系统来控制。

但是没有人能够真正对酵母细胞逐个进行计数，所以往往是通过对测量数据进行换算而得到结果，然后通过如酵母液浊度的测量与调节来控制细胞数。

有许多辅助方法和装置能够被用来测量酵母添加量，其中借助浊度测量间接计算细胞数量的方法得到了较广泛的应用。该测量过程可以在线进行，因此可以实现接种酵母添加的全自动控制。最常用的测量原理基于浊度差别测量，此时分别测量麦汁添加酵母前后的浊度值并通过此差值来推算出酵母细胞浓度。

另一种方法是测量酵母负荷量[135]。该方法将固形物含量和流量大小结合起来形成一个新的测量指标（以单位体积内的质量来表示，g/L）。生产流程中来自于两方面的测量信号被连接起来并将固形物含量以单位体积内干物质的质量来加以表示。该测量方法解决了酵母添加过程受到酵母悬浊液浓度影响的问题。

提高酵母添加量是加快发酵的最重要手段，而且不会出现不利影响[39]。

起发强烈也有利于提高啤酒的可滤性和泡持性。

图4.15所示的是一台带麦汁通风装置的酵母添加设备。从回旋沉淀槽1出来的麦汁经薄板冷却器4冷却后进入浮选罐3。在此期间，从酵母罐2出来的酵母通过计量泵被定量加入麦汁中。而在设备的第二部分中，麦汁如前所述得到强烈通风。流程图中给出的浮选罐也可以是一个发酵罐。

接种大多在发酵池中进行。由于温度下降的原因麦汁中仍含有一部分不溶物，它们在一天之内就会沉降到发酵池底部。这些不溶物包括在凝固物分离过程中未被完全分离掉的部分凝固物颗粒以及由于低温又重新析出酒花树脂。

此外，发酵力弱以及死亡酵母细胞也会很快沉降至发酵池底。因此，有时需使用酵母接种池。使用酵母接种池时，麦汁接种并增殖12～24h后再被倒入发酵间的容器中。经酵母接种池增殖后再回收的酵母与直接在发酵池接种相比要纯净一些，色泽浅一些。传统的接种温度为6～7℃，但其它温度也很常见。接种的一种特殊工艺为“追加接种工艺”。

4.3.3.1.3 追加接种工艺

追加接种工艺是指把麦汁加入已开始发酵的池中。由于新鲜麦汁的进入，酵母得到活化，发酵和增殖会立即进行。利用追加接种工艺可以节约起发时间。

特别重要的一点是追加接种麦汁的温度必须与发酵中嫩啤酒的温度相同，否则酵母受冷刺激会导致发酵缓慢

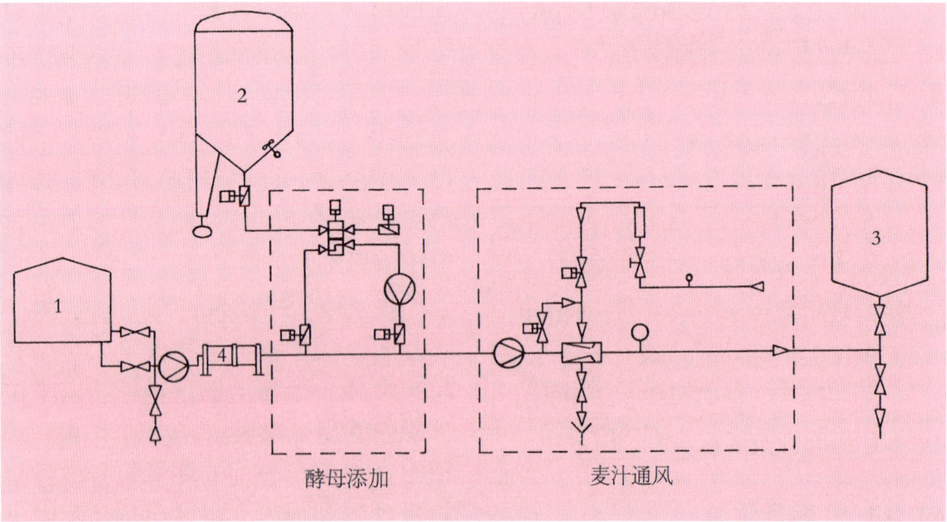

图4.15 采用Turbo-Air麦汁通风设备的连续酵母添加流程（Esau & Hueber公司，Schrobenhausen）

1-回旋沉淀槽 2-酵母罐 3-浮选罐 4-薄板冷却器

或完全终止。采用此种方式可按糖化生产节奏不断接种，避免了酵母的适应阶段和加速生长阶段产生的延缓作用（见1.6.4）。此时可以从一个正处于高泡期的大池底部抽走部分嫩啤酒，转移到较小的发酵池中继续进行常规发酵；同时，把相同温度（8.5℃）的冷却麦汁从上面打入处于高泡期的发酵池中，保证发酵池的麦汁量保持恒定。未发酵的麦汁在处于高泡期的发酵池中与已发酵的嫩啤酒得到混合，酵母不断增殖并持续保持在增殖阶段。

若能调节流加量，使接种麦汁的浸出物浓度与泵出的嫩啤酒浸出物含量之差始终保持在1.5%～2.5%，那么从理论上来讲追加接种过程可以一直持续下去，直到没有麦汁为止。同时得到的都是发酵力强、未被污染的新鲜酵母细胞。这种方法的关键是要对冷麦汁强烈通风以带来足够的酵母增殖量。通风量不够时会延长发酵时间。

每个周末，处于高泡期的发酵池应被泵空然后清洗干净，然后再接入下周的第一批麦汁，用于追加。

4.3.3.2 发酵控制

麦汁添加酵母后，称为嫩啤酒。主酵期间，嫩啤酒经过各个不同的发酵阶段，其外观特征各异。发酵温度和发酵周期对于发酵控制十分重要。

4.3.3.2.1 发酵阶段

在主发酵过程中，嫩啤酒经历下列正常发酵阶段：

发酵阶段	泡盖的变化特征
起发期	发酵池的上部涌现出白色细泡层，泡沫越来越白，表明发酵过程宣告开始
低泡期	细泡沫越来越高并形成褐色的泡盖。泡盖的外观应尽可能均匀，类似鲜奶油状
高泡期	发酵处于最旺盛时期，泡盖很高，泡沫较大
落泡期	发酵强度减弱，CO_2大量形成下降导致高泡盖缓慢回落。泡盖的外观变为棕色
下酒泡盖	随着发酵不断减弱，泡盖进一步收缩下落，形成松散的、棕褐色的泡盖。泡盖在下酒前必须捞出，以防泡盖沉降污染酵母

主酵过程中有时也会出现下列不正常的发酵现象：

不正常发酵现象	现象特征	导致的后果
沸腾发酵	发酵池某处的嫩啤酒呈现沸腾状	不影响啤酒质量，泡盖要及时捞除
鼓泡发酵	在发酵即将结束时，泡盖里会出现很大的泡沫鼓动	不影响啤酒质量

4.3.3.2.2 发酵温度

在下面发酵主酵过程中，最重要的温度控制为接种温度和发酵最高温度。主酵结束时，嫩啤酒必须再次降温。

（1）接种温度　接种温度通常为5～6℃。在快速发酵工艺中，大多要提高接种温度，以加快发酵速度。

（2）发酵最高温度　发酵过程中会释放热量（见1.6.3.2）导致麦汁温度升高。尽管在较高温度下，发酵进展更迅速，但出于产品质量方面的考虑，必须注意控制不要超过一定的最高发酵温度。根据发酵最高温度的不同，可将发酵工艺划分为：

- 最高温度为8～9℃的低温发酵工艺
- 最高温度为10～15℃的高温发酵工艺

（3）降温　最高温度应尽可能稳定地保持1～2d，然后缓慢对嫩啤酒进行降温处理。由于酵母对急剧降温很敏感，所以每天降温速度不得超过1℃，而且降温速度要均匀。下酒时的温度应在4～5℃。

图4.16显示了主酵过程中一系列重要参数（温度、浓度、pH）的变化情况。发酵控制人员最重要的任务之一就是在发酵过程中检查和调节温度的变化，特别是在主酵最后几天测定浸出物含量。传统主酵周期为6～8d。

其它的发酵工艺将在4.4.3章节中加以论述。

4.3.3.3　发酵度

发酵过程中，浸出物不断被转化。其转化程度以发酵度（V）来表示。

> 发酵度表示接种后浸出物被发酵的比例为多少。

接种麦汁的浸出物含量与测定时啤酒的浸出物含量之差为已降解浸出物含量。发酵度的计算公式如下：

$$V=\frac{\text{已降解浸出物量}\times 100\%}{\text{接种麦汁浸出物含量}}$$

> 举例：
>
> 接种时的糖度计值为12%，下酒时的糖度计值为4%，则意味着有8%的浸出物量已经被降解。所以下酒时的发酵度为66.7%。

外观发酵度和真正发酵度

（1）外观发酵度（V_s）　在主酵间，借助发酵车间糖度计（图4.17）测定浸出物含量。但利用糖度计测出的发酵度仅在外观上是准确的，因为啤酒中的酒精会使糖度计值出现偏差。由于偏差值与发酵度成正

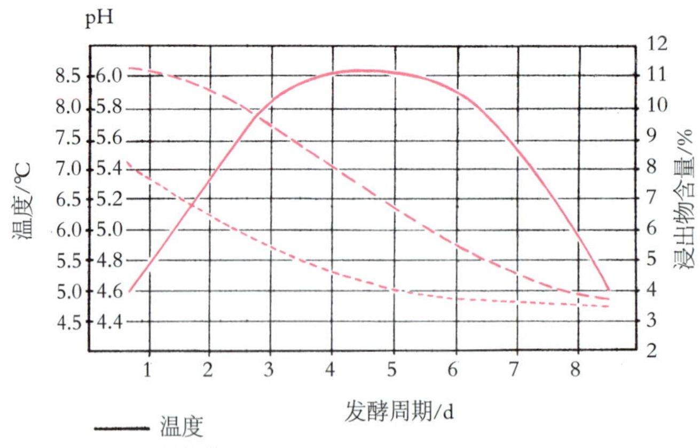

图4.16　主酵期间的温度、浸出物含量以及pH的变化情况

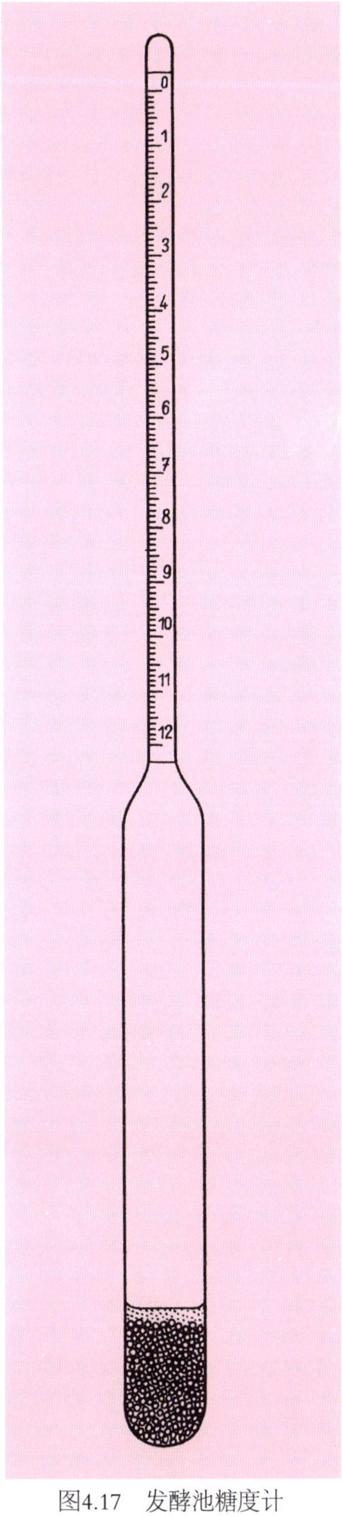

图4.17　发酵池糖度计

比，而且外观浸出物浓度（E_s）容易测定，所以啤酒厂优先选择外观发酵度来作为控制指标。

（2）真正发酵度（V_w）　为得到真正的发酵度，必须在实验室将啤酒中的酒精蒸馏出去，而蒸馏出去的量再用水补充。利用下面的计算公式，可以近似得到真正发酵度，真正发酵度始终低于外观发酵度。

$V_w \approx 0.81 \cdot V_s$

系数0.81是由巴林于1870年推算出的一个经验值。借助图4.18中的人字梯形图可很容易地读取发酵度值：只需将接种麦汁的浸出物浓度与已发酵麦汁的浸出物浓度直线连接起来，在梯形图上的交叉点处就可读出外观发酵度V_s和真正发酵度V_w的值。

发酵度的高低：发酵度的高低首

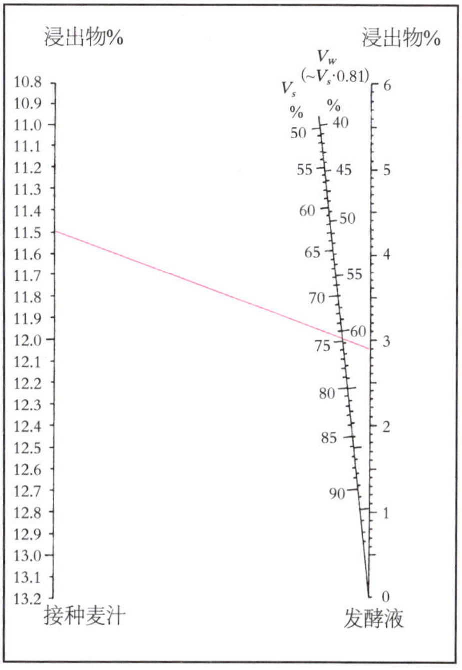

图4.18　可计算全啤酒外观和实际发酵度的人字形图表（标准图表）

先取决于取样测定时间。

测定发酵度十分重要：

- 主酵结束即下酒时，要测定主酵间的发酵度GV°
- 生产过程结束时即灌装前要测定成品啤酒发酵度AV°

为使发酵度有一个衡量标准，必须首先知道浸出物中究竟有多大比例的可发酵浸出物，即要测定最终发酵度EV° 。

由于生产中达到最终发酵度需要很长时间，因此需在实验室测定此值。

测定实验：

往0.3 L过滤后的麦汁中添加 3 g经过抽滤后的干酵母，然后置于恒温箱中于25℃下发酵。也可直接取发酵池中已经起发了的嫩啤酒样。2d后开始首次测量糖度，以后每天测1～2次，直至浓度不再下降为止。当浸出物含量不再下降时就可计算得出最终发酵度。

在下酒前、发酵进行4～5d后就可知道最终发酵度值。

最终发酵度是麦汁中能够达到的最高外观发酵度，它包含了所有可发酵性浸出物。其高低取决于糖化车间淀粉分解酶的作用。比如浅色全啤酒（出口啤酒、比尔森型啤酒）的最终发酵度为80%～84%。

从麦汁接种到发酵结束，浸出物含量的下降并不均匀，其中在强烈的主酵阶段的降糖速度远远高于相对比较平稳的后酵过程。

举例：一锅麦汁在发酵过程中浸出物含量和发酵度的变化如下（图4.19）：

下列差值对主酵以后的工作有重要意义：

（1）最终发酵度与车间发酵度之差　下酒的嫩啤酒中还必须含有部分残留可发酵性浸出物，以便后酵期间啤酒能在一定压力下积累CO_2。根据经验，为此约需1%左右的浸出物，对应的两个发酵度之差应为10%左右。

- 浅色全啤酒的车间发酵度为66%～68%
- 深色全啤酒和强啤酒的车间发酵度应低于60%

（2）最终发酵度与成品发酵度之差　啤酒灌装前要测定成品发酵度。灌装前取样在实验室中测定其浸出物浓度，并借助计算公式算出成品发酵度。最终发酵度与成品发酵度的差值由成品啤酒中仍然残留的浸出物决定。若差值很大，那么微生物（酵母或细菌）就能在灌装后的啤酒中找到可发酵性物质，从而增殖并导致啤酒浑浊。

成品发酵度应尽可能接近最终发酵度，现在一般都争取达到啤酒的最终发酵度。

时 间	测定顺序	浸出物浓度 / %	发酵度/ %	说 明
接种前	1	12.5	0.0	—
下酒时	3	3.9	68.8	车间发酵度GV°
成熟后	4	2.3	81.6	成品发酵度AV°
最终发酵	2	2.2	82.4	最终发酵度EV°

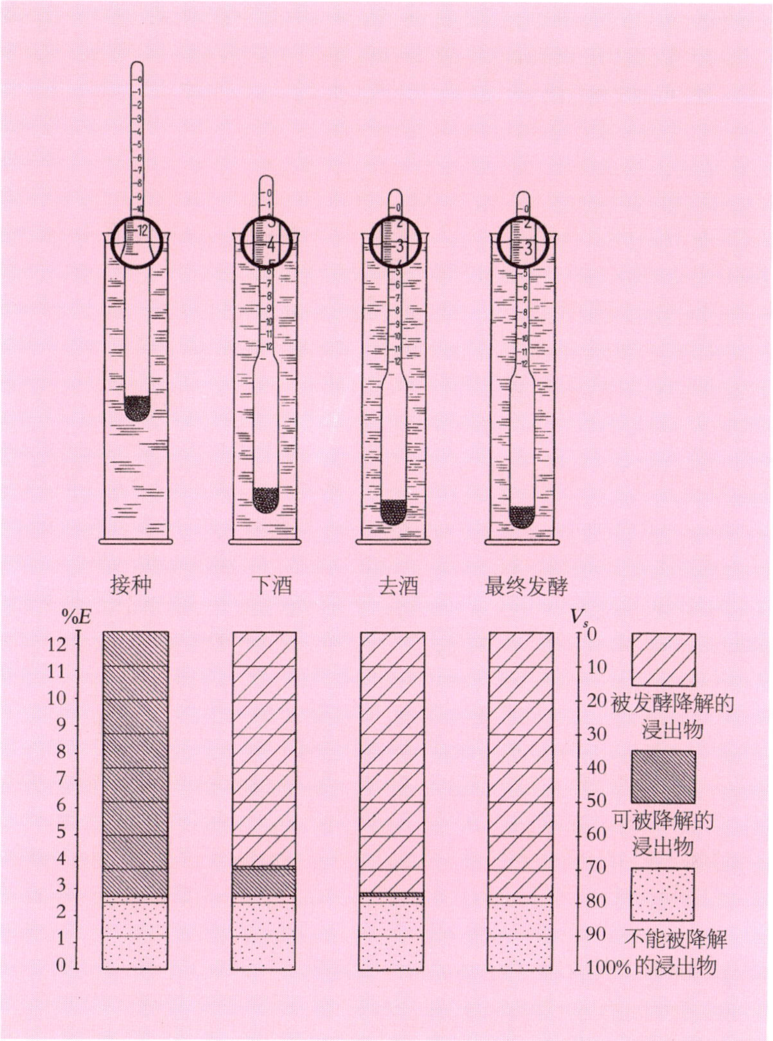

图4.19　发酵和后熟过程中的浸出物分解情况

4.3.3.4　下酒

下酒是指将嫩啤酒从主酵间导入后酵间。下酒时机要准确，也就是说辨认下酒成熟时期十分重要。不同糖化批次的嫩啤酒可以混合起来下酒。以前下酒往往是下到贮酒桶内，而现在后酵过程均在罐内进行（见4.3.6）。

（1）下酒成熟的辨认　许多特征可供辨认下酒是否成熟。

A. 测糖度：大多数啤酒厂至少要记录主酵最后几天的浸出物浓度。在啤酒厂根据经验一般知道下酒成熟时啤酒的浸出物含量大致应该为多少。全啤酒下酒成熟时的浸出物浓度在3.4%～4%，相应的车间发酵度为66%～69%。最后24h浸出物浓度应仅下降0.2%～0.3%。

B. 向泡盖中吹气：用力向仍未落下的泡盖中吹气，若发酵已成熟，泡盖不应再合拢，嫩啤酒液面应为黑色；若发酵仍未结束，旁边泡盖的压力会使被吹开的泡盖在很短时间内重新合拢，啤酒液面看起来似黏土颜色。

C. 酵母视杯：下酒前用透明的小玻璃杯舀一杯嫩啤酒，若酒液清亮透明，则说明发酵池中的酵母沉降得很好。当然酵母种类在这里起着重要作用。

下酒成熟时机与嫩啤酒中的酵母数之间存在着直接的联系。根据下酒时的酵母数量可将下酒划分为：

- 嫩下酒：进入后酵中的酵母数多，残余浸出物含量高
- 熟下酒：进入后酵中的酵母数少，残余浸出物含量低

究竟采用嫩下酒还是熟下酒的方式，关键取决于所使用的酵母及后酵因素。

嫩下酒	熟下酒
酵母发酵度低时，控制最终发酵度与车间发酵度差值在10%～12%	酵母发酵度高时，控制最终发酵度与车间酵度差值在15%
贮酒时间较短时	贮酒时间较长时
后熟温度低时	后熟温度高时
发酵容器大时	发酵容器小时

（2）啤酒的混合　由于使用的原料并不总是相同，每锅麦汁的生产也不完全一样，因此可能会出现最终啤酒质量不稳定的问题。为避免这种现象，需要将相同方式生产的麦汁进行混合。混合在主酵间就可开始，即将不同锅次的麦汁采用追加工艺来进行接种。

下酒时，也可将来自单锅麦汁的嫩啤酒分配到多个后酵罐中。不仅相同类型的啤酒且原麦汁浓度不同的啤酒也可以混合。

混合过程中必须考虑到无法彻底将两种液体完全混合到一起。混合效果受下述因素影响：

- 液体所含成分的含量差异
- 温度差异
- 其它方面（如色度、浸出物含量、酒精含量等）的差异

如果要得到彻底的混合，必须投入大量能量（搅拌、多次倒罐、煮沸等）才能实现。在接下来的计算示例中忽略了以上影响。

练习示例：

由于疏忽，使一锅643hL的麦汁浓度过高，达12.2%。若用水（0%）与之混合，以将其浓度降到所期望的11.3%，那么我们应加入多少hL水？

计算的方法很多，在此我们选择常用的两种方法计算：

（1）十字交叉法　利用十字交叉法只能将所应采用的混合比例计算出来，然后必须根据给出的不同分量来计算出参与混合的各绝对量。首先将参与混合过程的啤酒的浸出物浓度以上下行形式写下来，中间空行。然后稍靠右的位置在空行中写入期望达到的浸出物浓度。然后按照下图中所示十字交叉的形式将其连接起来，并在连接线的末端计算出相应斜列差值的绝对值。

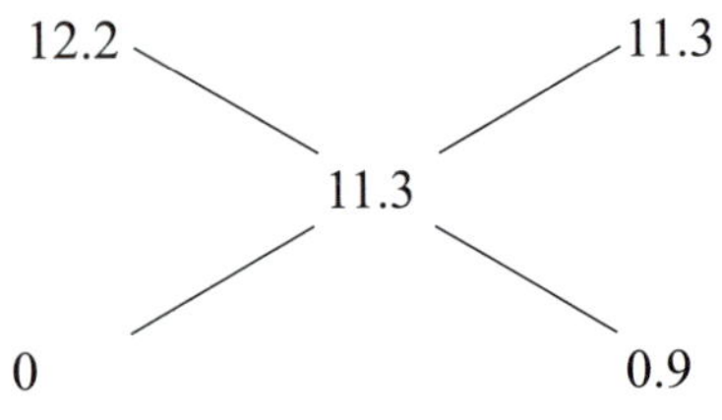

也就是说，把11.3份12.2%的麦汁与0.9份0%的水进行混合，就可得到12.2份（11.3+0.9）11.3%的麦汁。设加入的水为 x hL，则：

$$\frac{11.3}{0.9}=\frac{643\text{hL}}{x} \qquad x=\frac{643\text{hL}\times 0.9}{11.3}=51.2\ \text{hL}$$

即加51.2 hL水就可得到所期望的浓度11.3%。麦汁总量由此变为694.2 hL（643 hL + 51.2 hL）。

（2）混合计算公式：

量I × 浓度I + 量Ⅱ × 浓度Ⅱ =（量I + 量Ⅱ）× 浓度Ⅲ

仍以上述练习题为例来说明：

643 hL × 12.2% + 量Ⅱ × 0% =（643 + 量Ⅱ）× 11.3%

$$\text{量Ⅱ}=\frac{643\text{hL}\times(12.2\%-11.3\%)}{11.3\%}=51.2\text{hL}$$

对比以上两种计算方法可看到其结果一样。

上面的练习示例展示了如何进行混合计算的方法。若仔细观察这里仍隐含着一些小差错，例如计算中浸出物重量百分比浓度本来应借助密度（20℃/4℃）换算为质量体积百分比含量后才能与体积量相乘。另外麦汁或啤酒的温度对此计算过程也具有影响。

4.3.4 发酵池酵母回收

下酒后，发酵池底部的酵母分为3层。

最上层为上层酵母，主要由落下的泡盖和最后沉降下来的酵母细胞组成。

中层为核心酵母，由健壮、发酵力强的酵母细胞组成。颜色看起来应尽可能浅。

最下面的较薄层为下层酵母，由最初沉降下来的颗粒组成，如酒花树脂、凝固物颗粒等。

理论上可以按层回收酵母，但实际上却行不通，因为不同酵母层中的酵母细胞在生理特性上并未发现存在差异，仅在脏物负荷程度上有区别，而希望通过酵母回收来将不同脏物负荷区分开来是无法实现的。平均酵母回收量为每百升接种麦汁2.0～2.5L浓酵母泥。凝聚酵母的回收量多于粉状酵母，因凝聚酵母的沉积量多于粉状酵母。

所回收的酵母或直接用于下锅麦汁接种（干加法），或经过清洗后保存于水中（湿加法）。回收的酵母中含有残余啤酒，并且酵母越松散，残余啤酒含量就越高。使用干加法时残余啤酒未被清洗水带走，因而没有残余啤酒损失。

回收酵母的处理与保存详见4.4.5。

4.3.5 啤酒传统后熟过程中的物质变化

在后熟阶段必须关注另外两个特别重要的变化过程：过压下CO_2的饱和溶解以及啤酒中所有浑浊物的澄清。

4.3.5.1 过压情况下啤酒中CO_2的饱和溶解

啤酒中的CO_2含量首先取决于温度和压力。

（1）CO_2含量与温度的关系　CO_2在啤酒中与在水中的溶解度基本相当，它们之间存在的微小差别如下表所示。所列结果为100g水或100g啤酒（12°P、外观成品发酵度为80%）在常压下所溶解的CO_2量。

温度/℃	CO_2含量/g		温度/℃	CO_2含量/g	
	水	啤酒		水	啤酒
0	0.335	0.317	6	0.268	0.258
1	0.321	0.306	8	0.249	0.241
2	0.309	0.296	10	0.232	0.226
3	0.298	0.286	15	0.197	0.193
4	0.287	0.276	20	0.169	0.165
5	0.277	0.267			

上表所列出的CO_2量以100g水或啤酒计，所以表格中的数据就直接对应于相应的CO_2质量分数（%）。

温度越低，溶解的CO_2越多；温度越高，CO_2在啤酒中的溶解就越少。温度与气体溶解度的关系适用于所有气体在液体中的溶解过程，只是不同气体其溶解度的大小不同。

（2）CO_2含量与压力的关系　根据亨利（Henry）定律：气体在液体中的溶解与压力成正比。即容器中的压力越高，啤酒中所溶解的CO_2就越多。

例如，在1℃贮酒温度、一个大气压下，啤酒中溶解的CO_2为0.306%。那么在相同温度下，当压力上升时CO_2溶解度究竟会如何变化呢?

此时只需从表格中寻找出相应温度常压下的溶解度，然后乘以发酵容器中的绝对压力就可得到（以前面所提1℃为例），即：

在100 kPa 时，0.306 %×1.0 = 0.306 % CO_2

在110 kPa 时，0.306 %×1.1 = 0.337 % CO_2

在120 kPa 时，0.306 %×1.2 = 0.367 % CO_2

在130 kPa 时，0.306 %×1.3 = 0.398 % CO_2

在140 kPa 时，0.306 %×1.4 = 0.428 % CO_2

在150 kPa 时，0.306 %×1.5 = 0.459 % CO_2

这就是说，随着压力的升高，CO_2的溶解度也在增加。

灌装后啤酒中的CO_2含量应为0.5%左右。所以后酵罐的保压必须根据后酵间的温度进行调节，以确保啤酒中的CO_2能达到高于0.5%的水平，因为在到灌装结束的过程中会出现一些CO_2损失。CO_2含量低于0.32%的啤酒会显得淡而无味。

后酵过程中所形成的超出保压压力下的过量CO_2将从酒液中逸出。逸出的CO_2能将挥发性的发酵气体带走从而起到洗涤啤酒的作用，有助于啤酒的后熟。

在4.1.2.5中已有提到，一部分硫化物通过CO_2洗涤的方式从啤酒中被挥发掉，但大部分硫化物会以生化方式和啤酒内容物结合在一起。此外在啤酒中还有另一些挥发性成分会在CO_2的洗涤作用下，被从啤酒中大量清除。因此，可通过CO_2的强烈洗涤加速后熟进程但这样做必须额外添加CO_2。

4.3.5.2　啤酒澄清

下酒后的啤酒中仍含有使嫩啤酒呈现浑浊状的酵母细胞，它们在后酵罐中会逐渐沉降下来。酵母的沉降首先取决于后酵贮酒周期；均匀的贮酒温度对酵母沉降也有影响，因为均匀的温度阻止了啤酒中的对流运动；后酵罐的大小也影响酵母沉降，小贮酒罐单位容量所拥有的表面积比大型后酵罐要大。

但形成嫩啤酒浑浊的不仅有酵母，而且还有悬浮在酒液中的冷凝固物颗粒。这些冷凝固物颗粒是在更进一步的冷却中形成的。贮酒温度越低，析出的物质就越多。这些颗粒非常小，沉降很慢。一部分凝固物颗粒会被酵母所吸附。这些冷凝固物一定要在过滤之前或在过滤时被分离出来。因此贮酒温度应维持在-1℃。

通过添加木屑可增大表面积，加快啤酒澄清。采用事先经过杀菌的山毛榉木屑或榛子木屑（生物木屑），有时也用轻质金属箔片。不过，木屑的使用并不多，因为这样会增加额外的操作和费用。而另一方面，若采用这类措施后由于过滤机过滤时间的延长又可节约成本。

下列因素有利于啤酒澄清：

- 贮酒周期长
- 贮酒容器小
- 均匀低温贮酒
- 添加木屑

> 为使冷凝固物颗粒分离，啤酒至少要在-2～-1℃的低温下贮藏7d。

在后酵容器中沉降下来的酵母叫沉积物。

4.3.6 传统后酵间的装备

4.3.6.1 后酵间的装备

酿造过程中，啤酒在后酵间的停留时间最长。后酵间因此而成为啤酒厂最大的车间。后酵间通常由各分贮酒间组成。刚下酒的分贮酒间温度要高一点，以便后酵顺利开始。后酵间通过厚厚的墙壁以及良好的保温层与外界环境隔离开来，同时配置有高效空间冷却装置。冷却装置由盐水管组成，布置管路时应避免上面的水落在后酵罐上，因为这会使罐面出现锈斑（图4.20）。

后酵间日耗冷量约为3000kJ/m²地面。由于后酵间的占地面积很大，所以后酵间是啤酒厂耗冷最多的地方。

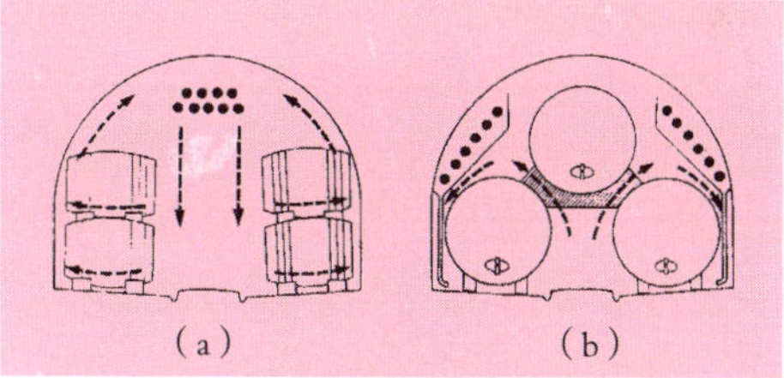

图4.20　传统后酵间的空间冷却
（a）贮酒桶车间　（b）后酵罐车间

4.3.6.2 贮酒容器

传统的后酵很少使用木制桶，而大多采用金属罐。

（1）木制贮酒桶　最古老的后酵容器是容量可为15～150hL的木桶。为尽可能充分利用后酵室空间，常把木桶叠摞起来。但木桶本身的形状决定了其空间利用率很低。桶内部和外部清洗面积大，要求的劳动量也大。它最主要的缺点是每年必须重新上沥青涂层，为此，须把木桶搬出后酵间，涂完沥青后，再搬回后酵间并堆放好。这样劳动消耗很大，所以今天几乎不再使用木桶进行后酵。不过，在个别小型啤酒厂偶尔还可看见木桶。

（2）金属罐　后酵罐多用钢和铝制作，一般为钢制酒罐。由于铁对啤酒有影响，所以需涂上一层瓷釉、沥青或塑料树脂。最好使用根本无需涂层的不锈钢酒罐（见6.1.2）。

钢制酒罐通常为卧式罐。要么整体焊接在一起，要么由多个小段组成，然后通过螺栓或焊接连在一起。立式后酵酒罐比较少见。为便于清洗，一般会将立式后酵罐分层，使之成为2～3个小罐。铝罐也经常被用作后酵罐。它的突出优点在于如果钝化处理足够，那么铝材无需涂层。除此以外使用铝制后酵罐时要考虑到与铝制容器打交道应注意的所有问题（见6.1.1）。缺点是金属稳定性差，稍不注意就会变形。与其它所有罐一样，铝制容器对真空也很敏感。

4.3.7　传统发酵罐中的后酵操作

啤酒必须首先下酒到后酵罐中。后酵容器上安装有保压装置，以保证啤酒中拥有必需的CO_2含量。

以前，贮酒周期遵循每一个百分比的原麦汁浓度需贮酒一周这样的规则。这里是指在0～1℃下的周期。如果下酒后立即降温至0℃，那么酵母就无法还原双乙酰，会出现酒液在贮藏很久后仍然含有较高双乙酰的问题。

如今后酵周期最短控制在2～3周。而在深度降低温度之前，必须检查双乙酰还原是否已经达到要求。因为传统发酵车间内单个后酵罐没有独立的冷却装置，所以只能等待到该贮酒间内所有罐内啤酒中双乙酰的还原足够以后才可以开始冷却。如此一来必将导致贮酒时间的延长。无论如何至少应该保证在低温下贮酒一个星期。

4.3.7.1　下酒

下酒时，须用软酒管将后酵罐和主酵容器连接起来才能将嫩啤酒导入后酵罐中。一般后酵罐中的酒液量控制在保压开口下约掌宽的高度即可。为避免不必要的CO_2损失，防止啤酒吸氧，啤酒应从底部、在备有反压的情况下慢速进入后酵罐。

下酒时酒液中的发酵作用相对还比较剧烈。因此后酵罐不应立即封闭，一般下酒1～2d后再封闭后酵罐，开始保压过程。

下酒比较满的后酵罐中会形成一层白色泡盖，能将部分凝固物及浸出物带出来。为避免这种现象，可以将后酵罐在开始下酒时不全部装满，过一段时间等无泡沫损失出现后再继续往里补充部分酒液。

为获得均匀的啤酒质量，单个主酵池中的嫩啤酒在下酒时要尽可能分装于多个后酵罐中，使每个后酵罐中都装有不同锅次的嫩啤酒。

4.3.7.2　保压

封闭后酵罐并采用保压装置就避免了后酵中产生的CO_2直接在无压状态下逸出。这样一来，后酵罐内的压力也随着升高。保压装置负责压力调节。

- 后酵容器的压力分布：后酵容器中不断上升的压力均匀作用在所有方向上

很明显作用于后酵罐上的压力不能随意增大，否则会压破罐底，导致财产损失，甚至人员损伤。

（1）保压装置　必须用各种手段阻止后酵罐内由于CO_2的不断形成而产生高于期望值的压力。为此，可使用保压装置作为溢流阀和安全阀。

保压装置是安全阀和压力调节装置的二合一联合体。

最老的保压装置是水柱保压装置。为保持后酵罐内过压为30kPa，则生成的CO_2必须克服3m高的水柱压力才可逸出。水柱保压装置多为4m长的金属或玻璃管，其中装满相应高度的水。也可以用多个前后安装的短管来取代一根长管。

后来水由比它重13.6倍的汞所取代。由于汞的密度大，所以汞柱的高度仅为水柱的1/13.6。比如10 kPa压力的水柱高度为1 m，则汞柱高度为100 cm/13.6 = 7.4 cm。

不过，汞蒸发气体有毒性，所以很快啤酒厂就不再使用汞柱保压装置。如今使用的保压装置为弹簧阀或承重阀。此阀可精确进行调节，达到一定内压时阀门会自动打开并释放出多余的压力。图4.21显示了这样的过压安全阀。

（2）保压错误　有时保压装置或过压阀可能不工作。这种情况可能由下列原因导致：

嫩啤酒下酒时太熟，也就是说下酒时的可发酵性浸出物过少，这样就达不到期望压力下的二氧化碳饱和度。或者说酵母发酵能力太弱，酵母已经沉淀了下来。

遇到这种情况，啤酒要与低泡期的嫩啤酒进行混合，借此重新带入可发酵的浸出物和新鲜、高发酵力、处于对数生长期的酵母。此过程称为添加高泡酒。

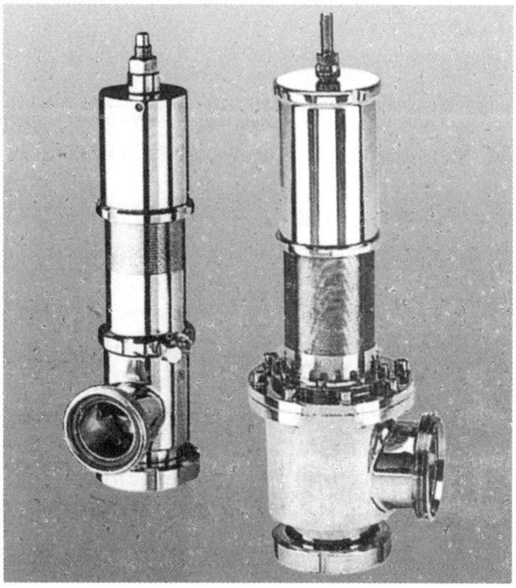

图4.21　弹簧式安全阀

在添加高泡酒时须注意不要让酵母经受低温骤冷，否则发酵会停止。有些啤酒厂为使啤酒口味醇厚而一直采用添加高泡酒工艺。

贮酒时可能出现罐内某处不密封现象导致CO_2的损失。检查密封性的最好方法是将浓缩洗碗剂涂抹或喷洒在罐表面，如果有不密封的地方，那么该处就会有泡沫生成。

也有可能出现后酵罐被封死的现象，特别是当装酒太满导致泡沫从安全阀处逸出并糊住安全阀或安全阀前置有一个处于关闭状态的手动阀门的时候。而此时尽管由于压力高，发酵虽然缓慢但仍在继续进行。最后压力的持续上升会导致爆裂，使罐底、人孔或焊缝处破裂。

4.3.8 送酒

送酒是指从后酵罐至灌装生产的整个处理过程。送酒操作取决于所用贮酒容器的构造方式，其最基本的原则就是在到灌装生产的整个过程中必须至少保证酒液中的原有压力，以避免CO_2逸出。另外要采取一切措施来防止啤酒吸氧。

4.3.8.1 送酒操作

过去，贮酒桶的送酒操作是一个很棘手的问题，因为贮酒桶的最低处位于出口之下，所以必须利用特殊的剑形阀。这些阀如今可在啤酒厂博物馆见到。老式酒罐上配备的接头，现在仍有需要使用这些特殊送酒阀的时候。现代化贮酒罐均在出口处安装有带阀门的螺纹活接，可与软管连接。

如果啤酒此时与空气发生接触，那么啤酒的质量将会受到极大的损害。此外啤酒还会起泡从而损失CO_2。因此必须先用脱气水灌满送酒管路（或者采用CO_2气体冲洗并用CO_2预备压），然后才打开管道。如此一来，在后酵罐至灌装过程中就会出现酒头（酒与水的混合物），而在送酒结束使用水来顶酒时则会出现酒尾。借助视镜通过色泽的变化可识别酒头和酒尾的出现时刻。但是颜色的变化是逐渐形成而不是突然发生的，酒头和酒尾要专门收集处理。

与水混合后使原麦汁浓度也降低，这一点必须加以考虑，因为在德国啤酒纳税额与原麦汁浓度相关。

4.3.8.2 后酵罐的送酒压力

灌装前后酵罐的压力始终保持在50kPa左右。若送酒时不另外加压，则罐中的压力会逐渐下降，为此后酵罐中要在送酒时补充CO_2或压缩空气。采用压缩空气时空气会进入啤酒中，导致啤酒吸氧而使啤酒质量变差。因此应用CO_2给后酵罐备压以避免啤酒氧化。主酵期间会形成大量的CO_2必须对其进行回收，只是在开放式主酵过程无法对其加以回收。在介绍锥罐发酵时，也将涉及CO_2回收过程。

压力可加速送酒过程，但制造发酵容器的材料不允许任意升压。输送酒时施加于罐中的压力通常为90～100kPa过压，而木制贮酒桶上的送酒压力需控制在50～60kPa。

不仅过高压力且太低的压力也会造成损害。若出酒时补充气体管未被打开，那么排空时会出现负压，将容器吸瘪，特别是材质较软的铝罐更是敏感。真空下被吸瘪的罐必须花费昂贵的费用经加工才能重新恢复原状。锥罐中哪怕出现很小负压都会特别糟糕。

4.3.9 传统贮酒罐的出酒

出酒时，啤酒从贮酒罐中流经合流器和压力调节器进入过滤机。通常啤酒还会经过一深度冷却器进行冷却以提高稳定性。

4.3.9.1 合流器

合流器的作用如下：

- 将两罐或多罐啤酒进行混合，使啤酒质量均匀。
- 一罐酒出酒快结束时，在合流器中可以看到酒液出现浑浊，泡沫涌出，这时即可在合流器中启动下一罐出酒过程，从而可以避免出现酒液中断和压力冲击（压力冲击对啤酒过滤具有不利影响），同时啤酒不会吸氧。

合流器一般有2～6个可连接后酵罐的软管接口，每个接口通路上都配有一个视镜。合流器可确保酒液顺利连续流动，而且通过视镜还可检查酒液情况（图4.22）。正常情况下会预留一个接口连接水源，以方便用水来排空管道以及在出酒结束时顶酒。

图4.22　带三个接口的手动合流器

4.3.9.2　压力调节器

贮酒间的最后一道工序是控制压力调节器，以使啤酒能够在压力恒定的情况下进入过滤设备。往往通过固定安装的泵（大多数带有变频转数控制）来调节压力，变频控制的目的是为了避免出现压力冲击。

4.3.9.3　残酒回收

沉淀物中含有一定量的啤酒，这些残酒必须回收。但须注意残酒中没有CO_2，而且若采用开放式的发酵容器则已被污染。沉淀物可通过一压滤机来过滤，其中的废酵母可作为饲料卖给农户，残酒需经过特殊处理（见4.4.6.4）。

4.3.9.4　啤酒的深度冷却

有些啤酒厂在啤酒过滤前对啤酒再一次进行深度冷却，使冷浑浊颗粒析出，从而改善啤酒的低温稳定性。啤酒深度冷却器多为管束式或板式热交换器，经过载冷剂（盐水或乙二醇溶液）将啤酒冷却至-2～-3℃。

通常对深度冷却的优点估计过高，因为只有在很低的温度下保存较长时间才能出现冷浑浊，所以在灌装前进行深度冷却其效果值得怀疑。此外，温度过低会使黏度上升而导致过滤困难。

让冷浑浊颗粒沉淀析出的最可靠办法是保证啤酒在过滤前至少在-1～-2℃下冷贮藏一周。

4.3.9.5　酒头和酒尾

在所有的酒液转移过程（下酒、后酵送酒等）中均会出现水和酒的混合液。这些酒头和酒尾必须单独加以收集。它们往往氧化严重、多伴有污染且仅含有少量啤酒。酒头酒尾必须经过高温瞬时杀菌以后才能重新添加到正常啤酒生产过程中。

考虑到这些酒头酒尾的浸出物含量较低，所以在啤酒酿制过程中最好将啤酒的原麦汁浓度提高0.2%～0.3%，以保证最终成品的浓度符合要求。现代化的生产过程中能够将酒头和酒尾的生成量维持在最低水平。

4.4　锥形发酵罐的发酵和后熟过程

前面所介绍的发酵池和后酵罐在容积上受到一定的限制。出于经济上的考虑，迫使我们要扩大容器的容积，以提高发酵和贮酒单位产量，其结果就是锥形发酵罐的出现。如今，大多数的啤酒厂都选择使用锥形发酵罐，因为锥形罐不仅具有技术上的优点，而且其发酵、后熟过程可以充分保证啤酒质量。

4.4.1 锥形罐的构造和安放

在锥形罐的构造和安放上以下几点尤为重要：

- 其结构和形状
- 锥形罐高度、直径、容积、罐大小、泡盖上升空间
- 罐群的安放与布局

4.4.1.1 锥形罐构造、形状和制作材料

锥形罐上部为柱形，下部为锥形。这种形状便于在底部收集酵母，能够使酵母顺利而完整地排出分离，而且对罐中内容物的排空以及罐子的清洗都很有利。

最初用碳钢板（易生锈）制作锥形罐，为了与啤酒隔离开来罐内壁被涂上了环氧树脂涂层。所以必须周期性地检查涂层的破损情况并定期加以更换。如今，与糖化设备和过滤机等设备一样，完全采用不锈钢材料来制作发酵罐。啤酒行业将其统称为V2A，但是实际上不锈钢的种类有许多，第6.1.2章节将做详细论述。

不仅锥形罐的制做材料很重要，而且罐内表面也不容忽视。内表面要尽可能平整，用显微镜检查不得有缝隙。表面加工过程中的不平滑性称为“粗糙深度”，通过合适的表面加工办法可以降低粗糙深度。表面加工质量最典型的评判指标为“平均粗糙度R_a”，而它直接与粗糙深度相关。表面加工质量应达到平均粗糙度$R_a<1.6$ μm，最好能够低于0.8 μm。经过打磨和抛光处理可使其下降到0.3～0.4 μm，加工成本当然会随之上升。

特别是罐顶和锥形出口处，罐表面的平均粗糙度必须非常小，以阻止微生物的生长。该要求同样适用于焊缝，现在的焊缝都会经过精细抛光处理，以阻止微生物在此处的生长（图4.23）。培养酵母的大小为6～10 μm，它们无法附着在经过辊轧处理的罐顶表面上。但是细菌的大小只有0.7～4 μm，在较粗糙的表面上，细菌

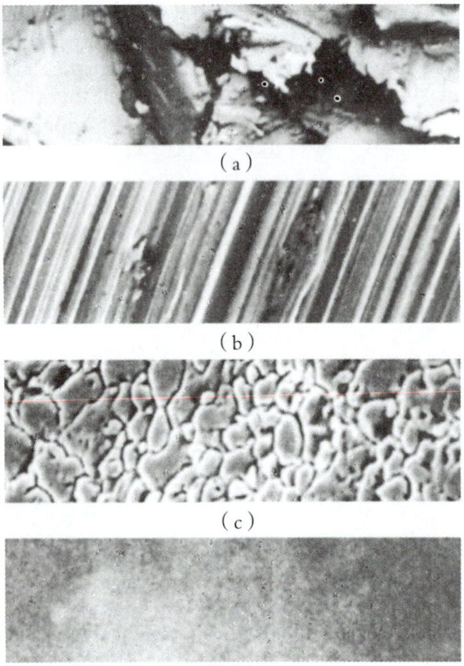

图4.23 不同表面粗糙度

（图片：Hilge Pumpen,Bodenheim）

（a）金刚砂喷射处理 （b）打磨处理，粒度大小为180 （c）表面（Ⅲc） （d）电子抛光

就有可能在此隐匿并得到繁殖。特别是细菌和较小的野生酵母会附生在这些微孔中，随着时间的延长最终导致污染。因此，必须认真检查罐中内容物的微生物状况并及时采取相应的清洗和灭菌措施（见4.4.7）。生产过程的微生物监测特别重要。

4.4.1.2　锥形罐的尺寸规格

过去，锥形罐的规格几乎不受任何限制，高度可达40m，直径可在10m以上。目前，基于研究成果和实际实验，在设计锥罐的尺寸时比以前要考虑得更多一些，特别是采用夹套冷却时必须将罐的容量控制在一定范围内。

4.4.1.2.1　锥形罐中的麦汁高度

实验证明，麦汁液位高度会影响到发酵副产物的组成。在此可从酵母细胞的角度来考虑该问题，若在20m深处发酵，则酵母细胞要承受20m高、含CO_2的麦汁液压，锥形罐的高度也因为CO_2含量而受到限制。目前的观点认为锥形发酵罐中的麦汁液位最大高度应该为20m，但是也出现了许多23～27m高的大罐。在锥形贮酒罐中，只要后熟过程（双乙酰分解）已完成，则麦汁液位的高度无影响。

4.4.1.2.2　锥形罐的径高比

对锥形发酵罐直径与高度之比存在着不同的观点，其比例从1∶1～5∶1。最近对直径大的锥形发酵罐讨论得更多一些[46]：

- 直径与麦汁液位总高度应为1∶2
- 直径与柱形部分麦汁高度之比应为1∶1～1∶1.5

带夹套冷却的锥形罐其径高比对罐内内容物的均匀性具有非常重大的影响，特别是发酵不太旺盛仅有少量CO_2生成时。大多数罐径在3.5m～4.5m，直径太大也会带来运输问题。锥角可在60°～90°，通常为60°～75°。为了方便计算可以记住当大罐锥角为60°时，其锥部高度为直径的0.866倍。

锥形罐的体积为柱形部分和锥形部分体积之和，分别按下式计算（图4.24）：

- 柱形部分：$V_z=r^2\cdot\pi\cdot h$
- 锥形部分：$V_k=\dfrac{r^2\cdot\pi\cdot h}{3}$

举例：

一锥形罐的总麦汁高度为9.4 m，直径为4.20 m，锥形高度3.60 m，问此罐可装多少hL麦汁?

柱体高度 = 总麦汁高度 9.4 m－锥体高度 3.6 m = 5.8 m

柱体部分容积：V_z= 3.14×2.1 m×2.1 m×5.8 m=80.31 m^3

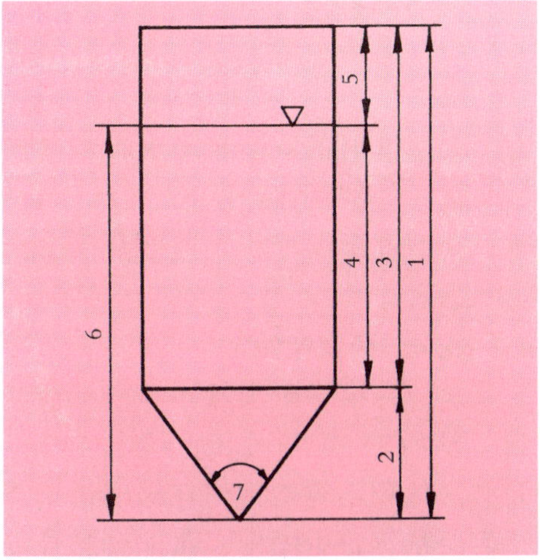

图4.24　由柱形和锥体部分组成的锥形罐
1–总高度　2–锥底高度　3–柱体高度　4–柱体部分麦汁高度　5–预留空间高度　6–总麦汁高度　7–锥底内角

锥体部分容积：V_k= 1/3 ×3.14×2.1 m×2.1 m×3.6 m=16.62 m^3

总麦汁容积：V_t= V_z + V_k =80.31 m^3 + 16.62 m^3 = 96.93 m^3 = 969.3 hL

此罐可容纳969 hL的麦汁。

4.4.1.2.3 锥形罐的容量大小

锥形罐的大小取决于糖化生产能力。原则上，锥形罐容量最大只能等于半天的糖化生产能力（只有在特殊情况下可将其大小设计为与整天生产能力相当）。原因列举如下：

- 锥形罐越大，则麦汁满罐时间越长，第一锅麦汁已经处于起发酵阶段
- 如果最后一锅麦汁接种时不添加酵母，那么该锅麦汁会在无酵母接触的状态下停留较长时间，此时罐内的混合效果非常差，因此带来污染隐患
- 锥形罐越大，则用于出酒、清洗、重新满罐等非生产性时间就越长
- 大型锥形罐只适合于大批量生产同一主要啤酒品种
- 大型锥罐供冷的峰值要高于多个小型锥罐

4.4.1.2.4 预留空间

发酵时锥形罐当然不能全部被装满，因为CO_2的上升运动会形成泡沫。而泡沫体积不容忽视，在极限情况下它们会从气管中溢出，可能会粘住安全装置。如果黏稠的麦汁堵住安全装置，使它们失效，则万分危险。因此，原则上锥形罐的留空容积至少应为锥形罐中麦汁量的18%~25%。

在上例中，麦汁量为969 hL，则：

25%的留空容积： 969 hL × 25% = 24.2 m^3

锥罐总体积：96.9 m^3 + 24.2 m^3= 121.1 m^3

泡沫上升空间高度：

24.2 m^3/（3.14×r^2） = 24.2 m^3/（3.14 × 2.1 m × 2.1 m） = 1.75 m

锥罐总高度：1.75 m + 9.4 m = 11.15 m

由于小麦啤酒在发酵阶段形成很强烈的泡沫，所以小麦啤酒发酵罐最多只能装满**50%**的容量，泡沫上升空间应至少为**40%**。

锥形贮酒罐所需泡沫上升空间要低一些，不过，此空余空间大小取决于锥形贮酒罐中的所需完成的具体工艺任务：

- 若仅进行低温贮酒，则空余空间为5%~8%即可
- 若还要进行双乙酰分解，则空余空间要控制在10%~12%
- 倘若需要添加高泡酒，则空余空间预留在25%左右较合适

4.4.1.3 锥形罐的安装和布局

由于锥形罐很高，所以过去基本都选择安装在露天，相应地就要安装保温层，以减少气候的影响。后来，越来越多地把锥形罐安装在室内。这两种主要安装形式外加一些变化方式目前仍被广泛应用（图4.25）。

露天安放形式应用更为广泛，所以单个罐体必须进行保温处理。其安放形式有：

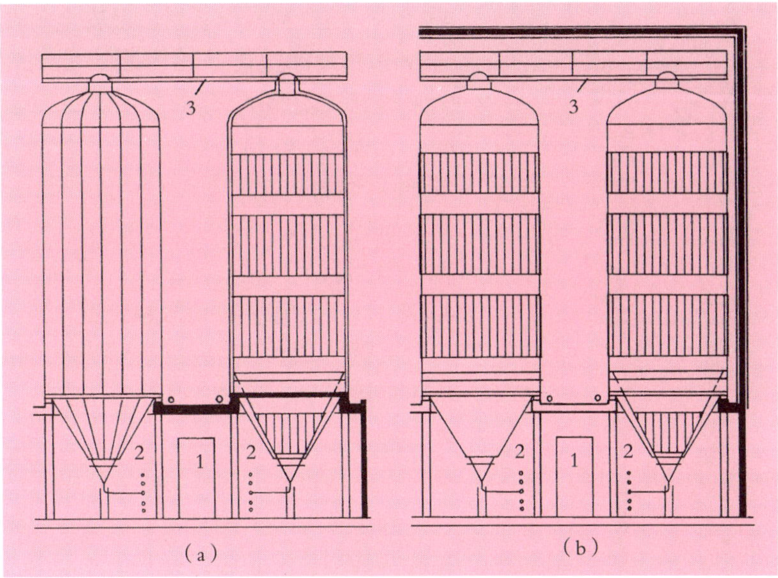

图4.25　锥形发酵罐的安放
（a）室外安放（b）室内安放
1–操作通道　2–拱形管连接式管板　3–顶部操作通道

- 采用混凝土天花板上的支撑环
- 直接安装在与混凝土地基相连的一个立式支撑框架上
- 采用多个支撑件

采用立式支撑框架时，操作间会直接安放在立式框架旁或者说这些框架围成的空间就被用作操作间。在其它支撑方式下，锥形罐锥底部分往往自由安放在操作间内，当然也可将操作间安放在邻近的独立建筑物内。

选择室内安装的原因如下：

- 希望借助外墙来改善罐区外观
- 必须达到官方的特定要求
- 希望通过全部或部分室内安装达到发酵罐的保温效果

究竟应该选择何种安装形式，必须综合考虑所有的相关因素，权衡利弊。

室外安装具有如下优势：

- 可以对单个发酵罐的温度变化灵活加以控制
- 不会出现发酵罐之间在温度上相互影响的情况

缺点如下：

- 因为每个发酵罐均必须经过保温处理，所以费用升高
- 表面积增大后导致能量损失增加

室内安装时发酵罐的主要成本发生在罐体和建筑外墙以及表面装备上。

4.4.2　锥形罐的配置

锥形罐特别要配备以下部件：

- 检查和操作装置以及安全保护装置
- 大罐冷却装置
- 发酵控制和自动化装置

图4.26中标出了下面要介绍的部件。

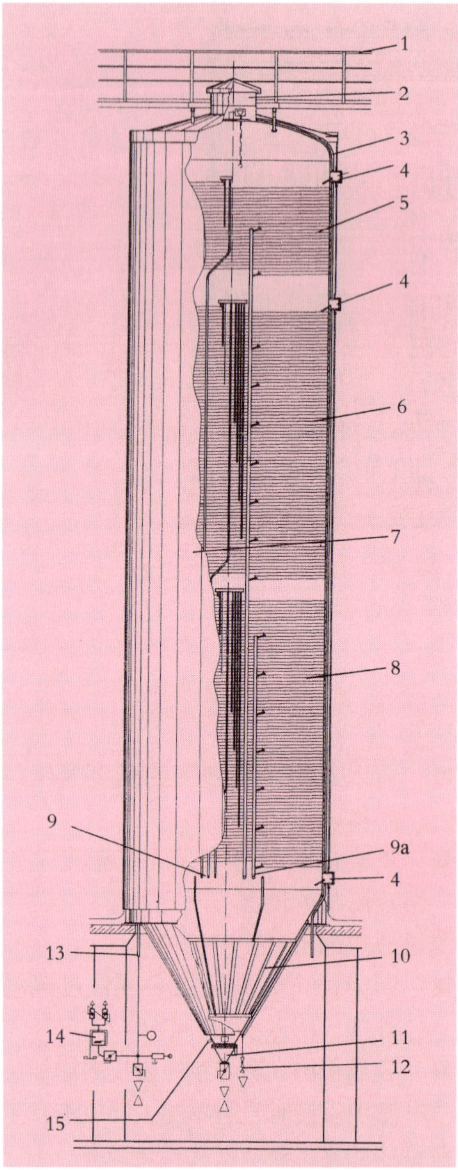

图4.26 锥形发酵罐构造（保温层被部分截开）
1-操作走道 2-带各种配件的罐顶件
3-电缆管道与排水管，安装在保温层下
4-温度计接口 5-供贮酒阶段使用的较小冷却段 6、8-供发酵阶段使用的冷却段 7-保温层 9-液氨进口接头，带阀门 9a-蒸发后氨的出口 10-锥底冷却段 11-带DN450人孔接口的锥底接头 12-取样阀 13-安装在保温层下的通向罐顶的导管（CO_2、空气、CIP） 14-限压装置 15-容量测量装置、空罐探头

4.4.2.1 检查和操作装置以及安全附件

对于大罐操作、检查和必要的安全来讲必须安装下列部件：

- 大罐装料和排料装置
- 安全附件
- 监控元件
- CIP装置

4.4.2.1.1 大罐装料和排料装置

大罐一般都由底部装入物料，也从底部排出物料。这是因为：

- 操作简单方便
- 从上面进料会使啤酒吸氧量增大

为从底部进出物料，必须将大罐和许多管道连接起来，即：

- 麦汁流入管
- 回收酵母的排出管
- 排酒管
- CIP清洗液的进、出管道

保证这些连接过程在无污染且不吸氧的情况下进行尤为重要。

如果使用软管，长期来看是无法做到无菌的，因为橡胶管的内表面光洁度实际上远比视觉上观察得到的印象要糟糕得多。使用软管时必须特别小心，并且需要进行特别保养（见6.1.3）。

大多数啤酒厂使用多路管道连接板（图4.27）。此时仅需几个简单的手动操作就可通过管束（图4.27a）上的活动拱形连接管将所需要的管路连通。借助手动碟阀或远程控制碟阀（图4.28）就可以打开或关闭相应管路。

避免吸氧特别重要，吸氧后必然会导致质量下降。为隔离氧气，在出酒时需用脱氧水将阀门及管道充满（酒头）。但恰恰是拱形活动连接管又可能将空气带入酒液中，如果无法

图4.27　拱形管道连接式管板

图4.27a　管束上的拱形管道连接图

将其通过安装在拱形管最高处的排气阀加以排除的话。另外也可以采用CO_2气体来冲洗管道及附属设施，CO_2能够完全顶空空气。

大型设备有时会选择将整个设备全部采用固定连接的安装方式，然后通过远程阀门进行自动操作。虽然设备费用高，但所需操作人员少。这些阀可以安装于：

- 每个锥形罐处（单接）
- 也可以把所有锥形罐的阀门集中安装于“阀阵”中，实现“集体连接”

图4.28　开关阀

在这样的设备中，往往需要在一个狭窄的空间中安装许多阀门。阀门的密封性会随时间的推移而变差。若清洗碱液进入啤酒中，则会造成巨大的损失。因此，必须采取一切措施避免此类情况的发生，为此可使用带“泄漏识别”功能的阀门。

（1）带泄漏识别功能的阀门　管道之间的连通或断开通过阀门来实现。为提高运行可靠性，必须使用带泄漏识别功能的双座阀。

双座阀的工作原理（图4.29）强力弹簧6通过阀杆1向下顶压下阀盘2，达到密封的目的，阀杆和底部阀盘固定连接在一起。上阀盘3同样通过弹簧6来实现压紧密封，但是在弹簧7的作用下，它能够稍微向上抬升，在两个阀盘之间形成一个小空间。该空间通过泄漏管8与大气连通，而该空间的清洗则通过一个单独的CIP接口来完成。

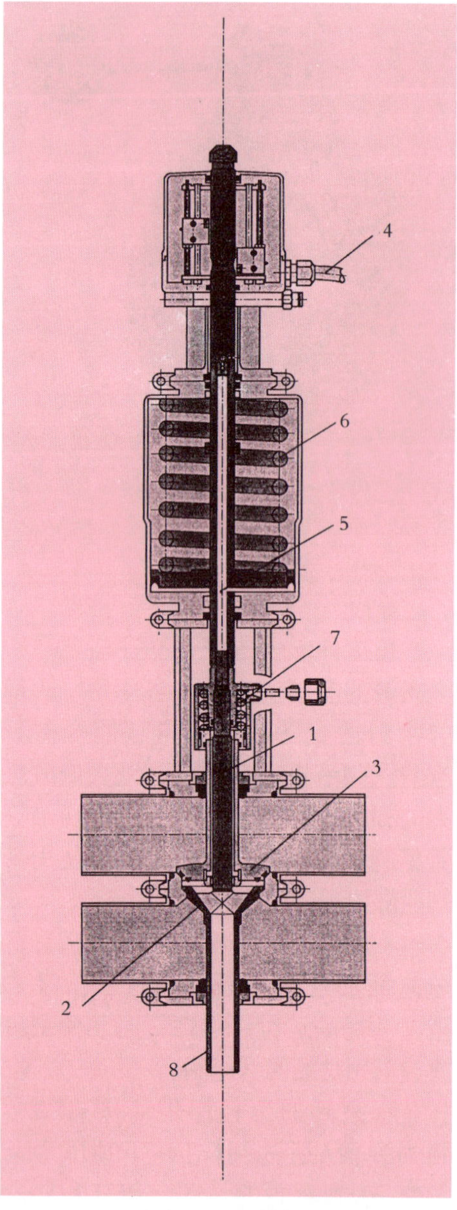

图4.29 双座阀
1–阀杆 2–下阀盘 3–上阀盘 4–压缩空气导管 5–活塞下的压缩空气进口 6–压力弹簧 7–小压力弹簧 8–泄漏管

当得到开阀指令时，压缩空气通过管4而导入并沿阀杆里面向下流动到活塞上。压缩空气的作用力抵消了弹簧压力而使活塞升起。活塞上升带来双座阀的提升，此时下阀盘将带动上阀盘同时升起，达到相互密封目的。

关闭阀门时，只需卸掉压缩空气压力，此时弹簧的作用力重新恢复。弹簧施力于活塞，活塞则通过阀杆1将下阀盘2顶到底。此过程中上阀盘先被关闭，下阀盘稍后。在两个阀盘之间会形成一个小空间，如果阀门不密封，则液体可通过管8毫无阻碍地流出来，泄漏识别功能得以实现。

当然不同公司生产的阀不尽相同，但只要是泄漏阀，在两个阀盘之间总设有一个泄漏液可在无压状态下自由排出的小空间。

（2）CO_2的导入和排出　发酵过程中形成的CO_2必须在锥形罐的最高点排出。在出酒过程中则必须给锥形罐补充CO_2（只有在不得已时才用空气）。此外要保证良好的清洗效果，CIP清洗液必须从罐顶部喷射出来。为操作方便，往往将所有必需的阀门与管件安装在发酵罐下部组成一个阀站，然后通过一根上升管与罐顶相连（图4.30）。

该阀站包含有：

- CIP液体流入阀
- 气体压力调节阀（后置）
- CO_2流出阀
- 出酒时的CO_2流入阀
- 也可能需要一个无菌空气流入阀

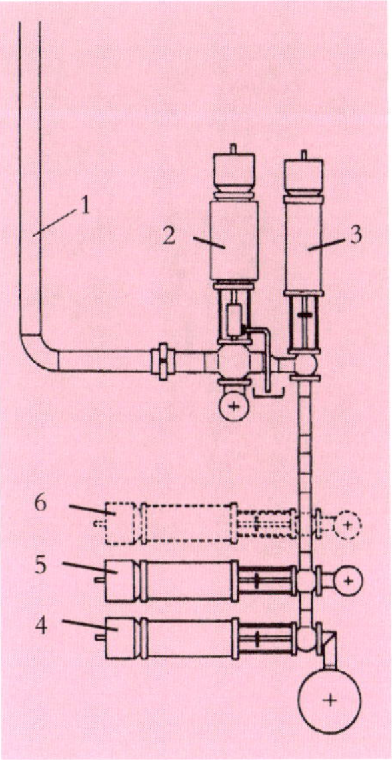

图4.30　气体附件阀门组
1-上升管
2-CIP阀
3-气体压力调节阀
4-CO_2排出阀
5-CO_2进入阀
6-无菌空气流入阀

4.4.2.1.2　罐顶附件

锥形罐最顶部称为罐顶。罐顶可供通行，在中央原板上安装有各种附件。为防止气候影响，它们必须被保护起来。这些附件包括（图4.31）：

- 1个过压阀
- 1个真空阀
- CIP清洗附件
- 1个液位传感器（满灌保护）
- 1个罐内压力传感器

罐顶附件应与CIP清洗系统连接，以确保其运行的可靠性。防冻保护措施也必不可少。

4.4.2.1.2.1　过压阀

配置过压安全阀的必要性十分明确。在介绍传统后酵车间时已经对罐内压力升高时所产生的巨大作用力进行了介绍。罐子越大，危险也越大，特别是当罐子几乎排空而压力变化较大时特别危险。过压阀安装在锥形罐顶部，有配重式或弹簧式两种（图4.32和图4.33）。

4.4.2.1.2.2 真空阀

大型发酵罐对真空十分敏感，很小的负压就会导致其外形的改变。大罐内爆的危害远比爆炸危害大。原因如下：

若气体被加热1℃，则体积相应膨胀1/273。冷却时，气体也会收缩同样的体积。经过热清洗罐中仍含有热气体，如果用冷水冲洗，则其体积会收

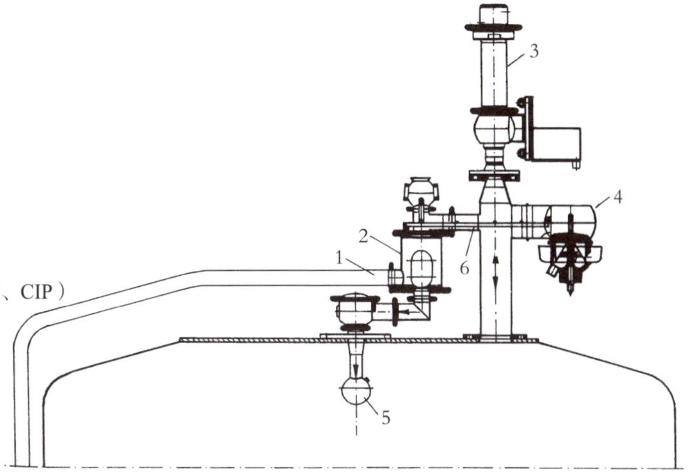

图4.31　罐顶附件
1-上升管（CO_2、压缩空气、CIP）
2-气液分离器
3-过压阀
4-真空阀
5-喷头
6-CIP清洗附件

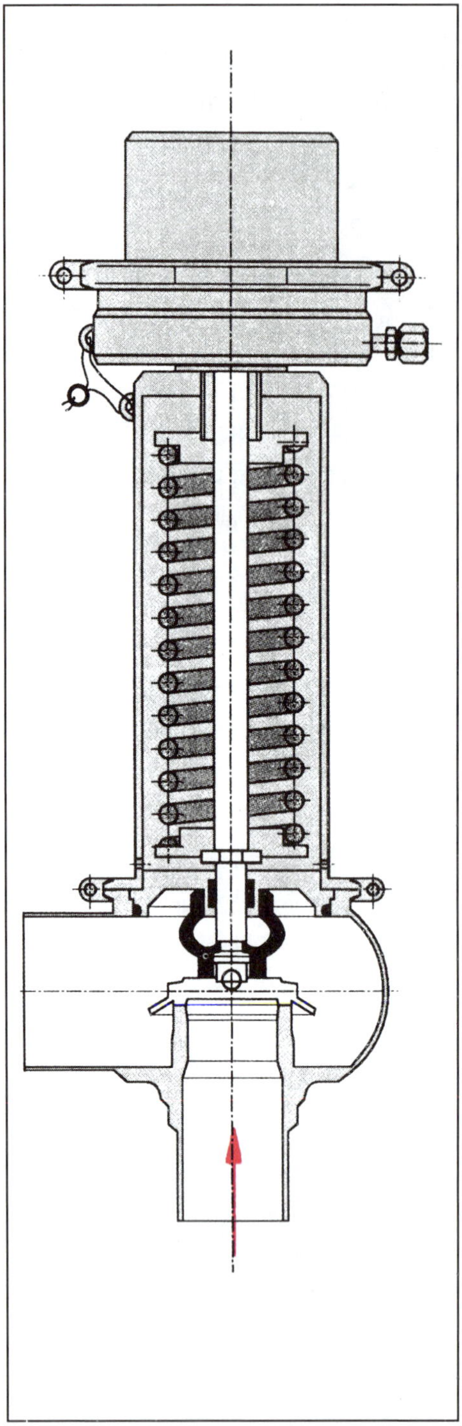

图4.32　弹簧过压阀

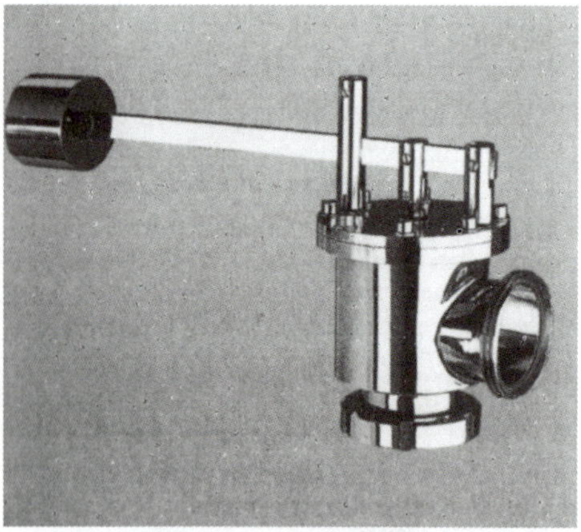

图4.33　配重过压阀

缩，在罐内形成负压，导致容器内吸。

若罐用高温处理将会特别危险，因为高温下会形成水蒸气。水蒸气在降温时不仅其气体体积会收缩，而且还会冷凝，由此体积骤降幅度特别大。

在正常压力下，$1m^3$蒸汽重560g，但$1m^3$水重达1t。若蒸汽被冷凝，蒸汽会收缩到原有体积的1/1786（即1000/0.56 = 1786）。这将十分危险。

为此，大多数啤酒厂控制锥形罐清洗剂的温度不超过35℃。如果还是希望采用较高的温度，那么建议不要将受热后上升的压力卸掉，然后让其在冷却时自然下降就可避免形成真空。

真空阀必须可靠，灵敏度高（图4.34）。在常压或过压下，真空阀的阀盖在自重作用下关闭空气通道。一旦出现负压，则阀盘立即被提升，外界空气被吸入。

必须防止真空阀被粘糊或冻结。为此，真空阀要与CIP清洗系统相接。清洗时也必须提升真空阀盘，使其得到清洗。真空阀同样安装在罐顶上。

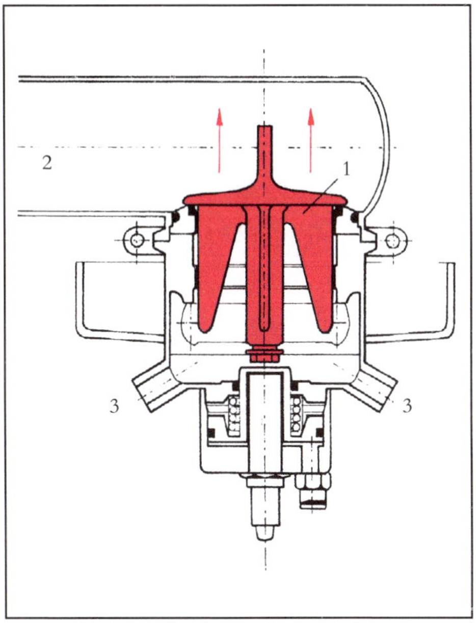

图4.34　真空阀
1-阀体，仅以自重落位　2-进入罐内的进口管
3-外界空气进管

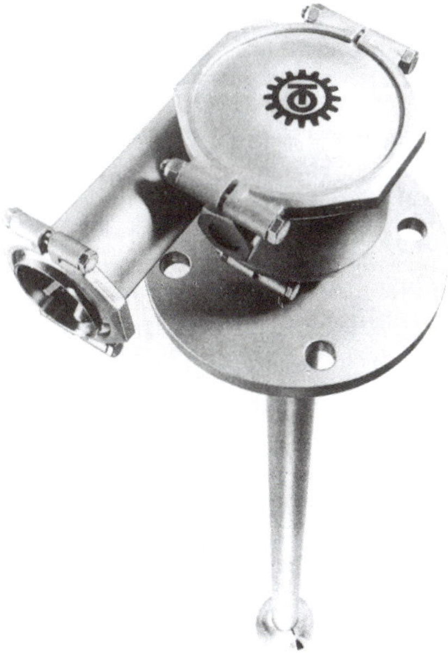

图4.35　定位高压冲洗器

4.4.2.1.2.3　CIP清洗装置

锥形罐当然只能采用CIP清洗方式来加以清洗。冲洗喷头与罐顶附件相连接，其尺寸大小要保证喷出的液体能够以液流形式覆盖整个锥罐高度，要保证锥底部分也能够得到良好的清洗。

以每米大罐周长计，清洗时通常约需30 hL/h清洗液。

对于较大的罐常用喷头效果欠佳，需要采用特殊的“定位高压冲洗器”（图4.35）。由于CIP清洗液的进入、气体的进入与排出都要使用同一根上升管，所以罐顶附件要有气液分离装置。

清洗罐顶附件时，必须将所有阀门的阀盘加以提升，然后进行清洗，以防止粘结现象出现。

练习：

对于前面计算中的锥形罐需要多少清洗液?

锥形罐直径：4.20 m

锥形罐周长：3.14 × 4.20 m = 13.2 m

每米周长需30 hL/h，那么13.2 m周长需：13.2 m × 30 hL/（h·m）= 396 hL/h = 6.6 hL/min = 11 L/s

所需的清洗液流量为11 L/s。

4.4.2.1.3　监控装置

操作人员无法与锥形罐中的内容物直接接触，因此要借助监控装置对罐中内容物进行检查和控制。这些装置包括：

- 温度计
- 液位显示器

- 压力显示器
- 低位和高位探头
- 取样装置

4.4.2.1.3.1 温度计

在发酵和冷却过程中，需要对温度进行精确的测量与控制。由于在发酵期间罐内会出现强烈的对流，导致温差的出现，因此需要在罐上1/3处和罐下1/3处分别安装温度计，以连续输出测量值。

4.4.2.1.3.2 液位显示器

罐内液位的检查很重要，压力传感器可测量记录相应信号。现代化液位测量装置除显示液位高度外还可立即显示出液体体积量。

液位测量原理如下：

- 差压测量（气态/罐底压力）
- 超声波传感器（可安装在设备外围）
- 回声波原理（大罐上应用较少）
- 借助感应式流量计（IDM）测量进料量
- 压力传感器（如果是小型罐，可安装在支脚下）

4.4.2.1.3.3 压力显示仪

在发酵和贮酒过程中，必须监控锥形罐中的压力。若预定的压力未达到或升压缓慢，则要引起高度重视。当压力超过罐内预定安全压力时，过压阀或界限值控制技术立马被启动。

4.4.2.1.3.4 低位和高位探头

每个锥形罐都安装有低位和高位探头，以保证在进液时不超过最高液位，在出液时若空罐则能终止液体的流出。高低位探头十分重要，理由如下：

若达到最高允许液位时，进液仍未停止，则泡沫上升的自由空间就会不够。泡沫会通过罐顶阀门并从上升管中流出，由此使整个设备都被泡沫“污染”，造成很大的危害。此外，锥形罐的酒液全部排空后若不及时停止出料过程会使罐中吸入大量空气，其危害也不相上下。CIP控制过程也离不开空罐探头，特别是需要精确分离不同的介质时。

4.4.2.1.3.5 取样装置

在锥形罐中通过取样装置进行取样。此取样装置借助于一个固定安装的小泵实现循环过程。利用此泵可随时对酵母或嫩啤酒进行取样。

从管道中取样的可行办法有：

- 随机取样。可在任意时刻进行取样，结果可反映取样时刻的产品质量
- 多次取样。在给定的时间之内重复进行取样，结果可反映一定时间内样品的情况
- 有代表性的平均取样。能真正代表样品。先将样品容器内备压至产品管道中的压力，并随其变化不断加以调整确保一致。取样量则被控制着与流速成正比。经过该方法取样得到的分析结果，才能在数量和质量上真正代表着产品及其组成情况（图4.36）

4.4.2.1.3.6 检查开口

间隔一段时间必须进入锥形罐内检查是否有下列现象发生：

- 出现裂缝或腐蚀
- 冲洗不到的死角以及残留物聚集区

为此，每个罐上下各开有一个可关闭的人孔，其直径至少为50cm。下部开口（直径DN450）可直接是锥体最下端流出口处，旋松固定螺母即可

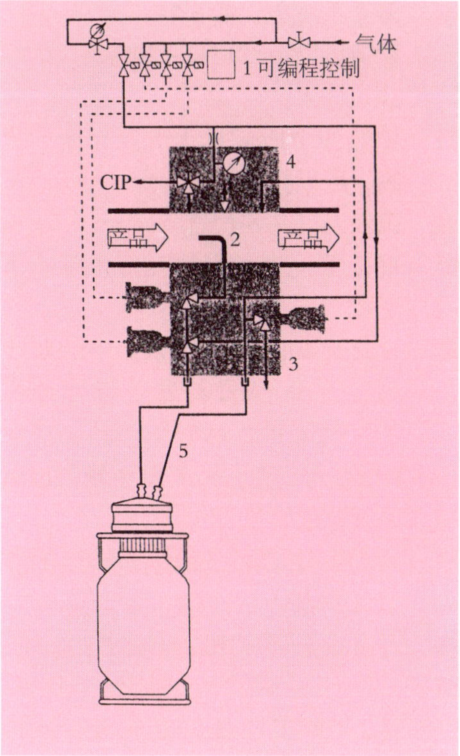

图4.36　取样装置
1-控制元件和电磁阀　2-取样分管　3-阀门区
4-等压调节器　5-连接软管

转到一边，现出底部开口。进入大罐时必须参照劳动安全信息ASI 2.40/91（见4.9.2）的有关规定。

4.4.2.2　锥形罐的冷却

我们知道，必须不断排除发酵过程中产生的热量，以使发酵和后熟在预定温度下进行。为此，必须给锥形罐配备合适的冷却装置。制冷需求量的大小决定了冷却方式以及其它与冷却相关的因素。

4.4.2.2.1　制冷需求量

发酵时产生的剩余热量必须通过合适的方式将其带走。另外在贮酒阶段必须将啤酒的温度下降到-2～-1℃。因此需要被带走的总热量其构成如下：

- 发酵过程形成的热量（热焓）
- 啤酒冷储时所需的冷量（液体降温释放热量）
- 热量辐射损失

（1）发酵热量　发酵时每千克浸出物会产生587kJ（140 kcal、0.16 kW·h）的热量。如果原麦汁浓度为11.5%～12.0%，外观最终发酵度为75%～85%，则可计算出可发酵性浸出物的含量为7.0～8.3 kg/hL，那么所生成的热量如下表：

原麦汁浓度/%	发酵度/%		
	75	80	85
12.0	4287 kJ/hL	4573 kJ/hL	4845 kJ/hL
16.0	5700 kJ/hL	6086 kJ/hL	

对于全啤酒，平均热量可以4300～4600 kJ/hL来计。

（2）液体降温释放热量　将酒液温度由9℃降温到-1℃（降幅为10℃）约需4200 kJ/hL冷量。也就是说，酒液降温所需冷量与发酵过程基本相当。

（3）热量辐射损失　由于与周围环境之间存在热量辐射和对流，所以传热过程总会存在损失。如今，通过选用一流的绝热材料，再加上对大罐以及房屋的绝热过程精心计算和设计，能够将热量损失控制在最低水平。

因此整个制冷需求量在8600～9000 kJ/hL。

但是这些热量的生成过程并不均衡，因此所需冷量也不恒定。冷量需求时间以及数量取决于下述因素：

- 发酵与后熟工艺
- 冷却时间及速度

冷量需求峰值为发酵结束、需要将啤酒在24～48h内进行降温处理的阶段。

4.4.2.2.2 冷却方式

啤酒行业几乎全部采用压缩制冷设备（见10.3.2），很少采用吸收制冷设备（见10.3.3）。压缩制冷时，经过压缩的氨得到蒸发，而蒸发时所需的蒸发热焓则通过吸收周围环境中的热量而获得，达到降低环境温度的效果。冷却方式可区分为两大类：

- 直接在冷却管或冷却夹套中蒸发氨（直接冷却）
- 氨的蒸发过程在一个蒸发器中实现，此时载冷剂（多为乙二醇）得到冷却。而载冷剂再被泵入制冷管或冷却夹套中（间接冷却）

希望使用0℃的冰水来达到冷却目的并不现实，因为最终所需达到的温度要低于0℃，而且在热交换过程中至少要保持2～3℃的温度差，才能较经济地实现热交换过程。

（1）直接冷却　直接蒸发冷却的最大优点体现在该冷却方式能够节约电能消耗。与间接式乙二醇冷却相比，直接冷却具有一系列的优点：

- 无需乙二醇的热交换过程
- 可以在较高的工作温度（-6℃～-5℃即可）下运行，不需要-10℃的低温
- 采用的泵可以更小，因为所需运送的量要少一些
- 所需供冷管道要细一些
- 所需绝热材料少、安装费用低
- 温度控制更精确一些
- 整个系统更灵活一些

能耗可以节约15%～20%

缺点如下：

- 传热面上所需承受的工作压力更高，所以投入要大一些
- 蒸发温度并不恒定
- 直接蒸发设备无法在静止状态下运行
- 直接冷却时需要投入更多的制冷剂，在有些国家需要特别许可（在德国根据联邦防治污染法规BImSchV规定，液氨量超过3t时必须申请特别许可）
- 因为安全原因必须配备较多的安全保护附件
- 存在损失制冷剂的可能性
- 几乎无法将所产生的冷量加以储备

（2）间接冷却　在间接冷却过程中，氨的蒸发过程在一蒸发器中完成。蒸发时，载冷剂被降温到所需冷却温度3～4℃以下，然后被收集到一储罐中，在需要的时候才被泵送到相应制冷管或冷却夹套中去。

目前，载冷剂几乎全部使用乙二醇或丙二醇溶液，其浓度一般被控制在保证冰点为-15～-10℃。该方式的优缺点如下：

优点：

- 传热面上所需承受的压力较低
- 在采用冷量储罐的情况下，能够保证制冷设备负荷均衡
- 能够确保稳定的蒸发温度，始终维持在所需达到制冷温度3～4℃以下
- 所需液氨量明显降低

缺点：

- 制冷设备自身耗能更高
- 所用管道直径必须更大、泵功率也需提高
- 其它直接冷却方式的优点

4.4.2.2.3 热传递

热传递过程可以通过以下方式来完成：

- 弧形冷却管
- 垂直蒸发管
- 特殊的热传递面［Temp-plates，漩涡夹套（dimple jackets），Mueller plates］

所有的热传递面在设计上均遵循面积尽可能小、热传递效率尽可能高的基本原则。直接蒸发时的热传递面必须接受劳动安全部门的监督，它们必须能承受制冷剂循环回路在静止状态下的高压。如果采用液氨作为制冷剂，那么该压力至少在1160kPa。

常见的冷却夹套形式如下：

（1）冷媒水平流动的弧形管　使用乙二醇冷却时（图4.37），乙二醇从下面流进，上面流出。使用液氨直接蒸发（图4.38）冷却时液氨却是由上面进入，从下面流出。一般每个冷却段由4～6圈盘管构成，以获得均匀的冷却效果。

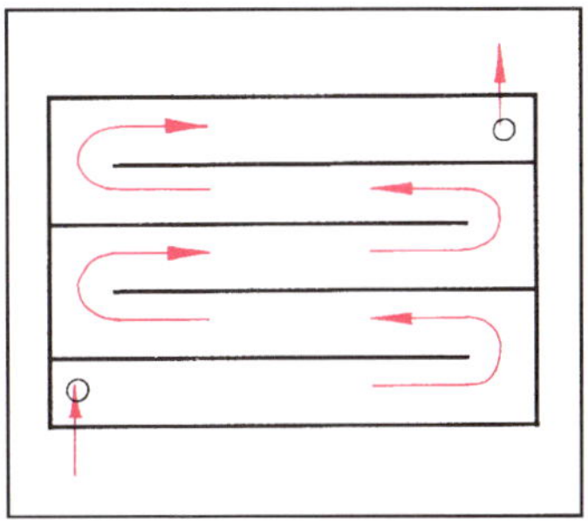

图4.37　冷媒水平流动的管段（乙二醇冷却）

设计时会尽可能控制冷却管内的液氨体积保持在最低水平，只有这样才可保证：

- 整个啤酒厂的液氨量被控制在较低水平
- 所需气液分离设备也较小
- 后蒸发量低

一般弧形冷却管（图4.38a，a）中液氨容量在12~15L/m²，新的弧形冷却管（图4.38a，b）中该体积已经降低到了4.5L/m²。最新水平平面蒸发器中该体积甚至已经下降到了1.9L/m²。

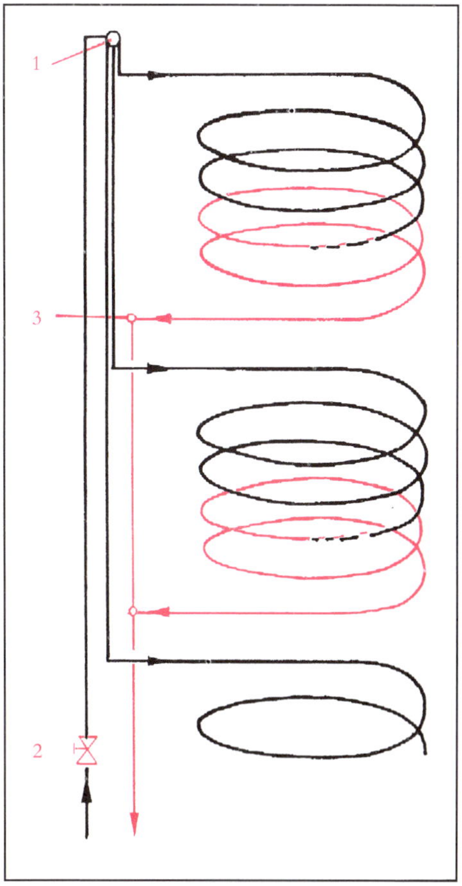

图4.38　液氨冷却的水平冷却管布局
1–每个冷却区的冷媒分配器　2–带有调节器的液氨流入阀　3–加热了的氨的出口

（2）垂直蒸发管　在垂直蒸发管（图4.39）中液氨在向下流动的过程中得到蒸发。该蒸发方式比较少见，另外与水平式蒸发管相比，垂直蒸发过程不太容易调节。

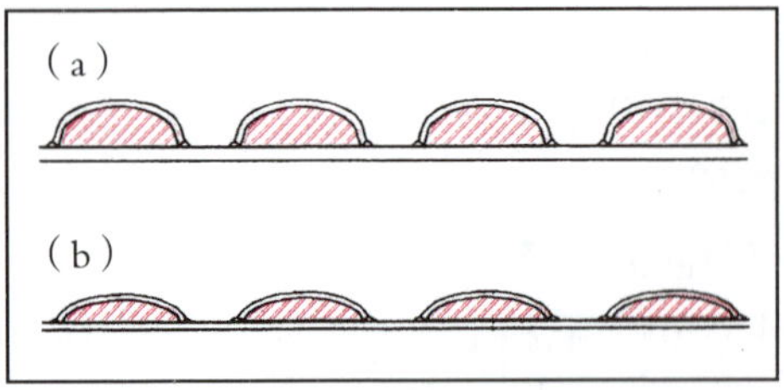

图4.38a　弧形蒸发管
（a）旧构造形式（b）新构造形式

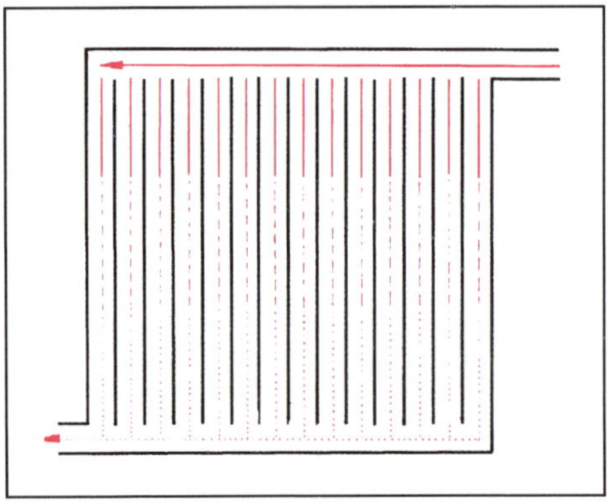
图4.39　垂直管段

（3）新式短间距点焊式（图4.40）冷却板夹套　被称为“Temp-plates、Mueller plates、漩涡夹套”或类似名称的冷却夹套均属于该系列。两块薄板经过点焊首先被固定在一起，然后在高压的作用下将其中的空间鼓吹起来，冷媒流经其中时将会被强制形成紊流，从而达到良好的热交换效果。

发酵和后熟结束以后的啤酒降温

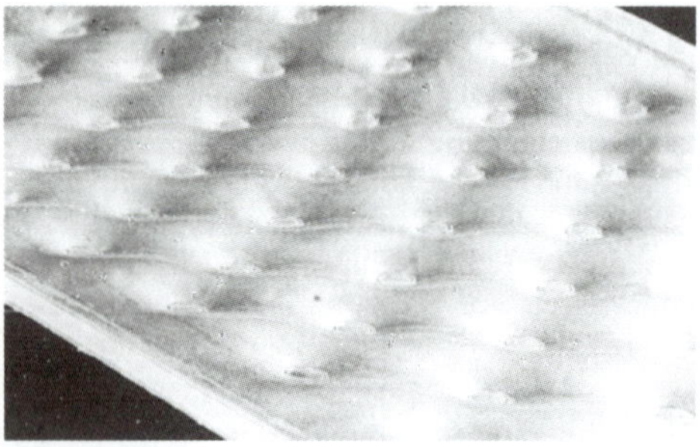
图4.40　新式短间距点焊式冷却板夹套

到贮酒温度的过程是啤酒厂中冷量需求量最大的时候。所需冷却面积大小一般按照以下标准来计算：

- 锥形发酵罐

  直接冷却：

  - 蒸发温度为+1℃时所需冷却面积为$3.4m^2/100\ hL$
  - 蒸发温度为-4℃时所需冷却面积为$1.6m^2/100\ hL$

  间接冷却：

  - 蒸发温度为+1℃时所需冷却面积为$3.8\sim4.4m^2/100\ hL$
  - 蒸发温度为-4℃时所需冷却面积为$1.7\sim1.8m^2/100\ hL$

- 锥形后酵罐

  蒸发温度为-4℃时所需冷却面积为$0.9\ m^2/100\ hL$

啤酒也可在罐外进行循环冷却。此时从锥底套管流出的酒液经过泵送至一薄板冷却器中得到冷却，然后再经过上升管在液面下1～2m处返回罐内。该上升管多安装在罐外的绝热层内（图4.41）。

这样就可保证酵母处于悬浮状态，发酵过程得以维持，罐中的内容物也得到强制交换。为了不影响此后的酵母沉降，啤酒出口可位于锥体之上的位置（图4.42）。从1970年以来，这种冷却形式得到了普遍应用，实践证明效果良好。其优点体现在：

- 设备费用低
  - 冷却夹套费用大约占到锥罐费用的25%～30%
  - 板式换热器相对来说所需投入明显更低

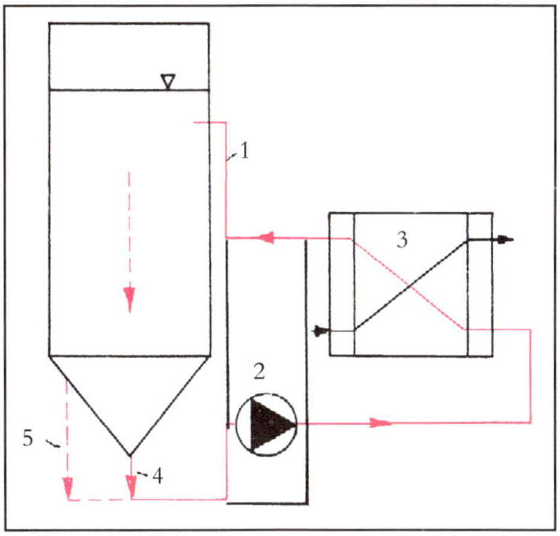

图4.41 通过薄板冷却器进行冷却的生物反应罐
1-上升管 2-泵 3-薄板冷却器 4-锥底套管 5-锥部套管

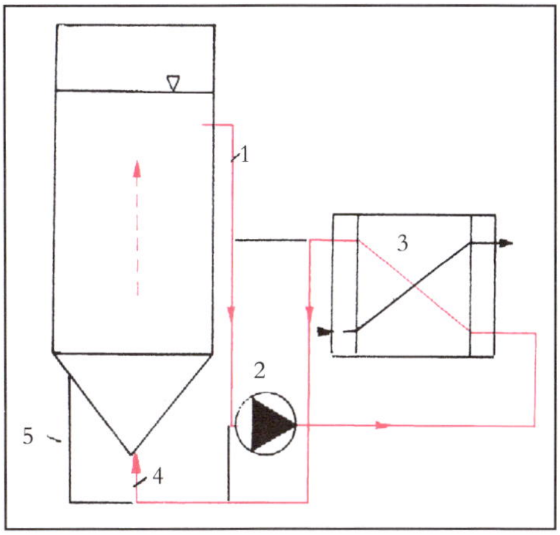

图4.42 反应罐中的深度冷却阶段
1-上升管 2-泵 3-薄板冷却器 4-锥底套管 5-锥底套管

也可采用管束式蒸发器来代替板式换热器，然后利用液氨直冷方式达到降温目的。该形式的成本更低。

- 由于酵母始终处于运动状态，内容物分解加快，使发酵和后熟周期缩短，大罐周转更频繁。

缺点是需要泵运转，所以使耗电量增加。但与间接式夹套冷却相比，所耗电量要低一些。

4.4.2.2.4 温度梯度分布和冷却

在同一锥形罐中，温度的分布并非均匀。在强烈发酵阶段，由于CO_2的翻动，在罐中会出现很大的分层现象。由于温度高的啤酒向上流动，所以在此阶段锥形罐上部应具有良好的冷却效果。因为低温啤酒向下流动而高温啤酒向上流动，故而在罐中会形成对流现象（图4.43，a）。

不论采用何种发酵和后熟工艺，均需在冷储阶段将温度降至-2～0℃并至少保温一周，分离出酒液中的冷凝物颗粒后才能进行过滤和灌装。在此阶段，锥形罐中的分层现象完全与发酵阶段不同，可用水举例加以说明：

水在4℃时密度最大，因此湖底和海底的水温保持该温度；高于4℃的水以及冰块均会向上升起。

全啤酒在2.5℃左右的密度最大。浸出物浓度更高的啤酒，如强烈啤酒，在1℃左右密度最大；而较低浸出物浓度的啤酒，则是在3℃左右时密度最大。

若酒液被降温至－1℃，则全啤酒中会发生下列现象：在锥底最下部分，2.5℃的啤酒由于密度最大而聚集，而从下到上，由于冷却而使啤酒温度越来越低，甚至在酒液最上区会结冰。

必须指出：−2℃左右时啤酒就开始结冰。比尔森型啤酒在−2.2℃、强烈啤酒在−2.9℃左右开始结冰。因此低温冷酒的温度也受到限制。冰的形成对啤酒质量不利，而且使散热困难。啤酒被冻结的速度较缓慢。冰首先会在罐壁周围形成，这样中间酒液中的酒精和浸出物含量就会升高。冰啤酒的制造详见4.8.2。

通过以上介绍可知，要想将啤酒降至−2～0℃并在此温度进行贮酒，则锥形贮酒罐必须配备锥底冷却装置，否则无法保证锥底部分达到此温度范围（图4.43，b）。

锥底冷却也直接影响着回收酵母的质量。如果不设置锥底冷却装置，那么温度高一些的啤酒和酵母会沉降到底部，导致锥底部分温度明显要高于锥罐上部温度。而此时的酒液中几乎不含有可供酵母利用的营养物质，

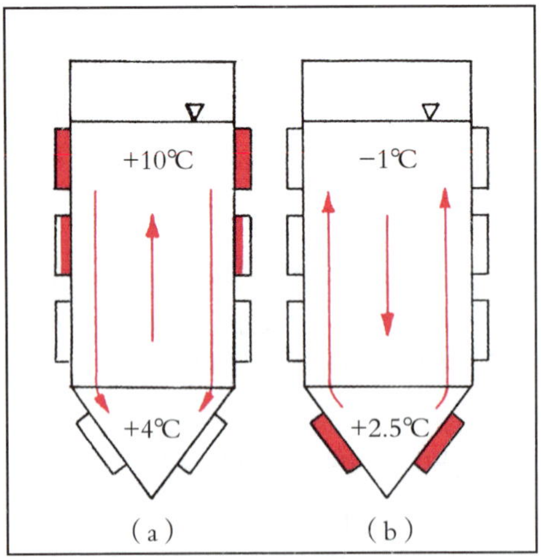

图4.43
（a）锥罐内部的对流情况（b）啤酒冷藏

所以酵母的生命代谢在极大程度上受到限制。温度越高，酵母的代谢活力越大。也就是说，此时酵母必须更多地分解自身体内的储备物质（糖原、甘露聚糖）。接下来活力不高的酵母细胞会逐渐分解其它物质，代谢过程开始出现紊乱，酵母细胞出现自溶。细胞壁首先被破坏、细胞溶质内的主要结构物质（蛋白质、酶、不饱和脂肪酸等）将会缓慢进入酒液中，这将导致：

- 啤酒的pH升高
- 啤酒的口味变差
- 口味稳定性明显下降
- 微生物稳定性变差

在体外冷却式反应罐中，可通过循环流动使啤酒达到深度冷却阶段（图4.42）。此时冷至−2～−1℃的啤酒被从下面泵入反应罐中。由此可保证酒液被均匀冷却，冷凝固物得到分离。

一般采用多个冷却区进行冷却。冷却夹套通常有3个冷却区，另外罐的锥底部还设有冷却夹套。这样，便可以根据具体情况有针对性地进行冷却操作。

4.4.2.2.5 保温隔热层

露天安置的锥形罐必须有防止外界气温影响的装置。室内安装的锥形罐同样需要独立冷却装置，以使发酵和后熟中能够单独控制每个罐的温度。因此露天锥形罐必须经过保温处理，而室内锥形罐目前也基本都经过同样保温处理。

聚氨酯硬泡沫（PUR）被证明绝热效果最好，一般控制其填充厚度为100～150mm（聚氨酯发泡系统）。锥

形罐的外表多用镍铬钢或铝皮把绝热层密封包围起来。若有可能，应尽可能在设备运至啤酒厂前进行发泡填充处理。如果无法做到这一点或者是绝热材料需要进行更换，则需搭建脚手架并利用隔块将外层和发酵罐保持在一定距离内，然后逐层进行发泡处理。绝对不允许有水进入绝热层，因为以后无法将其排出。在开始发泡前，还必须对锥形管表面采用能阻隔氯化物的涂料来进行防腐处理。

聚氨酯硬泡沫具有良好的隔热性能，所以即使锥形罐很大，不论温度高还是低时都不用担心罐内的核心温度会起变化。但有两点应特别注意：

聚氨酯属于可燃物，但必须有氧的参与。如果采用浇注泡沫（Ortschaum），则不存在燃烧问题，其中的聚氨酯被控制在不易燃烧状态。

若隔热层气密性差，那么水蒸气会渐渐渗透到聚氨酯泡沫层中，使隔热效果变差。即使是一些很细小的部位，比如螺丝连接处的搭接点，若密封不好，就会导致水很容易渗入。即便是安制木制隔块处（以达到均匀的隔热层厚度）也容易成为渗入点。这种情况一般可以认为，经过10年后其隔热作用将基本丧失。

因此聚氨酯发泡层必须完全密封，不能出现水蒸气渗透现象，所以绝热层外表必需安装一层不会出现蒸汽渗透的外壳（板材可以是铝、不锈钢、镀锌钢或带涂层钢等）。水蒸气所导致的绝热效果下降无法用肉眼观察到，因此隔热处理必须非常谨慎地由专业工程公司来完成。建议购买方让施工方提供质量保证（长期质量担保）。

4.4.2.3 冷却过程的自动控制

在传统发酵间，我们可以通过眼睛观察和鼻子的嗅觉进行发酵控制，但在锥形罐间却不能。为此必须利用控制装置和监控仪器来了解发酵过程，以便及时采取合适的工艺措施，避免在发酵罐内如此大的麦汁和啤酒量中可能出现的问题。因此在保证能够监控发酵过程的同时要尽可能实现自动化过程控制。当然，这也跟经济能力直接相关。

4.4.2.3.1 控制发酵过程的方法

发酵过程的控制可采用多种方案：

- 手动控制，是最简单的控制形式
- 带有温度设置功能的半自控系统
- 根据温度、时间甚至浸出物分解而进行的全自动控制

发酵过程的全自动控制可通过一些精度很高的测量系统来实现。比如：

- CO_2浓度测量。通过测量不断增加的CO_2浓度来采取与温度和时间有关的必要措施
- 压差测量。其原理如下：因为麦汁中溶解有浸出物，所以比水要重。比如，已知（见3.5.1.1）浓度为11.4%的麦汁，其密度为1.04395 g/cm^3。在发酵期间，大部分浸出物被降解后生成挥发性的CO_2和密度较低的酒精，从而使酒液密度下降。因此可以借助十分灵敏的压力传感器间接测量出压差，然后换算成相应发酵度来指示发酵进度

目前被普遍应用的仍然是“时间

式”控制方法。采用该方法时的重要前提条件就是控制过程中的起始条件必须保持稳定，包括：

- 麦汁浓度
- 麦汁氧含量
- 接种温度
- 接种细胞数

该控制方法如果能够加上模糊控制技术，其控制质量将得到明显改善。

4.4.2.3.2 自动化流程控制过程中的视觉化处理

在糖化车间部分已有介绍，目前越来越多的工艺过程采用自动化控制，并通过显视屏使流程控制视觉化。

流程控制的主要特征：

- 全自动控制前后酵和贮酒过程
- 能够测量浸出物浓度和发酵度（测量装置不用安装在罐内）
- 监视器能够随时显示所有锥形罐的运行状况
- 可以利用计算机随时对各种参数进行个别调整
- 所有数据均能贮存于计算机中，随时可供调用
- 连接打印机后可把所有数据打印出来

在大型现代化设备中，发酵和后熟的控制几乎都用计算机进行，因为只有通过该途径才能用最少的人最大限度地确保生产过程安全可靠地顺利完成（图4.44和图4.44a）。

由于没有任何人可对所有的参数进行连续监视，所以需要对出现的错误（偏差、故障等）通过“可视”或“可听”装置显现出来，以便立即做出反应。

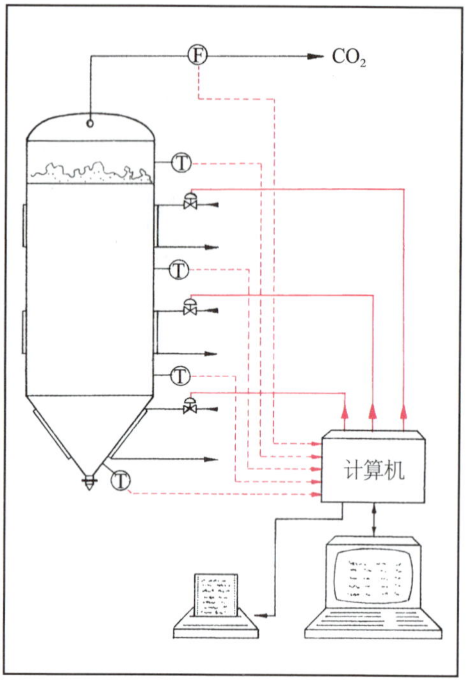

图4.44　通过显示器实现“视觉化”和过程控制，连续显示温度和压力

4.4.3 锥形罐发酵工艺

目前采用锥形罐进行发酵和后熟已被普遍应用。啤酒厂的技术装备的差别，以及受传统观点的影响，也并非不能将传统主后酵容器与锥形贮酒罐联合起来使用。

> 给麦汁强烈通氧是保证快速进入发酵的重要前提。但氧气是啤酒质量的天敌，所以必须采取一切措施防止啤酒吸氧。但若想使发酵快速开始并充分利用酵母的发酵力，则必须在接种时给麦汁通入足够的氧气。这时通氧不会损害麦汁，因为酵母很快就会消耗掉氧气，并迅速转入发酵过程。但若耽误了给麦

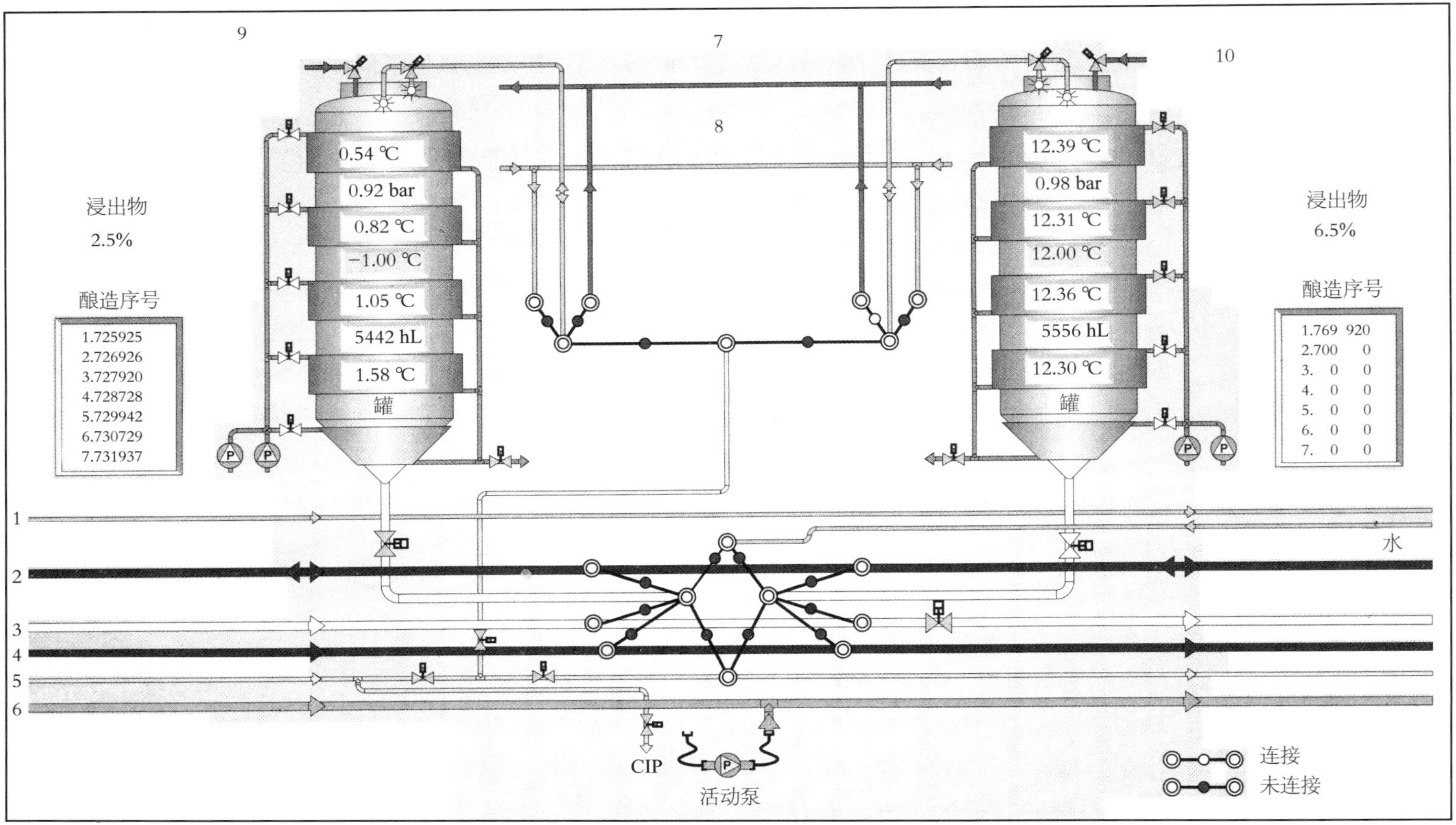

图4.44a　发酵罐和后酵罐的介质供应管路

1–压缩空气　2–啤酒进口　3–麦汁进口　4–通向过滤机的啤酒管道　5–CIP清洗管道　6–酵母管道　7–CO_2进出口管　8–压缩空气　9、10–真空安全阀汁通氧，则发酵进展会变得缓慢，导致宝贵生产时间的损失。发酵阶段开始后一直到啤酒灌装都要全力避免吸氧。

古老的酿造规则指出，发酵需要一周，然后每1%的原麦汁浓度需贮存一周。该规则早已失去了其有效性，现在甚至连以上时间的一半也不需要。

啤酒必须在尽可能短的时间内发酵和成熟，这样才能提高设备利用率。今天，在保持质量不变的前提下，缩短发酵、后熟周期已成为一种趋势。发酵、后熟、贮藏所需的总时间大多不超过20d。

缩短传统的发酵和后熟时间也是可能的，但锥形罐相比之下更容易实现，质量更稳定。

4.4.3.1 锥形罐中进行主后酵的工艺要点

对于发酵周期少于3周的锥形罐工艺来说，要非常重视以下几点，特别是在这段时间内无法用肉眼观察啤酒内在的情况。

（1）最重要的是麦汁中的氮源供给，氮源通过糖化后就已被定型。麦汁中的游离氨基氮含量最低不得少于230 mg/L，以确保酵母营养。对于添加辅料的麦汁，其游离氨基氮最低值应为150 mg/L麦汁。

（2）麦汁通氧和酵母添加量对于强烈快速起发影响重大。酵母添加量应控制在3×10^6个/mL麦汁，约相当于1 L浓酵母泥/hL麦汁。

（3）酵母对骤然的温度改变很敏感。急冷对发酵和酵母细胞增殖损害很大。在接种时和对数生长期，要避免强烈的冷却过程。进行追加操作时，一定要保证追加介质的温度与被追加介质保持一致。

（4）双乙酰的分解是啤酒成熟与否的指示物。可以认为当双乙酰分解完以后，其它生青物质含量也已经被降到不利影响水平以下。在后熟阶段结束后，总双乙酰含量应低于0.1 mg/L。在贮酒过程中，双乙酰仍会有少量的分解。啤酒中的双乙酰含量应在0.1 mg/L以下。

（5）只要其浓稠度便于回收，沉降的酵母就应该尽早从罐中分离出去。酵母自溶会给啤酒质量带来严重不利影响。

（6）后熟完毕或为了提高啤酒的胶体稳定性，必须将啤酒降温至−2～−1℃并维持此温度至少贮藏7d。若贮酒时间较短，贮酒温度较高，则后面所需的稳定化处理投入就需相应增加。只进行快速降温不加以贮存无法达到改善目的。

发酵和后熟按以下工艺进行：

- 集中一个锥形罐中进行，即“一罐法工艺”
- 发酵在锥形发酵罐而冷贮在锥形贮酒罐中进行，即“两罐法工艺”

同样也可将发酵在锥形罐中进行，而后熟和贮藏则在传统后酵罐中进行。

若发酵和后熟用两罐法工艺，为保证啤酒质量均衡一致，成熟处理（双乙酰分解）仍需在锥形发酵罐中进行。而在锥形贮酒罐中仅进行低温贮藏，以改善酒体的胶体稳定性，使酒液澄清以及口味变得圆润柔和。

总体来讲一罐法工艺优点更多：

- 清洗消耗少，因为只有一个容器必须清洗
- CO_2损失少，无需倒罐过程
- 酒损少，因没有了管道中的损失
- 缩短了工作时间，因不用转罐
- 节约能源，因不用泵送
- 不会吸氧

其缺点体现在贮酒阶段，锥罐的空间利用率不高。从啤酒质量来讲，两种工艺基本上没有什么区别。理论上任何一种发酵工艺都可按照一罐法或两罐法工艺来进行。

从经济和环保角度出发，必须或建议最好回收CO_2。只有在高温后熟工艺中和较低的压力下才需要充CO_2（碳酸化处理）。每个罐子都需配备冷却装置。

下面发酵啤酒的发酵和后熟工艺可分为三类：

- “低温发酵-低温后熟”工艺
- “低温发酵-高温后熟”工艺
- “高温发酵-低温后熟”工艺

图4.45～图4.50所示发酵及后熟工艺由Miedaner教授提出，其中：

- 黑色实线为温度变化曲线
- 红色实线为双乙酰变化曲线
- 红色虚线为浸出物浓度变化曲线
- 红色点虚线为压力变化曲线
- 带“S”的箭头表示下酒时刻
- “小箭头”为回收或排放酵母时刻

4.4.3.2 “低温发酵–低温后熟”工艺

该工艺在传统发酵和后熟生产过程中被广泛应用。接种温度控制在6～7℃，然后让发酵温度经过2d左右自然升温至8～9℃（图4.45），达到发酵顶温并保温2d左右。接下来缓慢降温至3～4℃。然后在保证残留有一定量的可发酵性浸出物的情况下进行下酒操作，此时控制酒液中与最终发酵的糖度计测量值之差为：

- 1.1%～1.3%，针对开放式发酵池
- 0.8%～1.0%，针对锥形发酵罐

紧接着将温度缓慢降至贮酒温度，让酵母将双乙酰分解至味阈值0.1 mg/L以下。在−1℃至少要贮酒7d。建议贮酒时间最长不要超过5周。无论如何，应对后酵酒液定期进行检查，以

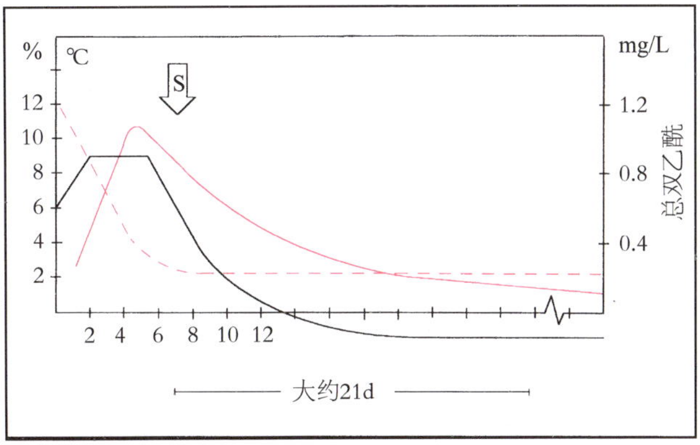

图4.45　低温主发酵–低温后熟

观察是否有以下现象出现：

- 啤酒有酵母口味
- 酵母开始自溶，pH也因此上升
- 啤酒在口味、泡沫和稳定性方面出现质量缺陷

一种特殊的下酒形式是在下酒时添加高泡酒。

添加高泡酒是指添加发酵度为25%左右，正处于低泡阶段的嫩啤酒。有时需要添加高泡酒，来给后酵过程补充浸出物，使其能够继续进行。不过这不是此处介绍的重点，这里所指的是有些啤酒厂为改善啤酒泡沫和口味，一直采用添加高泡酒工艺。为此，控制啤酒在剧烈的主发酵中几乎完全发酵完毕，并且在没有完全分离出足量的主酵酵母情况下直接与10%～20%的低泡嫩啤酒一起在5℃左右下酒。

添加高泡酒工艺可以改进啤酒质量。不过，主酵酵母应尽可能得到彻底分离，否则会对啤酒质量产生不利影响。

4.4.3.3 “低温主酵–定向后熟”的锥形贮酒罐发酵工艺

在这种工艺中，接种温度为6～7℃，然后将温度升至8～9℃，在此顶温停留并下酒于锥形贮酒罐中（图4.46）。在倒池时向嫩啤酒中添加10%左右的高泡酒，由此使有发酵力、有活力的酵母进入啤酒中并大量还原双乙酰，使其含量降至味阈值以下。然后将温度降至贮酒温度，保持一周。达到成品发酵度（应尽可能接近最终发酵度）以后，每隔2～4d排一次酵母，最后一次排酵母当然是在啤酒过滤前进行。整个生产周期大约为20d。

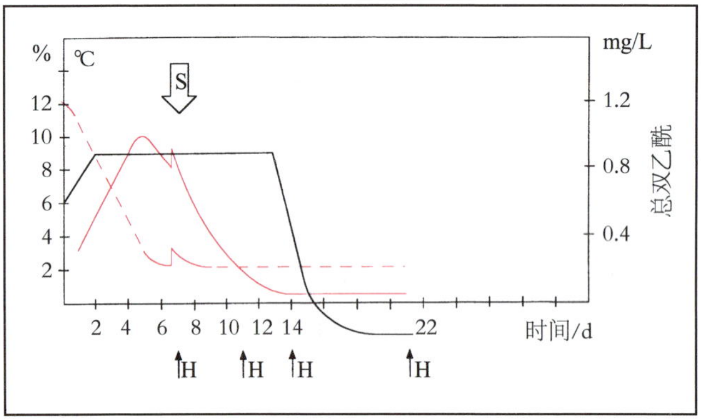

图4.46 低温主酵–高温后熟

4.4.3.4 “无压高温发酵–低温后熟”工艺

在较高温度下，所有的发酵和后熟过程均会加速运行。而这一点则可被利用来缩短发酵周期。

因此在8℃接种后可以控制温度上升到12～14℃（图4.47），这样虽然一方面会形成更多的双乙酰，但是双乙酰的分解也更快，更加彻底。等待

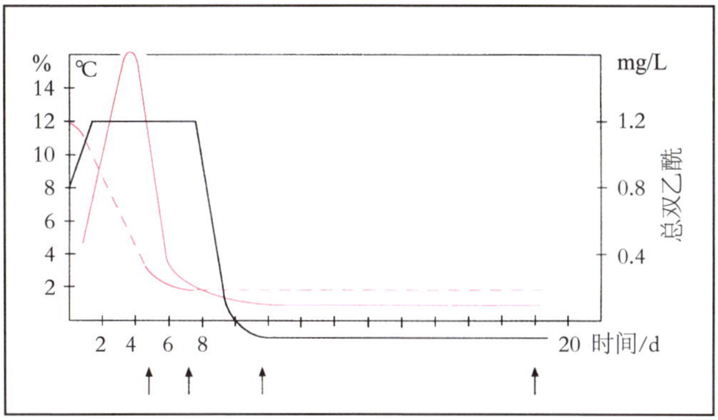

图4.47　无压高温发酵-高温后熟

双乙酰分解完全以后才将温度降至贮酒温度-1℃，并在此温度下低温贮藏一周。此工艺时间为17～20d，传统发酵车间也可采用此工艺。

此工艺的优点：

- 可很快地达到最终发酵度
- 双乙酰分解不仅快速而且彻底
- 所酿制啤酒质量一流
- 实践证明该工艺同样适用于带压发酵过程

4.4.3.5　带压发酵工艺

若让温度继续升高，例如20℃以上，当然会使形成的发酵副产物增多。若不采用压力来抑制大量双乙酰和发酵副产物的形成，则整个发酵过程就会失去控制（图4.48）。采用此工艺的前提是发酵罐能承受相应的压力。

在发酵度到达50%左右时，把压力升至通过计算所得到的要求值，并一直保持至后熟阶段结束，然后卸压至与冷贮酒温度相对应的饱和压力。冷却达到贮酒温度后（大约在第9d或第10d），在-1℃下至少冷藏一周。此工艺发酵周期在17～20d。

4.4.3.6　“低温发酵-高温后熟”工艺

高温发酵总会带来许多发酵副产物。低温发酵、高温后熟的优点就在于一方面形成的发酵副产物不是特别多，另一方面这些发酵副产物又可在高温后熟中得到很好的分解（图4.49）。

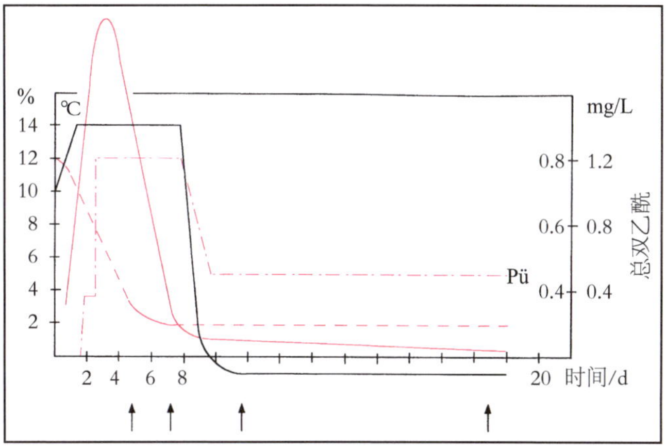

图4.48　带压发酵

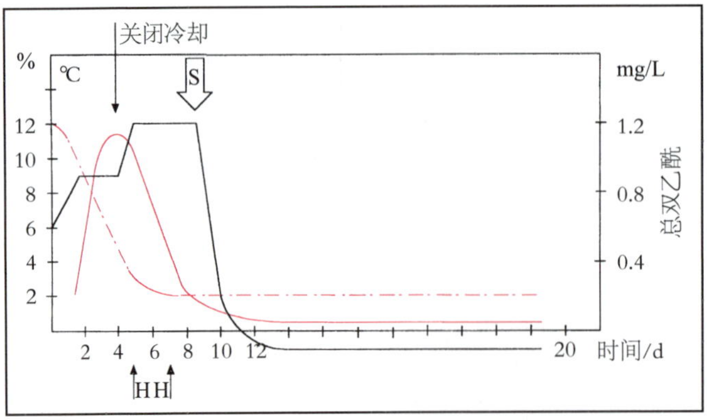

图4.49　低温发酵-高温后熟

在带后熟的低温主发酵工艺中，主发酵在8～9℃下进行，发酵度到达50%左右后关闭冷却装置，自然升温至12～13℃进行双乙酰的后熟阶段。双乙酰含量经检查合格后，酒液被倒至另一锥形贮酒罐中并进行为期一周的低温贮藏；或者在同一罐内降温至-1℃进行贮酒（一罐法工艺）。在100kPa的过压下，CO_2含量可以达到5.4～5.6 g/L的水平而无须进行“后碳酸化处理”。此工艺也适用于传统主酵间。工艺总生产周期为20d。

4.4.3.7　“低温主酵，有针对性的后熟”工艺

该发酵工艺操作比较复杂（图4.50）。主酵仍在8～10℃下进行，直至接近最终发酵度。接着在添加10%高泡酒的情况下通过薄板加热器将酒液温度提升到20℃，并在此温度下保持1.5～2d，在此过程中检查双乙酰的分解情况。分解完毕后将酒温降至-1℃，并低温贮藏一周。

建议最好在达到最终发酵度之后，即在添加高泡酒之前，将酵母分离出来。最好采用离心机，但必须在CO_2气体备压下进行工作，以避免与空气发生接触。该工艺约需20d，其特点如下：

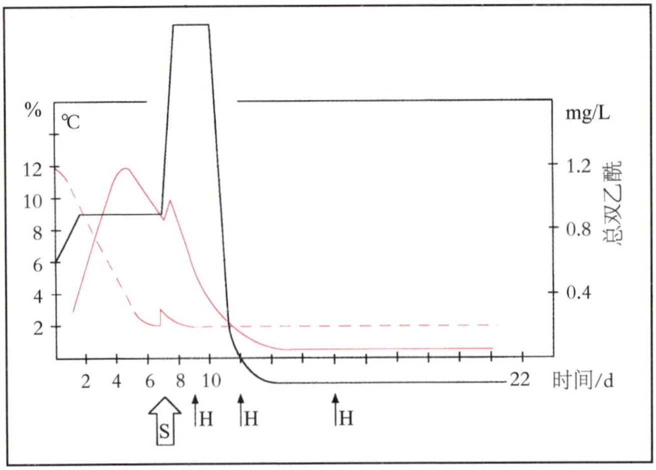

图4.50　低温主酵-可控制的后熟

- 后熟阶段被缩短到2～3d
- 后熟及低温贮藏阶段总计为10～12d
- 后熟完毕后必须确保酵母分离完全

4.4.3.8 “高温主酵，正常或快速后熟”工艺

前面已经了解到，通过提高温度可大大缩短主酵期，但也会带来一系列问题，如：

- 发酵副产物增加
- 随着温度的增加，啤酒口味更加趋向于带酵母香味
- 一般来说，啤酒泡沫和胶体稳定性要差一些

此工艺的优点：

- 主酵期可缩短到4d
- 意味着生产能力的提高

在添加高泡酒并综合考虑不同的成熟参数的基础上，采用高温发酵工艺才会比较有意义。

4.4.4 酵母回收和保藏

酵母回收是酿造过程中一个非常重要的环节。特别是酵母回收时刻与回收方法尤为重要。

4.4.4.1 酵母回收时刻

酵母应该尽可能早地多次加以回收，原因如下：

- 酵母的沉降过程并不完全遵从人的意愿。即使在对流强烈的主酵结束后，后熟结束时仍然会发现酒液上部的细胞浓度要高一些，这主要是因为那些发酵力强的酵母细胞的上升运动所引起的[178]。即使在低温储酒阶段也不时会出现来自锥底部分的“酵母云”的翻腾现象。尽管如此，绝大部分酵母细胞仍然会不断沉降到锥底。对沉降所需时间影响最大的自然是发酵罐的高度（沉降路径）。已经沉淀下来的酵母应尽可能立即与酒液分离开来
- 随着啤酒成熟度的不断增加，其中的酵母细胞会越来越多地向酒液中释放出分泌物，特别是低分子蛋白质，酵母细胞此时已经不能再吸收这些物质，从而对啤酒泡沫造成不利影响
- 随着啤酒成熟度的不断增加以及冷贮酒时间的延长，酵母会向酒液中分泌出蛋白酶A[179]。它会分解酒液中存在的泡沫积极成分，使啤酒泡沫质量明显下降。这一点特别是对纯生啤酒影响重大，因为纯生啤酒生产过程中没有热处理过程，这些酶将会一直待到成品啤酒中。回收时刻早的酵母其分泌蛋白酶的特征明显低于回收时刻晚的酵母。处于悬浮态的酵母其分泌能力也远远低于已经沉降下来的酵母。因此及时回收酵母能够提高啤酒质量
- 酵母生理状态不佳时会生成更多的自溶产物，对后续发酵过程不利。这些由蛋白质、糖原和甘露聚糖组成的络合物溶解后，会形成浑浊，直至带来过滤困难
- 酵母细胞主要对位于大罐底部的高CO_2分压压力特别敏感，因为这会导致酵母体内CO_2含量的上升。酵母细胞能够耐受物理压力的能

力远远高于CO_2耐受力。酵母在锥底停留时间越长，其生理状态就会越差，因为此时已经没有多少可供利用的营养成分存在，且酵母浓度也特别高。特别是那些老酵母细胞（拥有多个芽痕），一旦储备物质被消耗殆尽，就会开始代谢其自身细胞的结构物质，该过程被称为自溶。此时内分泌酶类会将细胞内部以及最外围的细胞膜分解，氨基酸、脂肪酸以及多种酶类等被游离出来。整个细胞代谢过程失去控制，酵母细胞开始死亡。这些分泌出来的物质对啤酒质量具有非常不利的影响：

- 游离的氨基酸和蛋白分解酶会破坏啤酒口味和泡沫稳定性
- 脂肪酸，特别是不饱和脂肪酸，会给啤酒口味稳定性带来不利影响
- 这些分泌物质是啤酒中可能出现的污染微生物的良好培养基
- 啤酒的pH会升高。该指标是一个十分明显的酵母自溶指示信号

通过染色镜检所检测到的死酵母细胞含量应尽可能低，不要超过3%。如果死亡酵母含量进一步升高，则酒液中出现自溶产物的可能性将大为增加。

希望通过以下示例来反映该指标的重要性。一个容量为1000hL的大罐大约可回收25hL酵母泥（以每百升酒液回收2.5L稠酵母泥计）。如果死亡率为3%，那么可计算出至少有75L酵母泥中全部是死酵母细胞。因此可以想象如此多的死酵母会向酒液中分泌出多少细胞结构物质，又会给啤酒质量带来何等灾难性的影响！

所有这里提到的原因都充分说明必须尽早将酵母和酒液分离开来。分离过程可以分步进行。

4.4.4.2 酵母回收方法

锥形罐是在下酒之前由锥底排出酵母的。此时可借助不同方式来回收：

- 可以利用酒液柱的静态压力来回收酵母
- 也可额外投入合适的泵，可确保回收过程流量的稳定。酵母回收泵多采用膜泵、离心活塞泵或偏心蜗杆泵，并且可以附带有浊度测量装置

回收时必须保证锥底的酵母能够缓慢滑落，酵母泥和酒液之间的水平交界面不能被破坏（参见图4.50a，a）。如果酵母排放过快，那么罐壁旁边的酵母就无法下滑，形成一个漏斗形出料口（b），这时排出的则主要是啤酒。过多啤酒进入回收酵母中在后续生产过程中又要通过复杂的处理技术来加以回收。因为锥形罐的罐径多为80或100mm，无法实现缓慢排液过程，所以建议排放酵母时在出口处增加一个减速装置，通过减速调节来保证酵母能够均匀缓慢排出。

对酵母排放过程具有积极影响的

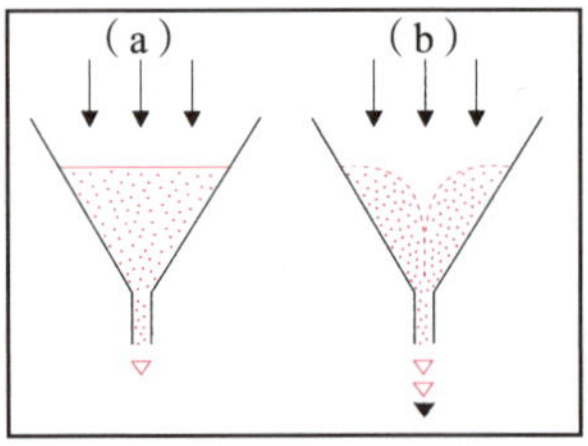

图4.50a　酵母回收
（a）酵母泥均匀地向下滑落
（b）快速排放时形成的漏斗出料形式

因素有：

- 内表面经过电子抛光处理的锥底
- 较小的锥角（60° ~70° ）
- 脉冲输送泵。所形成的脉冲被传递到酵母泥以后促进滑落过程

在发酵和后熟过程中，罐内的酵母细胞必须在自身体内通过建立同等的内压（细胞膨胀）才可保持体内外的平衡状态。因此如果锥罐内酒液高度为10m，那么酵母体内的相应内压也为100kPa。如果回收酵母此时直接被排放到一个无压容器中，那么酵母体内的这些CO_2将会在瞬间释放出其压力，会给酵母细胞带来极大的冲击。它又必须调整体内压力，以适应新的环境。表现出来就是酵母细胞与其周围的酒液一样会形成一层比较厚实的泡沫层（此时要求的预留空间可以高达50%左右），这一点必须加以考虑。最好能够将回收酵母送入一个带有反压的容器中，并可借助通入无菌空气来达到供氧和排除CO_2的目的。当酵母需要立即被用来投入后续生产时，供氧对维持酵母的活力尤其重要。

4.4.4.3 回收酵母的处理和保存

酵母回收后必须采用合适的方法对其进行处理和保存。主要包括：

- 对回收酵母进行通风或不通风处理
- 酵母保存温度
- 保存方式
- 回收酵母的质量检查

4.4.4.3.1 回收酵母的通风处理

回收酵母应尽可能迅速地重新被用来接种，通风处理可以极大地改善酵母的活力。在氧气能够进入细胞体内之前，其中的CO_2气体必须首先被排除。排除CO_2并通氧的过程需持续2～3h[176]。如此处理后的回收酵母可以立即用来接种。通入氧气将使细胞的代谢过程重新转向呼吸代谢，从而获得更多的能量，不会消耗太多的体内储备碳水化合物。

如果酵母细胞不需要马上用来接种，那么建议首先不要对回收酵母进行通风，以免激活酵母细胞体内的能量代谢过程，因为有氧情况下呼吸代谢将开始作用，但此时却没有足够的能量供应物质（麦汁）存在[158]。因此只会造成酵母细胞更加强烈地分解自身储备物质，导致发酵开始时体内所储备物质含量不足。所以说经过如此处理后的酵母其生理状态将比较糟糕，往往也会在下一代酵母中以较高的死酵母比例表现出来。因此酵母在接种前才能进行通风处理。

4.4.4.3.2 酵母储存温度

酵母所需储存时间越长，那么储存温度就应越低。低温短时是酵母保存的最佳方式。即使是采用高温发酵工艺，如果回收酵母在低温下存放，其发酵性能不会受到影响[175]。

低温保存的唯一不利影响是当温度变化太过急剧会给酵母带来冲击，酵母会向麦汁中分泌物质，特别是氨基酸和核苷物。其中只有氨基酸能够在几个小时以后被酵母细胞重新吸收。

如果酵母所需保存时间很短，建议如下：

- 将温度控制在接种温度范围，但不能高于8℃
- 如果需要保存整个周末，最好将温度控制在3～5℃

在糖化过程出现断档时酵母必须保存在0～1℃以下，而且必须：

- 将酵母保存在含有一定残余浸出物的啤酒中
- 或者是将酵母保存在加有一定量麦汁的啤酒中

如果需要保存时间特别长，建议将酵母进行压榨处理，然后保存在0～1℃左右。

4.4.4.3.3　酵母保存形式

以前最常用的处理方式是对回收酵母进行水洗、过筛，然后在水中加以保存。过筛时多采用振动筛（图4.51）。过筛时凝固物得到分离，酵母细胞得到均匀分配。但是水洗和过筛时存在非常高的污染可能性，因此现在已经基本不再对酵母进行过筛处理。

同样，现在已经不再使用酵母盆在水中保存酵母，因为此时酵母体内物质会被带出。由于渗透压的作用，酵母体内的维生素、矿物质和氨基酸将进入水中，导致酵母活力下降。因此最好将酵母保存在已经发酵结束的啤酒中。如果需要将酵母保存于水中，那么一定要控制特别低的温度，而且要加入部分麦汁，同时不能进行通风操作。因为有氧后，醋酸菌可以通过酒精氧化获得繁殖所需能量。

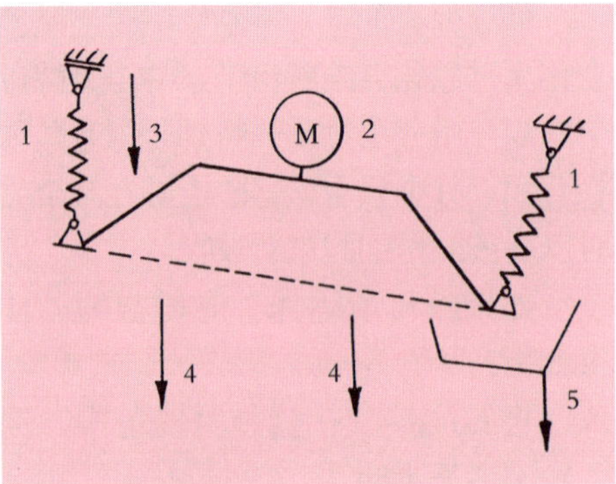

图4.51　酵母筛
1-悬挂装置　2-失衡驱动装置　3-酵母入口
4-过筛后酵母　5-残余物

在有些国家，经常会向回收酵母中加入硫酸、磷酸或柠檬酸，将pH降低到2.0～2.5并保持最长作用时间12h左右。在如此低的pH下，有害污染微生物其生长将得到抑制，而酵母能够较好地承受如此酸洗过程。尽管如此，酵母的活力仍然会受到不利影响。此时最好重新采用纯种扩培酵母。

4.4.4.4　回收酵母的检查

每家啤酒厂都会希望其生产酵母拥有良好的质量，因为许多工艺与啤酒感官质量上的不利影响均直接与酵母质量相关。这包括：

- 含硫的酵母口味
- 泡沫稳定性差
- 苦味宽广，后苦
- 啤酒中pH升高0.1～0.2
- 发酵时间延缓
- 双乙酰含量升高，还原不够
- 啤酒有害菌污染严重，酵母活力差
- 酵母死亡细胞比例升高
- 酵母的凝聚性能下降
- 酵母沉降后呈汤状，不稠
- 还原不够导致啤酒口味稳定性下降
- 过滤问题

因此每次发酵结束后均应对酵母进行检查，特别要重点检查以下内容：

- 是否污染有害微生物。若酵母已感染，则污染物会被带入下一次发酵过程中并随使用代数的增加而对啤

酒质量产生越来越坏的影响

- 酵母死亡细胞含量。最好低于3%，绝对不能高于5%。低死亡细胞含量意味着酵母的高活力

因此必须定期对降糖情况与后熟所需时间进行检查，以能够对酵母活力做出评判。

下面发酵酵母一般会使用5~6代，有时也仅使用1~2代。上面发酵酵母使用代数明显更久，使用5~15代非常多见。有些啤酒厂，其上面发酵酵母会使用长达一年或更长，中间完全不进行扩培操作。不过应用锥形罐来生产小麦啤酒重复使用酵母时必须特别加以注意（见7.3.1.2）。

每次发酵结束后均应检查酵母中是否已污染啤酒有害菌，以免污染下一次发酵过程。只有确保相关操作过程完全清洁干净，才能避免污染的出现。

良好的接种酵母必须能够达到以下要求：

- 不含啤酒有害微生物
- 死亡酵母细胞不超过3%
- 起发速度必须快
- 能够达到高发酵度
- 能够连续使用8~10代，不出现发酵能力变化
- 沉降后应保持黏稠的酵母泥状
- 外观上应洁净，不能含有大量凝固物
- 能够给啤酒带来优良的风味质量

死亡细胞含量的检查仍多采用甲基蓝染色方法，死亡细胞会被染上颜色，活细胞则不会。

4.4.5 过滤前的啤酒质量

排放酵母后，成熟啤酒将从发酵罐输送至过滤间。此时的啤酒应是胶体稳定的酒液。具体要求如下：

- 酒温为0~1℃（在-1~2℃低温冷藏1周之后）
- CO_2含量（无需充CO_2）至少为0.5%
- pH4.2~4.4，最高不能超过4.6
- 酵母浓度最好在2×10^6个/mL左右，最高不能超过5×10^6个/mL
- 双乙酰含量低于0.10mg/L
- 溶氧量0mg/L

4.4.6 废酵母中的啤酒回收

所谓酵母沉积物是指在送酒结束后残留于后酵罐中的酵母，在其中当然含有啤酒（沉积啤酒）。一般可以按每百升啤酒有3L“回收酵母+沉积啤酒”来计算，因此酵母沉积物量为啤酒量的1.5%~2%。

基本上啤酒总产量的1%左右能够重新被作为沉积啤酒被回收起来[54]。回收方式有多种。

4.4.6.1 酵母泥的压榨

酵母进入一腔室压滤机后经过聚丙乙烯滤布将其中的啤酒过滤出来（图4.51a）。首先利用400~600kPa的压力，然后再利用1500~1800kPa的压力将酵母如面包

酵母一样压榨成干酵母饼。拆开腔室压滤机后，干酵母泥自动落下，即可出售获得收益。

此方法的缺点是：若酵母压榨之前的储存温度高或贮存时间长，则由于很高的压榨压力会使回收的啤酒pH高、蛋白质含量高、核蛋白物含量高[55]。因此要求回收酵母后立即进行压榨处理。回收的啤酒可经过滤、瞬时高温杀菌处理再添加至已起发的发酵液中。压榨啤酒中所含的内容物会重新被酵母所吸收和利用，从而避免了啤酒质量的降低（见4.4.6.4）。

4.4.6.2 酵母离心处理

离心分离方法比较适合用来从酵母沉积物中回收啤酒（图4.52）。首先向循环罐1中导入一定量的脱氧水，接下来借助泵6和酵母计量泵5使脱氧水与来自酵母收集罐的沉积酵母进行混合。绝大多数酵母在预澄清离心机2中就会立即得到分离，被水稀释了的沉积啤酒则返回到循环罐中。该循环过程持续进行，啤酒不断被稀释，酵母得到连续分离。最后将循环罐内的啤酒转入高效离心机3中，啤酒得以和酵母完全分离开来。

4.4.6.3 酵母的膜过滤

在膜过滤机（见4.5.1.2和4.5.2.6）中，液体不是垂直穿过过滤面，而是以切线方向流过微孔滤膜表面。浓度很稀的啤酒渗过滤膜得到过滤，而酵母浓液则继续向前流动。该过滤方式被称为“错流过滤”。错流过滤无需过滤助剂，被越来越多地用来从酵母中回收啤酒。当设备设计合理时，既可回收到质量很好的啤酒，又能提高经济效益[56、57]。

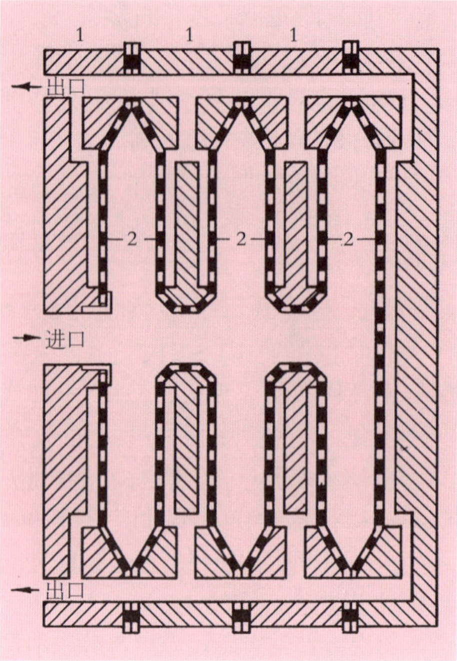

图4.51a 腔室式压滤机工作原理
1-带流出口的板框 2-滤布

4.4.6.4 沉积啤酒的处理

回收的沉积啤酒若未经合理处理，则可能给啤酒在微生物与口味方面带来巨大问题。沉积啤酒的pH经常会超过5.0以上，因此其中含有更多的分泌物如蛋白质、苦味物质和脂肪酸。来自酵母自溶物的中链脂肪酸在酒液中的含量很低，也会给啤酒口味和泡沫带来极不利的影响。所以对酵母沉积物要特别小心处理，因为未经过严格的检测过程无法对酵母的自溶程度作出精确的判断。一旦pH超过4.5以上，那么巨球菌（见7.4.2）能够

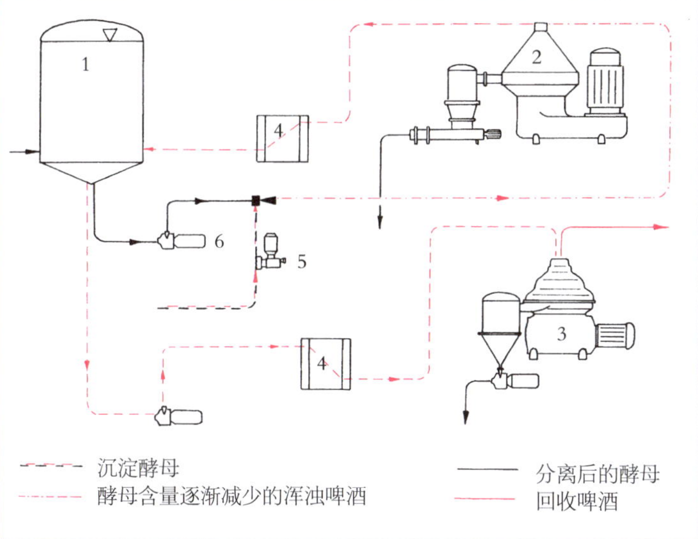

图4.52　酵母离心处理
1–循环罐
2–预澄清离心机
3–高效离心机
4–薄板冷却器
5–酵母计量泵
6–泵

很好地得到繁殖，从而带来微生物问题[158]。

随着死亡酵母比例的升高，那么过滤时出现堵塞的可能性也不断增加。例如在酵母压榨过程中经常会达到15%~20%的死酵母率，此时将会严重降低啤酒的可滤性。

为了减少对啤酒口味的不利影响，可以向沉积啤酒中按照每百升各50g的量添加活性炭和硅胶。然后再对沉积啤酒进行硅藻土过滤和高温瞬时杀菌处理。经过如此处理后的无菌沉积啤酒可以添加到处于起发状态的发酵液中，最高添加比例可到5%。沉积啤酒中所含的自溶产物会被发酵过程中的酵母快速吸收，用来形成新的酵母细胞。如此一来，沉积啤酒的负面影响得以消除。

4.4.7　锥形罐的清洗

锥形罐的清洗属于最重要的生产任务之一。啤酒在此停留的时间最长，因此也最有可能出现污染。大罐清洗可以采用多种方式，将在6.3和6.4中加以详细介绍。

4.4.8　CO_2回收

在4.3.1.2中已有介绍，传统主酵间的主酵过程中会形成约4kg/hL添加麦汁的CO_2，鉴于其对人体的危害性，必须加以去除。而另一方面，有些啤酒厂却必须花钱购买CO_2，因为生产中许多工序（见下表）需要CO_2。

工序	CO_2需求量/（kg/hL）
后酵罐备压和排空	0.35~0.50
硅藻土过滤机备压和排空	0.40~0.50
清酒罐	0.30~0.50
灌瓶机，不带预抽真空的备压	0.18~0.22
灌瓶机，带预抽真空的备压	0.35~0.40
灌桶机，带备压	0.90~1.10

续表

工序	CO_2需求量/（kg/hL）
易拉罐灌装机	0.60～0.80
部分碳酸化处理	0.10～0.20
完全碳酸化处理	0.50～0.70
槽车	0.30～0.50
售酒设备	0.20～0.50
汽水瓶装灌装	0.60～0.70

以上为生产过程中的CO_2需求量，但是其中某些消耗量之间具有排斥性。所谓“碳酸化处理”（见4.7）是指往啤酒中充CO_2以达到所期望的CO_2量。

总体可认为，CO_2消耗量在1.8～2.0 kg/hL啤酒左右。

在锥形罐的主酵和后熟阶段排出的CO_2浓度高，可以很好地加以收集。当然CO_2不可能完全回收，实际上可回收的CO_2量约为2 kg/hL啤酒，基本可满足啤酒生产过程的自身需求。

因此许多采用锥形罐的啤酒厂利用自己的CO_2回收装置（图4.53）来满足本厂的需要。从锥形罐中排出的气体，首先进入泡沫分离器1分离出泡沫，CO_2气体则进入大型的CO_2气囊2中被收集起来。CO_2气囊是收集CO_2的必备缓冲容器，以平衡CO_2生成量的波动。在气体洗涤器3中，水溶性的物质从CO_2气体中得到分离。压缩机4吸入CO_2后，分两步将其压缩至液化压力1800～2200 kPa。压缩过程使气体温度大幅上升，所以必须经过冷却器5进行冷却。紧接着CO_2进入干燥器6进行干燥，排除剩余的水分。干燥器有两个，供轮换使用。大多采用硅胶和铝氧化物作为干燥剂。接下来CO_2气体进入活性炭过滤器7中，将剩余的不良气味物质吸附

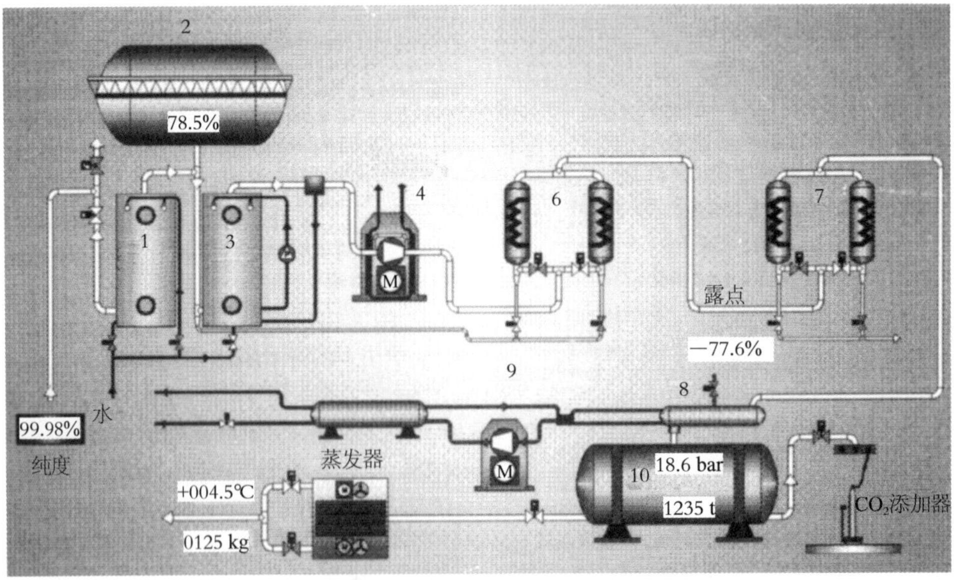

图4.53 CO_2回收装置

1- 泡沫分离器 2- CO_2气囊 3- 气体洗涤器 4- 带制冷装置的气体压缩机 5-冷却器 6- 干燥器 7- 活性炭过滤器 8- 液化器 9- 压缩机 10- CO_2储罐

分离出来。同样这里有两个活性炭过滤器可轮流使用。最后来自压缩机9的冷量在CO_2液化器8中将压缩后的CO_2在低温下进行冷凝，液体CO_2再进入储罐10中暂时储备，可立即供啤酒厂各工序使用。

4.4.9 固定化酵母

长期以来，业内人士就非常希望能够将酵母固定于特定载体上（固定化）。若能使用固定化酵母，那么对酿造过程可说是一个重大革新。这样发酵可在很短的时间内就宣告结束，且酵母可以长期使用。此外由于酵母细胞很小，所以整个生产过程所需设备的体积就会小得多。

如何将酵母固定在一个具有较大表面积的多孔载体材料上是首要需要考虑的问题。多孔烧结玻璃“随尔安”（Siran）颗粒（德国美茵兹Schott工程有限公司研制）被证明为较合适的载体。生产该产品时首先将玻璃粉与盐混合在一起，然后进行烧结处理。接下来用水冲洗掉溶解性的盐。根据盐含量和颗粒大小的不同，在烧结过程中可以得到不同孔洞容积和不同大小的颗粒。图4.54所示为“随尔安”颗粒，其球状直径为1～2 mm，孔洞大小为60～300 μm。

若将图片放大，就会发现这些孔洞具有很多分支，可将酵母固定于孔洞的许多不同部位。酵母可以被储存于该材料中，但并不是每个酵母菌种都能通过分泌可促进粘附的物质而持久地固定在载体上。酵母一旦被固定，则酵母就可在很长时期内进行发酵而不用替换（图4.55）。随介质一起被洗出的细胞量和载体上生长繁殖的细胞量之间始终处于动态平衡状态。

在需要时也可以利用合适的化学试剂将酵母从载体中洗出来，经过对载体进行中和处理后可重新装入酵母。

如今，固定化酵母在无醇啤酒生产过程中得到较多地应用（见4.9.3.3.1.3）。

但反应器有时候也用于发酵或双乙酰的分解，富含固定化酵母的“Siran”颗粒成米高地堆放在反应器中，麦汁或啤酒缓慢流过。

这样人们就可以通过加热明显缩短乙酰乳酸在正常发酵和成熟条件下转化为双乙酰的时间（见4.1.3.1），对此也不需要酵母，双乙酰可以迅速分解为味阈值很高的乙偶姻和丁二醇。

采用这种方法时（图4.55a，Alpha-Laval/Schott Engineering）通常通过离心机1将发酵后的麦汁与酵母

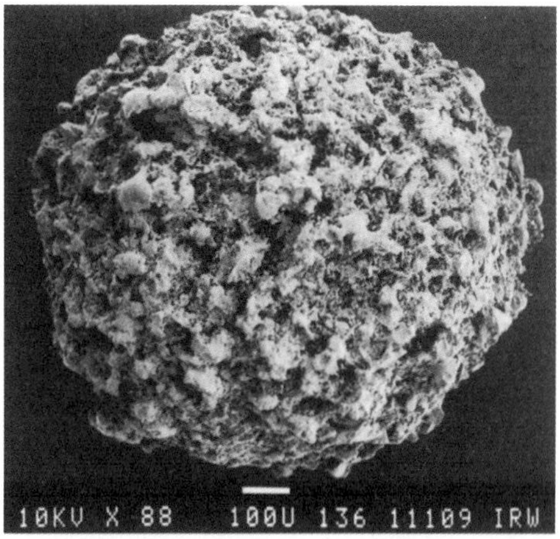

图4.54 随尔安（Siran）颗粒
（电子显微照片提供：Jülich研究中心，美因茨Schott工程公司所有）

分开，啤酒在一个热交换器中2被加热至80℃，并保温10min，在此过程中，乙酰乳酸转化为双乙酰，在热交换器的第二个部分，温度再次下降至15℃，啤酒被导入一个固定床反应器中5，在这一反应器中，啤酒由下往上缓慢流过1m高、带有固定酵母的Siran层，双乙酰被彻底分解，啤酒进入缓冲罐，像平时一样继续处理。

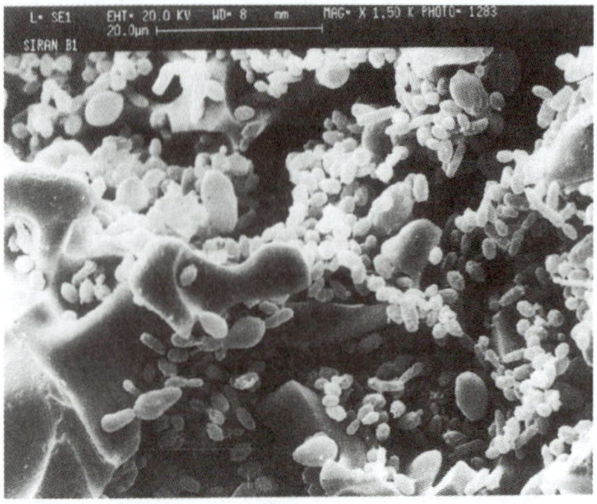

图4.55　被固定在随尔安颗粒上的酵母（电子显微照片提供：Jülich研究中心，美因茨Schott工程公司所有）

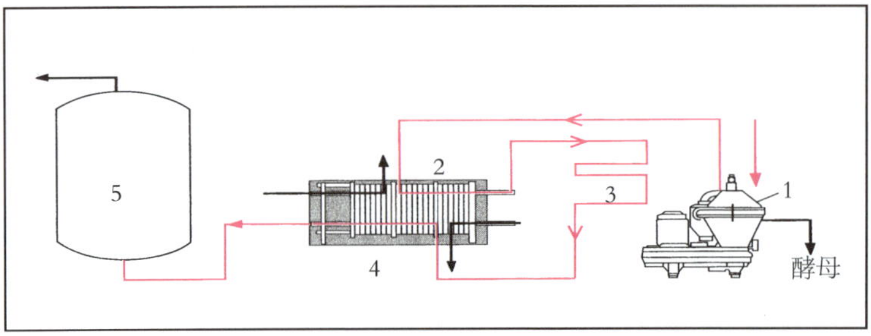

图4.55a　采用固定化酵母缩短成熟过程　1-离心机　2-热交换器　3-保温区　4-冷却器　5-固定床反应器

4.5　啤酒过滤

过滤是一种分离过程，通过过滤将啤酒中仍存在的酵母细胞和其它浑浊物从啤酒中分离出去。不然这些物质会在以后阶段从啤酒中析出，导致啤酒浑浊。

> 过滤的目的是使啤酒能够保存，至少应使啤酒在“最低保存期限”内不出现外观变化，以保证啤酒外观的完美性。

4.5.1　过滤方法

过滤时，浑浊的液体（未滤液）借助过滤介质使清液（已滤液）和截留固体物质分离。分离的动力基于过滤机进口与出口的压差。

进口处的压力总是高于出口处的压力。压差越大，表明过滤机的阻力就越大，此阻力影响过滤进程。特别是在过滤结束时，压差上升相当快。

4.5.1.1　分离效应

分离效应分为以下几种（图4.56）。

- 筛分或表面效应1：颗粒不能穿过过滤介质的孔洞而被截留于不断增厚的滤层表面。过滤精度也越来越高，但流量却越来越小。“错流过滤”也属于这种过滤机理，以后我们将探讨“错流过滤”

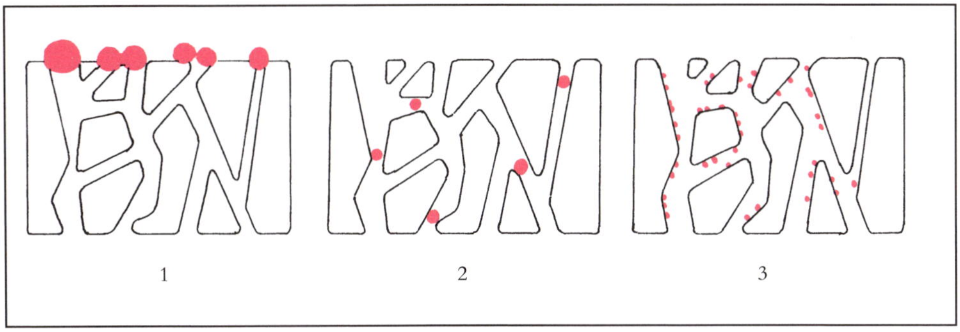

图4.56 过滤分离效应
1–筛分（或表面）效应 2–深度效应（机械颗粒式截留） 3–带颗粒吸附的深度效应

- 深度效应2：现在越来越多地应用这种分离效应。多孔性的材料由于其巨大的表面积和幽深曲折的通径而将液体中的颗粒截留下来。由于机械效应使具有一定大小的颗粒物质被截留，因此孔洞不断被堵塞2，导致过滤机的效率逐渐下降
  - 细小颗粒被吸附3而截留。这种吸附是由于过滤材料和颗粒具有不同的电荷引起的
  - 筛分效应和吸附效应在大多数情况下是同时出现的

4.5.1.2 过滤材料

过滤材料有下列几种：

- 不同种类的筛：比如，金属筛、裂缝筛或平行安装于烛式过滤机上的异型金属丝
- 金属或纺织编织物：对金属编织物的清洗和灭菌效果更好一些，纺织编织物也比较理想，比如，聚丙烯编织物在许多方面具有和金属编织物几乎相同的性能，但因不便于灭菌，所以在啤酒过滤中并不多见（见醪液压滤机）
- 过滤板：过滤板可用纤维、棉花、硅藻土、珍珠岩、玻璃纤维和其它材料（由于石棉对健康不利，已不再使用）制成。今天，满足不同过滤程度的过滤板应用越来越多，直至无菌过滤
- 松散材料：比如，砂石过滤器用于水过滤，过滤剂用于形成过滤层
- 多孔材料：比如，烧结金属，用于麦汁通氧
- 各种膜：现在越来越多使用膜过滤。制造膜的材料很多，如，聚氨酯、聚丙烯、聚酰胺、聚乙烯、聚碳酸酯、醋酸纤维及其它材料。膜很薄（0.02～1 μm），因此多被固定于具有很大孔的介质上，以免被冲破。膜的制作可利用浸渍、喷洒或涂层等手段。孔洞是通过下列方法形成的：
  - 溶化使形成孔洞的盐重新溶解出来
  - 浸蚀

> 如今可利用不同的制作材料生产任意孔径的膜（图4.57），并对任意分子质量大小的物质进行过滤。[115]

在这类过滤机中均采用特别细小的孔进行过滤，据此又可分为：

- 微孔过滤机：用于过滤颗粒大小达到微米范围（0.1～0.01 μm）的液体
- 超微过滤机或纳米过滤机：用于过滤颗粒大小达到纳米范围（1～100nm）的液体

图4.58清楚地表明了我们将涉及的有关颗粒及过滤机孔隙的大小范围。需要说明的是，颗粒大小和过滤机孔隙的大小每向左移动一栏时只是缩小了10倍，可见啤酒的膜过滤是在很小孔径范围内进行的过滤。

啤酒当然不能像在静止过滤中那样横向流过这些很薄的膜层，因为：

- 膜很快会被堵
- 压差可把很薄的膜冲破

因此啤酒以与膜平行的方向进入并不断冲洗这层膜，这样就始终只会有很小一层停留于膜上，从而达到以下目的：

- 使生物和颗粒作为滞留物被截留

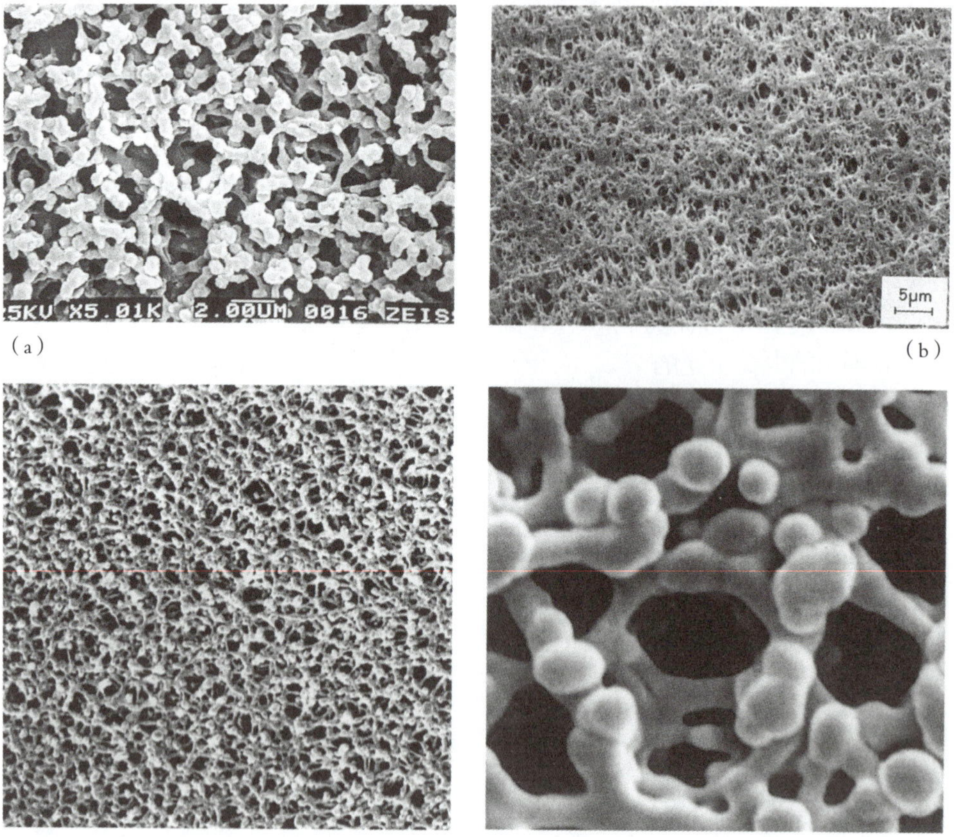

（a）（b）（c）（d）

图4.57　不同材料的膜孔洞

（a）纤维素酯膜（大约放大1000倍）（b）聚乙烯二氟化合物膜（大约放大1000倍）（c）聚磺酰膜（d）聚磺酰膜（大约放大10000倍）（a）、（b）图片由德国Schenk过滤机制造有限公司提供（c）、（d）图片由德国Seitz过滤机制造厂提供

■ 清液则穿过膜流出
这种过滤方式称为“错流过滤”。

由于仅液体的一部分能透过膜孔，而大部分则沿膜流动，因此需要很大的膜面积。为了避免体积过大，在多数情况下需将膜卷绕起来。为此需把2个膜与渗透支撑材料（约0.7mm厚）连接并粘接起来，这三层材料在间隔层中间垫片（0.5mm）之下卷绕。由膜、支撑材料和中间垫片组成的联合体称之为“卷绕膜柱”（图4.59）。

为提高设备过滤能力，必须将许多这样的膜柱并列安装。一台错流过滤设备（见图4.60）总是由一系列膜柱组成的。

膜的一种特殊形式是直径为50～200μm，长为2～3m，壁厚为10～25μm的空心纤维。空心纤维仅适用于过滤绝对纯净的液体，因为它很容易被堵塞。这种空心纤维我们将在介绍无醇啤酒的渗析法生产工艺中再次涉及。

空心纤维膜柱可以展开安装或呈“U形”安装，由此可使膜面积达到20000m^2/m^3空间。

今天，具有很细孔径的陶瓷材料也常常被用于微孔过滤，以替代膜。从图中可见，这种多通道模件中每个通道的四周均被具有细小孔洞的陶瓷材料所包围。过滤的精度当然取决于孔径的大小。将许多模件并列安装可达到较大的过滤量（见4.5.2.8）。

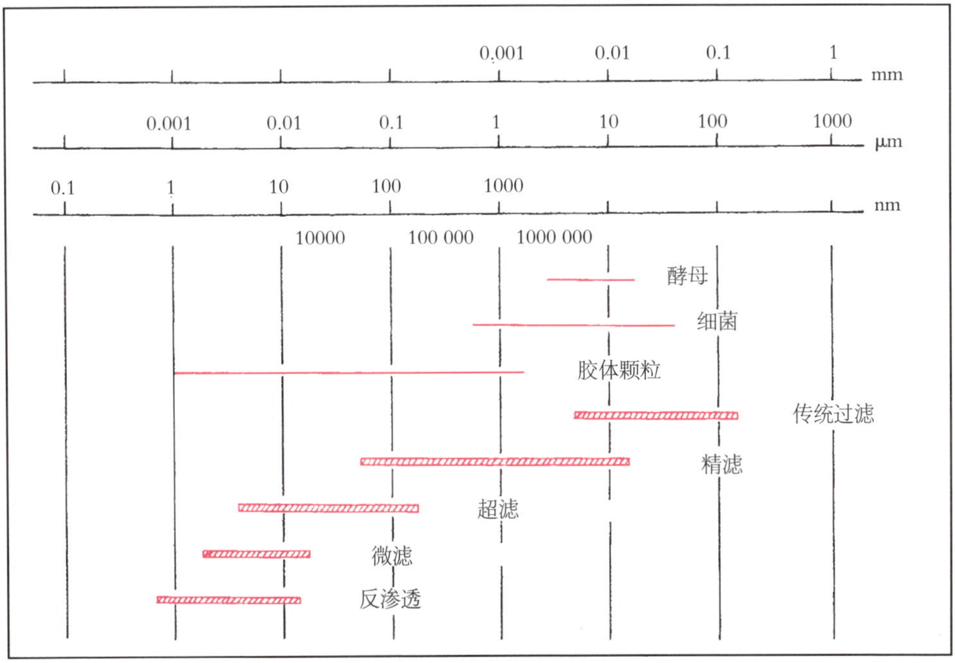

图4.58　颗粒及过滤机孔隙的大小范围

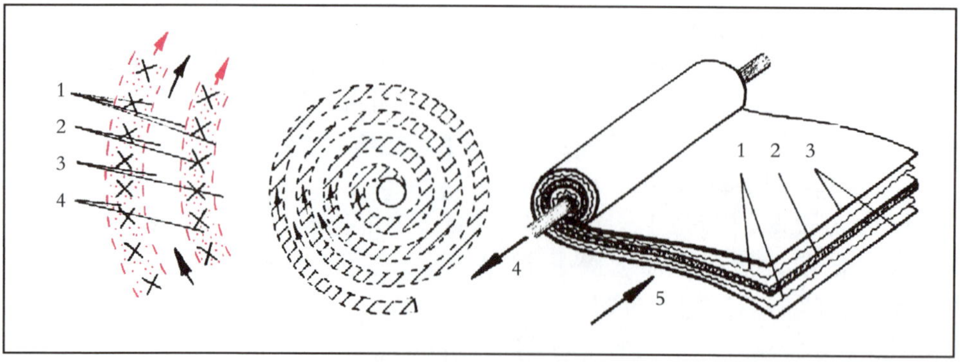

图4.59　卷绕膜柱（原理）
1-膜　2-渗透支撑材料　3-中间垫片作为间隔层以及未滤物的进入路径　4-清液的流出路径

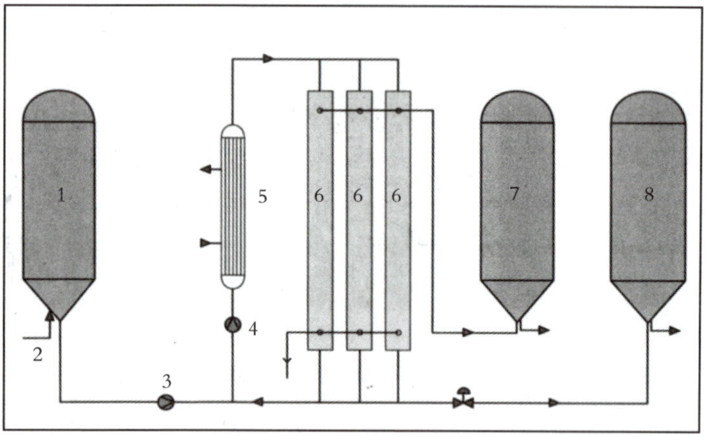

图4.60　错流过滤设备（原理）
1-缓冲罐
2-啤酒入口
3-泵
4-增压泵，以使液体进行循环
5-（薄板）冷却器
6-过滤元件
7-滤出液收集器
8-滞留物缓冲罐

必须强调的是：在“错流过滤”中，一般只有少量的清液穿过膜得以过滤。为了达到好的过滤效果，必须使含有浑浊物且不断增加滞留物的未滤液进行强迫循环流动（见4.5.2.6）。

4.5.1.3　过滤介质

过滤介质为粉状物质，比如，硅藻土或珍珠岩，它们被涂附于过滤材料（编织物或板）之上。由于其特殊形状和结构，可用于过滤。没有过滤材料就无法使用过滤介质。

下列物质常被作为过滤介质应用于啤酒厂：

- 用于啤酒过滤的硅藻土
- 用于麦汁过滤的珍珠岩

4.5.1.3.1　硅藻土

硅藻土是单细胞藻类的化石，由二氧化硅组成，在海洋中有15000多种。几百万年前，这些藻类随时间的流逝而沉积于海底，形成厚厚一层硅藻化石。

通过地表的移动，硅藻土矿床能有数百米厚，如美国加利福尼亚的Lompoc。但出于经济方面的原因，许多矿床都未能开采。如今硅藻土的开采地有：

前面提及的Lompoc/加利福尼亚；

Jalisko/墨西哥；

Murat/法国；

Alicante/西班牙；

Arica/智利以及中国的两个加工厂。

开采在露天下使用具有一定装载能力的推车以及大型载重汽车来完成，它们将开采出的矿物按质量分类并输送至天然的料仓中。硅藻土的加工方式分为以下三种：

（1）干土　首先将原土压碎，然后置于一旋转管炉中于400℃下干燥。在这种状态下硅藻土的天然结构及其孔径得以保留，这样形成的硅藻土为细硅藻土（图4.61）。

（2）煅烧硅藻土　将干燥过的硅藻土加热到800℃，便能生产出过滤速度较快的硅藻土。硅藻土颗粒的上表面在此过程中烧结在一起形成大的颗粒，而内部的孔洞结构和硅藻土的过滤活性则得以保留。

（3）和流体材料一起煅烧的硅藻土　生产过滤速度更快的硅藻土时，于放置在旋转炉内的原土中加入氯化钠或者碳酸钠作为流体材料，以此来降低二氧化硅的熔点，然后在800～900℃下燃烧，通过烧结作用形成

图4.61　细硅藻土（大约放大了1000倍）

更大的混合物。硅藻土中的氧化铁和氧化铝在此过程中转化成难溶解的混合硅酸盐，使得与流体材料一起煅烧的粗硅藻土看上去几乎呈白色。这种粗土人们主要用于预涂（图4.62）。

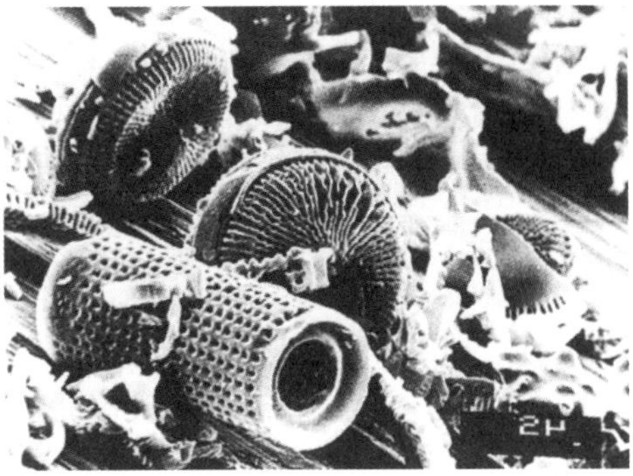

图4.62　粗硅藻土（放大约1000倍）（此图片由德国Schenk过滤机制造有限公司提供）

颗粒越细，则酒液被过滤得越清亮，但过滤速度也越慢。粗土与细土正好相反。

过滤量和过滤精度是一对互为矛盾的因素。下表列出了各种型号硅藻土的分析结果：

硅藻土品种	相对过滤量	相对过滤精度	用于啤酒过滤
Filter-Cel	100	100	细土
Celite577和505	115	98	
Standard Super-Cel	213	85	
Celite 512	326	76	中土
Hyflo Super-Cel	534	58	
Celite 503	910	42	
Celite 535	1269	35	
Celite 545	1830	32	
Celite 560	2670	29	粗土

渗透性好是硅藻土的重要性

质。由于硅藻土的渗透性以及其特殊的结构因而形成了一个有着很细小孔径，能截留住0.1μm大小浑浊颗粒的滤饼。

硅藻土的表面积可达20m²/g，其吸附作用明显低于硅胶（400～700m²/g）。重要的是，所有种类的硅藻土都不含夹杂物。

从经济角度考虑，湿密度为硅藻土的一大重要特征。湿密度是指在一定压力下硅藻土质量与体积之比，以g/L表示。最适合过滤的硅藻土的湿密度应小于300g/L。如果湿密度较高，则在相同过滤效果和相同过滤能力的情况下，硅藻土的使用量及压差上升就会增大。

> 硅藻土的使用量在80～200g/hL啤酒波动，一般为150～180g/hL。硅藻土不仅是一种非常昂贵的过滤介质，而且还会造成一定的排污费用。

4.5.1.3.2 珍珠岩

珍珠岩是一种由火山喷发形成的物质，主要由硅酸铝组成。原珍珠岩在800℃高温下被加热，其中的水分汽化，导致颗粒膨胀破裂，再将所形成的玻璃状结构磨碎即可（图4.63）。

珍珠岩是质量很轻，颗粒松散的粉末，比硅藻土要轻20%～40%。在pH较低时，珍珠岩在过滤过程中易析出钾和铁，因此珍珠岩仅适用于麦汁过滤，因为麦汁的pH5.4～5.5。

珍珠岩的过滤速度也取决于珍珠岩的品种。

4.5.2 过滤机的形式

用于啤酒厂的过滤机有以下几种：

- 预涂式过滤机包括：预涂板框过滤机、预涂烛式过滤机、预涂叶片过滤机
- 板式过滤机
- 框室式过滤机（比如醪液压滤机）
- 滤盘式过滤机（比如棉饼过滤机）
- 膜过滤机

对于啤酒过滤来说，现在几乎只使用预涂式过滤机、板式过滤机和膜过滤机。过去几十年来一直占据主导地位的棉饼过滤机，今天几乎不再使用。

这些过滤方向与过滤材料平面成垂直的过滤方式，称为静止式过滤，采用这一方式的过滤机被称为“静止式过滤机”。

4.5.2.1 棉饼过滤机

棉饼过滤机现已不再存在。尽管如此，在这里还须简单讲述一下，至少这种过滤机也被使用了几十年。

在棉饼过滤机中，啤酒穿过厚约6cm的棉饼而得以过滤（图4.64）。棉饼由棉花纤维组成，为提高过滤精度，往往添加1%的石棉。然而，在禁

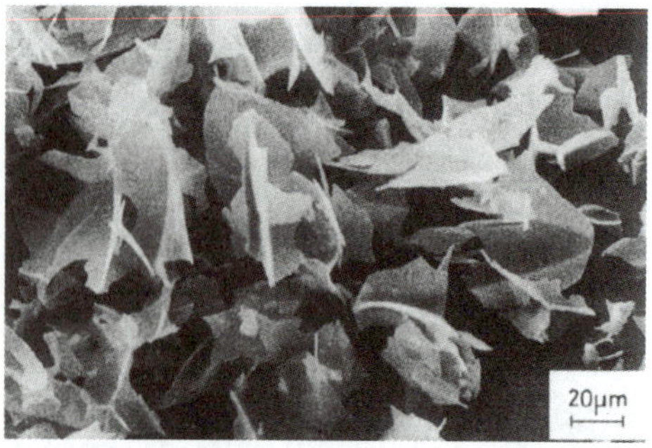

图4.63　珍珠岩（大约放大1000倍）
（此图片由德国Schenk过滤机制造有限公司提供）

止使用石棉之前，棉饼过滤机就已从啤酒厂消失，因其劳动强度太大，费用太高。其缺点如下：

- 每次过滤完毕，都必须拆开过滤机
- 每次过滤完毕，都必须卸下棉饼，拆洗棉饼并杀菌
- 必须重新压制棉饼
- 必须重新组装过滤机

此外，还需要一系列的辅助劳动以及：

- 大量用于过滤机再生的人工操作
- 用于清洗滤棉的较高能源消耗
- 用于清洗滤棉的较高水耗
- 过滤面积和过滤能力低

尽管如此，棉饼过滤机仍未彻底退出啤酒过滤的舞台。直到今天，Coors啤酒集团在其位于Golden/Calorado的世界最大的啤酒厂中（232万hL，1965）还在使用棉饼过滤机并将继续使用下去。

4.5.2.2 预涂式过滤机

预涂式过滤机是指借助过滤介质（多为硅藻土或珍珠岩）进行过滤的过滤设备，过滤介质需涂于过滤材料上。由于连续添加的过滤助滤剂颗粒很细小，不能被过滤材料截留，所以必须进行预涂。预涂式过滤机的工作过程分为：

- 预涂
- 过滤

4.5.2.2.1 预涂

4.5.2.2.1.1 预涂原则

硅藻土过滤需用孔隙宽度为70～100 μm的编织品或其它缝隙很细的过滤材料，这些过滤材料的缝隙要比2～4 μm的硅藻土大得多。若直接进

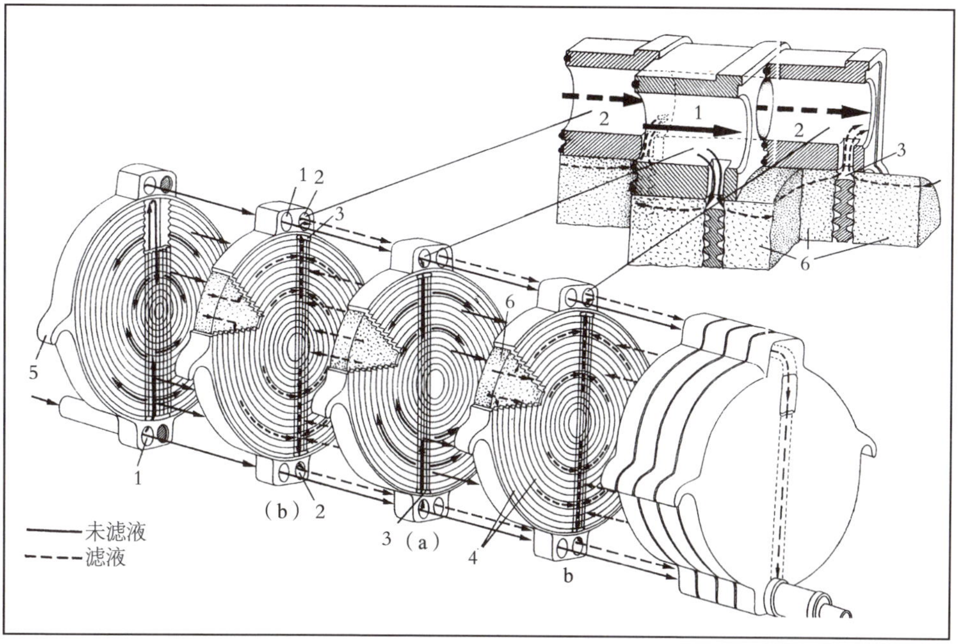

图4.64 棉饼过滤机过滤啤酒

（a）滤盘Ⅰ （b）滤盘Ⅱ

1-未滤酒液通道 2-已滤酒液通道 3-分配孔 4-分配沟槽 5-支梁 6-棉饼

行啤酒过滤及添加硅藻土，则硅藻土肯定会畅通无阻地穿过过滤材料而流失，所滤出的啤酒甚至比过滤前还要浑浊。

4.5.2.2.1.2 预涂和过滤时过滤介质的添加

为了达到完美的过滤效果，必须分3次添加过滤介质（组成三层助滤层，以形成滤饼）。

■ 第一预涂层（基础预涂层）：

在200～300kPa的压力下，将脱氧水或已滤酒与一定数量的粗土混合，以循环的方式进行预涂，由此形成压力稳定的基础预涂层。此预涂层应能阻止很细的过滤介质流入已滤酒中。这一基础预涂层是下一滤层构成的关键，它不起过滤作用。这一预涂层的颗粒相互支撑，共同阻止着液体的流动（图4.65）。

第一次预涂用量为700～800g/m²，大约为整个预涂量的70%左右。

■ 第二次预涂层（安全层）：

这一预涂层的作用是在第一次预涂完毕后，使最先滤出的酒液清亮。仍然用脱氧水或已滤酒和过滤介质一起预涂添加。这一层使用较细的、有过滤活性的混合硅藻土，这样就能截留浑浊物质，并能防止过滤机堵塞。预涂层在整个过滤面上的均匀分布对于啤酒过滤意义重大。若预涂层某处较薄，会导致过滤流动的不均匀性，甚至可能产生浑浊。

总预涂用土量为1000g/m²左右，预涂层厚1.5～3mm。预涂过程大约需10-15min。

■ 连续补料层：

这一层的作用是不断更新滤层，以保持滤层的通透性，使流量恒定。恒定的流量必须保证，因为压力冲击和流量不均匀会使筛面或烛面上的“桥”被破坏，滤出的酒就又会变浑浊。因此一定要避免这种情况。流量均匀与否取决于不断上升的进口和出口的压差。

压差上升应缓慢且连续，直至达到：

● 预涂式板框硅藻土过滤机：压力差为 200～500kPa

● 预涂罐式硅藻土过滤机：压力差为 600～800kPa为止。

● 压差应每小时平均上升20～30kPa（可滤性正常的啤酒）。根据经验决定混合硅藻土的组成。一般连续补料时多混合使用两种硅藻土

■ 2/3中土

■ 1/3细土

连续补料时的硅藻土用量为：60～120g/hL啤酒。

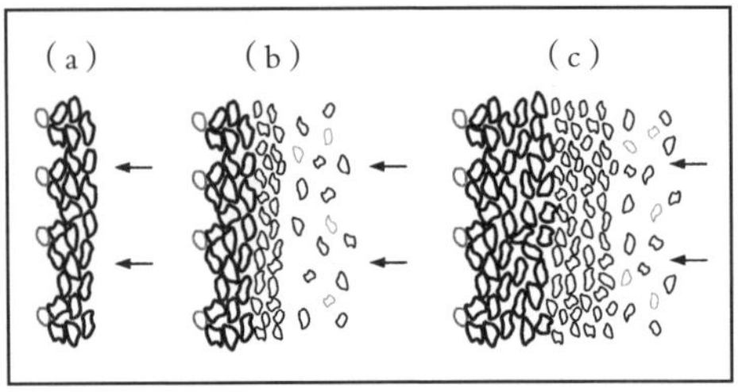

图4.65 硅藻土的预涂
（a）第一预涂层（b）第二预涂层
（c）过滤时的补料

4.5.2.2.1.3 过滤中的吸氧问题

过滤的开始阶段，即第一次预涂、第二次预涂和连续补料时，要特别注意防止氧的吸入，因为它会引起啤酒质量下降。在发酵和后熟结束时，氧的含量已降至0～0.01mg/L，要尽可能保持这个氧含量（但是很困难），因为后面再无法除去啤酒中重新溶解的氧。

氧的侵入主要通过下列途径：

- 空气排除不彻底的中空部分里所残存的气泡
- 操作时使用的是未脱氧水
- CO_2气体中混合有空气
- 硅藻土本身
- 过滤系统密封不严等

因为从现在开始，应尽量避免氧气的摄入，即使是0.01mg/L的氧气也会带来严重的影响。

> 下面的计算将使我们看到，即使很少量的吸氧，也会带来很大影响：
>
> 空气中的含氧量为23.01%（质量分数）=20.93%（体积分数），1m³空气的质量为1.29kg，那么1m³空气中氧气量为：1.29kg×23.01%=0.297kg=300g，1L空气含氧气量为300mg。
>
> 在50kPa（表压）即150kPa压力下氧含量为：1.5×300mg=450mg。若1L空气被混入450L啤酒中，则溶氧量为1mg/L。混入4500L啤酒中，则氧含量为0.1mg/L。或混入45000L啤酒中，对应氧含量为0.01mg/L。
>
> 这个例子表明，即使仅有1L空气气泡存在，也会使啤酒中的含氧量明显上升。

因此要使用脱氧且生物纯净的水用于预涂，并采用CO_2作为备压气体。我们将会看到，不可能将水与啤酒完全分离开来。

在过滤结束时，出现的残酒要小心处理。这里需留意酒头和酒尾的处理。在酒头和酒尾切断时，大多容易导致吸氧，这对胶体稳定性不利（胶体结合不正常）。因此，保证无酒头、无酒尾和无切断点的过滤过程具有十分重要的意义。

> 任何氧的侵入都会给啤酒带来不利的影响。下列措施可以使过滤中的啤酒氧含量低于0.01mg/L啤酒：
>
> - 避免空罐时进入空气
> - 使用CO_2作为备压气体
> - 过滤之前，使用脱氧水将所有容器和管道中的空气顶出来。过滤期间，要不断监控排气装置
> - 排除管道中的空气气囊
> - 管道布置合理，应带有排气装置
> - 避免管径缩小
> - 为阻止CO_2的逸出和空气吸入，在过滤机泵之前要有足够的液体压力
> - 使用惰性气体（CO_2、N_2）作为备压气体并用于管道系统和容器的压空（排尽液体）
> - 在计量添加罐中通入CO_2，排

除硅藻土混合液中的空气
- 避免含氧丰富的酒头、酒尾混入啤酒中
- 为避免在清酒罐中出现喷泉状流动和涡流现象，要使用流出口挡板和冲击板
- 清酒罐用纯净的CO_2备压

4.5.2.2.1.4 计量添加装置

预涂时硅藻土与脱氧水以及过滤时硅藻土液与啤酒的混合添加均在计量添加装置中进行（图4.66）。用于硅藻土混合的啤酒来自一压力容器，啤酒必须在一定压力下进入添加泵，以避免损失CO_2。

计量混合罐1中设有电动机带动的搅拌器2，用于混合液的混合。由于预涂时的添加速度要求很高，所以需单独安装一个快速预涂泵3。连续补料时则使用计量添加泵4。计量罐中必须安装一根CO_2管用于排空并使计量罐处在一个低的CO_2压力下。

通过膜泵可以调节过滤时添加的

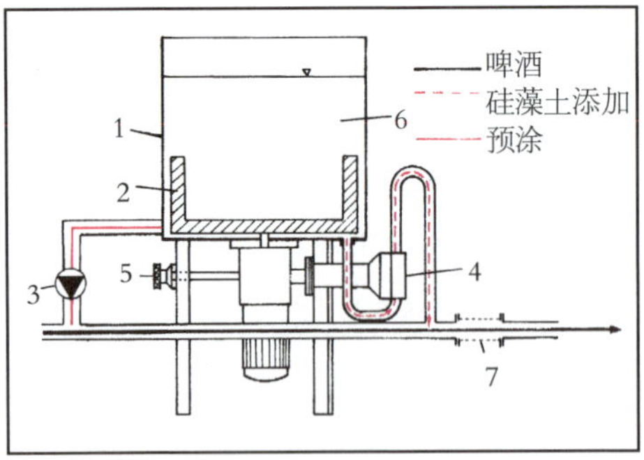

图4.66 计量添加装置（原理）
1-计量混合罐 2-带驱动电机的搅拌器
3-快速预涂泵 4-过滤时的计量添加泵 5-计量调节装置 6-硅藻土混合液
7-带有容积流量显示器的视镜

输送流量。此泵必须能进行非常精确的调节，因为过滤时要尽可能少使用硅藻土。活塞膜泵（图4.67）的关键部件是橡胶膜1， 此膜通过活塞2而活动。由于“中间空间”被硅油充满（硅油不可压缩），所以活塞的每次运动都使膜也随之活动。活塞向右运动迫使膜也向右运动，产生的压力再压迫下面的球，使下面阀球锁闭，而上面的阀球则被抬起，由此形成下方自由添加通道。利用活塞行程的大小可改变膜弯曲度（振幅），也就改变了硅藻土–啤酒混合液的添加量。活塞行程的大小通过手动螺母（图4.68）调节。通过旋转调节螺母改变在轴上的位置（向前或向后旋转“调节螺

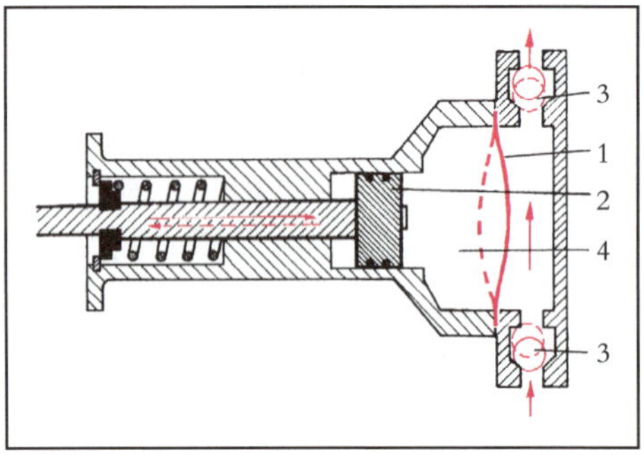

图4.67 过滤机的计量添加泵（活塞膜泵）
1-膜 2-活塞 3-球阀
（大多数为双球阀） 4-硅油

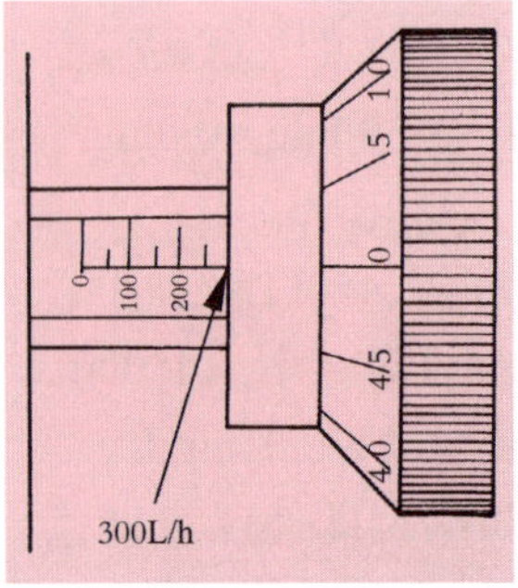

图4.68 利用活塞冲程的长度变化来调节计量添加过程

母”）可以直接在轴与螺母相交处读出计量添加值。

计量添加装置（图4.69）是每个预涂式过滤机的一个组成部分。不管是板框过滤机、烛式过滤机，还是叶片式过滤机都有此装置。

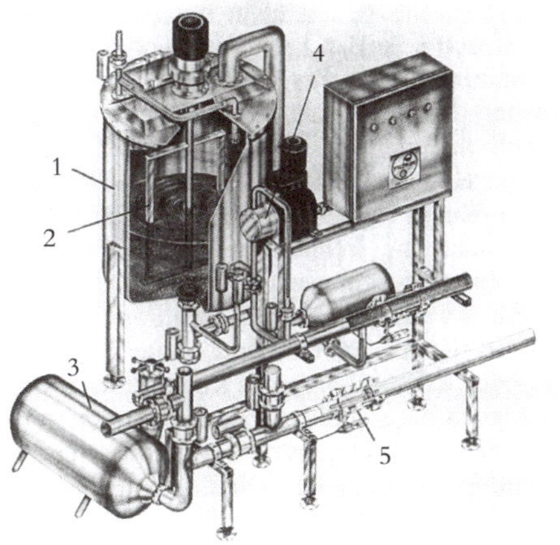

图4.69 硅藻土计量添加装置（剖视图）
1-计量添加罐 2-带驱动电机的搅拌器 3-预涂泵 4-计量添加泵 5-带容积流量显示器的视镜

4.5.2.2.2 预涂式板框过滤机

预涂式板框过滤机由机架及交替悬挂其上的滤框（大多数为正方形框）和滤板组成。在滤板的两边悬挂着支撑板，滤板和滤框之间彼此密封。支撑板由纤维和聚合树脂制成。整体强化技术使纸板强度大大加强，这样纸板就可以清洗并能长时间使用。过滤之后，把硅藻土冲下，纸板又可重新使用（图4.70）。

预涂式板框过滤机（图4.71）的工作方式：

预涂式板框过滤机由交替安装的滤框2和滤板1组成。由于可在滤板1的两面都悬挂支撑板，所以在过滤机压紧安装后，要使两个支撑板和其间的滤框之间形成一定的空间。此“空间”用于添充硅藻土涂层5。预涂和连续补料时的硅藻土按照所讲的方式由计量添加装置从上方或下方泵入滤框

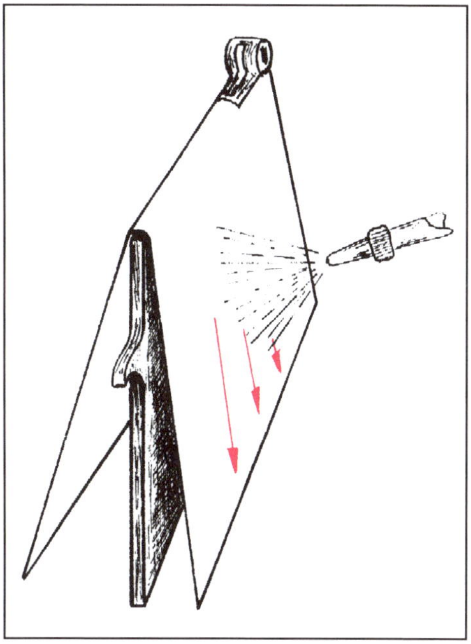

图4.70 硅藻土纸板的冲洗

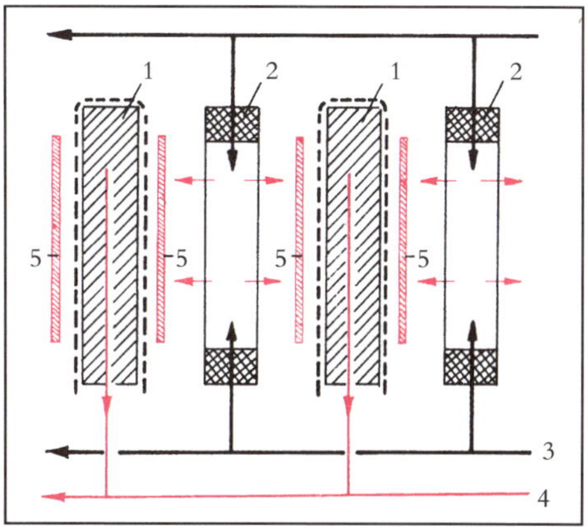

图4.71 预涂式板框过滤机的工作方式
1-挂有支撑板的滤板 2-滤框 3-未滤液入口 4-已滤液入口 5-硅藻土涂层

中，硅藻土涂层便会越来越厚。

4.5.2.2.3 预涂烛式过滤机

预涂烛式过滤机（图4.72）为上柱下锥形的立式压力罐1。过滤机盖之下有孔洞板（烛棒底板3），在此板上固定悬挂装有烛棒2。

过滤机烛棒（图4.73、图4.74）是过滤材料，在烛棒上预涂过滤介质——硅藻土。为了能进行过滤，将异形丝径向围着烛棒缠绕，丝间距为50～80μm。

细长过滤烛棒长达2m以上。由于在过滤机里安装了近700根烛棒，所以形成的过滤面积非常大，过滤效率非常高，且在烛棒上没有活动部件。

过滤机的过滤面积分别为：

长1.5m、直径25mm的烛棒，其过

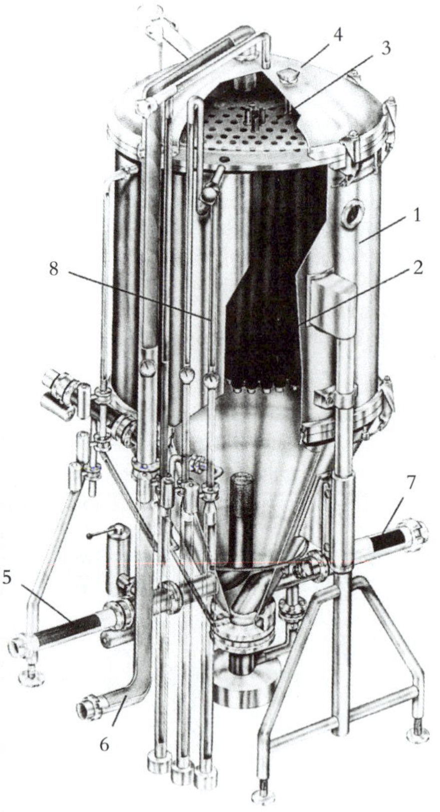

图4.72　过滤机烛棒（剖视图）
1-过滤机罐体　2-悬立的烛棒　3-孔洞板，用于固定安装烛棒　4-过滤机机盖　5-未滤液进口　6-已滤液出口　7-废硅藻土浑浊物排出口　8-排气管道

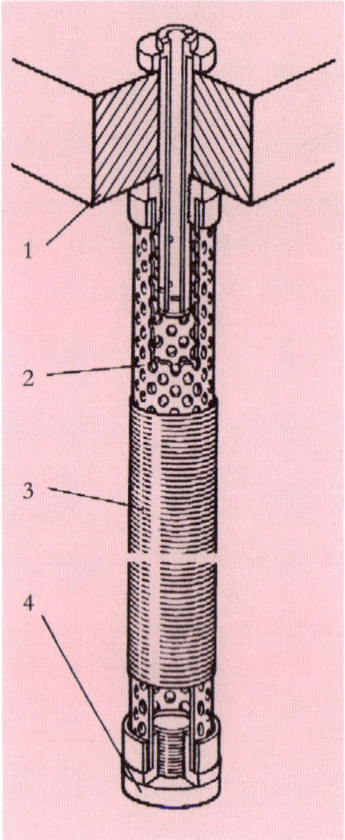

图4.73　过滤机烛棒
1-孔板
2-开孔的注酒管
3-缠绕金属丝
4-锁紧螺母

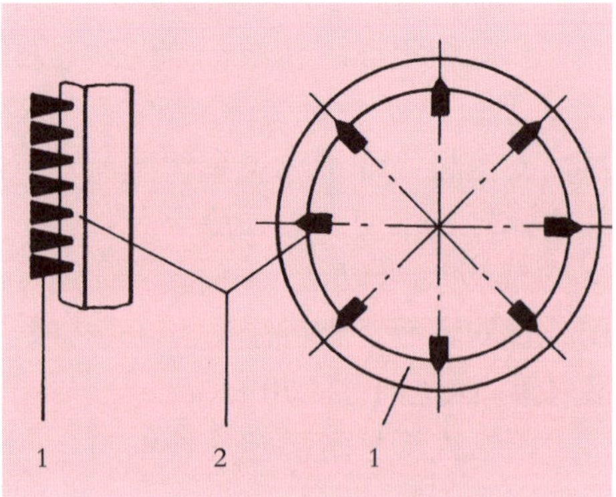

图4.74　过滤机烛棒（截面图）
1-异型金属丝螺旋　2-间隔环

滤面积有0.118m²。

长1.5m、直径30mm的烛棒，其过滤面积有0.141m²。

长2m、直径35mm的烛棒，其过滤面积有0.220m²。

预涂式过滤机配置有一系列的管道、连接件和检测仪表。过滤机的所有附属设备都应确保过滤时和过滤后的吸氧量最少。

预涂烛式过滤机的工作过程（图4.75a～i）：

- 用水充满滤机。由于水会与啤酒接触，所以要使用脱氧水。水处于循环状态（a）
- 第一次预涂用过滤介质（硅藻土）与水混合，在烛棒上进行10min左右预涂，直至形成支撑层。第一次预涂开始时流出液是浑浊的。紧接着以同样的方式进行第二次预涂（b）
- 循环（c）
- 接着进行啤酒过滤，水被啤酒顶出。未滤啤酒缓慢地从下向上顶出水，并穿过烛棒而被过滤。然后，通过计量添加泵向啤酒中计量添加硅藻土液。此时必须注意，虽然水和啤酒的接触面很小，但不可避免地会有一部分水酒混合液，这就是所谓酒头（d）
- 过滤以相同的方式进行。由于不断添加硅藻土，所以烛棒上的硅藻土层越来越厚，过滤精度越来越高，然而进口处的压力也越来越高。当达到允许的最大压力600～800kPa（表压）时，就必须停止过滤（e）
- 过滤结束时，啤酒被从下部进入

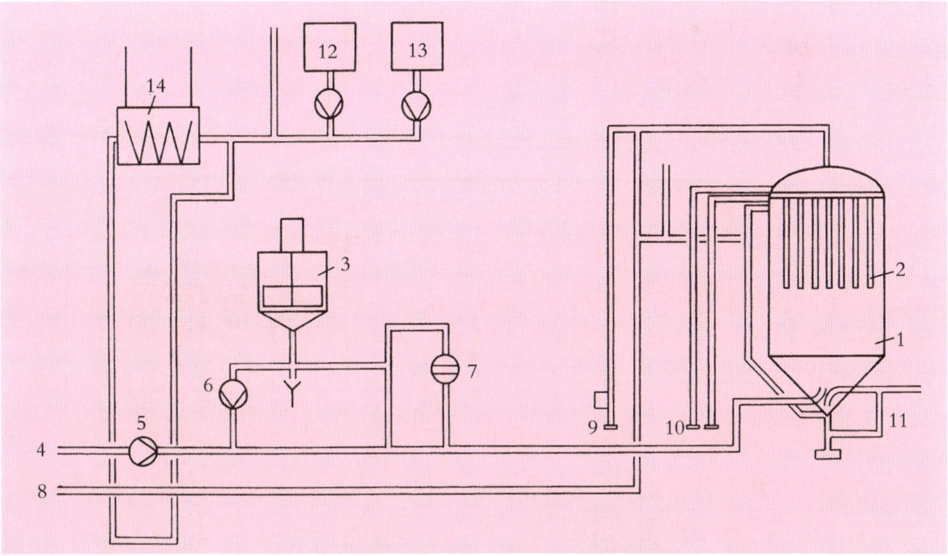

图4.75　预涂烛式过滤机的过滤、清洗工作过程

1-过滤机罐体　2-烛棒　3-计量添加装置　4-未滤液的进管　5-输酒泵　6-预涂泵　7-计量添加泵　8-已滤液的流出管　9-排空（气）管　10-过滤机排空（气）管　11-废硅藻土浑浊物的排除　12-碱罐　13-酸罐　14-加热器

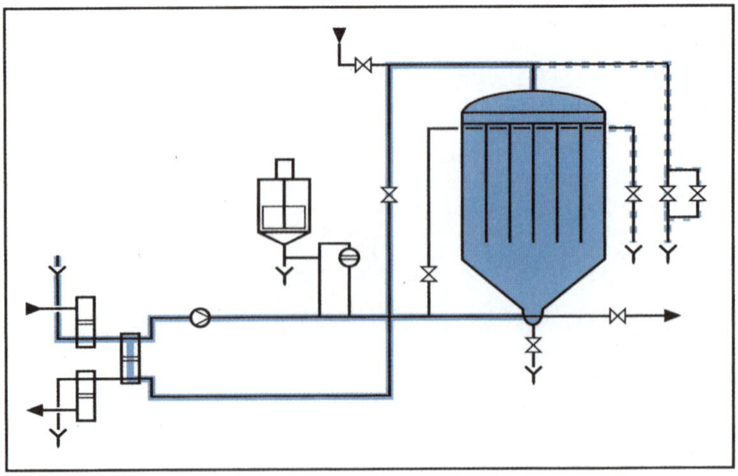

（a）过滤开始：
用脱氧水或已滤啤酒将过滤机充满并排气，整个过滤机循环。

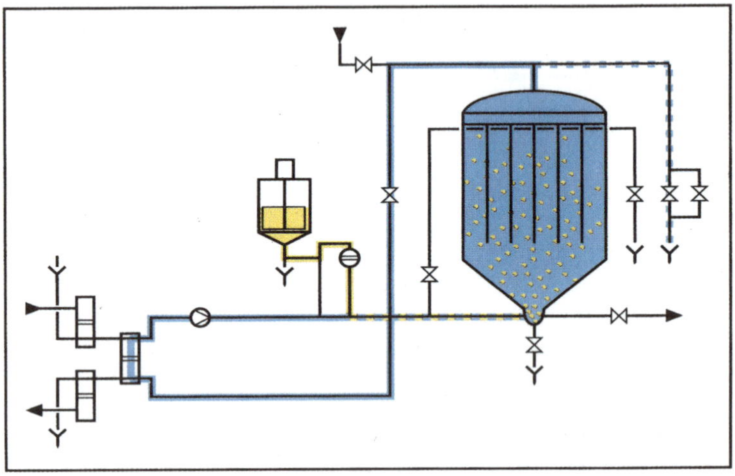

（b）预涂：
进行第一次和第二次预涂。

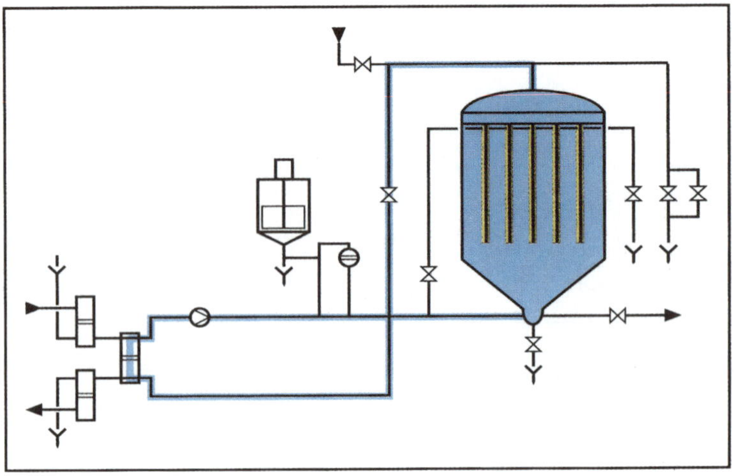

（c）循环：
每次预涂后整个过滤设备都要进行10～15min循环。

图4.75

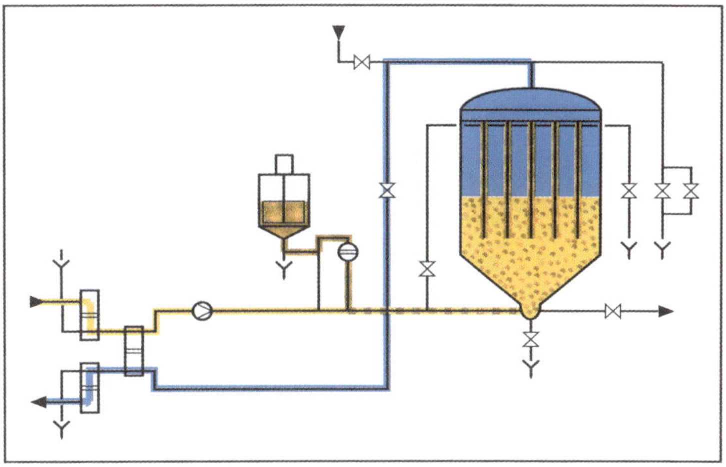

（d）过滤开始：
只要不是用啤酒进行预涂，在过滤开始时都要进行酒顶水。

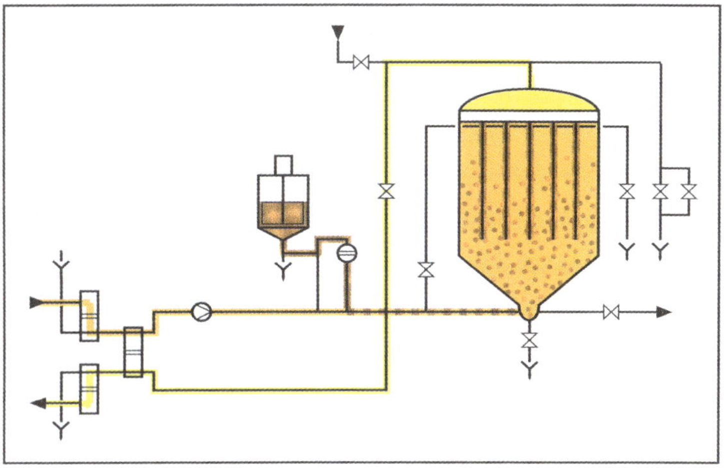

（e）过滤：
在连续添加硅藻土的同时进行啤酒过滤，压差上升要缓慢。

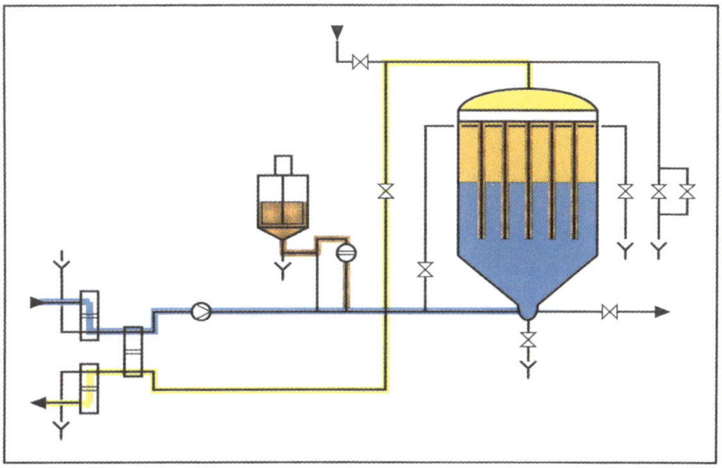

（f）过滤结束：
在过滤结束时进脱氧水将酒顶出。

图4.75

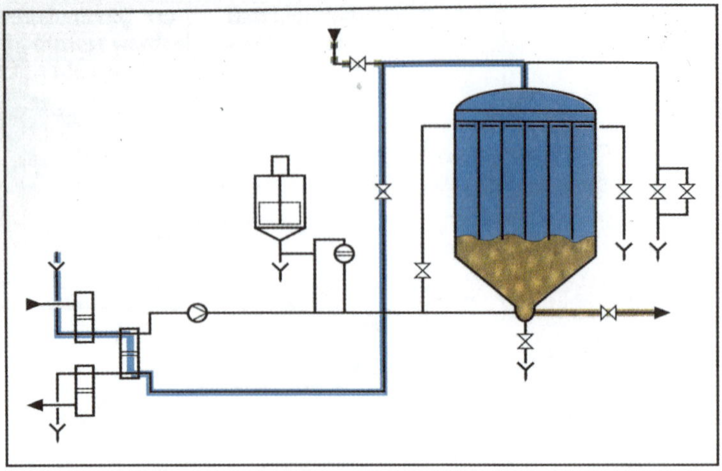

（g）排滤渣：
进压缩空气，从里向外将烛棒上的滤渣冲下，滤渣呈浓泥状排出。

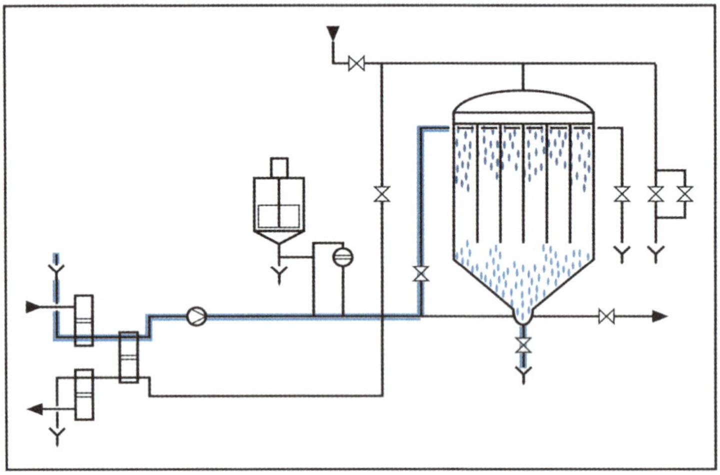

（h）清洗：
借助空气反向冲洗。

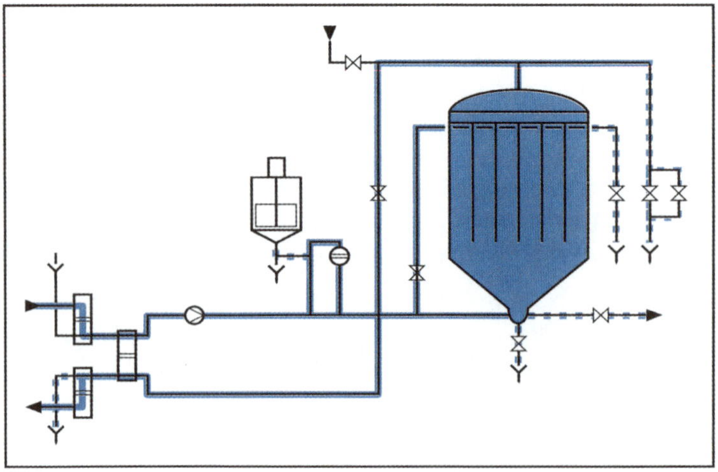

（i）灭菌：
整个设备用高温水进行杀菌。

图4.75

的脱氧水顶出，此时要密切注意啤酒和水的混合液—酒尾的产生（f）

- 废硅藻土呈浓泥状或稀液状排出，然后用压缩空气将硅藻土泥从烛棒上压出（g）
- 以与过滤相反的方向进行清洗，此时空气以间歇方式和水混合通入，在烛棒上形成漩涡，产生空气冲击，从而使烛棒重新变得洁净（h）
- 最后，用高温水对过滤机及所有连接件、管道进行杀菌处理。这样，又可重新用于下次过滤（i）

4.5.2.2.4 预涂式叶片过滤机

预涂式叶片过滤机由立式或卧式柱罐组成。在罐体里，有一根空心轴，许多叶片（过滤单元）固定在空心轴上，利用叶片进行过滤（图4.76）。

过滤支撑材料的表面是由铬镍钢编织的过滤叶片，金属筛网孔隙为50～80μm。过滤元件的构造因其决定硅藻土涂层和啤酒的通过情况而显得尤为重要。

预涂式叶片过滤机的工作原理和预涂烛式过滤机一样（用脱氧水排气、两次预涂、过滤时连续补料），但要使硅藻土涂层如同在烛式过滤机中那样都均匀分布于所有过滤叶片上是很困难的（见以下章节）。

有些叶片过滤机的空心轴上有两个通道，以此来改善预涂及连续补料的分配情况，从而使硅藻土均匀分配在每一个叶片上（图4.77）。

在最底部的过滤叶片下方存在着一小部分残酒，它们无法被过滤，须单独处理。

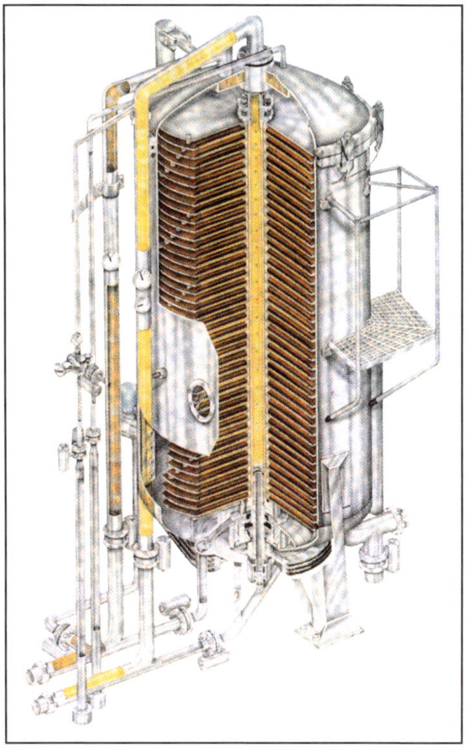

图4.76　预涂式叶片过滤机“Filteromat”（Filtrox公司，St.Gallen）

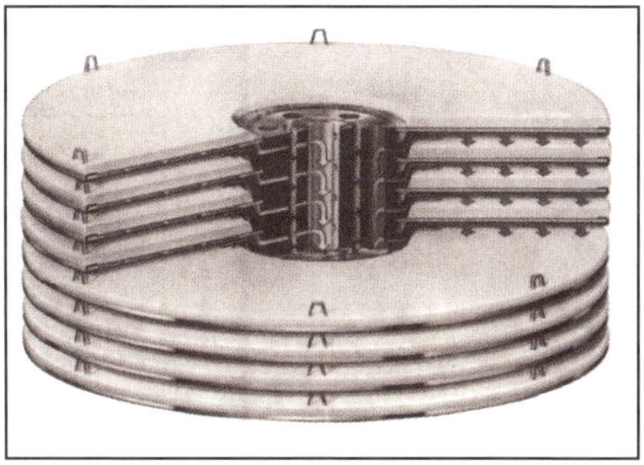

图4.77　在中心轴上带两个通道的过滤元件“Primus型”（Schenk过滤机制造有限公司，Waldstetten）

通过整个过滤机叶片的旋转可排出泥状的废硅藻土渣。接下来清洗时，过滤机叶片的旋转很慢，在旋转的同时对叶片进行强烈冲洗。

通常情况下，使用过的硅藻土的

干排放更利于进一步的处理。

4.5.2.2.5 与设备有关的过滤问题

硅藻土过滤时通常会出现一些问题，有些小问题甚至能造成巨大影响。它们是：

- 在过滤机内或顶部有空气
- 流速太高或太低
- 预涂不均匀
- 轴封损坏或滤烛未装紧
- 使用的过滤介质不适合
- 存在微生物问题
- 啤酒的可滤性差
- 存在着操作错位（比如氧气的摄入）

（1）预涂时的问题　通过第一次预涂应该形成一个压力稳定的第一滤层，粗细硅藻土比例适当是前提条件。正确的方式是，第一次预涂时约需70%的粗硅藻土，第二次预涂则添加用于啤酒过滤的较细硅藻土。

不过人们总是舍弃两次分开预涂的方式，而是将粗细硅藻土混合起来进行一次性预涂。预涂时的硅藻土使用量为：

800～1200g/m²（滤层厚度1.5～3mm）。

在200kPa下的循环流量应是过滤时的1.5~2倍。

预涂过程约需10min。满罐和排空太快会产生导致滤饼侧面剥落以及由此而降低过滤效率的裂缝和涡流（图4.82，a）。

（2）补料添加时的问题　过滤时过滤机进出口之间的压差不断上升，因为随着滤层不断增厚，形成的阻力也就越来越大。补料添加时首先要能保证压差上升尽可能稳定，每小时上升10～20kPa（烛式过滤机到50kPa/h）。如果混合使用不同的硅藻土，则可调整其相互比例；如果只使用一种硅藻土，那么便只能通过补料量的多少来调整了。

过滤过程中硅藻土的消耗量通常为80～120g/hL。

太低的补料量（b）不能保证压差以20kPa/h的线性升高（图4.78），作为附加支撑层的酵母进入到硅藻土混合滤层中，形成一个不可逆的阻隔

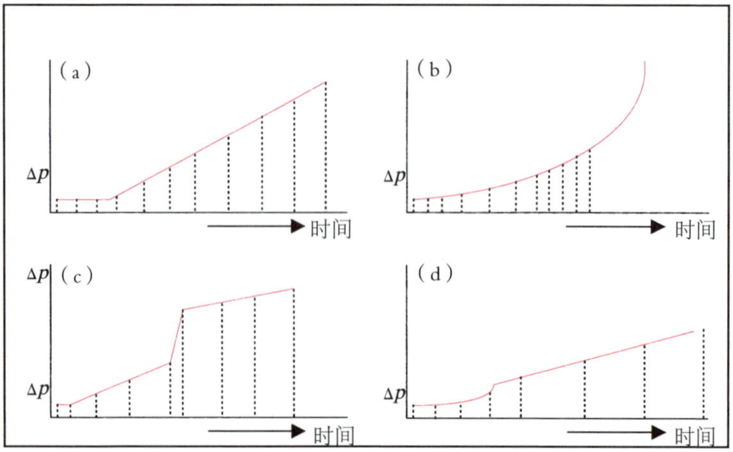

图4.78　补料添加时的问题
1-正常的压差上升
2-补料量太少
3-酵母冲击
4-补料量太高

层，最终导致压差的大幅度上升。当出现所谓的酵母冲击时，总会形成或多或少的阻塞（c）。连补料量太大也会导致过滤曲线的偏移以及过滤机的浊酒室提前满负荷（d）。

（3）过滤机杀菌时的问题　杀菌时间不够导致生物稳定性下降。达到要求的杀菌温度后（过滤机出口≥85℃，最好为90～95℃）至少作用30min。此时温度测量显得尤为重要，温度探头应该定期校准和检测。

冷却时，让过滤机内保留有一定压力，从而避免冷却时形成的负压导致外界空气的进入而污染啤酒。

4.5.2.2.6　酒头和酒尾的处理

酒头和酒尾中含有氧气、水和啤酒。由于其pH高，也是严重的污染源。所以应该尽快对其进行再处理。此外人们在前期酿造时还应使浸出物含量提高0.2%～0.3%，由此确保酒头酒尾的进入不会影响规定的啤酒浓度。

酒头和酒尾可分开处理，至少通过瞬时杀菌处理（需28～30个PE），添加到单独的发酵罐中再发酵较好。

4.5.2.2.7　硅藻土过滤机

硅藻土过滤以完全无冲击的操作为前提。每一次冲击都会立刻导致硅藻土层的断裂并使啤酒出现浑浊。所以人们在硅藻土过滤机前后都会分别安装一个缓冲罐以避免压力冲击（图4.78a，2和5）。缓冲罐采用CO_2备压，并未完全装满。浊度升高时通过一浊度测量仪来报警。

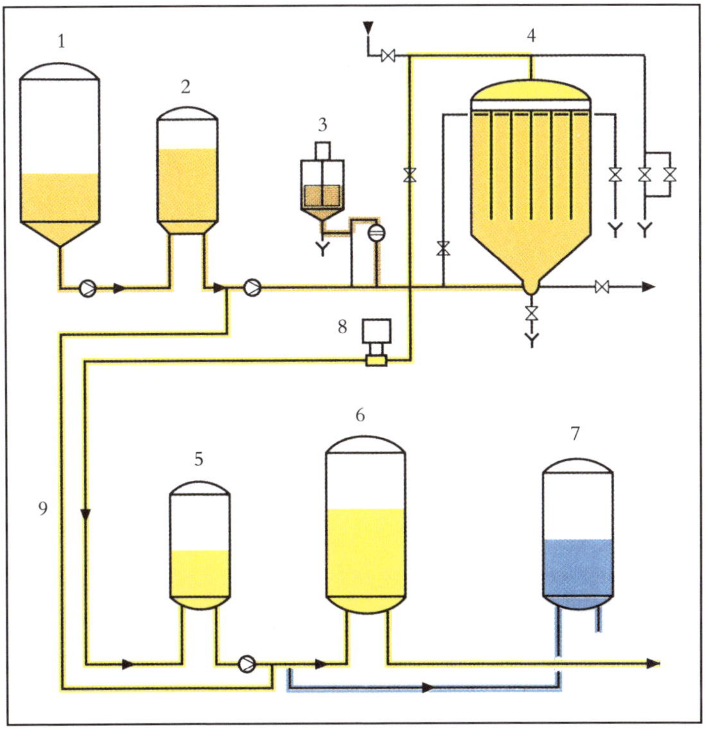

图4.78a　硅藻土过滤设备
1－发酵罐
2－缓冲罐
3－计量添加装置
4－硅藻土过滤机
5－缓冲罐
6－清酒罐
7－酒头/酒尾罐
8－浊度仪
9－循环管道

4.5.2.3 板式过滤机

板式过滤机与预涂式板框过滤机相比仅由滤板组成，在滤板之间悬挂起过滤作用的纸板。啤酒从上面和下部同时进入每两个滤板中的其中一个，穿过纸板后从相邻滤板中流出，在每个滤板之间都安装有一个过滤纸板（图4.78b）。

过滤纸板具有特殊的意义，纸板由纤维和硅藻土组成。

在此，混合比例不仅起着决定性的作用，且由木材纤维制成的过滤纸板其纤维结构也起着非常重要的作用。根据过滤精度和过滤量的不同可将过滤纸板分类。一般来说：

过滤精度越高，则过滤量就越低。

根据使用目的，将过滤纸板分为：

- 粗过滤纸板
- 澄清过滤纸板
- 精细过滤纸板
- 无菌过滤纸板

图4.78b 板式过滤机

啤酒厂常常将板式过滤机放在硅藻土过滤机之后用于精滤。小型啤酒厂常常使用复式过滤机，即预涂板框过滤机和板式过滤机通过一个反向板而组合安装在一起。图4.79所示为高效纸板捕捉啤酒中残余酵母的情形。由此使过滤后的啤酒中绝对不含酵母。

应该注意到，板式过滤机也有很大的缺点，从而限制了它的推广。其主要缺点：

图4.79 过滤纸板的表面积
（图片：Seitz公司，Bad Kreuznach）

- 在啤酒厂，纸板不可任意再生
- 占地面积大，劳动强度大
- 操作运行费用相对较高（过滤纸板和水耗）
- 纸板须采用热水杀菌并重新冷却
- 空气必须排出
- 不可自动化，必须手工清洗
- 当酒液中固体物浓度和微生物菌数较高时，过滤效果不理想

4.5.2.4 膜过滤机

今天膜过滤机越来越多地用于除菌过滤和无菌过滤。啤酒流过细小孔径的滤膜，而绝大多数的微生物和浑浊物质被截留下来。滤膜分为：

- 膜块式
- 深度滤烛式或其它形式

好的啤酒预澄清和澄清始终是膜精滤和无菌过滤的前提。

4.5.2.4.1 膜块式过滤机

过滤膜块（图4.80）是一个直径在40cm以内的固定安装的圆形过滤元件。每个膜块两个曲面之间的间距使清液可由中心管流出，过滤由外向里进行。膜块的表面由填充了硅藻土的纤维组成。有各种过滤精度的过滤膜面可供选用，过滤精度越高，则过滤效率越低。

膜块过滤机中，垂直叠装许多膜块。这些膜块被安装在一特殊容器中（图4.81）。

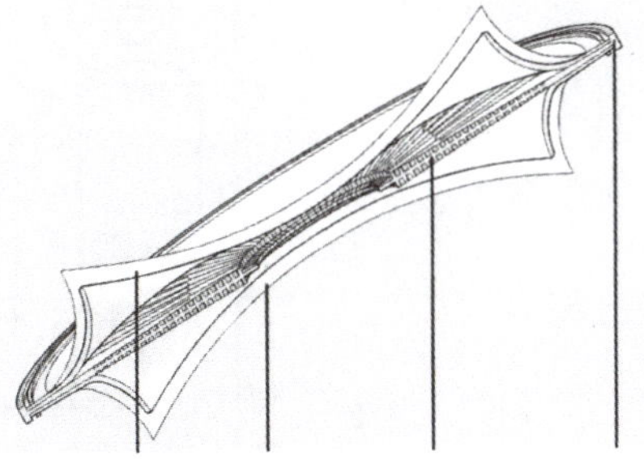

图4.80 过滤模块的构造
1–特殊的过滤层 2–导流系统
3–模块末端

也有的膜盘填充有聚乙烯吡咯烷酮聚合物（PVPP），以同时吸附多酚物质。

4.5.2.4.2 深度膜烛式过滤机

这种过滤机利用深度过滤烛棒进行过滤。在多数情况下，同一过滤机罐体内安装有许多深度过滤烛棒（图4.82）。

图4.81 膜块式过滤机
（图片：Seitz公司，Bad Kreuznach）

这些烛棒（图4.83和图4.83a）中有多个过滤层，一般由聚丙乙烯制成。过滤层的结构由外向里越来越密，形成多个截留层以及较大的过滤面积。深度过滤烛棒由此得名。在

图4.82 膜烛式过滤机
（图片：Seitz公司，Bad Kreuznach）

中、小型啤酒厂中多用于后过滤，以取代纸板过滤机。

某些烛棒的过滤层或主过滤层采用褶皱方式，这样可增大过滤面积。也可以采取多个褶皱层彼此交错安装，如图4.84中的大面积烛棒的直径可达26.5cm。

经过硅藻土过滤后的啤酒从过滤器的中心底部（1，红色）进入到每个过滤单元中，过滤后流出（3，黄色）。

根据使用领域不同，过滤单元具有从精滤到除菌过滤的不同过滤精度。

4.5.2.6　过滤范围

对灌装啤酒的不同要求决定了该

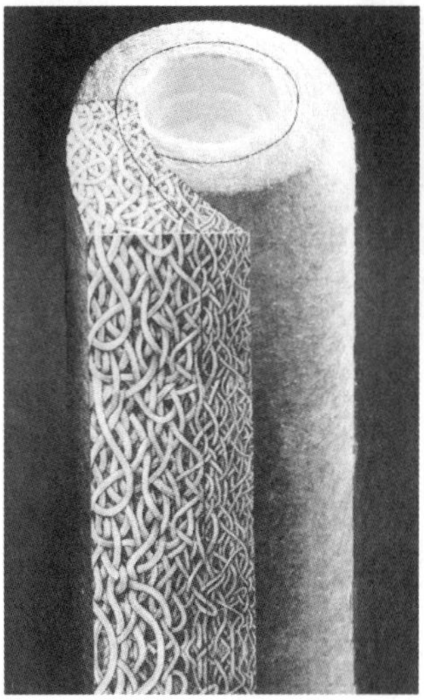

图4.83　从外至里微孔密度越来越大的深层滤烛（Pall公司，Dreieich）

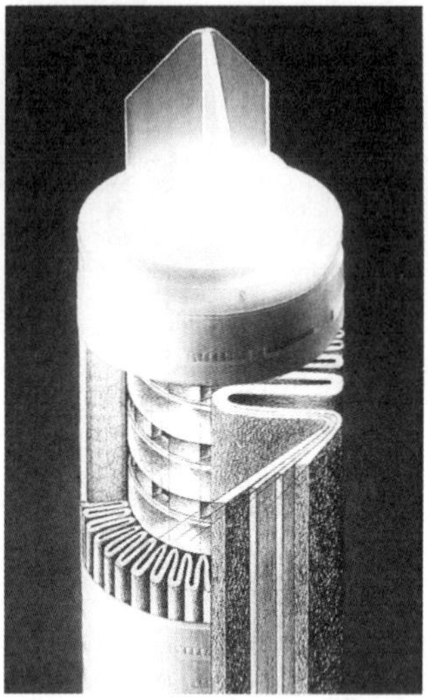

图4.83a　带褶皱过滤面积增大的滤烛（Pall公司，Dreieich）

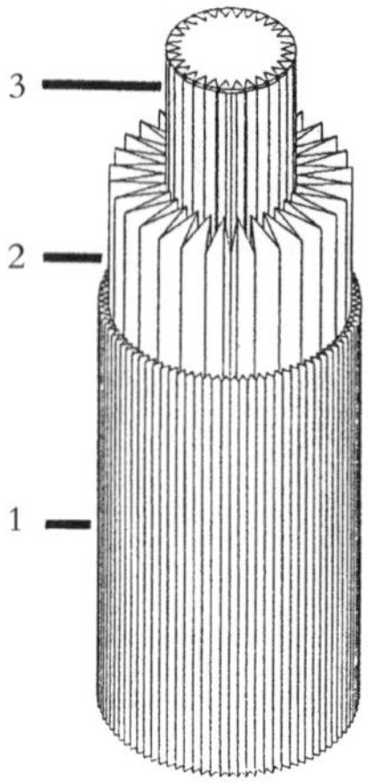

图4.84　大面积滤烛
1–用玻璃纤维制作的外层褶皱过滤层　2–深度过滤和膜过滤的联合　3–里层褶皱过滤层，膜孔0.65μm

4.5.2.5　多微孔过滤系统

Handtmann/Biberach的多微孔过滤系统完全有别于其它方法。在这种垂直放置的过滤器中，安装有一些流量一定、轻微锥形的过滤单元（图4.85）。这些过滤单元（图4.85a）由纤维和硅藻土组成，大约5cm厚，多层压制而成，分别是：

—— 一个粗的入口层

—— 一个细的澄清层

—— 一个位于出口处用于反洗的粗支撑层

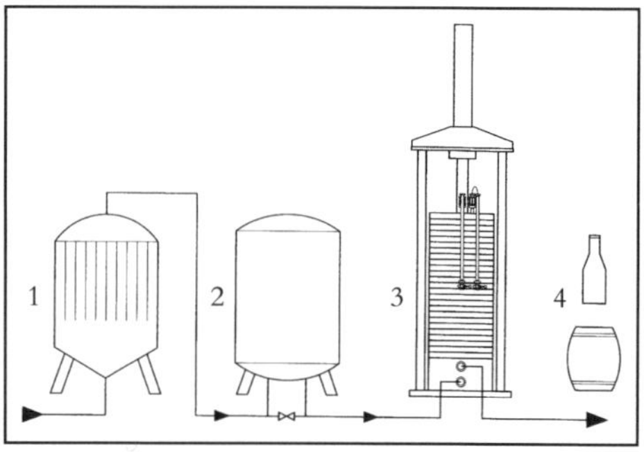

图4.85　多微孔过滤系统（Handtmann公司，Biberach）
1–硅藻土过滤机　2–缓冲罐　3–多微孔过滤机　4–灌装

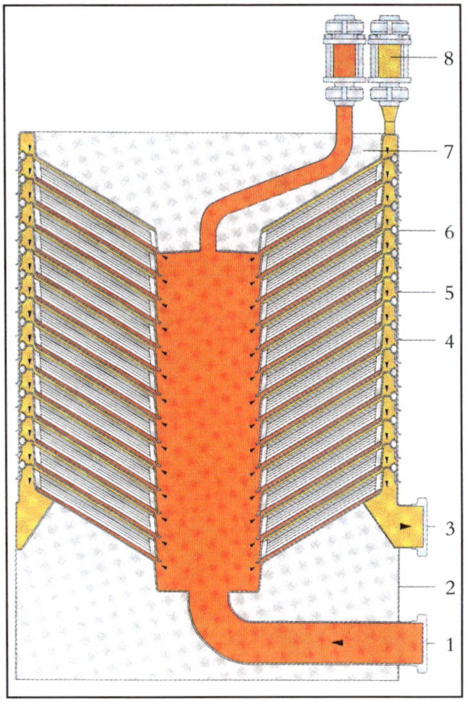

图4.85a　多微孔过滤机中的过滤过程
1-啤酒进口　2-基座　3-滤液出口
4-过滤机滤液流出通道　5-过滤机机壳
6-不锈钢过滤元件　7-顶板　8-排空

啤酒过滤时的过滤精度。有些啤酒的过滤精度低，人们采用热处理来提高生物稳定性；而有些啤酒则通过除菌过滤来保证生物稳定性。由此便能理解过滤系统为何不能统一了。

所以过滤机生产商们提供了能满足不同过滤效果的多种过滤材料，总的原则是：

过滤精度越高，流量越低

根据过滤精度，这些过滤材料（材料上标有公司自己的字母/数字）用于以下领域：

——粗过滤

——澄清过滤

——精过滤

——除菌过滤

——无菌过滤

4.5.2.7　错流过滤器

在4.5.1.2中我们已看到，可以利用带细微孔隙的材料进行过滤。过压下的待滤液循环流过微孔滤膜（图4.86）。在过压下使待滤液流经细孔膜，液体的一部分（已滤清液）通过膜而流出，所有的浑浊物得以分离，而不断增多的残余液体和浑浊物则被截留，最后被排出。

为进行循环，需要下列设备

——维持循环的循环泵

——液体因为需承受一定压力而升温，所以需要一个薄板冷却器

随着过滤的不断进行，膜表面也会慢慢被堵塞（见图4.86a），此时必须终止过滤。首先用水冲洗膜表面，然后用热酸或碱进行清洗处理。不过清除浑浊物质存在明显的难度，仅使用化学品几乎是不可能完成的。因此错流膜过滤的应用可能性很小。

出于技术的目的，越来越多的抗阻

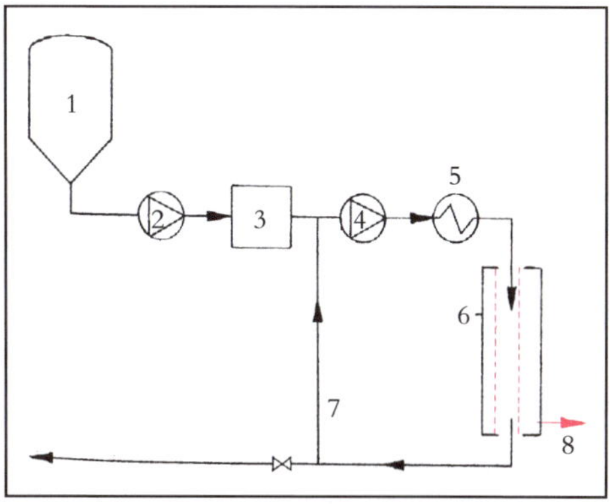

图4.86　错流过滤机工作原理
1-暂存罐　2-添加泵　3-预过滤机
4-循环泵　5-热交换器　6-膜过滤机
7-循环管道　8-已滤液出口

陶瓷元件代替了由合成材料制作的膜。采用陶瓷膜块的错流过滤（图4.86b）如今多数被用于酵母啤酒的回收。

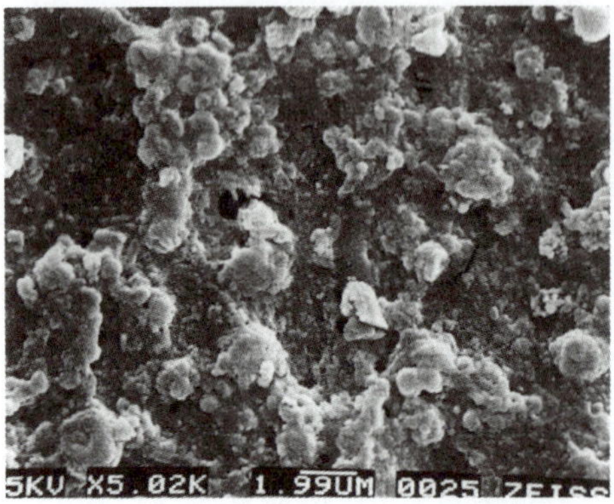

图4.86a　膜表面被截留的浑浊物（本图片由德国Schenk过滤机制造有限公司提供）

用，因为：

导致啤酒在短时间内变质且不能饮用的因素：

- 啤酒中仍含有的微生物能够繁殖，导致啤酒浑浊，并通过其排泄的代谢产物使啤酒不能饮用
- 随着时间的推移，啤酒内的胶体物质因各种因素而增加，造成啤酒浑浊
- 随着时间的延长，啤酒口味受到损害

啤酒的清亮度是与口味和泡沫同等重要的一个指标。因为每一位消费者无需任何辅助工具都能在啤酒保存期内非常容易地检查这个指标。啤酒

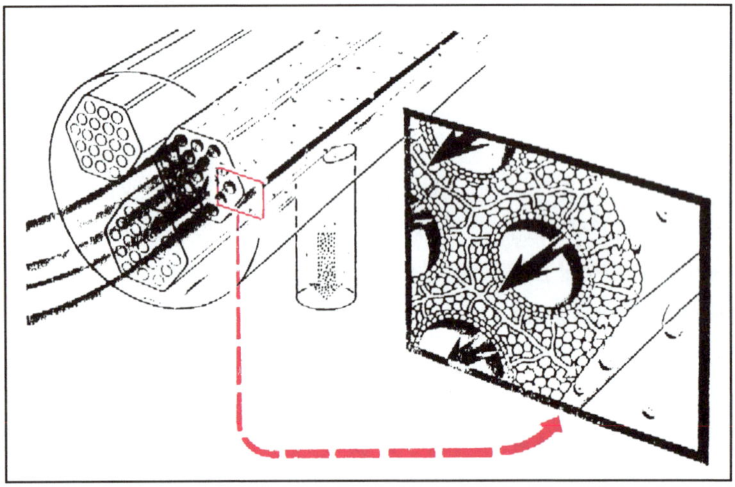

图4.86b　采用多孔陶瓷滤材的错流过滤（切线流入过滤，Schenk公司，waldstetten）

4.6　啤酒的稳定性处理

如今，仍有许多小型啤酒屋在提供完全不经过滤的新鲜啤酒，这种啤酒不必长期保存。这是一个很大的优势。

远距离销售啤酒时，执行规定的最低啤酒保存期具有十分重要的作的明显浑浊会被消费者认为是严重的质量缺陷，这一缺陷会损害品牌形象并失去顾客。因此我们应尽量使啤酒在保存期内保持质量稳定。对此有两种方法，即：

- 啤酒的生物稳定性处理
- 啤酒的胶体稳定性处理

除此以外，我们也必须尽力保证啤酒口味长期稳定。

4.6.1 啤酒的生物稳定性处理

煮沸结束时，麦汁是无菌的。啤酒有害微生物只会由于不洁净的工作方式进入到啤酒中。它们在啤酒里繁殖并产生可导致啤酒完全不能饮用的代谢产物。如果生产中不注意或未认真操作，那么在很短的时间（灌装后几天）内，在特殊的情况下，甚至在后酵罐里，就会出现啤酒浑浊及对口味的不利影响。所以对于啤酒厂，在任何时间和地点都适用的一句话是：

> 在啤酒厂的任何部门，彻底清洁是首位!

以下因素会影响啤酒的生物稳定性：

- 不清洁的工作方式
- 啤酒过滤设备超负荷运行
- 因后酵时间太短，最终发酵度与成品发酵度之差高（EV–AV）
- 啤酒吸氧，尤其在灌装时
- 高温保存
- 啤酒连续运动

从这些因素看，酿造工工作时的卫生影响最大。因此必须有固定的工作规则！由于微生物会从工作人员自身以及其他人的衣服进入到啤酒里，或者由于工人工作马虎（清洁不彻底）而未将有害微生物除去。所以为了避免微生物进入啤酒，酿造工应注意以下几点：

- 遵守个人卫生和规章，搞好个人清洁，长期穿干净的工作服
- 清洗发酵池和罐子时先穿上胶鞋，然后清洗。一些清洗工具，如地板刷和毛刷要干净保存，使用后要使其保持清洁。不使用损坏的刷子。清除所有容器壁上的污垢和附着物。要特别注意一些缝隙和凹槽
- 对旋塞阀和取样阀进行拆卸、清洗、杀菌以及采用硅油润滑
- 刷洗玻璃视镜和软管并对其进行杀菌
- 严格遵守企业内部制订的清洗和杀菌规则
- 定期检查清洗剂及杀菌剂的效果，杜绝一切可能的污染源

如果所有啤酒厂的员工都遵循这些准则，也就迈出了提高啤酒生物稳定性的关键一步。

容易出现的最不受欢迎的啤酒有害菌有：

- 野生酵母，如糖化酵母（*Saccharomyces diastaticus*），巴氏酵母（Saccharomyces pastorianus）
- 特别是能使啤酒浑浊并由于其代谢产物使啤酒不能饮用的啤酒有害菌，如乳酸杆菌*Lactobacillus brevis*和*Lactobacillus frigidus*，还有四联球菌*Pediococcus damnosus*和其它啤酒有害菌（见7.42）

当然，必须弄清楚这些不常见的微生物是从哪些部位进入到啤酒里的，要研究这些部位的污染并采取有效措施。监控生产过程、保证啤酒稳定性是微生物检测的主要任务（见7.3）。

因为啤酒至少要保存到最低的保存期限，所以所有进入到啤酒中去的

污染都必须被除去或被处理至无危害为止。

对此可采取以下措施：

- 巴氏杀菌
- 瞬时杀菌（KZE）
- 啤酒热灌装
- 啤酒的冷无菌过滤和灌装

4.6.1.1 巴氏杀菌

巴氏杀菌是通过加热杀死水溶液里的微生物。巴氏杀菌的概念源于此方法的发明者——路易·巴斯德。他认为通过加热能保证水溶液的生物稳定性，酸性溶液同中性和碱性溶液相比，所需的灭菌温度要低一些（啤酒的灭菌温度为60～62℃，时间10～20min）。

后经试验发现，若仅将温度稍加升高，杀灭微生物所需的时间则成指数缩短。即啤酒如果在较高温度下短时间休止，那么啤酒中的微生物很快就会被杀死。

4.6.1.2 瞬时杀菌（KZE）

也被称为高温短时灭菌（HKE）。

瞬时杀菌时，啤酒在板式热交换器中被加热到68～72℃，保温大约50s，紧接着被冷却至原来的温度。

4.6.1.2.1 瞬时杀菌设备

通常情况下，啤酒的加热和冷却借助能进行强烈热交换的板式热交换器来实现。

在瞬时杀菌设备（图4.87）中，冷啤酒进入第一个区域2因热交换而被预热，然后进入第二个区域3被一定温度的热水10加热到巴氏杀菌温度，然后在高温停留阶段的温度下4保持规定的时间。高温停留阶段通常作为板式换热器的一个组成部分。最后啤酒在低温交换区2、5又被冷却至灌装温度。

今天越来越多地采用流入的啤酒对热处理后的啤酒进行冷却的方式。通过将两区扩大，流入温度为0℃的冷啤酒可将杀菌后的啤酒冷却至3～4℃，丝毫不影响灌装。

整个过程持续2min，几乎不损害啤酒质量。通过合理的啤酒流动线

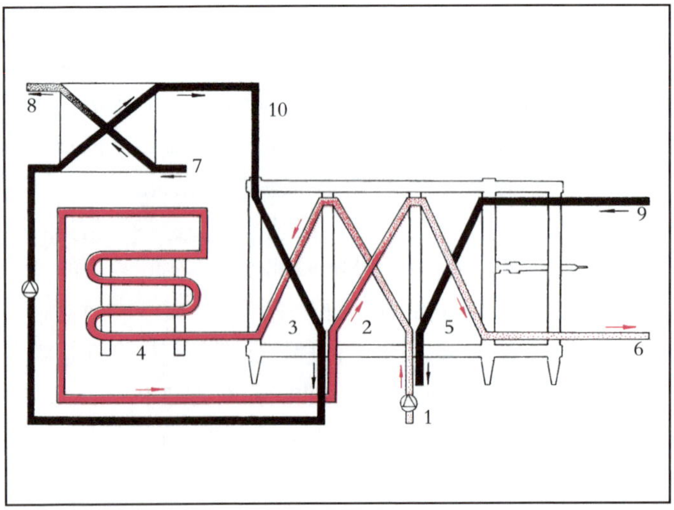

图4.87 瞬时杀菌设备(KZE)

1-冷啤酒进口
2-预热流入的啤酒/冷却加热后的啤酒
3-升至巴氏灭菌温度的加热段
4-保温段
5-至灌装温度的冷却段
6-巴氏灭菌后啤酒出口
7-蒸汽进口
8-冷凝水出口
9-载冷剂进口
10-热水循环

路，能量回收可达96%。这种方法具有许多优点，因而得以成功地推广。

重要的是，任何情况下进酒压力都不能低于CO_2的饱和压力，而且加热面压力要比啤酒进入面的压力高（见图4.88）。因此必须配置1200kPa的高压泵。

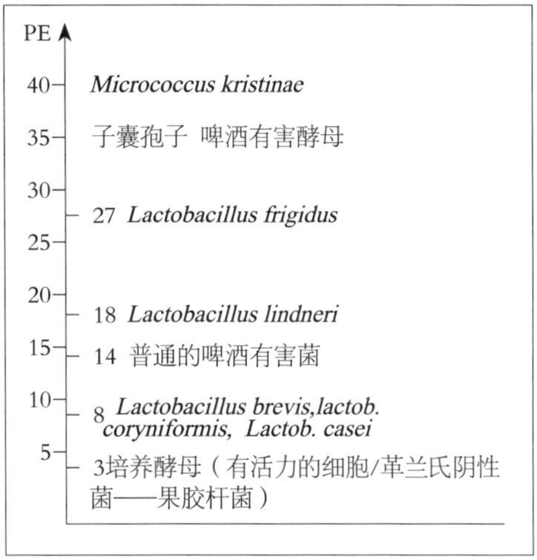

图4.88 杀灭不同微生物所必需的巴氏灭菌单位

4.6.1.2.2 巴氏杀菌的温度和时间

提高温度，杀灭微生物所需的作用时间就会大大减少。

> 由此得出了可衡量巴氏杀菌程度的巴氏杀菌单位（PE）。
>
> 一个巴氏杀菌单位是指在60℃下经历1min所达到的杀菌效果。以60℃为基准温度来计算：
>
> $$PE=时间\times 1.393^{（灭菌温度-60℃）}$$

该公式是一指数式。

如杀菌温度定在60℃，指数为（60−60）=0，结果为1。

如果杀菌温度升到61℃，结果则为：

$$PE=时间\times 1.393^{（61-60）}=1.393^1=1.393$$

若将杀菌温度提高到62℃，结果则为：

$$PE=时间\times 1.393^{（62-60）}=1.393^2=1.940$$

或者，当64℃时，结果为3.77；

当66℃时，结果为7.31；

当68℃时，结果为14.18；

当70℃时，结果为27.51；

当72℃时，结果为53.38。

啤酒的巴氏杀菌单位要求在14～15PE。使用的巴氏杀菌单位越小，啤酒的重要特征就被保护得越好，但是也越临近微生物仍然存活的界限。

必需的PE单位主要取决于污染程度，啤酒污染越严重，所需的PE值就越大（通常为22～27PE）。

图4.88给出了杀灭不同微生物所必需的巴氏灭菌单位。

若选择15PE作为例子，则与灭菌温度相应的灭菌时间分别为：

64℃=15PE÷3.77=3.98min

66℃=15PE÷7.31=2.05min

68℃=15PE÷14.18=1.06min=64s

70℃=15PE÷27.51=0.545min=33s

72℃=15PE÷53.38=0.28min=17s

高温杀菌时，指数效果非常明显。

高温意味着短的热停留时间，但灭菌温度必须认真监督和准确控制，以免损害啤酒质量。

不过根据现在的观点，50%的污染在灌装过程中会作为二次污染进入到啤酒中，因此瞬时高温杀菌单独应用也不能确保啤酒的生物稳定性（见5.2.2.5）。

所以瞬时杀菌对啤酒瓶的卫生

状态和灌装技术提出了很高要求，尽管如此瞬时高温杀菌今天仍是保证瓶装和桶装啤酒稳定性的最常用形式。

4.6.1.2.3 瞬时高温杀菌对啤酒质量的影响

瞬时高温杀菌时的高温同样极大损害啤酒口味的观点并不准确。大量研究表明[187]，高温停留时间的影响更为关键。

预测热负荷对啤酒质量的影响不能只看巴氏杀菌单位这一个参数，还应考虑多个因素，此外最重要的是啤酒的组成。

——热停留时间

——热停留时所用的温度

——特别是啤酒的氧气含量

PE是瞬时高温杀菌的杀菌作用尺度，但无法反映出对啤酒可能产生的损害。

4.6.1.3 啤酒的热灌装

将啤酒进行热灌装，可在很大程度上避免啤酒后期再污染。工作时需使用800～1000kPa的高压，从而保证CO_2不致溢出。这种方法的优点是清洗后啤酒瓶无需再冷却。但啤酒热灌装也有很多缺点，例如：

- 长时间高温影响啤酒质量
- 高压增加了瓶损
- 浪费能源

因此，啤酒灌装不再使用这种方法。

4.6.1.4 隧道式巴氏杀菌

为了保证绝对安全，瓶装啤酒和听装啤酒应在隧道式巴氏杀菌机里进行杀菌。因为瓶装啤酒和听装啤酒杀菌过程持续约一个多小时，因此与其它设备相比，这种巴氏杀菌机在灌装车间内占地面积往往很大。同时，这种设备需要很高的投资，能耗也较高，最大可达14～24MJ/hL，相当于70～120MJ/1000瓶。

每个打算迅速一次加热一瓶啤酒的人都知道，要想使啤酒在啤酒瓶里均匀地升温是根本不可能的。热交换通过传热差的玻璃表面进行，瓶的外部先被加热，此时瓶内啤酒还处于低温状态。只要未将瓶内最冷部分——冷核的温度升起来，整个瓶子的加热就不能宣告结束。冷核位于瓶底中部向上1.5cm处，所以检查巴氏杀菌温度必须要在这个位置进行。

巴氏杀菌时，瓶内会产生相当高的压力，压力源于啤酒的受热膨胀。啤酒膨胀使充满CO_2的瓶颈空间变小，CO_2被压缩使瓶内压力升高。当然，只有气体能被压缩而液体不能。因此这部分CO_2具有重要的保护作用。

巴氏杀菌时，瓶颈空容不得小于瓶子容积的4%，否则会因过压而导致爆瓶。

温度升高后，啤酒的CO_2饱和压力也提高了，此时啤酒中的CO_2进入到瓶颈中，重新达到平衡压力。

瓶装/听装啤酒在隧道式巴氏杀菌机里加热到巴氏杀菌温度后，接着再冷却。隧道式巴氏杀菌机的组成和工作方式将在5.2.6中描述。如今听装啤酒、麦芽啤酒、麦芽饮料和无醇啤酒的巴氏杀菌多使用隧道式巴氏杀菌机。

4.6.1.5 啤酒的冷无菌灌装

隧道式巴氏杀菌和瞬时杀菌是久

经考验的保证啤酒生物稳定性的方法。但即使是对啤酒小心进行热处理，哪怕采用瞬时杀菌，也会导致啤酒内含物质的改变。

所以今天人们一直努力尝试用冷处理的方式去除微生物。对此可以使用纸板过滤、膜过滤以及膜块式过滤。我们知道，通过选择适宜的滤膜，能进行精过滤。但膜过滤的流量很小，需要很多模块才能达到一定的流量，从而使得该方法成本很高。因此，现在都在努力尝试如何提高这种方法的经济性。

要做到低温无菌过滤，相应的所有生产过程都需要调整[109]，这意味着：

- 啤酒可滤性要好
- 严格检查一切可能污染的途径，特别是与水、CO_2、空气有关联的地方
- 灌酒机和压盖机必须达到CIP清洗技术的最新标准。灌装前对包装物进行蒸汽杀菌是一个改善前提。有50%的污染被确定是在过滤后产生的[108]（见5.2.2.5）

如果满足了以下条件，无需热处理便能保证生物稳定性是有可能的：

- 过滤机的协调性好
- 未滤液和已滤液范围内的微生物状态好
- 啤酒的内在稳定性好
- 有效的微生物控制

啤酒冷无菌过滤的方法很多，通常情况下，人们在硅藻土过滤后再连接三台或四台过滤精度越来越高、过滤流量越来越小的膜过滤机。当然要想提高流量，就得同时平行连接多台过滤机。

硅藻土过滤机后的过滤系统按顺序一般为：

——过滤孔径约为5μm的澄清过滤机

——过滤孔径约为1μm的精滤机

——过滤孔径约为0.45μm的无菌过滤机

图4.89和图4.89a是啤酒厂中可见的冷无菌过滤的范例。

使用冷无菌灌装几乎能达到和瞬时高温杀菌同样的生物稳定性效果。不过重要的是，灌装设备也应满足所有冷无菌灌装的要求。

冷无菌灌装因避免了热处理对啤酒口味的损害而成为今天的趋势（见5.2.2.5）。

不过冷无菌过滤有一个缺点，啤酒的泡沫稳定性往往较差（见4.4.4.1）。

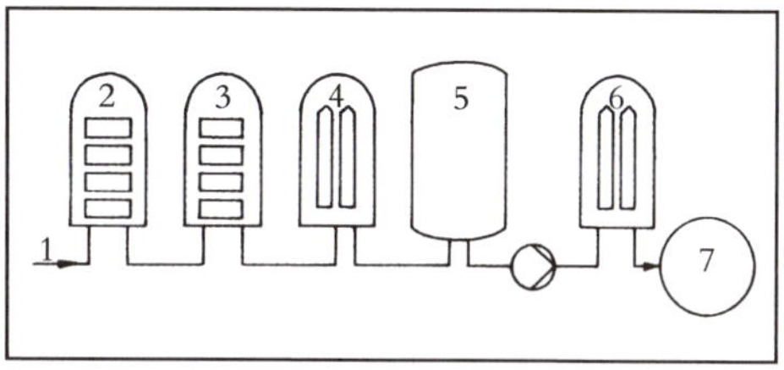

图4.89　啤酒冷无菌过滤（例1）
1-硅藻土过滤后的啤酒　2-作为澄清过滤机I的膜块过滤机（孔径约为10μm）　3-作为澄清过滤机II的膜块过滤机（孔径约为5μm）
4-作为精滤机的深层膜过滤机（孔径约为1μm）
5-缓冲罐　6-作为无菌过滤机的深层膜过滤机（孔径约为0.45μm）　7-灌装机

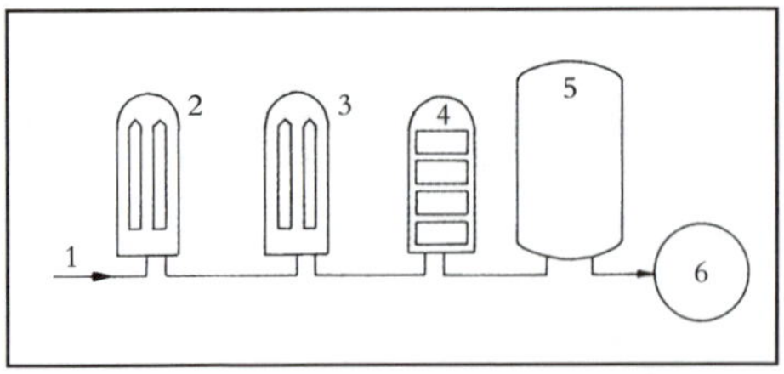

图4.89a　啤酒冷无菌过滤（例2）
1-硅藻土过滤后的啤酒　2-作为澄清过滤机的深层膜过滤机（孔径约为5μm）　3- 作为精滤机的深层膜过滤机（孔径约为1μm）　4-作为无菌过滤机的膜块式过滤机（孔径约为0.5μm）　5-缓冲罐　6-灌装机

4.6.2　啤酒的胶体稳定性

尽管经过巴氏杀菌，但随着时间的推移啤酒仍会浑浊。这种浑浊绝大多数是由溶解在啤酒中的胶体物质所引起的。为避免胶体浑浊的产生，我们必须先了解其形成过程然后寻找出预防措施。

4.6.2.1　胶体浑浊的特点

试验：将一瓶啤酒在冰水里放置一段时间后，可以观察到啤酒有轻微浑浊。升温到60℃后，发现浑浊消失。重复几次以上试验，最后发现啤酒再加热后浑浊不再消失。

通常情况下的啤酒一般不会如此处理。这一强化试验可用来说明两种类型的胶体浑浊，即冷浑浊和永久浑浊。

> 冷浑浊是指啤酒遇冷时出现，但温度超过20℃后又消失的胶体浑浊。冷浑浊随时间延长可转变成不可消失的永久浑浊。

（1）冷浑浊　因为冷浑浊是永久浑浊的前驱体，所以它对酿造工来讲具有重要意义。啤酒冷浑浊是由高分子蛋白质分解产物（见1.1.3.2.3）和少量与碳水化合物及无机物，特别是与重金属盐类结合在一起的高聚合度的多酚物质（特别是花色苷）形成的一种不稳定复合物。这种不稳定的复合物升温后会溶解。

可以这样理解这种浑浊的形成：啤酒中含有的胶体颗粒由于分子间的布朗运动而相互碰撞，相互之间不断形成氢键。随着时间的延长，越来越多、越来越大的分子连接在一起，直到最后形成可见的浑浊物。

加快浑浊形成的因素有：

- 高温
- 啤酒的氧化
- 重金属
- 啤酒的运动
- 光照

啤酒的保存温度无疑是影响浑浊形成的主要因素，因为温度升高会加快反应过程。由此可以得出，巴氏杀菌也会加快胶体浑浊的形成。

啤酒的氧化同样对胶体浑浊的形成具有巨大影响。氧化强烈时出现浑浊的速度可提高至正常速度的5倍。

重金属离子可强烈加快胶体浑浊的形成。啤酒的运动加快了胶体间的接触，从而导致胶体浑浊迅速产生。光线能加快啤酒氧化，也会导致浑浊形成。

在所有因素中，氧对胶体稳定性的不利影响特别需要强调。因此我们要不断降低啤酒中的氧含量。

（2）永久浑浊　随着时间的推移，冷浑浊在上述因素影响下向永久浑浊转变，因此两种浑浊的组成成分几乎一样。出现永久浑浊的时间波动很大，通常在灌装几个星期后才出现。啤酒的永久浑浊对保存期要求较长的啤酒具有重要影响，因此采取延缓、减少胶体浑浊出现的措施十分重要。

4.6.2.2 改善啤酒胶体稳定性

胶体浑浊形成的原理：

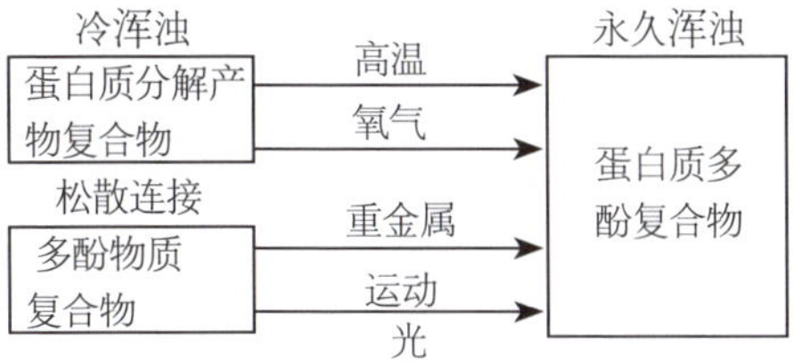

只要除去导致浑浊的所有成分或部分成分，或尽可能排除引起浑浊的相关因素，就可以达到延缓或者不形成胶体浑浊的目的。对此可采用下列方法：

① 生产时，减少各种蛋白质分解产物复合物的形成；

② 分离部分蛋白质分解复合物；

③ 酶解蛋白质分解复合物；

④ 生产时分离部分多酚物质；

⑤ 分离啤酒中的多酚物质；

⑥ 酶解多酚物质；

⑦ 低温贮酒；

⑧ 防止吸氧并排除氧气；

⑨ 降低重金属及其盐类含量；

⑩ 减少啤酒的运动；

⑪ 避光储藏。

4.6.2.3 改善胶体稳定性的工艺措施

一些改善啤酒胶体浑浊的方法在很大程度上可以通过工艺措施来加以实现。此外要想提高保存期，稳定剂的使用也必不可少。

工艺改进措施有：

- 选用皮薄、蛋白质含量低的大麦。蛋白质含量<11%
- 选用不含花色苷、草酸盐含量低的大麦
- 长时间低温发芽，颗粒溶解良好
- 焙焦彻底
- 酿造水的残余碱度<5° d
- 麦皮粉碎好，麦皮和胚乳分开糖化（Kubessa方法）
- 蛋白质休止不要过长
- 尽量达到高的最终发酵度
- 注意糖化要彻底、碘检要正常
- 洗糟不能过度（以免产生多酚物质）
- 长时间强烈煮沸，注意蛋白质析出要好（可凝固性氮<20mg/1000mL麦汁）
- 检查凝固物形成
- 对打出麦汁进行酸化处理（pH5.1～5.2）
- 不要过早添加酒花，麦芽多酚物质应充分反应
- 减少吸氧
- 热凝固物和冷凝固物彻底分离
- 麦汁强烈充氧，以达到迅速起发
- 低温强烈发酵
- 过滤前在0～2℃至少冷藏7d以分离冷浑浊颗粒
- 避免接触光亮的金属部分
- 避免任何形式的空气进入，包括
  - 避免吸入空气
  - 降低速度，避免形成湍流
  - 酒头、酒尾使用脱气水
  - 过滤机用CO_2压空，以及助滤剂添加罐用CO_2充满

- 避免灌装途中任何形式的吸氧，即使是最小量
- 只使用绝对纯净的CO_2，注意避免由此带入空气

4.6.2.4 稳定剂的添加

只要注意以上因素，就可明显延缓胶体浑浊的形成，但不可能完全避免。因此要得到保存期长的啤酒必须另外经过稳定化处理。

如今作为稳定剂的主要有：

- 硅胶制品
- 聚乙烯吡咯烷酮聚合物（PVPP）

这两种物质可以联合使用。

此外无需遵守《纯酿法》的地区还可使用抗氧化剂进行稳定化处理。

4.6.2.4.1 硅胶制品

硅胶制品是重要的稳定剂。它可以吸附形成浑浊的蛋白质，而不影响泡沫活性物质。添加量为50～150g/hL，可添加在过滤前的助滤剂罐中。

硅胶又可分为：

- 湿胶，含水量为50%以上
- 干胶，含水量为5%

硅胶由硫酸和硅酸钠制成，它们聚集在一起形成具有大孔和微孔的制品。孔径太大的硅胶吸附能力差，现在人们选择微孔在3.0~3.5μm的硅胶制品，它们可充分吸附在啤酒中形成浑浊的蛋白质。

硅胶制品的重要标准是颗粒大小比例，其比例越小，在过滤时沉降越快。另一方面，大颗粒（超过40μm）几乎没有吸附效果。8～20μm中间大小的颗粒吸附效果最好。

4.6.2.4.2 聚乙烯吡咯烷酮聚合物（PVPP）

PVPP（图4.90）是一种通过附加的分子链使其稳定的具有三维网状结构的有机化合物。它是一种粉末物质，在常见溶液中不溶解，在水中仅仅膨胀。

PVPP可以有选择性地除去所有的鞣质（酚类），去除过程基于氢键的形成。氢键的形成又受到pH的影响。在碱性溶液中，被吸附的酚类化合物又会裂解，因此PVPP可以再生重新使用。在德国，PVPP允许的最大使用量

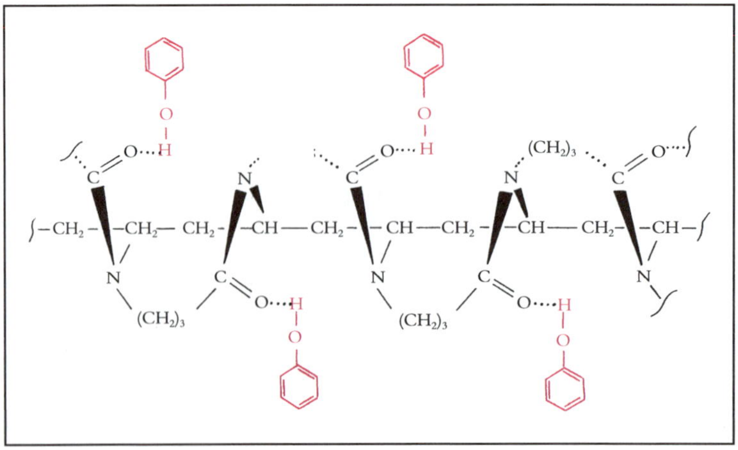

图4.90 PVPP的结构
红色部分：被吸附的酚类物质

为50g/hL啤酒。

如今PVPP大部分是和硅胶联合使用，有时也单独使用。使用形式有：

- PVPP作为稳定剂添加在助滤剂罐中，但只能使用一次
- 使用含有PVPP稳定剂的过滤层
- 回收方式的PVPP啤酒稳定处理

其中，最后一种方法目前使用最为普遍，下面将做详细阐述。

回收方式的PVPP啤酒稳定处理过程如下：

这种设备大多由一个带加料罐和泵的预涂式叶片过滤机组成（图4.91）。开始稳定处理前，首先要用CO_2从上面压空杀菌水。留在过滤叶片上的PVPP滤饼通过过滤滤芯的旋转被甩落并重新打回加料罐。旋转的同时冲洗过滤机，剩余PVPP被泵回加料罐。此时过滤机内仍有CO_2压力。过滤机用过滤后的啤酒注满，在此过程中PVPP被预涂在过滤叶片上。PVPP对啤酒的稳定处理在啤酒流过时完成。带入啤酒的PVPP小微粒将在一个小的后过滤器中分离。稳定过程结束后剩下的啤酒用脱氧水压空。

再生时，PVPP滤饼首先用温水冲洗。接着往过滤机里泵入浓度为1%，温度为85℃的NaOH进行再生。热碱进行循环。然后再次用热水排空碱液。最后泵入酸。整个设备循环杀菌。

用热碱再生PVPP十分有效。大多数的花色苷在第一次碱洗时即可被冲洗干净，碱液颜色变为深黑，必须废弃。由于颜色、碱浓度和温度的原因，黑碱液不能直接排入下水道，而应在一个平衡池中用水稀释处理后方可排放。

第二次碱液不需要太多，并可作为下次再生时的第一次碱液来使用。如今人们尝试通过精过滤将碱液除杂并再次使用。

使用PVPP时，将1kgPVPP溶解在9L水中。每平方米的过滤面积约需200gPVPP。在每次循环过程中损失0.5%～1%。

小型设备也可使用含有PVPP的过滤层来代替向过滤机内添加PVPP。含有PVPP的过滤层由纤维素制成。啤酒在由过滤层的外侧流向里层的过程中，PVPP与啤酒的多酚物质反应并在过滤层表面被截留下来。这种过滤器可冲洗、再生和杀菌30次，流量平均在20hL/m^2过滤面积左右。

这种过滤系统不能保证在整个批次中均匀除去多酚物质，因为过滤膜的吸附能力逐渐减弱。因此要求对清酒罐内的啤酒进行混合。

4.6.2.4.3 抗氧化剂

如同下面章节中要讲到的，由于羰基化合物的老化，灌装后啤酒的口味会出现变化，这点在啤酒氧化时尤为突出。添加抗氧化剂能在很大程度上延缓这一过程。

二氧化硫可阻止羰基的氧化并明显延缓啤酒的老化。二氧化硫在酵母发酵时形成，与酵母品种有关。形成的量虽不足以用于大规模稳定，但已可在一定程度上防止老化。

为保险起见，可在灌装时以亚硫酸盐的形式添加二氧化硫，以便更大

图4.91　回收式PVPP啤酒稳定处理的过程

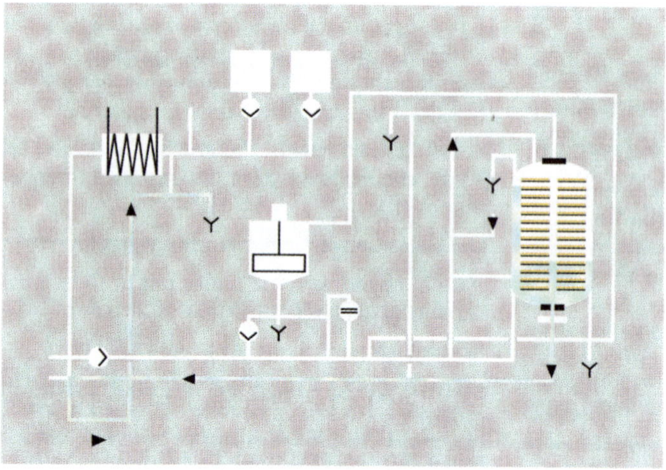

（1）稳定处理开始时，过滤机注满水，然后从上部用CO_2压空，这样可以避免吸氧。

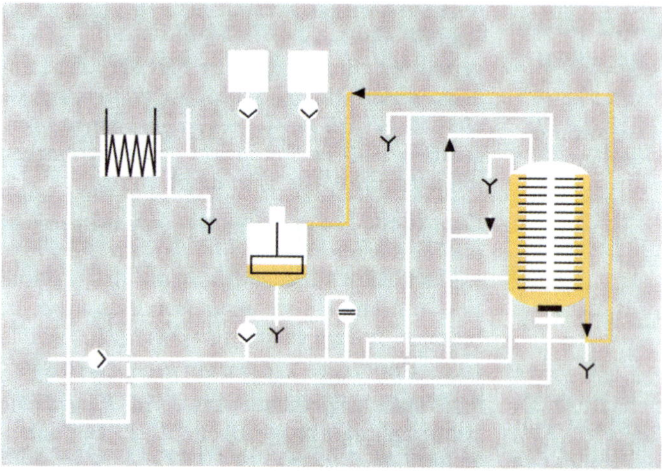

（2）留在过滤叶片上的滤饼在过滤滤芯的旋转下被甩落并重新打回加料罐。

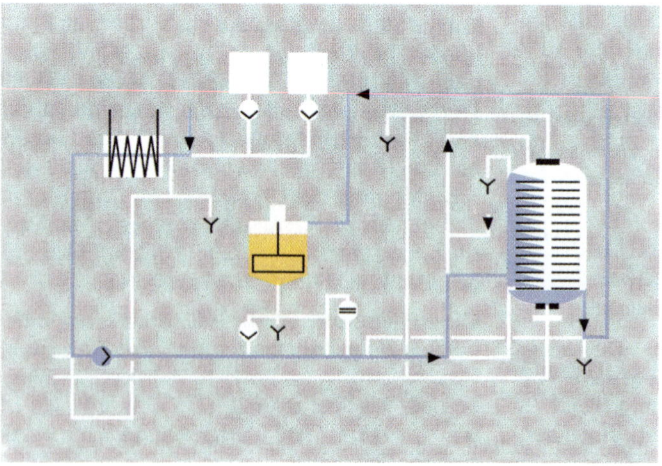

（3）旋转的同时冲洗过滤机，剩下的PVPP泵回加料罐。过滤机中仍有CO_2压力。

图4.91

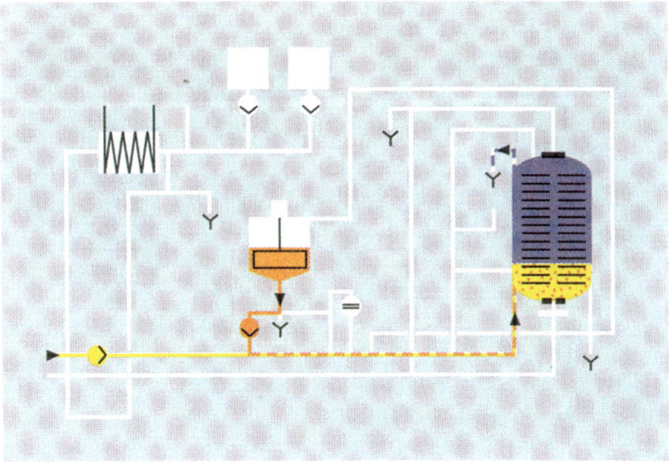

（4）过滤机用过滤后的啤酒注满，PVPP在此过程从加料罐中被预涂到过滤叶片上。

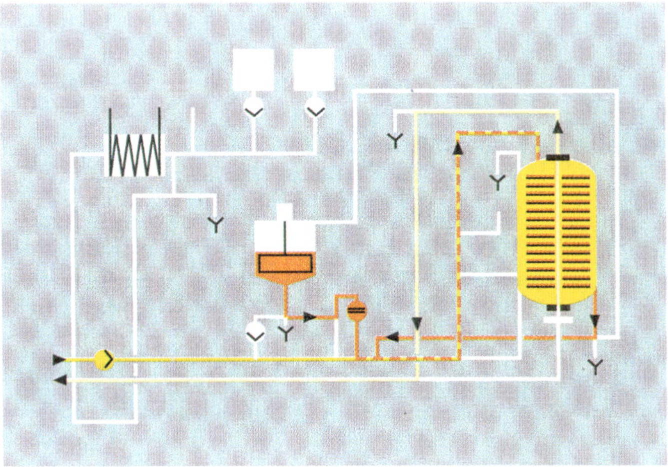

（5）啤酒通过PVPP稳定，但是没有过滤效果。带入啤酒的PVPP微粒将在一个小的后过滤器中分离。

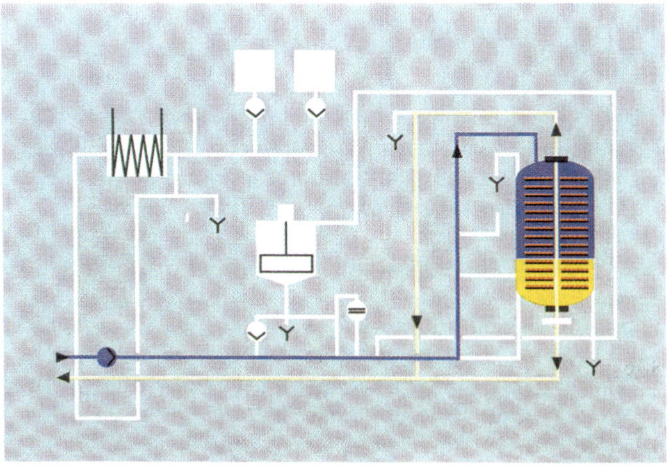

（6）处理过程结束后，剩余啤酒用除气水压空。过滤结束。

图4.91

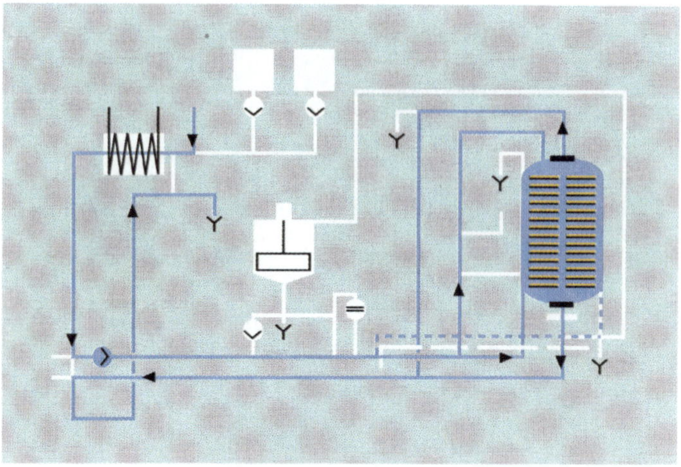

（7）再生开始时，PVPP滤饼先用45℃的温水冲洗。

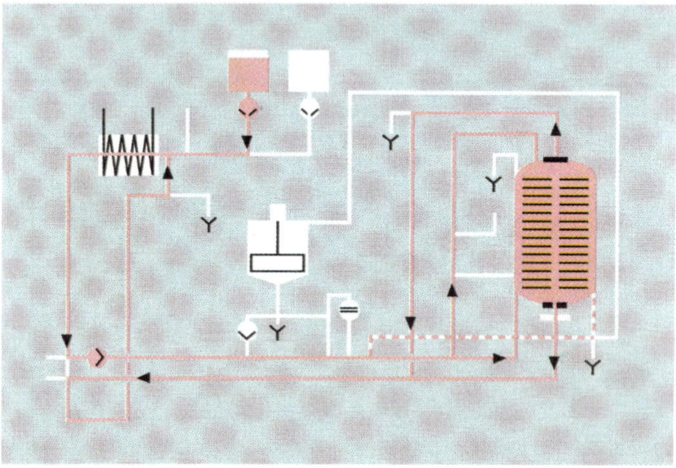

（8）PVPP的再生用1%的温或热NaOH完成。该过程一直在过滤机中进行。碱液循环，以使PVPP彻底再生。碱液的颜色由于再生时溶解出来的花色苷而加深。

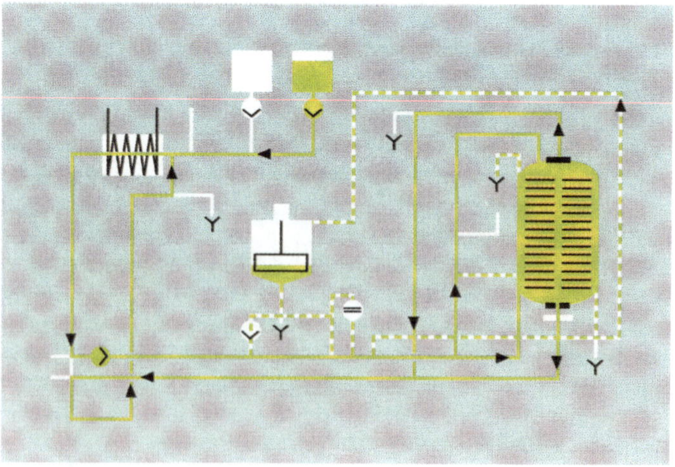

（9）泵入0.1%～0.2%，温度为40～50℃的硝酸溶液进行中和，然后将整个过滤机进行循环杀菌以保证下一次使用。

图4.91

程度延缓老化口味的形成。

添加抗坏血酸同样也能达到上述效果。

而按照《纯酿法》的规定，则不允许添加抗氧化剂。

4.6.2.4.4 添加硅酸溶胶

硅酸溶胶是硅酸的胶体水溶液。稳定的硅胶中含有由高纯度、非结晶性硅酸形成的5～150nm大小的非网状球形颗粒。这些颗粒无内部渗透性，带负电荷。

啤酒生产时添加硅酸溶胶除能改善啤酒的清亮度和可滤性外，还可在较低程度上提高啤酒的胶体稳定性。硅酸溶胶的添加量是50mL/hL啤酒（30～60mL/hL啤酒），通常添加在发酵终了后，冷储阶段前。此外还可在打出麦汁中或啤酒过滤机前添加。

硅酸颗粒和啤酒中的蛋白质结合，形成一种浑浊的、絮凝状的凝胶，最后以5～7m/d的沉降速度形成沉淀。完全分离掉沉淀下来的凝胶后便可改善啤酒的澄清度和可滤性。硅酸溶胶的使用符合《纯酿法》。

不过通过预先的测试，找出最佳的使用添加量是有必要的，这样不仅能达到处理效果，而且也降低了成本。

4.6.3 啤酒过滤设备

今天对灌装啤酒质量稳定性的高要求促使啤酒在过滤时需要经过一系列处理：

- 保留所有原有的质量特征
- 避免后期的质量下滑

属于过滤设备的有：

- 缓冲罐
- 相互串联、过滤精度越来越高的过滤机
- 水脱氧装置
- 酒头/酒尾罐
- 过滤助剂罐/硅藻土滤饼排放装置
- 带浊度、氧含量、CO_2含量、压力以及液位识别的测量和调节技术
- 设备的控制部分
- 清酒罐

使用何种类型的过滤机以及如何连接由各企业自行决定。

不同过滤机的单位过滤流量［hL/（$m^2 \cdot h$）］如下：

预涂烛式过滤机：	4～6
预涂水平叶片式过滤机：	3～4
纸板过滤机：	1～1.5
无菌过滤机：	0.8～1.0
PVPP过滤机：	8～12

图4.92所示为常见的啤酒过滤流程图，该流程图中不包括回收酵母啤酒、啤酒处理量小的错流过滤机（见4.4.6.3）。

（1）缓冲罐　为避免压力冲击以及保证过滤流出的绝对均匀性，人们通常在过滤机前后分别连接一个立式带喷头以便于清洗的缓冲罐。

（2）用于预澄清的前置离心机　为了降低硅藻土购置及处理的高额费用（大约900～1000马克／t），大型啤酒厂越来越多地使用前置离心机（图4.92a）。离心机能分离掉大部分酵母细胞，使酵母负荷保持在一个恒定值，同时也能避免在过滤机内出现酵母冲击（过滤开始和发酵罐空

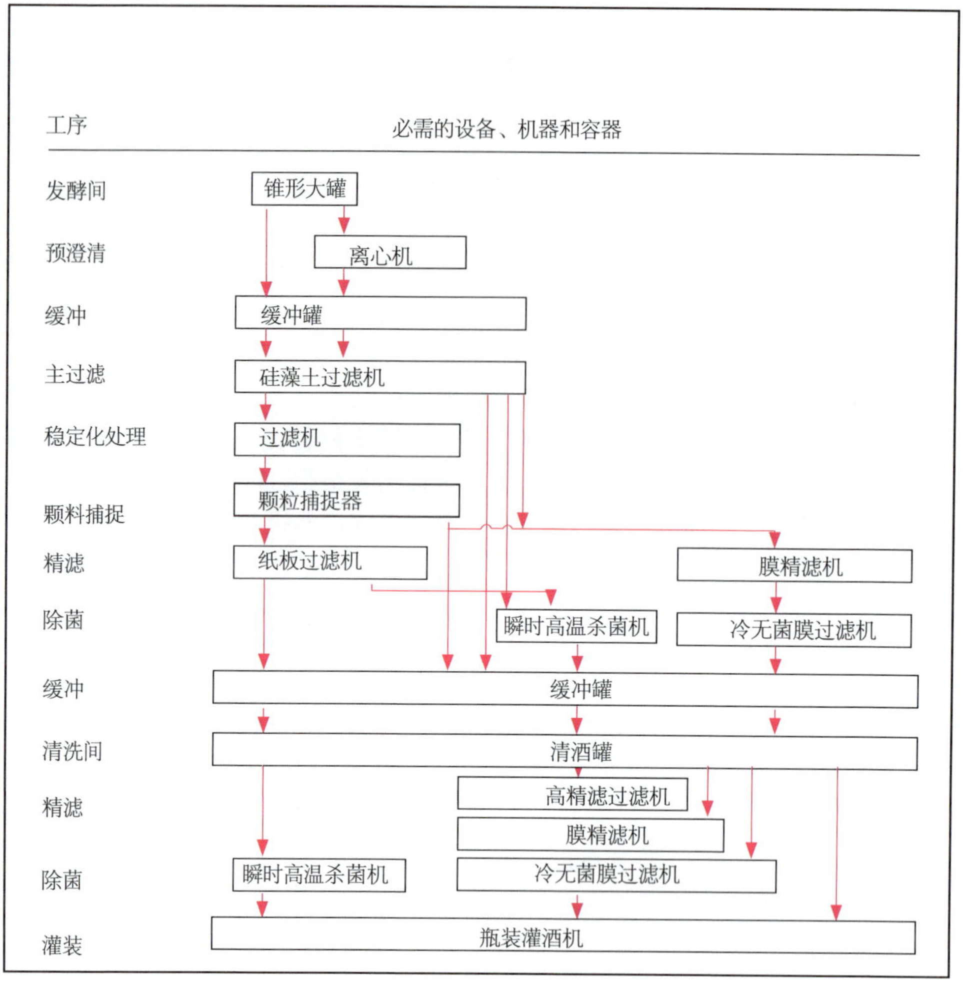

图4.92　啤酒过滤常见流程图

罐时）。

前置离心机可使硅藻土消耗量降低20%～50%，同时使过滤机的工作寿命翻一倍。

尽管购置和运行成本高，但许多啤酒厂很快便收回了投资。如果避免了CO_2损失和氧气摄入，那么离心过滤几乎不会影响啤酒质量。

（3）啤酒过滤和啤酒稳定处理的可行性　啤酒过滤、生物和胶体稳定处理的可行性有很多。

过滤机设置的根本原则始终是从“粗到细”排列，随着过滤精度的提高，过滤流量会越来越低，所以过滤面积应越来越大。

硅藻土过滤机占主导过滤地位，不过其澄清程度以及必要性却千差万别。

现在除对啤酒进行热处理外，在许多国家无需热处理、采用膜过滤机和除菌过滤机进行冷无菌过滤生产而成的纯生啤酒越来越流行。

（4）清酒罐　过滤后的啤酒

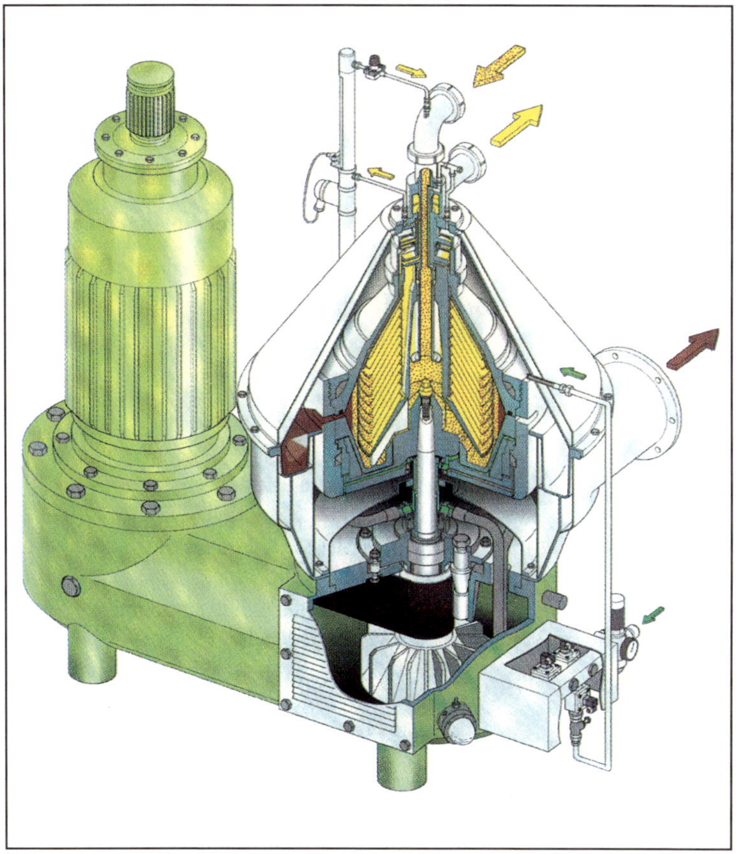

图4.92a 离心机
用于啤酒预澄清
（Westfalia离心机股份公司，Oelde）

进入到作为灌装缓冲罐的清酒罐中，并在清酒罐中最多储藏3d。清酒罐是过滤机和灌装机之间的缓冲容器。清酒罐大多为直立的镍铬钢罐，里面没有任何部件。整个清酒间都被冷却到0~2℃。现在的清酒罐通常装有保温层。

清酒罐的清洗采用CIP完成，对罐壁和出口处的粗糙度要求最高。

必须尽可能地避免任何形式的氧气摄入（脱氧水引酒，清酒罐用纯净的CO_2压空并从底部备压）。

4.6.4 口味稳定性

即使是对啤酒进行过生物和胶体稳定性方面的处理，啤酒的口味仍旧会随时间而变差：即出现口味老化。老化过程可能在短时间内被觉察，不过也可能在几个月后。

4.6.4.1 老化羰基

在可能导致形成老化产物的反应中，氧化过程的影响是最严重的。根据吸氧时间和吸氧量的不同而形成不同形式的老化物，在此过程中产生的大多数老化物质都是口味阈值极其低的羰基。羰基（醛）是醇的氧化产物，含有一个CHO基，重要的羰基老化物有：

- 2-甲基丙醛
- 2-甲基丁醛
- 3-甲基丁醛
- 苯乙醛

它们：

- 主要通过高级醇的氧化而形成
- 在生产时间长的啤酒中产生严重的添加剂味
- 具有一种面包味

很多这样的羰基化合物会单独并相互形成不同的口味差别，这些口味可再次消失或被其它口味所覆盖。它们通过不同物质而形成，并表现出一种口味印象：

口味印象	形成原因	味阈值
醋栗味	氧气吸入	5ng/L
纸板味	脂肪分解	0.1～0.3μg/L
面包味	美拉德产物	
麦芽似的甜味	斯特雷克尔分解和高级醇的氧化	
雪利酒味	美拉德产物	

氧负荷严重时，醋栗味很短几天后便会出现，比如通过3-巯基-3-甲基丁基甲酸盐（其形成途径还不清楚）这种香味物质而产生。

老化羰基和其前驱物不仅仅是在灌装后的啤酒中才开始形成，早在制麦和酿造的过程中便已出现。它们主要通过：

- 不饱和脂肪酸的自氧化
- 不饱和脂肪酸的酶解
- 高级醇的氧化
- 美拉德反应
- 异葎草酮的氧化分解

以及其它途径形成。

形成羰基化合物的这些基础物质中出现最多的是：

- 不饱和脂肪酸
- 美拉德产物

由大麦中带入的脂肪酸和甘油一起形成脂肪（见1.1.4.3）。一部分脂肪酸在制麦和糖化时通过脂肪酶被分解。在低温和高pH的条件下脂肪氧化酶便开始分解脂肪酸（见3.2.1.6）。

脂肪酸氧化形成羰基化合物的前驱体，该过程中不饱和脂肪酸的反应尤为强烈，很快生成一种最终导致基链（Radikalketten）反应的过氧基团（Peroxyradikals）。

此外也不能忽视，作为细胞膜主要组成成分的脂肪酸，尤其是不饱和脂肪酸对发酵过程中细胞物质的形成有着很大影响（见1.4.1）。

特别是在麦芽干燥和麦汁煮沸过程形成的美拉德产物对老化口味的出现影响很大。前驱体（氨基酸）的形成以及干燥、麦汁煮沸时和煮沸后的总热负荷（见2.5.1.3）在此起重要作用。

制麦时已经形成了相当一部分的美拉德反应产物，以后也不会再减少，所以人们必须注意，啤酒质量的一个重要部分早在啤酒生产前就已确定了。

老化羰基不仅口味阈值低，且在灌装后的啤酒中其含量会有所增加。下表试验得出的结果显示，这些老化组分的含量在一定范围内仍在升高[106]。

组分	新鲜啤酒/(μg/L)	老化啤酒/(μg/L)
2-甲基丁醛	60	180
3-甲基丁醛	20	110
3-甲基丁醛-2-酮	16	110
苯乙醛	45	250
苯醛	4	259
2-糠醛	40	3000
γ-壬基乳酮	60	150

啤酒从灌装到被饮用的时间为几周或几个月，人们感兴趣的是如何提前预测其口味稳定性，从而在工艺上采取一些改善措施。

对啤酒进行强制老化的试验方法现在能在短时间内得出啤酒中自由基的反应情况。

氧气因此是啤酒的天敌！

因为氧气是形成老化羰基或其前驱体的催化剂，从啤酒生产开始到啤酒灌装的全过程中必须始终杜绝氧气，不过还须注意到，许多物质转化在无氧条件下也能完成。

4.6.4.2 提高口味稳定性的措施

杜绝所有不利的因素以及改善所有有利因素是提高口味稳定性的必要措施。

提高口味稳定性的措施有[151, 183]：

（1）制麦时：

- 使用蛋白质溶解度趋势低的大麦品种
- 低浸泡度
- 发芽3d后开始减少通氧
- 蛋白质溶解度控制在41%以下
- 长时间低温凋萎（30～40℃）
- 干燥时的热负荷小（84℃5h～90℃3h）
- 麦芽的硫代巴比妥酸值（TBZ）低于14

（2）糖化时：

- 增湿粉碎（采用较高的增湿温度）
- 投料绞龙彻底排氧，混合均匀
- 在60～62℃下高温无氧投料
- 醪液的pH<5.4，采用生物酸化将pH调到5.2
- 轻柔无损伤的糖化，避免剪切力
- 搅拌器的搅拌速度可随意调节，醪液泵可变频控制
- 糖化时避免氧气进入，或采用氮气排空
- 采用底部进醪的无氧工作方式
- 管道中无紧缩弯头，无氧气进入
- 醪液从底部进入过滤槽

（3）麦汁过滤和煮沸时：

- 麦汁/麦糟以及水/麦糟的接触时间短
- 底部进入，避免氧化过程
- 降低煮沸前和煮沸后的热负荷
- 蒸发出DMS和其它芳香物质
- 在回旋沉淀槽中的热停留时间<30min

（4）啤酒发酵和后熟时

- 理想的麦汁和酵母通风
- 酵母工艺、回收酵母的处理和酵母扩培理想
- 理想的酵母管理对口味稳定性有积极影响
- 迅速和彻底分离沉淀在锥形发酵罐底部的酵母

- 低的储酒温度以及适宜的储藏时间
- 从啤酒过滤开始直到灌装过程中杜绝氧气
- 啤酒瓶/易拉罐中的总氧含量<0.15mg/L

与此相关的技术措施在所属章节中已经作过描述。

为防止氧化，在有些无《纯酿法》规定的国家里人们添加抗坏血酸或其它抗氧化剂。不过添加这些还原剂使羰基化合物增多，所以抗坏血酸也只能在一定程度上提高保存期。

4.6.4.3　过滤和灌装时避免吸氧的措施

防止从发酵罐出口经过滤机、清酒罐直到啤酒灌装过程中的吸氧可从如下方面进行考虑：

- 发酵罐出口处的啤酒氧含量为0.00～0.01mg/L
- 到灌酒机进口时的最高吸氧量为0.01～0.02mg/L

可能的吸氧途径为[152]：

- 用于发酵罐压空的备压气体
- 过滤助剂和过滤设备
- 过滤时的酒头和酒尾
- 啤酒充CO_2
- 清酒罐进罐和排空用备压气体的组成
- 泵的轴封
- 管道、皮管和附件
- 泵或瞬时杀菌机等设备
- 所有的不密封部位会吸氧

4.6.4.4　排除容器和管道中氧气的措施

防止及减少吸氧的措施将在相关章节中介绍，这里着重提到的是对空容器和空管道进行备压的措施：

通常情况下，先在容器中注满水，然后采用CO_2从上往下压空水。因为水中含有大量溶解的氧气，其中一部分会再次溶入到CO_2中而使罐内的氧含量提高，所以人们在此之前必须采取以下方法对水进行脱氧处理（见1.3.5.5）：

- 汽提脱氧（CO_2洗涤）
- 热脱氧
- 空心纤维膜
- 真空脱氧
- 还原剂（催化作用）

即使是对这部分水进行再利用，对水的脱氧处理还是会提高成本。此外脱氧水罐必须采用CO_2备压。

除去管道、附件、弯头和活动弯管中的氧气也会有明显的难度，因为在某些部位中能带入空气，并导致啤酒吸氧。活动弯管便是一个典型的例子，每次安装时都不可避免地带入空气，此时的排空可借助排气阀完成。

比较困难的是那些不断垂直改变其流动方向或连接有平行长管段的管道的排空。通过过流虽然可能顶出空气气泡，但水耗却相当高，而且还得使用脱氧水。

采用CO_2对管道和容器进行排空也是一种可行方式，氧气借助其和CO_2之间的高静压差而较快被压出，管道再立刻用CO_2备压。同使用脱氧水法相比这种方式要经济些。

CO_2的纯度也很重要。今天99.97%（体积分数）的CO_2纯度已不再能满足人们的要求[153]，因为在这一纯度下仍会导致高的吸氧量，CO_2纯度现要求为99.998%（体积分数）。

4.6.4.5 啤酒灌装后避免口味稳定性下降的措施

啤酒尤其在灌装后会遇到一些不利于口味稳定性的影响，对此啤酒厂通常只能进行间接改善。

- 销售时的高温存放有损啤酒的口味
- 不断振荡的结果同上
- 光照导致啤酒形成不舒适的日光臭味。在光照作用下，异α-酸的侧链经过中间产物裂解为带来臭味的硫醇（硫醇是-OH被-SH替换掉的酒精，量很少就能带来可觉察到的不舒适口味）

在350～500nm波长的光线诱导下，异α-酸侧链完成裂解。这也是为什么啤酒通常灌装在一定程度上能抵抗这种转化过程的棕色玻璃瓶中的原因（图5.1）。绿色玻璃瓶对光线的阻挡作用不如棕色瓶，如出于销售的原因，将啤酒灌装在绿色或其它颜色的玻璃瓶中，则必须采用适宜的外包装来抵抗光照。

太阳光对啤酒的破坏作用强于灯光，所以啤酒运输和销售者必须认识到这一点，不要将啤酒直接放置在日光下。长时间的人造光照射也会破坏啤酒口味。

最近出于广告效应有些啤酒厂采用透明的白色瓶灌装啤酒，为了避免质量损失，生产此类啤酒时应：

——不添加酒花，或仅添加少量酒花

——或添加四氢异构化的酒花浸膏（见1.2.7.2.6）

啤酒的口味稳定性是啤酒厂得到顾客认可并赢得新顾客的关键因素，所有员工都应该为保持啤酒的口味稳定性而努力。

不过重要的是，啤酒厂的负责人始终应清楚自己最近销往不同销售点的啤酒的质量如何。顾客是上帝！他们的判断来自出售啤酒的质量，而不以其它因素为转移。

原则上新鲜啤酒的口感始终最好！

在许多国家，商标上要求标明的最低保存期限对啤酒质量毫无说服力，稳定化处理可使啤酒无限度地清亮。对啤酒厂和顾客而言十分重要的是能保证啤酒新鲜、口感好的灌装。当然灌装日期和啤酒口味新鲜之间的联系还应该让消费者们了解。

> 啤酒的口味稳定性是得到老顾客认可和赢得新顾客的重要条件。所以，从糖化到灌装过程中，必须严防吸氧并重视其它因素。即便是做后勤工作的员工也应了解导致啤酒口味退化的因素。

认真记录自产啤酒的口味多长时间发生退化同样十分重要。如果我们一直品尝自己生产的新鲜啤酒将无法体会到这一点，而我们的顾客喝到的却是已经存放过一段时间的啤酒。若我们一味夸奖自己的啤酒，而顾客却只能饮用老化后的啤酒，由此对我们的啤酒提出不同的品评看法就不难理解了。（关于品酒见7.4.1）

4.7 啤酒充二氧化碳

正常生产的啤酒直到灌瓶时均保

持有一定的CO_2含量。但CO_2的含量可能由于低压和高温处理而下降，因此必须在啤酒灌装前调整其CO_2的含量。

在啤酒生产过程中连接一台充CO_2设备，将损失的CO_2添加至啤酒中，这一过程被称为充CO_2。

CO_2在设备中（图4.93和图4.93a）被喷射并在紧接着的反应区溶解到啤酒中。反应区多为长形弯管，原理和麦汁充氧一样：

- CO_2必须尽可能喷射得很细且必须能溶解于啤酒中
- CO_2的溶解开始为松散式，它和啤酒中的胶体颗粒稳定地结合在一起需要一段时间

充CO_2设备上必须安装一个压力调节阀，因为清酒罐进酒过程中的静压总在改变。

出于对啤酒质量原因的考虑，必须注意CO_2的纯度，因为纯度不够时可能带入的氧气将造成很大危害。充CO_2设备后面不再连接过滤机，因此应严格注意设备的清洁。从这点出发，CO_2的通入方式显得特别重要：喷射设备要容易清洗；不允许使用不能绝对保证卫生的设备，如烧结材料制成的烛

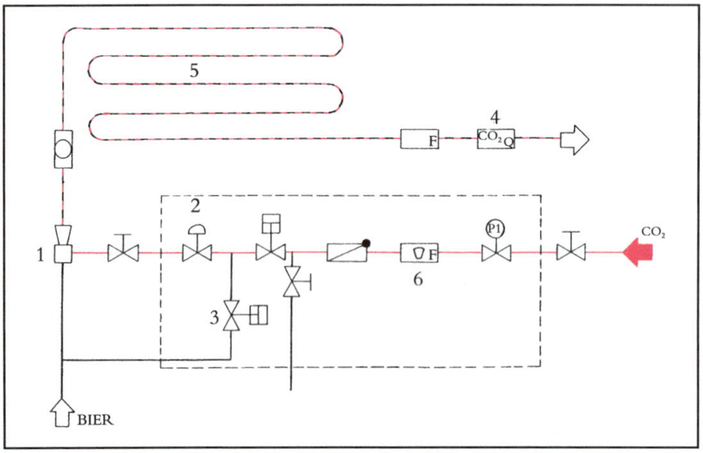

图4.93　充CO_2设备示意图
1–喷嘴
2–CO_2调节阀
3–CIP阀门
4–CO_2传感器
5–溶解段（静止混合器）
6–CO_2计量器

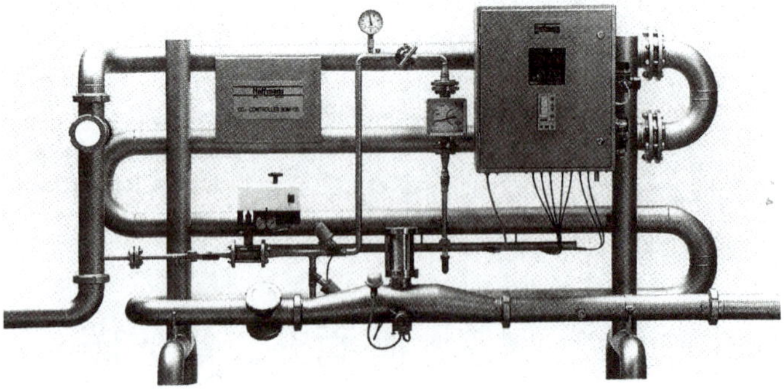

图4.93a　充CO_2设备（荷兰Haffmans有限公司Venlo，NL）

棒或类似设备，否则改善了啤酒的杀口性，却降低了其保存期。

如果可能的话，应尽量不充CO_2。

4.8 特殊啤酒酿造工艺

属于此类的有：

- 高浓稀释工艺
- 冰啤酒工艺
- 无醇啤酒工艺

4.8.1 高浓稀释工艺

糖化时生产高浓度的麦汁，在发酵前或发酵后用水将其稀释至所希望的啤酒浓度的工艺称为高浓稀释。

采用该种工艺的原因是以此来提高糖化车间过低的生产能力，后期在低温状态下用于稀释的水量无需加热和煮沸，明显降低了成本。粗略计算如下：

一啤酒厂的打出麦汁浓度为11%，打出量为30000L，煮沸锅中的浸出物含量约为3300kg（300×11）。现决定生产15%的打出麦汁，打出麦汁量为22000L时就相当于含有3300kg的浸出物，这样一来必须加热、煮沸和冷却的量便始终会比前面少8000L（26.7%）。

浓度即使只提高到13%或14%，也能获得明显的节约。

提高打出麦汁的浓度自然也会使头道麦汁浓度相应提高，一般比打出麦汁高4%～6%，因为还需要足够的水用于洗糟。

如果头道麦汁浓度为19%～20%，则大致的数据为：

100kg投料量+3hL投料水=20%的头道麦汁。

生产全麦芽啤酒时通常没有问题。添加辅料需在糊化锅中进行预处理。辅料添加的比例较大时，剧烈膨胀后的大米在糊化时特别容易出现严重问题。如果人们很快将大米加热到很高温度，并且在糊化开始时错过了利用部分糖化醪让黏稠的糊化物进行液化的话，大米可能会煮糊，甚至使搅拌器无法工作，因为糊化醪的黏度太高了。在这种情况下，必须非常谨慎，通过尝试以找出头道麦汁浓度的提高可能性。

在有些国家，人们通过添加糖、蔗糖糖浆或淀粉糖浆便能简单地提高浸出物含量。蔗糖提供的纯粹为可发酵性的糖，由此提高了啤酒的最终发酵度，这点在制订糖化工艺时必须考虑到（比如跳跃式的糖化工艺）。使用淀粉糖浆时可发酵性糖的含量会被标出。

糖浆因为无需分解，所以仅在煮沸结束前10min添加在煮沸锅中。

当然最好是添加麦芽浸出物。麦汁真空浓缩后成为麦芽浸出物，并以黏稠状液体形式出售，其组成和麦汁相同（见3.36）。

不过只有当麦芽浸出物的价格低到比节能所带来的利润高时，使用麦芽浸出物才有意义。

与过滤槽相比，采用新一代的麦汁压滤机更容易过滤高浓度麦汁。高浓度的头道麦汁以及较大的麦糟体积同样也是新式过滤槽的影响因素。

重要的是赢得更多的洗糟时间，以保证洗糟残水中的浸出物含量低，出于质量和时间的原因最好不要重新利用洗糟残水。

高的麦汁黏度，大量的凝固物和酒花糟导致高浓度麦汁的回旋沉淀效果变差。回旋的过程和正常浓度的麦汁相同。

如今通常在发酵前、主发酵后或啤酒过滤后添加冷水稀释。

发酵前加水稀释，发酵过程正常进行，无需担心任何问题。

主发酵后稀释在锥形大罐中进行，泡盖消失后空出的空容正好可用来加水，因此罐子可以全部利用。

在啤酒过滤前或过滤后稀释时应注意保证啤酒的质量。

发酵前的加水稀释一般在薄板冷却器中完成，而且水温和麦汁相同。为保证混合均匀，稀释必须控制在麦汁冷却全过程中完成。如果将预先计算好的稀释水量打入到一个已装有麦汁的大罐中，是不可能稀释均匀的。

添加在发酵前的稀释水应软化并保证绝对的无菌。无需脱氧，因为酵母在很短时间后就会消耗掉这些水中含有的氧气。

高浓麦汁发酵后稀释也很普遍，这种方式虽然不会节约能源，但会因节省罐容而降低成本。

高浓麦汁发酵时间长，发酵副产物形成多，尤其是酯和高级醇。如果无法加速发酵以及改善酵母的增殖情况，稀释后的啤酒中就会含有较高的酯含量。改善的措施如下：

- 提高酵母的添加量
- 改善酵母的通氧情况，推荐量为：1mgO_2/1%原麦汁浓度
- 借助静止混合器或其它通风装置来加强通风
- 满罐几个小时后排放冷凝固物并试着通过通风将底部的酵母带到上面
- 酵母回收尽可能快并在通风后重新用于接种。应及时扩培新鲜酵母，此外应使用发酵副产物形成少的酵母并添加对酵母有促进作用的盐

通常情况下，高浓度麦汁高温发酵时会形成更多的发酵副产物。

原麦汁浓度的界限值为14.5%～15%，超过这一数值的成品啤酒中会明显觉察出副产物。

发酵后添加稀释水要么在啤酒过滤前，要么在啤酒过滤后完成（图4.94）。这是整个过程中最复杂的工序，因为稀释水必须符合很多要求：

- 符合啤酒相应的化学组成（pH，盐含量）
- 冷却到-1℃
- 完全脱氧（真空，CO_2洗涤）

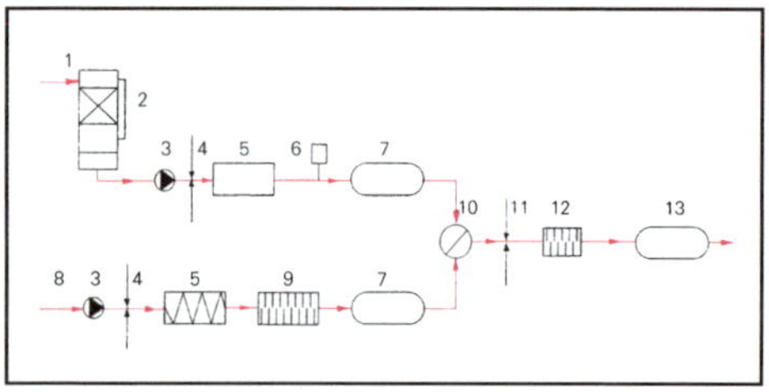

图4.94　高浓稀释生产啤酒
1-酿造水　2-抽真空设备　3-泵
4-CO_2添加　5-板式热交换器　6-测氧仪
7-缓冲罐　8-来自清酒罐的啤酒
9-烛式过滤机　10-合流处　11-CO_2和原浓测量
12-颗粒捕捉器　13-缓冲罐

- 调整到啤酒的CO_2含量（充CO_2）
- 在啤酒流入或流出过滤机的全程中添加，酒头和酒尾中也要添加。后期不再可能调整

添加稀释水时要求复杂的监控和测量装置，对此必需的投资仅对大型啤酒厂而言是值得的。

高浓稀释工艺生产的啤酒的原麦汁浓度不超过14.5%～15%时，其口味与正常浓度的啤酒几乎没有区别。

通常泡沫性能在稀释后会变差，同稀释程度成正比。前面已经介绍过，啤酒的苦味可通过添加异构化的酒花浸膏或酒花油进行调整。这种添加是《纯酿法》所不允许的。

4.8.2 冰啤生产工艺

众所周知，水在0℃时结冰，啤酒的冰点在此温度以下，取决于浸出物含量和酒精度。

原麦汁浓度11.5%；

酒精含量4.6%（体积分数）；

冰点为−2.3℃；

原麦汁浓度15.5%；

酒精含量6.0%（体积分数）；

冰点为−2.9℃。

啤酒的结冰并不均匀，也就是说啤酒中的水首先开始结冰。当温度降到0℃以下时，温度最低区域的水结成冰析出，此外一些低温下不溶解的组成部分，尤其是多酚和蛋白质也会结冰，而酒精和其它的浸出物则会浓缩。

以前啤酒酿造者们非常喜欢酿制“烈性冰啤酒”。冬天，人们将一桶（尽可能为金属桶）烈性啤酒置于盛有盐水的容器中放在户外，这样一来在桶内壁上就会形成越来越厚的冰层，而桶内啤酒的浓度则会升高，啤酒越来越浑浊。未控制的高酒精浓度、舒适柔和的口味使得烈性冰啤酒成为一种特别的饮料。

当然这种生产方式是绝对不适合于进行冰啤生产的。首先人们必须避免形成的冰在一个部位沉积并进而影响生产。

所以在啤酒冷却及形成大的冰晶期间，必须让啤酒不停地运动。在这种情况下，冷却的啤酒中首先形成小的冰晶，它们通过适当的运动附着到大冰晶上并越来越大，以便其滤出或通过离心力进行分离。

结冰后啤酒的酒精度始终会比结冰前高，接下来人们添加脱氧、充过CO_2的水将其稀释到所希望的冰啤酒精度。生产冰啤的啤酒厂会准确标出其酒精度，该结果往往略高于其结冰前。

冰啤酒的口味因除去了部分多酚和蛋白质而显得柔和而丰满，泡沫和稳定性通常也比结冰前的啤酒好些。

冰啤的称谓源自其生产方式，与饮用温度无关。

图4.95所示为冰啤生产设备的工作原理：发酵终了的啤酒通过一台啤酒冷却器冷却后离心分离出酵母，然后进一步深度冷却并经三个传热器进行泵送，传热器中的啤酒温度降到−4℃，在此过程中将形成小的冰晶体。在接下来的分离器中啤酒进行机械运动，温度很低的小冰晶聚积到原有的较大冰晶上，成为可被过滤的大小。在分离器中始终含有一定量的这

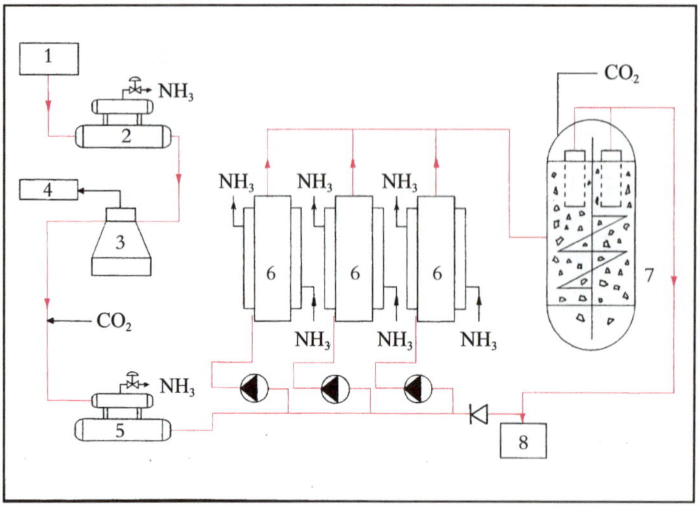

图4.95 冰啤酒生产过程（Labatt/Niro公司）
1—来自发酵罐/后熟罐的啤酒
2—啤酒冷却器
3—离心机
4—酵母
5—啤酒冷却器
6—啤酒深度冷却器
7—冰晶分离器
8—灌酒机

种冰晶。现在人们通过过滤和离心来分离冰晶，高酒精含量的啤酒在加CO_2水稀释至确定的酒精度之前先被泵入到储存罐中。

生产冰啤酒的主要优点是可明显改善啤酒质量，提高到所期望的酒精度以及可采用高浓稀释，不过工艺很繁琐，只有在能获得较高的利润时这种生产方式才有意义。

4.8.3 无醇啤酒生产工艺

生产无醇或低醇啤酒的原因如下：

- 更多人追求健康的生活方式，尽量不摄入酒精
- 即使司机亦可饮用无醇啤酒而不用担心不利影响
- 因宗教原因而禁止喝酒

啤酒中的酒精可完全或部分除去。不同国家对此的法律也各不相同。

除醇的方法很多，常用的方法可以归纳为三类：

- 膜分离方法
- 热处理方法
- 终止酒精生成

上述的三种方法各有其优缺点，下面分别进行描述。

4.8.3.1 膜分离方法

膜分离方法，是使啤酒流过棉纤维或醋酸纤维素制成的薄膜达到除醇的目的。使用这种方法除醇又可利用不同的物理效应。

4.8.3.1.1 反渗透

反渗透是渗透的逆过程。什么是渗透？可通过下述想象的试验加以模拟：

一种容器中间被一层壁分隔，底部留有开口，我们用一张孔径小得只能让纯水通过的膜将开口封住。这种孔径小得只允许一定大小的分子渗透的膜，我们称之为半渗透膜。

往容器内注入一半水，使膜两边的水位达到一致（图4.96）。现在往左边加入一些盐，让其溶解。盐分子具有溶解于更多水中的强烈趋势，而因为盐分子太大，不能通过膜，所以水会反向渗透过来，直至两部分中溶

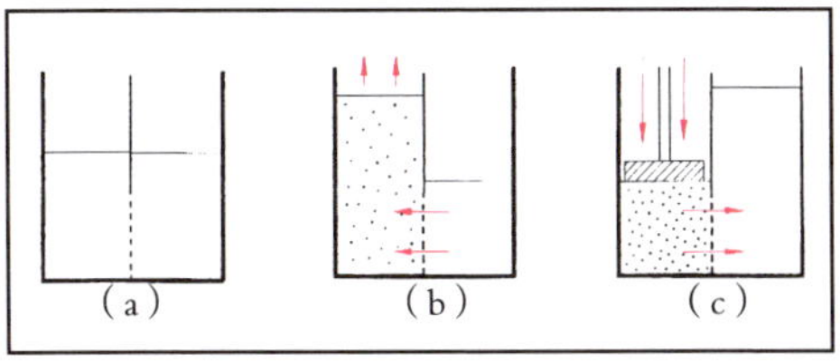

图4.96　渗透/反渗透
（a）平衡状态（b）渗透（c）反渗透

解物质的浓度达到一致为止。在此过程中产生的静压，亦即达到静止状态时水柱高度所产生的液体压力，被称为水分子和由于流体静压而渗透出来的水分子之间的渗透压（=平衡压）。

这一过程即是著名的渗透过程。所有生命体，比如酵母体内的生命活动均是通过渗透过程来调节的。

若给容器左边加上压力，克服渗透压将纯水压至右边（c），则此过程为反向渗透，简称反渗透。

（1）反渗透除醇原理　用反渗透方法除醇时，啤酒（图4.97；1）成批或连续地被泵入分离单元中，水和酒精克服自然渗透压穿过渗透膜2。所有较大的分子，如口味和香味物质，停留在啤酒中。因为水被带走，所以要不停地补充经除气和除盐的纯净水，这样酒精含量便不断下降。高压会导致温度上升，所以设备必须冷却，以免啤酒的温度超过15℃。

膜被沿切线方向进入的啤酒充满，借助在此过程中产生的剪切力使膜表面保持通畅。这种方法被称为横流过滤或错流过滤（见4.5.2.6）。

由膜分离出来的水和酒精混合物被称为渗析液5，其酒精含量为1.5%～1.8%，低酒精含量说明没有增加酒精。渗析液可以重新用于洗糟。

（2）反渗透设备　反渗透设备包括一个装有待除醇啤酒的清酒罐1（图4.98），高压泵2将啤酒压力提高至约4000kPa，循环泵3保证膜在很高速度下被注满而不致受损。一限压阀保证恒定的压力。

过滤单元4是设备中最大、最重要、也是最昂贵的部分。这种通常由醋酸纤维素制成的膜其过滤效率为50～80L/（$m^2 \cdot h$）。相应的膜面积大小必须按照此工作效率来计算。往往膜的费用是造成设备价格上涨的主要

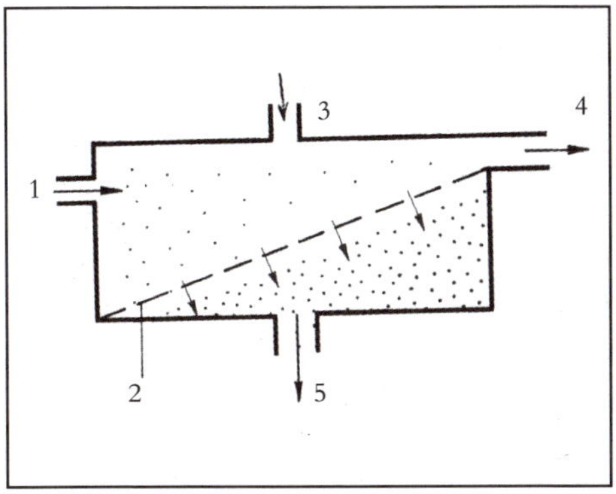

图4.97　反渗透的原理
1-未滤液流进　2-膜　3-添加水
4-除醇后的啤酒　5-稀释的酒精溶液

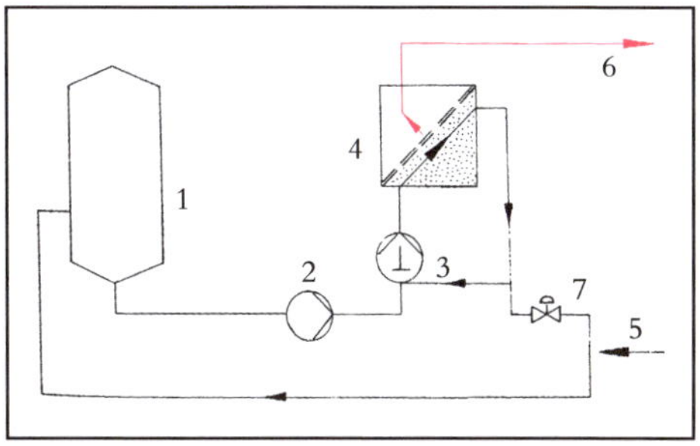

图4.98　反渗透设备（间断性）
1-清酒罐　2-高压泵　3-循环泵
4-过滤单元　5-添加二次过滤水
6-渗析液　7-限压阀

原因。一台带18个处理单元的设备每小时可以生产约2500L无醇啤酒。

分离出酒精和水混合物（渗析液）后，原啤酒减少的量由二次过滤水来补充5，否则浓度会升高。循环一直进行到达到除醇效果为止。

水除盐设备是必需的附加装置。水也必须除气，以避免具有不利影响的氧气被带入啤酒。这也包括在储存除盐除气水时，只能用CO_2作为备压气体，否则又会有氧扩散至啤酒中。

膜的清洗对其效率具有明显影响。清洗时必须将膜上所有的沉积物除掉，以保证通孔道畅通。清洗方法和清洗剂取决于膜的类型。不正确的处理会改变膜的孔径，导致昂贵的膜的损坏。

（3）反渗透的过程[37] 如前所述，高压泵和循环泵将啤酒导入过滤单元中，这些过滤单元一般六个作为一组。除醇后的啤酒通过一减压阀，将从过滤单元出来约4000kPa的压力减除，然后重新回到清酒罐内。在此过程中不补充水。

除醇过程有三个阶段：

- 浓缩阶段
- 二次过滤阶段
- 补充阶段

浓缩阶段：每hL啤酒经过过滤后产生约2.2L渗析液，因此啤酒中的酒精含量和浓度会升高（图4.99）。达到一定浓度后，啤酒中的内容物，特别是β-葡聚糖会影响膜的通透性，也就是说，浓缩只能进行到一定程度。

二次过滤阶段：在二次过滤阶段，用完全除盐水补充啤酒中被分离的渗析液，直到浓缩液中达到要求的酒精含量为止。

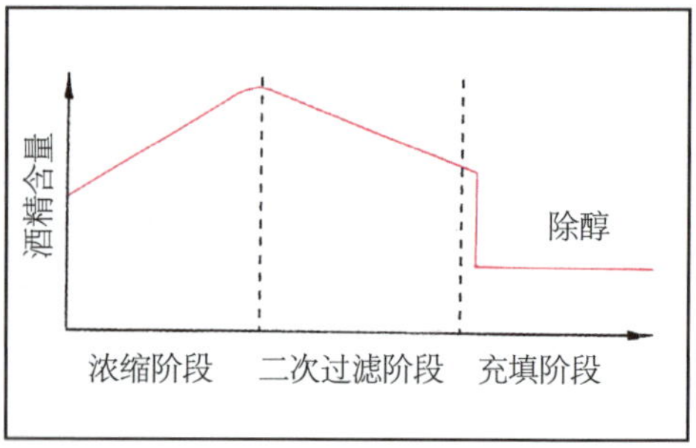

图4.99　反渗透工艺的除醇过程

补充阶段：浓缩液用水补充至原来的啤酒量，酒精含量也降至0.5%以下。同时还需要给啤酒补充CO_2，因为通过反渗透和补充水，啤酒中仅含有很少量的CO_2。

4.8.3.1.2　渗析法

渗析法的膜由薄壁空心纤维制成，纤维最细部分的直径为50～200μm，所以形成的孔径很小。在一个膜块中有上千个这样细小的膜成束安装在一起，膜两端密封。啤酒被均匀地压过这个膜，渗透液（或水）反向流过空心纤维，通过膜的细孔径完成物质交换（壁厚10～25μm）。

（1）原理

> 渗析法中，膜两边的溶解物质均尝试着和另一边达到平衡。也就是说，啤酒中的酒精也会转移至渗析液中，直至两边浓度一致。若将渗析液中的酒精除去，则另一边的酒精将一直向其渗透，直至达到平衡。若将此操作以反方向进行，则酒精会很快被去除。

如图4.100所示，酒精含量较高的啤酒是从右边进入。因为渗析液中此时含有较少的酒精，所以啤酒中的酒精会通过膜流入渗析液中，以达到平衡。啤酒越向左走，则酒精含量越低。因为逆向流动的渗析液中仅含有少量的酒精。当啤酒流入最左边时已几乎不含酒精，这样，在啤酒从右至左的流动过程中，几乎所有的酒精分子都被置换到在膜表面逆向流动的渗析液中。

啤酒中几乎不含酒精，但渗析液中含有大量酒精，这些酒精必须除去，以继续进行置换过程。渗析液中的酒精一般用连续真空蒸馏法缓慢除去。

与反渗透相比，渗析法明显更繁琐。但其分离温度低，处理过程中温度仅由1℃上升至6℃左右，所以对啤酒具有保护性。系统中啤酒这一边的过压约为50kPa，这是十分低的。

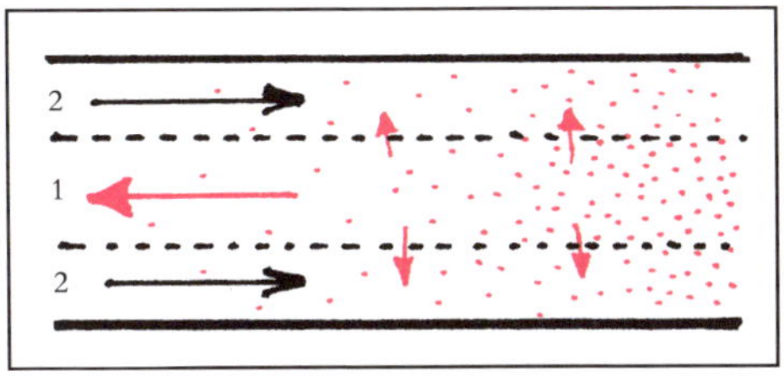

图4.100　渗析的原理
1–待除醇啤酒进入空心纤维的流动方向
2–渗析液的流动方向

（2）渗析法过程　设备（图4.101）的核心部分是渗透膜单元1、2，它们往往由空心纤维单元组成。通过膜上的细孔物质之间逆向进行交换。除醇后的啤酒紧接着经过板式换热器6冷却至1℃，回到清酒罐。

含有大量酒精的渗析液在精馏塔3中被除掉酒精，通过渗析液泵4调整温度后，再回到渗析单元中。

只有酒精能通过膜渗透这种说法只能在一定程度上说是正确的。实际上，啤酒在渗析时会损失掉许多挥发性发酵副产物，也包括CO_2[38]。这是因为在渗析除醇的同时，很大一部分其它挥发性物质也被除掉，特别是酯和高级醇。这样在渗析过程中，啤酒中的这些物质就会向渗析液中渗透，含量降低。有些酯的损失可达到65%。另一方面，渗析液中的物质也能转移至啤酒中。例如，精馏过程从

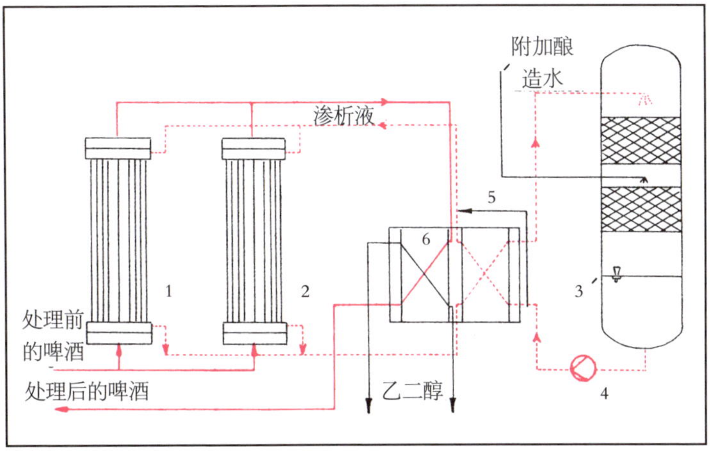

图4.101　渗析法工作流程
1、2–渗透膜单元
3–精馏塔
4–泵
5–温度调节
6–板式换热器

渗析液中分离出来的盐，在渗析过程中又会转移至啤酒中（钠离子，钙离子和硝酸盐）。

这一切表明，连续调整渗析液是非常重要的，而置换过程则是相当复杂的。其它分离酒精的方法也并不是单纯地除去酒精，因为其它挥发性的物质和酒精一样具有同样的反应。尽管如此，渗析法仍是德国常见的除醇方法。

4.8.3.2 热处理方法

热处理方法是通过加热将啤酒中的酒精分离出来。水在100kPa下的沸点是100℃，酒精的沸点为78.3℃，但水并不是在100℃才开始蒸发，而是在相对较低的温度下就已缓慢蒸发，这样酒精会在更低的温度下蒸发，利用这种方法可以进行分离。

常压下蒸发温度较高对啤酒口味不利。

> 众所周知，液体煮沸的温度与压力有关。若降低压力产生真空，则可使啤酒在较低的温度下蒸发除醇。因此，所有热处理除醇方法均在绝对压力为4～20kPa的真空内进行，可实现30～55℃的蒸发温度。高温对啤酒质量的不利影响此时取决于两个因素，即：
>
> - 蒸发温度
> - 加热和冷却之间的停留时间

所有使用的热处理方法都是由带不同构造热交换器的真空蒸馏设备组成。处理方法一般有以下几种：

- 落流蒸发器除醇（图4.102）
- 多级真空蒸馏（图4.103）
- 三级真空蒸发（图4.104）
- 高效离心蒸发除醇（图4.105）

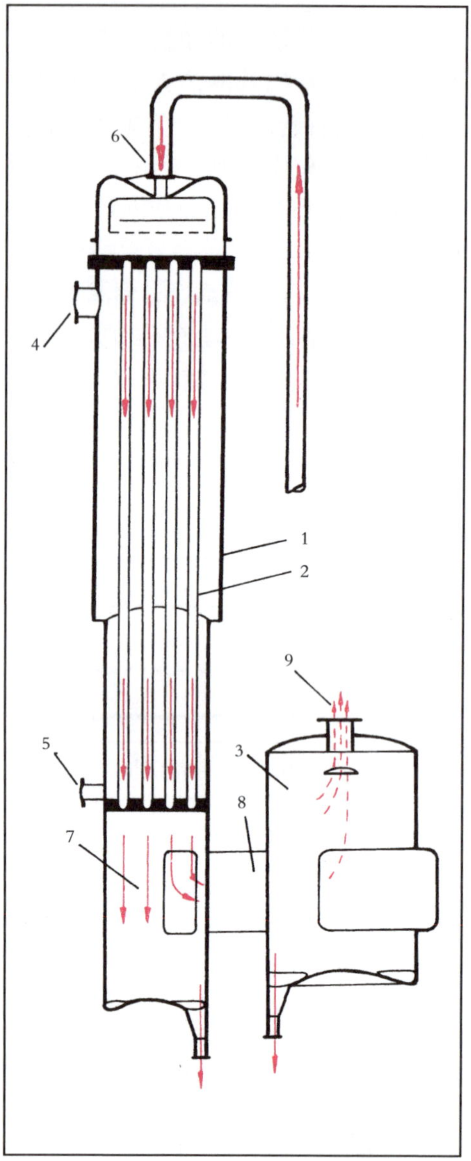

图4.102 落流蒸发器

1–蒸发柱 2–加热管 3–分离器
4–蒸汽进口 5–冷凝液出口 6– 啤酒进口
7–部分除醇啤酒的冷凝 8–过滤
9–含酒精蒸气排出口 10–除醇啤酒出口

4.8.3.2.1 落流蒸发器（图4.102）

落流蒸发器由一个内置加热器2和高4～5m的蒸发柱1构成。加热管将啤酒加热至最高45℃。酒精在落流过程中冷凝下来。已被去除部分酒精的啤酒又进入第二个落流蒸发器重新开始此过程，直至最后的酒精含量缓慢降至0.03%（体积分数）。

4.8.3.2.2 真空蒸馏（图4.103）

用这种方法时，啤酒经过板式换热器2被加热至45℃，再经过香味物质脱除装置短时减压后，啤酒中挥发性强的香味成分被蒸发出来，紧接着进入真空塔4中，啤酒在约40℃下除去酒精。酒精经喷雾冷凝器6冷凝下来并被排走。除醇后的啤酒通过板式换热器2被冷却到4～5℃，在后冷却器中被冷却到0～1℃并在复合罐中重新将前面蒸发出来的强挥发性香味物质添加到啤酒中去。

4.8.3.2.3 三级真空蒸发

此时的处理经过了三级加热和蒸发（图4.104），优点如下：

- 温差更小
- 通过换热板的热量更少
- 蒸发停留时间更短

构造和工作方式

一台三级蒸发设备由三套落流器—换热器和蒸发器组成（2、5、6）。

啤酒在换热器1中借助热除醇后的啤酒和热水被加热至30℃，热啤酒在第一级蒸发器2中继续被小心加热，酒精蒸气紧接着被收集到减压罐3中，并在冷凝喷雾器4中通过冷却过的冷凝水（-1℃）冷凝后排出。

仍含有大量酒精的啤酒进入下一个蒸发器5中，被加热至38～40℃，产生的含酒精蒸气被继续导入第三级蒸发器6中进行冷凝，此时进一步蒸发出酒精。三级处理结束后，酒精含量下降至0.3%～0.4%的啤酒，再流回至换热器1前冷却器和后冷却器中进行降温。

此设备应用广泛，生产能力可达

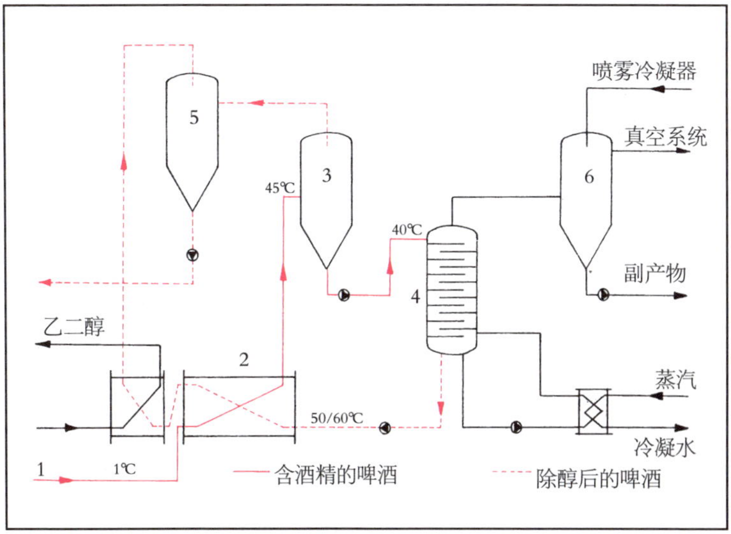

图4.103 真空蒸馏设备
1-啤酒进口
2-板式换热器
3-脱除香味物质的装置
4-真空塔
5-复合罐
6- 喷雾冷凝器

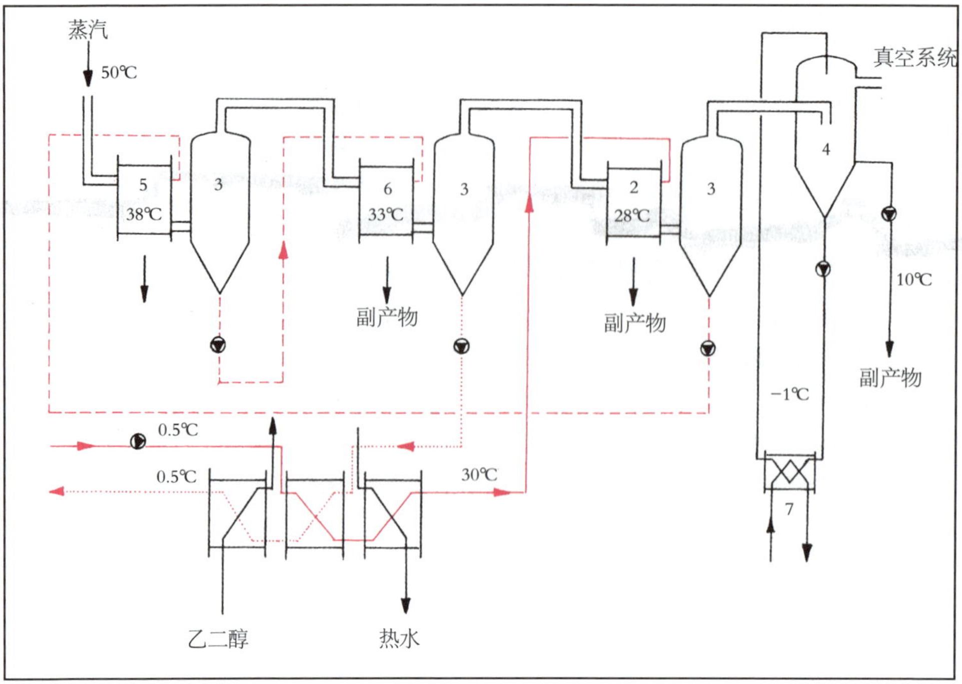

图4.104　三级真空蒸发设备
1-换热器　2-一级蒸发　3-减压罐　4-冷凝喷雾器　5-二级蒸发　6-三级蒸发　7-换热器

200hL/h。

4.8.3.2.4　高效离心蒸发器

另外一种除醇方法是将啤酒以薄层形式引入加热过的离心分离机碟室表面[42][43]。

在离心力的作用下，可将啤酒以薄层形式引入碟室之间，并在离心蒸发器的空心外壳内通入饱和蒸汽进行加热（见图4.105）。酒精蒸发溢出，并可以在除醇啤酒被甩至外围的时候，通过转动盘除掉。

此方法也是在真空下进行，温度30~34℃，以最大可能来保护产品。整个过程总共耗时不到10s，但是必须重复操作多次，因为这种方法不能将酒精含量马上降至0.5%以下。

膜处理或蒸发除醇后啤酒的口味

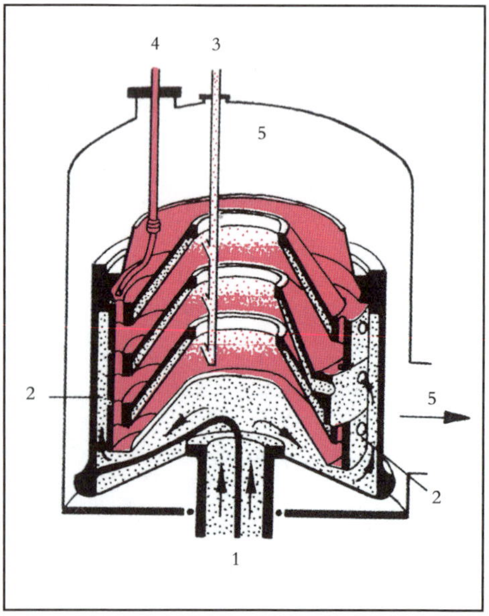

图4.105　离心蒸发器（离心热处理方法）
1-蒸汽进口及冷凝水排放口　2-加热离心机碟室的蒸汽进口　3-啤酒出口　4-部分除醇的啤酒出口 5-含酒精蒸气的去除

改变。

除醇啤酒喝起来和原来的啤酒不一样，有两个原因：

- 酒精本身对口味形成有影响
- 在除醇过程中，不仅仅是酒精，而且有许多挥发性香味物质同时被除去。特别是：
  - 高级醇
  - 酯，部分酯损失达到80%

为在一定程度上对口味进行补偿，一般将酒精含量降至0.30%（体积分数），然后按照允许达到0.5%（体积分数）酒精含量（对无醇啤酒）的前提添加高泡酒、嫩啤酒或储酒成熟啤酒。这样啤酒又会重新产生香味物质，对口味至少有部分补偿。从不同无醇啤酒的口味对比可以看出，并不是随时都能成功地做到这一点。

对于其它部分除醇的啤酒（淡爽啤酒、低热量啤酒），也有必要进一步降低酒精含量，以便可以与高泡酒、嫩啤酒或储酒成熟啤酒混合达到希望的酒精含量。

在除醇后的啤酒中加入部分其它啤酒，对改善无醇啤酒的口味和香味有益。例如：

- 加入过滤后啤酒会带来部分香味物质
- 加入高泡酒会带来较强的酵母香味

4.8.3.3　终止酒精生成

另外一种降低酒精含量的方法，是先不进行发酵，或在一定的时间将酒精发酵终止，以保持低的酒精含量。

问题是这种方法使口味没有明显地向啤酒转变，而是喝起来有似甜而稠的麦汁啤酒混合物的感觉。

为从一开始即去除这种麦汁特性，可采取以下有效措施[112]。

- 啤酒浓度应为7%～8%
- 投料时应添加8%～15%的浅色焦香麦芽（见2.9.10）
- 不能缩短煮沸时间，以挥发掉麦汁香味物质，特别是作为麦汁香味物质载体的碳酰化合物（乙醛）
- 选择好的酵母菌种，考虑副产物的形成
- 煮沸后的稀释非常重要
- 制成啤酒的pH十分重要。发酵度为10%时，相当于pH仅在约5.0或稍低，这会促进麦汁口味产生

终止酒精生成的方法有：

- 使用特种酵母发酵
- 酵母冷接触方法
- 酒精含量低于0.5%时终止发酵

应用固定化酵母

4.8.3.3.1　使用特种酵母发酵

最简单的方法是在发酵时，不使用普通啤酒酵母而使用*Saccharomyces ludwigii*酵母。它可发酵葡萄糖和果糖，但不能裂解和发酵麦芽糖。这样酒精含量可在0.5%以下，但是啤酒的糖含量高，喝起来较甜。

4.8.3.3.2　酵母–冷–接触方法[53]

使用这种方法时，麦汁和酵母在－2℃时被均匀混合。在这种条件

下酵母几乎不产生酒精，但还是会发挥其重要性来增加啤酒的香味，并除去麦汁口味。有机酸和酒花香味物质以及各种酯类也会增加。重要的是作为麦汁口味载体物质——碳酰化合物（乙醛）的含量必须降低。

使用酵母-冷-接触方法生产的啤酒，从分析和品尝口味角度来看具有优势。

4.8.3.3.3 酒精含量低于0.5%（体积分数）时终止发酵

啤酒的原麦汁浓度一般在9%～11%。煮沸时酒花添加较少，接种后，发酵仅进行到酒精含量为0.5%（外观发酵度约10%）结束。

可通过以下措施达到低的最终发酵度：

- 跳跃式糖化法
- 使用啤酒糟作为口味成分[12]

后一种方法将100kg麦芽和4L水配制成约15%的醪液，在40℃休止60～80min，然后倒至煮沸30min的糟醪液（100kg酒糟+200L洗糟残水）中，整个醪液升温至72℃（外观发酵度为60%）。糖化30～45min后加热至76℃，终止糖化。

发酵在8℃下进行至酒精含量低于0.5%（体积分数），然后进行以下操作：

- 离心分离酵母
- 过滤分离酵母
- 短时加热，以终止发酵过程

接下来啤酒需在0～1℃储藏至少10d，以避免产生让人讨厌的硫化物口味，然后过滤，充CO_2，稳定处理和灭菌。

4.8.3.3.4 应用固定化酵母发酵

酵母固定是指将其固定至一载体上（见4.4.9）。酵母细胞和适当载体材料之间的连接可以控制酵母中的酶活力，特别是在发酵时酵母的对数生长和静止阶段，这样一来就能形成或减少发酵副产物。

酵母被固定在载体材料上。但并不是每一酵母菌种都能做到这一点，因此选择合适的酵母，并考虑口味的形成是十分重要的。一旦酵母被固定就可以使用很长时间，被冲走的酵母细胞重新被新生细胞所代替。

在荷兰Lieshout的Bavaria啤酒厂，每年使用这种方法生产约8万吨无醇啤酒。1℃的麦汁在5～20h中缓慢流过上面附着有酵母的以颗粒状形式成型的固定柱。通过低温和调节流动速度可准确监控和调节酒精的形成过程。

在控制酒精形成的同时，发酵副产物和口味物质仍在继续生成。啤酒厂的报告指出，生物反应器无故障运行时间可达数月，没有生物泥的产生。此方法的其它优点有：

- 可更好地利用原料
- 无损失
- 无环保问题
- 起发快

此方法仍在不断改进，特别是有关改善啤酒的香味方面。

应用固定化酵母，可以精确控制发酵和后熟过程，为连续生产无醇啤酒提供了良好的基础。

4.9 发酵、成熟和过滤时的安全保护

4.9.1 二氧化碳危害

发酵时最大的危险源无疑是发酵产生的CO_2。我们已经知道（见4.3.1.2），发酵时会产生大量的CO_2。特别对于长期与传统设备和CO_2打交道的酿造工来讲，准确掌握关于CO_2作用、性质与特点的知识尤其重要。

CO_2无臭无味，比空气重1.5倍，因此聚集在容器和房间底部。

在运动的工作环境下，不仅仅是容器和房间的下部，而是到处都聚集有大量的CO_2。CO_2的存在降低了空气中人体呼吸所需的氧气含量，因此导致呼吸困难。当空气中CO_2的含量低于1%（体积分数）时，长期接触带来的危害并不会马上体现出来。因此，德国“工作安全指南ASI801/88”规定：

- 工作场所的最高CO_2浓度（MAK）为0.5%（体积分数）
- 每一班次60min内最多允许有3次达到规定为1%（体积分数）的CO_2瞬间值。不允许超过这一值

较高的CO_2浓度会导致下列结果：

- CO_2浓度为1%～2%（体积分数）时，身体在受负荷情况下会导致血相改变
- 若大量吸入CO_2超过2%（体积分数）的空气，会引起脑部血液流通问题，首先表现为视觉障碍（出现环和圈）
- 空气中更高的CO_2会导致人体心跳加快，带来头疼、眩晕、耳鸣等症状。当CO_2浓度达到8%～10%时，会使人失去知觉，最后导致死亡

啤酒厂众多死亡性事故几乎总是因为工人过高估计自身抵抗CO_2的能力所造成的。即使有的工人在CO_2中毒后幸存下来，也往往会留下后遗症。因此工人必须严格遵守有关进入容器前需除去CO_2的规定。

（1）进入容器前二氧化碳的去除

对于锥形罐，因为我们本来就要收集发酵产生的CO_2，并通过CO_2回收设备进行处理，以满足本厂进一步的需要，所以除去CO_2的问题实际上已得到解决。对于敞口式发酵池，CO_2溢出，必须从发酵车间底部排走。星期一早上开始工作时，必须注意此时CO_2的聚集量达到最高。使用大型发酵设备时还需用大功率风机来加强CO_2的自然流动。进入发酵池和后酵罐时，应遵守3.11.2中提到的在容器和狭小空间内工作的工作准则。因为这类容器中通风条件差，可能导致大量CO_2的聚集，因此必须注意以下几点：

- 进入发酵池或发酵罐前必须通过抽风或冲洗，将其中的CO_2浓度降低到MAK0.5%（体积分数），瞬时值1.0%（体积分数）以下
- 必须有确定了明确保护措施的许

可证
- 进入池内的工作人员必须事先定期接受有关安全事故的教育
- 必须有一个与进入罐内的人员保持联系的安全监督哨
- 必须指定一个监督员，负责检查安全措施的执行

（2）测量义务　根据危险品条例，使用敞口发酵池和后酵罐时还需承担测量义务。因为并不能完全避免向空气中排放工作场所的危险物。

以前的测量是将一支点燃的蜡烛放在发酵池底部，若蜡烛熄灭，则仍有CO_2存在。但是蜡烛在CO_2浓度为8%～10%时才熄灭，也就是说，这仍然是在十分危险的范围内，因此这种测量没有意义。

如今则使用气体探测仪器简短检测或连续测量CO_2的含量。

4.9.2　压力容器

通常规定：所有容器内液面上存在超过10kPa压力的容器均为压力容器，同时应遵守一定的规定。属于此类容器的有传统后酵罐和锥形发酵罐。由于其高度很高和装入的麦汁或啤酒量大，故对锥形罐有以下非常严格的要求：

（1）容器的开口　为了避免工人进入罐内时发生危险，每一个锥形罐的下面和上面均应有一个直径至少为450mm的开口。这些开口，包括锥底部分和最下面的开口都应该设计成当所有螺丝松开时，开口部分不会掉落下来的形式。上面的开口必须安装在弓形板下。若需从上面进入罐内，特别是在检查罐内壁的情况时，登高的人员必须使用腰带和绳索，不允许使用绳编梯子或靠梯。进入时可用下述特殊的工具：

- 升降装置
- 可使一名员工到达罐壁的设备

无论如何，工人进入罐前必须对罐子充分通风，在此过程中需遵守“在容器和狭小空间内工作的工作准则”。

（2）过压保护装置　锥形罐随时有可能出现过压。若不注意，将罐子装得太满，就会带来过压。最高液位探头的作用是：当液位达到最高液位时将泵关闭，从而避免过满。但是即使是在反压下满罐或压空也不可能完全避免过压的产生。

每个发酵罐应带有一个弹簧式或负重式限压阀（见4.4.2.1.2.1）。

（3）负压保护装置　常用的负压保护装置是真空阀，其重要性和工作方式已经在4.4.2.1.2.2中作了阐述。

（4）清洗和加热锥形罐的安全保护装置　发酵罐上的安全保护装置，在粘紧后可能导致不能正常工作。结冰，特别是露天式设计，均会给整个罐顶上的阀门的运行带来问题。因此必须注意：

- 将安全保护装置也纳入到CIP清洗的范围内
- 将安全保护装置进行良好的保温处理，必要时应对其进行加热

（5）罐顶的可通行性　应在不危险的情况下可以很轻松地够得到安装于罐顶弓形板上的部件。因此对于所

有的锥形罐，不管是在露天还是在室内，均在与弓型板高度平齐的位置上安装有操作台。

另外一个因素也决定了锥形罐必须遵守压力容器规定：氨水流入夹套时带有很高的压力。这一压力远远高于罐内压力。裂痕、焊接不好的地方等均可导致系统中的氨泄露，氨泄露一旦发生，将带来巨大的损害。因此大量使用氨水时必须严格监控。

4.9.3 硅藻土的使用

啤酒过滤已经离不开硅藻土。使用硅藻土时会产生不利于人体健康的硅凝胶粉末。

使用硅藻土时，人体通过呼吸道吸入硅凝胶粉末，其中大部分又从肺中被带出体外。而一小部分细小的粉末在肺部储存下来。肺中的吞噬细胞（巨噬细胞）能吸收这些异类物质并将其转变为无害物质。

> 随着时间的推移，这些细胞和吸入的粉尘最后会导致在呼吸道和肺部器官范围内形成硬结和变形，结果发展为矽肺和矽肺结核。

基于这些原因，对石英和含石英质粉尘行业规定了严格的MAK，硅藻土也属于其中。

为避免形成硅藻土粉尘，建议采取以下措施：

- 利用水射泵来吸走计量泵旁的粉尘
- 利用倒袋机在无尘状态下排空硅藻土袋
- 用绞龙压缩无尘排走空袋
- 戴呼吸保护器（带P2颗粒的过滤器）
- 硅藻土以罐车形式运输，以立仓形式储藏

长期在硅凝胶粉尘下工作的人员应定期找专业医生进行检查。

5 啤酒灌装

啤酒灌装最主要采用的容器是玻璃瓶子，其次是金属易拉罐（听），此外还部分采用Keg标准桶，聚会小型罐和其它小容器。

啤酒灌装过程从供应到成品需要一整套包装和输送系统。

5.1 可回收玻璃瓶的灌装

大部分啤酒的灌装采用可回收玻璃瓶，相比之下一次性玻璃瓶的用量很有限。PEN和 PET塑料瓶用于灌装啤酒呈上升趋势。

5.1.1 可回收玻璃瓶

5.1.1.1 玻璃瓶的优缺点

从各方面看，玻璃是较理想的饮料包装材料。它具有很多优点：

- 口味中性
- 阻气性好
- 耐热
- 不变形

但同时也带诸多缺点：

- 重量大（其自重可以与内容物相比拟）
- 易破碎，存在伤害危险性
- 废玻璃碎片处置有时会成问题

5.1.1.2 玻璃瓶的制造工艺

玻璃生产工艺过程是将各原料按一定比例混合并加热融化。各原料大致比例为：石英砂（SiO_2）73%，Na_2O 13%，CaO 10%，MgO 2%，$Al_2O_3$1.5%。此外还包括着色辅料如金属氧化物Fe_2O_3，Cr_2O_3等。

熔融状发着光的玻璃在瓶模中经过吹制即可制成玻璃瓶。模子决定瓶子的外型以及瓶口的形状。在瓶子充分冷却后，其内部成型情况及瓶壁厚度等还必须采用机器进行检验。

5.1.1.3 瓶子形状

在世界其它国家，瓶子的外型种类之多令人目不暇接。在德国以及整个欧洲地区数十年来一直沿用0.5L容量的欧式瓶。欧式1型瓶子的主体部分呈圆柱体，瓶子的整个外表面相互之间可直接接触，容易导致玻璃瓶表面磨损和标签损伤。鉴于此，后来又出现了欧洲2型瓶，这种瓶子在圆柱体上下部有环状凸起形成所谓“摩擦环”，很好地解决了商标损伤的问题。

自1990年以来，德国开始应用著名的0.5L NRW瓶（名称源于北莱因-威斯特法仑州）。该瓶重380g±20g，同样带有上下两个接触突缘。

5.1.1.4 瓶子颜色

波长在350~500nm的光线对啤酒

口味有副作用，原因是酒花中所含异α-酸的一个侧链断裂后变成更强的气味不佳的硫醇化合物而导致啤酒口味变差，产生所谓光照口味。光照强度越大，时间越长，不良口味越严重。

显然，总体上棕色瓶保护性最佳，但它也不能完全隔绝光线（见图5.1）。也就是说不能完全避免光照口味的形成。出于广告效应有时也采用绿色和无色瓶，在这种情况下必须特别做好遮光防护，直到啤酒被开瓶饮用为止。

光照口味可能在很短一段时间内逐渐形成，对啤酒质量的影响十分敏感。

有些时候瓶子颜色还受到流行趋势的左右而出现其它颜色，例如蓝色。但是需指出，蓝色对于光照的防护起不到任何积极作用。

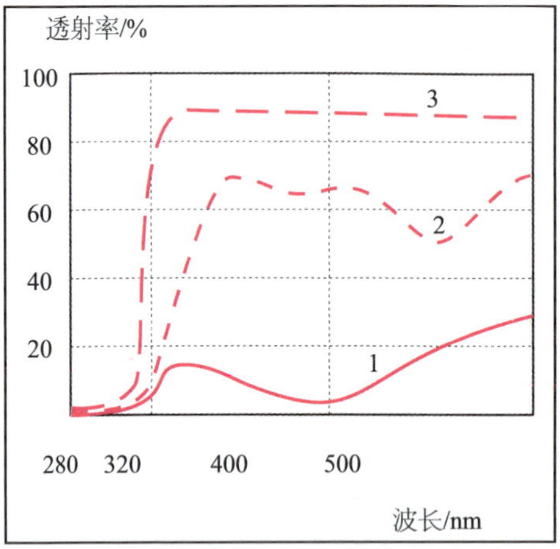

图5.1　不同波长的光线在不同颜色的瓶子时的透射率
1-棕色瓶　2-绿色瓶　3-无色瓶

5.1.1.5　瓶子表面改良

通过吹瓶机制造出的玻璃瓶表面较为粗糙，容易磨损和破碎，不能满足今天高速灌装设备的要求。所以在制瓶厂还须进行高-低温组合改良才能达到表面光滑的效果。高温改良在约600℃下完成，玻璃瓶表面的微坑经过金属氧化物（SnO，TiO）的处理而变得光亮耐磨，从而避免或减少日后加工过程中产生磨损痕迹，同时瓶子的强度也得以提高。

低温改良在约100℃下完成，通过水状聚乙烯扩散工艺改善玻璃表面的光洁度和滑动性能，以满足无碍处理过程的要求。

5.1.1.6　瓶子外表磨损

经过5～7次循环使用之后，瓶子的冷调质层由于清洗热碱液的高温作用而部分脱落。同时热调质层也因热的苛性钠的侵蚀（化学磨痕）而渐渐失去保护作用。这时，瓶子外表没有任何耐磨保护，磨损和划伤会越来越多。它们主要集中在瓶子与瓶子之间的接触部位，即“摩擦环”上，致使摩擦环逐渐变宽，这种状况被称为机械磨痕（Scuffing）。产生机械磨损的主要原因是灌装过程中啤酒瓶在输送带上相互挤压摩擦所致。最易引起摩擦的区域是：

- 阻滞带，压力较大的输出传送带区域
- 弯道及整队区域
- 进瓶台（如洗瓶机）

具体过程见5.7.1。

5.1.1.7　玻璃瓶“美容”

在洗瓶与灌装之间和灌装之后，有可能对瓶子通过两种方法进行“美容”：

- 表面打蜡上光

- 表面涂覆聚乙烯膜

前一种方法如同化妆。第二种方法是在贴标之前通过接触式涂抹装置给瓶子涂上一层新的聚乙烯膜以覆盖磨痕区域，同时提高耐磨性和滑动性。

由于这种方法需直接接触瓶子，因此应避免美容剂误入瓶子或沾污瓶口区域。

5.1.1.8 表层敷塑轻质玻璃瓶

近来还出现了一种带塑料涂层的可回收轻质玻璃瓶。它主要用于灌装饮用水。其突出优点在于不会出现摩擦痕迹，而且一旦瓶子爆裂时，由于有塑料外套的包裹，碎片不会四处飞散导致伤害。

近些年还出现了能采用两种材料制造复合的双层瓶的技术，这种瓶即使外层受损，里层仍能发挥作用，瓶子看上去仍然完好如初。

5.1.1.9 回收玻璃瓶的灌装工艺

回收瓶的灌装过程从准备阶段到灌装后处理必须经过一系列工艺步骤：

- 预检验
- 洗瓶
- 检验空瓶洁净度和完好性
- 灌酒和封盖
- 检验瓶装酒
- 必要时采用隧道式巴氏杀菌
- 贴标签和装饰

上述过程中还涉及各种形式的实验瓶子、箱子以及垛板等包装物的输送的设备。

5.1.2 回收瓶清洗

所有回收瓶都必须经过清洗才能重新用于灌装。洗瓶的目的就是使瓶子达到下列状态：

- 洁净
- 无菌
- 无残留物

由于由消费环节回收的瓶子可能已经非常不干净，而且表面磨损严重，因此，洗瓶是一项十分艰巨的任务，洗瓶机也自然成为灌装线上最庞大的设备之一。在开始洗瓶之前先需对其进行分选，因为有可能：

- 瓶高、形状及颜色不合格
- 瓶口不合要求
- 瓶口还残留各种盖子（见5.7.3.3）

5.1.2.1 影响洗瓶效果的相关因素

为了达到良好的洗瓶效果，需综合考虑多个相关作用因素[165]：

- 清洗剂的作用

最重要的清洗剂无疑是水，没有水洗瓶只是空谈。但仅仅依靠水来清洗效果会很差，一般可以通过添加清洗剂，如苛性钠（烧碱，NaOH）来改善清洗效果。

碱性清洗剂有部分杀菌作用，尤其是在温度较高的情况下。清洗剂有溶解污垢和容纳污垢的作用，由此起到清除作用。

在清洗用碱中常加入一些助剂以改善清洗效果和抑制不必要的泡沫，并且还能使瓶子具有干净亮泽的外观。

- 提高清洗温度的作用

温度越高，污垢溶解的速度越快。为了改善效果，对回收玻璃瓶采用80～85℃的清洗工艺温度。但是，瓶子不能直接升温至这样高的温度，否则会因内应力不均而破裂。实际升温过程中温度差异不能大于30℃，而降温时不应大于20 ℃。在室外气温较低（结冰）时，升温过程应尤其注意。冰点以下的瓶子在进入洗瓶机之前必须先解冻。

■ 作用时间

清洗液作用时间越长，洗瓶效果越好。

碱液浸泡时间一般平均6~7min，必要时也可大大延长。这一浸泡时间在机器设计制造时已固定下来，实际生产时只能在很小的范围内调整。

■ 机械喷冲作用

污垢的溶解需要足够的溶化和浸泡时间。同样，要除去标签和粘贴剂以及铝箔标也需充分的浸泡，为此洗瓶机都配备有数个浸泡槽。

如果污垢经过浸泡已大部分溶解，就可以借助机械喷冲效应帮助清除。喷冲清洗是瓶子内部清洗的重要手段。

5.1.2.2 洗瓶机

为达到良好的清洗效果，在洗瓶机内通常进行下列处理步骤：

■ 排残液
■ 预浸泡
■ 碱液浸泡
■ 碱液喷冲
■ 中间喷冲
■ 热水喷冲
■ 冷水喷冲
■ 清水喷冲

5.1.2.2.1 洗瓶机的结构形式

为实现上述处理步骤可选择多种方案，但洗瓶机基本大类只有两种：

- 单端洗瓶机
- 双端洗瓶机

依整线规模，洗瓶机能力从10000以下到150000瓶/h不等。

（1）单端洗瓶机 在德国，单端洗瓶机较为常见，这种洗瓶机的进瓶和出瓶机构位于机器的同一端。单端机（图5.2）的工作原理如下：

瓶子被推入机器后首先进行残液排放1。在处理瓶子内部之前，这一步骤是十分必要的，因为回收瓶中经常含有变酸的饮料残液或消费者随意存放的不明液体。倒出的饮料残留物微生物污染严重，在可能的情况下应进行特别的厌氧处理。

接下来瓶子一排接一排地经过两个浸泡槽2和3，使污物得到预溶解。此外，瓶子内外温度也被预热到40℃左右，在此还进行40~50℃的水喷冲。

在后续的碱液预浸泡槽5中，瓶子的温度被进一步提高到60℃，污垢也进一步溶解和脱离。来自热水喷冲区的溢流水在此用于预清洗。预浸泡槽的温度会随着生产的进行呈下降趋势，尤其在较冷的冬季。

通过溢流补充既可以起到预浸泡作用，又能对瓶子进行预热，通过平滑的升温尽可能避免玻璃瓶产生过大的内应力。

接着进行的是瓶子内外高强度长时间的处理。瓶子迂回地行进经过主碱槽：对于玻璃回收瓶，碱槽内浸泡时间在80℃下持续约6~8min（最长可达10min）。在此期间，各种污垢及污染必将被全部溶解脱落，包括标签和黏剂。

在洗瓶机具备两个碱浸泡槽的情

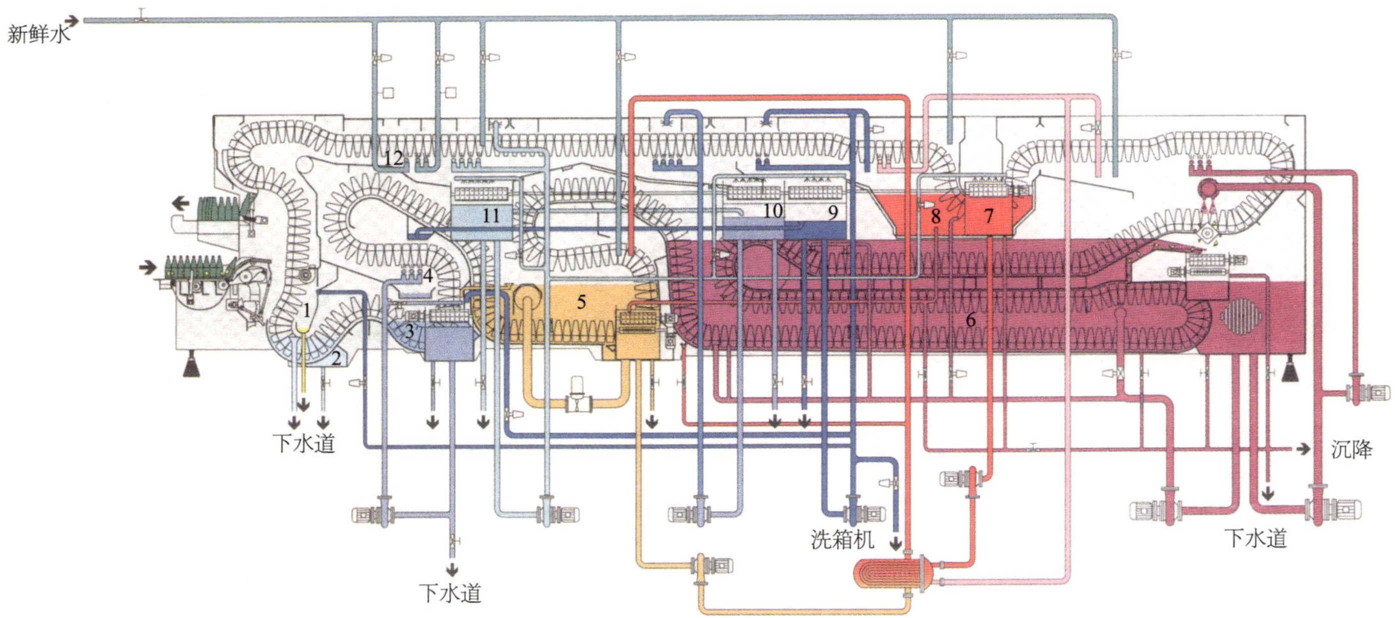

图5.2　单端洗瓶机结构及工作原理

（Lavatec KES， Krones， Neutraubling ）

（为了便于说明机器内部管路系统，图中将泵和管道采取向外展开的画法）

1–带单独排污的排残液　2–预浸泡 1　3-预浸泡 2，水温约40℃　4-40～50℃ 水喷冲　5–预碱浸泡，约60℃　6–碱液浸泡， 80℃　7–后碱处理　8–后碱浸泡，60℃　9–热水喷冲1，40～45℃　10-热水喷冲2，25～30℃　11–冷水喷冲，15～20℃　12–清水喷冲 10～12℃

况下，后碱浸泡槽的温度通常较低（65～70℃），并由于前面的主碱槽中不断带入热碱液而保持一定的低浓度水平（0.6%～0.8%，NaOH）。由于瓶子的不断进入使碱槽温度呈逐渐降低的趋势，所以需要一个大功率的泵（排量100～150 m^3/h）对碱液进行循环，并且通过一个蒸汽换热器持续供热以维持所需工艺温度。

标签要求整体脱落，不能碎烂成细渣或纤维，否则会加重泥沼状况，影响洗瓶效果。废标签需经适当的装置（参见“标签及碎玻璃片的清除”）予以分离并排到机器外，必要时做特殊处置。

必须注意，如果在机器各槽内的一些死角存有淤渣或泥沼，一定要及时彻底地清除，否则它们会逐渐影响清洗碱液的效能。

灌满碱液的瓶子最后被导出碱槽并进行碱液喷冲，以除去仍然留在瓶子上的标签。瓶子随后完全排空，碱液流回碱槽。

在后续的碱液浸泡槽7，8里，瓶子外部再次得到补充清洗，此后进行50～55℃的喷冲，使瓶子温度有所降低。碱喷冲液带着热量最终流向预碱浸泡槽5。

接下来通过喷冲站9、10、11对瓶子内外进行冲洗，与此同时逐级降温。在此首先进行内外冲洗，然后只冲内部，目的是彻底清除碱和添加剂残留物。最后一步采用清水（10～12℃）喷冲实现平滑降温。瓶子中的最终残留量应在1mL左右或更少。

在洗瓶过程中，喷冲水最终被返送回预浸泡槽中（图5.2a），从而对浓度降低和介质迁移起到一定的补偿作用。

可以认为，在热碱槽中微生物没有存活的机会。这样，只要喷冲水不含细菌，机器输出的瓶子就能确保无菌。实

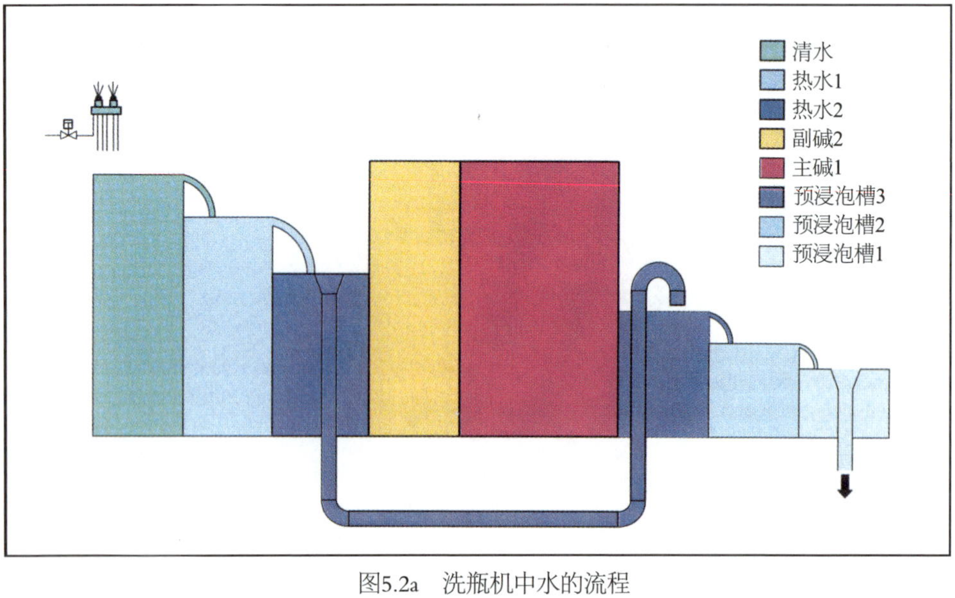

图5.2a　洗瓶机中水的流程

际上，根据多年研究发现，正是企业自产的地下水或者回收水（再利用水）中可能含有某些微生物甚至细菌，在喷冲水系统中还可能存在酵母和霉菌孢子。这些微生物和细菌在没有隧道式杀菌机的情况下就不再能被杀灭，因此导致成品饮料的生物问题。

尤其应引起重视的还有热水喷冲系统的集水盘和管道，其温度在30~50℃范围，是微生物生长的最佳环境，因此必须定期清洗。重点要关注喷嘴附近及其上部空间，在这样的温度环境下特别容易滋生微生物。

如果在此阶段瓶子遭到微生物污染，通过后续的清水喷冲已很难彻底清除。除此之外在机器内部常常有很多水垢，它们也是微生物生长与繁殖的温床。

无生物问题的喷冲冷水，热水水源至关重要。为保证安全，常在最后一道喷冲水中添加一定量的ClO_2。此外，总是处在潮湿温热条件下的机器头部也必须同样当作细菌巢穴看待，定期进行清洗灭菌。

经喷冲的瓶子沥干30s后，残留水将降到约0.5mL/ 0.5L瓶，这段时间内对瓶子不再做任何处理，最后输出洗瓶机并送往空瓶检验机。

单端洗瓶机的优点体现在：

- 空间利用率高，占地省，机器占空高度较小
- 较经济的工作方式，特别是小型设备
- 价格较低

其突出缺点在于：

- 待洗瓶与洗净瓶距离太近，如果不采取任何措施可能产生污染

（2）双端洗瓶机　另外一种机型是双端洗瓶机。这种机器的进瓶和出瓶分别在机器的两端进行。通常通过在几个大碱槽以及垂直方向上迂回的瓶盒运动形式保证达到相同的清洗强度（图5.3）。碱槽最多可达6个，碱液浸泡时间仍然为6～8 min。必要时也可采用更长的时间（最长可达25 min）。

瓶子由进瓶装置送入机器后向上运动并排掉残液1。这一步骤十分重要，因为回收瓶经常含有：

- 败坏的饮料残液，有时量较大
- 用饮料瓶盛装的其它液体

如果让它们进入第一浸泡槽将造成不必要的污染。

由瓶子排除的严重污染的残液直接送往废水处理站。

按图中所示的双端洗瓶机的清洗步骤为，首先进行热水预喷冲3，接着进入碱槽4进行第一次预浸泡，瓶子被预热到50～60℃。

在接下来的2个（5和6）或3个碱液浸泡槽中对瓶子在不同温度下做深度浸泡，随后进行喷冲清洗。长时间的和高强度的碱处理保证了清洗彻底，碱液的不断循环和流动加上除标作用都有助于清洗效果的改善。

碱槽5的温度处在前面提到的80～85℃。

碱槽6一般温度较低，在65～70℃。

双端洗瓶机不可避免的机器高度迫使在其末端多设计成水平的回环以

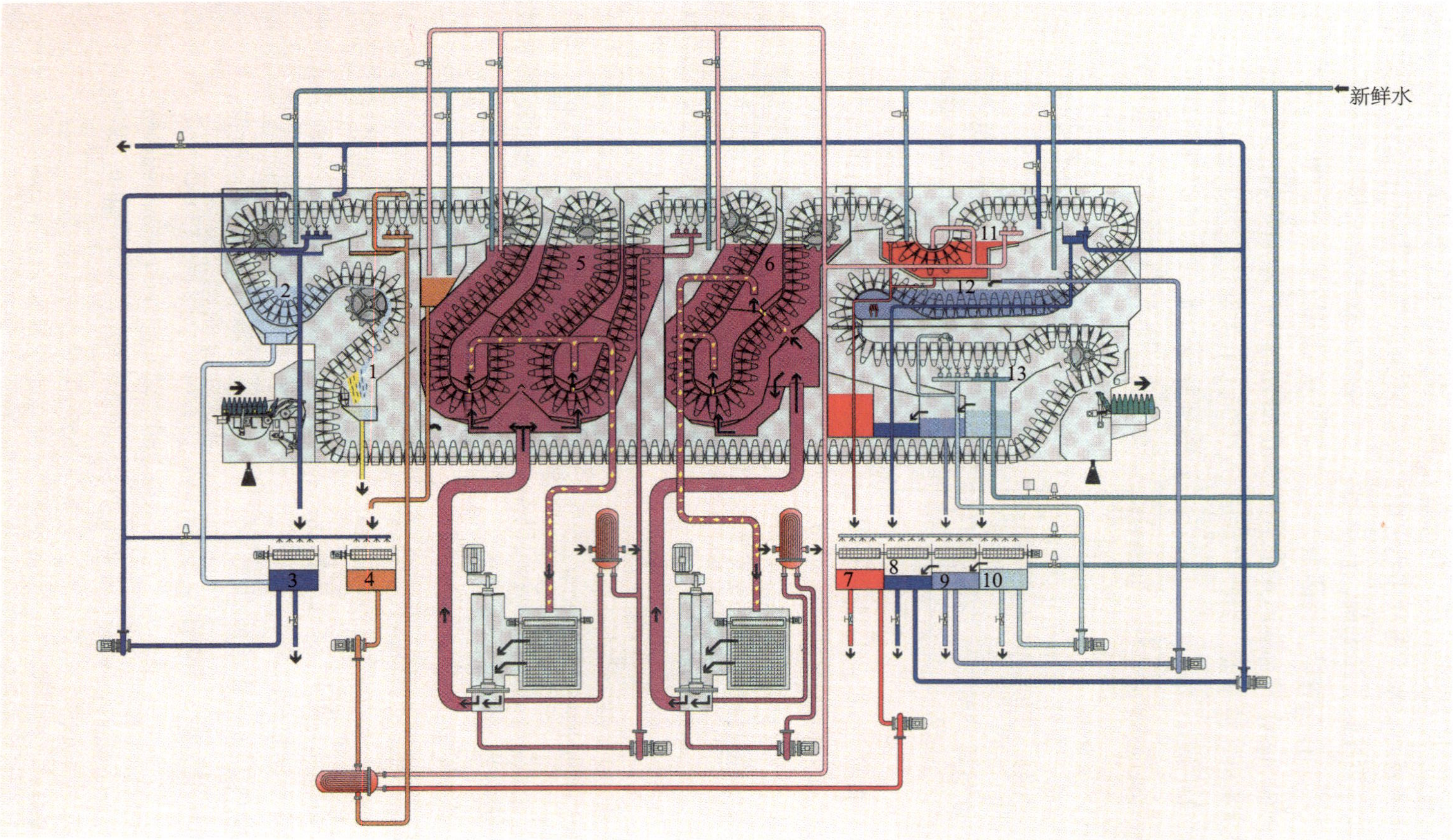

图5.3　双端洗瓶机结构及工作原理（立式设计）
（机型 Lavatec KD-1 Krones, Neutraubling）
1-排残液　2-预冲洗　3-预冲洗　4-碱槽1　5- 碱槽2　6-碱槽3　7-热水喷冲　8-热水馈送-热水浸泡槽1　9-冷水喷冲　10- 热水浸泡槽2　11-清水喷冲

适应喷冲的要求。在进行逐级喷冲降温以及清水喷冲之前还插入了一个热水浸泡槽10，通过这些处理步骤实现逐步降温并除去残留在瓶子上的碱和添加剂。

出瓶端和进瓶端相隔一定的空间距离，必要时还可以用隔墙将出瓶端与脏污区完全隔离。这一措施特别适合于较为落后的地区。这种洗瓶机的缺点是需增加一位操作人员，但如今在现代化洗瓶机上已只需在进瓶侧安排一个操作员就可以了。

双端洗瓶机的瓶盒架做上下运动时并非垂直，而是稍有倾斜。这是出于下列两个方面的考虑：

- 水平状态的瓶子不易盛满液体，易形成气垫，影响清洗效果
- 水平状态的瓶子不易彻底排空，使不必要的碱迁移加重

所有双端洗瓶机的驱动链条都沿机器底部空载运行回到进瓶端。

（3）卧式双端洗瓶机　可以通过部分地改变垂直方向上的回环形式的方法降低一般双端洗瓶机所具有的机器高度，得到一种高度相对较低的结构形式。

这种双端洗瓶机的构成和工作原理与前面所描述的机器没有根本区别，通过瓶子在碱槽内的多重迂回运动可以达到同样的清洗效果（图5.4）。

5.1.2.2.2　洗瓶机主要组成部分

任何洗瓶机都包括一系列共同拥有的主要部分。下面将分别予以阐述。这些主要部分有：

- 热能分配与回收系统
- 使瓶子穿越洗瓶机的输送系统
- 进瓶和出瓶装置
- 喷冲站
- 机器驱动装置
- 除标签和玻璃渣装置
- 雾汽及氢气抽排装置
- 机器头部杀菌系统
- 机器控制系统

要特别指出，对于在生产过程中必须不断控制浓度和经常需加以处理的清洗用碱液应引起足够的重视。

（1）热能分配与回收系统　通过一系列管道和容器对喷冲水进行收集并利用泵送回喷冲区循环使用。一部分喷冲水被用来保持对脏污的瓶子进行预处理的浸泡槽的水温。碱槽内的碱液也同样采用泵以100～150m^3/h的流量持续地循环，并借助温度控制装置将温度控制在设定值上。

喷冲水往往有必要重复使用，因为它们脏污程度还不很严重。前面由于通过碱槽处理使不断加热升温，在喷冲区会有余热释放出来。采用板式热交换器可以回收碱喷冲区的余热并将其转送到预碱浸泡槽。由于碱喷冲之后将采用逐渐降温的水进行喷冲，因此在这里可以回收一部分流失的碱加以再利用。

（2）瓶子输送系统　瓶子成排处在瓶盒中随瓶盒架运动穿越整个机器。瓶盒架运动有两种形式：

- 节拍式
- 连续式

这两种运动形式都涉及机器节拍时间这一概念。所谓机器节拍时间是指瓶子由一排喷冲头移到下一排的时间。它也对应于进出瓶装置推入或接

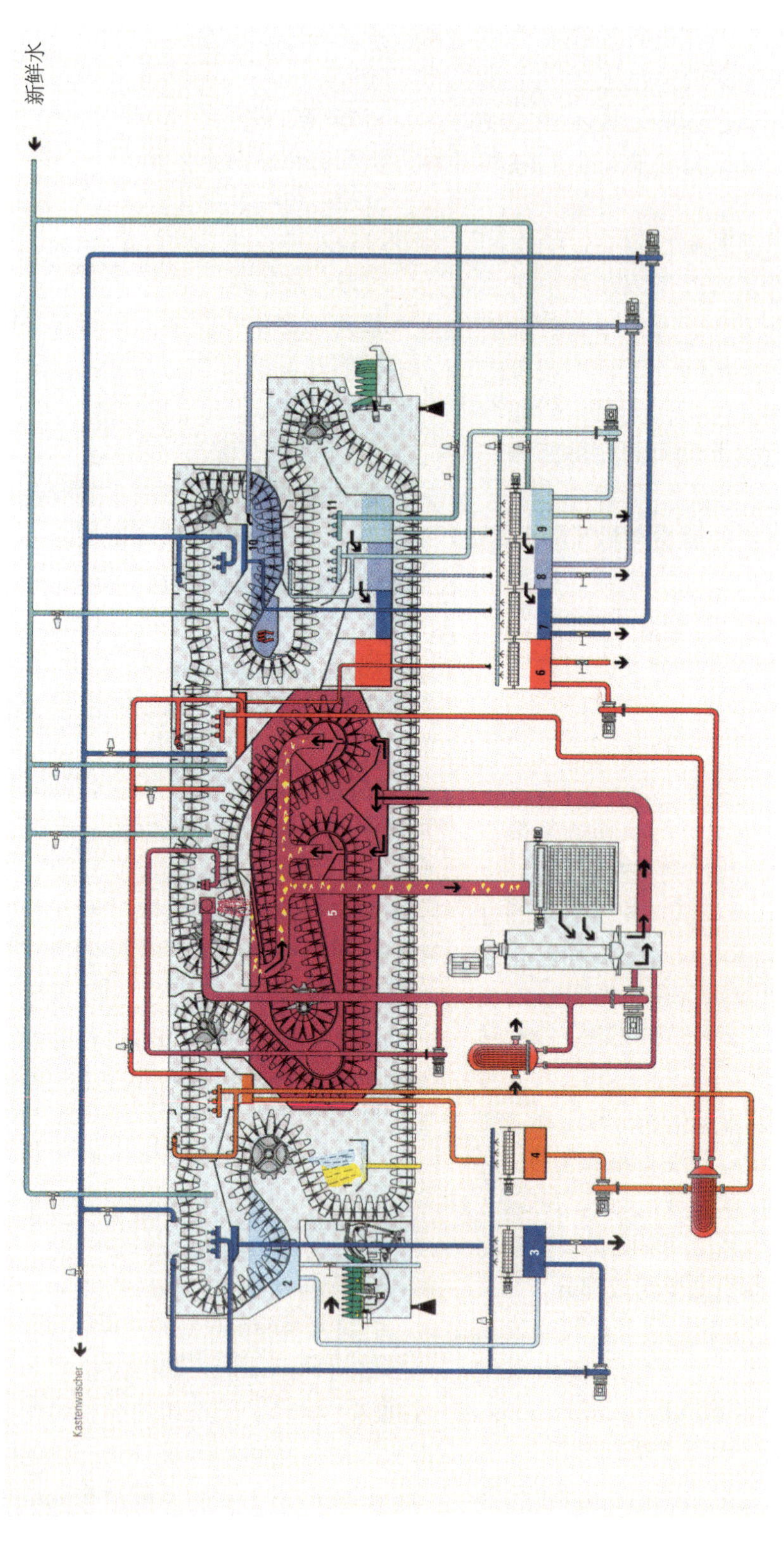

图5.4 双端洗瓶机结构及工作原理（平卧设计）
（机型 Lavatec KD，Krones, Neutraubling）

1–排残液 2–预浸泡 3–预喷冲 4–热回收系统 5–主碱槽 6–后碱喷冲 7–热水喷冲 8–热水馈送-热水浸泡槽1 9–冷水喷冲 10–热水浸泡槽2 11–清水喷冲

出一排瓶子的周期时间。

一般节拍时间为3～4s，它决定了洗瓶机的生产能力。

根据洗瓶机的能力大小，承载瓶盒的瓶盒架数量在200～600个，每个瓶盒架可以容纳16～40个瓶子。瓶盒架通常都采用钢材制成，十分牢固，以保证在进瓶 / 出瓶、喷冲和除标等各个区不会弯曲变形。瓶盒多采用塑料或钢–塑料混合制成（图5.5）并固定在瓶盒架上，塑料在里可避免瓶子直接接触钢制件而引起磨损。此外，瓶盒还起对中定位的作用，这对于喷冲准确性非常关键。

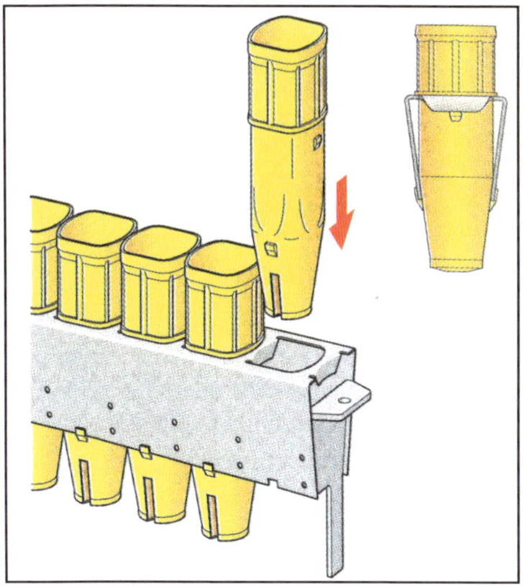

图5.5　载瓶架及可拆装的塑料瓶盒

瓶子在瓶盒中随瓶盒架一起成排地通过机器的各个处理站，直到出瓶装置处才离开瓶盒。

假如节拍时间以4s且每排1个瓶子计，则每小时可以处理：

$$\frac{3600\text{s/h}}{4\text{s/瓶}}=900\ \text{瓶/h}$$

由此可以计算出不同能力下所需的每排瓶盒数目：

例如，洗瓶机能力为30000瓶/h，则有：

$$\frac{30000}{900}=33\text{瓶/排}$$

洗瓶机能力为50000瓶 / h：

$$\frac{50000}{900}=55\text{瓶/排}$$

节拍时间可以设定，它取决于机器大小。总体上瓶子越大，机器节拍越慢。需指出的是，这种情况下碱的迁移量也会相应增大。

（3）进瓶和出瓶装置　进瓶可以通过一个转动和摆动组合机械系统来实现（图5.6）。进瓶台上最前面一排的瓶子成排地、平稳地被抬起，借助一个旋转的传送装置推入处在水平位置的瓶盒中。

出瓶则通过一个类似的缓慢旋转的传送机构（图5.7）将瓶子接出瓶盒并平稳地垂直放到出瓶台上。

（4）喷冲站　不论何种洗瓶机，在浸泡清洗后，瓶子都需经过喷洗区处理。在此对瓶子内部采用温度逐级降低的液体进行彻底冲洗，以清除残留的碱液和其它污物。

为使包括瓶壁和形状特殊（带凹槽）的底部的整个内面得到彻底清洗，必须采用很细但有力的射流的射入才能做到。

然而，内部喷冲受到以下前提条件和要求的限制：

- 瓶口直径很小，大多数情况下仅16mm
- 如果要保证瓶内可靠清洗，必须采用极细的水流一直达到瓶

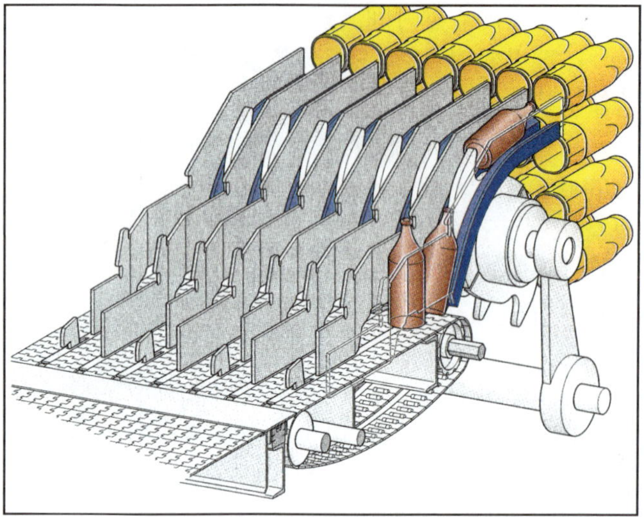

图5.6　进瓶示意图

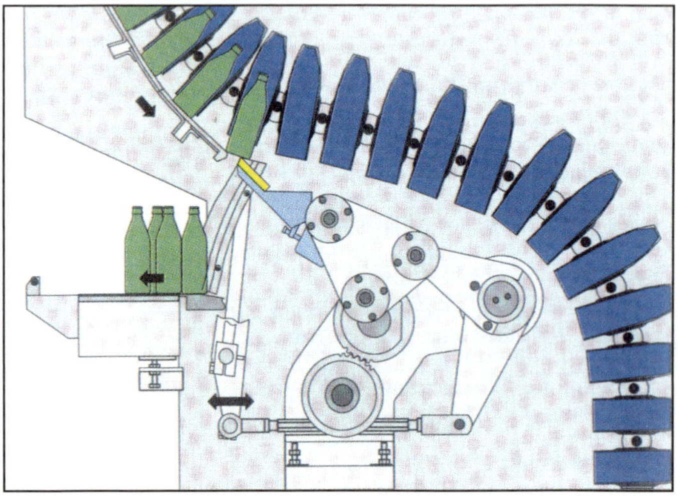

图5.7　出瓶示意图

底的不同区域，这就要求喷嘴和瓶子的运动精确同步

- 射入瓶子内的液体不能在瓶子颈部形成阻塞（当射入量大于流出量时）。另外，液体流出对射流的射入有妨碍，可能使其强度减弱而致清洗效果变差

瓶子内部喷冲是通过一个旋转的喷嘴轴同步地跟随每一排瓶子运动实现的（图5.8）。

喷嘴管轴上设有喷射小孔，喷射水流可准确地跟踪缓慢移动的瓶子口部，沿不同方向和不同的入射角度冲洗瓶的底部和内侧壁（图5.9），由此实现内部的高强度清洗。

安装在喷嘴轴管内的喷嘴呈十字交叉状，随每个瓶子移动偏转90°，但不作轴向移动。通过喷嘴轴的单方向转动使喷射水流通过喷嘴的方向不

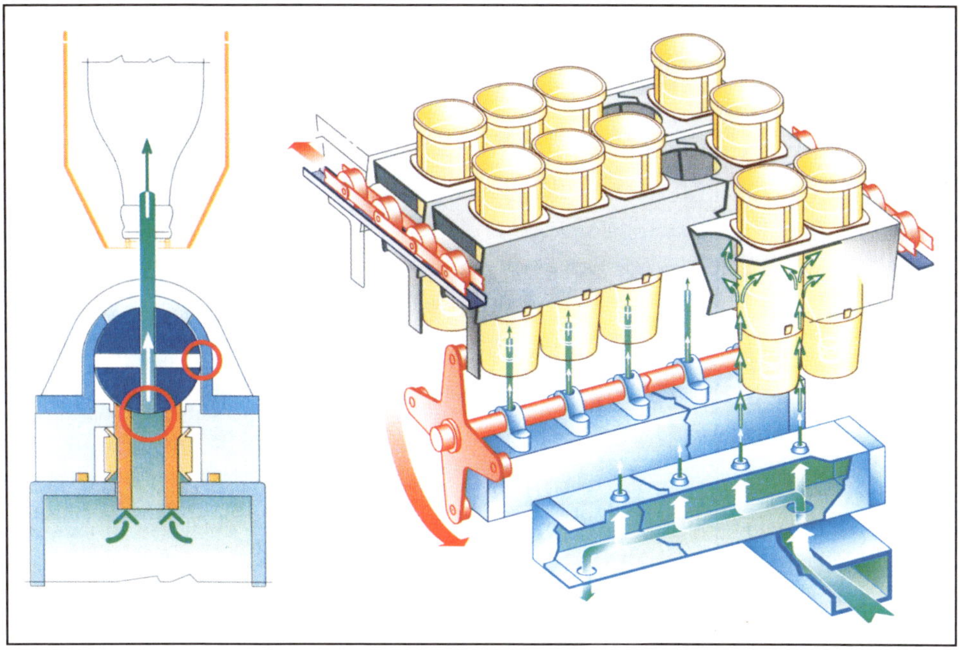

图5.8　瓶子内部喷冲（KHS公司，多特蒙德）

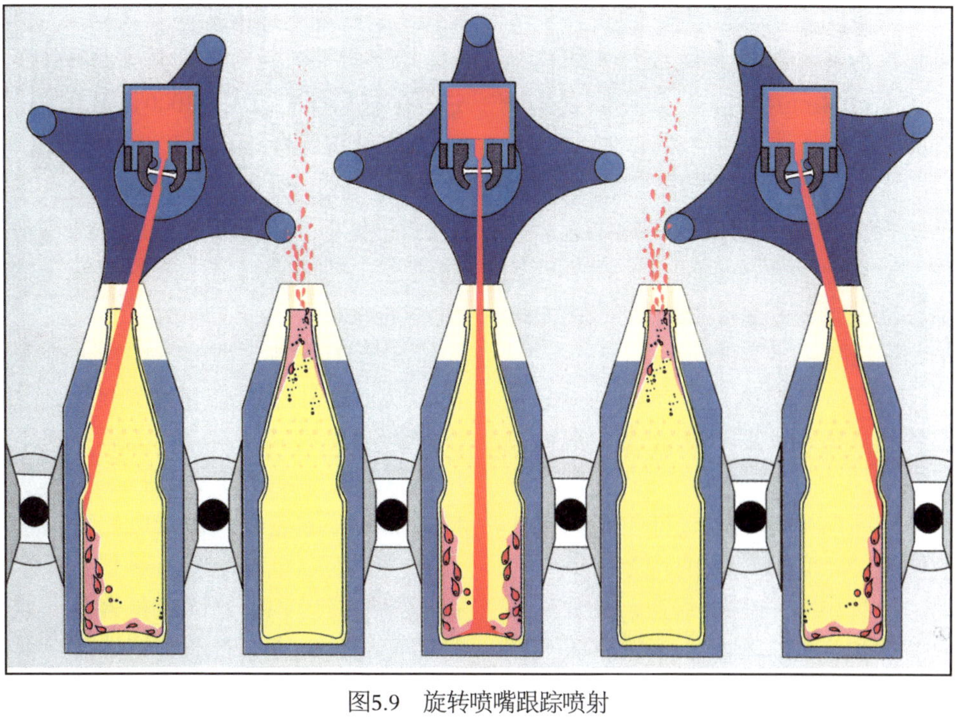

图5.9　旋转喷嘴跟踪喷射

断地交替改变，从而保证喷嘴自身也得到不断地清洗。显然，这种结构不易因标签碎屑造成堵塞。

喷射压力一般为表压的200～250 kPa；在连续喷冲方式下，喷射孔的内径一般在2～4mm。这一孔径必须保持不变，因为它直接关系到射流的清洗效果。

喷冲射流必须合理射入，不能妨碍水的顺利流出。否则会导致瓶子颈部出现液体堵塞现象，使清洗效果大打折扣。采取间歇式喷冲方式对冲洗液的顺利排出较为有利。

在洗瓶内温度很高的情况下已开始显现水的脱碳趋势，如果不采取相应措施可能引起喷嘴堵塞。所以，通常都在碱液槽中添加抗结垢剂来防止喷嘴和玻璃瓶子以及机器的其它一些部位形成水垢。

为了防止感染扩大，现在常在允许限度内往冷喷冲水中添加二氧化氯（浓度<0.4mg/L）。二氧化氯发生设备必须安装在洗瓶机之外。

（5）机器驱动装置　瓶盒载架借助三相交流制动电机和变频调速装置或机械调速装置的驱动，平缓、连续地移动并通过机器。各驱动点由万向轴和蜗轮减速器实现同步。

大型洗瓶机采用在各驱动点分别装置独立电动机，并由一台中央变频器实现同步调速的驱动方式。驱动点总是选在瓶盒运动轨迹曲度最大处，也就是链条负载最大的地方。如果驱动力只集中在一侧链条上，会使它很快磨损和变形，因此，通常都采用刚性极好的空心轴来连接一对驱动链轮（图5.10）。此外，驱动站处设有泄漏腔隔离碱液和轴承润滑油脂，防止交叉污染。

瓶盒载架通过端部组件与链条形成牢固连接。

（6）除废标签　在高温碱槽中，所有标签和金属箔标都将脱落。标签应整体脱落，不应变成碎渣甚至分解成纤维。标签在热碱液中停留的时间越长，它们纤维化的危险性就越大。因此，如何尽快除去标签成为问题关键。

快速除标的基本前提是通过合理选择泵的参数，保持强有力的碱液循环。借助水流的机械作用将脱落下来的废标签输送到一个插入式筛板经过滤实现分离（图5.11）。大型洗瓶机通常采用塑料或不锈钢网面传送带滤除碱液，分离并排出废标签（图5.12），实现连续除标。

双端洗瓶机多用流量较大的叶轮泵进行碱液循环（最大至3000 m^3/h）。

除出的湿标签仍含有一定的碱，可予以回收。另外，湿标签不允许当普通垃圾处置和排放，可用外部增设的通常安装在除标器下方的废标压榨机处理。

在压榨机内，湿标签团由一个工作在1200 kPa压力下的液压缸挤压，除水率最高可达80%，废标签体积也下降到原来的50%～75%（图5.13）。压榨后的标签通过有一定锥度的管筒上升并同时连续进行干燥，达到不滴水状态并最终排入备好的收集容器。值得注意的是，废标签的处置涉及环保问题。

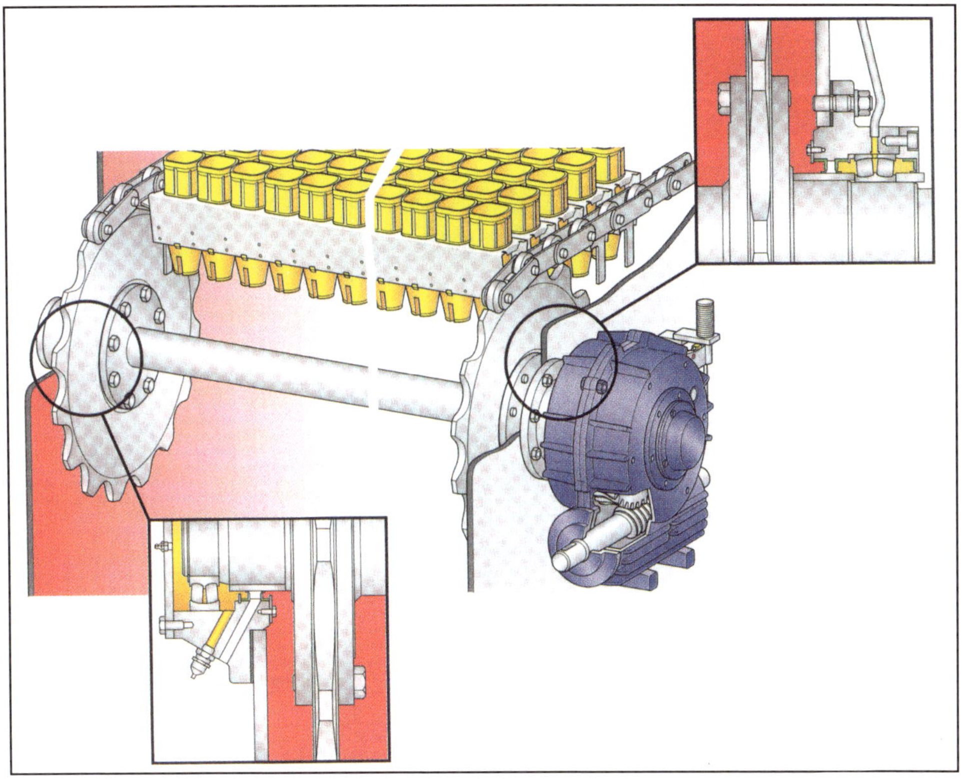

图 5.10　驱动站的驱动链轮

（7）除玻璃渣　玻璃瓶在处理前或处理时破裂总是不可避免的。碎玻璃沉到机器下面将越积越多，由于它们十分坚硬，可致机器因卡死而损坏。有些机器专门设有除玻璃渣装置。通过让玻璃瓶穿过一段网眼相对较大的栅条筛板使碎片自然落下，并最终被单独排出机器。

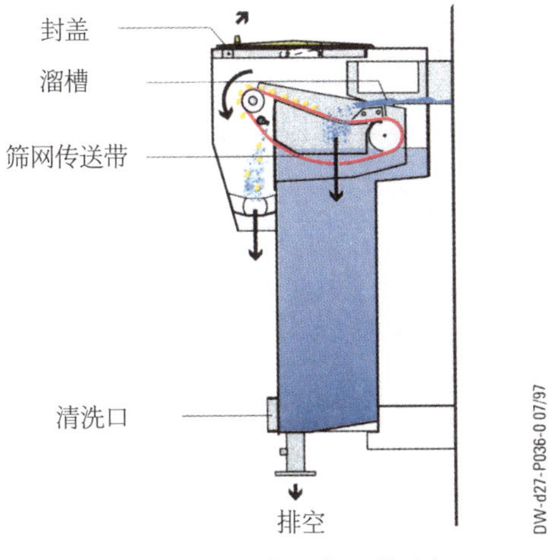

图5.11　借助筛网传送带除标

（8）雾汽抽吸排放　在机器头部温度已降低，当达到露点以下时，机器内部的废热蒸汽就会冷凝形成水滴，极有可能滴到已清洗过的瓶子表面甚至里面从而导致污染。为避免这种不利情况，通常都在机器出瓶端装设抽排气装置（图5.14）。当机壳外表面较冷时可以通过加热某些关键表面予以解决。

（9）氢气抽吸排放　如果很多瓶子带有铝箔标，清洗时可能产生爆炸

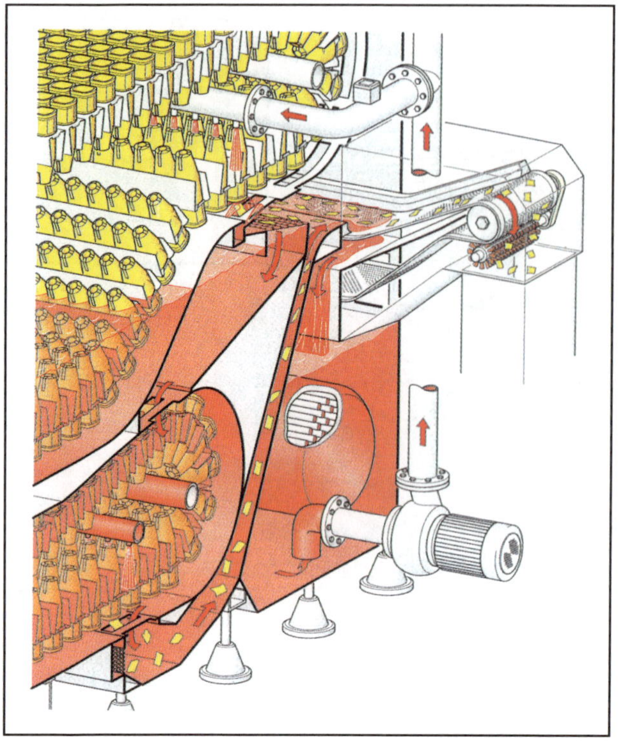

图5.12　借助筛网传送带和定向水流除标

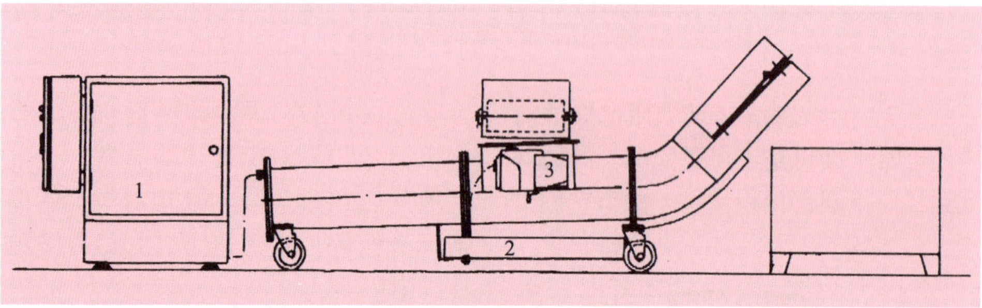

图5.13　废标签压榨设备
1–电气柜　2–集液盆　3–压榨机

性气体，因而存在轻微爆炸甚至严重爆炸的危险。由于铝元素具有金属和非金属双重特性，遇碱NaOH后会生成铝酸钠盐（如偏铝酸钠）同时放出氢气。它和空气中的O_2混合后便可形成爆炸性气体：

$$2Al + 6NaOH + 6H_2O \rightarrow 2Na_3[Al(OH)_6] + 3H_2\uparrow$$

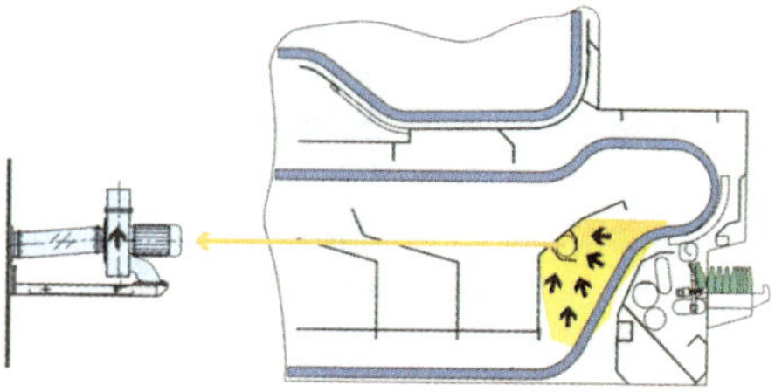

图5.14　出瓶端雾汽抽吸排放

因此，氢气必须抽排到机器外面，以免机器内部聚集极其危险的可爆炸性气体（图5.15）。

在很多国家已不再使用铝箔标签，这样自然地排除了这种危险性。所以，有必要对相关国家的铝箔标原料引起注意。

（10）机头空间杀菌　此外，可以在机器容易被污染的整个头部装设清洗灭菌装置以保证有效地杀灭细菌，尤其是那些人工不易接近的局部区域（图5.16）。

机头部的杀菌通常可采用冷方式或蒸汽处理。

（11）机器控制　像其它机器一样，现代化的洗瓶机都由可编程控制器实现全程控制。控制器可通过一个角度可调的操作显示屏显示机器的实际状态和特性参数，必要时还包括故障信息，故障位置等。

此外，还可以有选择地安装其它一些信息系统。

5.1.2.3　清洗用碱

清洗用碱必须：

- 满足特定要求

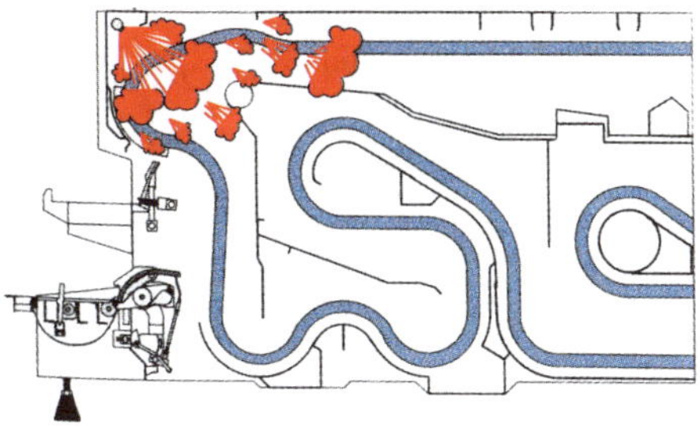

图5.16　机器头部蒸汽灭菌

- 保持一定浓度
- 加以处理

5.1.2.3.1　对清洗用碱的基本要求

对清洗碱的主要要求可归纳为：

- 具有高的洗净力，包括：
  - 溶解污垢的能力
  - 抑制或杀灭细菌的能力
  - 良好的浸润能力
  - 快速穿透标签纸的能力
- 无毒，不产生有毒废水
- 不结垢
- 不起泡
- 易于计量添加
- 价格低廉

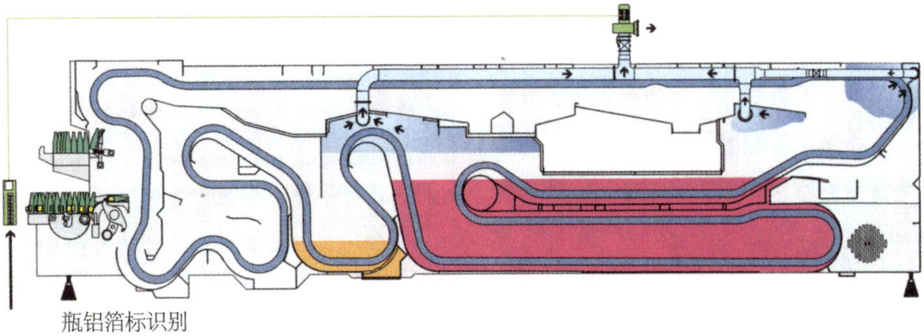

图5.15　氢气抽吸排放防止可爆气体形成

5.1.2.3.2 清洗用碱的组成

为了满足上面所提到的清洗碱液的要求，清洗用碱普遍采用含添加剂，浓度为1.5%～2%的NaOH溶液。

添加剂和碱的添加量必须保持1：（3～5）的比例关系。

空气中的CO_2和碱液作用会使NaOH不断转化为Na_2CO_3和$NaHCO_3$，后者的清洗能力非常小，因此，必须经常检测NaOH和Na_2CO_3的含量以确定碱液的有效性。

市场上提供的添加剂往往是经复合的浓缩增效剂，这时一般按碱添加量的0.3%～0.5% 计量添加。

添加剂的添加通过自动装置与浓碱添加量保持一定比例地自动进行，碱的添加则根据碱液的电导测量值进行控制。自动添加装置设在机器附近，通常安装在附近的房间内。

为了防止碱及添加剂储存容器泄漏而污染环境，这些容器必须放在集液盆内或耐酸材料做的地面集液池内。

如果回收瓶带有铝箔标，必须相应提高碱液浓度，因为铝和NaOH会反应生成铝酸盐（Aluminat）。铝酸盐对碱液浓度的影响需按1：3的比例考虑（0.7%的铝酸盐要求2.1%的碱）。因此，碱的浓度应根据在有效时间内与所含铝酸盐完全反应所需要的量来确定。

如果有第二碱槽，则其中的碱浓度降至0.5%～0.8% ，并且不需添加剂，因为通过介质迁移会不断地自然补入。

在添加剂中已包含或需另外加入下列物质：

（1）消泡剂　起抑制碱液起泡过多的作用。碱液中的泡沫主要源自溶解的贴标胶。消泡剂一般不属于添加剂的组分，需单独进行添加。

作为消泡剂用得最为普遍的是表面活性剂（Tenside）。它具有良好的污垢溶解能力，而且还有抑制泡沫的功效。可供选择的表面活性剂共分四种：

- 非离子表面活性剂（n－Tenside）
- 阴离子表面活性剂（k－Tenside）
- 阳离子表面活性剂（a－Tenside）
- 双性表面活性剂，这种表面活性剂与洗瓶无关

> 用于洗瓶的消泡剂主要是非离子表面活性剂和阴离子表面活性剂。它们虽然具有很好的清洗效果，但都倾向于在固体表面沉积，很不容易冲洗干净。一旦在瓶壁有残留，灌装啤酒后会溶解在其中，这对啤酒的泡沫非常不利。表面活性剂浓度在100 μg/L以上就可能对啤酒的泡沫产生消极影响。相对而言，非离子表面活性剂影响最大。

为了尽可能减小表面活性剂对啤酒泡沫的影响，最好将其添加与碱的添加分开进行，对其浓度要进行持续不断的可靠检测与分析[194]。还应指出，清洗碱液、标签、溶解的贴标胶以及来自最后一级浸泡槽的残留物同样能对泡沫产生负面影响。

（2）抗结垢剂　它是一种对洗瓶机内不溶于水的$CaCO_3$的形成起到反作用的物质。抗结垢剂通常在热水喷冲区的水槽处添加，因为这里是主要结垢区域。

随着洗瓶机的持续运行，瓶子、载瓶架以及链条都受到周期性的加热（至80℃）与冷却作用，导致钙离子与碱发生反应而析出，水溶性碳酸氢盐也会由于受热而转化成不溶的碳酸钙沉淀，在瓶子、瓶盒载架和链条上形成水垢，进而还会导致碱迁移量加重。

$$Ca^{2+} + 2HCO_3^- + 2Na^+ + 2OH^- \rightarrow$$
$$CaCO_3 \downarrow + 2Na^+ + CO_3^{2-} + 2H_2O$$

1° d（德国硬度）意味着每立方米水中约含有18g $CaCO_3$。

因此，清洗碱液应用硬度较低的水是十分有利的。运行一定时间后，坚硬的水垢还可能堵塞喷嘴，从而影响清洗效果。为了解决这个问题，通常在喷冲区（中间喷冲）内添加酸性抗结垢剂（pH调整在<8.5）。

另外一种环保处理方式是通过在压力下往反应设备中加入CO_2促使碳酸盐转化为可溶性的碳酸氢盐来避免结垢（Rehmann Process Engineering，Freiburg）。

（3）表面活性剂　表面活性剂具有良好的污垢溶解能力，起到与污垢结合和改善瓶壁水流特性的作用。但对于残留量必须引起足够的注意。

（4）螯合剂　它一般是有机酸，主要针对溶解状态的金属铝。能与来自铝箔标的铝产生螯合从而有效避免爆炸气体的形成。

此外，有些螯合剂还用于结合溶解的矿物质。

（5）磨痕防护剂　由于调质层经过几次巡回使用后基本脱落，碱液对瓶子表面的侵蚀将加重。当pH较大时，玻璃不断继续溶解，因为它总是趋于将新的稳固的表面推至前沿，特别是在瓶子外表面的接触区（摩擦带）这种情况更为突出。

这种玻璃溶解可以借助某些离子作用加以缓解，如弥散剂。此外还应注意，碳酸盐尤其是磷酸盐都具有很强的侵蚀作用，会加重瓶子表面化学腐蚀“磨痕”[166]。

5.1.2.3.3　碱液浓度的保持

瓶子经喷冲之后，碱液不能立即都流出来。可以预计，每个0.5 L的瓶子在沥干10s之后仍残留有 2～3g 的液体，这意味着额定容量的0.5%。即使将瓶子沥干30s，瓶内尚存约1g液体。

如果再加上载瓶架及瓶盒等所携带的碱液或水，那么每个瓶子携带到下一个处理区的液体量将达到10～15mL。这个过程被称为碱迁移或介质迁移。

假设洗瓶机每小时处理30000个瓶子，并且连续运行10个h，这样将有300000个瓶子在这段时间经过洗瓶机。如果每个瓶子转移的液体量按10mL（=0.01L）计算，总共将有:

300000 × 0.01L = 3000L = 30hL 的液体由一个处理区被转移至下一个处理区。

然而，每个区液体的实际损失几乎为零，因为被转移到下一个区的液体量又由上个区的转移量得以补偿。位于主碱槽前面的预浸泡槽是用热水或热碱液进行补充的 。于是，由于这些预浸泡槽的液体转移直接进入主碱槽，所以总是导致:

- 主碱槽温度下降

- 主碱槽水量增加，浓度下降
- 主碱槽污物增多，污染加重

因此，必须设法降低液体转移量。相应的措施包括：

- 延长瓶子沥干时间
- 在喷冲站末级只进行瓶子内部喷冲
- 碱液只进行瓶子内部喷冲

随着碱的损失碱液浓度自然不断下降。为了确保清洗效果，必须持续地补充碱以保持浓度。通过一个对脏污不敏感的电导检测探头可实现碱液浓度自动监控，流失的碱可以由一个较大的储碱罐得到及时补充。

当温度一定时，碱液的电导与其浓度成正比。因此可以通过电导测量来反映无法直接测得的碱液浓度（实验室可用中和滴定的方法确定浓度）。

碱液储备通常采用塑料容器，且应备有接液池，以免碱液无谓流失浪费。储碱容器应尽量置于专门的房间，并通过软管等与定量添加调节单元以及泵等相连。

5.1.2.3.4 清洗用碱的处理

尽管浓度得以保持，碱液状况仍会不断恶化，因为碱液中的无效浑浊物以及积淤会不断增多。溶解的和尚未溶解的物质以及胶体物质等充斥其中，这些无效物质包括：

- 标签碎烂后形成的纸纤维
- 色料（氧化钛，白陶土，碳酸盐，含重金属色料）
- 黏合胶（淀粉，纤维素）
- 湿黏固剂（三聚氰氨树脂，尿素）
- 黏贴剂（树脂胶）
- 石灰沉淀
- 瓶子带入的污垢尘土
- 几乎全部的贴标胶等

上述沉积物必须设法及时除去，否则6～8周之后就不得不更换碱液。去除沉积物的方法有以下几种：

（1）静置沉淀　最简单实用的方法是在周末期间将全部碱液抽到一个绝热良好的单独的沉淀槽中静置储存，需要时再从沉淀槽的上方将澄清的碱液抽回到洗瓶机碱槽。但是，用这种方法只能除去不溶的固型物颗粒，可溶的污物仍然留在碱液中。碱液的污染程度还是越来越高，迁移到喷冲区的污物也会变多。

通过沉淀得到的淤渣对环境有害，必须妥善处置。

（2）离心分离　通过在洗瓶机碱液支管上串联一个自动排渣离心机以旁路的形式连续地对碱液进行处理。这是又一种除去浑浊物且没有碱液损失的可行措施。由于离心设备的诸多优点，投资可以很快收回。

这种离心设备（系统）还会涉及一些其它仪表和控制装置。

（3）通过化学沉淀和过滤系统回收碱液　在碱液处理系统“Aquarex”中（Rehmann Process Engineering公司，Freiburg），碱液以批量的形式被泵入反应器（图5.17；1）的同时精确计量地加入沉淀絮凝剂和氧化剂。这样可以使可溶性物质沉淀析出或发生结构改变，不再对清洗过程产生不利影响。

在经过一定的处理时间后，沉淀物在锥型罐底部聚集，清洁的碱液由一个高出沉淀层的排口抽出并送往固

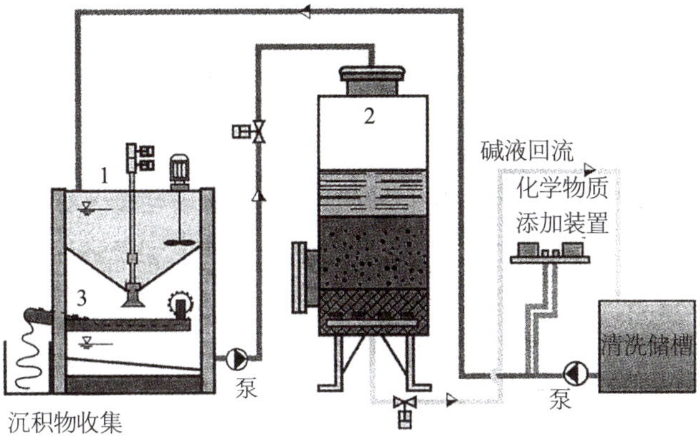

图5.17 通过沉淀和过滤进行碱液再生的系统"Aquarex"
1–反应器
2–固定床反应器
3–过滤传送带

定床反应器2。

沉淀物由筛面过滤输送装置排出反应器，收集的碱液再返送到固定床反应器。固定床反应器用来进一步除去剩余物质，过滤干净的碱液最后又被送回洗瓶机碱槽。上述过程是反复不断地进行的。

（4）膜过滤处理 目前采用膜过滤的方法，借助超滤膜和Nano过滤器处理碱液已很普遍。这种过滤器几乎可以不间断地工作。根据所应用的膜及其拦截率的不同，碱液污物滤除率最高可以达80%。而且这种技术可大大降低水、化学试剂以及废水处理成本，包括热能的消耗，通常在2～3年间即可收回投资成本。

如果考虑到越来越昂贵的废水处理及排放费用，这种处理手段不失为最现代化的技术。

当碱液采用适当方法处理和不断增浓，就可以几乎无限期地使用而无需更新。因为，随着碱的迁移和不断增浓，原来的碱液很快不复存在，也就是说已自动得到更新。关键是要经常性地清除沉积淤渣。

为确保碱液效能，必须经常检查其组成，这对于瓶子的干净无菌至关重要。

5.1.2.3.5 洗瓶水耗

洗瓶机的水耗量应在约250mL/瓶的水平（150～350mL/瓶之间），相当于0.3～0.7hL水/ hL 啤酒（0.5L瓶）。由于喷冲水不能全部回收，所以水耗首先取决于喷嘴数目。喷冲越频繁，强度越大，出瓶温度越低，水耗量也就越大。

如果希望节省用水，瓶子的温度就可能偏高。如果想将水耗限制在约150mL/瓶，出瓶温度可高达30℃！可见，水耗不应低于这个最小限度，否则污物量将由于喷冲不足而明显增多，而且也不能保证可靠清除表面活性剂残留。

洗瓶水耗控制在200~250 mL/瓶应视为很理想的水平。

5.1.2.4 洗瓶机的清洗和维护

通过洗瓶机内固定安装的喷头可以对其进行清洗（图5.18）。这些喷头分布在：

- 热水和冷水喷冲区以及集水盘处
- 进瓶和出瓶端
- 预浸泡槽
- 中间喷冲区用于除垢（酸性物质）

除了定期清除碱槽中浑浊物外，每班生产结束后还必须进行以下工作：

- 排空碱液槽进行冲洗
- 排空热水和冷水各槽，除渣并彻底清洗。须注意，在这些区域不能有水垢，因为在温暖环境下，其粗糙多孔表面极易很快滋生微生物。在对瓶子喷冲时导致污染。建议在此进行泡沫清洗杀菌
- 机器头部和此处滴水情况尤应引起重视。定期清洗灭菌非常必要。需要同样对待的还有出瓶和进瓶口
- 瓶盒载架及链条的底面经过一定时间后会积下很厚的污垢，必须定期清除，否则就如同吸水海绵一样会使污垢不断转移扩散

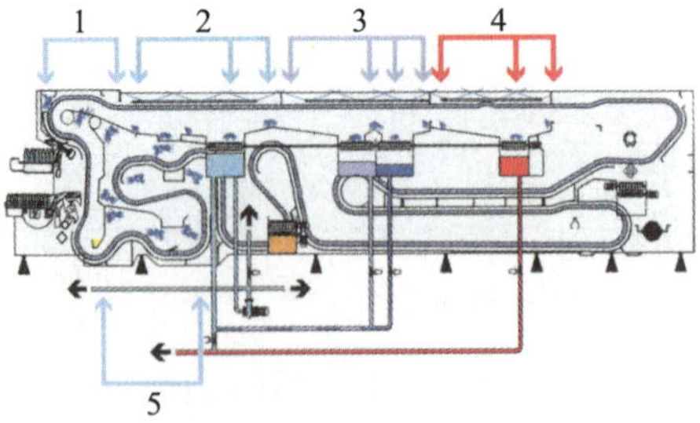

图5.18 采用CIP喷头进行内部清洗
1-机头部位 2-清水和冷水喷冲区
3-热水喷冲区 4-后碱液处理区 5-预浸泡区

5.1.3 回收瓶清洗之后的检验

经过洗瓶机处理之后的瓶子仍然可能带有某种缺陷或问题，诸如：

- 破损，如瓶口部
- 不均匀一致，或磨损严重，如摩擦环的磨痕
- 含残液，甚至碱液
- 附着顽渍
- 带有异物等不明物

为了确保灌装饮料之前瓶子洁净和完好，须应用空瓶检验机进行检验。空瓶检验技术必须为经营者以及消费者提供保障，只有满足国家法定的瓶子或符合行业普遍要求的瓶子才准用于灌装。

在洗瓶之前还须确保：

- 除掉残留的瓶盖
- 除去形状不合要求的瓶子
- 除掉环身标

空瓶检验机如下。

现在，空瓶检验都采用电子方式借助多台CCD点阵摄像机进行。验瓶机有两种基本结构形式：

- 回转式
- 直线式

两种形式验瓶机操作的占地相差无几，但也有不少差异。

回转式验瓶机的检验过程是在瓶子做圆周运动中进行的（图5.19）。具体可描述如下：

- 精确定义的瓶子传输且瓶子自转一周

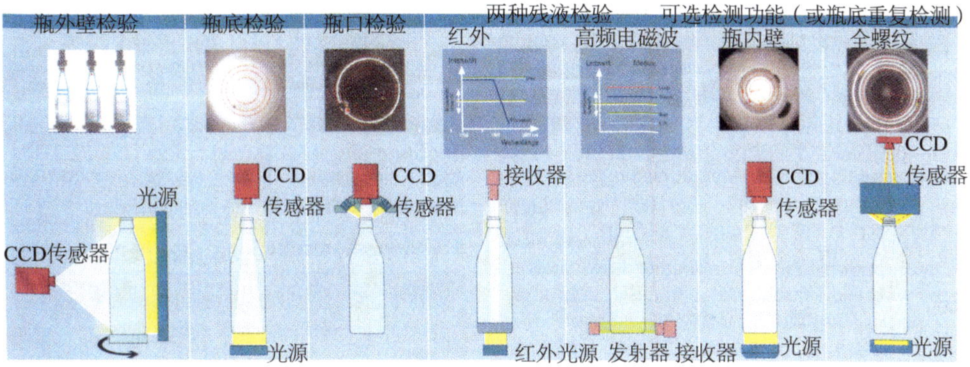

图5.19　空瓶检验

- 瓶壁检验分辨率较高，特别是应用线形摄像机
- 为适应各种瓶型需设有各种可更换附件。附件转换需要较长时间，附加成本较高，还需要存放库位
- 此外，这种机器的清洗，打扫和维护都很费工

直线式验瓶时瓶子只做直线运动， 通过各个检验站并进行单项检验。

这种结构形式也有其优点和缺点：

- 检验成本较低
- 瓶子外形需另设检验单元（分类设备）
- 同回转式验瓶机一样，瓶子需拉开并保持距离

瓶子的多方位检验依靠人工方式借助极易疲劳的眼睛当然已经无法实现。取而代之的是带多个CCD点阵摄像机的验瓶机。CCD点阵摄像机摄入待检瓶特定部位的图像并将之分解成像素，然后通过一定的但可以修改的算法进行处理，并按“是”“非”原则对瓶子进行取舍。

> 在灌装速度为50000 瓶/h的情况下，电子系统对每个瓶子只有约0.07s的可用时间（15瓶/s）， 对于瓶口而言相应的时间更短。为了在这样短的时间里得到分辨率尽可能高的待测部位的具体图像，摄像过程采用了同步的高频闪光灯来使影像“定格”。在有些系统中还能对瓶子高速运动引起的图像模糊现象进行电子校正。

对于玻璃瓶，两种结构形式的验瓶机都适用，但现在直线式越来越流行。

一台空瓶检验机可能包括：

- 一个或两个用于检验瓶壁的带摆动反射镜的摄像机
- 一台瓶底检验摄像机
- 一台瓶口检验摄像机
- 一个高频电磁波–碱液检验单元
- 一个红外光–残液检验单元
- 一台瓶子内壁检验摄像机
- 一台检验螺纹的摄像机（采用旋盖时）

各检验系统的工作原理分述如下：

（1）瓶外壁检验　外壁检验要检查出一个正常的瓶子不应有的任何异常情形。例如，粘附有标签或箔标残片，未洗净的污渍以及表面划痕等。

在此，摩擦环及其磨损程度比较特殊。当瓶子集中输送带、弯道处和多道有速度差的情况下，瓶子之间互相摩擦损坏的痕迹会出现越来越严重的趋势。

为了保护标签，以及尽量减小和限制摩擦伤痕的范围，在很多国家都出现了贴标区上方和下方直径略大（但几乎看不出来）的瓶型。这样自然使得接触摩擦较为集中，容易形成上下两个因瓶表面磨损而凸现出的所谓摩擦环。随着瓶子的反复使用，摩擦环也会变得越来越宽，瓶子变得低劣难看。在有些国家，瓶子的危险性是与摩擦环的宽度成正比的，因此，必须通过检验将这类问题瓶分离出来。

摩擦环检验在瓶子湿润的情况下十分困难。

为了对瓶子外壁进行检验，在回转式验瓶机内瓶子在光源前需旋转360°，在此期间借助CCD点阵摄像机一共摄取9幅灰度范围256级的瓶壁图像。每幅图像可分割为最多10个小块分区分别进行分析。而且每个分区可以设置不同的算法和灵敏度。这样，像瓶子的磨损严重的接触带区域就是通过这个原理识别的。

直线式验瓶机采用两个带线形CCD传感器的摄像机摄取瓶壁的图像，每个摄像机每隔30°共摄取6幅瓶子表面的图像，在每个此期间瓶子只需旋转180°。

现在，技术上能够做到在任何情况下根据瓶玻璃的透光性能对瓶壁的光照时间进行补偿。各个分区的检验灵敏度都可以预先设定并随时可以调整。数据处理及分析判断是根据一定的阈值进行的。

（2）瓶底检验　借助CCD点阵摄像机采集由瓶底投射的来自瓶子下方的一个卤素灯或频闪灯的光线，采集到瓶底部的图像。光路中组合了偏振光滤光镜。

底部被分成几个区域可分别采用不同的算法和不同的灵敏度进行检验。摄像系统中设有亮度补偿功能，它能对瓶子颜色的变化起到补偿作用，对每个瓶子都可以自动补偿。

底部图像处理可以在不同的亮度分区内进行：

- 环形分析，针对底部边缘的异物和玻璃碎块等
- 块式分析，专门针对边缘区域
- 直线分析，专门针对饮料干残留物
- 亮度分析，完全遮盖的底部或堵塞的瓶颈
- 薄膜识别，针对透明的塑料膜或玻璃片

应该提到，PET瓶的应力裂纹的检验也很重要，当裂纹较多时应予剔除。

（3）瓶口检验　瓶口是最复杂和最易受损的部位。对这个部位主要是要检验有无突起、裂纹、缺口或未洗净的污渍。这些问题都有可能妨碍重新加盖后的密封性，或者因瓶口损伤而殃及消费者。

因此，对瓶口的下列部位进行检验非常必要：

■ 旋盖或撕拉盖的螺纹
■ 密封面

（4）螺纹检验　检验光源要么采用频闪灯加光纤要么采用侧面光源。两种情况下都采用CCD点阵摄像机分析处理。

在光源采用频闪灯时，检验光沿螺纹的切线方向进入光源对面的摄像机，如果螺纹有缺损等缺陷，反射光将进入接受器的光学镜头，进而识别到螺纹的非完整性。

在使用侧面布置的光源时（或利用瓶壁检验的侧光源），瓶子需做旋转，在此同时摄取瓶口侧面的图像。

■ 回转式验瓶机瓶子旋转一周摄取8幅图像
■ 直线式验瓶机摄取来自4个互差45°的反射镜的4幅图像，与此同时瓶子旋转90°

（5）瓶口密封面检验　检验密封面的完好性，首先要对下列缺陷进行检验识别：

■ 贯通形缺口
■ 边缘缺损
■ 裂缝或凹坑

但这种由上向下的摄像检验方法无法检验到瓶子颈部起固定皇冠盖作用的环形凸缘以下区域，然而这里常会有锈迹存在。

密封面检验有两种方案：

■ 借助CCD点阵摄像机，以红外光发光二极管作为光源
■ 借助旋转扫描-检测头，由卤素灯发出检验光并通过光纤投射到密封面上。由2～3个光电池接收反射光

由红外光二极管照射通过摄像机产生的瓶口数字化图像可以根据：环形线中断与否以及环线外反射区的亮度分别予以分析处理。

由光电二极管采集到的图像则根据亮度差异进行分析：

■ 缺陷平面分析（密封面，螺纹）
■ 明暗-亮度分析（带盖，颈部缺失）

（6）残液检验（总采用双重配置）

> 在最坏的情况下，洗瓶之后瓶子内不可避免仍有可能残留有碱液。例如，当标签进入瓶内即有可能阻碍其排空。这样的瓶子必须检出。
>
> 检验残留液体通常总是同时配置两套原理不同的检验系统：
>
> ■ 高频电磁波（HF）检验系统
> ■ 红外光（IR）检验系统

高频电磁波（HF）检验系统：

这种检验方法是基于碱液的介电常数为玻璃的2～3倍的事实而设计的。当含有碱液的瓶子到达检验点时，接收器接收到的电磁波能量将显著增强，如果该变化量达到预先设置的阈值，即可对该瓶实施剔除。

为了可靠地识别残碱液，瓶子略微倾斜，这样更有利于液体汇集到底部。

红外光（IR）检验系统：

作为高频电磁波（HF）检验系统的补充，红外光检验与之相比差别在于，它可直接利用瓶底检验系统的频闪灯光源中的红外成分实现残液检验。

红外光检验单元由一个灯箱，一个带变焦镜头的红外传感器和可显示瓶子底部残液的计算机组成。

（7）瓶内壁检验　外壁检验只能有条件地识别内壁的异常，因此，内壁检验十分必要。此外，这项技术也为标志直接烧结在表面的瓶子提供了内壁再次检验的可能性。

内壁检验同样采用CCD点阵摄像技术，光源位于瓶子下方，瓶口上方的摄像机同时得到底部和内壁的图像。被检验部位以及异常点在图像上的尺寸大小取决于该点距摄像机的距离，距离越近尺寸越大。

内壁检验对有些瓶型较为困难，这是因为颈部过渡区域的特殊形状使得内表面不可能100%得到有效检验。要提高检验的覆盖面以及可靠性，现在越来越多地考虑从瓶材和瓶型的可检性着手。

恰好处在外表面标志或严重磨损的摩擦区背后的异物和污渍等异常可借助内壁检验技术予以检验。

（8）其它检验项目　如果瓶子未经预先分类，在验瓶机上可以应用附加检验单元进行下列分类：

- 太高或太低
- 颜色不合要求
- 直径或轮廓不合要求
- 对其它一些特征视为不合格而需识别剔除

必须确保只有绝对满足要求的瓶子，即绝对干净和各个部位都100%合格的瓶子才能用于灌装。

（9）被剔除的瓶子　瓶子经检验被剔除的原因各不相同，从未洗干净到瓶体有缺陷。如何处理这些问题瓶有以下几种选择：

- 送往碎瓶机
- 重新送回洗瓶机
- 通过分类装置再细分并输送（碎瓶机，洗瓶机等）

（10）验瓶结果的监控　决定正常可靠实现验瓶的因素很多，如果未清洗干净，破损以及含有有害物质的瓶子未被检出，接下来再没有任何检验系统作保证，就有可能危害消费者。

所以，对于验瓶机的工作状态必须予以检查与监控。检查工作本应持续不断地进行，但几乎没有哪家啤酒厂可以承受运用昂贵的第二台验瓶机作为双保险的奢侈方案。

通常可采用放入测试瓶结合运行预先设计的测试程序的方法来检查验瓶机各项功能的可靠性。测试结果数据将与预先置入的一系列参考数据相比较，如果能满足预置的所有条件则测试“通过”，同时还必须给负责该测试瓶的系统发一个确认信号。

一般每隔30min就需进行一次功能测试，或者以0.5h所通过的瓶子数目作为参考来确定设备的测试间隔。

此外，还必须检查被验明不合格的瓶子是否确实被可靠剔除。这一剔除监测系统必须在结构上保证不因失调、安装不当、被脏污或其它原因而导致功能丧失。另一方面，是否有未检测到缺陷的瓶子被打出也同样需要实施监控。否则，虽不造成潜在危害，但对生产总是不利的。

空瓶检验技术的成本无疑相对很高，但我们必须认识到，为了始终保证产品的卓越品质，它却是不可或缺的。这里还涉及对消费者的保护，防止与避免任何形式的伤害。在今天高速灌装生产线已十分普遍的形势下，人工验瓶已根本无法进行。

5.1.4 啤酒灌装

5.1.4.1 灌装基本原则

啤酒灌装过程中必须最大限度地保留其有价值的品质，啤酒之所以有别于其它饮料正是由于它的一系列独特品质。

和其它诸如含CO_2软饮料，无醇饮料以及香槟酒这样一类富含CO_2的饮料一样，CO_2含量高也是啤酒的特征之一。因此，必须保持其特征直到最后被消费者饮用。很多饮料包括啤酒和沉静型无醇饮料对微生物都十分敏感，相比之下，细菌在高度酒中完全没有存活的可能。

大多数饮料由于黏度较小流动性好，灌装较为容易。而对于黏度很高的甜烧酒来讲，采用通常的压差灌装却难以进行 。鉴于这样的情况可以想见，满足所有饮料要求的单体灌装机是找不到的。

根据灌装原理，灌装机可以分为几大类别：

（1）根据灌装过程的压力；
（2）根据灌装量的计量方式；
（3）根据灌装过程的温度；
（4）根据瓶子的预处理。

5.1.4.1.1 灌装压力

人们总希望灌装过程进行得越快越好，并且不给饮料带来不利影响，这当然取决于设备的效能。这里还应区分灌装压力和驱动压差两个不同的概念。

所谓“驱动压差”是液体的静压，取决于饮料储槽中的液面高度与瓶子的高度差。这一压差可通过附加压力（灌装压力）加以提高。

根据灌装中出现的压力可以将灌装机分为：

- 真空灌装机和高度真空灌装机
- 常压灌装机
- 过压灌装机

真空/高度真空灌装机：灌装驱动力是与大气压相对的压差。这一压差同时还控制液体的通道（无瓶——就没有真空）。

这种灌装机在瓶中产生93~98 kPa（绝对压力）的微小负压，液体以吸入方式灌装，可用于黏度小的沉静型饮料如葡萄酒、牛奶、果汁及其它含酒精的饮料，目的是加快在常压下较为缓慢的灌入过程。

高度真空灌装机用来灌装黏度较高的饮料，如甜烧酒、浓果汁，油或番茄汁等。这类高黏度液体采用常压灌装耗时太长，需借助负压（60~90 kPa绝对压力）在瓶中形成较大差压而吸入（或称作压入）上述高黏度液体。

常压灌装机：这种灌装机工作在大气压力下，灌入速度仅由液体产生的静压决定，灌装液体流通路径必须受到控制。

常压灌装机很少见。

过压灌装机：又叫反压灌装机。灌入速度仅取决于液体的静压。液体流过的路径只在瓶子中压力与储槽中液面上方的压力达到平衡时才开启（等压灌装原理）。灌装压力必须高于饮料中CO_2的饱和压力（平衡压），这一饱和压力取决于溶解的CO_2含量和饮料温度。

过压灌装机可用于所有含CO_2的饮料。假如在常压下灌装，CO_2饮料会很快地起泡，导致灌装不满或无法灌装。啤酒灌装总是采用过压灌装机进行。

5.1.4.1.2 饮料定量

饮料灌装定量可以根据液位、体积、质量来进行。

（1）定量灌装——据液柱高度或液面 以液位为准的灌装方式下，灌装量一直要达到规定的高度刻度，此高度以瓶口起计。该高度标尺可以通过插入瓶颈的回气管长度或借助电子探头设定。实际中由于玻璃瓶或塑料瓶的尺寸误差有限，因此可以保证灌装容量的精度。

按液位定量灌装是一种最常见的方式。

（2）按体积定量 可以在灌装之前测量好额定灌装量，然后实现快速的高精度灌装。也可采用借助IDM（电磁流量计）或质量流量计实现体积定量测量进行体积定量灌装。

体积式灌装尤其适合于非标准容器、薄壁塑料容器以及公共自助出售设备的情况。

体积定量必须具备灌装物料温度补偿功能。

（3）按质量定量 这种定量形式只适用于少数液体，故不做详细介绍。其优点是定量精度不受灌装物料温度的影响。Keg的灌装采用称重定量就是一个很好的例子。

5.1.4.1.3 灌装温度

在洗瓶过程中瓶子已达到很高的温度。如果高温瓶子先用热水喷冲，然后灌入热饮料，则可有效防止微生物生长的可能性。这样就不必再进行巴氏杀菌即可得到无菌饮料。

这种灌装称为：

- 高温灌装，灌装温度高于60℃
- 热灌装，灌装温度在18～25℃
- 冷灌装，灌装温度在5～10℃

高温灌装主要适于那些内容物不会因热效应而致营养破坏的饮料。啤酒灌装不能采用这种方式，因为会有损口味质量。同时，由于相应的灌装压力可能超过600kPa，灌装损耗也将增大。

经高温灌装之后的瓶子需通过降温使其达到常规贮藏温度。

采用热灌装时，瓶子在洗瓶机的最后阶段减少两次冷却处理，然后在20～25℃下灌装饮料，其优点是可以降低水耗。

冷灌装是最普遍的灌装形式（如啤酒）。在此喷冲清水的温度十分重要。清水温度在12～13℃可使瓶子温度在灌装前降到约15℃。只能通过水的冷却（例如借助啤酒）才能进一步降低瓶子的温度。但低温的瓶子又只适合灌装低温的饮料。总之，两者温差越小，因含CO_2而导致可怕的泡沫喷涌现象的危险性越小。

5.1.4.1.4 瓶子的预处理

啤酒对极微量的氧都十分敏感。氧可促进啤酒的内容物的氧化，通过形成老化羰基而在灌装后很快产生老化味。所以，人们不惜一切，努力设法除去待灌装空瓶中的空气。

但要做到绝对清除空气（氧）绝非易事。这方面的具体措施主要有：

- 空瓶抽真空并预充CO_2
- 两次抽真空并两次预充CO_2
- 采用蒸汽充分喷吹清除空气

相关的详细内容请参阅灌装机的有关章节。

由于技术上不能总是保证将瓶颈处空气和溶入到啤酒中的氧彻底除去，在世界其它国家还常采用抗氧化剂来防止残留氧对啤酒的负面影响。对于某些饮料可用抗坏血酸作抗氧化剂。添加抗坏血酸只能有限地延长啤酒的保质期，因为同时也有羰基生成。

灌装机现在都设计成回转式结构（少数有例外），所带灌装阀可多达200个。在此需关注以下几个方面：

- 机器的原理结构
- 重要功能组件和组成部分
- 灌装阀及其工作原理

5.1.4.2 灌装机的原理结构

所有灌装机（图5.20）都具有相同的基本结构：

- 基本部分包括机器台面和驱动装置，由此通过齿轮驱动所有旋转部分
- 灌装相关物料所必需的压力气体管道，包括真空管道都经过一个

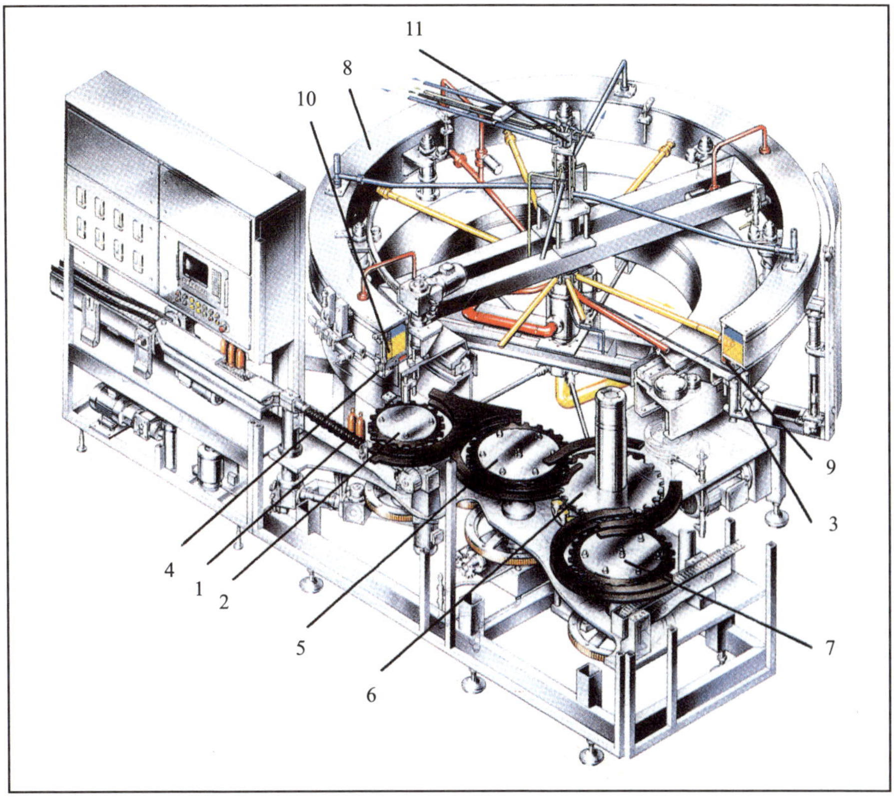

图5.20 Delta F 型灌酒机（剖视图）

1-输入分瓶蜗杆 2-进瓶星轮 3-升降机构 4-定中罩 5-中间星轮 6-压盖星轮 7-出瓶星轮 8-环形酒缸 9-真空通道 10-灌装阀 11-旋转分配器

分配器11与环形贮酒槽（酒缸）8连接在一起。沿环形酒缸外围安装着灌装机构（饮料由下方，气体和CIP回流由上方连接）

瓶子呈单列被送入机器，经由一个分瓶蜗杆形成一定的间距后被分配到正对着灌酒机构的可升降托瓶盘3上（输入星轮）。在经过一周的回转过程中完成饮料的各灌装步骤，并最终送往压盖机5、6压盖（过渡星轮）。接着瓶子通过输出星轮被转送到链板式输送带上。

单只是饮料灌入过程仅5～6s，但瓶子的前后处理还需一定时间。要想提高产率只能通过增大机器的回转半径（机器尺寸）才能实现。

机器回转体的直径从1.4～6m不等，产率最大可达到100000瓶／h。

由于运输条件的限制，灌装机的直径最大一般不超过6.5m。在具有200个灌装阀的情况下，阀位的间距只有约100mm。瓶子的直径越大，瓶位的宽度也越大，所以在相同的机器直径下可容纳的灌装阀数目也就越少。

5.1.4.3 灌装机主要组件

尽可能快地实现灌装过程并立即封盖是十分必要的。基于这种考虑，现在所有的灌酒机和压盖机都采用连体结构，因此将两者放在一起介绍。

灌酒机包括以下主要组件和部分：

- 驱动装置
- 介质输送系统
- 瓶子输入，处理及输出装置
- 升降单元结构及原理
- 高度调节——适应不同瓶型
- 灌装机构结构及工作原理
- 压盖系统
- 清洗保洁
- 操作指导

5.1.4.3.1 驱动装置

现代水平的灌装－压盖机都采用变频调速三相异步电动机驱动，通过减速器输出的驱动转矩分为两路：

- 通过一个联结轴驱动带滚珠轴承的主回转体
- 通过另一个驱动层驱动压盖机、输入－输出星轮和输入端的分瓶蜗杆

现在也部分采用耐磨塑料制成的齿轮，因此设备噪音很低。良好的啮合和润滑保证了很高的运行降噪品质。

5.1.4.3.2 介质输送系统

在机器的上部连续转动的同时还需保证介质输送（导入和导出）持续不断地进行。完成这一任务涉及以下几个方面：

- 从下方导入啤酒或其它饮料
- 导入带压CO_2气体
- 导入压缩空气
- 导入蒸汽
- 导出制备真空而抽走的空气
- CIP 回流通道以及其它介质通道

上述介质输送必须通过硬管与旋转分配器的转动部分同轴连接才能实现，采用可移动软管连接是行不通的。

介质输送通过固定安装在机器中央的旋转分配器进行（图5.21）。环形储槽中饮料的液位通过一对浮球控制。为了防止旋转分配器中各种介质串位，分配器中相关密封面都做了表面硬度处理，磨损率很低。同时通过应用长寿命特殊密封圈确保在不利生产条件下仍能可靠防止介质混合。

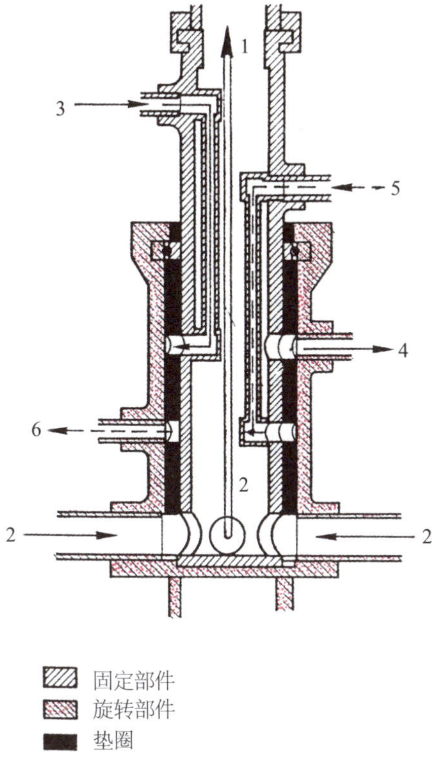

图5.21　旋转分配器

1-真空导入口　2-真空导出口　3-CO_2导入口

4-CO_2导出口　5-压缩空气导入口

6-压缩空气导出口

5.1.4.3.3　瓶子输入、处理及输出装置

所有瓶子平稳、低噪、可靠地传送直至灌装单元是实现高效率高质量灌装的前提。这一高要求也同样适于已灌装瓶子的输出，压盖以及最终向输出传送带过渡的流程。经过分瓶蜗杆后瓶子间距拉开到正好与输入星轮吻合，瓶子被精确地过渡到同步旋转的输入星轮中（图5.22和5.22a）。由于瓶子受切向力作用呈向外倾斜状，因此在此应用了能减小摩擦且非常耐磨的塑料导板，这样瓶子表面也得到保护。瓶子外壁的环状磨损主要由于瓶子与瓶子的接触而形成。

玻璃瓶的输出也同样不存在任何问题。由灌装机出来后，瓶子经过渡星轮被送到压盖星轮进行压盖，如果每一次过渡都十分精准，玻璃瓶的输入和输出就能平稳而流畅。

5.1.4.3.4　升降单元的结构及原理

处在灌装阀正下方的瓶子必须迅速可靠地升起压紧在灌装阀下，并与之形成气密状态。灌装过程结束后又必须将敞开的瓶子无冲击地降下来，

图5.22　进瓶星轮和出瓶星轮

图5.22a　夹持式输入－输出星轮

以免引起CO_2逸出。

升降元件是按气动–机械式原理工作的：

- 瓶子随通过压缩空气推升的托盘上升
- 灌装后通过凸轮机械地下降

大多数升降元件都能以尽可能短的行程使瓶子在灌装阀下快速定位，在压紧并形成气密之后立即开始灌装步骤（图5.23）（另参见：灌装机构结构及工作原理）。

在灌装过程结束后，瓶子是通过输出区域的凸轮滑槽被迫降下来的。在升降元件上的滑轮在凸轮槽作用下实现由快而慢地下降。与此同时，用于推升升降元件的压缩空气被强迫压回气源管路，因此减少了压缩空气耗量。

5.1.4.3.5 高度调节——适应不同瓶型

现在用一台灌装机灌装不同大小和形状的瓶子已十分普遍。为适应市场，灌装机往往需经常做瓶型转换。转换调整时间太长将直接妨碍设备功效的发挥。因此，必须处理多种瓶型的现代化灌装机大都具备高度调整功能。

在做高度调整时，包括环形储槽和灌装阀在内的机器上部借助插销和齿圈等自动调整到必要高度。为此需事先在计算机上输入瓶型参数，以便在最短时间内完成转换调整。高度调整也可选择手动方式进行。

5.1.4.4 灌装机构的结构及功能原理

灌装当然应该属饮料生产最重要的过程。在这一过程中，饮料的质量参数必须全都保持不变 。为达到此目的，依不同饮料的不同要求，灌装阀在结构与功能上也各不相同。

灌装阀的结构通常都比较复杂，而且随着技术的进步不断地得到发展

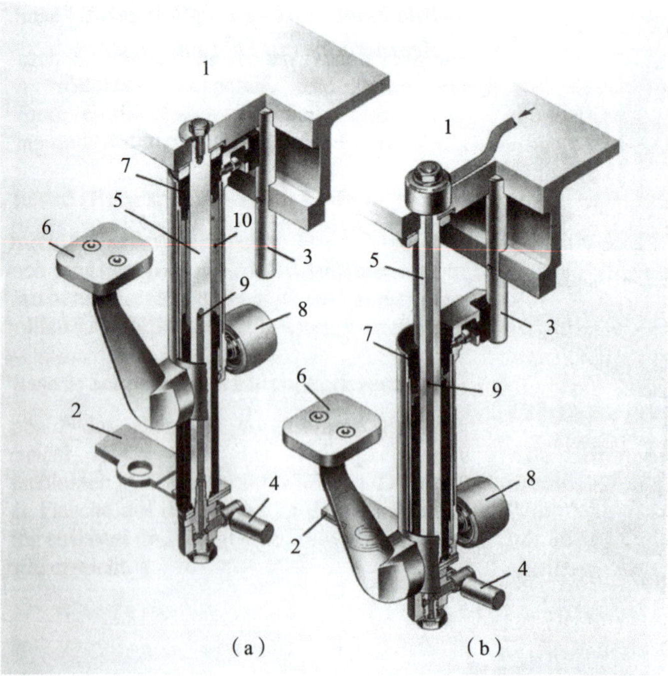

图5.23 升降元件
1–上支撑位
2–下支撑位
3–侧装导杆
4–压缩空气管
5–固定活塞杆
6–升降托盘
7–升降活塞
8–升降辊轮
9–压缩空气进入及排出口
10–瓶子推升用压缩空气
（a）元件升起
（b）元件降下

和改进。我们不妨从以下几个方面作为重点分别加以了解，它们是：

- 钟形对中罩
- 带灌装管的灌装阀
- 无灌装管的灌装阀
- 灌装阀控制
- 体积式灌装

5.1.4.4.1 钟形对中罩

瓶子与灌装阀可靠对接的方法基本有两种：

- 将瓶子向上推升直至压接在灌装阀上
- 使灌装阀下降到瓶子上

第二种方法在后面的易拉罐灌装时将提到。而在进行瓶子灌装时总是采取使瓶子上升趋向酒阀的方案。

为了使瓶子与灌装机构的结合顺利进行，在瓶子与灌装阀之间插装了一个可随瓶子一同上升的对中罩（图5.24）。对中罩的作用是帮助瓶子对中地接合到灌装机构上并与之形成良好的密封状态。

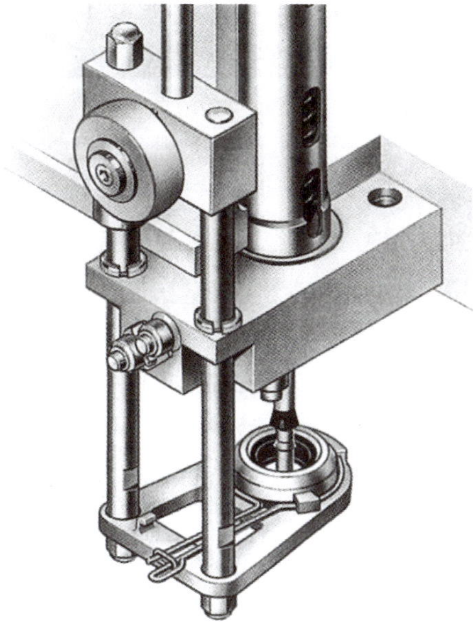

图5.24　带导架的对中罩

5.1.4.4.2 带灌装管的灌装阀

采用带导酒管的灌装阀灌装时，啤酒是通过一根长导管在接近瓶底处灌入瓶子的。这种情况下啤酒是由下而上缓慢地灌入瓶中的，可避免过多地接触瓶子中的气体，从而使灌装过程中啤酒的携氧量非常少。

在液体导入管上部设有一个与回气收集室连通的回气孔，该孔处在所期望的灌装液面高度上。

液体灌装导管的流通截面受下列因素的限制：

- 瓶子口径　　≤　17mm
- 灌装导管外径　　≤　14mm
- 饮料有效流通面直径　10～12mm

因此，为了提高灌装速率有时不得不采用一定的压差。

在灌装过程中，瓶子中的备压气体经过回气孔被导入回气室，当瓶子中液面上升直至浸没回气孔时，灌入过程即自行结束，因为液面上方的气体已不可能排出瓶外。

在液体阀关闭后，液体导管将与瓶子颈部的空间连通，从而使导液管内所含液体全部排入瓶中。当然，这部分液体的体积在确定回气孔的高度时已经予以考虑。

为了提高第一阶段的灌入速率，可以通过附设的阀门使回气室与外界大气连通起来，这样灌装实际上是在一定的差压下进行的，灌入速率自然得到提高（快速灌入过程）。当灌装过程接近结束时，附设阀门关闭，灌入速率重又减慢。

由此可见，整个灌装过程可大致划分为三个阶段：

- 短暂的起始灌入阶段
- 较长时间的快速灌入阶段
- 短时“制动”阶段

5.1.4.4.3 带灌装导管灌装阀的灌装过程（机型 Innofill DR，KHS公司，Dortmund）（图5.25）

第一阶段：起始位置。

瓶子升高，通过对中罩使灌装管对中插入瓶内。

第二阶段：CO_2备压（蓝色）。

瓶子压接到灌装机构上之后，带压CO_2气通过空气管被导入瓶中，由下而上将瓶中的空气驱除。

第三阶段：灌装启动阶段——排风嘴1开启。

液体阀打开，啤酒通过液体导管流入瓶内，同时将瓶子中的CO_2气从上部排挤出瓶外。啤酒流入速率由截面很小的回气排风嘴1决定， 由于压差很小，啤酒流入十分缓慢，从而避免产生泡沫.这一阶段耗时仅几秒钟， 直到液面超过导液管管口10～20mm为止。

第四阶段：快速灌装阶段——排风口1和2开启。

通过大排风口2的开启产生较大差压，以此提高灌入速率。这一过程需要的时间最长。

第五阶段:减速阶段——排风口1开启。

通过关闭大的排风口2，啤酒流入速度重又放慢，液面进入瓶颈部位后缓慢上升，这样就避免了不希望的过量灌装。

第六阶段：关闭液体阀。

一旦啤酒达到预定的高度，液体

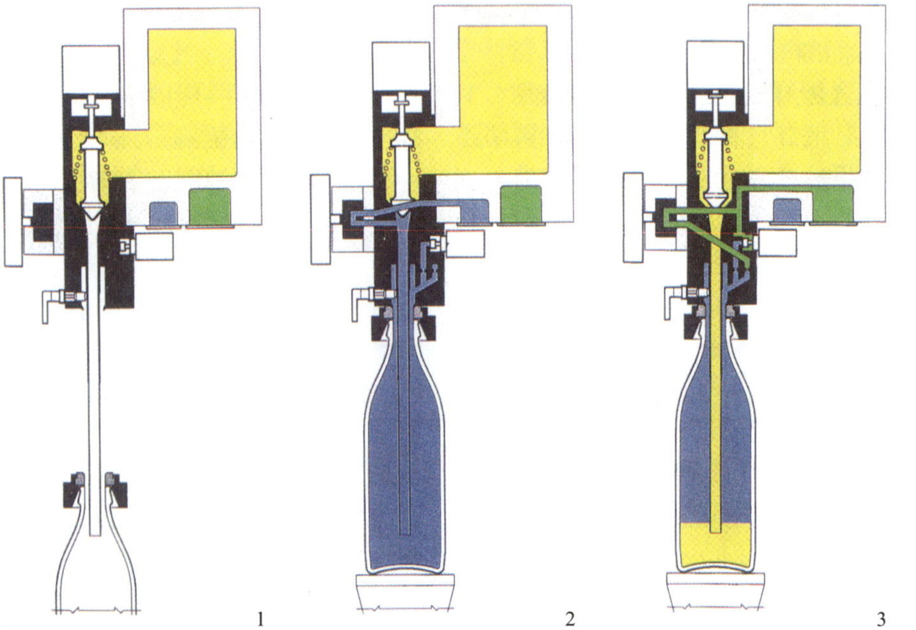

图5.25 带灌装导酒管灌装阀的灌装过程

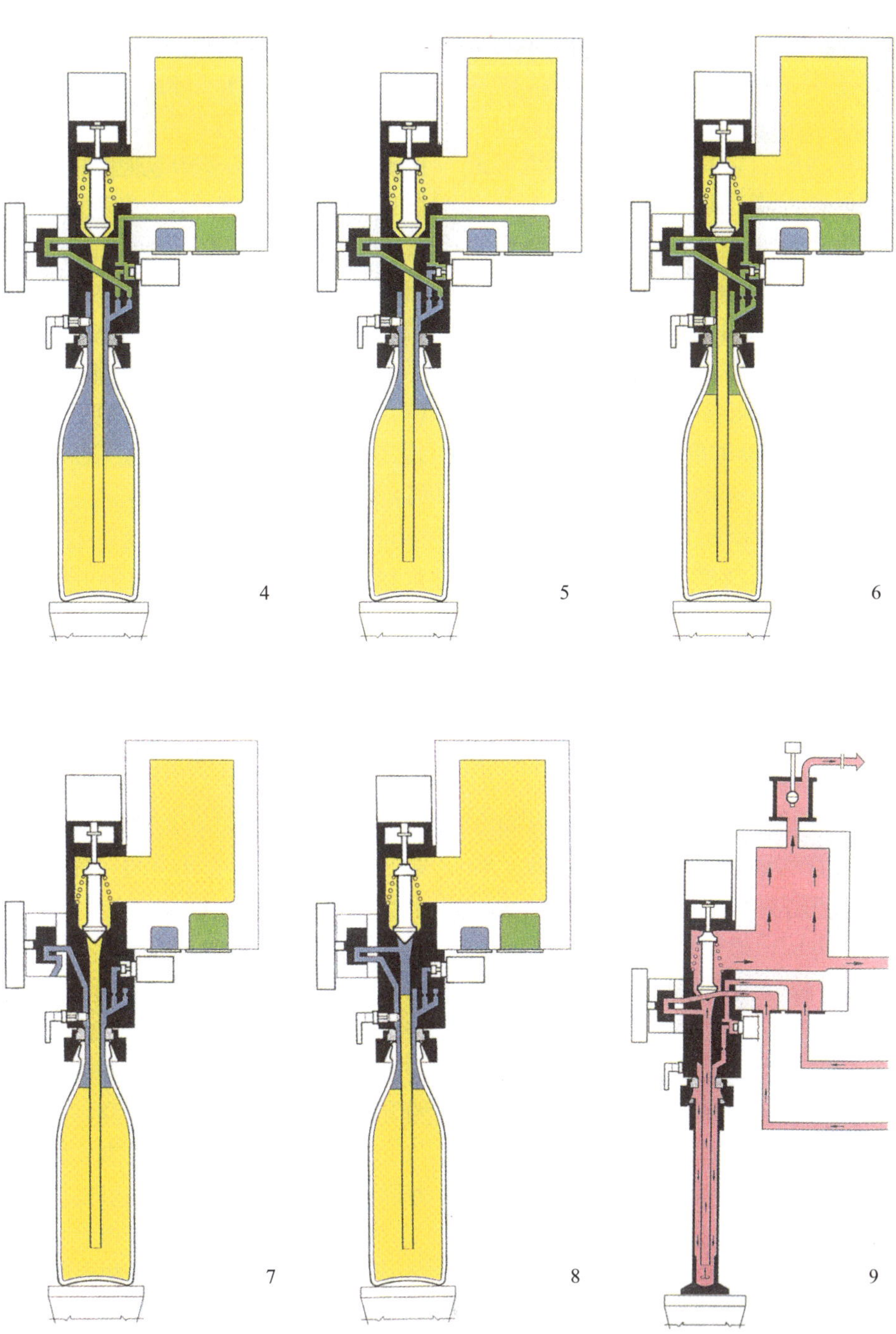

图5.25　带灌装导酒管灌装阀的灌装过程
（机型 Innofill DR，KHS公司，多特蒙德）
蓝色：备压；绿色：回气；黄色：啤酒；粉红色：CIP-系统

阀即被关闭。紧接着进行卸压，即使瓶内的压力缓慢降至与回气室压力相同，完成第一步卸压。

第七阶段：卸压至大气压。

作为第二步卸压，瓶内的压力最终降低到大气压。

第八阶段：灌酒管排空。

通过连通CO_2管道和导酒管使管内所含啤酒排入瓶内，最终使瓶子的灌装量达到预定值. 随后瓶子下降脱离灌装机构并继续向前被送往压盖机。

第九阶段：CIP

将所有的管道及通道，腔室相互连通，通过通入清洗剂进行循环以及随后的水循环使所有可能染菌的部位得到充分清洗。

5.1.4.4.4 无灌装管的灌装阀

由于瓶口狭小限制了导液管的直径，也就相当于限制了灌装的速率及灌装设备的生产效率。

为了解决这一矛盾，人们开发了无导液管的灌装机构，以期加速灌装过程。在这种结构下，啤酒是沿着瓶子的内壁流入瓶中的，因此必然增加了与空气的接触，吸氧的危险性也随之增大。

装备这种灌装阀的灌酒机常常被称为“短管灌装机”，以区别于长管灌装机。其实，这一叫法不够准确，因为我们从外面看到的所谓短管并非用于液体导送，而仅仅用于气体的导入和导出。啤酒实际上是经瓶口沿着瓶的内壁流入瓶子的。

假如真的用一个较短的导管来灌入啤酒，势必会引起啤酒起泡，而且还会使吸氧量大增。

灌入啤酒之前，可采用抽真空的办法减少瓶中空气含量，并随后向瓶子中补充高纯CO_2气体。当只抽一次真空时，由于灌酒时瓶内残留空气和CO_2一起返回酒槽，这样势必导致CO_2气体中的空气含量增大。为避免造成对啤酒的危害，就必须不断更新CO_2，这将使CO_2耗量相对增大，一般可达320～350 g/hL啤酒。

经两次抽真空处理（预抽真空—CO_2备压—二次抽真空—CO_2备压）灌装出来的啤酒含氧量会进一步减少，啤酒质量得到更可靠的保证。今天，这种技术在无灌装管灌装机上被广泛采用，其优越性已在实践中得到充分证明。

无灌装管灌酒阀具有相对较高的效率，这是因为，除去回气管所占的小部分截面积外，几乎整个瓶口截面都能用于饮料流入，因而不会出现在前面关于洗瓶机的讨论中提到过的类似瓶子喷冲清洗时可能出现的液体栓阻现象。

下面以VK2V灌装阀为例（图5.26）介绍有关灌装工作原理（Krones公司，Neutraubling）。

结合图5.27具有两次抽真空功能的无灌装管灌酒机灌装过程。

具有两次抽真空功能的无灌装管灌酒机灌装过程：

第一步：第一次抽真空。

瓶子和定中罩5一同气密地压接到灌装机构上。真空阀9由固定的挡块10顶开，很短时间内瓶中真空度即达90%，被定中罩顶起的真空保护阀22用来防止无瓶情况下真空系统吸入过量空气引起短暂真空度降低。

第二步：中间 CO_2填充备压。

通过操作带滚轮阀柄14短时开启气体阀15，让CO_2由酒槽3内导入瓶中。这一过程十分短暂，当滚轮阀柄复位后即告结束。此时瓶内压力升至接近大气压。

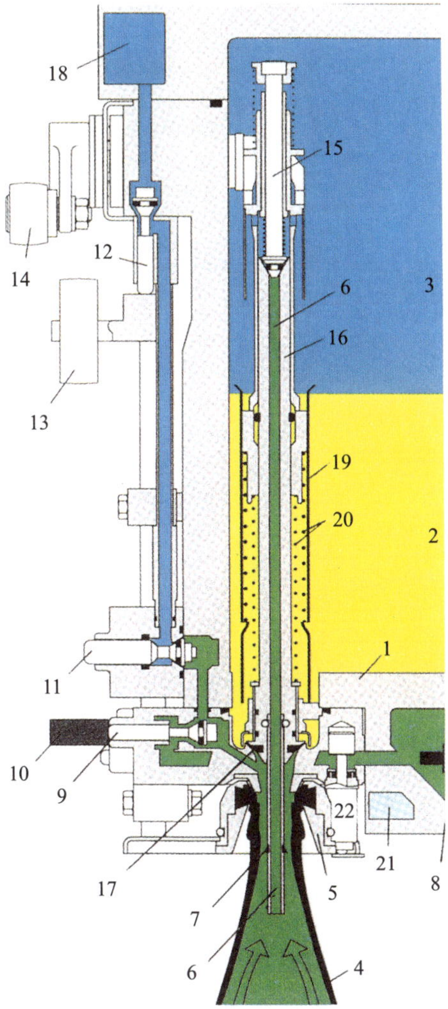

图5.26　无导酒管灌装原理图

1-环形酒槽　2-啤酒　3-CO_2　4-瓶子　5-定中罩　6-回气管　7-伞形分流帽　8-真空室　9-真空连通阀　10-操作真空阀的固定挡块　11-CO_2室连通阀，关闭状　12-CO_2导出阀　13-滚轮杆，用来操作CO_2阀　14-控制阀柄　15-CO_2控制阀　16-位于酒槽内的酒液阀　17-阀锥　18-CO_2槽　19-固定套筒　20-液阀开关弹簧　21-卸压室　22-真空保护阀

第三步：第二次抽真空。

重复第一步过程，再次得到约90%的真空度，由于此次被抽吸的是上次抽真空后残留的空气和CO_2的混合气， 所以经这一步骤之后瓶子中仅剩约1%的空气。

第四步：CO_2备压。

重复第二步过程，只是时间稍长。由于CO_2的充入使得瓶中CO_2的浓度很高， 瓶内的压力与酒槽压力最终达到平衡。第三和第四步未给出相应图示。

第五步：灌酒。

当酒槽压力与瓶内压力达到平衡时，滚轮阀柄14借助弹簧20使阀锥17抬起， 啤酒液经伞形分流帽7沿瓶壁呈很薄的水膜状流入瓶内。 在此同时瓶内的CO_2气体通过回气管6返回到酒槽中。

第六步：灌酒结束。

当酒液液面达回气短管之管口时，根据连通器原理，瓶中液面仍会上升但此时瓶中所剩气体已无法排出。

啤酒在回气管内究竟升至多高取决于很多因素，如灌酒速度、压力等。这一阶段灌装量出现了很少量的过剩，下个步骤须对液位进行校正。

精确的灌装高度是衡量瓶装啤酒质量的一项重要指标。

灌装量不足是对消费者的一种欺诈行为，而灌装超量意味着啤酒厂的损失，1mL的灌装高度偏差对于一个年产量为100000hL（约2百万瓶）的啤酒厂来说，当瓶子的容量为0.5L时可

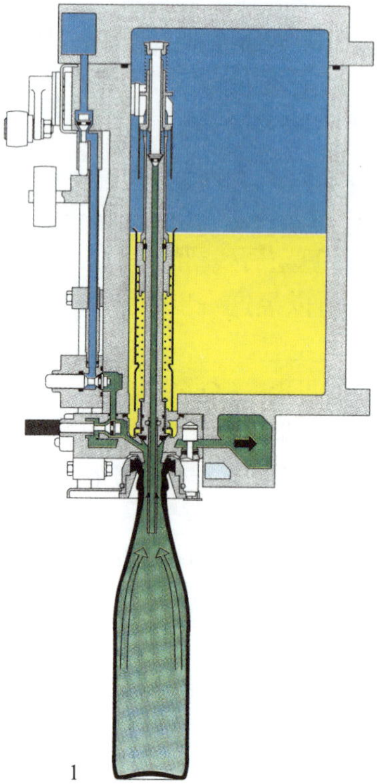
1
第一次抽真空

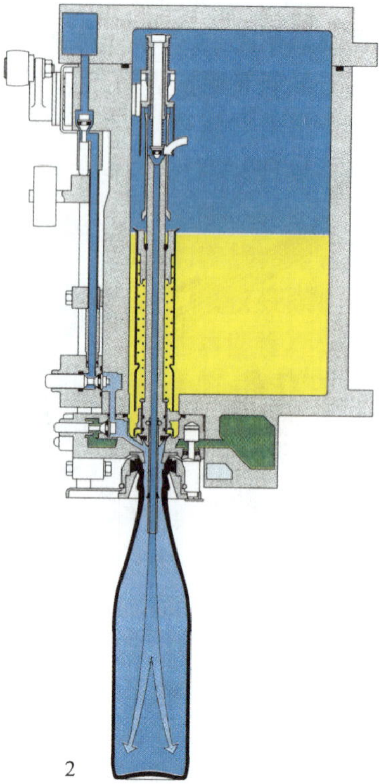
2
中间CO_2填充备压

图5.27　两次抽真空的无灌装管灌酒机灌装原理图

达200hL，可谓集少成多。

第七步：液位校正。

如果上一步骤下回气管中所含啤酒最后流入瓶内，就会使净灌装量增大而无法控制，这当然是我们不希望的。因此，为了得到精确的灌装高度，可通过滚轮阀柄14动作关闭啤酒阀17，但气阀15仍保持开启状态，然后通过固定安装的凸轮挡块顶开侧向安装的CO_2附加控制阀11将压力略高（约高20kPa左右）的CO_2气体由附加槽导入瓶内。由于压差的缘故，超过回气管端口的那部分啤酒将通过回气管被压回酒槽，从而保证了精确的“灌装高度”。

第八步：卸压。

最后，通过滚轮阀柄的运动操作气阀15使其关闭，同样地，通过一个固定安装的凸轮挡块顶开侧装的卸压阀9，使瓶子通过一个细小的节流嘴与大气发生连通，于是瓶内压力由于节流排气而逐渐降低并趋于大气压，避免了压力突变导致啤酒起泡。

CIP清洗：

当今的灌装机都必须具备CIP（原位清洗）能力。在进行CIP过程时，只需将清洗帽安装于酒阀下并借助定中罩将其压紧到灌装机构上，这样整个

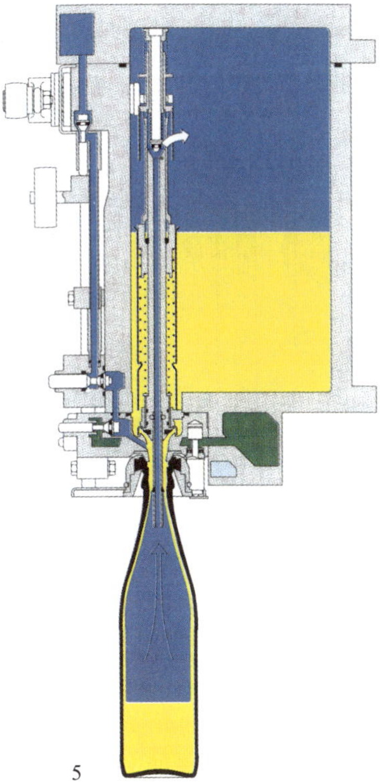

灌酒

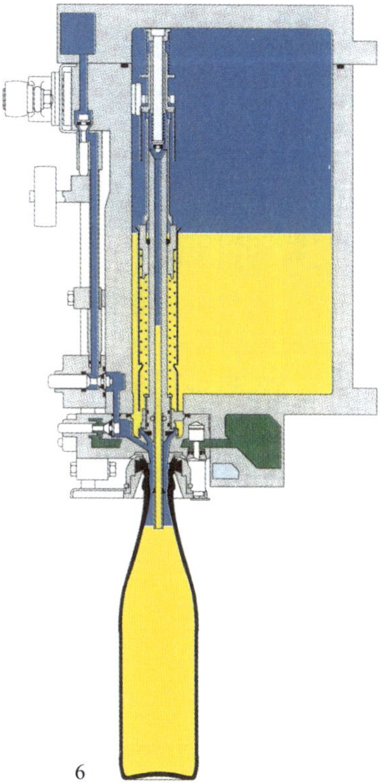

灌酒结束

续图 5.27

系统可通过清洗介质的循环得到充分清洗。

5.1.4.4.5 灌装过程的控制

随着技术的进步，灌装过程的控制技术也得到不断的改进和发展。20世纪50年代还在使用活栓式灌酒阀（相应的灌酒机被称为“考克灌酒机”），它是利用撞块拨动活栓旋转而依次实现下列步骤:

- 备压充气
- 进酒和回气

在下一轮灌装过程开始前，滞留在活栓以上的酒液被返送回酒槽并在下一轮又灌入后续瓶子中。在这种灌装机构基础上后来发展出一种在酒槽液面上方气体区域内由外部进行操作的灌装阀。这种技术虽然使得啤酒与外部操作可动部件不再有直接接触，但仍然没有解决啤酒与内装机构及弹簧的接触问题，而这些处在酒槽内的机构及弹簧对啤酒的无菌性只会产生不利的影响。

因此，技术的发展趋势总是力图通过其它控制手段尽可能取代内装式机构和弹簧来实现灌装过程。

采用气动膜阀取代外部机械式操阀方式标志着这一发展方向上的重要突破（图5.28）。这一新技术只是将

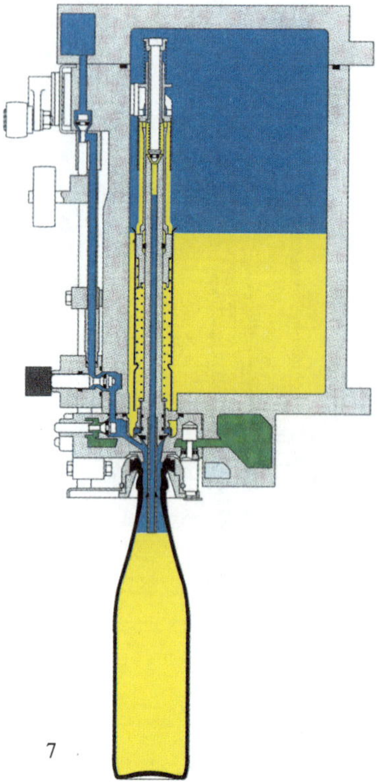

7

校正液位

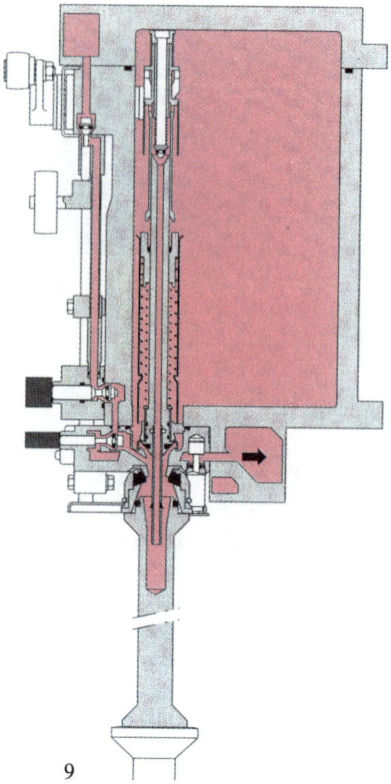

9

CIP清洗

续图　5.27

作为操阀动力的压缩空气送至密封膜片即可实现灌装阀的各项操作。

> 膜阀的开闭是通过压缩空气网络的控制气实现的（图5.29）。显然，这种形式可免除原来装于酒槽内的所有酒阀弹簧以及其它部件。

许多类型的灌酒阀都在酒液流出处设计了一个具有特殊锥体外形的旋流体，利用其旋流作用可使酒液回旋着贴紧瓶子内壁向下流入瓶内。

近些年来出现了很多改进灌装过程的新观点：

- 取代抽真空后的CO_2备压，改用过热蒸汽对瓶子内部喷吹，达到杀灭经过清洗的瓶子内的微生物的目的。并且这个处理可根据要求重复进行，以显著提高效果。相对于CO_2备压，这种技术同时还可以降低成本
- 有些机型还通过探头以电子方式控制灌装高度。含高灵敏度传感器的液位探头检测瓶子中的液面高度，当达到一定数值时通过控制单元控制灌装由常速阶段转为慢速阶段。灌入过程的结束和液体阀的精准关闭同样以探头的检测结果为依据。由于这种探头不耐机械冲击，所以总是安装在一个金属保护套管（兼气管）内

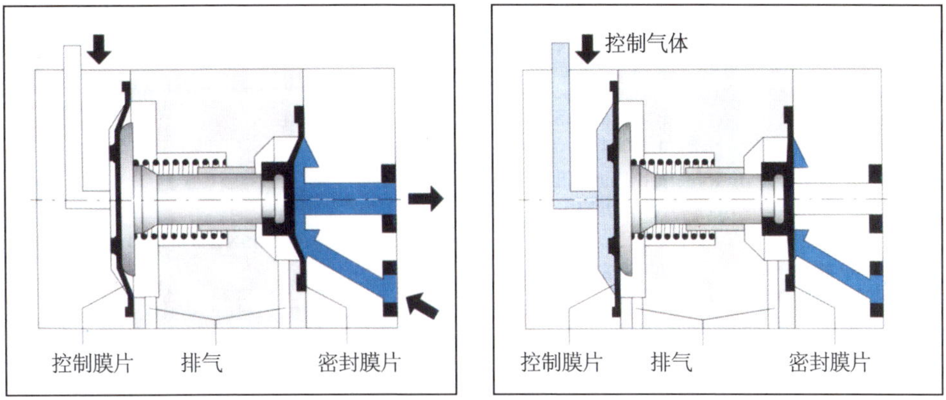

图5.28　气动膜阀

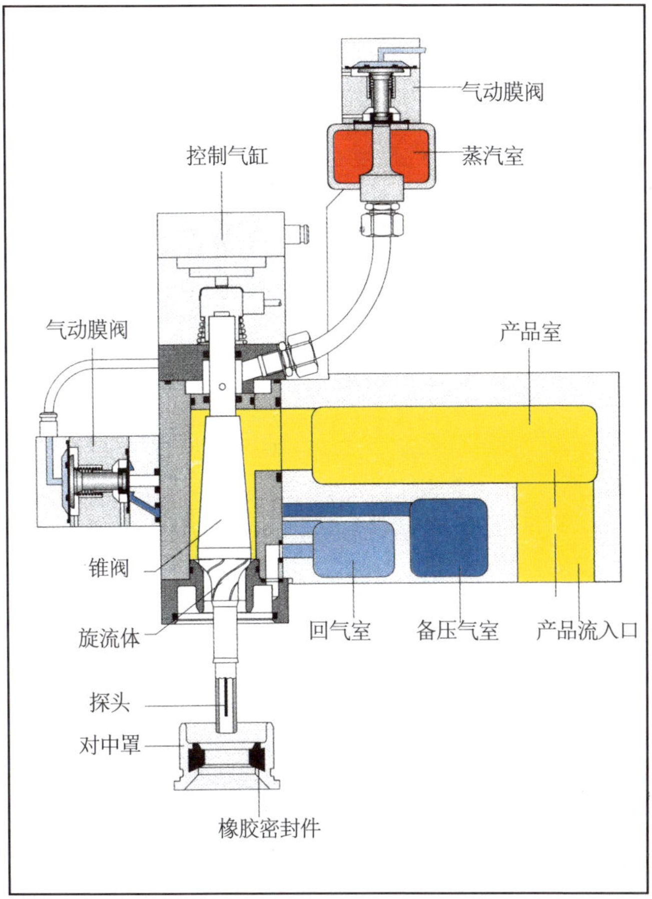

图 5.29　膜阀气动控制示意图
控制系统通过控制气动阀在给定时刻的开和关实现灌装过程

下面以KHS公司（Dortmund）的Innofill ER 灌装机为例进一步说明这种灌装机构的工作过程。

整个灌装过程采用电子方式控制，包括以下步骤（图5.30）：

- 瓶子预抽真空以及蒸汽冲洗
- CO_2冲洗
- 瓶子抽真空
- CO_2备压
- 慢速灌入－快速灌入
- 灌入速度减慢阶段
- 灌装结束－预卸压
- 后卸压

5.1.4.5 高压喷射引泡

瓶子颈部残留空气对啤酒质量是致命的。

由于瓶颈空气促使啤酒中的趋氧微生物生长，更主要地会加速老化过程。

啤酒中存有各种各样的容易被氧化的化合物。氧化生成的老化羰基（Alterungscarbonyle）具有极低的口味阈值，几乎在分子级范围即可通过气味被察觉，因而对啤酒的气味和口味造成负面影响。这一过程可以减缓但不能彻底被阻止。因此，人们感兴趣的是如何才能尽可能地提供最新鲜的啤酒。

老化羰基及其前期物质主要源于不饱和酸的氧化、美拉德反应，高级醇的氧化和其它氧化反应过程（见5.6.4.1）。

啤酒中溶氧越多和灌装过程吸氧越多或残留瓶颈空气越多，老化及口味破坏也越迅速。因此，必须采取措施尽可能地在灌装阶段减少瓶颈空气量。高压引泡就是最常见手段之一。

> 高压引泡采用持续的极细的高压水射流（最高达4000kPa）从上方向下喷射，每个经过此装置的已灌装瓶子都会被80℃的射流击中而起泡，由此驱除瓶颈空气。射入的水量仅百分之几毫升。然而在此须注意：
>
> - 高压喷射水需脱气，否则可能带入空气
> - 起泡不应过猛，否则导致酒损增大

为了得到最佳效果，现代化灌装机都配备有计算机支持的比例控制系统对射流实行自控。必要的喷射压力和喷射点的位置能依据灌酒机的速度进行自动调节。即使在减速和加速阶段也能保证瓶颈工艺参数的一致性。

通常情况下必要的喷射压力随着灌酒机转速的提高而自动提高，但当机器速度更快时，压力在达到最大值后反而趋于下降。机器在不同速度下的最佳喷射压力呈一一对应的关系（曲线），啤酒厂可预先设定并且随时可以修改。

灌装后的瓶子即被送往压盖机。

5.1.5 啤酒瓶封盖

瓶子封口可采用：

- 皇冠盖
- 有时也用到弓形卡扣瓷塞盖对啤酒瓶封口

后者应用范围很有限，且只用于

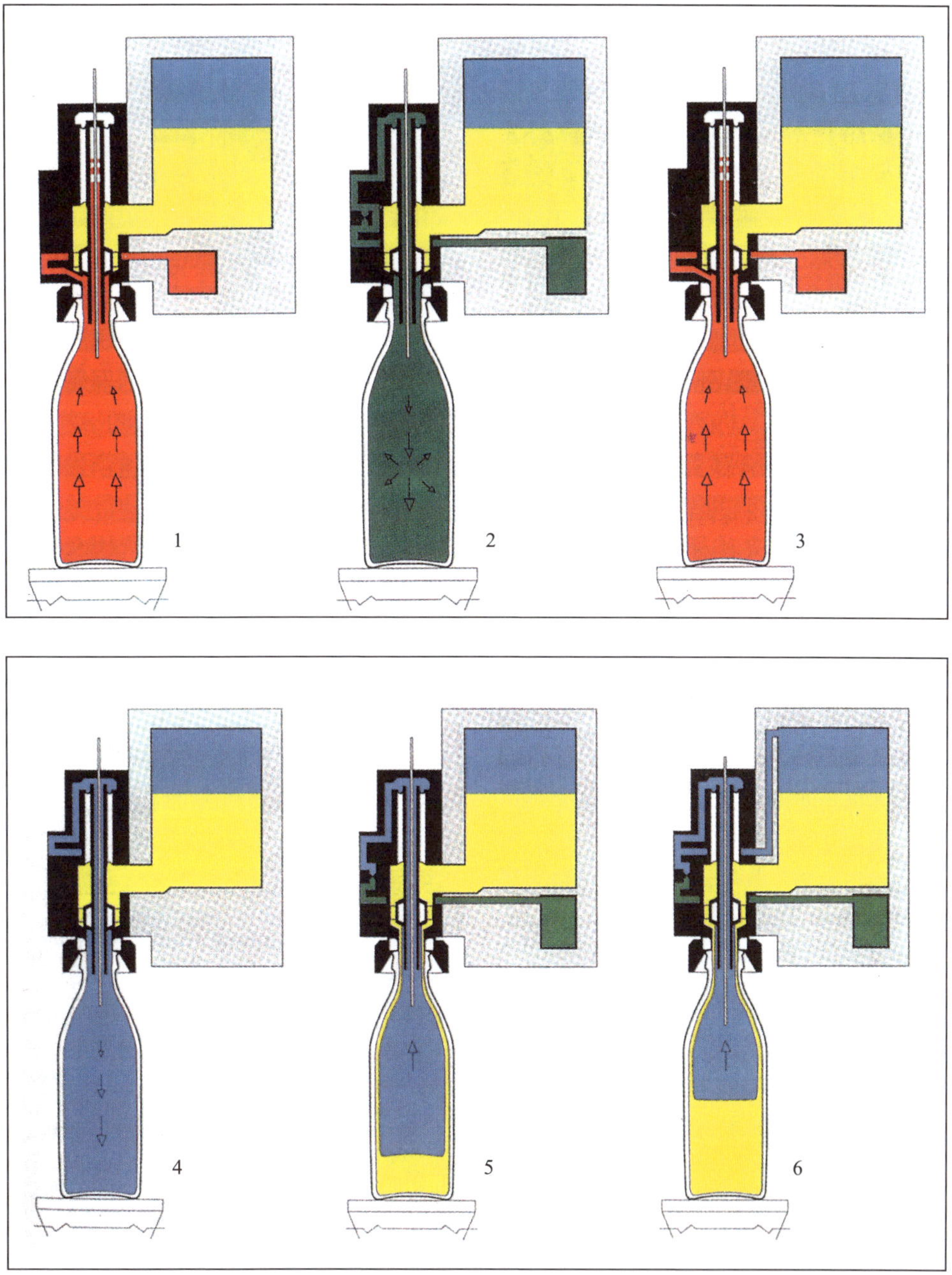

图5.30　电子控制灌瓶机Innofill ER

1-预抽真空　2-充CO_2　3-二次抽真空　4-CO_2备压　5-慢速起灌　6-快速灌入

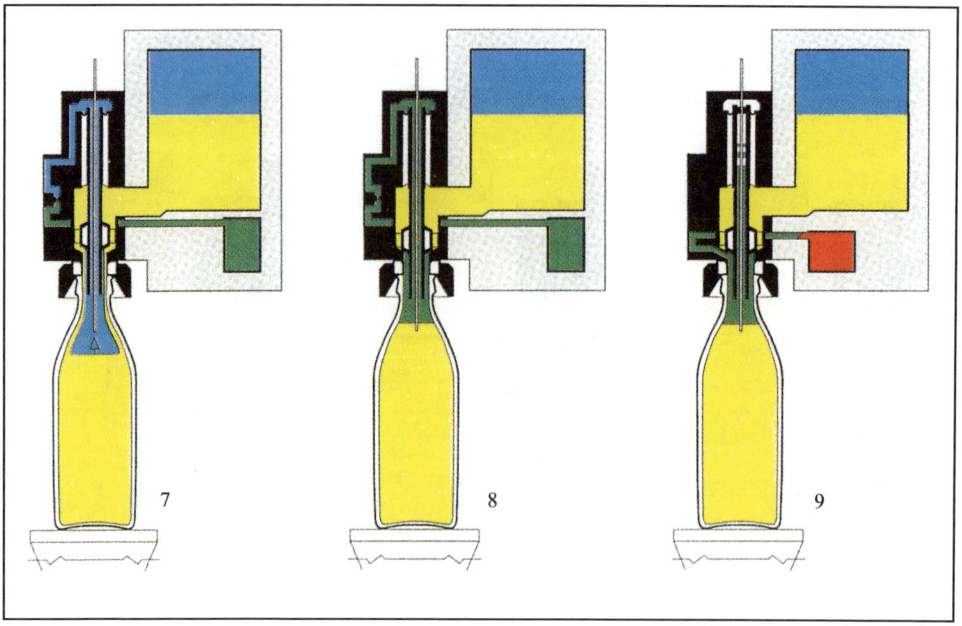

续图　5.30
7-减速阶段　8-灌酒结束-预卸压　9-后卸压

特种啤酒（如香槟、比利时和法国特种啤酒）。

饮料的氧敏性越显著，封口也应该越快地实施。

如果饮料灌装后不进行巴氏杀菌，则必须防止在送往压盖机的路途中或者因盖子本身再染菌，否则将无法避免稳定性被破坏。

5.1.5.1　皇冠盖压盖

5.1.5.1.1　皇冠盖

皇冠盖（图5.31）是最普通的瓶盖。它是用涂漆0.235mm ± 0.02mm的标准金属薄板制成，内含一个密封垫。

皇冠盖的内径（d_1）为26.75mm，有21个小尖齿。它的标志面直径26mm，外径（d_2）为32.1mm ± 0.2mm，高（h）为6.00mm ± 0.15mm。

适于香槟及类似饮料瓶的皇冠盖

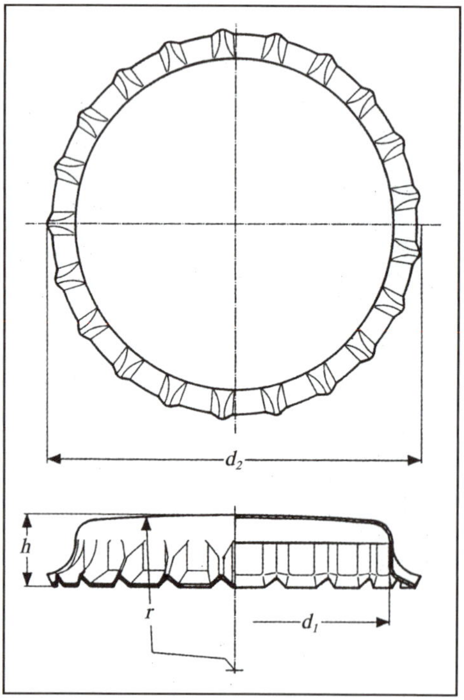

图5.31　皇冠盖

内径为29mm，高6.80mm±0.15mm。

用于制作皇冠盖的薄板材料有：

- 镀锌板（马口铁），2.8g Sn/m^2
- 镀铬薄板（ECCS），每面镀铬60mgCr/m^2
- 不锈钢薄板（INOX）

皇冠盖内外两面都需经涂漆处理。

盖的外表面可根据要求以基于平板印刷工艺并借助现代计算机数控系统制作的印模完成印制过程，这种印刷技术能保证很高的质量和满足对色彩的最高要求。除广告作用外，这层印刷层还起到防锈防磨的作用。

皇冠盖内面采用不同的粘附漆涂层来粘贴PVC或不含PVC的材料制成的密封垫。

出于促销目的有时也用到带活动内封垫的皇冠盖。这种密封垫上可印上小广告，而且需用特殊的粘贴材料。

用于密封的内垫有下面几种：

- PVC喷涂内垫
- 冷压内垫（不含PVC）
- 压入式塞盖密封片（铝制）

大多数密封垫由PVC复合物喷涂或经热压而成。它一般对口味呈中性，也能很好地适应热灌装、巴氏杀菌和化学灭菌。因密封性能佳而成为各饮料企业的首选，尽管PVC对环境有害。

采用不含PVC的材料也可制成适应不同瓶口的各种形状的密封垫。 它们同样口味中性并且也适于热灌装和巴氏杀菌。

马口铁、镀铬薄铁板制成的皇冠盖主要用于含酒精开胃酒和已灭菌牛奶的包装。

5.1.5.1.2 旋启式皇冠盖

这是一种靠旋转作用开启或封闭的冠状盖。将瓶盖顺时针旋1/4周即可开盖，同样逆时针旋钮则可很快回到密封状态。这种盖子常用于瓶口较粗大的瓶子或杯形包装容器。这种起源于北美的密封盖后来被很多其它国家引进用来作为啤酒瓶的封口形式。 一次性瓶子的口部必须具有适合这种瓶盖的伪螺纹，消费者不需使用启瓶器即可方便地开瓶享用。由于皇冠盖的齿尖很锋利，很多人开瓶时不得不包上毛巾或布以免割伤手心。一些人开瓶时仍使用启瓶器，但常造成螺纹损坏。

5.1.5.1.3 皇冠盖的分选

为了使压盖顺利进行，必须使所有盖子都处在相同的姿态。只有这样才能最终开口朝下地被安放到瓶口上。

瓶盖姿势修正是通过分选装置和翻转管（图5.32）共同完成的。在此利用了皇冠盖带齿侧面直径较另一侧大很多这一特点。

当盖的开口面对着读者（图5.32右边）进入翻转管时，它将被翻转管中的旋转导槽转过1/4周即90°（左向旋转）。当它由管内出来时其敞口面变成了向右边。

同理，封闭面朝读者的盖在翻转管作用下也会做同上面正好相反的旋转（图5.32右图）。翻转管内的旋转导槽强迫瓶盖最终都保持敞口面呈朝右的姿态。此方式将所有盖子，无论进入整理装置时朝向如何，最后都调整到一致的方位。

接下来盖子一个接一个地通过输送导槽被送入过渡盘并最终被放置到

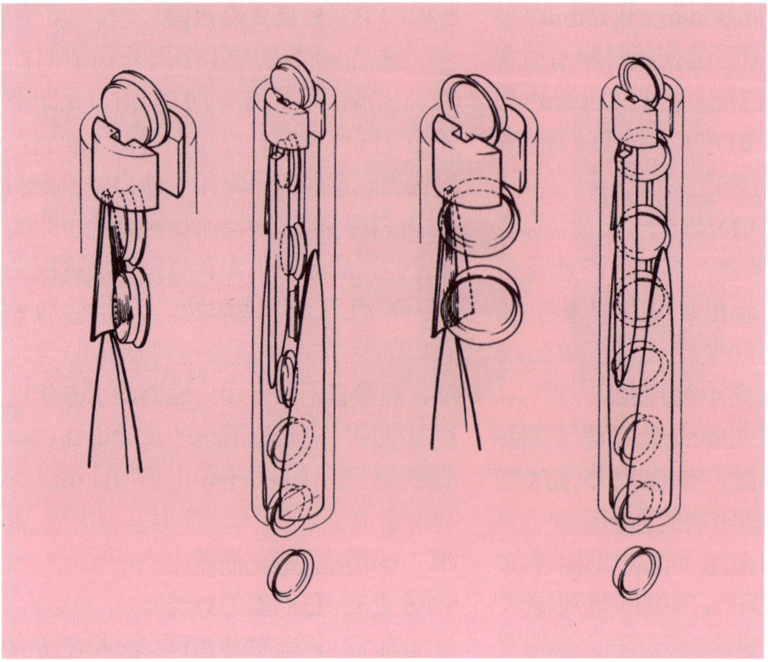

图5.32　旋盖翻转将瓶盖调整到正确方位

瓶口上。

随着生产的进行，经过调整装置和翻转管以及输盖导槽的盖子数以数百万计。由于皇冠盖带有锋利的齿，输盖通道会因为磨损而逐渐变宽，以致经常会出现流通不畅和卡死的现象。因此应对有关部件认真维护，定期调整或更换。

皇冠盖的输送及传递一般采用以下手段:

- 气动方式（采用压缩空气或CO_2）
- 机械/磁吸式

在气动输送情况下（图5.33，a），盖子借助压缩气体被送至压盖头的锥体下。而采用机械/磁吸方式时（图5.33，b），盖子通过一个输送星轮5过渡到压盖顶杆下面，然后由顶杆端部的磁体牢牢吸持住。

压盖机构沿着一个环形轨道做回转运动，并可垂直升降。为此，压盖机构的上端安装有一到两个滚轮，它们沿曲轨运动（图5.34）。压盖机构上还设有一个顶珠卡槽，它能在压盖动作完成后起到避免瓶子继续受力的作用。

5.1.5.1.4　压盖过程

通过压盖过程应使皇冠盖牢固地固定在瓶口上，形成绝对的气密性。但同时又要使得开盖容易。

压盖机构本身相对简单，但工作好坏却涉及多方面的精度及相互间的配合程度，如:

- 瓶子口部
- 皇冠盖
- 压盖头（锥）

如果上述任一方面出问题或尺寸精度不够，完美压盖就不可能实现。

压盖机构通过凸轮的作用朝着瓶

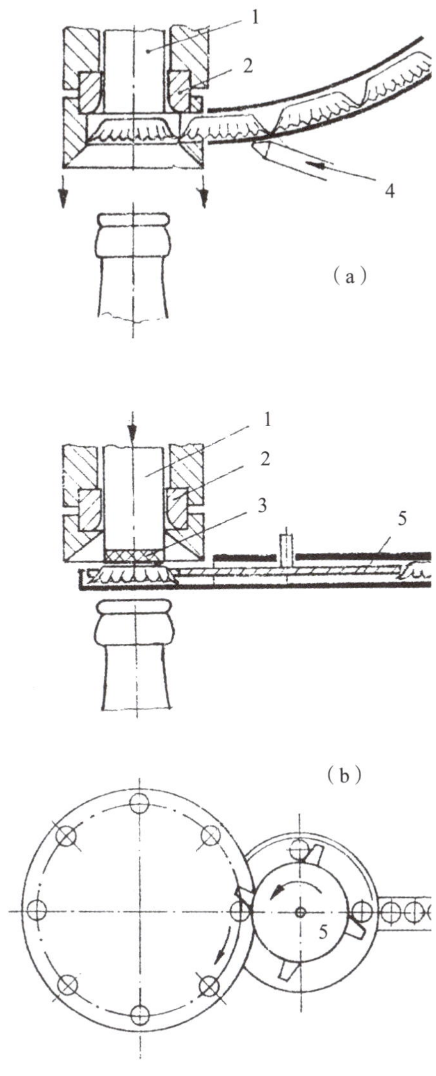

图5.33
（a）皇冠盖气动输送
（b）皇冠盖机械/磁吸输送
1-顶杆　2-压盖锥体　3-磁铁
4-喷气嘴　5-输送星轮

子向下运动，直到瓶盖恰好搁置于瓶口上（图5.35）。然后通过弹簧将盖子顶紧，随后压盖锥体下降将皇冠盖的21个尖齿朝下压弯。与此同时，已

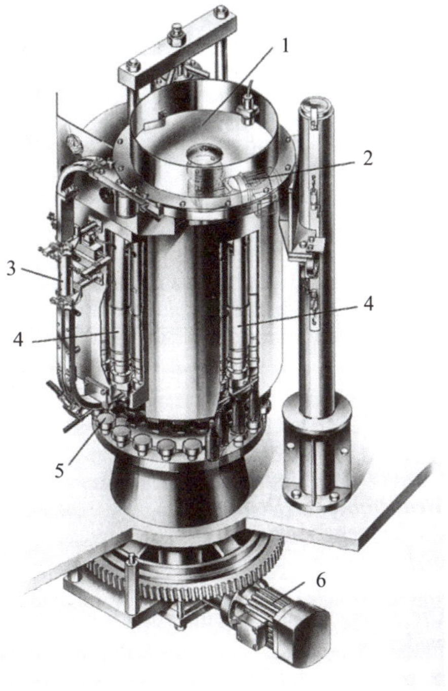

图5.34　皇冠盖压盖机
1—盖子分拣装置　2—分拣装置驱动　3—带翻转管皇冠盖通道　4—压盖头　5—瓶托
6—压盖机驱动装置

弯曲变形的密封胶垫移向瓶口上缘形成密封（图5.36）。

最后，压盖锥体重又向上提起，此时瓶子还仍被顶杆牢牢固定着。为了易于瓶子抽出，压盖锥也采用了多瓣结构。

在压盖结束之后需对灌装高度进行检验和用水进行冲淋以清除瓶子上的饮料残留（生锈的可能，细菌生长繁殖；），小孔喷嘴喷出来的水应能达到皇冠盖与瓶子口之间的隐蔽区域。

压盖后皇冠盖的边缘仍如同锋利的刀口一般。如果在边缘下残留少量水，则会因为锌或铬与铁之间的电化

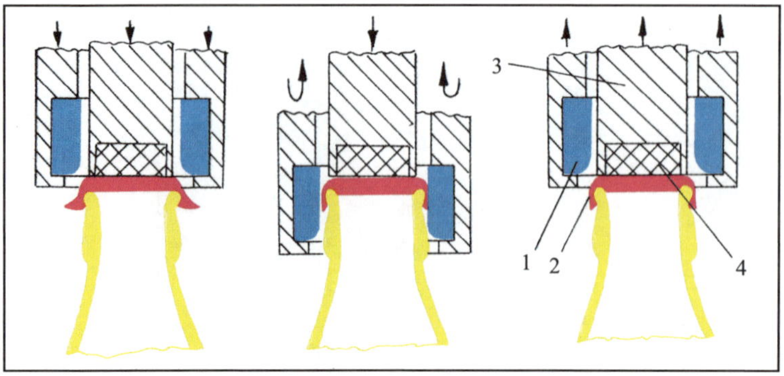

图5.35　压盖过程
1—压盖环
2—盖子
3—顶压杆
4—磁铁

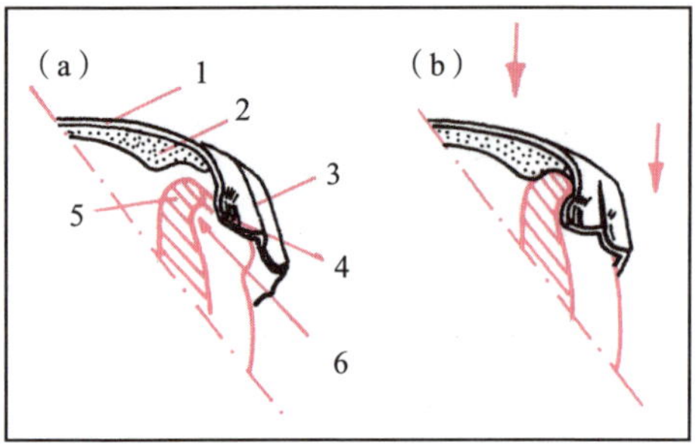

图5.36　皇冠盖密封原理
1—皇冠盖　2—内垫　3—齿　4—齿间区　5—瓶口　6—凸缘　（a）压盖前　（b）压盖后

学反应而生锈。当处在潮湿环境作较长时间存放时，在瓶口处起固定作用的凸缘上就会形成难看的环形锈迹。所以，下列做法是必要的：

- 皇冠盖的边缘下沿需用水冲洗，然后用空气吹干
- 改善储酒库通风条件避免瓶子表面出现冷凝水

压盖正常与否可以用预制的模板检验。这种模板上带有一些大小不一的孔，可通过测试压好盖的瓶子能或不能穿过或刚好穿过来检查正常与否。应该对所有压瓶头压出的瓶子逐一检验以保证压盖的一致性。如果与瓶盖规格相应的孔太小，则可能使开瓶困难；太大，则可能造成密封不严或瓶盖太容易扳开。

刚刚压封的皇冠盖用力拧可致旋转。研究表明，这一现象与皇冠盖的固定位置无关。皇冠盖随着时间的推移会逐渐稳固起来。

5.1.5.1.5　输送和储存

皇冠盖由钢板制成因此可被磁铁吸引。所以通常都采用磁性传送带输送。采用磁性带对皇冠盖垂直输送也毫无问题。而且这种方式还可避免盖与盖之间发生摩擦。皇冠盖有锋利的边缘，相互间以及与塑料封罩间会产生磨损。其输送设施和储存都要始终处在牢固的塑料罩内。如果松散地放在纸箱里运输，随着途中的颠簸会因为相互摩擦而形成碎纸屑和少量皇冠盖的油漆碎末。这些碎屑最终会出现在灌好饮料的瓶子里，因为在压盖前再想将之除去就不那么简单。同样，在进行瓶盖分选时也有类似的问题，因此分选装置不应该连续地补充瓶盖。储盖斗的料位指示也应该尽可能设置得低一些。

5.1.5.2　钢丝扣瓷塞盖

钢丝扣瓷塞盖50年前还用于啤酒瓶封口，现在很多啤酒厂出于传统风格的考虑又重新将它引进并应用于个

别需强调的啤酒品种。

这种盖包括：

- 一个瓷塞头，通常印有广告
- 一个橡胶密封圈
- 两件式用镀锌或不锈钢丝制成的弓形卡扣

封口过程：

先将带密封圈的瓷塞头放到瓶口上，然后扳下卡扣的手柄向下压使瓷塞头塞入瓶口形成密封。这个过程可以不受限制地重复进行。在压盖时需用力以克服一定的阻力。

为了实现机械封口需依次完成下列步骤：

- 将卡扣瓷塞盖调整到朝向一致的状态
- 将瓷塞头放到瓶口上
- 向下压卡扣的扳手

由此可见实现封口的机器结构较复杂，并不像想象的那么简单。所以，这种盖只适于应用在一些包装成本较高但可以通过高的价格补偿的特种啤酒。

这种盖的缺点体现在：

（1）内容物保险方面　采用这种盖时通常要在瓶口部贴上跨于盖子之上并一直延伸到瓶颈部的保险封口标签。但这种标签的保险作用并不十分可靠，很容易被弄掉。

（2）钢丝卡扣的张力方面　对卡扣的张力有必要进行检查，因为随着时间推移张力会减弱以致密封不严。

（3）密封圈污染方面　在瓶子开启状态密封圈是紧紧贴在瓷盖的平面上的（图5.37，a），盖上盖子后，密封圈被压向上方，其下沿会翘起（图5.37，b），此密封与盖体中间处有可能染菌而成为污染源。每次开盖后这个部位就自然地被“保护”起来，因此能经受或逃避各种处理过程，但一旦再打开盖子“威胁”会再次出现。

此外，密封件的另一个问题是老化的橡胶和质量低劣的橡胶材料很容易出现表面裂纹，在此成为细菌隐藏繁殖的理想场所，有可能成为酒体变浑浊的原因。质量低劣的橡胶密封圈往往带有的不良气味也会影响啤酒甚至产生决定性的破坏作用。

可能出现的问题和较高的成本使得其在啤酒领域的地位被功能更佳的皇冠盖一举取代。

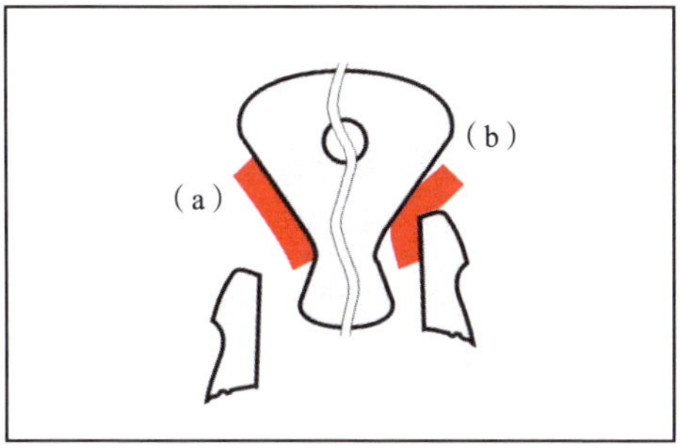

图5.37　带密封圈的钢丝扣瓷塞盖
（a）封口前　（b）封口后

5.1.6　灌酒机和压盖机的清洗

灌酒机和压盖机的清洗在任何情况下都显然尤为重要。灌装诸如啤酒、无醇饮料、汽水、果汁和蔬菜汁这类染菌后易变质的敏感饮料的设备，其灌装机和压盖机的彻底清洗与保洁对企业而言无疑是至关重要的。因为在灌装流程中感染细菌的可能性非常之大。

如果在灌装后不进行巴氏杀菌，

细菌在瓶中便会繁殖并导致液体浑浊和口味变质。

下面所涉及的关于啤酒灌装设备及皇冠盖压盖机的多年研究结果也同样适用于其它采用高温短时杀菌以及冷无菌过滤工艺灌装生产的敏感饮料。

设备感染危害点主要有：

压盖机：压盖头、不可卸挡板、星轮。

灌酒机：星轮和定中罩、传送带护罩、传送带、输入蜗轮。

验瓶机：星轮、传送带（高湿度）。

洗瓶机： 位于出瓶处上面的滴水板、出瓶组件。

传送带： 滴水盘、接水板、沟槽、链板。

酒机外围：各部件上下的积淤、地面砖缝、积淤沉孔。

水汽形成：（洗瓶机）出瓶区上方的疏水槽。

虽然大多有害微生物都不能耐受高温，且不适应干燥的环境，但在某些生命力强的其它微生物的保护下却能存活并繁殖。

> 这类生命力很强的微生物首先要数醋酸杆菌，它无处不在，能产生一层起很好的保护作用的黏膜，这使得它们既耐干燥又耐热。如果这种醋酸菌落在角落和在染菌处定居，则其它细菌也可能在此安家。因为这些细菌也同样能借黏液（菌囊）获得保护。由于醋酸菌非常喜好酸性物质，因此，它们很快会消耗掉黏液囊周围的酸性物质，以致营造出厌氧菌（例如果胶杆菌和巨球菌）寄居和繁殖的环境。由乳酸菌产生的乳酸尤其能被上述两种厌氧菌加以利用，其结果是使繁殖加快。
>
> 如果这些细菌得不到彻底消除，就可能越来越多进而通过空气、液体喷射、传送带及人员等传播到生产场所的任何地方。这样下去，不断大量扩散的细菌势必使染菌危险性大增。尤其是由于它们越来越习惯于饮料环境，最终会导致真正意义上的感染。

所以，尤为必要的是要采取一切措施，定期消除灌装机和压盖机上以及灌装设备周围环境中的细菌，并始终保持洁净。

主要技术措施包括：

- 灌装机和压盖机的CIP系统
- 热水喷冲——特别危险的设备部位
- 对整个灌酒设备进行清洗

5.1.6.1 灌装机和压盖机的CIP系统

定期对与饮料有直接接触的机器部件进行清洗杀菌是实现安全灌装的前提条件。

现代化灌装机的所有与饮料接触的部件，包括对中罩和回气管等都可以通过封闭的CIP系统进行循环清洗。

为实现这一清洗过程需要在灌装机构上装上特殊的清洗帽，它起到联通作用并使各通道有清洗液流过，从而得到彻底的冲洗。

现代化压盖元件（图5.38）都可以通过安装清洗帽5使清洗剂（图中以红色标出）能达到所有关键部位。有目的采用热水定期冲淋压盖元件也不难实现。

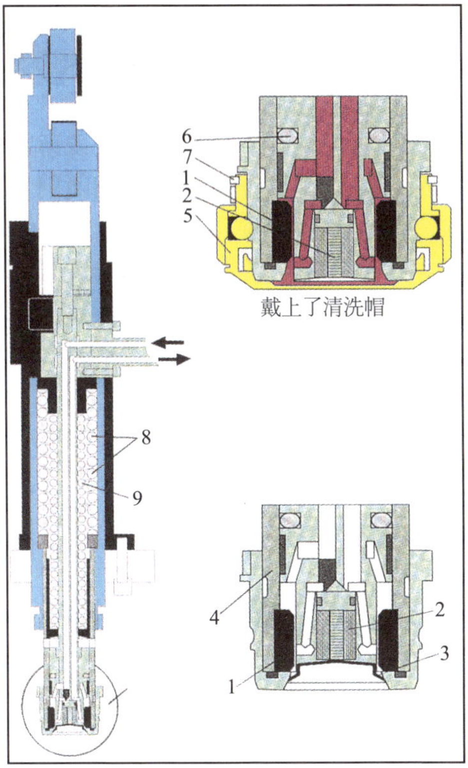

图5.38　皇冠盖－压盖元件
1－压盖环　2－磁铁　3－皇冠盖　4－压盖头
5－清洗帽　6－CIP介质输入口　7－CIP介质导出管
8－补偿弹簧　9－顶压弹簧

定期清洗皇冠盖分选装置也特别重要：这可通过在相应部位安装喷嘴来实现。

在采用螺旋盖的封瓶机上必须同样采取类似的清洗方式。

5.1.6.2　热水喷冲

为防止细菌粘附污染，定期对灌装机和压盖机的高危害部位进行热水喷冲意义重大。对下列具体部位进行热水冲洗是非常有益的（图5.39）：

- 灌酒机控制阀，升降气缸和对中罩这一重点区域1
- 压盖机上压盖头处2
- 输入－输出星轮之间及之上，包括传送带3

> 高温热水应达80～95℃才能对热敏细菌达到杀灭效果，喷冲应该每2h进行一次，尽可能利用生产间歇以正常速度一半的转速冲洗2～3圈。喷冲应采取宽泛喷洒水流形式而不是细散喷射形式。也不宜采用细小孔径的喷嘴。
>
> 这种喷洗方法较杀菌剂的方法好，后者由于稀释作用和时间短而往往达不到预期效果，而且还存在化学残留问题。

5.1.6.3　整个设备的清洗

我们已经看到，从洗瓶机的接水盘开始就已经有瓶子被感染的可能了。因此，必须认真而科学地采取一切手段保持整个生产线的卫生状况。

应该优先采取的措施包括：

- 定期清洗所有的机器关键部位。在进行彻底冲洗之后对不易处理的地方采用泡沫清洗
- 尤其要注意难以接近的机器护

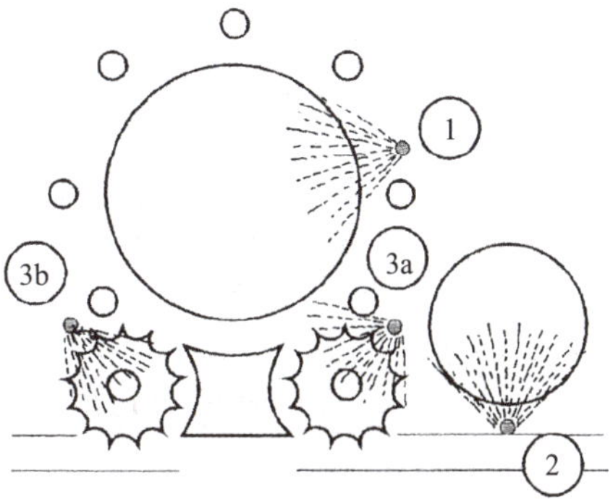

图5.39　热水喷冲
1－灌装机　2－压盖机　3－过渡星轮

罩、底板和传动装置等处

- 活页板传送带、塑料滑轮和分配星轮是首要问题点，因为带有很多孔洞和空腔
- 地面由于地砖缺失或松动可能成为最危险的污染源
- 卫生差的角落，无用物品和设备的堆放地点

5.1.7 灌瓶和封盖后的检验

封瓶后对瓶子要进行的检验包括：

- 灌装液位是否合格（灌装高度检验）
- 缺盖或盖子不正
- 可能的情况下还检验瓶颈空气残余量

5.1.7.1 灌装高度检验

封盖后须检验瓶子中规定的灌装高度，目的在于：

- 一方面要维护消费者利益，使不致因灌装量不足而蒙受损失；另一方面也可避免企业形象因此受到损害
- 避免因超量灌装给企业带来损失和减少后续巴氏杀菌中的爆瓶损失
- 此外，还可发现半瓶甚至空瓶的问题
- 同时，灌装高度检验系统还必须能发现和排除无盖或歪盖的问题瓶。不合格的瓶子必须被清除

灌装高度检验可应用下列手段：

- γ –射线
- X–射线
- 高频电磁波（微波–射线）
- 红外线

对于易拉罐采用γ –射线和X–射线进行检验。

采用γ –射线检验灌装高度时，检测桥的一边有一个γ –射线源（发射头），在其正对面装有一个闪烁计数器作为接收器。当瓶子经过发射头时都被射线透射并按设定标准做出反应。不合标准的瓶子将被剔除。

由于验酒装置和灌装机以及压盖机是电气联锁的，所以除了可随时对灌装过程进行具体统计之外还能得到以下信息：

- 每个灌装阀一共发生了多少次欠灌装或过灌装
- 哪个酒阀工作失常
- 哪个压盖头工作失常

另外，应定期检查检验装置的工作情况。为此可以应用与所涉及的瓶型配套并且可以装于瓶子上部的测量标尺，通过这样的试验瓶就可以检查从缺盖直至不同灌装高度各种情况下装置的反应。

这种检查方法对于皇冠盖是可行的，但不适合扭旋盖。因为此时难有统一的参照点。

5.1.7.2 瓶颈空气

我们已知，发酵完成时在大罐内的啤酒含氧量接近0%（0.0～0.01mg/L），因为在此阶段酵母能消耗所有的可资利用的氧。

经过滤间处理后啤酒的含氧量稍增（由于硅藻土中的空气，水中和过滤机中的空气等），以致在灌酒机入口的O_2含量可达约0.02～0.03mg/L。

灌装过程中也会有少量O_2溶入啤酒，但最主要的来源是由于颈部空气。这部分由气体交换而进入瓶中的O_2会导致上面提到的各种破坏作用。

前面提到的高压引泡措施正是为了驱除这部分氧。

灌装压盖后瓶中的总氧含量应在0.1～0.15mg/L。

用来确定瓶颈空气或整个瓶中的空气的实验室方法很多。这些检测方法可测定溶解氧、剩余容量的空气和整个瓶子所含空气，并且总是以瓶子为单位进行的。

我们已经知道，通过高压引泡产生的细小泡沫能上升至瓶口并将空气向上排出。但同时泡沫中也吸入了更多的空气（O_2），泡沫也变得更大。由这些较大泡沫可以推断溶解氧也增多。

然而，保持所有的瓶子灌装结果都像希望的那样均匀一致是不可能的：

- 有些引泡后泡沫并未推升到瓶口导致空气未排尽
- 有些则泡沫溢出瓶口外，由于星轮区域的气流作用严重变形，可能吸氧
- 在机器由于故障制动、停顿和重启时上述现象更频繁，导致啤酒吸氧增多

上述现象的结果是使啤酒质量一致性变差，从而影响品牌形象。

技术上可以做到对每个瓶子的吸氧进行连续性地检测并排除超标的瓶子。为此可在瓶子经过处瓶盖上方对每个瓶子施加一电磁脉冲，通过它的短暂“敲击”作用，使皇冠盖在力的作用下向上提升而后很快又因失去力的作用松弛下来。这样，盖的中央部位即出现短暂的振荡。借助音频接收器便可以记录和进行分析（振荡频率，幅度），并由此推断：

- 泡沫是否充满颈部空间
- 无泡或可导致吸氧增多的大泡沫情况
- 皇冠盖是否不正或封口不严
- 缺盖与否

在图5.39a中借击鼓频率的示意图表示了电磁脉冲作用于皇冠盖的情形。

通过对灌装封盖后的瓶子的连续检测以及剔除不合格的瓶子做到了：

- 为市场提供质量一致的产品
- 保证了承诺的保质期，并杜绝了缺盖或盖位不正的现象

到此，瓶子要么直接进行贴标，要么经巴氏杀菌后再进行贴标。贴标当然应在巴氏杀菌后进行，否则刚贴好的标签即可能被打湿或冲掉。

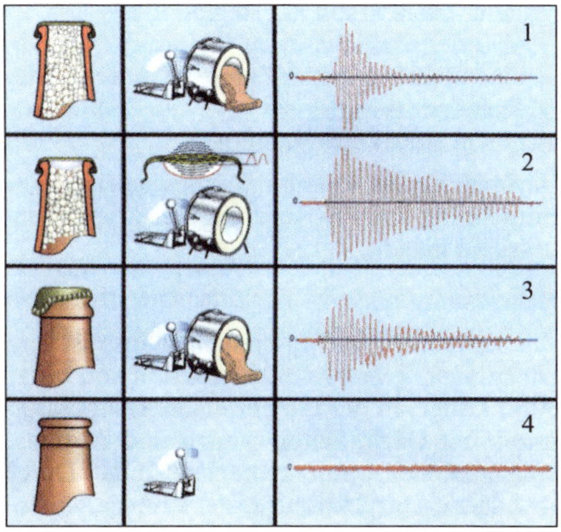

图5.39a　借助击鼓频率表示电磁脉冲检查灌装情况和压盖情况（Henft公司，Burgbroehl）
1-正常瓶　2-颈部含空气　3-压盖歪斜　4-缺盖

5.1.8　巴氏杀菌

5.1.8.1　巴氏杀菌瓶装啤酒的基本原理

如对瓶装饮料进行巴氏杀菌，饮

料中的细菌将失去繁殖力。所以，巴氏杀菌应是最保险的延长饮料保质期的方法，特别是当其中还有可发酵物质时更是如此。

保证巴氏杀菌效果的前提是达到一定的杀菌单位（PE，见4.6.1.2.2），对于瓶子中最冷部位也一样。当已灌装的瓶子被加热时，饮料外围因温度上升而向上流动，而此时中部较冷的饮料却向下流动（图5.40），底部中央偏上部分始终是最冷的地方，各部分混合及温度均势进行得十分缓慢。热传递由于玻璃的导热性差而存在滞后。

巴氏杀菌时不仅要使瓶子所有的部位加热到期望的温度，而且要在此温度下保持一定的时间。只有这样才能保证必要的杀菌单位和杀灭所有可能的感染。

这里需注意以下问题：

> 液体和气体都遇热膨胀，如果可用膨胀空间有限，气体体积被压缩导致压力升高，而液体不可能压缩，它仍然继续膨胀而与所处压力无关。
>
> 于是，对于瓶中内容物来讲：
>
> 当巴氏杀菌时，充满了饮料的瓶子（没有气垫）受热后饮料会一直膨胀，当达到表压，数个巴氏瓶子随时可能爆破。当气隙过小时也不可避免地同样发生爆瓶现象，因为瓶盖通常能承受更高的压力。

这意味着：

- 需巴氏杀菌的瓶子内必须留有足够的气隙作为软垫，以保证在高压出现时能很好地缓冲

  一般考虑容量的4%用作缓冲，对于500mL瓶即可确保瓶内压力不致超限（对于啤酒瓶 >1000 kPa）。500mL净容的瓶子其总容量为520 mL。

图5.40　灌装瓶中的对流运动
（左图）加热时（右图）冷却时

巴氏杀菌时，瓶子竖立在传送带上随之缓慢地穿过隧道式巴氏杀菌机，与此同时采用温水和热水喷淋的方式实现升温、保温杀菌和冷却。整个过程需约1h。设备占地面积为$3\sim3.5m^2$/（1000瓶·h）。这使巴氏杀菌机成为灌装车间最庞大的设备。

大型巴氏杀菌机出于省地的考虑常设计成双层结构。

5.1.8.2　隧道式巴氏杀菌机的主要组成部分

隧道式巴氏杀菌机由以下各部分组成：

- 机壳和驱动系统
- 链板式输瓶传送带
- 喷淋系统
- 热量-水量调节装置
- 循环水泵及管道系统
- 回冷系统

另外，机器还可配备在停机时调节PE值的设施。

5.1.8.2.1　箱式机壳

箱式机壳是一自承载焊接机构，最长30m，沿长度方向安排着一些单个的温区，各温区都有相应的顶棚，边墙和接水槽。通过宽大的检测窗可监测内部情况。出于清洗考虑水槽呈一定坡度，小孔筛板可过滤可能导致喷嘴堵死的细小杂物。各分区内水循环通过泵实现。

传送带驱动采用变频调速电机，一个弹簧加力的转矩辅助顶柱（带行程开关）保护电动机避免过载。瓶子穿越时间和温度自动地按所选程序完成设定。

5.1.8.2.2　传送带

瓶子由连续回转的传送带输送穿过各温区，传送带材料主要有：

- 耐热塑料带，例如，安置于低不锈钢导条上
- 不锈钢活页板链带安置于低摩擦塑料条上

细网眼的带面保证了可靠工作和顺利输送以及可靠地输入—输出侧过渡。

由于带面要求数米宽，所以有时采用两条传送带并列。

由于传送带也随瓶子一起加热和降温，采用不锈钢金属带要比采用塑料带吸放热量大，但不管采用何种传送带都存在能量损失。

为节约能源，后来开发了“步移式”杀菌机。

5.1.8.2.3　步移式杀菌机

在这种设备中瓶子放置到固定平行栅条上。通过一组强有力的机械机构的驱动，瓶子由固定栅条之间的可动栅条间歇式地抬起，并做朝拜式小幅前移，然后又放下来。如此循环往复。

如图5.41所示，固定栅条（黑色）和可动栅条（红色）位置平行相对。为了很好地理解机械作用原理必须始终注意黑色的固定栅条和红色可动栅条之间的相对关系。可以看出，可动栅条是如何将瓶子抬起，前移并重又将其放回到固定栅条上的。可动栅条接着又向左运动回到起始位置。

在此：

- 通过在斜面上的高强度辊轴实现

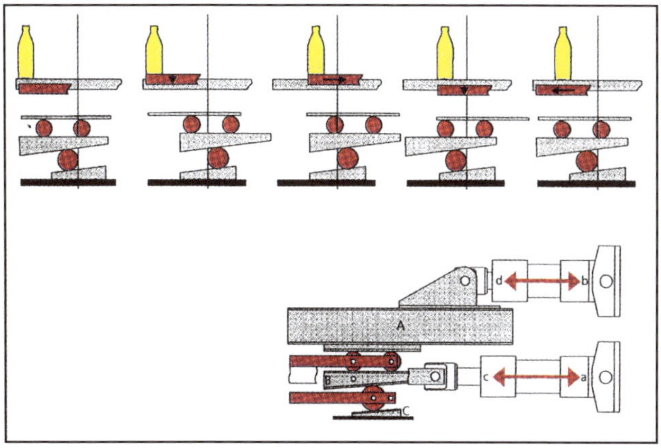

图5.41　步移式传送方式
前移运动由可动中间栅条的抬起和平移实现。然后瓶子被放下而栅条则继续运动。机械机构较为复杂，如果始终把握基准线便较容易理解。

垂直运动

- 通过水平移动面实现平移运动

为此在机器端头安装有两个压力油缸。

栅条间距必须合理，以保证直立瓶子的稳定性。这种方法的最主要优点在于：栅条及栅板始终处在自己的温区，避免了不断加热-冷却带来的能量损失。

5.1.8.2.4 喷淋装置

通过喷淋应能做到：对所有在此区段的瓶子均匀地从所有方向用一定温度的水浇洒喷淋。喷淋系统包括可拆卸的，下面分布有大的方形喷水孔的方形喷淋管。借助喷孔内偏转片的作用可使喷出的水流产生回旋，从而达到最大的浇洒覆盖面积。通过这样的喷洒方式以及喷水孔的交错分布可达到最佳的传热效果。

排放的水可重新收集起来，在经过过滤后通过泵重新进入循环系统。水温由装在管道中的热交换器加热，温度受到调控，因为精确的水温控制是精确地控制杀菌过程的决定性因素。

5.1.8.2.5 热量及水的分配以及热回收

为了加热瓶子中的内容物，喷冲水温当然应高于饮料的温度。只有瓶中内容和喷射水温达到一致才能认为达到了所希望的巴氏杀菌温度。大多数情况下，经巴氏杀菌后还需对饮料在冷却状态下进一步加工。所以必须对瓶子：

- 逐级阶段性加热升温，直到巴氏杀菌温度
- 巴氏杀菌（保温）
- 逐级冷却降温

由热瓶冷却而释放的热量可以回收并转而用于加热后续的瓶子。这样可以借助在加热和冷却区之间的热传递节省能源和降低水耗，使能耗减到最低（图5.42）在此有重复热能再生的可能性：

- 最冷的水（温区8排放的水送到加热区1）
- 热的水（温区7排放的水送到2区）
- 更热些的水（温区6排放的水送往冷却区3）

采用这种方式可以将所供热量的大部分回收并利用。在第一温区，溢流的水可以单另收集并通过一个冷却塔加以冷却。通过此项措施可以使冬天的水耗大为降低。

通过上述技术可以使饮料得到完美的巴氏杀菌，假如过程中没有由于各种故障引起的经常性停机的话。

遇到停机时如果不施以相应措施将出现紧急情况，因为温度很高的瓶子不再向前运动，无法继续冷却，结果是成千的瓶子因杀菌过度而导致饮料口味受影响。

因此，必须在设备上设置PE-保险系统。

5.1.8.3 PE-保险系统

在生产线上出现故障造成停机时必须采取相应措施以防止过度杀菌（PE过大）或至少将PE控制在可接受的范围内。

下面是一种典型的解决方案：

- 根据设定的时间用冷水有目的地降低杀菌区的温度
- 在故障排除后重新启动传送带

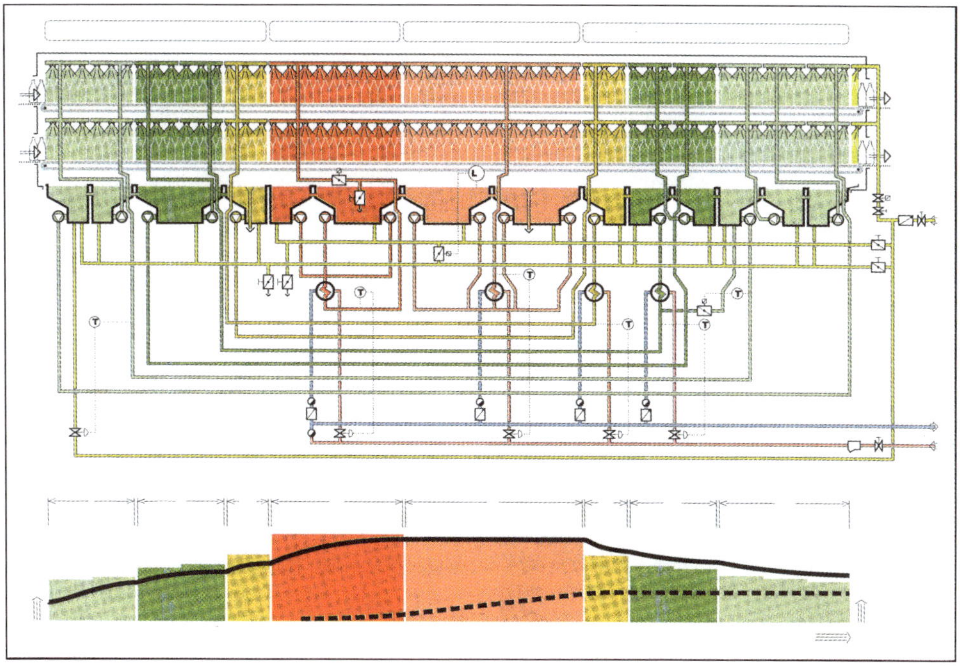

图5.42　瓶子和易拉罐巴氏杀菌时的热量和水的分配

（H1）加热区1（与冷却区C3进行热交换）；（H2）加热区2（与冷却区C2进行热交换）；（H3）加热区3（与冷却区C1进行热交换）　（S）高温区；（P）杀菌区；（1）清水；（2）加水—排空管路；（3）冷凝水；（4）蒸汽

以前必须将温度重新升到设定温度，以此达到设定的PE

- 降温和升温必须作为时间的函数由控制系统进行监控
- 尽可能低的氧含量是保证啤酒口味少受影响的前提条件

通过对输送到此区段的冷水供应量的调节和相应控制步骤的调整可以很好地防止过杀菌。通过逐级改变温度的控制模式（与停机时间关联），可做到根据停机时间和PE所需控制冷水供应量进行匹配。与此同时将正常连续运转时的温度和PE与停机时的上述参数以及由此引发的瓶流阻滞参数做对比。

现在，采用计算机控制杀菌过程已十分普遍。由此可以做到：

- 根据各温区喷淋温度和杀菌机所有部位的处理时间计算产品温度和PE
- 在计算机内模拟杀菌流程，由此预测杀菌过程。在故障出现时实施相应控制
- 杀菌机的设定产率可以改变以实现合理的匹配

由于停机情况只可能由自身或后续的设备（如贴标机）引起，所以，一切以保证饮料质量为目的的技术措施都应该以实现连续无阻的生产流程为最终目标。

与杀菌流程相关的所有重要信息可以通过一个监视屏显示出来（图5.43）。

由显示屏可以获悉如下信息：

- 喷洒水温度
- 作为时间函数的瓶内温度
- 设定温度曲线

由此可以计算得到实际达到的PE。

对于已经处理的批量已无法做出修正，但对于后续批次而言设定值是可以更改的（图5.43a）。

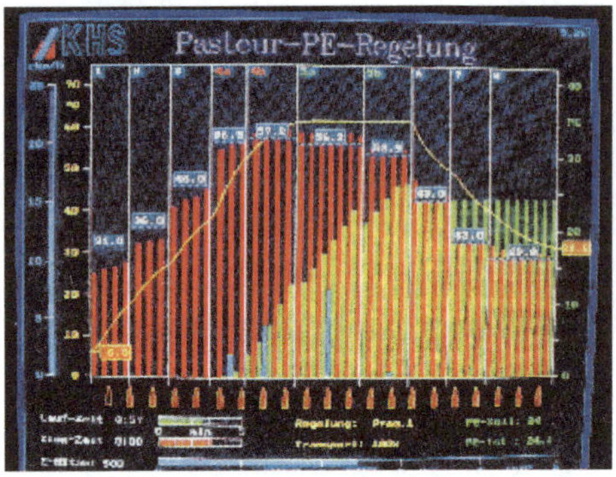

图5.43 监视器画面显示喷冲温度（蓝色框），产品温度（红色柱），设定值（黄色曲线），实际杀菌单位（绿色柱）

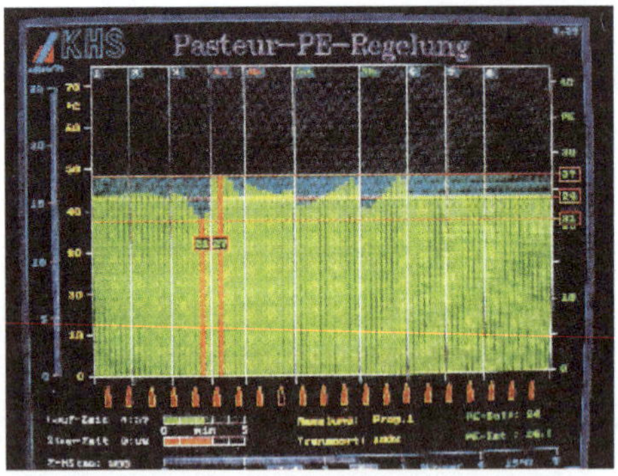

图5.43a 停机之后监视屏显示自动调节的杀菌过程

5.1.9 纸标签和金属箔标的粘贴

今天，人们已不满足于生产好的饮料，包装物–瓶子也必须有吸引人的外形，为此：

- 瓶子至少要贴上一个标签
- 有时也在封口处贴上一个金属箔标加以装饰

所有值得关注的信息包括：

- 纸标签和金属箔标签
- 贴标胶
- 贴标过程

5.1.9.1 纸标签和金属箔标签

标签的造型，其形状、颜色和印刷质量具有不可忽视的巨大作用。许多消费者选择商品是靠视觉的引导，在相同的内容物情况下，更偏好瓶子的装潢，瓶子的亮丽色彩以及印刷方式。

标签分为：

- 身标
- 颈标
- 胸标
- 背标

此外还有其它功能标签的可能性。

近年来环身标越来越受到推崇。

因标签纸上为装饰目的包含了十分重要和有效的内容。为此标签纸必须具备以下特性：

- 良好的可印刷性。对于采用金或银色图案的标签，要求纸可以涂漆和金属化。为此纸的一面需进行着色和平滑处理
- 标签既不应在湿的状态也不应在干燥状态脱色或者露出底色。为此，在造纸过程中加入了二氧化钛，提高了原纸的阻透性，贴标胶及瓶子颜色不允许透过标签
- 标签必须耐碱。在可能出现冷凝水的情况下要求抗湿性好的胶；尤其重要的是标签在洗瓶机内能耐碱清

洗，以避免变成细碎的纤维

在一些国家（如USA、UK、DK等）用到可溶于碱液的标签纸，这样纸会碎成纤维。此工艺仅在特殊设计的洗瓶设备以及废水排放不存在环保法律问题的情况下方可采用。

- 贴签不应卷曲和形成皱褶。如果标签仅只涂色和印刷或喷涂了印漆，而不在背面同样采用淡薄的涂料将膜处理，则容易使标签卷曲。处理过的纸面吸水性有所下降。吸水性可达Cobb值16～20g/m^2，但仅此不能作为纸质好坏的判断标准
- 在洗瓶时为了使标签快速、完整地脱落，以下特性很重要：
  - 碱液穿透时间
  - 碱液中印色保持性
  - 耐碱性
  - 湿强度

有些国家如USA、UK、DK相反，要求标签纸在碱液中应该具有可溶性。

- 为了顺利贴标，纸的纤维方向也十分重要。标签印刷时应使得纤维方向为横向，即与瓶子的轴呈垂直关系（图5.44）（冲洗瓶子时更容易）。标签都是成叠供应和保存的。保存环境应保持在60%～70%相对湿度和20～25℃下，这样才能保持标签平整

环身标具有一定特殊性，贴标时瓶子上并不需涂胶，即胶并不是涂在瓶子上，而只在标签重叠处的带状区域涂胶。这样使得洗瓶之前即可除去标签。环身标是成卷供标并加工的（参见“环身标签的贴标原理”），通常标签主要采用下列材料的薄膜制成：

- 聚丙烯
- 聚乙烯
- 聚苯乙烯
- 标签纸

塑料膜标有以下优点：

- 可印刷性好且颜色呈发光效果
- 在贴标时有一定拉伸，过后又可因收缩而紧紧地围贴在瓶子上

除了贴环身标用的塑料薄膜外，还有金属性（金或银色）外观的薄箔标签被广泛用作封口标签。

此外，瓶子装潢的新方式还有如下的例子：

- 能使人联想到冰晶的闪烁效应
- 热敏标签，在温度变化时能显示最佳饮用温度
- 穿孔标签，使能看清背标的反面
- 无胶痕标签，尤其对于无色瓶能增强效果

用于标签印刷的彩色油墨一般不含重金属，但也有例外，如蓝色。蓝色色料中含铜的络合物。如果不顾及到细微差异，蓝色也可以采用无铜油墨印刷。印刷漆料内通常不含重金属。

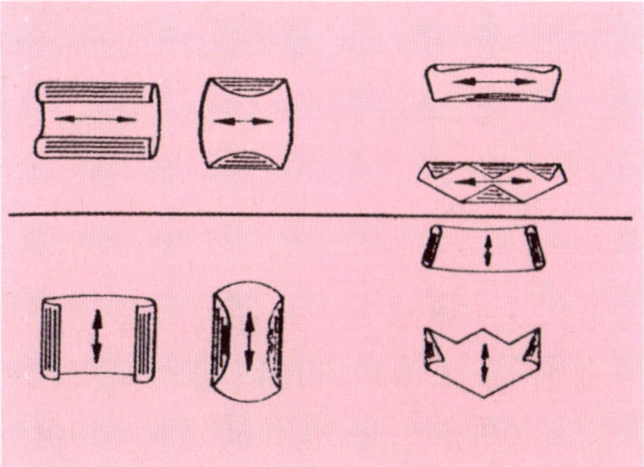

图5.44　标签的纤维方向

银色可以采用不含重金属的铝基油墨。金色如以凹模印刷工艺印刷同样可以应用铝基油墨，但采用胶印工艺时也用到以铜-锌合金为基础的含有重金属的金色油墨和印漆。

5.1.9.2 贴标胶

贴标胶的作用是将标签牢固可靠地贴附到指定的位置。由于标签是通过高速贴标机以机械方式粘贴的，所以胶本身也必须具备一定的特性：

- 短的粘固时间
- 能调出很薄的胶膜厚度，从而降低生产成本
- 抗冷凝水珠，避免贴后发生移动
- 涂胶过程中不拉胶丝

贴标胶最终会出现在洗瓶机内，所以它还应该能很快地被溶化以使标签尽快且完整脱落。此外，胶还应该能在使用后排入下水道之前生物分解（降解）。

饮料工业主要用到的胶种有：

- 卡赛因（酪素）胶（约占90%）
- 淀粉胶（约占9.5%）
- 合成胶

卡塞因（Casein）是牛奶蛋白在碱性条件下，50～90℃温度范围内分解而制成。

> Casein胶的独特之处是黏性与温度有关，且具有触变性，即胶受到搅拌的时间越长，其流动性越佳。为了顺利贴标，胶的温度必须在生产之前很长一段时间里和生产过程中始终保持在规定的温度范围内（25～38℃）。胶通常是采用黏稠物料泵来输送并同时进行温度调节。这种胶可应用于最高达80000瓶/h的高速贴标场合。

胶的输送采用泵不间断地进行，多余的胶依靠重力回流。温度恒定可通过电加热和温控装置实现。

淀粉或糊精胶对温度的依赖不及卡塞因胶。因此，对于温热和较热的瓶子尤为适宜。加工时也必须控温和持续循环。

各种胶的特性归纳如下：

贴标胶种类	优点	缺点
淀粉胶	抗冷凝水 适于热瓶贴标	拉丝过长
糊精胶	表面黏性高 粘附较快 冷冻不敏感 适于热瓶贴标	抗冷凝水差 干结太快 不适于经表面光洁经处理后的瓶子
酪蛋白胶	能很好地应用于湿瓶及冷瓶 遇冷粘结快 抗冷凝水 干结不是太快	粘固力较小 要求有调温装置 冷冻敏感
植物胶	适于冷、热瓶 良好的抗冷凝水性	粘固时间较长 浸泡时间较长 对冷冻敏感

标签涂胶可采用全涂、条形或网格形涂胶等几种方式。

胶的参数与贴标要求之间有如下关系：

- 胶的黏度越大，标签达到初始稳定度越快
- 酪素含量越高，贴标5min后能达到的黏结效果越好
- 涂胶层越薄，抗湿性越好
- 涂胶层越薄以及胶的pH越小，在碱液中标签越容易脱落

标签涂胶就是要在标签背面均匀地涂上一层胶膜，胶膜的厚度必须合理：

- 太厚的胶膜导致粘固时间长，且

造成机器污染

- 太薄的胶膜使贴标不牢，设备内落标多

为了最大限度降低成本，要努力使胶的涂量最小。成本不仅仅由胶的消耗引起，还应包括洗瓶过程除标的额外添加的添加剂和消泡剂，以及由此增高的废水负荷。

经济合理的胶耗指标为8～15g/m²。

5.1.9.3 贴标的基本原理

贴标的基本原理可简短表述为：精确地在瓶子的指定部位牢固且端正地贴上标签。

为实现以上目标，可利用机器完成以下步骤（图5.45）：

- 首先，回转的标掌（又称取标板）3经由上胶辊2被涂上胶，胶掌继续运动至标签盒1前沿，通过标掌的自转以滚动的形式接触最前面的一张标签，并利用胶的粘力将其“粘”取出来。这里重要的是，标签应无粘连现象（即呈单张地取出），否则可能导致一次粘取几张标签而引发故障

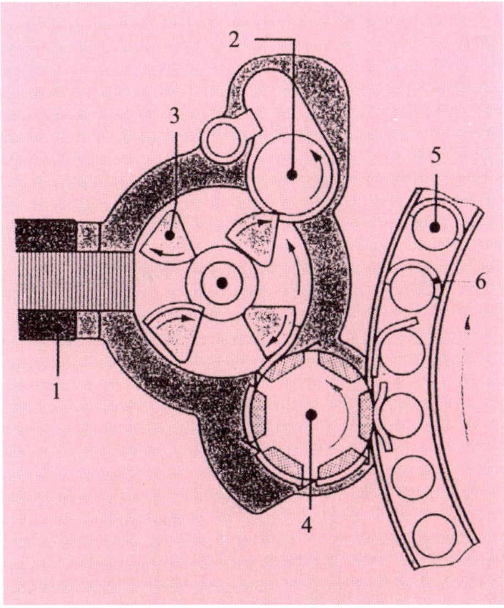

图5.45　瓶子的贴标步骤
1-标签输送　2-上胶辊　3-标掌
4-揭标筒　5-瓶子　6-标签

- 接下来标掌运动到揭标位置，通过揭标筒上的一组夹标爪夹住标签边缘并将其从标掌上揭离下来，然后将其正面朝里地靠在一块海绵上（图5.46）并继续向前传送
- 随后，标签的涂胶面朝着瓶子方向被压贴到驶过的瓶子上，同时夹标爪松开
- 最后，贴了标的瓶子再经过标刷或滚压橡胶辊的处理，标签便牢固地贴于瓶壁

5.1.9.4 贴标机种类及主要组成

依据灌装设备的能力大小和对贴标数目的要求，贴标机可作如下区分：

依据瓶子走向可分为：

- 直线式
- 回旋式

根据标签数量可分为：

- 单贴标站
- 两站贴标站
- 多站贴标站

根据标签的供给形式分为：

- 标叠供标
- 标卷供标（环身标）

贴标机主要组成部分有：

- 涂胶组件，包括分胶辊、上胶辊、刮胶板
- 取标板转台，取标板始终绕自身的轴回转或仅转一定的角度
- 板叠和标签盒
- 揭标筒

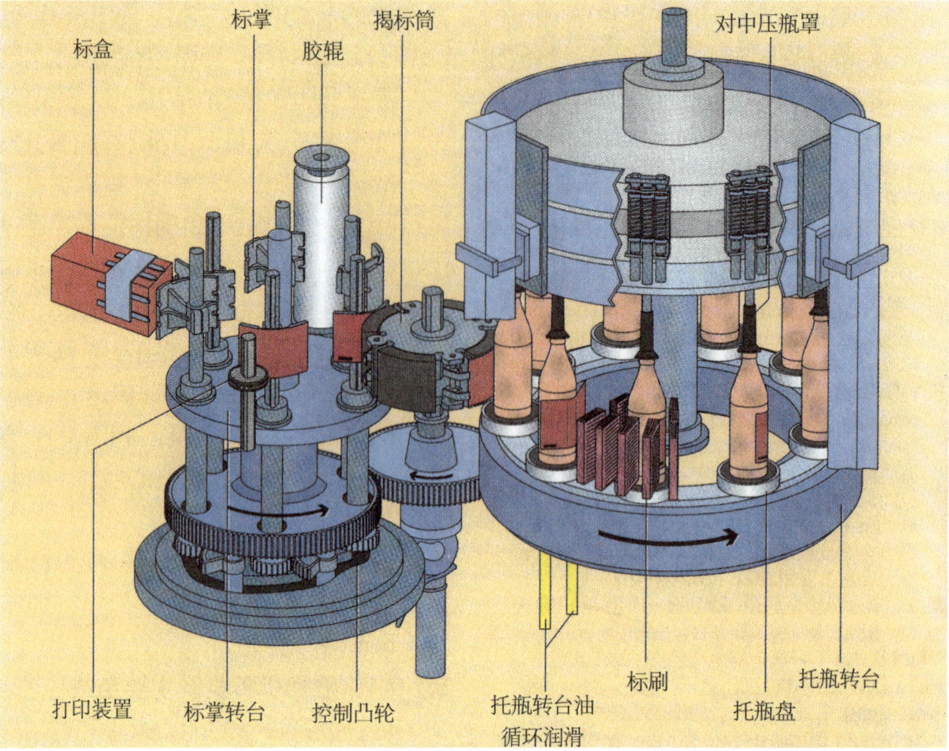

图5.46　贴标机

- 驱动装置
- 控制装量（导轮）
- 打标装置

控制系统须可靠做到：

- 无瓶不取标
- 缺瓶时自动降至最低速度（在预定的时间之后）
- 有瓶时自动提速至设定速度

标签借助揭标筒的传递过程如图5.47所示。标签传递装置接过涂好胶的标签，然后转贴到瓶子上。这一过程通过一个揭标筒（揭标转鼓）实现：

按机械夹持原理工作的揭标筒3具有多个揭标爪4，揭标爪的夹紧与放松动作是借助凸轮5以机械方式实现的。借助揭标圆筒上的几个夹标爪以及垫板6对标签未涂胶处的夹持作用，标签从与揭标筒同步转动的胶掌上被揭下来。标签两侧边缘有小块区域没有涂上胶，这是由于胶掌边缘的凹槽所致。

揭下来的标签平靠在贴标海绵块上，然后由于夹标爪松开而被过渡到

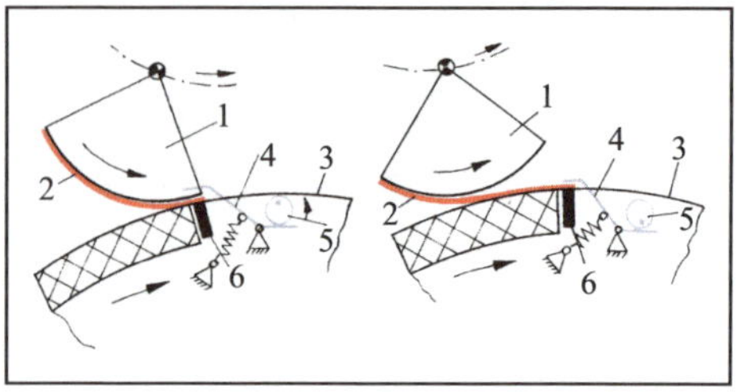

图5.47　标签借助揭标筒过渡

1–胶掌　2–标签　3–揭标筒

4–揭标爪　5–切换凸轮　6–垫板

随主转台回转并经过揭标筒的瓶子上。压标海绵在此可以起到朝瓶子方向推标签的辅助作用。

5.1.9.5 封口铝箔标的粘贴

用于封口的铝箔标签带有公司标，通常呈金色或银色，根据其外形分为：

- 圆弧形（图5.48）
- 角形

铝箔标签也成叠供应，取标签与涂胶等过程与前述纸标签的处理一样。贴到瓶上时，带角铝箔标的角尖朝下对着身标。铝箔封口标的折合抚平是在贴标之后紧接着进行的。折合抚平装置直接安装在机器头部，与输出星轮联动并保持同步。相应的标刷组也是固定安装的。

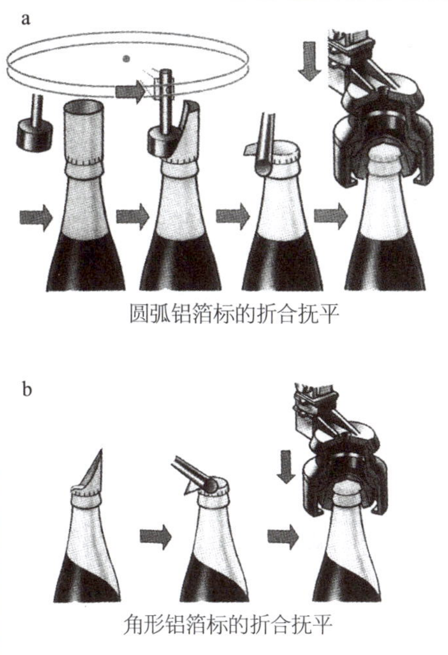

图5.48 圆弧形封口铝箔标

5.1.10 标签标注日期

贴完标签后需在其上标注必要的数据，这些数据依各国法规和生产企业的规定不同而有差异，通常包括以下信息：

- 灌装日期或最低保质期限
- 企业代码，由此可对产品进行跟踪

> 在德国，规定必须标注最低保质期限和日期，即保证饮料可饮用期限的截止日期。由于啤酒口味质量随时间的推移总是越来越差的，国外越来越多的啤酒厂采取了灵活的策略，在标签上只给出灌装日期和为期90～110d的鉴于质量的饮用建议说明。

有关文字编码信息可以利用指定的标签边缘处进行标注。标注方法通常有：

- 盖印戳装置，适用于车速低于60000瓶/h的设备
- 压刻或刺孔方式，适用于有印漆的纸标签，适于中速设备
- 喷墨打印机，微机控制非接触印字（见5.5.12）
- 激光打印机

现在，激光打印机越来越多地用于给标签加注标识字符。这种技术借助一个密封的射线传导系统（图5.49）采用可高达6J的高能红外光脉冲在2 μs内照射标签的指定部位。通过在光路上设置的刻有最低保存期等字样的金属屏蔽模板及透镜系统使投射到标签上的射线呈相应的字符模样。经过0.2 μs的照射，标签上要么因为纸的

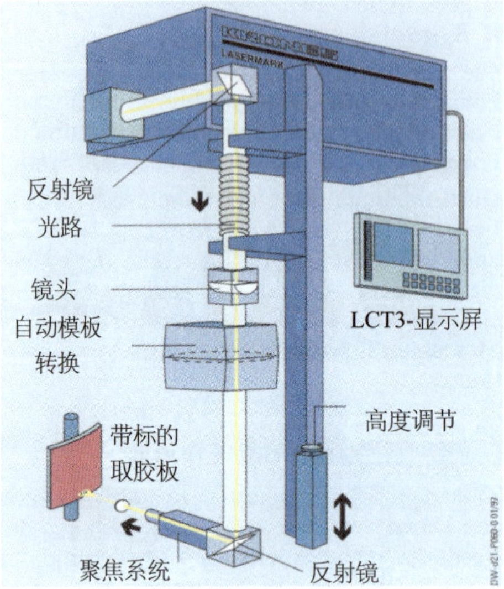

图5.49　激光打印机

表面颜色褪去而露出其它颜色，要么颜色甚至结构发生改变而显现出标志字符。无论属于哪种情况，高能激光光束都能在令人难以置信的瞬间在标签的特定位置“刻上”清晰明了的标识符。

由于激光作用产生的臭氧必须及时抽走。

5.2　一次性瓶灌装的特殊性

由制瓶厂提供的一次性玻璃瓶是垛堆的形式。垛板上所有瓶子都按层用塑料膜封包以防脏污。由于直接来自制瓶厂，因此瓶子很洁净或只含有少量熔炉和运输灰尘。这样的瓶子在灌装前的处理过程仅限于：

- 卸下或提起垛层
- 用冲瓶机冲洗除尘，有时冲瓶机也可省去

当然，这样做的前提条件是保护膜未破损和垛板完好。

5.2.1 新玻璃瓶的预处理

处理前先得以层的方式抬起和推移卸垛。这个过程须特别小心，以防瓶子坠落甚至整个瓶垛倾倒（见5.5.2）。

另外，还可以采用抓钩式装卸头按层方式卸垛。

5.2.2　冲洗

新瓶中不含饮料残液，根据其生产条件也基本无菌。其中所含少量灰尘可以通过冲洗而除去。

5.2.2.1　冲瓶机

冲瓶机一般为回转式结构，为了对传送带输入的瓶子进行冲洗，必须将瓶子转过来瓶口朝下。为此，冲瓶机带有塑料夹具，能将瓶子平稳地夹紧、提升、转180° 和精确地在冲洗喷头上方定位。瓶子的提升和随后的下降通过一个凸轮条实现。该凸轮也控制瓶夹头的夹爪。

在通过冲瓶机的过程中瓶子被冲洗，冲洗液可为冷水、热水或冷水热水兼用，但也可以采用几个分部通过分开的介质输送管系对瓶子进行冷水和/或热水冲洗并最后用压缩空气喷吹以快速排尽液体。这里采用了一个滑盘控制介质的切换。

整个处理时间为8～10s。排出的水由一个收集槽收集然后导出。

图5.50所示为一个机械式控制的冲瓶机的主要组成。瓶子在此沿顺时针方

向运动。喷冲水由9处引入，通过阀6达到喷嘴7（图中未全部画出来）。瓶子内排放出来的水通过排水槽11进入排泄管道12。

为保持清水的生物纯净建议在冲洗水中加入0.2～0.3 mg/L的二氧化氯，水的生物质量得到改善，但应注意不应形成氯酚。二氧化氯的检测与调节可选一个Redox—测量仪，借此可以相对精确地控制二氧化氯的浓度（精确到mg/L）。

5.3　可回收PET的灌装

今天很多饮料采用塑料瓶灌装，啤酒采用塑料瓶灌装存在一些问题并容易令人反感。但在不同国家显露出了一定的发展趋势，所以这里需就此专题做简短的阐述。

5.3.1　塑料瓶

塑料瓶由以下材料制成：

- PET，PEN或两者混合
- 其它塑料（Polycarbonat， PC）

塑料的质地轻及无爆瓶危险使其成为人们感兴趣的瓶材。然而由于这样或那样的特殊观点使其在啤酒包装方面至少暂时受到一定限制。

5.3.1.1　PET塑料瓶

现在流行的塑料瓶主要是由PET制成。

PET（Polyethlenferephthalat，聚对苯二甲酸乙二醇酯）是聚酯类，由乙烯基乙二醇与对苯二甲酸经熔炼聚合浓缩而成。经固化阶段的调质处理的PET材料制成的包装瓶很早就已进入饮料工业。市场供应的结晶态粒料和粉料可用来吹制：

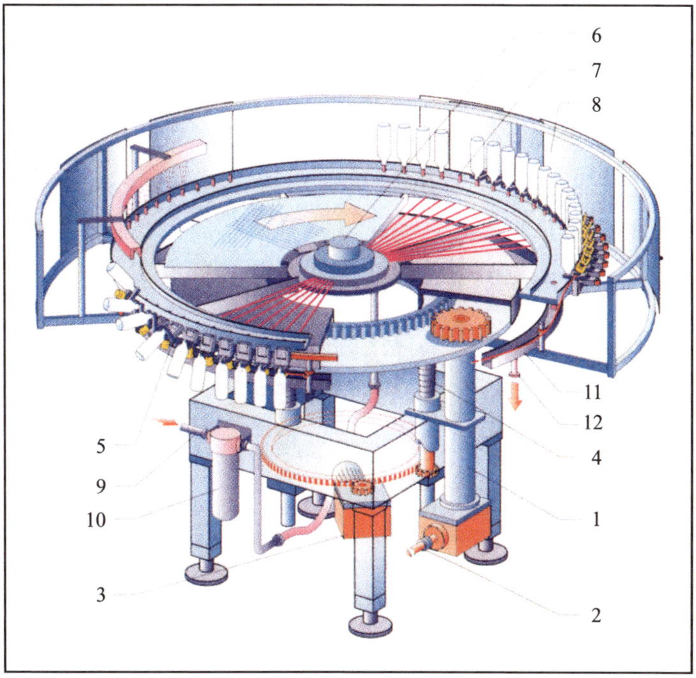

图5.50　机械控制式冲瓶机
1–转盘驱动
2–万向节轴
3–驱动电机
4–高度调节
5–瓶夹头
6–分配器
7–喷嘴
8–护罩
9–介质入口
10–过滤器
11–排水槽
12–介质出口

- PET可回收瓶
- PET一次性瓶

5.3.1.1.1 PET的结构特性

生产塑料瓶时材料的分子取向对于材料的性能具有决定性的影响。呈非结晶态的PET会很透明，但有相当的可渗透性，而且对高温敏感。如果PET双轴向延伸，则首先透气性会得到明显改善。制瓶过程中如通过相应的过程控制致使PET结晶。应用热诱导结晶方法可以产生乳白色物质，这种方法主要能用于瓶口部成型以提高螺纹的稳定性，同时还可改善PET的热稳定性和阻隔气体的能力。

由非结晶固化形成的PET具透明性，所制作的PET瓶不能在高于59℃的热水下清洗，因为在较高温度下会出现收缩。由结晶量大的PET材料制成的PET瓶可经受最高达75℃的温度。

5.3.1.1.2 内容物和外界环境之间的物质交换作用

PET和其周围环境之间一直进行着物质交换。PET 如同其它所有塑料那样，可透过气体，可逃逸组分和蒸汽。气体透过瓶壁是所谓渗透性，瓶中内容物穿过瓶壁叫迁移性（图5.51），阻隔层的阻隔气体交换的能力称为阻隔特性。

PET的阻隔性相对较差，这意味着，一种含CO_2的饮料例如啤酒如果采用PET瓶包装，时间一长CO_2压力将损失，以致CO_2达不到标准，因为CO_2不断透过瓶壁向外扩散。

同样不利的还有，环境中的空气（氧）也竭力克服CO_2压力朝瓶内扩散。也就是说，啤酒的含氧量随着时间的推移也会越来越高，伴随而来的负面作用也越来越显著。假定溶氧可接受的最大限度为0.2mgO_2/L啤酒，对PET瓶来讲，其保质期只有1～2周。显然，这样的包装方案无任何实用价值。

另一个特别之处是PET材料对一定的气味物质例如乙醛（Acetaldehyd）和其它一些化合物有可察觉的吸收作用，并且之后还可能释放出来。这样将使灌过软饮料的瓶子绝对不能再用于灌装诸如矿泉水和纯净水。这也限制了PET瓶在啤酒生产中的应用。

5.3.1.1.3 塑料腐蚀

巨大的塑料分子在受机械和热负荷时会出现老化现象。这种老化进程表现为聚合物的表面变得粗糙，随着使用次数增多，表面划伤和应力裂纹（尤其是集中在瓶底面上）将日益增多。这些表面问题在进行验瓶时都会

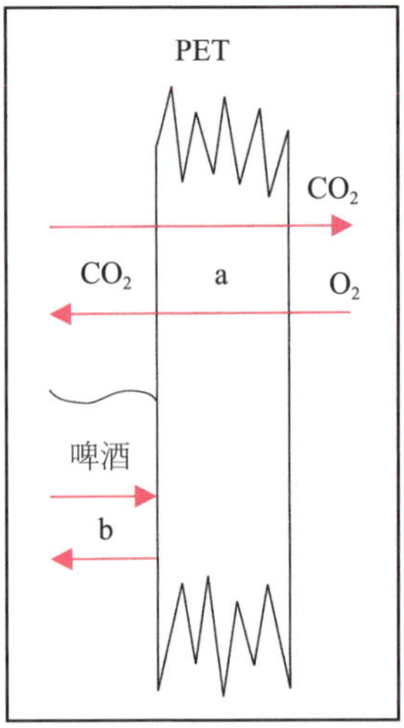

图5.51 PET层上的物质交换
（a）渗透
（b）迁移

导致剔除。这样做的目的不仅仅是因为影响保质期，还因为应力纹不可能彻底清洗而使细菌感染的危险增高。

5.3.1.2 其它塑料瓶

PET的缺点成为了人们寻找新的更好的材料的动力。后来出现的PEN材料与PET有近似的分子结构。但PEN（polyetglennaphthalat，聚二甲酸乙二醇酯）有一系列颇具优势的指标值，主要有：

- 耐热性更好（至100℃）
- 很小的透气性（CO_2阻隔性比PET高4～5倍）

然而，PEN瓶由于氧保护不足和CO_2仍有损失而仅仅有条件地适合于啤酒灌装，至今为止相关标准还十分严格。在世界范围内适合啤酒包装的新型塑料的研发从未停止。

PET瓶都采用螺旋盖。

除了PET外，现在用于制作塑料瓶的材料还有:

- PE
- PC

相对PET的应用来讲，这些材料作用已不大，因为它们大多存在下列问题：

- 废物处理，环境问题（PVC，也包括PE）
- 耐高温性差（PVC、PE、PC）
- 具有透气性（PE、PVC）

PC塑料目前仅用于制作婴儿奶瓶和可回收牛奶瓶。

5.3.2 PET瓶的制作

PET瓶先是以瓶坯形式生产出来，它是小巧壁厚的塑料管状容器，有各种规格和形状，带有预先成形好的用于螺纹盖的口部造型，在螺纹下稍低位置有一个提握环（图5.52）。瓶坯通常无色或呈单色，由有关公司生产提供。由瓶坯生产PET瓶的过程是在有关企业或在饮料生产厂内部进行的。为此需提供必要的拉伸吹塑制瓶设备。

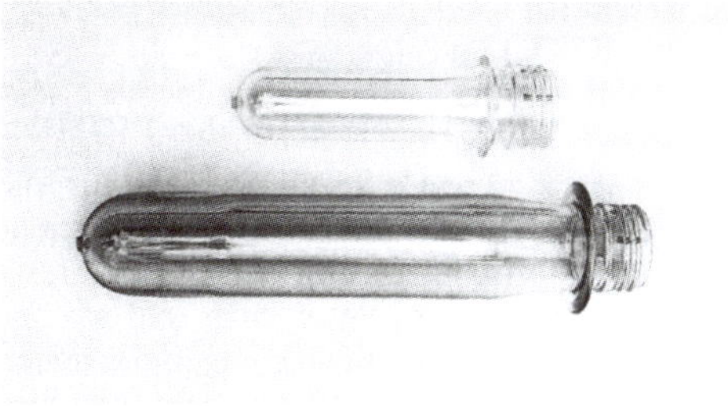

图5.52 带螺纹和提握环的瓶坯

连续式拉伸吹塑机生产可回收或一次性塑料瓶的大概过程（图5.53）如下：

在一个约12m^2的面积上设置有两个上下排布的回转轮盘，二者前后串联完成由瓶坯到成瓶的转换。 瓶坯先经由炉体上部4进行非常均匀的加热，然后转入下面的吹瓶轮盘6上，最终制得一定形状的瓶子。

在这个处理过程中，瓶坯先通过一个振动器和一个刚性输送装置瓶口朝上地沿供料导轨滑行，与此同时对瓶坯要进行检验并剔除不合格的瓶坯（图5.54，1）。接着由夹具夹在其不再发生变化的已成形的螺纹部位和提握环之间，并转交到一个传送杆。接着瓶坯再由红外线均匀加热3，同时开始不断地绕其轴线转动4以实现根据一定的温度曲线十分均

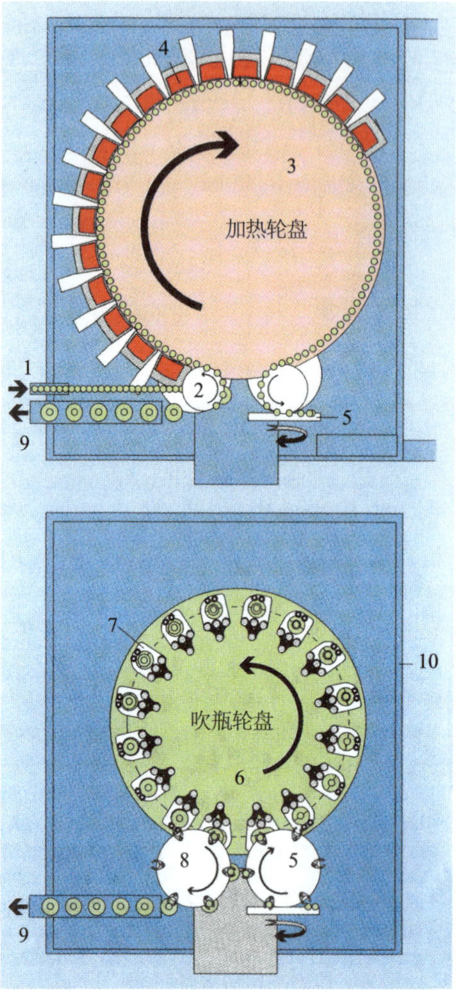

图5.53 喷瓶机－连续生产塑料瓶
1－瓶坯输送 2－输入翻转星轮 3－加热轮盘 4－加热炉模块 5－传送星轮－下降星轮至下面的吹瓶轮盘 6－吹瓶轮盘 7－成形模载体 8－输出星轮 9－输出传送带 10－机器护罩和安全装置

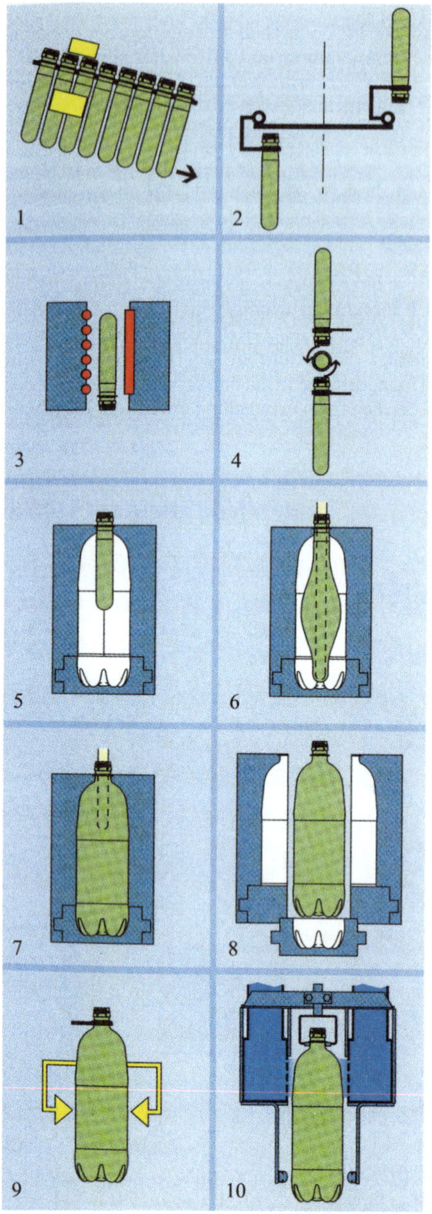

图5.54 瓶坯的加热和拉伸吹塑
1－送料和检查，瓶坯处理 2－在输入星轮中翻转，加热和平衡 3－加热器 4－输出－垂直和分配星轮，附加时间1 5－底模上升，瓶模关闭和锁定处理时间 6－延展和预吹 7－成形吹制，延展杆退回，冷却附加时间2 8－解锁，开模，底模下降，成品处理 9－取出瓶子，检验 10－转交气动输送带

匀地加热。然后瓶坯被转到下面的吹瓶站。

在转入喷瓶站后，瓶模5关闭并导入吹塑杆6，瓶坯被吹塑延展直至瓶模底部。吹塑过程中先用较低压力进行预吹，然后立即提高压力至40bar进行成形吹塑。此时瓶子的轮廓和底部造型（最厚可达2mm）或支脚形状已经形成，吹塑杆也抽回7。在冷却一段时间之后瓶模开启8，瓶子由输出星轮转接过来。接着进行瓶子检验（高度、直径）9并在此将问题瓶剔除。成品瓶最后由气动传送装置10送出机器。

这种设备每小时最多可生产28800个PET瓶。

通过更换三件式铝质瓶模可以很容易地转换PET瓶型。这样很轻松地就可以将企业特有瓶型的瓶模换上。当然，瓶模必须与待加工瓶坯的大小和造型相吻合。

5.3.3 空PET瓶的输送

PET空瓶重量在80g以下，如此之小的质量和很差的直立稳定性使得它不能采用常规链板带输送。一般是利用其提握环采用机械方式或者采用压缩空气进行输送（气动输送）（图5.55）。

5.3.4 PET回收瓶的清洗

关于PET瓶的清洗有一些特殊问题:

- 轻质的PET瓶在进行喷冲时可被冲出瓶盒
- PET瓶在温度高时会收缩，所以不能用60℃以上的温度处理。仅仅只有含高结晶成分的PET瓶子可至75℃

所以，普通洗瓶机如不改装将不适于清洗PET瓶。

下面介绍一种清洗回收PET瓶的新方法。图5.56所示为krones公司生产的“Spiragrip”型洗瓶机。这里通过夹持瓶颈实现瓶子输送1，其独特方式使其它传统方式相形见绌。

整体式载架每次取3~6个瓶子呈螺旋轨迹运动并穿过洗瓶机。首先进行常见的排残液2步骤，然后进行热水预冲3和在一个大区间4内用允许的最高温度做碱液浸泡和碱Ⅰ喷冲。在后续冲洗站用清洗剂Ⅱ进行瓶子下面和外面5的冲洗之后，载架向上运动将瓶子送到上部区域6特别进行瓶口和颈部提拿环区域的冲洗。瓶子在上部区域穿过数个温度逐渐下降的浸泡和喷冲区，最后到达延长的清水喷冲区17和一个宽大的滴干区18。然后解除锁定19，并最后转移到输出传送带上。

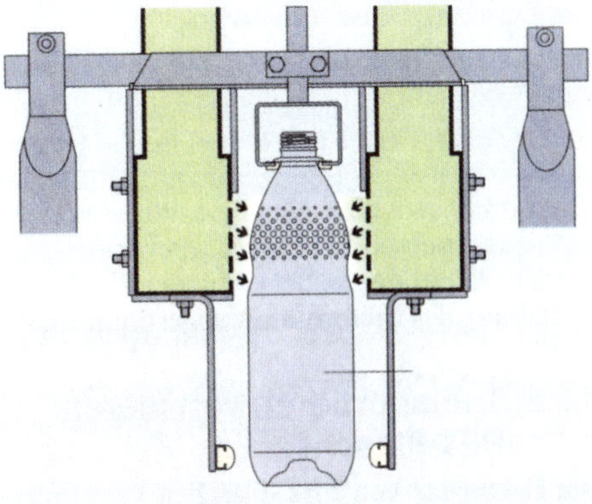

图 5.55 气动输送装置

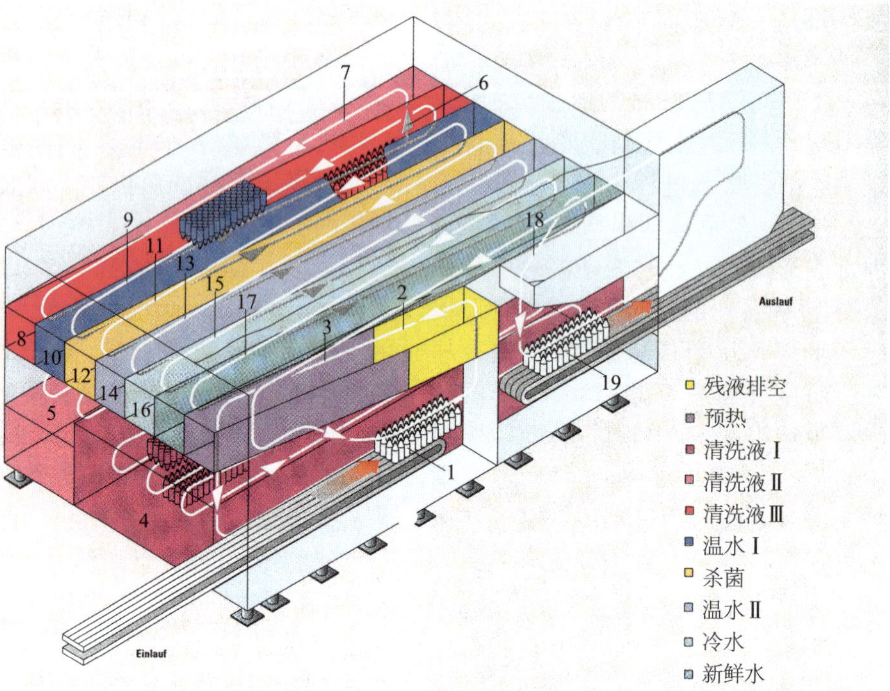

图5.56　塑料瓶洗瓶机
型号“Spiragrip”（Krones公司，Neutraubling）

5.3.5　不明物的检测

洗瓶之后还需进行常规检查，检项包括：

- 是否洗净
- 是否排尽残液
- 螺纹损坏情况

另外，还需检验瓶子：

- 密封性完好与否
- 是否有过多影响保质期和易感染的应力纹

上述这些检验对于回收PET瓶来讲还不够。由于塑料容易吸入气味物质且很难洗净，所以会给后续饮料口味造成不利影响，所以必须对瓶内气体进行异味专检。

还需要补充的是，这些带螺旋盖的瓶子常被人用来保存别的饮料，甚至汽油，溶剂或类似的东西。同时还有必要提防一些别有用心的人故意捣乱。如果一个这样的污染瓶进入洗瓶机，可能导致成千个瓶子无法洗干净。因此，不得不在洗瓶机前采用昂贵的异味检测机确保将这类瓶子排除。

异味检验机一般为回转式结构，有时也采用直线式结构。为了能在机器速度为50000瓶/h的情况下取得气体样品，每秒必须对15个瓶子进行抽样。这是通过向瓶子里短时通入空气的方法实现的。通过喷入带压空气使瓶内气体排出并收集用于检验（图5.57）。

由于此类验气设备接触不明气体，所以被称之为嗅探器。特别是随着塑料可回收瓶的引入，市场上出现的异物检验机越来越快而且越来越灵敏，目的都是为了加大饮料质量的保险力度和避免或尽可能减少顾客投诉。

瓶子中除了异味外还可能在残液中存在不明物质。对于它们也必须进行检测。因此，对瓶子既要做气相检测同时也需借助多种分析手段对残留液进行分析：

- 饮料残留液分析（USM）
- 碳氢化合物检测（SOX）
- 气味物质分析（Pulsfluoreszenz）
- 氨性物质分析（NOX）

5.3.5.1　饮料残液分析（USM）

用一束带有紫外、可见及红外成分的光线穿透轻度倾斜的瓶子底部的饮料残液（图5.58）。检测之前，需在开启瓶盖后立即注入少量的稀NaOH溶液以释放氨气。

透射光线最终由一个含有512个光敏元的光谱计接收，如同分析“指纹”的情形那样。通过一个每秒可进行2亿次操作的信号处理器对残液进行专项物质分析，并根据结果对瓶子做出分类（“好”或“坏”）。在此，饮料及其发酵生成物的光谱都已事先保存在物质数据库中，随时可调出用于对比分析。

由于不同化合物对应的波长差异很大，因此容易加以区分。

5.3.5.2　碳氢化合物的识别（SOX）

碳氢化合物，如汽油、柴油、丙酮、色料稀释剂、苯类等都可能在回收瓶中保存过。既使有极其微量的上述物质的痕迹也会使饮料受到影响，这样瓶子就不能用于灌装饮料。因此必须将之识别出来。

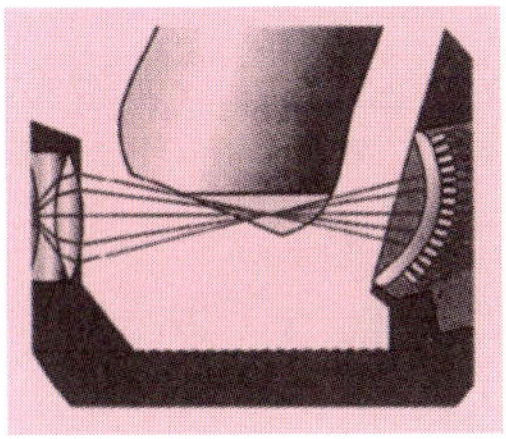

图5.58　液体分析
轻微倾斜的瓶子底部的残留液通过射线进行分析

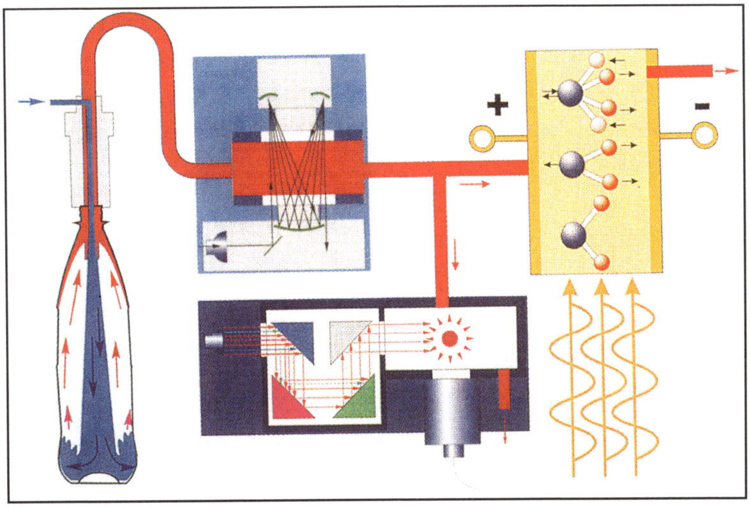

图5.57　气体分析
瓶中的气体先用清洁空气流顶出并做分析

上述一类物质的检测是利用其在红外光频谱范围内能引起与波长有关的光衰减的特性来进行的。这种方法除用作物质辨识外还可用来分析物质的浓度（图5.57）。借此方法可以在饮料中或者说在回收瓶中识别普通化合物，如：

- 口味物质，例如Lemonen
- 发酵物质，例如乙醇或者乙酸乙酯
  并且与所不希望的碳氢化合物加以区分。

在有醇类的情况下还必须对其浓度进行检测，因为：

- 发酵的软饮料，如果乙醇浓度低，瓶子应作为“好”瓶对待
- 高度烈性酒，如果酒精浓度高则应该作为“坏”瓶进行分类

5.3.5.3 芳香物质识别

在这里重点是要找出环状结构的带气味的碳氢化合物，它们多数时候显示出极低的嗅觉阈值。这些物质包括臭樟脑、蒽的异构体（Phenanthren）和其他一些日常生活必需品中含有的气味物质。这一物质族可通过Puls-Fluoreszenz方法加以识别，其敏感度非常之高，以致在多于1亿个分子中仅含1个这类物质的分子也能检测出来。

采用这种方法检测时需采用紫外光脉冲照射不明异物的分子使之受激放电，所发出的光脉冲由一个光敏传感器接收并转换成信号加以处理，这样就可实现在洗瓶之前剔除不合格的瓶子。

5.3.5.4 氨性物质识别（NOX）

含氨物质是一组重要物质。它们含在清洁剂，清洗剂和已使用过的化学试剂中，还可能在昆虫体内。

含氨物质的识别利用了它们对高频微波射线产生衰减的机理（图5.57右）。检测时先需向受试瓶子中注入少量NaOH淡溶液以便使NH_3释放。

在这里采用了专门针对氨分子的特殊频带20～25 GHz范围内的微波。

通过精密的筛选方法可以高灵敏地识别较人的嗅觉阈值低得多的氨含量。

5.3.6 PET瓶的灌装

PET 瓶灌装含CO_2的饮料如啤酒等，还涉及一些问题和前期考虑：

- PET瓶壁厚不一，对于多数沉静型饮料不成问题，因为它仅仅用于包容液体。但对于含CO_2的饮料必须采用较厚实的材料才能保持瓶内压力
- PET对CO_2的阻隔性差，以至于随着时间瓶内压力会下降。这样啤酒所特有的杀口力减弱，起泡性也会下降。所以，在对啤酒的杀口性和起泡性十分看重的消费者的国家和地区不宜选PET瓶灌装啤酒。 由PEN或添加了PEN成分的塑料制成的瓶子有明显更好的性能，但作为啤酒瓶其阻隔性尚未达到可接受的程度
- PET瓶不是通过托瓶气缸，而是借其提握环压接于灌装阀上的（图5.59和图5.60）

PET瓶灌装一般通过无压力灌装机（如水、果汁、牛奶）或反压体积

式灌装机来进行。

用于塑料瓶灌装含CO_2饮料的反压–体积式灌装机的工作原理与灌装易拉罐的体积式灌装机相同。液体体积测量是在一个测量室内进行的（图5.61），测量好的液体在灌装时可以快速地经由瓶壁流入瓶内。由于液体体积稳定，因此塑料瓶灌装精度完全可以保证，尽管在灌装压力下瓶子有一定的变形。

灌装量定量也可以采用电磁流量计实现。一次性瓶和回收瓶的灌装过程完全相同。

5.3.7 PET瓶的封盖

PET瓶总是采用螺纹旋盖加封的。螺纹盖较受消费者欢迎是因为不用开启工具即可启封并且根据需要重新封盖。这是它广泛应用的重要原因之一。借助保险环可以识别瓶盖的原始状态。所以，各种各样的螺纹盖，除啤酒以外，在饮料市场上占绝对统治地位。

综上所述，螺纹旋盖的主要优点可归纳为：

- 保持饮料原始质量

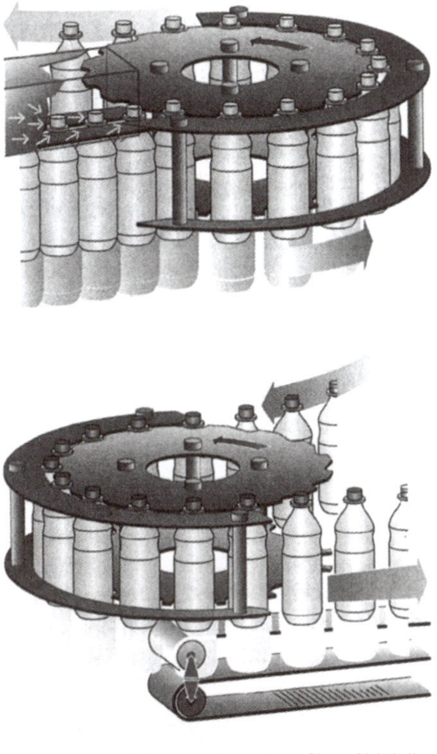

图5.59 一次性PET瓶由气动传送装置进入插入式星轮并在封盖后通过高度可调的传送带输出

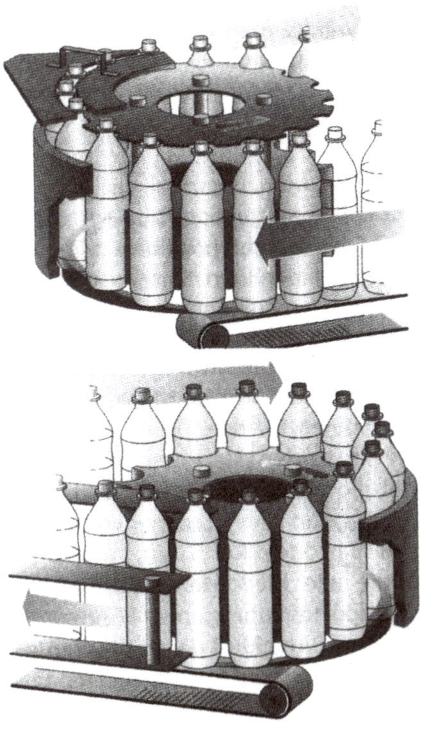

图5.60 可回收PET瓶由传送带进入灌装机并在灌装后回到传送带上

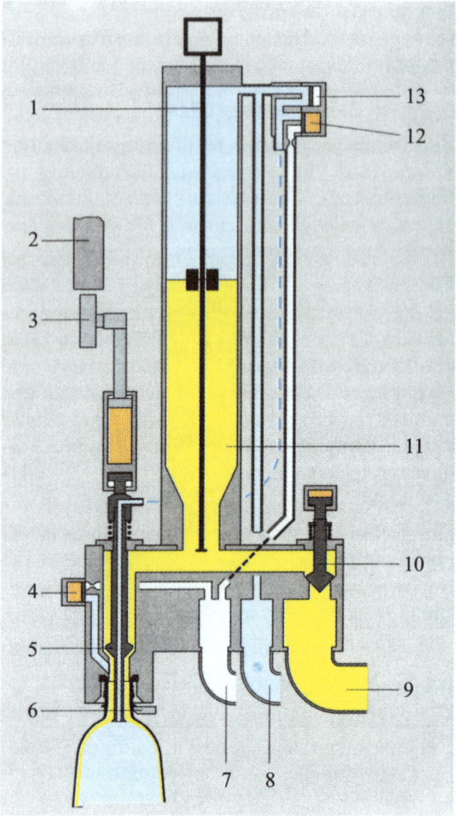

图5.61 灌装塑料瓶的反压-体积式灌装机 机型“Volumetic VC”（Krones 公司，Neutraubling）

1-声纳-液位探头 2-下降凸轮 3-灌装阀升降凸轮滚 4-卸压阀 5-灌装阀 6-瓶颈辅助块 7-卸压室 8-备压气体输入 9-饮料输入 10-饮料导入阀 11-测量室 12-辅助卸压阀 13-CIP-回流

- 保险，防范针对瓶中内容物的阴谋
- 瓶中内容物可再加封
- 保护消费者在启封和再封盖时不受伤

螺纹旋盖总体上分为两类：

- 铝质滚压螺纹盖
- 塑料螺纹旋盖

5.3.7.1 铝质滚压螺纹盖

铝质滚压螺纹盖多用于带有封口螺纹的装无酒精饮料的其它饮料的玻璃瓶和塑料瓶。用于啤酒瓶十分少见。

这种盖经过成形加工、印刷装饰后提供给市场。其螺纹仅仅是在封盖时才通过在瓶口螺纹上滚压而形成。

为了保证内容物

- 气密性，在盖内装入了PVC或不含PVC的密封垫
- 为了防止擅自启封，在盖的下缘设有一个保险环（图5.62），这个环在启瓶时会断开或呈撕裂状

瓶子第一次启封时，盖子会发出清晰的声响，这表明瓶盖未曾被开启过。

正常情况下可回收瓶启封后保险环总留在盖子上，这样才不至于给洗瓶和重新灌装带来麻烦。

一次性瓶采用螺纹旋盖同样不存在问题，但盖子上不再有保险环，而是将之移到了瓶颈上。

有些螺旋盖能保持瓶子中由于热灌装后冷却下来产生的负压，直到启封。

带红色塑料保险环的铝质盖很特别，这种盖也同样可用于碳酸饮料，进行热灌装和巴氏杀菌。

铝质滚压螺纹盖的封盖过程：见图5.63。

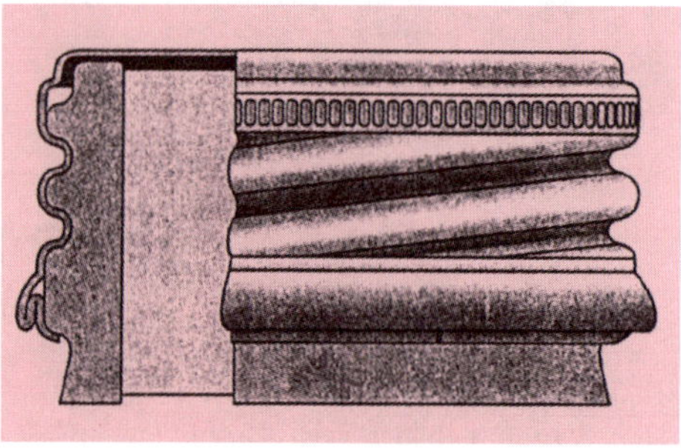

图5.62 铝质螺旋盖

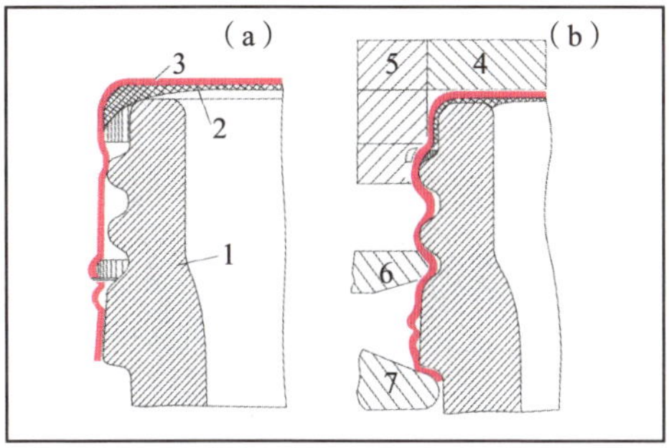

图5.63　铝旋盖的封盖过程
（a）旋盖放置于瓶口　（b）旋盖封口过程
1-带螺纹的瓶口部　2-密封垫　3-滚压封口瓶盖
4-顶盖器　5-插棒　6-螺纹辊　7-卷边辊

铝质盖封盖前没有螺纹，其螺纹是在封盖过程中通过2或3个螺纹辊压刻出来的，通过另一个辊则形成保险环。

5.3.7.2　塑料螺旋盖

很多饮料采用塑料盖封装。和铝质盖不同的是，塑料螺纹旋盖由专门生产厂家以成品的形式提供。

常见塑料盖的材料是聚丙烯，这种材料高温下的形状稳定性较好。内垫可采用PVC或不含PVC的材料制成。通过密封垫对瓶口上面及侧面的压贴形成牢固的密封（图5.64）。为了在启封时快速消除瓶内过压，螺纹中留有垂直间隙。为了便于开盖，盖子外面一般刻制了纹路。在盖子上面或附带地也可在内垫里面通常印刷了数字、图案、图形等。实际中有不受限制的各种可能性。

图5.64　塑料螺旋盖

塑料螺纹旋盖可用于一次性和可回收塑料瓶。

一次性瓶启封后保险带断开并留在瓶颈上。

在开启可回收瓶时，保险带部分地与盖体粘连，但断裂形状明显，因此很容易识别瓶子是否曾被开启过。

在灌装烈性酒时还用到如同supercap或pilverproof情况下的螺旋盖，这种盖可允许极富创意的产品装潢形式。虽然这类饮料不含CO_2，但封口也要求气密性，否则酒精会因挥发而越来越少。

塑料螺旋盖封盖过程：

首先，瓶盖由分选器送往封盖机。依设备不同封盖机，封盖头有10~25个不等，每个封盖头每小时可加工2500个盖子。

封盖头具有与封盖速度匹配的旋封力矩电控无级调节能力，可以保证始终一致的封盖力矩。

对于塑料瓶加封建议优先考虑采用所谓选择-放置技术（Pick and place）。这种技术下塑料盖利用倾斜的滑道首先传送到一个转盘上，由该转盘使瓶盖统一开口朝下然后安放到瓶子上。通过这种方法避免了其它方法可能出现的旋转失调和卡堵现象。

5.3.8　PET瓶的贴标

PET瓶贴标方式与玻璃瓶相同。由于多数PET瓶表面积较大，以至于必须采用较大的环身式标签。这样做的好处是能增强广告效应。另外，这种瓶主要采用各种以卷的形式提供的塑料薄膜标签进行贴标。而且采用标签首-尾对接的粘贴方式也大大降低了胶的耗量。

环身标签粘贴也发展出一种无胶“贴标”技术。

这种技术的基本出发点是：

- 瓶子的整个圆柱体外表全部用于广告
- 瓶子不再接触胶

这种技术还带来以下好处：

- 在洗瓶之前脱去标签
- 标签可以干态回收
- 显著降低胶耗
- 节省洗瓶用碱和能源
- 洗瓶用碱不会因标签碎屑污染

贴标过程：标签是从事先印制好的标签卷上取得的。通过一个调整器的引导使标签调整到指定的高度。

通过一个旋转的切标装置切断标带并分离出标签，借助标签上带有的标志符和一个光电传感器可以使标签精确，整齐地被切下，然后借助一个真空转筒吸持并进行后续的涂胶步骤〔图5.65，（a）阶段〕。

与标签外形配套的传送筒带有呈条状突起部分，与标签前后缘约1cm宽

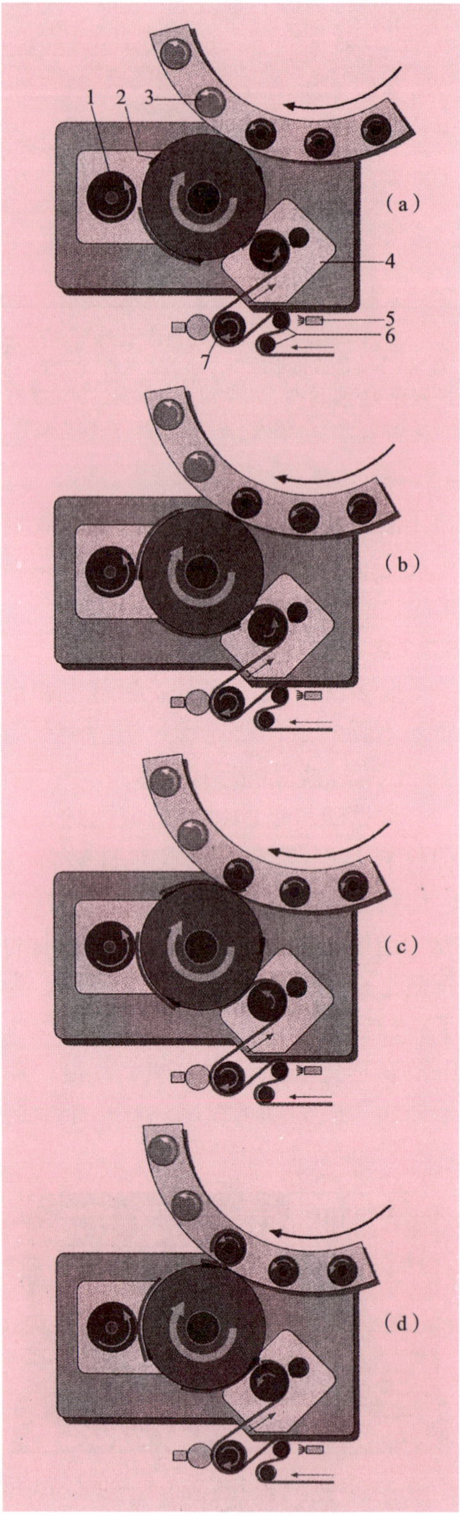

图5.65　环身标的贴标过程
1-胶辊　2-真空筒　3-托瓶转盘
4-切标装置　5-计数器传感器
6-导向辊　7-送料和夹标辊
（a）阶段 真空传送
（b）阶段 涂胶
（c）阶段 标签向瓶过渡
（d）阶段 标签重叠部位粘贴

的涂胶及重叠粘贴部位相对应。

标签的这一重叠区在经由涂胶辊时被涂上很薄的热熔胶〔（b）阶段，三个重叠部位在真空筒上能很好地识别，见图〕。

涂胶辊1依靠热熔装置的一个喷嘴提供热熔胶。相对于冷胶来讲，它能更快变干，粘力也更强。

真空筒携持标签继续传送，直到标签被转贴到转动的瓶子上，并且同步地卷绕到瓶子上〔（c）阶段〕。紧接着标的前沿和后沿发生重叠并在几秒钟内牢固地粘贴在一起〔（d）阶段〕。

可以看出，环身标并不是贴在瓶子上。为了达到稳固的贴标效果可以：

- 在贴于瓶子上时将标签稍作拉伸
- 在贴标前用水和空气混合喷洒瓶壁

这样贴标后标签会因为很薄的水膜产生收缩，从而紧实地包围在瓶子上。

采用其它系统时还常往标签背后涂少许冷胶（图5.66），借此提供标签稳固程度。

这些冷胶在完全干燥后会脱落下来。处在标签重叠区的热熔胶只是将标签固定在瓶上但不与瓶子粘连，在洗瓶之前需要用薄膜标签切除装置（图5.67）除去标签。整个贴标过程都是受到电子监控的。

5.4 一次性PET瓶灌装的特殊性

近些年来，一次性PET瓶用来灌装无酒精饮料甚至啤酒已成为热门话题。一次性意味着吹制新瓶和灌装，

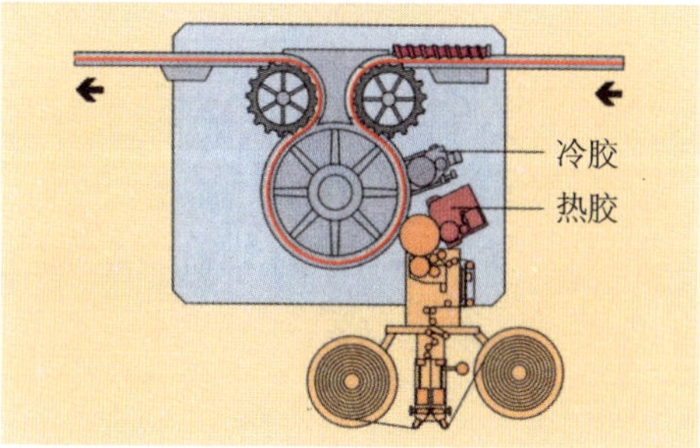

图5.66 具有两种不同涂胶系统的环身贴标机

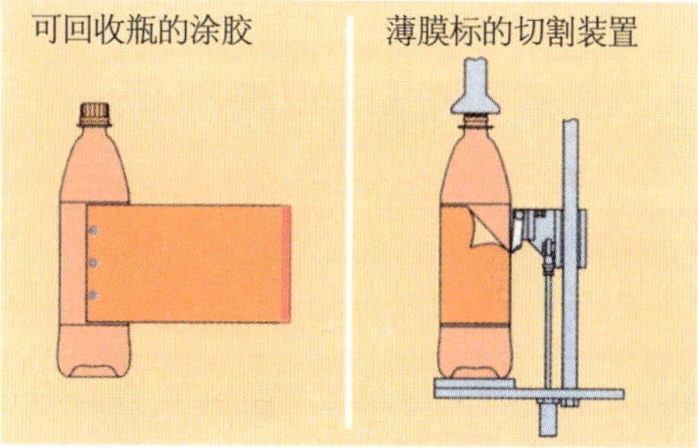

图5.67 涂胶和薄膜标切除装置

所以：

- 不需验瓶机，尤其不需要嗅探器
- 不需要洗瓶机（图5.68）

从而在节省庞大设备投资的同时，也能节约大量的驱动能耗、热能、水和废水以及清洗剂的成本。这也是大量采用新PET瓶的重要原因。

最近一个时期，生产饮料的企业也可利用相关设备自己由瓶坯吹制PET瓶（见5.3.2）。这对于饮料企业使用一次性PET灌装十分有意义，它们可以根据需要采用所提供的按要求加工生产的各种大小、颜色、形状的瓶坯来自己生产PET瓶。

但究竟节省的验瓶和洗瓶成本能否补偿自己生产PET瓶的成本还必须分别核算。

我们看到：塑料瓶的材料，如

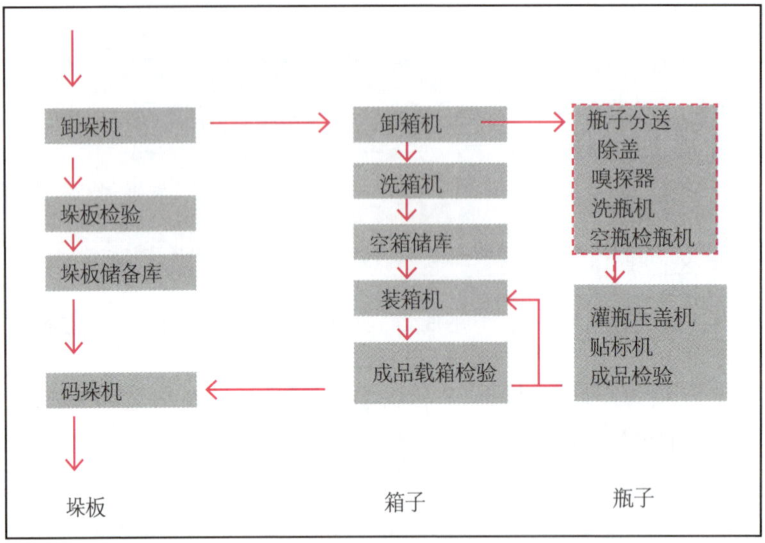

图5.68 一次性瓶无需昂贵的前处理

PET或PEN还没有达到令人满意的气体阻隔性能。但可以期待，在不久的将来一定会开发出带气相喷镀层，具有更好的阻气性能，更廉价的塑料材料。在这种条件下，如果又能将回收的材料（起码是其大部分）加以粉碎并重新用来制作新瓶或者生产啤酒厂自己的各种规格的原始包装单位，也就可以期待一次性塑料瓶用于啤酒灌装的美好未来。

另一方面还应该认识到，啤酒的最低保质期已大幅下降到2～3周，口味稳定性仍可能受到影响。现在还暂时没有有效的解决办法，但啤酒厂采用自己的轻质一次性塑料瓶无疑是大势所趋。谁先做到，谁将取得巨大优势。

5.5 易拉罐的灌装

易拉罐的灌装和瓶子灌装有很多不同之处。关于这些可分为以下几个方面加以阐述：

- 罐体及罐盖
- 入库、卸垛和转移
- 冲洗
- 检验
- 灌装
- 封盖
- 起泡小附件及其特性
- 已灌装罐的检验
- 巴氏杀菌
- 贴标
- 标注日期

5.5.1 罐体及罐盖

易拉罐在过去的数年中越来越广泛地用于很多饮料的包装，专门包装啤酒、清凉饮料、运动饮料、冰茶等饮料的易拉罐有250mL~500mL各种容量，很少大到1L。容量要么用mL，要么用盎司（英两）作单位。这里需注意：美国和英联邦国家盎司之间的差异。

易拉罐之所以受欢迎是因为其一系列优点：

- 不可能破碎
- 重量较玻璃瓶轻得多
- 不需像瓶子那样回收，在有关国家有较好的回收系统
- 因此可省去较重的箱子以及搬运麻烦
- 码垛堆放容易
- 不需任何工具即可开启饮用，且封口留在罐上（SOT）
- 冷藏时冰箱空间利用率高，冷却快；不透光，不怕因光照影响口味
- 通过精美印刷或贴标能够达到最佳广告效果
- 啤酒可以在封闭的罐子内进行巴氏杀菌
- 易拉罐容易循环利用

易拉罐采用两片（罐体及罐盖）钢或铝薄板制成，罐盖则几乎总是用铝制做。

选择钢还是铝材主要考虑的不是产品质量而是产品所在国家或者企业的实际情况和其它条件。两种材料各自具有优点和缺点，但与饮料质量并无直接关系。两种质地的易拉罐制造工艺完全相同。

两件式易拉罐采用金属板材深拉伸工艺制成（图5.69）。深冲加工的标准是，在形状改变的同时保持一定的材料厚度。相对而言进行拉伸加工过程中薄板材料的厚度会变小。

易拉罐内部必须要至少能承压600 kPa（表压）的压力，

所用原材料约厚：

0.27mm，钢板；

0.30mm，铝板。

制罐后的罐底部一直保持着原来的厚度约为：

0.25mm，钢罐；

0.29mm 铝罐。

但在拉伸形成的壁部厚度大约减小到：

0.09mm，钢罐；

0.11mm，铝罐。

在卷边边缘处厚度大约：

0.15mm，钢罐；

0.18mm，铝罐。

不难理解，内部带压的易拉罐具有很好的稳定性及强度，但空罐则可轻易用手压扁。 为了在灌装沉静型饮料时使罐内建立起足够的压力，必须人为地加入一些惰性气体例如一滴液态氮。罐的内面都经过中性漆进行了涂膜处理。

撕拉开启式罐盖由铝质薄板制成（图5.70），每个罐盖重约3.8g。现在仅应用SOT盖，所谓SOT是英文Stay on tab 的缩写，意思是开罐后开启系统仍然保留在罐盖上。这当然有利于环境保护。罐的开启口宽度一般为15mm，有些系列宽度可达到25mm。

饮料罐的大小和形状多种多样并且已有了很大的发展，主要体现在减轻重量，可出租性以及迎合消费者的不同愿望。罐盖大小的变化也是发展的结果，由原来的2.06-盖发展到2.02-盖，并且在小罐上甚至应用了2.00-盖（型）。相应的材料厚度为：

- 2.06-盖，0.27～0.28mm
- 2.02-盖，0.22～0.23mm

德国常用罐的容量有：

图5.69　啤酒易拉罐制造过程

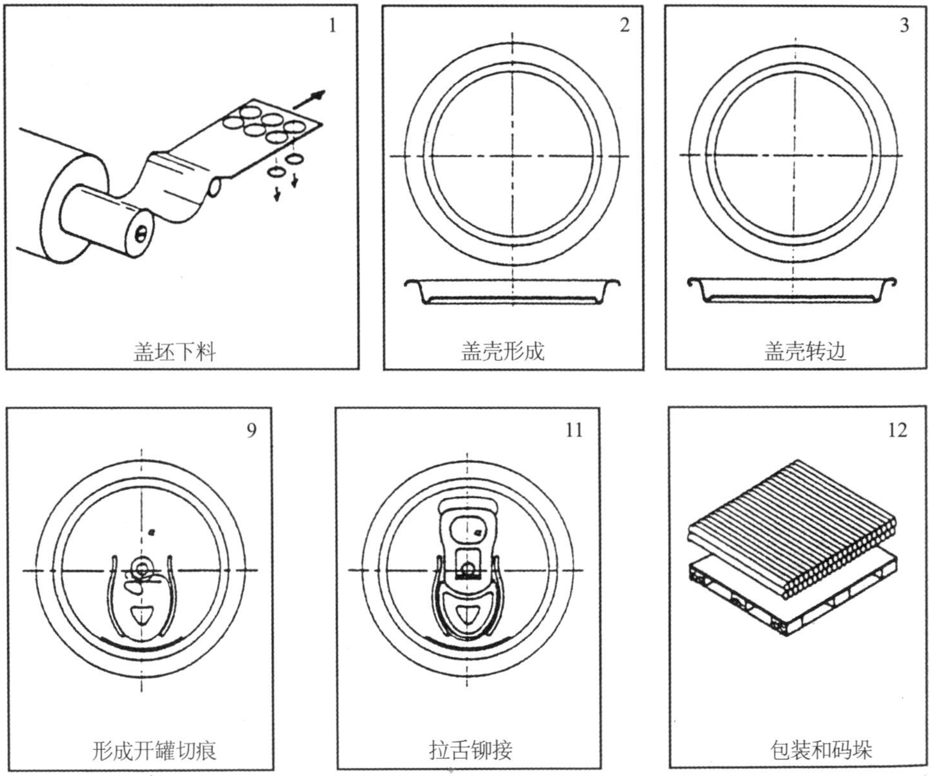

图5.70　罐盖制造过程（未全部画出）

2.06铝质：275mL，294mL，330mL，355mL，375mL，440mL，500mL；

2.06钢质：275mL，294mL，330mL，355mL，375mL，440mL，500mL；

2.02铝质：330mL， 440mL，500mL；

2.02钢质：330mL，440mL，500mL；

2.00钢质：150mL，200mL，250mL；

带钢质盖和焊缝罐的质量约为：

2.06铝 330mL 12g；500mL 16g

2.06钢 330mL 27g；500mL 37g。

0.33L和0.5L的易拉罐的主要外形尺寸见下表，并参考图5.71的说明。

	0.33L		0.5L
A 封盖后罐高	115.2 ± 0.4		163 ± 0.4
B 罐首空间高	12.2 ± 0.5		14 ± 0.5
C 罐口内径		57.4 ± 0.3	
D 罐身外径		66.1 ± 0.4	
E 立置底环直径	53.6 ± 0.2		52.8 ± 0.2
F 罐底深度		11.2 ± 0.3	

除普通造型外，近期内出现了一些新的易拉罐。这里收集了其中几个的相关信息供参考：

所谓“幸运罐”是带两个罐盖的易拉罐。如果中奖者将上面的不可识

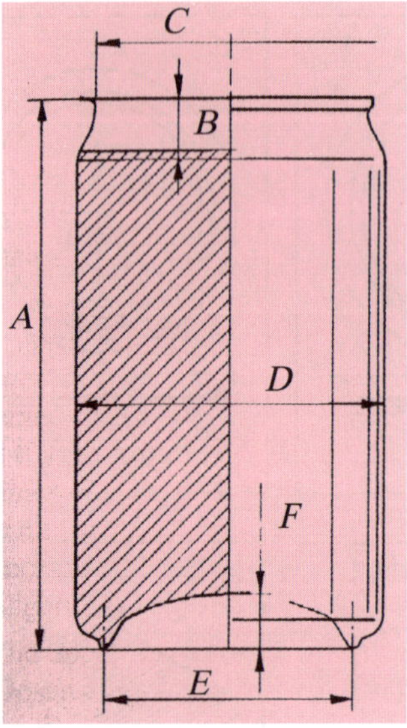

图5.71 啤酒易拉罐
A 罐高 *B* 罐首空间高 *C* 罐口直径
D 罐身外径 *E* 立置底环直径 *F* 罐底深度

别假盖（Dummy）”打开，立即可见藏于下面的奖品。这样使抽奖活动的参与者立即可得到其奖品。罐的真正封口盖处在撕下的“假盖”下面。

> 另一种名为“塑形罐“（Sbaped Cans）的钢质易拉罐样式之多超乎想象。通过一种特殊高压工艺可以使钢质罐由原坯形状首先产生20%~30%体积膨胀，之后则可达80%的体积膨胀。尽管罐壁膨胀后如同头发丝一般薄，但其形变和浮雕的塑造使强度反而提高不少。虽然目前成本偏高，但其市场前景十分可观。

此外还应该注意到：

- 钢质罐可受磁吸引，使用后可较好地分选进入循环系统
- 铝质罐可直接熔化，重新加工

5.5.2 入库、卸垛和转运

易拉罐采用垛堆形式供应，每个垛堆（高垛，特殊垛）由15～23层组成，每层罐之间采用纸或塑料板形成很薄的中间层。依垛板大小不同，每垛最多可容纳360个空罐。垛堆采用金属角框和盖板以及塑料扎带加固。这样的垛板也可以进行叠放。

载重车的卸货和入库主要靠叉车进行。有些地方通过自动装卸系统直接从专用车辆上卸到垛堆整理设备上。由于罐壁很薄，空罐特别容易被撞坏变形。而且变形可立即传递给邻近的罐子并继续下去。所以，罐的装与卸必须格外小心。为此：

- 叉车的承载叉必须轻柔和无冲击地插入垛板
- 隔距板有助于防冲击
- 承载叉插入时应保持与垛堆侧边一定距离
- 在垛板进入升降框之前去除已受损的罐，因为这些罐会妨碍正常输送
- 罐内凹痕不准许人为复位

通过整理设备（图5.72）垛堆被按层抬起，取走中间隔层后罐层被推移到一个转运平台上。角形加固框这时被取下并转放到空垛板上，并与之一同叠放着返回制罐厂。

转运平台可采用链板带，也可由钢质或塑料传送带构成。

空罐的传送必须平稳，因为其不耐冲击且易倒覆。由垛上推卸下来时罐与罐挤在一起，其稳定性反而更高。宽大的转运台必须设置边缘围栏

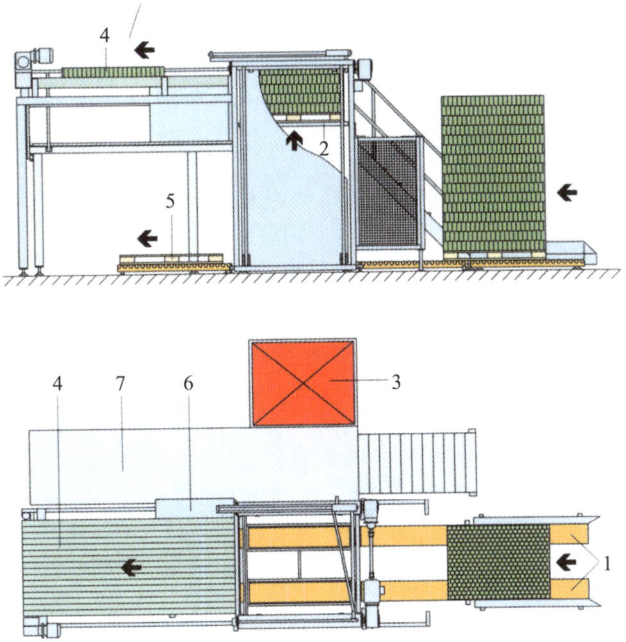

图5.72　罐垛推卸机 机型："Parmaster"（Krones，Neutraubling）
1–重力辊轴传送带
2–垛板升降台
3–中间暂贮台
4–容器输出
5–空垛板输出
6–操作屏
7–操作台

和导板。

在转运台的端部通过一个各单条链带速度呈阶梯差异的输送带对罐进行分单处理（见5.7.1），在高速设备（大于1200罐/min）上可以辅以气动分单系统。

对于接下来的长距离输送可选用优点明显的软带面传送带。

此后，罐子被倒过来送往冲洗机进行清洗，然后再倒回来被送入检验机进行检验。

通常在检验之前在底部进行喷码（保质期限）。

罐盖的提供和处理远不如罐体那么复杂。罐盖的滚压直径比压盖后的直径约大8 mm。罐盖采用纸袋包装，每袋装有约600个盖子，也采用垛堆的形式供应，每垛存量可多达246000个（2.06–盖）。包装袋一般采用结实的纸带捆扎。

5.5.3　空罐检验

由于罐壁如纸般薄，因此十分容易变形，在运输和入库、出库过程中变形了的罐口已不圆，因此无法封盖或封盖失败。

> 罐的损坏会导致生产中断、产生废品以及影响声誉。

在灌装之前对罐子可做下列项目的检验：

- 圆度
- 罐体上部的卷边缘
- 内部涂层
- 罐壁变形和底部变形

■ 内部异物

带有缺陷的罐必须排出，否则产品质量降低和增加不必要的后续成本。

检验是依靠处在整理设备和冲罐设备之间的验罐机进行的。它由光电开关、摄像机和一个击打剔除器组成。运行速度可达140000罐/h。由于成本高，空罐检验设备的应用总体上还不很普遍。

合格的罐将送往冲洗设备。

5.5.4 空罐冲洗设备

由于罐子太轻薄，若采用如同瓶子冲洗的常规方案实现夹持和翻转就会导致敏感的罐颈变形。由于经过推移卸垛之后罐子处在较高的位置，因此在分单以后可以容易地实现翻转和冲洗，也就是在将其缓慢向下传送的同时进行冲洗（图5.73）。现行冲洗设备呈约30° 的倾角。

翻转器可根据罐的大小快速更换。

在经过沥干之后罐子在第二个翻转器处再翻回到口朝上状态并送往灌装机。

5.5.5 易拉罐的灌装

在进行薄壁的易拉罐灌装时存在一些问题：

■ 如果采用相同于瓶子的方式按压，由于其轴向承载能力极差，可致罐被完全压扁

■ 如果对罐像瓶子那样抽真空，罐立刻就会收缩成团，由于壁太薄对真空非常敏感

灌装的关键技术莫过于引入了差压室，借此减轻罐子沿轴向的负荷（图5.74）。这个平衡室的作用在于：对于罐子施加的最大轴向负荷仅在灌装区域内才出现，而此时罐子由于内部带压而具很高的耐压能力。

原先灌装多采用长管，后来乃至现在在很多设备上都采用复式短管灌装阀。所有现代化易拉罐灌装机罐装时饮料都是呈连续的膜状流层形式沿罐壁流入罐子的。

根据灌装原理，易拉罐灌装机有两类：

■ 高度式灌装机

■ 体积式灌装机

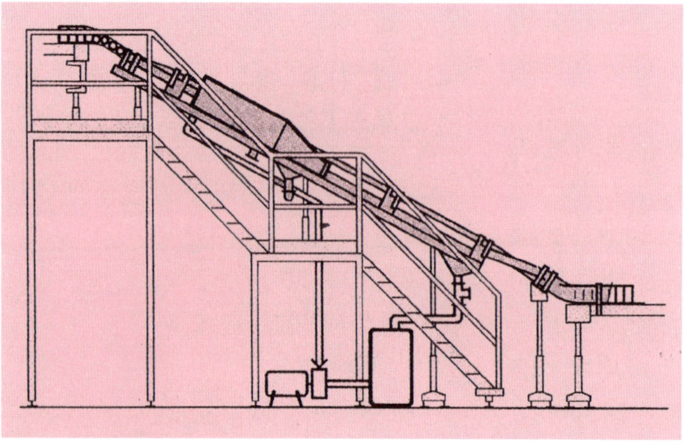

图5.73 空罐冲洗设备

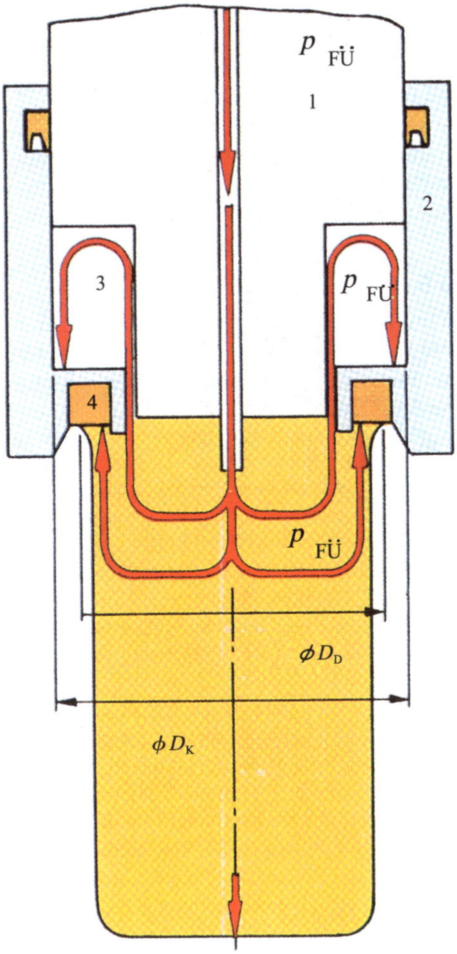

图5.74　差压室
1–灌装机构　2–对中罩　3–差压室
4–密封件

与瓶子灌装机一样，多数灌装机根据高度原则灌装，灌装过程在液体达到回气管口时即告结束。

体积式灌装机又分两种：

- 通过一个单独的定量室在上一灌装过程刚刚结束之后采集饮料只到希望的体积。在精确测定体积量之后就可以迅速进行灌入过程，因为最终灌装量精确可靠，不必节流排气缓慢罐装
- 采用电磁流量计准确测量灌入饮料的体积

虽然罐的灌装原理与瓶的灌装有很多相同的地方，诸如：

- CO_2喷吹（或蒸汽喷冲）和CO_2备压
- 常速灌装和快速灌装
- 慢速灌装和灌装高度调整
- 慢速卸压，防止翻泡，等

易拉罐灌装还是拥有一些特殊性：

- 空罐过轻，因此传递必须更轻柔平稳可靠。高速灌装可能由于大的离心力而致罐被抛出传送带
- 空罐灌装时不是罐被抬起，而是灌装阀向下降至空罐且形成必要的密封
- 罐与阀的连通也有问题，因为过薄的罐壁很容易造成被压扁的情形（参见“差压室”）

至前些年为止灌装机还一直采用一种复式短管灌装机构，饮料通过14~16根很细的小导液管（图5.75和图

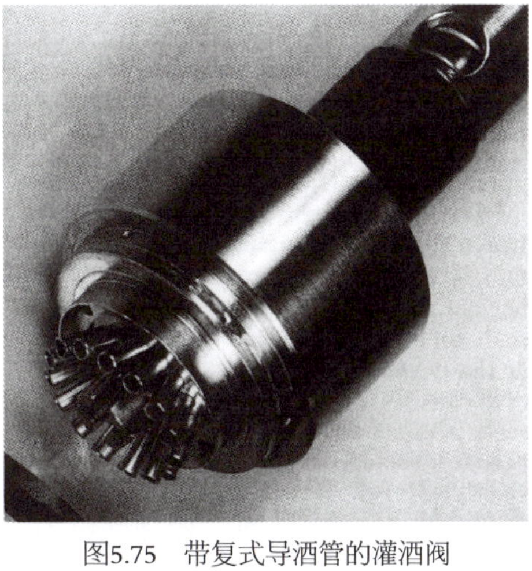

图5.75　带复式导酒管的灌酒阀
（KHS，多特蒙德）

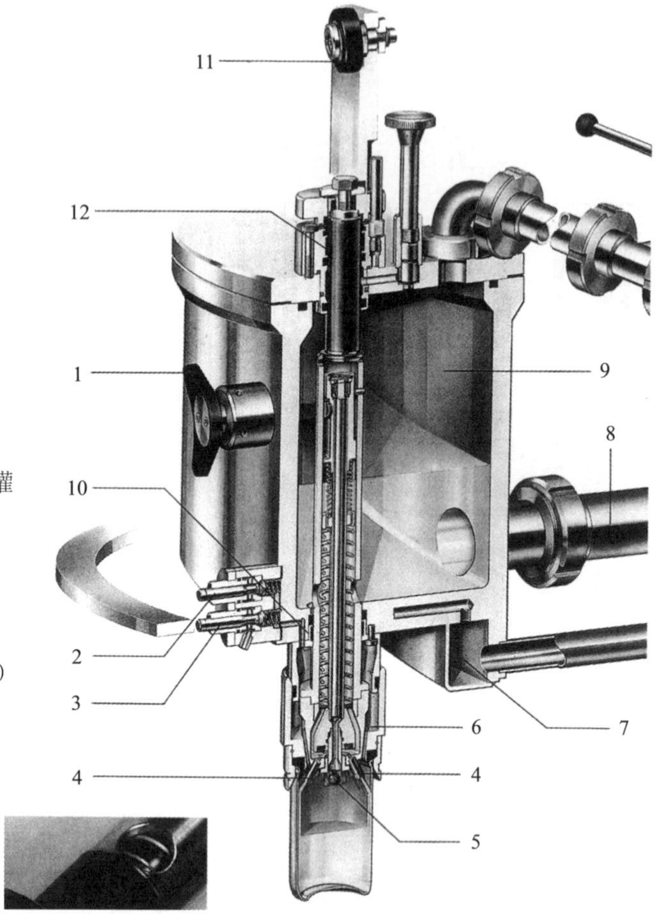

图5.76　安装在酒槽内的灌装阀
1–控制拔杆
2–CO_2和CIP阀
3–卸压阀
4–灌酒管
5–可调回气管（带顶珠卡槽）
6–差压室
7–CO_2和CIP室
8–输酒管
9–环行酒槽
10–CO_2回送碟阀
11–灌装阀提升滚轮
12–灌装阀槽内固定位

5.76）沿30～45°角向下和向侧下方向沿着内壁流下进入罐内。

这种灌装机直到今天还在普遍应用。在现代化灌装机上液体都呈连续的膜状流态沿罐的内壁流入罐内。

5.5.5.1　高度式灌装机

KHS公司的EM—D型灌装机（图5.77）灌装原理如下：

灌装机构下降到罐口形成气密连接，使罐与外界隔离。通过一个操纵轮打开CO_2喷吹阀门1。在灌装机构下降的同时将惰性气体例如CO_2通过备压阀和回气管通入罐内，这样罐内原来所含空气被排到排气收集室。

抽真空由于已知的原因在此不能考虑。

为了使罐备压关闭排气阀，但备压阀依旧开着，CO_2继续流入罐内。于是罐内压力升高直到与酒槽压力平衡2。

通过弹簧力在压力达到平衡时自动打开液体阀并开始灌装。饮料沿环形缝隙呈膜层状沿内壁平稳流入罐内。与此同时CO_2通过回气通道返回酒槽上部3。当罐内饮料达到回气管口并

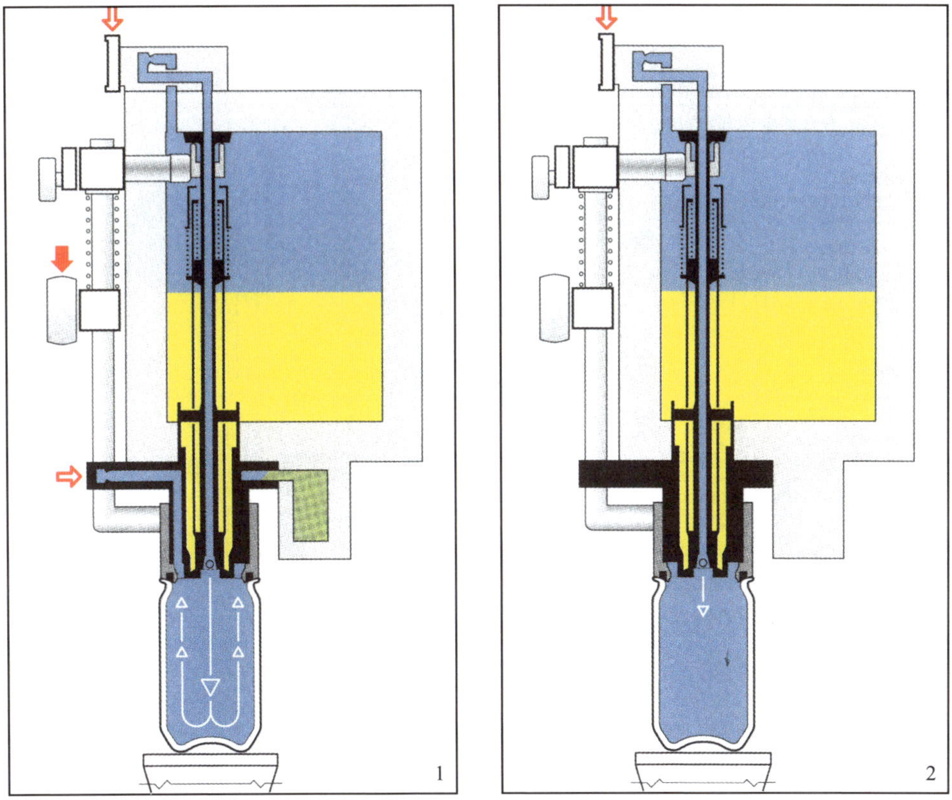

图5.77 易拉罐灌装过程

将其封闭时4罐入过程立刻中止。整个过程仅5s完成。

通过操阀轮将液体阀和回气通道都关闭5。打开卸压阀使罐子上部空间与卸压室连通实现卸压6。

起泡现象在卸压过程中很微弱。

在具有蒸汽处理的灌装机上第一步插入蒸汽处理，通过一定时间的蒸汽喷吹可使罐达到无菌状态，而且还能驱除罐内空气。

高度调整如下。

由于灌装时空罐不做上升运动，因此在灌装不同高度的易拉罐时需借助几个螺杆和齿盘对整个机器上部高度进行调整，包括环形酒槽和灌装阀在内整体向上移动达到所希望的高度。为了尽可能缩短转换时间，所有相关的罐高数据都存于计算机中。

现在，罐内的灌装高度的调整也同样只需按下按钮即可实现。灌装高度可以向上或向下±1.5mm做调整。但有时候还得更换回气管。

这样一来，一个0.33L和0.5L罐的灌装高度差异可达1.8mm。出于以下考虑，精确的灌装高度调整还是非常必要的：

在罐的直径为66mm情况下，液位每差1mm所对应的液体体积为:

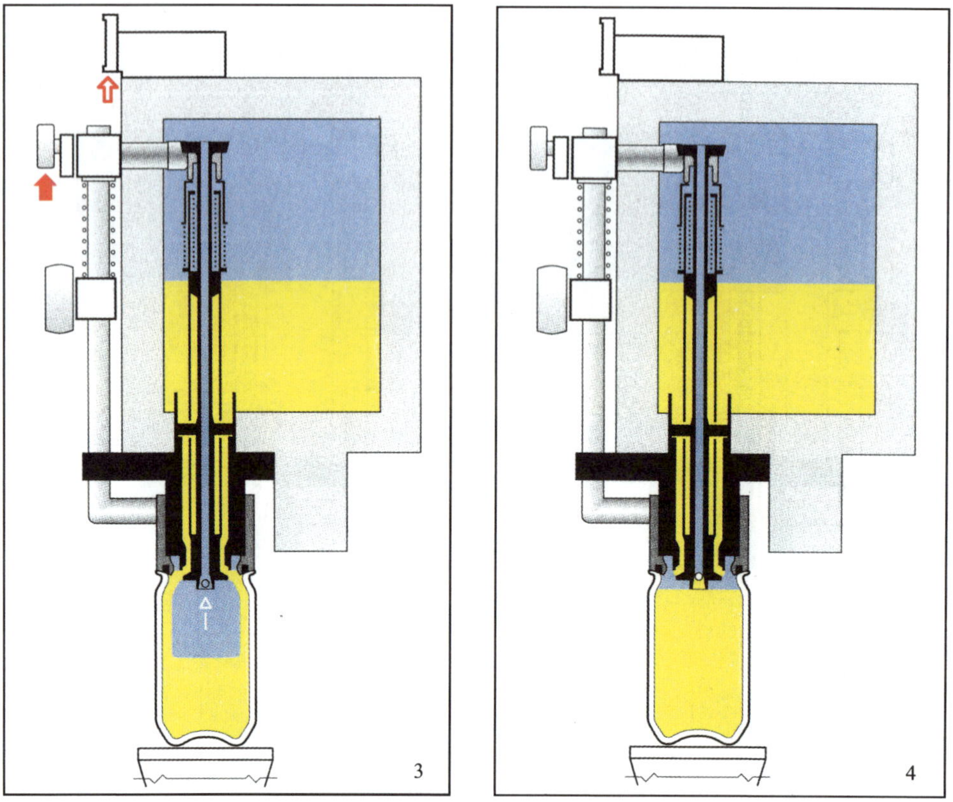

续图5.77　易拉罐灌装过程

$$V=r^2\cdot\pi\cdot h$$
$$r=33\text{mm};\ \pi=3.14;\ h=1\text{mm}$$
$$V=33\text{mm}\times33\text{mm}\times3.14\times1\text{mm}$$
$$=3419.46\text{mm}^3=3.42\text{cm}^3$$

通过计算表明：1mm的液位差 = 3.42cm³的体积差。

这一体积差大约是：

净容量的1%；当罐子净容量为0.33L时；

净容量的0.7%；当罐子净容量为0.5L时。

所以，灌装后还有必要对罐内液位进行检验。

5.5.5.2　体积式灌装机

我们知道，瓶中的灌装液位可以通过一定的回气管长度或液体探头予以设定。为了确保精确的灌装高度，必须在灌装过程快结束之前降低灌酒速度，但这样做势必损失时间从而限制了生产率。此外，灌入瓶子或罐内的体积精度还取决于容器的制造精度。因此，又开发出新的灌装技术：

- 预先精确测定好待灌装的液体体积
- 让已测定好的液体快速流入瓶或罐
- 在瓶子或罐与灌装阀分离和接着后续瓶子或罐又与阀连接的这段时间内，可以测量好用于下次灌装的液体体积

这种灌装机被称为“体积式灌装机”。

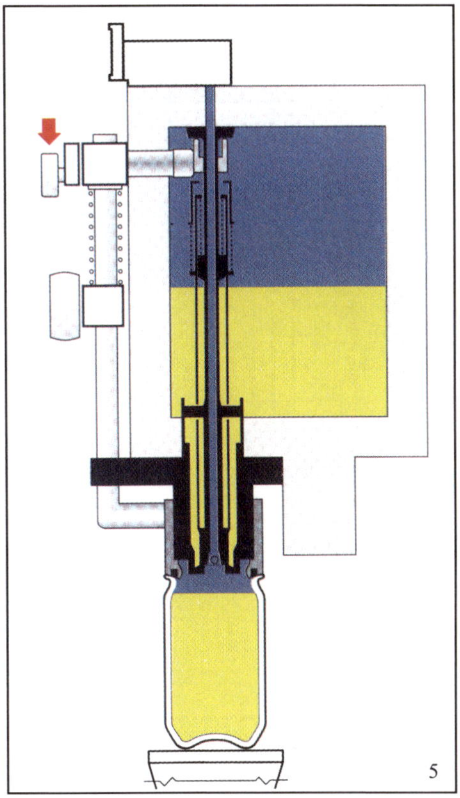

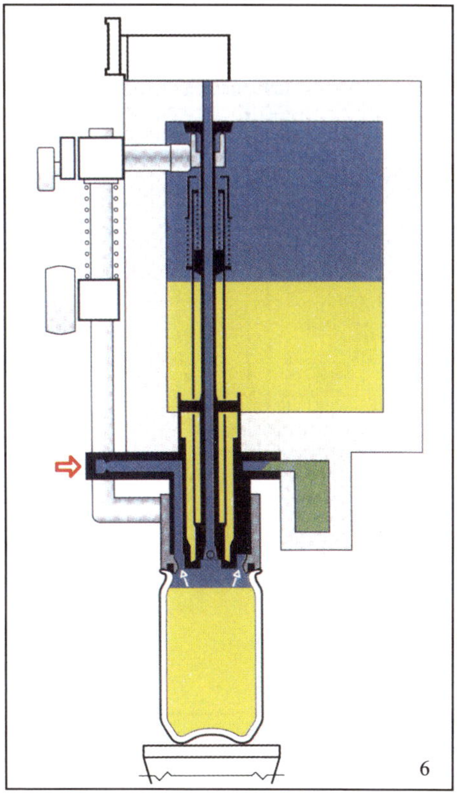

续图5.77　易拉罐灌装过程

要想极为精确地测量液体的体积，只有采用较细的测量容器才有可能。因为这种情况下液位误差对应的体积误差很小。

体积式易拉罐灌装系统VOC（krones公司，Neutraubling）（图5.78和图5.79）测量液体体积是在一个细长的测量室1内完成的。测量室内的液面由一个高灵敏浮子式移动声纳探头3进行测定，体积测量误差小于1.5mL。通过开启输入阀门4使液体由下部5无湍流地进入测量室，在新一轮灌装开始之前灌装量即被准备好。

对罐内采用蒸汽进行预处理的功能可以保证杀灭所有仍留在罐内的微生物。当然，如果罐还要接着进行巴氏杀菌则此措施就没有必要了。

阶段2：蒸汽灭菌 I

罐子此时被定中罩压紧而密封，然后进行1s的蒸汽杀菌， 与瓶子的情况相反，金属的导热性能非常好，所以整个罐体的温度很快能达到约110℃。

通过罐子的再次小幅下降实现蒸汽喷冲（阶段3，图未画出），重复图5.79所示的处理过程。从而使罐子达到无菌状态。

阶段4：CO_2–喷冲

通过CO_2的导入（图中用蓝色线条

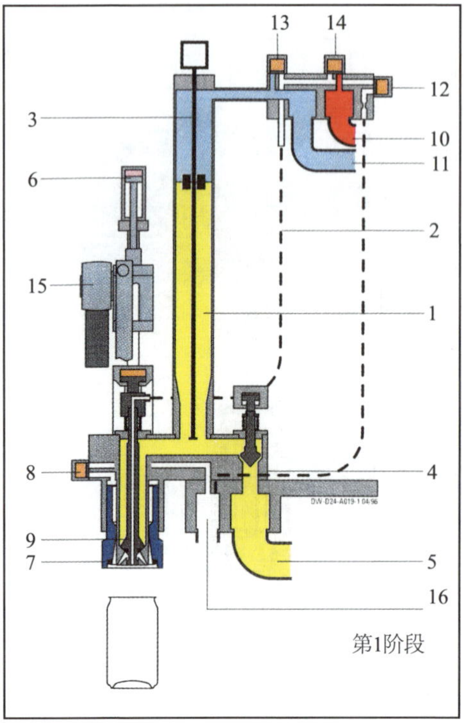

图5.78 易拉罐体积式灌装
1–测量室 2–备压，冲罐和卸压通道
3–超声波液位探头 4–啤酒导入阀
5–啤酒输送管 6–气动定中罩控制阀
7–对中罩 8–下部卸压阀/冲洗和CIP回流阀
9–灌酒阀 10–蒸汽导入口 11–吹气–回气室
12–上卸压阀 13–喷吹控制阀 14–蒸汽控制阀
15–对中罩升降凸轮滚轮
16–喷吹气体收集室/CIP回流通道

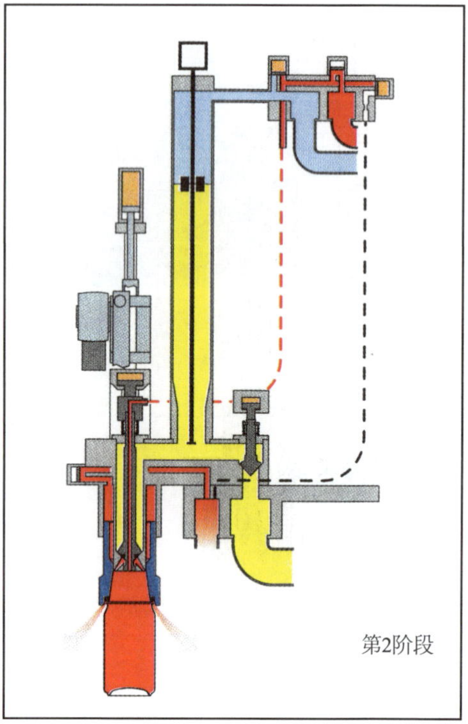

图5.79 第2阶段 蒸汽灭菌

表示）对罐子进行吹洗以驱除空气，随后定中罩又将罐口压紧形成密封状态，罐子开始备压直到与酒槽压力相等。至此，灌装的所有先决条件都已具备。

可以认为，此时罐内的氧已被全部驱除干净，罐内空间为CO_2所占据。

阶段5：灌装

额定灌装量在灌装开始前已准备好，再也不用担心灌装过量或灌装量不足。

灌装阀打开后，测量室内的液体顺着罐壁很快地流入备好压的罐子。

阶段6：灌装结束/卸压

测量室内的液体在灌装过程中并不完全排空，而留有一定的余液，这样，当由下方重新填入液体时可避免泡沫和CO_2的损失。

通过一个带微孔的卸压节流嘴保证罐内压力平缓地释放最终达到大气压。

一旦灌装结束灌装阀即关闭，测量室的充填及体积测量立即重新开始，这正好利用了满罐输出和空罐输入以及空罐蒸汽处理、CO_2吹洗和备压这一系列步骤进行的间隙时间。

综上所述还可以注意到以下优点:

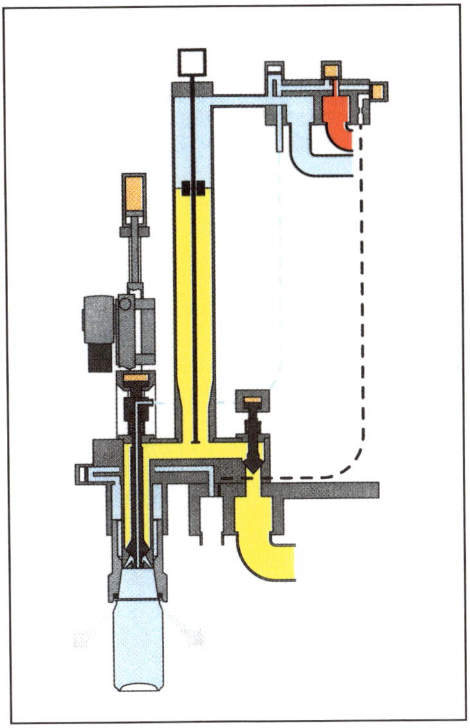

续图5.79　第3阶段：CO_2喷冲

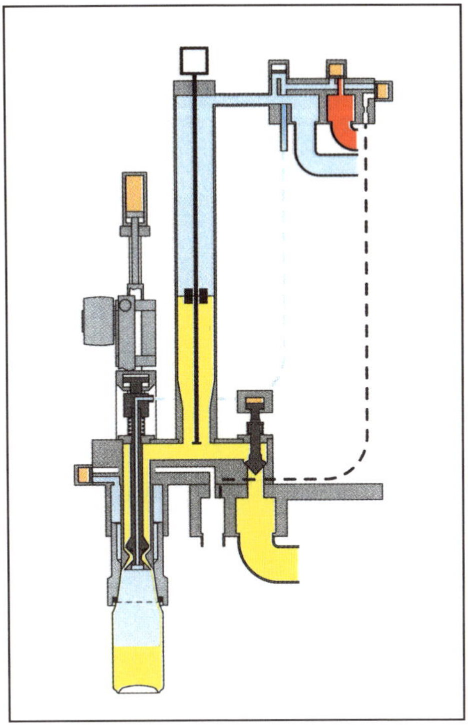

续图5.79　第5阶段：灌装

- 灌装量精确度高
- 灌装阀不含与啤酒直接接触的附件如弹簧等
- 啤酒经过细密的栅网沿罐壁流入
- 酒阀采用气动方式下降

体积灌装的另一可能性是采用电磁流量计（见7.5.2）。

5.5.5.2.1　灌装阀的CIP清洗

不管是灌瓶还是易拉罐，灌装阀的清洗都是最最重要的，否则可能被染菌，最后可能导致啤酒浑浊和口味质量下降。

上述灌装机提供了采用至105℃高温水和常规清洗以及杀菌剂泵循环的各种清洗可能性，并还可采用蒸汽灭菌。

在装入冲洗帽后即可进行循环清洗。冲洗帽可采用人工或自动两种方法装入。

5.5.5.2.2　微氧灌装

通过用CO_2对还处在输入星轮中的空罐的喷吹能使罐内原来的空气彻底排出。灌装氧含量可降至仅约0.2mg/L（相应的CO_2耗量为0.6~0.8g/hL啤酒）。这一结果按照现技术标准应该算很好了。

封盖前在封盖机区域还必须进一步排除罐内空气，因此在此配备了对盖的底面吹CO_2的装置。

既可排除空气又能杀死微生物的特殊处理方法是曾经提到的对罐进行蒸汽前处理。通过通入蒸汽结合时间使罐内达到无菌。

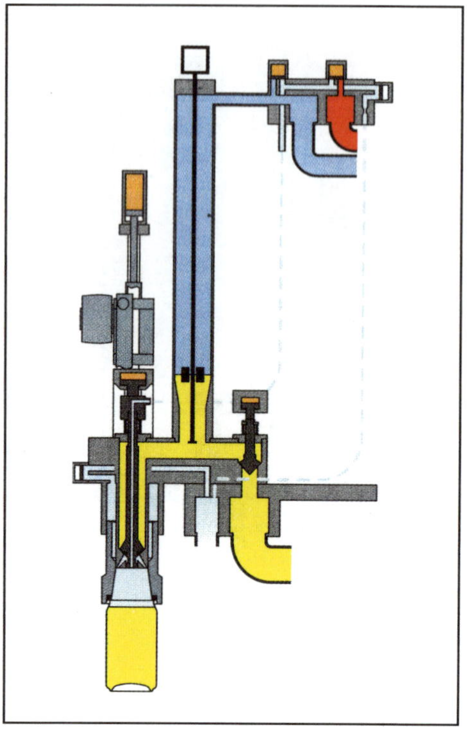

续图5.79　第6阶段：灌装结束

5.5.6　易拉罐压盖

压盖过程：

罐的封口分两步：将放置在罐口的罐盖沿其边缘卷边压紧形成气密封闭。圆形连接部位不能有皱褶和重叠，以保证罐体与盖之间长久可靠的连接（图5.80）。

压盖过程之前盖应尽可能地在灌装机中就安放到罐上（图5.81）。罐体通过一个弹簧定位的尖顶套筒盘将罐推起并与放下来的盖子一起对着压盖头顶压住。

每个压盖站由一个压盖头和两个封口辊组成。压盖过程由先后进行的两步操作实现。

与罐一同旋转的压盖头（图5.82；1）抓持罐盖。一个与压盖头转向相反的封口预轧辊2压向压盖头，使盖的外缘向下弯曲并包住罐的口部边缘（图5.83，第1步操作）。这样压盖头保证了：

- 保持盖的精准位置
- 罐的开孔和罐盖直到边缘不变形

接着进行第二道工序，通过压封辊子辗压最终使罐盖与罐体间形成紧密气封。不正常的折叠压缝必然会导致罐内压力损失从而影响啤酒质量。

易拉罐的封盖过程应力求在最短的时间内完成，这一过程的顺利完成是以所有相关部件的高精密度为前提的。

对于每个压盖站是否产生皱褶和重叠现象加强检查是很有必要的。出现在盖的拐角上褶缝以内的皱褶（纹）肯定是一个信号，它表明第2步操作太松。如果一旦出现这种情形，应终止灌装生产并对该站进行调整。但第二步操作如果出于保险考虑一味向更紧的方向做调整也是不对的。压盖机由于结构的缘故可以在一定限度

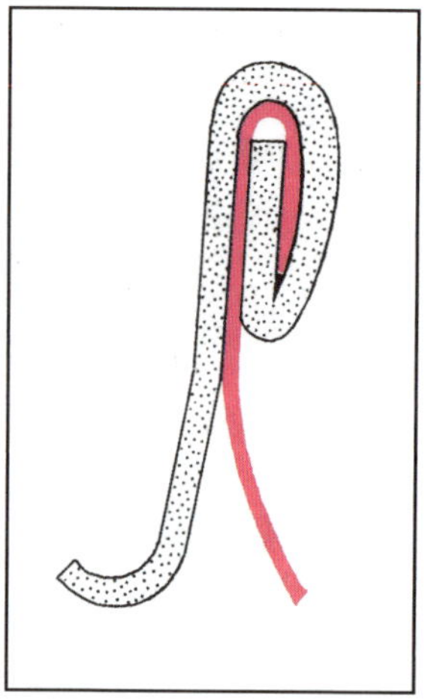

图5.80　正常滚压封口后的罐盖

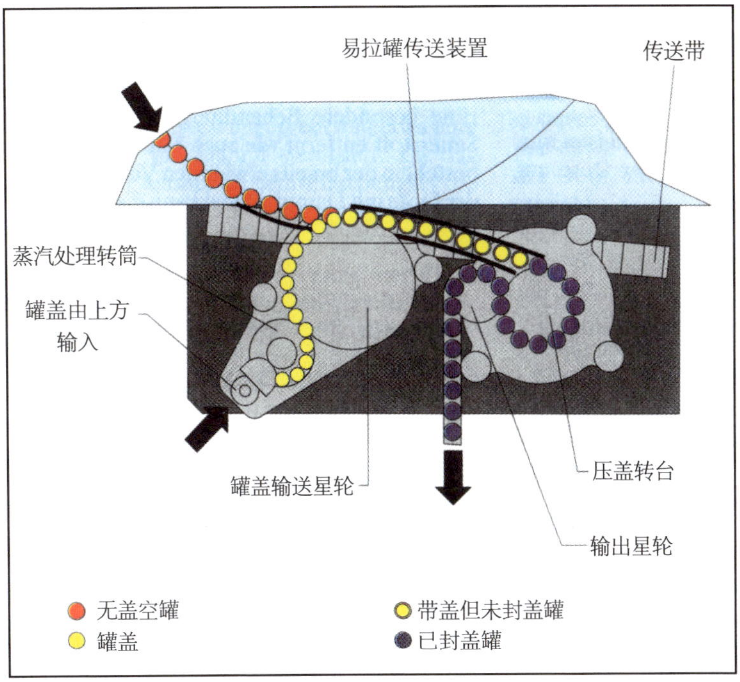

图5.81　罐盖输送

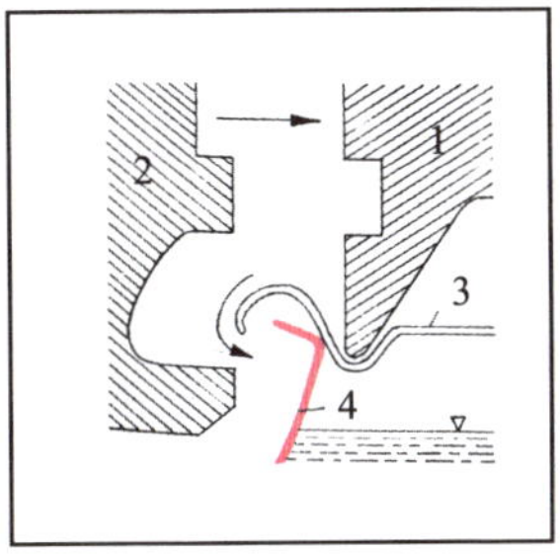

图5.82　压封之前的罐盖
1–压盖头
2–压盖辊
3–罐盖
4–罐身

内补偿材料厚薄的变化，使不出现盖被压烂的现象。但如果压盖部件调得太紧将失去补偿作用，结果是褶边凸缘处辗压过度，可能导致不利的附加效果（压盖不够牢固，热处理时可能爆破）。这种现象尤其在加工铝盖时常会出现，因为它的凸缘较钢质盖厚约0.02mm。

对于罐的封盖应引起高度重视，因为只有盖以及所有相关条件才是确保内容物无任何损失地长期保存的关键。

在压盖结束后还需对已灌装的罐进行检验，但在涉及这部分内容之前还必须就灌装机和压盖机的清洗做一些讨论。

5.5.7　灌装机和压盖机的清洗

像瓶子的清洗一样，灌装机和压盖机的清洗也非常重要。尤其是：在饮料只经短时高温杀菌或无菌过滤之后进行灌装的情况下更是如此。要求非常严格的特殊安全措施。5.1.6章节中的所有观点和陈述大体在此都适用。设备清洗也包括：

- 用于灌装机和压盖机的CIP清洗系统
- 主要危险部位的热水喷冲
- 灌装设备不易接近部位的专门清洗

CIP清洗可以采用两种解决方案：

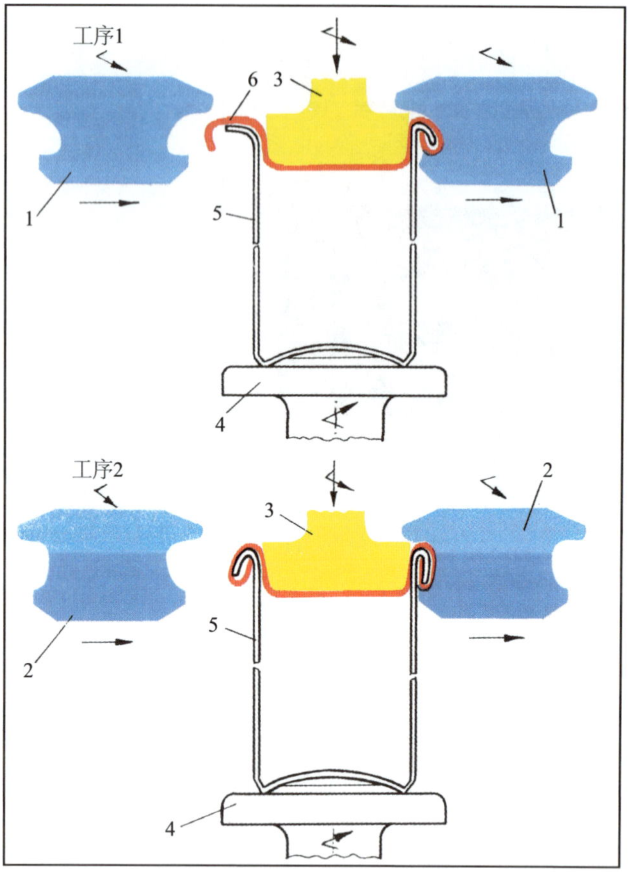

图 5.83 两步式封罐压盖
1–预滚辊子
2–封压辊子
3–压盖头
4–托盘
5–罐子
6–罐盖

- 在各阀上人工装上清洗帽，采用清洗介质泵循环的方式对整个阀进行冲洗，完毕后取下清洗帽
- 在有自动装入系统的情况下自动完成上述过程

除此之外还应对其它机器部位和设备定期清洗，这包括：

- 所有滴水的地方必须整治，以防滴入罐内
- 尚未加盖的罐的输送过程必须监控以防在此遭污染
- 在输出－输入星轮之间不进行灌装管“吹空”步骤以防飞溅
- 在送罐区和压盖区之间采用敞开式罐盖输送方式时，应通过蒸汽灭菌器对盖单个地进行蒸汽处理
- 定期用高温热水冲洗压盖头
- 至少每天一次为期1h对灌装机进行彻底清洗（灌装机灭菌程序）。为此还可应用凝胶和泡沫清洗。在此期间还要特别注意用高温热水彻底地长时间地清洗折压辊

5.5.8 易拉罐内置小附件（widgets）

内置小附件是一个放入罐内的充N_2空心体，在开启啤酒罐时，通过N_2由其

中排出能使啤酒产生诱人的泡沫。

氮的作用很早就被用于餐饮业作为零售环节的驱动气体（CO_2和氮气的混合气体），它还主要用来防止桶装啤酒长期处在压力下发生碳化（与碳结合）。

起源于英格兰的如图5.84所示的易拉罐内置附件虽然使啤酒价格提高，但却很迎合时尚。

这种新东西是如何填充氮气并又是如何将它释放出来的呢?

为了吸收氮气，每个小附件上都带有一个唇形单向阀。气体只能由外向内而不能由内向外流动。在其反面通常设有类似的排放阀或者至少有一些极细小的孔。

例1：

在灌装前将小附件开口朝下地放入罐内并紧贴罐底卡住，然后灌装饮料。在临近封盖之前往饮料中加入一滴液氮，它会因温差过大而在封盖后蒸发，致使罐内压力升高（图5.85）。

如果此时将罐倒过来，附件的入口在上，氮气在压力作用下会进入附件腔内（因为灌装时还处在大气压下）。

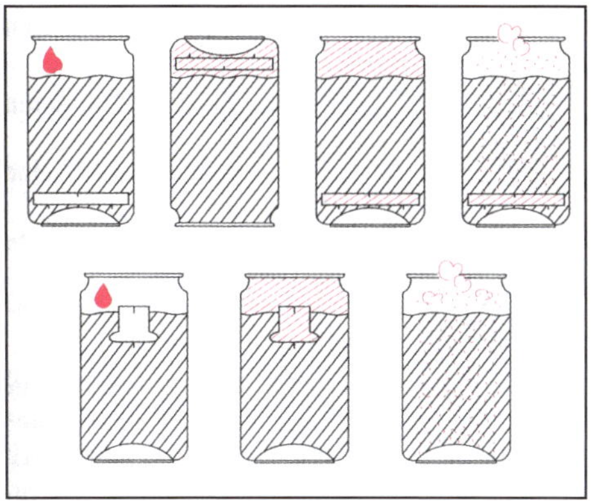

图5.85　附件的作用原理

如果重新再将罐倒回来，不会有任何事发生，因为这时罐子内部压力处处相等，附件内的小孔能抑制氮气逸出。

当罐被开启后，压力瞬间消失，附件中的氮气由于较高的压力差将毫无阻碍地外泄而使啤酒起泡。

由此形成的泡沫非常细小，但持续性较差，而且泡沫的形成还与温度关系密切。因此，建议只开启经过冷却温度较低的啤酒罐并且立即倒空。

例2：

类似作用的有些附件做成小浮体状并放入罐内，同样是在灌装结束时

图5.84　易拉罐内置附件

滴入一滴液氮后立即封盖。这时附件很快被充入罐内含压力的气体。

打开易拉罐时，啤酒上部压力瞬间消失，但附件的唇形阀能阻止氮气朝上逸出，相反，带压力的氮气可以向下排出进入液体，从而达到相同的效果。

这种小附件越来越多地应用表明有兴趣的消费者越来越多，同时还表明这类小附件也有应用到其它方面的可能性。

在所谓纯生啤酒罐装时有必要对空罐中的小附件进行检验。不含小附件的空罐将予以排除。在“空罐检验”中所描述的摄像系统很容易增补能识别小附件的功能。

5.5.9 已灌装易拉罐的检验

如同瓶子一样，对已灌装并封口的易拉罐的灌装量也可进行检验。

这个任务是通常由检验机完成，检验原理基于伽马射线。由于液体摇动和泡沫的缘故，伽马射线只能瞄准相对较低的点位，即只能做精确的欠量灌装检验。这种技术的缺点在于：

- 放射性
- 有时精度不够

新型检测设备采用伦琴射线检测灌装高度和漏气情况。这种方法可以从垂直和水平两个方面进行扫描从而得到清晰的罐子上部图像。在2500罐/min的检测速度下可以到达±0.5mm的精度，由此保证了精确到mL的体积灌装精度。

总的来讲，伦琴射线检测是一种较为理想实用的方法：

- 精密的灌装高度检测
- 通过罐盖拱顶形态识别过压和负压
- 通过泡沫太多和盖型不符识别密封不严
- 泡沫密度检测
- 识别缺盖、无封口或无撕封环

由杀菌机出来的密封不严的罐可以通过灌装高度检验予以识别。

所有的检验系统当然都配备了集成化分类剔除系统。通过软击打方式排除未通过检验的罐子。实际剔除情况有专门的监测器和相应的信号系统进行监控。

检验机还需要经常地应有通过称量确定的试验罐予以检查。

5.5.10 罐装饮料的巴氏杀菌

罐装饮料、啤酒或一些新的边缘产品一般都进行巴氏杀菌。同样，关于瓶装啤酒巴氏杀菌的所有陈述在这都适合。但是，由于易拉罐的导热性能（金属、薄壁）比玻璃瓶要好得多，热传递进行得好而且快。杀菌温度不能超过62℃。由于罐所能承受的最大内部压力只有600kPa，更高温度会引起压力也升高（还取决于CO_2的含量），可能导致罐盖鼓胀。

罐装啤酒的巴氏杀菌通常保持在18～20PE，在染菌较重时要求达到30PE。

5.5.11 易拉罐贴环身标

一般情况下，生产出的空易拉罐都根据饮料生产商的要求印制了极具广告效果的彩色图案，而且满足大批量生产和供货。从开始到现在，这种方式对于大批量生产和灌装仍不失为一种最经济的可识别饮料罐的方法。

但现在有一系列新观点倾向于对易拉罐进行贴标，通过这种装潢模式可以做到：

- 饮料种类迅速转换
- 产品种类繁多的企业可节省库容
- 通过最高的印刷质量达最好装饰效果
- 通过免去空罐印刷降低成本

这样做除了可节约大量原来存放印好图案的空罐和剩余空罐的库容外，还具有一些额外的优点，例如高度的灵活性。对于纸标签只需要3～4d的前置时间，而对于新印制易拉罐得6d至几周；另外一个优点是，采用现代苯胺印刷术可以印制出耐磨的、照片效果逼真的、色差小、高光泽度效果以及其它一些特殊效果的图案。

通过短的前置时间带来高灵活性和低成本，确保了迅速的市场响应。

由于易拉罐是一次性使用的，所以贴标是通过标签前沿涂胶贴于罐壁上，并由约1cm宽的标签后沿涂胶形成粘结而固定的。

聚乙烯标签（HDPE）或聚丙烯标签（OPP或CPP）同瓶子贴环身标时一样，也是先从标卷上切下然后通过贴标机贴到罐子上的。

易拉罐贴标机有一个贴标单元，该单元（图5.86）包括：

- 一个标签切割器
- 一个真空吸持筒
- 一个上胶筒

切标器通过旋转的切刀从展开的标签带上切下一个个标签。通过标签带上的标记符和一个传感器的配合实现切标的准确性。

如同PET瓶贴环身标签那样，标签接下来由真空筒转接过去，同时标

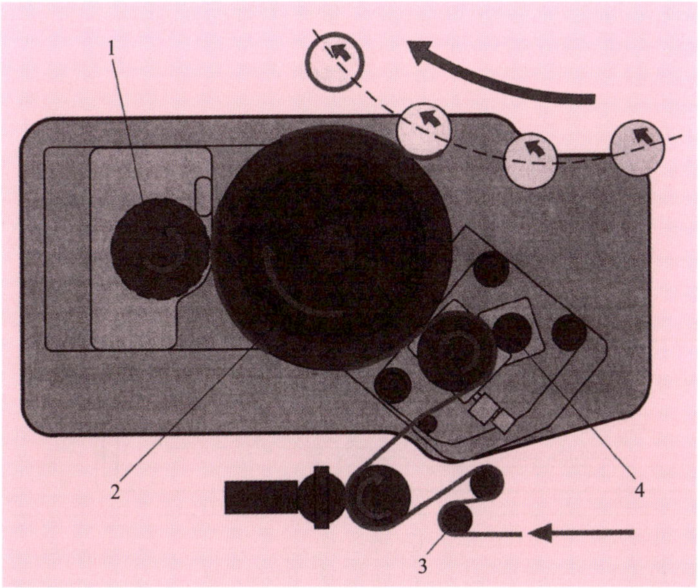

图5.86　无胶环身贴标
1–胶辊
2–传送转鼓
3–导辊
4–切标装置

签的前后端部都被安放到一个突起的由特殊塑料制成的小调整条上。

通过旋转的涂胶筒在此突起部位（标签的两个端部区域）涂上胶。当标签前端接触到罐壁时，真空立即消失，标签在后面的滚压过程中受到朝罐的方向的气流轻轻吹送，通过转向相反的罐体卷取标签并最终实现重叠部位的粘结。

易拉罐贴标速度可达45000罐/h，考虑到其强度，贴标总是在灌装和封口之后进行。

5.5.12 易拉罐标注日期

易拉罐必须标注规定的或生产商的数据，这些包括：

- 灌装和/或保质期（见5.1.2.9）
- 企业内部用于产品跟踪的识别信息

通常上述数据和信息都标注在易拉罐呈凹面的底部。由于灌装前后罐子因翻转等很难再保持干燥状态，标注有难度，所以有些企业将打标记放在空罐卸垛之后进行。

易拉罐打标记通常采用喷墨打印设备（图5.87）进行。特殊墨水通过控制阀1由一个孔径仅有头发丝粗细的小喷嘴2喷射出来，喷射的墨水并不是连续的，而是在每秒可多达66000个脉冲的作用下变成极细微的液滴串，经后面的充电隧道3分拆为单个液滴的形式，通过偏转定位板4最终将墨滴偏转到罐底部预定的位置。喷墨嘴与罐底的距离仅有几个厘米，标记的字符大小取决于这一距离。距离越大，字符越大，但清晰度则越低。

这种打印机的效率非常高，在60000罐/h的生产线上平均每秒可打印16.7个易拉罐，无须减速或停顿下来。假设平均每个罐标记需要120~150个墨点，则打印机（乘以16.7罐/s）每秒可喷射2000~2500个墨点。由于标记位置仅限于罐底中央区域，因此只有约1/3的时间可用来喷印标记。

激光打标也用在易拉罐的标注上，通过使印刷部位的颜色蒸发而凸显字符编码。

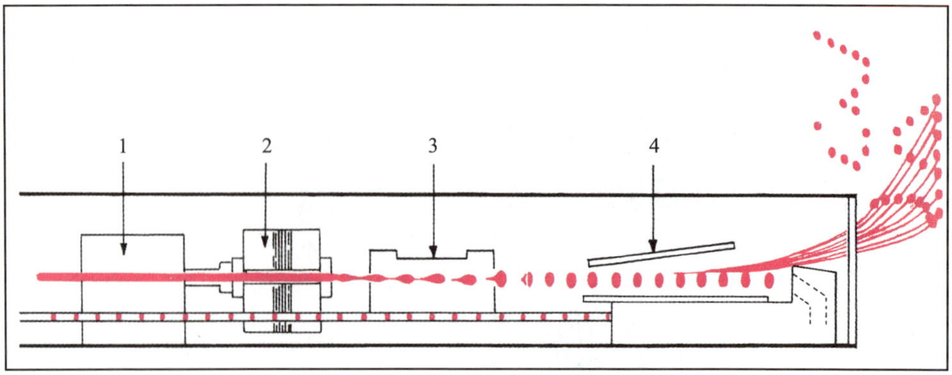

图5.87　喷墨打印装置（工作原理）
1-墨水控制阀　2-水晶喷嘴　3-充电隧道　4-偏转定位板

5.6 木桶，Keg和小型聚会桶以及大型金属罐的灌装

5.6.1 木桶及其灌装

木桶作为容器用于储存和运输啤酒有数百年历史。传统的木制啤酒桶一般以橡木为原料，它由条形桶板，前底板和后底板以及桶箍组成。桶板经弯曲成型以便能通过桶箍收紧。从前，制桶工人（用酿造工的语言也称为“姐夫”）借助专用的凿子和锤子等很费力地给桶加箍。较大的啤酒厂则采用强有力的专用设备进行这项工作。在打箍之前还通过试验设备将桶沉入水中看其是否有冒气泡现象，借此检查桶的密封性。

木桶的塞孔（接榫孔）位于某个桶板的中间，在前底板上装有放酒孔及衬套。标明内容物用的铭牌（木制）上烫印着啤酒厂家的名称和桶号。在巴伐利亚地区，木桶上还另有一个放酒孔（巴伐利亚孔，图5.88）。这样桶便可以在竖立状态下安装放酒头。

木制桶都需涂一层由松香、石蜡和松脂油组成的柏油。在180℃的高温下将柏油喷射到桶内，然后通过桶的旋转或滚动使其均匀分布到桶的内表面上。每次灌酒之前都要通过灯光对桶进行例行检查。不合格的桶需重新进行喷涂处理。

木桶壁厚一般在3cm以上，这样做是为了能承受内部压力以及输送和搬运过程中的机械冲击。但这也意味着，即使是空桶其总重量也是相当可观的。

一个空木桶重约：

25kg/容量30L；

32kg/容量50L。

这一组数字表明，从现代后勤学的观点出发，木桶批量运输方式是难以接受的。另一方面，木桶的灌装也要求操作人员不仅具备熟练程度和技巧，还要有较强的体魄。

木桶的最大缺点还在于，其清洗和灌装过程不能实现自动化。

以上简短的描述足以表明，木桶灌装存在诸如劳动强度大，容易染菌等一系列问题。当然，木桶也有其优点，例如，非常稳固的形状，良好的隔热性能以及较长的使用寿命等。但总的来说，木桶的优点不足以抵消其缺点。

今天，木质桶基本上只用于广告宣传目的。不难想象，当十辆大马车

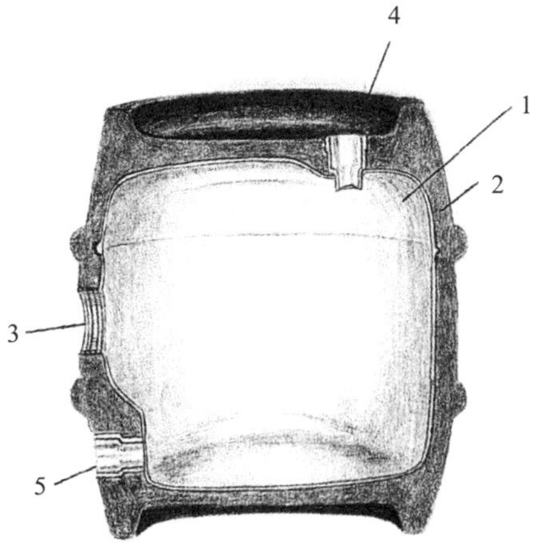

图5.88 带塑料外套的铬镍合金桶
1–钢质内胆 2–PU塑料外套 3–接榫孔（塞孔）
4–放酒孔 5–放酒孔（巴伐利亚孔）

满载着灌满啤酒的木桶浩浩荡荡穿过街市的时候，男人们立刻会垂涎欲滴的情景；当市长们手举木锤将放酒头打入盛满BOCK啤酒的木桶的放酒孔时同样会出现怎样的热烈场面。

今天，古老的木酒桶已被形状类似的外面敷有塑料层的铬镍合金钢桶所取代，后者当然更易于清洗保洁。

5.6.1.1 金属桶

作为木桶的替代品而开发出的金属桶克服了传统木桶的一系列缺点，金属桶也有两种形状，即腹鼓形和圆柱形。

腹鼓型桶上装有两个环形橡胶箍以便于横着放置和滚动。

金属桶按其材质可分为铝桶和合金钢桶两种。铝桶都进行内涂层或者电化学处理以防锈蚀，未加防锈涂层的铝桶仅有5～7年的使用寿命。

圆柱形金属桶一般由铬镍合金钢制成，桶身带有两个为放置而设的凸缘。金属桶的缺点主要是耐冲击及耐压强度小，而且不具备自动化生产条件等。因此，其应用并不十分广泛。

每个金属桶上都设有一个旋塞栓孔，灌装之后须将包裹了密封布片的旋盖旋入栓孔内对桶进行密封。为此，旋塞和密封布使用前必须进行彻底清洗和消毒处理。然而，由于密封旋塞的旋入是人工操作的，显然，这种封桶手段很难保证严格的无菌性。

5.6.1.2 桶的灌装过程

桶的处理设备有：

- 洗桶机
- 灌装机

在洗桶机上，桶的逐级传送是通过一个“曲柄摇臂”实现的。

桶的清洗处理包括：

- 水浸泡，同时使桶旋转进行外部刷洗
- 用热水喷冲桶的内部
- 最后进行冷水喷冲并做相应检查

另外，用于防锈金属桶的清洗设备还可进行热碱液喷冲（90～95℃）和热酸液冲洗（60～70℃）。

在灌装之前需人工将桶定位于灌装机构下方，然后采用人工的方法将灌装机构降下与桶连接。灌装过程分为两步进行：

- 向桶内充入CO_2或者压缩空气备压
- 当达到压力平衡时，依据等压原理灌入啤酒

桶装灌装机构相对而言结构较为复杂，并且种类繁多，尽管如此，它们的工作步骤都基本相同（图5.89）。

- 灌装机构借助锥形连接头8镶入桶的接榫孔而实现与外界的隔离
- 接着通过旋转控制手柄28使啤酒导管15伸入桶内并达到底部位置。与此同时备压气阀打开通入压缩空气或CO_2，在极短时间内桶即达到压力平衡，备压完毕。随后底阀19被打开并依靠机构上部的棘轮锁定而保持开启状态。这样，啤酒便不断地流入桶内
- 灌装过程中桶内的气体由回气管11被排挤出来。当从回气管上部的玻璃视镜中可以观察到啤酒泡沫时，表明桶已被灌满
- 如果将控制手柄28反向旋转可以通过一整套机构将酒阀和回气阀关闭起来，并同时提升灌装机构。到这

里就可以给桶封上盖子。回气管内残余的啤酒泡沫将于下一次灌装之前被排到收集盆

在过去很多年里这类灌装设备都带有储酒槽，后来演变为无酒槽的结构形式。

以上桶的灌装过程除了劳动强度大等缺点外，最突出的缺点莫过于灌装过程中啤酒的吸氧量非常大。

我们已经看到， 由于一系列的原因上述灌桶设备已经到了该退役的时候。现在只有极少数啤酒厂还在采用这种传统方式来灌装它们所生产的全部啤酒。然而， 传统桶装啤酒到目前为止并没有完全销声匿迹， 出于某些目的仍然保留着。

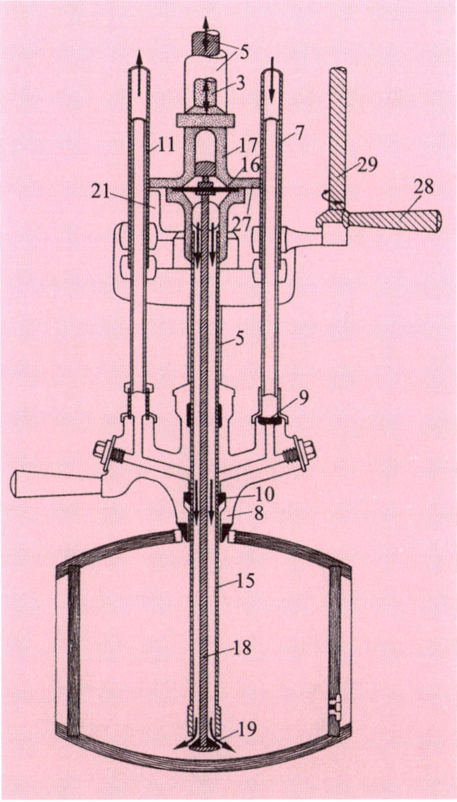

图5.89　桶的灌装机构

5.6.2　Keg及其附件装置

Keg在半个世纪前就开始排挤传统木桶，因为木桶确实涉及太多问题。

- 重量大，只能采用滚动方法搬动
- 彻底清洗困难
- 须经常性地检查涂油漆层和检漏
- 必须定期去漆和上漆
- 不能实现自动处理和灌装

虽然上述问题随着无需内涂层的铝桶的引入被解决，但根本性转变和过程的自动化直到Keg出现才得以实现。

Keg是圆柱形金属容器，带有密封的内腔，通过一个连接附件可进行清洗，灌装和排空等（见图5.90）。连接配件连接着一根一直伸到桶底部的上升管，由此实现灌装和排空。Keg始终处在压力下，如果压力下降预示密封不严或破裂。

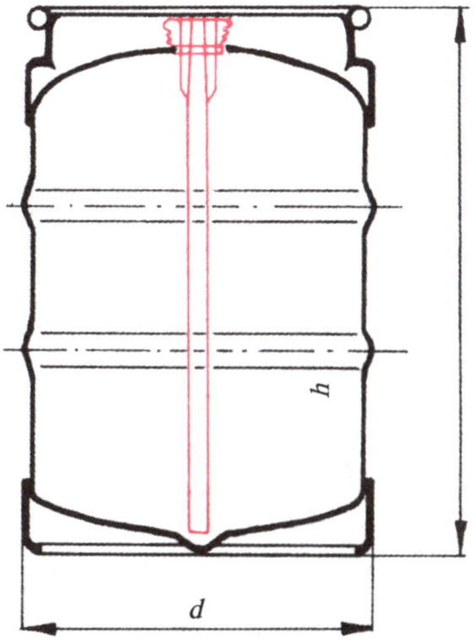

图5.90　Keg桶

5.6.2.1 Keg的材料、形状和大小

用于Keg制造的材料必须满足以下要求：

- 不影响啤酒的口味
- 坚固不易变形
- 能承受压力
- 易于加工
- 尽可能轻的质量
- 价格适中

目前制造Keg几乎只用铬镍合金钢。

（1）铝制Keg　铝制Keg具有2.5～3mm的厚度且经过内涂处理以防锈蚀，否则使用寿命仅有几年时间。内净层一般采用合成树脂漆或者环氧树脂。也可以运用阳极氧化处理实现。

（2）镍铬合金钢制Keg　通常用作Keg的材料是镍铬合金，例如采用质量数为1.4301和1.4306（根据DIN17007）的材料，壁厚1.3～2.0mm，无外敷层的Keg桶壁厚为1.0～1.5 mm。

带外套Keg（复合Keg）的外层由聚氨酯塑料制成，这样可以提高强度而且可降低处理过程中的噪音。此外，其外表面还可以很好地用于广告，隔热效果也较单层Keg更好。

（3）大小规格和质量　Keg的容量有多种，在欧洲50L和30L最常见，但其它不同容量的Keg也应用得不少。

Keg的质量：

	铝质	不锈钢	带外套不锈钢
30L Keg	6～7 kg	8～12 kg	9～11kg
50L Keg	8～9 kg	10～15 kg	13～14kg

（4）Keg的制造　Keg可以运用滚压或深冲拉伸技术制造。

滚压制造Keg（三件式）时，主体圆柱部分由钢板弯曲并对接施焊，由深冲形成的两个底板再与筒形主体焊接在一起，这样一共有三条焊缝。

深冲方法制造的Keg（两件式）由两个经深冲形成的碗状（半桶）对接施焊成为一体，焊缝仅一条。这样加工的优点是锈蚀的可能性小，因为焊缝是最易生锈的地方。如此一来，这种Keg桶的机械强度也更高一些。

5.6.2.2 Keg的附件装置

每个Keg上都有一个螺纹连接口，可用于旋接一个专用配件（也称酒矛）。该附件包括一个带外螺纹的阀体和一个直管。阀体上设有液体阀和备压气体阀，在阀体上还可以连接售酒头。

Keg的附件按其形状可分为：

- 平板形
- 篮筐形
- 组合型

平酒矛（见图5.91）：因其上部平坦而得名，包括一个既用于啤酒又用于备压气的双功能阀门。这种酒矛的特点是结构部件少，因此价格低，维护方便。

篮筐形酒矛（见图5.92）：包括两个分开的阀门，其中之一用于啤酒而另一个则用于备压气体。其优点是牢固和质量轻。两种阀门系统都经过了实践的考验。

组合型酒矛（见图5.93）：不是一个新的系统，而是篮筐式酒矛的双阀门结构和平酒矛的组合，使操作更简单。

上升管：上升管是一光滑的不带任

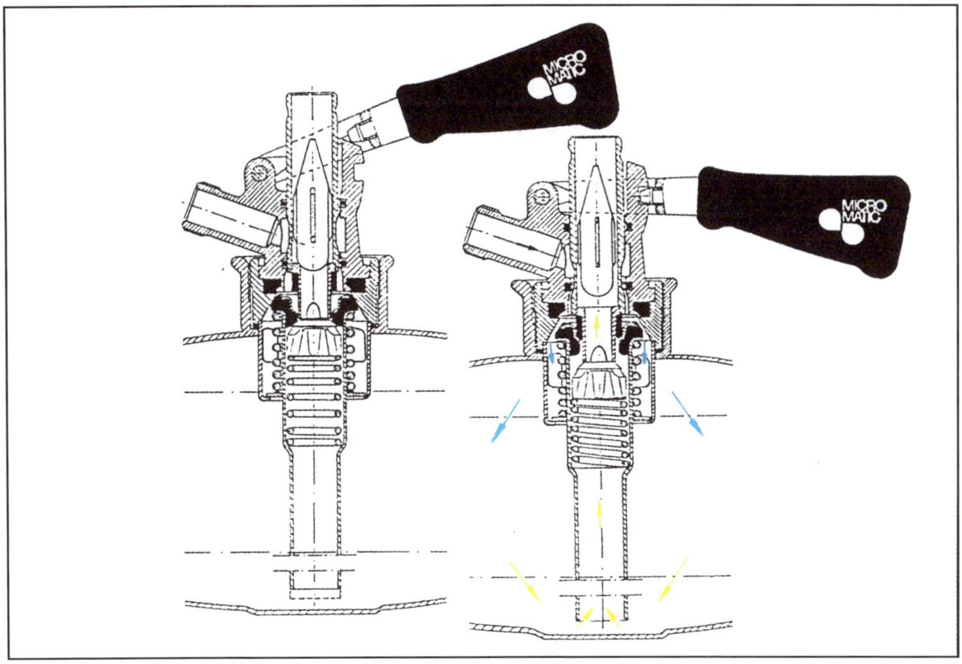

图5.91　篮筐形酒矛

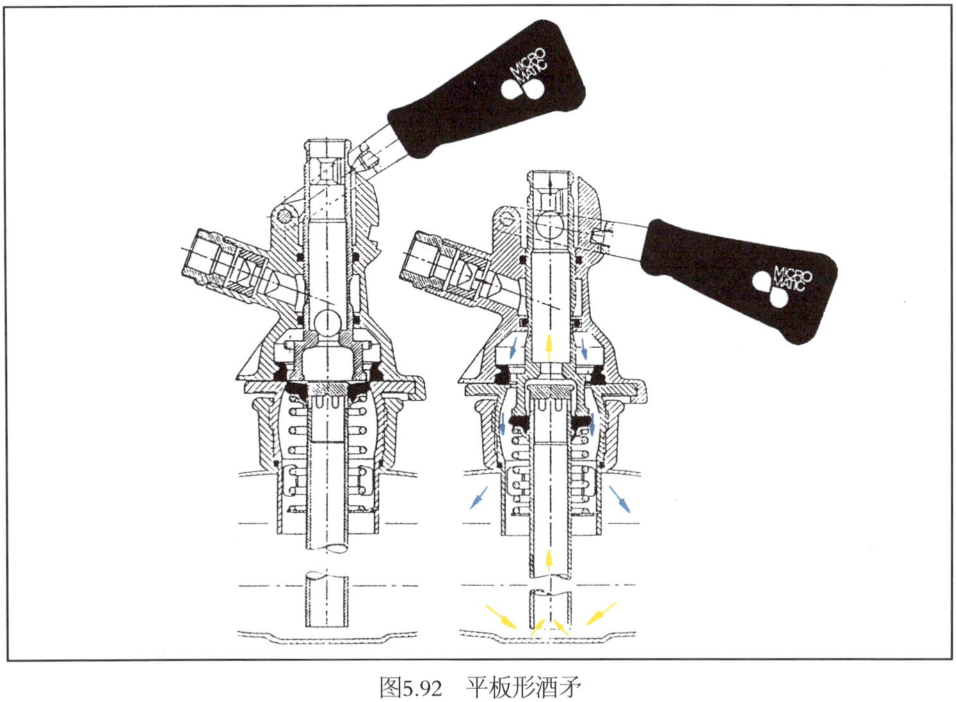

图5.92　平板形酒矛

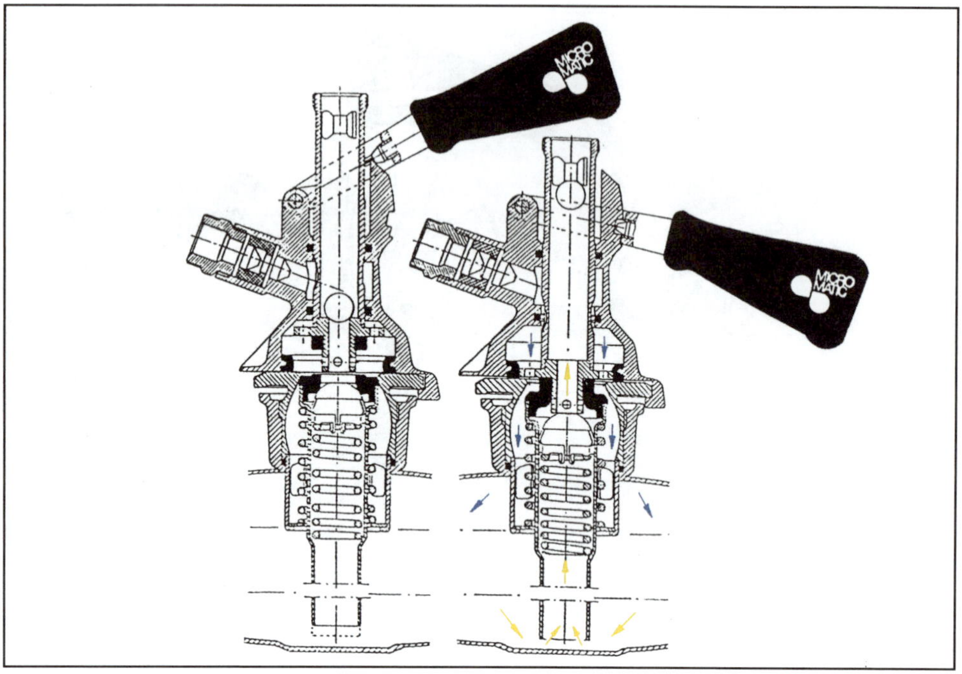

图5.93　组合型酒矛

何内部件的直管，其下端口离Keg底部非常近，从而使得Keg完全排空成为可能。另一方面，这根管在清洗时还起到冲淋Keg下底部以及周围表面的作用。

放酒头：通过放酒头可连接Keg酒矛和放酒设备。操作简易的放酒头具备输送啤酒和备压气体的软管连接方式，通过放酒头可操作锥阀。

5.6.3　Keg的清洗和灌装

通过Keg的标准化构造和其输送设备的实现使清洗和灌装等处理过程都能够全自动地进行。依企业规模和Keg灌装的比重的不同，可选择各种不同生产能力的处理设备。

最小的设备上仅清洗和灌装通过设备进行，其它处理项目则需人工完成。

中大规模的设备上所有的处理步骤全都自动地按照顺序在一条或多条生产线上实现。

卸垛：卸垛机将Keg由垛板转移到活页链板输送带或滚轴输送道并送往翻转机。

翻转：Keg在夹具的帮助下翻转180°呈酒矛接口朝下的倒置状态。

除去酒矛盖：为防止脏污通常要在酒矛上加上塑料保护盖，这个盖子必须在翻转前除去，否则无法实现与酒矛的对接和与内部的联通。

试压：Keg需始终保持放酒必需的压力，即使在酒被完全排空之后。内部正压的保持可以阻止外面的物质进入其内部。所以在清洗之前需检查密封情况。如果发现压力不足或完全消失则表明：

- 密封有问题
- 酒矛损坏
- Keg可能被非法处置

显然，如果试压未通过无论如何必须查明原因。

在这项检查后再借助压缩空气排除残液和留在其中的CO_2（排空残留物）。

5.6.3.1 Keg的清洗

5.6.3.1.1 外部清洗

在进行内部清洗前需先对Keg桶的整个外部进行水和碱液浸泡、热洗和冷水清洗。由于天气情况、保存地点和保存时间等因素决定了Keg的外表常常不十分美观，如果直接进入消费领域可能会影响到企业的形象，所以外部清洗非常必要。

外部清洗采用高压喷冲和或转动的机械刷洗的方式进行，在此还需除掉可能的标签或字符码。

5.6.3.1.2 内部清洗

内部清洗当然是最重要的处理过程，之所以重要还在于我们无法知道桶所处的温度和时间长短。由于无法进入其内部观察，所以需考虑到在残留啤酒中有大量微生物存在的可能性，这些微生物菌群必须彻底杀灭。处理过程分几个清洗-灭菌站进行，所涉及的范围随机器不同而有差别。

在KHS公司的Innokeg Senator Junior 的处理站上（图5.94），在余压检验之后进入第一清洗站用水预冲洗，接着用无菌压缩空气排除残留水，用热碱液间歇式冲洗对着桶底的上升管

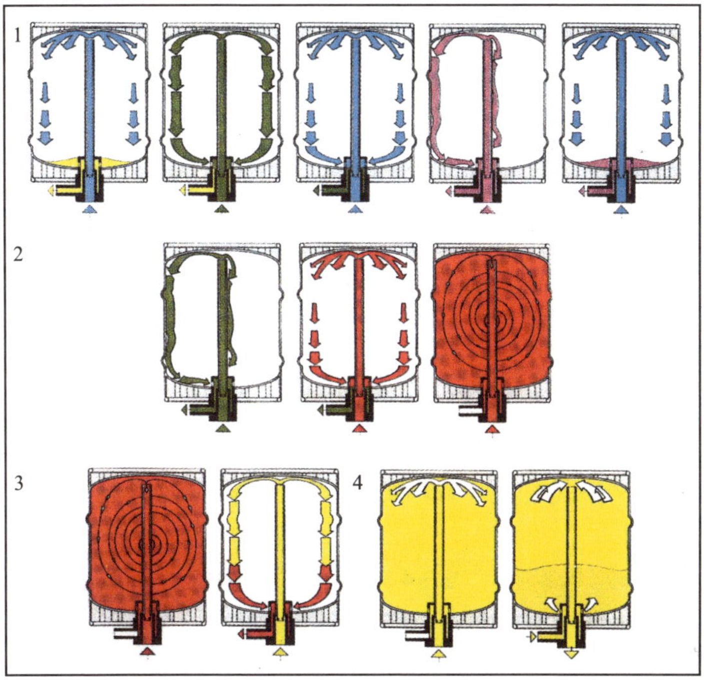

图5.94 机型为“Innokeg Senator Junior”（KHS公司，多特蒙德）的处理站示意图

和内壁，由此达到主要清洗效果。接下来排出碱液并用无菌压缩空气排出残留碱液。排空的桶送往第二清洗站。Keg内部采用高温热水间歇式喷冲并由此排出残留残液，此时可以认为桶达到干净状态；然后用蒸汽排出残留清洗水并通过蒸汽建立起压力。

杀菌站：通过继续通入蒸汽进一步杀灭残余微生物，到此Keg便可以看作清洗过并已达到无菌的程度。

第一清洗站（1）：

此站进行余压检测，排除残留液和CO_2，水预冲洗，无菌压缩空气排除残留水，热碱液间歇式冲洗内壁和上升管，排出碱液并用无菌压缩空气排出残碱液。

第二清洗站（2）：

高温热水间歇式喷冲，用蒸汽排出残留清洗水，蒸汽建立压力。

杀菌站（3）：

采用一次蒸汽高效作用，膨胀。

灌装站（4）：

备压，慢速起始灌装，快速主灌装和慢速后灌装。

5.6.3.2 Keg的灌装

Keg灌装过程是在灌装站进行的：采用CO_2备压使压力达到设定值，接着先慢后快地灌入啤酒，在临近灌装结束时再转换到慢速灌装。

为了防止起泡以及尽可能减少吸氧，在灌装开始阶段使啤酒缓慢流入。含氧量应该保持在低于0.1mg/L的水平。

在快速灌装过程中差压稍有提高，啤酒快速流入。一旦啤酒由上升管逸出，灌装过程即告结束。

灌装站也可以配置具有校准能力的体积式灌装单元实现灌装。

最后需对灌装头进行吹空和冲洗，然后移开Keg桶。

灌装高度检验如下。

为防止灌装不合格的Keg桶流入市场，必须在灌装之后对其进行检验。由于Keg桶不透明，因此需采用相应的检验方法和手段。

采用称重的办法只在所有空桶重量完全一致的情况下才是可行的。这种方法在很多啤酒厂得到运用，它可以省去对于体积量的常规校准工作。采用电磁流量计进行体积式灌装时情况也一样。

灌装高度检验常常采用γ-射线，但依各国安全保护相关规定的不同必须配备具有资格的专人或其它的专业人员。

对于小型啤酒厂来讲：

- 当放酒管有啤酒流出则表面桶已灌满
- 当桶的上端面直至内圈整个的温度明显降低表明桶已满

翻转：码垛前的倒数第二站是翻转设备，在此Keg桶被重新翻回到酒矛朝上的状态。

加盖：大多数国家都对酒矛加保护盖以防止机械碰撞和脏污。一般通过有色标志来指示内容、生产厂家和灌装日期等信息。酒矛封口盖起到内容物保险和标签的作用。

5.6.4 Keg的整线设备

Keg的处理过程是一站一站地以节

拍方式进行的。整个过程可以利用两种基本形式的机器来完成：

- 回转线
- 直线式

两种机型在实际中都有应用。

直线式Keg桶清洗和灌装设备的生产能力一般最多达到300桶/h，大型设备大多采用回转式结构，通常包括1~3个回转台，能力最高可达1000桶/h。但还应提到，最小的Keg设备可小到只有一个Keg接头，所有清洗和灌装步骤全部都通过它来完成。

Keg的整线设备还包括所有前期和后期处理设备以及检验设备，其目的是为了确保只有经正常灌装和干净的Keg桶才能送出啤酒厂。

5.6.5　小型桶及聚会小桶的灌装

在许多国家都应用各种规格的特殊小型啤酒桶。小型桶常指容量在10～15L的圆筒状包装容器。这类啤酒桶拥有操作简单的配件，可以从啤酒厂或其他饮料商那里租借，主要供家庭范围使用。

作为这类小型桶的一个典型例子，这里特介绍容量为12L的keggy小型桶（见图5.95）。这种桶除钢质桶体外还包括一个集成了调压阀的内置CO_2贮气罐。其四边具有弹性的外套可以很好地防止冲撞和敲打，并起到隔热的作用，同时还便于运输。通过一个快装式配件使得非专业人员也能够得到纯正的享受，因为所有辅助性工作（如连接放酒器，调节压力气体的压力等）全部都可以省掉。特殊安全配件为使用者提供了最好的安全性。

Keggy桶的清洗和灌装可以在添加特殊附件后直接用Keg的设备进行。CO_2则采用称重的方法填充到贮气罐内。

5.6.6　大啤酒罐的灌装

很多啤酒厂采用5L的金属罐来包装啤酒，主要供应给家庭和啤酒园等预期啤酒需求总量较大但人数不多的小圈子，以及聚会或希望共同享用桶装啤酒的场合。这种大型罐（相对于普通易拉罐）是用专用设备灌装的。借助市售的简单工具就可以将啤酒压出来饮用，最简单的情况下还随桶配送相应的放酒专用器具。使用时不应勿视桶的上部有一个小孔需打开，否则会因真空形成而使放酒太慢甚至停滞。价格稍贵的配件还可以通过空气或CO_2气

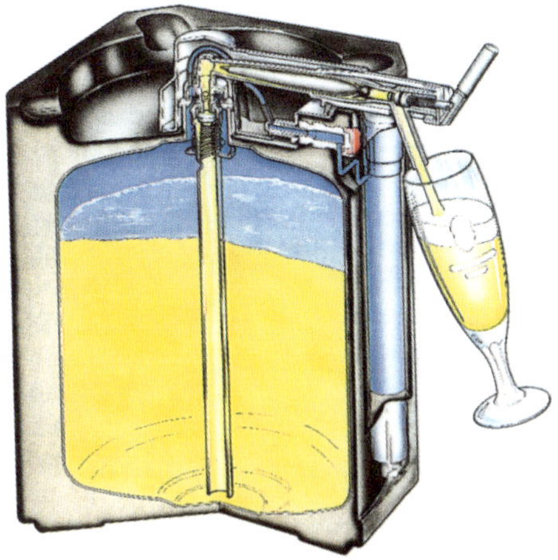

图5.95　Keggy小型酒桶
（Keggy饮料系统股份有限公司，Neunkirchen，Siegerland）

的送入始终保持罐内压力直到排空为止，这样的好处是可避免罐内啤酒太少时放不出来而致浪费的情况。

大型罐同样迎合了日益增长的时尚和消费情趣，特别是在夏季的啤酒园它已成为不可缺少的东西。

大型罐也必须标注最低保质期。

5.7 打包和运输

单个啤酒瓶和易拉罐必须以可以方便处理的形式打包。例如，采用塑料箱、纸箱、托盘等包装物进行包装并以此形式经由经销商送到消费者手中。为了实现从生产厂家到商业部门之间的运输过程，还必须先将上述包装物以叠层形式放置到垛板上。

这样，在灌装领域就涉及很多单一功能的处理过程：

- 卸垛，即由垛板上将载有空瓶的箱子取下来
- 空瓶卸箱和分类
- 瓶子或罐直到压盖机和贴标机的输送
- 已灌装的瓶或罐用箱子或纸盒等打包
- 码垛，将箱子或纸盒等再放到垛板上

由于垛板和包装箱也须检验，所以还涉及下列问题和任务：

- 瓶子和罐的输送（容器输送）
- 新瓶子和罐的输送
- 包装物的输送
- 卸箱和装箱
- 码垛和卸垛

5.7.1 玻璃瓶及易拉罐的输送

5.7.1.1 活页链板传送带

瓶子和易拉罐的输送通常采用由铬镍合金制成的活页链板传送带，这种传送带可满足对瓶子和易拉罐平稳可靠输送的要求。依要求不同，这种传送带可以是单道形式，也可以多条单带并列而形成的宽幅传送带的形式出现。每条活页链板传送带（见图5.96）包括以下几个组成部分：

牢固可靠而且可以通过调节补偿地面不平整的安装支架8，一个或几个由驱动电动机通过连接轴驱动并带动链带3在滑动导条上平稳运动的驱动链轮7，和装于侧面的起到导向和防止容

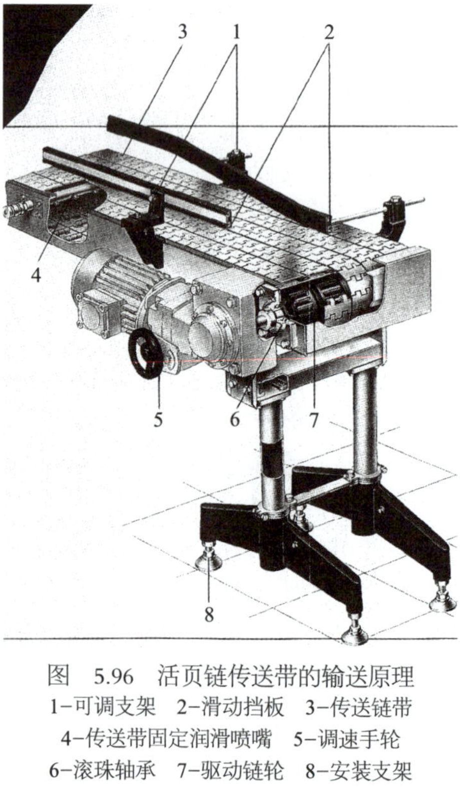

图 5.96 活页链传送带的输送原理
1-可调支架 2-滑动挡板 3-传送链带
4-传送带固定润滑喷嘴 5-调速手轮
6-滚珠轴承 7-驱动链轮 8-安装支架

器由传送带上滑落作用的护栏1。

传送带护栏的作用不容忽视，因为它必须根据容器类型，大小和形状（玻璃瓶、PET瓶、易拉罐等）而相应地做成不同的外形，以防止不必要的磨损和擦伤。

输送路径上很多地方需要做90°拐弯变向。为此，在采用单链带或多链并列带进行单散容器输送时更多地是选用弯道式活页链带。 在弯道处或采用多带并列传送的情况下瓶子会出现旋转且因此互相摩擦， 结果导致瓶子的表面产生磨损痕迹。虽然通过瓶子的形状改良可以减弱磨损程度并使之主要集中到两个摩擦环上，但瓶子的外观还是会因为每一轮使用而变得起来越差。

整个生产线的能力发挥很大程度上取决于输送带的质量。所以，对活页链带的拉力、不希望的伸长量、表面硬度和尺寸精度都提出了很高的要求。

这种用不锈钢板制成的传送带——直线运动或弯道运动（见图5.97），一般都放置在塑料导条之上并沿其向前滑动。因此，为了减小磨损还需施加传送带润滑剂。

5.7.1.2 传送带润滑剂

为了润滑传送带最简单的方法莫过于使用肥皂块，让它随着运行而慢慢耗尽。有时还应用使回行程链带穿过装有肥皂水的水槽的浸泡式方法实现润滑。

肥皂水可以作为润滑剂，但有时会出现过多的泡沫。而且它与硬水作用还能生成不可溶且具有负作用的化合物。所以，常常往含肥皂成分的润滑剂中添加软化剂来中和硬度。但这样做会引起废水中的重金属离析，所以在有些国家是被禁止的。

现在市场可供的含胺类润滑剂和新近开发的由非离子表面活性剂组成的无胺润滑剂具有很多突出优点，特别是不再需水软化剂，从而降低了不希望的物质凝结的危险。当然，润滑剂本身必须能生物降解。

由于传送带润滑直接关系到灌装生产线的正常运行，所以一般都采取自动添加方式以保证良好状态。添加量取决于传送带长度、速度、容器类型、潮湿程度、由湿变干的速度、迁移情况以及水质。出于各种原因，人们总希望润滑剂的添加量越小越好，不然不仅会在传送带下面形成所不希望的泡沫堆积，而且还增加了废水负荷。

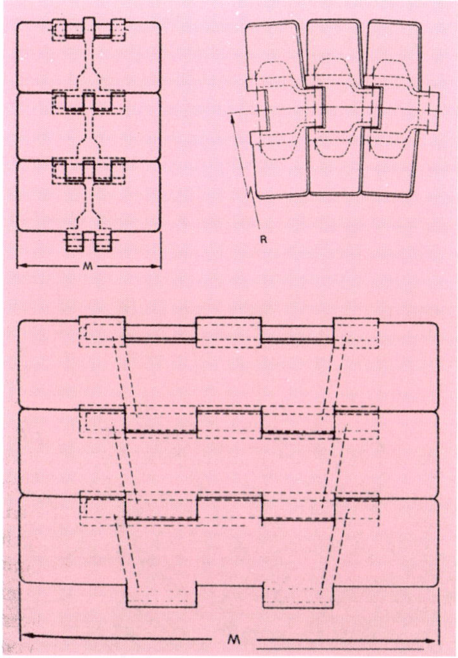

图5.97　用于直道和弯道的链板输送带

5.7.1.3 塑料传送带

最近一个时期以来塑料传送带的应用呈增长趋势，带材主要是二乙醇塑料（Acetal）。这种传送带在满足相同要求的同时不需要使用润滑剂。它可以持续地干运行或者仅需用水进行湿润即可运行。相比之下这当然既节约又对环保更为有利。

塑料传送带现在多采用聚丙烯、聚乙烯、二乙醇-热塑性塑料、聚酯类热塑性塑料以及抗冲击或耐热性强的尼龙制成。尤其需提到的是阻燃性好的二乙醇-热塑性塑料，这种材料具有良好的机械和化学综合性能优势，如出色的耐磨性能，持续抗机械疲劳的特性和很小的摩擦系数。

塑料传送带在啤酒厂主要用来输送易拉罐和PET瓶，也可用于已灌装的玻璃瓶。 但有时也免不了会有对于输送空玻璃瓶时传送带被坚硬且锋利的玻璃碎片割伤或卡死的担心。

此外，塑料传送带还越来越多地用于箱子的输送和用作隧道式巴氏杀菌机的传送带。

现在的塑料传送带既能适应直道也可用于弯道的场合。可以制成任意宽度，可以封闭式也可以呈断开的单元链形式投入使用，并能实现直线或弯道的过渡（图5.98）。

采用塑料传送带最有利的方面是可以摒弃润滑剂，从而杜绝了在传送带下方的地面上有过多泡沫形成的现象，同时还使废水负荷显著降低。

5.7.1.4 缓冲区段和瓶流分单

各单台设备和机器的工作节奏在时间上不可避免地存在很大的差异。例如，当卸垛过程较长时间进行的同时，灌酒设备则必须以50000瓶/h的速度（每秒14瓶）进行检验，灌装和压盖。这个区段——从验瓶机经过灌装机直到紧接下来的压盖机或封口机，必须不间断，连续流畅地运转。这意味着，在此区段瓶子或罐必须连续地供应和输送。任何灌装和压盖的故障性中断都会引起生产率的下降乃至质量下降。要保持连续流畅地输送供应，只有当灌装机前沿形成足够大的缓冲区并含有足量的瓶子或罐子储备量的情况下才有可能。为此，可设置多道式宽幅传送带用于瓶子储备，

图5.98 塑料带材转接站

瓶子在此只是似被“推着”缓慢向前移动，这样能保证灌酒机有充足的瓶源。在此常采用不同的带速来实现对瓶子的有目的的导向运动。在这个区域还有各种传送单元可供选择，以达到对容器进行队形调整和改变方向的目的。例如，平行推移在此区域的应用，主要用来解决直立稳定性较差的如PET瓶或底面直径小于60mm的瓶子的输送问题。

瓶子分单处理非常重要。通过分单应能做到将来自缓冲区的宽队列瓶或罐最终形成连续地单列流动状态。为实现这一点可有两种方法：

- 推挤分单，在此瓶子互相拥挤着产生旋转和摩擦，直到它们最后冲出瓶堆变成单列，或者采用更好的方法
- 无压分单，通过各条传送带速度的差异结合轻度倾斜的传送带面，使瓶子借其重力滑向一侧护栏并沿其成串地以单列形式运动。在此，倒覆的瓶子和玻璃碎片能自然地由传送带侧面滑出而被排除在瓶流之外

如果活页链传送带未得到彻底地清洗，细菌会在此筑巢并繁殖，感染也会随着传送带向灌酒机方向扩散。因此，人们现在对传送带的可清洗性特别注意，并为它设置专门的经优化的自动清洗系统。通过对传送带架框内的所有隐藏部分，如，折返处和驱动轮、隔距套和链板（图5.96）由内向外进行清洗而清除感染源。

5.7.2 新瓶和易拉罐的清理

在回收瓶不断重复使用的同时，一次性瓶和新的可回收瓶也在不断进入灌装过程并经简短的冲洗之后直接送去灌装。关于这些容器的输送有一些特殊要求，因为它们不是采用塑料箱或纸盒，而是采用垛板形式连同中间隔层（板）或卷边盖板、底板等整体供应的。

在提升设备处通过将瓶子或罐向上提起的方式将其卸下来；通过一定的抓取提升方式可得到一定的容器包装组合形式，不同的包装组合可以通过转换装卸头内的一些部件来实现。

新容器清理设备可采用推移装置将瓶子或罐一层一层地由垛板上卸下来，通过十分平滑的过渡杜绝了容器倾倒。假如真的发生大面积倾倒，尤其在卸载易拉罐时将不可避免地发生凹陷变形而遭致损失。因此，如何通过尽可能轻的接触卸下所有的容器一直是一个值得研究的课题。

5.7.3 包装物的种类、运输和检验

好的包装物及其输送质量意义重大。因此，就主要应用的包装物种类及其特点做一简要讨论是很有必要的。

5.7.3.1 包装物的种类

这里所谓包装物是指对瓶子和易拉罐进行单元化打包所采用的包装容器，它是产品由生产到消费的重要包装形式。包装物的造型、颜色、形状，设计风格和状况能给消费者深刻而独特的印象，所以不难理解，大多

数饮料厂都在它上面花费大量心血。

常见的主要包装物有：

- 塑料箱
- 折叠式纸箱
- 托盘
- 六件和其它形式的多件组合小包装

5.7.3.1.1 塑料箱

塑料箱有各种大小、形状、颜色和造型，多用来以6～24瓶为单位包装0.25～1L容量的瓶子并构成组合包装。箱内一般总设有分瓶栅格以避免瓶子相互之间碰撞和摩擦。箱体总高度一般大于瓶高以对瓶子起到保护作用。通过相应的箱体塑形使其便于可靠地上下堆放。

此外，塑料箱还可分为专用塑料箱和通用塑料箱。

专用塑料箱通过颜色、公司标志和其它一些特点能清楚地表示出饮料生产企业和饮料品种。这样做的缺点是箱子必须返回原厂并且需分类处理，这势必带来一定的困难，更主要的是引起成本增高。

通用塑料箱放弃广告作用，但只限联合会会员企业才能使用。通过箱子的窗口和开孔能使瓶子上贴的标签发挥一定的广告作用。

塑料箱是回收瓶最常用的运输载体。

5.7.3.1.2 折叠式纸箱

折叠纸箱一般用于包装一次性容器，如果用于可回收瓶，虽然可以连同瓶子一齐返回，但纸箱已不能再用作新包装。

折叠纸箱有不同的形式和规格，借助打包机可得到希望的形状，采用热熔胶或钉书钉能快速封箱。

折叠纸箱有带隔板和不带隔板两种，隔板能保护瓶子或罐防止相互摩擦碰撞，但装入栅格有时较困难。

5.7.3.1.3 包装托盘（Tray）

Tray形状如同浅平的厚纸盘，主要用来包装小玻璃瓶或易拉罐。为了提高可靠性，有时还另外增加塑料膜外封装。

如同塑料箱和纸箱一样，Tray包装物也可在垛板上堆放，这时罐体或瓶口直接承压，负荷分配尽管均匀，但堆垛高度受一定限制。

5.7.3.1.4 六件或多件组合包装

六件或多件组合包装是方便和具有诱人造型的包装形式。它通常具有很好的广告效果。此外，其它多件组合的包装形式也很多。

由于6件组合或其它类似包装形式的大批量运输较为困难，所以通常将它们再组合成更大的整体包装单位（参见“转换包装机”）

Tray和6件组合包装仅限用于一次性瓶和易拉罐。

在需要对包装件做大批量运输时需注意以下方面：包装物的输送，此外对于可回收包装物还涉及箱子储备库和洗箱机。

5.7.3.2 包装物的输送

包装物的输送现在多采用活页链式钢质和塑料传送带，有时也采用辊轴输送道实现直道或弯道的输送，塑料带式传送带也有应用。

活页链传送带的系统结构（图5.99）包括驱动站6，通过驱动轮轴5使链带4运动。链带材料可以是塑料或不锈钢3，可以做成足够的宽度，能保证稳定可靠的输送。其维护和清洗也很方便。

辊轴输送道可以应用于很多不同要求的场合：

- 带驱动的辊道输送机
- 带驱动的拥堵区辊道输送机
- 重力辊道输送机
- 定位辊道输送机

带面式输送机通常以带或不带前置输送带的形式应用，主要用于爬升输送。目的在于通过电机驱动的带面运动使包装物达到一定的空间高度，然后借助箱子的重力滑向下一设备。

辊轴输送机普遍应用于短程输送的情形，为提高空间位置而设置在一段输送流程的中间。

除直线输送道外，有时在输送过程中还需要操控元件，如分配装置和汇流装置。例如，将物件分为几路并且以一定的规律依次排列。为此，有下列两种可能的方案：

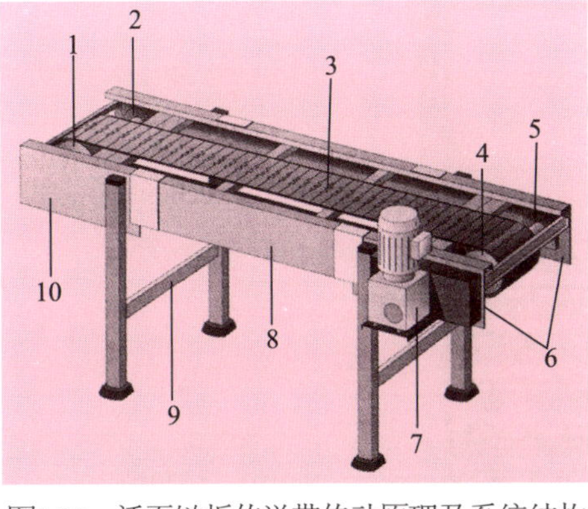

图5.99 活页链板传送带传动原理及系统结构
1–倒向链轮 2–链轮轴 3–不锈钢或塑料活页链 4–驱动链轮 5–驱动轮轴 6–驱动站 7–带链条驱动附件的电动机 8–带侧支撑的架台 9–支脚 10–倒向站

- 直线分配，即分配包装物
- 直线配额，即按一定规律分配包装物并实现其特定组合

通过旋转单元可以使塑料箱或纸箱由竖到横得到调整或者反过来。为此，采用活页链传送带时，经表面处理和未经处理的传送带的速度往往存在差异。在输送塑料箱时采用不锈钢质带，而在输送纸箱时则采用塑料基材输送带。

实现包装物滑行输送和翻转（见图5.100）的特殊输送装置很多时候就是纯粹借助重力的翻转机。

垂直方向输送机械用来在小范围内实现包装物的向上或向下输送。

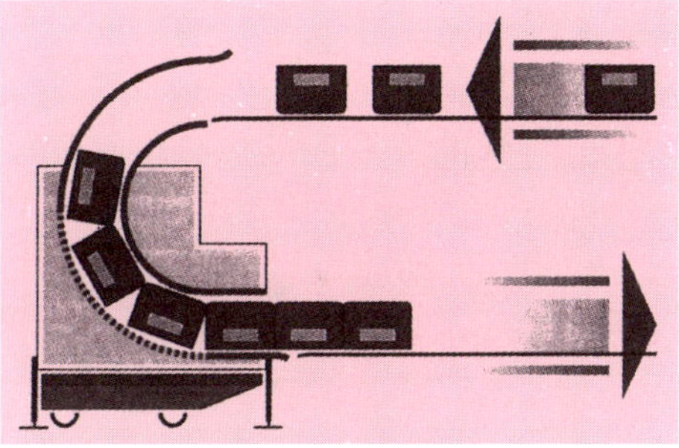

图5.100 翻箱机

5.7.3.3 箱子和瓶子的分类

空箱和空瓶必须经过检验才能投入使用，任何不合格的缺陷都将给后续生产带来麻烦并导致生产效率降低。箱子和空瓶子的检验是分开进行的。

到达的空瓶子通过配备电子化CCD摄像机的检验装置进行下列项目的检验：

- 瓶型（根据高度，太高或太低）
- 瓶的颜色
- 瓶子带盖

经检验不合格的瓶子将被剔除。

空箱同样须进行类似检验，因为它们代表了企业形象，必须干净漂亮完好统一才允许走出啤酒厂。所以，必须对箱子的完好性进行检验并且对本企业专用箱进行分选。主要检项有：

- 颜色
- 公司标志
- 提握柄好坏
- 箱内异物
- 破瓶和其它不正常情况

经检验不合格的箱子将被剔除做专门处理。在小型啤酒厂没有检验设备的情况下只能通过人工进行目检。用于这些返回的空箱检验处理既费时又费工，所以应做深入调查找到原因，必要时还必须就此与商贸部门和其它客户方交涉。

已打包的待发成品包装也必须以同样的方式进行检验：

- 箱子是否装满
- 箱子是否含未灌满的瓶子
- 是否正常封口，有无缺盖和歪盖
- 有无破瓶或未装到位的瓶子

在此同样要将有问题的载箱采用气动方式剔除出来并使之恢复到正常状态。总之，所有包装问题都必须在出厂之前予以解决。

5.7.3.4 储箱库

新品种开始生产后出现卸空的箱子，在瓶子从清洗到贴标乃至巴氏杀菌的这段约超过半小时的时间里是处在空闲状态。如果不采取箱库进行储备，很快会出现堵死现象。箱库的应用使得任何时候按需要调度成为可能。

实际应用的储箱库有几种类型，较为先进的方式是成行堆放，其优点是容量大且占地省。这种库区窄长，宽度仅相对于箱子的几何尺寸但可堆置的高度可观（见图5.101）。空箱驶入直到一排摆满，随即被整排提升到一定高度，然后继续下一行的装填。

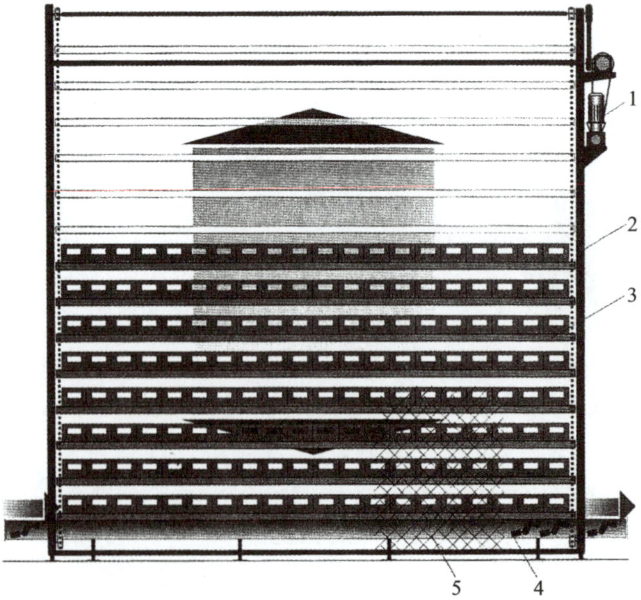

图5.101　储箱库
1–驱动装置
2–机身
3–升降钩
4–带气动止挡器的输箱带
5–防护网

这一过程一直持续到第一个瓶子回到装箱区为止。

此后，箱子直接穿过储箱库驶往装箱机包装已灌装的瓶子，这时储箱库保持已填充状态。当最后一个箱子也穿过储箱库后，储库内的空箱才开始以同样的方式排空。这样，一种类型的箱子最后全部用到一个品种的已灌装瓶的包装上。

5.7.3.5 洗箱机

由市场回流到啤酒厂的箱子有些已很不干净，所以在进行装箱之前必须对这些很大程度代表企业声誉的箱子进行必要的清洗。

洗箱机通常是个简单的处理隧道，箱子呈倒立状态一行或两行并列地行进，以便能排除残留物如玻璃碎片等（图5.102）。在机器内部通过高压碱液喷冲或至少采用热水和冷水喷冲，使箱体的所有表面得到充分有效的清洗。经沥干后重新翻回装卸位置供装箱使用。

5.7.4 卸箱和装箱

大批量地卸箱和装箱对相关机器提出了很高的要求。毕竟，在处理50000瓶/h的设备上相当于总共需装卸（20瓶为一单位）2500箱；即装卸42箱/min和0.7箱/s。在如此高的速度下需保持相当高的精确度才能确保灌装线各个分部顺利运转。

可见，包装技术今天已逐步成为最重要的生产元素。这不仅仅指高产能的装卸机械，而且还包括满足特殊要求和高标准小包装的装卸机械。其重要性的突出表现是在包装领域广泛引入了机器人。

5.7.4.1 装卸头和夹瓶帽

卸箱或装箱一般总是涉及至少一个包装单位，包括一个或多个

- 塑料箱
- 折叠纸箱（带或不带栅格）
- 托盘或其它包装单元

用于装卸瓶子的装卸箱机都具有一个或多个带有与箱子可容纳瓶数相同数目和相应排布的抓瓶帽（塑料箱、纸箱、托盘）。当以20瓶为单位时，即4×5的瓶子排列形式时，每个机瓶头需带有20个抓瓶帽（4×5）。由此可以知道，每个装卸箱机的配备只能用于某个特定包装单位，要实现其它包装类型必须更换相应部件。

卸载空瓶（卸箱）与装载满瓶（装箱）的过程采用的是相通的原理，所以当今包装机械大多分别以装

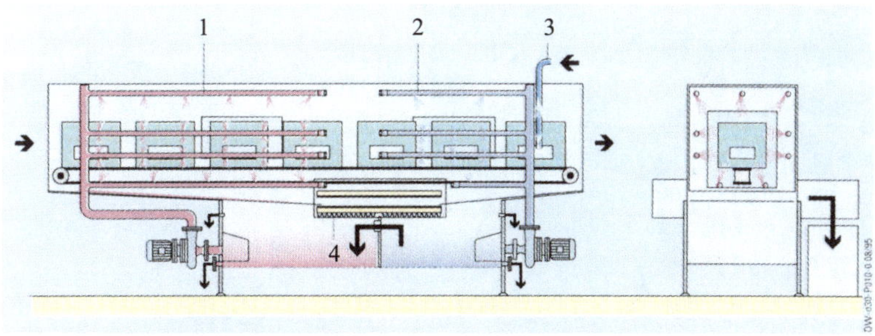

图5.102 洗箱机

箱机和卸箱机的形式出现。

装箱机的基本工作原理可通过一个典型的机型为例（图5.103）加以说明。瓶子通过集瓶台6供给装箱机，为了总是提供足量的瓶子，事先对瓶子设置阻挡，并使其一个个地进入相互隔开的相邻通道中一字排开，形成队列即方阵。为了不致在发生缺瓶的情况下装箱，在此设有光电足数检测。

抓瓶头3下降，由其3×8 = 24个抓瓶帽抓取并提起24个瓶子或易拉罐，然后退回到箱子上方将瓶子放入已到位的箱子中。装填好的箱子由传送带迅速送出装箱机，与此同时后续瓶子和空箱补充进来，装箱步骤的新一轮循环又重新开始。

卸箱时的工作过程以相反顺序进行，箱子在一定位置被阻挡而静止，并且被定位，抓瓶头将卸出的瓶子可靠地放置到输出瓶台上，在此当然没有像装箱机那样设置分配通道的必要。

卸箱过程只在满足下列条件时才能顺利进行：

- 箱子中不含较高、较小或其它形状的瓶子
- 不含仍带着皇冠盖的瓶子

当装卸带螺旋盖的瓶子时必须设置除盖机。

包装机的核心部件是能可靠但又轻柔实现瓶和罐的抓取并传送的抓瓶帽。它是待包装物和包装机器的联结元件。

抓瓶帽按原理可分为机械式和机械气动式两种。

机械式抓瓶帽直接抓取瓶子的口部（图5.104），装卸过程中不允许损伤附加装潢如铝箔标、保险标、旌旗标和类似标签，所以针对玻璃瓶、PET瓶、带扭启盖的和其它封口系统的瓶子有各种不同抓取系统可以选择。

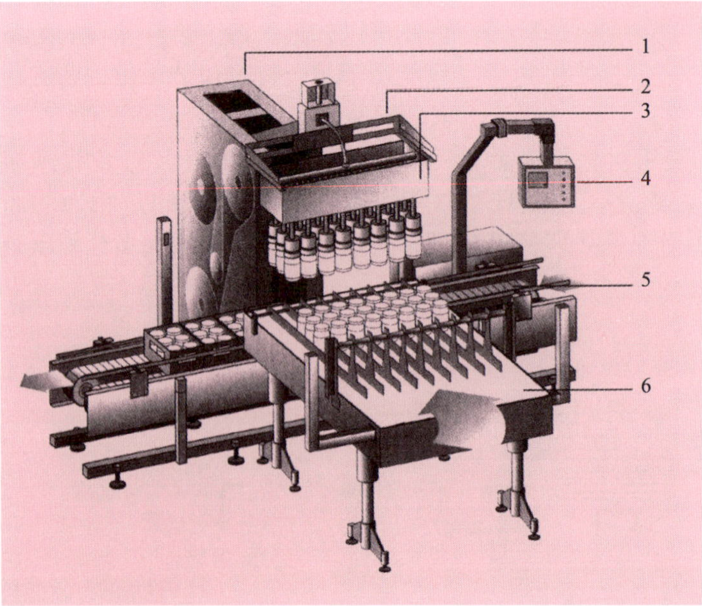

图5.103　按基本原理工作的装卸箱机
1-机身
2-抓瓶头挂架
3-抓瓶头
4-操作屏
5-输箱带
6-集瓶台

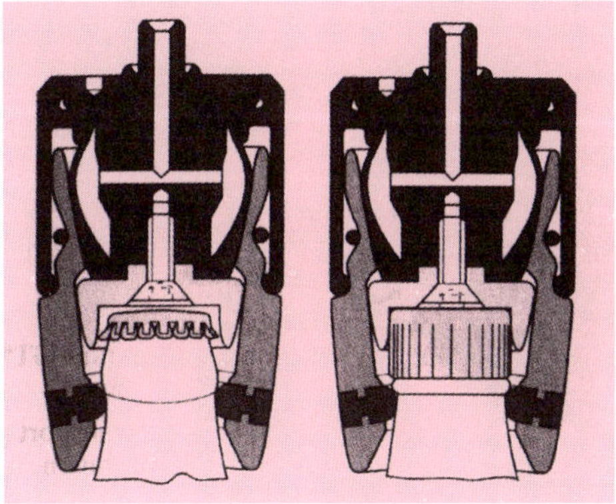

图5.104　机械式抓瓶帽

机械/气动式抓瓶帽（图5.104a）包括一个气动抓头，在此仅采用不敏感的夹指以气动方式施压贴于瓶子并将它夹紧。抓瓶帽皮碗上部加了保护以防接触瓶盖和玻璃部分。这种抓瓶帽只由少数分部件构成，其更换、维护和修理简单方便且成本低。

5.7.4.2　装卸机类型

根据不同的要求，装卸机可大致分为：

- 间歇式装卸箱机，能一次性对一排塑料箱或纸箱进行装卸
- 多功能装卸箱机，能附带地将较小单位如6瓶组装形式打包成较大的包装单位
- 回转式装卸箱机，能连续进行装卸箱过程

除此之外还有很多特种装卸机械用于所有可能的特殊情况。今天，包装领域几乎没有做不到的事情。

5.7.4.2.1　间歇式装卸箱机

间歇式卸箱机（图5.105）具有稳固的机械驱动结构6，它能保证带着抓头及抓瓶头3的悬挂装置严格按要求的方式运动。依机型规模不同，抓头

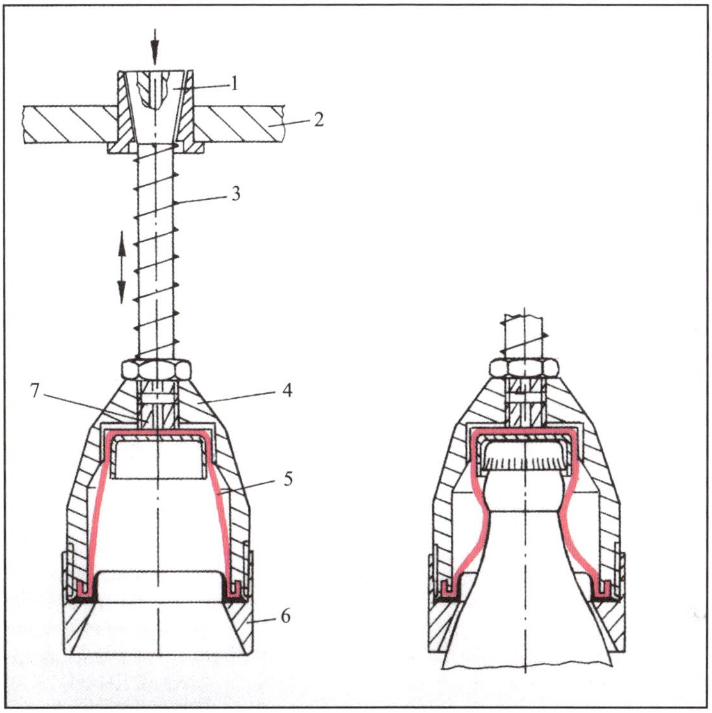

图5.104a　气动抓瓶帽（作用原理）
1–导向锥体
2–抓瓶头
3–弹簧
4–抓瓶帽外壳
5–弹性皮碗
6–螺母
7–皮碗固定螺母

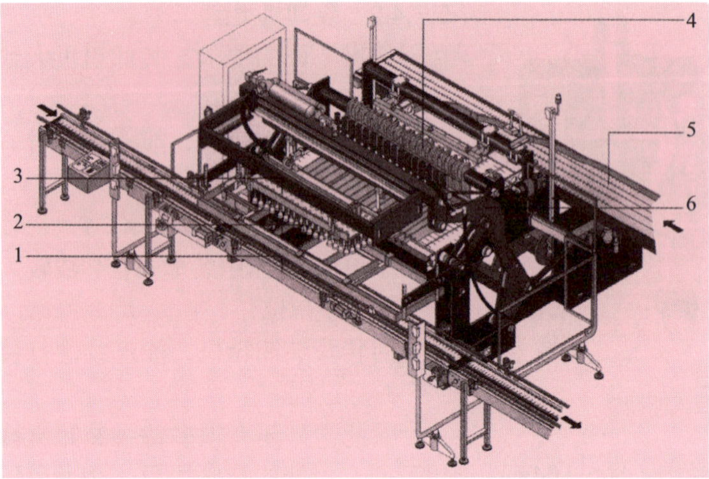

图5.105 间歇式装卸箱机 机型：Innopack Garant GT（KHS，多特蒙德）
1-输送带
2-定位框
3-抓瓶头
4-分瓶器
5-进瓶台
6-驱传动系统

每次抓取或放下最多10个一字排开的包装单位的容器。借助电动机的驱动实现曲轴连续、均匀、平滑的旋转运动，由此实现承载横梁均匀一致的工作方式。

根据包装物的大小和类型以及可能的一列或两列式抓瓶头配置可以达到很高的装卸速度。大多数情况下，用这种机器只能进行单一种类瓶子的装箱和卸箱。尽管这样，当需要转换包装组合形式时，很多装卸箱机都可以通过机器上部安装架的转换来满足要求。通过一个提升装置可以自动地将一个更换框向上提起，拆下装卸套件换上其它套件很快就使包装机准备完毕。

5.7.4.2.2 复合功能装卸箱机

自动工作的复合功能装卸箱机（图5.106）属间歇工作制机器，它将包装单位——在这里具体是6瓶组

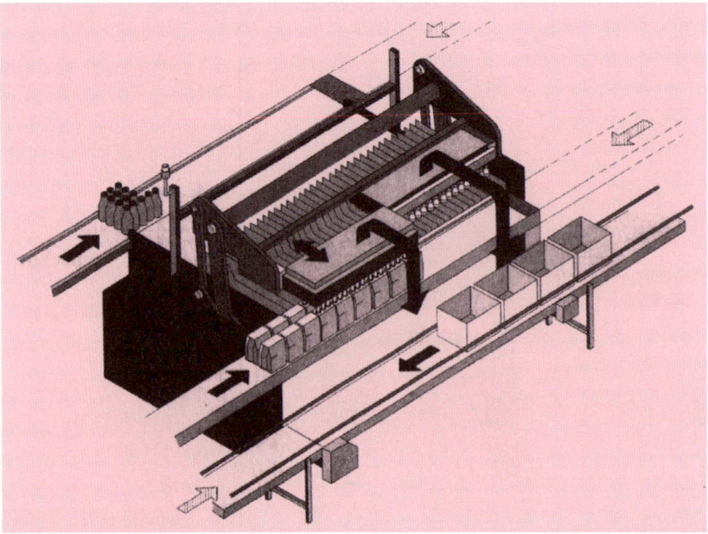

图5.106 复合功能装箱机

合——在第二个工作步骤中采用纸盒对此例中的4个6瓶组合件进行转换包装。这个例子只是多种包装转换可能情况之一，小包装转换成较大包装形式的目的是为了管理的方便。

5.7.4.2.3 回转式包装机

到目前为止，所有的包装系统都必须使包装箱在进行取出和装入的瞬间静止不动，以保证容器转移的顺利进行。机器产能越高，留给箱子和瓶子制动和定位的时间也就越短。这样一来，回转式工作的包装机应运而生。包装过程在箱子运动中连续进行（图5.107），这当然是以非常复杂的机械结构为前提的。以KHS的Innopack CR回转式连续包装机为例，6个抓瓶头做回转运动，其运动进程必须是有目的的且每时每刻受到控制。

为实现连续装卸，抓瓶头沿椭圆形轨迹运动，同时根据需要做上下运动。到达包装区的瓶流此时几乎在无压状态实现分配。此前已调整好的呈多个单路并列流动的瓶子通过一个快速曲线运动的链条引导出来，并分配到几个相互隔开的通道中。瓶子就这样以连续的队列形式进入编组站并被变成与装箱形式相对应的方块阵列（此例中为6×4瓶）。这一装箱队形（在图5.107中为6×8瓶）在瓶台上平稳地运动并被既回转同时又下降的抓瓶头（抓瓶帽）抓住并提起。

在机器的另一侧，由于抓瓶头回转方向的缘故要求箱子沿反方向运动（但与抓瓶头同向）。接着抓瓶头下降，对中定位框使箱子固定（在本例中共涉及4个箱子），瓶子被放入到运动着的箱子内。然后抓头提升，开始新一轮工作循环。

在上面的例子中，抓瓶头是在水平面上做椭圆回转运动的，另一形式的连续卸装箱机以Krones公司的Rundpack II 464为代表（图5.108），其抓

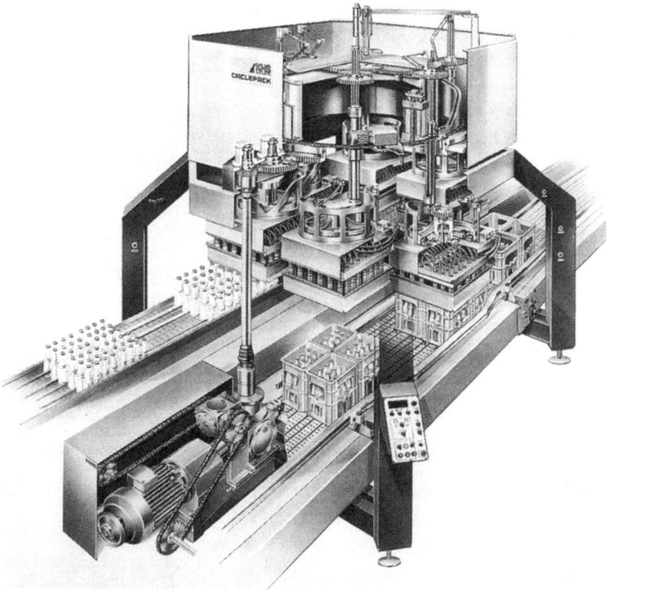

图5.107 水平回转式连续卸箱机（Cirklepack）

瓶头是在垂直平面内回转，而且这时箱子和瓶子的输入和输出传送带呈高低排布。这种装箱或卸箱机占地较省，而且易于接近。

这种装卸箱机体现了连续装卸机械的复杂性以及对材料的最高要求。为实现正常装卸，抓瓶头运动必须无冲击和摇晃，运动轨迹流畅平滑，同时还必须保证抓瓶头和箱子的运动严格同步。当然也必须做到，在有故障发生时抓瓶头能从故障点自动缩回。

回转式装卸箱机也有设计成能同时处理两列箱子的形式，其目的当然是追求更高的产能。

由装卸箱机出来后：

- 空箱子将送往洗箱机
- 载箱将被送往码垛机

已装填的个性化箱子通过其颜色和公司标志能清楚地加以识别。而公共箱子却不带任何标识标志。但这种箱子一般都设有窗口或开孔，通过它们可观察到瓶子上的标签从而识别出公司名称或品牌。当然，条件是透过窗口确实真正能看到瓶子的标签及内容。 事实上，正确的产品陈列方式也是促销成功的重要因素之一， 为此可以通过一个专门的瓶子方位校正机将瓶子调整到标签方向一致的状况。

5.7.4.3 瓶子方位校正

像装卸箱那样，在瓶子校正机上，箱内的瓶子由气动式可旋转抓瓶帽夹持。抓瓶头的每个抓瓶帽都独立地通过电动机带动可以旋转。在抓瓶帽的下端有一个反射型光电检测头（斜向安装位置）。这个传感器在瓶子转动时可探测标签的边缘。通过瓶子的360° 旋转可以精确地测定标签的位置，从而借助步进电机的控制使瓶子转到预定位置。

以此方式最终使瓶子都处在标签朝向一致且对着箱子窗口的方位。

如果瓶子带有两个标签（胸标和背标），则光检测头必须以标签的大小为依据来判断出哪个是胸标哪个是

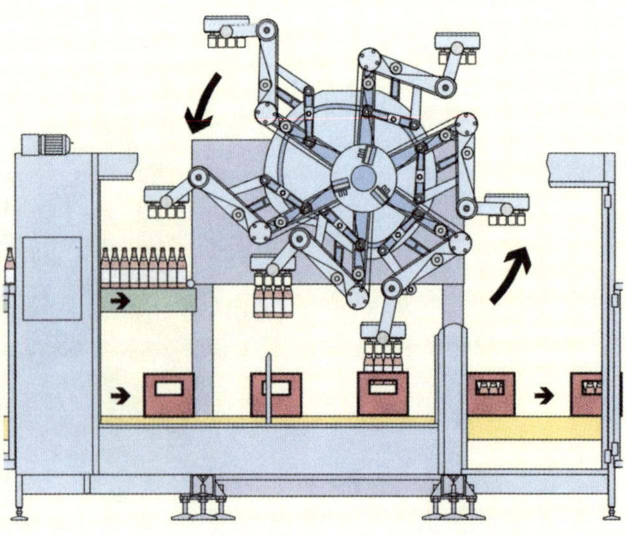

图5.108 垂直回转式连续装箱-卸箱机 机型：“Roundpack Ⅱ464”(Krones公司， Neutraubling)

背标，只有这样才能将瓶子全部转到所期望的方位。

5.7.4.4 分类包装机

通常情况下在灌装生产过程中，贴标签之后瓶子的类型都是一致的，然后装入塑料箱或纸盒中。但也有的包装设备可以同时处理由两条生产线送来的两种不同类型的瓶子，并分类地按指定的包装物包装。这种情况下要求十分复杂的具有转换机和分配装置的包装设备，以确保只载有预先设定的某类瓶子的箱子才能输送到相应的设备工作平台以及码垛机。

在这情况下可能用到以下形式的包装机：

转换包装机——用来将较小的包装形式换成更大的包装形式或反过来，瓶子的装箱-卸箱在一个工作节拍内通过其公共横梁实现。

组合包装机——通过公共横梁在一个工作节拍内完成卸箱和装箱。由于在此箱子在卸空之后立即投入装填，所以不像通常的那样需要洗箱机。

5.7.5 码垛和卸垛，垛板输送

在灌装厂和中间企业以及贸易部门，包装物即箱子、纸盒和托盘都是堆放在垛板之上以垛堆形式运输和存放的。因此下面需涉及：

- 垛板构造
- 码垛-卸垛机的构造和功能
- 垛板输送设备
- 垛板储存库
- 垛板检验
- 垛堆保险措施

5.7.5.1 垛板构造

垛板是堆放产品的垫板，对其基本面积企业、国家以及国际上都已经标准化（如在欧共体内）。垛板类型多种多样，在饮料灌装领域有两种主要形式：

- 箱式或栅板箱式垛板，例如，常用来输送皇冠盖
- 平板垛板，常用于堆放和输送饮料包装单位

具有标准化面积的平板垛板（图5.109）由粗大结实无结的大木板构成并具有一定的高度，以便能使用叉车搬运。为增加牢固程度在木板下面（或方木下面）还是连接木板。依据木板和方木的排布还分为：

- 双侧可插垛板（a），仅能从两个方面抬起

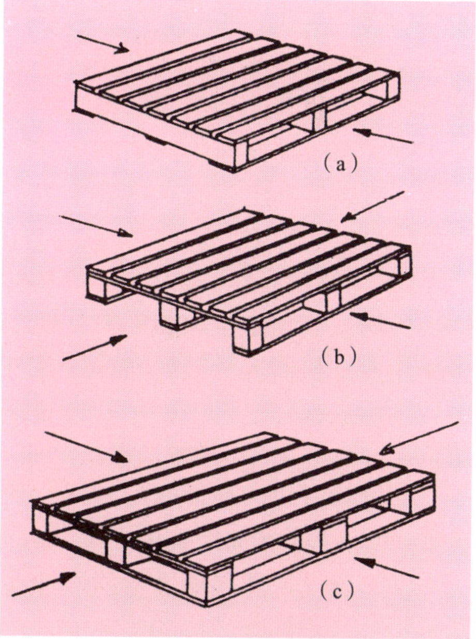

图5.109 平板垛板
（a）双侧可插垛板（b）四面可插垛板
（c）四面可插加固垛板

- 四面可插垛板（b），可以从各个方面抬起
- 四面可插加固型垛板（c），同样可从各个方面将其抬起

垛板的大小和形状必须与包装物或包装单位的大小和形式相一致，以达到最佳的承载效果。一般对于纸盒及托盘来讲，为了提高稳定性经常采取横–竖交错的叠放方式。每一层包装物称作一个垛层。欧州统一的酿造用垛板的尺寸为800×200mm。

5.7.5.2 卸码垛机的构造和功能

包装物是以层的形式交付给码垛设备或由它整体抓取得到的。为此，在码垛前必须将送来的单个包装单位形成一个垛层，而在进行卸垛时则须顺利地将垛层分开为单体。

各种卸垛和码垛设备之间存在有很多具体方面的差异。其基本的结构如图5.110所示。

设备的核心部分是其机架，有的呈单柱形，也有的为门架结构。在门架上安装有带摇摆机构的装卸头升降装置。在装卸头上设有夹持整个包装物垛层的夹持抓取装置。

整个满载物品的垛板通过辊轴输送道传送或制动定位。装卸头（现在多采用多维机器人）被转向垛层并将之取下后放到传送带上，然后包装物单位成行地由输出传送带送走。

以这种方式垛板被逐层卸空，然后被送往垛板储库暂时存放。

以上仅仅是卸码垛设备的原理性功能模式。不同啤酒厂的实际要求还会有差异，没有统一的标准模式。实际中带升降架的升降机构和升降动作驱动方式可能完全不同，带摇摆和推进装置的水平移动机构也不尽相同，通过曲轴连杆机构驱动但或有或没有折叠式连杆等。

用于推移包装单位的平台要么是一个平板，要么是一个平坦的辊轴面。承载板的形式一般适用于一次性和可回收包装物。由于结构的原因其表面容易磨损，但可以更新。

卸码垛设备的关键的部分应该是其与升降装置相连的装载头，按工作方式可分为两种：

- 可摇摆式
- 可推出式

依包装物的不同装卸头也具有相应的结构（见图5.111）。

（1）抓勾式装卸头　它装设有气动方式驱动的勾件，通过向里运动勾住物体实现挟持与转移。通过勾件的布置可以适应不同的包装物件。借助对中筐能使垛层堆卸顺利进行。

（2）层夹式装卸头　它利用平行排布的短程气缸借助垫有橡胶的机械夹爪从侧面将整层箱子夹紧挟持并做移动。

（3）抓瓶帽式装卸头　它适于对瓶子进行堆卸，抓瓶帽数目与每层瓶子数量相一致，工作起来就像一个巨型装卸箱机。只是这种工作方式不涉及箱子和盒子。

（4）软管夹持装卸头　这种方式与抓瓶帽式相似，利用软管充气后的张紧力夹紧瓶子的颈部从而提起整层瓶子。当瓶子的直径、外型以及排列可以呈行地检测到，软管间距还可以借助模板根据瓶子的形状加以调整。

（5）真空式装卸头　这种形式常用于纸箱的堆卸。通过呈排分布的吸盘能够对封闭的容器如纸箱或其它较大表面的物体进行按层堆卸。

（6）磁性装卸头　它主要用于钢板容器的装卸，也适合平稳轻柔地处理因罐壁太薄而显得特别敏感的空易拉罐。

（7）Keg装卸头　Keg桶也需要卸码垛。相应的装卸头需借助垛层侧面可摆动夹持杆利用桶的特殊外形实现升降移动。通过可单独控制的夹持爪能够使垛板一同移动。这种工作方式既可适于立式，也同样适于横卧的Keg。根

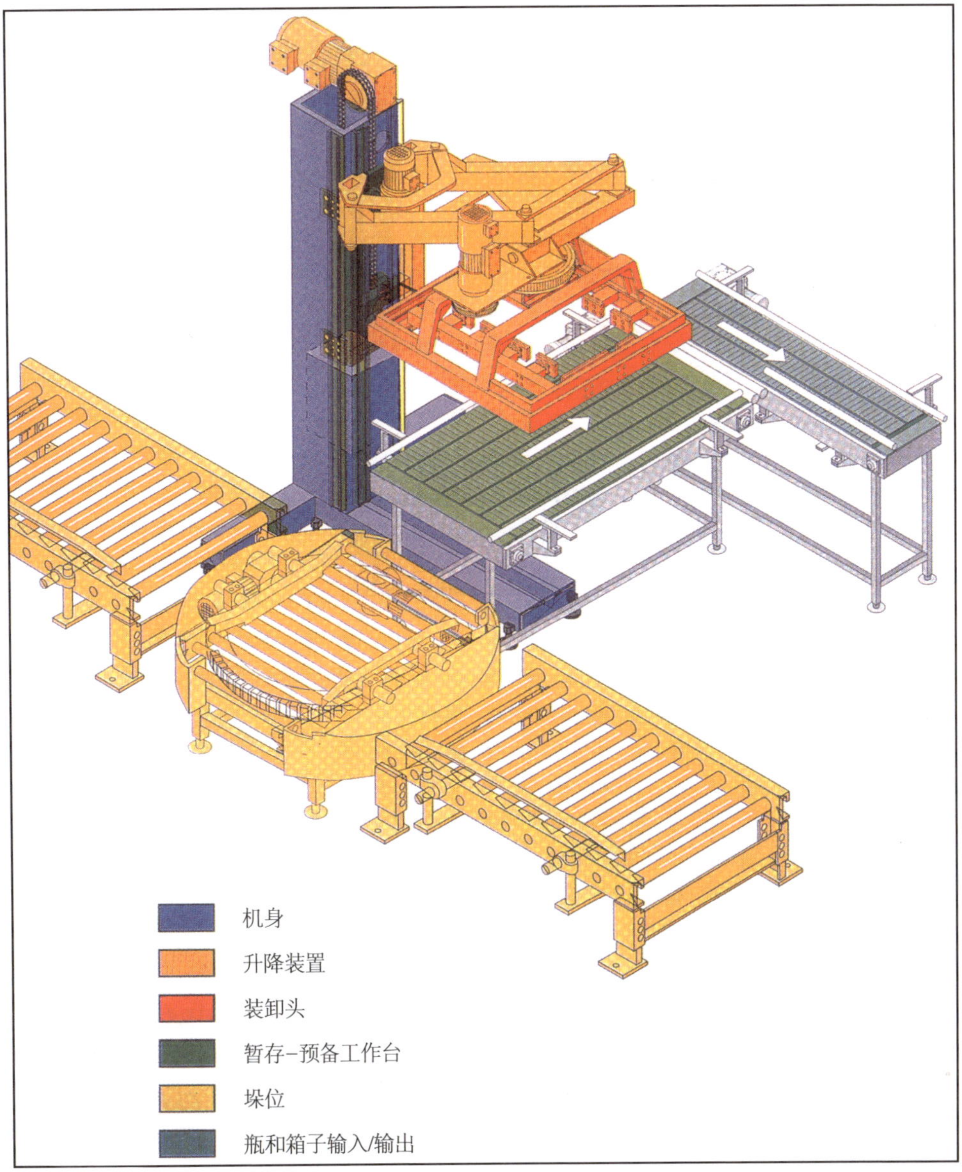

图5.110　层叠式码垛（结构示意图）

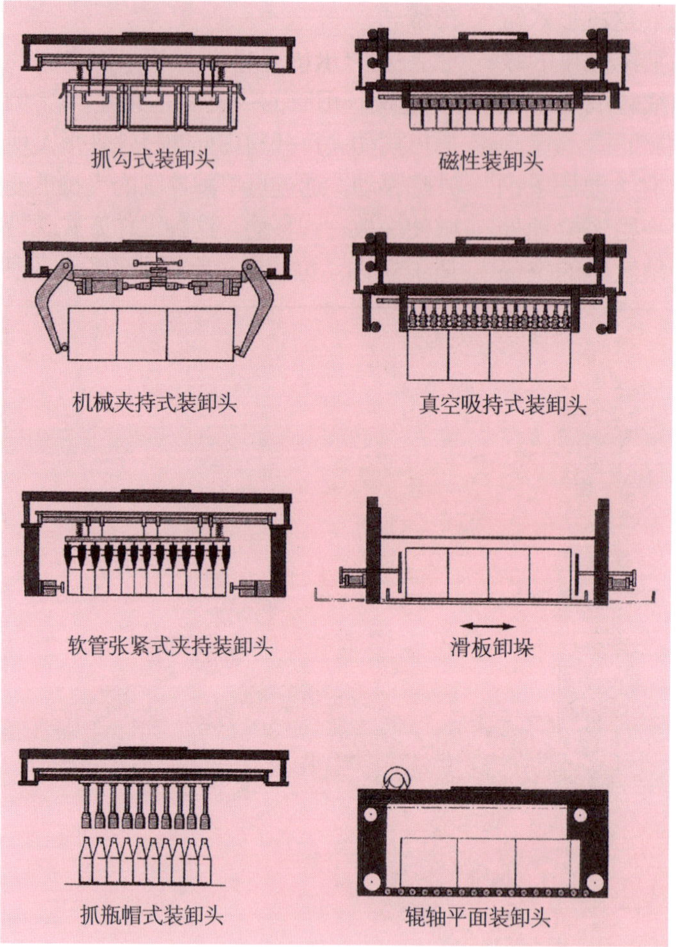

图5.111　用于卸垛和码垛的8种装卸头

据工作步骤的不同有不同装载和卸载抓头可供选用。

5.7.5.3　垛堆整体堆置设备

载满成品包装物的垛板由叉车转运进入成品库，并在那里进行堆放。空瓶的输送方向则恰好相反。已装载的垛板也可以借助自动堆置机2~3层地上下叠放。

在此，载物垛板通过辊轴输送道或链带水平地驱入堆置机。通过一个带有提取棘爪的升降架沿垛的两侧下降并将其勾住，然后将整个垛提起并最终放到下一个驱入的垛堆的上面。在三层式堆置情形下只需重复一次上述过程。

整垛的驶出也通过辊轴输送道或链带进行，垛板叠层的拆卸过程按堆置过程相反的步骤顺序进行。

5.7.5.4　垛板输送设备

空载或满载垛板由叉车输送并交付到存放位置等待继续处理，或相反地由存放位取走。以存放位出发，垛板将借助输入和输出装置被送到希望的工作位置。

5.7.5.5 垛板存放位

垛板由叉车转送到存放位置，并被升高到输出装置的工作高度，为满足相应的各种不同的条件和要求，实际中可供使用的升降和输送设备也不尽相同。

垛板在库中存储应注意：

- 充分利用现有空间
- 保证“先进-先出”的原则
- 垛板容易接近

垛板存储库常采用下列形式：

- 方块阵式
- 高架式
- 穿越式及其它形式

关于上述存储库的结构细节本书不作详述。

5.7.5.6 输出和输出设施

包装物有序且流畅地进出输送对于卸码垛顺利进行意义重大。根据设备能力不同，包装物的输入或输出可采用单道、双道或三道的形式。依包装物组合形式的不同，可以用集成的或单独的包装物旋转装置或间隔分离器和由程序控制的疏导单元。

在输出流程中也有很多装置组合的可能性。在包装物输送方面运用塑料传送带已很成功而且越来越普遍。

5.7.5.7 垛板存储库

同箱子的情形一样，对垛板也可以进行中间暂存，直到第一个载箱出现重新需要垛板为止。

垛板的叠放存储库最高可上下叠放15个空垛板。进行堆放时，空垛板先驶入到可升降元件上，由它被升高并重又放置到后续到达的空垛板上。这个过程不断重复，直到达到由一个探测头所限制的高度。

5.7.5.8 垛板检验

垛板的表面平整是一个用以判断能否有稳定牢固的包装单位垛层状况的重要标准。垛板表面木板上需承载很大负荷，如果上面有枝节孔和其它隐藏的缺陷会很敏感地减弱其强度，从而导致存在输送损失的危险。所以有必要对表面木板包括外围加固板进行检查，以检验其功能完好性、板的数目完整性和牢固程序。这项检验可借助滚子或压力戳进行。

借助滚子检验垛板：检验时使滚子在上面的木板上滚过，板面的损坏与否通过检验杠杆的位置改变确定。此外，还同时对外侧加固木板和板长进行检验，不合要求的垛板将被剔除。

借助压力戳检验垛板：此方法检验是通过压力戳在板上施压探测来确定板的完好性。

5.7.5.9 垛堆保险

随着垛堆趋高稳定性也随之下降，尤其当包装单位没有采取横交错的通常只在纸盒才采用的堆放形式时更是如此。如果上面的箱子与下面的箱叠放对齐即将底部浅浅地插入下方箱子的开口中（而不是搁在邻近的箱子上）则稳定性要好很多。这样的正确叠放不会影响相邻而立的各箱柱的稳定性。整个垛堆的稳定性可以采用下列方式提高：

- 将上层垛层用结实的无伸缩性塑料带或绳子圈起来
- 将整个垛堆用塑料膜包缠起来或者密封起来

塑料膜包缠的方式特别适合在新

玻璃瓶和空易拉罐的供应时采用，以及在诸如托盘垛和较轻质的可进行推移卸垛的包装单位时采用。塑料膜还可以起防止染尘的保护作用，以至在需要时塑料箱也采用了这种加强稳定性的方式。

包缠用的塑料膜可以是带伸展性的或者是包缠后有收缩性的，以此达到提高装载单位稳定性的目的。

纸箱有时采用预涂防滑剂的方式提高垛堆稳定性。

5.8 灌装整线设备

灌装设备及其要求的输送设备和存储空间是整个啤酒厂里最大、最昂贵也是最麻烦的设备（见图5.112和图5.113）。整条生产线无碍流畅的运转完全取决于设备的结构，设备以及输送路径的合理分布。灌装设备的各个机器必须以最合理的方式相互衔接和在能力上合理匹配，只有这样才能保证即使发生故障也能继续顺利地生产。

在本书的框架下尤其需涉及以下重点：

- 机器排布的几种可能性
- 机器产能梯度分布
- 有关灌装线的建设和运作的相关建议和法规

5.8.1 机器排布的几种可能性

灌装生产线的流程可以用三个回环来表示（图5.114）：

垛板在经过空箱库途中时做好准备，卸下垛，做完检验然后到空垛板存储库存放。之后重新经成品库装载码垛，最后送往商贸部门。

箱子在卸垛后卸去空瓶子，经清洗后送往储箱库等待重新装箱和检验。最后被送去码垛。

瓶子在卸箱之后经清洗、检验、灌装、封口、贴标后再经检验，最后又回到装卸箱设备。

瓶子的循环路径是最长的，因为所有的处理过程都与之有关。

另一方面，垛板的运动可能限制在最小范围，即仅限于卸垛和码垛之间。在此区域所有的物件都保持是干的状况，所以人们将此区域称作干区，以区别于较大范围的湿区。箱子和瓶子的输送路径的布局在很大程度上取决于生产线各个单机的安装与布局。布局形式通常有以下几种：

- 直线分布：即按工艺流程将生产线的各个机器依次直线排列，这种形式极其少见
- 梳状分布：各个机器如梳子形平行分布， 机器之间则通过迂回的输送及缓冲区间互相串联。这种形式比较普遍
- 竞技场式分布：将机器队按竞技场式的做环形分布以尽可能节省占地

关于机器布局特别提出以下观点：

- 机器操作人员应能很好地观察生产情况并在需要时能快速有效地做出反应，而不必过多穿越传送带
- 机器应易于接近，便于维修和处理问题
- 机器之间的传送路径的排布应能保证持续不碍可靠地给每个机器

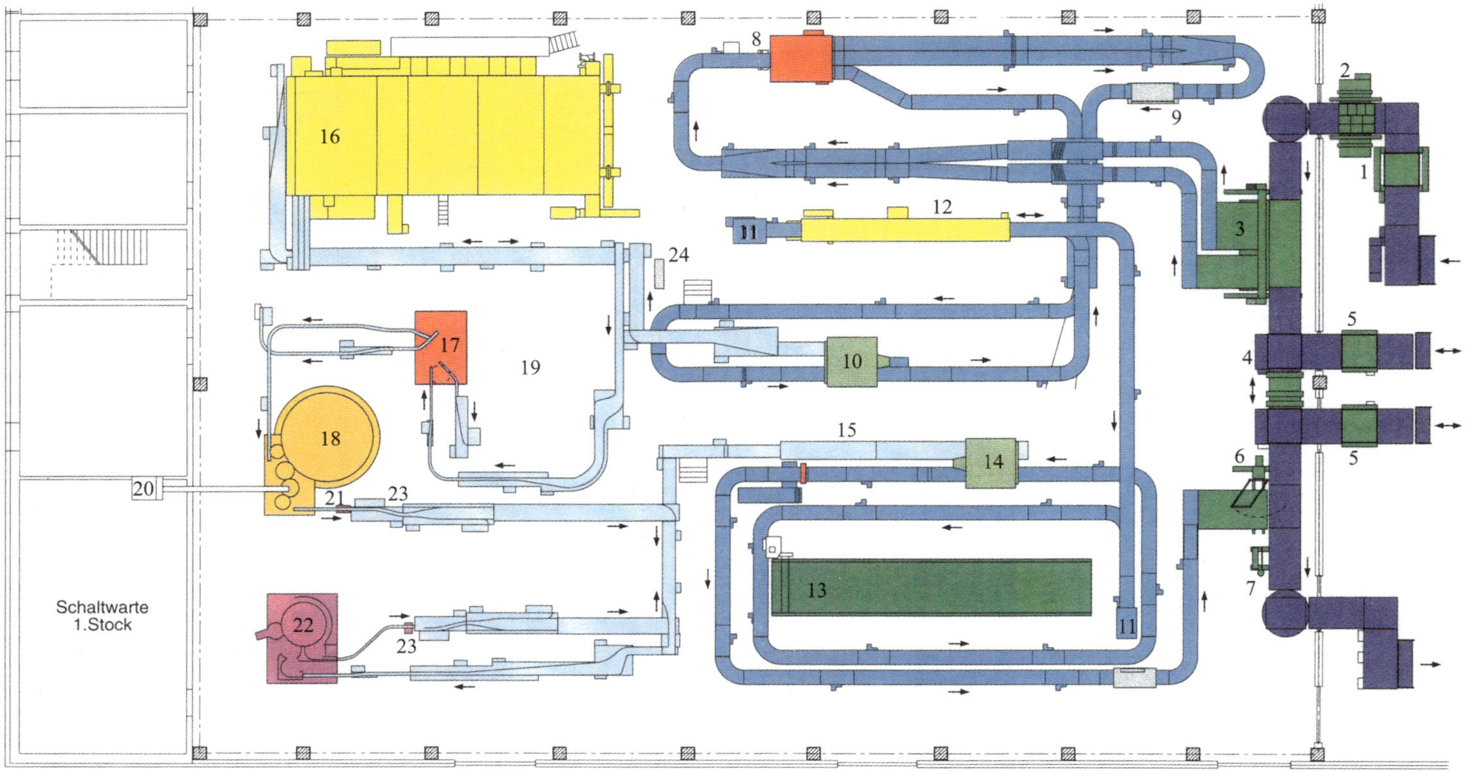

图5.112 灌装生产线50000瓶/h，0.5L瓶（KHS，多特蒙德）

1-垛板调整装置 2-解包机 3-卸垛机 4-垛板检验 5-空垛板存储库 6-码垛机 7-垛堆打包机 8-空瓶载箱检验 9-除盖机 10-卸箱机 11-翻箱机 12—洗箱机 13—空箱存储库 14-装箱机 15-成品载箱检验 16-洗瓶机 17-空瓶检验机 18-灌瓶—压盖机 19-巴氏杀菌机和CIP系统预留位置 20-皇冠盖输送设备 21-瓶壁冲洗 22-贴标机 23-验酒，验盖及验标 24-输送带润滑系统

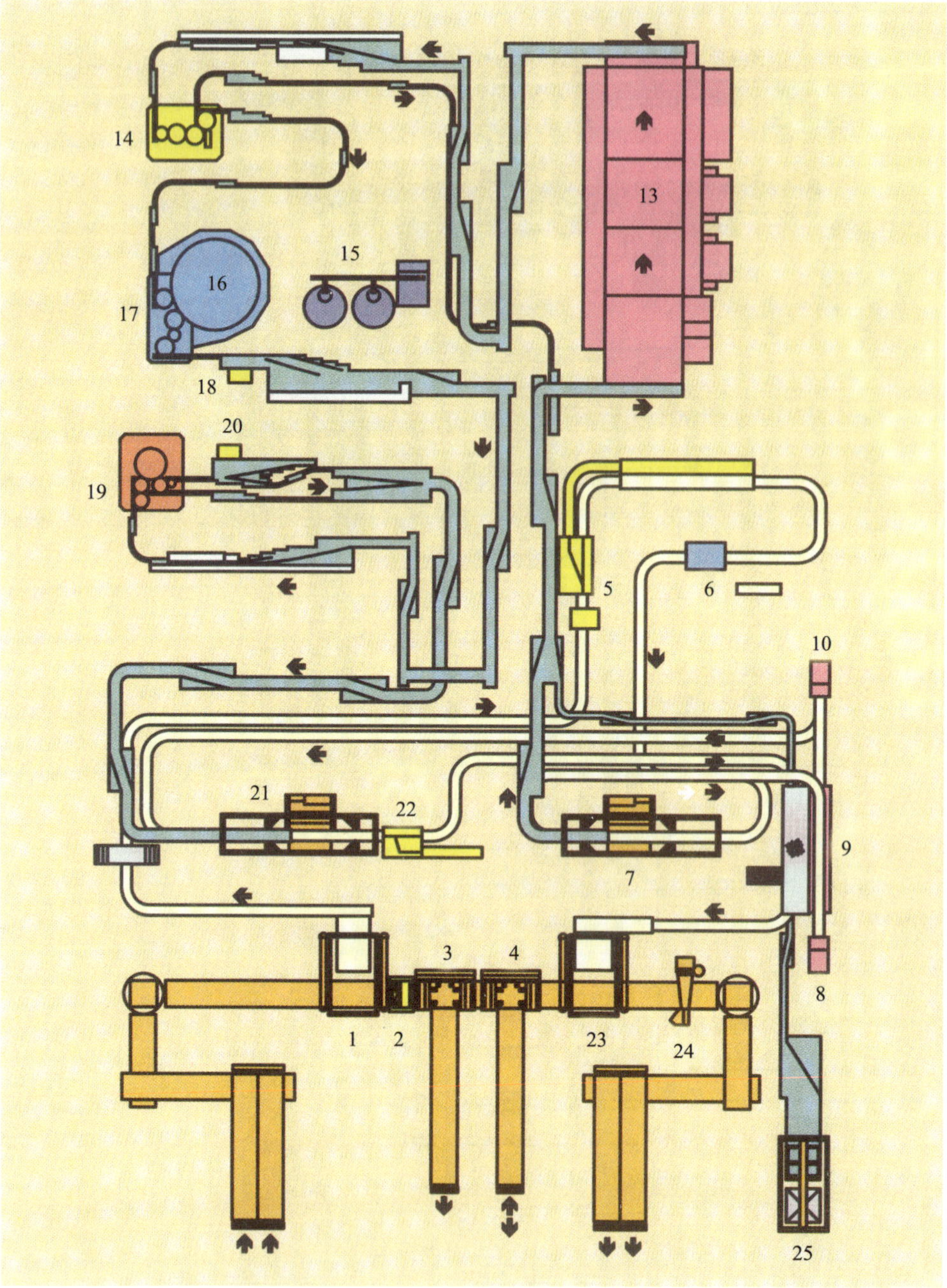

图5.113　灌装生产线45000瓶/h，0.5L NRW瓶（Krones公司，Neutraubling）
1-卸垛机　2-垛板检验装置　3-不合格空垛板存储库　4-合格垛板存储库　5-空瓶载箱检验
6-除盖机　7-卸箱机　8-第一翻箱机　9-洗箱机　10-第二翻箱机　11-新瓶推卸机
12-空垛板储库　13-洗瓶机　14-空瓶检验机　15-CIP系统　16-灌瓶机　17-压盖机
18-灌装高度检验　19-贴标机　20-验酒，验标　21-装箱机　22-成品载箱检验
23-卸箱机　24-整垛打包机　25-新瓶推卸机

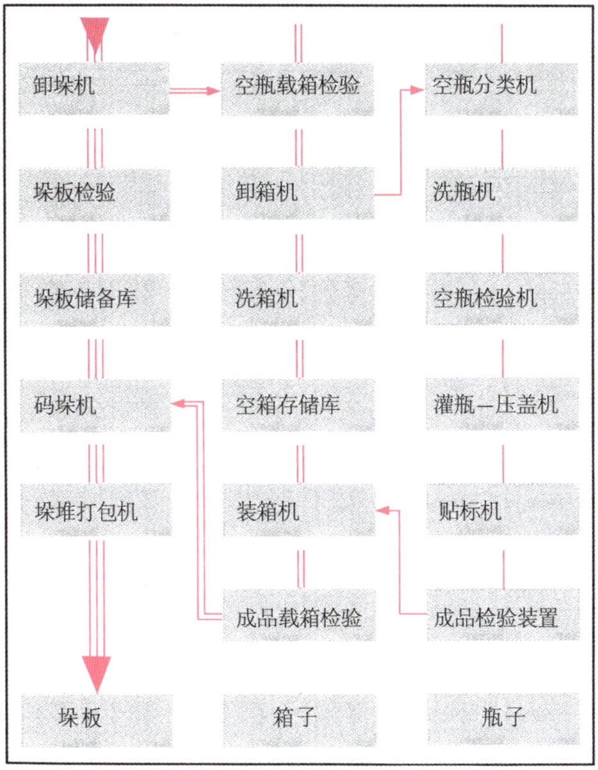

图5.114

提供瓶源

这就要求各个机器的产能按一定的梯度匹配。

5.8.2　灌装生产线的各机器的产能阶梯式匹配

生产线中各机器的产能需要有一定的差异，以保证生产线整体能力的充分发挥。

整条生产线的核心是灌装-封盖机。其最大产能必须通过持续不断畅通无阻的瓶子输入供应和输出转移得到保证。这意味着处在灌装-封盖机前后的机器应具有更高的产能，只有这样才能保证在出现短时故障后仍可提供足够的瓶子或罐和足够的供瓶子输出的余地。

为此，机器的产能必须按以下比例配置（所谓Berg曲线，以Berg教授名字命名）：

- 卸垛机　135%～140%
- 卸箱机　120%～125%
- 洗瓶机　110%～115%
- 验瓶机　110%～115%
- 灌酒机　100%
- 贴标机　110%～120%
- 装箱机　120%～125%
- 码垛机　135%～140%

然而，这并不代表机器的产能一成不变。以卸垛机为例，如果它始终按灌装机产率的135%～140%的产能运转，不久就会出现输送道阻滞或堵死。上述相对比例关系应该理解为：卸垛设备的产能应该按此关系配置，这样才有能力在需要时给其后面的缓冲区及时补充瓶子。

为了实现不间断地运转，必须在机器与机器之间——尤其是在灌装/压盖机的前面设置由多道链带构成的缓冲区，并同时配备瓶流分单设备。缓冲区能保证位于灌装机前面的机器发生短时故障时还有充足的瓶子供应，从而保证灌装机能连续地运行。

瓶流分单主要由无压输送带实现。

缓冲区在正常情况下的充满度约为50%，这样，在其前或后所处机器发生短时故障时，其它机器可以不间断地运转。根据缓冲区的充满程度可以对生产线的各个单机的产能进行自动调控。

在瓶子的流程中人们还想方设法希望做到使瓶子不旋转，以免因瓶子之间相互摩擦导致明显损坏。

图5.112和5.113所示为读者展示了两种有代表性的灌装整线设备的构成与布局。

同属整线设备的当然还包括一个空容器和已灌容器（成品）的储存库。空容器库必须有足够的库容并且安排合理，保证可以持续地供给灌装线合适的空容器（带有相同标志的空箱子，相同类型的瓶子等）。

对于成品库还有一些特别要求：

- 成品（已灌容器）垛板须按种类分开存放且注意防冻
- 根据需要成品库存应保持能供应2~3d的量
- 先入库的垛先出库（先进先出原则）
- 有效库容必须达到最佳利用率（以垛堆上下叠放好几层的方式库存）

垛堆的移动和叠放借助叉车机械地进行。通常垛堆按方块阵形组合叠放。由于叉车需要足够的回旋余地，因此用于块状堆放成品垛板的地面应占总使用面积的50%~60%为宜。

为了更好地利用库房面积，也可采用其它一些库房形式，如，高架库房等，但仍须遵循“先进，先出”的原则。

本书对这个涉及广泛的领域不再做详述。

5.8.3 相关DIN标准和建议

关于瓶装生产线的建设和验收还涉及一系列标准、经验、观点和知识。虽然本书不准备就这些方面再做过多阐述，但还是应该特别指出和建议，在德国为建设和经营饮料灌装生产线还需注意以下法律和规范：

DIN8782 饮料灌装技术——灌装设备和各单台机器的基本概念；

DIN8783 饮料灌装技术——灌装技术设备上的试验；

DIN8784 饮料灌装技术——最基本的说明和委托相关的说明；

DIN55405——包装理论的基本概念。

关于下列物品的特别技术性供货条件（STLB）：

- 标签
- 皇冠盖
- 啤酒瓶
- 啤酒易拉罐
- 啤酒箱

其它一些法律基础：

联邦污染保护法（BImSchG）；

循环经济和垃圾法；

污水排放法；

TA噪音；

TA空气；

成品包装条例；

产品责任法；

有关事故防范规定（UVV）；

食品和餐饮业（BGN）的劳动安全信息（ASI）。

上述法律基础当然也与啤酒厂和麦芽厂的其它部门不无关系。

5.9 酒损

1万升热麦汁当然不能生成1万升啤酒，总要减少一些。这是因为麦汁打出后，会出现麦汁和啤酒损失，我们称其为酒损。

> 酒损是指打出麦汁和成品啤酒量之差，以其占打出麦汁量的百分比来表示。它是一个重要的内部控制参数，从中可以看出工作的好坏。

但没人能对一锅麦汁从糖化到装瓶或桶装进行全程跟踪，因为在生产中，常常经过多次合流，这样就无法区分每次糖化的麦汁量。

> 因此人们只能检查一段时间内的酒损，通常是一个月，而且不同种类的啤酒要进行区分。
>
> 在现代化的企业中，所需数据可随时以电子格式的形式被调取。

啤酒厂一个月内打出麦汁量，按照所生产的啤酒种类分别记录在糖化报告中，很容易查询。当然大型啤酒厂是利用计算机计算的。

计算成品啤酒量时必须从几个方面来了解其中的相互关系。

5.9.1 成品啤酒量的计算

如果我们想了解某月（比如5月份）所生产的成品啤酒量，那么可以从5月份销售的啤酒量（包括发给职工的啤酒）和5月底库存的啤酒量中，减去4月底的库存量（因为这显然是以前生产的）。

> 因此5月份啤酒产量计算如下：
>
> 5月份销售的啤酒（包括发给职工的啤酒）
>
> +5月底库存啤酒（当月最后一天）
>
> −4月底库存啤酒（上月最后一天）

举例：

库存量（5月31日）	9478.55 hL
+5月份的啤酒销量	21240.00 hL
	30718.55 hL
−4月份库存量（4月30日）	8640.55 hL
5月份生产的啤酒量	22078.00 hL

要进行这种计算必须在每个月的最后一天进行库存统计。

5.9.2 库存统计和销售啤酒的换算

库存统计是指将所有的库存啤酒，按照不同种类分别进行详细统计。统计分别包括发酵间、立式发酵罐、后酵间和仓库（桶装和瓶装啤酒）中的库存量。

> 统计的啤酒量必须换算为成品啤酒的销售量，换算的依据是凭经验估计的酒损率。

总酒损被分解为各部分酒损，部分酒损根据啤酒种类分别统计。

例如，某一啤酒厂某种酒的酒损和部分酒损分别为：

总酒损10.3%，从糖化至后酵的部分酒损为8.6%。统计库存表明，后酵间显示有2430hL这种啤酒。问这相当于多少成品销售啤酒？

计算时要进行如下考虑：

在上述酒损下，100hL打出麦汁在后酵间能产生91.4hL啤酒，成品销售啤酒则为89.7hL。

根据上述酒损，后酵间确定的量（2430hL）由2430hL/91.4%=2658.6 hL打出麦汁产生。

而这一打出麦汁量可生产出2658.6hL×89.7%=2384.8hL成品销售啤酒。

由此可根据下列公式进行换算：

库存量2430hL×89.7%/91.4%=成品啤酒销售量2384.8hL

将发酵间储存量换算成为成品啤酒的过程与此类似，但针对不同种类的啤酒要使用不同的酒损率。

一般可使用以下公式：

$$成品销售量=\frac{库存量\times（100\%-总酒损）}{100\%-部分酒损}$$

举例：

某啤酒厂全啤酒（一种啤酒品种）的库存量如下：

发酵间	1430.00hL
后酵间	8174.00hL
桶装啤酒仓库	210.00hL
瓶装啤酒仓库	865.00hL

根据经验估计，这种啤酒的酒损率如下：

数量	糖化酒损%	换算为成品销售啤酒
打出麦汁量	0	打出麦汁量×89.7%/100%
接种量	6.5	接种量×89.7%/93.5%
后酵量	8.6	后酵量×89.7%/91.4%
成品量	10.3	成品量×89.7%/89.7%

换算如下：

部门	确定的量/hL	换算	成品啤酒销售量/hL
发酵间	1430	1430×89.7%/93.5%	1371.9
后酵间	8174	8174×89.7%/91.4%	8021.9
桶装仓库	210	—	210.0
瓶装仓库	865	—	865.0
库存换算为成品			10468.8

5.9.3 酒损体积的计算

从某月的打出麦汁量中减去成品啤酒销售量可得出酒损，但必须以其占打出麦汁量的百分比表示。

举例：

4月份的打出麦汁量	11692.00hL
-成品销售啤酒量	10468.80hL
= 库存量	1223.20hL
总酒损=	10.46%

根据经验，我们知道这种啤酒的酒损一般为10.3%。这个月的酒损达到10.46%，说明有些环节出现了问题，这需要我们来检查。

方法之一是，从本月接种和打出麦汁量之差中计算出糖化-发酵车间的部分酒损，结果同样以其占打出麦汁量的百分比来表示。

4月份：

打出麦汁量	11692.0 hL
-接种麦汁量	10913.9hL
由此可得部分酒损量	778.1hL
糖化和发酵车间的酒损率	6.65%

这样就产生了如下对比：

	总酒损%	糖化和发酵车间部分酒损%
经验值	10.30	6.5
4月份达到的值	10.46	6.65
超过的酒损	0.16	0.15

通过计算我们就可以发现，估计问题出现在冷却间，因为从打出麦汁到接种中间只经过了冷却。

在这里我们甚至要进行两批检查，因为这个批次的糖化与发酵收得率之差也比平时大。

不断检查酒损对企业内部控制有着重要作用，因为只有通过这个途径才能发现并迅速排除错误。此外税务部门也将酒损作为监督啤酒产量的依据。

酒损率平均为8%～10%[50]。

5.9.4 计算每hL啤酒消耗的麦芽量（kg）

我们将看到酒损只是企业内部控制参数之一，它易随工艺过程的改变而改变。而如果我们将投料量作为起始参数，与最终产品即成品销售啤酒进行比较情况就不同了。用投料量除以成品啤酒量就可以得出各类啤酒每hL消耗的麦芽量。

举例：

4月份的麦芽投料量　　383460kg

4月份的成品啤酒销量　22078hL

麦芽消耗量=383460kg/22078hL =17.4kg麦芽/hL啤酒

此外还要考虑生产各环节的损失，一般如下：

即使没有酒损，由于热麦汁的体积收缩也会减少	4.0%
敞口冷却时蒸发水分约	2.5%~3.0%
发酵间的损失为	1.3%~1.7%
后酵间的损失为	0.6%~0.8%
过滤损失为	0.8%~1.0%
灌装损失为	0.2%~0.8%

也就是说：

在啤酒厂中，有相互独立的针对生产量的检查系统可供我们选择。

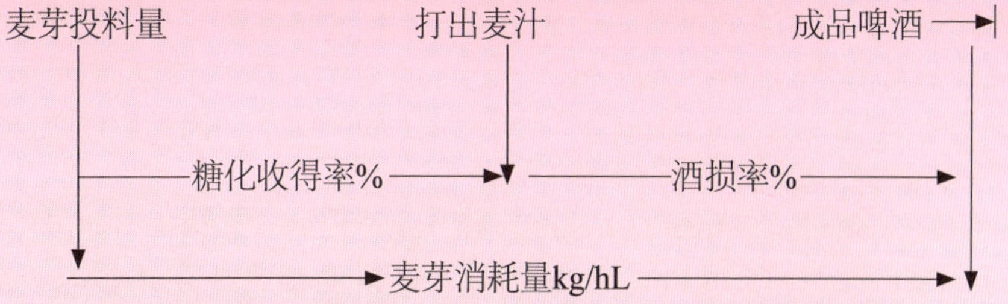

糖化收得率检查从粉碎到麦汁打出的工作，酒损则检查从打出麦汁到成品啤酒的过程。

麦芽消耗量将两种检查系统结合起来，客观地反映了啤酒厂的工作情况。

该数据对我们非常重要，而且不会有误。

由此可以算出，每生产1hL成品啤酒所需的麦芽量分别为： 当原麦汁浓度为6%时，9kg麦芽； 当原麦汁浓度为11%时，17kg麦芽； 当原麦汁浓度为16%时，26kg麦芽。

但不可能也无必要将糖化收得率和酒损率的百分比相加，这样做毫无意义。

5.9.5 酒损的含义以及降低酒损的方法

酒损对企业而言意味着损失，在自己的工作岗位上尽量将损失降低到最小是每个酿造工人最重要的任务之一。微小的损失日积月累也会造成巨大消耗。

一般酒损的部位：

对容器内壁的湿润会形成酒损，小容器由于其表面积相对较大也会造成较大的酒损。

在管道中也会有麦汁残留下来，管道越长，残留量就越多。

- 所有滴漏和喷射点都是损失源：

在啤酒厂，有的容器或管道中的麦汁或啤酒可能滴漏出来。如果每个部位每秒钟滴漏一滴（0.05mL），那么一年中这一滴所造成的损失为:0.05×60×60×24×365=1576800（mL）=1576（L）=15.76（hL）。因此及时更换密封圈，消除所有滴漏和喷射点很重要

- 酒花糟阻留麦汁　通过酒花分离器不能完全回收浸出物，少量洗糟能降低损失。所以人们几乎不再使用天然酒花，而是使用颗粒酒花和酒花浸膏。使用天然酒花时也是将其磨碎并收集酒花糟后加以利用
- 凝固物中含有麦汁　通过凝固物麦汁回收装置回收凝固物中的麦汁是不彻底的。而将凝固物重新加入过滤槽，则可以几乎毫无损失地进行回收
- 泡盖带有浸出物　如果容器装得太满，高泡酒会溢出，这就带来了不必要的损失。打捞的泡盖中也含有啤酒，如果打捞时不小心，每100hL中会损失10～20L。在某些啤酒厂中，人们将打捞的泡盖先放入一个容器里让其带出的啤酒沉降下来，便可减少损失
- 下酒后留下的酵母会阻留啤酒　酵母沉淀得越松，这种酒损就越大。如果酵母不经洗涤用于下一次糖化，损失会小些，因为不吸收的啤酒不会损失。因此应尽可能添加干酵母。回收酵母中啤酒的方法见4.4.6
- 过滤损失　使用有预涂层的硅藻土过滤机过滤会形成0.4%～0.8%的损失。罐式过滤机的损失小些（约0.3%），因为它能用CO_2压空备压
- 灌装损失　灌装车间使用现代化设备的损失比使用较老设备的损失小。现代化设备的酒损为0.2%～0.4%

6 清洗和杀菌

如同泡持性和清亮度一样，啤酒的口味和气味等质量特征长时间保持不变，啤酒不会出现浑浊同样意义重大。

要使啤酒清亮，单纯依靠过滤是不够的，还必须满足所有工作时的卫生要求。始终保持所有生产岗位、容器和管道的卫生，以及彻底清除脏物是所有生产部门不可推卸的责任。

为了明确清洗和杀菌的任务，我们必须了解以下内容：

- 容器、原材料及其特性
- 清洗和杀菌剂
- 原位（CIP）清洗的过程以及其它清洗和杀菌方法

6.1 材料及其针对清洗剂的表现

以前的容器大多由钢制成并拥有沥青或塑料保护层，这些涂料层呈中性，可以使用普通清洗剂清洗。但缺点是经过一段时间后，这些涂层必须更新，因为它们易损坏从而可能一起被污染。

只有铝制容器不需涂层便可使用，因为它会立刻在其表面形成一个坚硬的氧化层来保护自身。

使用铝容器和不锈钢容器及其它材料的容器和管道时要注意其特点。

6.1.1 铝制容器

铝是一种比较便宜的制造池子和罐子的材料，它呈中性，不会产生任何影响口味的物质，因此也不需要保护涂层。从这些方面看，铝是理想的材料，但是铝制容器有以下缺点：

- 铝易被碱性物质腐蚀，很快会被损坏。铝是所谓的稀土金属（元素周期表的第Ⅲ族），易同强碱金属（Na、K）和碱土金属（Ca、Mg）结合。在碱性环境中，铝光滑的表面改变很大，会出现腐蚀性微孔（染菌危险），同时容器壁慢慢被破坏
- 铝位于元素的电动序末尾。一旦同其它金属（如铝池上的铜制冷容器）接触，铝就会被慢慢破坏。因此绝缘很有必要
- 铝对强酸非常敏感，短时间内即会被酸损坏。这会形成局部电池，所以只使用纯度在99.9%以上的铝
- 铝非常软，对真空很敏感。后酵罐中产生很小的负压就有瘪罐的危险

由于这些原因铝制容器正逐渐从啤酒厂中消失。

6.1.2 由镍铬钢制成的容器和管道

在啤酒厂中人们总是谈起镍铬钢或不锈钢，对两者不加以详细区分。

原材料序号	简称（根据DIN 17006）	性质及应用范围	以往使用的名称
1.4301 1.4306 1.4541 1.4550	X5 CrNi 18 10 X2 CrNi 19 11 X6 CrNiTi 18 10 X6CrNiNb18 10	可用于水，轻度污染的废水营养物质和有机酸等一般pH约至4.5的物质，对不含氯的腐蚀性物质有耐腐蚀作用。使用pH低于9.0，含次氯酸的物质有被腐蚀的危险	V2A
1.4401 1.4404 1.4571 1.4580	X5 CrNiMo 17 12 2 X2 CrNiMo 17 13 2 X6 CrNiMoTi 17 12 2 X6 CrNiMoNb 17 12 2	普遍比V2A系列的耐腐蚀性强。在化学仪器制造业优先使用，对氯含量较高的物质耐腐蚀性较强	V4A
1.4436 1.4435 1.4438	X5 CrNiMo 17 13 3 X2 CrNiMo 18 14 3 X2 CrNiMo 18 16 4	对不含氧化酸和含氯介质的抵抗力比上述系列强	V44A Supra V18A Supra NK
1.4439	X2 CrNiMoN 17 13 5	对不含氧化酸和含氯腐蚀性物质，比如海水，次氯酸的耐腐蚀性抵抗力比上述系列强	ASN5W Novonox AS175h
1.4506	X4 NiCrMoCuTi 20 18 2	改善了对硫酸和磷酸的耐腐蚀性，化学工业	V16A Extra

与碳钢（生锈）不同，镍铬钢是与铬，镍，锰，钼及其它物质的合金，这些物质使它不受其它材料腐蚀，保证其不生锈（氧化）。

根据DIN17006和17007标准，这些钢的组成已标准化，并用一个给定数字标明，以保证其成分。那些用来制造大多数糖化容器、立式发酵罐、泵和管道的不锈钢都归纳在上表中。这些不锈钢材料对我们来说是非常重要的。

从上表可以看到，V2A, V4A等标志表示的是一系列特性及使用范围大不相同的钢。

今天人们使用不锈钢、镍铬钢或有准确名称的材料。

必须特别指出的是，镍铬钢会被含氯的清洗剂和杀菌剂腐蚀，特别是使用含次氯酸的清洗剂时，一定要避免同酸性清洗剂混合，否则很快就会出现腐蚀微孔。含有活性炭的清洗剂也不能储存在镍铬钢容器中。

啤酒厂的大多数容器和管道是由以下材料制成的：

- V2A镍铬钢（比如1.4301或1.4541）
- V4A钢（比如1.4401,1.4404或

1.4571）

因此在使用清洗剂和杀菌剂时，必须详细检查其组分及其对其它各种材料的承受性以避免损失。

当温度≥300C时，氯离子含量≥50mg/L时就必须考虑材料的选择了。

由于不锈钢不需要涂层也不会产生影响口味的物质，所以其使用不受限制。它的最大优点在于对酸和碱的不敏感，可以很好地通过CIP清洗系统清洗。因此生产新型设备时都必须考虑这一点。尤其重要的是，容器的内壁要尽可能光滑，保证清洗能够彻底进行，同时易于清除所有的残余污垢。特别要强调的是：

- 焊缝的磨平
- 内壁的抛光

特别是从发酵开始的所有容器、过滤机、泵和管道的内壁都应光滑（见4.4.1.1）。

不锈钢耐腐蚀的前提是其表面金属纯净而且能形成一个惰性层。因此必须采用保护气焊接避免氧化，并且需要经过物理或化学钝化处理（酸洗）。

不锈钢不允许和其它铁制的工具接触，因为铁离子能导致腐蚀。

6.1.3 软管

> 多数软管是橡胶管，软管是危险的连接管道，人们总是习惯从软管的外部推测其内部状态，而这通常是一个大错误。

软管的内部要求很高，另外很难清洗。其内部的裂缝和小损伤很难被发现和确定。

软管只能使用弱碱清洗：氧化酸如硝酸和铜离子会加速软管的老化，因此注意软管和铜管不能在一起循环清洗。

橡胶质量差别很大，有些橡胶管会在啤酒中带入一定的口味物质，尤其是在其内部已损坏或老化的情况下，因此人们应该检查管道的食品适宜性。

为了避免软管引起的染菌和吸氧危险，啤酒厂正逐渐淘汰软管而代之以金属管道。

在金属管道中，所有螺丝拧紧处都要使用密封材料。这些密封材料同软管一样麻烦。由于它们接触啤酒，所以这些材料必须具备法定的纯度，不能带入任何影响啤酒口味的物质。

密封圈是用弹性橡胶材料制成的。不同的原材料使管道具备不同的硬度、弹性、拉伸极限以及耐温和膨胀性。

有较高抗碱性和温度影响的橡胶管大多由合成橡胶制成：

- NBR——丙烯腈-丁二烯橡胶
- 硅胶
- PTFE——聚四氟乙烯
- EPDM——乙烯-甲代-二烯橡胶

以及氟橡胶

	根据ISO R1629的简称	典型颜色	商业名称
弹性橡胶材料			
丙烯腈-丁二烯橡胶	NBR	蓝色	Perbunan
氯化丁二烯橡胶	CR		氯定橡胶

续表

	根据ISO R1629的简称	典型颜色	商业名称
氟橡胶	EPM		Viton
乙烯-甲代-二烯橡胶	EPDM	黑色	丁钠橡胶
乙烯-甲基-多硅氧烷	MPQ	红色	密封橡胶
热塑性原材料			
聚四氟乙烯	PTFE		特氟隆
聚氯乙烯	PVC		
聚酰胺	PA		尼龙

由于密封圈参与CIP清洗，清洗剂和杀菌剂中含有的化学物质会对其产生不同程度的腐蚀（见下表）：

产品类型	浓度/%	温度/℃	适用的弹性橡胶材料
含苛性碱（液体粉末）	1.5~4	可达140	EPDM
含苛性碱、含活性氯（液体）	2.5~5	可达70	（NBR）、EPDM
含磷酸	2.5~5	可达90	（NBR）、EPDM
含硝酸	2.5~5	可达50	EPDM
含硝酸	2.5	可达90	EPDM有限制地使用
含硝酸	5	可达90	–
含活性氯（液体）	0.5	可达60	NBR、CR、EPDM
过氧乙酸/双氧水	0.2~1	可达90	NBR、EPDM

6.2 清洗剂

清洗的目的是除去残留产品、蛋白质、树脂、油等沉淀，除去有机和无机盐类以及容器表面的微生物。

灭菌是指通过化学作用或温度作用使容器和管道等表面达到无菌要求。

脏物可根据下列观点分类：

- 真正溶解并在清洗过程中脱落的物质
- 可乳化但不溶解的物质，这些物质必须乳化
- 不能乳化也不溶解的物质，这些物质必须经过润湿后乳化

最简单和最方便的清洗剂是水。

手工清洗时使用的水和各种各样的刷子很有效。如今虽然不能再这样清洗所有的设备，但这种方法还是比较常用的。现在一般使用移动式高压水枪产生的高压水彻底清洗阀门等不能利用CIP清洗系统和碱清洗的部分，这点特别重要。

清洗剂应具备下列特征：

- 易在水中溶解
- 对脏物的清洗效果好
- 低温下也有效
- 润湿能力强
- 脏物携带能力强
- 不产生泡沫
- 易冲洗，不沉积
- 不与水中的盐起反应
- 不腐蚀原材料
- 使用方便
- 费用低
- 废水对环境污染小

如今的清洗剂有各种形式，如粉末状、稠状、液体等。人们一般偏爱液体，因为它便于使用和添加。

所有的成品清洗剂都含有两种成分：

- 携带物质（氢氧化钠或酸）
- 作用物质（稳定剂、溶剂、洗涤剂）

根据清洗剂的pH又可将其分为：

- 碱性清洗剂和酸性清洗剂
- 酸性、中性和碱性杀菌剂

碱性清洗剂：大多是在60%~80%的氢氧化钠的基础上添加苏打、硅酸盐、多聚磷酸盐、三聚磷酸钠、润湿剂和抑制剂构成。

酸性清洗剂：主要是磷酸、硫酸、硝酸或柠檬酸添加抑制剂构成。

谈到清洗作用还有一个特殊情况要注意：随着时间的推移，容器接触啤酒的所有部分都将不可避免地形成一层啤酒石，而且越来越厚。啤酒石粗糙的表面为杂菌提供了最好的栖身处。因此必须定期除去啤酒石。清除啤酒石的最佳物质，是稀释后的硝酸或磷酸。

氢氧化钠是大多数清洗剂的基础，它具有很强的清洗效果，同时又能杀菌。通过添加辅助剂，还能够大大提高清洗效果。其中一类辅助物质为表面活性剂，表面活性剂是溶解于水的活性洗涤化合物，在清洗剂中用于降低水的表面张力并使脏物脱落。德国表面活性剂法中规定，其可分解性最少要达到80%。清洗剂目录中几乎总是注明某种物质是否含有表面活性剂。

经后冲洗后，表面活性剂应被彻底清除，否则会影响啤酒的泡沫（见5.1.2.3.1）。

6.3 杀菌剂

对杀菌剂的要求同清洗剂一样，另外，要求杀菌剂的杀菌能力要强，作用范围要广。优先使用的杀菌剂有：

- 卤素（如次氯酸钠、二氧化氯和氯气）
- 氧化剂（过氧化氢和过氧乙酸）
- 四价胺化合物（QAV）
- 两性表面活性剂

酸性条件下含氯杀菌剂分解出对微生物有很强杀灭作用的初生态氧。

四价胺化合物（QAV）存在于许多杀菌剂中，属于阳离子表面活性剂，呈中性反应，并具有很强的杀菌效果。它的表面活性大，从而能保证湿润性好。缺点是由于残留物问题而不易冲洗。

过氧乙酸为使用浓度为0.01%~0.1%的溶液。它是一种分裂氧原子的杀菌剂，一旦形成分子后就从溶液中消失。过氧乙酸的优点是不会留下需要处理的残余物。

对于清洗剂和杀菌剂我们必须考虑到，所有使用过的物质将会全部进入废水中，给环境带来污染。

使用含氯的清洗剂给废水带来了特殊问题[71]。在1991年5月27日颁布的“废水来源修改条例”中德国联邦政府确定，使用含氯产品会形成威胁“家庭用水法”的物质。含氯物质转化为可吸附的有机卤化物，这种被称为AOX的物质会加重对废水的污染，导致更高的废水处理费用。

这里不可能将所有清洗剂和杀菌剂的名称、组成及使用浓度一一列举。要做到这点必须考虑有关企业的使用规定和这种物质的生产使用经验。但不管怎样，都必须仔细查看清洗和杀菌剂目录册，明确以下问题：

- 用途
- 使用浓度
- 原材料承受性或限用范围

6.4 使用CIP清洗设备进行清洗和杀菌

小型企业清洗设备主要使用手刷和地板刷，这一点将来也不会改变。

随着容器和设备的增大，手工清洗也越来越不合理，最后将不再可能。这一发展导致了专门的清洗和杀菌部门的形成，即使用固定安装设备-CIP清洗系统按照原位清洗的方法对设备进行清洗。设备清洗的自动化节约了宝贵的工作时间。

如今啤酒厂的所有机器和设备从一开始设计就考虑到CIP清洗系统，也就是说可参加原位清洗循环。使用现代化设备时，从糖化到灌装都不再需要任何手工清洗。

在每个啤酒厂中都有一些如管道弯头、连接头、阀门等设备部件不能被连接到CIP循环中。为了对这部分部件进行足够的清洗和杀菌，可以将其放在装有杀菌剂的杀菌剂池中。在有些啤酒厂人们还能看到长长的用于管道杀菌用的管道杀菌浸泡池。

定期检查浸泡池中的杀菌剂非常重要，因为杀菌剂会随时间而消耗并最终成为有利于细菌生长的营养液。因此应定期对其进行更换，特别是在四价胺化合物中出现啤酒有害菌抵抗力时。过氧乙酸不适合用于软管浸泡池，因为长时间后会导致橡胶溶解。

重要的是杀菌剂浸泡池中设备部件的所有上表面应浸入杀菌剂中避免吸氧。

CIP清洗系统主要由下列设备组成（图6.1）：

新鲜水罐1；

回收水罐2；

杀菌剂或热水回收罐3；

酸性清洗剂回收罐4；

碱性清洗剂回收罐5；

循环泵6；

加热装置7；

以及大量管道、阀门和泵。

通过自动开关，一股强大的液流从这些容器中被泵入连接好的容器和管道。其中时间、流量和温度等根据

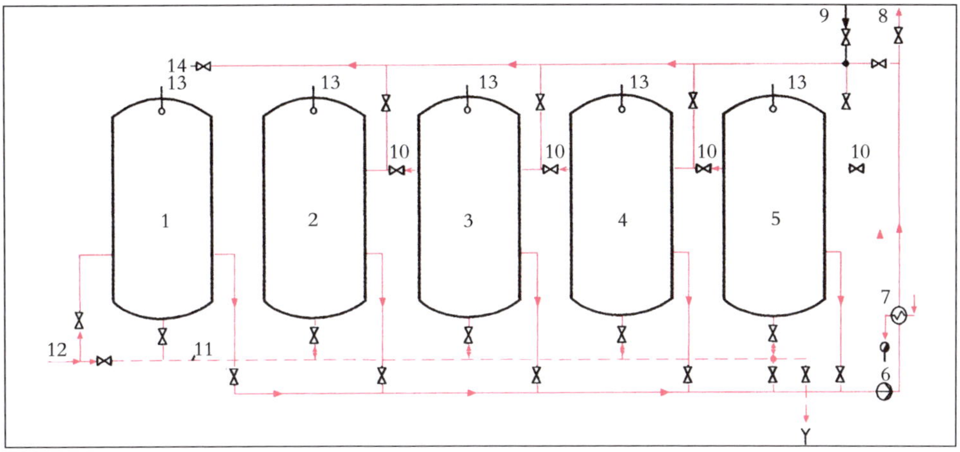

图6.1 CIP设备

8-循环泵 9-循环管道 10-添加管道（清洗剂+杀菌剂） 11-排空 12-新鲜水进口
13-CIP罐的清洗 14-清洗剂和杀菌剂的回流管道

生产经验来确定。以下为清洗举例：

- 使用上一次循环的后冲洗回收水进行预清洗 3~5 min
- 排水 1~3 min
- 使用浓度为1%~2%的碱性清洗剂在70℃下循环清洗 30~50 min
- 排碱 1~3min
- 用水进行中间冲洗 4~5min
- 排水 1~3min
- 使用浓度为1%~2%的硝酸溶液清洗 10~15min
- 排酸 1~3min
- 用水进行中间清洗 2~3min
- 排水 1~3min
- 使用杀菌剂冲洗 15~20min
- 排出杀菌剂 1~3min
- 用清水进行后冲洗 3~5min
- 排水 1~3min

这样整个清洗程序持续1～2h。

关于CIP设备部件方面也有一些重要的说明：

- 回收容器的所有组成部分，如溢流口、人孔、液位显示、取样可能性、内部清洗可能性、排汽孔以及需加热容器的热防护都必须无问题
- 泵、管道和配件安装后应无气蚀现象产生（见10.5.1.3）。同时应通过合适的转换开关避免其它非使用介质的混入
- 化学产品的提取和储存必须符合国家的相关规定，其结果是，如出现非正常情况时，不会造成损害。因为液体化学产品有时的使用量很大，所以应特别注意
- 测量和调节技术应确保CIP工作无问题地有序进行。此时重要的测量参数是各种介质的电导率、温度以及体积流量

CIP清洗时人们必须避免部门间的交叉污染，所以应设立多个CIP站，由此能实现对个别设备的单独处理。这样一来对某些地方就可一直使用热清洗，而其它地方完全不或只定期进行

热清洗[146]。如下设备可相互分开：

- 用于糖化车间和麦汁路径的CIP设备
- 用于未滤液管道的CIP设备
- 用于未滤液罐的CIP设备
- 用于滤液和灌装的CIP设备

用于糖化车间和麦汁路径的CIP设备通常组成如下：

- 清洗糖化容器的热碱罐
- 清洗麦汁路径的热碱罐（分开的原因是因为清洗完糖化容器后的碱液太脏）
- 酸罐
- 杀菌剂罐（用于麦汁路径）
- 新鲜水和回收水罐

现在用于清洗糖化容器的碱液浓度较低（2%~3%的NaOH），添加有氧化剂，由此明显加快了清洗过程并改善了清洗效果。然后再经短时间酸洗中和清洗残余，容器和管道最后采用新鲜水冲洗。

用于未滤液管道的CIP设备布置如下：

- 热碱罐
- 酸罐
- 新鲜水罐（或直接自来水管）
- 回收水罐
- 杀菌剂罐

如糖化容器一样，未滤液管道通常采用热清洗、酸中和以及新鲜水后冲洗。重要的是在最后的冲洗水中添加过氧乙酸或二氧化氯。

用于未滤液罐（发酵罐）的CIP设备：

清洗未滤液罐的可能性很多：

碱热清洗：

碱热清洗是一种广泛用于罐清洗的方法。即使用一定量的碱液（NaOH或以此为基础物质的清洗剂）冲洗罐子。

问题：

- NaOH和CO_2反应产生不溶的、清洗效果差的碳酸氢钠（$NaHCO_3$），因此为了避免不必要的碱损失，首先得排除CO_2。从另外一方面讲惰性的CO_2也很重要，可避免氧化。排除CO_2的可能性有两种：

  可能性1：

  罐子使用空气排空（排空时间＜12h），首先必须使用CO_2备压，CO_2气垫避免了啤酒的吸氧。

  罐子压空后由锥底卸压，先排出的是CO_2，然后是空气，由此而排除CO_2。

  可能性2：

  空罐采用压缩空气冲洗（空气从上而下）或机械能排空：CO_2被抽出或使用空气压出，对此可使用一台高压鼓风机。

- 最近人们也尝试着通过提取纯净的氮气（99.9%）以除去罐子中的氧气，不过只有当纯净的氮气非常便宜后，其使用才可能得以推广
- 当关闭真空阀后，喷冲冷水能在罐内形成负压（真空）。为了避免真空对容器带来的危害，最好在进口处安装一个在降温时重新开启的压力报警装置，或通过监控装置来控制压力并在需要的时候通入气体
- 热清洗的温度可高达90℃以上，条件是罐设计时应考虑到温度升高的情况。多数情况下并非

如此，发酵罐往往只是在不超过35℃的温度下进行清洗

罐子也可采用冷碱清洗，不过这种清洗方式效果不好。最好是采用碱和酸联合清洗。

单独酸清洗

从长远来看，仅使用普通的酸性清洗剂清洗没有效果，因为脏物成分未被彻底除去，而且清洗液中会滋生出越来越多的细菌。不过这种清洗方式的优点是可用于CO_2环境下，由此省去了清洗前排CO_2的步骤，降低了成本。

随着以硝酸和磷酸为基础的酸性清洗剂（有时也使用葡萄糖酸）的发展，上述物质能同表面活性剂和消泡剂联合起来使用，这样一来通过酸清洗不仅能彻底清除掉罐内的脏物，而且还能在短时间内进行杀菌。这种罐清洗方式在今天越来越多地用于清酒罐区。

清洗过程大致如下：

预清洗	10min
酸洗	60min
中间清洗	5min
杀菌	15min
新鲜水冲洗	10min

与已滤液有关的设备

与此相关的是过滤机、过滤机出口后的管道、清酒罐区以及灌装路径。对此类设备的清洗需要：

- 装碱性清洗剂的罐子
- 装酸性清洗剂的罐子
- 热水
- 新鲜水
- 杀菌剂

这些区域非常敏感，因为在此残留下来的污染再无法除去，并且会不断给啤酒造成危害。

在瓶装灌装机和压盖机清洗方面早就对强烈清洗的必要性做过深入研究。为了避免操作前台和灌酒机上附着的细菌，人们已经研制出如图6.2所示的“保洁式”灌装机操作前台。

泡沫清洗

泡沫清洗法通常被用于清洗设备的外部，从而弥补了其它清洗方法的缺陷。

- 使用到20 000kPa的高压喷射进行清洗，不仅是污染部位，而且轴承、电气设备和活动部件也都会被冲洗到，这样一来水也会加快设备的腐蚀
- 污染通过雾状的水滴经过传送带被输送走，但在其它的地方又会出现
- 液体清洗剂在垂直的表面上很快流尽，由此无清洗效果或作用时间很短

如果使用清洗泡沫就可避免上述缺陷。通过一个循环泵，在压缩空气产生的1200~2500kPa的工作压力下形成清洗泡沫，然后泡沫以约2mm的厚度喷射到待清洗的表面上。有时300kPa以下的压力便可形成泡沫了。

泡沫分散开并缓慢在缝隙和空隙中流动。溶解的脏物被泡沫携带着，很容易就被冲洗掉。就连污染也无法在空间中传播，而是附着在泡沫上被水冲走。泡沫很容易识别，泡沫残留意味着泡沫清洗后的水冲洗还未完全彻底。

近年来泡沫清洗的使用非常成功。

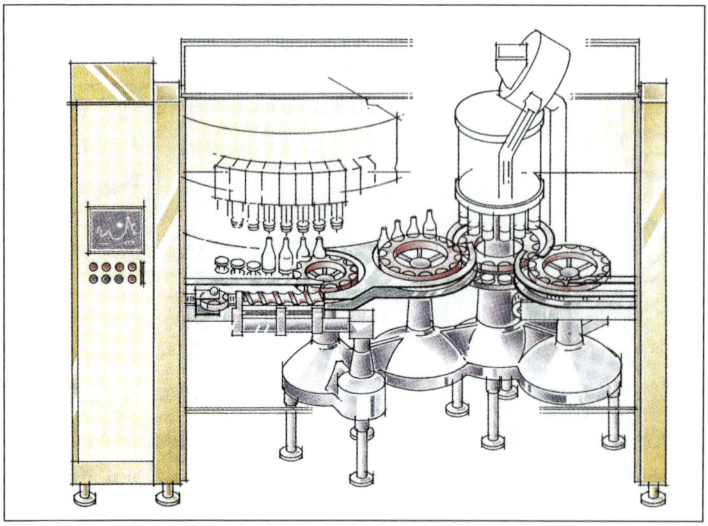

图6.2　保洁式的灌装操作台（KHS公司，多特蒙德）

> 如今啤酒厂必须像玻璃房子一样透明、干净，且没有死角。只有这样才能将它展现在要求干净的参观者面前。完全整洁应是每个部门的最高准则！

随着清洗的进行，CIP清洗设备中碱液含有的脏物不断增加，使碱液的使用受到限制。解决这个问题有两种方法：

- 清洗溶液只使用两次，第一次用于后清洗；第二次用于预清洗，然后将碱液倒掉
- 或者对其进行澄清，像洗瓶机中的碱（见5.2.1.6.3）一样，先进行沉淀，再进行过滤处理
- 清洗剂和杀菌剂的回收使用受到一定的限制。现在人们更感兴趣的是用专门的设备把洗液回收和重新配制结合起来（见图6.3）

  使用这样的设备可以达到以下目的：
- 使用回收罐中的液体或避开它
- 既可以重新利用（回收）也可以在使用后倒掉（损失清洗）
- 使清洗剂达到所要求的温度7
- 根据需要调整清洗剂浓度，增加浓度可使用添加装置5；回收罐仅具有最低的必要浓度

如同其它常见的高架水容器一样，回收水罐4以其独特的“固定脚”形式，保证了内存量最小时，液体也能以很高的压力进入清洗系统。

6.5　清洗过程

容器的清洗是通过喷射介质进行的。清洗方法有低压和高压喷射两种。

高压喷射：主要针对机械清洗，使用可达6 000kPa的高压液体。

低压喷射：是使用压力最高为600kPa的大量液流（20~75m^3/h）喷射罐壁，通过冲淋主要使介质产生化学作用。目前主要使用低压喷射。

在罐中安装相应的喷头和液柱喷

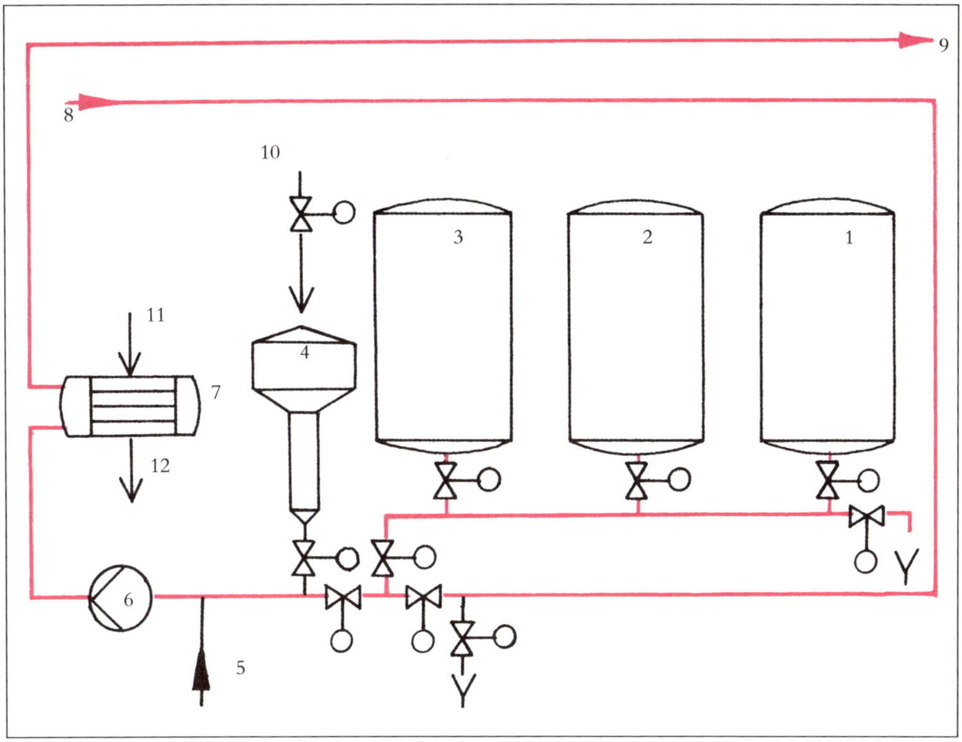

图6.3 回收和重新配置的联合清洗设备

1-清洗剂回收罐 2-杀菌剂回收罐 3-回收水罐 4-回收清水罐 5-添加新碱 6-泵 7-加热器 8-回流 9-回收水 10-清水 11-蒸汽 12-冷凝水

射装置时，要保证清洗过程中罐子的所有部分，包括边角都能清洗到。对此有关厂家提供了大量的喷头和清洗装置。但需注意喷头要有一个向下的开口，以使所有清洗剂残液都能流出。每个原位清洗设备都有两个泵，一个通过管道将清洗剂压到喷头中；另一个将流出的碱泵回。为了避免堵塞，第二个泵的功率比第一个高25%。

只有在不断检查并确保下列标准的情况下，CIP清洗设备才能顺利运行：

- 程序步骤符合逻辑并且没有空缺
- 彻底分离介质（通过时间监控测量电导值）
- 泵的规格正确
- 仔细监督喷头和浓度
- 不断保养泵、探头和测量装置
- 所有接触产品的部分容易清洗
- 定期清洗CIP清洗装置本身

通过在线测量检查：

- 流速
- 温度
- 清洗用碱的电导性（依次检查浓度）

这样可以掌握所有的基本程序数据。

清洗管道时经常会出现错误，其原因有时不能马上找出。图6.4列举了几种原因[51]。

错误	补救措施
（1）死水点	用双角或T型阀门代替直流阀
（2）上面有盲角的管道形成的气泡	拆除
（3）管道弹簧压力表中的气泡	使用膜装置
（4）因为管道最高点不通风形成的气泡，管道朝上弯曲时也有同样危险（4a）	增加排气，去掉上弯
（5）由于管道朝下弯曲，不能排空出现残余物，在最低点也会有同样危险（5a）	去掉下弯，增加排空
（6）阀门中有残余物	使用经过相应安装后完全可以排空的阀门
（7）完全弯曲的管道中有残余物	铺设带有均匀坡度的水平管道，支撑牢固
（8）由于管道变宽或变细引起的残余物	采用相同直径，在垂直管道中安装节流阀，使用离心节流阀
（9）清洗时必须拆下的三通阀门	使用适合流动清洗的压力表
（10）拧紧的带内密封圈的罐子出口处支架	使用焊在容器上的螺纹支架

6.6　机械清洗

即使容器内部很干净，也必须清洗诸如弯管、盖子、阀门、接长件等附件，这种清洗一般在池子里进行。此外，不能移动的外部附件，如支架之类必须进行机械清洗。通常使用小型的可移动高压水枪。关于全面清洗，各企业均有详细的程序。

所有CIP循环无法作用的部件必须使用刷子手工清洗和杀菌，对此仅进行喷冲通常是不够的。

属于这些部件的有：旋塞阀、球阀、滑阀、轴控制阀和取样阀。它们通常采取手工拆卸和清洗，再用硅树脂固定和安装。

即使CIP清洗系统中所有的容器都已被清洗，也远不能说明每一处都已整洁和干净。此外还需要完成以下程序：

- 地板刷洗
- 容器外部的清洗
- 墙壁粉刷
- 打扫和清洁升降孔和升降箱

即便这些工作都已完成，也还要想到机械清洁部分，即：

- 清扫范围，如粉碎间地板，必须打扫得干干净净
- 厂区必须打扫干净，整个啤酒厂不能找到任何一个死角

6.7　清洗和杀菌的检查

啤酒中出现的污染反映了清洗和杀菌的效果。微生物检测（见7.4.2）对此起着监督作用，它通过各种方法找出每个污染的地点和时间，并为确定下一步工作提供依据。

6.8　清洗和杀菌时的劳动保护

在同清洗剂和杀菌剂打交道时，

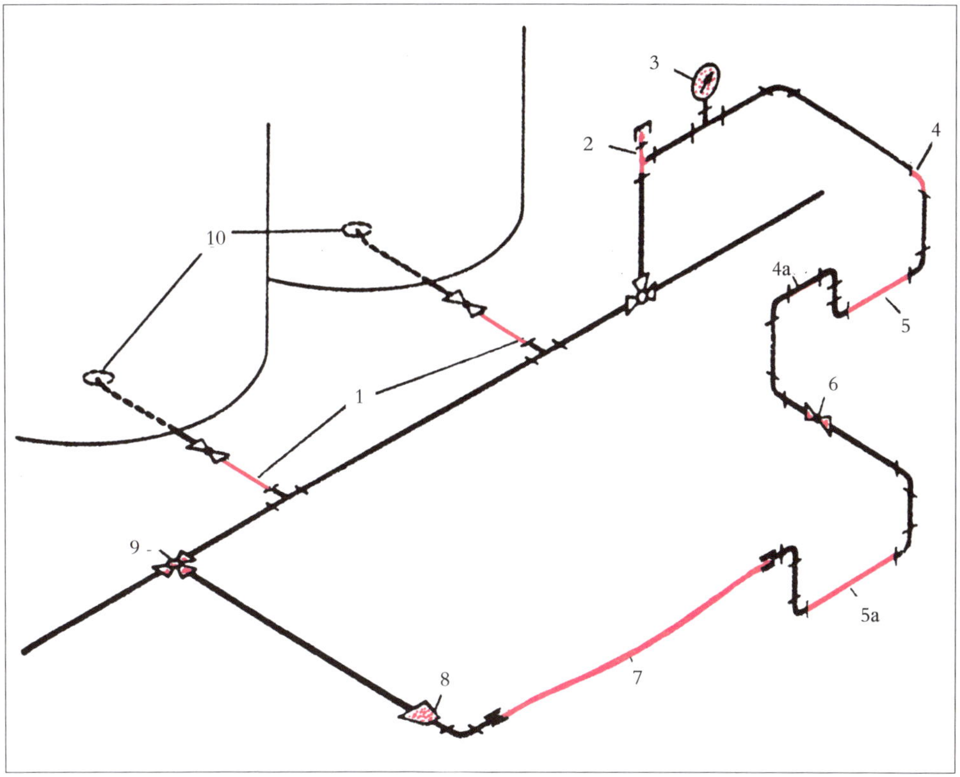

图6.4　流动清洗时出错的常见原因

应确保最高的安全性。大多数所使用的清洗剂和杀菌剂会腐蚀和灼伤人的皮肤。使用清洗剂和杀菌剂时必须保护手、脸，尤其是眼睛不受伤害，注意事项如下：

- 留意和遵循安全规定
- 配制化学试剂时始终注意酸/碱/水的先后顺序，否则会导致严重的伤害
- 配套防护眼睛以保护眼睛
- 穿上规定的安全服装
- 在紧急情况下使用规定的保护措施，如眼睛冲洗和淋浴

7 成品啤酒

始终稳定的啤酒质量是维持固定客户，并不断获得新客户的先决条件。

确保质量的前提是了解一系列在本章节中将提到的相关联系，它们是：

- 啤酒内容物质及其意义
- 啤酒的口味和泡沫是啤酒的重要特征
- 特别感兴趣的啤酒类型的特点、性质以及最终的总体意义
- 成品啤酒质量检测

7.1 啤酒的内容物质

啤酒中最重要的成分——水的含量在91%～92%，啤酒饮用者很快都能认识到这一点。

人体每天的液体需求量在2～3L，可通过多种形式摄入。啤酒中的水与矿物质结合在一起，并且啤酒饮用温度低，故特别解渴。

酒精属啤酒中的重要成分之一，其含量约5%，可直接被人体吸收，并转换成能量，这一点在有些人身上可以很快体现出来。

饮用啤酒越慢，则血液中的酒精含量越低；若胃中有食品存在，则血液中的酒精含量也会降低。

少量酒精会给饮用者带来舒心、健谈、合群以及舒适感等方面的影响；人体摄入大量酒精则会导致醉酒，每个人此时的反应不同。一个成天与啤酒打交道的酿造工，在这一点上必须能控制住自己。

一个好的酿造工并不表现在能喝很多啤酒上，而应体现在能酿制出好酒。若酿造工本人是他所酿啤酒的最佳顾客，则将导致不良后果。

在表明酒精含量时，除常见的体积分数外（vol%），还有质量分数（mas%）。两者之间存在很大的差异，因为酒精和水混合时体积变小，也就是说1L水和1L酒精混合后，其体积要比2L小很多。

7.1.1 啤酒的组成

以下是几种类型啤酒的平均酒精含量[93]：

啤酒种类	酒精含量（质量分数）/%		酒精含量（体积分数）/%	
	平均值	范围值	平均值	范围值
浅色全啤酒	3.8	3.3～4.5	4.9	4.3～5.8
浅色出口啤酒	4.3	3.7～4.6	5.4	4.4～5.9
三月啤酒	4.3	3.7～4.6	5.5	4.7～5.9
比尔森啤酒	3.9	3.4～4.5	5.0	4.4～5.7

续表

啤酒种类	酒精含量（质量分数）/%		酒精含量（体积分数）/%	
	平均值	范围值	平均值	范围值
强烈啤酒	5.0	4.2～5.9	6.4	5.5～7.5
低热量啤酒	3.8	3.7～4.1	4.8	4.7～5.1
无醇啤酒	0.3	0.0～0.5	0.4	0.0～0.6
淡爽啤酒	2.2	1.6～2.8	2.8	2.0～3.6
小麦全啤酒	4.0	3.5～4.6	5.2	4.5～5.9

啤酒中的醇类并不仅仅是乙醇，还有其它一些在发酵过程中同时产生的高级醇类代谢产物。这些高级醇被称为杂醇油，人体摄入量过高时会导致头痛、眼睛颤抖、反应迟缓、情绪激动和出现中毒表现等。

当啤酒中酒精含量高时，一般高级醇含量也高；若啤酒的酒精含量低，则高级醇含量也低，也更受消费者欢迎。

啤酒中存在以下高级醇：

高级醇	含量/（mg/L）
n-丙醇	9.8
异丁醇	9.6
戊醇	60.1
2-苯乙醇	19.8

麦汁中的氨基酸在酵母的作用下脱去氨基，转而由醇类的—OH取而代之便形成了这些醇类物质（见1.4.2.2）

氨基酸的多寡是非常重要的影响因素。例如；嘌呤含量低时，会生成大量异丁醇；亮氨酸含量低时，会生成大量3-甲基丁醇等。

有关这点需再一次强调，糖化中（见3.2.1.5）必须采取一定的措施，确保α-氨基酸的含量至少在20mg/100mL，以保证酵母尽可能少地生成高级醇。

啤酒中的浸出物组成大致如下：

碳水化合物：75%～80%，主要为糊精（麦芽四糖、麦芽五糖），仅含很少量麦芽三糖；蛋白质：6%～9%；甘油：4%～5%；以及β-葡聚糖、矿物质、多酚和苦味物质、有机酸和一系列含量虽然很低，但对啤酒质量影响很大的复合物等。

蛋白质是啤酒浸出物中的重要成分。一般正常值为：

- 啤酒总氮含量　600～1100mg/L
- 可凝固性氮含量　18～20mg/L
- 硫酸镁可沉淀氮　130～160mg/L
- α-氨基氮（FAN）80～120mg/L
- 甲醛氮含量　160～210mg/L

这些蛋白质80%～85%来源于麦芽，约10%～15%来自于酵母。它们对泡持性、醇厚性和啤酒稳定性的影响已是众所周知。

浅色啤酒中的甘油平均含量在500～1 600mg/L；是酒精发酵的副产物，对啤酒的醇厚性以及啤酒口味有积极影响。

矿物质也影响啤酒质量，其主要来源于麦芽：

矿物质	啤酒中的含量/（mg/L）	对人体的生理作用
钠离子	30～32	低钠食品为健康食品

续表

矿物质	啤酒中的含量/(mg/L)	对人体的生理作用
钾离子	500～600	人体每天需求量约250mg，可预防血管梗塞。钾离子含量高具有利尿作用
钙离子	35～40	可预防心脏疾病
镁离子	100～110	可降低胆固醇，改善心脏功能
磷酸盐	300～400	是骨骼和牙齿的重要组成。影响能量的贮存和转移
硫酸盐	150～200	无重要影响
氯化物	150～200	人体每天需求量约为2500mg
硝酸盐	10～80	硝酸盐对人体有害。可转变成亚硝酸盐，损害健康（使血管扩张、破坏维生素A等）。啤酒中的硝酸盐含量低于饮用水标准界限值50mg/L，不必担心

其它浸出物成分虽然含量很低，但部分物质在含量高时有影响。例如：

- β-葡聚糖　　220～400mg/L
- 花色苷　　5～50mg/L

啤酒中的酚类物质，特别是花色苷这种低分子物质具有重要影响：

- 具有杀菌效果
- 可提高心脏功能，并消除胃痉挛
- 可吸收铁离子和镁离子
- 具有强还原能力，可防止氧化

波动范围表明，不同的啤酒组成差异很大。

> 浸出物含量必须区别外观和实际含量，它们之间存在很大差别。外观含量直接测糖度可以得到，而实际含量则在除去酒精后才能测得。

浸出物含量示例[93]：

啤酒种类	外观浸出物含量/%		实际浸出物含量/%	
	平均值	范围值	平均值	范围值
浅色全啤酒	2.4	1.5～3.4	4.2	3.4～5.0
浅色出口啤酒	2.7	2.0～3.9	4.6	2.7～6.0
三月啤酒	3.3	2.5～4.3	5.2	4.6～6.1
比尔森啤酒	2.3	1.5～3.7	4.1	2.9～5.6
强烈啤酒	4.1	3.4～6.8	6.5	5.8～8.7
低热量啤酒	−0.1	−1.2～0.3	1.9	1.6～2.1
无醇啤酒	5.3	2.0～7.6	5.5	2.9～7.6
小麦全啤酒	2.4	1.8～3.7	4.3	3.7～5.3

> 必须清楚认识到，啤酒中浸出物的含量实际上比按照最终发酵度80%～85%计算出的值高得多。

其它一些浓度低的成分也应加以重视：

啤酒的黏度约在1.40～1.60mPa·s，过高的黏度会导致啤酒过滤困难。

连二酮（双乙酰）含量，在储酒结束时必须低于0.10mg/L。

啤酒的pH在4.5～4.7，小麦啤酒的pH稍低，为4.3～4.5。

啤酒在营养生理学上具有重要意义。排除酒精的不利影响外，啤酒受欢迎的原因如下：

- 啤酒比其它饮料更能解渴
- 啤酒可带来好胃口——啤酒的口味可使饮用者产生不断饮用的愿望
- 啤酒可加快消化。因为其中少量

的酒精和释放出来的CO_2可以加快消化酶类的活动，这一点十分重要

- 啤酒具有利尿作用。可能是由酒花成分和钾盐引起的。利尿必须重视，有时可能成为不利影响。泌尿科学者利用啤酒的这种特性来“冲洗”胆或排除胆结石
- 啤酒不会使人肥胖，适度饮酒是不会改变体重的
- 啤酒可以加快睡眠。摄入少量酒精很短时间后就有镇静作用。少量啤酒不会导致疲劳，可以放松并排除精神压力。若事先有疲劳感，则酒精会起到加快睡眠的作用。酒花树脂对疲劳感没有影响

尽管酵母几乎从麦汁中带走了全部的维生素B_1，但是啤酒中仍含有大量有价值的维生素，特别是B-族（B_1和B_2）和许多维生素PP（烟酸）。因为酵母储有大量有价值的维生素B_1，所以饮用未过滤富含酵母的啤酒更健康。这与追求特别清亮的啤酒的要求刚好冲突，而这种追求是不可避免的。

啤酒（比尔森）的平均内含物质含量如下：

酒精	4.8%～5.1%（mL/100mL）
浸出物	3.9～4.1g/100g
水	920g/kg
生理热值	400～440kJ/kg
碳水化合物（＞40）	27～30g/L
蛋白质和氨基酸（＞30）	4.3g/L
矿物质和微量元素（＞40）	1500～1700mg/L
其中钠	40～45mg/L
维生素（＞14）	200～220mg/L
有机物和脂肪酸（＞100）	630～680mg/L
酚类物质（＞50）	150～155mg/L
酒花组分（＞130）	250～500mg/L
二氧化碳	0.5g/100g
二氧化硫	3mg/L
核蛋白（＞25）	300mg/L
胺、酰胺和吡嗪（＞50）	70mg/L
发酵副产物（＞300）	1500～1800mg/L
负载物质	1520～1530mg/L
硝酸盐	25～33mg/L
草酸盐	12～13mg/L

7.1.2 啤酒和健康

反复出现的有关饮用啤酒即意味着高酒精消费，同时还有损健康的观点是不正确的。如前面章节中所提到的，啤酒中不仅含有一定量的可助消化和有利健康的物质，而且还具有给消费者镇定和舒适的功效。不过显而易见的是：长时间不节制饮酒会损害健康并让人对此产生依赖性。

因此人们必须了解以下区别[207]：

- 有节制饮酒：对个人和社会都不会造成危害
- 过量饮酒：是指偏离了通常规定，过量的饮酒，如酒后驾车或在工作中饮酒
- 酒精依赖性：是指对酒精无法抗拒且有规律的反复需要才能满足，而忽视了身体和精神上的健康、人际关系、社会以及经济责任

近年来，所有研究都显示：适度饮酒不仅无害，相反还能对消费者的健康产生积极功效[169，207]。相关的观

点如下：

- 如果不是因为喝啤酒刺激食欲并因此增大了营养摄取量的话，单纯饮用啤酒是不会使人发胖的。适度饮用啤酒时体重不会改变或甚至会有所下降，前提是总的能量摄取保持平衡
- 适度饮用啤酒还会导致脂肪含量的减少，因为酒精抑制脂肪代谢，因此适度饮用啤酒对凝血和调节血压都有积极功效
- 适度饮酒对血液中有保护作用的胆固醇（HDL）含量有积极作用，同时降低导致动脉硬化的胆固醇。这一变化在爱好运动的人身上特别容易出现，因此适度饮用啤酒减少了心脏疾病
- 大量数据表明，少量或适度饮酒者患心血管疾病或因心脏病而死亡的少于完全不饮酒者。而大量饮酒的消费者则呈现出高的死亡率
- 适度饮用啤酒会降低血糖，使胰岛素大量增加并改善对胰岛素的反应性。这点同糖含量和脂肪含量都有联系
- 适度饮用啤酒的人群的血压低于禁酒者，同时两者体内的荷尔蒙、水和电解质也有所不同
- 啤酒利尿，加大了汗液的排出，同时可防止钾和镁的排出。当然大量饮酒的作用正好相反
- 适度饮用啤酒不会导致人体内镁和钾的减少。近来的研究更多关注的是具有保护作用的抗氧化基（多酚），该物质不仅保护血管，而且可降低癌症和中风的危险

研究总体证明，适度饮用啤酒同禁酒以及酗酒相比可降低心肌梗塞和心血管疾病的危险。大量试验显示[169]，每天摄取20～40g酒精（相当于每天最多2瓶啤酒）的人群患心血管疾病死亡的人数最少。调查发现每年死于此类疾病的人当中禁酒者人数是适度饮酒人数的两倍。不过每天酒精摄取量超过40g时，结果会发生变化。

从数量上看每天饮用1～3种酒精饮品是适度的（平均2种）[207]，相当于每天摄取13～39g酒精（平均26g/d）。

换算成啤酒相当于1～3杯（平均2杯0.33L装啤酒），酒精含量为40g或50ml/L的0.33L装的啤酒。

根据Piendl的观点：喝啤酒好于不喝啤酒；喝两瓶好于喝一瓶；但喝四瓶却非两倍强于喝两瓶。

7.2 口味和泡沫

口味和泡沫是啤酒重要的质量特征，虽然其重要性根据国家和啤酒种类而不同，但其在质量评价上具有一定的说服力。

7.2.1 啤酒的口味

啤酒口味是一个决定性的标准，它必须同啤酒类型相符，有时还带有区域或时尚特色。当然啤酒口味还应迎合消费者的需求，从而获得竞争上的优势。

口味表现为饮用时的：

- 香味和醇厚性
- 杀口性

- 苦味

将所有这些感觉综合起来便最终得出了啤酒的口味好坏。

7.2.1.1 啤酒香味

啤酒的香味由以下因素决定：

- 酵母种类和发酵时形成的副产物
- 酒花添加情况
- 硫化物

酵母种类关系到发酵副产物的形成，尤其是高级醇和酯类以及芳香酯和高级醇（酯族）的比例。高级醇（酯族）和酯的比例为：

正常发酵时（2.5～3）：1。在特定条件下可能出现波动，如，采用通常的多锅进罐时该比例可上升到（4～5）：1；而在使用强烈通风迅速满罐的接种工艺时，该比例可升高到（11～12）：1。

此时的啤酒口味淡薄、生硬且不完整。

在接种满罐时建议按阶段分次添加酵母，并采取两次通风以尽可能保证酵母添加的均匀性。就连罐子的几何形状也会影响到高级醇和酯的比例，如径高比为1：2（1：3）时的结果显示为良好。

同下面发酵酵母相比上面发酵酵母形成的酯和高级醇含量明显更多，主要是由于：

- 上面发酵的发酵温度高
- 下面发酵时的带压发酵降低了上述物质的形成

不过生产强力啤酒时（博克啤酒和节日啤酒）人们希望其酯含量高且口味完善。而生产下面发酵啤酒，特别是比尔森啤酒时则要抑制高级醇和酯的形成。

酒花香味是在生产比尔森啤酒时尤其需具备和期望的。酒花香味首先来自于酒花油，酒花油的组成对香味的影响远远大于其含量。其次酒花添加的方法（天然酒花、颗粒酒花和浸膏）和时间也举足轻重。

来自酒花花朵和颗粒酒花中的酒花油的溶解性好于酒花浸膏。通过在头道麦汁中添加酒花可使大部分的酒花油转化成可溶于啤酒的形式。苦型酒花以浸出物的形式被添加在煮沸开始时，从而借助水蒸气挥发出那些不纯正的酒花油。

为了充分利用酒花香味，应始终做到，质量最好的酒花（往往也是最贵的）最晚添加。煮沸时间为60min时的酒花添加举例：[143]

25%在煮沸开始时添加；

25%在煮沸结束前40min添加；

25%在煮沸结束前20min添加；

25%在煮沸终了前5min时添加。

酒花香味的纯净性取决于：

- 酒花的质量
- 在热麦汁阶段吸氧（空气吸入、气流）形成异戊酸（闻起来为酪味）
- 无氧灌装

酒花香味对啤酒的口味稳定性也有影响。

硫化物通过形成二氧化硫来影响啤酒的口味。二氧化硫对啤酒的总体特征具有积极影响，尤其是对啤酒的口味稳定性[144]。为避免啤酒因氧化而出现老化，其它一些国家人们在灌装前都通常额外添加亚硫酸盐形式的硫化物，在德国这却是《纯酿法》所不允许的。

SO_2的形成取决于：

- 酵母品种
- 通风情况

挥发性的硫化物在很大程度上也决定了啤酒的香味，它能赋予低度淡色啤酒一种强烈的、由亚硫酸盐和硫醇形成的硫化味。生产这种类型的啤酒可通过：

- 使用干燥不那么强烈的麦芽
- 麦汁生产时的氧摄入量低
- 对醪液和麦汁进行生物酸化
- 快速主酵和后酵

如果热麦汁遭受剪切力，香味可能会向消费者难以接受的“洋葱味”转变。

二甲基硫（DMS）也属于挥发性硫化物，它带给啤酒一种蔬菜的香味。

- 辅料啤酒的DMS含量应低于60μg/kg
- 全麦芽啤酒的DMS勿超过100～130μg/kg

在2.4.1.3.4；2.5.1.4和3.4.1.9中提到，麦芽中已经存在有二甲基硫前驱物质如SMM和DMSO，以前被称为二甲基硫前驱体DMS-P。在干燥过程中难以做到控制SMM不超过7ppm（mg/kg）这一界限值，因为随着焙焦温度的升高，会形成大量对口味产生不利影响的挥发性香味物质（TZB）。

缩短麦汁的煮沸时间通常会使SMM前驱体分解不够，从而再次形成游离二甲基硫，并最终进入到啤酒中。

因此麦汁煮沸的时间和强度都应保证。

7.2.1.2 醇厚性

醇厚性与原麦汁浓度的高低有关。

啤酒的浓度越高，醇厚性越明显，与此相关的是酒精和残余浸出物含量。

- 不过生产淡爽型比尔森啤酒时则不应过多突出醇厚性
- 而生产低度啤酒时，却可以尝试添加深色、高强度干燥的麦芽以提高醇厚性

高分子蛋白质分解产物（相对分子质量在10 000～100 000）影响醇厚性。

下列麦芽质量指标对醇厚性有积极作用（见28.3章节）：

蛋白质含量：	10.5%～11%
蛋白质溶解度：	39%～41%
粗细粉差：	1.7%～2%
黏度：	1.54～1.57mPa·s

麦芽色度/煮沸色度：2.5/5.5EBC

过度溶解的麦芽使啤酒气味和口味空洞，无醇厚性。采用20%的辅料酿制啤酒时（大米和玉米），麦芽指标应为：

蛋白质溶解度：	达到42%
粗细粉差：	1.5%～1.7%
黏度：	1.50～1.55mPa·s

在酿造水中添加石膏和$CaCl_2$对柔和性和醇厚性有积极作用，控制残余碱度和生物酸化也有相同功效。

如今人们控制蛋白质的分解时，以麦汁中的游离氨基氮占总氮的21%～22%为准。如此一来对于溶解良好的麦芽便能：

- 选择61～62℃的投料温度
- 在62℃分醪煮沸（见高温短时糖化工艺）

在45～55℃休止时间太长对泡沫不利，并使啤酒粗糙且无杀口力。

7.2.1.3　杀口力

人们将杀口力理解为饮用啤酒时的刺激性，这种刺激性应保留直到啤酒饮用完为止。无杀口力的啤酒乏而无味。

杀口力取决于：

- 啤酒的二氧化碳含量
- 啤酒的pH值

显而易见，杀口力随玻璃杯中啤酒的CO_2的缓慢溢出而消失。CO_2的消失时间取决于：

- 倒酒的方式（如从高处倒酒产生泡沫或在使用倾斜的玻璃杯时要小心）
- 玻璃杯中CO_2的消失时间
- 玻璃杯的内表面（玻璃杯中的“透气”点）

因此推荐：

- 小心倒酒，以免CO_2提前消失
- 短时间内注满玻璃杯（正确时间为3min）
- 最好用小玻璃杯倒酒

杀口力受啤酒的pH影响这点与CO_2含量无关。pH低时的杀口力较好。

全麦芽啤酒的pH要求为4.35～4.40。

辅料啤酒的pH为4.0～4.2。

7.2.1.4　啤酒的苦味

啤酒的苦味

- 首先来自酒花
- 多酚物质
- 蛋白质苦味
- 酵母苦味

当然酒花苦味首先是来源于酒花中的苦味物质，葎草酮有着强烈的苦味，此外酒花油和苦味物质一起也对苦味的完整起协同作用。酒花油含量最少的苦型酒花总是提前添加。酒花品种对啤酒苦味的影响非常明显。[144]

- Hersbrucker/Perle–Hueller
- Bitter–Record， Northern Brewer
- 美国的高α–酸含量新品种
- Brewers Gold，Nugget和Magnum

多酚苦味只有在以下情况下才出现：

- 重新利用洗糟残水或酒花糟压榨水
- 头道麦汁浓度高，洗糟水所占比例很大
- 由于麦汁吸氧或气蚀现象出现导致多酚物质强烈氧化
- 由于水的碳酸盐含量高，酒花多酚物质被大量洗出

蛋白质苦味则出现在：

- 麦芽溶解太差
- 糖化工作过于强烈

酵母苦味只有在下述情况时才可觉察到：

- 酵母的生理状况很差
- 酵母使用过于频繁
- 下酒时啤酒中的酵母浓度太高

受多重因素影响的啤酒口味是顾客评价的最终决定性环节。人们应尽一切努力以避免啤酒口味的变化和波动。酿造者必须能及时了解所期望口味的偏离及其影响大小，以能控制并确保啤酒质量的稳定。

7.2.2　啤酒的泡沫

7.2.2.1　泡沫的形成

泡沫在倒酒的时候通过啤酒的CO_2

气泡产生，气泡通过压力的下降而消失。表面活性物质增加使CO_2气泡聚集起来，这些表面活性物质具有较低的表面张力，也就是说，这些物质能最大限度地扩大其表面积并能在气泡周围形成一个有弹性的包裹层。

CO_2溶解得越多，形成的泡沫就越多。但是泡沫的形成并不等同于泡沫持久性。泡沫持久性仅取决于这些表面活性物质的存在。

在一杯矿泉水中肯定不可能形成持久性的泡沫，原因是其中不含表面活性物质。

人们应能始终分辨起泡性和泡持性之间的区别，尤其重要的是泡沫的持久性。

7.2.2.2 泡沫的消失

泡沫在其形成后开始消失，不过其消失的速度却千差万别。随着气泡周围表层的破裂以及液体的回流泡沫开始消失，此时促进了气化过程，上表面的泡沫变结实。在较短时间内（大约1min后）在玻璃杯中再倒入啤酒时，能将杯中变结实的泡沫推浮上来形成一个泡盖。这种情况在一次性倒酒时是不会出现的。

人们在每喝一口啤酒后，在玻璃杯的边缘也能看到其它变结实的泡沫，即所谓的泡沫帘。

7.2.2.3 影响泡持性的因素

一般分为对泡沫有利的和对泡沫不利的物质。

对泡沫有利的主要是相对分子质量为10000和60000的高分子蛋白质分解产物和酒花苦味物质。所以酒花添加量高的啤酒的泡沫稳定性可能更好。多酚物质和花色苷也能改善泡沫，不过要在未氧化和凝聚的情况下。

相比之下对泡沫不利的是酒精、其它发酵副产物以及花色苷和高含量的氨基酸。

影响泡持性的参数很多（根据Ross和Clark结果）[142]：

影响参数	影响参数的波动	造成的泡持性的改变大约为
可凝固性氮	+0，1mg/100mL	+1.0分
高分子蛋白质	+1mg/100mL	+0.9分
黏度	+0.1cP	+2.6分
苦味物质	+1mg/L	+0.5分
低分子蛋白质	+0.1mg/100mL	−0.3分
花色苷	+1mg/L	−0.2分
酒精	+0.1%	−1.4分

由此得出一系列工艺结论：

麦芽的影响，尤其是麦芽溶解度高时的影响并无明显的定义。而高温焙焦却明显对泡沫有促进作用。

相反，糖化对泡沫的影响非常重要：所有促进蛋白质和葡聚糖分解的休止同时也降低了泡持性。在50～60℃下的长时间休止肯定不利于泡沫。

而高温投料（62～65℃）以及在pH为5.2～5.3的条件下延长70～72℃的休止时间则对泡沫有促进作用。

如果酵母因储藏时操作不当，回收过晚或增殖不够而受损，那么其在发酵和后熟时对泡沫的消极影响便显而易见。储酒温度高、储酒时间长或压力过高时，酵母分泌出的能对泡沫产生不利影响的分解物质的量就会越来越多。

7.2.2.4 后期对泡持性的影响

与工艺措施无关，后期也能影响泡持性。比较不利的因素是有消泡作用的、用餐后留在玻璃杯边缘的油和脂肪，它们能使泡沫在几秒钟内很快消失。使用无脂肪的干净玻璃杯、更换掉已使用过的残留有脂肪的玻璃杯以及使用干净的餐布是一些保持泡沫的条件。即使是微量的脂肪对泡沫都是有害的！因此为保证啤酒质量，我们还有很多宣传工作要做（针对餐馆老板和家庭主妇）。

餐馆输酒管道系统中的压力太低、啤酒管道、售酒器以及清洗完玻璃杯后的清洗剂的清洁不彻底都会影响泡持性。

当然也有一系列用于提高泡持性的积极因素，属于此列的首先是形成泡沫的气体。我们知道，液体膜环绕在气泡周围便形成了泡沫。这些气泡会在液体膜内散开，从而使气泡破裂。气体在液体中的溶解度差别很大。由难溶解于液体中的气体形成的泡沫的持久性好于那些易溶解的气体。CO_2相比之下比较易溶，形成的泡沫不持久。而空气则较难溶解于液体，因此形成的泡沫能持久。

纯氮气的溶解度非常低，故而是形成细腻、持久泡沫的理想气体，不过由此形成的泡沫不结实。

在许多国家里人们在桶装啤酒售酒时都因上述原因而越来越多地使用氮气，不过此时人们必须注意CO_2和氮气的饱和压力比例，从而以避免CO_2损失。

使用氮气时，啤酒的口味会向“柔和”转变，CO_2的“刺激”口味和杀口力则会很大程度消失。

其它改善泡持性的可能方式就是添加泡沫稳定剂。

首先可以添加的是与还原物结合的铁盐（0.6g/hL），可避免棕色泡沫的产生。铁、镍和锌与高分子蛋白质的化合物同样有利于泡沫稳定性。

但是无论怎样添加这些稳定剂都会带来口味改变，通常使口味变“柔和”，根据德国《纯酿法》不允许添加此类物质。

在此借助一个实例可以说明随意添加稳定剂将会带来怎样的后果。前些年在加拿大一家啤酒厂发生了这样一件事情：很多消费者在饮用了该厂的啤酒后出现了严重的心肌损害，有些甚至死亡。检查后表明，该啤酒厂为了改善泡持性在啤酒中添加了人体器官不可排出的钴盐，其在人体中积累并造成严重的危害。

必须指出的是，多数情况下添加泡沫稳定剂也会改变啤酒的口味。

突出泡沫丰富和持久性的一个重要因素是啤酒杯的外形。反映企业文化的装饰物、杯垫等和啤酒杯一起充分体现出啤酒品种的特点。泡沫很好的啤酒，如小麦啤酒总是用高的玻璃杯装。

对于皮尔森人们希望其有着非常丰富和稳定的泡沫，根据Ross & Clark法测量的泡持性指标为120～130s。根据NIBEM法时为220～290s（见7.4.3.6）。

泡沫在瘦高的玻璃杯中表现出的状况最好，不过小玻璃杯也有其优点（两小杯好于一大杯）。斟酒的时间在3min以内：泡沫差的啤酒使用倾斜的玻璃杯来装，在泡沫表层静止和变结实后，杯中稳定的泡沫盖浮上来。皮尔森酒不能一次性倒满。

至于对泡沫要求不那么高的玻璃杯有时被使用在十月啤酒节和其它筵席上，容量可到1L。

7.3 啤酒种类及其特点

全球啤酒品牌共有几千种，每个啤酒厂都尝试着打造自己独具特色的品牌，从而以满足顾客的口味需求并获得好的利润。这些啤酒品牌许多都是在一定的国家和地区内随时间的发展而逐步开发出来的。根据所使用的酵母以及相应的发酵工艺，人们首先可将啤酒分为两种类型：

- 上面发酵啤酒
- 下面发酵啤酒

接下来介绍一些重要的啤酒品牌及其特点和发展趋势。

7.3.1 上面发酵啤酒

上面发酵是啤酒生产的最早形式，上面发酵啤酒最初出现于15世纪末，到19世纪下半叶取得了举足轻重的地位。一百年前生产的啤酒当中的3/4为上面发酵啤酒。

上面发酵啤酒的发展尤其多见于以下国家：

- 德国的小麦啤酒、白啤酒、老啤酒和科尔施啤酒
- 英国的Ale、Porter或Stout
- 比利时的Lambic、Gueuze、Trappisten或Wit啤酒等

同下面发酵相比，上面发酵啤酒在酵母和代谢产物上有很大的区别，从而赋予了啤酒一些完全不同的特性。在介绍单个上面发酵品种之前，先介绍一些上面发酵与下面发酵相比的特点。

7.3.1.1 上面发酵的特点

上面发酵酵母形成芽簇，在发酵后才相互分开。这些连接在一起的芽簇被发酵产生的CO_2带到发酵液表面并富集，从而能被从上面回收。

7.3.1.1.1 上面发酵酵母同下面发酵酵母的生理区别

棉籽糖发酵：发酵三糖棉籽糖的能力是一个重要的区别特征。下面发酵酵母能完全发酵棉籽糖，上面发酵酵母则只能发酵1/3的棉籽糖。

生成孢子的能力：大多数上面发酵酵母在48h后已经开始形成孢子，而下面发酵酵母仅形成少量芽孢。

发酵副产物：上面发酵酵母形成的发酵副产物如高级醇和酯的量远远超过下面发酵酵母，小麦啤酒中含有0.5～3.0mg/kg的4-乙烯愈创木酚和0.1～0.7mg/kg的4-乙烯酚，它们赋予小麦啤酒类似丁香的典型口味和气味。

7.3.1.1.2 上面发酵

为了解上面发酵的特点，人们应着眼于以下方面：

- 上面发酵容器
- 麦汁组成的特点
- 接种
- 主发酵过程麦汁中的变化
- 后酵过程上面发酵酵母的处理

（1）上面发酵容器　因为上面

发酵时酵母是从上面回收，所以老式发酵容器的上部是开放式的，或至少留有一个溢流口（图7.1）。借助勺子或刮板将酵母推至溢流口中，然后收集到盛放酵母的容器中。除此以外也可使用进行密闭式回收酵母的卧式发酵罐。

如今上面发酵越来越多地使用到了锥形发酵罐。酵母沉降到锥底并被从底部回收。使用锥形大罐时，人们需要约50%的预留空间。

（2）麦汁组成　只使用大麦麦芽生产的麦汁并无特别之处，不过使用大比例小麦麦芽（50%～70%）生产麦汁时却必须考虑到其中的可同化氮较低，而这种可同化氮必须从溶解良好的浅色麦芽中获取。

（3）接种　接种温度为12～16℃，酵母添加量为0.24～0.5L酵母/hL。采用常用的通风装置使麦汁的氧含量达到5～8mg/L。

（4）主发酵过程　上面发酵仅分为两个阶段：

- 酒花泡盖形成期
- 回收酵母期

在接种8～12h后开始形成酒花泡盖，这种泡盖持续12～24h。在此过程中尤因pH下降而析出的酒花树脂、凝固物组分以及蛋白质和酵母一起在泡盖中析出。为了获得纯净的酵母，这些泡盖须被打捞清除。

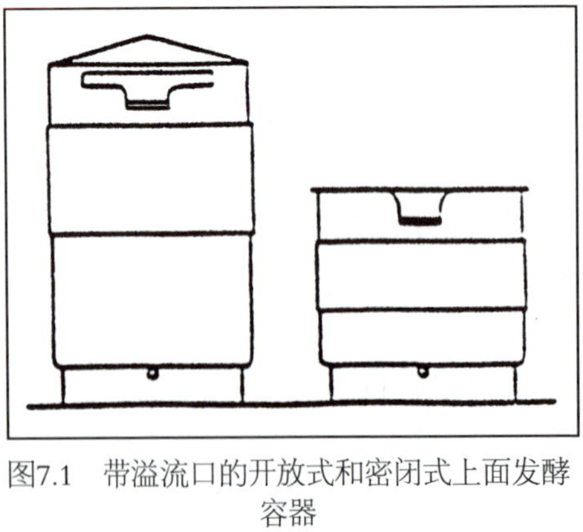

图7.1　带溢流口的开放式和密闭式上面发酵容器

打捞完酒花泡盖后，高泡酒泡盖中上升析出的酵母数量越来越多。回收酵母大约在接种后1d（1.5d）进行，最好间隔3～6h回收一次酵母。发酵温度升至18～22℃，在此温度下发酵非常旺盛，可在48～60h内便达到发酵间所要求的发酵度。

（5）麦汁中的变化　由于发酵温度高，特别是由于同下面发酵相比上面发酵酵母不同的性质，所以上面发酵时出现了一系列不同于下面发酵的变化：

高温下酵母的大量繁殖以及旺盛的起发酵使得麦汁的pH从5.4～5.7下降到4.0～4.2。

由于pH的大幅下降和CO_2的大量形成，加剧了苦味物质的析出。

在发酵副产物方面主要是形成了更多的高级醇和酯，这些发酵副产物的比例最多能比下面发酵时高50%。

小麦啤酒酵母的一个特点是：将麦汁中的阿魏酸脱羧成4-乙烯愈创木酚。阿魏酸是在分解戊聚糖时出现的，糖化时在35～40℃下休止。5.7～5.8的pH以及40%的浅色麦芽添加比例能有助于提高麦汁中阿魏酸的含量。在22～24℃的发酵温度下这种4-乙烯愈创木酚赋予小麦啤酒典型的口味。不过小麦啤酒中4-乙烯愈创木酚与酯和高级醇的比例适当是小麦啤酒口味的关键。同样发酵容器的形状和大小也是一个关键因素。

酵母的使用代数高会降低4-乙烯愈创木酚的形成。相反酵母长时间逗留在发酵结束的啤酒中会提高其含量。

（6）后酵　现代的生产工艺基本上把后酵分为成熟和储藏两个阶段。在成熟阶段首先进行双乙酰的还原，然后啤酒被冷却至7℃左右。回收出酵母后啤酒被冷却至－1℃。冷却可在同一个发酵罐中完成（一罐法）或经过一个冷却器冷却后进入冷储藏罐。回收酵母通常采用离心机。无论如何酵母都必须彻底从啤酒中分离出来，否则因酵母自溶会导致pH的升高，且溶出的物质会进入到啤酒中。

（7）上面发酵酵母的处理　借助酵母筛对回收酵母进行洗涤是非常必要的。短时间储藏不超过4d时，可储藏在3～4℃的啤酒中，如果储藏时间达到10d，则推荐用水保存。

上面发酵酵母的使用代数往往高于下面发酵酵母，普遍可使用5～15代。在有些啤酒厂甚至长年使用相同的酵母，并未重新扩培。当然前提是对酵母进行过认真检测。

上面发酵酵母的扩培原理与下面发酵酵母相同。

7.3.1.2　小麦啤酒

小麦啤酒是至少采用50%的小麦麦芽并选用上面发酵工艺生产出的原麦汁浓度不低于11%的啤酒。

7.3.1.2.1　含酵母小麦啤酒的特点

通过产品本身的、经小麦啤酒酵母形成的香味组分使得这种啤酒具有典型区别于上面发酵啤酒的香味印象[201]。

小麦啤酒典型的香味首先来自于4-乙烯愈创木酚（0.2～3.2mg/kg，中间值为1.5～2mg/kg），它是对高级醇和酯含量高的小麦啤酒口味上的补充。

以下措施可促进4-乙烯愈创木酚的生成：

- 低的投料温度
- 5.7～5.8的醪液pH
- 至少添加40%的浅色麦芽
- 酵母种类
- 发酵温度在20～24℃
- 一次或两次添加酵母
- 及时回收酵母

在锥形发酵罐中进行频繁的酵母增殖会带给啤酒类似于苹果酯的中性香味。这种啤酒口味更接近于下面发酵啤酒。啤酒中不含4-乙烯愈创木酚。

回收酵母前在高温下的长时间后熟也会明显破坏啤酒的口味。

在酯方面赋予啤酒香味的主要是含量为35～40mg/kg的乙酸乙酯和异丁酯。其含量与酵母种类、酵母处理和发酵控制有关。

在高级醇方面突出的主要是丙醇和甲基丙醇（正常为150mg/kg～160mg/kg）。当其与酯的比例为（3～4）：1时，就会得到一种舒适的口味。

高含量的脂肪酸（超过0.7mg/kg）和FAN（＞12mg/100mL）以及pH的上升是酵母代谢的特征，这些对口味和泡持性具有消极影响。酵母还会分泌出能严重破坏泡沫的蛋白分解酶。

酵母香味也是一个重要问题，

因为在含酵母的小麦啤酒中酵母将失活，酵母死亡率能上升到100%。人们希望的是一种非硫味、非酵母味及霉味的中性或舒适香味。与此相关的还有不舒适的后苦味。

生产优质含酵母小麦啤酒需要丰富的经验。根据小麦啤酒中残留的酵母数人们将小麦啤酒分为：

- 含酵母小麦啤酒：每1mL中至少含1百万个酵母细胞
- 酵母浑浊型小麦啤酒：每1mL中含有1千万个酵母细胞

1997年小麦啤酒在联邦德国的销量为5.2%，排在第3位。德国东北和西南部之间的小麦酒消费量存在明显差异。1997年小麦啤酒销量最高的地区属：

巴登-符腾堡	12.6%
巴伐利亚	17.9%

人们偏爱小麦啤酒的原因是：

- 高达6~10g/L的CO_2含量，它能带来清凉和有益健康的功效（只要倒酒时不受影响）
- 高的酯、高级醇以及酚类化合物含量赋予小麦啤酒典型的香味（4-乙烯愈创木酚）

小麦啤酒分为两种：

- 酵母浑浊型小麦啤酒：生产这种啤酒时采用的是瓶内发酵工艺，要求准确灌装前瓶内的残余浸出物含量以及酵母量
- 晶莹型小麦啤酒：是经过过滤，清亮的无酵母啤酒

7.3.1.2.2　含酵母小麦啤酒的生产

含酵母小麦啤酒生产时的颜色差别很大，浅色品种的色度为8~14EBC，深色品种的色度可达25~60EBC。

原麦汁浓度通常为11%~12%，不过也能达到13%。小麦麦芽的使用比例为50%~100%。颜色可通过添加深色麦芽或深色小麦麦芽而达到（见2.9.10）。

考虑到蛋白质分解方面的问题，糖化工艺采用投料温度为35~37℃的双醪煮出糖化工艺（或单醪煮出糖化工艺）。醪液的煮沸时间为20~25min；料水比为1：（2.8~3）；最终发酵度为78%~85%。

接种温度为12℃，酵母添加量为0.3~1L。主发酵非常强劲，在13~21℃下3~4d便达到最终发酵度，然后回收酵母（使用敞口发酵池时从上面回收，使用锥形大罐时则从锥底回收）。

为了在后酵时有充足的CO_2，必须重新添加含浸出物的麦汁，添加方法如下：

- 添加高泡酒：这里的高泡酒被理解为经过准确计算过添加量，浓度为6%~7%的头道麦汁。当然在使用前必须对其灭菌。添加量以同最终发酵度相差12%为宜，由此可保证啤酒足够的CO_2含量
- 添加打出麦汁
- 添加下面发酵啤酒的高泡酒：添加外观浓度为9%~10%的下面发酵啤酒，然后在混合罐中混合均匀并继续带压发酵

采用前两种方法时都要求重新添加酵母进行后酵，此时多添加下面发酵酵母。

使用在主酵后同高泡酒混合的第3种方法时必须注意避免吸氧。

含酵母小麦啤酒的生产特点是瓶内发酵。在此分为：

- 无中间罐储藏的瓶内发酵
- 带中间罐储藏的瓶内发酵

无中间罐储藏的瓶内发酵

添加了高泡酒和酵母的嫩啤酒灌瓶后分两个阶段储藏：

- 第一阶段：12~20℃下储藏3~7d。浸出物发酵到0.1%~0.2%，还原双乙酰。瓶内压力升高到150~200kPa。
- 第二阶段：在5℃下储藏14~21d，压力约为200kPa。

带中间罐储藏的瓶内发酵

在采用带中间罐储藏的工艺时，短暂起发酵后的啤酒在罐中被发酵至终了（6d热罐，14d冷罐1℃）及成熟，最后灌瓶。

小麦全啤酒（瓶内发酵）的平均分析指标如下[200]：

原麦汁浓度：	12.20%
外观浸出物含量：	2.33%
真正浸出物含量：	4.22%
酒精含量：	4.12%（质量分数）
酒精含量：	5.26%（体积分数）
最终发酵度：	81.6%
pH：	4.32
色度，浅色啤酒：	10.9EBC
色度，深色啤酒：	36EBC
苦味值：	17 BE
泡持性（R&C）	126 s

7.3.1.2.3 晶莹型小麦啤酒的生产

晶莹型小麦啤酒的浓度多为12.5%~13%，色度为8~12EBC。采用50%~70%的浅色小麦麦芽和一定量的特种色素麦芽生产而成。糖化工艺同含酵母的小麦啤酒，直到主发酵的操作过程都相同。不过主酵结束后无需冷却，保留12%的发酵度下酒至热罐。在热罐中保压400~500kPa，3~7d后冷却至8℃。

接下来在冷罐中添加酵母或高泡酒，并在10d内冷却至0℃，保压500kPa。过滤前一周冷却至－2℃并保温到灌装前。

除生产普通瓶内发酵酵母小麦全啤酒外，人们还生产以下浅色和深色小麦啤酒：

- 原麦汁浓度为12%~13%的瓶内发酵小麦出口啤酒
- 原麦汁浓度为16%的强力小麦啤酒
- 原麦汁浓度为7%~8%的低度小麦啤酒

在有些地区，特别是巴伐利亚小麦啤酒也被人们误称为白啤酒。

7.3.1.3 白啤酒

白啤酒是采用35%~50%的小麦麦芽生产的浅色和天然浑浊的啤酒，原麦汁浓度约为7.5%，酒精含量为2.7%~2.8%，CO_2含量为0.7%。发酵时使用的是共生在一起的上面发酵酵母和乳酸杆菌混合菌种。发酵结束后的白啤酒的pH由此降到3.2~3.4的酸性范围。在有些小麦啤酒厂人们在啤酒中再次添加麦汁和酵母并进行瓶内发酵。形成的乳酸使啤酒的保存期更长，且口味会因乳酸缓慢分解生成的芳香物质而进一步成熟。生产白啤酒的麦汁不经过煮沸，只是在95℃下保温25～30min，酒花添加在醪液中，添加量较低，为20～30g/hL。

“柏林白啤酒”是最负盛名的白啤酒，斟酒时装在宽玻璃杯中。这种带花香口味的发泡饮料非常解渴。为减轻酸味许多顾客都在饮用时加入少量果汁，如加入红色的草莓汁或在春季加入绿色的香车叶草汁。这样一来白啤酒的颜色就变得多姿多彩。现在的柏林白啤酒在灌装前就已混合完毕，个别还生产高浓度的白啤酒。

除柏林白啤酒外，仅有少数白啤酒具有地方特色。值得一提的是带乳酸酸味的“莱比锡哥塞啤酒”（最初得名于流经Goslar城的Gose河），该啤酒因饮用时采用条形玻璃杯装酒并添加食盐和香菜而风味独具。

7.3.1.4 老啤酒

老啤酒是按照“传统方式”生产的上面发酵啤酒，生产时采用浅色麦芽和小麦麦芽。老啤酒的颜色为深琥珀色，口味略苦、味浓、粗犷。

老啤酒的原麦汁浓度为11.5%～12%，酒精含量为4.8%～5%（体积分数），色度30～38EBC，苦味值为30～40BE。

虽然老啤酒生产厂家几乎无一例外地位于下莱茵地区，但其近年来再次兴起，销售地遍及整个德国，当然其质量得到了根本改善。1997年老啤酒的销量占啤酒总销量的3.2%，在北莱茵的威斯特法伦州地区的销量占总白啤酒的11.5%。

原料配比可考虑如下：

- 99%的浅色麦芽和1%的色素麦芽
- 90%的深色麦芽和10%的浅色麦芽
- 70%的维也纳麦芽（浅色麦芽），20%的慕尼黑麦芽（深色麦芽）以及10%的小麦麦芽（见2.9.10）

使用的糖化工艺独特，酒花添加分3～5次，对酒花质量要求非常高。

接种操作：

- 每1hL麦汁添加0.5L酵母，接种温度为12～16℃
- 采用正常的酵母添加量，接种温度为18～20℃

冷却至14～16℃后回收部分酵母并还原双乙酰，接下来冷却至0℃冷藏1～2周。

7.3.1.5 科尔施啤酒

科尔施是仅允许在科隆生产的颜色最浅的浅色啤酒。其原麦汁浓度为11.2%～11.5%，色度为7～10EBC，苦味值16～35BE，酒精含量4.6%～5.1%（体积分数）。

科尔施啤酒的平均分析指标如下（1996）：

原麦汁浓度：	11.28%
外观浸出物含量：	2.27%
真正浸出物含量：	4.01%
酒精含量：	3.74%（质量分数）
酒精含量：	4.77%（体积分数）
外观最终发酵度：	80.6%
pH：	4.44
色度：	8EBC
泡持性（R&C）：	120 s

科尔施在德国的市场份额为2.1%，主要市场限于科隆。

为了达到口味上的醇厚和丰满，生产时大多使用维也纳麦芽和小麦麦芽相结合，后者的添加比例最高为20%。糖化工艺采用浸出法或一次煮出法。主发酵3～4d，发酵温度为14～18℃，主酵结束后降温至8～10℃下酒，此时的酒液中含有一定的剩余浸出物。后酵时间为：

- 在4～5℃时40～60d
- 在0～1℃时14～40d

7.3.1.6 爱尔啤酒（Ale）

爱尔啤酒多指深色的、总是采用上面发酵工艺生产的英国啤酒的总称。生产时使用溶解良好的麦芽，浸出法糖化，有时也采用跳跃式糖化工艺。

生产爱尔啤酒时通常添加辅料，不过有些啤酒却只能添加符合《纯酿法》的辅料。

爱尔啤酒的酒精浓度在3%～10%波动，品种有“低度爱尔啤酒”、“heavy爱尔啤酒”、“出口爱尔啤酒”或“强力爱尔啤酒”。今天许多添加蜂蜜、生姜或橙子皮作为辅料的特色爱尔啤酒通常是为一定时间段（如为一个月或两个月）而生产。大家所熟知的爱尔品牌之一India Pale爱尔啤酒又重新回归，该品牌酒精含量高、酒花添加量大，所以保质期很长。

Pale爱尔啤酒色泽为铜色，原麦汁浓度多为11%，酒精含量4.5%～5%（体积分数）。色度15～30EBC，苦味值20～25BE，多手工瓶装。

相比之下苦型爱尔啤酒有着较深的棕栗色，苦味值25～40BE，口味干爽，多为桶装啤酒。是上面发酵啤酒的典型代表，原麦汁浓度为9%～13%，酒精含量4.0%～5.5%（体积分数）。

Mild爱尔啤酒口味较甜，颜色更深，原因是生产时使用了焦香麦芽并在煮沸锅中添加了焦糖。其酒精含量一般较低，为3.0%～3.5%（体积分数），色度高达40～50EBC，苦味值20～25BE。

以前Mild爱尔啤酒被人们称为还未完全发酵成熟的嫩啤酒，多数被重体力劳动者所饮用。如今这样的工作越来越少，所以像苦型爱尔啤酒和Pale爱尔啤酒或储藏啤酒这样较甜且酒精含量高的啤酒就不再那么为人们所喜爱了。

Scotch爱尔啤酒生产时使用了香麦芽，从而有着强烈的麦芽香味，其色度为20～25EBC，苦味值30～50BE。

Scotch爱尔啤酒某些时候已成为颜色深以及有着强烈麦芽口味啤酒的代名词。

- Heavy爱尔啤酒的原麦汁浓度为8.5%～9.5%
- 出口爱尔啤酒的原麦汁浓度为10%～11%

Brown爱尔啤酒的原麦汁浓度为14%，酒精含量高达6%（体积分数），色度60～120EBC，苦味值20～35BE。

7.3.1.7 斯陶特啤酒

斯陶特是色度为200EBC的上面发酵深色黑啤酒，由溶解良好的浅色麦芽和10%～20%的色素麦芽和焦香麦芽生产而成。Guinness这家迄今为止最大的斯陶特生产商在生产时添加了10%的烤焦麦芽，酒花添加量高达600～700g/hL（40～50BE）。在煮沸锅中还额外添加焦糖。

由此一来斯陶特啤酒有着强烈的焦苦味。Guinness生产的斯陶特啤酒口味略甜，但无后苦味。由于在倒酒时使用氮气，斯陶特啤酒的泡沫非常细腻。

其他斯陶特啤酒生产商在此期间也开始在倒酒时使用氮气，Guinness的统治地位也因此而被动摇。

斯陶特啤酒的原麦汁浓度为11.5%，酒精含量4.5%～5.0%（体积分数）。

Sweet斯陶特啤酒同样是和干爽斯陶特啤酒一样的原麦汁浓度为10.5%～11%、酒精含量为4.0%（体积分数）的黑啤酒。不过因添加了乳糖和维生素口味变得更柔和。

7.3.1.8 Porter啤酒

Porter啤酒的颜色很深，曾是英国一个重要的啤酒品种，不过后来受到了斯陶特啤酒和苦型爱尔啤酒的彻底冲击。今天的Porter啤酒是色度约为300EBC单位、苦味单位约为40BE的深色啤酒，其原麦汁浓度为13%～14%，酒精含量4.5%～5.0%（体积分数）。

长时间以来，Porter啤酒总是被加工成颜色非常深的啤酒，少数啤酒厂仍在生产酒精含量为9%的Porter啤酒。他们还像以前一样在后酵时使用有着典型长链细胞、能赋予啤酒果香味的*Brettanomyces*酵母。*Brettanomyces*酵母发酵很慢，但其在多年后仍有生命力。

7.3.1.9 比利时啤酒品种

比利时啤酒因口味繁多而引人关注。许多啤酒使用特殊的酵母发酵，部分还使用后酵酵母。有时发酵液中还伴随有产酸菌，随储藏时间延长酸味逐渐钝化并赋予啤酒一种独特的柔和口味。

以下只是简略介绍这些特色啤酒品种：

7.3.1.9.1 Trappisten啤酒

该啤酒因在Trappistenmoenche的寺院啤酒厂生产而得名[170]。在比利时有五家这样的寺院啤酒厂，在荷兰还有一家。

其生产特点是：原料中添加了10%～15%的焦香麦芽，采用浸出法为糖化工艺，大部分使用天然酒花并在麦汁中添加了液体糖浆。使用的酵母为适合寺院的上面发酵酵母，发酵温度为20～25℃，0～5℃后熟。在灌瓶之前还要添加糖和酵母，灌装后的啤酒在25℃的温度下存放3～6周。这样生产出来的啤酒的保存期可达5年。由于添加了糖，Trappisten啤酒的酒精度很高。另外富含的发酵副产物赋予了Trappisten啤酒一种令人感兴趣的口味特征。

Trappisten啤酒有如下品种：

Brasserie de Rochefort

Rochefort 6　酒精度7.5%体积分数

Rochefort 8　酒精度9.2%体积分数

Rochefort 10　酒精度11.3%体积分数

Brasseried' Orval

Orval Trappiste 啤酒　酒精度6.2%（体积分数）

Brasserie de Chimay

Chimay Capsule Rouge　酒精度7%（体积分数）

Chimay Capsule Blanche　酒精度8%（体积分数）

Chimay Capsule Bleue　酒精度9%（体积分数）

Brouwerij Westvleteren

Westvleteren 6（红色）　酒精度6.2%（体积分数）

Westvleteren 8（蓝色）　酒精度8%（体积分数）

Westvleteren12（棕色）　酒精度11%（体积分数）

Brouwerij Westmalle

Westmalle Dubbel　酒精度7%（体积分数）

Westmalle Tripel　酒精度为9%（体积分数）

7.3.1.9.2　Lambic

Lambic是一种不同寻常，口感非常丰满的比利时啤酒。Lambic啤酒主要在布鲁塞尔生产，此外周边的许多小啤酒厂也生产Lambic。该啤酒为添加30%～40%小麦比例的自发酵啤酒。大麦仅经过简单发芽，小麦则不经过发芽处理。糖化的时间很长，煮沸时添加已氧化很严重的天然酒花。发酵采用的是野生酵母，这种有着天然酸味的啤酒需储藏半年的时间，有时还更长（长达3年），从而形成其独特的口感。

该啤酒的原麦汁浓度为11.5%～13.5%。酒精度约为4.5%～5%（体积分数）。

Lambic通常是生产果味啤酒（Kriek和Fromboise）的基础。

Kriek啤酒是Lanbic的变化品种，在发酵容器中添加了樱桃。

Fromboise是加了草莓的啤酒。

7.3.1.9.3　Gueuze

是一种深色未过滤，苹果味很重，有着同柏林白啤酒一样酸味的啤酒品种。Gueuze的变化品种很多，一般通过瓶内发酵，和正常啤酒或果汁进行混合。

生产Gueuze时没有统一的规定。

Faro是酒精度为4%～6%（体积分数）的加糖Lambic啤酒。

7.3.1.9.4　Duvel

颜色同皮尔森啤酒一样浅，口味柔和可口，泡沫密且持久性好，不过酒精度很高，达到8.2%（体积分数）。Duvel独特的口味来自于酵母。

7.3.1.9.5　比利时的Wit啤酒

是采用50%的小麦原汁以及干燥且粉碎的橙子皮和芫荽生产而成的原麦汁浓度为12%的浅色上发酵啤酒，其酒精含量为5%（体积分数），口味为甜酸味。

7.3.2　下面发酵啤酒品种

今天的下面发酵浅色啤酒仅百年左右的历史，与之相关的因素及发展如下。

林德发明了制冷机（1871年），使发酵和储藏能在低温下进行而不受环境温度影响成为可能。

机械式吹瓶技术的出现实现了低成本玻璃瓶和玻璃杯的生产，取代了此前常用的带手柄酒杯，从而便于更好地观察杯内物质。

1878年Lorenz Enzinger推出借助过滤介质进行的啤酒过滤，使得啤酒可以过滤得非常清亮，啤酒的清亮度从此也成为一个重要的质量指标。

直到19世纪末，欧洲还几乎只

饮用按照巴伐利亚酿造工艺生产的下面发酵啤酒，这些被称为慕尼黑啤酒的啤酒品种颜色深，酒花添加量少，非常可口，饮用时仅装在带手柄的酒杯中。

此后根据波希米亚酿造方式生产的浅色啤酒流行了起来，这是由在捷克比尔森的一些中产阶层啤酒厂，也就是以后的比尔森起源啤酒厂所发起的。1842年在比尔森开发出了比尔森啤酒的原型，这种啤酒以其口味、杀口力和健康性成为啤酒历史上从上面发酵酿造方式向下面发酵转变的转折点。

7.3.2.1 比尔森啤酒类型

比尔森型啤酒在德国的销售份额占67.9%[213]，是消费量最多的啤酒（1997）。不过德国北部和东部（石勒苏益格-荷尔斯泰因，汉堡85.0%，萨克森-安哈特82.3%，柏林81.8%）、巴登符腾堡（48.7%）和巴伐利亚（31.7%）之间却存在着明显的差异。

德国的比尔森啤酒的平均原麦汁浓度为11.6%，通常的波动范围为11.3%～12.2%。

1996年柏林VLB检测中心对383种德国比尔森啤酒进行检测后得出如下的分析结果：[200]

原麦汁浓度	11.59%
外观浓度	2.21%
真正浓度	3.98%
酒精度	3.93%（质量分数）
酒精度	4.99%（体积分数）
最终发酵度	81.8%
pH	4.51
色度	7.4
苦味值	30.3EBC（21～41）
泡持性（R&C）	119s
泡持性（NIBEM）	270s
黏度	1.64mPa·s
花色苷	43mg/kg
总多酚	167mg/kg
20℃的浊度	0.4EBC
冷热强化试验	＞2热天
瓶颈空气	0.23mL（0.1～0.5）
β-葡聚糖	368mg/kg
糊精	1%～3%
可利用的碳水化合物	2.6～3.3g/100mL
生理热值	40kcal/100mL=168kJ/100mL
硫代巴比妥酸值	40～45
双乙酰	0.08mg/kg

在色度指标上，比尔森啤酒的差别相当大。

颜色非常浅的比尔森：色度为4.5～7EBC

深色比尔森啤酒：色度为8～10EBC

不过比尔森的一般趋势是颜色倾向于越来越浅，口味越来越柔和。

比尔森啤酒的关键是纯正、赋予啤酒舒适细腻口感的酒花苦味，因此选择酒花的品种和酒花的添加时间尤为重要。从德国北部到南部，比尔森啤酒在苦味强度、纯净性、新鲜和细腻性上存在着明显的差别。

根据不同要求比尔森啤酒的苦味值差别很大，在21～42波动，苦味从“细腻”到“很轻微”。普遍来看，比尔森啤酒的苦味近年来在降低，迎合着大众希望苦味减少的趋势。

以比尔森起源啤酒厂（Plzenske

prazdroj）为代表的波希米亚啤酒则不同于德国的比尔森啤酒，在生产这种啤酒时，所有有助于口味厚重和加深颜色的因素再次被重视（强烈的三次煮出糖化法，煮沸时间超过 2 h等）。这种波希米亚啤酒类型的饮用者不分国界，毫不夸张地说，大部分中欧人都是色浅、柔和型德国比尔森啤酒和色深的波希米亚原型比尔森啤酒的消费者。

7.3.2.2 储藏啤酒／全啤酒

储藏啤酒是一种没有准确定义的啤酒种类，现在世界上生产的下面发酵啤酒总量的80%～90%都是这种啤酒类型，同样包括德国的全啤酒。因此原则上所有无固定品种名称的啤酒都被称为储藏啤酒或全啤酒，这些啤酒的名称也都是与啤酒厂的名字或所在地有关的广告称谓。

储藏啤酒的原麦汁浓度一般为10.5%～12.5%，酒精度为4.7%～5.3%（体积分数），啤酒的苦味一般，苦味值为18～23BE。

德国储藏啤酒的代表是全啤酒，多数情况下生产的都是浅色酒类型。1997年德国全啤酒的平均市场份额为3.6%，与各联邦州相比，这点份额微不足道，因为这种啤酒类型仅在巴伐利亚就占有26.1%的份额[213]。

浅色全啤酒的平均组成如下[200]：

原麦汁浓度	11.65%
外观浓度	2.28%
酒精度	3.91%（质量分数）
酒精度	4.99%（体积分数）
成品最终发酵度	81.4%
过滤间最终发酵度	81.1%
pH	4.58
色度	7.8 EBC
苦味值	21BE
泡持性（R&C）	117s

深色储藏/全啤酒通常浓度会高些，原麦汁浓度为11.8%～13%，酒精度为5%～5.2%（体积分数），苦味值略低，为18～20BE，色度明显深些，为30～40EBC。由于使用了特种麦芽，深色储藏啤酒喝起来有麦芽的香味（见2.9.10）。黑啤酒在这方面则更突出。

深色全啤酒的平均组成如下[200]：

原麦汁浓度	12.18%
外观浓度	3.03%
真正浓度	4.76%
酒精度	3.83%（质量分数）
酒精度	4.90%（体积分数）
过滤间最终发酵度	76.0%
色度	60EBC
苦味值	22BE

7.3.2.3 出口啤酒

出口啤酒是口味略重的啤酒，该啤酒实际上根本不出口，故其名字并非由此而来。出口啤酒以及同样属于此类别的Edel和Spezial啤酒都是根据比尔森酿造方式生产而成，占德国啤酒总销量的8.8%（1997），排在下面发酵啤酒品种的第二位，相当于以前的“多特蒙德”啤酒。

出口啤酒多为酿制的浅色啤酒，原麦汁浓度为12.5%～13.5%，明显高于比尔森啤酒。出口啤酒的酒精度平均为5.5%（体积分数，4.8%～5.9%），相当于4.3%（质量分数，3.7%～4.6%）。

出口啤酒的苦味值为20～25，低于比尔森啤酒，但却明显比浅色啤酒苦，口味上醇厚、柔和并有香味。

出口浅色啤酒的平均指标如下[200]：

原麦汁浓度	12.47%
外观浓度	2.42%
真正浓度	4.32%
酒精度	4.22%（质量分数）
酒精度	5.38%（体积分数）
过滤间发酵度	81.3%
pH	4.61
色度	8.2EBC
苦味值	23.2BE
泡持性（R&C）	118 s

深色出口啤酒的色度为45～100EBC，是颜色很深的啤酒，其浓度较高（13%）也是必然趋势，这样就可以得到必要的醇厚性。

7.3.2.4 黑啤酒

黑啤酒的原麦汁浓度为11.5%～11.8%，颜色特别深，为100～150EBC，酒精度为4.8%～5%（体积分数）。生产时所使用的麦芽赋予啤酒焙烤的香味，而非焦苦味，这种口味和酒精一起带给黑啤酒一种地道的可口味道。黑啤酒通常比出口啤酒的浓度高。

7.3.2.5 节日啤酒

节日啤酒是季节性的，专门为某一节日而酿制的啤酒。多为浅色啤酒，极少数时也酿制成深色啤酒，原麦汁浓度至少为12%～12.5%，口味醇厚可口。

用于慕尼黑十月啤酒节的节日啤酒其原麦汁浓度为13.5%～14%，因此在数杯下肚后便明显出现醉酒的感觉。

7.3.2.6 冰啤酒

冰啤酒并非是一个真正的啤酒品种，其名字源于其生产过程（见4.9.2）。在生产冰啤酒时蛋白质和多酚物质被析出，啤酒口味由于酒精度的略微升高而显得柔和、清淡且没有什么突出特色。

尤其在北美，啤酒在此基础上还会被尽可能的冷却并装在深冷后的玻璃杯中，这虽然带来了冰凉的感觉，但啤酒的口味却只有在较高的温度下（8～10℃）才能显现出来。

7.3.2.7 三月啤酒

以前有些啤酒厂在春季三月份生产一种强烈啤酒，很受消费者欢迎，由此称其为三月啤酒。三月啤酒的原麦汁浓度在13%～14%，相对较强烈，颜色在浅色和深色啤酒之间。如今人们越来越多地生产两种类型的三月啤酒：

浅色类：11～12EBC（9～19）；

深色类：40～60EBC。

由于高的原麦汁浓度和发酵度（80%），所以酒精含量也相当高，平均为5.7%（4.7%～5.9%，体积分数）。三月啤酒属于生产量较小的啤酒种类，一般只能在短时间内销售。

德国1996年三月啤酒的平均分析指标[200]：

原麦汁浓度	13.31%
外观浓度	2.83%
真浓	4.81%
酒精含量（质量分数）	4.42%
酒精含量（体积分数）	5.65%
最终外酵度	79.6%

pH	4.53
泡持性（R&C）	12.5s

7.3.2.8 强烈啤酒（Bock）

强烈啤酒这一名称来源于下萨克森州Einbeck啤酒厂的啤酒，它们在约500年前与穆默啤酒Braunschweiger Mumme一起就已十分著名。Einbeck啤酒来到巴伐利亚后，名称先变为“Oambock”，后来又被称为“Bock强烈啤酒”。

强烈啤酒的原麦汁浓度为16%～17%，一般为季节性生产（五月强啤酒、秋季强啤酒、圣诞节强啤酒），并不是整年均可购买。强烈啤酒的生产过程需要很高的技能，因为通过长时间的发酵和后熟过程，会产生许多芳香物质，它们会对啤酒口味朝各个方向变化或多或少地产生影响。因此每年的强烈啤酒都会不同，并且不同季节的强烈啤酒也有一定的差别，例如：

- 五月强啤酒颜色浅，淡爽，苦一些
- 圣诞节强啤酒丰满，柔和一些[114]

强烈啤酒必须特别注意一点：即所有的啤酒在后酵间均有一个处于最佳质量的时刻。若给强烈啤酒添加高泡酒，低温下可以储酒3～4个月。但必须精确控制，不能有酵母的自溶以免降低啤酒的质量。强烈啤酒很容易提前出现老化味道。

强烈啤酒有浅色（8～13EBC）和深色（45～100EBC）两种。尽管其发酵度低（65%～75%），但酒精含量平均仍有7.0%（即6.0%～7.5%体积分数）。

德国1996年强烈啤酒的平均分析指标[200]：

原麦汁浓度	16.18%
外观浓度	4.50%
真浓	6.73%
酒精含量（质量分数）	4.99%
酒精含量（体积分数）	6.42%
最终外酵度	73.5%

7.3.2.9 双强烈啤酒

原麦汁浓度为18.0%～30%的双强烈啤酒是最强烈的啤酒，其酒精含量高达7%～12%（体积分数）。因此大量饮用受到限制，仅有特定的消费群。必须指出，高浓度的强烈啤酒，一般含有更多的高级醇和酯类，若大量饮用，第二天早上应避免头部的剧烈运动。

双强烈啤酒的生产和销售具有季节性。若将全年的需求量全部生产出来，并长年销售，则啤酒老化危险性很大，同时可能形成口味缺陷。

7.3.2.10 无醇啤酒

在4.9.3中已经介绍过彻底或部分分离啤酒酒精以及阻碍酒精形成的方法。无醇啤酒的消费者是那些由于特定原因不愿意或不允许摄取酒精的人。消费者们往往希望这类啤酒含有低的营养值或碳水化合物，但实际情况并非总如人愿，多数生产工艺生产的无醇啤酒都含有比较多的碳水化合物。

在德国无醇啤酒的酒精含量最高允许为0.5%（体积分数），其它情况则大体如下：

- 原麦汁浓度为5%～6%
- 可利用的碳水化合物含量为2～5g/100mL（比尔森类型为

2～4g/100mL）；

- 热值10～23kcal/100mL（比尔森类型35～50kcal/100mL）；
- 糊精含量2%～2.5%（比尔森类型0.3%～2.0%）。

1996年无醇啤酒的平均指标如下[200]：

原麦汁浓度	5.22%
外观浓度	4.48%
真正浓度	4.61%
酒精含量	0.31%（质量分数）
酒精含量	0.40（体积分数）
发酵度	14.7%
泡持性（R&C）	118s
苦味值	23.7BE
糊精	2.21%
可利用碳水化合物	2.26g/100mL
热值	14kcal/100mL

酒精是重要的口味载体之一，分离酒精的同时也会除去啤酒中其它的一些芳香物质，因此无醇啤酒的口味总是不同于其它啤酒，直接进行对比也就毫无意义。

同样也能生产上面发酵无醇啤酒，德国无醇啤酒的销量（1997年）占2.8%。

7.3.2.11 营养啤酒

营养啤酒是为那些缺乏或必须摄取某种营养物质的消费者而生产的。

在有些国家有生产和销售规定营养食品的法律。

生产普通啤酒时，淀粉并没有完全被分解，有一部分未被分解成可发酵的糖，而是分解成了不可发酵的残留在啤酒中的糊精。

生产营养啤酒时，这类糊精也必须继续分解成糖并发酵成酒精，所以营养啤酒的酒精含量理所当然要高些（酒精含量在有些国家也受法律限制，需再次降低）。

淀粉完全分解成可发酵性糖。

采用普通的糖化工艺，反应淀粉分解的最终发酵度可以达到80%～85%，要想进一步分解剩余的糊精，其时间和剩下的酶活力就不够充分了。

如果想达到90%～92%的最终发酵度，就必须延长糖化时间（3.5～4h）并加强糖化。

- 50℃投料并休止30min
- 62℃和65℃分别休止45min
- 68℃和70℃分别休止30min
- 72℃休止15min
- 合醪到73～74℃

尽管如此，也无法100%地分解碳水化合物（外观发酵度超过100%），所以为了分解剩余的浸出物，人们通常在发酵开始前添加麦芽浸出液（2%～3%）或麦芽粉（2.300g/hL），将其和发酵麦汁混合均匀，存在着的β-淀粉酶和界限糊精酶接下来不断缓慢地分解仍剩余的糊精，形成可分解的糖，由此生产出的啤酒酒精含量很高。

不过在此过程中也会有以下问题：

- 添加麦芽粉和麦芽浸出液的同时可能会带入降低啤酒生物稳定性的微生物
- 添加麦芽浸出液也会给啤酒中带入蛋白分解酶，分解高分子起泡蛋白，使啤酒的泡沫性能明显变差

解决以上两个问题的可能性如下：

- 人们可以将2%～3%的糖化醪

在60℃投料，这部分醪液不经过煮沸便冷却至发酵温度，并添加到发酵液中。在60℃（以及该温度以上）蛋白酶已经失活，从而避免了起泡蛋白的进一步分解，而剩下来的界限糊精酶仍保持有活力，能在发酵和储藏期间作用α-1,6键，分解剩余的淀粉

- 人们也可以将醪液在62℃糊化和液化后再次冷却到50℃，让界限糊精酶有继续分解剩余淀粉的可能性，采用这种方法可使外观最终发酵度达到88%～92%
- 对于那些无需遵循《纯酿法》的啤酒厂，可以在糖化和发酵时添加酶制剂（见3.2.4.3.5.6）以确保彻底将淀粉分解为麦芽糖和葡萄糖（外观发酵度超过100%）

在多数国家，营养啤酒同样必须满足糖尿病人的饮用要求，因此在这些国家必须始终注意以下规定：

- 可利用的碳水化合物
- 生理热值
- 酒精度

降低酒精含量明显会增加成本。有些啤酒厂通过在煮沸锅中对部分发酵后的啤酒再次煮沸以蒸发酒精，这种方法虽然比那些普遍使用的分离酒精的方法要经济些，但问题是增加了氧负荷。

德国营养啤酒的平均指标如下[200]：

原麦汁浓度　9.48%

外观浓度　0.25%

真正浓度　2.02%

酒精度　3.80%（质量分数）

酒精度　4.80%（体积分数）

发酵度　97.4%

糊精　0.66%（质量分数）

可利用碳水化合物　0.77g/100mL

生理热值　33kcal/100mL=139kJ/100mL

7.3.2.12　低度淡爽啤酒

低度淡爽啤酒有浅色和深色啤酒，上面发酵和下面发酵啤酒，桶装鲜啤酒和全啤酒，对此没有统一的说法。低度淡爽啤酒的酒精及其它如糊精类的啤酒成分含量较低。

低度淡爽啤酒的卡路里含量往往很低，分离出部分酒精的做法有时也比较普遍。德国1997年的低度淡爽啤酒所占的份额为0.9%，呈下降趋势。

德国低度淡爽啤酒的平均指标如下：

原麦汁浓度6.5%～8.0%

酒精含量为2.5%～4.0%（体积分数）

糊精含量约为1.0%

可利用的碳水化合物为2.0g/100mL

生理热值为25～30kcal/100mL

通过稀释全啤酒能生产出低度淡爽啤酒。

以下是生产优质低度淡爽啤酒时，能较好反映出这种啤酒典型特征的一些必要措施：

- 使用颜色深、焙焦充分的麦芽
- 采用特殊的糖化工艺，以得到极低或极高的最终发酵度
- 加大酒花的添加量和煮沸强度

- 高温发酵以便于还原双乙酰
- 在低度淡爽啤酒发酵时要保证氨基氮和锌离子含量
- 控制好发酵间发酵度和最终发酵度之差

与德国不同，尤其在北美市场，低度淡爽啤酒的市场份额明显增加。

7.3.2.13 麦芽饮料（麦芽啤酒）

自1960年的“甜啤酒战争”后，在德国的巴伐利亚地区到现在仍不允许在生产麦芽啤酒时添加糖。经联邦法院多次审议后决定，德国今后的麦芽啤酒只能称为麦芽饮料。

麦芽饮料是一种原麦汁浓度为11.7%～12%的深琥珀色饮料。其在糖化车间的浓度为7%～8%，在啤酒过滤时再添加糖将浓度调节至11.5%～12%。这种啤酒的酒精度如同无醇啤酒一样低于0.5%，麦芽饮料也因富含营养物质而成为一种解渴的饮料。

原料为65%～75%的深色麦芽，3%～5%的焦香麦芽，其余为浅色麦芽。糖化和麦汁过滤同其它啤酒生产时一样，麦汁煮沸60～70min，添加少量酒花（15～20mg α-酸/L麦汁）。接种温度为10℃，使用上面发酵酵母发酵几小时后即冷却到0～1℃，从而终止发酵以保证酒精含量低于0.5%。在如此短的时间内，上面发酵酵母不会产生代谢产物。但必须使用上面发酵酵母，因为法律规定这种啤酒为上面发酵啤酒。

不足的4%～5%的糖浓度以酿造焦糖（80%）、糖浆或转化糖的形式添加，在0～1℃贮藏后，并混合均匀。混合有时会带来问题，因为糖不总是完全溶解。此外大型容器中两种密度不同的液体在无搅拌器的情况下会混合得不完全。

添加完糖后开始充CO_2，并灌瓶和巴氏杀菌。瞬时高温杀菌不太保险，因为在灌装路径上始终存在可进入到啤酒中并发酵剩余糖分的微生物，特别是酵母细胞。由此产生的压力会导致爆瓶并造成人员和物体伤害。

麦芽饮料的热值为44～46kcal/100mL（185～193kJ/100mL），卡路里虽略高于比尔森啤酒（约40kcal/100mL），但却含有很多可利用的碳水化合物（平均10.5%）。

麦芽饮料是理想的能量来源，因低酒精含量、有益的碳水化合物、蛋白质和维生素而成为可为孩子们和运动员补充能量的推荐饮料。

《纯酿法》不允许的加糖在其它国家却很普遍，人们加糖生产酒精度高达5%（体积分数）、略带甜味的深色或黑色下发酵啤酒，其可口的口味深受妇女们喜爱。

同样在《纯酿法》外，人们还能生产加糖的焦香麦芽饮料。任何一种加糖的（最好添加酿造焦糖）瓶装或罐装啤酒都必须经过巴氏杀菌。为改善泡沫，人们还能在巴氏杀菌前或开始时再于30～35℃进行休止，以促进发酵，对此需事先在未过滤的啤酒中添加少量酵母。巴氏杀菌必须彻底，否则出现的发酵现象会导致爆瓶和胀罐。

7.3.2.14 其它市场份额很低的啤酒品种

（1）未过滤啤酒　最近市场上出现了未经过滤的全啤酒，这种轻微浑浊啤酒（1997）的平均原麦汁浓度为11.66%，最终发酵度为77.1%。

不过未过滤啤酒并非是指某一种有统一定义的啤酒品种。

（2）烟熏啤酒　是采用烟熏麦芽生产而成的啤酒，生产中所使用的麦芽是在干燥时采用山毛榉木直接熏烤过的，麦芽以及由此生产而来的啤酒便有了一种烟熏味，该种啤酒也因此而得名。

只有少数啤酒厂生产烟熏啤酒。

（3）石头啤酒　将灼热的石头浸泡在醪液或麦汁中进行加热，由此产生的美拉德反应赋予啤酒香味。

这种生产工艺极少应用，使用者仅为一些很小的啤酒厂。

7.3.2.15　啤酒混合饮料

德国的啤酒混合饮料由来已久，是由啤酒和柠檬汽水混合而成，口味独特，酒精含量低，具有解渴的功效。

根据《纯酿法》规定，今天的啤酒混合饮料的混合比例为1∶1，啤酒与柠檬汽水、可乐或其它饮料进行混合，成品饮料的酒精含量为1%～2.7%，多数灌装在易拉罐中。

传统啤酒混合饮料有：

Radler：浅色啤酒和柠檬汽水混合

Alster水：浅色啤酒和柠檬汽水混合

Russen：晶莹小麦啤酒和柠檬汽水混合

Diesel：小麦啤酒和可乐混合

Turbodiesel：小麦啤酒、可乐和其它添加物混合

啤酒混合饮料是一种极具季节性的产品，主要在夏季生产。由于人们对低酒精含量的清凉解渴饮料需求的骤然上升，使得这种饮料非常受欢迎。

近年来，其它国家的啤酒混合饮料需求也在不断大幅上升，低酒精含量（1%～3%）饮料成为普遍趋势。

7.3.3　非纯酿法啤酒品种成为了发展趋势

根据《纯酿法》生产啤酒是一种流传下来的啤酒酿造方式，是对酿造者提出的最高要求。在《纯酿法》的范围中还存在着许多改变口味的可能性，比如，使用不同的酵母菌种，通过它们的代谢产物来影响口味和香味。

在许多国家，人们出于经济的原因，会使用部分价格便宜的其它天然产品来代替浅色麦芽，使用天然原料代替浅色麦芽以改变啤酒风味的可能性同样也存在。

除生产传统的、在市场上占有主导地位的啤酒品种外，开发新啤酒品种也成为大的趋势。

全球的许多小型啤酒厂和啤酒屋也对此类开发工作起到极大的推动作用。

在无需遵循《纯酿法》的国家和啤酒厂，人们越来越多地在啤酒中添加天然的果实或植物成分，由此通过令人感兴趣的口味和香味组分来满足消费者。这些啤酒的消费者们通常不是为了解渴而更多地是在乎享受。

通过添加果实、香料、植物及其混合物的创新和调整单种口味的可能性非常多。

在许多啤酒厂，多为试验性质的

微型啤酒厂使用下列天然成分：橙汁、橙皮、橙油、接骨木果油、鼠尾草、甘菊、芫荽、生姜、桂皮、丁香、黑莓、草莓、樱桃、猕猴桃、果仁、野花和荞麦等。

一种特别流行的趋势是在啤酒中加入大麻成分，此时仅仅是通过大麻花来替代部分酒花成分。在所有添加果实或植物成分的啤酒生产中，酒花的使用量一般都会减少，以便于突出典型的果实或综合口感。当然在添加上述成分时绝不能忽视，在广告和商标上标明各自的健康功效，比如金丝桃可治疗失眠和神经衰弱。无论如何，这些特殊的混合方式都能带来出色的口感。

关于添加甜味剂的加糖方式在1.5.7中已经涉及。

7.3.3.1 特色蜂蜜啤酒

蜂蜜加工在一些国家越来越受到重视。

蜂蜜当中含有蜜蜂从新鲜的植物成分中提取而来的花蜜或其它甜汁，这些蜂蜜在蜜蜂体内补充了其休内的有益物质，经过转化后在蜂房中储存下来直到成熟。在此过程中蜂蜜变得浓稠，并通过采集来的酸和蜜蜂的酶被转化。蜜蜂食物中的矿物质、维生素和香味物质在此浓缩成为水含量为16%～19%的蜂蜜团，最后通过蜂蜜离心机从蜂箱中被收集出来。

蜂蜜中平均含有：

38.2%的果糖

31.3%的葡萄糖

7.3%的麦芽糖

1.3%的蔗糖

1.5%的高分子糖

0.04%的氮

0.17%的矿物质和其它成分

和矿物质含量一样，蜂蜜的蛋白质含量极其低， 深色蜂蜜的矿物质含量则高些。蜂蜜的pH为3.9，有机酸含量为0.57%，主要为葡糖酸。

蜂蜜的价值主要体现在其高含量的易吸收性碳水化合物和香味物质上。其中，香味的重要价值更是可追溯到很早时期，如从前的蜂蜜葡萄酒和蜂蜜酒。

蜂蜜的香味物质由300多种芳香化合物组成，其中有200多种已被鉴定，涉及酯、脂肪酸、芳香酸、醛、酮和醇。

人们根据采集地和植物来源将蜂蜜分为：

- 花蜜
- 蜜露

新鲜状态下的花蜜（欧石南属、椴属、金合欢属、三叶草属、芸苔、苜蓿、荞麦、水果花蜜）是黏稠透亮的，并随着存放时间的延长而变得越来越硬以及晶状化。蜂蜜的颜色同香味一样与产地有关。比如：

- 槭属蜜，浅黄色；
- 欧石南属蜜，暗红色；
- 三叶草属蜜，浅黄色至红色；
- 草地花蜜，黄色至棕色。

蜂蜜的口味甜，香味芬芳，有些品种的香味非常强烈，比如欧石南属蜜和草地花蜜品种的香味同其它品种相比有时略显刺激些。

甘露蜜（冷杉、云杉和树叶蜜）凝结难，其甜味也弱些，颜色暗，有香料和树脂类的口味和气味。

7.3.3.1.1 蜂蜜的选择

挑选用于啤酒生产的蜂蜜很重要，因为添加少量的蜂蜜便能提供明显的香味，所以选择蜂蜜品种时必须非常小心。香味强烈和刺激的蜂蜜品种一般不考虑用于啤酒酿造。添加到啤酒中的蜂蜜应赋予啤酒一种舒适、柔和、不让人讨厌的甜味。因此人们在选择蜂蜜时应特别注意。

7.3.3.1.2 添加蜂蜜的时间和添加量

作为添加剂的蜂蜜直接给啤酒提供了高含量的可发酵性糖和香味物质。在此人们可从以下两方面来选择可能的添加方式：

（1）在糖化车间里蜂蜜被作为浸出物来源添加在麦汁接种前，然后采用正常的生产方式。在这种情况下，虽然蜂蜜中存在着的微生物被杀灭了，但一部分对口味有价值的芳香化合物也因此而损失掉了，发酵终了的啤酒中就没有甜味残留。添加时间可刚好安排在接种前，因为100℃下微生物在很短时间内便会被杀灭，而且回旋沉淀槽中的高温还将进一步保证无菌性。

蜂蜜几乎百分之百为可发酵性的，但是蜂蜜作为浸出物来源相对而言却太贵，发酵时几乎没有优点，特别是香味物质几乎所剩无几。

（2）蜂蜜在灌装前才添加，如此带来甜味和香味效果。对此人们需要：

- 一台功能好的添加装置（或通过循环泵混合）
- 一台充CO_2装置
- 一台巴氏杀菌设备，用以提高保存期和防止不希望的发酵

尽管这是最佳的方法，但显然成本较高，且蜂蜜也不便宜。

人们还必须防止添加蜂蜜后产品出现明显的甜味，正常情况应该是和谐的残余甜味、轻微的蜂蜜香味和酒花苦味。

> 通常情况下蜂蜜被稀释至1%～3%后在啤酒过滤前添加，灌瓶后进行巴氏杀菌。蜂蜜由此赋予啤酒一种具有轻微蜂蜜香味的和谐残余甜味。建议添加蜂蜜的啤酒减少酒花添加量，且浓度可略微提高（13%～14%），以此通过高酒精和酯含量来突出蜂蜜啤酒的特征。

一般说来添加蜂蜜导致的高成本可以通过其较高的售价来平衡，这种啤酒吸引着新的消费群体。通常情况下，仅使用蜂蜜的提示说明便足以吸引消费者了，更何况最终的产品确实有类似蜂蜜的口味。

无论如何，添加蜂蜜或其它天然成分时，商标上都必须进行标识，这点是绝对必要的，因为啤酒消费者们对《纯酿法》啤酒和非《纯酿法》啤酒的要求都是天然和纯净。

在德国这种添加了蜂蜜的饮品不允许打着啤酒的商标出售。

7.3.3.2 其它种类

在日本，人们还生产一种令人感兴趣的辣根啤酒。如果酿造时添加绿色的辣根，就能生产出绿色带香味的啤酒。该饮品的独特之处在于其完全不同于正常啤酒的颜色和另类的口味。同蜂蜜相比，辣根不提供可发酵性浸出物，

使用目的仅仅是作为香料。

这个略显奇特的例子表明，很多花色品种还未充分开发，在啤酒生产领域还存在着很多可能性。不过人们在试验时不应忘记在商标上注明所有添加物品的数量、来源、加工温度及添加时间等。

必须清楚的一点是，现在这些在不同国家允许或不允许称为啤酒的饮品始终只占小部分的市场份额，应不会压制大的啤酒市场和正常的啤酒品种。

7.4　质量检测

从三个方面出发检测成品啤酒的质量。

- 通过品酒
- 通过微生物检测
- 通过理化检测

7.4.1　啤酒品评

啤酒的许多内容物质和特性可以准确测量出来，比如：

- 泡沫量和泡持性
- 啤酒的色度
- 啤酒的浊度

但是，口味纯正性、气味、杀口力和苦味细致性等参数却是用分析方法不能测量出来的，而这些恰好是顾客对啤酒最感兴趣的参数。啤酒对他们来说必须有持久的吸引力。

为掌握这些对质量十分重要的参数，必须品尝啤酒，从不同角度检查气味和口味。若想使品尝结果具有说服力，则必须事先挑选品酒人员，接受培训后，按照固定的方式和程序来品评啤酒。

品尝时，品酒人员必须对口味和气味具有非常强的区分能力。为考核这一点，可让品酒人员品尝下述处理过的啤酒：

- 啤酒的10%用除气后的水代替（稀释对比）
- 按4g/L加入糖（甜度对比）
- 溶解4mg异α-酸（苦味对比）

测试瓶按规定封好，摇动180°并与对比样一起放入冰箱中保存过夜，然后按下列方法进行品尝：

- 两杯法：区分两个样品的差异并说明理由
- 三杯法：品酒员得到双份（AAB、BBA、ABA、ABB等）的同一个样品（A或B）。品酒员必须区分并说明理由

在按照上述方法挑选企业内品酒人员的同时（随着时间的推移和经验的积累，品酒员得出的结果越来越具说服力），也必须知道每一个产品到达顾客手中时的情况。为此需和顾客一起进行喜爱程度试验，因为此时涉及的是行业外人士和未经培训的人员，所以一般采用尽可能简单的试验方法。

品尝人员在此得到编过号的本厂啤酒样品和其它厂家样品以及一张纸。纸上划有两条距离为10cm的水平直线，上线表示想象中最好的，下线表示想象中最差的结果。品尝人员通过所做标记的高低来表现其对啤酒品尝样品的观点。此时，对开始品尝过的啤酒在最后再品尝一回是很有必要的。

品酒时有非常严格的要求：使用

200mL的深色品酒杯，啤酒斟入时应无泡；品酒温度在8～14℃，酒样在品酒前一夜应在此温度下保存；品酒间的温度、品酒员的位置等均有严格规定，以求得到中性结果。

品酒时样品的名称总是不被告知的。

品酒可使用不同的表格。下面列出了按照“啤酒DLG-质量检测标准”制定的表格，可代替其它表格：

因为品酒均由多个品酒员来进行，所以从品酒每一项的平均得分可以得到最终的品酒结果。品酒时也应对陈旧酒样进行品尝，以从客观上判断能否指出口味的变化。品酒对判断啤酒的质量十分重要。

也必须注意其它因素对品酒结果的影响，例如啤酒是习惯性饮料，啤酒口味可以改变消费者的口味。消费者往往会觉得经常喝的啤酒最好，可能或仅仅因为某种特殊口味的存在。因此我们说啤酒需要家园。鉴于这一原因，许多小型啤酒厂，特别是在北巴伐利亚的小啤酒厂，其啤酒产品只有在当地才能生存并销售得较好。

特征	得分	说明
气味	5	纯正
	4	较纯正
	3	轻微气味缺陷（双乙酰味、氧化味）
	2	明显气味缺陷（令人讨厌的酯味）
	1	强烈气味缺陷（霉味、酵母味）
口味纯正性	5	纯正
	4	较纯正
	3	轻微口味缺陷（双乙酰味、氧化味）
	2	明显口味缺陷（令人讨厌的酯味）
	1	强烈口味缺陷（霉味、金属味、日照味）
苦味质量	5	十分细腻
	4	细腻
	3	轻微后苦
	2	后苦
	1	强烈后苦

特征	得分	说明
口味丰满性	5	丰满、圆润
	4	丰满
	3	丰满性差
	2	不圆润
	1	淡、不适
杀口力	5	舒适杀口
	4	杀口
	3	杀口力弱
	2	淡薄
	1	很淡薄

7.4.2 生物检验

在制取麦汁和啤酒的过程中，有可能带进异类微生物。若这些微生物自身繁殖，就会在啤酒中形成沉淀，导致啤酒产生浑浊。另外由于其不同的代谢产物而导致啤酒口味的变化、变差直至不能饮用。

因此必须采取一切办法，以尽早发现进入麦汁或啤酒的这些微生物和污染点，并采取措施防止这些微生物的生长。这就是微生物检测的任务。

并不是所有以任何一种方式进入麦汁或啤酒的微生物均为啤酒有害菌。基本上可以按其对啤酒的危害性将这些微生物划分为三类：

- 无害共生菌
- 潜在啤酒有害菌
- 必然啤酒有害菌

无害共生菌是指霉菌孢子和许多细菌以及酵母，它们不能在啤酒中生长并会死亡。而某些时候，若有这类微生物存在说明可能同时有危险性的微生物存在。

潜在有害菌只能在对其生长有利的特定条件下才能在成品酒中繁殖。这些特定条件为：

- 啤酒含氧量高时
- 啤酒的pH相对较高时（4.7～4.8）
- 啤酒苦味物质含量低时

属于潜在啤酒有害菌的种类有：

- 乳酸杆菌（*Lactobacillus casei*）
- 链球菌（*Streptococcus lactis*）
- 肠细菌（*Enterobacteriaceen*）

这些细菌中的一部分，比如链球菌*Streptococcus lactis*可产生乳酸，同时带来不舒适的口味。

必然有害菌产生特别的危害。属于此类细菌的主要有：

- 果胶杆菌
- 巨球菌

这些细菌是厌氧菌，只能在严格的厌氧条件下才能生长。我们竭尽全力使啤酒远离氧气的同时也为这些啤酒有害菌改善了生存环境（无氧，低pH）。

这些细菌能在灌装后的无氧啤酒中繁殖。其形成的代谢产物带来一种下水道似的口味和气味，并导致啤酒无法饮用。所以做到及时防止尤为重要。我们知道（见5.2.2.5），这种厌氧菌能在醋酸杆菌形成的有保护作用的菌囊中存活并繁殖，并能在一定的时间后带来危害。

除此外还有其它一些通过形成不舒适副产物给啤酒带来危害的啤酒有害菌，它们是：

- 乳酸杆菌 *Lactobacillus brevis*
- 乳酸杆菌 *Lactobacillus Lindneri*
- 乳酸杆菌 *Lactobacillus frigidus*
- 四联球菌 *Pediococcus damnosus*

这些细菌在厌氧和好氧的条件下都能生长。

酵母也会给啤酒生产带来危害，导致发酵不正常或产生后发酵。啤酒有害酵母有：

- 啤酒过滤后仍残存的酵母细胞
- 酵母属异类酵母，也属纯种酵母属，但与啤酒生产无关，可产生沉淀，导致浑浊，带来口味影响属于此类酵母的有：

- 糖化酵母（*Saccharomyces diastaticus*）
- 巴氏酵母（*Saccharomyces pastorianus*）
- 酵母椭圆变种（Saccharomyces ellipsoideus）

- 非酵母属异类酵母也可能在啤酒中出现，它们是：
  - 酒香酵母（*Brettanomyceshefe*）
  - 球拟酵母（*Torulopsis*）
  - 异常汉生氏酵母（*Hansenula*）
  - 假丝酵母（*Candida*）

大多数情况下，异类酵母若在啤酒中繁殖，会导致沉淀和浑浊的产生；另外，繁殖和代谢导致纯种酵母的营养减少。

> 生物检测的任务就是要尽可能在较多的环节作经常性地检测，以了解异类微生物是怎样以及从哪里进入麦汁或啤酒的。这些异类微生物被称为表面污染微生物或短暂污染微生物（拉丁语：污染=败坏）。

取样应按照本企业制定的固定计划进行，在不同的点对麦汁和啤酒取样，特别是那些CIP清洗有可能触及不到的地方，例如：

- 带弯管的测量装置
- 泵
- 带密封圈的阀门和堵头
- 软管和管道
- 取样阀
- 洗瓶机
- 验瓶机
- 灌装机和压盖机等

回收酵母和接种酵母、水、空气均是可能的污染源，必须加以检测。检查得越仔细，则可以越早地发现污染。不能仅依靠精过滤和瞬时杀菌，必须严格认真操作。

检测时必须在完全可靠的生物条件下取样，也就是说，取到的样品必须是能代表取样点的样品，而不是代表其它样品。样品被放入液体或固体培养基中并在恒定的温度下进行培养。

存在的污染细菌在此过程中繁殖并且能形成典型的菌落。从菌落形态以及通过有经验人员在显微镜下的观察就可知道是哪类污染。

不同类型的样品应采用不同的材料和不同的检测方法[94]：

样品类型Ⅰ：清亮的啤酒和冲洗水

用膜过滤方法过滤，然后在营养琼脂或营养液中培养。

样品类型Ⅱ：酵母样品

氨发酵试验，在琼脂或营养液中培养。

样品类型Ⅲ：含酵母的啤酒样品

NBB-浓缩液方法或保存方法。

样品类型Ⅳ：麦汁样品

膜过滤方法或NBB-浓缩液方法。

样品类型Ⅴ：空气

将琼脂样品放置在取样点几分钟。

样品类型Ⅵ：棉签样品

液体增殖或膜过滤。

以下是相关的一些主要培养基举例：

- 麦汁琼脂
- 不同组成的NBB琼脂
- VLB−S7
- 酵母自溶液

- 加酒花啤酒
- 巴氏杀菌啤酒
- 氨发酵液以及其它

从每一个灌装批次中都要取保存样品并在保存期样品柜中于26℃保存。在最短的保质期内保存期样品不应出现沉淀和浑浊。

通常的生物污染检测系统的缺点是，出结果不如所期望的那么快。部分结果鉴定在5d后才能完成，这在某些情况下已为时过晚。

PCR（多聚酶链反应）检测待检微生物的部分遗传物质（遗传指纹），而不是检测整个细胞。因为在啤酒中仅出现一定种类的有害菌，所以采用这种方法可以在很短时间内一步检测分辨出啤酒有害菌[212]。

使用PCR能在几小时内检测并同时鉴定出如乳酸杆菌、四联球菌、巨球菌和果胶杆菌等啤酒有害菌，从而使啤酒厂大大加快对潜在危害的评价，同时便于迅速查找污染源。

7.4.3 啤酒分析

若想生产质量稳定的啤酒，必须对生产环节一系列的位置进行监测，其中主要监测内容包括：

通过检测浸出物和酒精含量来检测原麦汁浓度；

- 检测pH
- 检测啤酒中的氧含量
- 检测双乙酰
- 检测苦味值
- 检测CO_2含量
- 检测胶体稳定性

检测胶体稳定性以及其它分析检测项目。

7.4.3.1 原麦汁浓度分析

原麦汁浓度分析应该反映出啤酒内含物质的来源，不过原有内含物质仅部分存在，因为大部分被发酵了。所以人们必须测出成品啤酒发酵前的浸出物含量。

发酵前的麦汁的浸出物含量是原麦汁浓度（图7.2），比如其浓度为11.5%。

我们知道（4.1.2.1.1），可发酵浸出物在发酵时将产生几乎相同量的酒精和二氧化碳，如180g糖发酵后产生92g酒精和88g二氧化碳。

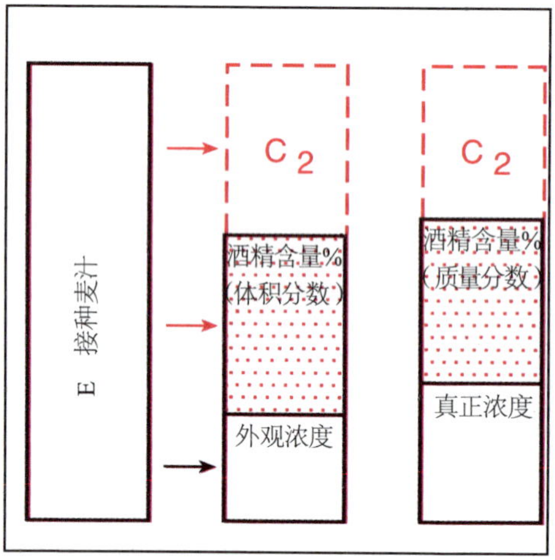

图7.2 发酵时浸出物和酒精含量的变化

如果现在测出啤酒中还剩余的不可发酵浸出物的含量（比如最简单可通过糖度计），那么测出的将是一个较低的结果，如2.3%。其余的则明显是被发酵了。转化成了几乎同等质量的酒精和CO_2。如果人们测得的酒精含量为4.9%，则表示100mL啤酒中含有

4.9mL酒精。

不过这个结果仅在外观上是正确的，因为这一定量的酒精会使糖度计的测量结果略低些，糖度计测出的结果所以被称为外观浓度（*Es*）。要想测量真正浓度（*Ew*），必须分离出酒精，如通过蒸馏。这样一来我们就可以确定，真正浓度应比糖度计测出的外观浓度高出1%～1.5%［比如3.8%（质量分数）］。如果现在测出的酒精浓度还仅为质量浓度，而且确定测出的质量浓度比体积浓度略低1%（如3.9%），由此可得出如下的啤酒分析结果：

外观浓度（*Es*）	2.3%
酒精度	4.9%（体积分数）
真正浓度（*Ew*）	3.8%
酒精度	3.9%（质量分数）

如果知道了啤酒的质量百分比酒精含量，便可计算出这些酒精是由多少浸出物发酵而来。

根据巴林公式，啤酒在发酵时，2.0665g浸出物平均生成1.0g的酒精、0.9565gCO_2和0.11g酵母。按照巴林公式可计算出原麦汁浓度（°P）。

$$°P=\frac{(A\times 2.0665+E_w)\times 100\%}{100+A\times 1.0665}$$

式中　*A*—酒精含量（质量分数）

Ew—真正浓度（质量分数）

原麦汁浓度根据巴林公式求得，在德国该计算还用于确定啤酒税上。该公式不适合于以下情况：

- 处理过酒精的啤酒（无醇啤酒、低度啤酒和营养啤酒）
- 上面发酵含酵母啤酒（因为啤酒中还含有酵母）

上述用于原麦汁浓度计算的公式有两个差别很大的因素：

- 浸出物提高密度
- 而酒精度则降低密度

最老式的测量原麦汁的方法是进行酒精蒸馏，此时须测量：

- 浸出物-水混合液
- 酒精-水混合液

并由此得出原麦汁浓度。

所以每次进行啤酒分析时都需测量密度，采用：

- 比重瓶法
- 精密的密度仪

能准确测量密度，而且这两种方法始终被推荐用于分析。

现代化的设备则是采用曲管振子（密度测量池）来测量密度。

7.4.3.1.1　蒸馏分析

蒸馏分析是利用酒精沸点略低于水的原理。蒸馏使酒精和部分水被馏出，并由此得出真正浓度（*Ew*）。

准确的测量通过比重瓶来完成（图7.3）。比重瓶的细瓶颈上带有刻度，在20℃下准确称量50mL的样品重

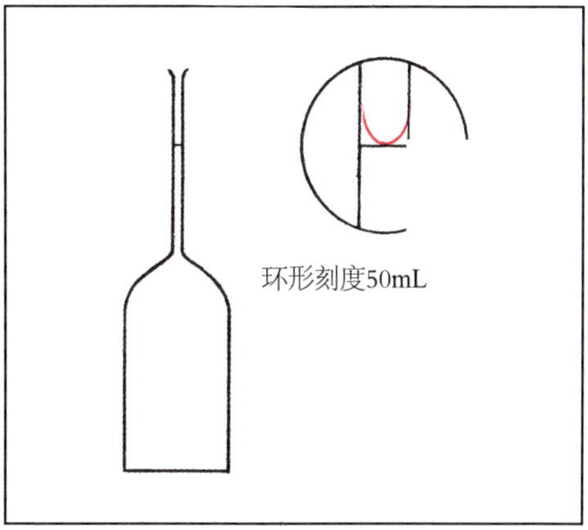

图7.3　比重瓶

量。不过要得到准确的50mL样品浪费很大，因此操作时大约使用50mL，并通过水值的校正来进行换算。

7.4.3.1.2 折光分析

折光分析的原理：光线由光疏介质进入光密介质时会发生折射，这一现象可以从浸入水中的物体其表面光线的折射看出。

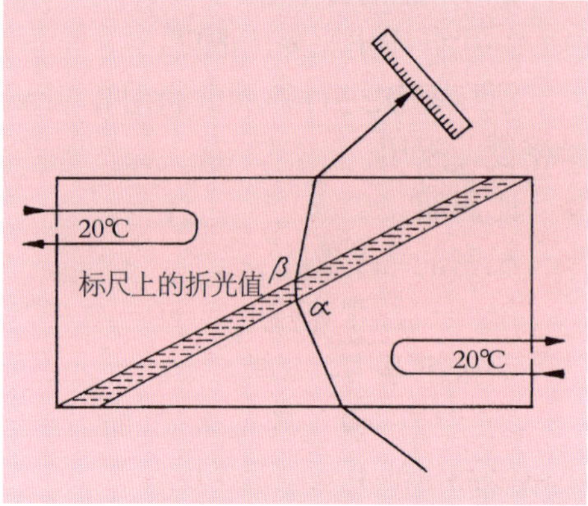

图7.4 折光值测量

折光分析法可以精确测量出由光疏介质（液体样品）到光密介质（棱镜）的折射（图7.4）。光折射可以用折光率这一数值来表示。折光率与浓度（浸出物、酒精）、温度和波长有关。折光率用入射角α和折射角β之间的关系来表示。

$$\text{折光率}\quad \eta=\frac{\sin\alpha}{\sin\beta}$$

液体的密度取决于酒精和浸出物含量，因此通过密度和折光值，借助换算表可以测量出原麦汁浓度。

外观密度借助密度计或密度测量池来测量，折光率通过浸入式折光仪或带可加热棱镜的折光仪来测量。这两种测量能组合在图7.5所示的、同样

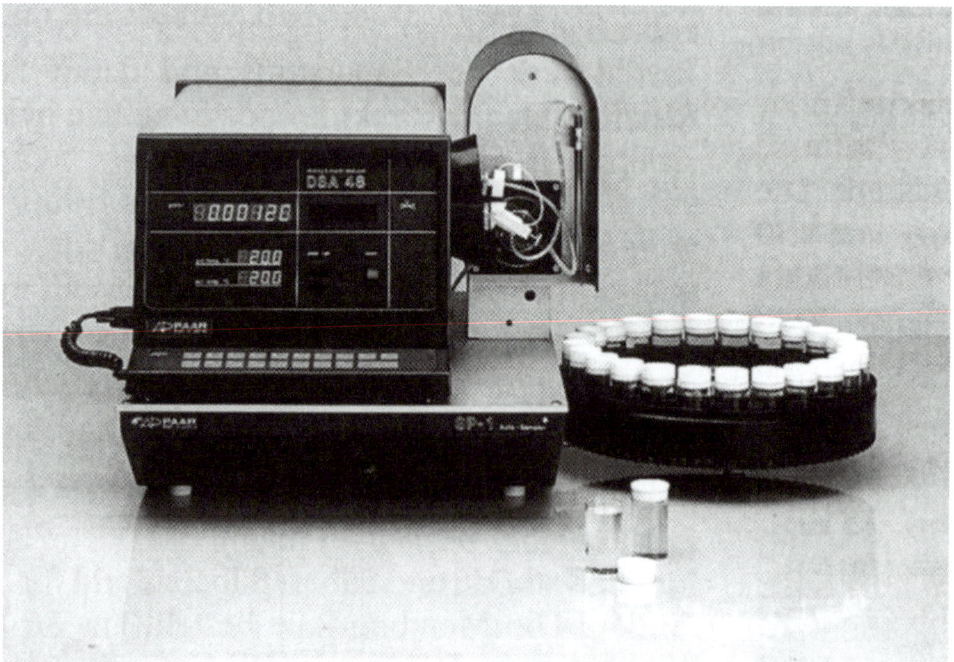

图7.5 全自动啤酒分析仪
（图片由Paar/Physika Meßtechnik 提供）

也进行换算的全自动啤酒分析仪中。

7.4.3.1.3 密度和声速测量的联合

测量啤酒的声速可代替折光分析，因为液体的声速与浓度，即液体的浸出物含量有关。

在图7.6所示的全自动啤酒分析仪中使用了一U型曲管振子，测量时待测样品被注入到该管中。通过电磁或压电效应使U型管产生振荡，其固有的振荡频率可准确测量，并快速准确地反映成密度。借助曲管振子的测量方法是今天的检测标准，设备形式有：

- 可携带式仪器
- 实验室用仪器
- 用于过程控制的在线测量仪器

通过密度和声速测量可算出原麦汁浓度。

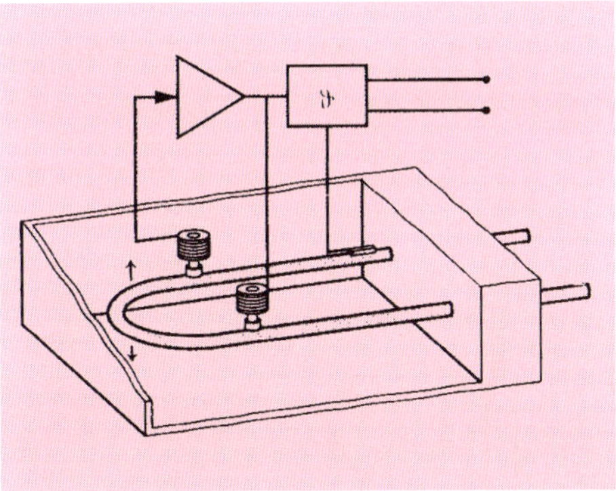

图7.6 密度测量室

7.4.3.2 啤酒色度分析

色度分析是采用标准比色盘通过感官对比来完成的。在比色计中样品和比色盘被调准至相同的色度值。测深色啤酒色度时通常必须稀释。

色度用EBC表示。

使用分光光度计也能测量色度，这样可避免人眼所造成的主观影响。测量在430nm的波长下进行，并通过换算系数转换成EBC单位。

啤酒的色度一般为：

- 比尔森啤酒 6～11EBC
- 浅色全啤酒 7～12EBC
- 深色全啤酒 30～40EBC
- 浅色出口啤酒 7～15EBC
- 深色出口啤酒 45～100EBC
- 浅色三月啤酒 9～15EBC
- 浅色强烈啤酒 8～15EBC

7.4.3.3 pH

啤酒分析时总是同时测量pH，测量pH是十分重要的，因为所有酶的作用以及微生物的状态都和pH有关联。

pH的测量采用：

- 玻璃电极
- 参比电极

两个电极通常组合成一个单杆测量笔，并总是插在一个保护罩中，在实践条件下也能使用。

pH一般为：

- 打出麦汁 5.3～5.5（理想情况为5.0～5.2）
- 啤酒 4.3～4.6（理想情况为4.2～4.3）

7.4.3.4 测量啤酒中的氧含量

检测氧含量是啤酒生产过程中最重要的检测项目之一。高的氧气含量对啤酒质量及其口味稳定性会带来非常不利的影响。

氧含量的测量采用电化学的方法来完成。在一定电压下，氧气被阴极测量电极还原，此时产生的电流被测量下来，它和氧气的静压以及氧含量直接成正比。

测量通过：

- 膜电极
- 无膜电极

7.4.3.4.1 采用带膜电极测量

根据Clark的方法这种测量通常借助一个极化膜测量电极。阴极采用金或白金，阳极采用银或氯化银。膜箔由10～25μm的PTFE或PE制成。

7.4.3.4.2 采用无膜电极测量

氧气的还原在一个极化电极上完成。在此人们利用电化学的测量原理，使用由三个按电位势排列放置的电极，啤酒被直接作为电解质，测量无需膜直接完成（例如Dr. Thiedig公司的Digox测量仪）。这种测量可以在实验室中、携带到生产现场或在线进行。部分啤酒从旁道（10L/h）里穿过传感器，直接测出氧气含量（图7.7）。

人们希望的氧含量指标为：

- 后酵液中0.00～0.01mg/L
- 灌酒机进口0.02～0.03mg/L
- 灌装后的成品啤酒0.10～0.15mg/L

在此还必须考虑到灌装时，瓶颈空气中的氧气含量。

瓶颈空气中的氧气含量可通过以下方法来测定：

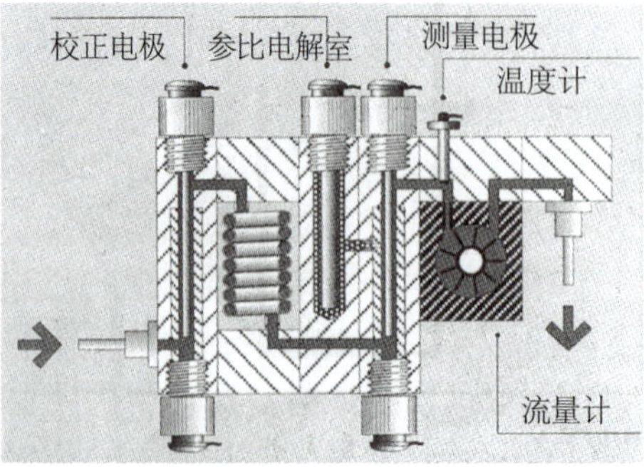

图7.7 在旁道中测量氧气含量
（Dr. Thiedig 公司，柏林）

水下漏斗法

这种方法是将瓶颈中的气体收集至一注满水的漏斗中（图7.8），然后通过液体柱缓慢将其导入氢氧化钠里，二氧化碳在这里被吸收，由氮气和氧气组成的剩余气体被收集至刻度吸量管中并可读取其体积——“瓶颈空气含量”。1mL的空气相当于0.28mg的氧气含量。

必须指出的是：

啤酒中的溶解氧含量和瓶颈中的氧含量相加等于啤酒中的总氧含量（见5.2.2.4.6）。

该指标意义重大。新灌装设备已经能保证啤酒含氧量为0.10mg/L。为了保证口味稳定性，灌装设备应保证啤酒的氧含量低于0.15mg/L。

为避免氧气反应掉，在灌装后直接测量总氧含量。

通过摇晃，较快地在啤酒和瓶颈中达到氧气含量的平衡，该平衡能被测量，由此也能测出瓶颈中氧气含量。这

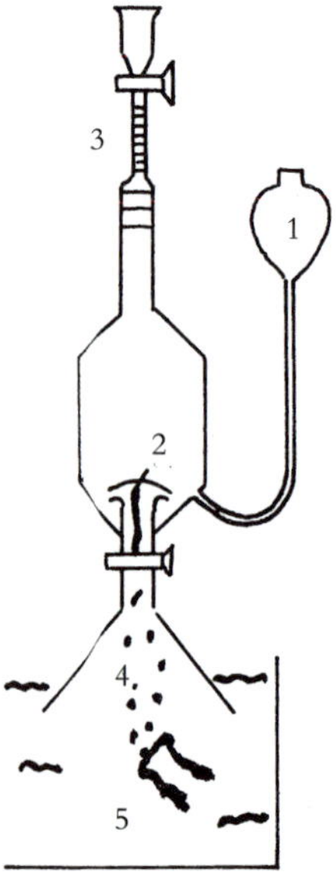

图7.8 水下漏斗法
1-平衡容器
2-用于结合CO_2的NaOH注满部分
3-带刻度的滴定管
4-注水的玻璃漏斗
5-开启啤酒瓶瓶颈中的空气

种方法比水下漏斗法简单和准确。

7.4.3.5　测量啤酒中的双乙酰含量

双乙酰的分解程度在后熟阶段是一项重要指标。因此啤酒厂大多在后熟阶段定时监测双乙酰的含量。在双乙酰未降至0.10mg/L以前，不能开始降温。

按照Hetzel/Gjertsen分光光度法，使用pamas仪器测量双乙酰时，测量到的实际为连二酮的总含量。蒸馏出来的馏出液加入试剂后，进一步反应形成化合物。此化合物在分光光度计335nm下具有特定的吸收峰。啤酒中的双乙酰含量应低于0.10mg/L。

7.4.3.6　测量泡持性

作为重要的质量标准，泡持性被检测得非常频繁。其主要测量方法有两种，但测量结果却无法进行对比：

- Ross & Clark方法
- NIBEM方法

按照Ross & Clark（R&C）法测量泡持性时，要在啤酒中产生一定量的泡沫体积。通过泡沫消失的时间以及泡沫消失的状态而得出泡沫气泡寿命是评判泡持性的尺度。如果啤酒中CO_2含量对泡沫形成的影响被排除的话，那么人们会更多地使用这种方法。

该数值越大，泡沫便越持久。泡持性指标为90～140s，中间值约为120s。

采用NIBEM方法时，测量泡沫顶部表面（图7.9，A）下降10、20或30mm（B）的时间。测量通过一个带长探针的运动电极（a）来完成（b和c）。测量出的时间用s表示。

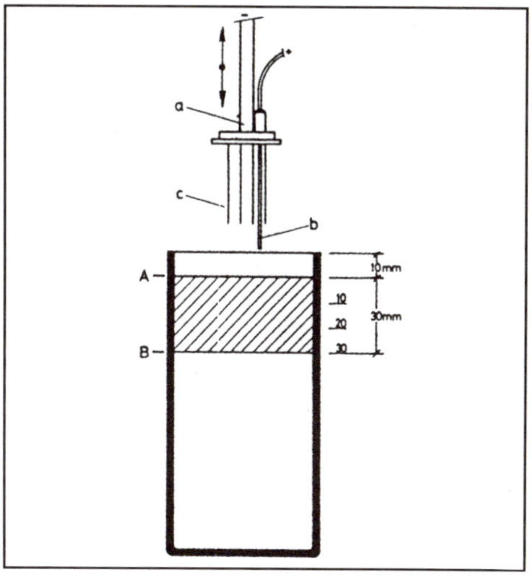

图7.9　NIBEM泡持性测量仪的电极系统

低于220s	很差
260～280s	好
高于300s	很好

7.4.3.7　测量CO_2

啤酒中溶解的CO_2含量是一个重要的质量标准，尤其关系到啤酒的杀口性。啤酒正常的CO_2含量为：

- 0.45～0.6g/L（下面发酵啤酒）
- 0.40～1.00g/L（上面发酵啤酒）

检测CO_2含量的常用方法：

- 压力法
- 滴定法

采用滴定法很麻烦，而采用压力法时只需要测量均匀摇动后的瓶内压力和温度即可。其原理基于亨利定律。在平衡状态下，一定温度下溶解于液体中的气体浓度（理想条件下）与气相中气体的静压成正比。这种平衡状态将通过强烈的摇动、不断地翻转瓶子或通过电加热而实现（图7.10），而压力则借助压力表来测量。

由此便可通过温度来计算出CO_2含量，该测量原理被广泛用于在线测量中。

图7.10 数显式CO_2测量仪DGM型（Haffmans公司，Venlo荷兰）

7.4.3.8 测量苦味值

苦味值的测量十分重要，因为苦味明显影响啤酒的口味。苦味值（EBC/ASBC）的测量为分光光度法，在此不作详细说明。不同种类啤酒的苦味值范围如下：

- 比尔森 25～40
- 浅色全啤酒 20～30
- 浅色出口啤酒 22～26

7.4.3.9 测定浑浊倾向

浑浊倾向是十分重要的检测项目。已过滤的清亮啤酒，随着时间的推移会逐步失去其清亮度，直至最后出现浑浊。因此希望尽可能早地掌握这方面的情况，以确定啤酒是否可长期保存或是否有浑浊倾向。出于这一原因便产生了可在短短几天内预测啤酒浑浊倾向的试验方法。其中最重要的方法为冷热强化试验。冷热强化试验时，至少要有5瓶啤酒在下述条件下轮流保温24h。

- 40℃热水（未经稳定化处理啤酒）或60℃（稳定化处理啤酒）
- 然后0℃的冷水

直至浊度增加2EBC或可见轻微乳浊出现为止。测量到的保存期，用热天数来表示，将其再乘以换算系数即可知道啤酒的大致保存期。

7.4.3.10 其它分析项目

只有大型啤酒厂才有可能不断对以上项目进行检测。对于那些特别费时且所需仪器价格昂贵的试验，可以在必要或偶然需要检测的情况下，交给大型检测站进行：

这类试验的正常值如下：

- 总氮含量

  打出麦汁 900～1100mg/L

  啤酒（12%） 700～800mg/L
- 甲醛氮

  打出麦汁 300～350mg/L

  啤酒（12%） 160～210mg/L
- 游离α-氨基氮（FAN）

  打出麦汁 200～250mg/L

  啤酒（12%） 100～120mg/L
- 总多酚含量（EBC方法）

  啤酒 150～200mg/L
- 花色苷

  啤酒 50～70mg/L
- 硝酸盐

  啤酒 20～30mg/L

除此以外，还可进行许多不同的试验。在此不再赘述。

7.5 过程测量和检测技术

除准确监控原料、半成品和成品外，还必须一直对生产过程中的一系列参数进行测量。因为只有通过控制中间产品的质量，才能确保产品质量的稳定。而这点在今天自然只能依靠在线测量技术和企业内部数据通讯系统相结合才能得以实现。

工艺参数测量可以采用：

- 在线式方法，即直接在设备上，例如在容器或管道中进行
- 也可以采用离线式方法，测量过程需借助取样器的帮助在生产过程以外进行，例如在实验室或糖化车间测取糖度

今天，过程测量和检测技术手段越来越丰富，以下仅对一些常见测量方法或传感器作简短介绍[211]。

- 温度测量仪
- 流量测量仪
- 液位测量仪
- 密度测量仪
- 浊度测量仪
- 测氧仪
- pH计
- 电导测量仪
- 界限值探头
- 压力测量仪

7.5.1 温度测量仪器

最常用的温度测量仪是Pt100，它看上去是一根细铂丝制成的电阻，被包埋在一个很细的玻璃套中，在0℃时的电阻值为100Ω。在特定温度下，Pt100的电阻是已知的。Pt100安装在不锈钢保护管中，然后用合成树脂浇铸密封，作为测温传感器或制成温度变送器供应给市场。后者一般有固定的测量范围（常用的有50或100K，例如0～50℃，0～100℃等），能输出一个标准电信号，例如电流信号或电压信号（如4～20mA，或0～10V），这种信号能够直接送入可编程控制器（SPS）中进行处理。

7.5.2 流量测量仪器

流量测量对于很多过程都非常重要，流量测量仪器有：

- 带活动元件的计数器
- 电磁感应流量计
- 根据科里奥利原理工作的质量流量计
- 超声波脉冲流量计

在带运动部件（旋转活塞、椭圆齿轮或叶轮）的流量计数器中，一个具有特殊形状的叶轮或活塞由液体推动而旋转，通过它们的转动速度可以测出流量和流速。现在除了测水流量（Woltmann-流量计数器）外，在啤酒厂几乎已不再使用这种流量计数器。

电磁感应流量计（IDM，也称为MID）利用啤酒的导电性来测量流量。根据法拉第电磁感应定律，一个在磁场中运动的导体会感生出电动势（电压），该感生电动势与导体介质（这里为啤酒）的运动速度成正比。测量装置为一个没有内置附件的管道（图7.11），啤酒从与磁场呈90°排布的电极（N+S）之间流过。通过适当的处理可以直接在流量计上显示流量。这种测量方法非常精确，测量结果与产品的压力、温度、黏度和密度无关（温度差别可以通过电子手段补偿）。这种流量计没有任何磨损，可实现精确的控制。但介质中的气泡可以影响到其测量结果，

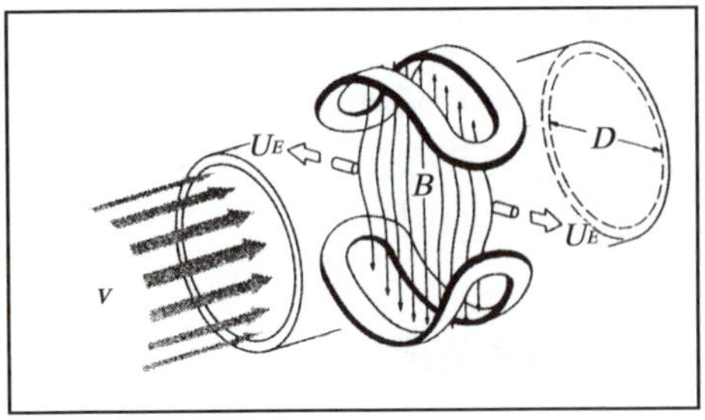

图7.11　电磁感应流量计（IDM）的测量原理
（U_E）测量电压（D）直径（电极距）
（v）流速（B）磁场

因此，在测量之前须进行除气处理。

根据科里奥利（Coriolis）原理工作的质量流量计（MDM）

这种流量计充分利用了科氏力，它作用于在旋转系统中任何运动的物体上。在此，旋转运动和直线运动相互叠加。利用这个原理来检测流量时，被测液体流经一个测量段，该测量段由两个平行的管道、一个环形管道或者一个管弯道构成。测量管被刺激后产生振荡。这样就在测量管的起始端和终端产生了一个相差。由于此共振频率的改变和测量电流成正比，通过测量共振频率的变化就可将质量流量测出来。该原理也可应用于密度测量。

这种测量仪器精确度很高，可以安装在计量部门核准的设备中。

7.5.3　液位测量仪器

液位测量具有特别重要的意义。在多数情况下，容器最高液位不允许超过一定的限度，以避免发生损失。对于粉料和粒料通常有三种测量方式：

- 电容式探头，它尽管便宜，但是分辨力很低
- 振动叉探头，当这种探头被粮食等一类物质覆盖，其振动就会大为减弱。这种振动的减弱能容易地被内置的电子装置分析出来，从而发出信号
- 阻旋式料位开关，当物料达到其安装位置，马达驱动的叶轮就受阻而停止转动，并发出信号

对于液体物位（液位）可以使用多种不同的探头予以检测。

图7.12所示为在一个密闭容器中以

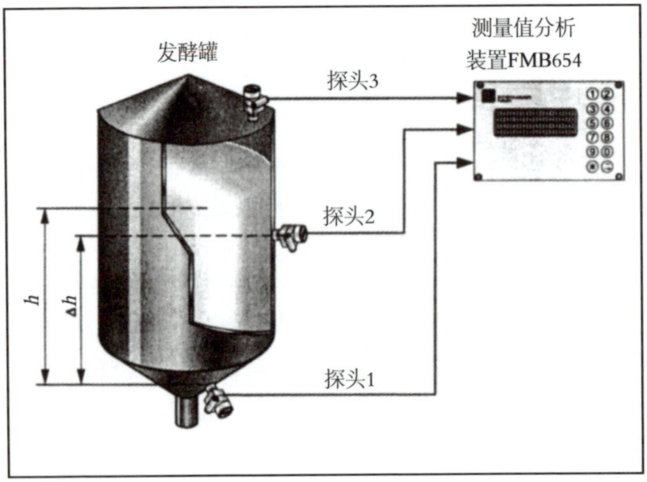

图7.12　以压差测量为基础的液位测量

压差为基础对液位进行测量（Endress + Hauser）的原理。通过由探头1测出的总压力和由探头3测出的罐顶二氧化碳压力，做了压力补偿后就可以得到液位信息。但在此测量信号与介质密度有关。

借助于超声波（回波探测原理）也可以测出立式罐或者卧式罐中内容物总量。由一个探头测出罐子的直径，另一个探头测出罐中啤酒的高度（图7.13）。借助一个分析仪器即可测出罐中的内容物体积。 这种探头可以简单地贴装在罐子外表，因此不增加任何罐内附件装置。在卧式罐情况下，当罐中的液体超过罐的容积一半时才给出显示值。这种方法的测量误差＜1%。

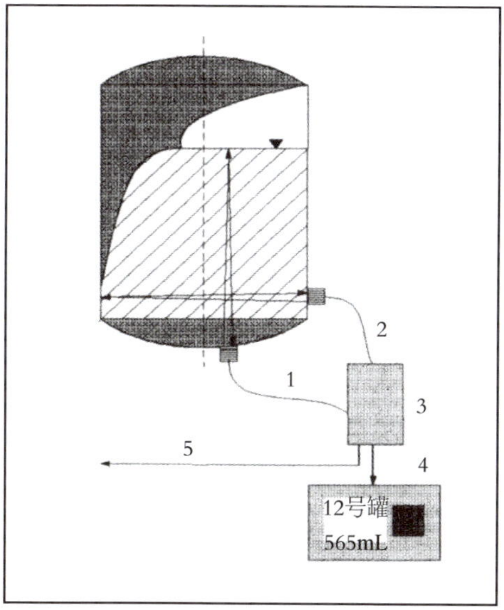

图7.13　超声波法测量容量

借助电磁流量计测出流入量和流出量也同样可以将罐中内容物体积非常简单而精确地测量出来。

通过装设电导式空罐探头（借助于介质的导电性）或者振叉物位探头能够给出被测容器是否为空的信号。

7.5.4　密度测量

密度测量可以应用U-形管振子和超声波探头等方法，它们和其它的方法相结合也可以用来检测啤酒的酒精度。例如，U-形管振子和超声波探头（Anton Paar，Graz）；或者将超声波探头和根据科尼奥利（Coriolis）原理工作的质量流量计（Diesel，Hildsheim）相结合使用，可以用于啤酒酒精度的检测。

浸出物浓度的测量可以采用多种不同的方法。麦汁的密度借助于U-形管振子、超声波和根据科尼奥利原理工作的质量流量计都能测量。

啤酒分析（原麦汁浓度、浸出物含量、发酵度）可以用以下仪器来进行：

- U-形管振子和折光仪
- U-形管振子和超声波
- 流量测量仪器和超声波

通过使用电磁感应流量测量方法和超声波方法可以在线地测量麦汁的浓度，这种测量方法和合适的调节装置结合在一起就可以实现麦汁浓度的优化控制（Diesel，Hildsheim）。

采用超声波测量方法时，需检测出超声波传输的时间差值。对于特定的液体，此方法还可用于检测密度。测量时超声波可以穿过薄壁，因此，超声波测量装置不需要安装在容器内部。超声波测量方法的误差＜0.2%

（物质质量）。因此，它可以用于检测麦汁煮沸锅中的浸出物含量，用于区分过滤过程中的酒头和酒尾，也用于高浓稀释工艺中的稀释控制。

为了更精确测量需采用U-形管振子测量系统。其检测精度可以达到 $5\times10^{-5}g/cm^3$。除实验室外，常运用U-形管振子来检测过滤过程中的浓度变化。关于U-形管振子的工作原理已在7.4.3.1中作了说明。

压差测量方法（Endress + Hauser）是以介质的高度和密度与压差之间的关系为基础的密度测量方法。通过两个非常精确的探头测量出罐中两个不同高度的静压。由测出的液体高度差结合当前的罐内温度，即可以测出罐中液体的密度。

7.5.5 浊度测量仪器

浊度测量较为复杂，因为必须考虑到浑浊物的种类。今天经常使用的浊度测量仪器多利用了光线的吸收和散射现象。

测量浊度时，需在液体一侧安置

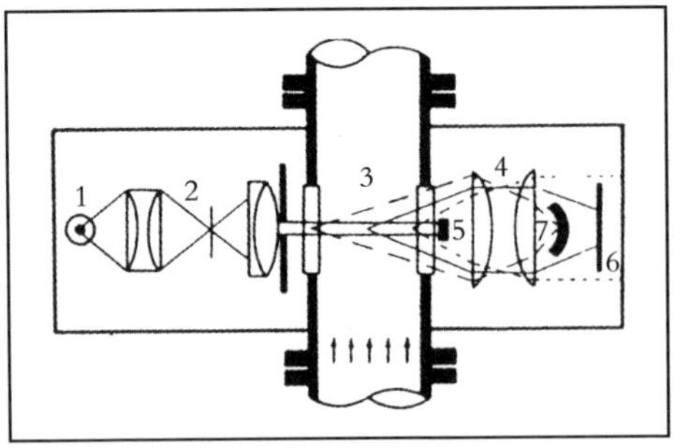

图7.14 浊度测量
1-光源 2-投影透镜 3-被检测介质 4-接收透镜
5-透射光接收器 6-散射光接收器
7-光线汇聚透镜

一个精确定义的光源（图7.14，1），光线经过透镜被汇聚成特定的光束2，横向穿过液流3。在液流的对面有一个透射光接收器5，它测量透射光线的吸收率。借助一个散射光接收器6接收并分析散射光。散射光检测的角度（90° 或者30° ）对于测量的结果非常重要。

7.5.6 测氧仪

啤酒中的氧含量的测量现在越来越重要。便携式测氧仪和固定的测氧仪的应用也越来越普遍（见7.4.3.4）。

7.5.7 pH计

pH的测量非常重要，因为麦汁和啤酒制备的许多过程都与pH相关。

pH的测量通过一个玻璃电极和一个参比电极进行，它们通常合并在一个配有温度补偿装置的“单棒测量探头”中。玻璃电极是由非常薄的玻璃制成的，对接触非常敏感。

在许多领域，人们工作中常常使用便携式pH计，这种仪器可用缓冲溶液来校准。

7.5.8 电导率测量仪

液体的导电性与液体中离子的浓度成正比。因此，通过电导的测量，可以测出清洗剂、酸液和杀菌剂液等溶液的浓度，并实现自动添加。

电导的单位是西门子（S），单位长度介质的电导称为电导率，测量单位有mS / cm。比较有利的电导率测量方法是感应式，这种测量方法不受可能出现的沉积物的影响。

7.5.9 界限值探头

界限值探头用于显示或指示出某一特定的灌装液位。多数情况下只需测量出容器的最低和最高液位，需要时也可测出中间某液位。通常情况下只需给出一个“是 / 否”信号。

界限值探头以电容和电感式测量方法为基础。此外，也能由介质电导，密度的改变或通过机械参数测量等手段得到物料到达界限的信息。

7.5.10 压力测量

在生产过程中的许多环节都必须进行压力测量。压力的测量单位是帕斯卡（Pa）。对于技术上的测量，更常用的是bar（巴）（$1bar = 10^5Pa$）。

此外，对于很小的压力，常使用米水柱（mWS）作为压力单位，对于更小的压力，则用毫米水柱（mmWS）为压力单位。在较老的压力表上，人们有时还能发现kp/cm^2压力单位标志，$kp/cm^2 = 1atm \approx 1bar$，这一压力单位已不再使用。

压力表上指示的压力通常为相对于大气压力的过压。因此，压力表上的压力0 bar意味着1atm的绝对压力。过压通常用$P_{\bar{ü}}$来标志，例如$P_{\bar{ü}} = 3bar$或者$P = 3bar$（ ǖ ）。没有这样特殊标志的压力即指绝对压力。

常见压力测量仪表有：

- 在生产过程中就地进行压力检测的压力表
- 可远程信号的压力测量装置（压力变送器）

在压力表中，压力测量环节可以由黄铜制成的弹簧管、弹性膜片或者波纹管构成。

在压力测量装置（压力变送器）中，压力测量单元常常应用电阻应变片和压敏电阻，或者电感式、电容式方法，特别是后者主要和陶瓷膜有关。

压力变送器的精度有0.6%，1%和1.6%等多个等级。精度0.6%的压力变送器应该优先使用。尤其是对于企口（Spundung）来讲，至少应该优先使用1级压力表，以避免过压。

过程测量和分析技术多年来取得了很大发展，这无疑给啤酒酿造者提供了更多的可能性，使他们能够按照预先设定的目标，非常精确地控制生产过程，从而也使人为操作失误率降到最低。

8 小型啤酒厂

到目前为止我们一直讨论的都是大规模的啤酒产量和设备，全球95%的啤酒由大型啤酒厂生产，它们在市场上都销售自己的品牌。

然而在许多国家人们自己酿造啤酒，或者坐到餐馆里去闻啤酒的味道，分享啤酒酿造过程的愿望越来越强烈。如前所述，啤酒的生产步骤此时并无改变，不过下面还是要介绍一下这类“小型啤酒屋”的一些特点。它们分为两种形式：

- “家酿啤酒坊”，人们自酿自饮，产量小
- “酒馆啤酒屋”和“微型啤酒屋”，其啤酒年产量和销售量为1000～10000hL

在有些地方，人们称规模不到30000hL的啤酒厂为微型啤酒厂。微型啤酒厂和酒馆啤酒屋（以下简称啤酒屋）的数量不断增多。德国共约有680家年产量到5000hL的微型啤酒厂和啤酒屋，其中220家为啤酒屋。近年来美国这类啤酒厂的数量也超过了1300家。其它国家也有很多微型啤酒厂和啤酒屋。

美国的小型啤酒厂分成：

- 产量超过17550hL=15000US bbL的地区啤酒厂
- 产量不到17550hL=15000US bbL的微型啤酒厂

德国对啤酒屋的结构有定义，小型啤酒厂不允许开酒馆。

此外还有专门为其它啤酒厂生产和销售特种啤酒的合同啤酒厂。

啤酒屋和微型啤酒厂的区别在于：按照德国法规，啤酒屋是在一个密闭式的酒馆中销售自己的啤酒，而微型啤酒厂则以桶装和瓶装的形式为餐馆提供啤酒。

8.1 啤酒屋

在啤酒屋中，啤酒酿造和餐饮相辅相成，啤酒屋与顾客之间的联系密切。顾客们在啤酒屋中希望：

- 能看到啤酒的酿造过程
- 看得见酿酒师，并与其交谈和相识
- 喝到美味的啤酒，并乐意续杯
- 在舒适的环境中闲聊
- 享用到与啤酒相匹配的丰盛菜肴
- 自己身处在一个融洽的团体中

这些也被人们称为酒馆体验或饮食体验。

啤酒屋须满足很多对啤酒屋而言并非易事的要求，很多经营不成功的啤酒屋便是对此的说明。选择建筑物，所在地环境，了解所在地的顾客情况，顾客的消费水平，对酿造师的期望，饮食的安排和多样化，厨师本

身以及服务员等都是啤酒屋应考虑的，否则成功就无从谈起，这足以说明以上方面的重要性。

啤酒屋首先应突出其设备的观赏性，比如一个漂亮的糖化间（尽可能使用铜制设备），也许再辅以迷人的木头装饰，并放置在顾客几乎触手可及之处。糖化间的两个设备应略微放置高些，使得每个人都能看见。除偶尔无人在场的情况下设备应自动化运行外，其余时间都应由酿酒师来手工操作。由于卫生方面的原因，发酵间必须展示在玻璃隔断后面，但开口发酵容器中的发酵液却应该能看得到。在糖化间里摆放一些棕榈植物是个不错的主意，不过一些顾客喜爱的墙面装饰物也不可或缺。顾客们看到的所有东西都应使他们兴奋，精致的音乐，得体的钢琴弹奏者，或者有可能的话一个小乐团会令啤酒屋更加迷人。甚至酿造师也能融入到顾客中和他们一起交流。

在此给出了一些不同啤酒屋糖化间的图片（图8.1）。

啤酒屋到底需要哪些主要装备？哪些可作为补充？对此的考虑核心是糖化设备。

基本出发点应为以下几方面：

- 希望多大的啤酒生产能力
- 啤酒屋有多少个座位，中餐/晚餐时各为多少
- 希望的天啤酒销售量，月啤酒销售量和年啤酒销售量为多大
- 每周做几锅糖化
- 由此得出什么样的容器规模
- 糖化设备的扩建能力

举例：采用10hL的糖化设备（打出麦汁量为10hL）能生产出大约8.5hL啤酒（大约损失15%）。如果以每周生产5天，每天生产1锅，每年按40周计算，那么年啤酒生产量为：

8.5×40×5=1700hL。

按日啤酒销售6hL计算（300天营业），则年啤酒销售量为300×6=1800hL。

非常明显，上面是满打满算的情况，没有考虑到储存。

如果按日啤酒销售4hL算，则每年需要啤酒1200hL，这样不仅满足了需求，同时也有了足够的存储量。

虽然啤酒屋每天的糖化锅次可以超过1锅，但这对于一个酿酒师而言工作量太大，不过由于糖化生产会持续到晚上营业的时候，所以由此提高了观赏性，使得顾客们能近距离地观看到啤酒生产。

在德国的啤酒屋，每个座位的年啤酒消费量为10hL。

啤酒屋首先必须考虑这样的一些基本情况，然后才考虑糖化设备的能力。

每50kg投料量需要（见3.6.2）：

- 6～8hL的糖化锅和过滤槽
- 8～9hL的煮沸锅

根据啤酒生产工艺，啤酒屋中也分为热区（糖化）和冷区（发酵和后熟），这两部分最好分开（图8.2）。

那么啤酒屋在设备和生产方面应注意哪些呢？

8.1.1 糖化设备

由于量小，故使用袋装麦芽，且必

图8.1　啤酒屋

须防潮存放，以免麦芽吸湿。采用立仓储藏时要考虑两个立仓，储存量不宜过大，需要一个秤用于小批量的秤量。

啤酒屋一般使用两辊粉碎机，粉碎机不要放置在啤酒屋大堂内，但尽量安放在看得见的地方，应注意粉碎时形成的粉尘。

糖化容器通过蒸汽间接加热，蒸汽借助低压锅炉制备。采用其它天然气、油和电加热的直接加热形式时会带来一些问题，但也是使用可能性之一。也能使用外加热器。为避免出现不利影响，加热面积必须精确计算。

必须重视乏汽冷凝的情况，尤其是当啤酒屋处于一个拥挤的居民区时，啤酒屋大堂内过多的气味会给人不舒服的感觉。可以使用乏汽压缩机，但成本太高！

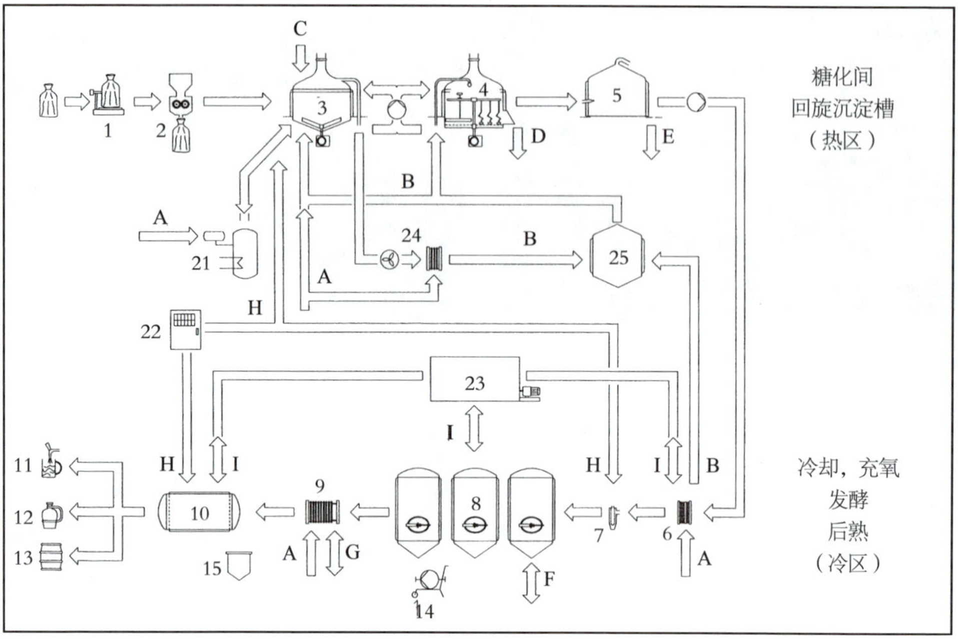

图8.2　啤酒屋内的设备和生产流程图（BTE公司，Essen）

1-麦芽秤　2-麦芽碎辊　3-糖化锅　4-过滤槽　5-回旋沉淀槽　6-麦汁冷却器　7-麦汁通风装置　8-发酵罐和贮酒罐　9-啤酒过滤机　10-清酒罐　11-售酒器　12-虹吸灌装　13-桶装　14-泵　15-CIP罐　21-蒸汽发生器　22-空气压缩机　23-冰水冷却器　24-蒸汽冷凝器　25-热水罐　A-冷水　B-热水　C-酒花　D-麦槽　E-热凝固物　F-酵母　G-硅藻土　H-压缩空气　I-冰水

过滤槽应有良好的保温效果，以避免其降温，过滤过程应为开放式，因为：

- 对于小批量生产而言可不必控制氧气的摄入
- 开放式过滤的观赏性非常好

使用手动泵进行浑浊麦汁的回流，或安装一个可视化的压力计（带解释说明）能提高观赏效果。排糟和糟的处理必须在人们的注视下完成。

啤酒屋使用的是不锈钢管道，附件主要有截止阀。液料输送采用带开放叶轮（60hL/h）、在吸入管中流速不超过1.3m/s的离心泵来完成。

如果煮沸锅不兼作回旋沉淀槽使用的话，回旋沉淀槽应靠近煮沸锅安装。热凝固物采用手工清洗，麦汁冷却则使用薄板冷却器。

颗粒酒花或酒花浸膏保存在冰箱中，其它如盐、芫荽、丁香、柠檬皮和橙皮、蜂蜜等也要同样保存，注意保质期、存放温度以及可能的变质。

应该高度重视设备的自动化，一般来说应做到设备都能自动化操作，从而减轻酿酒师的负担。不过所有设备也必须能转换成手动，以提高观赏性，突出酿造过程。

8.1.2　发酵间

最好是将敞口发酵容器放置在玻璃后面，以便顾客们观看到发酵现象。发酵池大小和糖化能力相匹配。

为防止污染最好采用夹套式冷却。

对于发酵罐（夹套冷却）尤其要注意，啤酒储藏在不锈钢材料的立式发酵罐或锥形罐中（图8.3），采用固定的管道连接，应注意使用质量最好的软管。小型设备的清洗和杀菌最好采用不回收方式。

发酵终了未经过滤的啤酒被冷却到0℃后压入到售酒罐中，至少应备有3个售酒罐，如果供应多种啤酒，则要求更多一些。

啤酒屋使用的酵母购自大型啤酒厂，自己扩培酵母不值得，酵母使用一段时间后须重新更换。

图8.3　啤酒屋的发酵和后酵间
（图片：BTE公司，Essen）

8.1.3　售酒设备

在啤酒屋中，啤酒生产和零售之间有着十分紧密的联系，酿酒师们会注意售酒罐中的饱和压力及售酒同饮用温度是否一致，不同国家的啤酒饮用温度不同，比如：

- 欧洲　　6～8℃
- 美国　　0～4℃

现在使用最多的送酒气体是CO_2/N_2的混合气体。售酒装置的售酒柱应具有吸引力，还应使用自己的，形状独特的装饰用酒杯。当然人们也必须考虑到成本！销售浑浊啤酒并不妨碍每天对售酒器的必要清洗和杀菌，否则很快就会出现污染，并出现不舒服的味道。检查售酒设备是经营者的职责。

8.1.4　啤酒品种

对于啤酒屋来说最重要的考虑是：用什么来酿造啤酒？酿制什么口味的啤酒？顾客的愿望是什么？

与大品牌竞争从根本上讲是没有意义的，大型啤酒厂自然有另外的确保质量的措施。啤酒屋必须从自己出发，生产少量的，但却有自己风格和特色的啤酒品种。

一个特色品种的制定应考虑以下方面：

- 原麦汁浓度为多高？这也很大程度上决定了酒精含量。生产原麦汁浓度略低，10.5%～12%的啤酒是趋势。健康方面的原因会影响许多高浓度啤酒的消费量
- 啤酒应具备什么样的特点？也就是说口味是淡爽还是醇厚
- 接下来要看啤酒的色泽，可以是浅色、深色或黑色，但必须与啤酒的特征相符合
- 同时人们还必须明确，到底是应更突出麦芽的味道，还是更强调酒花的苦味
- 或者是否通过使用添加剂赋予啤酒一定的香味。属于这一类的添加剂有：
  - 香料，如芫荽、食盐、丁香、桂皮

- 果实，如樱桃、欧石南或干燥过的甜橙皮和柠檬皮
- 香草，如罗勒、鼠尾草、母菊属以及现在使用越来越多的蜂蜜（见7.3.3）

在制定自己的啤酒品种时的其它要点还有：

- 使用上面发酵酵母还是下面发酵酵母接种
- 使用有特别香味的后发酵酵母
- 使用乳酸菌

酸啤酒也可以饮用，但是如果酸度不加控制的话，啤酒就会酸得无法饮用。比较好的是使用纯种培养的乳酸菌，并控制其作用。饮用的时候必须至少准备一些对应的甜食，重要的是提供的菜肴首先应与啤酒品种相一致。

8.1.5 动力设备

啤酒屋的运行离不开以下装置：

- 低压蒸汽锅炉
- 或带热水罐的快速蒸汽发生器
- 带电驱动和使用乙二醇冷却的制冷机
- 或用于麦汁和啤酒冷却的简单冰水储罐
- 用于麦汁通风的空气压缩机

动力设备的购置费用很高，因此必须高度重视这些设备的选用，尤其必须确保生产成本低的热水。

8.1.6 关于法律规定

在所有国家，啤酒酿造都要符合法律规定，首先人们应该关心法律和法规，在大多数国家与此相关的有：

- 啤酒酿造许可证
- 啤酒屋建造方面的建筑规定
- 环保规定
- 税收规定
- 其它必须遵守的法律规定，如食品法、卫生法和水法
- 工作安全和防火规定

8.1.7 成本定位

因为没有啤酒屋自己生产并安装设备，设备报价取决于设备供应商。如果一个啤酒屋的预算有限，那就必须节约。如何节约呢？便宜并不意味价廉物美！

啤酒屋的优点是：

- 啤酒无需过滤和灌装
- 啤酒无需外销并签订销售合同

所以成本仅仅只是发生在啤酒屋内。

一定必须注意的是：

- 财务，自有资本、贷款、利息、偿还期
- 材料成本、能源、工资和工资外成本；多少员工，能够支出的有哪些，哪些可以得到保障
- 哪些不能得到保障，界限在什么地方
- 期望的利润，效益

8.2 微型啤酒厂

与啤酒屋不同的是，微型啤酒厂无需过于操心自己的观赏性，不过仍然应洁净并具有吸引力。微型啤酒厂

的规模越大，前面章节中关于设备和工艺方面的内容就越适用。

无论如何微型啤酒厂都需要灌装设备，因为生产出来的啤酒不是直接在当地销售。当然也有微型啤酒厂同时也经营餐馆的，有些还界于这两者之间。

微型啤酒厂首先需要一个桶装设备。根据桶装啤酒的份额，使用单头和多头桶装设备。如果有条件或必需的话，微型啤酒厂也会有瓶装和易拉罐灌装设备。

微型啤酒厂生产的啤酒在厂外销售，所以啤酒在灌装前必须过滤及稳定处理。此外啤酒还必须借助合适的商标和广告来突出其优点，因为这种啤酒没有如同啤酒屋中的那种直接观赏性。不过微型啤酒厂也必须有消费者喜爱，有自己特色的啤酒品牌。

章节3～5中的所有内容同样适合微型啤酒厂，哪怕是设备的规模小些。

8.3 家酿啤酒厂

近年来有些地区的家酿啤酒厂数量出现了显著增长，原因是出现了很多成批量销售必要啤酒生产原料的公司，这些公司也提供啤酒生产方面的咨询，从而将人们在自酿啤酒时的困难降低到最小。

还有些人是购买配料，但更愿意自己在家尝试并自己酿造。

第三种人不购买加工好的浸出物和材料，而是以从头至尾完全自酿为骄傲。因为设备浪费比较大以及成本方面的原因，这些家酿啤酒厂有时也会轮流使用共同购买的设备，而且还以互相品尝对方的啤酒为乐。

小批量优质啤酒的生产离不开优质原料。麦芽和啤酒的生产原料在大城市中的相关公司中都可以购买得到。

- 不同品种的大麦或麦芽
- 麦芽浸出物（用于麦汁的稀释）
- 酒花浸膏、颗粒酒花和天然酒花
- 不同种类的啤酒酵母，冷藏和可保存一段时间，有时为干酵母

此外还可购买到容器、量筒、糖度计及其它所需物品。

那些对这样的公司不甚了解或附近没有此类公司的人必须自己就近想办法。

- 从啤酒厂或麦芽厂购买麦芽，或者自己制麦
- 最好从啤酒厂或酒花销售商那里购买真空包装的颗粒酒花。应想办法购买包装量最小的不同品种，最重要的是酒花的香味
- 水通常情况下是加过氯的，这会给啤酒带来一种不舒适的酚味，此时应安装一个活性炭过滤器或对水进行煮沸处理
- 如果不打算使用不能预先检测其质量的干酵母，则可以从啤酒厂那里得到小瓶装的瓶装酵母

关于麦芽还需强调的一点是，人们也能自己生产麦芽。我们知道如何生产麦芽（见2），但是小批量生产麦芽时会有下面要谈到的一些问题。

8.3.1 自己生产麦芽

啤酒酿造需要多少麦芽？当然

要比大型啤酒厂的17kg麦芽/1hL11%的啤酒略高些，大约为20kg/1hL啤酒（11%～12%），自己生产多少麦芽可以此作为依据。

自己生产麦芽时要考虑4%～5%的制麦损失（见2.7），以此来确定大麦量，1hL啤酒约需25kg大麦。

麦芽浸泡可在一个简单的平底容器中完成，浸泡水的量约为大麦重量的一半。如含水量为15%的25kg大麦中含有3.75kg水，浸泡时添加了12kg的水，这样37kg的浸泡物中的含水量便为42.6%（15.75kg）。

这即是我们希望达到的浸泡度。当然这些浸泡水不会立刻被大麦吸收，吸水速度是先快后慢。所以浸泡时先只加入水量的一半，大约5L，直到浸泡物将其吸收后再添加剩余的水，间隔6～8h分两次加入，而且不要忘记将最下面的大麦翻到表面上来。

2d后大麦有了足够的发芽水分并开始缓慢发芽（见2.4.2）。在接下来的日子里最好必须每日对发芽物进行2～3次彻底的翻动，并适当喷淋以避免麦粒干燥。然后人们可以看见长出的根芽慢慢缠结在一起，如果不注意，忘记了耕麦，发芽物温度太高的话，发芽物最后就会结成一团，所以最好将发芽箱放置在一个温度为14～15℃的室内。发芽物闻上去有明显的黄瓜味道。

当根芽长度达到麦粒长度的1.5倍时，必须停止发芽，开始干燥，必须注意发芽强度，否则会出现过度溶解的情况。

我们知道（见2.5.1），干燥最主要的问题是空气，绿麦芽干燥时需要大量的热空气，干燥时空气的温度不允许超过50℃，否则会形成玻璃质。只有当麦芽几乎完全干燥时才能让温度升高到80℃。干燥过程不可能在一天内完成。

如图8.4所示，可以做一个底部密封带筛板3的干燥箱1，筛板上堆放绿麦芽4。通过一个鼓风机将热空气从“干燥床”底部压入，最简单的方式是使用一个热风机2。如果筛板底部密封，空气则只是穿过有一定阻力的麦芽层，为防止阻力过大，待干燥绿麦芽的高度不允许超过10cm。为克服阻力，并使必需的空气量顺利穿过干燥层，应在干糟箱上部安装一个不带过滤器的通风管5。

麦芽干燥时须通入多少空气取决于麦层的高度，不过到底需要多大的干燥面积呢？大麦的百升重为68～75kg（见1.1.5.2.3），我们现按70kg来计算：

70kg=1.00hL=100L

25kg=0.36hL=36L

这样对于36L需要的高度为10cm，面积为0.36m^2。绿麦芽层的高度不应超过10cm。由25kg大麦得到36L×1.5=54L的绿麦芽。

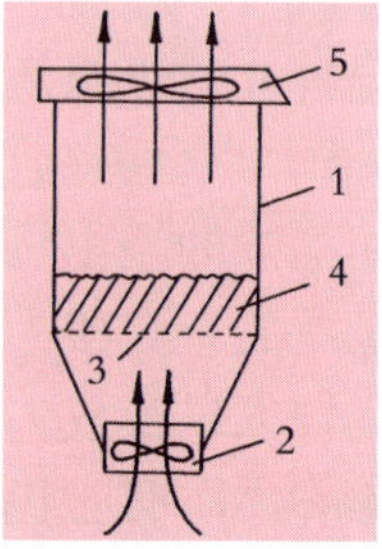

图8.4　自制麦芽干燥箱

1–木制或金属箱
2–空气加热器
3–筛板
4–绿麦芽
5–不带过滤器的通风管

当待干燥麦芽的高度为10cm时，需要$0.54m^2$的干燥面积（0.75m×0.75m）。用于25kg麦芽的干燥需要$150m^3$的空气。

如果小鼓风机的干燥功率达不到（80℃下干燥3h），那么最后的这道干燥步骤必须在一个采用蒸汽加热的锅中或采用空气循环的烘烤管中进行，以免干燥过度。干燥后麦芽的水分必须很低，否则无法长期保存。麦芽吸潮后会影响其粉碎过程。

绿麦芽的干燥还可以在一个密封性很好，用于衣服晾干的绳袋中完成（采用适当的干燥温度）。通过干燥袋的旋转，热空气对发芽物进行干燥。当然必须选择一个实际大小比待干燥的内容物大得多的绳袋，这样待干燥的绿麦芽颗粒就可以在里面自由移动，袋内的湿度得以保持均匀一致。干燥过程如前所述。

干燥结束后麦芽必须除根，因为麦根对于后面的生产过程没有利用价值，而且还会因为其高的蛋白质含量而产生不利的影响。麦芽除根后便可以用于糖化生产了。

人们也能小批量生产皮尔森麦芽以外其它麦芽品种，如焦香麦芽和着色麦芽。

8.3.2 啤酒生产

在开始酿制啤酒之前，首先应了解所在地的税收规定：在有些国家允许人们生产的免税啤酒量很低，在德国为每年200L，而且这个量还必须申请，超过的量必须纳税。

生产啤酒的重要一点是确定投料量中不同麦芽的组成（见2.9.12）。麦芽粉碎使用小型锥式粉碎机或厨房用的打奶机或咖啡粉碎机（见3.1.2）

现在的问题是，设备的规模多大？有何不同？哪些设备可供使用？最简单的一种方式是使用煮饭锅糖化。资金不允许的情况下人们需要发挥想像力。

投料时的料水比为1kg麦芽粉碎物加3L水。通过后面洗糟水及冲洗水的加入可以将煮沸后添加酒花的麦汁浓度调整到12%。

糖化工艺最好采用浸出法或添加热水升温法，在设备允许的情况下当然也可采用其它方法。投料温度为58～60℃，休止30min后升温到63～64℃，在30min的糖化休止结束后缓慢升温到70～72℃。如果麦汁碘检正常，继续升温到75℃并开始麦汁过滤。麦汁过滤时使用一个孔眼较大的筛子来完成，洗糟的热水量不要加太多。

过滤麦汁流入到煮沸容器中，最简单的方式是使用一个大一点的烧锅（如果可能的话带排出口），麦汁煮沸足够长时间，在此期间添加酒花（见3.4.3.2和7.2.1.1）。煮沸过程中挥发掉一部分水分，麦汁浓度达到所需的定型浓度。

对于小型糖化而言酒花的添加量当然较低，需根据啤酒品种而定（见7.3）。如果要想使啤酒的苦味单位达到25BE（见3.4.3.2.1），我们必须添加大约：

25BE=2.5g/hL（30%的酒花利用率）=7.5gα-酸/hL麦汁。

现在要考虑的问题则是酒花包装袋中的酒花的α-酸含量为多高。

煮沸结束后必须分离热凝固物，利用回旋的方式。然后通过锅侧面的开口排出麦汁，否则这个过程就会复杂一点。

接下来麦汁进入到发酵容器中发酵，发酵容器必须有足够大的容积，而且要带一个可密封的盖子。最简单的方式是使用装垃圾的桶或牛奶罐。因为发酵液此时一方面形成CO_2，产生足够的泡沫，另一方面也会存在污染其它微生物，导致口味改变的危险性。所以最好是使用一个可密封的发酵容器，并通过发酵栓来排放CO_2，同时保证没有污染的出现。发酵结束时，发酵栓会清楚地显示出。发酵容器的类型比如可以是一个球形瓶或一个小型的啤酒桶，以及带相应装置和可通过CO_2压出啤酒的容器。

麦汁冷却到6～8℃时开始添加酵母并进行搅拌。从麦汁煮沸结束后啤酒开始存在着染菌的可能性，这些细菌无法去除，会导致啤酒酸败，此时乳酸杆菌和醋酸杆菌无处不在，使得啤酒发酸且无法饮用。所以从煮沸开始，我们必须努力做到无菌，可这对于家庭啤酒酿造而言非常困难。

发酵容器尽量冷却到6～8℃，啤酒在此温度下发酵和后熟，时间大约为1周。当啤酒表面出现棕色的泡盖层时意味着发酵结束了。这时可通过一个杀过菌的泡盖捞小心地捞出泡盖，啤酒现在还不能饮用，因为必须后熟，后熟在灌装后进行。

没有人愿意一次饮用50或100L啤酒，所以啤酒必须小心地灌装到玻璃瓶当中。为了保证通过后酵继续形成CO_2以及确保瓶中的压力，人们用小茶匙往每个瓶中添加煮沸过的糖浆，这应该是啤酒生产过程中唯一的一次加糖。瓶子用皇冠盖或最好用一个卡箍式的瓶塞及旋盖塞来密封，然后在18℃后熟1周，之后低温冷藏并尽量早点饮用。

以这种标准糖化为基础，人们还可以在粉碎物组成和原料添加方面做许多尝试，比如在啤酒屋，如果人们在做尝试时有一次不是那么满意，也不应该沮丧，而应继续，不过始终应记录下来使用了什么，使用了多少量。否则好的结果便无法再现了。尝试会带来很多乐趣！

大多数的啤酒酿造爱好者在厨房和厨房周围开始其啤酒生产的尝试。人们会不断需要一些厨房用品。

对于众多啤酒酿造爱好者们的一点建议是，如果愿意为自己的爱好投入的话，希望能使用一些较好的设备，今天对于每种收入阶层的人都有这样的设备供货。使用质量较好、规模较大或外型漂亮的设备会带来酿造上的更多享受，也能酿制出更好的啤酒。现在自酿啤酒世界各地都有。

由于啤酒过滤和灌装时的吸氧和无菌条件的限制。自酿啤酒时只进行到储藏。如果在家庭宴会上未打算从储藏容器中放出酿制好的啤酒的话，则应该按照前面所描述的那样，将啤酒灌装在玻璃瓶中，并加入糖浆，让其形成CO_2，并发酵至终了。

9 废物处理和环境保护

啤酒生产过程中会产生一系列必须处理并清除的物质。特别是下列物质：

- 废水及其携带物
- 麦芽及酒花糟
- 凝固物
- 废酵母
- 硅藻土
- 残余商标
- 碎瓶
- 原料的灰尘
- 残余包装材料
- 糖化气味
- 蒸汽房设备的废气
- 生产中产生的噪声，等

9.1 德国的环境法

人们不重视环境保护的年代早已过去了。如今一部详尽的环保法典规定，如果不能从一开始就避免形成废物，则必须保证它们以后能被妥善处理掉。

避免废物的形成和废物处理法中规定了有关的原则。制定环境法的目的在于逐渐减少垃圾和废物，最终实现无垃圾和废物生产。

涉及啤酒厂的环保法有：

- 德国“联邦有害物质保护法”21条中的
  - 燃烧设备
  - 须审批设备
  - 审批程序TA空气，TA噪声
  - 有害物质申明规定
  - 干扰规定
- 环境责任法
- 家庭用水法中的
  - 废水来源条例
  - 间接排导条例
  - 废水管理规定
- 废水排放法
- 废物法中的
  - 废物测量规定
  - 残余物质测量规定
  - 过滤后淤泥规定
  - 废油规定
  - 包装规定
  - 塑料包装物回收规定
- 节能法
- 化学药品法中的
  - 危险物质规定
  - PCD–、PCT–、VC–禁止使用规定
  - FCKW–、卤素禁止使用规定

从这些法律和条例的名称中可以看到其内容各不相同。其中几个非常重要的法律内容，我们在下面的章节中还将进一步了解。环保法的大部分

内容都与最令人担忧的水有关，这不是没有道理的。

9.2 废水

除了直接进入啤酒及其副产物或被蒸发以外，其余每一滴水都进入废水中。由此可以得知，每生产1hL啤酒除了1.8~2.5hL水外，其它所有消耗的水都成为废水。也就是说，当每1hL啤酒的总耗水量为6hL时，会产生3.5~4.2hL废水。耗水量低时这一数字也会相应小些。

啤酒厂排出的废水中吸收或溶解了很多物质，其中主要含有下列物质：

- 残余啤酒和麦汁
- 洗糟水
- 含凝固物的废水
- 含酵母的废水
- CIP清洗废水
- CIP清洗用废碱
- CIP清洗用酸
- PVPP过滤机的深红色废碱
- 含硅藻土的废水
- 碱性清洗水
- 这些热而脏的废水，特别是：洗瓶机中的废碱液，其中含有下列物质：
  - 不溶解的物质，如商标的纸纤维、黏稠物和很多脏物
  - 溶解物质，如胶水、氢氧化钠、金属盐
  - 润滑设备的油脂
- 回收酒瓶和酒桶中的残酒
- 灌酒机喷洒的啤酒

就连传送带的润滑剂也会在废水中出现。

这些物质使废水污染浓度越来越高。将污染浓度乘以相应的废水量则为废水污染量。

处理这一废水污染量需要大量的澄清设备和清洗费用，表现形式为废水费用增高。为了节约，急需采取降低废水污染量的措施，即阻留措施和回收利用。

9.2.1 废水支出

德国法律规定，各地政府和废水协会有义务在废水处理方面大量投资，另外还必须提供大量资金用来修整损坏的下水道系统。这些费用根据地方政府规定的分配方案分摊下去。这样，包括有时超过总费用一半的排水费用在内的废水处理费用不久以后会继续增加。

此外，几乎所有的啤酒厂都要支付严重污染附加费，这样废水处理费用就会进一步大幅度增加。

所有这些原因，迫使啤酒厂不得不认真考虑如何大幅降低废水处理费用。

在巨大的经济压力下，一些严重污染环境的物质不再被排放到公共水域中。

污染严重的物质有：

- 所有的可氧化物。它们能够被分解，但需要很多氧气。如果它们未经处理就被排放到下水道中，则可能由于通风不够而分解不完全，随后腐烂产生难闻的气味并杀死有机生命

可氧化物量一般以化学耗氧量CSB（单位mgO_2/L）或生物耗氧量BSB_5（单位mgO_2/L）表示。

- 以磷酸盐形式出现的磷。除了氮以外，磷也会促进水中藻类的生长，属于有害物质。因此近年来采取了很多措施除去传统清洗剂中的磷
- 以硝酸盐形式出现的氮。硝酸盐给环境带来的污染很突出。进入地下水和废水中的硝酸盐对土地的污染越来越严重（尽管如此，啤酒厂还是在CIP清洗设备中使用硝酸清除啤酒石）
- 有机卤化物（AOX）。废水来源规定中指出，使用含氯产品，如次氯酸盐或含氯清洗剂，会形成有害物质，因此废水部门特别注意卤化物
- 特别引人注目的还有危害水的物质即危险物质，因为它们会威胁人体健康。这些物质包括金属盐，如汞、铅、镉和铬，但也包括卤化物和卤碳水化合物。处理废水时，这些物质残留在水中或澄清淤泥中，必须大规模除去

酸、碱清洗剂和杀菌剂也属于危险物质，其储存容器按规定必须像燃油一样使用收集池。

在德国规定了下列有害物质或有害物质系列的危害单位：

有害物质或有害物质系列	一个危害单位相应的测量单位	浓度界限值和一年的总量
以化学耗氧量表示的可氧化物质	50kg氧	20mg/L，年总量250kg
磷	3kg	0.1mg/L，年总量15kg
氮	25kg	5mg/L，年总量125kg
可吸附的有机卤化物（AOX）	2kg	100 μg/L，年总量10kg
金属及其化合物		
● 汞	20g	1 μg/L，年总量100g
● 镉	100g	5 μg/L，年总量500g
● 铬	500g	50 μg/L，年总量2.5kg
● 镍	500g	50 μg/L，年总量2.5kg
● 铅	500g	50 μg/L，年总量2.5kg
● 铜	1000g	100 μg/L，年总量5.0kg
对鱼的毒性		

为了便于理解，还需解释一下废水排放的法律责任范围：

废水排放者有两类（图9.1），即：

- 间接排放者，指将废水排入地方净化设备中的企业
- 直接排放者，指将废水处理后直接排入公共水域和下水道（溪流、河、江）的企业

排入下水道的水属于家庭用水法范围，应执行联邦法律。其中包括废水排放法及其最低要求，另外还有针对危害单位的排放规定。

但下水道排放首先要遵照地方法律。间接排放废水的啤酒厂排入地方

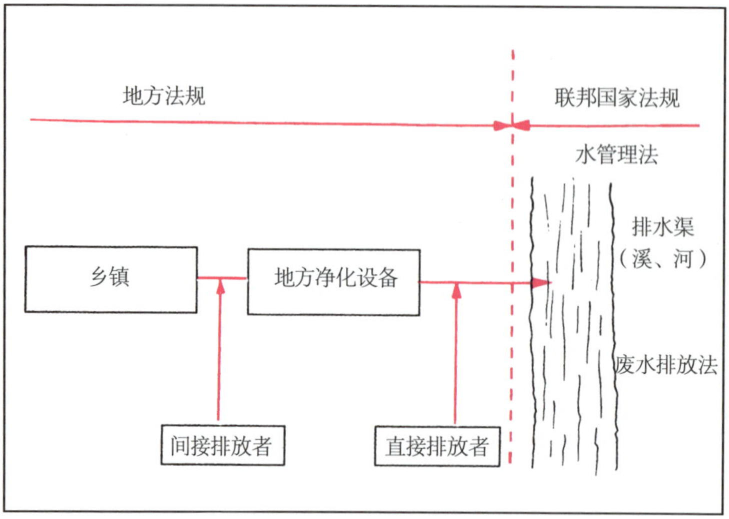

图9.1　废水直接排放和间接排放者

下水系统或系列净化设备中的废水，由地方净化设备处理，但啤酒厂必须为其中所含的污染物质支付费用。

> 负责地方净化设备的地方政府和废水协会，为保护地下水系统同时使净化过程不受干扰规定了有关最高值。其中例如：
>
> - 温度最高为35℃
> - pH在6～9（10）
>
> 针对所谓的严重污染以及大大超过家庭废水的废水浓度，地方政府通过增设附加费用提高了收费标准。比如，当CSB超过500mg/L时，按CSB的不同含量增收附加费，即：
>
> 至1000mg/L时，加收0.50马克/m^3废水
>
> 至3000mg/L时，加收1.00马克/m^3废水
>
> 超过3000mg/L时，加收1.50马克/m^3废水。

废水排放相当贵，并且可能越来越贵。因此，有必要想办法改善废水质量，以便降低费用。

但首先要解释几个概念，以前这些概念都没有被认真对待。

9.2.2　废水概念

测量废水时使用下列概念：

- 可沉淀物
- BSB_5
- CSB
- 废水污染量
- 居民平均值（EGW）

9.2.2.1　可沉淀物

可沉淀物是指由于相对密度大于废水而沉淀到底部的物质。测量时，使用装有1L待测物的40cm高的漏斗形Imhoff沉淀容器，沉淀2h后检测。

9.2.2.2　BSB_5

BSB_5是20℃时，5d内废水中细菌消耗的生物耗氧量。测量BSB_5时人们首先测定待测水样当时的氧含量（8～9mgO_2/L），然后检测20℃时封

闭保存了5d的样品的含氧量，两者之差即为BSB_5。

由于很少有5d后还含有溶解氧的纯净水，必须往废水样中添加大量的氧气含量达到饱和的水以便5d后最少还能剩下$2mgO_2/L$（稀释方法）。

下面是BSB_5浓度的几个参考值：

家庭用水	$300mgO_2/L$
啤酒厂废水	$1200mgO_2/L$
净化设备出口的水	$20mgO_2/L$
洗糟水	至$10000mgO_2/L$
糟压榨汁	至$15000mgO_2/L$
啤酒	约$80000mgO_2/L$

9.2.2.3 CSB

从强氧化剂同废水中可氧化的有机和无机物质的反应中，可测得化学耗氧量。以前人们大多将高锰酸钾加入酸性溶液，这种方法操作简单迅速。在德国，样品要煮10min。在英国，通常将样品在27℃放置4h。但这些方法显示了各种物质不同的浓度和污染，结果不准确。

代替高锰酸钾法的是另一种将重铬酸钾加入硫酸溶液的方法。使用这种方法，有机物质按照其理论耗氧量完全氧化。要求的煮沸时间为2h。这种方法成为了CSB标准检测法（英文为COD）。

9.2.2.4 废水污染量

废水污染量是指废水量（m^3）乘以BSB_5浓度（g/m^3）。

9.2.2.5 居民平均值（EGW）

居民平均值指的是欧洲一个中等城市每个居民每天制造的200L废水中有多少污染物。其中基本值如下：

单元：$mg/L=g/m^3$

污染物	矿物质	有机物	总量	BSB_5
可沉淀物	20	30	50	20
不可沉淀物	—	—	—	—
硫化物	5	10	15	10
溶解物	75	50	125	30
总共	100	90	190	60g/（d·人）

每个居民的平均污染值每天约为$60gBSB_5$，但这一定义在不同国家会有所出入。

9.2.3 废水处理

废水中含有许多能被微生物分解的物质。但微生物分解时需要氧气。因此人们可以往水中通入空气来进一步处理净化废水。在此过程中会形成混有需氧微生物的淤泥。这种方法称为水的有氧处理。由于空气不能自己进入水中，所以通风时要消耗能源。

如果不通风，废水则被腐烂细菌慢慢分解。这时通过水解作用首先会产生有机酸，然后通过甲烷化产生沼气。这种方法称为水的厌氧处理，与有氧处理相比，它的废水污染分解度较低，剩余淤泥量也较少。但产生的沼气能够燃烧，从而可获得能源。

有氧和厌氧两种方法都用于实践，但有氧处理比厌氧处理常用得多。

9.2.3.1 废水的有氧处理设备

废水的有氧处理设备很多，可以分为以下三类：

（1）活化池或沟　这里是指长度可超过50m，水位超过3m的大池，使用通风设备往里面的废水中添加氧气，同时保证废水的均匀性，避免淤泥沉淀。

（2）专用反应器　在这一设备中废水被强烈通风，产生的淤泥通过一个特殊装置排除。

（3）带有固定生物淤泥的反应器　在这种反应器中生物淤泥不断同废水接触，同时有氧气通入。其典型代表是旋转叶片式发酵器。这是在一个水平轴上装有间隔很小、表面粗糙、直径为2~3m的大型塑料叶片。它的40%浸在废水中，同时进行缓慢的机械运动。这些叶片上满是需氧微生物，慢慢分解废水。图9.2描述了有氧废水处理方法的原理。

9.2.3.2　厌氧废水处理设备

多年来厌氧处理法成功地用于糖厂、纤维厂和白酒厂等排出的高浓度废水，同时也引起了其它工业企业包括啤酒厂的兴趣，因为使用这种方法可以获得可燃烧的沼气能源，同时不需要能源来驱动通风设备。而有氧处理则需要很多能源。

厌氧处理设备大多由圆柱形或圆锥形的大型容器组成。厌氧处理时，在相同的温度下进行腐烂过程。这一过程分为很多步骤（图9.3），最后主要产生沼气。这种方法要求装料均匀，同时对操作人员也有很高要求，因为厌氧细菌对其环境十分挑剔。

> 使用厌氧方法同使用有氧方法相比，处理过程中碳的平衡情况有本质的区别（图9.4）：在有氧处理过程中50%的碳进入净化淤泥中或以CO_2形式挥发；而厌氧处理时，90%的碳成为沼气，作为能源用于其它方面。

目前啤酒厂只采用有氧方法处理

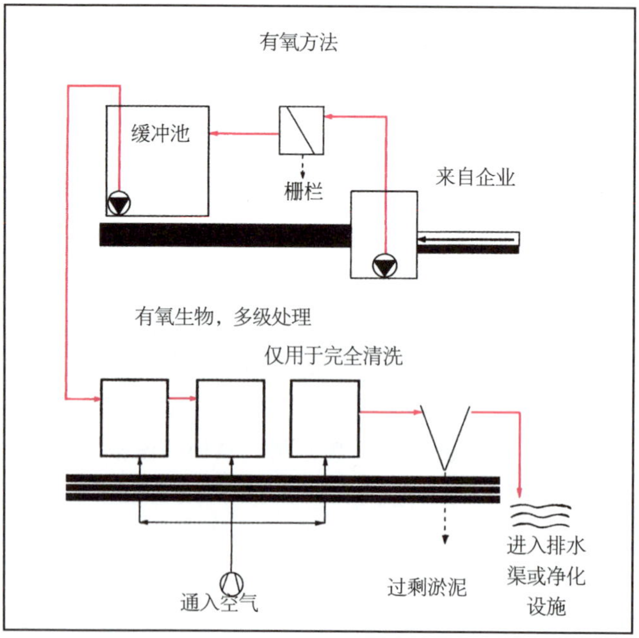

图9.2　有氧废水处理方法（原理）

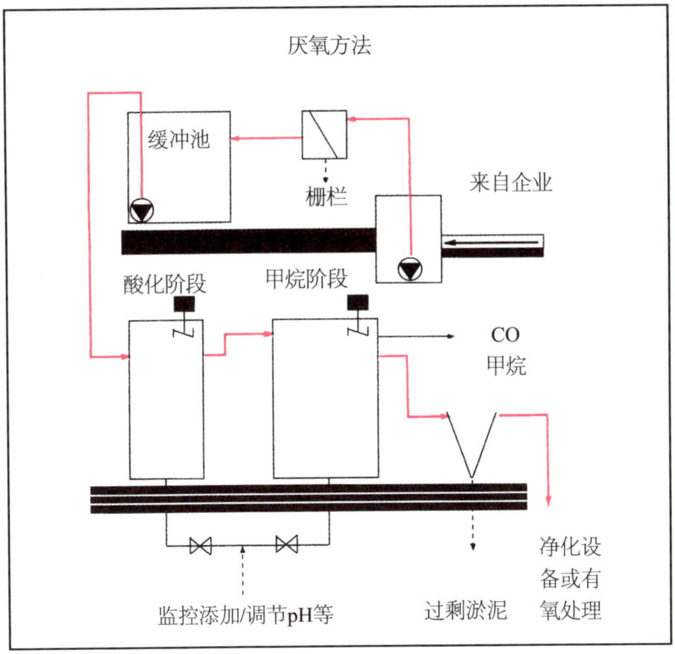

图9.3　厌氧废水处理方法

废水。但人们已经在考虑，至少可以将啤酒厂中浓度高的生产废水，首先进行厌氧预处理，同时通过燃烧沼气获取能源。

在处理啤酒厂的废水时，了解废水的量及其组成尤为重要。

9.2.3.3　啤酒厂的废水量及其组成

啤酒厂的废水量及其组成不总是相同的，因为某些日子会产生大量废水，而晚上或周末的废水量则较少。废水的组成也因其来源不同而不一样：

- 有时碱性很强并很热，比如洗瓶机热水槽排放的废水
- 有时酸性很强，比如CIP清洗设备排放的使用过的酸
- 有时变为深红色，比如PVPP过滤机排出的循环碱

涉及废水总有意外情况，特别是因为有时工人把排入下水道视为最有效的措施。如果这个时候废水专业协会正好来检查，就必然引起很大麻烦。啤酒厂会因为违反排放规定而被禁止使用公共下水道，缴纳严重污染附加费和赔偿费，地方政府有权作出此类决定。

废水中不仅有偶尔排放的大量使用过的碱和酸，还不断有少量因为影响清洁而被冲掉的沉淀、凝固物、糟、硅藻土或灌装车间的残余物等。比如[83]：

进入废水的物质	废水污染量gCSB／hL啤酒
喷洒酒0.96mL/瓶	23
残酒1.6～2.6 mL/瓶	38.4～62.4
商标浸出物 25~37.5mgCSB／瓶	5~7.5
贴标胶水	6
中间值	72.4～128.9

这是大量持续不断的有污染性的废水，而且几乎无法控制。例如，洗瓶时从顾客手中回收的酒瓶里的残酒量不等，洗瓶时所产生的废水量也不相同。

> 仅就废水量而言就很难做到既要使废水量少于4.0hL/hL啤酒，又要使废水的CSB≤600gCSB/hL。而只有达到这一标准值，啤酒才能免去重污染附加费。

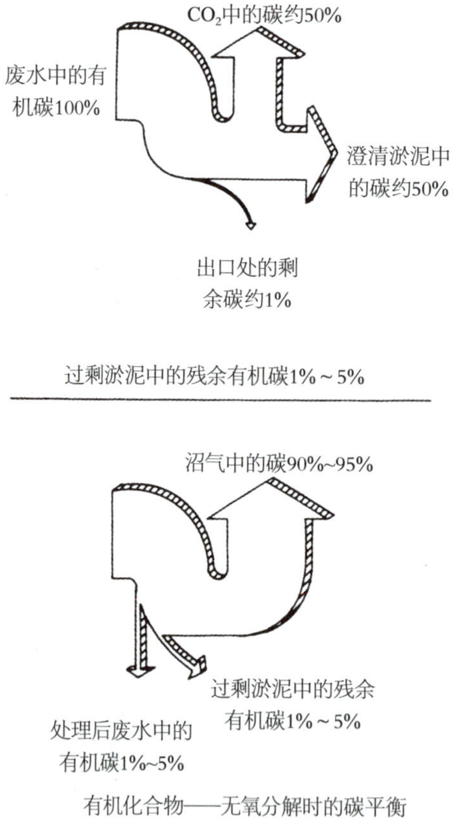

图9.4　有氧废水处理时的碳平衡

处理废水的关键措施之一，是在一个具有几天或一周储量的通风混合兼中和池中，收集并中和废水。其优点是：

- 酸性和碱性废水相互中和，避免了pH过高
- 温差被平衡，不会出现过高温度；
- 有色物质被脱色
- 废水量可以调节，并分配到夜晚和周末
- 降低废水污染量等于降低了严重污染附加费

有时当地废水专业组织也需要用啤酒厂的废水来中和其它类型的家庭废水。各地废水特性有区别，啤酒厂在此问题上与有关专业协会合作是必要的。从这方面看，使用混合兼中和池处理废水有着特别的意义[80]。

有氧废水处理时的碳平衡见图9.4。

9.2.3.4　使用混合兼中和池处理废水

VLB设计的混合兼中和池由下列几部分组成：

- 一个类似圆塔状容器的环形池
- 一台用于通风及充分混合的水下通风机
- 一台控制通风和处理过程的控制设备
- 一个排放调节装置

人们将此类设备分为两种基本类型：

A型——这种设备不能阻留被废水冲出的生物泥，用于废水污染性不强的啤酒厂，它分为：

- 具有日储存中和能力的小型池
- 具有周储存中和能力的大型池

B型——这种设备可以阻留生物泥，分为：

- 具有日储存中和能力的小型池
- 具有周储存中和能力的大型池

在具有周储存中和能力的池中使

用B2型设备可以获得：

- 90%～95%的生物分解反应
- 所有污染物质的有效中和
- 废水的均匀净化

B2型中和池分4个阶段工作（图9.5）：

阶段1：基础状态——池中仅含有约1.5m高的生物泥层。这一状态最早在星期天晚上才会出现。

阶段2：中和及生物分解——星期一随着工作的开始，生产废水进入池中，池子被慢慢灌满，然后根据耗氧量开始间歇式通风。一旦产生中和所必需的CO_2，有机物质的生物分解便开始了。

阶段3：沉淀——生物泥分离并沉淀，净化后的废水位于其上。

阶段4：净化后没有沉淀的废水被排掉，排放时使用一个浮球装置，保证总是从上面排出澄清后的水。

排放每天进行多次，每次排放都要经过第3和第4阶段。在一定的条件下，池中的淤泥量增加很少：经过生产停顿后，以前的淤泥通过自溶和内生呼吸消耗被分解。分解产生的无机物质，作为已溶解同时不可再沉淀的物质离开池子。不会发生因为淤泥过多而必须清除的现象。

今后，随着废水处理费用的不断增加，废水处理问题将使啤酒厂面临更大的挑战。

9.3 废物和垃圾

除了废水以外，必须处理的还有啤酒厂的其它残余物质。啤酒厂中会形成下列残余物质[100]：

残余物质种类	残余物生成量/（kg/hL）出售啤酒	德国1991年啤酒生产所形成的残余物量／1000 t
麦芽和酒花糟	18.86	2225
废酵母	2.64	311
热凝固物	1.42	168

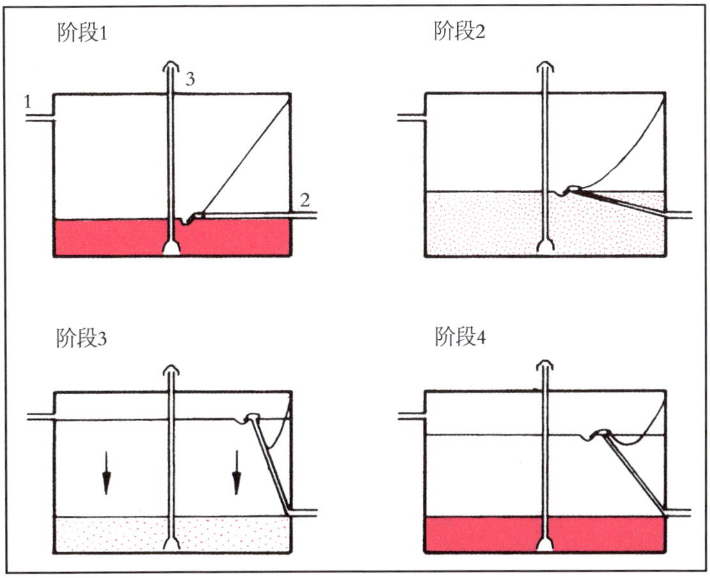

图9.5 使用Schumann博士设计的VLB中和池进行废水处理

续表

残余物质种类	残余物生成量/（kg/hL）出售啤酒	德国1991年啤酒生产所形成的残余物量／1000 t
冷凝固物	0.22	26
硅藻土	0.62	73
麦芽粉	0.12	14
标签纸	0.29	34
包装材料	0.04	5

每个啤酒厂中都有大量必须处理的残余废物，目前很多啤酒厂还能够比较便宜地处理掉一些残余物。但不断增高的费用将迫使企业自己分解残余物质。厌氧分解方法的作用会越来越大。

9.3.1 麦芽和酒花糟

每100kg投料产生110～130kg水含量为70%～80%的湿糟，相当于20kg／hL销售啤酒（见3.3.5）。

以此推算，每年生产10000hL成品啤酒的产糟量约为200t（4t/每周）。

人们感兴趣的是将这些糟作为牲畜饲料卖出，这在很多地方已经习以为常，但也有农业上无此需要或完全没有农业的地方。

特别是夏天很多农民不愿买糟。但如果将其加工成能够保存的干糟，即使价格能卖到湿糟的4～5倍也不一定合算。

与此相反，酒花糟如今则不成问题。天然酒花现已不再使用，酒花分离器也几乎没有啤酒厂再使用，因为它既麻烦而且会带来损失。即使个别时候使用天然酒花也都进行粉碎，最后转化为凝固物。而包装颗粒酒花和酒花浸膏的罐子和塑料袋则成为垃圾。

9.3.2 凝固物

凝固物以堆状出现在回旋沉淀槽中，少数来自分离器或沉淀罐。不管是哪种情况，凝固物中都含有可回收麦汁。大多数啤酒厂将浑浊麦汁泵入过滤槽用于洗糟，以便回收麦汁。同时更有效地利用这些能为牲畜提供丰富蛋白质营养物质的凝固物。如果人们不愿将质量较差的浑浊麦汁加入煮沸锅，可将其直接添加到糟中作为饲料出售。

9.3.3 废酵母

大量使用过的酵母成为废酵母，沉淀酵母的CSB值为0.53kg/hL，属于耗氧量巨大的生物。因此酵母绝对不能进入废水，否则很快会变成腐烂物。

以此推算，每年生产10000hL成品啤酒时的废酵母生成量约为15～18t。

最好的办法是将蛋白质和维生素含量丰富的酵母作为饲料出售。但为了能够保存，必须立即蒸一下，否则它会在动物的胃里发酵。造成胃绞疼。此外，这些酵母很快会自溶，并产生不舒服的气体。

作为饲料使用时，对酵母须进行干燥处理并作为混合饲料添加。另一种可能性是将废酵母用于制药工业以获取维生素。

9.3.4 硅藻土泥

如果以500g硅藻土/hL过滤啤酒计算，那么生产10000hL成品啤酒产生的硅藻土泥约为5t。

在不能将硅藻土排入下水道的情况下，对硅藻土进行再处理很麻烦，费用也很高。比如，对硅藻土泥进行热处理的Tremonis法费用十分高[54]。但通过这样处理后，50%以上的硅藻土可以重新利用，减少了新土消耗。

很多啤酒厂只有通过垃圾处理站来处理硅藻土，而大多数垃圾站要求硅藻土为含水量低的稠土，因为硅藻土泥太湿会引起滑堆。一段时间后，沉淀池和废水管道中的硅藻土会凝固，形成很难分离的沉积物。

由于上述原因，同时考虑到费用上涨情况，人们必须想办法比较便宜地处理掉硅藻土。方法之一是压榨硅藻土泥，使其水含量降至50%以下，达到疏松状态。可用作硅藻土压榨设备的首先是带式干燥装置（图9.6）。疏松状态下的硅藻土可以和其它农业肥料一起撒到田间，使用后的硅藻土因其酵母含量高，故而是富含氮源，极具有价值的土壤和植物营养素。

使用过的硅藻土含有很快就会自溶的酵母，此时所含的蛋白质也会分解并通过分离氨基释放出气味强烈的氨，可令人马上觉察到，在必需对使用过的硅藻土进行短期存放时，这点必须考虑到。

最近也在考虑将使用过的硅藻土用于砖瓦、沥青或水泥的生产。

由于处理硅藻土费用高，人们准备寻找其它比较经济的方法来代替硅藻土进行啤酒过滤。

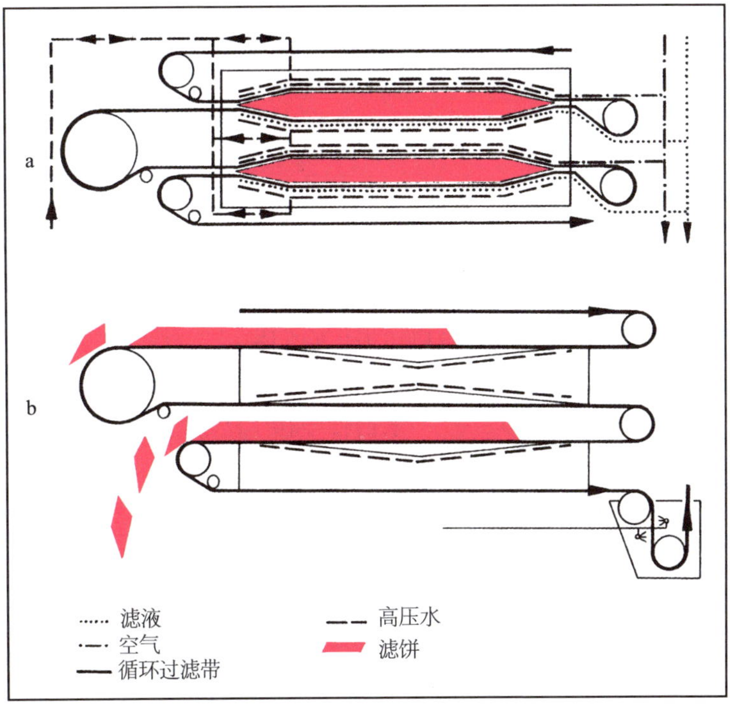

图9.6 通过带式过滤器压榨硅藻土
（a）膜压榨
（b）硅藻土饼的清除

9.3.5 旧标签

在洗瓶机中每年约出现1.5t/10000hL成品啤酒的需处理废标签量。废标签量的多少取决于商标的大小。

人们要求在洗瓶时，标签完整脱落，而不是变成碎片。有些还在使用的铝箔标应该由纸箔标代替，因为铝能在洗瓶机中引起气体爆炸，同时，铝溶解在碱中也会降低碱的浓度并增加碱液更换次数。

在洗瓶机中，标签首先被筛滤出来，然后压榨，因为其中还吸收了很多碱液。

处理这些标签很困难，因为回收处理过程需要耗费大量能源，而得到的只有少数可重新利用的纸纤维，因此废商标通常被送往垃圾处理站进行处理。

问题是标签中总是夹杂着玻璃碎片和瓶盖，由于它们很容易导致处理设备的损坏，所以处理前必须被分离掉。

最近人们开始考虑将废商标作为砖瓦生产的燃料[88]。

9.3.6 玻璃碎片

啤酒厂中的玻璃碎片量很大程度上取决于玻璃材料的质量。估计中等质量的玻璃材料的破损率为0.5%，即每生产10000hL成品啤酒，每年会产生3.5t的玻璃碎片。如果玻璃材料的破损率为1.5%，这一数值则会提高到11t。

玻璃碎片被分类收集起来并定期进行回收处理，通常情况下被用于玻璃瓶的再生产。

9.3.7 啤酒易拉罐

因罐壁很薄，所以空啤酒易拉罐对碰撞非常敏感。如果由此造成的废易拉罐比例为3%～4%的话，那么啤酒厂中每生产10000hL啤酒大约每年就会产生380～400kg的废易拉罐。使用铝罐时，这一数值会减半。

废易拉罐压制后重新利用。

罐装啤酒份额的增加为有些国家带来了处理方面的问题，因为有些居民会在公共场合随意扔放包装箱、废纸、玻璃瓶及易拉罐。不过采用适合的形式对空易拉罐进行回收、压制以及重新利用在许多国家都获得了成功。

钢制和铝制易拉罐都具可回收性。铝是实践应用中能被无限制完全回收利用的唯一材料，因此也不会影响环境。新加工铝需消耗很多电能，而回收再利用的能耗则比较少。所以应尽量提高铝制易拉罐的回收利用率。

9.3.8 少量垃圾

除前面所描述的，通常被妥善收集起来并运走的垃圾外，每个啤酒厂内还会出现少量随时间而积累下来的少量垃圾，它们是：

- 纸板和包装纸
- 来自管理和生产部门的废纸
- 薄膜和塑料垃圾
- 木质垃圾
- 废料
- 旧轮胎
- 抹布
- 厨房垃圾

- 油脂
- 溶剂
- 油脂残渣
- 各种金属碎末
- 旧电池
- 石灰泥

对这些组分进行分类回收始终是值得的，因为分类后便于处理，而且也只有分类后才可以允许出售。

在所有国家，垃圾都与富裕和工业化程度成正比，大家都要先后采取措施避免垃圾造成的危害。这就必须加大对所有垃圾的处理力度，使其循环使用，这需要很大一笔费用，但通过分拣处理各种垃圾可使其降低。

9.4 放射污染

9.4.1 粉尘及其危害

麦芽卸车、运输以及在干粉碎机中粉碎时，都会形成粉尘，除了有爆炸的危险外，这些粉尘还可能引起故障，必须通过吸尘或收集的方式除去。

粉尘中含有大量的糖，但这些糖的质量不高。人们将这些粉尘收集到麻袋里或仓库中，随后送往垃圾站或添加到麦糟中。

9.4.2 来自糖化车间的污染

麦汁煮沸时，蒸发出的水中含有挥发性的麦汁和酒花成分。因此打出麦汁时人们能够在啤酒厂周围闻到气味。根据德国“联邦干扰保护法”，这点可被看作气味污染。

使用煮沸锅蒸汽冷凝器，可以在很大程度上降低这一危害，使用二次蒸汽压缩机则可以完全避免这一这种气味污染。

9.4.3 烟的危害

总的来说，使用燃烧设备时，可以通过选择适当燃料来保证烟气中有害物质的含量不超过规定的污染界限值[84]（例如，使用天然气和燃油作燃料特别有利于降低烟尘的危害）。

为了使NO_X和CO低于规定的界限值，可采取以下措施：

- 在小型固定柴油发电机中使用涡流室式发动机
- 在较大的柴油发电机中安装三道催化器，四冲程发动机也是如此
- 柴油发电机上应安装一个烟过滤器

叉车大多装有可调节的催化器，柴油发电机排出的废气是致癌物质。

9.4.4 声音危害

有关声音危害的法律规定有：

- TA噪声
- 工作岗位规定中的第15节“噪声保护”和事故保护规定中的UVV噪声（VBG 121）

噪声危害特别大的地点一般是：

- 灌装车间
- 空气压缩机和制冷机附近
- 蒸汽冷凝器附近
- 二次蒸汽压缩机附近

要减轻噪声危害，可以采取以下措施：

- 选择适当的建筑材料，比如可隔音的双层墙壁，隔音窗户等
- 在灌装车间安装消音天花板
- 少用墙壁瓷砖
- 给声音特别大的机器加上隔音套

上面谈到了每个啤酒厂都要遇到的大量的环保问题以及解决这些问题的一些途径。环境问题及有关的废物处理问题今后会越来越严重。许多现在还存在的垃圾站到2000年被关闭。企业将进一步被迫考虑处理自身的垃圾或者根本就不制造垃圾。

从这点来看，现在就要号召每个啤酒厂尽量少制造垃圾。

10 啤酒厂和制麦厂的能源经济

麦芽和啤酒生产及灌装的所有步骤都需要能源。具体使用的是

- 电能
- 热能
- 空气

10.1 麦芽和啤酒生产中的能源需求

电能在啤酒厂的用途包括：

- 制冷
- 压缩空气
- 泵和阀门的驱动
- 搅拌和运输设备的驱动
- 阀门和仪表的控制
- 通讯及数据处理
- 照明

热能在啤酒厂的用途包括：

- 生产热水
- 干燥时加热
- 加热醪液
- 加热并煮沸麦汁
- 洗瓶
- 清洗啤酒桶
- 啤酒的瞬时杀菌或巴氏杀菌
- CIP清洗设备
- 过滤机、灌酒机和管道的蒸汽杀菌
- 房屋供暖

麦芽和啤酒生产中的能源消耗是生产成本的一个重要部分。酿造工人必须尽量合理使用能源，尽量将成本降至最低。

所有的能源形式都能互相换算，互相比较。这样就有了建立在几个基础单位上的国际单位系统（SI），其它所有单位都由此而来。在本书的最后对最重要的部分单位进行了总结。

- 功等于力乘以距离，同时功等于功率乘以时间。

  由此可以得出功的计算单位是J。

$$1J = 1W \cdot s = 1N \cdot m$$

由此可以推导：

3600s为1h

3600J为1W·h

3600kJ为1kW·h

1kW·h=3.6MJ = 860kcal

lkcal = 4.19kJ

能量单位总是以千瓦时（kW·h），或兆焦（MJ），或千焦（kJ）表示，过去也用千卡（kcal）表示，所以也在此处列举出来。

下表列举了传统啤酒厂各部门中的热能和电能消耗情况[89]，表中分别根据企业规模（年产20000hL和250000hL）给出了理想值和平均值：

部门	热能消耗/（MJ/hL）				电能消耗/（kW·h/hL）			
	20000hL规模		250000hL规模		20000hL规模		250000hL规模	
	理想值	平均值	理想值	平均值	理想值	平均值	理想值	平均值
原料至称量	6.34	10.98	5.60	8.64	0.30	0.41	0.25	0.34
糖化至冷麦汁	66.2	114.8	58.6	90.4	1.97	2.71	1.65	2.27
前酵至下酒	–	–	–	–	1.72	2.37	1.44	1.89
后酵	–	–	–	–	1.60	2.20	1.34	1.85
过滤	8.49	14.71	7.50	11.58	0.57	0.79	0.48	0.66
瓶装和听装	26.61	46.12	23.51	36.29	2.24	3.07	1.88	2.58
装桶和大罐	13.94	24.16	12.31	19.00	0.46	0.63	0.38	0.52
成品酒至出厂	3.17	5.49	2.80	4.32	0.40	0.54	0.33	0.46
发送/销售	9.19	15.72	6.34	8.48	0.55	0.76	0.46	0.64
管理、维修车间	13.05	22.62	11.53	17.80	0.99	1.36	0.83	1.14
制冷	–	–	–	–	4.16	5.71	3.49	4.79
供水	9.12	15.81	8.06	10.99	0.40	0.54	0.33	0.46
啤酒生产总计	130.0	225.0	113.0	173.0	9.9	13.6	8.3	11.4
无酒精饮料生产	33.5	39.2	28.8	33.8	1.9	2.3	1.7	2.1
自产麦芽/(MJ/100kg)	253.0	331.0	204.0	285.0	8.5	12.2	7.3	11.0

整个啤酒生产过程的能源消耗为：

每百升成品销售啤酒消耗的热能为180~200MJ，电能为10~12kW·h。

一眼就能看出：

啤酒厂中消耗热量最多的是糖化和灌装车间，而耗电量最多的是制冷，但也有灌装和糖化。

下面将逐一讲解啤酒厂中的能源设备：

- 蒸汽锅炉设备
- 制冷设备
- 电力设备
- 泵和压缩机

10.2 蒸汽锅炉设备

在蒸汽锅炉中水被转化为蒸汽，以此方式做功。蒸汽具体有以下特点：

- 所含热量比水高得多
- 容易输送

为了更好地了解蒸汽锅炉设备必须首先研究蒸汽，而要产生蒸汽则需要燃料。

10.2.1 燃料

如今经常使用的燃料是天然气和

石油，但也有因各种原因令经济界感兴趣的其它燃料。

判断各种燃料的热值有两种比较方法：

- 焦炭单位（SKE）
- 热值（下限）

焦炭单位是指1kg石煤所含能量的平均值。国际上定为29400kJ。

相当于

1kg	石油	1.44 SKE
$1m^3$	天然气	1.40 SKE
1kg	燃烧木材	0.50 SKE
1kg	原褐煤	0.26 SKE
1kW·h		0.123 SKE

燃料的热值是指燃烧一定量物质释放出的热量。热值上限（燃烧热量）是理论最高值，表中标出的热值下限是蒸发热量。

每个燃烧过程中都会形成水，比如：

$CH_4+2O_2 \rightarrow CO_2+2H_2O$

这意味着，在每个燃烧过程中生成通过冷却后会冷凝的水蒸气。形成的冷凝热是上下热值之间的热量差。付款时总是根据热值上限来定。

热值下限是指完全燃烧释放出的热量，当燃烧时形成的水蒸气被冷却到露点，不过仍为气态时。而热值上限仅用于燃料的计算。

市面常见燃料的热值（*Hu*）如下：

能　源	热值/（kJ/kg）
燃烧用油EL	42700
燃烧用油M	41020
燃烧用油S	39770
柴油	41820
焦炭	31800
高炉焦炭	28900
煤气厂副产焦炭	29300
褐煤煤球	20090
原褐煤(Sachsen)	10460
原褐煤(Lausitz)	9630
泥炭，风干	15490
城市煤气	$16120kJ/m^3$
天然气L	$31950kJ/m^3$
天然气H	$37500kJ/m^3$
沼气	$35880kJ/m^3$
丙烷	$93210kJ/m^3$

从经济角度看，特别重要的系数是热量价格。它表明了1kW·h或1MJ的最终价格是多少。根据下列公式可以得出热量价格：

$$热量价格=\frac{每1t或每1m^3燃料的价格}{燃料的热值（Hu）}$$

结果用马克/MJ或马克/（kW·h）表示。

但这一结果也不能完全说明问题，因为决定价格的还有锅炉能将多少燃料的现有能量确实转化为热量。这两者的相互比例被称为锅炉有效度。

根据下列公式可得出重要的热量使用价格（热量纯价格）：

$$热量使用价格=\frac{（总）热量价格}{锅炉有效度}$$

热量使用价格直接反映了生产中每产生1MJ或lkw·h热量需要多少马克。

当然，热量使用价格始终高于热量价格，因为锅炉有效度低于100%。

针对热值下限而言，现代化的工业用水锅炉，能够凝结部分废气从而使锅炉有效度超过100%。

如果人们想使水在锅炉中蒸发，就必须进一步研究蒸汽。

10.2.2 蒸汽

如果水被加热到沸腾温度后还继续通入热量就会形成蒸汽。

人们将水沸腾时的温度称为沸腾温度。沸腾温度取决于压力并随着压力的增加而增高。

10.2.2.1 蒸发热量

将水转化为蒸汽需要蒸发热量。

蒸发热量是指将1kg水转化为同等温度的蒸汽所必需的热量。

比如在100kPa的压力下，将1kg100℃的水转化为100℃的蒸汽需要的热量为：

2257.9kJ = 2257.9kW · s = 0.6272kW · h=539kcal

蒸发热量与蒸发温度和压力有关，它随着温度和压力的增加而变小。在22.12MPa（即374.15℃）“临界蒸汽压力”下完全不再需要蒸发热量：即煮沸的水直接变为蒸汽。

下表对每个压力下的蒸汽温度及其所含热量都进行了说明：

压力/10^5Pa	温度/℃	蒸汽量/（m^3/kg）	饱和状态水的含热量/（kJ/kg）	饱和状态蒸汽的含热量/（kJ/kg）	蒸发热量/（kJ/kg）
0.010	6.9808	129.20	29.34	2514.4	2485.0
0.050	32.898	28.19	137.77	2561.6	2423.8
0.10	45.833	14.67	191.83	2584.8	2392.9
0.50	81.345	3.240	340.56	2646.0	2305.4
0.70	89.959	2.365	376.77	2660.1	2283.3
0.80	93.512	2.087	391.72	2665.8	2274.0
0.90	96.713	1.869	405.21	2670.9	2265.6
1.0	99.632	1.694	417.51	2675.4	2257.9
1.5	111.37	1.159	467.13	2693.4	2226.2
2.0	120.23	0.8854	504.70	2706.3	2201.6
2.5	127.43	0.7184	535.34	2716.4	2181.0
3.0	133.54	0.6056	561.43	2724.7	2163.2
3.5	138.87	0.5240	584.27	2731.6	2147.4
4.0	143.62	0.4622	604.67	2737.6	2133.0
4.5	147.92	0.4138	623.16	2742.9	2119.7
5.0	151.84	0.3747	640.12	2747.5	2107.4
6.0	158.84	0.3155	670.42	2755.5	2085.0
8.0	170.41	0.2403	720.94	2767.5	2046.5
10.0	179.88	0.1943	762.61	2776.2	2013.6
15	198.29	0.1317	844.67	2789.9	1945.2
20	212.37	0.09954	908.59	2798.2	1888.6
50	263.91	0.03943	1154.5	2794.2	1639.7
100	310.96	0.01804	1408.0	2727.7	1319.7
200	365.70	0.005877	1826.5	2418.4	591.9
221.2	374.15	0.00317	2107.4	2107.4	0.0

10.2.2.2 湿蒸汽

沸腾时产生的蒸汽叫做湿蒸汽。其温度与煮沸的液体相同，还含有约20%的水。一旦水被完全蒸发，便成为干饱和蒸汽，可以输送。但如果温度下降就会再次产生冷凝水，从而失去很多热量。冷凝时蒸汽所含的蒸发热量会再次失去。

10.2.2.3 过热蒸汽

为了减少蒸汽输送的损失，人们通过继续供热将饱和蒸汽加热至300℃（图10.1）。

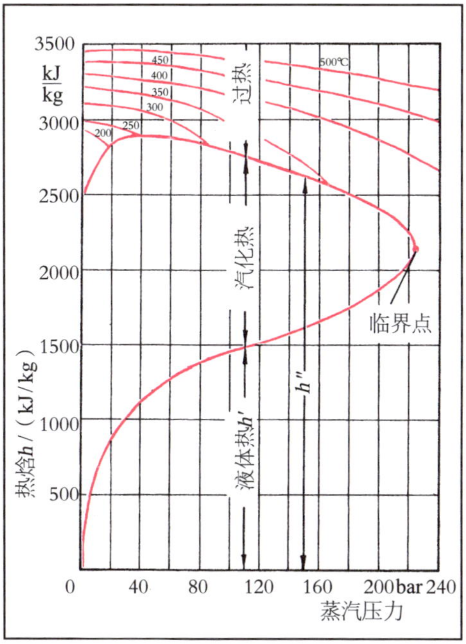

图10.1 水蒸气的热焓

这种蒸汽被称为过热蒸汽。它所含的大量热量使它能够很好地进行长途输送，而不会失去很多能量。但尽管温度很高，热传递还是相对较差。因此人们为了尽量保持加热面积小，将蒸汽以饱和蒸汽的形式通入热交换器。出于这种原因，有时在热交换前将冷凝水喷入过热蒸汽中，以降低其过高温度（蒸汽冷却）。

10.2.2.4 热水

也可以采取另一个方法进行热量分配。将水在一定的压力下加热到160～170℃，但不让它沸腾。这些高温水可以通过管道输送并作为煮沸其它液体的热源。这种情况被称为热水或液体煮沸（见麦汁煮沸）。

这种方法的优点在于能够将所有的热能都用于加热，避免了整个冷凝水处理过程及其控制。

它的缺点是：与输送气态的蒸汽相比，输送液态的水要求管道的横截面积及泵的功率较大。

10.2.3 蒸汽锅炉

10.2.3.1 蒸汽锅炉的分类

根据蒸汽锅炉的规定，锅炉是一种密闭的容器或管道排列，它们在蒸汽锅炉外产生高于大气压压力的水蒸气以供使用。

蒸汽锅炉分为四个类别：

类别Ⅰ蒸汽锅炉的水容量最高为10L。

类别Ⅱ蒸汽锅炉的水容量高于10L，最高过压达100kPa，温度为120℃。

类别Ⅲ蒸汽锅炉的水容量最高达50L。

（1）如果水的体积（L）和所允许的过压（Pa）的乘积不超过1000，过压为100kPa以上。

（2）如果热水生产装置中所允

许的进口温度超过120℃同时水的体积（L）和所允许的过压（bar）的乘积不超过1000。

类别Ⅳ蒸汽锅炉是所有其它锅炉，啤酒厂使用的锅炉设备也属其列。

第四组的蒸汽锅炉必须安装在锅炉房中，在蒸汽锅炉的技术规定基础上（TRD604），特定情况下可以24h无临控地运行。

蒸汽锅炉的分类根据以下几点：

- 生产压力（高压和低压蒸汽锅炉）
- 加热形式（煤、油、天然气、电）
- 水循环形式（自然循环和强制循环）
- 烟道和水道锅炉中的流动形式

锅炉设备最重要的数据是：

- 锅炉的功率，以单位时间生成的蒸汽量（t/h）表示
- 燃烧设备每小时的功率，以MW表示
- 生产过压，以bar表示
- 锅炉及过热加热器出口的蒸汽温度
- 锅炉入口水的温度
- 燃料的种类和热值（kJ/kg或kJ/m^3）
- 水量

10.2.3.2 蒸汽锅炉结构

原则上蒸汽锅炉的结构分为两种：

- 火管-烟道锅炉
- 水道锅炉

火管-烟道锅炉：

燃烧在火管中进行，烟道将烟气吸出。火管和烟道都在水房中。

由于其水容量大，这种锅炉也叫做大水室锅炉。作为双火管大水室锅炉，几十年来保证了啤酒厂的蒸汽供给。如今还在生产功率可达每小时30t蒸汽的新式双火管锅炉。

目前，啤酒厂使用的锅炉大多数是三烟道锅炉。

在这种锅炉中，火焰和烟气的输送在三个道中进行，这样可以充分利用热交换面积。

大水室锅炉的明显优点是：

- 其结构十分坚固，水容量大，能够适应并平衡生产用水的不均匀性
- 其蒸发表面积大，能够提供相对干燥的蒸汽

水管锅炉：

与烟道锅炉相反，水管锅炉的水和蒸汽处于管道之中。这些管道构成火室外围。中等以及最高功率的水管锅炉的生产压力可达18MPa。

快速蒸汽发生器：

快速蒸汽发生器是结构特殊的水管锅炉，它由一个泵将水压过蛇形加热管，并在最短的时间（2～10min）内将水蒸发成蒸汽。

水管锅炉分为自然循环锅炉和强制循环锅炉。

在自然循环锅炉中，蒸汽和水的混合物相对密度较小，因而往上升；而受热较少部分的水则往下落。这样在锅炉的水室中便形成了一个自然循环，这种锅炉运行时压力可达18MPa。

在强制循环锅炉中，水的循环是通过泵进行的。泵通过加热的管道系统，使蒸汽分离器中的锅炉水翻滚，同时达到与锅炉压力相应的沸腾温度。

10.2.3.3 三烟道锅炉

大多数啤酒厂都有一个或多个规

模不同的三烟道锅炉，可根据能源需求量来使用它们。

三烟道锅炉由一个卧式、保温好的钢板圆筒（图10.2）构成。锅炉的一边是火管2，前面装有烧嘴3，燃气或油和空气的混合物通过它在火管中熊熊燃烧。

火管被水环绕，通过大功率的水位电极，水位始终被控制在火管上面同一高度。形成的烟气在后燃烧室4中转向，经过2道烟管束5又被引回前面。

在前燃烧室6中烟气再次转向，被引向后面的3道烟管束7。由于烟气经过了中间冷却，第三道明显少了很多烟管。

在烟气冷却的同时水开始沸腾，蒸汽通过蒸汽阀8离开锅炉。图10.3中是

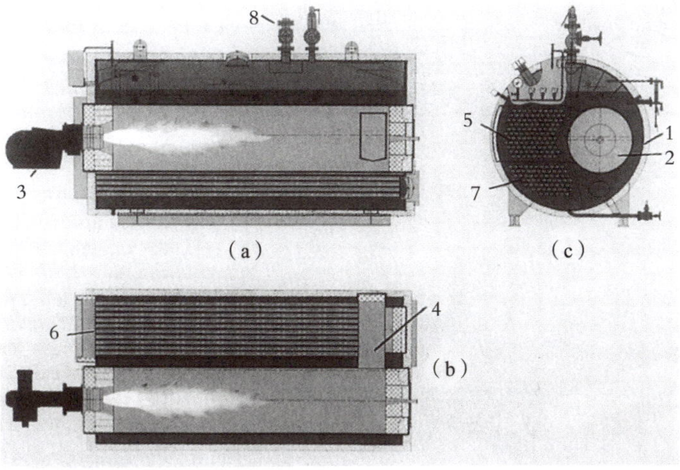

10.2　三烟道锅炉
（a）侧视图
（b）俯视图
（c）主视图
1-锅炉壁
2-火管
3-烧嘴
4-后燃烧室
5-烟管束（2道）
6-前燃烧室
7-烟管束（3道）
8-蒸汽阀

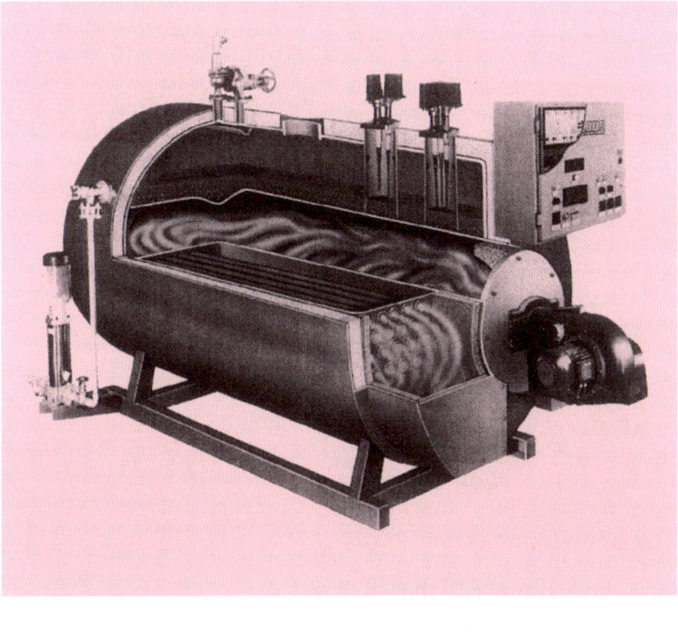

图10.3　三烟道锅炉（剖面）

烟气再次被引回到前面的过程。

在双火管锅炉中，通过烟管的分层安装，使两个火管中的每一个都达到三道（图10.4）。

为了保证TRD604锅炉能在无连续监督的情况下运行，必须安装相应的控制及安全系统。该系统除了已提及的水位安全电极外还包括以下装置：

- 水位显示器
- 带最高压力特别标记的压力表
- 关闭蒸汽管道的装置
- 给水调节阀
- 水、油分离器
- 燃料供给和烧嘴调节装置
- 安全压力调节和限压装置
- 警报及故障显示器

三烟道锅炉的设计规模为：

- 1～30t蒸汽/h
- 功率可达25MW以上
- 工作压力可达3200kPa（即235℃）
- 啤酒厂使用的锅炉大多每小时提供5～15t蒸汽

石油和天然气是主要燃料，但也有固体燃料。最近也在考虑使用企业自身厌氧净化设备提供的沼气。

锅炉中的燃料燃烧时温度很高。火室温度取决于燃料的热值、燃烧空气和燃烧室的热辐射。火室的温度比燃烧温度低，只有在具备理论空气含量且没有辐射的完全燃烧状态下，火室温度才能达到燃烧温度。

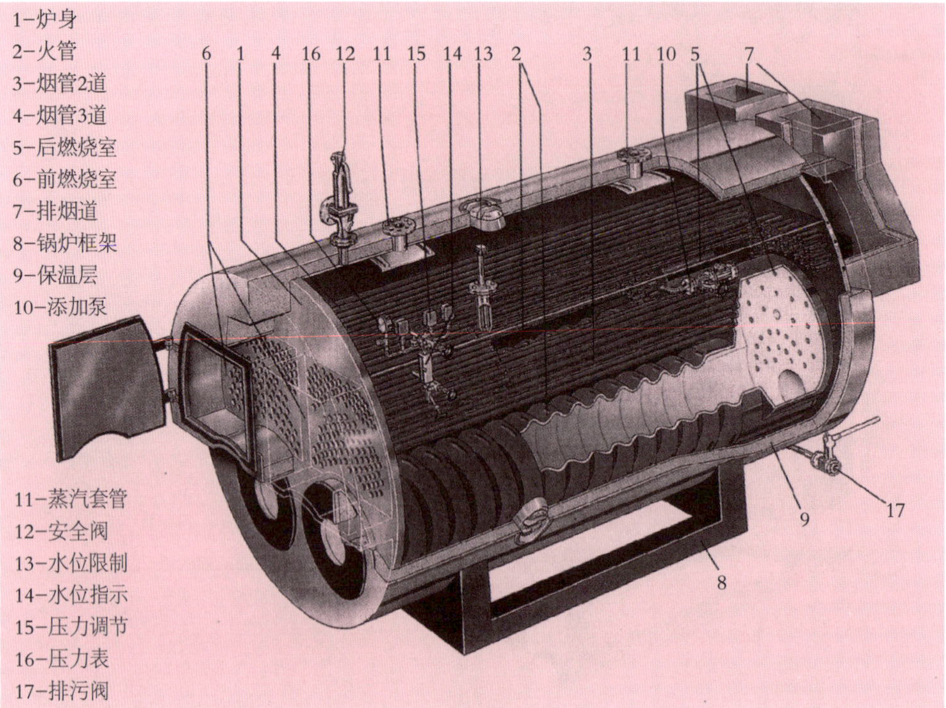

图10.4　双火管锅炉

部分燃料的理论燃烧温度如下：

肥煤	2300℃
燃油	2000℃
褐煤	1500℃
真正平均燃烧温度	
煤、油、天然气	1200~1600℃

10.2.3.4 能源回收

人们总是希望能够完全利用燃料中释放出来的能量，于是采取了以下一些措施：

- 通过冷却燃料节约装置中的烟气预热添加水
- 过度加热蒸汽，以便更利于输送
- 利用余热加热冷凝水

密闭式冷凝水返回系统仅在设备始终带压状态下起作用，设备每年必须365天运行。

不过锅炉的有效度取决于锅炉的启动次数、运行和使用期限。

举例1：

为了对麦汁通风装置上的空气过滤器进行蒸汽杀菌，在星期天启动一台产热量大，水温为65℃的锅炉。此时大多数热量为徒劳生产的；锅炉的有效度几乎为0。

举例2：

一糖化车间使用一台两级快速蒸汽发生器（6t/h和12t/h），蒸发量为50hL/h。此时可能会出现蒸汽发生器不停开和关，一会儿使用小级别，一会儿使用大级别运行的情况。其结果是，在烟道通风时为避免脉动现象产生，必须排掉热的燃烧气体，锅炉的有效度此时不到50%。

大多数情况下额定有效度针对的是理想的运行条件，所以锅炉的平均有效度很少有超过85%以上的。

10.2.3.4.1 燃料节约装置

燃烧废气离开锅炉时还很热。为了不损失这些热量，人们在锅炉后面的空间里安装了蛇形管。锅炉添加水通过这些蛇形管从相反的方向被导入，将从管外流过的260～300℃的高温废气冷却至120～130℃，而锅炉添加水则被加热到100℃以上（图10.5）。这样锅炉有效度能够提高到95%以上。

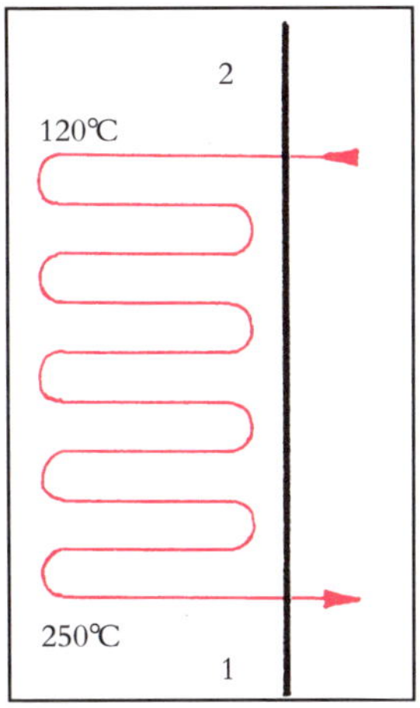

图10.5 燃料节约装置（原理）
1-废气进入
2-废气去烟道

这种燃料节约装置，事实上是一个烟气和水余热的利用装置，它可以直接连接在锅炉上或通过法兰盘安装在废气管上。

10.2.3.4.2 过热器

在过热器中，蒸汽可被加热至饱和温度以上。蒸汽温度升高有下列优点：

- 锅炉中带出的水被蒸发
- 即使稍有冷却，干燥蒸汽也能长途输送而不会冷凝

过热器为单级或多级结构，由光滑的蛇形弯管组成。从外部经过的烟

气为管道中的蒸汽进一步提供热量，使蒸汽被过度加热到250～300℃。

10.2.3.4.3 冷凝水回收

冷凝水也含有不少可以回收的能量。带压力的冷凝水温度在100℃以上，有时更高。将带压冷凝水（140～180℃）引回锅炉可以回收10%～12%的能量。前提条件是需要一个封闭的回流系统，因为一旦冷凝水不再处于压力之下，就会失去其压力，温度会降低到100℃。

10.2.4 蒸汽发动机

以前，活塞式蒸汽机在啤酒厂是很常见的，它通过蒸汽推动活塞做往复运动，再由曲轴将往复运动转化为旋转运动，并通过一个装潢美观的转轮带动发电机，或多或少地保证了啤酒厂自已供电。这样的活塞式蒸汽机如今被陈列在啤酒厂博物馆中供人观赏。

在这些机器中燃料所含的能量只有12%～14%转化为机械能（机械有效度）。蒸汽能量的大部分不能转化为旋转运动从而变为热能（废气或热水）。

后来，汽轮机代替了旧的活塞式蒸汽机，通过在原来蒸汽机中活塞来回运动的地方装上叶轮，形成连续的旋转运动。这样的汽轮机在个别啤酒厂还能遇到，现在其优势有所增加，因为国家提供补贴，鼓励啤酒厂自已使用煤发电。

为了能够尽量合理地利用热能，人们采用下列工作方法：

- 排入大气法

这种情况下，机器中的蒸汽压力降至大气压，未经利用便释放出去。这样的工作方式完全不经济，如今已不再使用。

- 反压法

蒸汽压力降至200~300kPa，还可以用来煮沸和加热其它液体。

- 冷凝法

蒸汽被冷凝时体积缩小，压力因出现吸力降至10kPa。如此一来压差上升，机械有效度增加。

总的来说，使用蒸汽设备自已发电如今在啤酒厂中已很少见，只有燃料便宜的地方的啤酒厂对此特别感兴趣。目前人们使用更多的是热电站。

10.2.5 热电站

如今，越来越多的啤酒厂使用热电站（图10.6）来代替老式蒸汽机。“电站”这个名称使它在人们的想象中比实际上大得多。

> 热电站最重要的组成部分是一个燃气发动机，通入的天然气或石油在其中燃烧，机械做的功转化为电能。用于加热的是燃烧气体。

燃气发动机上连接一个以380V的电压同电网并网运行的发电机，为啤酒厂提供大部分用电。当啤酒厂的电力需要量少时，多余的电能可为公共电网供电；啤酒厂短时出现的电力最高功率也可以用这种方法平衡。

仅靠燃气发动机本身完成这些是不够的，因为这样生产的电还太贵。

只有当人们能同时充分利用发电机的余热时（热电站），这点才有意义。

热电站的根本意图是将转化为动能的天然气转化为电能，同时在生产中以热水形式利用热能。

天然气100％的能量中能够利用的约为90％，其中33％转化为电能，58％转化为热能（热水或蒸汽）。发动机辐射的5％还可用来预热。

为了有效利用余热，人们经常使用以下两种水循环及其相应储存容器回收余热[103]：

- 温度约为140℃的高温水循环
- 温度约为65℃的低温水循环并储存

140℃高温水的相应压力为350kPa。这些热水可以直接用于液体加热或煮沸。

热电站包括以下设备：

- 带发电机的燃气发动机
- 带储存容器的低温和高温水循环装置

在啤酒厂和麦芽厂中通过使用热电站来提供大部分能源是降低能源成本的重要步骤。在使用正常电网或有高峰用电限制的企业里使用热电站对于有些国家具有很重要的意义。

10.3　制冷设备

啤酒在生产过程中必须经过以下多次冷却：

- 打出麦汁冷却到接种温度
- 发酵中的嫩啤酒在发酵和成熟阶段被冷却
- 最后在低温阶段冷却到－2～0℃
- 清酒间冷却
- 发酵和后酵间也必须制冷

这样就出现了下列制冷需要[119]。

图10.6　组合热电站
（图片：Zeppelin-Metallwerke GmbH,Achim b. 不莱梅）

	耗能量/（kW·h/hL）
麦汁冷却	1.668~2.224
发酵和低温冷却	1.270~2.427
房屋冷却及其它	2.780~5.830
总需求	5.718~10.489

假设通过冷媒冷却的差值是2℃，那么，所有12～14℃以下的冷却都需要冷却介质。因为生产中使用普通的冷水不能将物料或环境温度降得更低。较冷的介质是由制冷设备产生的。

但过去并不是这样。我们的祖先们没有冰箱，而夏天也需要制冷。那时啤酒厂总是在严寒的冬天到附近的池塘里锯冰并费很大工夫运回来，然后将冰放在一个四周都是厚墙的冰窖中储存起来（一些老啤酒厂现在还有这种冰窖，只是已改作其它用途）。所储存的这些冰必须满足到第二年冬天来临以前啤酒厂的制冷需要。当时使用里面装着冰的浮筒来进行冷却。但问题是经常会有不结冰的冬天，这对取冰冷却造成了困难。

10.3.1 冷却剂和冷载体

10.3.1.1 冷却剂

制冷的原理是：当一种液体蒸发时需要从周围环境中获取蒸发热量，环境因此被冷却。人们选择一种蒸发时需要很多能量的物质进行蒸发，一般是氨（NH_3）。这种通过其蒸发吸取热量的物质叫做冷却剂。

除了氨以外，在小型设备中也使用氟代烃和FCKW，但其使用量逐渐减小，同时由于它们破坏臭氧层，而被列入FCKW–卤–禁用规定中。这些氟代烃–卤冷却剂通过字母“R”（冷却剂）和数字组标明，这些数字与碳、氢和氯原子的数目有关（R12，R22），其补充商业名称同生产厂家有关（Frigen12：Farbwerke Hoechst，Frean12=Du Pont等）。氨也有一个数字（R717）。

由于氨不会破坏臭氧层也不会加重温室效应，所以现在被越来越多地用作冷却剂，同样用于小型设备。尽管如此，还是必须指出几点危险：

- 氨是一种腐蚀性很强的气体，可能刺激甚至腐蚀呼吸道
- 高温下以及混有空气和二氧化碳时可能爆炸。强热下同二氧化碳和酸发生反应
- 氨是一种危害水的物质，具有2级危害性。安装含氨设备的地点必须配备收集容器，使氨不能进入地下水中。但它即使经过很强的稀释也能够被识别，所以小故障能够很快被发现并及时加以控制。出现大的故障时，氨蒸发后会立刻形成－70℃冰冷的烟雾，导致很大危害

总的来说，啤酒厂在与氨打交道时，安全技术掌握得都比较好，但过去出现的一系列故障表明，接触氨时必须高度注意。

因此在有些国家，氨总装灌量超过3t的设备必须经过特别审批。

但尽管如此氨在今后几年中仍将是主要冷却剂。

10.3.1.2 冷载体

- 在介质冷却装置中（如罐子中的冷却区，用于房屋制冷的冷却管道等）直接蒸发（直接制冷）
- 在蒸发器中将冷传给另外一种被称为冷载体的不结冰介质
- 冷载体传递冷但不蒸发，像在传递热量时被加热一样，它也必须以同样方式冷却（间接冷却），这样会降低设备的制冷效率。因此人们如今越来越倾向于直接制冷。但也有啤酒厂主要出于安全考虑宁愿使用冷载体。作为冷载体，只能选用不结冰且无腐蚀性的物质，特别是以下两种物质：
  - 乙二醇，一种酒精和水的混合物
  - 无氟无腐蚀性的盐水

这两种物质在啤酒厂中大多统称为盐水。

蒸发的冷气必须再次被转化为液态，以便能够重新蒸发。根据其工作方式，人们将制冷设备分为两类：

- 压缩制冷设备：气体通过一个压缩机被压缩并在冷却时冷凝
- 吸收式制冷设备：气体被水吸收以后再通过加热释放出来

10.3.2 压缩制冷设备

10.3.2.1 工作原理

啤酒厂的制冷设备主要是压缩制冷设备。压缩制冷设备由4个通过管道相互连接的装置组成（图10.7）。

（1）蒸发器　液态氨被导入蒸发器中并在−8～−6℃时蒸发。蒸发所必需的热量从周围环境中获取，环境因此被冷却。蒸发器的管道或板式系统处于下列状态：

- 没入盐水或乙二醇溶液中
- 使蒸发管周围的水结冰，在水中形成冰储蓄

人们将这种冷却称为间接冷却，因为泵入需冷处的不是冷氨而是冷却后的制冷剂，即乙二醇或冷水。如果蒸发器直接位于需要冷的地方就是直接制冷。关于这点我们已经在讲罐子的冷却时谈过（见4.4.2.2）。

如今越来越多的方法是通过蒸发氨进行直接制冷。

（2）压缩机　冷氨气体被吸入压缩机并压缩使其具有800～1000kPa的过压，这样压缩后氨的温度会升至80～90℃。压缩机由电动机驱动，其耗电量为啤酒厂之最。

（3）冷凝器或液化器　热氨被冷却至20～25℃并重新液化。为了更好地进行热交换，冷凝器被设计为板式

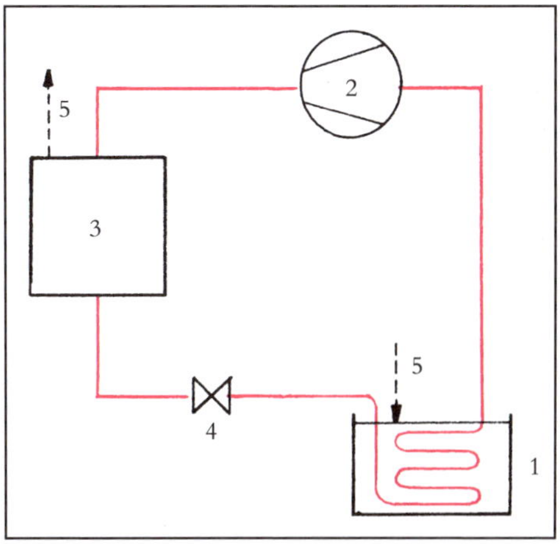

图10.7　压缩制冷设备（原理）
1−蒸发器　2−压缩机　3−冷凝器（液化器）
4−膨胀阀　5−热能

或管道系统。

（4）膨胀阀　膨胀阀将蒸发器同冷凝器分开。它只让一定量的氨进入蒸发器，避免蒸发器和冷凝器中的压力达到平衡，否则机器的制冷功率将降至零。

压缩制冷设备内部的温度和压力变化过程如下：

	温度/℃	过压/kPa	热能
蒸发器	−5～25	200	能量需求
压缩机	−5~80	200~1000	机械能量
冷凝器	25~80	1000	能量释放
膨胀阀	25	200~1000	—

将压缩制冷设备的能量转换同蒸汽动力设备相比可以看到，两种设备的工作正好相反（图10.8）。因此压缩制冷设备同时也是一个热泵。

	消　耗	释　放
蒸汽动力设备	热　量	机械能量
压缩制冷设备	机械能量	低温下的热量

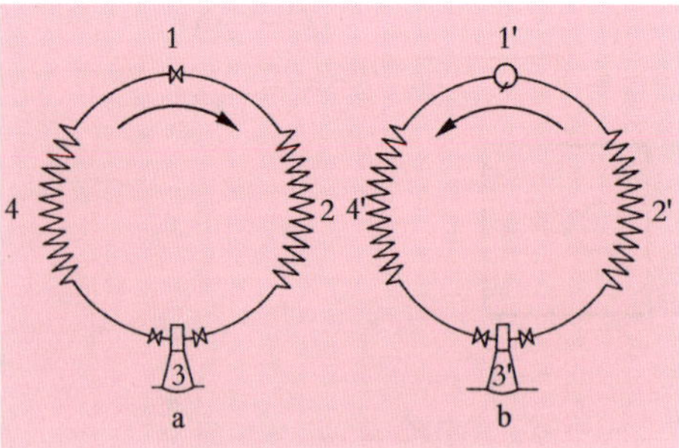

图10.8　能量流动

（a）压缩制冷设备的循环

1−调节阀　2−蒸发器　3−压缩机　4−冷凝器

（b）蒸汽动力设备的循环

1'−锅炉添加泵　2'−冷凝器　3'−蒸汽发动机　4'−锅炉

10.3.2.2　蒸发器

蒸发器的结构各种各样，有立管式蒸发器，套管式蒸发器，圆翼管式蒸发器，蛇形管式蒸发器，肋片式蒸发器等。

所有蒸发器的基本原理都是将管道或肋片中的液体氨蒸发，并从周围的液体中获取蒸发热量。这里介绍两种此类蒸发器：

（1）立管式蒸发器（图10.9）　立管式蒸发器一般是水泥制成的四边形容器，其中垂直的下降管4没入盐水或乙二醇溶液中。通入的液态氨3在垂直管中蒸发并经过一个液体分离器8导入压缩机中9。很多蒸发器都有一个搅拌器11，通过搅拌器的运动促进热交换。

（2）管束式蒸发器（图10.10）　氨在新型的管束式蒸发器中借助一根喷管来分配和蒸发，此时盐水在管道中被冷却。这种构造形式的优点如下：

- 改善了热传递（更小和更便宜）
- 便于调节
- 在突然停机的情况下，后蒸发少
- 氨用量小

管束式蒸发器的一种特殊构造形式是冰水冷却器（见10.3.2.5）。

10.3.2.3　压缩机

压缩机的任务是对冷氨气体进行压缩。对此人们使用不同结构的压缩机：

- 活塞式压缩机
- 螺杆式压缩机
- 滚动活塞式压缩机
- 旋转活塞式压缩机

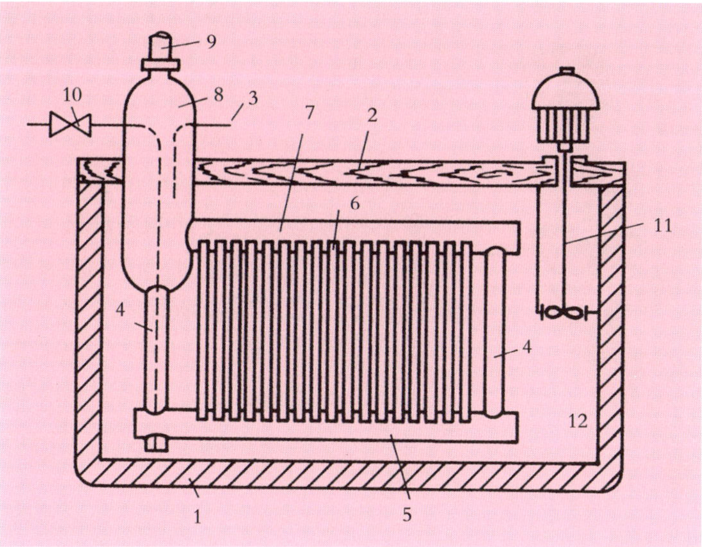

图10.9 立管式蒸发器（老式结构）
1-蒸发容器（保温）
2-封板
3-喷射管
4-下降管
5-液体收集管
6-蒸发管
7-蒸汽收集管
8-液体分离器
9-吸入管道
10-除油
11-盐水搅拌器
12-盐水

- 涡轮压缩机

活塞式压缩机：

活塞式压缩机是最早在啤酒厂中使用的机型。这种压缩机长时间被设计成卧式，运行缓慢，经常同蒸汽机联合使用。如今人们主要使用立式、运转快、功率范围为100000~300000kJ/h的压缩机。

这种压缩机是靠来回运动的活塞加上开-关阀门进行压缩的。在活塞式压缩机中氨被加热到90～100℃。

活塞式压缩机主要由多个圆柱组成，其活塞在一个共同的活塞杆上动作（图10.11）。机体通过隔墙分为曲轴箱、吸气室和压力室。

根据其结构人们将它分为：

- 开启式压缩机，它具有一个封闭的、处于制冷剂压力下的机体，

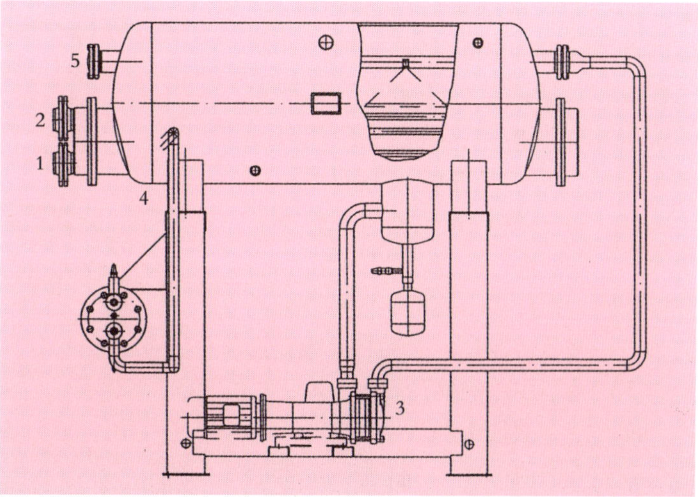

图10.10 管束式蒸发器（可喷洒制冷剂来冷却液体）
1-盐水进
2-盐水出
3-NH_3循环泵
4-脱油
5-进入压缩机的NH_3

图10.11　活塞式压缩机

靠外部的轴驱动

- 半封闭压缩机（电动压缩机），其中电动机和压缩机安装在一起
- 封闭式压缩机，电动机和压缩机安装在一个完全焊接封闭的机体中（无油封压缩机）

螺杆式压缩机：

螺杆式压缩机（图10.12）由两个相互咬合在一起的辊组成（驱动辊和使用辊），它们将气流紧靠着机壳导出。由于它们单纯进行旋转式运动，所以能够不断输送并平稳运转。此外无需阀门，对液体也不敏感，从而可以进行无级调控，这使它的应用范围越来越广，特别是在较大的啤酒厂中（图10.13）。螺杆式压缩机工作噪音很大，如果要进行减噪调节便会降低有效度，因为螺杆式压缩机非接触性滑动运行，在调节转数时，滑动和有效输送量的比例会不成比例地升高。

旋转活塞式压缩机

在这种压缩机中，通过一个偏心安装在轴上、沿圆柱内壁滚动的活塞进行压缩。圆柱中的一个或多个挡板将吸入面同压力面分开。

旋转活塞式压缩机

在旋转活塞式压缩机中，通过带有多个挡板、偏心安装的旋转活塞进行压缩，这些活塞通过离心力被压到圆柱壁上，形成单个压缩叶（多叶回转式压缩机）（图10.14）。旋转式活塞压缩机很适合在压差小时进行大体积输送。因此人们经常将它用于两级压缩中的低压阶段。

涡轮式压缩机

在涡轮式压缩机中，通过叶轮加快气流的运动，接着提高增压器中的压力使动能转换进行压缩。

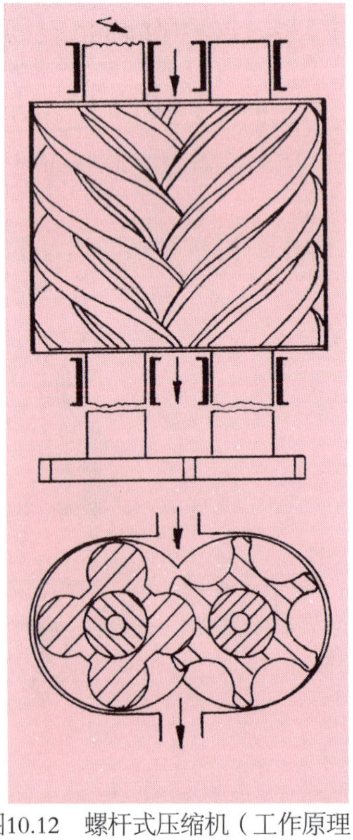

图10.12　螺杆式压缩机（工作原理）

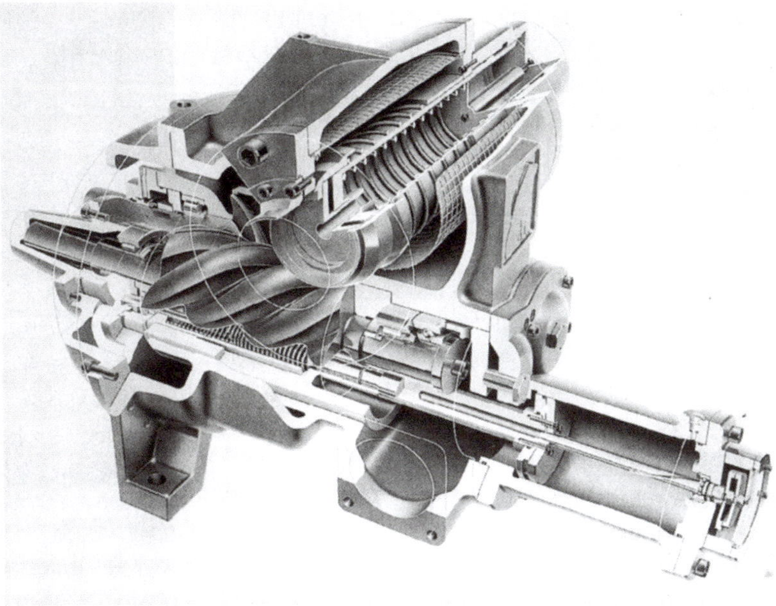

图10.13 螺杆式压缩机

图10.14 旋转活塞式压缩机

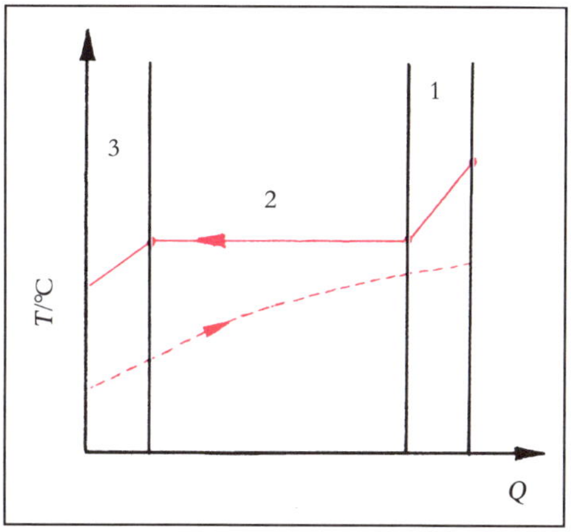

图10.15 液化
1-吸取过热能量 2-液化 3-再冷却

涡轮式压缩机用于大型制冷设备，啤酒厂中几乎看不到。

10.3.2.4 冷凝器（液化器）

冷凝器是将吸收热量传递给一种制冷剂（空气或水）的热交换器，其液化过程分为三个阶段：

- 吸取过热能量至蒸发温度
- 排出蒸发热
- 再次冷却液体（图10.15）

冷凝器分为三类：

- 水冷却或直通式冷凝器
- 空气冷凝器
- 蒸发冷凝器

水冷冷凝器：

最常见的构造是管束式冷凝器。它由两边焊着管板的卧式圆柱体组成，内管焊在管板上（图10.16）。管束结构简单，比较容易清洗。在水量充足且价格便宜的情况下可以使用它。

图10.16　管束式冷凝器
（图片：Th.Witt）

空气冷凝器

主要由圆翼管系统组成。由于空气的热传递值较低，所以通常使用电扇使空气从叶片旁通过。热交换器大多水平安装。

蒸发冷凝器

如果使用空气冷凝器时另外喷水，那么蒸发这些水就会明显提高制冷效率，因为蒸发热被带走。

因此蒸发冷凝器依靠水的翻滚和丰富的水量进行工作（图10.17）。其缺点是水喷洒到空气中会引起污染。

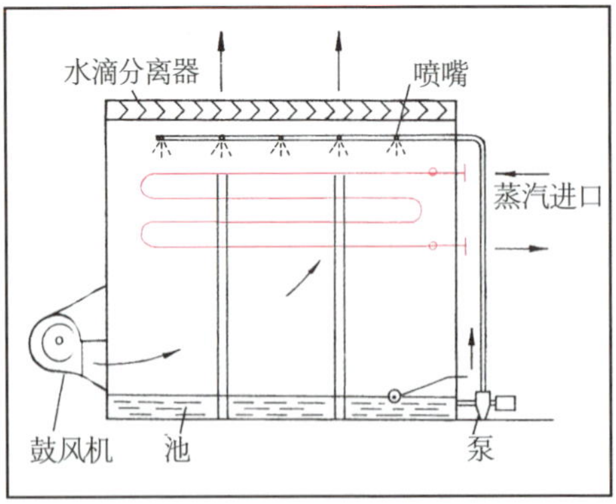

图10.17　蒸发冷凝器

冷凝器必需的冷却用水量很大，冷却水被制冷剂加热，而制冷剂通过蒸发来冷却。根据外界空气的湿度，水温约为25℃，即使是外界空气温度高时。

为了降低耗水量，冷凝后的制冷剂可在一个热交换器中被进一步冷却。

10.3.2.5　控制阀

从冷凝器流入蒸发器的液态制冷剂量，必须在降压的同时根据制冷量进行控制。如今这些控制一般通过自动控制阀完成。

对此人们通常使用球阀。根据球阀的连接位置可以将其分为：

- 高压球阀：连接在高压（冷凝器）这边
- 低压球阀：连接在低压（蒸发器）这边

高压球阀（图10.18）的控制部件是一个浮在液态氨上的浮球。液位下

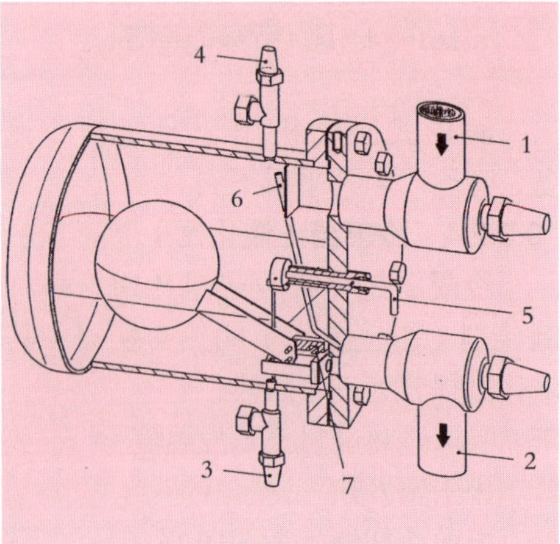

图10.18　高压球阀控制装置
1-进口阀　2-出口阀　3-排泄阀　4-通风阀
5-旁通杆　6-低压喷头　7-节流阀开度

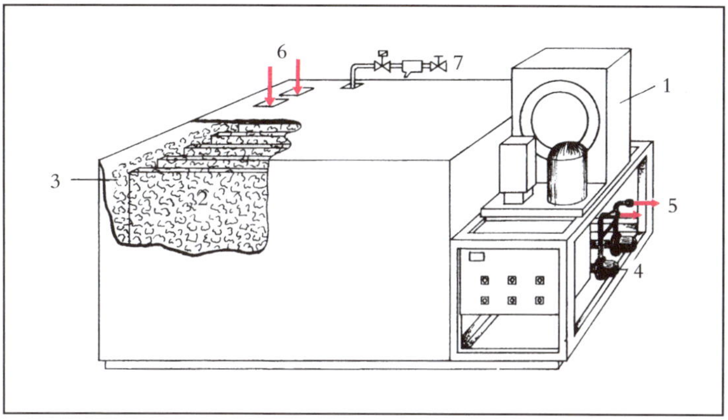

图10.19　冰水池
1–制冷装置
2–热交换板
3–冰水
4–冰水泵
5–冷却用水
6–升温后的水进口
7–进水

降时浮球也下降，同时关闭进入蒸发器的通道。

为排出里面的空气，必须安装通风阀4，否则会阻碍液体流入。

10.3.2.6　冰水池

冰水池（图10.19）是指将淡水（生产用水）冷却到零度或零度以下的容器。它通过一个单独的制冷装置1或制冷设备中的氨进行冷却，热交换则通过流动着制冷剂的薄板2或管道完成。一台泵使水从薄板或管道旁流过并慢慢结冰，在薄板或管道周围形成越来越厚的冰套（图10.20）。

这样一来，除了0~1℃的冰水外，还形成了一个冷储蓄，可供夜里使用。抽取的冰水在经过薄板冷却器或冷却管道时升温，回到冰水池时温度稍高一些，这时冰套慢慢溶解，使冰水再次被冷却。

要求冰层厚度为30~35mm。如果冰层太厚或蛇形管之间的冰连在一起，就会降低蒸发温度，同时使有效度变差。

冰水被用来冷却发酵池和发酵罐以及在薄板冷却器中进行后冷却，每天只糖化一锅的啤酒厂，通过夜间用电能够满足很大一部分制冷需要。因此冰水池主要在中、小型啤酒厂中使用。

图10.20　冰水池（带有冷却管的可分冰水池）

10.3.3　吸收式制冷机

吸收式制冷机没有压缩机。代替压缩机的是吸收器、热交换器和蒸煮器。

冷凝器、调节阀和蒸发器同压缩制冷机中的一样。

吸收式制冷机的工作原理（图10.21）。

液态氨通过控制阀6进入蒸发器1，并从周围环境中吸取必要的蒸发热量，安装在其后的吸收器2中有水，水对气态氨有很强的吸收性，并且溶液的饱和度越小，吸收性就越大。气体的不断溶解使溶液饱和度增加，溶解热量通过冷却被带走。溶解的氨在蒸煮器4中被加热到120℃，然后释放出来并在冷凝器5中再次液化。加热通过蒸汽进行，小型设备也可使用煤气或电。通过在蒸煮器中氨的蒸发溶液又变得“稀薄”。这些“稀薄”溶液12必须从蒸煮器输送至吸收器中，同时，吸收器中饱和度增加的溶液11又进入蒸煮器中并释放出氨。输送通过溶液泵7进行。

由于来自蒸煮器中的稀薄溶液进入吸收器时必须是冷的，因此需要通过一个中间热交换器3使稀薄溶液同饱和度高的溶液进行热交换，后者升温。

吸收式制冷机在啤酒厂中不常用。人们主要将它用于冰箱，因为它运行时无需保养。

10.3.4　空间和液体冷却

啤酒厂中房屋和液体的冷却取决于其规模和设备。

10.3.4.1　传统发酵和后酵间的冷却

我们已经看到，如今常用的是直接制冷，但还是有很多啤酒厂使用盐水对其空间间接制冷。间接制冷过程（图10.22）包括：

- 制冷循环（a）
- 冷的分配循环（b）

盐水制冷虽然需要两次循环，但它具有以下优点：

- 出现泄漏时氨不会进入厂房
- 蒸发器拥有冷储蓄，可以在夜间用电，并能在啤酒厂耗冷量不均匀时发挥作用

根据盐水管的安装人们将制冷分为两种：

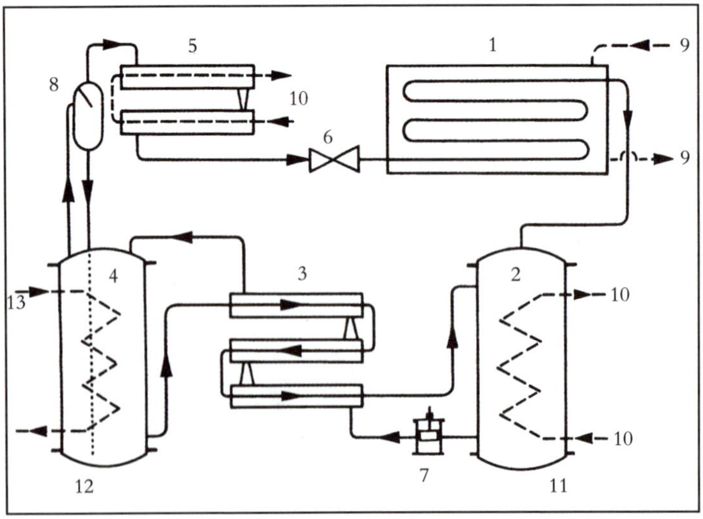

图10.21　吸收式制冷设备（原理）

1–蒸发器
2–吸收器
3–热交换器
4–蒸煮器
5–冷凝器
6–控制阀
7–溶液泵
8–液体分离装置
9–盐水
10–冷却水
11–饱和度高的溶液
12–稀薄溶液
13–加热蒸汽

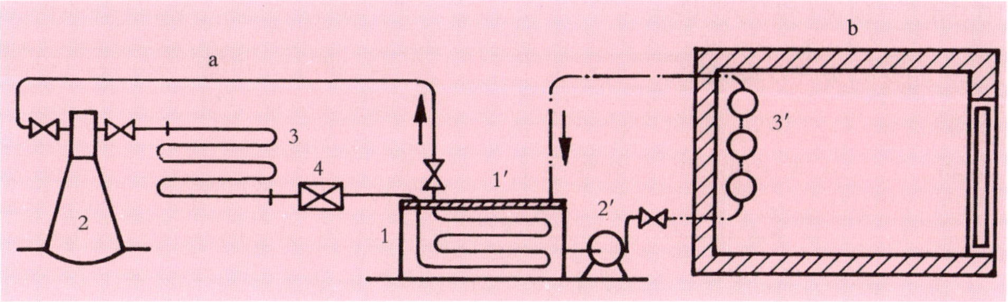

图10.22　间接冷却（原理）
（a）制冷　1-蒸发器　2-压缩机　3-冷凝器　4-控制阀
（b）冷分配　1'-蒸发器中的盐水　2'-盐水泵　3'-盐水冷却管系统

（1）自然制冷　有盐水流过的制冷系统安装在待冷却厂房的天花板上（比如，后酵车间、灌装车间、堆货间）。由于冷却后的空气往下降，这些房间就会形成一个自然的冷循环。

待冷却房间中最冷的地方是制冷管道，这样房间空气中的湿气就会在管道表面凝聚并结冰，与此同时房间空气变得干燥。制冷管上的冰层虽然能提供一定的冷储蓄，在停止制冷后继续发挥作用，但冰使管道被隔绝，阻碍了热传递。

因此人们要特别注意让冰层定时融化。融化后管道的冷传递比霜冻时增强25%。制冷停止后制冷管道开始解冻，融化的水往下滴。如果这些溶化水滴到容器上会很快形成锈迹，需要重新刷漆，因此人们安装冷却管道时，要么使溶化水完全滴不到容器上，要么在下面安装一个排水槽。

（2）空气循环制冷　在发酵车间出于卫生和空间考虑，人们不将冷却管道安装在车间里，而是根据可能性安装在附近的制冷间里（图10.23）。

冷而干的空气通过一个鼓风机被压入发酵车间，再被吸走。鼓风机的功率标准是能在一小时内将发酵车间的空气循环4～6次。为了预防风湿病，空气流速必须低于0.5m/s。空气循环制冷的耗冷量比自然制冷稍高，因为鼓风机的驱动功率会转换为热量。冷却管为光滑的圆翼管。圆翼管的表面积被人为加大，从而保证了较大的空气接触面积。

圆翼管表面积的扩大，使圆翼管冷却系统比其它（有时长达200m）的光滑管道冷却系统短得多。

这两种冷却形式今天仅使用于古老的小型啤酒厂中。

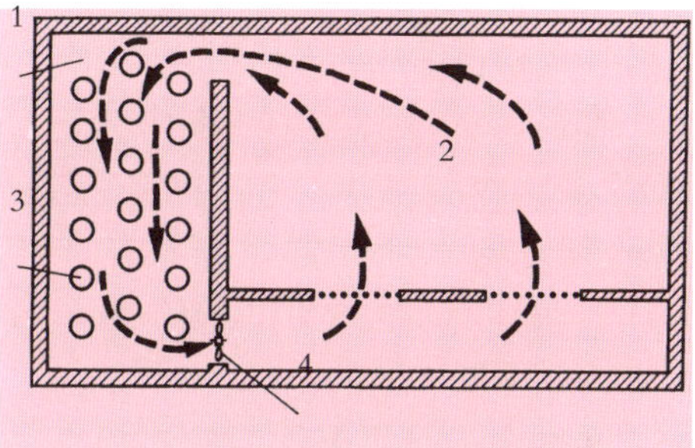

图10.23　空气循环冷却（原理）
1-制冷机空间　2-待冷却空间
3-盐水管　4-鼓风机

10.3.4.2 现代化制冷设备

如今的现代化制冷设备是氨-中央制冷设备，啤酒厂所有消耗冷的设备，包括二氧化碳回收设备都连接在上面（图10.24）。

出于经济方面的考虑，今天制冷设备几乎总是在不同的蒸发温度下工作。

氨收集器中的液化氨或者被输送至水冷却器中，通过蒸发使水冷却到1～2℃，用于麦汁冷却，或者被输送至氨分离器中。温度约为－6℃的液化氨被输送至锥形大罐的冷却管中并蒸发。对锥形大罐进行间接冷却时，蒸发器中的氨蒸发使乙二醇冷却，乙二醇通过冷却管道泵送至待冷却的大罐处。上述两种情况下，过热后的氨蒸气（红色）重新被导回氨分离器中。

氨蒸气被吸入进压缩机，压缩到1100～1200kPa，通过压缩，氨的温度提升如下：

- 在螺杆式压缩机中，氨被加热到70～90℃
- 在活塞式压缩机中，氨被加热到90～110℃

压缩机自动开启以达到负荷均匀。

在后置的冷凝器中（图中为三台双级蒸发冷凝器），高温的气态氨通过蒸发的水冷却并重新液化（绿色），最后在约25℃时重新流回氨收集器中用于新一轮的循环。

在图中未被提及的是氨在里面蒸发并由此吸取环境热量的其它装置，比如属于此类的有：

- 发酵罐中的制冷管道
- 用于啤酒深度冷却的管束制冷机
- 用于酿造水冷却的管束式制冷机
- 过乙二醇冷却酵母罐和清酒罐的直通管束式制冷机
- 冰水冷却器

现代化的制冷设备中也集成了二氧化碳液化（见4.4.8），氨液压泵将液态冷氨输送至二氧化碳液化专用制冷设备的氨冷凝器中。出于安全考虑，氨循环中的级联式制冷设备与氨制冷设备分开，并有单独的制冷压缩机（本处未提及）以二氧化碳液化器作为蒸发器。

10.3.4.3 液体冷却

很多地方都需要冷却流动的麦汁或啤酒，特别是以下情况：

- 将打出热麦汁冷却至接种温度
- 冷却前酵后的啤酒
- 过滤前对啤酒进行深度冷却等

这种冷却通过以下方式实现：

- 薄板冷却器（带垫圈）间接冷却
- 管束冷却器（焊接）直接冷却

采用温度为12℃的井水进行冷却的薄板冷却器只能使热麦汁的温度冷却至约为15℃，麦汁冷却温度无法进一步下降的原因是井水的温度较高，热交换的温差小。如果要使接种麦汁的温度冷却到大约8℃，那就必须使用4～5℃的水来冷却，不过将12℃的井水冷却到4～5℃必需消耗电能。

有两种冷却可能性：

- 一段式冷却
- 两段式冷却

10.3.4.3.1 一段式冷却（图10.25，a）

98℃的热麦汁被逆向流动，被温度为4℃的冷却水冷却至接种温度8℃，冷却水的温度在此过程中升高到

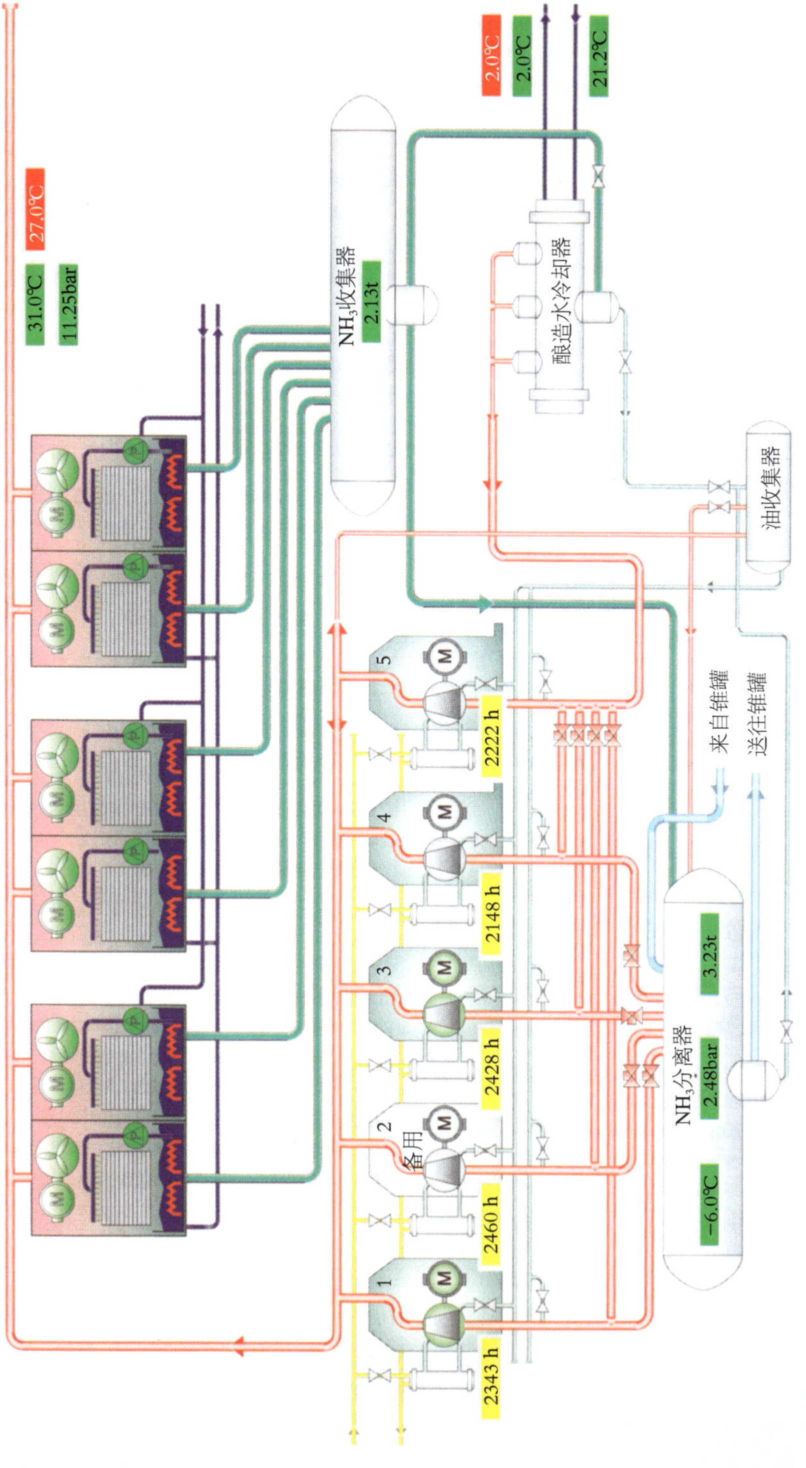

图10.24　中央制冷设备

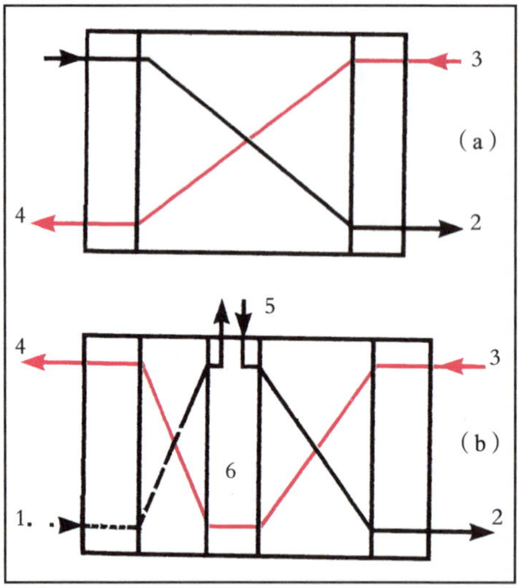

图10.25 采用薄板冷却器冷却麦汁
（a）一段式冷却 （b）两段式冷却
1-4℃的冷水 2-80℃的热水 3-98℃的热麦汁
4-8℃的冷却麦汁 5-12℃的酿造水 6-转向板

80℃，可作为热水使用。通过增大薄板冷却器的热交换面积，热水的温度还可升高到94～95℃，贮存在热水贮罐中用于加热（见3.4.2.6.3）。

为了能实现一段式冷却，首先必须使所有冷却水的温度从12℃降低到4℃或更低，由此产生的制冷能力为：

> （12℃－4℃）×总的冷却水量×单位热容量

这一能耗比较高。

10.3.4.3.2 二段式冷却（图10.25，b）

热麦汁在大的预冷却段借助温度为12℃的井水进行冷却，无需能源，因为井水的温度本来就是这么高，不过同一段式冷却相比消耗的冷却水要多些。

在接下来的较小部分的低温冷却段中，预冷却后的麦汁借助4℃的冷却水被冷却到8℃的接种温度。

两段式冷却的优点是：人们只需要制备将非常少的冷却水温度降低到4℃的冷能，转向板处的热交换温度越小，所需的冷能就越少。

井水不消耗冷能，因为人们可以利用其现有的潜能，尽管在两种冷却情况下麦汁都交换出相同的热量，但是二段式的冷却方式所需的冷能却低于一段式。

在两段式冷却中有时也使用采用氨直接蒸发的管束式冷却器。

由于水耗低，许多啤酒厂都使用一段式冷却器，因为否则的话还需要一个用于酿造水冷却的热交换器和一个冰水储罐。使用一段式冷却时需要一个温度调节装置，一些泵和其它组件。

> 采用一段式冷却时所需的冷却水量较少，但是消耗的冷能却较多；二段式冷却时耗冷少，但需要的冷却水量多些。

哪一种冷却形式更适合于啤酒厂，这要视制冷成本和水成本等因素而定。

10.3.5 制冷设备的经济运行

10.3.5.1 制冷

> 因为制冷设备的电能消耗最大，人们必须时刻想到节约用电。对此，有必要使压缩机根据耗冷量始终保持已确定的压缩水准。这点由一个控制装置（Pressostate）来完成。当外面空气压力低或需要的冷量少时，它会断开冷凝器，使压缩压力始终保持在设计压力上。

目前使用更多的是氨直接蒸发的中央制冷设备。由于压缩机的吸收面需要不同的蒸发温度，所以人们使用吸力调节器来保持最低压力。这样，压缩机工作时可始终处于最低吸收压力和最高冷凝压力之间。

- 冷凝温度每下降1℃，驱动功率降低2.5%。
- 蒸发温度每升高1℃，驱动功率降低3%。

由于设备的温度和负荷不同，生成条件经常发生变化，但可以将它们测量出来并相互联系在一起。这样就能使可编程计算机控制的设备达到最佳状态，现在很多啤酒厂都这样做。因为制冷设备的耗电量如此巨大，所以在节约用电方面的投资很快就会得到回报。

麦汁煮沸时我们已经看到，蒸汽中的空气会明显降低煮沸功率，一旦空气进入制冷设备，结果也会一样。

氨中即使只有很少空气也会使液化压力明显升高，同时降低制冷设备的有效度。

10.3.5.2 冷分配

在制冷间里工作要注意以下几点：

在暖和的季节里保持门窗关闭，冬天可以打开门利用外界更低的温度。墙和门都必须绝对隔热。建议每天中断制冷几小时，以使制冷管道解冻，同时除去冰层。管道中的盐水量大，冷量的储存就更好。光滑管道中的盐水量比圆翼管中的大。由于圆翼管之间的间隙经常全部结冰，有效度受到很大影响，所以在深度冷却的厂房中，比如后酵间，大多使用光滑管道。圆翼管被限制在发酵车间、灌装车间等范围内使用。装满酒的罐子多，可以节约制冷空间，罐子里都没有酒就不制冷。

10.4 电气设备

啤酒厂的绝大部分能源需求是以电能的形式来保证的。

由于电能具有使用方便的优点而成为最理想的能源。可以说啤酒厂的每个部门都离不开它，除非有更廉价的能源形式可供选择。

10.4.1 电能的生产和利用

电能主要源自发电厂。1992年德国的电能来源比例如下：

29.6%来自核能
28.9%来自原褐煤
26.6%来自石炭
6.0%来自天然气
3.9%来自水力资源
2.2%来自石油
2.8%来自其它热源，如焚烧垃圾等

水力和风力发电对于环境保护最为有利，但由于地理条件的限制，在德国它占总发电量的比例很小。

在所有的发电厂，电能都是依靠发电机产生的。发电机能将机械能（旋转运动）转换成电能。

发电机包括一个固定不动的定子和一个可旋转的转子。这两个部分上都装有线圈绕组，通过转子的连续旋转，在定子绕组中就会产生随时间按正弦规律变化的电压。

如果采用设有三个对称分布（即互差120° 空间角）绕组的发电机来发电，每个绕组都可独立输出交变电流，这样就可得到三个随着时间做周期性变化且相互交叉的所谓三相旋转电压，或称为三相交流电。

发电厂向外输送电能通常都采用金属裸导线。为了减少传输中的电能损耗以及节省线材，发电厂还必须将发电机原发电压10～20kV通过变压器升高至60～380kV之后再做远距离输送，即采用高压输电。这样，传输时电能损耗相对要小得多。为城市供电时，需先由网络变电站将输电高压降为10kV的中压后再送往各下级用户，而且通常采取埋地线的输电形式。

在这种情况下，大多数啤酒厂都设有自己的变电站，通过一个以上的变压器再将10kV输入电压进一步降低至380V作为工厂基本电源。在世界其它地区还采用别的电压等级，如660V三相交流电。三相380V供电系统既可提供三相交流电源也可提供220V单相交流电源。

供电管理部门（在德国为EVU）针对啤酒厂的用电量核收电费时，除了考虑以kW·h表示的有用功（有功功率）外，对超过有用功50%以上的无用电功（无功功率）部分也要计费。因此，各啤酒企业都很重视对无法回避的无功功率进行补偿。为了使读者能理解这一点，有必要简略地介绍一下功率因数cosφ。

10.4.2 功率因数cosφ

当两个同频率正弦交流电流同时达到零值和最大值时，我们称两者同相。而当两者的零值和最大值（极值）不同时出现时，则称它们之间有相位差或相移。相位差的大小可以用角度来表示。实际上，两个交流电流存在相移角（φ）反映了其中一个电流比另一个超前一定的时间。

电流与电压之间也可能出现相位差，当电路中含有电感性负载时总会发生这种现象。也就是说，当交流电流流过一个线圈时，线圈两端的电压与电流之间就会出现相位差。电动机就是最常见的电感性负载（图10.26）。

图10.26中的曲线描述了同一电流流过不同的感性负载时的相位情况。

第一组曲线表示没有感性负载时的情形，此时电流与电压同相。图中点状线表示电流的功率曲线，它是根据电流强度和电压的乘积而绘出的。平均有功功率曲线（图中以n表示）处在瞬时功率曲线的横向中心线上，即二者重合。

第二组曲线描述的是有感性负载的情况，由于电流和电压之间出现了相位差，某些时候电流强度和电压的符号（极性——正或负）不同，这样使得瞬时功率出现了负值，由功率曲线求得的平均有功功率已有所降低，即向时间轴靠拢。

第三组曲线表示的是纯电感负载的情况（φ= 90°）。电流强度与电压在一半的时间内具有不同的符号，这就使得平均有功功率进一步

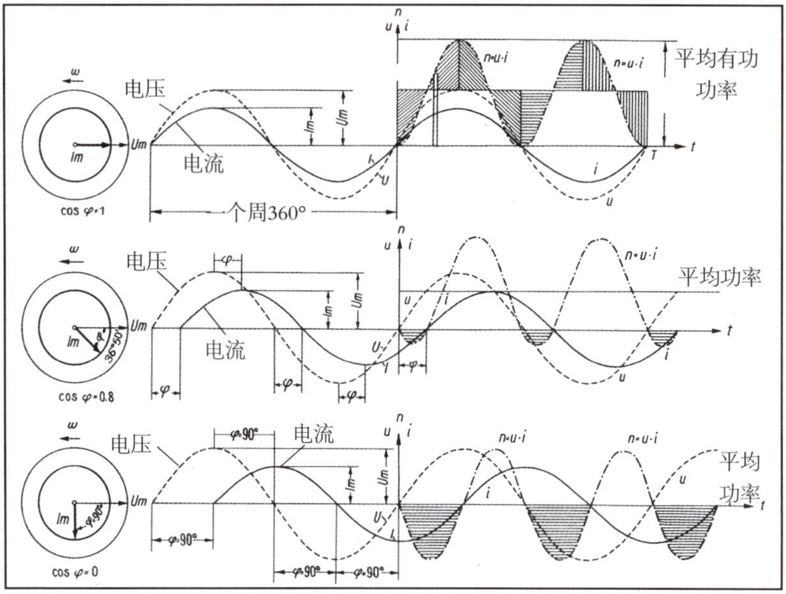

图10.26　有相位差时的功率曲线

降低而与时间轴重合，即平均有功功率为零。

位于时间轴以上为正值的功率曲线部分表示由发电机发送给用电器（用户）的功率，时间轴以下的功率曲线部分（阴影部分）为负值，它表示用电器向发电机返送的电功率。在纯电感性负载的情况下（φ=90°），电能实际上穿梭于发电机和用电器之间，发电机并没有提供可利用的电功率。

所有电感性负载引起的电流相移都会削弱电流的有用功率（有功功率）。

削弱的程度取决于相位差的大小。如图10.27所示，将有相移的电流分解为两个分量，以便确定有功电流的大小。电流的有效分量（即有功电流）与有效电压之间存在相位差φ。图中可见，有功电流和无功电流是垂直的关系。

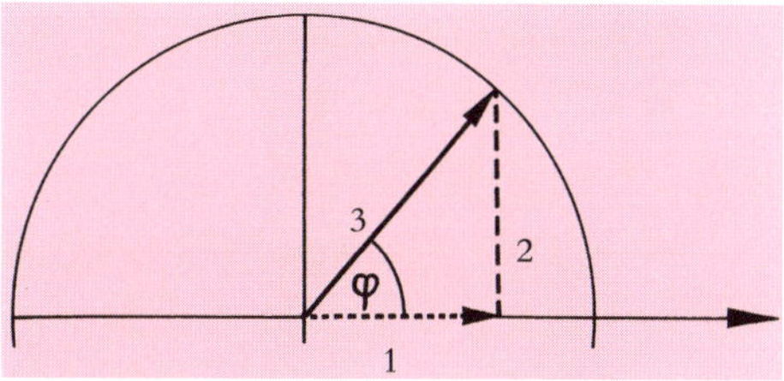

图10.27　有功功率、无功功率和视在功率
1- 有功功率　2-无功功率　3- 视在功率

有功功率、无功功率以及视在功率的相互关系和上面一样。

显然，φ越大，无功电流也越大，有功电流则越小。根据三角函数可得：

有功电流　$I_w=I\cdot\cos\varphi$

有功功率　$P_w=U\cdot I\cdot\cos\varphi$

对于三相交流电　$P=\sqrt{3}\cdot U\cdot I\cdot\cos\varphi$

$\cos\varphi$称为电技术功率因数，当相位差角φ=0时，$\cos\varphi$=1。

当相位差角φ=90时，$\cos\varphi$=0。

10.4.2.1　功率因数$\cos\varphi$的经济意义

为了提供给用电器一定的电功率

P，在电压U一定的情况下，功率因数$\cos\varphi$越小，所需的电流强度I越大。

例如，采用交流220V电压输送10kW的电功率，在下列两种情况下各需维持多大的电流强度?

① $\cos\varphi=0.8$　　② $\cos\varphi=0.4$

由 $P_w=U\cdot I\cdot\cos\varphi=$

得 $I=P_w/(U\cdot\cos\varphi)$

所以，对于① $I=10000W/(220V\times0.8)=57A$

对于② $I=10000W/(220V\times0.4)=114A$

通过计算表明；当功率因数减小到原来的一半时，为了提供同样大小的有功功率，电流强度必然增大一倍。

如果电动机的功率因数太低，必然导致必要的电流强度增大，这就意味着设备的经济性变差。

另一方面，在$\cos\varphi$较差时，必须采用较大截面的导线以降低线路上的电压及功率损失。这又意味着导线材料耗费将增大。

整个啤酒厂的平均功率因数通常在0.7～0.8，功率因数值可以通过功率因数表持续显示，随时读取。

10.4.2.2　功率因数的改善

功率因数低常常是由于电动机以及变压器长期欠负荷运行所致。一般来讲，欠负荷时电动设备的功率因数总是比满负荷时要低。因此，长期欠负荷运行的电动机必须由适当功率的电动机取而代之。

最常用的改善功率因数的方法是设置电力电容器。在交流电路中，电容器可以引起超前于其电压的电流，这些电容器的结构非常简单，其原理结构只包括两个用绝缘材料隔开的金属板。它们的作用如同一个静止移相器，自身几乎不消耗电能，投资也较小。

一般只需将功率因数通过补偿提高到约0.9的水平，进一步提高和改善功率因数的实际意义已不大。

10.4.3　电能变换

我们知道，啤酒厂的基本电源是三相对称交流电源，这样的电源系统只能直接给部分电动机和设备供电。在有些场合还需要：

- 220V交流电源，如用于照明，仪器等
- 在一些人员有可能直接接触带电体的场合（如行灯），电压不得超过42V
- 很多电动机采用直流电源供电及驱动
- 很多电动机运行时须改变交流电源的频率

为了满足这些不同的要求，完成各种任务，还必需以下设备；

（1）变压器　变压器用来将输入电压在不改变交流电频率的情况下改变为一定的电压。由三相变压器引出一根相线和一根零线即可提供常见的220V电压。通过专门的变压器再次变压就可得到任意水平的低电压

（2）变流器　如果要将交流电与直流电进行互换就需用到变流器。变流器分为两种：

- 交流电转变成直流电，称为整流器
- 直流电转变成交流电，称为换流器

直流电可采用不同的方法产生：

- 采用电动机-发电机组，电动机为交流电机，将它与一个直流发电机联轴安装并直接驱动发电机，由直流发电机作为电源向外供电。这种机组形式的整流装置效率较低，一般只有75%～80%
- 采用单电枢机组，即电动机和发电机在结构上实现一体化，电动机和发电机共用一套电枢绕组，这种整流器的优点是效率较高，可达95%

  以上两种方法现已被淘汰。
- 半导体整流器（干式整流器）已取代机组整流装置的地位，这种静止整流器突出优点是无噪音，效率高

（3）变频器　在很多情况下，出于设备匹配的缘故，要求电动机的转速可调。为了在改变电动机转速的同时完全保持其负载能力，可以采用变频器将电源的频率和电压均作改变后供给电动机，从而实现交流电动机无级调速。

采用变频器可以较为经济合理地应用电动机，用于保持诸如流量、压力、液位等过程参数的稳定，以及转矩或功率恒定。

10.4.4　安全保护措施

电气设备以及设施只允许由电专业人员设置、改变和维护。有关事项在《事故防范规程》中的“电气设备和设施（VBG4）以及事故防范规定VBG4”的有关实施细则附录中（1992年4月出版）已经做了明确规定。

非电专业人员——包括酿造工和制麦工——无权从事电气设备相关工作，不允许对设备做出任何变更。

为了安全有序地操作电气设备，在供电电压高于50V的设备上必须采取以下安全措施：

- 预防事故的保护措施
- 过电压保护装置
- 设备绝缘状况监控装置
- 保证设备良好接地

为了避免及预防事故，电设备必须具有：

- 防止直接触电的保护措施
- 防止间接触电的保护措施

以上要求可以通过下列途径予以满足：

- 保护绝缘
- 安全低电压（低于42V）
- 保护接地
- 保护接零
- 过压保护器
- 保护线系统
- 安全隔离

电气设备的带电体绝对不能触碰，否则会有生命危险。另外必须注意，绝不能让不明物体或水等液体进入设备。根据设备的安装地点以及应用目的，还必须设置防止意外接触带电体，防止异物和液体进入设备内的保护设施。

为了避免输电导线温度过高和设备过载运行，对于各种规格（截面）的导线的最高允许持续负荷（电流）都做了相应规定。因此，出于安全考虑，设备及导线的负荷不允许超过额定值。线路负荷电流的监视以及线路

保护是依靠熔断器和保护开关实现的。一旦电流超限，保护开关即动作，可靠地切断事故线路和设备的电源。

熔断器及保护电器的动作直接表明线路或设备中有故障发生。

严格遵守电气设备的操作和运行规程是每个酿造人员的责任。只有这样才能确保设备和人员两方面的安全。

10.4.5 合理经济地利用电能

今天，啤酒厂电能消耗约为10～12kW·h/hL。电能非馈赠之物，供电管理部门（德国为EVU）在出售电能的同时还希望它能被尽可能地均衡使用，以免出现用电高峰。在温暖的夏夜，用电高峰不会成为问题，而当严冬来临，电能需求矛盾会十分突出。

为了尽可能避免用电高峰的出现，供电部门（EVU）对供电条件作了一定的规定，即实行双重电价体系——电功价和电功率价。

电功价是按实际所耗电功以kW·h为单位计费，如同家庭用电计费办法一样。各地电价稍有差异，平均为0.15～0.20马克/kW·h。

电功率价则按用户最大耗电功率（15min–峰值功率）以kW为单位（准确地讲以千伏安kVA为单位）进行计费。为此专门设有功率峰值记录仪作为以后的计费依据。

功率电价约为100～350马克/kW不等，这一基本价格每年审定一次，一年不变，一般还分为很多价位等级。这样一来，在用电高峰期间每1kW·h的电费甚至有可能高达250马克。

以上耗电计费办法无疑迫使各啤酒厂采取措施尽量回避集中用电以防出现用电高峰。否则，电费有可能直线上升。正因为如此，啤酒厂生产合理用电应遵循以下原则：

- 制冷压缩机作为最大的用电器必须通宵运行，做好冷量储备
- 较大的冷媒罐及冰水罐作为冷源必须整夜被供冷储能
- 由于功率高峰涉及功率因数cosφ，因此，各个交流电动机分设补偿电容器对于提高功率因数非常有益
- 采用电容补偿设备对整个设备及工厂的功率因数实行集中补偿
- 节约电能是一项最基本的任务，每个员工对此都负有责任。就照明而言，可考虑节能光源，如日光灯。在照明效果相同的前提下，日光灯较白炽灯省电

最大峰值电流通常在其出现15min后才被记录下来。尽管可以采用报警的方法提醒工作人员注意，但为了防止设备受损，通常在设备上都装设了功率监控器。一旦电流超过一定限度时能自动而有序地使设备或电动机断电，以防功率超限出现峰值。

此外还可选择利用夜间较为廉价的电能降低生产成本。

10.5 泵、鼓风机和压缩机

在啤酒厂和制麦厂的很多地方都必须输送液体、浓稠物质或气体。根

据介质的种类及其输送量，人们分别使用泵、压缩机或鼓风机。

10.5.1 泵

泵是促使液体由低能量水平转为高能量水平的涡轮机。在此过程中：

- 高度差被克服
- 系统中的压力被提高
- 添加了液体

在啤酒厂中泵主要用于液体或高黏度物质的输送或添加，它们是：

- 冷液体，比如啤酒或水
- 热液体，比如麦汁或热水
- 黏稠液体，比如酵母或投入使用的硅藻土
- 可铲起的物质，比如糟，都能输送

泵有很多不同的类型。啤酒厂中最常见的有：

- 叶轮泵
- 容积式泵，少数啤酒厂也使用
- 喷射泵

10.5.1.1 叶轮泵

啤酒厂中最常用的泵是叶轮泵。它的规格、功率和使用范围都不相同。

叶轮泵的输送原理是：轴向流往叶轮的液体被叶轮带起，径向朝外甩出，然后排走。叶轮中液体速度加快可使压力增加。

叶轮泵之所以在啤酒厂的应用成为必然，是因为具有一系列的优点：

- 输送均匀
- 结构牢固而且简单，既没盖也没阀
- 输送的液流容易调节
- 由于叶轮不同，灵活性高

根据泵的结构类型人们将其分为：

- 离心泵
- 带侧通道泵／星轮泵
- 污水泵
- 半轴流叶轮泵

10.5.1.1.1 离心泵（图10.28）

离心泵的工作方式一开始就已讲过。它的吸入性一般，即吸入管道不能自己通风。这就是说只有当吸入管道和泵中灌入液体后泵才具有吸力。因此它们大多安装在待输送的液体下面。根据形状和结构，人们将叶轮（图10.29）分为：

- 封闭式叶轮（a），用于输送纯液体

	叶轮泵	容积式泵		喷射泵
		旋转式	来回运动式	
工作方式	动力	静止	静止	动力
输送	连续	几乎连续	脉冲式	连续
基础	流动	挤压	挤压	液柱
泵的结构	离心泵	偏心螺杆泵	活塞泵	
	带侧通道泵	回转活塞泵	隔膜泵	液体喷射泵
	污水泵	旋转泵		
	半轴流叶轮泵	齿轮泵		
	泵	内啮合容积式泵		
		软管泵		

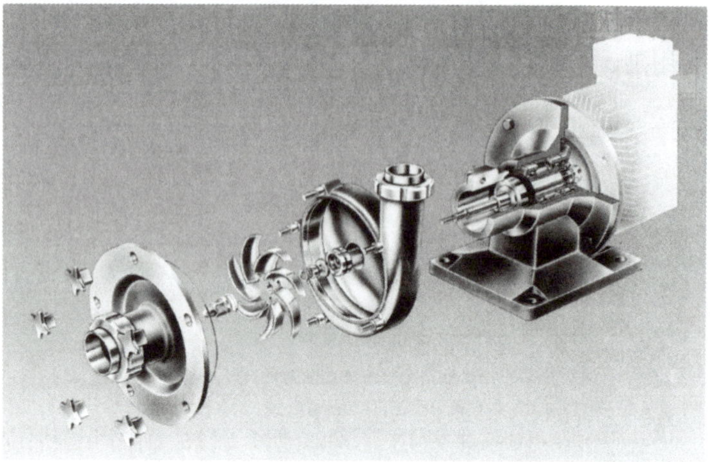

图10.28　离心泵

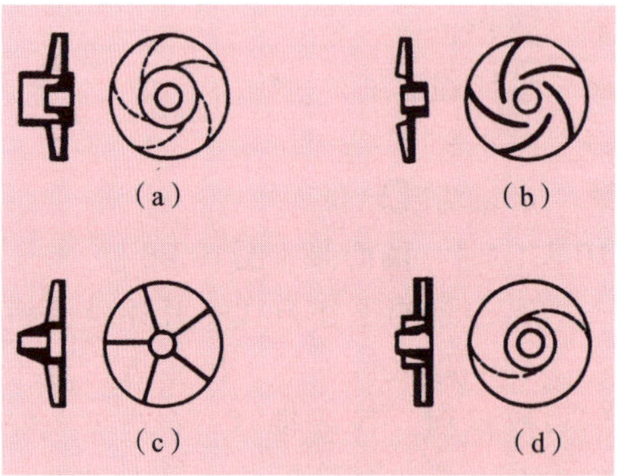

图10.29　离心泵的叶轮
(a) 封闭式叶轮 (b) 敞开式叶轮
(c) 自由液流叶轮 (d) 污水叶轮

- 敞开式叶轮（b），用于输送含固体物质的液体
- 自由液流叶轮（c），用于输送含气的液体
- 污水叶轮（d），用于特殊用途

离心泵安装在啤酒厂特别是麦汁和啤酒管道中。当输送高度较大，压力较高时，泵的结构也变为多级（图10.30）。

泵与驱动电机（图10.31）的连接方式有以下几种：

- 通过一个插轴连接（a）
- 牢固安装在一个机套中（整体结

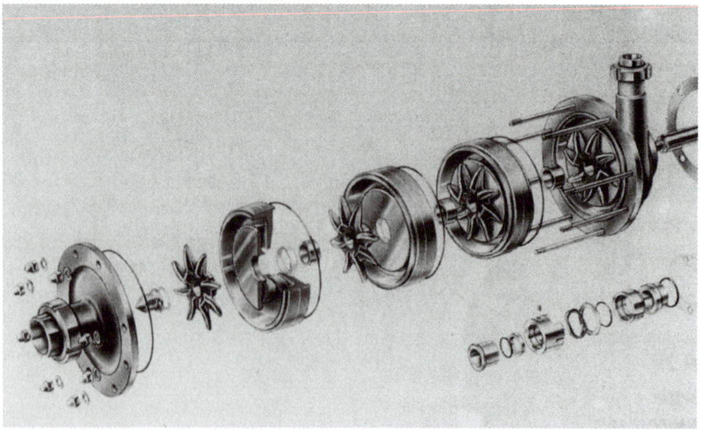

图10.30　多级叶轮泵

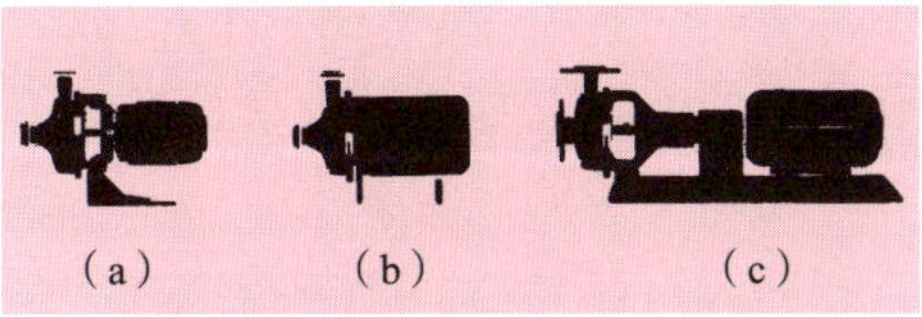

图10.31 泵和驱动电机的连接
(a) 插轴 (b) 整体结构 (c) 轴承连接

构)(b)

- 通过一个轴承连接(c)

10.5.1.1.2 带侧通道的泵(星轮泵)

从外观上看带侧通道的泵与离心泵区别很小，但它能够自己吸入，所以也被称作自吸泵。

其输送原理(图10.32)是：贴近机壳的星轮铲1在有吸气孔2的机体中运动。另一边是时而凹陷时而平坦的侧通道3以及压力套管4。启动泵时液体被星轮带出并甩入侧通道。泵中的压力主要通过脉冲交换产生，即处于快速旋转星轮中的液体，不断将其能量传递给在侧通道中缓慢循环流动着的液体部分，这样产生的压力就会比离心泵产生的压力高(图10.33)。人们使用这样的泵吸入酵母和沉淀物，取样或作为清洗回流泵。

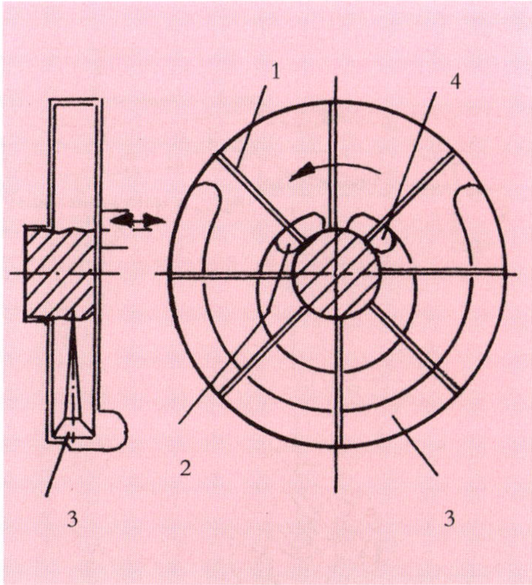

图10.32 带侧通道的泵的工作原理
1-星轮铲 2-吸入支管
3-侧通道 4-压力套管

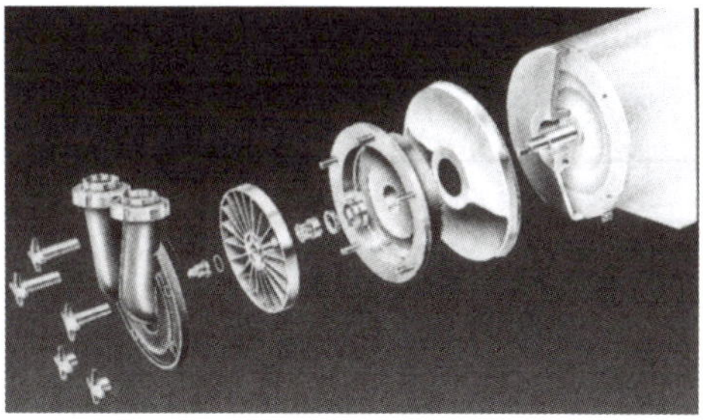

图10.33 带侧通道的泵(星轮泵)

10.5.1.1.3 污水泵

污水泵的输送原理同带侧通道的泵相似。人们主要在使用气动设备进行湿浸泡时用它输送浸泡物。

10.5.1.1.4 半轴流叶轮泵

半轴流叶轮泵以其多级结构主要被用作深井泵，它具有叶轮直径小的特点，因此可以安装在很小的钻眼中。

10.5.1.1.5 螺杆离心泵

螺杆离心泵(图10.33a)由一个特殊形状的离心叶轮1组成，它集成了离心泵和容积式泵的优点。在吸入锥面5中，来自流入口的输送液体在叶轮部分7形成旋转，比水重的固体物质此时被输送到液体喷管的中心。

在接下来的离心轮处8液体被径向输送到外面，并从出口3排出。

因为液体颗粒不会出现突然的方向改变，故而输送过程轻柔，仅出现较小的剪切力。

螺杆离心泵的主要优点：

- 无堵塞的输送，也可输送高黏度的物质(最高可超过4000mPa·s)

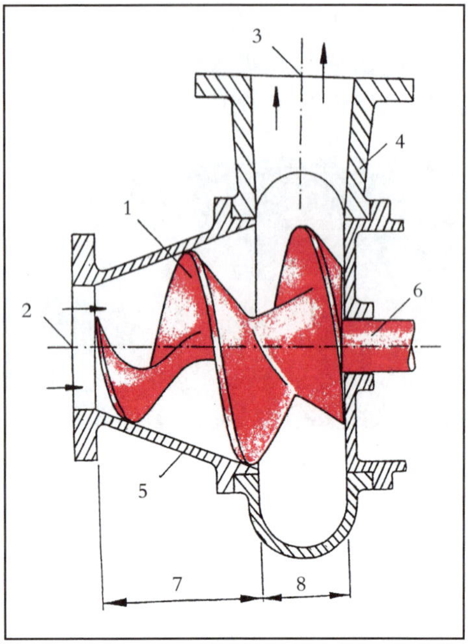

图10.33a　螺杆离心泵
1–螺旋离心叶轮　2–进口　3–出口　4–螺旋罩　5–吸入锥面　6–泵轴　7–螺旋叶轮部分　8–离心叶轮部分

- 输送十分柔和
- 作用度高（>80%）
- 效率均匀
- NPSH值低（见10.5.1.3）

螺杆离心泵开始越来越多地出现在啤酒厂中，特别是因为它在输送麦汁时比醪液和麦汁循环泵柔和。由于食品卫生方面的原因螺杆离心泵仅使用在打麦汁前的热区中。

10.5.1.2　容积式泵

容积式泵通过从吸入室将液体挤入压力室来输送液体。这种方式使液体的处理进行得十分谨慎。人们将其分为：

- 没有阀门，连续工作的旋转容积式泵
- 来回运动的脉冲式容积泵，它需要阀门来开启或关闭工作室

10.5.1.2.1　连续输送的容积式泵

连续输送的容积式泵有一个匀速旋转的驱动装置，它不会转化为来回运动，这就保证了输送的连续性。此类容积式泵包括以下几种：

- 偏心螺杆泵
- 回转式泵
- 旋转式泵
- 齿轮泵
- 内啮合容积式泵
- 软管泵

10.5.1.2.1.1　偏心螺杆泵

偏心螺杆泵（见图10.34）由弹性材料制成的外部定子和不锈钢内轴（转子）组成。根据其形状也被称为单轴泵或根据其发明者命名为MOHNO泵。

通过转子的旋转运动和在定子中形成的长形空腔（图10.35），液体被向前推动。使用这种泵几乎什么都可以输送，因为黏稠的物质也能被推动。

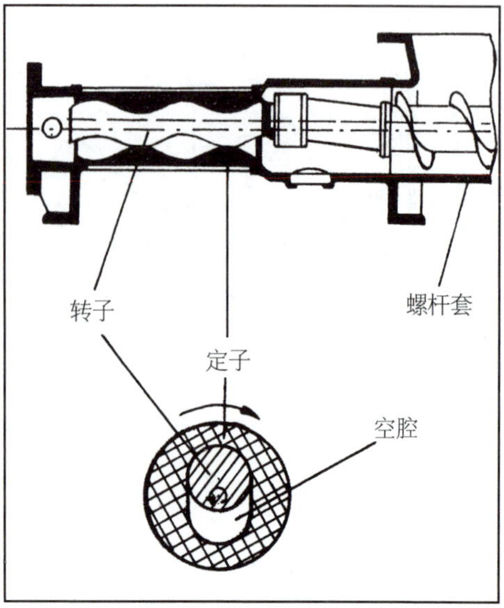

图10.34　偏心螺杆泵

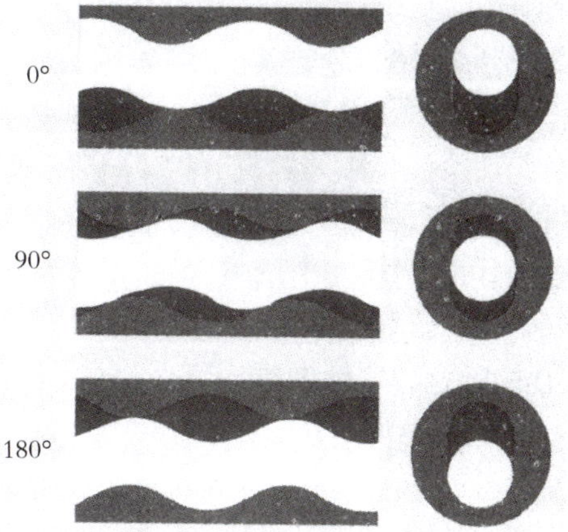

图10.35 定子中转子的运动

但如果输送的物质太干，随着时间的推移转子有被损坏的危险。

在啤酒厂中人们主要使用单轴泵输送糟或酵母沉淀物。

10.5.1.2.1.2 回转式泵

回转式泵（图10.36）有两个旋转活塞，它们由一个具有相同角速度的齿轮驱动。输送介质进入空着的、旋转时会变大的工作区，被活塞按照循环方向带入，并随着压入口前工作区的变小被挤入出口（图10.37）。

10.5.1.2.1.3 旋转式泵

旋转式泵（图10.38）同回转式泵的工作原理相同。两个旋转活塞各有3个叶片，它们以同样的角速度相互啮合，循环时同时输送物质。像回转式泵一样，它能够无损伤地输送黏稠物质以及其它高黏度物质。

图10.37 回转式泵

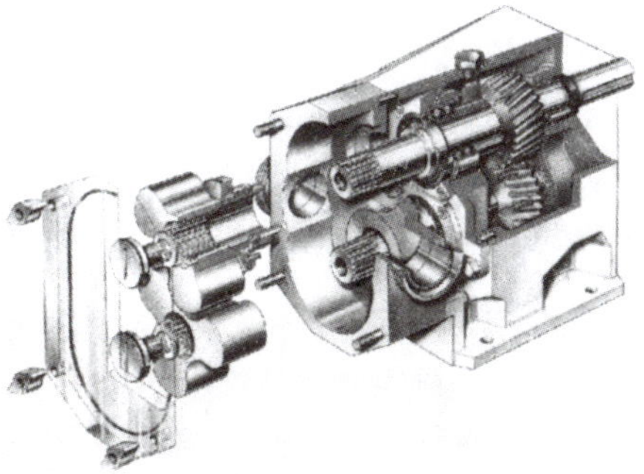
图10.38 旋转式泵

在输送气体时，人们通常称其为旋转式活塞鼓风机或压缩机，根据其发明者也称其为罗茨式鼓风机。它压缩的压差达50～60 kPa。

10.5.1.2.1.4 齿轮泵

齿轮泵的工作原理与旋转式泵相

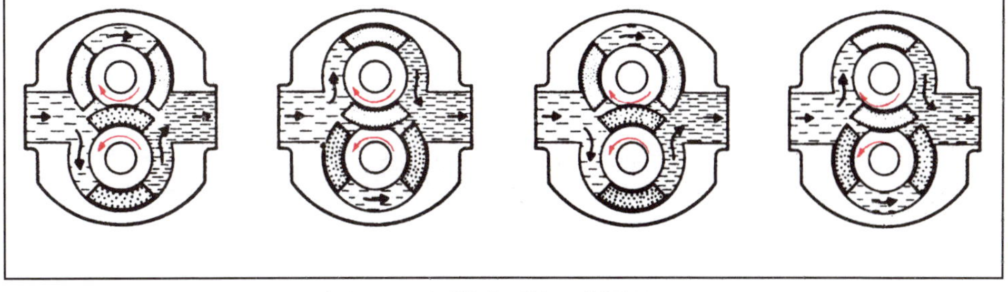
图10.36 回转式泵的工作原理

同，但回转式和旋转式泵中安有活塞的地方，在这儿换成了齿轮的很多齿，此时驱动主轮带动松散地装在支承座上的侧面齿轮。

如回转式和旋转式泵一样，齿轮泵用于输送黏稠物质，比如酵母。

10.5.1.2.1.5 内啮合容积式泵

在内啮合容积式泵（图10.39）中，带内啮合的转子1转动时带动小齿轮2。小齿轮的栓是偏心安装的。一旦转子旋转．转子和小齿轮的啮合便打开3，输送液流能够进入齿轮之间。在4这种状态下，小齿轮重新啮合，输送介质被挤出并通过压力套管离开泵。这种泵可用于黏度低或高的物质。

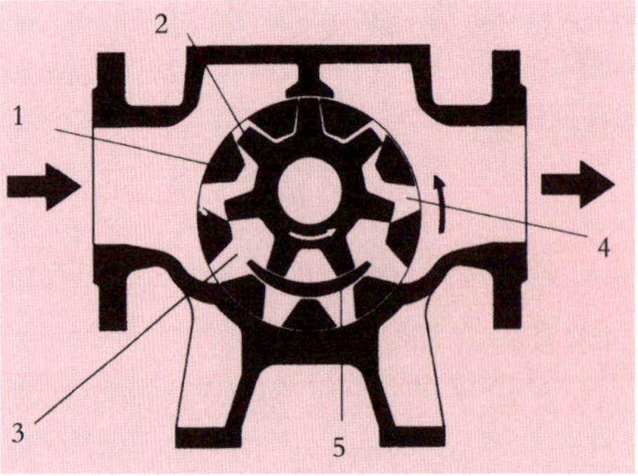

图10.39 内啮合容积式泵
1-带内啮合的转子 2-带外啮合的小齿轮 3-啮合开启 4-啮合关闭 5-锁栓

10.5.1.2.1.6 软管泵

软管泵（图10.40）的主要组成部分是一个弹性软管1。通过多个挤压辊2软管被压到圆柱形机壳上，从而挤压了输送物质，同时挤压辊后面形成的负压又继续将物质输送过来（图10.41）。

10.5.1.2.1.7 转子泵

转子泵（图10.42）由一个横截面1部分被缩小的，不锈钢或环氧树脂制成的圆柱体组成，一个由氯丁橡胶制成的转子2在里面灵活地转动。一旦转子的尖角从弯曲处运动到可以伸直的地方，吸入面3就会形成一个负压，这样液体被吸入并继续流动（b）。一旦转子的尖角到达圆柱体中缩小的地方便会将输送物压入压力管中（c，4），这样就形成了一股均匀的液流，少量的小固体物质也能被携带。

10.5.1.2.2 脉冲输送容积式泵

这种泵借助一个来回运动着的活塞进行吸入并提高输送物的压力。通过与吸入（即压力）管连接在一起的阀门，可形成脉冲式液流，同时避免回流。这类泵包括以下两类：

- 活塞泵

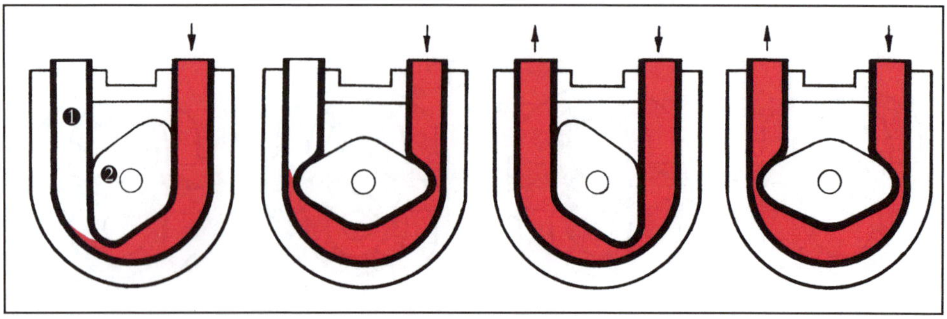

图10.40 软管泵
1-弹性软管 2-挤压辊

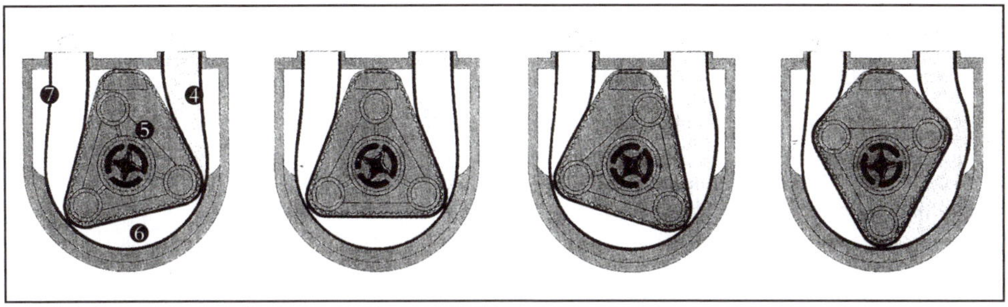

图10.41　软管泵
4-吸入室　5-带转子的泵内部　6-吸入室　7-压力室

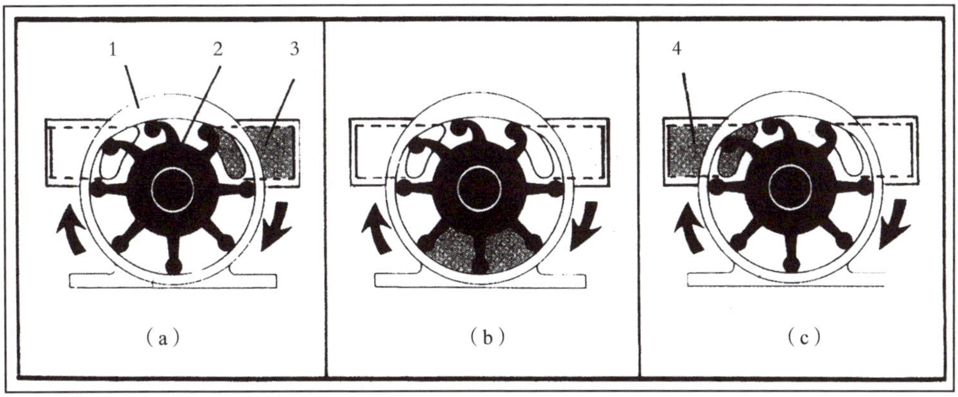

图10.42　转子泵
1-部分缩小的转子外壳　2-转子　3-吸入面　4-压力面

■　隔膜（活塞）泵。

10.5.1.2.2.1　活塞泵

活塞泵是人们在啤酒厂中最早使用的泵，在过去的很长时间内，使用手动活塞泵曾是啤酒厂输送液体物质的唯一方法。到20世纪50年代初，一些啤酒厂在啤酒过滤设备上还使用带大气室的活塞泵作为软管泵和压力调节装置，用以平衡生产中泵的脉冲工作方式。在充入空气的气室中，活塞的每个冲程都会使空气有些压缩，从而缓解一下脉冲。在一些园艺和农业生产中现在还使用手动活塞泵来输送地下水。活塞泵工作时使用阀门（吸入阀门和压力阀门，见图10.43）将液体始终导往一个方向。在啤酒厂，人们主要将它作为清洗和杀菌剂的添加泵。

10.5.1.2.2.2　隔膜泵

隔膜泵同活塞泵的工作原理相似（因此也叫隔膜活塞泵），但它里面有一个可移动的膜将活塞同液体分开（图10.44）。这种隔膜泵主要被用在卫生要求特别高的地方。我们在硅藻土添加设备中已经认识了一种这样的隔膜泵。

10.5.1.3　泵的规格

泵有很多种，针对不同的使用范

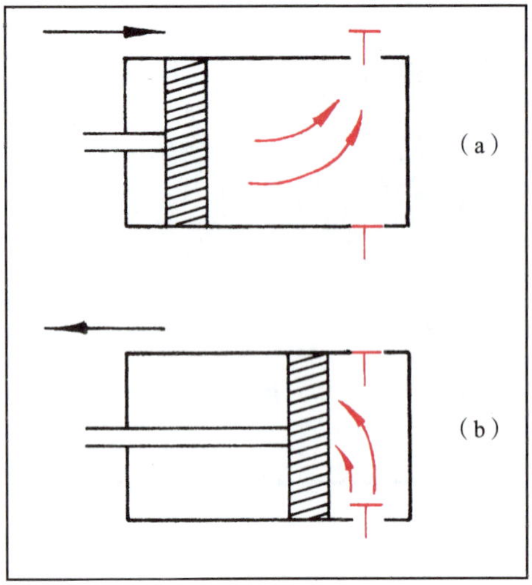

图10.43　活塞泵的工作原理
（a）输送　（b）吸入

围必须分别使用适当的泵。泵的主要使用标准是：

- 所需的输送流量
- 输送高度
- 所需功率
- 有效度
- 转数

此处要注意的是，容积式泵的输送量始终保持一致，不受输送压力的影响。而叶轮泵的输送量则受输送高度的影响非常大。

气蚀：

使用叶轮泵时可能会出现这样的现象：泵中有杂音，开始像针扎，最后变得很清楚，像是输送小石子一样；同时出现强烈振动，这个过程被人们称为气蚀。

气蚀的原因是因为泵中吸入面的压力下降从而达到或超过了沸腾温度，这样形成蒸汽泡，它们在前往压力面的途中由于压力升高（沸腾温度升高）突然发生内爆，发出这种声音。通过气蚀会形成剪切力。在麦汁泵中出现这种剪切力会对醪液和麦汁质量带来极其不利的影响。

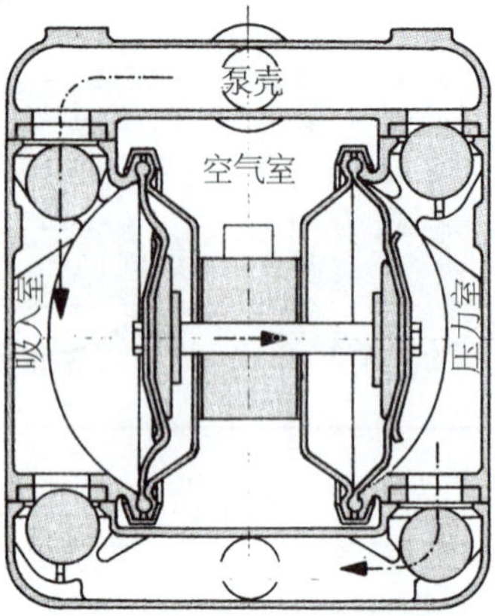

图10.44　隔膜泵的工作原理

气蚀时，压力下降的原因总是因为管道中物料的液位超过了允许的吸入高度或输送高度。低于输送高度意味着输送量的增加，而增加输送量又意味着允许的吸入高度变小。

叶轮泵的扬程（吸入高度）同气蚀密切相关，它通过NPSH值　（纯-有效-吸力-最高点）或总保压高度表示。因此选择泵时其NPSH值起着决定性作用。

气蚀会使功率大幅度下降，最终能导致输送液流的中断。进一步气蚀会引起严重损失，并损坏泵中的材料，同时对啤酒质量产生不利影响。

10.5.1.4　泵的转数调节

只有当泵的功率与需求量相适应时，泵才能进行最佳工作。如果泵受到抑制，其功率就会下降，同时有效度明显变差。

> 为了适应不断变化的生产条件，人们现在使用调频泵。这种调频泵可以通过对转数的无级调整，同时调节所有其它的运行参数。通过静力频率转化器可将电网的50Hz频率和电压转化为可变频率和电压，这样三相交流电动机的转数可以无级调节。

人们可将这种泵作为理想的执行环节加入调整电路中，而不需扩大这种泵的规模。调频泵的优点是：

- 节电40%~50%
- 无损伤地处理输送物质
- 没有启动压力冲击
- 网中电流脉冲少
- 没有调节用仪表

调频泵主要用于严格要求压力或温度保持不变的地方，比如，

- 薄板冷却器的出口温度保持不变
- 过滤机供料时体积流量保持不变
- 瓶装和桶装灌酒机的压力保持不变
- 暂贮罐中的液位保持不变
- 清洗泵的压力调节
- 供水系统中的压差和温差保持不变

10.5.2 通风机

风扇用于房间空气的供给或排出。根据结构人们将其分为：

- 轴流式通风机或电扇
- 径向通风机

10.5.2.1 轴流式通风机或电扇

在啤酒厂中轴流式通风机或电扇有各种各样的规格和使用范围，如：

- 房间通风以及除去二氧化碳
- 作为发芽箱通风装置
- 促使电机旁的制冷气体流动
- 促使蒸发冷凝器旁的气体流动
- 作为顶扇和台扇制冷

电扇有4~6个类似螺旋桨的叶片，它们安装在一个轴上，转速可达1400r/min，这样就能促使空气流动。老式干燥箱就是借助大功率的轴流式通风机将空气吸出的。

轴流式通风机不能在挡板关闭的情况下运行，否则风扇遇到阻力，轴承很快会被损坏。

10.5.2.2 径向通风机

径向电扇或径向通风机由一个快速运转的叶轮组成，它将轴流吸入的气体径向压往外部。通过机壳气流被引向需要的地方。如今制造的径向通风机功率很大，每小时可促使超过100 000m^3的空气流动。

径向通风机最重要的使用地点是制麦厂：大功率的径向通风机将必需的空气量压入并使之穿透厚厚的绿麦芽和干燥麦芽层。径向通风机也可以在无机壳的状态下运行。

10.5.3 空气压缩机

啤酒生产中的很多地方都必需压缩空气，相应的使用要求差别很大。有些地方需要使用大量的高压压缩空气，而有些地方则需要无油的无菌压缩空气。

为了将压缩空气输送到这些用气点，啤酒厂内需要一台空气压缩机。

因为压缩空气的用途不同，因此一般将其分为：

- 过程控制空气或无菌空气
- 用于灌酒机瓶拖的工作气体
- 用于阀门开启的控制气体

无菌和无油的过程控制空气对设备的要求很高，即使是少量的油进入到啤酒中，也会破坏啤酒的泡沫。而且一次污染就会影响啤酒的质量。与啤酒接触的过程控制空气仅为：

- 麦汁接种时的通风
- 对回收酵母进行通风
- 大罐压空（在一定的条件下）

除此以外啤酒应尽可能避免与空气接触，以提高啤酒的口味稳定性。

工作和控制气体使用在：

- 气动输送。尽管能源消耗比较高，但除糟和麦芽输送时仍大多使用压缩空气。对其质量也无特别要求
- 气动传动。比如瓶装灌装机和桶装机气缸以及阀件的驱动

在啤酒厂中的以下地方需要使用带压的压缩空气和CO_2：

使用点	压缩空气/kPa	CO_2/kPa
一般控制用	200 ~ 400	—
气动调节	600 ~ 800	—
用于麦芽输送	<100	—
气析（旋风分离）	200 ~ 400	—
麦糟输送	200 ~ 300	—
麦汁通风	400 ~ 600	—
发酵罐（满罐和压空）	200	<200
酵母扩培	200 ~ 400	—
后酵罐（满罐和压空）	200	<200
啤酒过滤	400 ~ 600	>600
排废硅藻土	400 ~ 600	—
清酒罐	—	<200
锥罐的清洗	200	—
啤酒灌装	>600	>400

根据设备情况压缩空气的使用量为4 ~ 10m^3/hL成品啤酒，其中：

- 灌装车间50% ~ 60%
- 桶装车间5% ~ 10%
- 控制气体7% ~ 10%
- 剩余的用于发酵车间和糖化车间

一台空气压缩机的组成如下：

空气过滤器：确保吸入无污染的空气。

压缩机：将吸入的空气压缩到一定的压力。

冷却器：对由于压缩而升温的空气进行冷却。

干燥器：对冷空气进行干燥。

压缩空气储罐：作为缓冲罐。

管网。

不同的设备类型以上部分顺序有所差别。

新成果显示，如果安装一个压力级别为400kPa的中央压缩站，而更高的压力则通过附加安装的小型空压机来实现，电能可节约22% ~ 23%。这与迄今为止针对每个压力级别都应使用不同设备的观点相反。

用于麦糟输送的压缩空气应采用单独针对所要求的输送高度而设计的压缩机来制备，可以不用干燥。

锥形大罐和清酒罐的CO_2排空使用低于100kPa的压缩空气。

10.5.3.1 空气压缩机

空气在压缩机内被压缩，压缩时气体的体积缩小，压力提高。根据公式气体体积的压缩必然也导致了压缩气体的温度上升。

$$\frac{p_1 \times V_1}{T_1} = \frac{p_2 \times V_2}{T_2}$$

p_1——压缩前的压力

p_2——压缩后的压力

V_1——压缩前的体积

V_2——压缩后的体积

T_1——压缩前的温度（绝对温度）

T_2——压缩后的温度（绝对温度）

由于随着压力的升高温度会不断上升，因此必须对压缩空气进行冷却。随着温度的降低，空气的吸湿能力下降。水分析出会带来很多的问题，所以人们接下来通过进一步的冷却来排出空气中的水分并在干燥器中将其分离掉。

空气压缩机是设备的重要部件。为了避免压缩时压缩机润滑用油进入到压缩空气中，如今人们主要使用无油的空压机，它们是：

- 活塞式压缩机
- 旋转活塞式压缩机
- 卷轴压缩机
- 转齿压缩机
- 螺旋式压缩机
- 涡轮压缩机

10.5.3.1.1 活塞式压缩机

活塞式气体压缩机如今主要被设计为立式干燥气体压缩机，其主要结构为：

- 单级结构，过压可达700kPa
- 双级结构，过压可达1000～1200kPa

啤酒厂中使用的都只是单级结构的压缩机。

活塞式压缩机（图10.45）由一个传动装置1构成，此传动装置通过一个大功率电动机的V带驱动。借助一个平衡曲轴，连杆和十字头曲轴的旋转运动转化为上下运动。由于曲轴的轴承必须润滑，而另一方面我们又必须保证空气中不含油，所以给下面的传动装置补充一个油轴衬，上面的传动装置补充一个气封，使它们同上面作用部分分开。当然，最重要的部分是活塞，它在圆柱体内上下运动，压缩气体。

压缩时形成的热量必须排除，这可以通过水或空气冷却来完成。

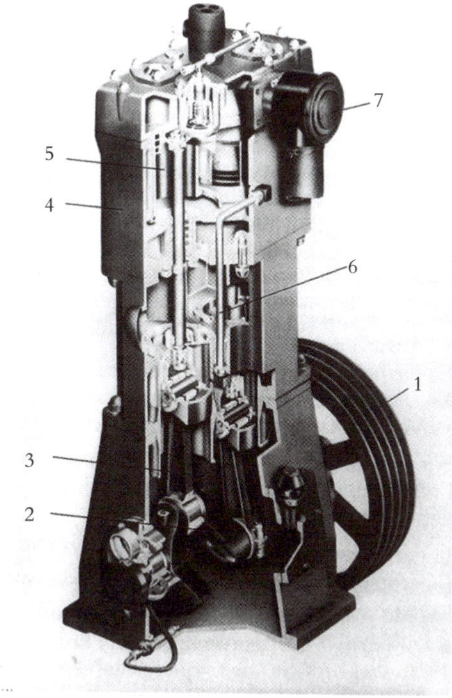

图10.45 活塞式压缩机
1-V带轮 2-曲轴 3-连杆 4-圆柱体 5-带四氟乙烯塑料环的活塞 6-冷却水管道 7-带消音器的吸入过滤装置

空气的通入以及压缩空气的排出，通过自动吸入阀和压力阀进行。整个过程噪音很大，通过串联一个吸入消音器可减小噪音。

活塞式压缩机现在仍然是最经济的机型。

10.5.3.1.2 卷轴压缩机

卷轴压缩机（图10.46）通过一个固定涡杆和一个旋转涡杆进行空气压缩。吸入空气进入压缩室中涡杆的外部。一旦空气被吸入，旋转涡杆便将吸入口堵住。现在空气被挤入一个不断变小的空间并通过排气口离开涡杆。这样就产生了连续的压缩空气流。

卷轴压缩机工作时声音很小，设计功率较小，在3.7kW以下。

10.5.3.1.3 转齿压缩机

在这一系统中两个形状奇特，但处于动态平衡的转齿元件（图10.47）相对运动。相对运动的转齿既不互相接触，也不接触机壳。

转齿压缩机工作原理（图10.48）如下：

吸入：空气进入压缩室，旁边的转子关闭入口。

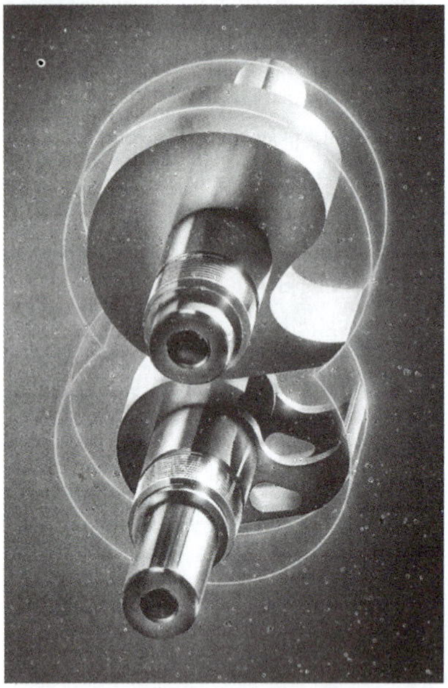

图10.47 转齿元件

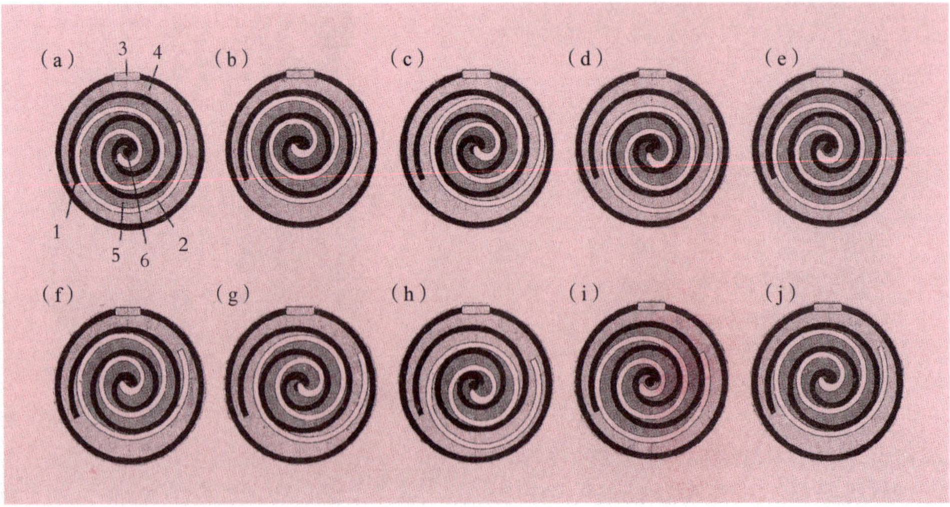

图10.46 卷轴压缩机的工作原理

1-固定涡杆 2-旋转涡杆 3-入口 4-吸入室 5-压缩室 6-排气口

（a-j）压缩阶段

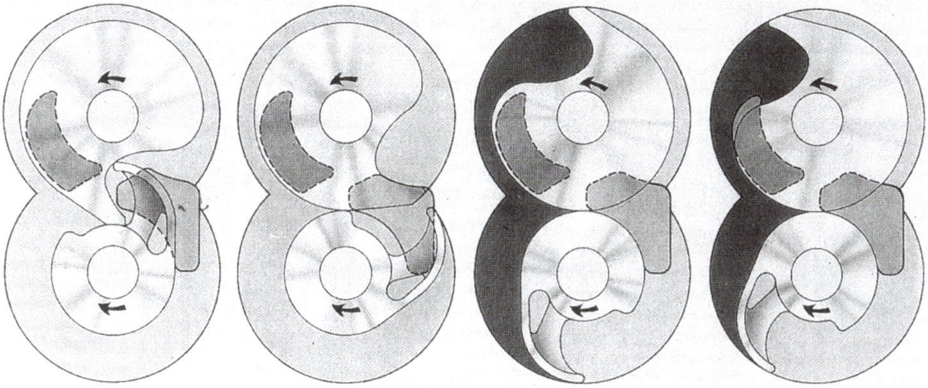

图10.48 转齿压缩机的工作原理

压缩开始：入口和出口均关闭，处于两个转子之间的空气由于空间变小而被压缩，于是压力增加。

压缩结束：封闭的空气被压缩，入口打开进行新的压缩过程。

排出：出口打开，压缩后的空气涌出。

转齿压缩机有时设计为单级，但大多为带空气或水冷却的双级结构，功率可达55kW。每次压缩空气都被加热到100℃以上，每个压缩阶段结束后都必须冷却（图10.49）。

10.5.3.1.4 螺旋式压缩机

螺旋式压缩机，也称空气螺旋桨，是最常用的压缩机。像我们在制冷压缩机中看到的一样，两个螺旋元件以其不对称的螺纹相互啮合。由于其高效的轴承结构同时不相互接触，工作时绝对无需用油（图10.50）。

螺旋式压缩机同转齿压缩机一样主要是双级结构（图10.51），带空气或水冷却；其电动机的额定功率可达700kW，但啤酒厂生产压缩空气时主要使用小功率设备。

10.5.3.1.5 涡轮压缩机

涡轮压缩机是功率最大的压缩机，500~2700kW的交换功率提供的气流量可达30000m³/h。因此啤酒厂不需要涡轮压缩机。

10.5.3.2 空气干燥器

吸入的空气中含有水蒸气，空气中水蒸气的含量取决于温度，温度越低含量越少。达到水蒸气-空气混合饱和压力时的温度被称为露点。低于露点温度时，水分以冷凝水的形式析出。

压缩空气降压时，露点与体积的变化成比例下降。与压力有关的温度被称为压力露点。

- 析出的冷凝水会妨碍无摩擦的运行
- 导致生锈和腐蚀
- 形成便于微生物生长的培养基

所以人们使用空气干燥器用于分离压缩空气中所含的水分。

空气干燥的方法有两种：

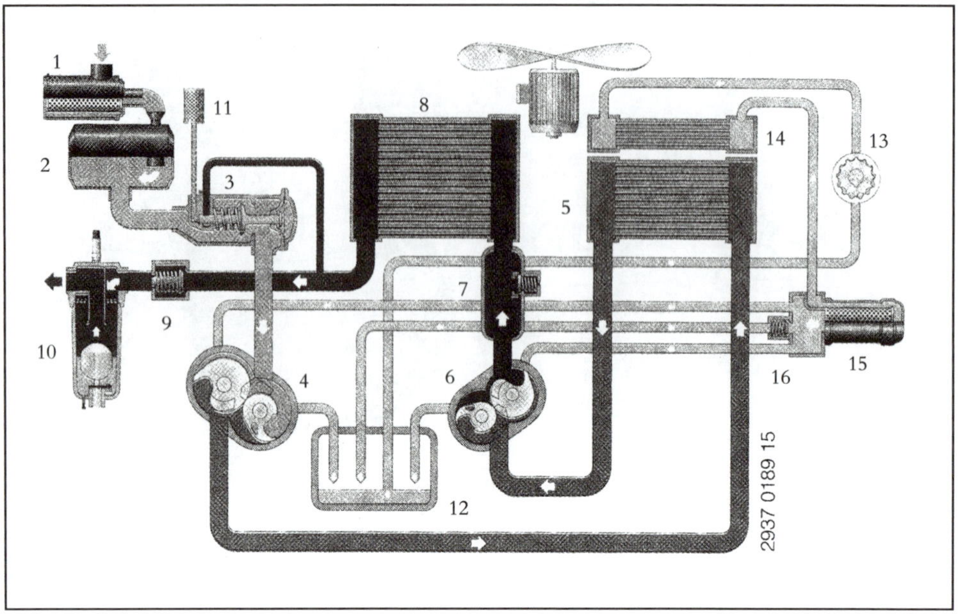

图10.49　带空气冷却的双级转齿压缩机（ZT18-37型）

气流：1-空气入口过滤器　2-吸入消音器　3-空气入口阀　4-ND元件　5-中间冷却装置　6-HD元件　7-出口消音器　8-后冷却装置　9-止回阀　10-冷凝水分离器　11-消音器

油流：12-油槽　13-油泵　14-油冷却器　15-油过滤器　16-旁通阀

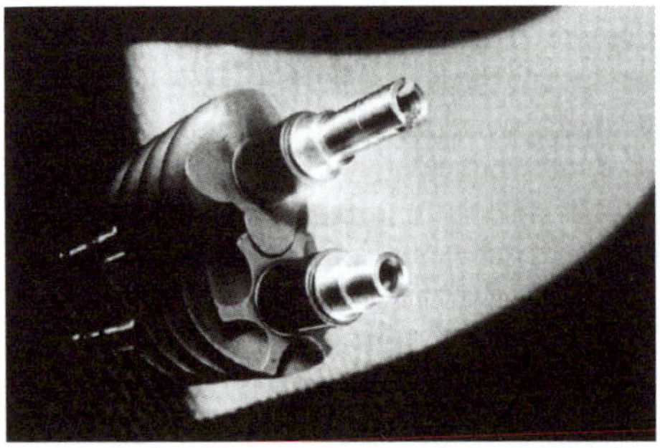

图10.50　螺旋元件

- 在希望的压力露点下对空气进行冷却
- 使用吸附式干燥器。

吸附式空气干燥器的再生方法如下：

- 通过单独制备的热空气
- 通过压缩后但未冷却的空气
- 通过干燥后卸压的空气

通常使用的空气干燥器为吸附式干燥器（图10.52）。经过两级压缩3、6的空气被冷却4、9并以冷的饱和湿度状态进入一个容器中，穿过一个缓慢转动着的滚筒，滚筒被分为许多小区域，每个区域都用干燥剂浸渍。在此过程中空气失去水分，变干并被导出。而滚筒中的小区域吸收了湿气，必须干燥。

对此要进行压缩，但这时还不能将未经过后冷却器9的冷却空气取走，因为它们还有点热，能够吸收水分。现在人们常将其以反方向通入滚筒的上部，对其进行干燥（图10.53）。由于滚筒转动缓慢，空气可以不断被干燥。

在许多干燥器中压缩空气被一直

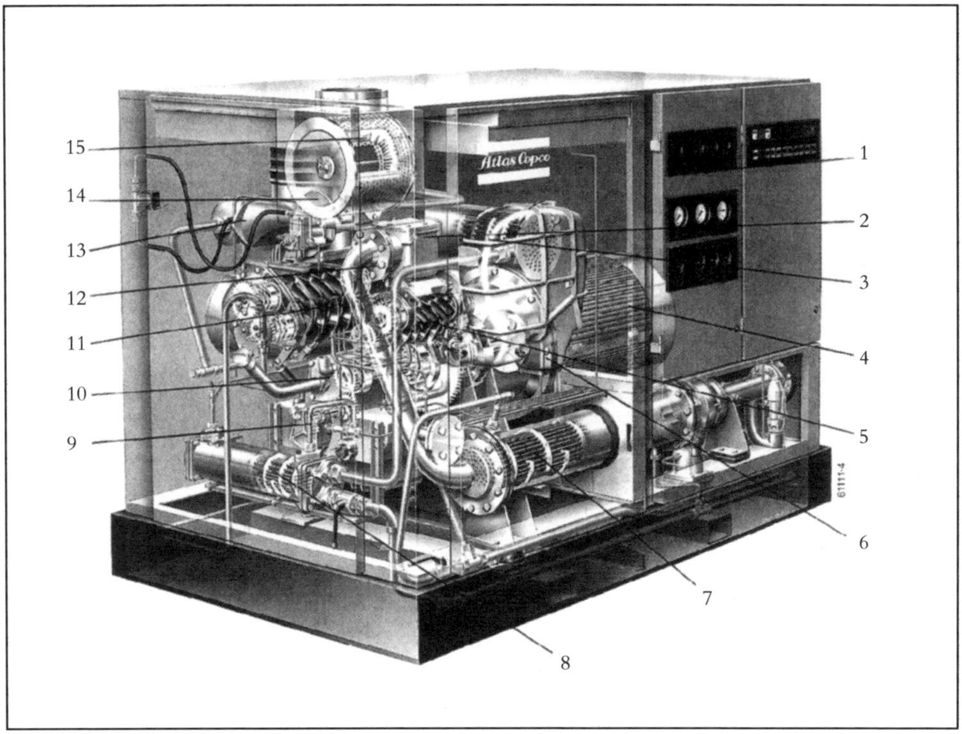

图10.51　螺旋式压缩机

1–仪表盘　2–压力噪声消音器　3–中间冷却装置　4–E电动机　5–HD阶段　6–冷凝水分离器　7–带冷凝水分离器的后冷却装置　8–油冷却器　9–油泵　10–排气　11–ND阶段　12–止回阀　13–排气冷却器　14–入口节流阀　15–带消音器的空气入口过滤器

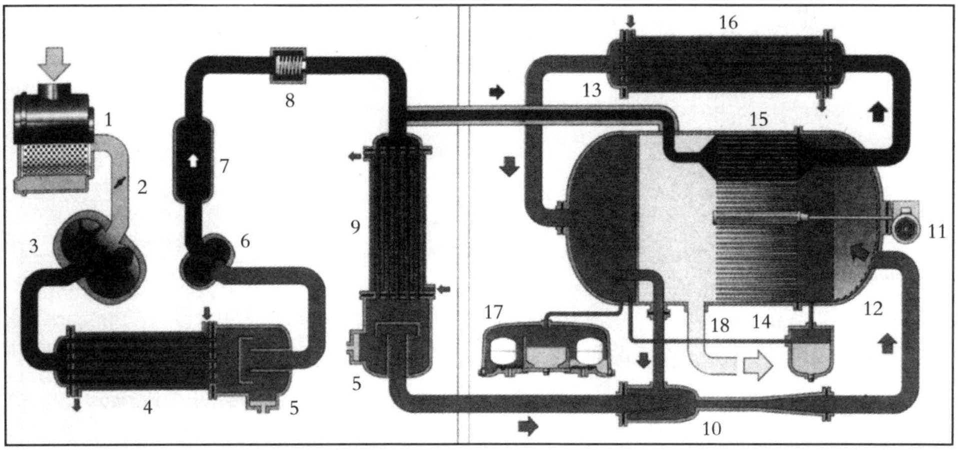

图10.53　吸附式干燥器（作用方式）

压缩机：1–空气吸入过滤器　2–入口阀　3–ND元件　4–中间冷却器　5–冷凝水排出口　6–HD元件　7–出口消音器　8–止回阀　9–后冷却器

干燥器：10–喷射器　11–驱动电机　12–冷凝水分离器　13–节流阀　14–干燥区域　15–再生区域　16–再生冷却器　17–带安全阀的冷凝水分离器　18–干燥空气出口

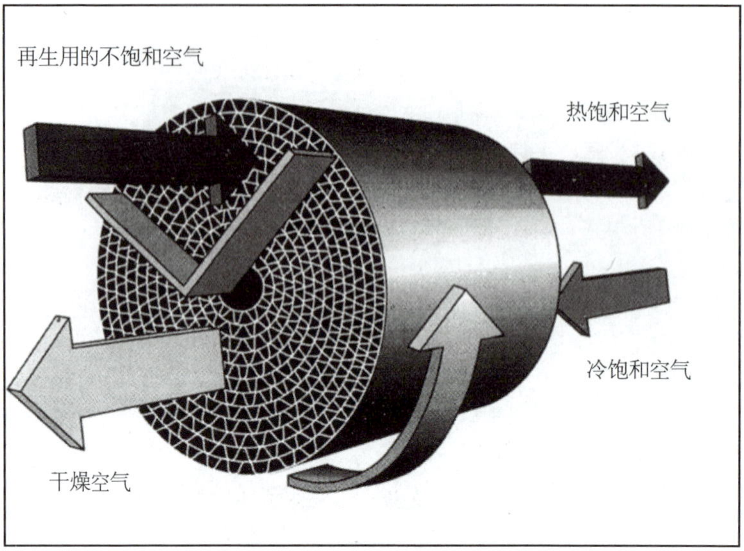

图10.53　干燥和再生区域

输送到已冷却过的热交换面上进行冷却（圆翼管），大约在0℃时水分析出（避免结冰），空气由此变干燥。

接下来低温的干燥空气被送至一热交换器中用于未干燥热空气的预冷却。

采用冷干燥时压力露点仅为1～2℃（吸附式干燥器−40～−25℃）。

最简单有效的压缩空气干燥方法是，空气通入到借助冷却管（直接或间接蒸发）冷却到0℃的水中，空气被冷却到0℃，与此同时露点温度降低，空气中多余的水分析出，空气变得冰冷而且干燥。

大多数设备中空气干燥器安装在压缩机的后面，但是现在个别干燥器也安装在吸入口。Gossler干燥器就是其中的一个例子，在这种干燥器中吸入的空气被冷却到−25℃，由此使得压缩机有较低的吸入体积[198]。不过前提条件是，设备必须100%地密封，否则空气携带会影响作用度。同传统方法相比，这种干燥方式可节能5%，最高时达10%。

10.5.3.3　压缩空气储罐

每个压缩空气管网中都少不了一个压缩空气储罐，其目的是通过足够大小的体积容量来平衡管网中的压力波动，从而实现压力的连续输送。一个过压阀在此确保了管网中过高压力的产生。

10.5.3.4　压力管网

压缩空气管网是空压机的薄弱环节。由通过法兰盘、接头、管接头连接起来的管道分支系统组成。会出现老化、松动以及不密封的现象。以下是漏损情况统计[198]：

- 小系统和新系统　5%
- 分支多的管道系统 10%
- 老系统甚至可达　30%～35%

漏损点越多能耗便越大，人们在啤酒厂中经常可以听到漏气的声响。根据储气罐的容量以及压力降低的情况就能准确得出所有漏掉的压缩空气量。

所以先进的管网被焊接而成，拐弯处无死点，所有地的位置都安装了排水口。

现代化的压缩空气管网必须能进行蒸汽杀菌以及CIP清洗。

10.5.3.5 空气过滤器

在很多使用范围中都要求压缩空气不能含有任何杂质，特别是不能含有任何微生物，也就是说无菌。这样的压缩空气主要有：

- 用于麦汁通风的压缩空气
- 输送瓶盖的压缩空气

通过烛式空气过滤器（孔径≤0.2 μm）（图10.54），对压缩空气进行过滤从而获得无菌空气。图中的切面显示了标准滤烛的内部构造。每个滤烛的过滤面积约为0.75m^2，但由于膜有褶皱，故滤烛的过滤效应很大并且各不相同。因此在过滤器中可任意安装许多滤烛。

在此过程中，不仅所有直径超过0.2 μ m膜孔径的颗粒被挡住而且通过静电作用力，即使小于孔径的微生物也能被阻挡下来。因此可以肯定，经过这样过滤的空气是无菌的。

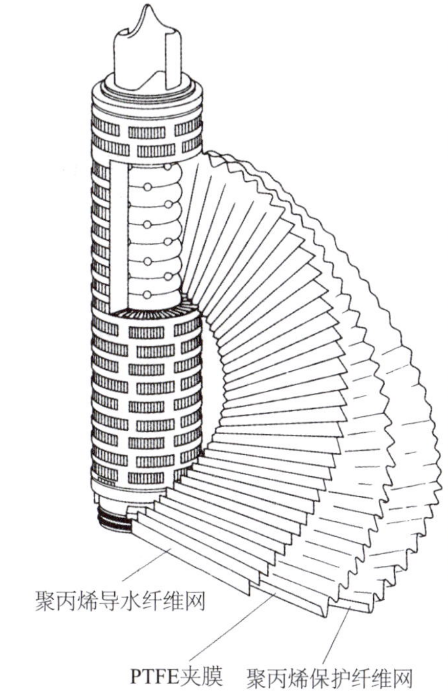

图10.54 对空气进行无菌过滤的标准滤烛

11 啤酒生产的自动化和过程综合

11.1 啤酒厂自动化的发展史和技术前提——日常高科技

我们的先辈们在繁重的劳作困扰下连做梦都想着安乐国一游，那诱人的懒人天堂；多么希望让机器人做一切本该由他们自己做的事情。

上年纪的酿造工都还记得，他们如何在制麦厂的堆料场上辛辛苦苦地操持大堆的麦子，他们如何在发酵间刷洗发酵池和罐，如何用双手将成百只沉重的啤酒箱子搬上大卡车。

“不可能”，今天的酿造工可能会立刻提出异议。“这简直令人难以置信，那个时候早有了计算机，卫星都已上天，测量-调节技术已经发展得相当成熟。”

不错！但事实上，直到1970年，啤酒厂生产自动化才开始从糖化工序向后序“冷”生产区域即发酵过程扩展，并逐渐发展到今天的全面综合自控体系。

1973年的VLB十月会议上，当汉堡Bavaria & St. 啤酒厂展出其首创的全自动控制的圆柱型锥底前-后发酵大罐时，人们对其成功推广的可能性和实用性还持怀疑态度，然而数年之后，这种全新发酵设备及工艺技术得到迅速发展。

发展起步如此之晚绝不应该归咎于酿酒从业人员，尽管传言中他们敌视进步，因循守旧等。技术发展史表明，很多新技术都是在啤酒生产工业中首先得到应用的，例如Linde公司的制冷机等。

应该看到，实事上直到1970—1975年才真正具备了技术、工艺和经济上的先决条件，在啤酒生产的冷生产区也卓有成效地实现自动化。当时，正是由于啤酒厂自动化的推广才引发和推动了一系列技术领域的发展，并在此后又强有力地辐射到过程工艺技术的各个领域。

事实上，完全有理由相信，啤酒厂自动化领域同其它高科技领域如航天技术、生物工程技术等是并驾齐驱发展的。毫无疑问，它的发展同其它高科技领域发展一样对整个技术进步产生了深远的影响。

11.1.1 不锈钢——食品生产理想的工程材料

用铬镍合金制造装置、机器设备、管道和配件；用塑料制作涂敷层，绝热型材及密封件等，这些都为广泛实施20年来已为人们熟悉的CIP处理——这一关键技术创造了条件。相比之下，传统的工程材料如黄铜、紫铜、铝、木材、沥青；密封材料如天然橡胶、麻或油脂等都不适合进行CIP处理。

11.1.2 自动清洗——CIP（Cleaning in Place）

清洗和灭菌采用喷射、冲刷以及碱液、酸液和杀菌剂泵送循环以及其后用水冲洗，直到不残留任何清洗液。

生产结束后，无需为清洗设备部件进行复杂的拆卸操作，而仅仅通过CIP过程就能重新达到卫生状态，只有做到这样，造价不菲的自控CIP系统在技术和经济上才能体现价值。

与技术上已相对成熟，清洗介质的温度和浓度以及泵送功率都可以按需要正确设定的CIP设备同样重要的是，酿造设备本身的构造形式，包括它的制造材料、相关装置和机器的结构，管道系统等都必须适合于CIP的进行。

11.1.3 符合自动化和CIP要求的装置和设备

在啤酒厂还使用发酵池和卧式发酵/储酒罐时，“下酒”之后尚需人工清除容器内的沉淀物。自动化在冷区还只是幻想。锥底立式发酵罐以其出酒前即可排出沉淀物的优点成为实现自动化的突破口。

通过在大罐上配备安全附件、高效清洗喷头、能进行CIP清洗的测量与取样装置以及各种气体和液体控制阀门组件，才真正开辟了通往自动化的成功之路。

与此同时，大量有关的酿造设备在技术上也得到了相应改进和优化。如回旋沉淀槽、酵母罐、过滤机、换热器以及泵、离心机和搅拌器等。改进优化的首要目的正是为了适应CIP的处理。

11.1.4 适合自动化的酿造工艺

“烤面包和酿啤酒不是总能成功的”。这是一句古老的格言。

全凭经验，缺乏研究的所谓酿造艺术只有转变为内在机理明确的酿造技术才是实现啤酒生产自动化的前提。如果希望采用物理和化学的检测分析方法帮助或逐步地取代酿造者的眼睛和舌头，必须弄清楚工艺过程各相关参数的内在联系。当初引入能缩短发酵和储酒周期的锥形底大罐热发酵和压力发酵工艺时，如果不具备一定的实验室分析手段如气相色谱分析等是行不通的。

11.1.5 适于自动控制及CIP的管道系统

相对于产品和CIP介质严格分开的糖化生产，在发酵车间设备固定连接的管道系统中无法避免交叉点。在这些交叉点上产品和CIP清洗介质轮流经过，任何操作失误或阀门密封失效都可能导致产品和CIP介质混合，或者不同产品的混合。因此，必须从结构上考虑相应的防范措施。此外，所有产品流过的地方都必须能进行彻底清洗。

上述要求促进了新型管道元件如蝶阀、双座阀、无菌配件以及在线测量装置等的发展。同时也形成了一个专门从事这类管道系统设计的特殊职业分支。早在20世纪80年代这个工作领域就被人们冠之以“过程综合”。

11.1.6 过程综合技术诀窍

作为一种职业分支的过程综合技术及其相关的特殊供应业的发展清楚地表明，酿造过程自动化不仅仅意味着一种多层次的技术活动，同时还体现为一项高度复杂的整体性很强的组织工作。因为完成这一工作需要许多各个学科专家们的协调与通力合作。

过程综合工程师的任务特别在于，在生产工艺技术人员、设备制造方以及酿造专业人员与测量调控（自控）技术人员之间架设相互沟通的桥梁。测量调控技术人员精通自己的专业，但他们中间很多人错误地认为，是他们不仅做出了重要贡献，而且可以说建立起了整个自动化系统。

11.1.7 人工智能——EMSR技术

EMSR技术（电子技术，检测技术，控制技术，调节技术）在过去短短的20年间由布线编程的接触器/继电器逻辑电路或分立电子元件逻辑控制发展到今天可以自由编程的逻辑控制装置PLC，可以说从“有用的傻瓜”实现了向“能与人交流的伙伴”的升级。

PLC与位于中央控制室的个人电脑或工作站保持联络。借助电脑极强的数据处理和管理能力以及巨大的数据储存能力使生产过程控制与商务数据处理联系起来，同时还可为设备管理人员提供生产过程信息的智能描述、连锁和运算处理功能［操作及监视系统MMI（人机界面），英文缩写HMI］。

另一方面，体积微型化，价格低廉以及宽广的选择范围使电子产品不再只集中于中央控制室，而是很快地推进至生产现场，并且不断取代那里的测量变送器、调节器和执行单元上的电气、机械和气动功能器件。如果说以前酿造人员必要时还能由这些器件的结构推知其功能的话，那么在今天广泛采用高集成度的芯片技术的情况下这已不再有可能。这些电子器件如同一个个“黑匣子”，损坏后无从修理，但正常工作时非常可靠而且精确。

11.1.8 酿造工在自动化生产中的位置

生产自动化程度越来越高，酿造人员仍然是生产的最重要成员吗？他们是否因为仅限在屏幕上操作生产过程而降低了自身的价值，成为了高科技时代的“操作工”？是否由于仅限于在菜单的引导下与控制系统保持对话而被“软禁”了起来?

酿造人员在自动化生产中究竟能扮演什么样的角色完全取决于他对所辖区域的仪表等的熟悉程度。如果他能深入地研究探讨自动控制原理，对设备不仅只是被动地“伺候”，而是积极地（批判性地）监控。在出现故障时不仅只是忙于呼唤维修技术员，而是能自己分析其原因甚至自己动手解决一些小问题；或者能找出硬件和软件方面的原理性缺陷和错误，那么他很快便会成为其工作范围内一个有创见的参与者。他会将每天的生产安排得井井有条，会时刻注意到生产效率和各种消耗，他还能合理地安排CIP过程，使生产不受任何妨碍。例如，将尽可能多（最好是所有）的待清洗管路一段段串接起来并构成回路，但同时又能注意到，杜绝产品流过还未曾清洗的管道。

这样的酿造员工会很快钻研有关手册，弄通弄懂有关元器件，把握设备的“灵魂”。当然，要做到这一点必须具备一定的条件，他必须熟悉表达工艺流程的基本符号系统，这部分内容将在以下章节中进一步阐述。

11.2 符合通用工艺技术标准的啤酒厂自动化设计体系和流程表示方法

另一方面应该看到，酿造过程自动化在管道安装及管道元件、过程自控和调节方面取得的很多创新应归功于以乳酪制造业为代表的通用过程技术的技术诀窍的迁移和应用。

由于标准总是滞后于技术的发展，虽然一些重要的变革还没有影响到标准体系中，就像我们将看到的那样，但非常有意义的是，将啤酒厂自动化作为通用工艺技术的特殊领域对待，按其自己的规律进行建设项目的组织活动。特别由于与参与啤酒厂建设项目和日后设备维护维修的各专业技术人员打交道的必然性，要求酿造人员应根据11.1.8所述，不仅在生产上而且要在设计阶段，维护和设备优化上扮演重要角色。这是一项责无旁贷的任务。作为酿造人员只有主动地学习和熟悉工艺标准和工程语言，并达到可以与上述工程技术人员交流的程度，除此以外没有别的选择。

由此产生的对培训和进修的要求是很高的，再加上结合实际既通俗又不失专业性，能帮助非专业人员学习基础知识便于以后深入理解技术文献，学习材料很稀缺，使得酿造人员面临一定的困难。遗憾的是，本书也不打算作填补这个空缺的尝试。

在国际范围内，在各英语国家，同样在德国乃至所有地方在有国际标准的情况下还是存在大量的“国家”规定，尽管国际标准化组织（ISO）和国际电工委员会（IEC）做了大量协调工作。这些规定对设备制造有一定实际影响。然而对于我们来说已经足够，对一些基本的通用的合法现行事实进行表达。这些知识虽然还不足以自己制订符合标准的技术文献，但至少希望能唤起勇气和责任感去阅读和理解。

11.2.1 关于工艺技术装置和机器设备的符号表示

11.2.1.1 标准设备的标准化符号及基本操作

工程师的语言是图形符号。

如同字母构成词，通过标准化图

形符号可构成和表示工艺流程的“基本操作”，因此，基本符号的内容也较容易掌握，例如，表示混合、分离、搅拌、粉碎、加热/冷却等操作的符号。图11.1所示为节选出的这样一些符合德国工业标准DIN28004并适合所有工业分支的标准符号。

11.2.1.2　参照标准基本操作的符号用以表示特殊设备的特殊符号

在通用工艺技术领域所不具备的啤酒厂专用设备和机器形式只能通过公司或工业分支专用独特符号表示，这些符号来源于自由编撰部分，并且可以与符合标准化基本操作融合在一起。图11.2是这类啤酒厂特殊符号的几个实际例子。例如，在过滤槽的符号中可以看到，形式上有筛板这个基本操作，它是引用图11.1中专业第5类中的过滤器的标准化符号。

这种分类方法的优点是，结构设计师在处理特殊任务时可以直接动用那些基本操作的工艺格律。经过几十年在民用和工业领域中的研究与应用，这些基本操作已相当成熟并被人们所熟悉，因此容易准确预计和推知。这样，啤酒酿造特殊工艺所积累的经验和知识便可以纳入一个适合于所有工业部门的工艺过程技术体系，并为各工业部门之间的知识传递和利用铺平了道路。

11.2.1.3　与自动化有关的重要德国工业标准（DIN）

以下是关于本章主题的几个重要德国工业标准（DIN）：

DIN　28004　关于装置，机器和连接元件。

DIN　2429　关于管道及其连接配件，成型部件，附件。

DIN　19226　关于测量，控制，调节与控制技术。

DIN　19227　关于过程控制技术的图形符号和字母标识。

DIN　40719　关于工艺的功能流程图表示方法。

以上标准对于那些希望理解自动化工艺设备并参入制订技术文献的酿造人员来说是非常有意义的。

就像生动的语言，标准也在不断地发展变化，尤其是在各类标准日趋国际化的今天。因此，DIN30600对新收入标准符号的登记、分类、统一和国际化都做了明确规定，力求避免出现混乱。

11.2.1.4　连接元件符号标准化的必要性

通过对自动化食品和饮料设备的管道系统泄漏安全和具备CIP能力的高要求使得技术革新的重点转向更有利的管道连接件的结构上。然而，从在这方面已具备完备工业标准的通用工艺技术中几乎找不到可以借鉴的现成的东西，其结果是在啤酒厂占绝大多数的阀门和管件不得不主要依赖设备供应商的个性化符号来表示。

这种极不正常的状态令人厌烦，因为当需要对所供设备或解决方案进行比较和评价时，以及对合同决定做可行性分析时显得尤为麻烦。

当一家啤酒厂的相邻设备区域的设备来自不同厂家时，由于各自都在其技术文件中和操作终端上使用个性化的符号，使这种麻烦长期存在。这不仅增加了额外的人员培训费用和企

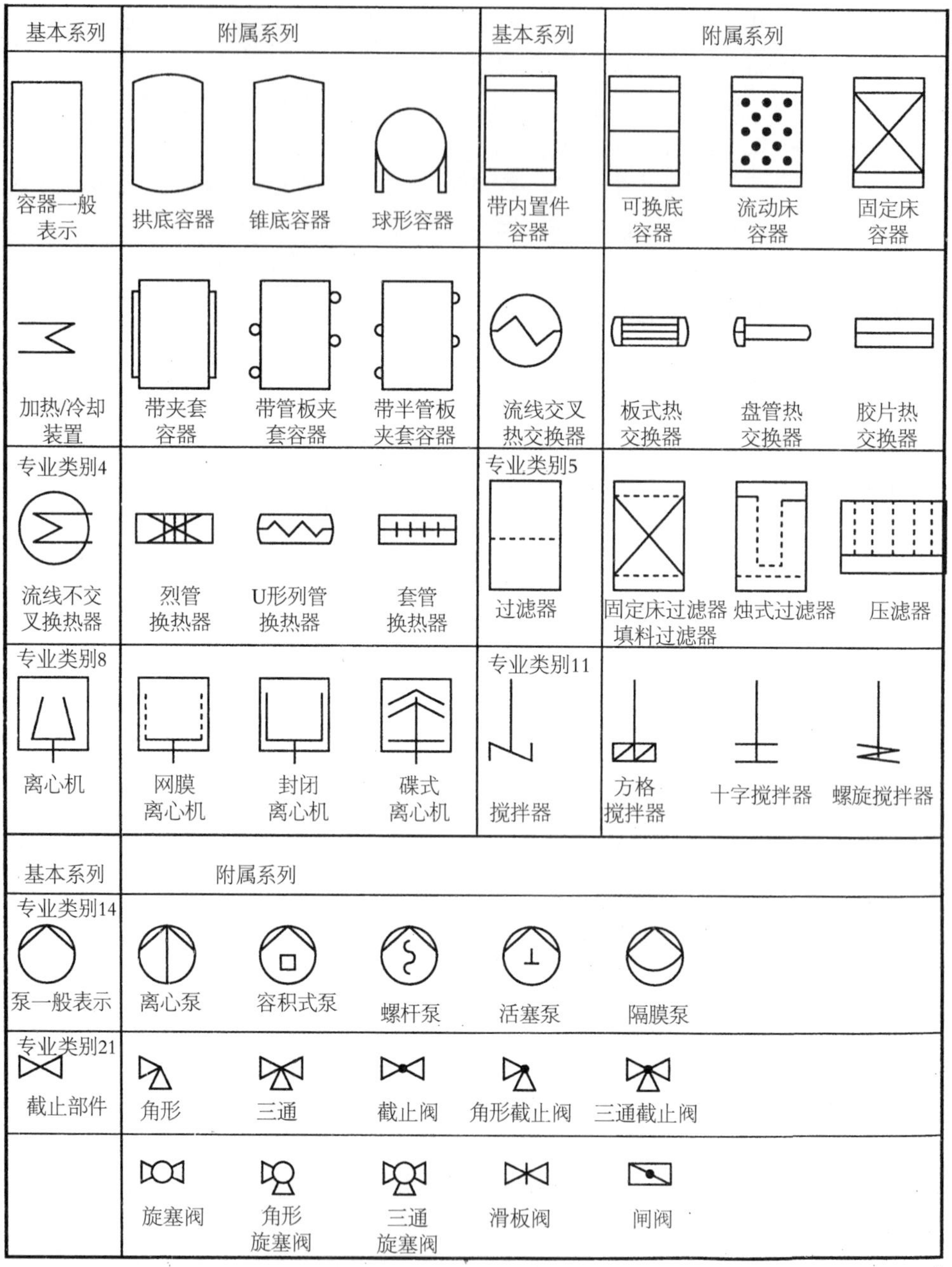

图11.1 DIN28004第三部分收入的标准图形符号（摘录）

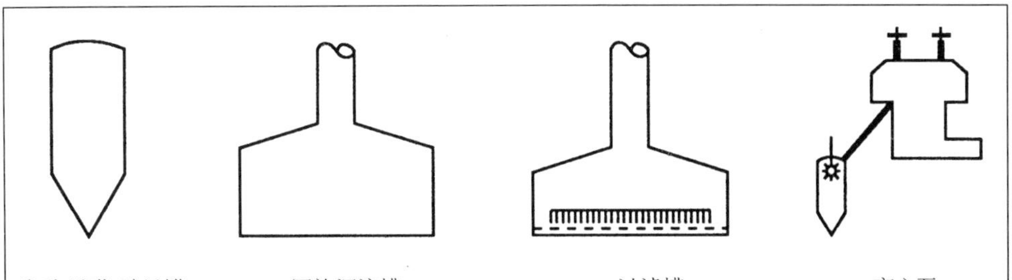

图11.2　啤酒厂有关的特殊符号（举例）

业内部的工作难度，还使维护和操作出错的风险增大。所有这些问题都应归咎于缺乏通用标准符号的严重语言混乱局面。

11.2.2　标准化工艺设备设计体系及其流程图和功能设计图简介

通用工艺技术标准对设备设计过程规定了组织模式， 按照这个模式，首先由工艺技术人员分别按设计阶段拟定流程图和详细定义的有关设备的配备，测量与调控任务点，连接系统和功能流程且信息量逐渐增多的工艺说明，根据这些技术文件的技术细节设计和实施则交给测量调控工程师完成，工艺说明并没有指定系统的结构。

谁对酿造工艺实践熟悉，在此就能更好地把握工艺设定状态和实际状态的差异范围，因为经常会出现几个设计阶段合并甚至跨阶段设计的情况。测量调控工程师通过非严格的指导路线可获得较计划安排多很多的自由发挥空间。

在11.2.2和11.3.1中描述了标准化设计体系，也介绍了实际实施工程可能的偏差，并同时指出了非正规设计的缘由和由此可能导致对设备使用者不利的后果。同时还指出了（尤其是在11.4.1中）仪表设备总成标准化设计的组织上的缺陷，这些缺陷随着过程综合面临的高复杂的新挑战而显得越发明显。

11.2.2.1　设计第一阶段：绘制基本流程图，也称“方块图”

图11.3表示的是一个麦汁路径，它是根据DIN28004描绘的基本工艺流程图。为了清楚起见，所需基本信息用黑色，附加信息用红色表示。

由于采用长方形图形作抽象表达，在实践中它也常常被称为方块图。在工艺过程较为常见时也可跳过此步骤。但由于这种流程图绘制难度不大，加上它能明确地将设计意图传达给所有设计参与者， 因此不应舍弃。

11.2.2.2　设计第二阶段：绘制工艺流程图，又称“原理流程示意图”或“设备连接示意图”

图11.4是根据DIN绘制的带有基本信息和附加信息的工艺流程图，其中的设备，如回旋沉淀槽、酵母罐、发酵罐和其余机器均以标准符号或按上述图11.1和图11.2中所列的专用符号表示。 但连接路径和耦合点仍然未标出

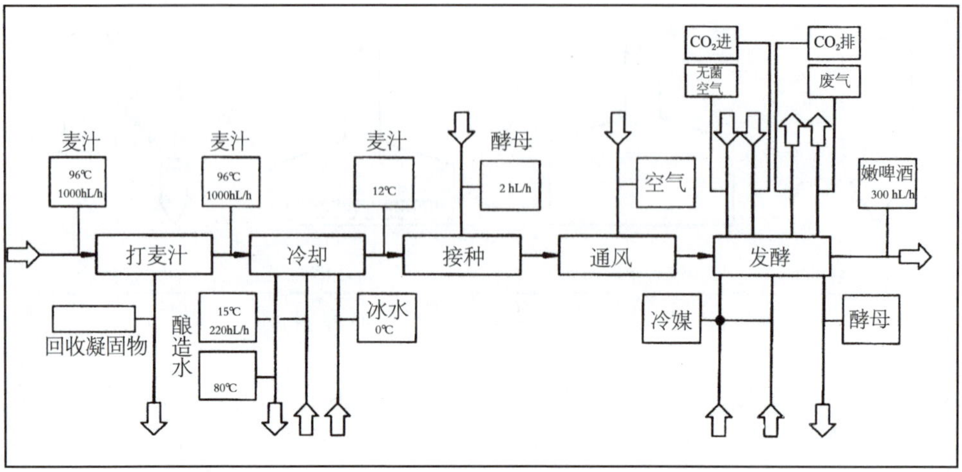

图11.3　基本流程图：麦汁路径

基本信息：

a）方块名称

b）输入/输出物料名称

c）主物料流径及方向

附加信息：

a）方块之间主物料名称

b）输入/输出物料量及方块之间主物料流量

c）能量及载体名称

d）能量及载体的流向和路径

e）能量及载体流量

f）生产条件及参数

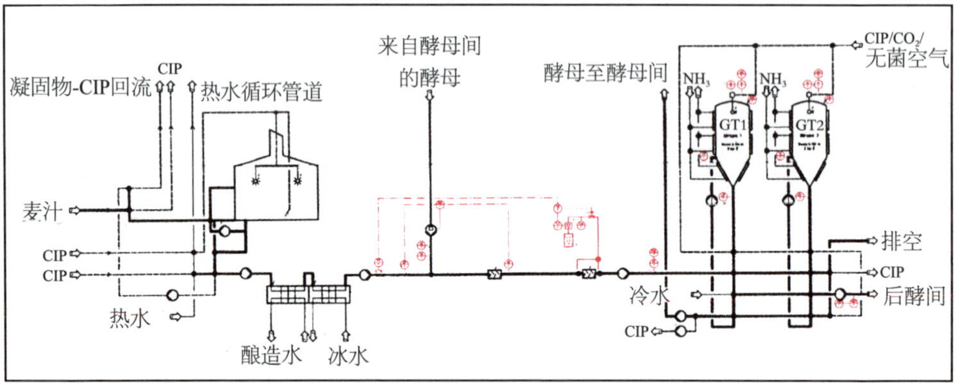

图11.4　工艺流程图：麦汁路径

基本信息：

a）工艺设备种类，不包括驱动装置

b）驱动设备以外的设备符号

c）输入/输出物料及能量或能量载体的路径和方向

d）物料名称及流量

e）能量及载体名称

f）生产条件及参数

附加信息：

a）工艺中物料名称，流量及总量

b）能量及载体流量和总量

c）主要附件布置

d）测量控制点

e）补充生产条件

f）装置和设备参数（不包括驱动装置），必要时列表给出

g）驱动装置参数，必要时列表给出

h）主要设备标高

附件而是以抽象的线条表示。

当允许设备供应方自由选择连接元件和自动化程度的情况下， 这类工艺流程图通常转变为招标技术资料， 以便使设备供应方有创造性地参与到过程综合的结构设计中来。在实践中经常将“工艺流程图”称为“原理流程示意图”或“设备连接示意图”。

11.2.2.3 设计第三阶段：根据DIN19227在工艺流程图上标注测调控任务点

作为附加信息，工艺流程图上须包含要求测量、调节和控制的地点，又称为“任务点”。这种叫法是有道理的，因为在此并没有对测量和调控仪表提出具体要求，而是仅仅标明哪些参数需要测量或调节，在什么地方（现场还是中央控制室）对其进行记录与显示，应该自动处理还是采取人工干预的方法。显然，这些工作让工艺技术员去做未免要求过高。有关详细表达方式见下表和图11.5。

所幸的是，这部分表达符号不仅易记而且易懂。 标准第二部分针对第一部分提出的任务及仪表技术解决方案的符号表示方法作出了明确规定，由于涉及测控调方面的专业知识， 限于篇幅也只得将其舍弃。

字母	处在第一位	处在第一位之后
A	—	故障报警
C	—	自动调节
D	—	差值
E	电量	接收功能
F	流量	比例
G	距离、长度、位置	—
H	手动输入/操作	高限位值（+）
I	—	显示
J	—	测量点扫描
K	时间	—
L	物位	低限位值（—）
M	湿度	—
O	—	视觉标志，是/非——显示
P	压力	—
Q	原料特性、分析	积分/累计
R	辐射量	记录
S	速度、转速、频率	过程控制
T	温度	测量变换器
V	黏度	执行装置
W	重量、质量	—
Z	—	紧急干预，安全装置

注：根据DIN19227 表示测量与调控任务

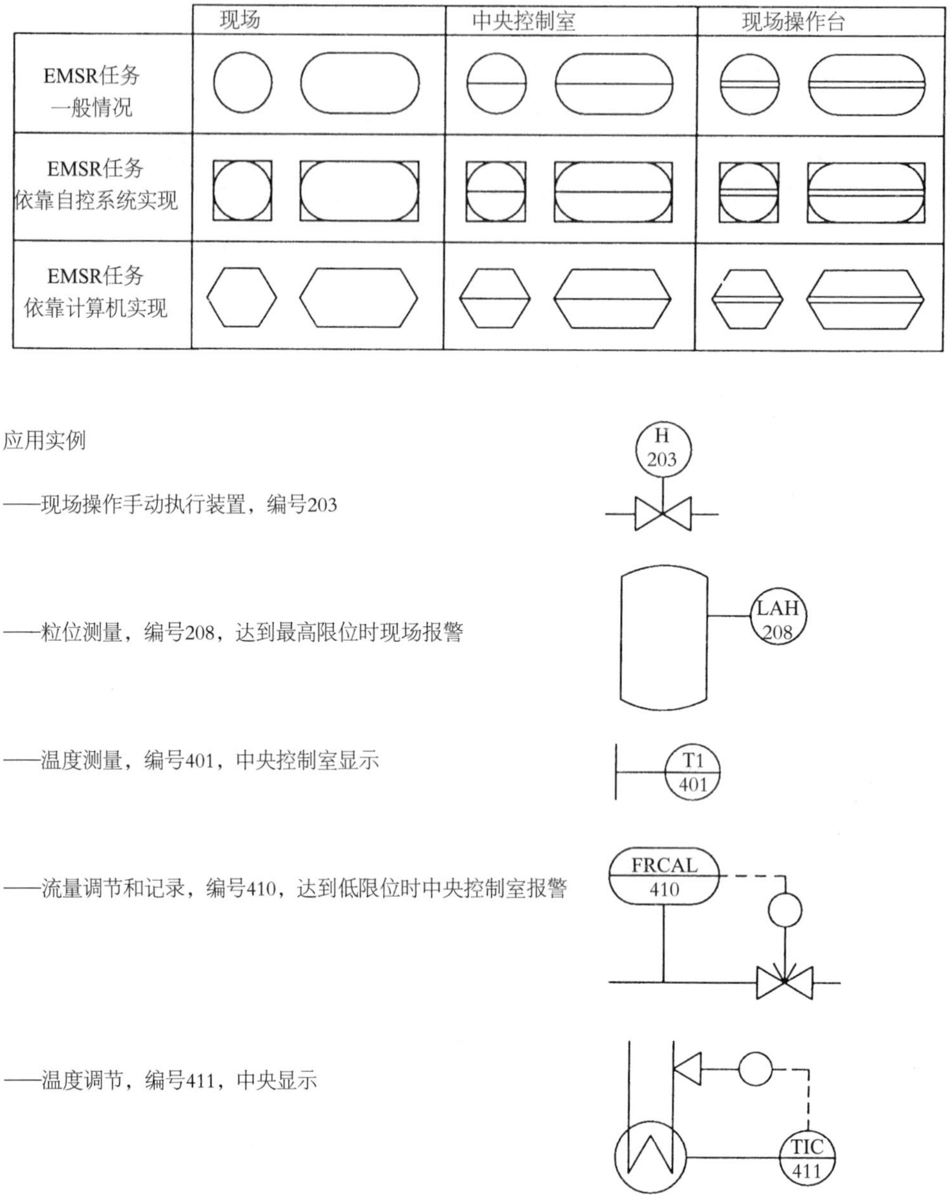

图11.5　表示测量与调控任务的图形符号

11.2.2.4　设计第四阶段：对于工艺流程图的说明

DIN不要求表示，但在实践中为了使委托方和供应方明确设备功能所必需的信息可以作出书面工艺说明。

如果工艺流程图和说明书经过了详尽讨论并最后确定下来，那么就可以着手进行下面的第五阶段的设计，即绘制较费时且工作成本高的R-I流程图。此外，还应该事先完成关于所希望的自动化程度和有关投资成本限制的说明文件，包括在制定R-I流程图之前由供应商提供一份以其经验为依据的粗略的项目成本核算。

11.2.2.5 设计第五阶段：管道及测量仪表流程图（R–I示意图）

图11.6和图11.7所示的麦汁路径是以R-I示意图的形式绘出的。这里的信息含量相对于前面又有明显增多。从图中可以看出，信息增多部分不是有关工艺设备的，而主要涉及耦连系统.在图11.6中，管道全部采用固定连接的安装形式. 所有阀门都可以远控。在图11.7中，管道只是部分地固定连接，阀门也采用远控形式，但管道切换需要利用连接弯管人工进行。

以上两个R-I示意图是根据同一个工艺流程图设计出来的，这也说明设计方案可能有多种。实际上还可以列举一些与图11.6和图11.7近似的R-I示意图。由此可见，设备的供应和装备规模仅仅通过工艺流程图是无法确切定义的。换句话说，设备购买合同必须依据R-I示意图决定。

比较R-I示意图与DIN28004之后不难看出，只有少数管道和CIP元件的表达符号可以在标准中找到。对于DIN2429也有类似情况，尽管该标准收集了不少管道元件和配件。显而易见，啤酒厂自动化所需元件和CIP技术还是一个较新的领域。

关于R-I示意图的进一步讨论将在11.4中进行，那里将在过程综合的框架下介绍大量到此为止还完全没有涉及的规范。这些规范在设计啤酒生产自动化的连接系统的形式时必须予以重视。

11.2.2.6 设计第六阶段：根据DIN40719和IEC848 拟定功能设计图

DIN28004的主题只涉及耦连元件和CIP技术，同样，DIN19227不涉及整体设备或工厂的过程自控，根据DIN19226可以R-I示意图中表示测调控元件及其作用回路，通过过程调节功能的明确虽然完成了一项极其重要的任务，但由此并没有给出处理和解决现代以计算机技术为基础，在机械和测调控方面达到今天这样高集成度的自控项目的设计和组织工作的明确方向。

DIN40917和IEC848就是致力于这一主题的。它规定了如何用功能设计图的形式表示工艺过程及设备之间的内在联系。图11.8就是根据DIN40719绘制的关于图11.6和图11.7中麦汁路径的一个局部的功能设计图和相应的工艺说明。显然，用功能设计图表示生产过程要比功能说明的形式清晰得多，以致工艺管理人员也可以承担设备功能管理的任务。同时，测调控工程师编程时需要的解释也较单纯功能说明要少得多。如果用文字说明的形式达到同样的准确效果需要的篇幅很大，而且前后关联也显得不够直观。

该功能设计图的具体细节将留待11.3.1和11.4.1中讨论。

不难看出，在设计过程中，R-I示意图和功能设计图的制订已经不

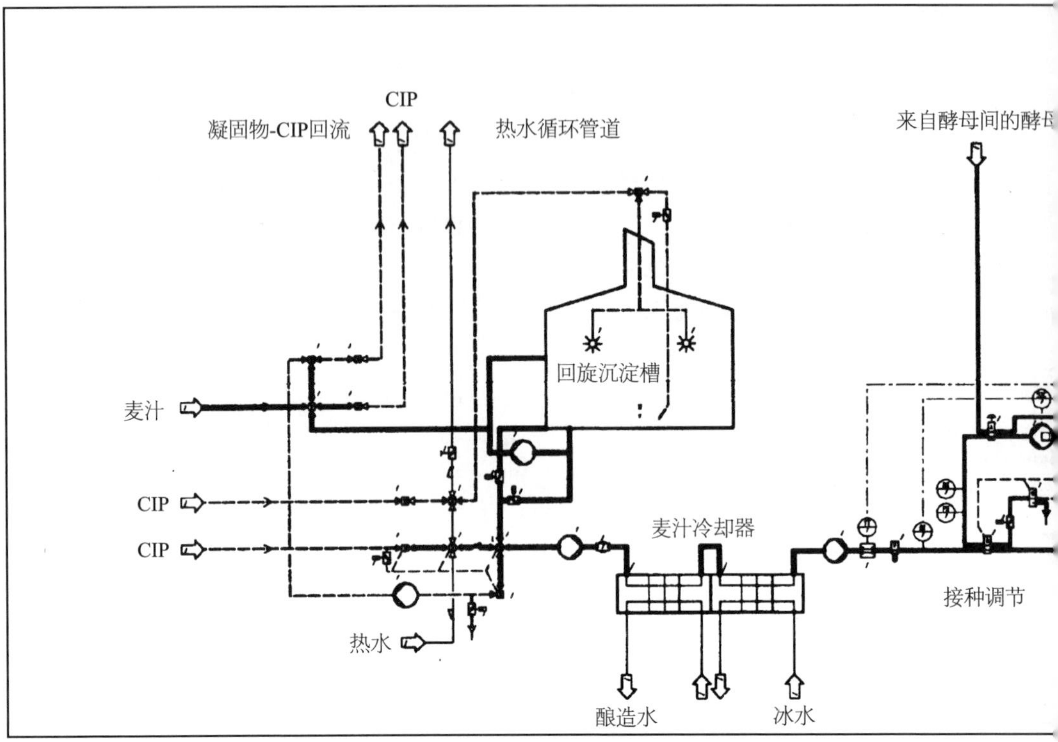

图11.6 R-I流程图 “管道固定安装”

基本信息：

a）设备类型，包括驱动装置、管道及输送路径和配件，备用功能等

b）设备名称，包括驱动装置

c）设备特性参数，不包括驱动装置，必要时单另列表

d）管道管径、各段压力、材料和安装形式，例如管道编号和等级

e）装置、设备、管道和配件的限制说明

f）测量与调控任务点

g）驱动装置特征参数，必要时单另列表

附加信息：

a）物料和能量及能量载体的名称、流量

b）能量及能量载体的流通路径和方向

c）主要测量与调控装置的类型

d）主要机器和设备的材料

e）设备标高

f）配件标志

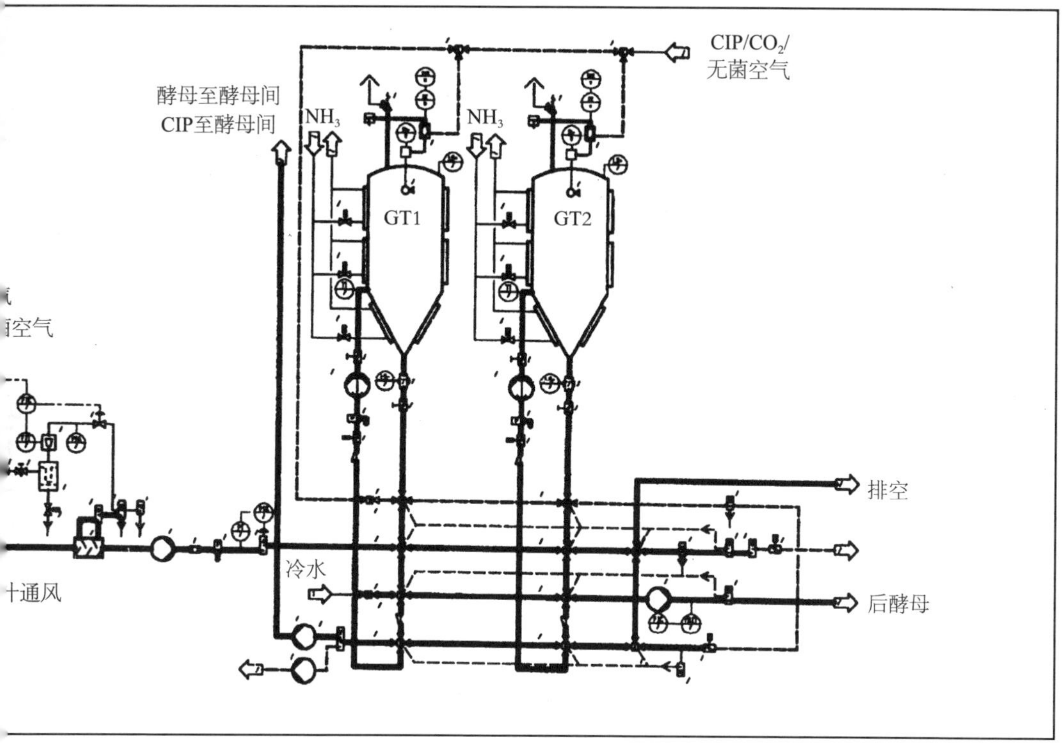

图11.6　R-I流程图　“管道固定安装”

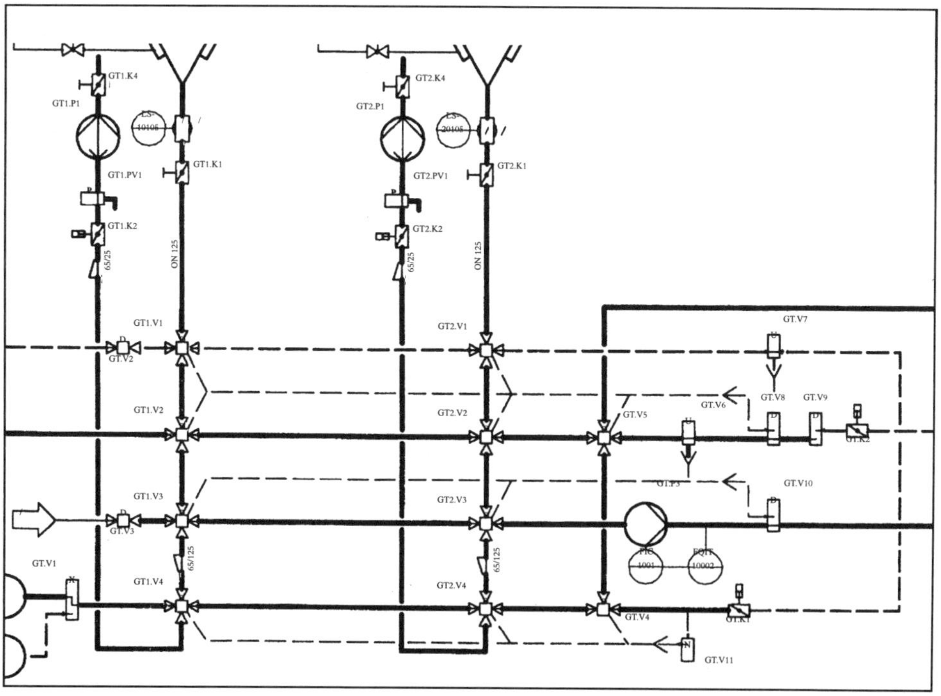

图11.6a　R－I流程图“麦汁路径”（发酵罐局部）

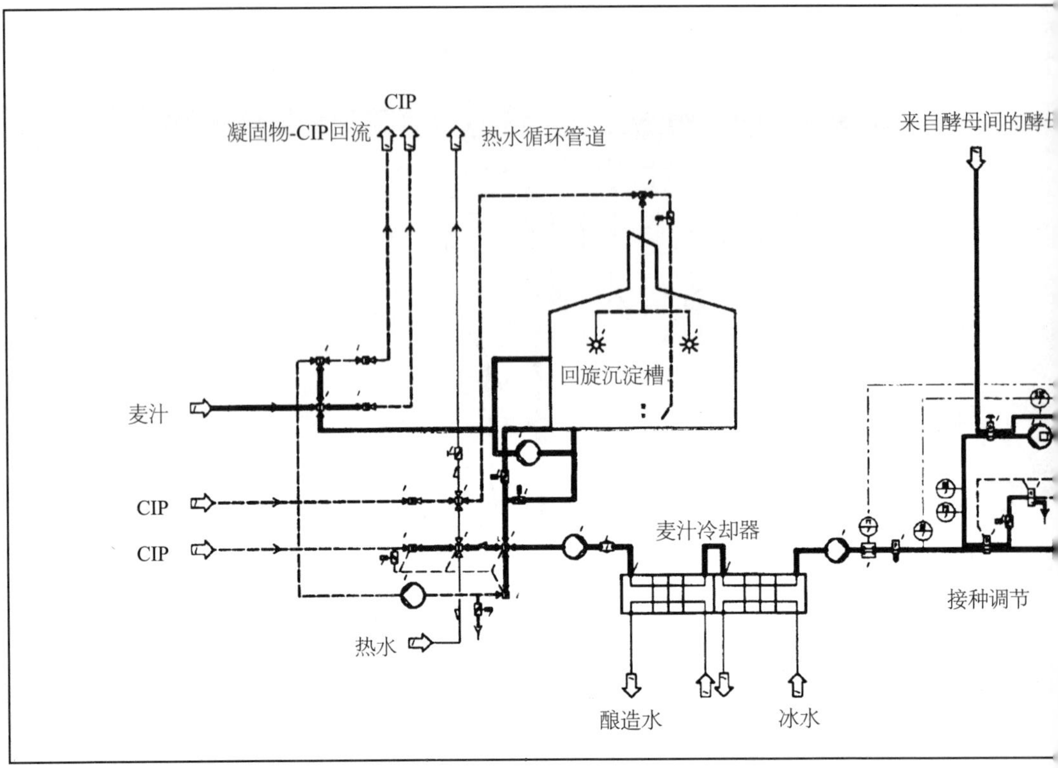

图11.7　R-I流程图　“管道部分固定安装”

基本信息：

a）设备类型，包括驱动装置、管道及输送路径和配件，备用功能等

b）设备名称，包括驱动装置

c）设备特性参数，不包括驱动装置，必要时单另列表

d）管道管径、各段压力、材料和安装形式，例如管道编号和等级

e）装置，设备，管道和配件的限制说明

f）测量与调控任务点

g）驱动装置特征参数，必要时单另列表

附加信息：

a）物料和能量及能量载体的名称、流量

b）能量及能量载体的流通路径和方向

c）主要测量与调控装置的类型

d）主要机器和设备的材料

e）设备标高

f）配件标志

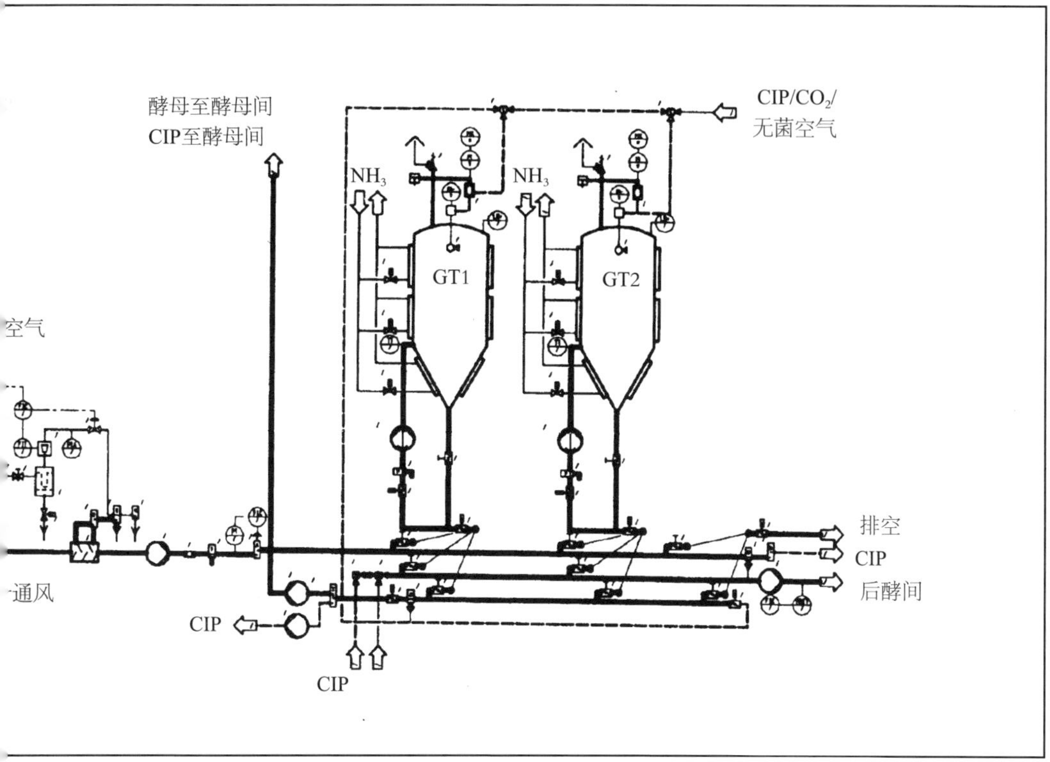

图11.7　R-I流程图　“管道部分固定安装”

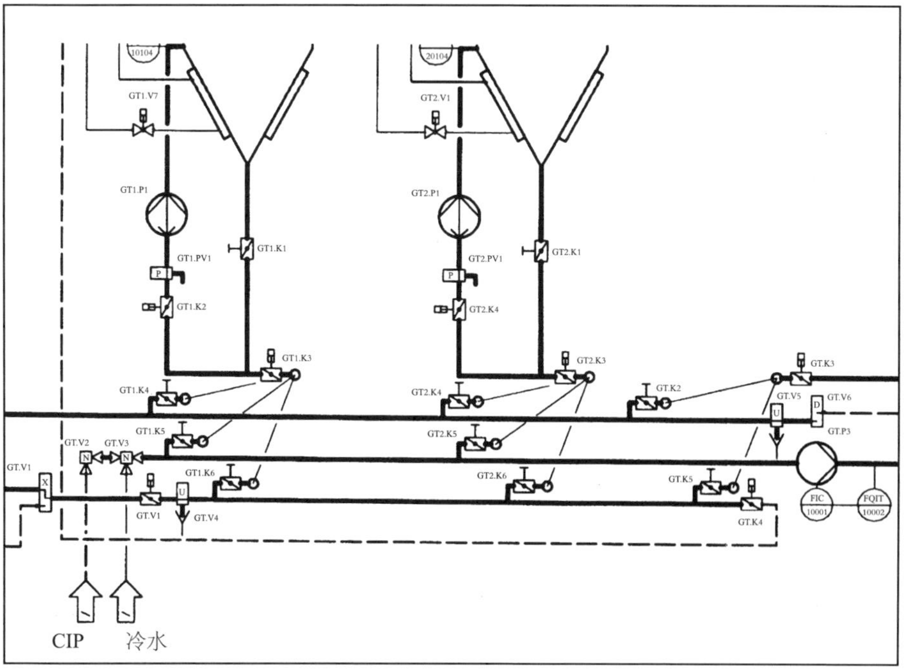

图11.7a　R－I流程图　麦汁路径“管道部分固定安装”（发酵罐局部）

清洗发酵罐之前须排出原处在罐上部的CO_2。在此应注意以下事实：下酒时采用了80kPa的无菌空气，因此CO_2中混有少量空气。随着酒液面的下降，当空罐信号出现时立即向下排气卸压，气体几乎全部排空。在下酒程序的最后一步须保持大罐排气阀关闭，以利用罐内压力将CO_2排除干净。

大罐清洗按下列步骤进行：

1. 回收水预冲洗2min，不回收。
2. 旧碱液冲洗3min，不回收。
3. 回收水冲洗3min，不回收。
4. 冷碱液循环45min。
5. 清水中间冲洗3min，回流进回收水罐。
6. 酸循环15min。
7. 清水后冲洗，回流进回收水罐。

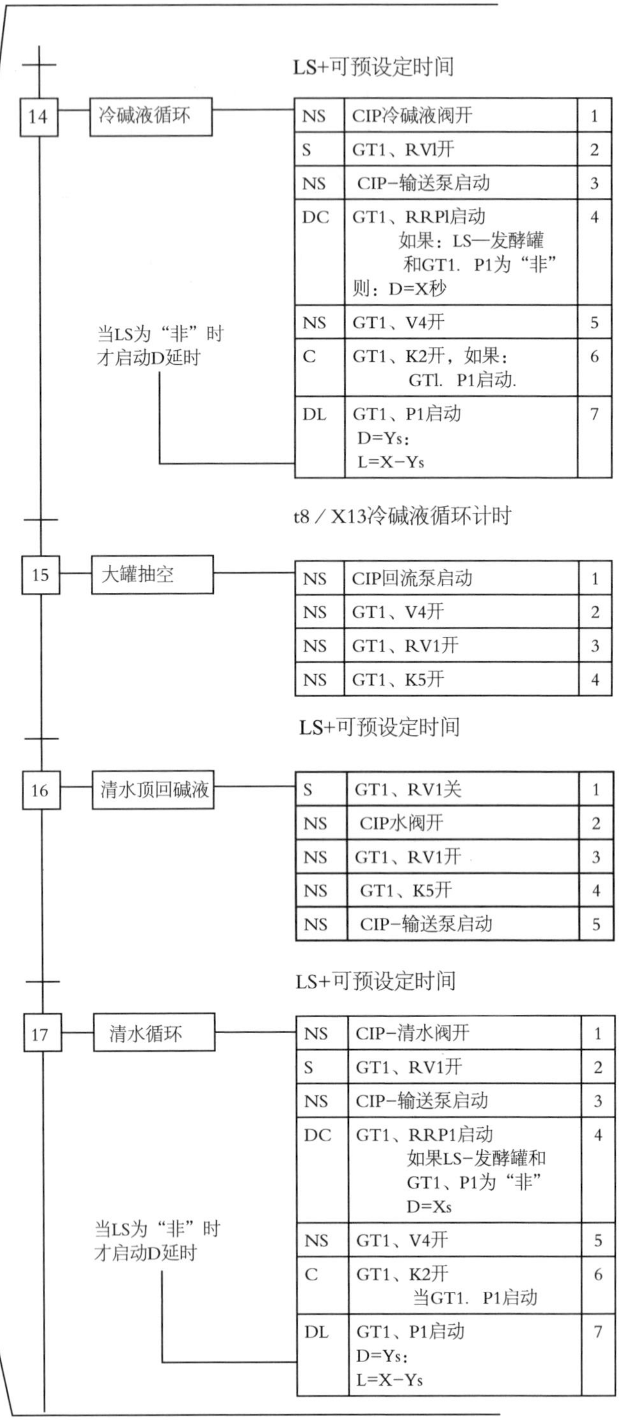

图11.8 功能设计图

是酿造人员的任务，他们所能做到的是于设备供应方一道制定工艺说明并作为原始文件。功能设计图和R-I示意图应该在此之后在实际生产中为操作人员和维护人员的必读资料，因为它们里面将所有的设备设定状态都登记备案，并且包含了所有的关于生产和故障的必要的细节和信息。

设备使用者出于自身利益应重视，对设备供应商提出要求，促其直到设备验收始终必须保持R-I示意图和功能说明和操作说明处在最现实的状态。为此，企业管理者有责任做到，通过有效的组织和纪律上的严格规定确保无争议的与现实相符的技术文件的形成。任何有关设备的改动哪怕意义并不大的改动必须有相关管理人员的签名方能生效。

11.3 符合DIN的EMSR技术和过程自控技术及其在啤酒厂的应用

尽管在11.2中曾经提到，而且在11.4中还将进一步深入考虑R-I流程图的来历，在此首先要明确的是它为EMSR工程师提供了必要的工作基础。根据DIN40719和IEC848标准设计功能图也是如此。但是，实践中行业经验丰富的软件工程师常常偏爱工艺说明，并利用其注释空间将自己的知识加入进去。

11.3.1 关于啤酒厂自动控制软件

工艺技术人员，设备制造厂家和酿造工都十分愿意接受其从事控制技术的同事们的帮助，以免自己费神且“违反本性”地制订功能设计图。

但人们会为一时的轻松而付出很大的代价。

11.3.1.1 自控设计不带功能设计图的后果

11.3.1.1.1 不允许扩展的软件工程师的任务

通过对工艺说明文件的理解，软件工程师差不多肯定能编制一个能够运行但还有待同工艺说明协调，或多或少同工艺负责人的原始意图还有偏差的运行程序。他的思考与工作过程的唯一记录是其编写的PLC软件。第三者要想破译它虽然不是不可能，但十分费力。这样自然形成了一种对软件工程师的依赖，这种依赖性在安装，调试阶段还不明显，但以后会因为软件设计者出现得越来越少而陷入被动境地。

11.3.1.1.2 不允许削弱的工艺技术员对其设备功能的影响

作为工艺技术员，如果没有制订一份功能设计图，没有认真仔细地研究他所提出的设备功能的实现可行性，只到设备验收时才去检查由编程软件得到的功能结果，那么他只能在提出修改意见的同时不得不面对变更设计费用和工期延误的损失。

由于不熟悉功能细节，对形成的整体设备不能正确鉴定，所以在设备验收时，如果软件技术人员不在场他将束手无策（见11.3.1.1）。

11.3.1.1.3 缺少总体负责人将阻碍设

备达到最佳状态，也不可能获得技术诀窍

如果没有一个对设备全面负责的人，就没有一个人凭着责任感将设备带入最佳状态。从表面看设备一般还过得去，但没有人从中学到有价值的能使以后做得更好的生产经验。因此，功能设计图同R-I流程图一样，对于卓有成效地实现啤酒厂生产自动化绝不是可有可无的东西。在制订功能设计图时可能已经明确的问题有可能在设计R-I示意图时仍属未知。因此建议，两者最好由同一人或同一小组负责设计。

这样，出于责任范围的缘故他便可以很好地将功能设计图和R-I流程图两者结合起来考虑，从而得到最佳的解决方案。

为完成这项工作，过程综合工程师希望在工艺负责人和测量调控工程师之间最大限度地发挥桥梁作用。

要想充分利用工作量很大的功能设计图的制订过程，作为工艺负责人，包括酿造工在内，至少要能接受其基本原理，做到能看懂所制订出的功能设计图和R-I示意图，并与过程综合工程师保持步调一致。

前期准备所耗费的时间及其成本的大部分可以通过软件工程师编程成本的降低而又被节省下来，剩下的在往后还可通过设备试运行验收、最佳化和维护保养等方面的成本节约得到更多补偿。

11.3.1.2 区域负责酿造人员如何利用功能图

对于设备的操作者来说，功能设计图和R-I示意图的价值如同汽车手册与汽车的主人。作为酿造人员完全没有必要出于虚荣心在设备出现故障时非自己解决问题不可。重要的是，他能够自己判断和评估设备的现实状态与给定状态的偏差，并能协助排除故障。

给定状态只有在功能设计图中才有明确描述。

功能设计图的另一个不可忽视的重要作用还在于，它包括了有关安全连锁的功能要求和说明，这些内容都被编入了控制程序。有些时候这些逻辑连锁会使生产无法继续进行，但在没有判明风险之前不得随意切除连锁，因为这样做有可能导致产品和CIP清洗介质发生混合。

如果冒险切除这类连锁，也可能很长时间内都相安无事，但总有一天会带来本来是可通过正常联锁功能加以避免的损失和危害。

11.3.2 啤酒生产自动化涉及的硬件及其功能简介

下面将简要介绍一些控制硬件在技术上的关联和重要细节，以帮助酿造人员理解工作中必须直接面对的仪表装置和系统的工作原理。

关于这方面必须抓住自控设备的两个端面。

一个端面是：EMSR技术的过程前沿（外围现场）。在这里有大量安装在管道、容器和机器设备上的直接接触啤酒和CIP介质的各种测量元件和控制元件，这些元件有时需要酿造人员动手干预或“关照”。

在另一个端面有：过程控制系统的操作终端或监视屏，一般处在中央控制室，酿造人员可在此监控生产过程。

要弄懂这两个端面的工作原理以及两者之间如何通过电缆与控制柜构成的“黑匣子”进行联络（信息交换），不仅有趣而且很有益。起码可以消除接触的恐惧感。

我们会看到，大量测量和调控元件其实是按照为数不多的几种简单工作原理工作的。要理解它们并非不可能。

11.3.2.1 过程自控系统

自身十分复杂的硬件部分，过程计算机或可编程控制器（PLC）在今天这样一个计算机时代不需要做过多解释。可编程控制器的工作原理与个人计算机（PC）有关，但它一般由相对较简单的为特定任务开发的专用“语言”来编程。一般较少用于大量数据的处理，而更多地用来高速处理指令和输入/输出状态。

11.3.2.1.1 关于PLC内部信息处理过程

PLC的输入口接收来自生产现场代表生产过程状态的信号，其输出口将内部产生的指令信号传达至执行单元（大多是阀门、电动机、泵、搅拌器等）。生产过程的实际状态通过输入口送到PLC的中央处理单元，它将实际状态与给定状态做比较。工艺过程的每一步骤均根据功能图设定了给定状态，它们都被事先编入了PLC的控制程序。

PLC的任务在于：在工艺过程的每一步骤使实际状态与给定状态尽可能趋于一致。要做到这一点，通常是在二者出现偏差时通过输出口发出控制信号，引起过程的某些状态发生改变，最终消除偏差。实际状态的改变（信号）又通过检测元件经输入口反送到PLC，以确认控制指令的执行情况。

例如，有一个阀门开启的状态信号存在，而根据程序和输出口的指令信号，该阀门必须处在关闭状态。此时PLC就将其视为故障而不再继续执行程序。故障将被记忆下来并给出信号，请求设备操作者做出选择或给予协助。

如果记忆中“非逻辑”的状态反馈信号与正在运行的程序所决定的给定状态不相符（连锁），PLC将中止有关功能，也就是说，程序不再往下执行，同时产生故障报警信号，提醒操作者做出抉择或提供帮助。

如果“非逻辑”的输入信号来自设备的某个区域，它与运行中的程序段并无关系，虽然仍会作为故障状态被记忆下来，但一时并不影响设备运行，只到开始执行与之相关的程序段为止。

11.3.2.1.1.1 关于酿造人员与PLC的相互关系

在控制室工作的酿造工对于上述故障情况可以做出不同的反应，理想情况下他能够自己找到问题所在，并排除故障。如果只是阀门状态反馈信号失灵，自行解决是完全可能的。即便不能排除故障，如果能准确地描述故障的现象和状态，对于维修技术员也是很大的帮助，据此他们的目标就会更明确。

当出现故障信号时，不应直接干预现场人为地得到给定状态，或采取一些取巧的手段模拟位置状态信号，这样做是危险的，只会带来不良后果。当然也有例外的时候，作为一个非常了解设备的人，他也可能在特殊情况下采用上述非常手段克服运行障碍，（例如，通过模拟已失灵的空罐信号结束已经执行完毕的洗罐程序，以便启动后续的麦汁冷却和装罐程序）。重要的是，紧接着就应立刻确实排除空罐信号故障。

最先进的控制系统提供了这样的可能性，在程序链缺少继续执行的条件时，可以由操作者利用“步骤+1”功能跨越某个条件，即直接跳到下一个步骤继续执行程序，这样就不需要再到现场处理。

实例：

清洗步骤“碱液顶水”无法结束，原因是PIC回流管的电导测量装置无信号反应。解决方法：用“步骤+1”功能键切换到清洗程序的下一步——“碱液循环”。

出于安全考虑，以上“跨步”功能需设有操作密码。

11.3.2.1.1.2 关于PLC的工作原理和硬件配置

PLC的任务包括：根据功能设计图预先设定的程序步骤无休止地循环工作，持续不断地比较现场送来的状态信号（输入口）和相应的给定信号（指令），通过执行命令（输出口）支配和操纵现场，使之与给定状态保持完全一致。由于计算机同一时刻只能执行一个操作。所以，所谓“连续不间断地”应理解为以“以极其有限的间隔”，中央处理单元周期性地处理程序（指令）以及输入/输出口的状态。

CPU的心脏——所谓节拍发生器的频率一般为1MHz，这意味着每秒钟向CPU发出约10^6个脉冲（相当于进行这么多操作步骤）。以这样快的节奏逐条运行程序，扫描输入、输出口的状态，或设置它们的状态。一个执行周期就是完整地运行一次程序所花的时间。其长短取决于程序大小和输入/输出口的数量。一个大规模程序可含有近100000条指令。根据复杂程度不同程序中还可包含需多次执行的环形结构，这样，实际中整个程序的循环周期在0.1～0.5s。

在设计中当然应注意到，高频脉冲信号（例如来自计数器）的排队等待时间有可能长于程序执行周期。当工艺设备较大较多时（阀门动作时间一般5～30s），根据经验，程序执行周期最大达0.5s不会有问题。而某些机器的控制（例如灌装机械）要求程序周期在ms级。好在这些机器的控制程序都不长，可以用速度更快的PLC分别予以控制。

尽管CPU的运行速度非常高，还必须考虑将输出口输出信号转换到一定的强度，以便能送达生产现场。这一任务由输出模块的功率放大电路完成。

PLC的输入/输出模块可以集中安装在中央控制室，也可以分散布置在现场的控制柜内，通过电缆-总线与中央控制室的CPU相连。位于现场和设备上的信号装置分别由导线与输入/输出模块相连。当设备分布较广时采用分散布置形式可明显节省电缆安装成本。

在设备庞大而且复杂时，控制任务由一台PLC无法胜任，这时需按工艺过程分段由各自的PLC分别控制。各控制器之间又可以通过总线（如H1，L2）发生联系，实现通讯。

软件设计工程师应使控制器之间的信号联系尽可能少，以使程序清晰，节约通讯时间，提高工作效率。毋庸置疑，必须由多台PLC联网监控的大型设备要求生产者具有很强的技术实力。

11.3.2.2 关于PLC与外围设备的信号交换

实践中生产现场与PLC的输入/输出模块之间的距离情况各不相同。但错综复杂的现场元件与PLC的关系却可以归纳为两种：即信号发生器和信号接收装置。如果再进一步简化，涉及的信号性状只包括两大类：二元信号和模拟信号。

11.3.2.2.1 二元信号

顾名思义，二元信号只有两种开关状态：0或1，可以用0V和24V两个电压表示。所以，它们也只能反映或激发如开/关、运行/停止、是/非、高位/低位等状态。典型的生产前沿信号功能元件是各种机械、物理、化学量限位开关。它们通过各种类型的测量传感元件检测上述过程参量，然后由开关元件转换成0V或24V的二元信号并由现场送出。

11.3.2.2.1.1 二元信号作为位置状态信号的处理及技术特点

阀门和管道转换连接弯管的位置检测通常都采用机械式限位开关或非接触式感应开关。出于价格考虑，往往只对安全上较重要的极限位置进行监视，该位置信号将在控制程序中构成连锁条件。

理解这类信号需注意以下几点：

（1）气动阀往往采取这样的工作方式，即：当能源中断时借助驱动弹簧的作用能回到安全位置。这个所谓“静止位”常常是阀门的关闭位置（例如，在容器的排出口或CIP流入口）。但有些场合却正好相反，例如，封锁和泄放（Block und bleed）系统的泄漏排污阀（见11.4.2.3）。

（2）如果只监视一个最终位置，一般总是选择最安全的位置，它一般就是阀门的静止位置。限位开关的动作状态既可表示阀门开启，也可表示关闭状态。

（3）位置监视开关常常设有所谓“静止电流电路”，以保证控制器不至于将由于断线所致的位置开关“0”输出信号误认为“阀门处在静止位置”。从而合理地实现安全连锁。

同人们的“自然感觉”相反，在阀门处在静止位置时，静止电流电路输出24V电压到PLC的输入口，而在阀门动作而开启后输出0V信号。

（4）如果通过生产流程模拟屏或监视器观察和确定现场执行器的状态，人们无法察觉静止电流电路的作用。因为，为了迎合人们的“自然感觉”，PLC已经将信号反了过来，当然是用信号灯“亮”表示阀门开启状态更为习惯。

（5）最后需提及所谓“动作时间监视”功能。控制器将给定状态和实际状态的不一致一律视为故障，但阀门状态转换需要时间。从控制器的输出口发出指令直到其输入口接收的位置信号发生改变，这段时间PLC应“故意”忽视两种状态的不一致，直到程序中设定的计时器计时完毕为止。

11.3.2.2.1.2　二元信号作为被测量极限值的处理及技术特点

二元信号可以：

（1）由纯粹的两点式极限信号装置产生，如浮子式液位开关等。

（2）由测量仪表上的极限值输出触点（通常动作值可调）产生，如触点式水银温度计，触点式压力表等。

这些二元信号的处理逻辑与阀门位置信号的处理相仿。例如，一个用来防止容器装填超限的液位极限信号装置也要设有静止电流电路，在断线情况下宁愿中止装料过程也不希望冒产品流失和设备损坏的风险。

在处理极限值时常常用到所谓“监视时间”的概念。自动化工程师为了防止某些元件失灵而导致过程参数超限，在程序中设计了所谓“捕捉时间”，该时间的长短通常都按经验取值。

例如，一个CIP清洗系统内检测碱液浓度的电导传感器由于表面脏污而失灵，为了防止自动增浓时浓碱液添加过量，可以为浓碱液计量泵设置一个捕捉（监视）时间，使之略长于通常的增浓过程。这样，即使浓度传感器失灵，也能够及时关掉添加泵。同时给出故障信息，控制人员就可很快找到和排除故障。

软件工程师的另一设计技巧体现在产品罐空罐信号的“储存”处理上。空罐探头同样应用电导测量原理。空罐信号出现意味着产品已排空，它可作为启动清洗过程的连锁信号。经验表明，当罐子容量很大时，排空后由于罐壁还不断落下残液和聚集泡沫，会使探头重又被“覆盖”。为了在这种情况下不至于因安全连锁而阻碍罐子的清洗，通过程序的手段在排空过程结束后将空罐信号“记忆”下来并进行模拟，直到清洗程序启动为止。

11.3.2.2.1.3　控制阀门和电动机的二元信号输出模块——技术特点及VM－控制界面

输出模块输出常见的24V二元逻辑信号。当CPU发出对外围元件的操作指令，或操作者通过模拟操作屏或显示屏发出手动操作命令，PLC的相应输出口即通过功率晶体管的驱动输出24V电压。

现代控制装置可在CPU内对控制命令的整个逻辑和安全性进行检验，因为从模拟操作屏或监视器人为发出的操作指令也要进入CPU，以判定其是否与连锁条件相矛盾。20世纪70年代，人们对可编程控制器的安全可靠性还没有达到今天的信赖程度，于是，在PLC之下常常还设有VM（阀门和电动机）-控制界面。这样，在PLC掉电失去自动功能时，借助该界面能保证基本连锁关系，并通过模拟操作屏对生产进行手动操作和控制。

这个下设界面能分别接收由PLC和模拟操作屏两个相对独立的指令源发出的控制命令，然后依照相应的逻辑联锁关系检验这些命令，最终以24V二元信号形式作用于现场执行机构。

通过下面的例子可做进一步解释。当VM-模块的输入端得到某罐的CIP送料阀已打开的信号时，模拟操作屏上的产品进料阀操作按钮将被锁定，CIP过程不会受到任何干扰。操纵人员若出现操作错误，按键将闪烁以示提醒。如果他不是在模拟操作屏上，而是到现场通过相应开关直接操纵产品进料阀，在VM-模块上阀位信号将失去连锁作用，这样，该罐的清洗过程可被中止，其CIP介质送料阀将被关闭。

从以上例子可以看出，当设有下级VM-界面的情况下，设备仍可安全地实现自动和手动控制的双制式模式，而且生产的灵活性相应提高。这种控制模式现在基本不采用，原因是，一方面设计费用和硬件成本颇高，另一方面PLC的可靠性今天也已大大提高。

此外，人们不欣赏缺乏灵活性的固定布线式VM-界面和模拟操作屏。采用安装了输入/输出模块的下级VM-PLC界面取代传统VM-界面来实现模拟操作屏控制功能和基本连锁功能，而将运行自动控制程序的任务交由上级PLC完成的设想还有待实现。

今天，标准控制系统的模式是由一台PLC完成一个设备区域的所有功能，包括连锁，手动/自动控制等。这样做难免有风险。一旦系统失常，人们只能听之任之。为了规避风险，可采用冗余设计，采用PLC“热备”或“冷备”原理保证连续生产。存在的问题主要不在于设备的可操作性和维护，而在于生产数据和掉电前生产过程状态信息的保存。

下面再回到阀门和电动机的二元24V控制信号上来。这种信号的远传已不成为问题，但用于控制指令的最后实施还显不够。这种信号还不能直接作用于现场执行装置，还需借助信号转换器件转换成适于驱动阀门或电动机的具有一定强度的信号形式。

酿造设备上常用的开关阀（以区别于调节阀）大多都带有弹簧复位式气动（压缩空气）驱动装置。在气源中断时阀门能恢复到安全静止位置（见11.3.2.2.1.1）。500～800kPa的压缩空气通过由24V开关信号直接控制的电磁先导阀完成信号转换。先导阀可装于现场的专用控制柜内，也可以直接安装到执行器上，安装形式可以外露，也可以集成到所谓控制头内。

在现场是否需要或采取何种方式操纵执行器？关于这一问题有各种观点。一方面关系到曾经讨论过的设备手动操作或紧急操作的设计意图，另一方面涉及在11.3.2.1.2中曾提到过的PLC的输入/输出模块布置形式，可以集中也可以分散设立。如果采用分散布置形式，那么具有安全连锁功能的智能化分布式操作终端的实现已为期不远。

电动机通过有信号变换作用的接

触器和保护开关控制。在这里接触器将PLC输出的24V命令信号转换为功率级380V的交流电压，而且接触器本身还是一种“小控制器”，例如它兼有电动机启动辅助功能（星-三角启动电路）和过热，过电流连锁保护功能等。

功率器件常常采用高电压，分散布置会由于严格的防护措施（防护类型）和为潮湿环境专设电气柜而显得不经济。因此，这种布置形式很少应用。 作为设备操作者也有必要熟悉有关这些强电开关设备的安全规定。

11.3.2.2.2 模拟信号

用0V和24V电压实现的二元信号只能反映过程参数是否超越了某个限制值。而模拟信号则反映一个过程被测参数处在约定的0～100%范围内的具体那一点上。被测参数的0～100%范围通常采用0～20mA、4～20mA、0～10V的电信号和120～200kPa的气动信号表示。其中4～20mA 统一电流信号在过程技术中最常用。因为断线故障可以通过零电流电路及时识别。

其它统一信号还有在气动调节技术里常用的120～200kPa气压统一信号。依所选信号不同，测量范围的50%可以由10mA或12mA，5V或160kPa等模拟信号来表示。如果没有统一信号和相对应的状态值范围的界定，就根本不可能解释模拟信号具体数值的意义。

一个模拟信号以及包括测量传感器，信号转换装置和显示仪表的整个系统都必须进行标定。有关详细说明可参阅DIN19226和有关测量调节技术专业书籍。

模拟信号可用来：

（1）在区域控制室或中央控制室中远程监视和显示生产过程的状态量；

（2）对过程状态量进行调节。

11.3.2.2.2.1 模拟信号及模拟调节技术

传统调节技术依靠下列部分实现调节任务：

（1）传感器和信号发送器——位于生产现场，测量过程状态量转变成模拟信号。

（2）调节器——它接收代表状态量实际值的模拟信号（被调量），并将其与给定值（主导量）比较，按照预先由程序设定的某种算法产生出相应的模拟输出信号（调节量），促使状态量实际值与给定值趋于一致（用调节技术术语即：使被调量与主导量趋于一致）。

（3）执行单元——通过调节器输出的模拟调节信号影响被调量。多数调节元件就是一个调节阀。

作为调节元件，气动薄膜调节阀可直接采用120～200kPa的统一气动模拟信号驱动。若状态量实际值也以气动模拟信号表示，调节器可采用气动式，这样就构成了一个纯气动调节回路。这种调节系统在啤酒厂还比较常见。

如果测量和调节都采用电原理技术，调节阀用电动机驱动，这样就构成一个电动调节系统。 中央取暖系统的输入/回流介质混合阀便是一个典型的应用例子。

但测量和模拟信号传送采用电技

术，而执行单元采用气动调节阀的混合型调节系统也十分普遍。在这种情况下电信号形式的调节量需先经电-气模拟转换器处理后再作用于气动调节阀。这一转换器又被称为“位置调节器”。通常安装在执行单元的Laterne上，并通过与阀杆直接机械耦合构成阀位反馈。“位置调节器”确实具备调节器的功能，其主导量是主调节器的调节量，其被调量即为阀的位置。

调节回路中的调节元件在极少数情况下也可以是一台泵的驱动电机。这时电机转速调节器的主导量就是主调节器的调节量。

11.3.2.2.2.2 模拟信号和数字调节技术

到目前为止，关于调节技术的描述中还完全没有出现过程控制系统和可编程控制器PLC的概念。似乎时至今日测量显示和调节技术依然停留在1982年前模拟操作屏鼎盛时期的水平，测量显示和调节由控制室内的硬件完成。事实上现在通常调节任务由PLC担任，测量值都采用数字形式上监视器上显示，模拟操作屏只是在特殊情况下才运用。

为了实现调节，PLC除了需要配备前面提到的二元开关信号的输入/输出端口外，还需要配备模拟信号输入/输出端口（模块）。在这类模块内，反映过程参数的4～20mA统一模拟测量信号被转换成数字信号，而PLC的“软件调节器”所产生的数字调节信号（调节量）又反过来被转换成统一的模拟信号并最终送往执行单元。

这里，数字信号是按8位、10位或12位二进制编码的数字形式，位数越多其分辨率（精度）越高，与原始模拟信号也越接近。

模拟信号向数字信号的转换也可以不通过PLC的输入/输出模块而在传感器（测量变送器）或执行器（调节元件驱动装置）上进行。传感器以及执行器与PLC的通讯要么采用串行接口以数字方式进行，要么采用现场总线系统实现。这样就取消了容易受外界干扰影响，且必须采用较昂贵的屏蔽线进行传输的模拟信号。

当设备的模拟传感器和模拟执行器数量很多时，有时还采用具有明显节约效果的环形总线连接方式取代大量模拟信号连接导线。

11.3.2.2.3 模拟/数字混合系统

尽管啤酒生产自动化的历史不长，但已经历了几次仪表和系统的升级换代。在大多数啤酒厂，各个时期的系统随着各式各样的分设备被保留下来。这些仪表和控制系统虽然已落伍，但运行得如此之好，以至于没有理由非将之淘汰不可。所以，也需要设法使这些过去的系统与先进的控制系统和数据采集系统有机结合起来。

为了适应和发展模拟/数字复合系统，调节器的设计制造者们发挥了极大的创造力。更贴近生产过程的分散型调节器在执行快速调节任务时一如既往地要优于PLC实现的软件调节器，因为软件调节器的反应速度受到CPU的0.1～0.5s的程序执行周期的限制。因此，新型区域调节器或老型号的调节器通过接入匹配功能块之后都能实现与PLC的通讯，调节器全部功能都可在操作监视器上以数字形式显示出来，另外还可以很容易地采取一定手段实现外部扰动量搭接和从外部改变主导量。

不管怎样，不能认为所有最新最好的元器件就一定比用在前几代设备上的普通元器件更有用。那些曾经通过熟悉的动态模拟操作屏和下级VN-界面进行生产的人们虽然能够体会到采用监视屏带来的舒适程度，但肯定还偶尔会怀念从前那种信息详细而且直观明了、工作起来更为方便和更容易支配的模拟屏操作模式。很多规模不小、技术上也并非处在“永恒的昨天”的啤酒厂至今仍然离不开动态模拟操作屏也就不难理解了。

PLC集中控制的优势恰恰不能在调节领域过分夸大。不难设想，当整个发酵和储酒罐群因软件调节器掉电失效而陷入失控状态时，等待我们的是何等的灾难。

11.4 过程综合的任务以及仪表成套方法

在11.2中已做了清楚说明，关于工艺技术的DIN标准中所提供的表达和设计方法用来完成啤酒厂自动化设计，无论在组织上还是技术上都不够。有关CIP技术，泄漏防范和适合于CIP的管道布置形式等内容还未涉及。为了在负责项目的工艺技术员和结构设计师、测量调控工程师之间架设组织上的必要桥梁，应该由过程综合工程师承担设计的第5阶段——绘制R-I示意图和第6阶段——拟定功能设计图的任务。

在此他们有哪些具体工作要做？哪些课题还需要酿造人员协助？有关这些都将在下面讲述。

11.4.1 从工艺流程图到R-I示意图——过程综合工程师的任务

由给定工艺流程图可以得到多种不尽相同的R-I示意图，这首先只取决于管道固定布置方案以及自动化的程度。在此，与这一程度相应的预期目标和投资框架都应该在制订R-I示意图之前明确下来。

为了成功地完成项目设计，对于发酵设备而言，将设计的第5阶段又细分为三个步骤进行具有决定性意义。这三个分步骤为：

（1）制订生产计划。

（2）绘制设备占用示意图。

（3）绘制R-I示意图。

以上工作需由过程综合工程师和酿造人员密切合作来完成。

11.4.1.1 设计步骤5.1——制订生产计划时需考虑到的生产能力和灵活性

工艺流程图上给出了整体设备中各台分设备的能力和生产所需的大罐容量及数目。在工艺过程内部如糖化、麦汁冷却或啤酒过滤等工序的流程数量、规模及其介质路径的部署也是清楚的。它们的生产能力，工艺过程和设备配置也都由供货上根据用户的要求所提供的分设备予以明确。

在发酵、酵母、储酒和清酒等工段则有所不同。在这里不是供货方的功能定义，而是用户的生产设想决定了介质路径的构成，并进而制订出R-I示意图和功能设计图。

澄清与此相关的问题的组织手段是制订生产计划表，以及以该计划为依据的介质路径占用示意图。

过程综合工程师如果求助于酿造工，询问如何确定面向未来的有约束性的生产计划时，通常情况下得到的答案是：关于目前生产这样形式多样（包括种类，数量）；工艺方法如此不同（发酵时间、降温冷却周期、酵母回收、下酒等）以及某个典型的糖化和灌装计划我还可以告诉你，至于将来怎样，我不能也不应该确定，因此我需要高度的灵活性。

这类回答事实上应该是可以理解的，因为为了保险起见，必须考虑到企业未来的发展，也就是需考虑设备对将来工艺发展的适配性。然而，这个无疑是正确的答案却不能令过程综合工程师满意。他必须不断努力来克服这个死点，与酿造工一道从实际出发，反复详尽探讨所有可能的未来发展细节，同时将结论纳入设备设计中，并以技术文件形式对可选用的生产模式加以说明。

经验表明：

（1）始终如一地合作而有目的地实施上述意图具有技术上和经济上的重要意义。因此，在拟定R-I示意图时必须注意很好地区分那些虽然可以料到，但却不切实际的未来发展方向。

（2）如果发酵工艺采用大罐，并且生产的基本规则也已经明确，则双方必须不懈努力寻求管道布置的最佳方案，即使不能全部，也应提供相当的灵活性。这一点同由铁轨联系起来的交通系统的行车时刻表极为相似。如同交通网络的最优化设计一样，必须预计到特别情况而留有余地。这些特别情况如列车晚点，插入特别列车，天气突然变坏等。管道的排布设计同样须考虑不期望出现但可以预计的非常情况，例如发酵过程被拖延，酵母沉淀不理想、啤酒过滤困难等，做好设备能力上的储备。但这一储备必须大致在经济上无可厚非，而不能只考虑解决理论上最坏的情况。为了赶产量或补偿过滤效率降低而损失的时间，周末例外加个班不一定就比为了生产能力有一定储备而在设备上额外的投资更经济。

（3）最好对设计中系统的设备能力上限做出明确界定，并在现在就弄清有意义的阶段性扩建规划，以便能够通过管道布置方案的设计完全不同地表现出来。

（4）呆板生硬地满足过分追求彻底的系统灵活性的要求要么导致：

①一个清洗和维护既费时又费工，不仅造价高，体积庞大，而且线路复杂，不够直观明了的固定布管系统

②或者，当投资预算一定时，不能得到一个功能和造价比例趋于合理的、有正当限制性的全自动系统（见11.2），而是一个投资同样高，人力成本更高，在工艺和卫生标准上水平较低的半自动或手动管道系统。

（5）彻头彻尾的“强权”自动化是完全无视酿造人员对灵活性的合理要求的产物，只会导致较上述第四种

情况更糟的结果。这样设计出来的设备将成为啤酒厂的“针眼”，也会损害啤酒厂自动化的名誉。假如不向酿造人员咨询，采纳合理化建议，设计就有可能脱离实际。

11.4.1.2 设计步骤5.2——绘制设备占用示意图

在该示意图中，过程综合工程师将生产计划的结果和CIP流程的占用时间归纳到一起，包括：

所有过程流程的起始和目标设备。例如，麦汁冷却和沉淀槽排空；酵母添加和发酵罐进料；下酒和大罐排空；啤酒深度冷却和储酒罐进料；啤酒过滤和储酒罐排空及清酒罐进料等。

所有产品输送路径。例如，酵母由大罐提取到酵母罐；麦汁由麦汁冷却过程转至酵母培养罐，沉淀酵母由储酒罐抽到出售酵母收集罐等。

全部CIP回路，清洗上述生产流程、管道和容器等，包括所需CIP设备的能力在内。

根据经验，每条路径和分设备每天的占用时间一般限制在16h以内，以保证必要的机动储备。由于现在是第一次在设计中结合CIP方案考虑到系统能力的相互依赖性，有可能彻底地对生产流程和输送管道的预期能力做出修正。另外，在考虑到同期系数的前提下设计所要求的相互独立的CIP设备及其清洗回路。平行的和部分地有创意的关联-过程（见11.3.1.1.2）留待下一步解决。

11.4.1.3 设计步骤5.3——拟定R-I示意图

在11.2.2.5中阐明的技术细节还需上升为管道布置示意图，它必须很好地协调满足竞争要求的最大灵活性和投资成本最小化之间的矛盾。

11.4.1.4 啤酒厂自控项目标准化生产流程的综合方法

过程管路设计可以不同的方式着手，目的当然只有一个，即依据系统综合草案给可能来自各个不同厂家的单台机器设备或一次购入的整体生产线配备连接元件（如阀门，测量传感器，附件和泵等）。与此同时，还需为今后的设备维护和备件组织拟定一个合理经济的计划。这一目标可通过两种不同的组织方法实现。

11.4.1.4.1 全部设备出自一家之手

主要负责供应商与它所指定的分包商一同进行设备的配备项目。

由主要供应商完成包括整个生产流程在内的全部设备的配套设计，这还包括一些另外购买的或客户自己订购的装置和机器，并为其配备统一的连接元件。这种组织理念下最可能出现的情形是，整个工程所包括的设备大部分由一家实力雄厚的大公司以自己的产品一手提供。

给设备配备统一的元器件和通用的自控方案是理所当然的。然而，单一供应商有这种倾向，整个设备项目中尽可能地只采用自己的产品，对客户现有分设备的提供和自己所不能生产的外购设备就会不可避免地尽可能减少和压缩，因为它们使得委托的处理复杂化并会使自己的交易额度降低。如果整个工艺项目中外购件成为核心元件，就存在这样的危险：一部分装置和机器分包商不注重特殊的工艺知识，因而导致其所供给客户的机器功能不能达到最佳的状态。

11.4.1.4.2 全部设备一手在握

由过程综合承包商负责完成整体设备的综合和功能设计，完成设计和安装的方式是为客户方所提供的现有设备部分配备连接元件和实现自动控制，并与客户方直接签约的各承包商进行协调。

由于它本身与这些装置和机器承包商不存在竞争，就会努力由承包伙伴那获取整个设备的技术诀窍，并尽可能地将它应用到设计过程中。

在这种情况下，保证元器件配备和自动控制方案的统一性有两种方式：

（1）过程综合工程师根据工艺流程图和设备承包商提供的工艺说明起草新的项目生产流程的，并参考了为客户设备确定下来的自控和配备标准的R-I示意图。如果仅仅只是供货商不同， 而类型和功能均相同的元件进行互换时，甚至能直接采用设备供应商的R-I示意图和功能设计图。

（2）过程综合工程师将一份与用户共同起草的关于自动控制和连接元件配置标准以及与已划定范围的设备交接位置的文件一并交给生产流程的各个供应商，并将配备了相应元件的整个流程仅仅只是汇入到整体设备中。

过程控制功能可以由系统综合承包商根据功能设计图和其它承包商的R-I示意图依设备实际重新制订。也可以采取将供应商原始版本的设计作为程序块集成到总程序里面的方法实现。 如果希望通过上述第二种方式起到节约成本的作用，过程设备的制造商在自控方案制订时就必须能预计到设备衔接上可能出现的困难和问题所在。在上述两种情况下，都由过程综合工程师拟定各工序的CIP流程，并组织整个安装、调试和验收工作。项目完工验收时是否要求相关工序的工艺工程师必须到场要看具体情况来定，如分设备的复杂程度怎样，相关技术文件质量如何，是否有既定协议等。

在以上工作过程中，生产线负责人和过程综合工程师不可避免地需要经常交换意见和信息，精诚合作。 项目的成功与否很大程度上取决于双方的相互信赖。利用技术诀窍互相竞争是不可取的。

因此，单一从事过程综合事务的专业公司注定要采取“全部设备一手在握”的经营策略。这些公司与任何设备供应商都没有竞争。对于那些十分重视自己的装备水平，希望自己选择整个工艺流程的专家及设计者以求得到完美无缺的交钥匙工程的啤酒厂，过程综合设计承包商无疑是最好的伙伴。

11.4.2 无介质混合危险的、适合CIP的管道技术及其元件

在R-I示意图中，连接元件已由过程综合工程师选定。通常这些元件在设备中要成百上千次地重复出现。其结构上的缺陷不仅可能妨碍系统功能或CIP能力，还会带来维护的麻烦。

因而必须予以足够重视。选型必须认真，不能轻易妥协，错误的节约行为在这里尤其行不通也不值得。

关于丰富多样的可选元件及其内在质量的本质区别实有必要详细介绍，但限于篇幅，这里仅就有关的几点原则做简要说明。

11.4.2.1 管道连接

酿造工对于传统的符合DIN11851的乳制品管道连接件再熟悉不过。这些作为固定布管系统的连接元件现在在啤酒厂已经看不到了。管道的热膨胀（例如在CIP时达90℃）产生的形变会使密封不可逆转地失效，在冷却时（例如，啤酒至0℃）导致连接件密封不严。可以人工拆除解决泄漏问题，但由于产品残留，长久地在密封件与金属之间存在细菌的危险很大。

传统的解决方法是在经常应发生弯曲的地方设置滑动轴承，它使管道具备一定弹性，使密封件平滑接触。然而，由经验知，这一配置，在一般管道保护和管道固定中反正是有要求的——还不能完全达到很好的效果。较安全的还有法兰、张紧环连接和现代化管接件（图11.9）、后者中的密封都通过金属止挡和安装槽准确定位，在外部温度变化时不会发生变化。

在选择这些部件时应注意：

金属止挡应处在产品区之外。

密封件填料充满，以保证在外部压力冲击下也没有产品进入到弹性体和金属壁之间。

尽可能使用简单、标准化的密封件（例如带标准尺寸的O形圈）。

不可避免的连接件之间的缝隙尽可能接近管道的流通面并填充密封件（图11.9）。

根据以上结构化原则所设计的密封件在安装状态为得到最佳密封效果应保持一定的预压形变，在生产过程中应能适应各种化学和物理作用并维持变形弹性状态。在拆开连接之后通常不太可能使之完全还原到拆前状态，重新装上之后可能出现泄漏，在对生产无害的情况下也必须予以察觉，更坏的情况下泄漏会成为隐藏的污染源。所以建议，在拆开管件之后彻底更换密封件。

但此建议当然不适合于需要每天进行数次拆和装操作的摆动弯管接头的情况。 由于在此不存在现代式固定布管方式下可能引起的问题，所以是一种不含缺点甚至只是优点的方式。在这里可以采用“好的也是老的”乳制品管道连接件（根据DIN11851），其密封在拆下后重新装入时仍能保持弹性和原有的外形，如果规范且富感觉地进行安装的话。

11.4.2.2 测量装置和取样阀

在一些典范式设备/配置下在这一区域经常也能遇到一些错误的做法。生物链接实际上只具有其最薄弱环节那样的耐攻击强度；12mm的小取样活栓和带U形管接口的压力表或类似的“盲肠结构”对于细菌只有注射针头般的作用效果，所有这些在现实中已不复存在。

食品和饮料设备的装备者认识这些问题，并与测调仪表的生产者部分地协同工作有时甚至完全独立地开发“在线”–仪表装置来测量采集工艺参

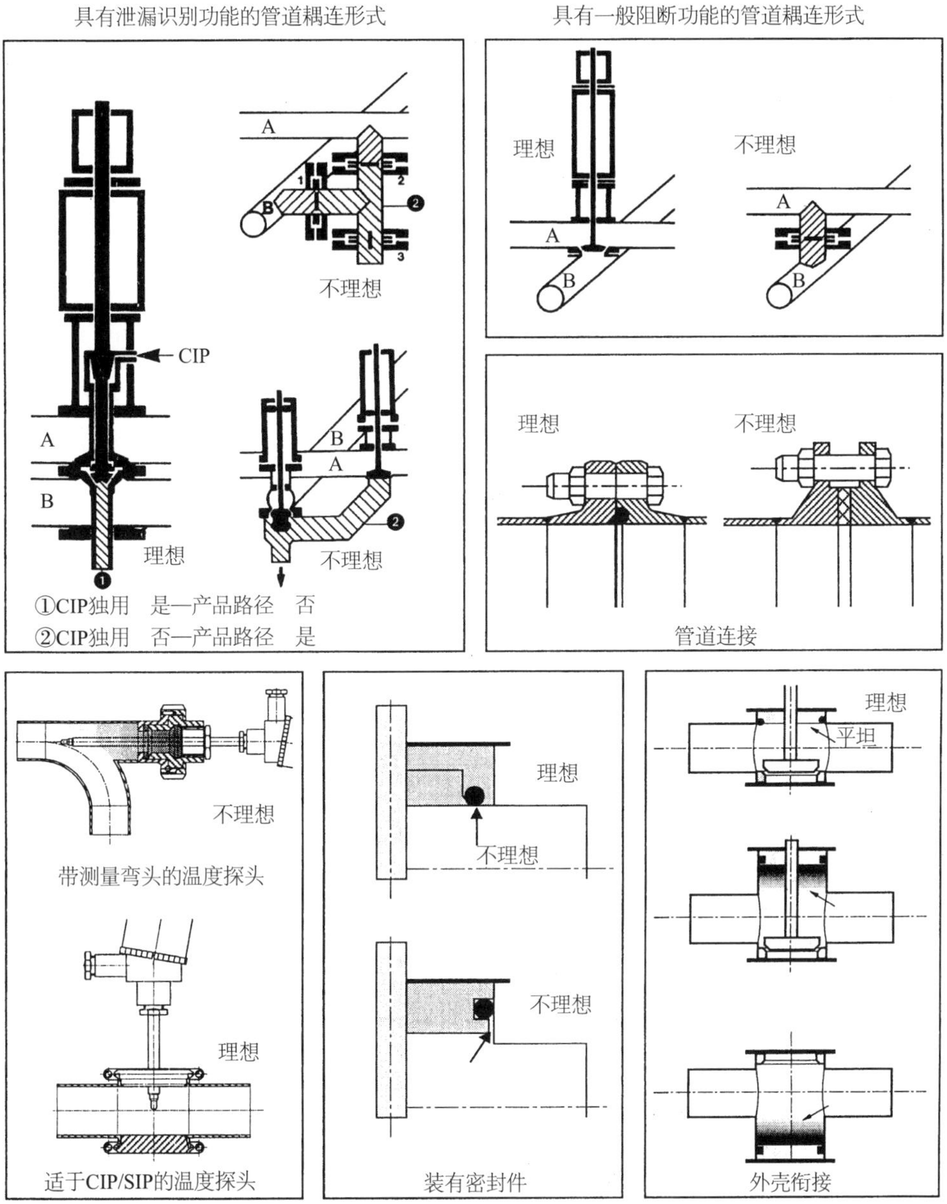
具有泄漏识别功能的管道耦连形式
A
B
1
2
3
不理想
CIP
A
B
理想
B
A
2
不理想
①CIP独用　是—产品路径　否
②CIP独用　否—产品路径　是
具有一般阻断功能的管道耦连形式
理想
不理想
A
B
A
B
理想
不理想
管道连接
不理想
带测量弯头的温度探头
理想
适于CIP/SIP的温度探头
理想
不理想
不理想
装有密封件
理想
平坦
外壳衔接

图11.9　卫生理念（举例）

数和取样，这些仪表器件完全符合设备自控及CIP要求，从而使再次污染源无从生存并且在恶劣的环境下能可靠地工作。

尽管如此，恰是在测量仪表方面有时也有一定的局限性——由于必须的严峻工况和CIP-适应性，但这些局限性也必须通过管道布置和审慎而有预见的措施在生产执行过程中进行补偿。由此可见，设备的技术文件越完备，操作人员培训越全面，故障和损坏几率也会越少。

恰恰是那些由于不直接与生产流程发生联系而看似与日常生产关系不大的监控仪表装置对于员工而言其信息作用和激励效应具有决定性意义。

如果生产目的常应由特别昂贵的测量装置和分析方法达到，操作者便会对其结果产生浓厚兴趣，并且会克服对于“监控”的反感。为此，除了有目的的反馈所获得的数据和关于“基础”的认知，关于实践者的经验解释以及在此基础上生产过程最优化外，没有更为合适的办法了。

11.4.2.3 执行器

11.4.2.3.1 传统考克和现代球阀

- 能给出与管道截面相等的通径，在啤酒厂还是采用海绵清洗时代是主要管道元件
- 虽然阀锥或壳的球面和调节单元与流体接触，但在开启状态下就不与介质接触了，也就失去了CIP清洗的可能性
- 作为饮料设备的产品管道不予考虑

11.4.2.3.2 盘式/提升阀——角形和斜座形

- 相对于旋塞阀流体性能不够理想（湍流，K_v值不够理想）
- 不具力的平衡作用（关阀时沿水流方向的高调节力）
- 通过提升运动在产品室和环境之间来回穿梭的阀杆本身可染菌（由于产品进入封件），尽管阀的设计非常慎重（轮椅效应）

提升阀虽然有这样一些构造上的缺点仍不排除用于饮料管道的理由是：

- 在特殊结构下如换向阀或双座阀形式可以实现其它所不能实现的功能
- 通过配备和连接变化可以克服其弱点

例如可以通过下列手段削弱“轮椅效应”：

- 通过装设在阀壳－阀杆上的膜盒密封附件
- 通过调节单元的配置形式，使阀杆在CIP进行时直至止挡处进入阀体内部，或者甚至能够做完全上升和下降运动，以使清洗介质能达到可能出现产品残留的阀杆和密封面上

11.4.2.3.3 截止翻板阀（蝶阀）

由于它价格相对上述各执行器都低，且表面上没有任何技术上的缺陷，自20世纪60年代至今一直在饮料设备上占据绝对统治地位。尤其在手动设备上更显示其优势，因为阀盘结构的缘故使其可以平衡流体作用力，所以即使在较大通径下也能容易和迅速地利用直接而简单连接的手柄进行切换操作。

然而，操作者最好不要太性急，因为切换太快会在管道中产生类似紧急刹车的压力冲击（水锤效应），可导致机械损坏和在后面要讲到的甚至生物问题。

即使小心地切换开关位置也不是那么简单地就可以防止水锤现象的发生，因为阀盘瘦长，在关闭过程剩下最后几度（角度）时会产生突增的阻力。

理想和快捷的平稳关断过程应该如下进行：在约90%的旋转角度内以任何速度都可以，例如快到占整个关断时间的10%；而最后10%的角度旋转减慢，时间上占整个关断时间的90%。手动操作时，只有有经验和素质的操作人员能做到这样的最佳状态。 在应用气动方式开关阀门时通常借助可调节的关阀气流量节流元件（小型节流阀）来解决，但减缓作用对整个关阀角度范围均有效，以致整个关断过程明显加长。

这个小节流阀的调整属于自控设备精微调整的一部分，类似的调整还包括控制时间整定， 例如，泵的启动延时（通过信号连锁），目的在于保证运行尽可能平衡柔和。所以，随意改变阀门的控制气源的节流状态以求加快切换过程是不可取的。最好是由设备制造者将此功能禁止，采用只能通过特殊工具才能调节的节流装置或从外面根本不可能调节的节流元件。

这个表面上看来不值一提的问题其实不能小看，因为由于下面将涉及的与阀的结构相关的问题，阀的操作方式还会对设备的生物安全产生决定性影响。

表面上看，碟阀的CIP性能无懈可击，因为其只作旋转的开关操作克服了提升阀可怕“轮椅效应”的缺点。阀盘和环形密封都处在介质流内，可得到无碍清洗。如果每个阀都可接入CIP回路，自然不存在卫生问题。这种可能性可以由设备自控的设计者通过一定的连接方式实现。 此外，手动系统使用者必须通过培训和持之以恒的生产控制确定，原设计意图是否彻底而可靠地付诸实际。

在水锤出现时会在关闭的阀盘上形成太大的侧向偏差，尤其是在普遍存在的放弃碟片主轴轴承精度和环形密封圈“附属功能”的“天才的”廉价结构情形下更是如此。其结果是导致饮料进入转轴上和密封圈周围的缝隙，从而最终导致负荷过重时暂时和持续地密封不严。

持续地产品泄漏使损失显著增大，并且由于高温介质和腐蚀性介质的喷冲甚至招致危险境况出现。可逆的“几乎泄漏”相对来讲虽然暂时不会引起太多烦恼，但由于外面无法察觉的清洗介质无法达到密封间隙内而形成危险的潜在感染源。如果真到这一步，尽管有按CIP标准设计的高度自控的酿造系统也将无济于事。

在此无意全盘否定翻板截止阀（碟阀），而仅仅是想通过指出其不足之处引起设计和生产者的注意，以预防机械和生物问题的发生。对于设备设计者来讲，为了达到相应的设计安全目标，或许也有必要像通常需对管道系统给予说明的额定压力一样，即制造者保证的不致破裂和不影响功能的压力最大值，也详细地规定一个“感染–压力”作为产品输送过程中需要遵守的限制条件，在此条件下经过CIP过程应该能保证能洗净表面和缝隙中所有的产品残留物。

11.4.2.4 自动化食品和饮料设备的管道技术标准的重要性

“染菌压力限制值”对于所有管道元件必须不断获取和在设计饮料设备时给予重视。为了建立标准化参比条件，必须有标准的参照污染状态和CIP过程参数的准确定义，如统一的温度、压力、流速，化学反应机理和时间等。当然，能够且允许一个这样的参比过程不带有具体关于实际设备的总设计规定，而只是描述现在尚缺乏的、国际公认的关于元件的结构设计、检验和细则的指导方针。

由于这方面的不足，目前世界范围内缺乏协调的组织行为不断增多，而且并不都是些中立委员会，因此，中立委员会需要进行职业化和发挥疏导作用迫在眉睫，以避免和减少各种各样的生产者、应用者和消费者的损失，并为他们做好迅速改变目前的无规则性现状和必要的行业细分标准制订的准备。

我们迫切地需要一个国际范围内的通过论证的标准制订项目，由它取代今天十分普遍的个体行为，以接待各方业主和遵从适当规则的形式实现一体化。

需要完成的标准文件不应该仅限于元件，而是必须对前几节讲到的工程规范的漏洞做出补充以及从实际出发地对下列方面，也即最后一章中将讨论的问题和关于泄漏安全的争议做出必要的澄清。

在此所做的关于缺乏协调的委员会的讨论又产生这样的担忧，在绿色的桌子旁是否会做出脱离实际的，滞后设备制造技术发展很长时间的甚至可能引起技术倒退的错误决议。

11.4.3 防混——方案、描述及评价

在软管盛行时期，酿造工全部统一地按以下规定和方式工作：

（1）排放管尽可能短，以便清洗容易。

（2）所有软管和固定式管道在下班时全部连接成回路并采用泵循环进行清洗，最后用杀菌剂灌满一直保持到下一次使用。在折开闭合管道后，连接件须放入装有杀菌溶液的池或盆中浸泡保管。

（3）管道分支装有三通手阀，它也同样像管道和软管那样在每一次使用前进行清洗和杀菌，并直到使用前才直接安装到产品管道上。介质接口，例如排放阀只在需要时才打开，因为当时三通手阀的密封还不是十分可靠。

观察这些实践过程是有益的，如果人们必须对固定式管道是否满足啤酒厂的要求做出评价的话。

可以肯定的是：大多数现代化方案所存在的工艺和生物风险都较根据上述（1）至（3）规则进行操作的风险更大。我们坚持这3点不能仅限于表面形式上，而是要看清其本质意义，因而可将其作为评价固定式管道系统

的检验标准。

绝对防混合——安全性和所有产品相关部分的可清洗性是酿造人员对固定式管道系统的最基本要求。

准确的定义可表为：

（1）防混——安全是一种管道连接形式，如果被连接的填充了不相容介质的路径之间在阻断状态存在一个通大气的排出口，且通过该排出口截流装置上可能产生“无压”泄漏损失。

（2）可清洗是一种防混合——管道连接形式，当对一段管道进行CIP时其截流元件及其带有的泄漏口直至另外一段管道的截止元件之间能保持生物状态，该状态符合生产用产品管道系统的生物标准。

固定式管道可选择的安装形式可采用全部或部分手动控制的弯管连接设备，也可考虑通过翻板阀或提升阀组成的“封锁和泄流”系统，直到采用双座阀的解决办法。后者与上述第一项方案相比，防混合——安全性在执行元件本身上面即已实现。

11.4.3.1 摆动换路弯管-固定式管道

由于与功能相关的路径形成连接和分断可手动通过可摆动管件——“摆动管弯连接”实现，就要求固定式管道具有方便操作的安装形式。

手动进行管路切换控制须特别注意，需要按时间顺序先后开关的阀门应在操作范围内清晰地排布，所以产生了集中式操作盘的形式。这样的结果通常使带有一定斜率的连接容器出口的管道过长。这是与前面所列的11.4.3中的第（1）点要求是不相符的。

在酵母和沉淀物抽排管道方面最主要的问题是进料管道的内容物出现损失，对于发酵延时和由此引起的输出管道中的生物问题必须采取针对性措施，例如延长罐的清洗时间和清洗频度。因为只有使CIP介质在输出管道中停留并采用脉动方式开关回流泵产生冲击作用才能达到彻底的清洗效果。

远距离控制的摆动管弯连接装置能符合工艺要求，它采用将进罐、排空、CIP回流和酵母及沉淀物抽排的功能管道与安设了短的输出弯管的大罐进行连接的形式。 这种“管道篱笆”设备的特点是长的操作路径和在长功能管道中较大的混合——迁移量。由于阀门等组件的开关不必人员到现场即可进行，所以应该借助接近开关对是否按要求形成摆动弯管的连接进行监控，以及在防混-连接元件处为安全起见保证排放，相应地弯管连接是否移开。

由于通常使用的截流阀的密封和用于弯管接口只有装上盲管和进行功能管道CIP时才能被清洗到，所以在采用远程控制的摆动弯管连接设施上在CIP之前同样必须通过反馈信号监测盲管是否到位，有时这里的阀门没有处在连接状态是十分危险的。在手动设施上阀门必须由操作人员打开，其结果是危险性反而更小，除非他忘记了接上盲管堵头，宁愿干脆将工作都省了，手阀关闭着进行管道清洗。

总体上可以确定，半手动或全手动的摆动管弯连接设施对于设计人员的实践经验要求很高，同样对操作者的谨慎和小心也有要求。他们不仅仅应从原理上，还应在实践上证明他们在理论上是合格的。

11.4.3.2 封锁和泄流-固定式管道系统

如图11.10所示，可以将“封锁-泄流”系统作为自动方式的摆动弯管-管道连接形式看待。在此，不论是可拆卸弯管连接方式的防混作用还是它的连通作用都通过固定的管件所取代。该组件带一个当组件处于“开”位置时锁闭，而组件处在“关”位置时却是开启的泄漏排出口。理论上可以理解的手动方案不能在此付诸实际，因为在对相邻管道通过其所属阀门的脉冲开闭方式进行CIP时，泄漏腔的清洗只能通过自动方式才能可靠地实现。由于在这个泄漏腔CIP进行过程中，它是以与截流元件流通面同等的截面连接于处在清洗状态中的管道上的，因此“封锁和泄流”系统绝对符合关于泄流口必须达到最大主管道截面的规定（根据3-A标准）。

尽管有这样的设计，根据流体定律，还是应考虑到在CIP期间作用于阀门组件上其它开关元件的压力会很显著，因为打开了的通大气的排放阀也还存在流体阻力。所以，严格地从防混的角度看，泄放阀并不是摆动弯管连接方式的完整的替代物。

同样的情形也表现在该系统的CIP-合理性上：无可争议的是其通大气环境的泄漏腔可能染菌和存在产品残留物质，相比封闭的主管道而言更不容易清洗。这样，问题明显就来了，为何对这个系统薄弱点要通过较为耗费的方式进行清洗，而这些耗费通常只是用于一般性脏污部分的清洗所需要的。

如果我们将目光投向显著提高的由于排放式CIP方式产生介质费耗，也不难看出，以生态学和经济学的观点看“封锁和泄流”系统也不具备可取之处。

综上所述，“封锁和泄流”-固定布管方案在啤酒厂的应用较摆动弯管连接系统和双座阀方案少得多就不足为奇了。

11.4.3.3 双座阀-固定式管道

经常强调，双座阀是唯一集成了“封锁和泄放”系统中的2～3个执行元件分别所起作用的功能件，因此它较复杂，造价也很高。

但绝对没有理由说：从图11.10中可以看出能克服前述的“封锁和泄放”系统的缺点的本质区别：

（1）双座阀的漏泄腔不是连接管道路径的一部分，而是总和大气相通的。

（2）双座阀的泄漏腔有单独的CIP连接口，借此可以在任何时候不依赖于与阀门连接的管道的清洗——不对主管道阀盘产生压力地清除进入腔内的脏污。

（3）按最坏情况下防混-安全的考虑，带无压清洗的双座阀还能满足泄漏口占主管道截面的10%的要求。但在单独进行泄漏腔清洗时不能对主管的阀座及密封件也同时清洗。（违背 11.4.2.5的第2个要求），对于双座阀长久以来就有吹气装置可供，它使得与“封锁和泄放”组合相比所不具备的泄漏腔脉冲——清洗可以通过主管道旁路的形式实现。遗憾的是，升降杆开关侧的清洗：由于不合理的泄漏口与主管–阀盘截面的比例关系，即使升降行程精确限制在完成功能所必需的最小范围，这个旁路清洗过程没有压力仍不能进行。只到最近，随着几种对泄漏腔进行了扩展的新型双座阀在市场上的出现，才表明绝对防混合——安全要求和阀座优化及密封清洗真正地得以考虑。

值得庆幸的是：经过千百次的应用取得的经验表明，双座阀的升降杆的清洗在啤酒厂仅仅在极例外的场合有要求（例如在酵母间）。因为每次使用后饮料残留明显地处在阀座和密封上，在被染菌之前都可被清除掉。如果对这一点不满意，但又不愿意倒退到使用软管和可折弯管接头境地并又希望回避双座阀不可否认的缺点和清洗风险的企业，可以找到为了清洗阀座而可以将整个设备区域的所有阀门周期性地开至最大的明智的管道设计方案。

结束语

概括起来可以确定，啤酒厂自动化最佳解决方案如同所有技术领域那样，只有通过互动的、目的明确的、缺少先行标准情况下的各路参加项目的专业人士共同努力以及所有与结果相关的因素的共同作用才能最终实现。

正因为如此，一个重要的概念得以引用和承认，它就是本书第11章的作者早在20年前就建议纳入到标准术语表中的：过程综合。

参考文献

1 SCHULTZE-BERNDT, H.-G.： persönl. Mittlg.

2 Wochenschrift für Brauerei(1893)S.79

3 KRAUSS, COOK und VERZELE：Mon. f. Brauerei 22(1969), S. 209

4 Hopfenrundschau Aug. 1992, S. 50

5 HACKEL-STEHR, K.： Diss. TU Berlin 1987

6 FORSTER, A.： Hopfenrundschau Aug. 1992, S. 41

7 NARZISS, L.： Brwlt 23(1992), S. 1072

8 BERDELLE-HILGE, PH.： Brwlt 38(1992), S. 1759

9 NARZISS, L.： Brwlt 37(1992), S. 1696

10 WAGNER, I. , ESSER, K. D. , KRÜGER, E.： MfBrauwi 41(1988), S. 384

11 HERRMANN, H.： Brwlt 28(1991), S. 1227

12 WACKERBAUER, K. , EVERS, H. , ZUFALL, C. , HÖLSCHER, K.： Brwlt 41(1992), S. 1922

13 KOLLNBERGER, P.： DBMB 5／1984, S. 186

14 KOLLNBERGER, P.： Brwlt 7(1987), S. 254

15 KIENINGER, H.： Brwlt 76(1977), S. 1714

16 NARZISS, L. , MIEDANER, H. , KÜSTNER, M.： Brwlt 106(1966), S. 394-404

17 WACKERBAUER, K. , ZUFALL, C. , HÖLSCHER, K.： Brwlt 29(1992), S. 1366

18 MICHEL, R.： Brwlt 24／25(1992), S. 1133-1140

19 WEINFURTNER, F. , WULLINGER, F. , PIENDL, A.： Brwlt 106(1966), S. 405

20 DENK, V. , und MÜLLER, H.： Brwlt 15／16(1990), S. 568-576；
DENK. V.： Brwlt 28(1991), S. 1219-1225

21 EISELE, J.： Brwlt 24／25(1992), S. 1142-1146

22 LITZENBURGER, K.： Brwlt 10(1990), S. 329

23 FELGENTRAEGER, W.： Brforum 20(1993), S. 169-172

24 NARZISS, L.： Brwlt 6(1990), S. 178-184

25 NARZISS, L.： Brwlt 27(1992), S. 1287-1288

26 WEINFURTNER, F. , WULLINGER, F. , PIENDL, A.： Brwi 19(1966), S. 390

27 WEITH, L.： Brwi 13(1960), S. 214-218

28 SCHMUCKER, F.： Brwlt 3(1993), S. 69

29 Deutscher Brauer-Bund e.V.： Statist. Bericht 1992-1995

30 NARZISS, L.： Brwlt 36(1991), S. 1523

31 LAUFFENBERG, A. ： Brwlt 40(1992), S. 1891
32 HOUGH, J. S. , BRIGGS, D. E. , STEVENS, R. ： Malting and brewing Sc. 1971
33 WACKERBAUER, K. ： ref. Brwlt 32(1987), S. 1419-1421
34 ANNEMÜLLER, G. ： Lehrbriefreihe Bier, Heft 2
35 Festschrift 75 Jahre Holsten-Brauerei： Hamburg 1954
36 KOHNKE, H.-V. ： Brwlt 23(1991), S. 975
37 HODENBERG, G. W. ： Brwlt 15(1991), S. 565-568
38 DONHAUSER, S. , GLAS, K. , MÜLLER, O. ： Brwlt 15(1991), S. 548-556
39 WACKERBAUER, K. ： ref. Brwlt 32(1987), S. 1419-1421
40 HUG, H. ： Brauerei-und Getr.rundschau 7／8(1992), S. 123
41 LETRER, R. ： EBC-Proceedings Congr. 1977, S. 211-224
42 NARZISS, L. , WOLFINGER, H. , STICH, S. , LAIBLE, R. ： Brwlt 51／52(1992), S. 2650-2656
43 PLETT, E. ： Brind 6(1991), S. 531-533
44 LÜDERS, J. ： Brwlt 3(1994), S. 57-62
45 N. N. ： ref. Brwlt 7／8(1993), S. 302-306
46 UNTERSTEIN, K. ： Brwlt 27(1992), S. 1280-1285
47 RIESS, S. ： 80. VLB-Tagung Siegen 1993
48 ESSLINGER, H.-M. ： Brwlt 23(1991), S. 971-973 u.a.
49 KRIBBE, J. ： Brwlt 12(1993), S. 524-526
50 MANGER, H.-J. ： Lehrbriefreihe Masch. und Apparate der Ferm.
51 SCHÖFFEL, FR. ： Brwlt 110(1970), S. 1479-1501
52 ANNEMÜLLER, G. , MANGER, H. -J. , MÜKE, O. ： Handbuch der Brauerei, S. 435 (nicht veröffentlicht)
53 SCHUR, F. ： ref. Brwlt 30(1983), S. 1281
54 DONHAUSER, S. , WAGNER, D. ： Brwlt 27(1992), S. 1286-1300
55 NARZISS, L. ： ref. Brwlt 9(1993), S. 375-376
56 GIRR, M. , BARTELS, H. ： Brwlt 7(1990), S. 220-227
57 LAACKMANN, H.-P. ： Brwlt 14／15(1993), S. 620-623
58 FINIS, P. , GALASKE, H. ： Brwlt 128(1988), S. 666-669
59 CHAPON, L. ： Brwlt 108(1968), S. 1769-1775
60 ESSLINGER, H.-M. ： Brwlt 5(1993), S. 208
61 LITZENBURGER, K. ： Brwlt 16(1993), S. 659-668
62 ANNEMÜLLER, G. , MANGER, H.-J. ： 2. Dresdner Brauertag 23. April 1993
63 GEIGER, E. ： Brwlt 16(1993), S. 646-649
64 KRIBBE, J. ： Brforum 12(1993), S. 95-97

65 WACKERBAUER, K.： Brforum 3(1988), S. 264
66 Deutscher Brauer-Bund e.V.： 20. Stat. Bericht 1992, S. 55
67 WIEST, A.： Brwlt 20(1993), S. 880-881
68 HACKSTAFF, B. W.： MBAA Techn. Quart 15, 1-7, 1978
69 WACKERBAUER, K., KRÄMPER, P., TOUSSAINT, H. -J.： MfB 33(1980), S. 91-99
70 ESSLINGER, H.-M.： Brwlt 9(1993), S. 379 u. 13(1993), S. 577 ff.
71 GUTKNECHT, J.： Brind 4(1993), S. 272-276
72 Patentschrift：ref. ESSLINGER, H.-M., Brwlt 22／23(1993), S. 999
73 NARZISS, L.： Technologie der Würzebereitung, 7. Aufl., S.196
74 PIENDL, A.： Brind 10(1991), S. 959-970
75 ESSLINGER, H.-M.： Brwlt 18(1993), S. 789-791
76 WOLFSEDER, A.： Brwlt 27／28(1989), S. 1180-1181
77 KOCH, P.： 2. Dresdner Brauertag, ref. Brwlt 25(1993), S. 1118
78 MOSSIN, B.： Brwlt 12(1993), S. 528-529
79 Deutscher Brauer-Bund e. V.： Die deutsche Brauwirtschaft 1992
80 SCHUMANN, G.： Brwlt 11(1988), S. 408-412
81 SEN：Hauszeitschr. Laugenbehandlung, S. 24
82 MAYER, E. S.： Brind 4(1993), S. 278-281
83 SCHUMANN, G.： Brwlt 29(1993), S. 1272-1277
84 FLAD, W.： Brwlt 25(1993), S. 1100-1104
85 MÜLLER-BLANKE, N.： Getr. technik Feb. 93, 1.13-17
86 SCHILDBACH, R.： 2. Dresdner Brauertag, ref. Brwlt 25(1993), S. 1118
87 KÜMPEL, G.： Brind 6(1993), S. 486-492
88 RUSS, W., MEYER-PITTROFF, R., FEIX, R., KIRNBAUER, P.： Brwlt 30(1993), S. 1328-1334
89 MAYER, A. F.： Brwlt 14(1992), S. 616-622 u. Brwlt 46(1992), S. 2427-2432 sowie Brwlt-Brevier 1996, S. 371-394
90 LUDWIG, H.-H.： Brforum 30(1991), S. 251-254
91 HILGE：Brauerei-Pumpen-Taschenbuch 11／90, S. 27-31
92 BACK, W.： Brind 73(1988), S. 118-1195
93 ANGER, H.-H.： Brforum 23(1993), S. 193-196
94 BACK, W.： Brwlt 122(1982), S. 2090-2102
95 Hopfenmarktbericht：Brwlt 37(1993), S. 1733
96 SCHOTT-Engineering：Sonderdruck 600 33 d
97 MÄNDL, B., GEIGER, E., PIENDL, A.： Brwi 27(1974), S. 57-66

98 RATH, F.： 22. Intern. Braugerstenseminar der VLB, 13. Oktober 1993
99 BACK, W., BOHAK, I., ACKERMANN： Brwlt 39(1993), S. 1960-1963
100 BEHMEL, U., MEYER-PITTROFF, R.： Brwlt 42(1993), S. 2126-2136
101 SCHILDBACH, R.： 3. Dresdner Brauertag, 22. April 1994
102 Betriebsinformation Schmalbach-Lubeca
103 KLEMM, W., GROSSHANS, D.： Ki Klima-Kälte-Heizung 3 / 92, S. 78-83
104 WEINFURTNER, F., WULLINGER, F., PIENDLA, A.： Brwi 19(1966), S. 390-395
105 WEITH, L.： Brwi 13(1960), S. 214-218 u. S. 262-267 u. S. 288-294
106 MIEDANER, H.： ref. Brwlt 44 / 45(1993), S. 2264
107 SCHMIDT, H.-J.： Brwlt 44 / 45(1993), S. 2254-2260 u. 2269-2277
108 BACK, W., BREU, S., WEIGAND, C.： Brwlt 31 / 32(1988), S. 1358-1362
109 KIEFER, J.： Brind 11(1993), S. 1150-1158
110 FORDEMANN, K.： Brwlt 39(1993), S. 1964-1968
111 MÄNDL, B., GEIGER, E., PIENDLA, A.： Brwi 27(1974), S. 57-66
112 NARZISS, L., MIEDANER, H., KERN, E., LEIBHARDT, M.： Brwlt 19 / 20(1991), S. 784-805
113 SAIER, H.-D.： Brwlt 51 / 52(1993), S. 2578-2581
114 NARZISS, L.： Brwlt 26(1993), S. 1136-1143
115 DUCHEK, P.： Brwlt 24(1993), S. 1053-1059
116 DUCHEK, P.： 81. VLB-Tagung, Münster, 15. 3. 94
117 WACKERBAUER, K., EVERS, H.： 81. VLB-Tagung, Münster, 15. 3. 94
118 MEYER-PITTROFF, R.： 39. Brauwirt.-Tagung, Weihenstephan, 28. 4. 94
119 SCHU, G. F.： Brwlt 19(1994), S. 881-890
120 ZIMMERMANN, H.： 23. Intern. Braugerstenseminar der VLB, 12. 10. 94
121 SACHER, B.： ref. Brwlt 22 / 23(1995), S. 1111-1114
122 KRÜGER, E.： 81. Oktobertagung der VLB, 12. 10. 94
123 EISELT, G.： Dissertation TU Berlin 1995
124 LINEMANN, A.： Dissertation TU Berlin 1995
125 SCHILDBACH, R.： Brwlt 45(1994), S. 2436-2456
126 DEWAR, J.： IOB Afrikan. Convention, ref. Brwlt 28 / 29(1995), S. 1396
127 MIEDANER, H.： 40. Brauwissenschaftl. Tagung Weihenstephan, 28. 4. 95
128 MÖBIUS, J.： 82. Frühjahrstagung der VLB Dresden, 14. 3. 95
129 TAYLOR, J.： IOB Afrikan. Convention, ref. Brwlt 28 / 29(1995), S. 1396
130 BACK, W.： 40. Brauwirtschaftl. Tagung Weihenstephan, 28. 4. 95
131 SEIDL, P.： Brwlt 16 / 17(1992), S. 688-700

132 MEYER-PIETROFF, R. ： Brwlt 33(1995), S. 1618-1627
133 VDI：Mechan. Brüdenkompression, 1990
134 MEBAK：Brautechn. Untersuchungsmethoden Bd. l, S. 18-19
135 HOFMANN, H. ： Brwlt 44 ∕ 45(1993), S. 2275-2277
136 BACK, W. ： Brwlt 39(1994), S. 1936-1942
137 BACK, W.：Brwlt 42(1995), S. 2068-2076
138 BACK, W.：Brwlt 16(1994), S. 686-695
139 ESSLINGER, H.-M. ： Brwlt 24 ∕ 25(1994), S. 1147-1152
140 Der BARTH Bericht Hopfen 1994 ∕ 95； 1995 ∕ 96； 1996 ∕ 97； 1997 ∕ 98
141 PENSCHKE, A. , RUSS, W. ： Brwlt 22 ∕ 23(1995), S. 1108-1109
142 KREMKOW,K. ： MfB 24(1971), S. 25-32
143 NARZISS, L. ： Brwlt 45(1995), S. 2286-2301
144 NARZISS, L. ： Brwlt 49(1995), S. 2576-2606
145 NARZISS, L. ： Intern. Beer marketers symposium Denver, Okt. 1995
146 KALINOWSKI, R. ： Brforum 20(1995), S. 315-317
147 RATH, F., MANKE, W. , SARX, H.G. ： Neues aus der Forschung, Weissheimer Heft 2
148 WACKERBAUER, K. ： 83. Arbeitstagung der VLB Mannheim, 18.-21. 3. 96
149 LINEMANN, A. , KRÜGER, E. ： Brwlt 27(1996), S. 1266-1272, und 37(1996), S. 1748-1752
150 The Emerging Markets Brewery Fund Company-Book 1998, ref. Brwlt 28 ∕ 29(1998), S. 1278
151 BACK, W. , FORSTER, C. , KROTTENTHALER, M. , u. a. ： Brwlt 38(1997), S. 1677-1692
152 MANGER, H.-J. ： Brwlt 18(1997), S. 696-701
153 HAFFMANS, B. ： Brwlt 27(1997), S. 1084-1088
154 WACKERBAUER, K. , u. HARDT, R. ： Brwlt 40 ∕ 41(1996), S. 1880-1889
155 FORSTER, A. ： Brwlt 31 ∕ 32(1996), S. 1474-1475
156 MAIER, J. u. NARZISS, L. ： Brwlt 6(1997), S. 188-192
157 MÖBIUS. J. ： Brind 1(1997), S. 26-27
158 BACK, W. ： 42. Brauwirtsch. Tagung Weihenstephan, 22. 4. 97
159 EUMANN, M. ： Brwlt 6(1997), S. 197-200
160 KEIL, H. ： Brind. 4(1997), S. 216-218
161 RATH, F：Weissheimer Malz；Neues aus der Forschung 1
162 RATH, F., MANKE, W. , u. SARX, H. G. ： Weißheimer Malz；Neues aus der Forschung 2

163 STUKE, H. ： Brind 8(1996), S. 602-607
164 FORSTER, A. ： Brind 9(1995), S. 725-730
165 Biebelrieder Kreis； Reinigung von Mehrweg-Glasflaschen, VLB 1997
166 ROTHKIRCH, H. ： 83. Brau-und Masch. technische Tagung der VLB 1997, Braunschweig
167 KOLBACH, P. ： Mon.f.Br. 6(1953), S. 49
168 WACKERBAUER, K. , u. HARDT, R. ： Brwlt 40 ⁄ 41(1996), S. 1880-1889
169 KLUTHE, R. , u. KASPER, H. ： Alkoholische Getränke und Ernährungsmedizin； Georg Thieme Verlag Stuttgart + New York, 1998
170 PIENDL, A. , LANGFELD, F. , u. SCHWINGSHANDL, L. , Brwlt 21 ⁄ 22(1997), S. 828-840
171 DENK, V. ： Brwlt 33 ⁄ 34(1997), S. 1311-1321
172 HERRMANN, H. ： Brind 1(1995), S. 24-27
173 STIPPLER, K. , WASMUTH, K. , u. GATTERMEYER, P. ： Brwlt 31 ⁄ 32(1997), S. 1265-1267 und Brwlt 35 ⁄ 36(1997), S. 1386-1397
174 DELGADO, A. , NIRSCHL, H. , u. DENK, V. ： Brwlt 7 ⁄ 8(1997), S. 232-235
175 WACKERBAUER, K. , TAYAMA, T. , u. KUNERTH, S. ： MfBrwi 7 ⁄ 8(1997), S. 132-137
176 WACKERBAUER, K. , TAYAMA, T. , FITZNER, M. , u. KUNERTH, S. ： Brwlt 3(1997), S. 80-86
177 MÖNCH, D. , KRÜGER, E. , u. STAHL, U. ： MfBrwi 9 ⁄ 10(1995), S. 288-296
178 SCHUCH, C. ： Brwlt 44(1996), S. 2022-2027
179 YANAGI, K. , ISHIBASHI, Y. , KONDO, H. , OKA, K. , u. UCHIDA, M. ： Brwlt 21 ⁄ 22(1997), S. 841-859
180 MANGER, H.-J. , u. ANNEMÜLLER, G. ： Brwlt 45(1996), S. 2160-2170
181 NARZISS, L. ： Brwlt 9(1996), S. 409-411
182 WACKERBAUER, K. , EVERS, H. , u. KUNERTH, S. ： Brwlt 37(1996), S. 1736-1743
183 FORSTER, C. ： Arbeitstagg. Bund der österr. Brmstr. Maria Taferl, 11.09.97
184 EVERS, H. ： Br.forum 19(1997), S. 297-298
185 SCHAPER, M. ： Br.forum 18(1997), S. 278-280
186 FORSTER, C. , NARZISS, L. , u. BACK, W. ： EBC-Proceedings 1997(67), S. 561-568
187 WACKERBAUER, K. , u. ZUFALL, C. ： EBC-Proceedings 1997(76), S. 639-648
188 GUNKEL, J. ： FI für Rohstoffe der VLB, ref. in Brforum l(1998), S. 4-6
189 HERTLEIN, J. , BORNAROWA, K. , u. WEISSER, H： Brwlt 21 ⁄ 22(1997), S.

860-866
190 FOHR, M. , u. MEYER-PITTROFF, Brwlt 12(1998), S. 460-464
191 MÜLLER, C. , u. SCHILDBACH, R. : Brwlt 6(1998), S. 220-221
192 ZIMMERMANN, H. : Brwlt. 6(1998), S. 190-194, 207-209
193 BACK, W. , KROTTENTHALER, M. , u. VETTERLEIN, K. Brind. 2(1998), S. 81-86
194 GROMUS, J, : Frühjahrstagung der VLB, 9. -11. 3. 98; ref. Brwlt 13(1998), S. 529
195 European Brewery Convention; Manual of good practice; Hops and hop products, S. 55
196 SCHWILL-MIEDANER, A. , EINSIEDLER, F., u. SOMMER, K. : Brwlt 12(1998), S. 466-471
197 WASMUTH, K. , u. GATTERMEYER, P. , Brwlt 12(1998), S. 472-477
198 EVERS, H. : Frühjahrstagung der VLB, 9.-11.3.98 Mönchengladbach
199 EILS, H.-G. , u. HERBERG, W.-D. : Brwlt 14(1998), S. 601-607
200 ANGER, H.-M. : Jahrbuch der VLB 1996 S. 247-272
201 BACK, W. , DIENER, C. , u. SACHER, B. : Brwlt 28 / 29(1998), S. 1279-1284
202 WACKERBAUER, K. , u. ZUFALL, C. : Dresdner Brauertag, 17. 4. 1998, ref. Br. forum 5(1998), S. 133-134
203 KOCH, P. : Dresdner Brauertag, 17. 4. 98, ref. Brforum 5(1998), S. 134
204 LEHMANN, J. , u. BACK, W. : Brind 4(1997), S. 225-227
205 WACKERBAUER, K. , u. BECKMANN, M. : Dresdner Brauertag, 17. 4. 1998, ref. Brforum 5(1998), S. 133
206 BACK, W. : 43. Brauwirtschaftl. Tagung Weihenstephan, 27. 4. 98
207 PIENDL, A. : Brwlt 20 / 21(1998), S. 922-929
208 FORSTER, C. : 31. Technologisches Seminar Weihenstephan; 4 / 1-2
209 KELCH, K. : Brwlt 24 / 25(1998), S. 1050-1051
210 DE MAN, TH. A. 43. Brauwirtschaftliche Tagung Weihenstephan, 28. 4. 98
211 MANGER, H.-J. : Brforum 22, 24(1996)und 2, 4 u. 6(1997)
212 VOGESER, G. , u. GEIGER, E. : Brwlt 24 / 25(1998), S. 1060-1063
213 Deutscher Brauer-Bund e.V.: 22. Statistischer Bericht 1997

Die Abkürzungen bei den Literaturstellen bedeuten:

Brwlt. BRAUWELT, Zeitschrift für das gesamte Brauwesen und die Getränkewirtsch.
Verlag Hans Carl GmbH & Co. KG Nürnberg; ISSN 0724-696X

Brforum BRAUEREI FORUM, Fachzeitschrift für Brauereien und Mälzereien, Getränkeindustrie und deren Partner, Informationsservice der VLB Berlin Herausgeber Versuchs-und Lehranstalt für Brauerei in Berlin (VLB) ISSN 0179-2466

Brind BRAUINDUSTRIE, Magazin für Management, Braupraxis, Markttrends, Technologie, Technik, Verpackung, Logistik, Marketing Herausgeber u. Verleger W. Sachon, Mindelheim

MfBrwi MONATSSCHRIFT FÜR BRAUWISSENSCHAFT; das wissenschaftliche Organ der Fakultät für Brauwesen, Lebensmitteltechnologie und Milchwissenschaft, Weihenstephan, Versuchs-und Lehranstalt für Brauerei in Berlin(VLB), Wissenschaftlichen Station für Brauerei in München